Sven Bayer, Jörg Knuth, Martin B. Schultz

Microsoft SQL Server 2008 R2 Reporting Services – Das Praxisbuch

Sven Bayer, Jörg Knuth, Martin B. Schultz

Microsoft SQL Server 2008 R2 Reporting Services – Das Praxisbuch

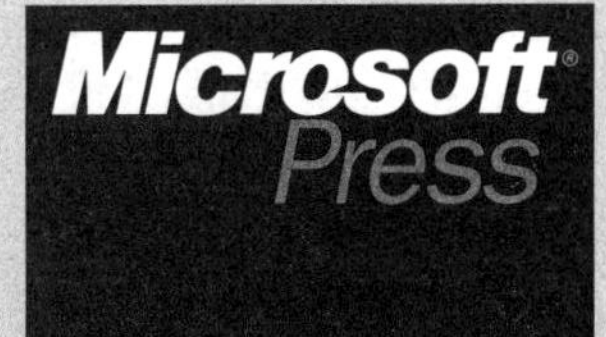

Sven Bayer, Jörg Knuth, Martin B. Schultz: Microsoft SQL Server 2008 R2 Reporting Services – Das Praxisbuch
Microsoft Press Deutschland, Konrad-Zuse-Str. 1, 85716 Unterschleißheim

Kommentare und Fragen können Sie gerne an uns richten:
Microsoft Press Deutschland
Konrad-Zuse-Straße 1
85716 Unterschleißheim
E-Mail: mspressde@oreilly.de

15 14 13 12 11 10 9 8 7 6 5 4 3 2 1
13 12 11

Druck-ISBN 978-3-86645-676-1, PDF-ISBN 978-3-86645-756-0

Fachlektorat: Georg Weiherer, Münzenberg
Korrektorat: Dorothee Klein, Judith Klein, Siegen
Satz und Layout: mediaService, Siegen (www.mediaservice.tv)
Umschlaggestaltung: Hommer Design GmbH, Haar (www.HommerDesign.com)
Gesamtherstellung: Kösel, Krugzell (www.KoeselBuch.de)

Inhaltsverzeichnis

Vorwort

In diesem Vorwort:

Microsoft SQL Server 2008 R2 Reporting Services sind als Bestandteil der SQL Server 2008 R2-Lizenz ohne weitere Kosten nutzbar. Als Erweiterung von SQL Server 2008 R2 und Bestandteil des Microsoft Business Intelligence Framework stellen sie eine serverbasierte Lösung zur Verfügung, um Berichte sowohl in Papierform als auch webbasiert zu entwickeln, zu verwalten und zu verteilen.

Ziel dieses Buchs ist es, Ihnen diese neue Technologie verständlich zu machen und dabei – den Anspruch des Buchuntertitels einlösend – nahe an der Praxis zu bleiben. Das heißt konkret: Wir haben für Sie keine endlosen Tabellen und langweiligen Featurelisten zusammengestellt, sondern erläutern Ihnen anhand von kurz skizzierten Szenarien die Praxisrelevanz des jeweiligen Features und vertiefen wichtige Themen mit einer Schritt-für-Schritt-Anleitung.

Inhalt des Praxisbuchs

Das Buch ist so aufgebaut, dass auch Nutzer, die noch keine Erfahrung mit Berichtstools haben, einen leichten und schnellen Einstieg in die Materie finden. Deshalb beginnen wir mit einfachen Erläuterungen und praktischen Beispielen. Auf diesem Wissen aufbauend sind die darauf folgenden Ausführungen verständlich und immer leicht nachvollziehbar.

- **Teil A – Einführung** In diesem Teil wollen wir Ihnen einen kleinen Überblick über Microsoft SQL Server 2008 R2 Reporting Services als Teil von SQL Server 2008 R2: Wer braucht sie wofür? Neben den Einsatzmöglichkeiten und der Architektur werden Sie schrittweise durch die Installation geleitet: Welche Editionen gibt es, welche Hardware- und Softwarevoraussetzungen müssen gegeben sein, was muss für welche Zwecke installiert werden?
- **Teil B – Entwicklung** Dieser Teil stellt Ihnen mit dem in Visual Studio 2008 integrierten Berichts-Designer das Tool vor, mit dem Sie Ihre Berichte entwickeln können. Sie lernen sowohl den Berichts-Assistenten kennen, mit dem Sie schnell und unkompliziert zu einem einfachen Bericht kommen, als auch die Entwicklungsumgebung für komplexe Berichte. Sie erfahren alles Wissenswerte über Berichtselemente, über die Möglichkeiten des Filterns, Sortierens und Gruppierens, über Formatierung und Gestaltung, über Parameterberichte und die interaktiven Features.
- **Teil C – Management** In diesem Teil stellen wir Ihnen Reporting Services sowohl im systemeigenen Modus mit dem Berichts-Manager als auch im intergierten SharePoint-Modus mit Dokumentenbibliotheken vor. Dabei gehen wir auf die jeweilige Verwaltungs- und Anwenderumgebung für die Elemente, z.B. Berichte und Ressourcen ein. Sie erfahren, wie Elemente hoch- und heruntergeladen, anzeigt, verschoben, zeitgesteuert ausgeführt, exportiert und gesichert werden können. Weiterhin wird Ihnen nähergebracht, wie Sie mit Datenquellen arbeiten und welche Ihnen zu Verfügung stehen. Das Thema Sicherheit wird ebenfalls in diesem Teil besprochen. Das Einrichten und die Verwaltung von Zeitplänen, um z.B. eine Historie für Berichte aufzubauen, wird genauso in diesem Teil erläutert wie der Umgang mit Snapshots. Sie erhalten einen Überblick über die Exportfunktionalität von Reporting Services.
- **Teil D – Profiwissen** Hier zeigen wir Ihnen, was die Reporting Services für herausragende Features bieten, die sie von der Masse der Berichtstools abheben. Sie lernen, wie Berichtsdefinitionen dynamisch in RDL (Report Definition Language) erzeugt werden können, wie Sie Berichte vollautomatisch per Abonnement zustellen, wie Sie den Benutzern mit »Meine Berichte« ihren eigenen Bereich einrichten können und wie Sie mit Ausdrücken mehr Leben in Ihre Berichte bringen können.
- **Teil E – Programmierung** Hier lernen Sie, wie man mit wenig Programmieraufwand die Reporting Services vollständig in Systeme integrieren kann. Dies beginnt bei dem URL-Zugriff für die Integration in

auf Webtechnologie basierende Systeme wie Portale, die Integration in eigene Anwendungen über die Webdienst-Schnittstelle, die Automatisierung über Skripts und schließlich die Erweiterung von Reporting Services selbst über dessen Erweiterungsschnittstellen.

Selbstverständlich müssen Sie nicht alles vom Anfang bis zum Ende durcharbeiten. Wenn Sie bereits im Umgang mit Berichtstools erfahren sind, werden Sie mithilfe des Inhaltsverzeichnisses schnell ermittelt haben, wo Sie ins Buch einsteigen wollen. Wir wünschen Ihnen auf jeden Fall viel Spaß damit!

Beispieldateien

Der Quellcode für alle Rezepte des Buchs ist online verfügbar unter *http://www.microsoft-press.de/support.asp* und *http://msp.oreilly.de/support/9783866456761/661*. Speichern Sie die Datei auf Ihrem Computer und wählen Sie dabei direkt den Ordner, in den Sie die Übungsdateien installieren möchten. Weiterhin werden in diesem Buch Beispiele bemüht, die Sie auf *http://ww.codeplex.com* finden. Insbesondere betrifft dies die Beispieldatenbank *AdventureWorks2008R2* sowie zahlreiche Beispielberichte und weitere Projektdateien.

Support

Es wurden alle Anstrengungen unternommen, um die Korrektheit dieses Buchs zu gewährleisten. Microsoft Press bietet Kommentare und Korrekturen für seine Bücher im Web unter *http://www.microsoft-press.de/support.asp* an.

Die Autoren bieten unter *http://www.ixto.de* oder *http://www.ptsgroup.de* bzw. *http://code-vision.de/reportingservices* Seiten an, auf denen Sie Korrekturen, Ergänzungen und weitere Informationen zu den Themen des Buchs bereitstellen.

Kommentare und Fragen können Sie gerne an uns richten:

Microsoft Press Deutschland
Konrad-Zuse-Straße 1
85716 Unterschleißheim
E-Mail: *mspressde@oreilly.de*

Bitte beachten Sie, dass über diese Adressen kein Support für Microsoft-Produkte angeboten wird. Wenn Sie Hilfe zu Microsoft-Produkten benötigen, kontaktieren Sie bitte den Microsoft Online Support unter *http://support.microsoft.com*. Wenn Sie Support für die Tools von Drittanbietern benötigen, wenden Sie sich bitte an den jeweiligen Hersteller des Tools. Verwenden Sie dazu die Website, die auf der Downloadseite des entsprechenden Tools aufgeführt ist.

Wenn Sie direkt mit den Autoren Kontakt aufnehmen möchten, schreiben Sie an *rsautoren@ixto.de*.

Danksagung

Die Autoren danken Microsoft Press – namentlich Florian Helmchen und Georg Weiherer für das in sie gesetzte Vertrauen, die Unterstützung und die Geduld.

Sven Bayer möchte seinen Freunden danken, die ihn immer bei Laune gehalten haben, auch wenn es mal nicht so lief. Dann möchte er noch seiner Frau Kathi danken, die ihm den Rücken freigehalten hat. Danke auch an seine Kinder Lucas und Lotta, die so manche Stunde geduldig auf ihren Vater verzichtet haben.

Jörg Knuth möchte seinen Freunden und Kollegen danken. Insbesondere Jasmin Faber und Peter Weber für Ermutigungen und Tipps sowie fürs Schreiben und Korrekturlesen. Ganz besonders bedankt sich Jörg Knuth bei seiner Prinzessin, Katja Ziesch, für ihr Verständnis und ihre Unterstützung während der vielen Stunden des Schreibens.

Martin B. Schultz und Sven Bayer möchten Martin Ihrke danken für seine unermüdliche Teamkoordinierung sowie Kapitelüberarbeitungen, Christian Voigt, Nicolai Schultz und Ricardo Radke für das fleißige Aktualisieren von Kapiteln und Oliver Fürst für das unerschrockene Entwickeln der Custom Report Items nebst zugehörigen Kapiteln.

Martin B. Schultz möchte André R. Jenchen für seine Geduld und seinen Beistand danken.

Teil A

Einführung

In diesem Teil:

Kapitel 1

Reporting Services 2008 R2 – Was gibt's Neues?

In diesem Kapitel:

SQL Server 2008 R2 Reporting Services sind die Antwort auf die Anforderungen einer Geschäftswelt, die zu jeder Zeit Informationen aus unterschiedlichen Quellen in flexibler Form und auf Knopfdruck aufbereitet haben möchte. Damit sind sie interessant für alle, die sich mit Entwicklung, Verwaltung oder Bereitstellung von Berichten beschäftigen und mit wenig Aufwand ihre Daten flexibel darstellen wollen, um fundierte Geschäftsentscheidungen treffen zu können.

Seit der Version SQL Server 2005 Reporting Services sind neue Funktionen dazu gekommen und auch beim Schritt von Version 2008 auf 2008 R2 zeigen sich zahlreiche Neuerungen, welche die Administration, Entwicklung und Bedienung noch einfacher gestalten. Um auch den Lesern, die bislang mit Reporting Services 2005 gearbeitet haben, einen Eindruck dieser Neuerung zu vermitteln, werden die wesentlichen Änderungen seit Version 2005 vorgestellt und beschrieben, sodass Sie sich einen Überblick von den neuen Möglichkeiten von Reporting Services 2008 R2 verschaffen können.

Berichtsserverarchitektur und -anwendungen

Mit der neuen Version von Reporting Services wurden einige Abhängigkeiten in der Serverarchitektur überarbeitet. Sie benötigen für den Berichtsserver keine Internetinformationsdienste (Internet Information Services, IIS) mehr, da die Funktionen nun selbst von Reporting Services 2008 R2 übernommen werden. Zusätzlich wurden die verschiedenen Dienste wie der Berichtsserver-Webdienst, Berichtsserver-Windows-Dienst und der Berichts-Manager zu einem einzigen Dienst zusammengefasst, was für Sie als Anwender den Vorteil hat, dass für die Dienste weniger Administrations- und Konfigurationsaufwand notwendig ist.

Weiterhin bietet Ihnen Microsoft eine Sammlung mit neu überarbeiteten Konfigurationstools, die es Ihnen ermöglichen, Ihre Berichtsserverinstallation einfach und mit geringem Zeitaufwand zu konfigurieren und zu verwalten. Dabei wurde vor allem darauf geachtet, dass jede Anwendung ein spezielles Aufgabengebiet übernimmt und sich Funktionalitäten nicht mehr überschneiden. Die folgende Übersicht zeigt die verschiedenen Anwendungen und fasst deren Aufgabengebiet kurz zusammen.

SQL Server Management Studio

Was früher die Siteeinstellungen waren, wird heute über das *SQL Server Management Studio* und dort unter dem Servertyp *Reporting Services* verwaltet (Abbildung 1.1).

Über diese Anwendung konfigurieren Sie Ihren Berichtsserver, wenn er im systemeigenen Modus oder im integrierten SharePoint-Modus ausgeführt wird. Hier können Sie verschiedene Funktionen an- bzw. abschalten, Servereigenschaften definieren oder Ihre freigegebenen Zeitpläne und Berechtigungen verwalten.

Abbildung 1.1 Oberste Ebene des Servertyps *Reporting Services* im SQL Server Management Studio

Mehr Informationen zu Aufträgen finden Sie in Kapitel 23. Eine Übersicht zu Rollen und Sicherheit enthält das Kapitel 22. Und wie Sie freigegebene Zeitpläne einrichten, können Sie in Kapitel 25 lesen.

Berichts-Manager

Verwenden Sie diese Webanwendung, um die verschiedenen Berichtsserverinhalte anzuzeigen und zu verwalten. Mithilfe der Oberfläche pflegen Sie Ihre Berechtigungen. Sie können Berichtsserverelemente erstellen und verwalten oder die Berichts- und Abonnementverarbeitung innerhalb der Umgebung planen. In der Version 2008 R2 hat der Berichts-Manager ein neues Äußeres bekommen.

Weitere Informationen zum Berichts-Manager finden Sie in Kapitel 19.

Konfigurations-Manager für Reporting Services

Mithilfe der Anwendung *Konfigurations-Manager für Reporting Services* können Sie die grundlegende Konfiguration des Berichtsservers steuern (Abbildung 1.2). Sie können hier das Dienstkonto festlegen, die Berichtsserver-Datenbank verwalten, die Berichtsserver-URLs konfigurieren, das Konto für die unbeaufsichtigte Ausführung festlegen oder die Berichtsübermittlung per E-Mail konfigurieren.

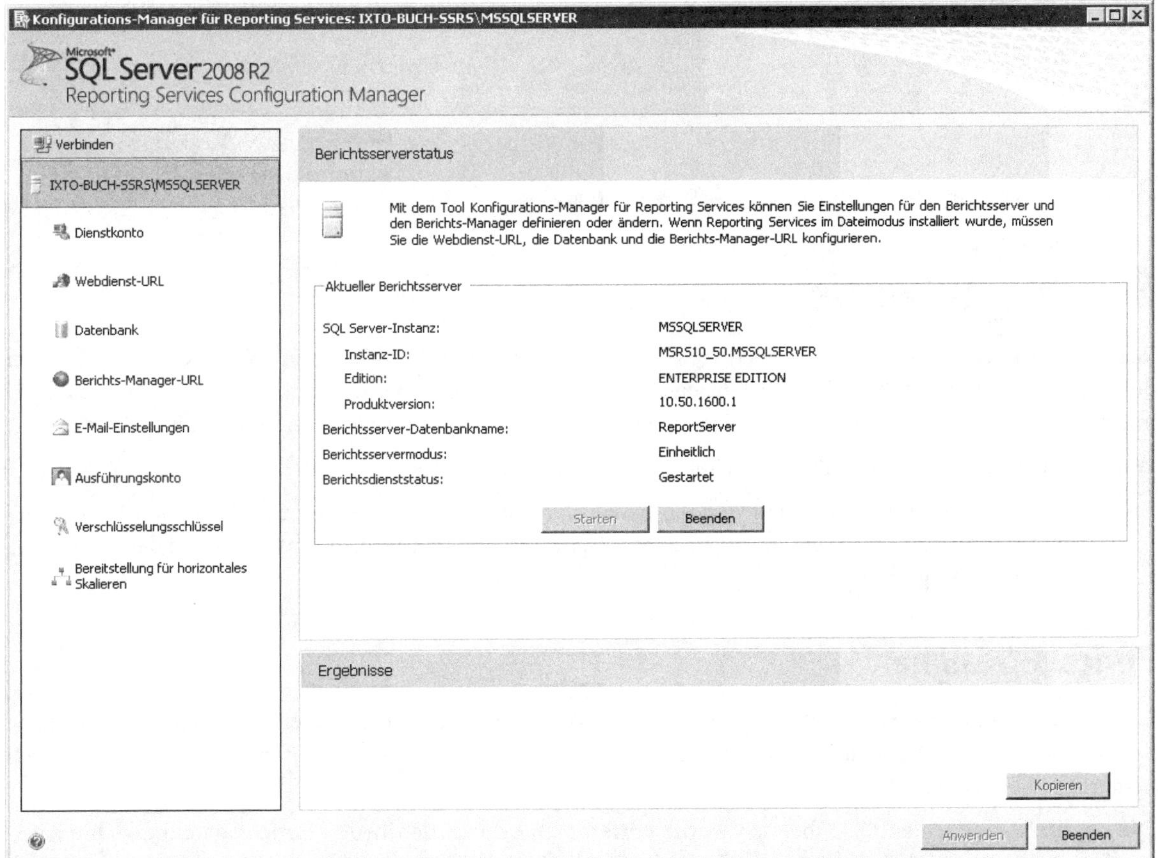

Abbildung 1.2 Der neue Konfigurations-Manager für Reporting Services 2008 R2

Nähere Informationen zur Installation und Einrichtung finden Sie in Kapitel 6.

Abonnements in SharePoint

Eine weitere Neuerung bietet die Unterstützung von datengesteuerten Abonnements (Abbildung 1.3) und eine Auftragsverwaltung im integrierten SharePoint-Modus. Durch eine Reporting Services-Erweiterung für SharePoint wird Ihnen dabei eine bisher fehlende Oberfläche zur Erstellung und Verwaltung von Abonnements und Aufträgen nachgereicht, über welche Sie auf die Funktionen zugreifen können.

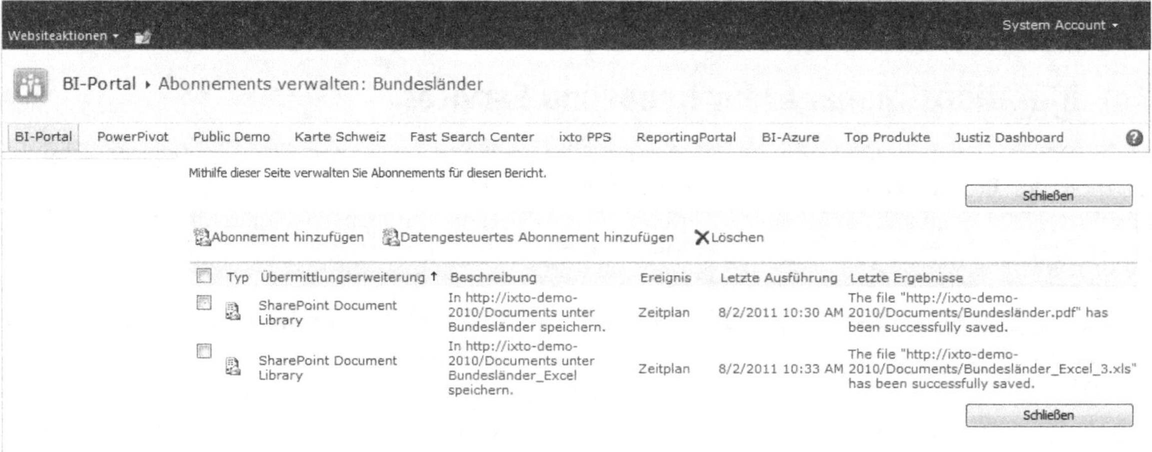

Abbildung 1.3 Abonnementverwaltung im integrierten SharePoint-Modus

Berichte entwerfen

Reporting Services 2008 R2 enthält wichtige neue Features, die dem Entwickler einen größeren Komfort bei der Berichterstellung bieten. Neue Datensteuerelemente, Datenbereiche, Datenquellentypen und das optimierte Design des Berichts-Designers ermöglichen die Erstellung einer ganz neuen Art von Berichten.

Weitere Information dazu erhalten Sie in Teil B dieses Buchs ab Kapitel 8.

Auch der Report-Generator, der mehr für den Anwender konzipiert ist, liegt nun in der neuen Version 3.0 vor. Er wurde im Gegensatz zu seinen Vorgängern wesentlich weiter entwickelt und macht bei der Bedienung zum ersten Mal richtig Spaß.

Berichts-Designer

Wer schon einmal Erfahrung mit der Erstellung von Berichten auf Basis früherer Versionen der Reporting Services sammeln konnte, wird beim neuen Berichts-Designer die Veränderungen im Arbeitsbereich schnell bemerken (Abbildung 1.4).

Die Registerkarte für den Datenbereich wurde entfernt und durch den neuen Berichtsdatenbereich ersetzt. In diesem Bereich werden nicht nur die Datasets für die Berichtsdaten erstellt und verwaltet, sondern auch die Datenquellen, die Parameter, Bilder und die integrierten Felder. Während Sie Ihren Bericht erstellen, müssen Sie den Entwurfsmodus nun nicht mehr verlassen, sondern können direkt im dauerhaft angezeigten Berichtsdatenbereich alle nötigen Arbeitsschritte durchführen.

Eine weitere Veränderung ist der neue Gruppenbereich, über den schnell und unkompliziert die vorhandenen Gruppen eines Berichts verwaltet, gelöscht und/oder neu erstellt werden können. Über das Kontextmenü erreichen Sie alle dafür benötigten Funktionen.

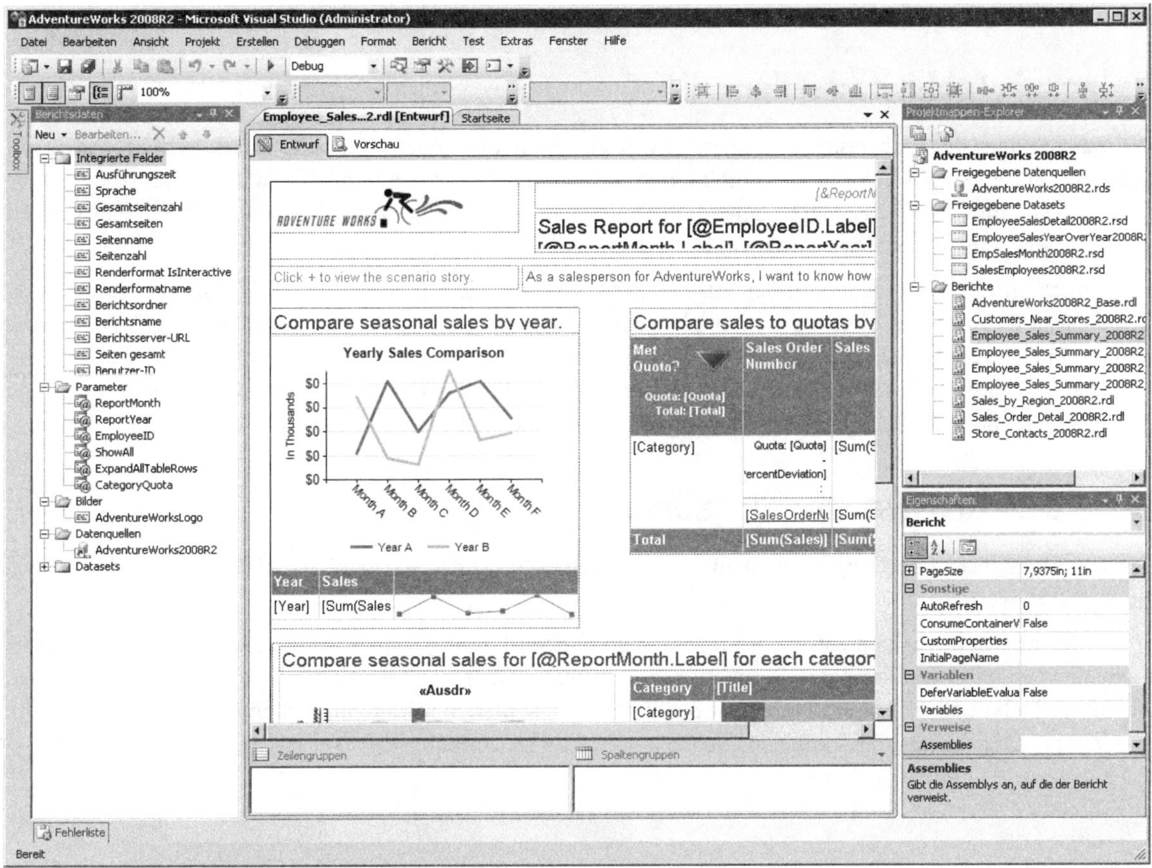

Abbildung 1.4 Die neue Oberfläche des Berichts-Designers in Microsoft Visual Studio

Freigegebene Datasets

Wie auch bei freigegebenen Datenquellen, die in vielen größeren Projekten Anwendung finden, lassen sich in Reporting Services 2008 R2 auch Datasets freigeben, um Änderungen an zentraler Stelle vornehmen zu können. Freigegebene Datasets können von allen Berichten verwendet werden. Für einen Parameter kann ein Dataset angepasst, freigegeben und so auch in anderen Berichten verwendet werden. Ähnlich wie bei Teilberichten geht auch hier die Funktionalität des Berichts-Generators über die des Berichts-Designers hinaus: Im Generator können alle freigegebenen Datasets eines Servers verwendet werden, im Designer hingegen nur die Ihres Projekts.

Berichtsteilgalerie

Die Möglichkeit, Teile eines Berichts zu veröffentlichen, besteht erst seit Version 2008 R2. Diese Teile können mit dem Berichts-Generator und dem Designer erstellt aber nur über den Generator wieder eingebunden werden. Somit können Teile wiederverwendet und in anderen Berichten eingebaut werden. Im Gegensatz zu freigebenden Datasets ist es an dieser Stelle auch möglich, ein Berichtsteil weiter anzupassen, ohne die Vorlage zu verändern.

Daten mit Tablix darstellen

Die Tabelle, eines der wichtigsten und meist genutzten Elemente bei der Erstellung von Berichten, wurde seit Reporting Services 2008 um eine wesentliche Funktion erweitert. Sie haben nun die Möglichkeit, die Vorteile einer Tabelle und die Eigenschaften einer Matrix im neuen Tablix-Element vereint zu nutzen. Von einigen wird das neue Tablix-Element bereits schon liebevoll »Mabelle« genannt.

Sie können nun beliebig viele Gruppen auf den Zeilen oder Spalten einfügen und so flexibel statische sowie dynamische Datenbereiche vermischen. Sie können auch die verschiedenen Regionen auf der Zeile und die ausgewählten Produkte dynamisch in den Spalten anzeigen. Es besteht also die Möglichkeit, komplexere Analysen zu erstellen. Des Weiteren ist es einfacher, übersichtliche Berichte zu gestalten, was wiederum einen positiven Effekt auf die Entscheidungsfindung in Ihrem Unternehmen haben kann.

Neue Berichtselemente für Tabellen

Seit 2008 R2 gibt es neue Berichtselemente, die speziell dafür konzipiert wurden, in Tabellen und Matrizen eingesetzt zu werden.

Sparklines und Datenbalken enthalten nur die wesentlichen Elemente eines Diagramms. Um so viele Information wie möglich auf geringem Raum zu repräsentieren, wird auf Legenden, Achsen und Beschriftungen verzichtet. Datenbalken zeigen einen Wert pro Zeile an und dienen so dem einfachen Vergleich von Werten; im Gegensatz dazu zeigen Sparklines normalerweise zeitliche Verläufe.

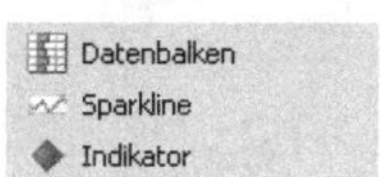

Indikatoren zeigen den Status eines Werts. Auch diese werden in Tabellen und Matrizen eingesetzt, um einen schnellen Überblick zu geben. Trends können beispielsweise anhand von Pfeilen, Abstimmungen durch Sterne und der Status über verschiedene Symbole dargestellt werden.

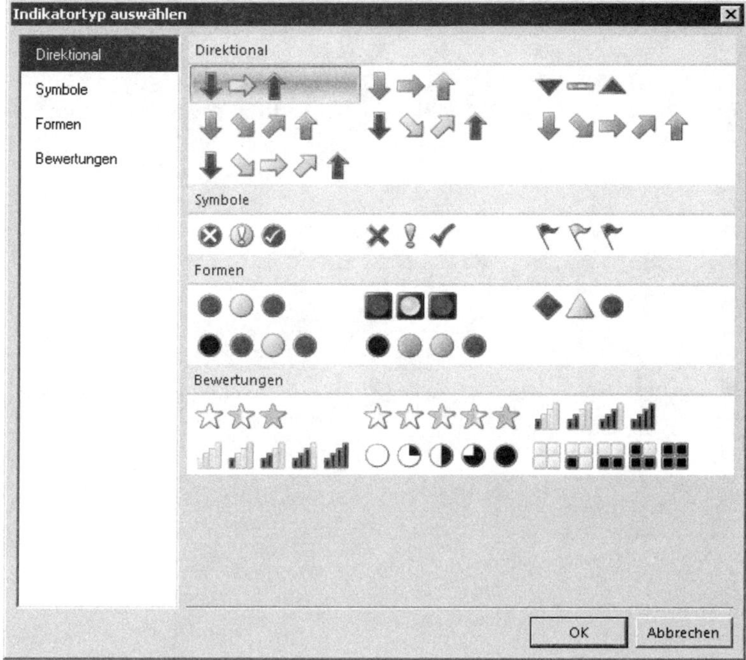

Abbildung 1.6 Verfügbare Indikatoren in Reporting Services 2008 R2

Mehr Diagrammtypen

Um mehr Möglichkeiten bei der grafischen Darstellung von Kennzahlen zu bieten, wurde das Diagrammelement um zahlreiche neue Diagrammtypen erweitert (Abbildung 1.7). In Reporting Services 2008 R2 sind eine Vielzahl neuer Diagrammtypen verfügbar, welche die Visualisierung Ihrer Kennzahlen deutlich vereinfachen. Beispielsweise werden nun Balken-/Spaltenzylinder-, Pyramide-, Netz-, Kurs-, Kerze-, Bereichsspalte-, Pareto- und Histogramm-Diagramme unterstützt.

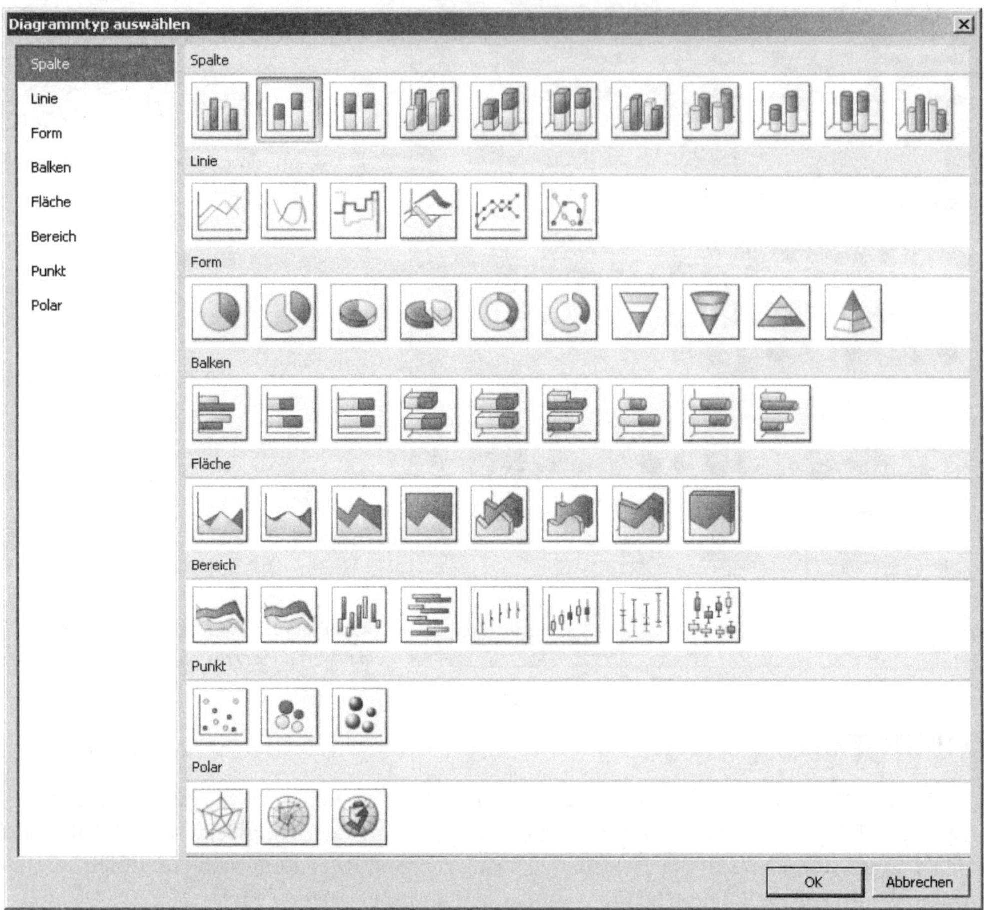

Abbildung 1.7 Verfügbare Diagrammtypen in Reporting Services 2008

Weiterhin haben Sie nun auch mehr Möglichkeiten, auf das Layout Ihrer Diagramme Einfluss zu nehmen und diese an Ihre speziellen Bedürfnisse anzupassen. Sie können jetzt flexibler die Bezeichnungen, Ausrichtungen und Färbungen einzelner Diagrammbereiche definieren, wie beispielsweise bei Legenden, Datenpunkten, Überschriften und/oder Achsenbezeichnungen. Durch die automatische intelligente Bezeichnung von Datenpunkten werden Kollisionen und Überlappungen vermieden und die Qualität Ihrer Diagramme wird dadurch erhöht.

Neue Diagrammvariante *Messgerättyp*

Ein weiteres neues Element zur Visualisierung Ihrer Kennzahlen sind *Messgerät*-Diagramme (Abbildung 1.8). Dieser Diagrammtyp wird vor allem eingesetzt, um stark verdichtete Daten wie beispielsweise Leistungskennzahlen anzuzeigen.

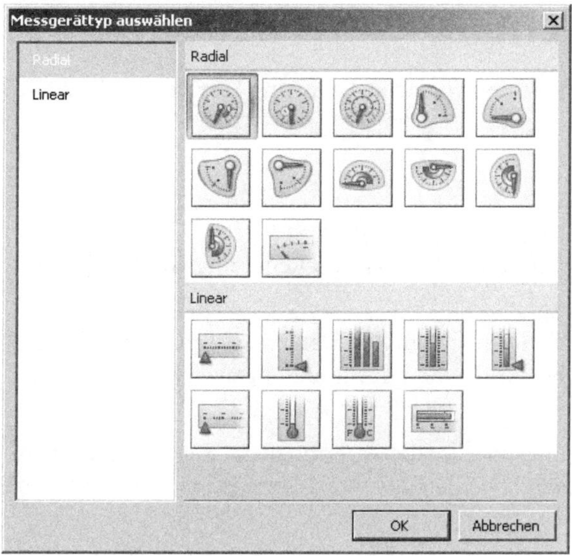

Abbildung 1.8 Neue Messgerätetypen in Reporting Services 2008 R2

Geografische Darstellung

Zur Visualisierung von Daten abhängig von ihrer geografischen Lage dient das neue Berichtselement *Karte*. Was in Versionen vor Reporting Services 2008 R2 von Drittanbietern zugekauft werden musste, ist jetzt bereits integriert. Es stehen verschiedene Karten zur Verfügung, die mit den unterschiedlichen Visualisierungstypen abgebildet werden können.

Zusätzliche Datenquellentypen

Mit der Anbindung weiterer Datenbanken bietet Microsoft nun vielfältigere Möglichkeiten bei der Erstellung neuer Berichte auf Basis von Reporting Services 2008 R2. Gleich drei neue Datenquellen ermöglichen die Anbindung bekannter Datenbankmanagementsysteme wie

- Teradata
- Hyperion Essbase
- SAP NetWeaver BI

In Reporting Services 2008 R2 sind auch SharePoint-Listen als Quelle für Berichtsdaten vorgesehen.

Nähere Informationen zur Einrichtung und Verwaltung von Datenquellen finden Sie in Kapitel 21.

RDL erweitert

In der Ausdruckssprache RDL (Report Definition Language) sind in Reporting Services 2008 R2 erstmals Aggregationen über Aggregationen möglich. Für die Angabe von Seitenzahlen in Bezug auf das gesamte Dokument gibt es neue Ausdrücke, ein Auslesen des Renderformats ist möglich und für den Excel-Export können erstmals Namen für Excel-Tabellenblätter angegeben werden.

Berichte verarbeiten und rendern

Neben den vielen Verbesserungen zur Erstellung von Berichten wurde in Reporting Services 2008 R2 auch das Berichtsverarbeitungsmodul optimiert und erweitert.

Verbesserte Renderingerweiterungen

Die bereits vorhandene Excel-Renderingerweiterung unterstützt nun auch das Rendering von Unterberichten und von geschachtelten Datenbereichen für Microsoft Excel.

Die CSV-Datenrenderingerweiterung erzeugt Inhalte, die nur noch auf den Daten basieren. Durch das Entfernen der Layoutinformationen können die Daten leichter von anderen Anwendungen eingelesen und weiterverarbeitet werden.

Zusätzlich wurde eine neue Word-Renderingerweiterung erstellt, die es ermöglicht, Berichte im Word-Dokument zu erstellen und weiterzuverarbeiten. Unterstützt werden alle Word-Formate ab Microsoft Word 2000 oder höher.

Bedarfsgesteuerte Berichtsverarbeitung

Eine neue Verarbeitungserweiterung, die sogenannte *bedarfsgesteuerte Erweiterung*, optimiert die Anzeige von Berichten mit großen Datenmengen, indem jede Seite so gerendert wird, wie sie auch angezeigt wird.

Report Viewer mit AJAX

Der Report Viewer der Version 2008 R2 verwendet AJAX (Asynchronous JavaScript and XML) für die Seitennavigation und die Interaktivität. So wird die aktuelle Scrollposition beim Öffnen eines Drilldowns beibehalten. Bereits in Version 2008 wurde das Aussehen angepasst und optimiert, um mehr Platz für den Bericht zu haben.

Das war nicht alles ...

Reporting Services 2008 R2 enthalten viele neue Funktionen und Erweiterungen, die man als Benutzer oder Administrator nicht so schnell oder gar nicht bemerkt. Ein Großteil der Neuerungen verbessert die Erstellung von Berichten und bietet mehr Möglichkeiten.

Die in diesem Kapitel gezeigten Erweiterungen und Verbesserungen umfassen noch nicht alles, was Reporting Services 2008 R2 zu bieten hat, aber es sind die Funktionen, welche die Autoren dieses Buchs am meisten begeistert haben.

Im folgenden Kapitel erfahren Sie mehr über Unternehmensberichte und wofür diese eingesetzt werden können.

Kapitel 2

Unternehmensberichte – Wofür eigentlich?

In diesem Kapitel:

Reporting Services 2008 R2 ist eine Plattform für das unternehmensweite Berichtswesen. Um aber zu verstehen, worin genau die Leistungen dieser Plattform liegen, ist es wichtig, zunächst zu betrachten, worin die Anforderungen im Berichtswesen liegen, also die Frage zu klären: Was kennzeichnet einen Unternehmensbericht?

Allgemeine Definition

Der Austausch von Informationen gewinnt im Geschäftsleben einen immer höheren Stellenwert. Diese Entwicklung ist seit Jahrzehnten zu beobachten – nicht umsonst spricht man von der Informationsgesellschaft!

Egal, wie groß oder klein eine Firma ist – ohne permanenten Zugriff auf Informationen und deren Austausch sind nur die wenigsten modernen Arbeitsplätze denkbar. Die Qualität der Informationen hat einen entscheidenden Einfluss auf die Qualität von Business-Entscheidungen. Je mehr Informationen verfügbar sind, desto schwieriger ist es, den Überblick zu bewahren. Dadurch wird die Informationsaufbereitung zum zentralen Faktor, denn je besser die Informationen präsentiert werden, desto besser werden sie aufgenommen und desto besser wird folglich auch die Qualität der auf ihnen basierenden Entscheidungen.

Eines der wichtigsten Mittel des geschäftlichen Informationsaustauschs sind Unternehmensberichte, die wir hier definieren als die Präsentation von Informationen, die in einem aufbereiteten Format mit Personen innerhalb oder außerhalb des Unternehmens im Rahmen wiederkehrender Abläufe ausgetauscht werden.

Diese Informationen können in vielen verschiedenen Formaten aufbereitet werden, z.B. als Excel-Arbeitsmappe oder als PDF-Datei. Die Auslieferung kann auf vielen Wegen realisiert werden, z.B. als ausgedruckter Bericht oder als E-Mail-Anhang. Die aufbereiteten Informationen können, als Alternative zur Auslieferung, zentral bereitgestellt werden, z.B. auf einem Dateiserver oder als HTML-Seite im Intranet. Die Aufbereitung kann auch auf Abruf erfolgen, z.B. integriert in einem Webportal wie SharePoint, in dem sich jeder die benötigten Berichte zusammenstellen kann.

Dabei ist nicht jeder Informationsaustausch und nicht jede Datenanalyse ein Unternehmensbericht laut unserer Definition. Wenn Sie beispielsweise zwecks einmaliger Beantwortung einer bestimmten Fragestellung mithilfe eines Abfragewerkzeugs Daten von einem Datenbankserver abrufen und manuell in einem Excel-Arbeitsblatt analysieren, ist das Ergebnis zwar ein Bericht, aber kein Unternehmensbericht gemäß unserer Definition, denn Sie tauschen diesen Bericht erstens eher nicht mit anderen Personen aus, da er Ihnen nur als Hilfsmittel dient und nicht präsentabel formatiert ist, und zweitens kehrt diese Aufgabe nicht genau in dieser Form wieder, Ihr Bericht ist also für den einmaligen Gebrauch bestimmt. Daher lohnt es sich für Sie nicht, den Aufwand zu betreiben, Standardstruktur und -format für diesen zu entwickeln.

Internes und externes Berichtswesen

Da Unternehmensberichte in sehr vielfältigen Zusammenhängen gebraucht werden, ist es nicht möglich, eine vollständige Liste aller möglichen Typen aufzustellen, aber die typischen Merkmale von Berichtsszenarien lassen sich folgendermaßen zusammenfassen:

- **Internes Berichtswesen** Ist das am häufigsten vorkommende Szenario, in dem Unternehmensberichte erstellt werden. Diese Kategorie umfasst den Informationsaustausch innerhalb eines Unternehmens, z.B. standardisierte Abteilungsberichte. Beispielsweise erhält ein Angestellter in einem Supermarkt täglich ausgedruckte Lagerlisten, während sein Chef in der Zentrale eine Verkaufsstatistik über alle Märkte als Excel-Arbeitsblatt per E-Mail erhält, sowohl die täglichen Zahlen als auch eine Monatsübersicht.

- **Externes Berichtswesen** Bezeichnet den Austausch von Informationen mit Personen außerhalb des Unternehmens. Dieser kann z.B. in gedruckter Form oder per E-Mail erfolgen, etwa bei Rechnungen oder Jahresberichten. Dabei wird häufig das PDF-Format eingesetzt. Der Austausch kann aber auch direkt zwischen Business-Systemen erfolgen, z.B. bei Buchungen, die in elektronischer Form zwischen Zulieferer und Hersteller ausgetauscht werden.

Typen des Berichtszugriffs

Aus der Betrachtung der Art und Weise, in der auf die Berichte zugegriffen wird, ergeben sich folgende Generalisierungen:

- **Standardberichterstellung** Basiert auf einem zentralen Speicherort, wo die Benutzer die benötigten Berichte finden können, indem sie eine Liste der verfügbaren Berichte abrufen. Typischerweise wird dieser Speicherort abgesichert, sodass Benutzer nur auf die Berichte sehen können, für die sie eine entsprechende Berechtigung haben. Die Berichte sind typischerweise entweder in einem proprietären Format der Reportingplattform oder in einem Dokumentmanagementsystem abgelegt.
- **Eingebettete Berichterstellung** Ist die Integration von Berichten in Portale oder Anwendungen von Drittherstellern oder unternehmensintern entwickelte Software. Beispielsweise lösen viele Unternehmen den internen Austausch von Budgetinformationen in Excel-Tabellen durch webbasierte Anwendungen ab, die diese Informationen übersichtlich und einheitlich darstellen. Diese Anwendungen werden beliefert durch die eingebettete Berichterstellung, die Bestandteil der verschiedenen unternehmensintern entwickelten Anwendungen, die budgetrelevante Informationen verarbeiten, ist.

Diese Unternehmensberichtsszenarien haben folgende Charakteristika gemeinsam:

- **Zentrale Speicherung** Die Berichte werden entweder zentral bereitgestellt oder direkt an die Benutzer ausgeliefert. Dabei brauchen viele Benutzer den Zugriff auf dieselben Informationen oft in unterschiedlichen Formaten. Die so gespeicherten Berichte sollten abgesichert sein, um den Zugriff auf berechtigte Nutzer zu beschränken.
- **Standardisierte Information** Wird von einem Bericht zur Verfügung gestellt, der regelmäßig aktualisiert wird. Ein solcher Bericht entspricht einem Standarddesign mit einem konsistenten Layout.

Anforderungen an moderne Berichtslösungen

Die Zunahme der zur Verfügung stehenden Informationen führt zu immer höheren Ansprüchen und immer exponierteren Berichtslösungen. Beispielsweise erwartet man von einer modernen Berichtslösung:

- Einfache Navigation in großen Berichten
- Möglichkeit der Bewegung von einem Bericht zum anderen, ohne den Kontext zu verlieren. Es muss also beispielsweise möglich sein, von einer Rechnung zu den Kundeninformationen des Bestellers zu gelangen und von dort wieder zurück.
- Zugriffsmöglichkeiten auf ältere Versionen eines Berichts, um Informationen über einen zeitlichen Verlauf vergleichen zu können
- Werkzeuge, mit denen man Daten aus verschiedenen Quellen konsolidiert in einem Bericht sehen kann

Eine unternehmensweit eingesetzte Berichtslösung muss zusätzlich die folgenden administrativen Anforderungen erfüllen:

- Flexibilität, um z.B. eine einzige Berichtsdefinition zu speichern, von der mehrere Berichte in Abhängigkeit von Parametern und Benutzerprofilen generiert werden können
- Unterstützung von Push/Pull-Paradigmen, in denen Benutzer entweder die Berichte abrufen oder diese abonnieren können, sodass ihnen diese periodisch zugestellt werden
- Berichtsmanagement über eine webbasierte Schnittstelle, damit Administratoren ihre Aufgabe erledigen können, ohne an einen Schreibtisch gebunden zu sein

Inwieweit die Reporting Services 2008 dem Anspruch gerecht werden, alle hier formulierten Anforderungen umzusetzen, können Sie anhand der nachfolgenden Kapitel selbst beurteilen.

Kapitel 3

Nutzergruppen – Wer sind die tatsächlichen Anwender?

In diesem Kapitel:

In der Regel sind viele Mitarbeiter in einem Unternehmen an der Arbeit an Unternehmensberichten beteiligt, die sich typischerweise folgenden Gruppen zuordnen lassen: Informationskonsumenten, Informationserforscher und Analysten.

Bedenken Sie, dass viele Berichtslösungen trotz Perfektion in inhaltlicher Hinsicht wenig Akzeptanz beim Nutzer finden, weil sie diesen entweder über- oder unterfordern. Zu wissen, für welchen Typ von Benutzer man seine Berichte entwickelt, ist also von entscheidender Bedeutung für den Erfolg einer Berichtslösung.

Die Informationskonsumenten

Typischerweise stellen die Informationskonsumenten mit 65 bis 80 Prozent der Gesamtnutzer die größte Gruppe. Sie verwenden am liebsten statische vordefinierte Berichte.

Viele von Ihnen bevorzugen die altmodischen ausgedruckten Berichte, die meistens von einem Mitarbeiter mithilfe eines Batchjobs ausgedruckt und dann über die Hauspost verteilt werden.

In technisch versierteren Unternehmen werden die Berichte häufig zentral auf einem Dateiserver abgelegt und nach Vertraulichkeit der enthaltenen Informationen entweder

- in einem allgemein zugänglichen Ordner,
- in einem abgesicherten Ordner oder
- individuell im Basisordner des Empfängers abgelegt.

Diese Berichte werden in der Regel in Zeitintervallen aktualisiert, z.B. quartalsweise bei internen Telefonlisten, monatlich bei Verkaufsberichten oder täglich bei Inventarlisten.

Da die Möglichkeit, Nutzern einfachen Zugriff auf eine große Menge von vordefinierten Berichten zu ermöglichen, zu den Stärken von Reporting Services zählt, gehören die Informationskonsumenten zur Hauptzielgruppe.

Obwohl es mittlerweile viele Nutzer bevorzugen, ihre Berichte online einzusehen, ist es mit Reporting Services immer noch möglich, die Berichte – meist ohne signifikanten Mehraufwand! – in Papierform auszudrucken oder per Mail zu verschicken.

In beiden Fällen können die Berichte auf zwei Arten ausgeführt werden:

- Auf Anfrage, dann sind die Daten aktuell, aber der Benutzer muss unter Umständen längere Zeit auf die Generierung des Berichts warten, oder
- nach einem Zeitplan, dann entsprechen die Daten dem Stand zur Ausführung des Berichts, sind aber sofort verfügbar.

Zur Anzeige der Berichte bietet Reporting Services 2008 R2 dieser Nutzergruppe ein Maximum an Flexibilität, denn der Konsument kann beim Abruf selbst aus einer Vielzahl von Ausgabeformaten und -geräten wählen.

Die Informationserforscher

Die Informationserforscher stellen typischerweise mit 15 bis 25 Prozent die zweitgrößte Gruppe der Nutzer. Ebenso wie die Informationskonsumenten arbeiten sie mit vordefinierten Berichten, aber sie interagieren auch mit diesen, indem sie beispielsweise Filter verwenden, um Daten zu segmentieren.

Informationserforscher starten typischerweise bei zusammenfassenden Berichten, um sich von dort aus auf detailliertere Berichte weiterzubewegen, entweder durch Drilldown, um die Details in demselben Bericht »auszuklappen«, oder per Drillthrough, um die verknüpften Information in einem separaten Bericht zu betrachten.

Die Entwicklung interaktiver Berichte für Informationserforscher ist aufwendiger als die Entwicklung statischer Berichte, aber Reporting Services bieten umfangreiche Funktionen zur Unterstützung solcher Berichte: Parameter können erzeugt werden, um Daten in der Datenquelle oder im Bericht selbst zu filtern. Die Parameterwerte können entweder vom Nutzer bei der Berichtsausführung frei gewählt werden oder der Administrator gibt die Auswahl von Parameterwerten – auch Nutzergruppenspezifisch – vor.

Für die Berichtsanzeige wird das dynamische Ein- und Ausblenden von Bereichen für die Realisierung des Drilldowns ebenso unterstützt wie die Verknüpfung von Berichten über Hyperlinks für den Drillthrough.

Die Analysten

Die Analysten stellen mit 5 bis 10 Prozent der Nutzer die kleinste Gruppe. Analysten beherrschen die Entwicklung von Freiform-Berichten, die komplexe Datenanalysen unterstützen. Diese Berichte haben typischerweise die Form von Tabellen, die Daten mit komplizierten Berechnungen wie z.B. linearer Regression oder Verteilung enthalten. Diese Berichte können schließlich auch mit Informationskonsumenten und Informationserforschern ausgetauscht werden.

Standardmäßig unterstützt Reporting Services die Bedürfnisse dieser Nutzergruppe durch die Möglichkeit, Berichte als Excel-Datei zu exportieren.

Umgekehrt kann eine Excel-Arbeitsmappe, die von einem Analysten erzeugt wurde, auch über einen Berichtsserver als Ressource zur Verfügung gestellt werden und so mit anderen Nutzern ausgetauscht werden.

Darüber hinaus kann Reporting Services aufgrund seiner erweiterbaren Architektur mit Tools von Drittanbietern um die Fähigkeit, Freiformberichte in der Reporting Services-Umgebung zu entwickeln, erweitert werden.

Kapitel 4

Projektphasen – Wie gehe ich am besten vor?

In diesem Kapitel:

Wie bereits erwähnt, ist Reporting Services R2 eine Plattform für ein unternehmensweites Berichtswesen. Der Erfolg eines Projekts für ein firmenweites Berichtsportal hängt sehr stark von der Qualität der Daten in den zugrunde liegenden Datenquellen ab. Hier kann der gesamte Funktionsumfang von SQL Server 2008 R2 verwendet werden. Darüber hinaus können weitere Softwareprodukte ins Spiel kommen.

Grundsätzlich kann man sagen, dass die Anforderungen an das Berichtswesen steigen, desto vielfältiger und umfangreicher die vorliegenden Datenquellen sind. Im Rahmen der Projektorganisation sind eine strukturierte Vorgehensweise und eine enge Abstimmung im Team von enormer Bedeutung.

Im ersten Schritt muss es Ihnen gelingen den Kunden bzw. die IT-Abteilung des Kunden davon zu überzeugen, ein solches Projekt mit Ihnen durchzuführen. Das Projekt sollte dabei in mehrere Module unterteilt werden, um es dem Kunden zu ermöglichen, steuernd einzugreifen, sich an die neue Arbeitsweise mit dem Berichtsportal zu gewöhnen oder die Datenrichtigkeit pro Modul bestätigen zu können. Typische Module könnten z.B. Produktion, Finanzen und Marketing sein.

Es empfiehlt sich, gemeinsam mit dem Kunden bzw. der Abteilung einen Zeitplan abzustimmen. Zur strukturellen Planung eines komplexen Projekts bietet sich dabei die Verwendung eines Projektmanagementwerkzeugs an. In Abbildung 4.1 sehen Sie einen mit Project 2010 erstellten Projektplan für ein Modul zur Erstellung eines firmenweiten Berichtsportals. Dabei kann die Dauer der jeweiligen Phasen von Projekt zu Projekt unterschiedlich lang ausfallen. Diese müssen daher immer wieder neu bewertet werden.

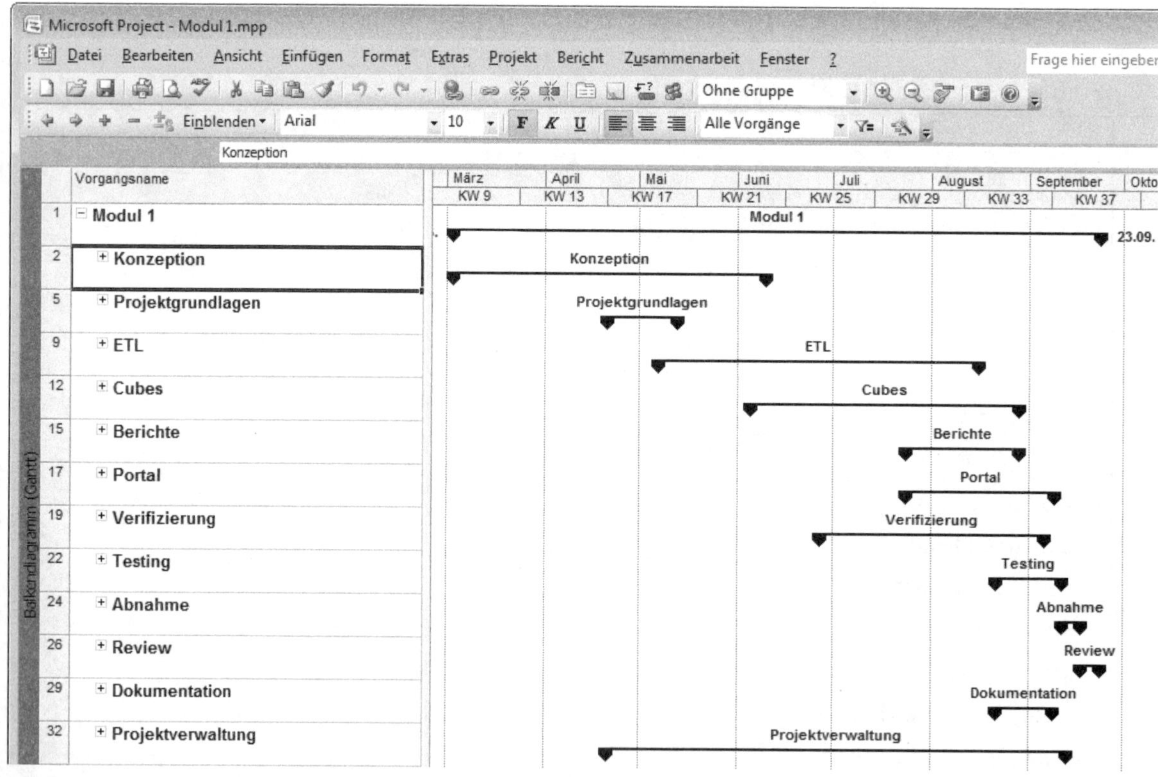

Abbildung 4.1 Mögliche Phasen eines Moduls für ein Berichtsprojekt mit Project 2007 visualisiert

Grundsätzlich lassen sich Projekte zur Erstellung eines firmenweiten Berichtsportals in mehrere Projektphasen gliedern, die in den folgenden Abschnitten erläutert sind.

Konzeptionsentwurf

Ziel dieser Phase ist es, gemeinsam mit dem Kunden die Projektziele zu dokumentieren, die Datenquellen zu identifizieren und die Anforderungen an die Berichte und das Portal konzeptionell zu definieren. Dadurch soll vermieden werden, dass zu einem späteren Zeitpunkt im Projekt Differenzen in den Erwartungen auftauchen, die dann meistens nur sehr zeit- und kostenintensiv behoben werden können. Sofern vorhanden, können hier zum Beispiel bereits existierende Beschreibungen von Analysen und Berichten des Kunden verwendet werden, um ein besseres Verständnis für die Daten und deren Aufbereitung zu bekommen.

Am Ende dieser Phase sollten für die zu verwendenden Datenquellen strukturelle und inhaltliche Beschreibungen sowie ein erstes Design der Unternehmensberichte vorliegen. Auf dem Weg von der Datenquelle zum Bericht ist es wichtig, sich über die Granularität der auszuwertenden Kennzahlen sowie deren Abfrage- und Gruppierungsparameter ein gemeinsames Verständnis zu erarbeiten.

Besonders bei großen Datenmengen sowie einer Vielzahl verschiedener Schnittstellen ist es nicht immer einfach, im laufenden Betrieb die Datenqualität auf einem konstant hohen Niveau zu halten. Aus diesem Grund sollte man frühzeitig einen Maßnahmenkatalog erarbeiten, wie mit fehlerhaften oder unvollständigen Daten umgegangen werden soll. Idealerweise wird eine Maßnahme pro Attribut einer Datenquelle definiert.

Diese erste Phase des Projekts dient auch dazu, Fragen des Kunden zur Vorgehensweise oder zur verwendeten Technologie zu beantworten.

Projektinitialisierung

Bevor mit der Projektarbeit im eigentlichen Sinne begonnen werden kann, sollte zunächst die Arbeitsumgebung des Projekts eingerichtet werden. Hierzu gehören neben der Installation der für das Projekt notwendigen Entwicklungsumgebung auch folgende Punkte:

- **VPN** Größere Datenbankprojekte werden oft zentral bereitgestellt. Dies hat dann sehr häufig zur Folge, dass Projektmitarbeiter per VPN (Virtual Private Network, virtuelles privates Netzwerk) Zugang zu Daten und der Entwicklungsumgebung erhalten. Neben der Installation der VPN-Software sollten sie auch die Bandbreite der Verbindung bereits in dieser Projektphase testen, um so spätere böse Überraschungen zu vermeiden.
- **Aufsetzen des Frameworks für das Projekt** Ab mehr als drei Projektmitarbeitern sollte man sich Gedanken über das Aufsetzen des Frameworks für das Projekt machen. Hierzu gehört neben dem Festlegen von Konventionen, wie z.B. Dateinamen, Variablennamen und Dokumentationsrichtlinien, auch das Aufsetzen einer Quellcodeverwaltung. Hier hat Microsoft einige Werkzeuge zu bieten, die jahrelang erfolgreich in der Praxis getestet wurden, wie z.B. Visual SourceSafe 2008 oder Visual Studio Team System 2010.

  Bei verteilten Entwicklungen, einfach nur zur Dokumentenverwaltung im Projekt oder zur professionellen Projektkommunikation, auch unter Einbindung des Kunden, ist die Einrichtung einer Portalseite auf Basis der mit Microsoft Windows Server-Betriebssystemen kostenlos verfügbaren SharePoint Foundation 2010 sinnvoll.
- **Datenbanken** Des Weiteren können bereits die für die Projektarbeit notwendigen Datenbanken erstellt und dem Projektteam verfügbar gemacht werden
- **Ordnerstruktur** Für die Ablage von Projektdateien und der Quelldaten aus den Vorsystemen sollte vorab eine Ordnerstruktur erarbeitet und erstellt werden

Wie bereits zu Beginn dieses Kapitels erwähnt, ist die Datenqualität eines der wichtigsten Kriterien für den Projekterfolg. Daher sollte frühzeitig eine inhaltliche Analyse der Datenquellen erfolgen.

Um alle Risiken eines Datenaustauschs rechtzeitig identifizieren zu können, sollte die Bereitstellung der Daten für den inhaltlichen Test möglichst frühzeitig über das für den Livebetrieb anvisierte Verfahren geschehen. So können implizit Verbindungs- bzw. Übertragungstests durchgeführt werden. Unter anderem kann auf diese Art und Weise bereits festgestellt werden, ob es bei der Datenbereitstellung zu Problemen mit unterschiedlichen Zeichensätzen oder der Performanz der Übertragung kommen kann.

Ziel der inhaltlichen Analyse ist die Sicherstellung der Lesbarkeit der Daten, die Feststellung von Formatunterschieden der tatsächlich übertragenen Dateien im Vergleich zu den Schnittstellenbeschreibungen aus der Konzeptionsphase der Daten und die Sicherstellung der Güte der enthaltenen Daten.

Datenzugriff und ETL

Nachdem nun in der vorhergegangenen Phase die quantitativen, qualitativen und strukturellen Eckdaten des Datenzugriffs festgelegt wurden, beginnt in dieser Phase die Implementierung der Datenzugriffe. Diese Datenerfassung erfolgt entweder direkt über ein transaktionsorientiertes, »operatives« System oder mittels Überführung in ein Data Warehouse. Im zweiten Fall wird hierfür der im Business Intelligence etablierte Begriff *ETL* verwendet. Dabei steht *ETL* für »Extraktion«, »Transformation« und das »Laden« von Daten. Mit den Integration Services erhält Microsoft SQL Server 2008 R2 ein sehr mächtiges Werkzeug, mit dem viele Aufgabenstellungen in Zusammenhang mit ETL-Prozessen umgesetzt werden können.

Neben der reinen Verarbeitung der Daten erfolgt in dieser Phase auch die Implementierung der Verfahren im Umgang mit ETL-Problemen, also der Maßnahmen zu fehlenden oder unvollständigen Datensätzen.

Es treten bei der *Extraktion* fast immer die folgenden Problemfelder auf:

- Eine oder mehrere externe Datenquellen sind nicht verfügbar
  - Das kann durch den Ausfall der zugrunde liegenden Hardware der Datenquelle oder
  - durch Ausfall der Verbindung auftreten.
- Die Übertragung mittels FTP und/oder IP aus der Datenquelle ist zu langsam
- Die Bereitstellung der Datenquelle aus dem Vorsystem erfolgt zu spät
- Das Dateiformat ist fehlerhaft

Während der *Transformation* sollten Sie beispielsweise mit folgenden Herausforderungen rechnen:

- Es hat Änderungen an der Schnittstellenspezifikation seit der Konzeptionsphase gegeben
- Innerhalb einer Schnittstelle treten unterschiedliche Datumsformate auf
- Innerhalb einer Schnittstelle treten unterschiedliche Währungsformate auf
- Anforderungen an Mehrsprachigkeit
- Die Schnittstellenspezifikation ist fehlerhaft
- Die Stammdatenzuordnungen sind fehlerhaft

Letzteres kann sowohl innerhalb einer Schnittstelle als auch schnittstellenübergreifend auftreten.

Stellen Sie sich zum Beispiel vor, dass Sie aus zwei verschiedenen Datenquellen einen Verweis auf Produkte erhalten, die inhaltlich unterschiedlich sind. Hier kann es notwendig werden, die verschiedenen Produkte vorab in Relation zu setzen, um die Daten korrekt verarbeiten und auswerten zu können.

Auf jeden Fehlerfall muss die Verarbeitungslogik angemessen reagieren können. Legen Sie gemeinsam mit dem Kunden fest, wann

- ein *Komplettabbruch* erfolgen soll,
- ein *Teilabbruch* erfolgen soll,
- der Prozess unter *Erzwingung einer künstlichen Datenintegrität* weitergeführt werden soll oder
- alle *verfügbaren Datenquellen verarbeitet* werden sollen, ohne Fehlende zu berücksichtigen.

Bitte beachten Sie, dass ein Teilabbruch oder das Einlesen der verfügbaren Datenquellen zu inkonsistenten Datenbeständen führen kann. In diesem Zusammenhang ist es sehr zu empfehlen, durch die Einführung eines generellen Protokollierungsverfahrens Fehler und Maßnahmen des Systems aufzuzeichnen und so auch im Nachhinein analysierbar zu machen (Abbildung 4.2).

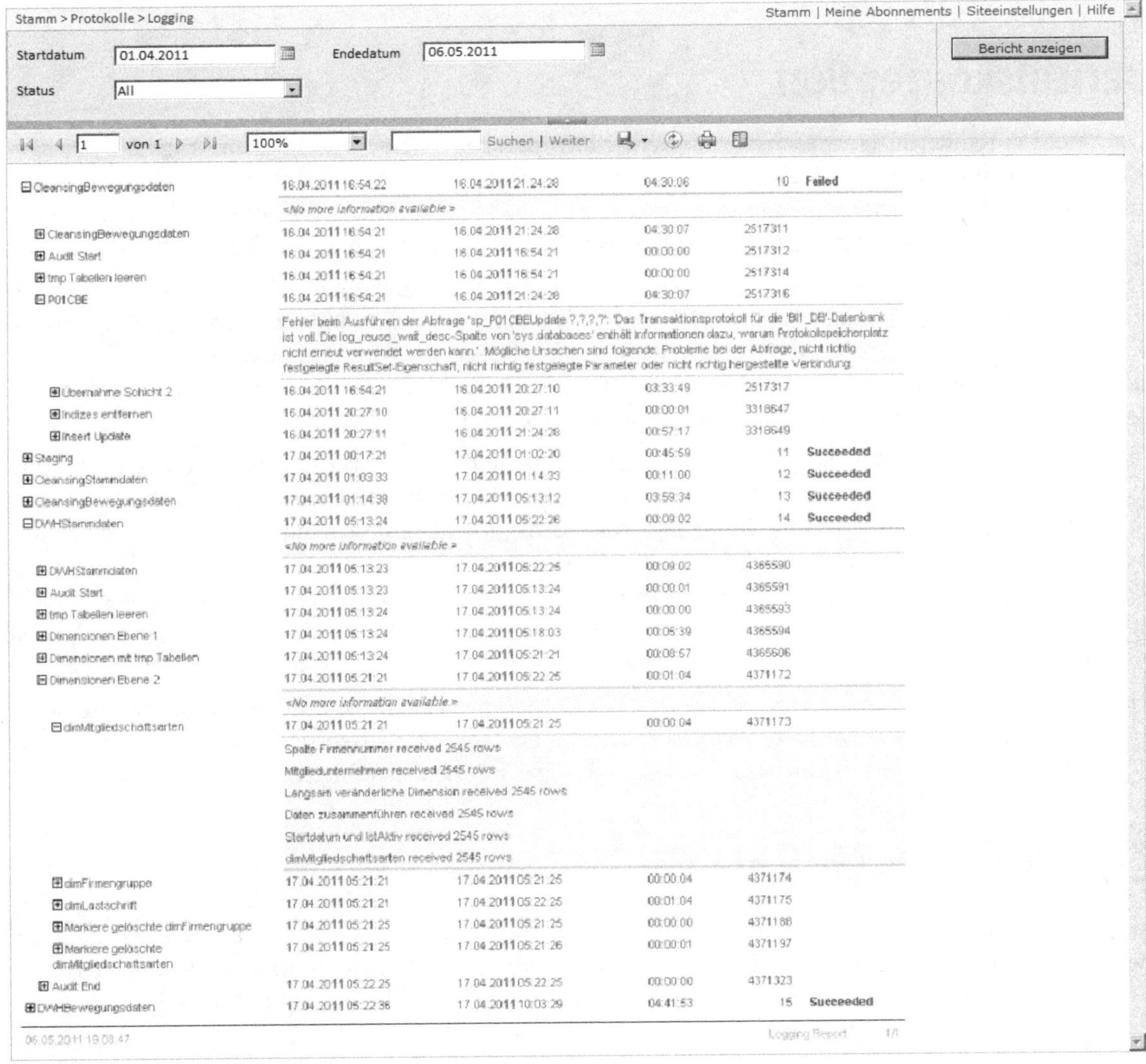

Abbildung 4.2 Beispiel zu einem Protokollierungsbericht für ETL-Pakete

Bei der Erstellung firmenweiter Berichtsportale wird aus unserer Erfahrung kundenseitig oftmals die Bedeutung der zugrunde liegenden Stammdaten heruntergespielt bzw. einfach nicht gesehen. Achten Sie daher immer darauf, dass frühzeitig festgelegt wird,

- ob Stammdaten automatisiert zur Verfügung gestellt werden können bzw. etablieren Sie gemeinsam mit dem Kunden einen Prozess, auf welchem Weg und in welchem Zyklus aktualisierte Stammdaten manuell verfügbar gemacht werden können.
- ob Stammdaten historisiert werden müssen. Historisierung bedeutet die Speicherung von Daten aus der Vergangenheit, die es ermöglicht, auch im Nachhinein Situationen zu analysieren, zu rekonstruieren und untereinander zu vergleichen. Zieht ein Kunde beispielsweise um und wechselt dabei den Verkaufsbezirk und Sie haben den Kunden nicht historisiert, wird bei einer Auswertung der Daten vor dem Umzug eine Zuordnung auf den neuen Verkaufsbezirk erfolgen. Dies kann historische Auswertungen unter Umständen extrem verzerren.

Berichtskonzeption

Wie bereits in Kapitel 2 beschrieben, sind Unternehmensberichte eines der wichtigsten Mittel des geschäftlichen Informationsaustauschs. Da Informationen mit Personen innerhalb oder außerhalb des Unternehmens im Rahmen wiederkehrender Abläufe ausgetauscht werden, ist es wichtig dafür Sorge zu tragen, dass alle Berichte auf definierten Vorlagen beruhen. Mit diesem Thema befasst sich die Phase der Berichtskonzeption.

Sofern möglich, sollten Sie frühzeitig die Datenbank bzw. das Data Warehouse, auf Basis dessen die Berichte erstellt werden, vollständig und verständlich beschreiben. Diese Dokumentation der verfügbaren Daten bildet die Basis für die Mitarbeiter, die letztlich die Berichte erstellen. Hierdurch verschwindet die Notwendigkeit, dass jeder Mitarbeiter, der Berichte erstellt, gleichzeitig tiefe Kenntnisse über die Datenquellen und deren Verarbeitung haben muss und ermöglicht so das Arbeiten in getrennten Teams.

Um den Wiedererkennungswert der Unternehmensberichte signifikant zu steigern, sollten Sie mit dem Kunden ein Darstellungskonzept für Berichte und Scorecards erarbeiten. Idealerweise sollte jedes Objekt auf einem Unternehmensbericht durch Festlegung von Form, Schrift, Rahmen und Farbe eine einheitliche Bedeutung erhalten. Identifizieren Sie möglichst viele Arten von Berichten sowie Diagrammen und erstellen Sie Vorlagen dafür. Auf diese Art und Weise stellen Sie nicht nur sicher, dass ein Bericht innerhalb eines wiederkehrenden Ablaufs immer auf die gleiche Art erstellt wird, sondern erreichen zudem, dass die Aussage von Berichten, die auf einer Vorlage beruhen, wesentlich einfacher abgelesen werden kann.

Ziel der Berichtskonzeptionsphase ist es zudem, die Anforderungen an die zu erstellenden Berichte zu dokumentieren. Wenn sie zu diesem Zeitpunkt über die Dokumentation der Datenbasis und die Berichtskonzeption verfügen, können Sie sich nun ganz der Beschreibung der Berichtsparameter und -inhalte widmen.

Erstellung der Berichte

Auf Basis des in der vorhergehenden Phase erstellten Anforderungsprofils erfolgt nun die Umsetzung der Berichte. Für wiederkehrende Anforderungen an Parameter oder z.B. Mehrsprachigkeit kann, sofern eine Vielzahl von Berichten erstellt und gewartet werden muss, die Erstellung einer Bibliothek, in der diese Funktionen gebündelt sind, eine deutliche Arbeitserleichterung bedeuten.

Sofern die Einbindung der Berichte beispielsweise in SharePoint gewünscht ist, sollten an dieser Stelle nun auch die Portalanforderungen umgesetzt werden. Die Erstellung des Portals ist in den meisten Fällen eine eigenständige Phase, da nicht nur Berichte visualisiert werden, sondern Workflow, Dokumentenlisten usw. abzubilden sind.

Tests und Datenvalidierung

Planen Sie zu Beginn des Projekts genügend Zeit für Tests und Datenvalidierung ein. Dabei sollten je nach Komplexität der Anforderungen und der Datenquellen für die Dauer der Testverfahren etwa 25 bis 50 Prozent der Entwicklungsdauer zugrunde gelegt werden.

Die eigentlichen Tests sollten in zwei Schritten erfolgen:

1. Analyse der Daten durch das Projektteam und
2. Analyse der Daten durch den Kunden.

Idealerweise haben Sie bereits zu Beginn des Projekts die Mitwirkungsleistungen des Kunden besprochen und über die Ressourcen, die kundenseitig bereitgestellt müssen, ein gemeinsames Verständnis erlangt.

Dokumentation und Abnahme

Bei Projekten mit externen Kunden ist die Abnahme, sofern sie auf Basis eines Werkvertrags entwickelt wurde, normalerweise eine zwingende Voraussetzung für die Fälligkeit der Vergütung. Aber auch bei internen Kunden sollten Abnahmekriterien festgelegt werden. Diese sollten mindestens Folgendes umfassen:

- Definierte Testfälle
- Angemessene Reaktionszeiträume
- Mindestens ein einfaches Abnahmeprotokoll

Üblicherweise wird nach erfolgter Abnahme die vereinbarte Dokumentation an den Kunden übergeben.

Bei Softwaredokumentationen muss im Wesentlichen zwischen den folgenden zwei Typen unterschieden werden:

- **Benutzerdokumentation** Diese Dokumentation dient dazu, dem Anwender den Umgang mit dem unternehmensweiten Berichtswesen zu erklären. Sie sollte daher in einer für den Benutzer verständlichen Sprache verfasst sein. Teil dieser Dokumentation ist unter anderem die Beschreibung der Datenquellen.
- **Dokumentation des Quellcodes** Sofern mehrere Personen am Projekt beteiligt sind, reicht es oft nicht aus, lediglich den Quellcode zu übergeben. Zu Beginn des Projekts sollte eine Konvention für die Dokumentation im Quellcode festgelegt werden. Diese Dokumentation ist normalerweise sehr technisch orientiert.

Schulung und Einarbeitung

Diese Phase wird häufig nicht so richtig beachtet. Zum einen besteht die Erwartungshaltung, dass sich das Berichtsportal im Grunde selbst erklärt und zum anderen wird der Mehrwert von den Anwendern nicht ganz erkannt oder gar angezweifelt.

Daher sollten Sie immer darauf bestehen,

- den Administratoren und/oder Verantwortlichen die Aufbereitungsphasen für die Daten zu erläutern und Prozesse zum Eingreifen bei Datenproblemen zu etablieren,
- ausgewählten Benutzern aus den beteiligten Abteilungen das Berichtsportal und den Umgang mit den zusätzlichen Funktionalitäten näherzubringen
- und für sogenannte Poweruser die Ebene unter den Berichten, also Data Warehouse oder Cubes, für tiefergehende Analysen zugänglich zu machen, um das Vertrauen in die Daten zu erhöhen.

Zusammenfassung

In diesem Kapitel haben Sie einen Überblick zu den Phasen für ein firmenweites Berichtswesen erhalten. Auf dass die kommenden Projekte mit Erfolg abgeschlossen werden und auf große Akzeptanz stoßen.

Im folgenden Kapitel erfahren Sie mehr über die Architektur von Reporting Services, bei der es einige Veränderungen gegenüber der letzten Version gegeben hat.

Kapitel 5

Architektur – Die nächste Generation

In diesem Kapitel:

Für eine sinnvolle Arbeit mit den Microsoft SQL Server Reporting Services sollten Sie über ein grundlegendes Verständnis ihrer Architektur verfügen. Wir wollen Ihnen in diesem Kapitel diese Architektur in Grundzügen vorstellen – allerdings nicht als ein starres und komplexes Gebilde, dessen Bestandteile erläutert werden, sondern anhand einer einzelne Phasen durchlaufenden Schrittfolge, die als Reporting Life Cycle bezeichnet wird, d.h. als Berichtslebenszyklus, in dem nach und nach verschiedene Komponenten zum Tragen kommen.

Reporting Life Cycle (Berichtslebenszyklus)

Wenn vom Lebenszyklus eines Berichts die Rede ist, so deutet dies auf die natürlicherweise zunächst zeitlich aufeinander folgenden, dann regelmäßig zu durchlaufenden Phasen der Entwicklung, der Verwaltung und der Nutzung eines Berichts hin.

Entwicklung von Berichten

In der Entwicklungsphase erstellen Sie mithilfe eines Berichtsentwurfstools, z.B. mit dem Berichts-Designer (Microsoft SQL Server Report Designer), der in der Entwicklungsumgebung (SQL Server Business Intelligence Development Studio) von Visual Studio integriert ist, eine Berichtsdefinition. Während Sie mit dem Berichtsentwurfstool einen Bericht entwickeln, d.h. die Berichtsinhalte, z.B. Daten und Bilder, festlegen und das Layout entwerfen, wird gewissermaßen im Hintergrund eine auf RDL basierende Berichtsdefinition erzeugt.

HINWEIS RDL steht für Report Definition Language (Berichtsdefinitionssprache) und ist eine XML-Grammatik, die die Struktur eines Berichts vollständig definiert. Die beim Entwickeln des Berichts entstehende *rdl*-Datei (Berichtsdefinitionsdatei) enthält also die Anweisungen, die das Layout beschreiben, und die Abfrage, mit der bei Ausführung des Berichts die Berichtsdaten abgerufen werden. Wir werden uns in Kapitel 27 ausführlicher mit der Berichtsdefinitionssprache beschäftigen.

Die Entwicklungsphase des Berichts umfasst insbesondere die folgenden Schritte:

- Erstellung des Berichts, d.h. die Erzeugung einer *rdl*-Datei
- Herstellen einer Verbindung zu einer Datenquelle
- Erstellung einer Abfrage zum Abrufen der Daten (die später dann in Form von Feldern auf die Entwurfsoberfläche gezogen werden können)
- Entwurf des Berichtslayouts durch Ziehen von Tabellen-, Matrix-, Diagramm- und anderen Berichtselementen auf die Entwurfsoberfläche
- Hinzufügen der abgefragten Daten zum Berichtslayout durch Ziehen von Feldern auf die Berichtselemente
- Anpassung des Layouts und die Bearbeitung der Datendarstellung durch Gruppierungen und Ausdrücke
- Bereitstellung des Berichts auf einem Berichtsserver, um ihn zur allgemeinen Nutzung zur Verfügung zu stellen

Sie werden später in diesem Buch ab Kapitel 8 ausführlich die Entwicklung von Berichten kennenlernen. Dort werden Sie als Berichtsentwurfstool den Berichts-Designer benutzen, den wir Ihnen ab Seite 53 etwas näher vorstellen werden.

Management von Berichten

Mit den Microsoft SQL Server 2008 R2 Reporting Services haben Sie die Möglichkeit, Berichte und zugehörige Elemente von einem zentralen Ort aus zu verwalten. Neben Berichten können Sie von hier aus Ordner, Datenquellenverbindungen und Ressourcen verwalten. Für diese Elemente lassen sich Sicherheitseinstellungen vornehmen, Eigenschaften und geplante Vorgänge definieren, freigegebene Zeitpläne und freigegebene Datenquellen erstellen, die Sie zur allgemeinen Nutzung zur Verfügung stellen können.

Das Management von Berichten ist nicht nur Berichtsserveradministratoren, sondern auch den Nutzern möglich. Während Berichtsadministratoren die Features für die Nutzer aktivieren, Standardwerte festlegen, Ordner und freigegebene Objekte (z.B. freigegebene Zeitpläne und freigegebene Datenquellenverbindungen) verwalten können, haben die Nutzer die Möglichkeit, Berichte in einem persönlichen Arbeitsbereich (mit dem Namen *Meine Berichte)* zu publizieren und zu verwalten. Allerdings sind die hier gewährten Möglichkeiten abhängig von den Berechtigungen, die einem Nutzer jeweils zugewiesen werden können.

Zum Management von Berichten gehören beispielsweise:

- Organisation der Berichterstellungsumgebung durch Hinzufügen neuer Ordner zum Speichern von Berichtssammlungen
- Aktivierung von Features wie *Meine Berichte*, *Berichtsverlauf* und *E-Mail-Übermittlung*
- Bedarfsgerechte Anpassung des Standardsicherheitsmodells, um den Zugriff auf Ordner und Berichte durch rollenbasierte Sicherheit zu schützen
- Erstellung freigegebener Zeitpläne und freigegebener Datenquellen, die zur allgemeinen Verwendung zur Verfügung gestellt werden sollen

Diese Berichtsverwaltungsaufgaben können ausgeführt werden, indem über einen Browser auf einen Berichtsserver zugegriffen wird. Sie können die vorhandenen Ordner, Features, Standardwerte und Sicherheitseinstellungen eines neu installierten Berichtsservers aber auch ohne weitere Anpassung verwenden.

Sie werden später in diesem Buch ab Kapitel 19 ausführlich das Management von Berichten kennenlernen. Dort werden Sie als Berichtsverwaltungstool den Berichts-Manager benutzen, den wir Ihnen ab Seite 54 noch vorstellen werden.

Ausgabe von Berichten

In der letzten Phase geht es schließlich um die Ausgabe von Berichten, für die es zwei Methoden gibt, die häufig mit den englischen Begriffen *pull* (ziehen) und *push* (stoßen) bezeichnet werden:

Pull-Berichte

Der Nutzer kann je nach Bedarf auf die gewünschten Berichte zugreifen, indem er z.B. in der Ordnerhierarchie des Berichtsservers zu einem Bericht navigiert und ihn ausführt. Bedarfsgesteuerte Berichte können mit einem Browser oder mithilfe des Berichts-Managers angezeigt werden.

Bei Einsatz eines Browsers kann ein Bericht über eine Direktverbindung zu einem Berichtsserver angezeigt werden. Für jeden Bericht gibt es auf einem Berichtsserver eine URL-Adresse, die eingegeben werden muss, um den Bericht zu öffnen. Eine Berichts-URL enthält den Namen des Webservers, den Namen des virtuellen Verzeichnisses des Berichtsservers, den Pfad zum Bericht und den Namen des Berichts.

Da die URL eines Berichts nicht immer bekannt oder häufig auch zu komplex ist, kann alternativ auf den Berichtsserver verwiesen werden, indem das virtuelle Verzeichnis des Berichtsservers angegeben wird, um eine Browserverbindung im Stammknoten der Ordnerhierarchie zu öffnen. Dann kann in die Ordnerhierarchie des Berichtsservers navigiert werden, um den gewünschten Bericht auszuwählen. Berichte und Elemente werden in der Ordnerhierarchie als Verknüpfungen dargestellt. Der Nutzer klickt auf Verknüpfungen, um einen Bericht auszuführen, eine Ressource oder einen Ordner zu öffnen sowie den Inhalt einer freigegebenen Datenquelle anzuzeigen.

Bei Einsatz des Berichts-Managers (über den Sie ab Seite 54 noch mehr erfahren) muss ein Nutzer, der Reporting Services nicht auf seinem Computer installiert hat, die URL des Berichts-Managers eingeben, d.h. den Namen des Webservers und den virtuellen Verzeichnisnamen *Reports*. Wenn der Nutzer die Reporting Services auf seinem Computer installiert hat, kann er den Berichts-Manager über einen Browser öffnen, indem er über die Adressleiste die URL *http://{Berichtsservername}/reports* ansteuert.

Der Berichts-Manager zeigt dann einen oder mehrere Ordner an, auf die der Nutzer klicken kann, um die darin befindlichen Berichte aufzulisten. Durch Klicken auf einen Berichtsnamen wird schließlich der Bericht geöffnet. Je nach Beschaffenheit des Berichts kann es sein, dass der Nutzer einen Benutzernamen und ein Kennwort oder aber einen Parameterwert angeben muss. Bei einer Vielzahl von Ordnern und Berichten kann es sich auch als nützlich erweisen, einen Bericht nach seinem Namen zu suchen, indem ein Teil des Namens oder der ganze Name im Feld *Suchen nach* oben auf der Seite eingeben wird.

Push-Berichte

Eine Alternative zum Ausführen eines Berichts je nach Bedarf stellen Abonnements bereit. Während der Nutzer jedes Mal, wenn er einen bedarfsgesteuerten Bericht anzeigen möchte, bestimmte Schritte ausführen muss, kann mithilfe von Abonnements die Übermittlung des aktuellsten Berichts automatisiert werden.

Ein Abonnement ist eine Anforderung zur Übermittlung eines Berichts zu einem bestimmten Zeitpunkt oder als Reaktion auf ein Ereignis, mit der anschließenden Darstellung des Berichts auf eine vorher definierte Weise. Durch Abonnements werden die Berichte automatisch generiert und an ein Ziel übermittelt.

Es werden zwei verschiedene Arten von Abonnements unterstützt. Standardabonnements werden vom jeweiligen Nutzer erstellt und verwaltet. Datengesteuerte Abonnements generieren zur Laufzeit eine Abonnentenliste und diverse Übermittlungsoptionswerte. Für datengesteuerte Abonnements sind Fachkenntnisse im Erstellen von Abfragen und Kenntnisse der Verwendungsweise von Parametern erforderlich, sodass sie weniger von einem Nutzer als vielmehr von Berichtsserveradministratoren erstellt und verwaltet werden.

Für den automatischen Empfang von Berichten abonniert ein Nutzer einen oder mehrere bestimmte Berichte. Bei der Ausführung eines Berichts wird der Benutzer dann entweder darüber benachrichtigt, dass der Bericht nun verfügbar ist, oder er erhält zeitnah über eine E-Mail-Nachricht eine Kopie des Berichts.

HINWEIS Abonnements verwenden verschiedene Übermittlungserweiterungen, um einen Bericht auf eine bestimmte Weise und in einem bestimmten Format auszugeben. Wenn ein Nutzer ein Abonnement erstellt, kann er eine der verfügbaren Übermittlungserweiterungen auswählen, um festzulegen, wie der Bericht übermittelt wird.

Ein Abonnement besteht aus den folgenden Bestandteilen:

- Einem Bericht, der unbeaufsichtigt ausgeführt werden kann, d.h. dass der Bericht gespeicherte Anmeldeinformationen verwendet (oder keine Anmeldeinformationen, wovon allerdings abzuraten ist)

- Einer Übermittlungsmethode (z.B. E-Mail) und Einstellungen für den Übermittlungsmodus (z.B. E-Mail-Adresse)
- Bedingungen für die Verarbeitung des Abonnements als Reaktion auf Ereignisse, die regelmäßig zeitbasiert sein können (z.B. an bestimmten Wochentagen zu einer bestimmten Uhrzeit) oder auch unbestimmt (z.B. wenn ein Bericht als Momentaufnahme (Snapshot) und das Abonnement bei jeder Aktualisierung der Momentaufnahme ausgeführt wird)
- Parametern (optional) zum Ausführen des Berichts

Wenn Sie einen Bericht ausführen, wird auf dem Berichtsserver das Layout aus der Berichtsdefinition mit den Daten aus der Datenquelle kombiniert und der Bericht in einem angegebenen Format gerendert. Dazu werden unterschiedliche Erweiterungen verwendet: Über eine Datenverarbeitungserweiterung werden die Daten basierend auf dem Typ der Datenquelle abgerufen und über eine Renderingerweiterung wird die Berichtsausgabe entsprechend dem ausgewählten Format bereitgestellt. Durch Verwendung verschiedener Erweiterungen können die Verarbeitung der Daten und das Rendering des Berichts geändert werden.

Sie haben in diesem Abschnitt viele Begriffe gelesen, die Ihnen vielleicht noch unbekannt sind. Sie werden später in diesem Buch, insbesondere ab Kapitel 34, mehr über die Methoden zur Ausgabe von Berichten erfahren.

Berichts-Designer

Wir haben weiter vorne in diesem Kapitel als Berichtsentwurfstool, mit dem in der Entwicklungsphase üblicherweise gearbeitet wird, den Berichts-Designer (Microsoft SQL Server Report Designer) erwähnt, der nach der Installation der Reporting Services in der Entwicklungsumgebung (SQL Server Business Intelligence Development Studio) von Visual Studio integriert ist. Eine kompaktere Version des Visual Studio wird dem SQL Server 2008 entsprechend mitgeliefert. Mit dem Berichts-Designer erstellen Sie in der Entwicklungsumgebung von Visual Studio zunächst ein oder mehrere Berichtsprojekte, denen Sie dann Berichte hinzufügen. Dabei kann es sich um tabellarische Berichte, Matrix- oder formfreie Berichte (die Tabellen, Matrizen und beliebig viele andere Elemente enthalten können) handeln. Zur Erstellung von tabellarischen Berichten und Matrixberichten (die auch als Kreuztabellen- oder PivotTable-Berichte bezeichnet werden) können Sie darüber hinaus auch auf den in der Entwicklungsumgebung integrierten Berichts-Assistenten zurückgreifen, der Ihnen in Kapitel 8 vorgestellt wird.

Beim Entwickeln eines Berichts haben Sie die Möglichkeit, den Bericht lokal zu testen, ohne ihn sofort auf einem Berichtsserver publizieren zu müssen. Im Berichts-Designer werden dann dieselben Datenverarbeitungs- und Renderingerweiterungen wie auf dem Berichtsserver verwendet, um sicherzustellen, dass der Bericht beim Entwickeln genauso angezeigt wird, wie später den Nutzern beim Ausführen vom Berichtsserver aus.

Mit dem Berichts-Designer können die Berichte dann schließlich auch auf einem Berichtsserver publiziert werden. Das Publizieren oder Weitergeben eines Berichts erfolgt mit dem *Buildprozess* von Visual Studio. Der Berichts-Designer stellt den Bericht auf dem von Ihnen ausgewählten Berichtsserver bereit. Danach können die Eigenschaften und Sicherheitseinstellungen mit einem Berichtsverwaltungsprogramm wie dem Berichts-Manager verwaltet werden.

Sie werden die Arbeit mit dem Berichts-Designer ausführlich ab Kapitel 8 kennenlernen.

Berichts-Manager

Der Berichts-Manager ist ein webbasiertes Zugriffs- und Verwaltungstool für Berichte, das in den Reporting Services enthalten ist. Mit dem Berichts-Manager können die folgenden Aufgaben ausgeführt werden:

- Anzeigen, Suchen und Abonnieren von Berichten
- Erstellen und Verwalten von Ordnern, verknüpften Berichten, Berichtsverlauf, Zeitplänen, Datenquellenverbindungen und Abonnements
- Festlegen von Eigenschaften und Berichtsparametern
- Verwalten von Rollendefinitionen und -zuweisungen, die den Zugriff der Nutzer auf Berichte und Ordner steuern

Der Berichts-Manager stellt dem Nutzer eine Weboberfläche für den Zugriff auf einen Berichtsserver bereit. Diese Oberfläche besteht aus verschiedenen Webseiten und integrierten Steuerelementen. Die Seiten dienen zum Anzeigen von Elementen, zum Festlegen von Eigenschaften sowie zum Erstellen und Ändern von Abonnements, Zeitplänen, freigegebenen Datenquellen und Rollen. Dabei greift der Nutzer auf die auf einem Berichtsserver gespeicherten Elemente zu, indem er durch die Ordnerhierarchie navigiert und auf Elemente klickt, die er anzeigen oder aktualisieren möchte.

Welche Aufgaben im Berichts-Manager ausgeführt werden können, hängt von der einem Nutzer zugewiesenen Rolle ab. Ein Nutzer, dem eine Rolle mit vollen Berechtigungen zugewiesen wurde, beispielsweise als Berichtsserveradministrator, hat Zugriff auf sämtliche Anwendungsmenüs und Seiten. Einem Nutzer, dem eine Rolle mit der Berechtigung zum Anzeigen und Ausführen von Berichten zugewiesen wurde, werden dagegen nur die Menüs und Seiten angezeigt, die diese speziellen Aktivitäten unterstützen.

Es können auch mehrere Rollen einem Nutzer zugewiesen werden. Jeder Nutzer kann über verschiedene Rollenzuweisungen für verschiedene Berichtsserver oder sogar für die verschiedenen Berichte und Ordner auf einem einzelnen Berichtsserver verfügen. Wenn Sie sich kundig gemacht haben, wie sich die jeweils zugewiesenen Rollen auf die Interaktionen mit Tools, Berichten und Berichtsservern auswirken, können Sie voraussehen, welche Vorgänge einem Nutzer zu einem bestimmten Zeitpunkt zur Verfügung stehen.

Um den Berichts-Manager auszuführen, gibt der Nutzer die URL des Berichts-Managers in die Adressleiste eines Webbrowsers ein, d.h. den Namen des Webservers und den virtuellen Verzeichnisnamen *Reports*.

Der Berichts-Manager wird bei der Installation auf demselben Computer wie der Berichtsserver installiert.

HINWEIS Sie werden die Arbeit mit dem Berichts-Manager ausführlich ab Kapitel 19 näher kennenlernen.

Berichts-Generator 3.0

Der Berichts-Generator ist ein Tool, welches Ihnen ermöglicht, Informationen zu durchsuchen, ohne dass Sie die Datenquellenstruktur verstehen müssen. Um dieses Ziel zu erreichen, können Sie mit dem Berichts-Generator Ad-hoc-Berichte erstellen.

Die Oberfläche des Berichts-Generator, den Sie vom Berichtsserver herunterladen und installieren, ist an vertraute Microsoft Office-Paradigmen angelehnt, sodass Sie einen schnellen Einstieg finden können. Zum Erstellen eines Berichts wählen Sie ein vordefiniertes Berichtsmodell aus und ziehen anschließend per Drag & Drop die gewünschten Berichtselemente in Ihre Tabelle, Matrix oder Ihren Diagrammbericht. Es ist außerdem möglich, auf die Daten Filter anzuwenden, um die Datenauswahl zu verfeinern.

Auf Basis der Daten können neue Felder und Berechnungen hinzugefügt und Formatierungen geändert werden. Auch im Berichts-Generator können Sie sich die Berichte in einer Vorschau ansehen und zur weiteren Nutzung speichern. Für den Betrachter ist nicht ersichtlich, ob der Bericht im Berichts-Designer oder Berichts-Generator erstellt wurde.

Der Berichts-Generator hat sich seit der ersten Version sehr stark entwickelt, sodass fast alle Funktionen des Berichts-Designers implementiert sind.

Berichtsserver

Die Hauptkomponente der Reporting Services ist der Berichtsserver – ein Webdienst, der einen Satz von Programmierschnittstellen offenlegt, über die die Clientanwendungen auf den Berichtsserver zugreifen können. Mithilfe seiner Unterkomponenten behandelt der Berichtsserver Berichtsanforderungen, ruft Berichtseigenschaften, Formatierungsinformationen und Daten ab, führt die Formatierungsinformationen mit den Daten zusammen und rendert den endgültigen Bericht. Bei den Unterkomponenten handelt es sich um

- die Programmierschnittstellen,
- den Berichtsprozessor,
- die Berichtsserverdatenbank,
- die Datenverarbeitungserweiterungen,
- die Renderingerweiterungen,
- die Übermittlungserweiterungen,
- den Prozessor für Zeitplanung und Übermittlung.

Programmierschnittstellen

Die Programmierschnittstellen verarbeiten alle an den Berichtsserver gesendeten Anforderungen, z.B. vom Berichts-Manager, vom Prozessor für Zeitplanung und Übermittlung, von Berichtsentwurfstools wie dem Berichts-Designer, von Browsern und von Drittanbieter-Tools. Die Programmierschnittstellen empfangen Anforderungen über die Internetinformationsdienste (Internet Information Services, IIS) in Form von SOAP-Anforderungen (Simple Object Access-Protokoll) oder HTTP GET-Anforderungen (Hypertext Transfer-Protokoll) und interagieren auf diese Anforderungen hin mit der Berichtsserverdatenbank, indem sie den Berichtsprozessor initialisieren.

HINWEIS Ein Feature seit den Reporting Services 2008 ist ein eigener Webserver. Bei der Installation der Reporting Services 2008 R2 wird dieser automatisch installiert und so konfiguriert, dass er vom Berichtsserver verwendet wird. Von nun ist also kein IIS-Webserver für den Betrieb der Reporting Services mehr nötig.

Berichtsprozessor

Der Berichtsprozessor ruft die Berichtsdefinition aus der Berichtsserverdatenbank ab und kombiniert sie mit Daten aus der Datenquelle zum Bericht. Wenn ein bedarfsgesteuerter Bericht angefordert wird, werden die Berichtsdefinition und die Daten zur Transformation in ein verwendbares Format (z.B. HTML) an eine Renderingerweiterung gesendet. Wenn eine Berichtsmomentaufnahme generiert wird, wird der verarbeitete Bericht zum späteren Abrufen in der Berichtsserverdatenbank gespeichert.

Berichtsserverdatenbank

Die Berichtsserverdatenbank ist eine SQL Server-Datenbank zum Speichern von Reporting Services-Daten wie Berichtsdefinitionen, Berichtsmetadaten, zwischengespeicherten Berichten, Momentaufnahmen (Snapshots) und Ressourcen. Darüber hinaus werden in dieser Datenbank Sicherheitseinstellungen, verschlüsselte Daten, Zeitplan- und Übermittlungsdaten sowie Erweiterungsinformationen gespeichert. Die Berichtsserverdatenbank kann sich auf einem vom Berichtsserver getrennten Server (oder Cluster) befinden oder auf demselben Computer wie der Berichtsserver installiert sein. Der Zugriff auf die Berichtsserverdatenbank erfolgt über den Berichtsserver. Der Berichts-Manager, der Berichts-Designer und die Befehlszeilenprogramme verwenden Programmierschnittstellen zur Kommunikation mit der Berichtsserverdatenbank.

Datenverarbeitungserweiterungen

Die Reporting Services umfassen vier verschiedene Datenverarbeitungserweiterungen, die spezifisch für den jeweiligen Typ der Datenquelle sind:

- Microsoft SQL Server
- OLE DB
- Oracle
- OBDC

Darüber hinaus kann sowohl jeder ADO.NET-Datenprovider als auch das Erweiterbarkeitsmodell für Reporting Services zum Erstellen weiterer Datenverarbeitungserweiterungen verwendet werden. Die Datenverarbeitungserweiterungen verarbeiten Abfrageanforderungen vom Berichtsprozessor, indem Sie

- die Verbindung zu einer Datenquelle öffnen,
- die jeweilige Abfrage analysieren und eine Liste von Feldnamen zurückgeben,
- die Abfrage auf der Datenquelle ausführen und ein Ergebnisset zurückgeben,
- etwaige Parameter an die Abfrage übergeben,
- das Ergebnisset iterativ durchlaufen und Daten abrufen.

Zusätzlich sind einige Datenverarbeitungserweiterungen in der Lage,

- die jeweilige Abfrage zu analysieren und eine Liste der in der Abfrage verwendeten Parameternamen zurückzugeben,
- die Abfrage zu analysieren und eine Liste der für die Gruppierung verwendeten Felder zurückzugeben,
- die Abfrage zu analysieren und eine Liste der für die Sortierung verwendeten Felder zurückzugeben,
- einen Benutzernamen und das zugehörige Kennwort für die Verbindung mit der Datenquelle bereitzustellen,
- etwaige Parameter mit mehreren Werten an die Abfrage zu übergeben,
- Zeilen iterativ zu durchlaufen und zusätzliche Metadaten abzurufen.

In Kapitel 12 werden wir auf Datenverarbeitungserweiterungen noch einmal zu sprechen kommen.

Renderingerweiterungen

Der Berichtsserver transformiert und exportiert mithilfe von Renderingerweiterungen die Daten und Layout-Informationen des Berichtsprozessors in ein gerätespezifisches Format. Reporting Services umfasst sieben Renderingerweiterungen:

- Webarchiv
- Excel
- CSV
- XML
- TIFF
- PDF
- Word

Entwickler können weitere Renderingerweiterungen erstellen, um Berichte in anderen Formaten zu generieren. Auf die verschiedenen Exportformate werden wir in Kapitel 24 noch genauer eingehen, deshalb im Folgenden nur ein kurzer Überblick.

Webarchiv-Renderingerweiterung

Im Gegensatz zu anderen HTML-Renderingerweiterungen erstellt das Webarchiv einen eigenständigen, portablen Bericht, in dem die Bilder eingebettet sind. Dieses Format ist für Übermittlungen per E-Mail oder offline angezeigte Berichte geeignet.

Excel-Renderingerweiterung

Die Excel-Renderingerweiterung rendert Berichte, die in Microsoft Excel 2002 oder höher angezeigt und geändert werden können. Durch die Excel-Renderingerweiterung werden Dateien in MHTML erstellt, die den MIME-Typ *ms-excel* tragen und HTML-Metatags sowie Excel-spezifische XML-Dateninseln enthalten. Obwohl die Excel-Renderingerweiterung in HTML rendert, ist der gerenderte Bericht für die Anzeige in Microsoft Excel und nicht in einem Browser gedacht. Ressourcen wie z.B. Bilder werden in den Bericht eingebettet.

CSV-Renderingerweiterung

Die CSV-Renderingerweiterung (comma-separated values) rendert Berichte in durch vorgegebene Zeichen getrennte Nur-Text-Dateien ohne jede Formatierung. Benutzer können diese Dateien mit einer Tabellenkalkulationsanwendung wie Microsoft Excel oder einem anderen Programm zum Lesen von Textdateien öffnen.

XML-Renderingerweiterung

Die XML-Renderingerweiterung rendert Berichte in XML-Dateien. Diese XML-Dateien können dann von anderen Programmen gespeichert oder gelesen werden.

TIFF-Renderingerweiterung

Die TIFF-Renderingerweiterung rendert Berichte in das TIFF-Format. Es ist besonders nützlich, wenn kein Acrobat Reader installiert ist. Das Bild kann mit gängigen Bildanzeigeprogrammen des Betriebssystems (z.B. Windows Bild- und Faxanzeige) angezeigt werden.

PDF-Renderingerweiterung

Die PDF-Renderingerweiterung rendert Berichte in PDF-Dateien, die mit dem Adobe Reader 4.0 oder höher geöffnet und angezeigt werden können.

Word-Renderingerweiterung

Die Word-Renderingerweiterung rendert Berichte, die in Microsoft Word angezeigt und geändert werden können. Ressourcen wie z.B. Bilder werden in den Bericht eingebettet.

Übermittlungserweiterungen

Der Prozessor für Zeitplanung und Übermittlung verwendet Übermittlungserweiterungen zur Übermittlung von Berichten an verschiedene Orte. Die Reporting Services verfügen über zwei verschiedene Typen:

- E-Mail-Übermittlungserweiterung
- Dateifreigabe-Übermittlungserweiterung

Entwickler können weitere Übermittlungserweiterungen erstellen, um die Funktionalität für den Prozessor für Zeitplanung und Übermittlung zu erweitern. Übermittlungserweiterungen werden Abonnements zugeordnet. Beim Erstellen eines Abonnements kann ein Nutzer eine der verfügbaren Übermittlungserweiterungen auswählen, um die Art der Übermittlung zu bestimmen.

E-Mail-Übermittlungserweiterung

Mit der E-Mail-Übermittlungserweiterung kann der Prozessor für Zeitplanung und Übermittlung über SMTP (Simple Mail Transfer-Protokoll) eine E-Mail-Nachricht senden, die entweder den Bericht selbst oder einen URL zum Bericht enthält. Kurznachrichten (ohne URL oder Bericht) können auch an Pager, Telefone oder andere Geräte gesendet werden.

Dateifreigabe-Übermittlungserweiterung

Mit der Dateifreigabe-Übermittlungserweiterung kann der Prozessor für Zeitplanung und Übermittlung Berichte auf einem Dateiserver speichern. Sie können einen Speicherort, ein Renderingformat, einen Dateinamen und Optionen zum Überschreiben für die zu erstellende Datei angeben. Sie können die Dateifreigabe-Übermittlungsweiterung zum Archivieren von Berichten verwenden und im Rahmen einer Strategie zum Arbeiten mit sehr umfangreichen Berichten.

Prozessor für Zeitplanung und Übermittlung

Der Prozessor für Zeitplanung und Übermittlung stellt die Funktionalität für die Planung von Berichten und ihre Übermittlung an die Nutzer bereit. Berichte können für die einmalige oder wiederholte Ausführung geplant und den verschiedenen Nutzern nach diesem Zeitplan oder nach den persönlichen Zeitplänen der

Nutzer übermittelt werden. Der Prozessor für Zeitplanung und Übermittlung führt somit zwei getrennte Aufgaben aus:

- Ausführen geplanter Berichte
- Übermitteln von Berichten (an ein bestimmtes Gerät oder einen bestimmten Ort)

Ausführen geplanter Berichte

Bei der Ausführung eines geplanten Berichts wird vom Berichtsserver eine Berichtsmomentaufnahme erstellt. Dieser Bericht wird für den späteren Abruf in der Berichtsserverdatenbank gespeichert. Mehrere Momentaufnahmen können als Berichtsverlauf gespeichert werden.

Das Ausführen von Berichten nach einem Zeitplan kann einem Administrator den Lastenausgleich für den Berichtsserver und die Datenbanken erleichtern, die als Datenquellen für die Berichte dienen. Wenn Benutzer auf eine Momentaufnahme zugreifen, werden Daten angezeigt, die bereits von der Datenquelle abgerufen und vom Berichtsprozessor verarbeitet wurden. Dadurch kann in gewissen Fällen die Belastung der Quelldatenbank reduziert und die Leistung verbessert werden. Der Prozessor für Zeitplanung und Übermittlung verarbeitet die Zeitpläne mithilfe des SQL Server-Agenten.

Übermitteln von Berichten

Berichte können von den Nutzern abonniert werden. Der Prozessor für Zeitplanung und Übermittlung verwendet Übermittlungserweiterungen, um Berichte diesen Abonnements entsprechend zu übermitteln. Die Reporting Services enthalten eine entsprechende E-Mail-Übermittlungserweiterung. Nachdem ein Bericht ausgeführt wurde, wird er an einen im Abonnement angegebenen Ort übermittelt. Mithilfe der Übermittlungserweiterung können die Reporting Services einen Bericht in eine E-Mail-Nachricht einbetten, eine einfache E-Mail-Benachrichtigung an einen Pager oder ein anderes Gerät oder den Bericht als Anlage senden.

Befehlszeilenprogramme

Außerdem stehen Ihnen in den Reporting Services als Dienstprogramme die sogenannten Befehlszeilenprogramme zur Verfügung, mit denen Sie einen Bericht verwalten können:

- **rsconfig** Programm zur Verbindungsverwaltung

  Mit diesem Tool können Sie die Verbindung zwischen einem Berichtsserver und einer Berichtsserverdatenbank ändern. Der Berichtsserver verwendet verschlüsselte Verbindungsinformationen zum Zugriff auf eine Datenbank. Da die Daten verschlüsselt sind, müssen Sie zum Ändern der Verbindungsinformationen dieses Tool verwenden. Mit der neuen Benutzeroberfläche für die Konfiguration des Berichtsservers ist diese Einrichtung bedeutend einfacher, wie Sie in Kapitel 6 nachlesen können.

- **rs** Skripthost, den Sie zum Ausführen von Skriptvorgängen verwenden können

  Mit diesem Tool können Sie Visual Basic-Skripts ausführen, die Daten zwischen Berichtsserverdatenbanken kopieren, Berichte publizieren, Elemente in einer Berichtsserverdatenbank erstellen usw.

- **rskeymgmt** Verwaltungsprogramm für Verschlüsselungsschlüssel, mit dem Sie symmetrische Schlüssel sichern oder von einem Berichtsserver verwendete verschlüsselte Daten löschen können

  Mit diesem Tool sind Sie in Lage, Verschlüsselungsschlüssel für den Fall zu speichern, dass Sie eine Datenbank wiederherstellen müssen. Wenn die Schlüssel nicht wiederhergestellt werden können, bietet das Tool eine Möglichkeit zum Löschen nicht mehr benötigter verschlüsselter Inhalte.

- **rsactivate** Serveraktivierungstool, mit dem Sie eine Berichtsserverinstanz in einer Webfarm aktivieren können

  Mit diesem Tool aktivieren Sie den Dienst, wenn Sie einen neuen Berichtsserver einer Webfarm hinzufügen oder einen ausgefallenen Server ersetzen. Beim Aktivieren eines Diensts wird ein symmetrischer Schlüssel erstellt, mit dem der neue Dienst die Daten in einer Berichtsserverdatenbank verschlüsselt und entschlüsselt.

Architekturdiagramm

Wir haben versucht, Ihnen in diesem Kapitel einen kleinen, groben Überblick über die komplexe Architektur der Reporting Services, die wichtigsten der zahlreichen Bestandteile und ihr kompliziertes Zusammenspiel zu geben. Vielleicht haben Sie trotzdem an vielen Stellen unseres Überblicks schon mehr Informationen erwartet oder sich umgekehrt von der Informationsflut doch ein wenig überfordert gefühlt. Seien Sie unbesorgt: Alle genannten Begriffe werden in den folgenden Kapiteln des Buchs noch einmal aufgenommen, in ihrem zugehörigen Kontext genauer und ausführlicher erläutert und in praktischen Übungen erfahren werden.

Die wichtigsten Begriffe zu den Bestandteilen der Reporting Services finden Sie noch einmal im Zusammenhang in Abbildung 5.1 dargestellt.

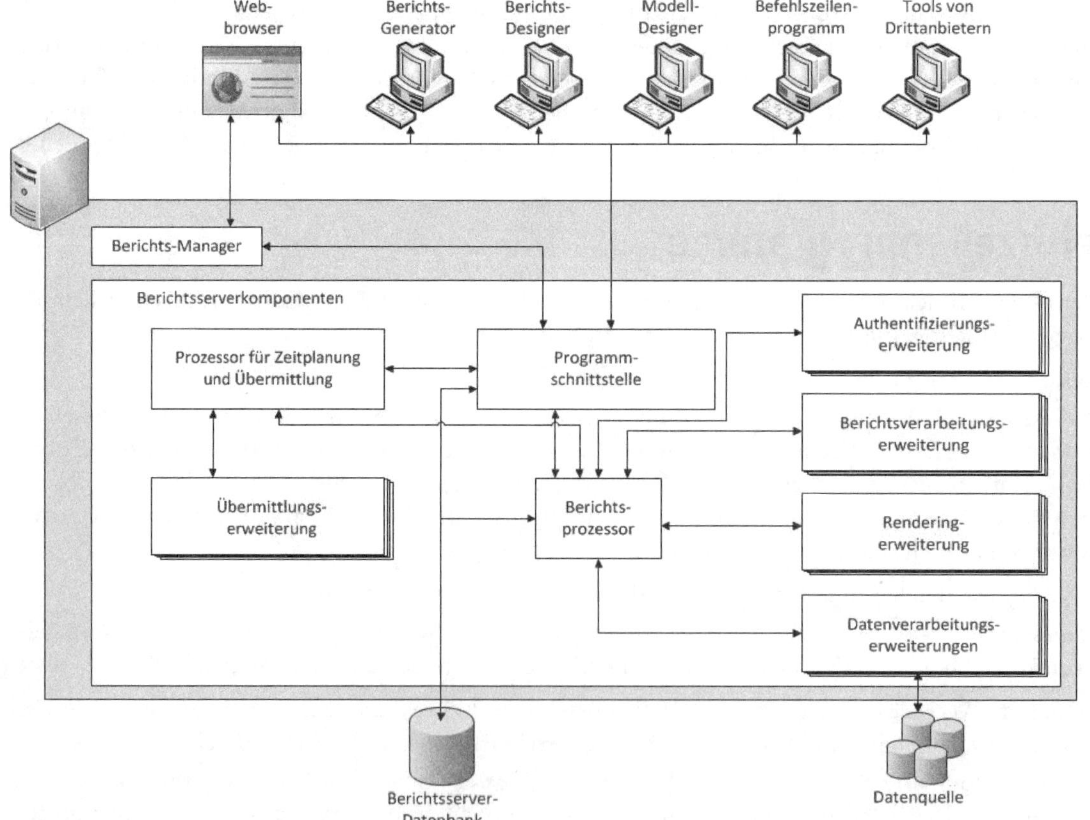

Abbildung 5.1 Architekturdiagramm

Ein weiteres nützliches Feature seit den Reporting Services 2008 ist die optimierte Speicherverwaltung, die es dem Administrator erlaubt, festzulegen, wie viel Speicher Reporting Services verwenden darf.

Weitere Informationen (nicht nur zur Architektur) finden Sie nach der Installation, deren Ablauf wir Ihnen im folgenden Kapitel 6 vorstellen werden, in der Reporting Services-Onlinedokumentation. Sie können diese aufrufen, indem Sie im Startmenü den Menübefehl *Alle Programme/Microsoft SQL Server 2008 R2/Dokumentation und Lernprogramme/SQL Server-Onlinedokumentation* ausführen.

Kapitel 6

Installation – Woran muss ich denken?

In diesem Kapitel:

Microsoft SQL Server Reporting Services sollten Sie erst dann installieren, wenn Sie sich darüber klar geworden sind, wie und wofür Sie es einsetzen wollen. Zudem sind einige Voraussetzungen hinsichtlich Hardware und Software zu erfüllen. Bevor wir mit Ihnen also den eigentlichen Installationsvorgang durchspielen werden, wollen wir Ihnen zunächst einen Überblick über die Editionen der Reporting Services geben, von denen abhängig ist, welches Betriebssystem Sie benötigen und welche Hardware- bzw. Softwarevoraussetzungen erfüllt sein müssen. Außerdem wollen wir Ihnen verschiedene Installationsarten vorstellen, für die Sie sich je nach Gegebenheiten und Erfordernissen in der Praxis entscheiden müssen.

Editionen

SQL Server Reporting Services sind mit unterschiedlichem Funktionsumfang in folgenden Editionen erhältlich:

- Standard Edition
- Enterprise Edition
- Workgroup Edition
- Web Edition
- Express Edition
- Developer Edition
- Evaluation Edition
- Datacenter Edition
- Parallel Data Warehouse Edition

Standard Edition

Die Standard Edition ist für einen Produktionsbetrieb mit nur einem einzigen Computer als Produktionsserver gedacht, wodurch serverseitige Berichtsverarbeitung, Speicherung und Tools zentralisiert werden. Die Zielgruppe der Standard Edition sind kleinere Umgebungen mit bis zu 75 Clients.

Enterprise Edition

Die Enterprise Edition ist für Produktionsserver gedacht, die umfangreiche Berichterstellungsanforderungen einer großen Organisation erfüllen müssen:

- Datengesteuerte Abonnements, die Empfängerinformationen zur Laufzeit von einer Mitarbeiterdatenbank ableiten (Data-driven subscriptions)
- Bereitstellung in einer Webfarm, wodurch die Reporting Services an die jeweiligen Anforderungen einer Vielzahl von Nutzern und an die Berichtsverteilung angepasst werden können

Selbstverständlich gibt es zwischen diesen beiden Versionen weitere Unterschiede, wie beispielsweise beim Datenbankmodul an sich (Failover, Kompression, Skalierbarkeit) als auch bei weiteren Komponenten von Microsoft SQL Server 2008 R2.

Developer Edition und Evaluation Edition

Diese beiden Versionen sind technisch mit der Enterprise Edition identisch, unterscheiden sich jedoch in der Art der Lizenzierung:

- **Developer Edition** Für Entwickler gedacht, die das Berichtsservermodul für die Verwendung einer nutzerdefinierten Anwendung integrieren oder erweitern möchten oder die zusätzlich zu den in Reporting Services enthaltenen Tools benutzerdefinierte Tools entwickeln möchten. Die Developer Edition ist für die Verwendung als Test- und Entwicklungssystem lizenziert, nicht als Produktionsserver.
- **Evaluation Edition** Für Nutzer gedacht, die alle Features von Reporting Services testen und evaluieren wollen. Sie ist jedoch nur zur Evaluierung lizenziert und läuft nach 180 Tagen ab.

Workgroup, Web und Express Edition

Diese Editionen sind für spezielle Einsatzzwecke von Microsoft SQL Server 2008 R2 konzipiert und unterscheiden sich sowohl im Funktionsumfang als auch in der Lizenzierung voneinander.

- **Workgroup Edition** Richtet sich z.B. an Datenverwaltung und Reporting in Zweigstellen eines Unternehmens, die mit der Zentrale synchronisiert werden
- **Web Edition** Für Webanwendungen und Hostinglösungen konzipiert
- **Express Edition** Ist eine kostenfrei verfügbare SQL Server-Version und für Privatanwender oder sehr kleine Umgebungen gedacht

Diese Editionen haben im Gegensatz zu den oben genannten einen reduzierten Funktionsumfang, weshalb diese sich nur bedingt eignen, um alle Beispiele in diesem Buch nachvollziehen zu können.

Datacenter Edition

Die Datacenter Edition basiert auf der Enterprise Edition und wurde für Hochleistungs-Datenplattformen und eine bestmögliche Skalierbarkeit entworfen. Zielgruppen sind große Rechenzentren mit mehreren Dutzend Terabyte großen Datenbanken.

Parallel Data Warehouse Edition

Die Parallel Data Warehouse Edition ist eine hochskalierbare, besonders leistungsstarke Appliance für große Warehouse-Umgebungen, die Daten mit einem Umfang von bis zu mehreren hundert Terabyte unterstützt. Bei der Appliance handelt es sich um eine Komplettlösung mit Hardware, Software und Services. Auf diese Weise steht Unternehmen eine Appliance mit planbarer Performance zur Verfügung, um selbst besonders anspruchsvolle, unternehmenskritische Data Warehouse-Anforderungen zuverlässig zu erfüllen.

Hardware- und Softwareanforderungen

Microsoft SQL Server 2008 R2 ist sowohl in einer 32-Bit- als auch in einer 64-Bit-Version verfügbar. Die Anforderungen an die Hardware schwanken von Edition zu Edition und sollen an dieser Stelle nicht bis ins Detail erläutert werden. Generell lässt sich zusammenfassen, dass je besser die Hardwareausstattung ihres Rechners, desto mehr Freude werden Sie mit dem SQL Server haben. Als Empfehlung soll gelten:

- Prozessorgeschwindigkeit: ca. 2 GHz
- Arbeitsspeicher: ca. 1 GB

Dies soll nicht bedeuten, dass sich Microsoft SQL Server 2008 R2 nicht auch auf weniger gut ausgestatteten Rechnern installieren und ausführen lässt. Für ein effektives Arbeiten sollte die Empfehlung allerdings eingehalten werden. Eine detaillierte Übersicht der Hardwareanforderungen der unterschiedlichen Editionen finden Sie selbstverständlich in der Microsoft-Dokumentation von Microsoft SQL Server 2008 R2.

Die Betriebssystemanforderungen unterscheiden sich ebenso je nach Edition. Details hierzu finden Sie an gleicher Stelle. Außerdem werden folgende Komponenten benötigt:

- .NET Framework 3.5
- SQL Server Native Client
- Windows Installer ab 4.5
- Microsoft Internet Explorer ab Version 6 SP 1

Diese Komponenten werden je nach Notwendigkeit während der Installation von SQL Server mit installiert. Der detaillierte Ablauf der Installation wird im nächsten Kapitel beschrieben.

Installationsvorgang

Nachdem Sie die Installations-DVD in ihr Laufwerk eingelegt haben, startet der Installationsvorgang automatisch und überprüft, ob die Softwareanforderungen erfüllt werden.

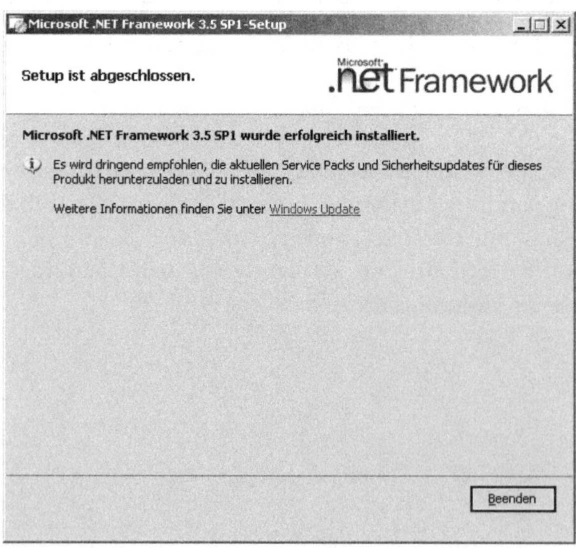

Abbildung 6.1 Fehlende Komponenten werden automatisch mit installiert

Ist dies nicht der Fall, werden die benötigten Komponenten (beispielsweise .NET Framework wie in Abbildung 6.1) installiert. Sollte das Setupprogramm nicht automatisch starten, so können Sie den Vorgang manuell anstoßen, indem Sie auf die Datei *Setup.exe* im DVD-Verzeichnis doppelklicken. Unter Umständen ist ein Neustart Ihres Rechners erforderlich.

Als Erstes werden Sie vom Fenster *SQL Server-Installationscenter* begrüßt. Dieses stellt einen zentralen Einstiegspunkt für die Installation, aber auch für Konfiguration und Informationsbeschaffung dar. Um nun eine Standardinstallation von SQL Server 2008 R2 durchzuführen, gehen Sie folgendermaßen vor:

1. Wählen Sie im Menüpunkt *Installation* die Option *Neue eigenständige SQL Server-Installation oder Hinzufügen von Features zu einer vorhanden Installation.* Die Installationsroutine prüft nun, ob alle Bedingungen erfüllt sind. Ist dies der Fall, bestätigen Sie mit *OK.*
2. Im nächsten Schritt ist die gewünschte Edition anzugeben. Haben Sie einen gültigen Product Key, können Sie diesen eingeben. Möchten Sie eine freie Edition (*Enterprise Evaluation, Express, Express with Advanced Services*) installieren, wählen Sie diese entsprechend aus.

ACHTUNG Beachten Sie bei der Auswahl, dass einige Editionen nicht den benötigten Funktionsumfang haben, um alle Beispiele in diesem Buch nachvollziehen zu können. Lesen Sie dazu den Abschnitt »Editionen« ab Seite 64. Unsere Empfehlung ist die Evaluation Edition, die für Testzwecke 180 Tage lang genutzt werden kann und den vollen Funktionsumfang der Enterprise Edition hat. Erhältlich ist diese unter http://technet.microsoft.com/de-de/evalcenter/ee315247.

3. Im nächsten Schritt müssen Sie entscheiden, ob Sie dem Endbenutzer-Lizenzvertrag zustimmen wollen. Beachten Sie, dass dies Voraussetzung dafür ist, die Installation fortzuführen. Sofern Sie einverstanden sind, setzen Sie ein Häkchen bei *Ich akzeptiere die Lizenzbestimmungen* und fahren Sie mit einem Klick auf *Weiter* fort.

Nun werden die erforderlichen Setupdateien, die sich zunächst in gepackter Form auf der DVD befinden, auf die Festplatte kopiert. Anschließend kann der eigentliche Installationsvorgang beginnen.

Systemkonfigurationsüberprüfung

Zunächst besteht der erste Schritt auch hier in der Prüfung, ob alle Bedingungen für die Installation erfüllt sind. Sie können sich an dieser Stelle die Details dieser Prüfung anzeigen lassen und prüfen, welcher Schritt zu Problemen geführt hat. Auch die Ursachen lassen sich damit identifizieren. Klicken Sie auf die Schaltfläche *Details anzeigen* (Abbildung 6.2), um sich die entsprechenden Informationen anzeigen zu lassen.

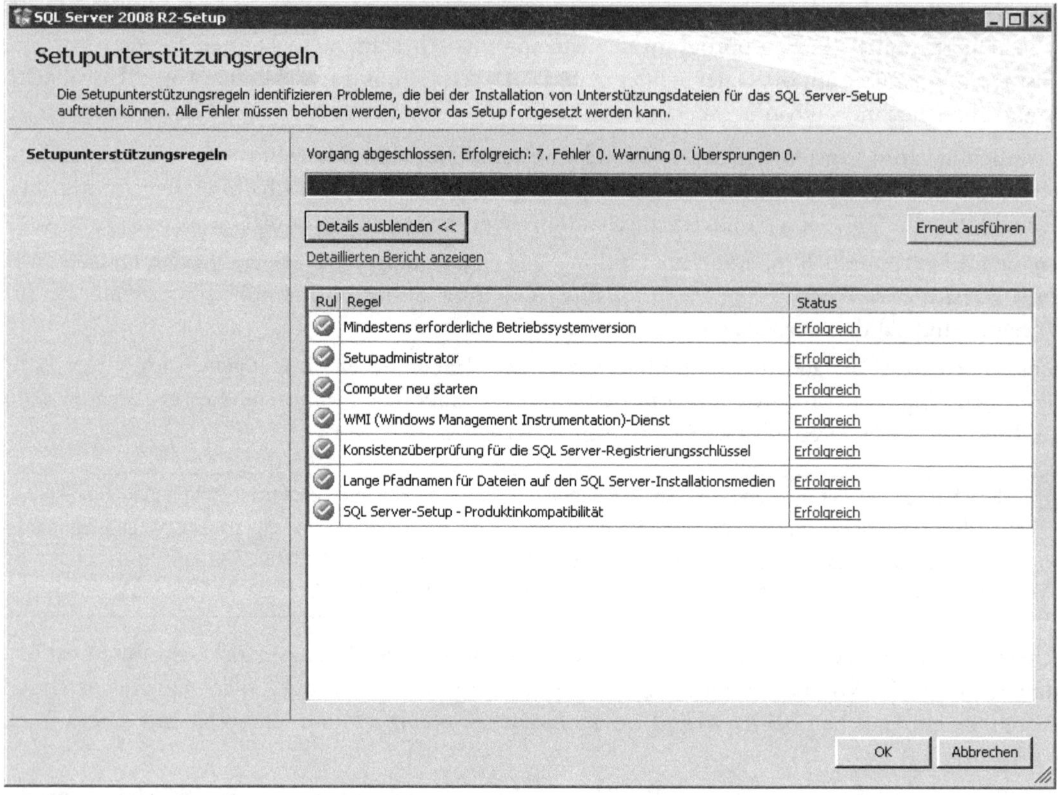

Abbildung 6.2 Identifizieren und beheben Sie Installationsprobleme

Featureauswahl

Wir werden, obwohl es sich beim vorliegenden Buch um ein Reporting Services-Praxisbuch handelt, von zahlreichen weiteren Features von SQL Server 2008 R2 Gebrauch machen. Neben den Reporting Services sind das beispielsweise auch die Analysis Services. Da Festplattenkapazität heutzutage eine eher untergeordnete Rolle spielt, bietet es sich in unserem Beispiel an, einfach alle verfügbaren Features zu installieren. Klicken Sie dazu auf die Schaltfläche *Alles auswählen* (Abbildung 6.3).

Auf jeden Fall sollten ausgewählt sein:

- Datenbankmoduldienste inklusive Volltextsuche
- Analysis Services
- Reporting Services
- Business Intelligence Development Studio

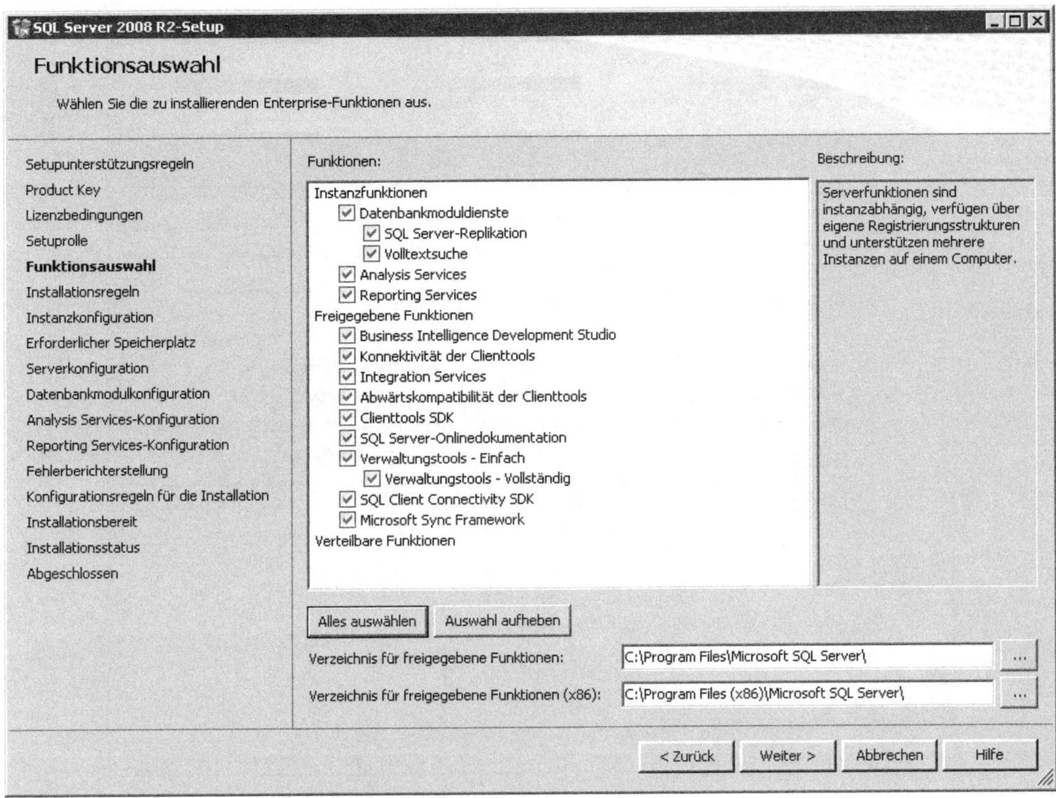

Abbildung 6.3 Wählen Sie die zu installierenden Features und deren Speicherort aus

Außerdem können Sie den Speicherort für die freigegebenen Features auswählen, die Sie installieren möchten.

ACHTUNG Da wir in diesem Praxisbuch oftmals auf Speicherorte verweisen werden, an denen Sie bestimmte Dateien finden, empfiehlt es sich, in diesem wie auch im nächsten Schritt die Standardpfade beizubehalten.

Instanzkonfiguration

In diesem Schritt haben Sie die Möglichkeit, Einstellungen der SQL Server-Instanz vorzunehmen. Instanzen identifizieren eindeutig einen logischen Speicherbereich innerhalb einer SQL Server-Installation mit Datenbanken, Benutzern etc. Sofern gewünscht, können Sie einen Namen und den Speicherort der Instanz festlegen oder aber die Standardinstanz (empfohlen) wählen. Des Weiteren werden Ihnen in diesem Schritt bereits installierte Instanzen angezeigt, um Fehlkonfigurationen zu vermeiden (Abbildung 6.4). Klicken Sie nach Abschluss der Konfiguration auf *Weiter.*

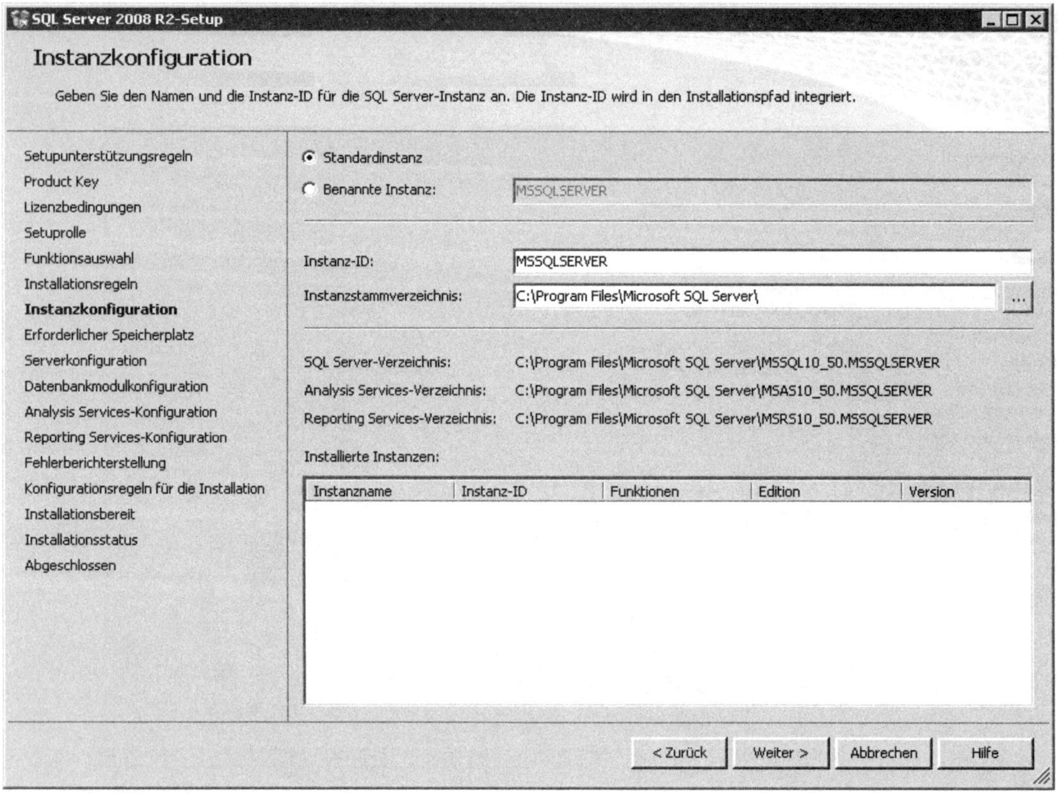

Abbildung 6.4 Legen Sie den Namen und den Speicherort der Instanz von SQL Server fest

Der Abschnitt *Erforderlicher Speicherplatz* gibt Ihnen nun eine Übersicht über den erforderlichen und vorhandenen Speicherplatz.

Serverkonfiguration

Dieser Schritt beschäftigt sich mit der Konfiguration von SQL Server und dessen Server-Diensten. Hier sind sehr detaillierte Einstellungen der Dienste möglich, insbesondere mit welchen Berechtigungen diese laufen. Wenn man sich die unterschiedlichen Einsatzzwecke von Microsoft SQL Server in großen Umgebungen vor Augen führt, ist eine gewissenhafte Konfiguration des Servers unbedingt notwendig, damit er nicht zu einem Sicherheitsrisiko für Daten und Netzwerk wird. Für unser Praxisbuch ist das allerdings nebensächlich, weshalb wir uns an dieser Stelle nicht mit der detaillierten und sicherheitsrelevanten Konfiguration beschäftigen wollen. Für Testzwecke reicht es, wenn alle Dienste unter dem gleichen Konto laufen. Klicken Sie deshalb auf die Schaltfläche *Gleiches Konto für alle SQL Server-Dienste verwenden*. Wählen Sie im Dropdownfeld den Dienst *NT-AUTORITÄT\SYSTEM* und bestätigen Sie mit *OK*. Als Starttyp des Diensts *SQL Server-Agent* wählen Sie *Automatisch* und belassen alle anderen Einstellungen so wie sie sind (siehe Abbildung 6.5).

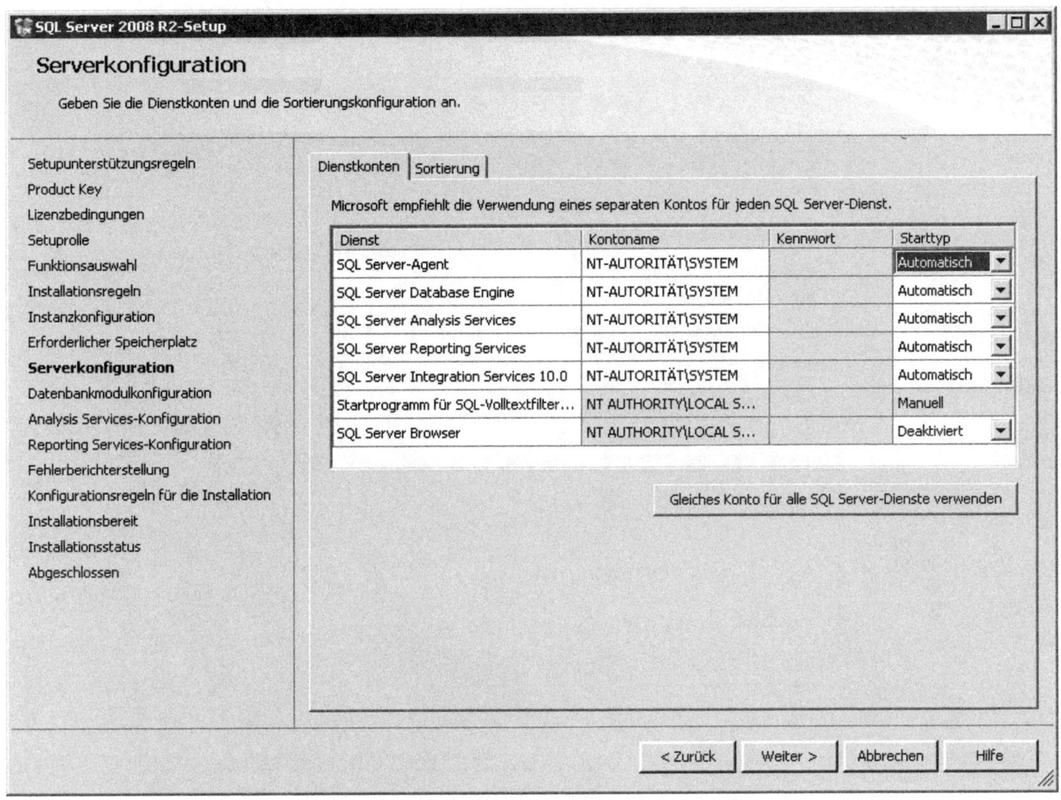

Abbildung 6.5 Legen Sie die Server-Diensteinstellungen von SQL Server fest

Datenbankmodulkonfiguration

Im Abschnitt *Serverkonfiguration* lassen sich die gewünschte Authentifizierungsmethode und der Speicherort der Datendateien, welches standardmäßig das Verzeichnis *C:\Programme\Microsoft SQL Server\[Instanzname]\MSSQL* ist, auswählen.

Lassen Sie als Authentifizierungsmodus den *Windows-Authentifizierungsmodus* aktiviert und wählen im Fenster *SQL Server-Administratoren* das Windows-Benutzerkonto aus, welches mit Datenbankadministratorrechten ausgestattet werden soll (siehe Abbildung 6.6).

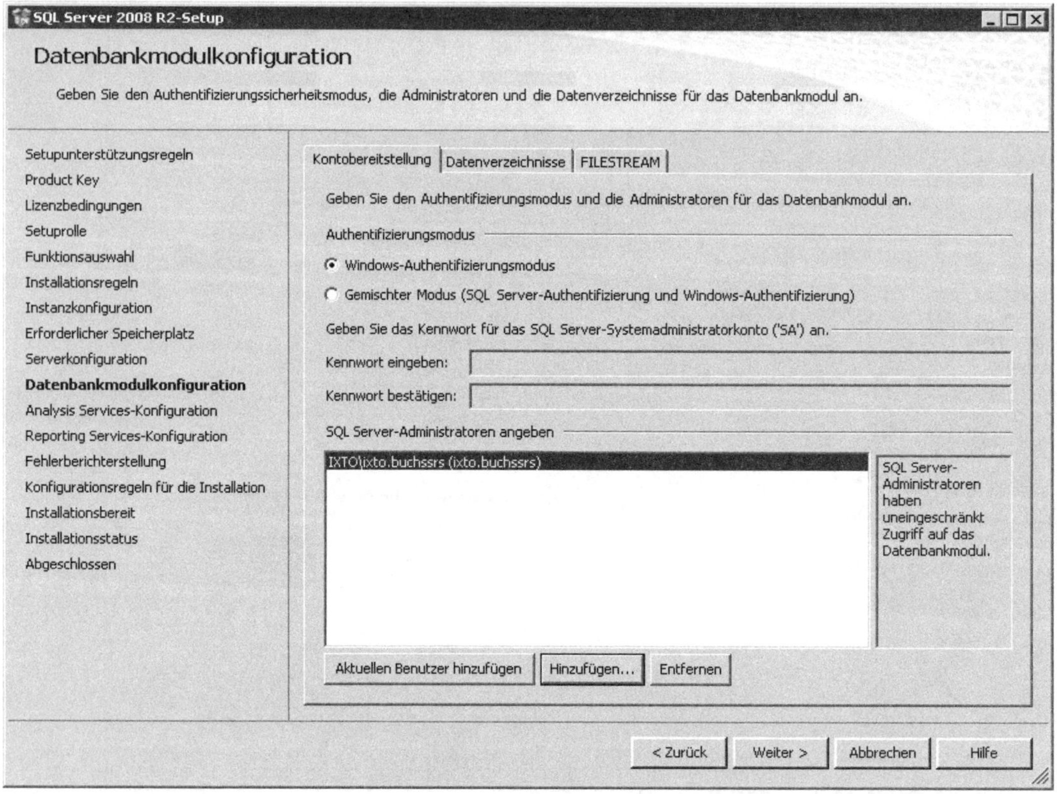

Abbildung 6.6 Fügen Sie Benutzer hinzu, die mit Administrationsrechten ausgestattet werden sollen

Um das aktuelle Konto hinzuzufügen, klicken Sie auf die Schaltfläche *Aktuellen Benutzer hinzufügen*. Alle anderen Einstellungen können beim Standard belassen werden.

TIPP Natürlich können Sie auch den gemischten Modus benutzen. Hierbei lautet der Datenbankadministratorname *sa*, ein Kennwort muss selbst vergeben werden. Weiterhin können Sie je nach Bedarf auch weitere Windows-Benutzer hinzufügen. Da wir im vorliegenden Buch fast ausschließlich die Windows-Authentifizierung benutzen, wird empfohlen, das aktuelle Windows-Benutzerkonto mit entsprechenden Rechten auszustatten.

Im nächsten Abschnitt *Analysis Services-Konfiguration* gehen Sie auf gleiche Weise vor.

Reporting Services-Konfiguration

In diesem Dialogfeld haben Sie die Möglichkeit, den Konfigurationsmodus der Reporting Services festzulegen. Wählen Sie die Option *Standardkonfiguration des systemeigenen Modus installieren* für eine Standardinstallation des Berichtsservers, sodass Ihnen dieser gleich nach der Installation zur Verfügung steht (Abbildung 6.7).

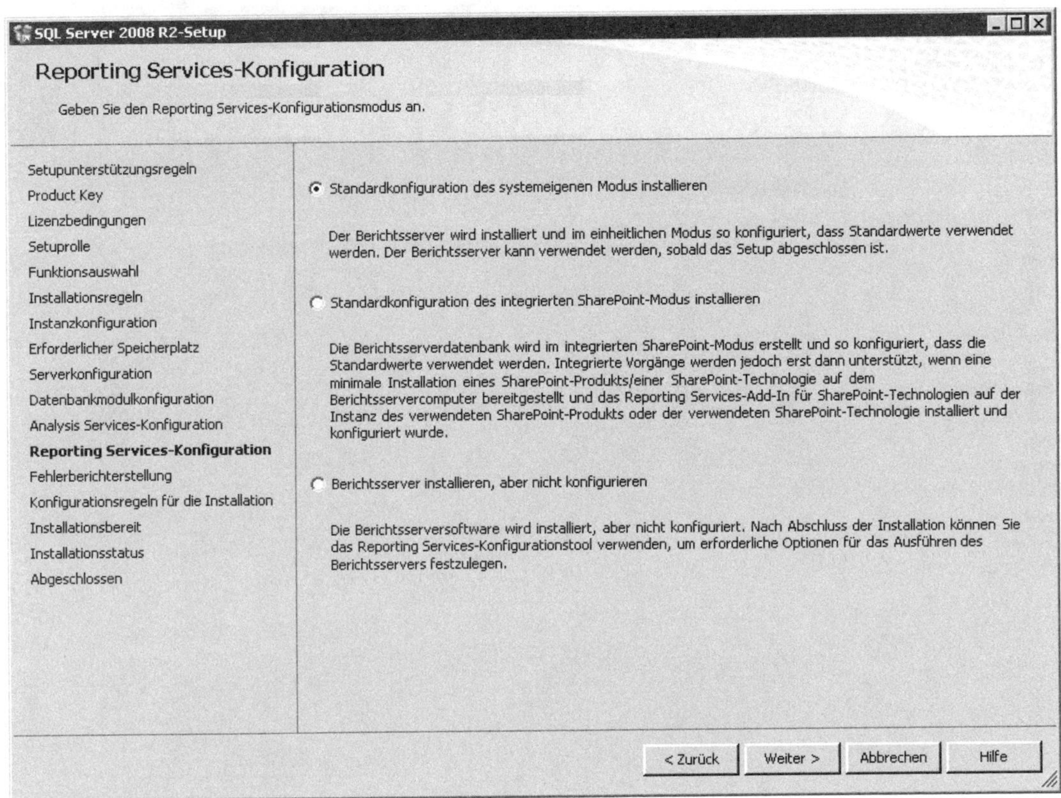

Abbildung 6.7 Belassen Sie die Konfiguration von Reporting Services bei den Standardeinstellungen

Bestätigen Sie im Dialogfeld *Fehler- und Verwendungsberichterstellung* die Standardeinstellungen mit einem Klick auf *Weiter.*

Installation

Im Dialogfeld *Konfigurationsregeln für die Installation* wird überprüft, ob alle Einstellungen korrekt vorgenommen wurden und zur Installation umgesetzt werden können. Auch hier haben Sie die Möglichkeit, detailliert Auskunft über eventuell aufgetretene Probleme und entsprechende Lösungshinweise zu bekommen. Sofern keine Probleme aufgetreten sind, bestätigen Sie mit einem Klick auf *Weiter.* Sie bekommen nun im Abschnitt *Installationsbereit* nochmals eine Zusammenfassung der zu installierenden Komponenten aufgelistet. Klicken Sie auch hier auf die Schaltfläche *Weiter,* um mit der Installation zu beginnen.

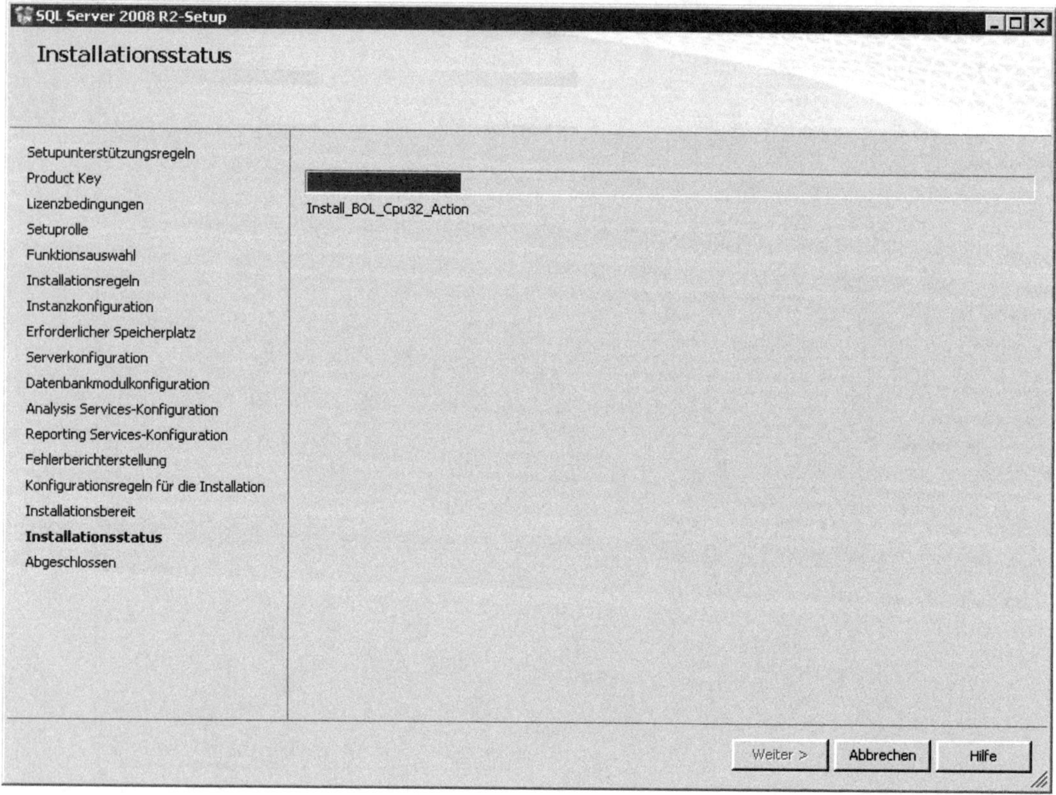

Abbildung 6.8 Verfolgen Sie die Installationsschritte und den Gesamtfortschritt

Der Fortschritt der Installation sowie der aktuelle Schritt lassen sich nun verfolgen, wie in Abbildung 6.8 zu sehen ist.

HINWEIS Sie können alle Einstellungen sehr genau an Ihre Arbeitsumgebung anpassen. Wir möchten jedoch den Lesern, die sich erst kurz mit dieser Thematik auseinandergesetzt haben, den Einstieg in Microsoft SQL Server und Reporting Services so einfach wie möglich gestalten und haben uns deshalb in unserem Beispiel für die Verwendung der Standardeinstellungen entschieden.

Je nach den ausgewählten Features und der Ausstattung Ihres Rechners kann der Installationsvorgang etwas Zeit in Anspruch nehmen.

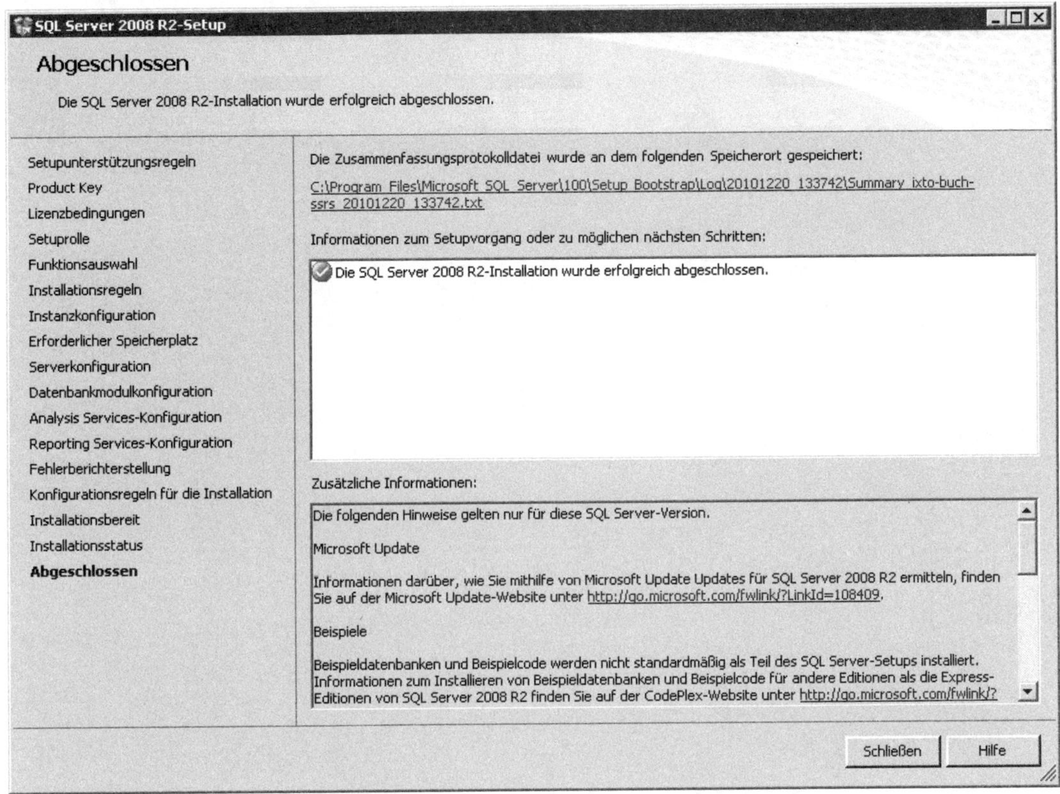

Abbildung 6.9 Sie werden über den Installationserfolg der einzelnen Komponenten informiert

Nach Abschluss der Installation werden Sie entsprechend der Abbildung 6.9 über den Erfolg oder Misserfolg der einzelnen Komponenten informiert. Sofern an dieser Stelle keine weiteren Probleme aufgetreten sind, bestätigen Sie diesen Schritt mit einem Klick auf *Weiter.*

Das letzte Dialogfeld bestätigt Ihnen den Installationserfolg und Sie können die Installation mit einem Klick auf *Schließen* beenden.

Kapitel 7

Konfiguration – Wie geht es richtig?

In diesem Kapitel:

Im diesem Kapitel möchten wir Ihnen zeigen, wie Sie den Berichtsserver konfigurieren können. Sofern Sie sich an die Installationsanleitung des vorherigen Kapitels gehalten haben, sollte Ihr Berichtsserver nun bereits mit der Standardkonfiguration lauffähig sein. Trotzdem kann es natürlich Gründe geben, von diesen Einstellungen abzuweichen, beispielsweise wenn weitere virtuelle Ordner gewünscht sind oder E-Mail-Einstellungen geändert werden sollen. Wir werden außerdem die Beispieldatenbank AdventureWorks und Beispielberichte installieren, auf die an vielen Stellen dieses Buchs Bezug genommen wird, um Berichte auf einer umfangreichen Datenbasis erstellen zu können und Sachverhalte zu verdeutlichen.

Berichtsserver konfigurieren

Wir werden Ihnen nun zeigen, wie Sie die Einstellungen ändern können, die den Berichtsserver betreffen.

1. Starten Sie den Konfigurations-Manager, indem Sie auf *Start/Alle Programme/Microsoft SQL Server 2008 R2/Konfigurationstools/Konfigurations-Manager für Reporting Services* klicken.
2. Sie müssen nun den Namen des Computers, auf dem Reporting Services installiert sind (vermutlich *localhost*), und den Instanzennamen angeben, um sich anzumelden (Abbildung 7.1). Sofern Sie einen anderen Namen als den vorgeschlagenen auswählen, klicken Sie auf die Schaltfläche *Suchen*, um nach Berichtsserverinstanzen auf diesem Computer zu suchen. Klicken Sie anschließend auf *Verbinden*.

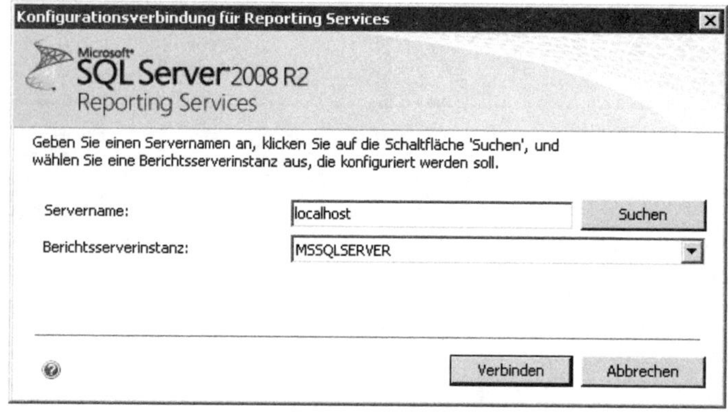

Abbildung 7.1 Geben Sie die Verbindungsinformationen an, um sich mit dem Berichtsserver zu verbinden

3. Sie sehen nun eine Übersicht des Berichtsservers, die den Namen der Instanz, die Produktversion und andere Informationen enthält. Außerdem können Sie den Berichtsserver an dieser Stelle starten oder stoppen.

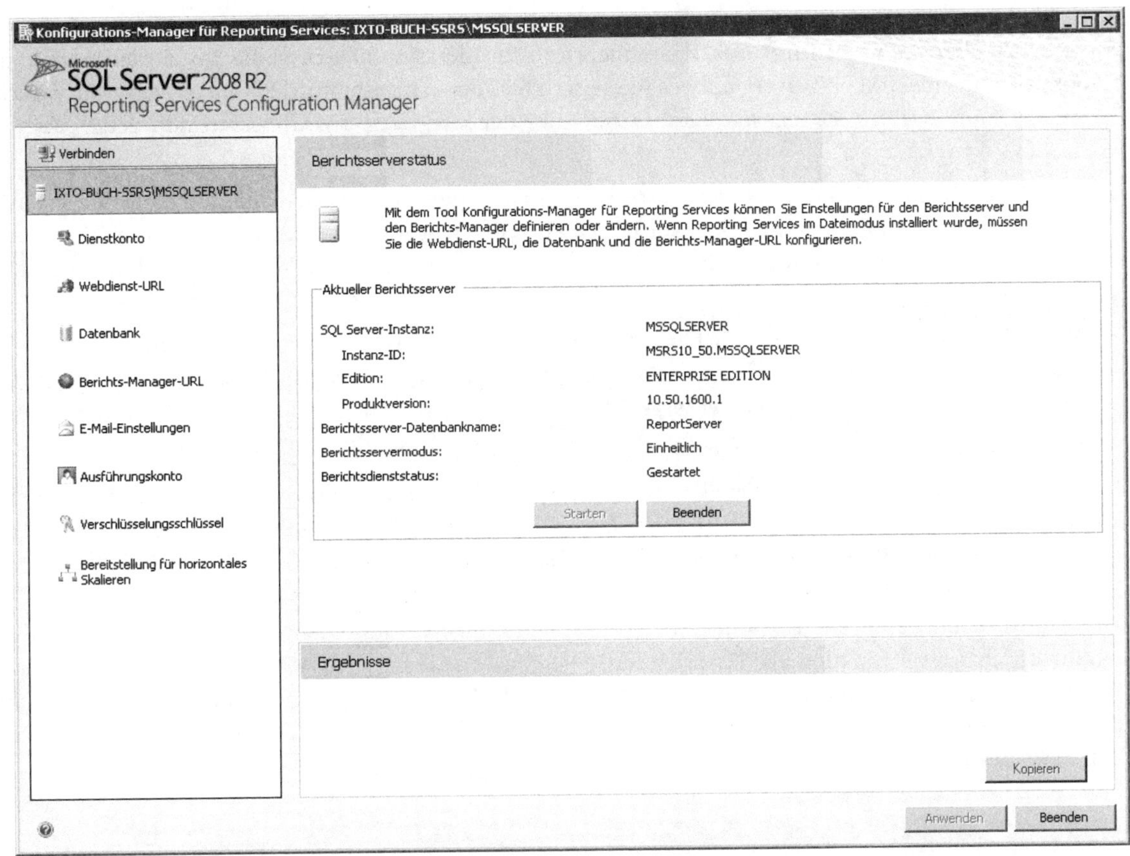

Abbildung 7.2 Nehmen Sie sämtliche Berichtsservereinstellungen im Konfigurations-Manager für Reporting Services vor

Wie eben schon erwähnt, sollte Ihr Berichtsserver bereits fertig für den Einsatz sein. Wir werden Ihnen nun eine Übersicht der Konfigurationsmöglichkeiten geben, falls Änderungen der Einstellungen gewünscht sind:

- **Dienstkonto** Ändern Sie hier das Konto, unter dem der Berichtsserverdienst ausgeführt wird. Es lassen sich integrierte Konten (Standard: *Lokales System*) oder selbst erstellte Konten, deren Benutzername und Kennwort bekannt sind, auswählen. Dies beeinflusst insbesondere die Ausführungsrechte sowie Lese- und Schreibberechtigungen des Diensts.
- **Webdienst-URL** Hier können Sie die URL verändern, unter der der Webdienst des Berichtsservers erreichbar ist. Weitere Informationen über den Reporting Services-Webdienst finden Sie in Kapitel 34.
- **Datenbank** Microsoft Reporting Services speichert Informationen über Berichte und Benutzer in einer eigenen Datenbank ab. Welche Datenbank das sein soll und auf welchem Computer diese liegt, kann hier geändert werden.
- **Berichts-Manager-URL** Die Berichts-Manager-URL gibt an, wo Sie auf Ihre Berichte zugreifen, sie verwalten und ändern können. Standardmäßig ist dies *http://<Ihr Berichtsserver>/Reports*. Sollten Sie wünschen, diese zu ändern oder weitere hinzuzufügen, können Sie das mit einem Klick auf die Schaltfläche *Erweitert* tun.

- **E-Mail-Einstellungen** Microsoft Reporting Services ist in der Lage, automatisiert E-Mails zu versenden, in denen über den aktuellen Status, Probleme, etc. informiert wird. Dazu ist die Angabe einer Absenderadresse und eines SMTP-Servers notwendig. Sofern Sie keinen externen SMTP-Server benutzen möchten oder können, wählen Sie hier *localhost*. Damit wird der integrierte SMTP-Server zum Verschicken von E-Mails verwendet.
- **Ausführungskonto** Sofern der Berichtsserver auf Datenquellen zugreifen soll, für die keine separaten Anmeldedaten erforderlich sind, oder soll auf einen anderen Server zum Laden von Bildern oder anderen Ressourcen zugegriffen werden, wird dieses Konto dazu verwendet. Die Verwendung dieses Kontos ist optional.
- **Verschlüsselungsschlüssel** Aus Sicherheitsgründen werden sensible Informationen wie Anmeldedaten und Verbindungszeichenfolgen verschlüsselt gespeichert. Der dazu nötige Schlüssel kann an dieser Stelle in eine Datei gesichert und wiederhergestellt werden. Somit können diese Information auf anderen Berichtsserverinstanzen wiederhergestellt werden, falls dies notwendig sein sollte.
- **Bereitstellen für horizontales Skalieren** In sehr großen IT-Umgebungen kann es aus Performance- oder Ausfallsicherheitsgründen vorteilhaft sein, mehrere Berichtsserver parallel zu betreiben, die auf gemeinsame Ressourcen wie Anmeldedaten etc. zugreifen. Zu diesem Zweck lassen sich mehrere Instanzen von Berichtsservern verbinden.

Sind alle Einstellungen getätigt, können Sie das Konfigurationstool mit einem Klick auf *Beenden* schließen. Ob ihr Berichtsserver funktioniert, lässt sich feststellen, indem Sie beispielsweise den Berichts-Manager mit Ihrem Internetbrowser öffnen. Öffnen Sie dazu die URL, die Sie eben festgelegt haben. Normalerweise lautet diese *http://localhost/Reports*. Wir haben natürlich noch keine Berichte erstellt, worauf Sie der Berichtsserver aufmerksam macht (Abbildung 7.3).

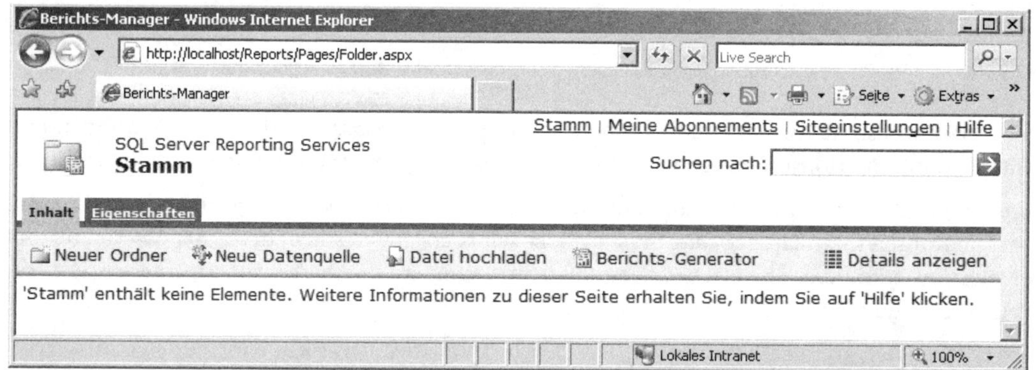

Abbildung 7.3 Microsoft Reporting Services macht Sie darauf aufmerksam, dass noch keine Berichte veröffentlicht wurden

Beispieldatenbank AdventureWorks

Um Ihnen schrittweise das Arbeiten mit Microsoft Reporting Services näherzubringen, ist es unumgänglich, auf eine Datenbasis zugreifen zu können. Was nützt die Erstellung der schönsten Berichte, wenn keine Daten vorhanden sind, die man darstellen lassen kann? Zu diesem Zweck existiert eine Beispieldatenbank mit dem Namen AdventureWorks. AdventureWorks ist ein kompletter Datenbestand aus einem fiktiven Unternehmen, welches Fahrräder verkauft. Typische Informationen aus einem solchen Unternehmen sind hier enthalten. Dies sind zum Beispiel:

- Mitarbeiterdaten
- Produktdaten
- Verkaufsdaten

und noch viele mehr. Um die Beispieldatenbank zu installieren, müssen zunächst die erforderlichen Installationsdateien aus dem Internet heruntergeladen werden. Am besten öffnen Sie dazu das *SQL Server-Installationsfenster*. Navigieren Sie unter *Ressourcen* zum Punkt *Website mit Code-Beispielen* und öffnen Sie diesen. Sie finden dort zahlreiche Beispieldateien und Datenbanken.

ACHTUNG Die AdventureWorks-Datenbank gibt es sowohl für unterschiedliche Versionen von Microsoft SQL Server als auch für unterschiedliche Hardwarearchitekturen. Vergewissern Sie sich, dass Sie die richtige Installationsdatei auswählen. Für dieses Beispiel wird die Installationsdatei AdventureWorks2008R2_SR1.exe verwendet.

Bevor wir die Datenbank installieren können, ist noch ein wichtiger Schritt zu erledigen, nämlich die Aktivierung des Volltextsuche-Diensts von SQL Server 2008 R2. Gehen Sie dafür folgendermaßen vor:

1. Klicken Sie mit der rechten Maustaste auf das Symbol *Computer* auf Ihrem Desktop oder in Ihrem Startmenü und wählen Sie *Verwalten*. Navigieren Sie zum Eintrag *Dienste* im Knoten *Konfiguration* und öffnen Sie diesen.
2. Suchen Sie in der Liste den Dienst *SQL Server Full-text Filter Daemon Launcher (MSSQLSERVER)* und öffnen Sie dessen Eigenschaftenfenster mit einem Doppelklick.
3. Wählen Sie als Starttyp *Automatisch*. Nun wird dieser Dienst bei jedem Windows-Start mitgestartet.
4. Klicken Sie noch auf die Schaltfläche *Starten*, um den Dienst sofort zu starten (Abbildung 7.4).

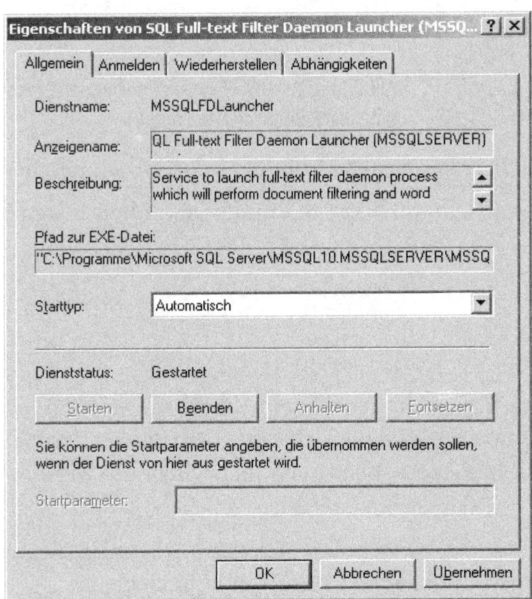

Abbildung 7.4 Wählen Sie den Starttyp *Automatisch* und starten Sie den Dienst manuell

Wir haben nun alle Vorkehrungen getroffen, um die AdventureWorks-Beispieldatenbank zu installieren. Gehen Sie folgendermaßen vor:

1. Doppelklicken Sie auf die eben aus dem Internet heruntergeladene Installationsdatei, um die Installation zu starten. Sie werden von einem Willkommensfenster begrüßt. Klicken Sie dort auf *Next.*

HINWEIS Die Installation der AdventureWorks-Datenbank erfolgt in englischer Sprache. Lassen Sie sich davon auch bei mangelnden Englischkenntnissen aber nicht verunsichern, die Installation folgt dem gleichen Ablauf wie in deutscher Sprache.

2. Um die Installation fortzusetzen, müssen Sie den Lizenzbedingungen zustimmen. Setzen Sie dazu ein Häkchen bei *I accept the terms in the License Agreement* und fahren Sie mit einem Klick auf *Next* fort.
3. Wählen Sie die Features und deren Speicherort aus, die installiert werden sollen. Um keines der notwendigen Features zu vergessen, empfehlen wir, die Auswahl bei den Standardeinstellungen zu belassen. Klicken Sie nun auf *Next.*
4. Wählen Sie die Instanz aus, in der die Datenbank installiert werden soll. In unserem Beispiel ist dies *MSSQLSERVER*. Klicken Sie anschließend auf *Next* (Abbildung 7.5).

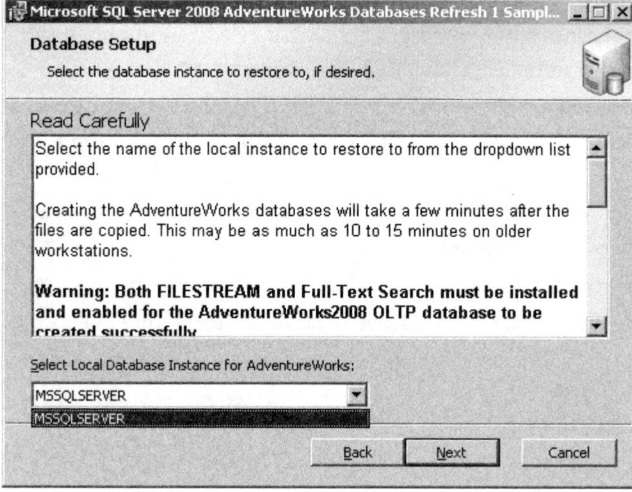

Abbildung 7.5 Wählen Sie die Instanz aus, in der die Datenbank installiert werden soll

5. Um die Installation zu starten, klicken Sie auf *Install.* Dies kann einige Minuten in Anspruch nehmen.

Die AdventureWorks-Datenbank wird nun installiert und steht anschließend in der gewählten Instanz von SQL Server 2008 R2 zu Verfügung.

Beispielberichte bereitstellen

Auf ähnliche Weise werden wir nun ein Paket von Beispielberichten installieren, auf die im weiteren Verlauf dieses Buchs ebenfalls verwiesen wird. Die Installationsdatei für diese Berichte ist ebenfalls auf der Website verfügbar, von der wir die AdventureWorks-Datenbank bezogen haben. Auch hier wird nach Version von SQL Server und Architektur unterschieden.

In unserem Fall heißt die benötigte Datei *SQL2008R2Reporting_Services.Samples.x86.msi*. Wählen Sie die für Ihr System passende und laden Sie diese herunter. Zur Installation gehen Sie folgendermaßen vor:

1. Doppelklicken Sie auf die eben heruntergeladene Datei, um die Installation zu starten.
2. Auch hier werden Sie von einem Willkommensbildschirm begrüßt. Klicken auf *Next.*

3. Bestätigen Sie wie in vorherigen Abschnitt die Lizenzbedingungen und klicken Sie auf *Next*.
4. Bestätigen Sie im nächsten Schritt die Standardeinstellungen wiederum mit einem Klick auf *Next*.
5. Sie können die Installation nun starten, indem Sie auf *Install* klicken.

Nachdem die Installation beendet wurde, stehen zahlreiche Beispieldateien für Berichte und andere Projekttypen zur Verfügung. Die meisten befinden sich im Ordner *C:\Programme\Microsoft SQL Server\100\Samples*.

Cube bereitstellen

An dieser Stelle bietet es sich an, bereits eine multidimensionale Datenquelle, einen sogenannten Cube, bereitzustellen, den wir an einigen Stellen in diesem Buch benötigen. Was genau es mit multidimensionalen Datenquellen auf sich hat, erfahren Sie im Kapitel 12 dieses Buchs. Für diesen Schritt ist es allerdings unerheblich, zu wissen, was ein Cube ist. Gehen Sie folgendermaßen vor:

1. Öffnen Sie das eben mitinstallierte Analysis Services-Projekt unter *C:\Programme\Microsoft SQL Server\100\Tools\Samples\AdventureWorks 2008R2 Analysis Services Project\enterprise\Adventure Works.sln*.

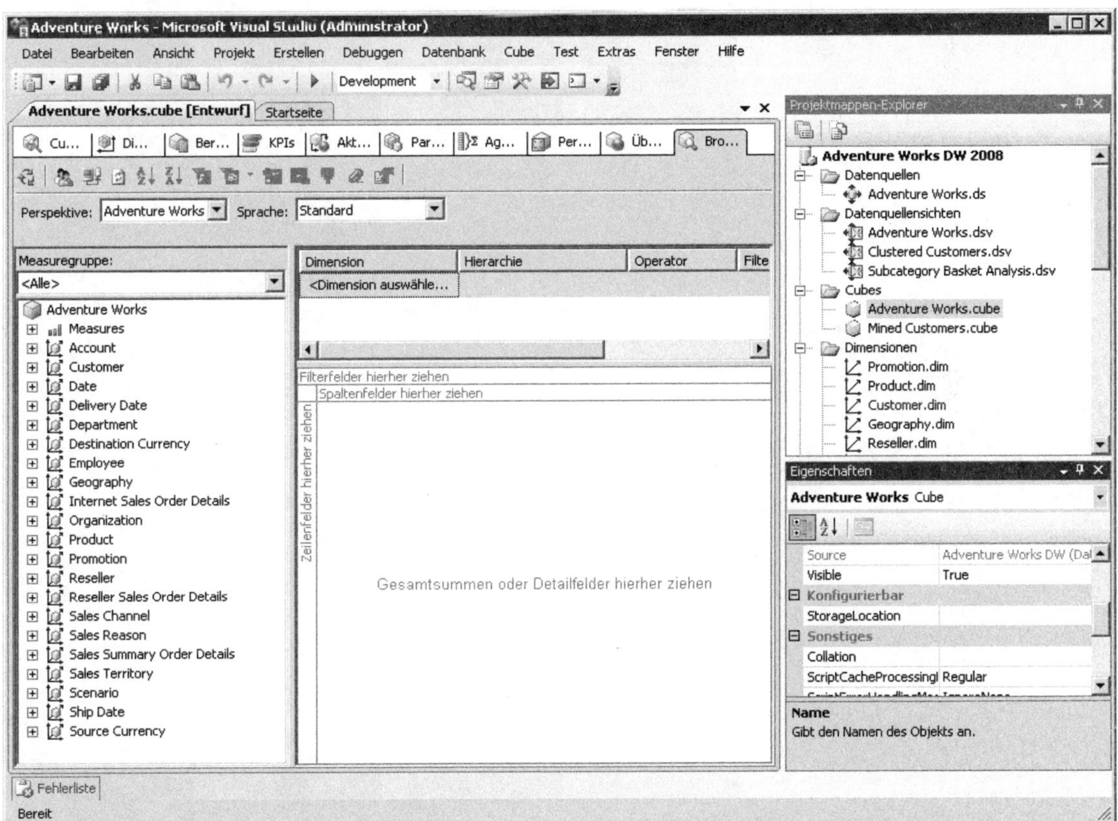

Abbildung 7.6 Das bereits fertiggestellte Analysis Services-Projekt

2. Es öffnet sich ein bereits vollständig definiertes Analysis Services-Projekt mit entsprechenden Dimensionen, Kennzahlen (*Measures*), Datenquellen etc. Datenbasis ist für diesen Cube die im vorherigen Abschnitt ins-

tallierte AdventureWorks-Beispieldatenbank (Abbildung 7.6). Öffnen Sie den Cube *Adventure Works*, den Sie rechts im Fenster *Projektmappen-Explorer* finden.

3. Da Sie an dieser Stelle keine weiteren Änderungen vornehmen müssen, reicht es, die Cubeerstellung durchführen zu lassen. Klicken Sie dazu in der oberen Menüleiste auf *Cube* und anschließend auf *Verarbeiten*. Um den Vorgang zu starten, klicken Sie auf *Ausführen*.
4. Je nach Ausstattung Ihres Rechners dauert dieser Schritt einige Zeit, da bereits verschiedene Aggregationen der Daten berechnet werden, um bei der eigentlichen Abfrage Zeit zu sparen. Ist der Cube erfolgreich verarbeitet worden, können Sie das Projekt wieder schließen, da wir alle weiteren Schritte mit den bereits bekannten Microsoft Reporting Services durchführen.

Nach diesen vorbereitenden Schritten steht Ihnen nun eine multidimensionale Datenbank zur Verfügung, die sich ähnlich einer relationalen Datenbank abfragen und in weitere Berichte einbinden lässt.

Sie haben in diesem Kapitel erfahren, wie man Microsoft Reporting Services konfiguriert und die nötigen Beispieldatenbanken und Dateien installiert, um die nachfolgenden Beispiele nachvollziehen zu können. Nun steht nichts mehr im Weg, erste Berichte zu erstellen. Wie Sie dazu vorgehen, wird im nächsten Kapitel beschrieben.

Teil B

Entwicklung

In diesem Teil:

Kapitel 8

Berichterstellung

In diesem Kapitel:

Die Entwicklung von Berichten bildet die erste von drei aufeinander folgenden Phasen des sogenannten Berichtslebenszyklus (Reporting Life Cycle), wie wir ihn in Kapitel 5 vorgestellt haben:

1. Entwicklung von Berichten
2. Verwaltung von Berichten
3. Ausgabe von Berichten

Zur Entwicklungsphase gehören insbesondere:

- Erstellung von Berichten
- Auswahl der Datenquellen
- Erstellung von Abfragen
- Strukturierung der Daten der Berichte
- Bereitstellung der Berichte

Wir werden uns in diesem Kapitel mit der Entwicklung von einfachen Berichten befassen. Berichte für Microsoft SQL Server Reporting Services werden mithilfe des Berichts-Designers (Microsoft SQL Server Report Designer) erstellt, der nach einer erfolgreichen Installation in der Entwicklungsumgebung (Microsoft Development Environment) von Visual Studio 2008 integriert ist. Selbst wenn Sie noch nie damit gearbeitet haben, werden Sie sehen, wie schnell, leicht und selbstverständlich Sie sich nach einigen wenigen Hinweisen darin zurechtfinden können. Falls Sie sich fragen, warum wir nicht mit dem Visual Studio 2010 arbeiten, liegt das daran, dass die Projekttypen, die bei der Installation der Reporting Services bereitgestellt werden, nur kompatibel zum Visual Studio 2008 sind.

Schneller Einstieg mit dem Berichts-Assistenten

Wir werden also zunächst einen einfachen Bericht erstellen, und zwar mithilfe des Berichts-Assistenten. Auch wenn Sie schon bald andere Möglichkeiten der Erstellung von Berichten kennen werden und dann vielleicht nicht mehr auf die Hilfe dieses Berichts-Assistenten zurückgreifen wollen, eignet er sich als Einstieg hervorragend, um die grundsätzlichen Schritte bei der Erstellung eines Berichts zu illustrieren und um mit der Entwicklungsumgebung ein wenig vertraut zu werden.

1. Öffnen Sie *Microsoft Visual Studio 2008*. Dies kann beispielsweise über *Start/Alle Programme/Microsoft Visual Studio 2008/Microsoft Visual Studio 2008* oder über *Start/Alle Programme/Microsoft SQL Server 2008 R2/SQL Server Business Intelligence Development Studio* geschehen.
2. Rufen Sie den Menübefehl *Datei/Neu/Projekt* auf (oder klicken Sie in der *Standard*-Symbolleiste auf das Symbol *Neues Projekt*). Es öffnet sich das Dialogfeld *Neues Projekt*.
3. Wählen Sie nun im geöffneten Dialogfeld *Neues Projekt* wie in Abbildung 8.1 unter den Projekttypen *Business Intelligence-Projekte* aus und unter den Vorlagen *Berichtsserverprojekt-Assistent*. Bevor Sie das Dialogfeld mit einem Klick auf die Schaltfläche *OK* schließen, geben Sie Ihrem neuen Projekt einen Namen, z.B. »Praxisbuch-Projekt01«, und vergewissern Sie sich, dass als Speicherort dieses neuen Projekts der Standardordner *Visual Studio Projects* unterhalb der *Eigenen Dateien* ausgewählt ist. Es öffnet sich nun der *Berichts-Assistent* mit der Willkommensseite, auf der Ihnen die verschiedenen Aufgaben vorgestellt werden, die Sie Schritt für Schritt mithilfe des Berichts-Assistenten ausführen können:
   - Auswählen der Datenquelle, aus der die Daten abgerufen werden sollen
   - Entwerfen einer Abfrage, die für die Datenquelle ausgeführt werden soll

- Auswählen des Typs für den Bericht, den Sie erstellen möchten
- Angeben des Grundlayouts des Berichts
- Angeben der Formatierungen für den Bericht

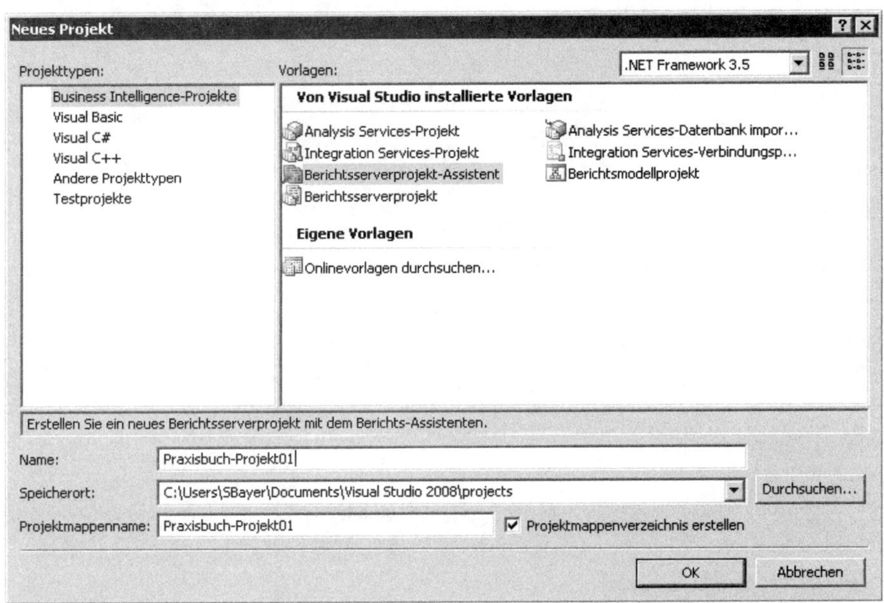

Abbildung 8.1 Festlegung von Projekttyp, Vorlage, Projektname und Speicherort

4. Nach einem Klick auf *Weiter* gelangen Sie zur nächsten Seite des Berichts-Assistenten.

HINWEIS Sobald Sie Ihre Eingabe bzw. Auswahl im Dialogfeld *Neues Projekt* mit *OK* bestätigt haben, werden am angegebenen Speicherort ein neuer Ordner mit dem oben angegebenen Namen für das Projekt (die *Projektmappe*) und in dieser Projektmappe zunächst ein *Report Project File* gleichen Namens (**.rptproj*) und später weitere namentlich entsprechende Dateien erstellt, auf die wir an gegebener Stelle noch eingehen werden.

Bei Erstellung eines Berichts erzeugen Sie also zunächst ein Projekt und innerhalb des Projekts den Bericht. Weitere Berichte können Sie dann diesem (oder später auch einem anderen) Projekt hinzufügen, das wie eine Art Behälter Ihre Berichte, Datenquellen, Bilder usw. umschließt.

Datenquelle auswählen

Die Abbildung 8.2 zeigt Ihnen das vollständige Aussehen dieser Seite im Berichts-Assistenten nach Ausführung der nachfolgend erläuterten Schritte.

Nach einer erfolgreichen Installation der *Microsoft SQL Reporting Services* können Sie zur Auswahl bzw. Erstellung einer Datenquelle auf die Beispieldatenbank *AdventureWorks2008R2*, die wir bereits in Kapitel 7 installiert haben, zurückgreifen. Da Sie bis jetzt noch keine Datenquellen erzeugt haben, auf die Sie zugreifen könnten, haben Sie in diesem Schritt zunächst nur die Möglichkeit, eine neue Datenquelle zu erstellen.

1. Vergewissern Sie sich, dass als Typ *Microsoft SQL Server* ausgewählt ist, und klicken Sie auf die Schaltfläche *Bearbeiten*. Es öffnet sich ein zusätzliches Dialogfeld *Verbindungseigenschaften*.

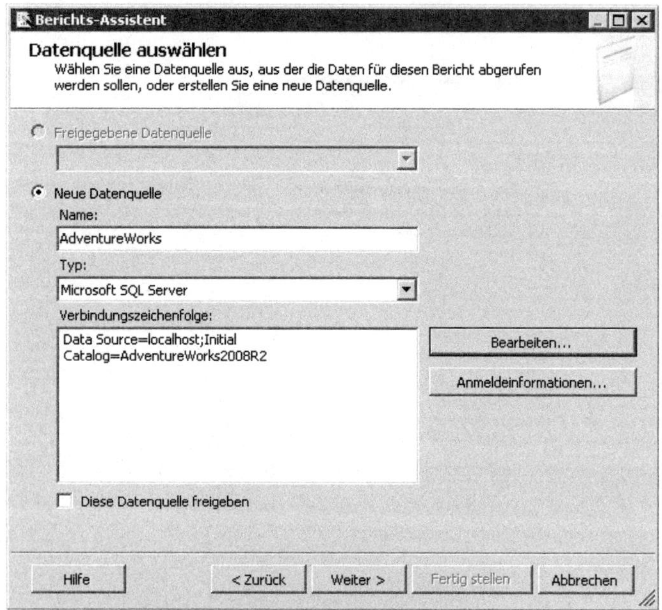

Abbildung 8.2 Name, Typ und Verbindungsfolge der Datenquelle

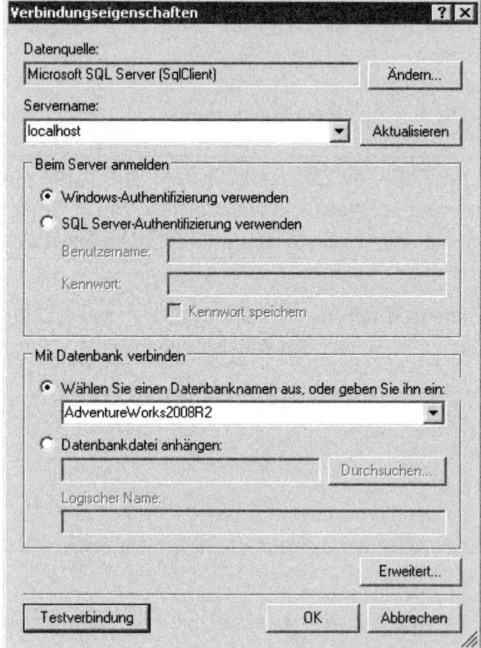

Abbildung 8.3 Festlegung von Servername, Anmeldeinformation und Datenbank

2. Geben Sie im Dialogfeld *Verbindungseigenschaften* entsprechend unter *Servername* den Servernamen (in diesem Beispiel »localhost«) ein, wählen Sie unter *Beim Server anmelden* die Option *Windows-Authentifizierung verwenden* und unter *Mit Datenbank verbinden* die Datenbank (hier: *AdventureWorks2008R2*) aus. Schließen Sie bitte noch nicht das Dialogfeld!

HINWEIS Da Sie den Datenbankserver benutzen, der lokal auf Ihrem Rechner installiert ist, geben Sie hier als Servernamen einfach nur »localhost« ein. Für den Fall, dass Sie in einer Netzwerkumgebung arbeiten und auf eine Datenbank eines Datenbankservers im Netz zugreifen wollen, können Sie als Servernamen den entsprechenden Server und als Datenbank dann die gewünschte Datenbank auswählen. Von den Gegebenheiten vor Ort hängt es ab, ob Sie die *Windows-Authentifizierung* oder eine *SQL Server-Authentifizierung* verwenden werden.

3. Klicken Sie auf die Schaltfläche *Testverbindung*. Ein zusätzliches Dialogfeld *Microsoft Visual Studio* bestätigt Ihnen, dass das Testen der Verbindung erfolgreich war.
4. Klicken Sie auf *OK*, um das Dialogfeld *Verbindungseigenschaften* wieder zu schließen.
5. Klicken Sie auf *OK*, um Ihre Eingaben zur Verbindung zu bestätigen und das Dialogfeld *Verbindungseigenschaften* zu schließen. Nachdem Sie die beiden zusätzlich geöffneten Dialogfelder geschlossen haben, sind Sie wieder beim *Berichts-Assistenten* angekommen, in dem nun wie in Abbildung 8.2 als Name der neuen Datenquelle »AdventureWorks« und unter *Verbindungszeichenfolge* »Data Source=localhost;Initial Catalog=AdventureWorks2008R2« (also Servername und Datenbank) eingetragen sind.

TIPP Aktivieren Sie das Kontrollkästchen vor *Diese Datenquelle freigeben*, damit Sie in Zukunft unter der Option *Freigegebene Datenquelle* auch für weitere Berichte innerhalb Ihres Projekts auf die gerade neu erstellte Datenquelle zugreifen können. Sie ersparen sich dann nicht nur unnötige Mausklicks, sondern können auch für den Fall, dass Sie Ihre Berichte auf einen anderen Server (z.B. den Produktionsserver) migrieren wollen, dies zentral für diese eine Datenquelle, auf die sich viele Berichte beziehen, ändern und müssen nicht für jeden Bericht dessen Datenquellen-Eigenschaften neu einstellen. Auf die Frage, wie Sie für eine solche freigegebene Datenquelle die Eigenschaftenänderung vornehmen, kommen wir später noch zurück.

6. Mit einem Klick auf *Weiter* gelangen Sie zur nächsten Seite des Berichts-Assistenten. Die Abbildung 8.6 zeigt Ihnen das vollständige Aussehen dieser Seite nach Ausführung der folgenden Schritte.

Abfrage entwerfen

Auf dieser Seite des Berichts-Assistenten können Sie entweder eine schon vorher erstellte Abfrage einfügen, einen Abfragetext direkt hineinschreiben oder – wie wir es hier tun werden – mithilfe des *Abfrage-Generators* eine Abfrage entwerfen, mit der die gewünschten Daten für Ihren Bericht abgerufen werden.

HINWEIS Sie werden später noch andere Möglichkeiten kennenlernen, z.B. wie Sie mithilfe einer gespeicherten Prozedur die für Ihren Bericht benötigten Daten abrufen.

Wir werden eine einfache Abfrage aus drei Tabellen der mitgelieferten Beispieldatenbank *AdventureWorks2008R2* erstellen:

- Die Sicht *vEmployeeDepartmentHistory* wird uns jeweils den Nachnamen (Feld *LastName*) und den Vornamen (Feld *FirstName*) der Mitarbeiter liefern sowie die einzelnen Abteilungen der Beispielfirma (Feld *Department*) und eine zusammenfassende Gruppierung der Abteilungen (Feld *GroupName*)
- Die Tabelle *Address* wird uns die zu jedem Mitarbeiter gehörige Adresse mit Straßenname (Feld *AddressLine1*), Postleitzahl (Feld *PostalCode*) und Ort (Feld *City*) liefern
- Die Tabelle *BusinessEntity* liefert uns keine Felder für den Bericht. Sie dient lediglich zur Verknüpfung der Sicht *vEmployeeDepartmentHistory* mit der Tabelle *Address*, da sie sowohl das Feld *BusinessEntityID* als auch das Feld *AddressID* enthält.

Als Ergebnis wollen wir eine Tabelle erhalten, in der wir die Mitarbeiternamen – alphabetisch nach Nachname und Vorname geordnet – mit ihren jeweiligen Adressen sehen, und zwar gruppiert zu ihren jeweiligen Abteilungen, wobei die Abteilungen jeweils ihren Abteilungsgruppen zugeordnet sind.

1. Klicken Sie auf die Schaltfläche *Abfrage-Generator*, um den Abfrage-Generator zu öffnen.

   Es öffnet sich als zusätzliches Fenster der Abfrage-Generator. Falls dieser sich im textbasierten Modus öffnet, klicken Sie auf das Symbol *Als Text bearbeiten* links oben in der Ecke. Das Fenster unterteilt sich nun in vier verschiedenen Bereiche (von oben nach unten): *Diagramm, Raster (Datenblatt), SQL, Ergebnisse.*

   Die Abbildung 8.5 zeigt Ihnen das vollständige Aussehen des Abfrage-Generators nach Ausführung der folgenden Schritte.

2. Klicken Sie mit der rechten Maustaste ins oberste Viertel, den *Diagrammbereich*, und wählen Sie im geöffneten Kontextmenü den Eintrag *Tabelle hinzufügen.*

TIPP Der in den Berichts-Assistenten integrierte Abfrage-Generator wird über die Symbolleiste oder über Kontextmenüs gesteuert, welche sich – nach einem Klick mit der rechten Maustaste in einen der vier Bereiche – mit jeweils unterschiedlichen Einträgen öffnen. Sie können das Fenster des Abfrage-Generators in seiner Größe beliebig verändern.

3. Wählen Sie im Dialogfeld *Tabelle hinzufügen* auf der Registerkarte *Tabellen* wie in Abbildung 8.4 die Tabellen *Address(Person)* und *BusinessEntityAddress(Person)*, um sie dem Diagrammbereich hinzuzufügen.

TIPP Sie können dem Diagrammbereich Tabellen hinzufügen,

- indem Sie jeweils eine Tabelle markieren und dann auf die Schaltfläche *Hinzufügen* klicken
- oder indem Sie erst nacheinander bei gedrückter `Strg`-Taste alle gewünschten Tabellen markieren und dann auf die Schaltfläche *Hinzufügen* klicken
- oder indem Sie doppelt auf jede hinzuzufügende Tabelle klicken.

4. Wechseln Sie anschließend zur Registerkarte *Ansichten* und fügen Sie analog zu den Tabellen die Sicht *vEmployeeDepartmentHistory (HumanResource)* hinzu.

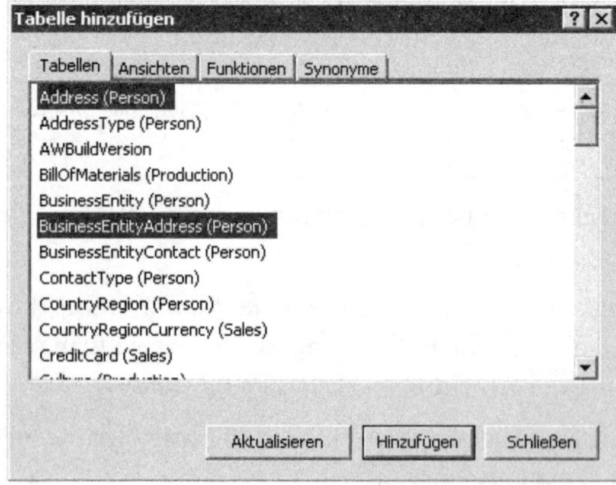

Abbildung 8.4 Tabellenauswahl für die Abfrage

5. Das Dialogfeld *Tabelle hinzufügen* bleibt, während Sie die Tabellen auswählen, geöffnet. Klicken Sie danach auf die Schaltfläche *Schließen*.

Im Diagrammbereich des Abfrage-Generators werden die ausgewählten Tabellen angezeigt, deren anzuzeigende Spalten nun bestimmt werden können.

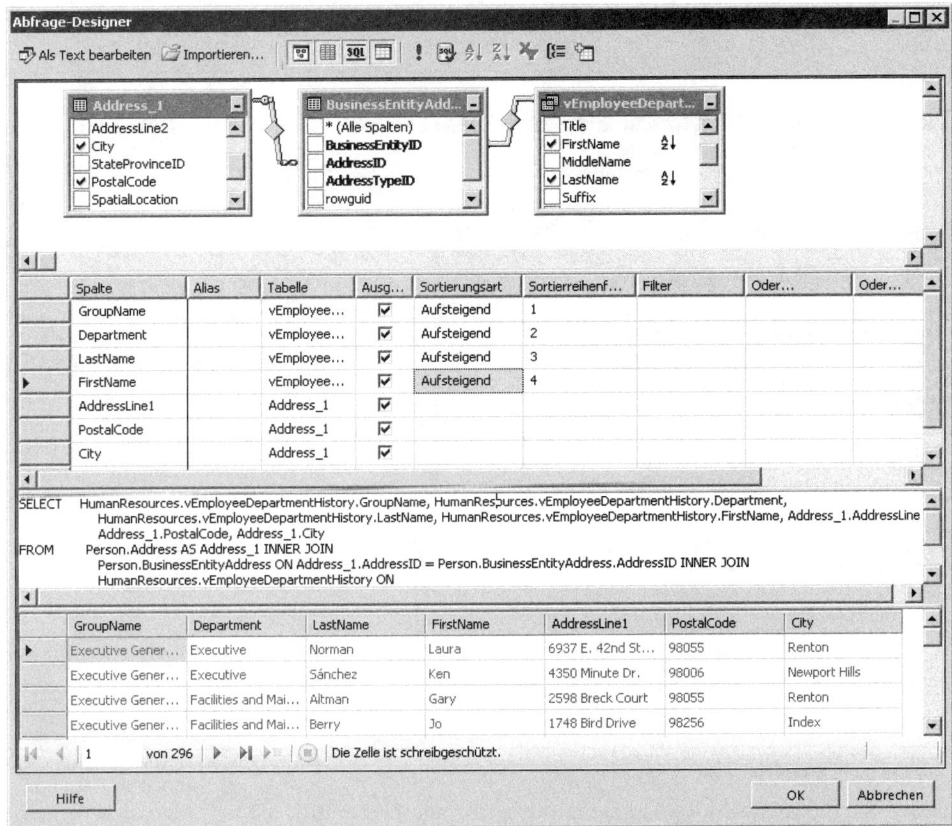

Abbildung 8.5 Abfrage mit dem Abfrage-Generator erstellen

6. Markieren Sie (in dieser Reihenfolge!) bei der Tabelle *vEmployeeDepartmentHistory* die Spalten *GroupName*, *Department*, *LastName* und *FirstName* und bei der Tabelle *Address* die Spalten *AddressLine1*, *PostalCode* und *City*. Im darunter gelegenen Viertel des Abfrage-Generators, dem *Rasterbereich (Datenblattbereich)*, sehen Sie nun untereinander aufgelistet die ausgewählten Spalten.
7. Um die abzufragenden Daten schon bei der Abfrage zu sortieren, klicken Sie im *Rasterbereich (Datenblattbereich)* des Abfrage-Generators unter *Sortierungsart* für *GroupName*, *Department*, *LastName* und *FirstName* jeweils in das entsprechende Feld und wählen *Aufsteigend* aus. Sie könnten die Datensortierung auch noch später bei der Berichtsbearbeitung vornehmen, aber es ist immer günstiger, die Daten schon vorsortiert aus der Datenbank zu beziehen. Der Abfrage-Generator sollte bei Ihnen nun in etwa das Aussehen haben wie in Abbildung 8.5.

HINWEIS Wenn Sie Ihre Abfrage testen wollen, klicken Sie mit der rechten Maustaste irgendwo in einen Bereich des Abfrage-Generators und wählen im geöffneten Kontextmenü den Eintrag *SQL ausführen* (in diesem Fall spielt es keine Rolle, in welchen der vier Bereiche Sie klicken, da jedes Kontextmenü diesen Eintrag enthält). Das Abfrageergebnis erscheint im untersten Viertel, dem *Ergebnisbereich*. Sobald Sie Ihre Abfrage auf diese Weise im Abfrage-Generator ausgeführt haben, werden Arbeitsspeicherressourcen des Datenbankservers verbraucht. Wenn Sie den Abfrage-Generator danach noch einige Minuten mit dem

Abfrageergebnis geöffnet lassen, werden Sie von dem Dialogfeld *Microsoft Visual Database Tools* darauf aufmerksam gemacht und aufgefordert, zu entscheiden, ob Sie das Abfrageergebnis weiterhin benötigen oder ob es aus dem Speicher gelöscht werden kann. Wenn Sie auf diese Warnung nicht reagieren, wird das Ergebnis nach kurzer Zeit automatisch gelöscht. Die von Ihnen erstellte Abfrage ist davon allerdings nicht betroffen. Sie können das Abfrageergebnis allerdings auch manuell löschen, indem Sie mit der rechten Maustaste in den Ergebnisbereich klicken und im geöffneten Kontextmenü den Eintrag *Ergebnisse löschen* wählen.

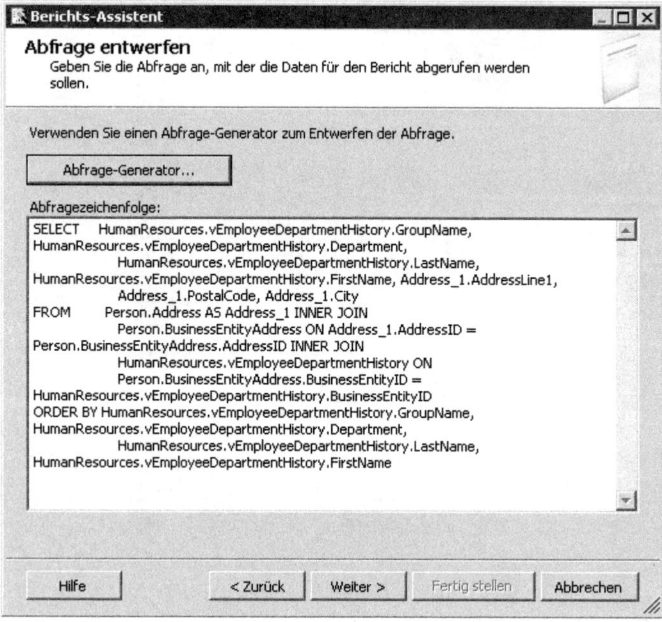

Abbildung 8.6 Mit den Berichts-Assistenten eine Abfrage entwerfen

8. Mit *OK* bestätigen Sie die Auswahl und schließen den Abfrage-Generator. Sie befinden sich nun wieder im Berichts-Assistenten, wo Sie noch einmal – wie in Abbildung 8.6 – die gerade entworfene Abfragezeichenfolge sehen können.
9. Klicken Sie auf die Schaltfläche *Weiter*, um zu den nächsten Seiten des Berichts-Designers zu gelangen.

Berichtsdaten strukturieren

Auf den folgenden Seiten des Berichts-Assistenten geben Sie Ihrem Bericht ein vorläufiges Aussehen, das Sie später noch weiter bearbeiten können.

Berichtstyp auswählen

Zunächst bietet Ihnen der Berichts-Assistent die Möglichkeit, den Berichtstyp auszuwählen. Ein einfacher Tabellenbericht (*Tabellarisch*) ist immer dann sinnvoll, wenn Sie den gesamten Inhalt der abgefragten Daten als normale Tabelle anzeigen möchten. Im Gegensatz dazu wird eine Matrix erforderlich, wenn Sie eine Kreuztabellendarstellung wünschen.

1. Wählen Sie wie in Abbildung 8.7 die Option *Tabellarisch*, um einen einfachen Tabellenbericht zu erstellen.

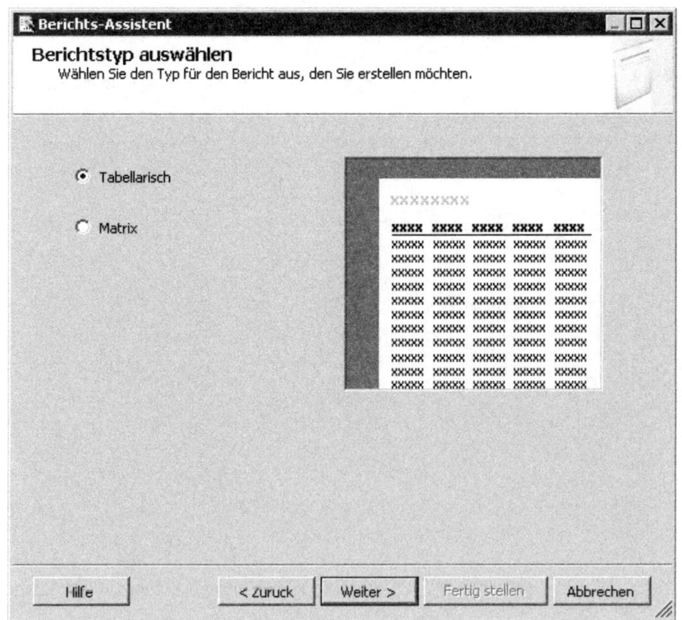

Abbildung 8.7 Berichtstyp auswählen – einfacher Tabellenbericht oder Matrix

2. Klicken Sie auf die Schaltfläche *Weiter*, um zur nächsten Seite des Berichts-Assistenten zu gelangen.

Tabelle entwerfen

Das Aussehen dieser Seite des Berichts-Assistenten hängt von der Auswahl ab, die auf der vorherigen Seite getroffen wurde. Da in unserem Fall *Tabellarisch* gewählt wurde, stehen Ihnen die Gruppierungsmöglichkeiten *Seite*, *Gruppieren* und *Details* zur Verfügung (bei der Wahl von *Matrix* würden die Gruppierungsmöglichkeiten *Seiten*, *Spalten*, *Zeilen* und *Details* lauten).

HINWEIS Der Berichts-Assistent bietet Ihnen die Möglichkeit, die abgefragten Daten mit wenigen Mausklicks so zu strukturieren und zu gruppieren, wie Sie sie später angezeigt haben möchten. Je nach Auswahl – *Tabellarisch* oder *Matrix* – stehen Ihnen folgende Auswahlmöglichkeiten zur Verfügung:

- **Seite(n)** (*Tabellarisch* und *Matrix*) Ein Feld, das dieser Kategorie zugeordnet wird, erscheint zu Beginn jeder Berichtsseite. Sobald sich der Wert des Felds ändert, wird eine neue Berichtsseite erstellt.
- **Gruppieren** (nur *Tabellarisch*) Ein Feld, das dieser Kategorie zugeordnet wird, erscheint als linke gruppierende Spalte Ihres Berichts, der alle Datensätze, die den gleichen Feldwert haben, zugeordnet sind. Wenn Sie diese Kategorie benutzen, blendet der Berichts-Assistent eine zusätzliche Seite *Tabellenlayout auswählen* ein.
- **Spalten** (nur *Matrix*) Die Werte eines Felds, das dieser Kategorie zugeordnet wird, bilden die Spaltenüberschriften der Matrix
- **Zeilen** (nur *Matrix*) Die Werte eines Felds, das dieser Kategorie zugeordnet wird, bilden die linke gruppierende Spalte der Matrix
- **Details** (*Tabellarisch* und *Matrix*) Ein Feld, das dieser Kategorie zugeordnet wird, befindet sich auf der untersten Gruppierungsebene
- **Drilldown aktivieren** (Kontrollkästchen, nur *Matrix*) Wenn Sie dieses Kontrollkästchen aktivieren, können bestimmte Gruppierungsebenen ein- oder ausgeblendet werden. Wir werden in Kapitel 15 genauer darauf eingehen.

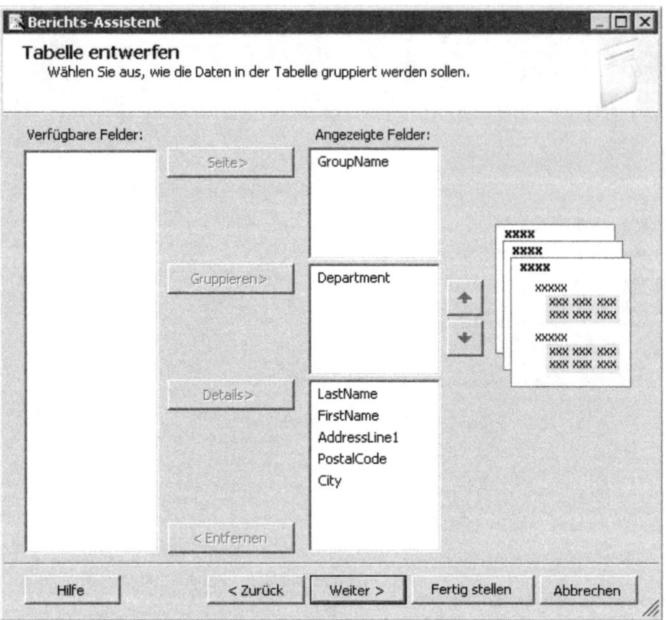

Abbildung 8.8 Gruppieren der abgefragten Daten in der darzustellenden Tabelle

1. Gruppieren Sie wie in Abbildung 8.8 das Feld *GroupName* unter *Seite*, das Feld *Department* unter *Gruppieren* und die übrigen Felder *LastName*, *FirstName*, *AddressLine1*, *PostalCode* und *City* unter *Details*.
2. Klicken Sie auf die Schaltfläche *Weiter*, um zur nächsten Seite des *Berichts-Assistenten* zu gelangen.

TIPP Um ein Feld von *Verfügbare Felder* zu *Seite*, *Gruppierung* oder *Details* zu verschieben, markieren Sie das Feld und klicken auf die entsprechende Schaltfläche. Sie können das Feld auch per Drag & Drop in die entsprechende Gruppierungskategorie ziehen. Falls nötig, können Sie mithilfe des nach oben bzw. nach unten weisenden Pfeils die Anzeigereihenfolge noch nachsortieren (auch dies ist per Drag & Drop möglich).

Tabellenlayout auswählen

Diese Seite wird nur angezeigt bei Auswahl des Berichtstyps *Tabellarisch* und wenn Sie ein Feld in die Kategorie *Gruppieren* gezogen haben. Es stehen zwei Optionen zur Auswahl: *Abgestuft* oder *Block*, die sich auf den ersten Blick nur darin zu unterscheiden scheinen, dass im ersten Fall eine etwas aufgelockerte, gestufte Darstellung, im zweiten Fall eine Blockdarstellung erzeugt wird. Allerdings gibt es bei der Option *Abgestuft* noch zusätzlich die Möglichkeit, das Kontrollkästchen vor *Drilldown aktivieren* zu markieren. Auf diese Weise wird – wie Sie später noch sehen werden – bewirkt, dass Detailebenen des Berichts ein- oder ausgeblendet werden können. Für beide Optionen kann das Kontrollkästchen vor *Mit Teilergebnissen* aktiviert werden. Für numerische Felder im Detailbereich werden dann Zwischensummen zu jeder Gruppe gebildet.

1. Wählen Sie die Option *Abgestuft* und markieren Sie das Kontrollkästchen vor *Drilldown aktivieren* wie in Abbildung 8.9.

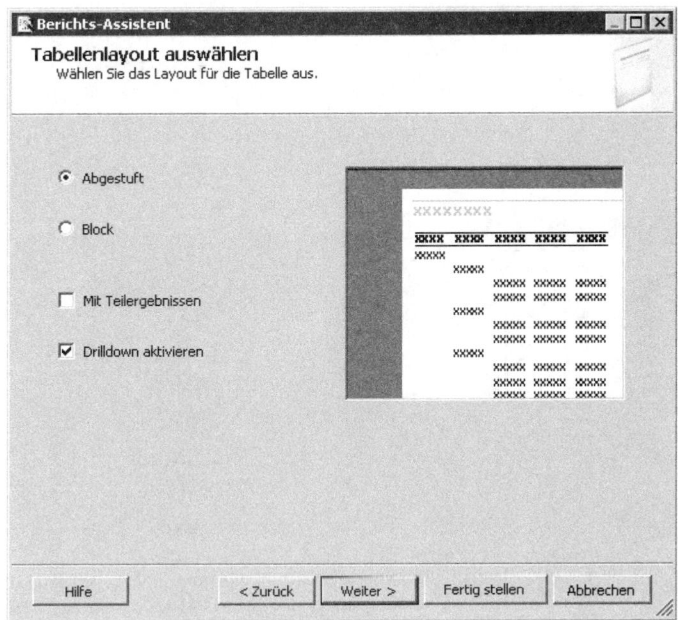

Abbildung 8.9 Tabellenlayout *Abgestuft* mit Drilldown

2. Klicken Sie auf die Schaltfläche *Weiter*, um zur nächsten Seite des Berichts-Assistenten zu gelangen.

Tabellenformat auswählen

Die nächste Seite des Berichts-Assistenten bietet Ihnen fünf verschiedene Vorlagen zur Auswahl, mit denen Sie den Stil der anzuzeigenden Tabelle bestimmen.

- **Schiefer** Der Bericht erscheint in hellen Blau- und Grautönen
- **Wald** In dieser Darstellung überwiegen dunkle Grüntöne
- **Geschäftlich** Eignet sich wegen seiner Blau- und Grautöne für eine seriös wirkende Darstellung
- **Fett** Das Aussehen des Berichts ist von Fettdruck und dunkelroter Farbe bestimmt
- **Ozean** Wenig Fettdruck und verspielte Blautöne bestimmen hier das Bild
- **Generisch** Der Bericht wird ohne Formatierungen dargestellt

Diese Formateigenschaften sollten Sie später selbst für sich genauer erkunden und erproben.

1. Wählen Sie den von Ihnen gewünschten Stil, z.B. wie in Abbildung 8.10 die Option *Geschäftlich.*
2. Klicken Sie auf die Schaltfläche *Weiter*, um zur nächsten Seite des Berichts-Assistenten zu gelangen.

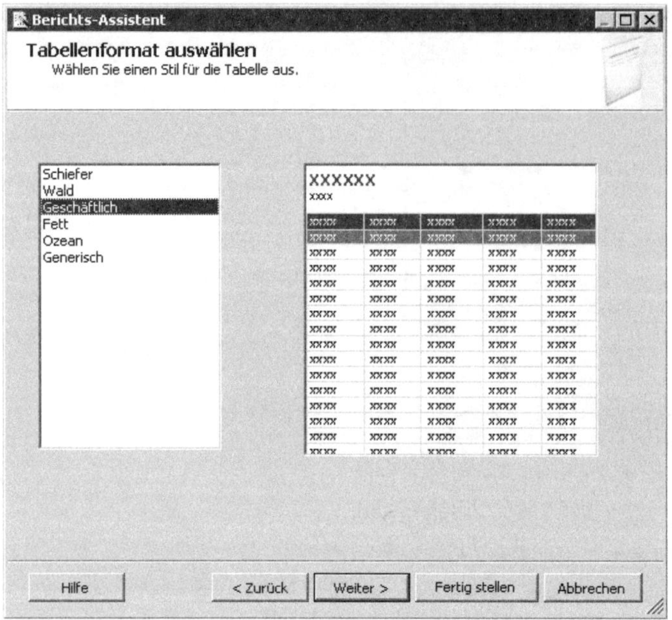

Abbildung 8.10 Auswahl des Tabellenformats

Bereitstellungsspeicherort auswählen

Auf der vorletzten Seite des Berichts-Assistenten wählen Sie den Speicherort aus, an dem der Bericht gespeichert werden soll. Diese Seite erscheint nur, wenn für den gerade erstellten Bericht auch ein neues Projekt, für das die folgenden Angaben noch nicht gemacht werden konnten, erzeugt wurde.

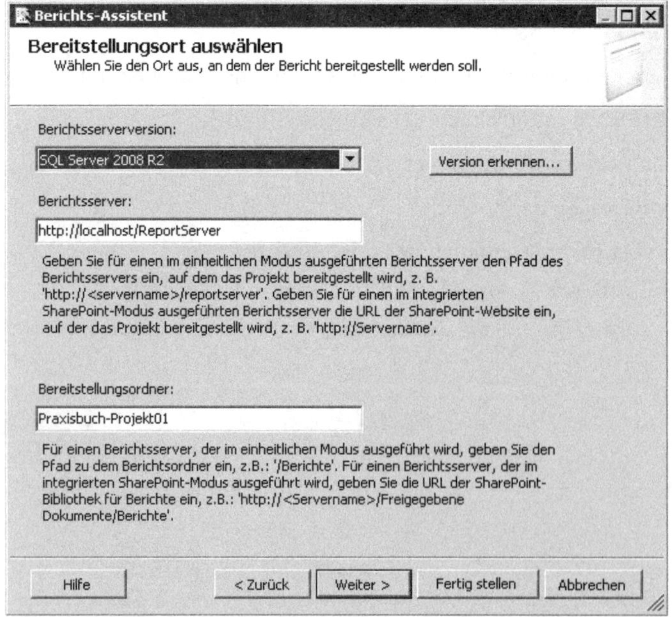

Abbildung 8.11 Bereitstellungsspeicherort auswählen

1. Wie in Abbildung 8.11 sollte die Standard-URL des Berichtsservers *http://localhost/ReportServer* lauten; der Name des Bereitstellungsordners kann dem entsprechen, den Sie zu Beginn Ihrem Projekt gegeben haben: *Praxishandbuch-Projekt01*. Die Berichtserverversion ist in unserem Fall *SQL Server 2008 R2*. Sie können als Berichtserverversion auch *SQL Server 2008* wählen, wenn Sie Ihre Berichte auf einem älteren Reportserver bereitstellen wollen.
2. Klicken auf die Schaltfläche *Weiter*, um die Auswahl zu bestätigen und zur letzten Seite des Berichts-Assistenten zu gelangen.

ACHTUNG Die hier vorgenommenen Eingaben zum Speicherort entsprechen nicht der Ordnerstruktur des Dateisystems, sondern werden in der Tabelle *Catalog* der Datenbank *ReportServer* auf Microsoft SQL Server abgelegt.

Berichts-Assistent abschließen

Sie haben nun fast alle notwendigen Angaben gemacht und sind auf der letzten Seite des Berichts-Assistenten angekommen, die in etwa das Aussehen wie Abbildung 8.12 haben sollte.

1. Geben Sie Ihrem Bericht einen Namen, z.B. »Einfacher Drilldown-Bericht«.
2. Überprüfen in der Berichtszusammenfassung die von Ihnen gemachten Eingaben. Falls Sie Korrekturen vornehmen möchten, können Sie mit einem Klick auf die Schaltfläche *Zurück* bzw. *Weiter* die Seiten des Berichts-Assistenten in beide Richtungen durchlaufen und ggf. gewünschte Änderungen oder Ergänzungen vornehmen.
3. Aktivieren Sie auch noch das Kontrollkästchen vor *Berichtsvorschau*, damit nach Fertigstellung des Berichts in der Entwicklungsumgebung der Berichts-Designer in der Vorschauansicht aufgerufen wird.
4. Klicken Sie auf die Schaltfläche *Fertig*, um den Berichts-Assistenten zu schließen und den Bericht erstellen zu lassen.

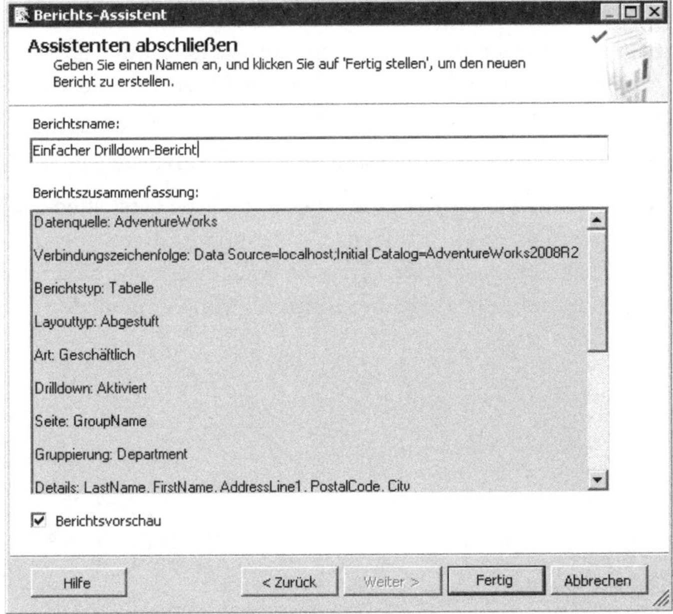

Abbildung 8.12 Den Berichts-Assistenten abschließen

Die Arbeit mit dem Berichts-Assistenten ist damit abgeschlossen und die weitere Arbeit am gerade erstellten Bericht wird innerhalb der Entwicklungsumgebung im Berichts-Designer stattfinden, der im folgenden Kapitel 9 vorgestellt wird.

In Ihrem neuen Bericht können Sie nun durch Klicken auf das +-Zeichen neben den Namen in der *Department*-Spalte die Drilldownfelder anzeigen oder verbergen.

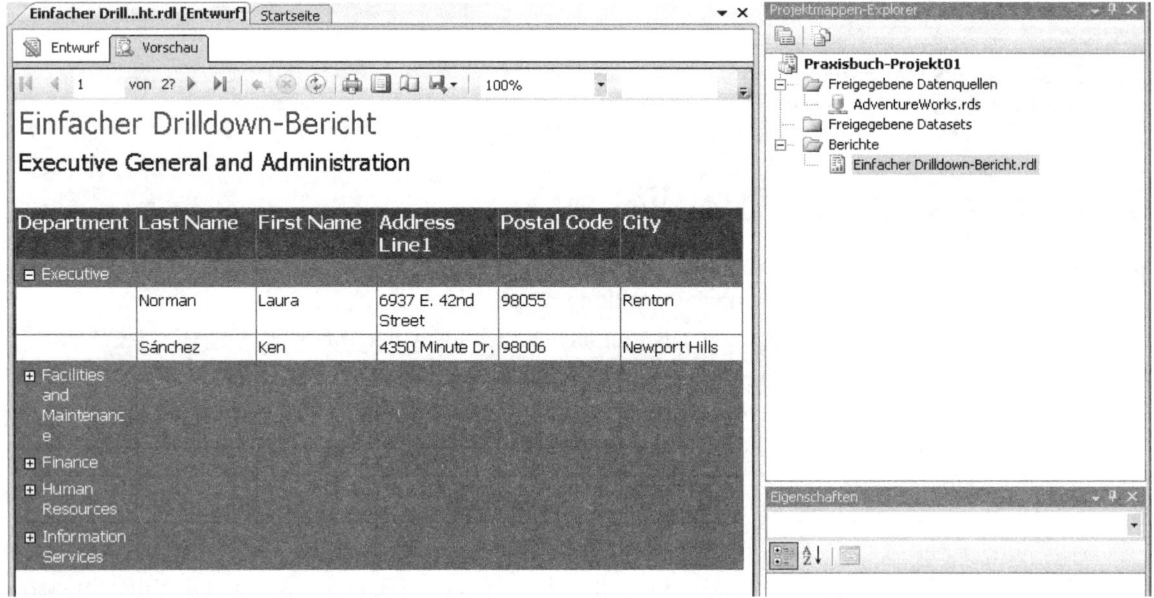

Abbildung 8.13 Der neue Bericht in der Vorschau

Sie haben nun folgende Möglichkeiten:

- Sie beenden hier Ihre Arbeit, um Sie später fortzusetzen. Sie können die Entwicklungsumgebung schließen, indem Sie den Menübefehl *Datei/Beenden* aufrufen. Im folgenden Kapitel 9 werden Sie sehen, wie Sie Ihre Arbeit wieder aufnehmen können.
- Sie lassen die Entwicklungsumgebung geöffnet, um im folgenden Kapitel 9 weiterzumachen
- Sie lassen die Entwicklungsumgebung geöffnet, um weitere Berichte innerhalb des neu erstellten Projekts *Praxisbuch-Projekt01* mithilfe des Berichts-Assistenten zu erstellen. Klicken Sie dazu mit der rechten Maustaste im Projektmappen-Explorer, der sich am rechten Rand der Entwicklungsumgebung befindet (siehe Abbildung 8.14), auf den Ordner *Reports* und wählen Sie im geöffneten Kontextmenü den Eintrag *Neuen Bericht hinzufügen*.

Abbildung 8.14 Der Projektmappen-Explorer

Es öffnet sich der Berichts-Assistent, dessen einzelnen Schritte Sie in diesem Kapitel kennengelernt haben. Erstellen Sie weitere Berichte, um mit den grundsätzlichen Schritten bei der Erstellung eines Berichts vertraut zu werden. Sie werden nun beispielsweise in dem Schritt *Datenquelle auswählen* im Berichts-Assistenten die Möglichkeit haben, auf die in Abbildung 8.2 durch Aktivieren des Kontrollkästchens vor *Diese Datenquelle freigeben* dort freigegebene Datenquelle *AdventureWorks* zuzugreifen, sodass Sie die Verbindungseigenschaften nicht mehr festlegen müssen (Sie sehen die freigegebene Datenquelle auch in Abbildung 8.14).

Noch ein Wort zum Berichts-Assistenten: Mit ihm zu arbeiten kann eine erhebliche Arbeitserleichterung darstellen. Auch wenn die Anforderungen an Ihre Berichte zunehmend komplexer werden, kann er als Ausgangspunkt für die Berichterstellung dienen, gerade was grundlegende Entscheidungen für die Gestaltung von Berichten angeht. Wir werden auch in den folgenden Kapiteln noch häufiger auf den Berichts-Assistenten zurückgreifen, um schnell Berichte zu erstellen.

Kapitel 9

Entwicklungsumgebung

In diesem Kapitel:

Für die Berichtsentwicklung benötigen Sie eine Entwicklungsumgebung, wie das Business Intelligence Development Studio, die primäre Umgebung um Analysis Services-, Integration Services- und Reporting Services-Projekte zu entwickeln. Jeder Projekttyp stellt Vorlagen zur Erstellung der erforderlichen Objekte, eine Vielzahl von Designern, Tools und Assistenten zur Verfügung. Das Business Intelligence Development Studio wird bei der Installation von SQL Server mitinstalliert und besteht aus Visual Studio 2008 mit weiteren Projekttypen, die für SQL Server Business Intelligence verfügbar sind.

Mit der Entwicklungsumgebung können Sie SQL Server 2008 R2 Reporting Services Berichte und Berichtsmodelle erstellen und entwickeln. Bei der Installation von Reporting Services werden die folgenden Projektvorlagen im Business Intelligence Development Studio verfügbar gemacht:

- Berichtsserverprojekt
- Berichtsserverprojekt-Assistent
- Berichtsmodellprojekt

Die Installation stellt zusätzlich eine Umgebung zum Ausführen des Berichts-Designers und des Modell-Designers bereit. Hierbei handelt es sich um die Entwurfstools, mit deren Hilfe in Reporting Services Berichte und Modelle verfasst und erstellt werden.

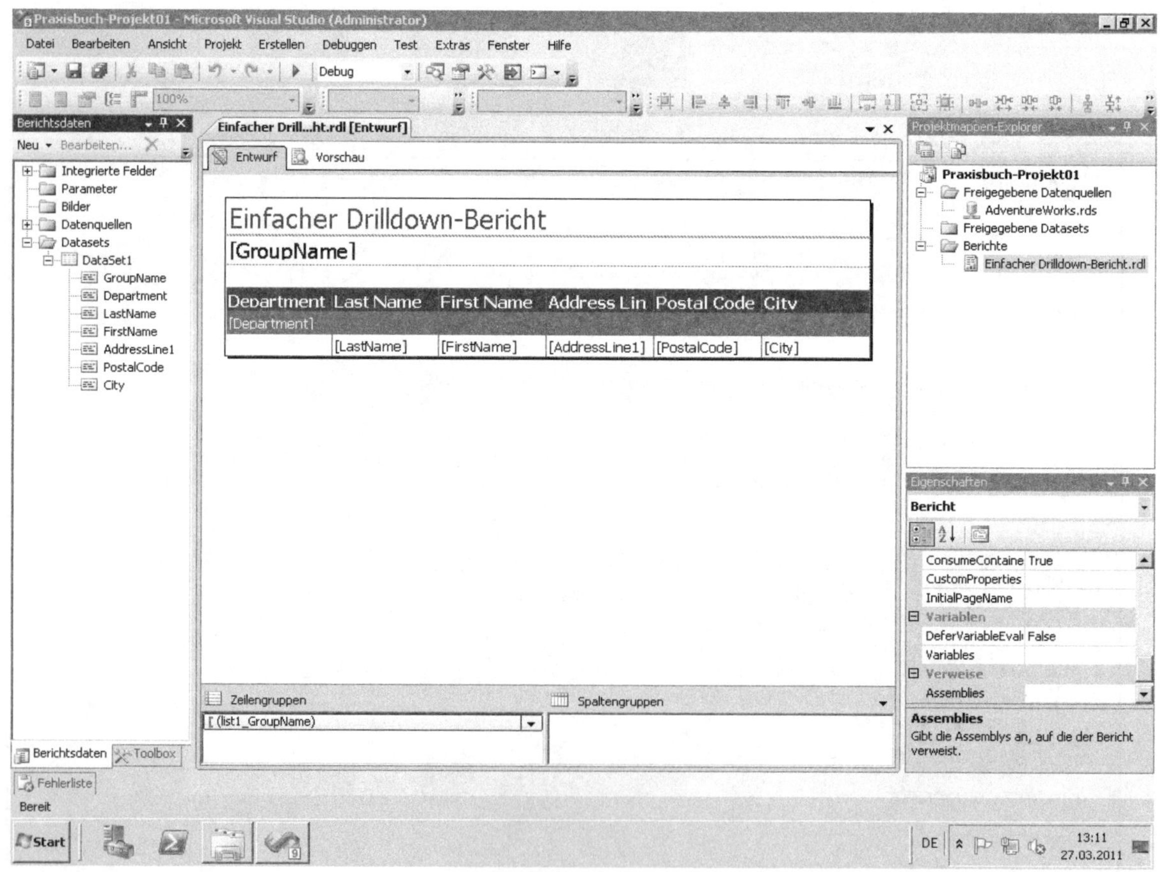

Abbildung 9.1 Die Entwicklungsumgebung von Visual Studio 2008

Sie haben im vorangegangenen Kapitel schon die Entwicklungsumgebung kennengelernt und einen ersten Bericht mithilfe des Berichts-Assistenten erstellt, den Sie jetzt weiter bearbeiten werden:

- Wenn Sie das vorhergehende Kapitel gerade erst abgeschlossen haben, sollte der neu erstellte Bericht im Visual Studio noch geöffnet sein und Sie können ihn weiter bearbeiten
- Falls Sie Ihre Entwicklungsumgebung zwischenzeitlich geschlossen haben, starten Sie das Business Intelligence Development Studio und öffnen Sie die Datei *Praxisbuch-Projekt01.sln*: Im Menübefehl finden Sie unter *Datei/Öffnen/Projekt/Projektmappe* im Verzeichnis *Dokumente\Visual Studio 2008\Projects\Praxisbuch-Projekt01* die angegebene Datei, wenn Sie bei der Erstellung des Projekts *Praxisbuch-Projekt01* den Standardpfad verwendet haben.

Der Berichts-Designer

Der Berichts-Designer ist ein Tool zur grafischen Erstellung von Berichten. Er beinhaltet die folgenden zwei Ansichten, die in Abbildung 9.1 an den Registerkarten zu erkennen sind:

- Entwurf
- Vorschau
- Der Name des von Ihnen geöffneten Berichts (hier *Einfacher Drilldown-Bericht.rdl*) erscheint in der obersten Leiste des Berichts-Designers

HINWEIS Wenn Sie mehrere Berichte oder Dateien geöffnet haben, werden deren Namen als Registerkarten in der obersten Leiste des Berichts-Designers hintereinander angezeigt, sodass Sie durch Anwahl einer dieser Registerkarten zwischen den einzelnen Dateien wechseln können.

Bevor es mit der Bearbeitung der Berichte weitergehen kann, ist es wichtig, erst einmal die einzelnen Komponenten des Business Intelligence Development Studios kennenzulernen.

Die Ansichten – Entwurf und Vorschau

Wie im letzten Abschnitt erwähnt, gibt es im Berichts-Designer zwei Ansichten, die über die Registerkarten auswählbar sind und in Abbildung 9.2 dargestellt sind.

Abbildung 9.2 Auswahl der aktiven Ansicht

In der aktivierten Entwurfsansicht können Sie den von Ihnen mithilfe des Berichts-Assistenten erstellten Bericht sehen und weiter bearbeiten (Abbildung 9.1).

- Der automatisch generierte Bericht beinhaltet eine *Liste (Tablix)*, eine *Textbox* und eine *Tabelle (Tablix)*. Die *Liste* kapselt und gruppiert die *Textbox* und die *Tabelle*. So ist es möglich die Daten nach dem Feld *GroupName* zu gruppieren und für jede Gruppe eine einzelne Seite mit eigener Tabelle und Überschrift des Gruppennamens zu erzeugen. Die Tabelle ist in den Farben gehalten, die Sie im vorhergehenden Kapitel im Berichts-Assistenten ausgewählt haben. Im unteren Bereich des Entwurfsfensters werden die Zeilen- und Spaltengruppen der ausgewählten *Tablix* angezeigt und bearbeitet. Eine genauere Beschreibung der *Tablix* und dessen Konfiguration finden Sie im nachfolgenden Kapitel *Berichtselemente*.

- Zum Anzeigen des Berichts im Vorschaufenster, wählen Sie anschließend die Registerkarte *Vorschau* aus. Der Bericht wird verarbeitet und Sie sehen das Ergebnis, dass später auch die Anwender sehen werden (Abbildung 9.3). Eine zusätzliche Symbolleiste bietet Ihnen die Möglichkeit, durch den Bericht zu navigieren, ihn auszudrucken und den Bericht in verschiedene Formate, die in Kapitel 24 genauer erläutert werden, zu exportieren. Falls der Bericht mehrere Seiten enthält, können diese umgeblättert und einzeln angewählt werden. Es wird zunächst nur die erste Seite generiert und jede weitere Seite erst erzeugt, wenn sie aufgerufen wird. Dadurch erklärt sich auch das *1 von 2?* in der Symbolleiste, da noch nicht bekannt ist, wie viele Seiten tatsächlich erstellt werden.

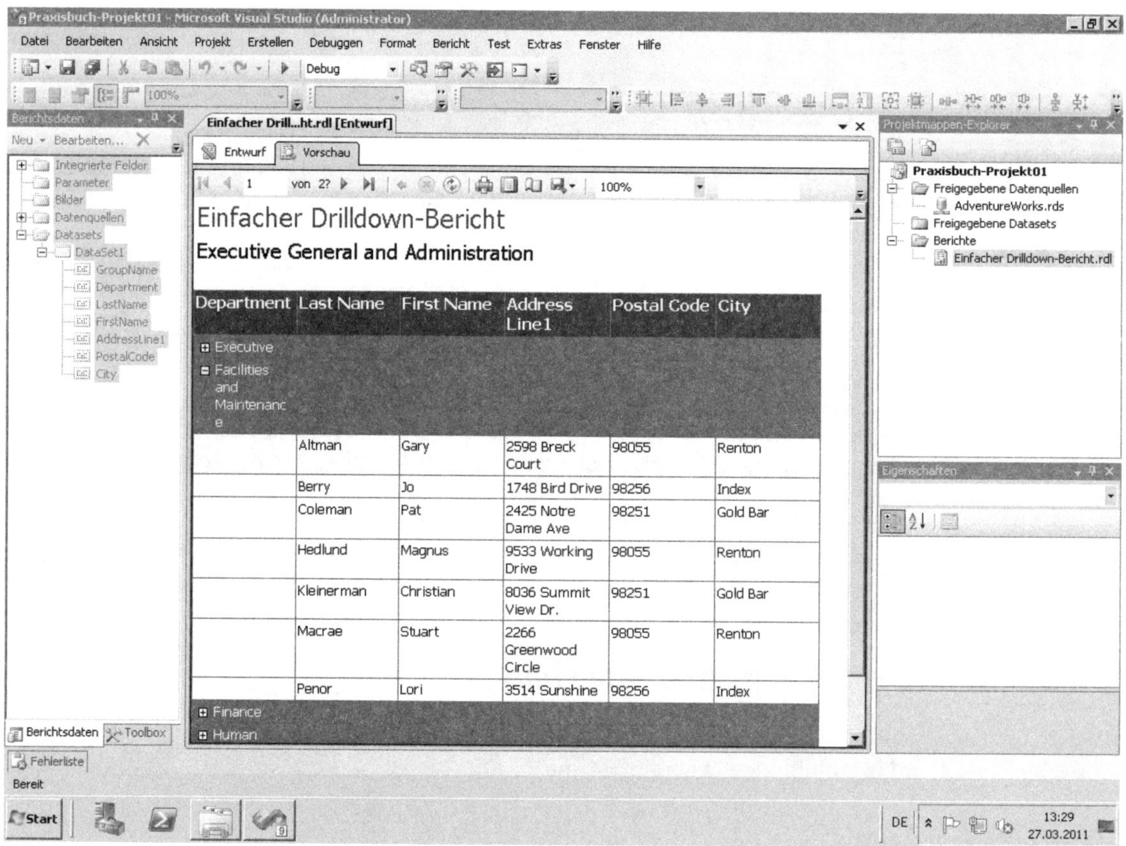

Abbildung 9.3 Entwicklungsumgebung in der Vorschauansicht

Im weiteren Verlauf des Kapitels werden wir noch genauer auf die Einzelheiten der beiden Ansichten eingehen. Zunächst werden jetzt aber erst einmal die Toolfenster der Entwicklungsumgebung beschrieben, da es von Vorteil ist, diese schon kennengelernt zu haben, bevor Sie mit der Entwurfsansicht zu arbeiten beginnen.

Toolfenster

Um die Toolfenster verwenden zu können, müssen Sie sich in der Entwurfsansicht befinden. Am linken und rechten Rand der Entwicklungsumgebung sind zahlreiche Toolfenster vorhanden, die Sie, wenn Sie es wünschen, individuell platzieren können. Die Abbildung 9.1 zeigt die Fenster, so wie sie standardmäßig positioniert sind:

- **Auf der rechten Seite**
  - Der *Projektmappen-Explorer* zeigt die zugehörigen Daten eines Projekts oder einer Projektmappe (kann mehrere Projekte enthalten) an und bietet die Möglichkeit, sie an dieser Stelle zu verwalten. Hierzu gehören bei einem Berichtsserverprojekt die freigegebenen Datenquellen und die RDL-Dateien eines Berichts. Es können aber auch andere Dateien, wie z.B. Bilder, dem Projekt hinzugefügt werden.
  - Das Fenster *Eigenschaften* dient zur Ansicht und zur Bearbeitung der Eigenschaften des gerade selektierten Elements im Bericht. Sie können hier sowohl Einfluss auf die Werte des Berichts als auch auf die einzelnen Elemente nehmen. An dieser Stelle lassen sich die Elemente schnell anpassen, ohne das passende Dialogfeld öffnen zu müssen.
  - Über den Menübefehl *Ansicht/Klassenansicht* kann die *Klassenansicht* angezeigt werden, die aber bei unserem jetzigen Projekt nicht notwendig ist und erst später bei der Programmierung Verwendung findet
  - Die *dynamische Hilfe* ist anfangs nicht dargestellt und kann über den Menübefehl *Hilfe/Dynamische Hilfe* aktiviert werden. Sie zeigt Informationen der Entwicklungsumgebung, abhängig von den gerade ausgewählten Elementen.
- **Auf der linken Seite**
  - Die *Toolbox* bietet Ihnen die einzelnen Berichtselemente, die Sie per Drag & Drop in Ihren Bericht ziehen können. Sie kann um eigene Berichtselemente, wie z.B. das in Kapitel 37 beschriebene oder hinzu gekaufte Element, erweitert werden.
  - Die *Berichtsdaten* beinhalten die Daten eines Berichts. Aus diesem Fenster können die *integrierten Felder* verwendet werden. Dabei handelt es sich um globale Daten, wie *Ausführungszeit, Seitenzahl* etc. Parameter und Bilder können angepasst und hinzugefügt werden. Des Weiteren können Datenquellen und die zugehörigen Datasets angepasst und erzeugt werden. Eine detaillierte Beschreibung zur Erstellung und Bearbeitung von Datasets finden Sie in Kapitel 12.
  - Über den Menübefehl *Ansicht/Server-Explorer* kann der *Server-Explorer* geöffnet werden. Er zeigt die verbundenen Server an. An dieser Stelle können Sie sich zu weiteren Servern verbinden und auf dessen Datenbanken zugreifen. In Kapitel 12 werden wir Ihnen zeigen, wie Sie mithilfe des Server-Explorers einer Datenbank eine gespeicherte Prozedur hinzufügen.

Einige der Toolfenster befinden sich standardmäßig oder von Ihnen gewollt automatisch im Hintergrund, sodass Name bzw. zugehöriges Symbol auf einer Registerkarte an den Rändern der Entwicklungsumgebung angezeigt werden. Sobald Sie den Mauszeiger über die Registerkarte bewegen, wird das Toolfenster vollständig eingeblendet und dessen Inhalte können verwendet werden. Wenn Sie den Mauszeiger aus dem Toolfenster heraus bewegen, wird es automatisch wieder minimiert und die zugehörige Registerkarte am Rand der Entwicklungsumgebung angezeigt. Sie können die Toolfenster auch dauerhaft einblenden, indem Sie den Mauszeiger auf die Registerkarte eines Toolfensters bewegen und in der Titelleiste des daraufhin geöffneten Toolfensters auf das Symbol *Automatisch im Hintergrund* klicken. Um das Toolfenster zu verschieben, halten Sie die linke Maustaste mit dem Zeiger über der Titelleiste gedrückt und positionieren das Fenster an der gewünschten Stelle.

TIPP Falls Sie sich ein wenig mit Ihrer Entwicklungsumgebung vertraut gemacht haben, kann es sein, dass sich das eine oder andere Toolfenster nicht mehr dort befindet, wo es in der Standardeinstellung einmal war. Falls Sie das ursprüngliche Aussehen Ihrer Entwicklungsumgebung wieder herstellen wollen, wählen Sie im Menü *Fenster/Fensterlayout zurücksetzen* und bestätigen das Dialogfeld mit *Ja*.

Sollten Sie nur einige Fenster nicht wiederfinden, können Sie mit den zwei nachfolgenden Möglichkeiten die einzelnen Fenster wieder zum Vorschein bringen:

- Öffnen Sie das Menü *Ansicht* und wählen Sie den gewünschten Eintrag aus
- Drücken Sie die entsprechende Tastenkombination (die Tastenkombination finden Sie am Ende jedes Eintrags im Menü *Ansicht* angegeben)

Die Entwurfsansicht

In der Entwurfsansicht können Sie das Design Ihres Berichts anpassen. Sie können vorhandene Elemente bearbeiten und neue hinzufügen. Im Berichts-Designer wird der Bericht wie in Abbildung 9.1 angezeigt. Alle Elemente eines Berichts befinden sich vollständig in dem Bereich *Textkörper*. Aus diesem Grund passen wir als Erstes dessen Eigenschaften an:

1. Öffnen Sie, wie im vorherigen Abschnitt beschrieben, das Toolfenster *Eigenschaften*.
2. Wählen Sie im Listenfeld am oberen Rand des Eigenschaftenfensters den Eintrag *Textkörper* aus.

Abbildung 9.4 Eigenschaften des Textkörpers

3. Klicken Sie auf das Plussymbol vor *Size* (Größe), um sich entsprechend der Abbildung 9.4 die Eigenschaften *Width* (Breite) und *Height* (Höhe) anzeigen zu lassen. Die Maße beziehen sich auf die Entwurfsoberfläche, in welcher der Bericht gestaltet wird. Diese Maße sind von den Größenangaben des Berichts zu unterscheiden, welche die Breite und Höhe der Druckausgabe festlegen.

HINWEIS Falls die Maße bei Ihnen in Zoll angegeben werden, können Sie dies in den Berichtseigenschaften anpassen. Rufen Sie dazu den Menübefehl *Bericht/Berichtseigenschaften* auf. Im daraufhin geöffneten Dialogfeld können Sie für die Seiteneinheiten zwischen *Zoll* und *Zentimeter* auswählen (Abbildung 9.5).

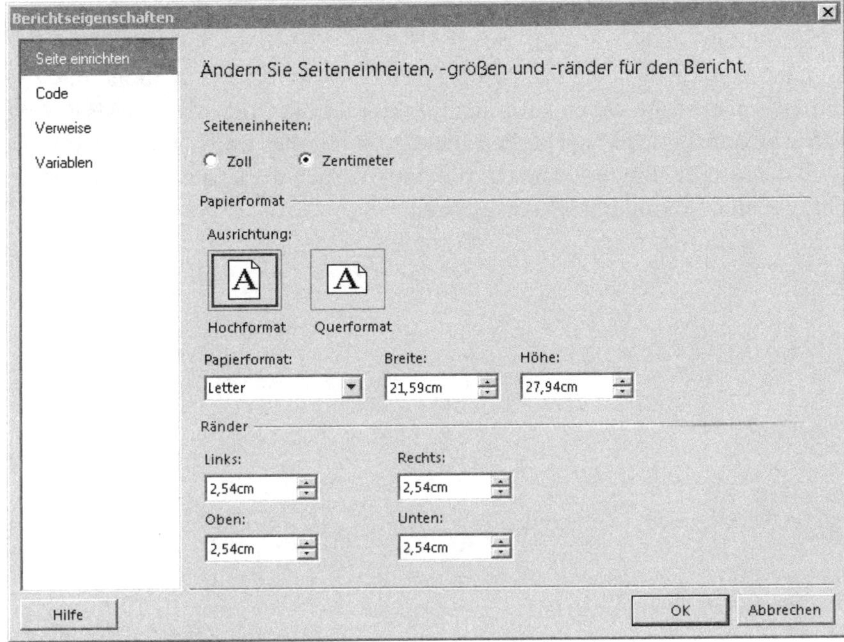

Abbildung 9.5 Berichtseigenschaften

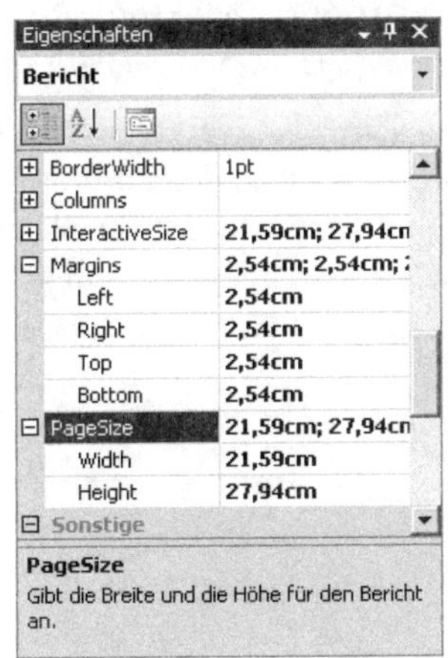

Abbildung 9.6 Eigenschaften des Berichts

4. Wählen Sie jetzt *Bericht* im Listenfeld, um dessen Eigenschaften bearbeiten zu können. Wie eben erwähnt, beeinflussen Sie hier die Eigenschaften der zu druckenden Seite. Erweitern Sie *Margins* (Seitenränder), um sich die Größen des linken, rechten, oberen und unteren Randes anzusehen, und *PageSize* (Seitengröße), um Breite und Höhe der auszudruckenden Seite zu ermitteln, wie es in Abbildung 9.6 dargestellt ist.
5. Passen Sie die Ränder des Berichts an. Setzen Sie den linken (*Margins/Left*) und rechten Rand (*Margins/Right*) auf jeweils 1 cm. Der obere (*Margins/Top*) und untere Rand (*Margins/Bottom*) sollen einen Abstand

von 2,5 cm erhalten. Um die Änderungen durchzuführen, klicken Sie in das Feld mit dem aktuell zu ändernden Wert. Nach Eingabe des neuen Werts bestätigen Sie Ihre Änderungen durch Drücken der ↵-Taste oder einfach durch Anwahl einer anderen Eigenschaft.

6. Als Nächstes gleichen Sie die Größe des Berichts so an, dass das Format einer DIN-A4-Seite entspricht. Dafür ändern Sie den Wert für *PageSize/Width* auf 21 cm und *PageSize/Height* auf 29,7 cm. Falls Sie statt dem Hochformat lieber Querformat verwenden wollen, müssen Sie die Werte einfach vertauschen. Die eben beschriebenen Anpassungen können Sie auch im Dialogfeld *Berichtseigenschaften* (Abbildung 9.5) vornehmen. Die durchgeführten Änderungen haben natürlich Einfluss auf die Größe der zur Verfügung stehenden Fläche eines ausdruckbaren Berichts und ziehen die Anpassung der Entwurfsoberfläche im nächsten Schritt nach sich, um die gesamte Breite ausnutzen zu können. Nach der letzten Eingabe sollten die Eigenschaften des Berichts denen in Abbildung 9.7 entsprechen.

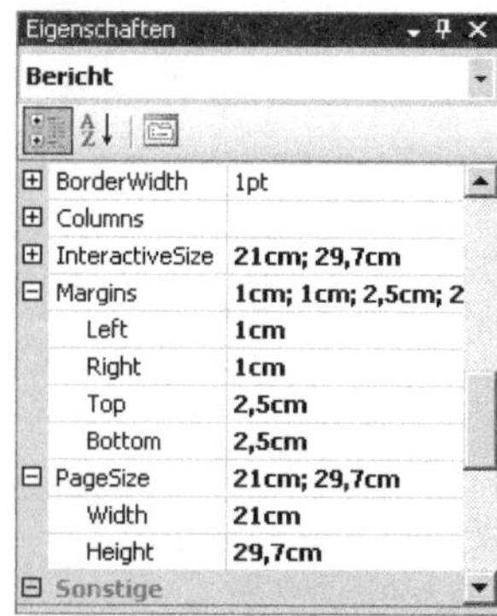

Abbildung 9.7 Angepasste Eigenschaften des Berichts

7. Wechseln Sie im Listenfeld wieder zum Element *Textkörper*. Da unser Bericht eine Breite von 21 cm hat und wir jeweils einen Rand von 1 cm festgelegt haben, ergibt sich eine Entwurfsoberfläche von: 21 cm – 1 cm – 1 cm = 19 cm. Tragen Sie jetzt den neuen Wert für die Breite des *Textkörpers* unter *Size/Width* ein.

Nach den jetzt durchgeführten Anpassungen zeigt sich in der Entwurfsansicht eine vergrößerte Entwurfsoberfläche. Die weiße Fläche neben der Tabelle zeigt den jetzt frei gewordenen Platz, der genutzt werden kann, um die Tabelle zu erweitern oder ein anderes Berichtselement hinzuzufügen. Um der Tabelle eine Spalte hinzuzufügen, ist es notwendig, das Dataset zu erweitern, da wir noch ein weiteres Datenfeld zur Anzeige in der neuen Spalte benötigen. Um Abfragen eines Datasets anzupassen oder ein neues Dataset zu erstellen, müssen Sie in das Toolfenster *Berichtsdaten* wechseln.

Abbildung 9.8 Starten des Abfrage-Designers

1. Wechseln Sie in das Toolfenster *Berichtsdaten*, welches sich am linken Rand der Entwicklungsumgebung befindet. Falls erforderlich, erweitern Sie den Ordner *Datasets*. Klicken Sie, wie in Abbildung 9.8 dargestellt, mit der rechten Maustaste auf *Dataset1* und wählen dann *Abfrage*, um den Abfrage-Designer zu starten. Alternativ können Sie auch *DataSet1* selektieren, dann in der oberen Zeile des Toolfensters *Bearbeiten* auswählen und in dem sich öffnenden Fenster die Schaltfläche *Abfrage-Designer* anklicken.
2. Der Abfrage-Designer hat sich mit der Abfrage geöffnet, die Sie in Kapitel 8 mithilfe des Berichtsserver-Managers erstellt haben. Um etwas mehr Platz zu erhalten, klicken Sie auf die Schaltfläche *SQL*, um den Bereich mit der SQL-Abfrage auszublenden. Jetzt fügen Sie die Tabelle *EmailAddress* hinzu, indem Sie auf die Schaltfläche *Tabelle hinzufügen* (Tabelle mit dem gelben Plus) klicken. Nachdem die Tabelle hinzugefügt wurde, wählen Sie die Spalte *EmailAddress* aus und führen die Abfrage durch Anklicken des Ausrufezeichens einmal aus. Ihr Ergebnis sollte um die Spalte mit den E-Mail-Adressen erweitert sein.

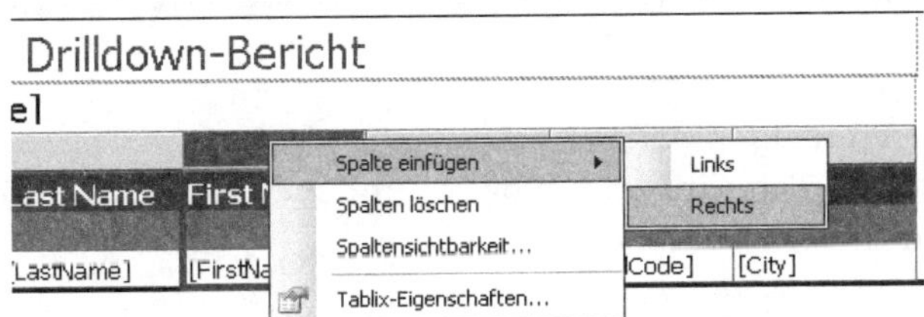

Abbildung 9.9 Einfügen einer Spalte in eine Tabelle

3. Dem *DataSet1* wurde jetzt das Feld *EmailAddress* hinzugefügt. Im nächsten Schritt wird die Tabelle nach dem Eintrag *First Name* um eine Spalte mit der *EmailAddress* erweitert. In der Entwurfsansicht klicken Sie die Tabelle an, sodass oberhalb der einzelnen Spalten und links neben den Zeilen jeweils ein grauer Kasten, die sogenannten *Handles*, erscheinen. Klicken Sie, wie in Abbildung 9.9 dargestellt, den *Spaltenhandle* oberhalb des Felds *First Name* mit der rechten Maustaste an und wählen *Spalte einfügen/Rechts* aus.

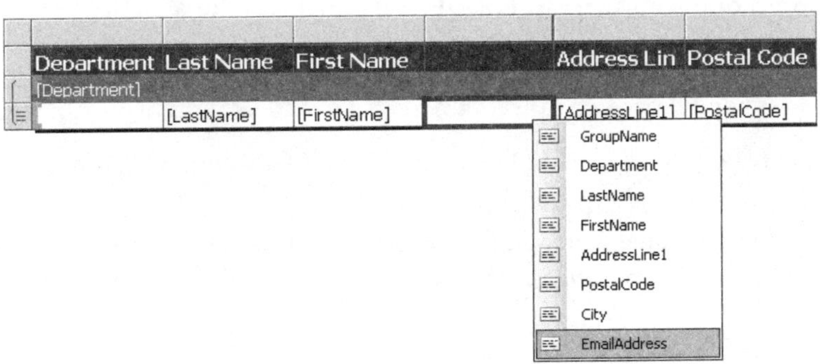

Abbildung 9.10 Selektieren eines Datasetfelds in einer Tabelle

4. Die Tabelle wurde um eine leere Spalte erweitert. Fahren Sie mit der Maus über das Detailfeld der leeren Spalte und klicken auf das Listensymbol, das in der rechten Ecke des Felds erscheint. Sie erhalten eine Auswahlliste mit den Feldern des *DataSet1* und wählen, wie in Abbildung 9.10, *EmailAddress* aus. Automatisch wird in den Tabellenkopf der Name des Datenfelds eingetragen. Den Tabellenkopf können Sie im Nachhinein noch anpassen.
5. Als Letztes können Sie noch die Breite der Spalte anpassen, sodass die Tabelle den gesamten verfügbaren Platz verwendet. Gehen Sie dafür mit dem Mauszeiger zwischen die Spaltenhandles *EmailAddress* und *AddressLine1* bis der Mauszeiger folgendes Symbol ? annimmt. Jetzt können Sie bei gedrückter Maustaste die Spaltenbreite anpassen. Achten Sie bitte darauf, dass die Spalte mit der *EmailAddress* selektiert ist.

TIPP Wenn Sie das Listenfeld am oberen Rand des Eigenschaftenfensters aufklappen, sehen Sie die verschiedenen Bestandteile, aus denen Ihr Bericht besteht. Wenn Sie einen Eintrag des Listenfelds auswählen, wird in Ihrem Bericht im Berichts-Designer das jeweilige Berichtselement markiert. Umgekehrt können Sie mit einem Mausklick ein Element in Ihrem Bericht markieren und dann im Listenfeld des Eigenschaftenfensters sehen, welchen Namen und welche Eigenschaften das gerade markierte Element hat.

Wenn Sie dies ein wenig ausprobieren, werden Sie bemerken, dass bestimmte Elemente andere Elemente beinhalten. Wenn Sie z.B. *List1* (Liste) im Listenfeld auswählen, wird in Ihrem Bericht ein Bereich markiert, zu dem sowohl das Textfeld *GroupName* als auch die Tabelle *table1* gehören. Ebenso beinhaltet wiederum die Tabelle *table1* mehrere Textfelder. Im vorliegenden Zusammenhang heißt das, dass z.B. der Wert für *Size Width* (die Breite) von *list1* nicht kleiner sein kann als der Wert für *Size Width* (die Breite) von *GroupName* bzw. von *table1*.

Ebenso wie Sie mit der Maustaste verschiedene Elemente markieren können, lassen sich auch die markierten Elemente mithilfe des Mauszeigers anfassen und in ihren Ausmaßen und Positionen verändern. Genauer arbeiten Sie allerdings, wenn Sie die gewünschten Werte direkt im Eigenschaftenfenster eingeben.

Bei der Entwicklung von Berichten werden Sie vorrangig in der Entwurfsansicht arbeiten. Die einzelnen Berichtselemente, die Ihnen zur Verfügung stehen, werden wir im nachfolgenden Kapitel ausgiebig behandeln und dabei die Entwurfsansicht noch ausführlicher kennenlernen.

Die Vorschauansicht

In der Vorschauansicht wird der Bericht so präsentiert, wie der Anwender ihn später im Webbrowser oder in Ihrer Anwendung zu sehen bekommt. Sie können den Bericht in die zur Verfügung stehenden Formate exportieren oder auch einen Probedruck Ihres Berichts erstellen. Es kann zwischen den Ansichten hin und her geschaltet werden, indem Sie die Registerkarten *Entwurf* und *Vorschau* verwenden. Nachdem Sie im letzten Abschnitt einige Änderungen vorgenommen haben, ist es jetzt an der Zeit, sich diese in der Vorschauansicht anzusehen:

1. Wechseln Sie in die Vorschauansicht, indem Sie die Registerkarte *Vorschau* aktivieren. Der Berichts-Designer führt jetzt Ihren Bericht lokal aus.
2. Erweitern Sie eines der Departments (z.B. *Executive*), indem Sie auf dessen Plussymbol klicken, um sich die Details ansehen zu können, wie es in Abbildung 9.11 der Fall ist.
3. Klicken Sie auf das Pfeilsymbol rechts neben der Seitenzahl *2?* in der Symbolleiste, um die einzelnen Seiten des Berichts zu betrachten. Für jeden *GroupName* des Datasets wurde eine eigene Seite erzeugt.

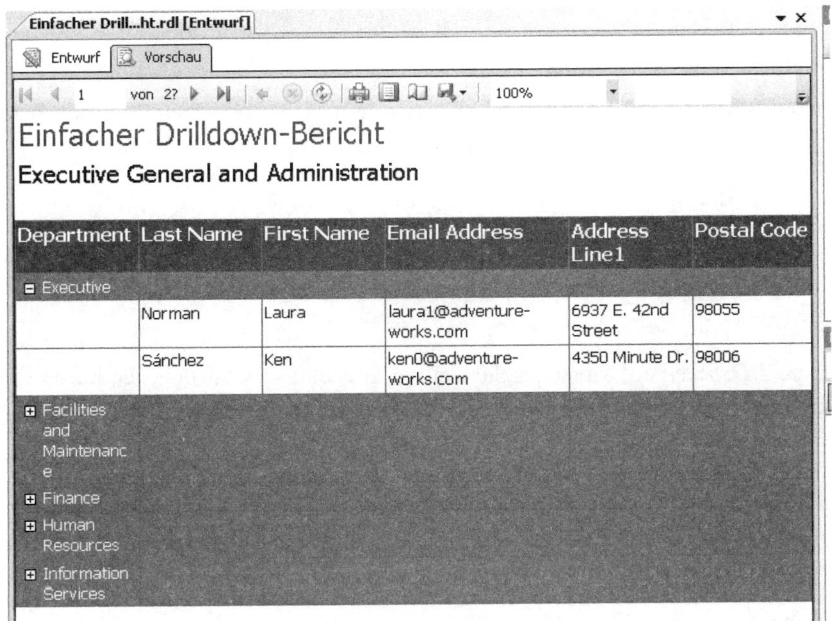

Abbildung 9.11 Vorschauansicht des einfachen Drilldown-Berichts

Die Funktionalität der Vorschauansicht beschränkt sich aber nicht auf die Ansicht des Berichts.

Abbildung 9.12 Symbolleiste

Aus diesem Grund werden wir Ihnen die Funktionen, die sich hinter den einzelnen Schaltflächen der Symbolleiste in Abbildung 9.12 verbergen, von links nach rechts vorstellen:

TIPP Fahren Sie mit dem Mauszeiger über die einzelnen Symbole der Symbolleiste und lassen sich kurze Informationen (Quickinfos) über die einzelnen Funktionen geben.

- **Dokumentstruktur** (nur aktiv bei Berichten mit Dokumentstruktur) Zum Aus- und Einblenden der Dokumentstruktur (Berichte mit Dokumentstruktur werden Sie in Kapitel 11 kennenlernen)
- **Parameter ein-/ausblenden** (nur bei Berichten mit Parametern aktiv) Zum Aus- und Einblenden der Parameterfelder (Berichte mit Parametern werden Sie in Kapitel 14 kennenlernen)
- **Erste Seite** Springt zur ersten Seite des Berichts
- **Vorherige Seite** Blättert auf die vorherige Seite
- **Aktuelle Seite** Die aktuelle Seitenzahl wird in einem Textfeld angezeigt. Sie können eine neue Seitenzahl in dem Textfeld angeben. Durch Bestätigung mit der ↵-Taste springt der Bericht auf die angegebene Seite. Hinter dem Textfeld wird Ihnen die gesamt Seitenzahl des Berichts angezeigt, wenn sie schon bekannt ist. Da in den Reporting Services von SQL Server 2008 R2 nicht gleich der gesamte Bericht gerendert wird, sondern nur die Seite, die gerade angezeigt wird, ist die Gesamtseitenzahl anfangs nicht bekannt und als Wert steht *2?*. Solange ein Fragezeichen hinter der Zahl steht, haben Sie noch nicht die letzte Seite erreicht.

- **Nächste Seite** Blättert auf die nächste Seite
- **Letzte Seite** Springt zur letzten Seite des Berichts
- **Zurück zum übergeordneten Bericht** Falls der aktuell zu sehende Bericht von einem anderen Bericht (*Drillthrough*) aufgerufen wurde, können Sie über diese Schaltfläche zum aufrufenden Bericht zurück wechseln
- **Rendern beenden** Stoppt die Ausführung des sich aktuell in der Verarbeitung befindenden Berichts (wenn Sie feststellen, dass die Generierung des Berichts zu lange dauert oder gar kein Ende findet, können Sie hier die Ausführung stoppen)
- **Aktualisieren** Erneutes Rendern des Berichts
- **Drucken** Ruft das Dialogfeld *Drucken* auf, über das Sie weitere Einstellungen vornehmen können, um dann den Bericht zu drucken
- **Seitenlayout** Vorschau des gedruckten Berichts
- **Seite einrichten** Ermöglicht die Auswahl des Papierformats, der Orientierung und der Ränder
- **Exportieren** Bei Auswahl dieser Schaltfläche öffnet sich eine Dropdownliste, in der Sie eines der folgenden Formate für den Export des Berichts auswählen können:
  - XML-Datei mit Berichtsdaten
  - CSV-Datei (durch Trennzeichen getrennt)
  - TIFF-Datei
  - Acrobat-Datei (PDF)
  - MHTML (Webarchiv)
  - Excel
  - Word

  Die unterschiedlichen Exportformate werden in Kapitel 24 genauer beschrieben.
- **Zoomfaktor** Zum Verkleinern bzw. Vergrößern des Berichts (gilt auch, wenn die Seitenansicht gewählt ist)
- **Suchtext** Feld zur Eingabe eines Suchbegriffs
- **Suchen** Schaltfläche zum Ausführen der Suche nach dem Suchbegriff
- **Weiter** Sucht das nächste Vorkommen des gesuchten Begriffs

Zum Abschluss wollen wir uns noch mal dem Bericht zuwenden. Auf der ersten Seite des Berichts ist oben der Berichtsname zu sehen, wenn Sie jetzt auf eine andere Seite wechseln, werden Sie feststellen, dass die Überschrift auf dieser Seite fehlt. Im folgenden Kapitel 10 werden Sie eine Möglichkeit kennenlernen, den Titel eines Berichts im Berichtskopf zu platzieren, wodurch die Überschrift auf jeder Seite angezeigt wird.

Darunter befindet sich das abgefragte Feld *GroupName*, dessen Inhalte auf den folgenden Seiten jeweils zuoberst erscheinen. Wir haben dieses Feld im Berichts-Assistenten in die Kategorie *Seite* gezogen, sodass immer dann, wenn sich der Wert des Felds ändert, eine neue Seite – mit dem neuen Wert von *GroupName* als Seitenüberschrift – beginnt.

Als Nächstes sehen Sie die eigentliche Tabelle mit den Spaltenüberschriften. In der linken Spalte das Feld *Department*, das wir im Berichts-Assistenten der Kategorie *Gruppieren* zugeordnet haben. Durch die Auswahl *Drilldown aktivieren* im Berichts-Assistenten wurde jedem Department-Namen ein Plussymbol vorangestellt. Durch einen Klick auf das Plussymbol können die zugehörigen Werte der restlichen Felder, die wir im Berichts-Assistenten in die Kategorie *Details* gezogen haben, eingeblendet bzw. bei Klick auf das dann erscheinende Minussymbol wieder ausgeblendet werden.

Die Drilldown-Funktion hat auch Auswirkungen auf den Ausdruck und den Export, sodass der spätere Benutzer selbst entscheiden kann, welche Details ein- und ausgeblendet im Druck bzw. in der Datei erscheinen sollen. Die nach Generierung des Berichts vom Anwender manuell ein- bzw. ausgeblendeten Details bleiben so bestehen, auch wenn die Seiten gewechselt werden. Um zurück zu der Standardeinstellung (Details ausgeblendet bzw. eingeblendet) zu gelangen, muss der Bericht durch einen Klick auf die Schaltfläche *Bericht aktualisieren* neu generiert werden. Bei Verwendung des Berichts-Assistenten werden die Details so eingestellt, dass sie standardmäßig ausgeblendet sind. Sie haben natürlich die Möglichkeit, das Verhalten so zu verändern, dass der Bericht anfangs alle Details zeigt und Sie per Klick auf das Minussymbol die Details verbergen können.

Der Abfrage-Designer

Den Abfrage-Designer hatten Sie im Abschnitt »Die Entwurfsansicht« ab Seite 108 schon kurz kennengelernt und Ihnen wurde beschrieben, wie er aufgerufen wird und wie Sie eine einfache SQL-Abfrage erzeugen. Da die Erstellung von Datasets eine enorm wichtige Aufgabe des Report-Designers ist, wollen wir Ihnen in diesem Abschnitt den Abfrage-Designer etwas genauer beschreiben.

1. Öffnen Sie den Abfrage-Designer. Im Toolfenster *Berichtsdaten* wählen Sie das anzupassende Dataset mit der rechten Maustaste aus und wählen dann *Abfrage* (siehe Abbildung 9.8).
2. Sie können das Aussehen des Abfrage-Designers Ihren Wünschen anpassen, indem Sie beispielsweise die Größe der einzelnen Bereiche ändern oder die Tabellen anders anordnen.

Der Abfrage-Designer wird standardmäßig für grafische Abfragen bereitgestellt, Sie können aber über die Schaltfläche *Als Text bearbeiten* zu dem textbasierten Abfrage-Designer umschalten.

Grafischer Abfrage-Designer

Der Designer für grafische Abfragen besteht aus vier Bereichen für die Erstellung und Bearbeitung von Abfragen. Er bietet die Möglichkeit, wie Sie es im bisherigen und letzten Kapitel kennengelernt haben, eine Transact-SQL-Abfrage grafisch zu erstellen, ohne dabei SQL-Code schreiben zu müssen. In Abbildung 9.13 können Sie die einzelnen Bereiche sehen, die wir Ihnen jetzt im Einzelnen vorstellen:

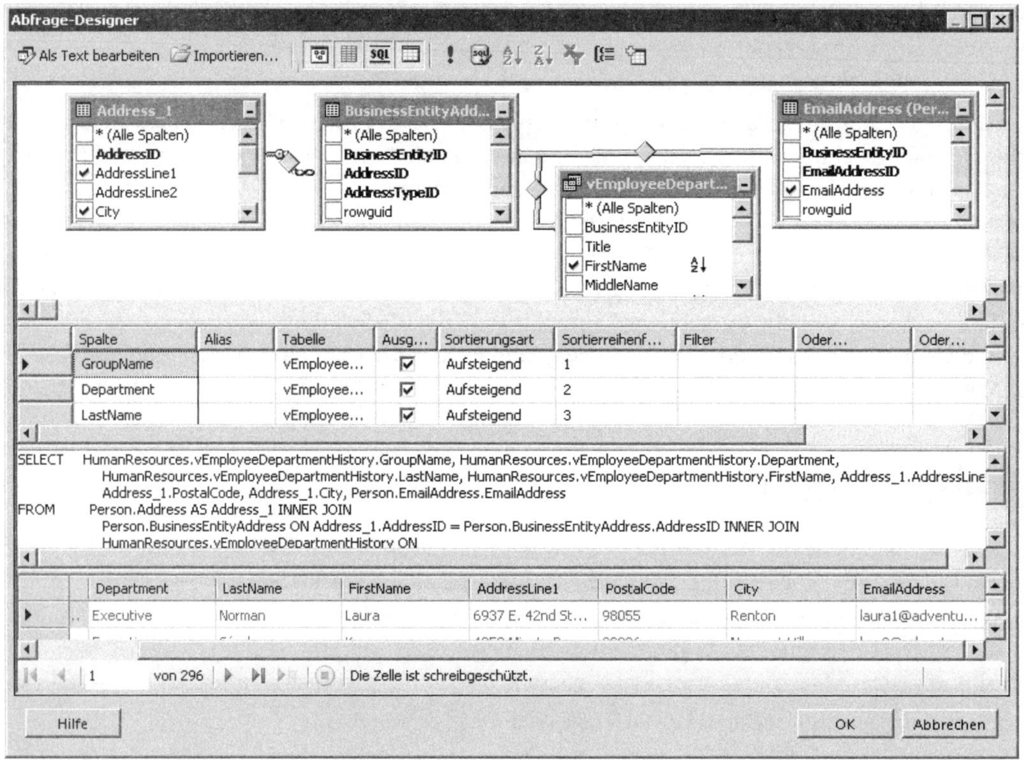

Abbildung 9.13 Designer für grafische Abfragen

Diagrammbereich

Der Diagrammbereich stellt die verwendeten Tabellen und Verknüpfungen einer Abfrage grafisch dar. Sie können der Abfrage Tabellen hinzufügen. Es werden gegebenenfalls automatisch Verknüpfungen zwischen den schon existierenden und der neu hinzugefügten Tabelle erzeugt. Sie können aber auch selber Verknüpfungen erzeugen, indem Sie ein Feld einer Tabelle auf das zugehörige Feld einer anderen Tabelle ziehen. Die Verknüpfung kann mithilfe des Kontextmenüs nach Anklicken mit der rechten Maustaste bearbeitet werden. Durch Markieren der Kontrollkästchen der einzelnen Felder der Tabellen können Sie auswählen, welche Felder ausgegeben werden. Dabei werden sie in der Reihenfolge in der SQL-Abfrage ausgegeben, wie sie angewählt wurden.

Rasterbereich

Im Rasterbereich werden die ausgewählten Felder untereinander aufgelistet. Die folgenden Bedeutungen werden den einzelnen Spalten zuteil:

- **Spalte** Hier stehen die ausgewählten Feldnamen. Sie können hier auch weitere Felder hinzufügen.
- **Alias** Zur Angabe eines anderen Ausgabenamens für das ausgewählte Feld
- **Tabelle** Zeigt den Namen der zugehörigen Tabelle
- **Ausgabe** Durch An- bzw. Abwahl kann bestimmt werden, ob das Feld angezeigt oder verborgen werden soll

- **Sortierungsart** Legt fest, ob nach diesem Feld sortiert werden soll. Es stehen folgende Werte zur Verfügung: *Aufsteigend/Absteigend/Nicht sortiert.*
- **Sortierreihenfolge** Legt fest, in welcher Reihenfolge die einzelnen Felder Einfluss auf die Sortierung haben
- **Filter** An dieser Stelle können Filterkriterien festgelegt werden
- **Oder** Falls ein Filterkriterium nicht reicht, können hier weitere festgelegt werden

SQL-Bereich

Der SQL-Bereich zeigt die SQL-Syntax der Abfrage, wie sie durch die jeweilige Auswahl im Diagramm- bzw. Rasterbereich erzeugt wurde. Da die einzelnen Bereiche voneinander abhängig sind, hat eine Änderung der SQL-Syntax direkte Auswirkungen auf die Darstellung der Abfrage in den anderen Bereichen. Sie können im SQL-Bereich eine Abfrage auch manuell eingeben. Nach dem Klicken in einen der anderen Bereiche wird die Syntax überprüft und die Darstellung in den anderen Berichten daraufhin aktualisiert. Wegen der gegenseitigen Abhängigkeit der Bereiche kann es vorkommen, dass ein manuell erzeugter bzw. veränderter Abfragetext vom Designer für grafische Abfragen, im Gegensatz zum Designer für generische Abfragen, umstrukturiert wird.

Ergebnisbereich

Im Ergebnisbereich werden die Ergebnisse der Abfrage angezeigt, indem Sie entweder die Schaltfläche für die Ausführung in der Symbolleiste drücken oder mit der rechten Maustaste in einen der vier Bereiche klicken und im Kontextmenü den Eintrag *SQL ausführen* auswählen.

ACHTUNG Sie sollten Ihre Abfragen auf jeden Fall ausführen und den Ergebnisbereich überprüfen, da eine fehlerhafte manuelle Eingabe oder Änderung im SQL-Bereich nicht zwangsläufig zu einer sofortigen Meldung führt, die Sie auf den Fehler aufmerksam macht.

Auch sollten Sie nach Erstellung oder Änderung einer Abfrage im Abfrage-Designer zum Speichern des Berichts zunächst in die Entwurfsansicht wechseln, um die Auswirkungen dort zu betrachten. Prüfen Sie, ob sich einzelne Feldnamen des Datasets geändert haben und passen Sie gegebenenfalls betroffene Elemente an.

Symbolleiste

Die Symbolleiste, wie sie in Abbildung 9.14 dargestellt ist, stellt die folgenden Aktionen von links nach rechts an zentraler Stelle bereit:

Abbildung 9.14 Symbolleiste des Abfrage-Designers

- **Als Text bearbeiten** Wechseln zwischen textbasiertem und grafischem Abfrage-Designer
- **Diagrammbereich ein-/ausblenden** Ein-/Ausblenden des Diagrammbereichs (siehe oben)
- **Rasterbereich ein-/ausblenden** Ein-/Ausblenden des Rasterbereichs (siehe oben)
- **SQL-Bereich ein-/ausblenden** Ein-/Ausblenden des SQL-Bereichs (siehe oben)
- **Ergebnisbereich ein-/ausblenden** Ein-/Ausblenden des Ergebnisbereichs (siehe oben)
- **Ausführen** Die Abfrage kann an dieser Stelle ausgeführt werden. Das Ergebnis wird danach im Ergebnisbereich zur Verfügung gestellt.

- **SQL überprüfen** Überprüft die SQL-Syntax
- **Aufsteigend sortieren** Nachdem im Diagrammbereich ein Feld selektiert wurde, kann hier festgelegt werden, dass nach diesem aufsteigend sortiert werden soll
- **Absteigend sortieren** Nachdem im Diagrammbereich ein Feld selektiert wurde, kann hier festgelegt werden, dass nach diesem absteigend sortiert werden soll
- **Filter entfernen** Einem im Diagrammbereich selektierten Feld kann, falls vorhanden, der Filter entfernt werden. Falls kein Filter vorhanden ist, ist die Schaltfläche deaktiviert.
- **GROUP BY verwenden** Hinzufügen oder Entfernen einer GROUP BY-Klausel
- **Tabelle hinzufügen** Der aktuellen Abfrage kann eine Tabelle hinzugefügt werden. Nach Auswahl der Tabelle steht diese im Diagramm- und SQL-Bereich zur Verfügung. Zum Entfernen einer Tabelle müssen Sie diese im Diagrammbereich mit der rechten Maustaste anwählen und im Kontextmenü den Eintrag *Entfernen* wählen.

Textbasierter Abfrage-Designer

Der textbasierte Abfrage-Designer ist das Standardtool zum Erstellen von Abfragen für die meisten unterstützten relationalen Datenquellen, einschließlich Microsoft SQL Server, Oracle, OLE DB, XML und ODBC. Im Gegensatz zum grafischen Abfrage-Designer wird bei diesem Abfrageentwurfstool die Abfragesyntax während des Abfrageentwurfs nicht überprüft. In der Abbildung 9.15 wird der textbasierte Abfrage-Designer veranschaulicht.

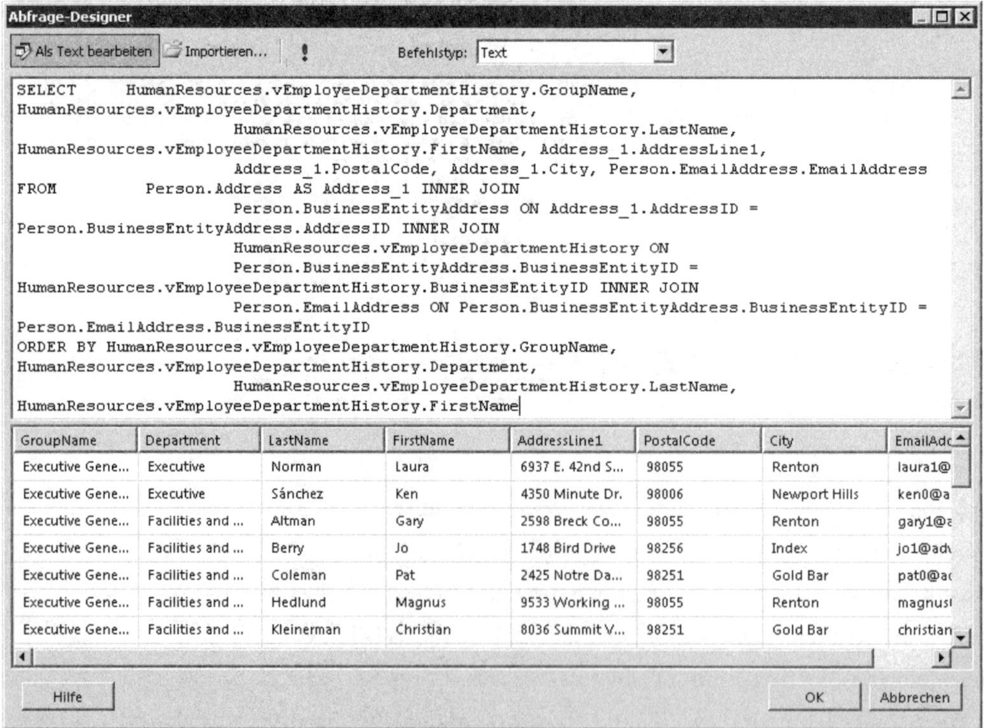

Abbildung 9.15 Textbasierter Abfrage-Designer

Er bietet im Gegensatz zum grafischen Abfrage-Designer nur den SQL- und Ergebnisbereich, um eine Abfrage erstellen oder anpassen zu können. Wie Sie sehen können, wurde die Symbolleiste auf ein Minimum reduziert. So gibt es nur noch drei Schaltflächen, die erste zum Wechseln zwischen grafischem und textbasiertem Abfrage-Designer, die zweite, um SQL-Abfragen aus einer Textdatei zu importieren und die dritte zur Ausführung der Abfrage (die Schaltflächen wurden im letzten Abschnitt beschrieben). Zusätzlich gibt es noch ein Listenfeld *Befehlstyp*, das über drei Optionen zur Auswahl verfügt:

- **Text** Die Daten werden mithilfe des Abfragetexts, der im SQL-Bereich definiert ist, aus der Datenbank ausgelesen. Dies ist der voreingestellte Zustand des Befehlstyps.
- **StoredProcedure** Die Daten werden bei diesem Befehlstyp mittels einer gespeicherten Prozedur, die auf dem Datenbankserver hinterlegt ist, aufgerufen. Dadurch können Sie die Abfragelogik komplett von den Reporting Services fernhalten und ein Reportentwickler muss sich nicht mit der SQL-Syntax beschäftigen, da die Logik der Abfrage in der gespeicherten Prozedur gekapselt ist. Zum Aufruf der gespeicherten Prozedur wird dessen Name im SQL-Bereich eingetragen. Eine detailliertere Beschreibung dieses Befehlstyps finden Sie in Kapitel 12.
- **TableDirect** Wenn Sie unter *Befehlstyp* die Option *TableDirect* auswählen, stellt der textbasierte Abfrage-Designer zwei Bereiche dar: den Abfragebereich und den Ergebnisbereich. Wenn Sie eine Tabelle auswählen und auf die Schaltfläche *Ausfuhren* klicken, werden alle Spalten für diese Tabelle zurückgegeben.

MDX-Abfrage-Designer

Zu guter Letzt stellen wir Ihnen noch den grafischen Abfrage-Designer für MDX-Abfragen (Multidimensional Expression) für eine Analysis Services-Datenquelle vor. Der MDX-Abfrage-Designer verfügt über den Entwurfs- und den Abfragemodus. Jeder Modus stellt einen Metadatenbereich zur Verfügung, über den die einzelnen Measures und Dimensionen ausgewählt und per Drag & Drop in den Datenbereich gezogen werden können. Wie Sie eine Analysis Services-Datenquelle erstellen, können Sie in Kapitel 12 nachlesen. In diesem Abschnitt wollen wir Ihnen nur den MDX-Abfrage-Designer kurz vorstellen und Ihnen die einzelnen Bereiche erläutern.

In der Abbildung 9.16 sehen Sie die Oberfläche des MDX-Abfrage-Designers mit seinen einzelnen Fenstern und der Symbolleiste mit einer Hand voll ausführbarer Funktionen. Als Erstes sollten wir Ihnen die einzelnen Fenster des MDX-Abfrage-Designers vorstellen:

- **Cubeauswahl** Oben links in der Grafik ist ein kleines Fenster, in dem Sie den Cube oder eine Sicht eines Cubes auswählen können. Derzeit ist der Cube *Adventure Works* ausgewählt.
- **Metadatenbereich** Unterhalb der *Cubeauswahl* befindet sich der Bereich für die Metadaten. Es ist eine hierarchische Liste mit den Measures, KPIs (Key Performance Indicators) und Dimensionen des ausgewählten Cubes.
- **Berechnete Elemente-Bereich** Bietet eine Liste mit den aktuell definierten berechneten Elementen, die für die Abfrage verwendet werden können, und erlaubt es, neue berechnete Elemente zu erstellen
- **Filterbereich** Im Filterbereich werden die für den Bericht erzeugten Daten eingeschränkt. Die Daten werden an der Quelle selektiert, indem Dimension und zugehörige Hierarchie ausgewählt werden. Im Filterausdruck wird ein Wert übergeben, nach dem, abhängig vom Operator, gefiltert wird.

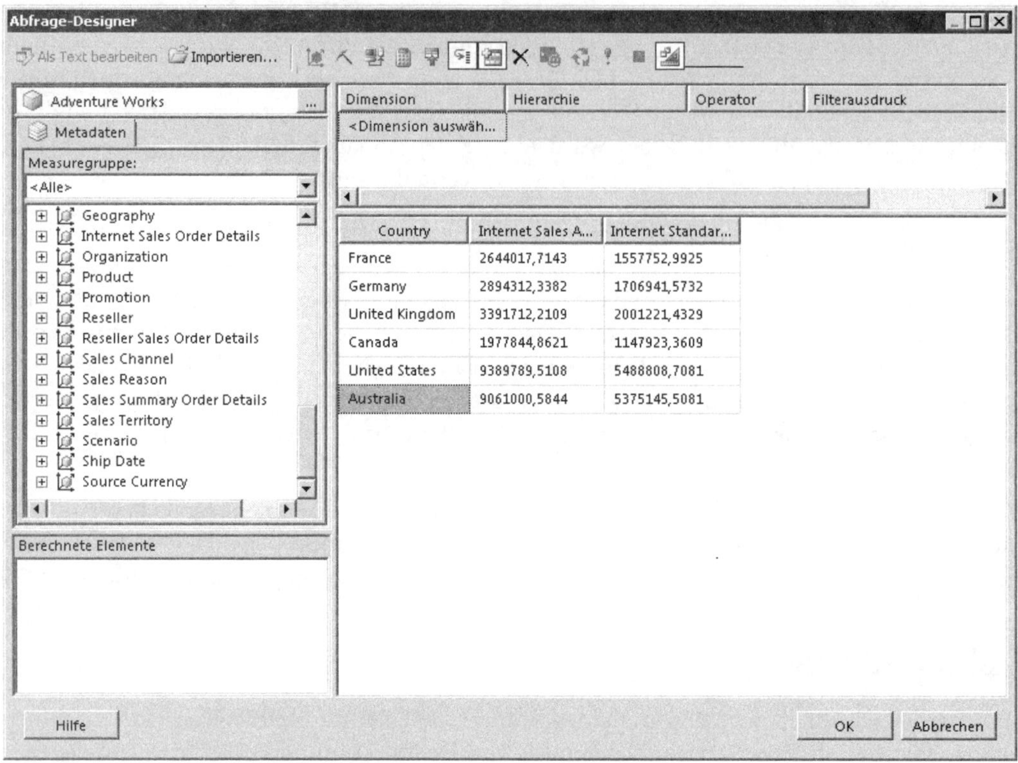

Abbildung 9.16 Der MDX-Abfrage-Designer

- **Datenbereich** Unterhalb des Filterbereichs ist der Datenbereich. Hier befinden sich die Spaltenüberschriften für das *Ergebnisset*. Sie können Elemente aus dem Metadatenbereich und dem Bereich für berechnete Elemente per Drag & Drop in den Datenbereich ziehen. Die Reihenfolge der Spalten können Sie ändern, indem Sie die Spaltenüberschriften verschieben. Hierdurch ändert sich auch die Sortierreihenfolge des *Ergebnissets*. Zu beachten ist, dass die Dimensionen immer vor den Measures stehen.

TIPP Measures, Dimensionen und KPIs aus dem Metadatenbereich sowie berechnete Elemente können per Drag & Drop in den Datenbereich gezogen werden. In den Filterbereich können Sie einzelne Filter aus dem Metadatenbereich ziehen.

Abbildung 9.17 Symbolleiste des MDX-Abfrage-Designers

Um den MDX-Abfrage-Designer richtig verwenden zu können, ist es wichtig, die einzelnen Funktionen der Schaltflächen der Symbolleiste zu kennen. Aus diesem Grund werden wir Ihnen diese von links nach rechts vorstellen:

- **Als Text bearbeiten** Ist nicht aktiviert für diesen Datenquellentyp
- **Importieren** Erlaubt es, MDX-Abfragen aus Dateien zu importieren
- **MDX-Befehlstyp** Wechselt zum MDX-Befehlstyp

- **DMX-Befehlstyp** Wechselt zum DMX-Befehlstyp
- **Aktualisieren** Aktualisiert die Daten aus der Datenquelle
- **Berechnetes Element hinzufügen** Öffnet den *Generator für berechnete Elemente*
- **Leere Zellen anzeigen** Umschalten zwischen Anzeigen und nicht Anzeigen von leeren Zellen (NON EMPTY-Klausel im MDX)
- **Automatisch ausführen** Umschalten zwischen automatischer und nicht automatischer Ausführung der Abfrage (bei der automatischen Abfrage wird nach jedem Hinzufügen eines Elements das neue Ergebnisset angezeigt. Bei komplexeren Abfragen, die etwas länger dauern, sollte man die automatische Ausführung ausschalten.)
- **Aggregationen anzeigen** Anzeigen der Aggregationen im Datenbereich
- **Löschen** Löschen der ausgewählten Spalte im Datenbereich
- **Abfrageparameter** Anzeigen des Dialogfelds für die Abfrageparameter
- **Abfrage vorbereiten** Bereitet die Abfrage vor
- **Abfrage ausführen** Durchführen der Abfrage und Ausgabe der Ergebnisse im Datenbereich
- **Abfrage abbrechen** Abbrechen der Abfrage, falls diese zu lange dauert
- **Entwurfsmodus** Umschalten zwischen Entwurfs- und Abfragemodus

Dieser Abschnitt sollte Ihnen einen kurzen Überblick über den MDX-Abfrage-Designer geben und Ihnen zeigen, wie einfach es ist, Daten der Analysis Services zu verwenden, um Ihre Berichte zu bauen.

Die wichtigsten Bereiche der Entwicklungsumgebung haben Sie jetzt kennengelernt. Die Entwurfsansicht, in der Sie mithilfe der vorgestellten Toolfenster den Bericht verändern und das Layout nach Ihren Wünschen anpassen können. Die Ergebnisse können Sie gleich in der Vorschauansicht begutachten. Abschließend wurden Ihnen noch mehrere Möglichkeiten gezeigt, wie Sie den Abfrage-Designer bedienen. Hierbei sind wir auf zwei unterschiedliche Datenquellen eingegangen und haben den grafischen und textbasierten Abfrage-Designer kennengelernt.

Kapitel 10

Berichtselemente

In diesem Kapitel:

Berichte verwenden eine Vielzahl von Berichtselementen, um die visuelle Wirkung zu erhöhen, wichtige oder verwandte Informationen hervorzuheben, Informationen grafisch darzustellen oder nur um Informationsbereiche zu trennen. Der bisher erstellte Bericht beinhaltet einige der Elemente, die mithilfe des Berichts-Assistenten automatisch platziert worden sind. Da mit dem Assistenten nur sehr einfache Berichte erzeugt werden können, benötigen wir weitere Elemente, die im Bericht eingebaut werden. Die Berichtselemente, die zur Verfügung stehen, befinden sich in der Toolbox, die sich auf der linken Seite des Berichts-Designers befindet. Im Bereich *Berichtselemente*, wie in Abbildung 10.1 dargestellt, befinden sich die einzelnen verfügbaren Elemente, die Sie per Drag & Drop in den Berichtsbereich ziehen können.

Abbildung 10.1 Toolbox mit den Berichtselementen

HINWEIS Falls die Toolbox nicht geöffnet ist, prüfen Sie, ob eines der anderen Fenster im Vordergrund ist. Dann können Sie mithilfe der Registerkarte *Toolbox*, am unteren Rand der Fenstergruppe, die Toolbox in den Vordergrund holen. Falls die Fenster minimiert sind, finden Sie am linken Rand eine Registerkarte mit der Toolbox.

Sollte die Toolbox geschlossen sein, können Sie mit den folgenden Aktionen das Fenster wieder öffnen:

- Aufruf des Menübefehls *Ansicht/Toolbox*
- Drücken der Tastenkombination `Strg`+`Alt`+`X`

Berichtselemente werden in einem Bericht zur Visualisierung von Daten und grafischen Elementen verwendet. Es gibt mehrere Arten von Berichtselementen, zum einen Elemente ohne Bindung an Daten und zum zweiten die Datenbereiche, zu denen *Tabelle, Matrix, Liste, Diagramm, Messgerät und Karte* gehören. Datenbereiche können Datenzeilen aus zugrunde liegenden Datasets auf unterschiedliche Art und Weise wiedergeben.

Zunächst geben wir Ihnen, bevor wir in den nachfolgenden Abschnitten die Berichtselemente genauer betrachten, einen kurzen Überblick über die Auswahlmöglichkeiten, die Ihnen in der Toolbox zur Verfügung stehen:

- **Zeiger** Das Standard-Auswahlwerkzeug, welches Ihnen erlaubt, einzelne bereits vorhandene Elemente zu selektieren, deren Größe und Position zu verändern sowie deren Eigenschaften anzuzeigen und zu verändern
- **Textfeld** Wird zur Anzeige von statischen Texten, berechneten Daten, den Wert eines Datenfelds oder Kombinationen davon verwendet (Abschnitt »Textfeld« ab Seite 125)
- **Linie** Eine Linie dient zur visuellen Gestaltung des Berichts und nicht zur Darstellung von Daten (Abschnitt »Linie und Rechteck« ab Seite 130)

- **Tabelle** Wird zum Anzeigen von Tabellendaten aus einem Berichtsdataset verwendet. Eine Tabelle ist eine Vorlage eines Tablix-Datenbereichs (Abschnitt »Tabelle« ab Seite 133).
- **Matrix** Wird zum Anzeigen von Kreuztabellendaten aus einem Berichtsdataset verwendet. Eine Matrix ist ebenfalls eine Vorlage eines Tablix-Datenbereichs (Abschnitt »Matrix« ab Seite 137).
- **Rechteck** Lässt sich als grafisches Element verwenden. Es kann außerdem als Container für andere Berichtselemente dienen. Mit dem Rechteck wird gesteuert, wie Datenbereiche auf einer Berichtsseite angezeigt werden (Abschnitt »Linie und Rechteck« ab Seite 130).
- **Liste** Wird zur Erstellung von Freiformlayouts und zur Gruppierung von Datenbereichen verwendet. Eine Liste ist eine Vorlage eines Tablix-Datenbereichs (Abschnitt »Liste« ab Seite 140).
- **Bild** Wird zum Hinzufügen von Bildern zu einem Bericht verwendet. Bilder können von einem Webserver, aus einer Datenbank oder direkt im Bericht eingebettet bereitgestellt werden (Abschnitt »Bild« ab Seite 130).
- **Unterbericht** Wird als Platzhalter für einen weiteren Bericht verwendet. Ein Unterbericht wird getrennt entworfen und auf dem Berichtsserver separat bereitgestellt (Abschnitt »Unterbericht« ab Seite 132).
- **Diagramm** Wird zur visuellen Darstellung von Daten aus einem Dataset verwendet. Es bietet verschiedene Diagrammtypen, wie z.B. Säulen-, Balken- oder Kreisdiagramme (Abschnitt »Diagramm« ab Seite 141).
- **Sparklines und Datenbalken** Sind spezialisierte Diagramme, die zur Visualisierung von Daten in einer Tabelle oder Matrix entwickelt wurden (Abschnitt »Sparklines und Datenbalken« ab Seite 144)
- **Messgerät** Wird zur Darstellung eines einzelnen Werts innerhalb eines Wertebereichs verwendet (Abschnitt »Messgeräte« ab Seite 146)
- **Indikatoren** Indikatoren sind neu in den Reporting Services 2008 R2. Es sind kleine Messgeräte, die den Zustand eines einzelnen Datenwerts auf einen Blick wiedergeben (Abschnitt »Indikatoren« ab Seite 148).
- **Karte** Wird zur Darstellung von Daten mit einem geografischen Bezug verwendet. Karten können z.B. Daten durch Einfärben einzelner Gebiete visualisieren (Abschnitt »Karten« ab Seite 151).

Einige dieser Berichtselemente, wie *Liste*, *Textfeld* und *Tabelle*, konnten Sie bereits in den vorhergehenden Kapiteln kennenlernen. Eine detaillierte Beschreibung dieser und der weiteren Elemente finden Sie in den folgenden Abschnitten. Um die einzelnen Berichtselemente zu beschreiben, werden wir den in Kapitel 8 mit dem Berichts-Assistenten erstellten Bericht verwenden (*Einfacher Drilldown-Bericht.rdl*).

Textfeld

Textfelder können beliebig in einem Bericht platziert werden. Den Wert, den ein Textfeld bei der Anzeige enthalten soll, definieren Sie durch Ausdrücke. Es kann Bezeichnungen, Datenfelder, Parameter oder berechnete Daten enthalten.

Wenden wir uns jetzt dem Bericht zu, besser gesagt, dem Textfeld *textbox1*, welches die Überschrift des Berichts beinhaltet. Wie Sie in Kapitel 9 gesehen haben, werden für das gerade ausgewählte Berichtselement die Eigenschaften im Eigenschaftenfenster, welches sich auf der rechten Seite des Berichts-Designers befindet, angezeigt.

Wählen Sie im Eigenschaftenfenster das Textfeld *textbox1* aus, indem Sie entweder das Textfeld, in dem *Einfacher Drilldown-Bericht* steht, direkt anklicken oder im Listenfeld des Eigenschaftenfensters den Eintrag *textbox1* auswählen.

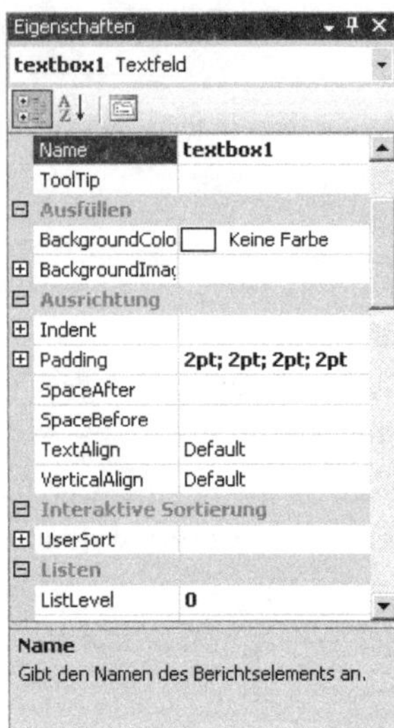

Abbildung 10.2 Eigenschaftenfenster für das Textfeld *textbox1*

Das Eigenschaftenfenster sollte in etwa wie in Abbildung 10.2 aussehen und das zugehörige Berichtselement sollte ausgewählt sein. Im Eigenschaftenfenster finden Sie die gebräuchlichsten Eigenschaften, wie z.B. Innenabstand (*Padding*), Hintergrundfarbe (*BackgroundColor*) oder Farbe (*Color*), zur schnellen Anpassung des Berichtselements.

Um den Wert einer Eigenschaft zu verändern, klicken Sie in das entsprechende Feld neben dem Namen der Eigenschaft und überschreiben den dort angegebenen Wert bzw. wählen aus einem Listenfeld den gewünschten Wert aus.

Unterhalb des Listenfelds, das den Namen des ausgewählten Elements anzeigt, befindet sich eine Symbolleiste mit den folgenden Funktionen:

- **Nach Kategorien** Mit dieser Schaltfläche kann zur Auflistung der Eigenschaften innerhalb von alphabetisch sortierten Kategorien gewechselt werden. Die Detaileigenschaften einer Kategorie können mit dem Plussymbol erweitert bzw. dem Minussymbol ausgeblendet werden.
- **Alphabetisch** Mit dieser Schaltfläche kann zur alphabetischen Auflistung der Eigenschaften gewechselt werden. In dieser Einstellung werden die Eigenschaften nicht in Kategorien unterteilt, sondern als flache Liste bereitgestellt.
- **Eigenschaftenseiten** Mit dieser Schaltfläche öffnen Sie für das ausgewählte Berichtselement das zugehörige Dialogfeld, dessen Name abhängig vom Berichtselement variiert. Wie in Abbildung 10.3 zu sehen ist, können Sie an dieser Stelle die grundlegenden Eigenschaften des Berichtselements anpassen. Dieses Dialogfeld können Sie auch öffnen, indem Sie mit der rechten Maustaste auf das Berichtselement klicken und im Kontextmenü den Eintrag *Textfeldeigenschaften* auswählen.

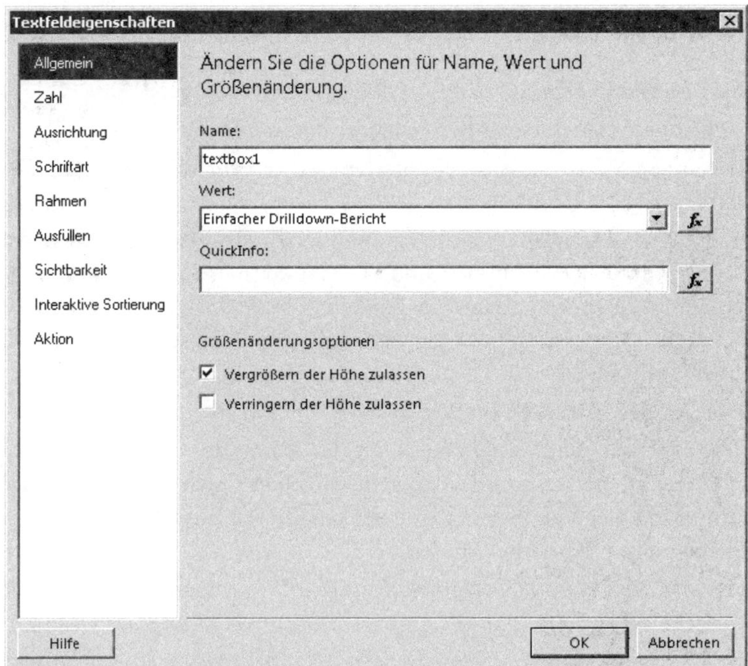

Abbildung 10.3 Dialogfeld *Textfeldeigenschaften*

In Abbildung 10.2 und Abbildung 10.3 können Sie erkennen, dass das ausgewählte Textfeld den Namen *textbox1* zugewiesen bekommen hat. Wenn Sie das Listenfeld des Eigenschaftenfensters öffnen, können Sie sehen, dass es zahlreiche Elemente gibt, die mit dem Elementnamen beginnen, aber auch einige Elemente, die die Namen eines Datenfelds besitzen. Dabei ist zunächst wichtig zu wissen, dass die Eigenschaft *Name* eines Berichtselements oder Objekts eine berichtsinterne Eigenschaft ist, um Bezug auf das Element nehmen zu können, z.B. innerhalb der Eigenschaftenseiten oder bei der Programmierung, und nicht in Ihrem Bericht später sichtbar ist.

Unser gerade ausgewähltes Textfeld hat den Namen *textbox1*, den Sie also nicht ändern sollten, und den Wert *Einfacher Drilldown-Bericht*, den Sie z.B. in *Mitarbeiteradressen (nach Abteilungen)* ändern könnten. Hierbei handelt es sich um eine einfache statische Bezeichnung, die so in Ihrem Bericht erscheint. Es gibt weitere Textfelder mit statischen Bezeichnungen als Wert, z.B. in der Titelzeile der Tabelle, die aus zahlreichen Textfeldern besteht (worauf wir ausführlicher im Abschnitt »Datenbereiche« ab Seite 133 eingehen). Wenn Sie dagegen das Textfeld *GroupName* auswählen, sehen Sie als Wert *[GroupName]*. Dies ist eine verkürzte Schreibweise für den Ausdruck =Fields!GroupName.Value. Dieser Ausdruck bewirkt, dass der jeweilige Wert des Felds *GroupName* zu Beginn jeder Seite angezeigt wird (wie wir es im Berichts-Assistenten festgelegt haben). Wir werden in Kapitel 30 ausführlich auf Ausdrücke eingehen. Hier sollte es zunächst genügen, wenn Sie sich mit der Syntax eines Feldausdrucks vertraut machen, mit dem ein Feldwert in einem Textfeld angezeigt werden kann.

Wenn Sie in die Vorschauansicht wechseln und sich mit der Schaltfläche *Nächste Seite* die Seiten des Berichts ansehen, werden Sie feststellen, dass das statische Textfeld *textbox1*, das vom Berichts-Assistenten ohne unser Zutun eingefügt wurde, nur auf der ersten Seite angezeigt wird. Das Textfeld *GroupName* hingegen wird, wie wir es im Berichts-Assistenten definiert haben, auf jeder Seite des Berichts angezeigt.

Um z.B. ein Textfeld, wie das Textfeld *textbox1*, als Titel des Berichts auf jeder Seite erscheinen zu lassen, gehen Sie am besten folgendermaßen vor:

1. Rufen Sie den Menübefehl *Bericht/Seitenkopf hinzufügen* auf.

   Am oberen Rand des Berichts erscheint ein neuer, leerer Bereich, der *Seitenkopf*.
2. Wählen Sie in der Toolbox mit der linken Maustaste das Berichtselement *Textfeld* aus und ziehen Sie das Element in den Bereich *Seitenkopf*.
3. Sie können auch das Berichtselement *Textfeld* anwählen und dann in den *Seitenkopf* wechseln. Der Mauszeiger hat sein Aussehen in ein Kreuz mit Textfeldsymbol geändert. Jetzt können Sie entweder die Stelle anklicken, an der Sie das Textfeld positionieren wollen, um ein Textfeld in Standardgröße zu erhalten (die Größe können Sie natürlich nachträglich anpassen), oder Sie ziehen das Textfeld bei gedrückter Maustaste gleich auf die von Ihnen gewünschte Größe.
4. Öffnen Sie das Eigenschaftenfenster für das neue Berichtselement.

   Im Listenfeld am oberen Rand des Eigenschaftenfensters erscheint der Name des neuen Textfelds, z.B. *Textbox17*. Sie können dem Textfeld jetzt einen neuen Namen geben. Es bietet sich an, dies direkt nach dem Erzeugen eines Elements zu tun, da das neue Berichtselement gerade erst eingefügt wurde und so noch keine Bezüge zu anderen Elementen im Bericht existieren.
5. Markieren Sie im Eigenschaftenfenster die Eigenschaft *Name* und geben Sie als neuen Namen *Berichts-Titel* ein.
6. Klicken Sie in das Textfeld, um den Text anzupassen. Tragen Sie jetzt *Mitarbeiteradressen (nach Abteilungen)* ein.
7. Vergrößern Sie das neue Berichtselement, sodass es sich über die gesamte Breite der Entwurfsoberfläche des Berichts ausdehnt.
8. Weisen Sie z.B. folgenden Eigenschaften neue Werte zu, indem Sie im Eigenschaftenfenster die betreffende Eigenschaft markieren und den entsprechenden Wert eingeben:
   - *BackgroundColor*: DarkBlue
   - *BorderColor.Bottom*: Black
   - *BorderStyle.Bottom*: Solid
   - *BorderWidth.Bottom*: 3pt
   - *Color*: White
   - *Font.FontFamily*: Thaoma
   - *Font.FontSize*: 18pt
   - *TextAlign*: Center
9. Falls die Schrift unten etwas abgeschnitten ist, passen Sie einfach die Höhe Ihres Textfelds an.
10. Seit Reporting Services 2008 können Sie nur Teile eines statischen Texts eines Textfelds formatieren. In unserem Beispiel markieren Sie *Mitarbeiteradressen* entsprechend der Abbildung 10.4 und wechseln zum Eigenschaftenfenster.

Mitarbeiteradressen (nach Abteilungen)

Einfacher Drilldown-Bericht

[GroupName]

Department	Last Name	First Name	Email Address	Address Lin	Postal Code	City
[Department]						
	[LastName]	[FirstName]	[EmailAddress]	[AddressLine1]	[PostalCode]	[City]

Abbildung 10.4 Markieren eines zu bearbeitenden Texts

Im Listenfeld sollte jetzt *Ausgewählter Text* stehen. Ändern Sie die Eigenschaft *Font.FontWeight* auf *Bold* um.

11. Passen Sie den Bereich *Seitenkopf* so an, dass der *Seitenkopf* direkt unterhalb des Textfelds beendet ist.
12. Klicken Sie auf das Textfeld *textbox1* und entfernen Sie es.
13. Markieren Sie die Liste *list1* und setzen Sie die Eigenschaft *Location.Top* auf den Wert 0.
14. Schauen Sie sich Ihr Ergebnis an, indem Sie in die Vorschauansicht wechseln.
15. Wechseln Sie mit der Schaltfläche *Nächste Seite* in der Symbolleiste auf die vierte Seite des Berichts und erweitern Sie *Document Control*. Das Ergebnis sollte in etwa mit dem von Abbildung 10.5 übereinstimmen.

Einfacher Drill...ht.rdl [Entwurf]

Entwurf | Vorschau

4 von 57 | 100% | Suchen | Weiter

Mitarbeiteradressen (nach Abteilungen)

Quality Assurance

Department	Last Name	First Name	Email Address	Address Line1	Postal Code	City
⊟ Document Control						
	Arifin	Zainal	zainal0@adventure-works.com	342 San Simeon	98027	Issaquah
	Berge	Karen	karen0@adventure-works.com	3127 El Camino Drive	98256	Index
	Chai	Sean	sean1@adventure-works.com	9314 Icicle Way	98027	Issaquah
	Kharatishvili	Tengiz	tengiz0@adventure-works.com	3333 Madhatter Circle	98027	Issaquah
	Norred	Chris	chris1@adventure-works.com	989 Crown Ct	98027	Issaquah
⊞ Quality Assurance						

Abbildung 10.5 Ansicht des überarbeiteten Berichts

Nach den Anpassungen haben Sie jetzt schon einige praktische Erfahrungen mit dem Umgang des Eigenschaftenfensters gemacht und können langsam beurteilen, wie viel Arbeit im Anpassen einzelner Berichtselemente steckt. Einen tieferen Einblick in die Formatierung von Berichtselementen erhalten Sie im folgenden Kapitel 11.

Linie und Rechteck

Die Berichtselemente *Linie* und *Rechteck* dienen vorrangig der grafischen Gestaltung eines Berichts. Sie können an jeder beliebigen Stelle des Berichts platziert werden. Wir erstellen zunächst innerhalb des Projekts *Praxisbuch-Projekt01* einen leeren Bericht:

HINWEIS Wir werden uns in Kapitel 12 noch genauer mit der Erstellung eines leeren Berichts beschäftigen, in dem jeder Schritt des Berichterstellungsvorgangs selbst kontrolliert werden kann. In diesem Kapitel benötigen wir hier einfach nur leere Berichte zum Ausprobieren verschiedener Berichtselemente.

1. Klicken Sie mit der rechten Maustaste im Projektmappen-Explorer auf den Ordner *Berichte* und wählen Sie im dann geöffneten Kontextmenü den Eintrag *Hinzufügen/Neues Element* (wenn Sie im Kontextmenü den Eintrag *Neuen Bericht hinzufügen* wählen, öffnet sich der Berichts-Assistent).
2. Es öffnet sich das Dialogfeld *Neues Element hinzufügen*, in dem Sie unter *Vorlagen* den Eintrag *Bericht* auswählen und als Name für den Bericht z.B. *Test_Linie_und_Rechteck.rdl* eingeben.
3. Klicken Sie auf die Schaltfläche *Hinzufügen*, um den leeren Bericht zu erstellen.
4. Ziehen Sie aus der Toolbox zunächst ein Rechteck und dann eine Linie auf die Entwurfsoberfläche.
5. Platzieren Sie die Linie innerhalb des Rechtecks.
6. Verschieben Sie das Rechteck auf der Entwurfsoberfläche.

Durch das Verschieben des Rechtecks können Sie erkennen, dass Berichtelemente innerhalb des Rechtecks mit verschoben werden und Sie so eine Möglichkeit haben, Berichtselemente grafisch zu gruppieren und deren Platzierungen zu kontrollieren. Mit der Linie können Sie Elemente grafisch voneinander trennen.

Bild

Ein Bild kann in einen Bericht

- eingebettet werden, sodass es als Teil des Berichts gespeichert wird,
- als Teil des Berichtsprojekts eingefügt werden,
- aus einer Datenbank eingefügt werden.

Bevor Sie ein Bild in einen Bericht einfügen, sollten Sie sich darüber im Klaren sein, dass von der Größe des ausgewählten Bilds auch die Verarbeitungsgeschwindigkeit Ihres Berichts abhängt. Sie können zwar die Darstellungsgröße im Berichts-Designer noch verändern, aber die Dateigröße bleibt davon unbeeinflusst. Bringen Sie ein Bild deshalb möglichst vorher in eine geeignete Darstellungsgröße, indem Sie es mit einem Bildbearbeitungsprogramm bearbeiten.

Wenn Sie das Berichtselement *Bild* aus der Toolbox auf die Entwurfsoberfläche des Berichts ziehen, öffnet sich entsprechend der Abbildung 10.6 das Dialogfeld *Bildeigenschaften*, in dem Sie die einzelnen Angaben zu Ihrem Bild machen können. Sie haben auch die Möglichkeit, diese Angaben erst später vorzunehmen oder zu ändern.

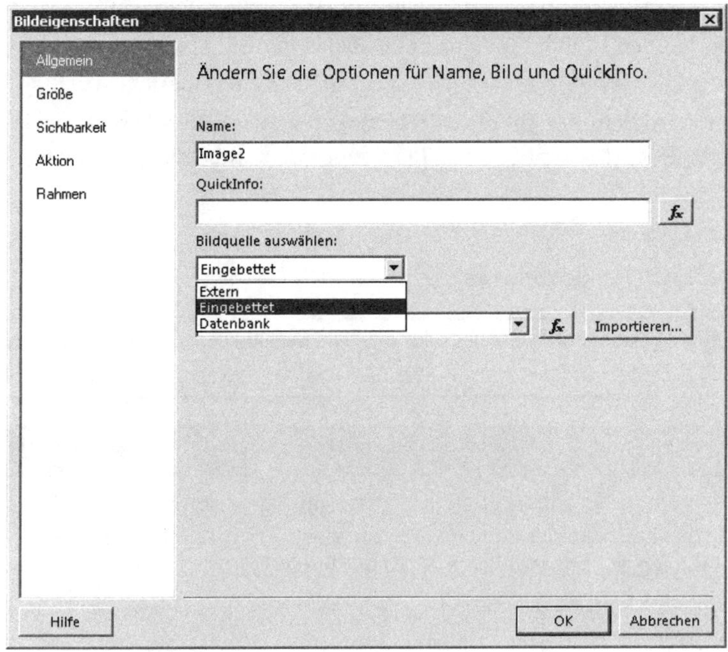

Abbildung 10.6 Registerkarte *Allgemein* der Bildeigenschaften

Wenn Sie als Bildquelle *Eingebettet* auswählen, können Sie über die Schaltfläche *Importieren* ein Dialogfeld zum Öffnen eines Bilds aufrufen. Ein auf diese Weise eingefügtes Bild wird als Teil des Berichts, d.h. als Text in der *Berichtsdefinition* abgespeichert und die MIME-Codierung für das Bild vom Berichts-Designer ausgeführt, sodass die Größe der Berichtsdefinition zwar zunimmt, aber auch sichergestellt wird, dass das Bild jederzeit für den Bericht verfügbar ist. Das Bild ist demnach für den Bericht nicht als separate Datei vorhanden.

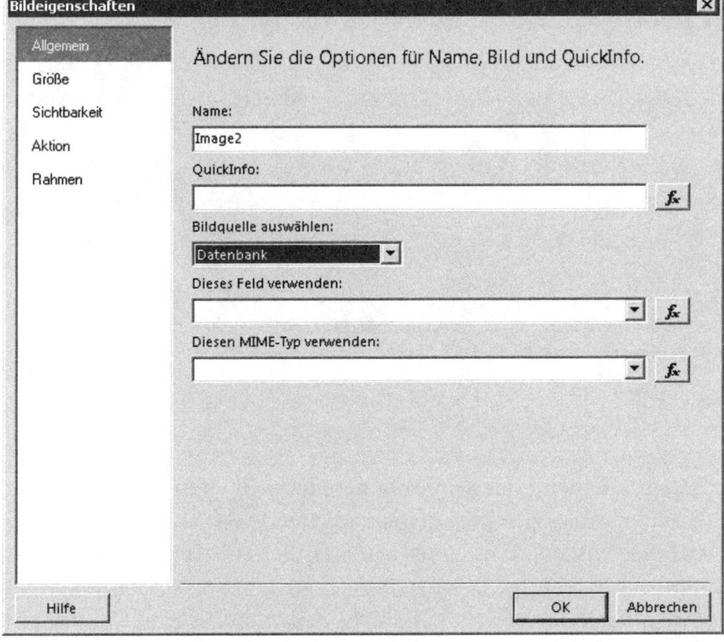

Abbildung 10.7 Bildeigenschaften für die Bildquelle *Datenbank*

Ist als Bildquelle *Extern* gewählt, können Sie Bilder verwenden, die auf einem Webserver oder im Projekt zur Verfügung stehen. Bilder, die im Projekt vorhanden sind, können nach Einstellen der Bildquelle aus dem Listenfeld *Dieses Bild verwenden* direkt ausgewählt werden.

Wenn Sie als Bildquelle *Datenbank* wählen, wird dem Bericht ein Bild hinzugefügt, das unter dem Datentyp *image* oder *binary* in einer Datenbank abgespeichert ist. Im Fenster *Bildeigenschaften* müssen Sie zwei Angaben machen (siehe Abbildung 10.7):

- **Dieses Feld verwenden** Das Feld eines Datasets
- **Diesen MIME-Typ verwenden** Den MIME-Typ des Bilds angeben

HINWEIS MIME-Typ (Multipurpose Internet Mail Extensions-Typ) eines Bilds in einem Bericht können sein: *image/bmp, image/jpeg, image/gif, image/png, image/x-png.*

Hintergrundbilder

Ein Bild kann auch als Hintergrundbild in einen Bericht eingefügt werden, und zwar sowohl als Hintergrund im Textkörper, der Kopfzeile oder der Fußzeile der Seite als auch in den Berichtselementen *Rechteck, Textfeld, Tabelle, Matrix, Liste* oder *Diagramm.* Markieren Sie dazu die Eigenschaft *BackgroundImage* des gewünschten Elements bzw. Objekts und wählen Sie für die Eigenschaft *BackgroundImage.Source* einen der drei folgenden Werte:

- **External** Die Eigenschaft *BackgroundImage.Value* muss den Pfad zu einer Bilddatei angeben
- **Embedded** Die Eigenschaft *BackgroundImage.Value* muss den Namen einer eingebetteten Bilddatei angeben
- **Database** Die Eigenschaft *BackgroundImage.Value* muss auf ein Feld verweisen, das binäre Bilddaten enthält. Hier muss zusätzlich der entsprechende MIME-Typ angegeben werden, der bei den beiden anderen Optionen ignoriert wird.

Für die Eigenschaft *BackgroundImage.BackgroundRepeat* können Sie einen der vier folgenden Werte auswählen:

- **Repeat** Das Bild füllt in wiederholter Darstellung den Hintergrund des Elements bzw. Objekts vollständig aus
- **RepeatX** Das Bild füllt in wiederholter Darstellung den oberen Rand des Elements bzw. Objekts vollständig aus
- **RepeatY** Das Bild füllt in wiederholter Darstellung den linken Rand des Elements bzw. Objekts vollständig aus
- **Clip** Das Bild wird nur einmal in der linken oberen Ecke des Elements bzw. Objekts dargestellt

Unterbericht

Ein Unterbericht ist in einem Bericht ein Berichtselement, das als Container einen anderen Bericht enthält. Bevor Sie dieses Berichtselement benutzen können, muss zunächst der einzubettende Bericht erstellt worden sein. Prinzipiell kann jeder Bericht in einem Berichtsprojekt in einen anderen Bericht eingebettet werden, d.h. zu einer Art Unterbericht in einem Hauptbericht werden. Der Bericht, der eingebettet werden soll, muss in dem Berichtsprojekt vorhanden sein, zu dem auch der Bericht gehört, in den er eingebettet werden soll.

Bericht und *eingebetteter Bericht* können allerdings auf unterschiedliche Datenquellen zugreifen. Dies kann insbesondere dann interessant, d.h. Zeit und Kosten sparend, sein, wenn Sie auf schon erstellte Berichte zurückgreifen können.

Um in einen Bericht einen anderen Bericht einzubetten, führen Sie die folgenden Schritte aus:

1. Wechseln Sie in die Entwurfsansicht des Berichts, der den anderen Bericht enthalten soll.
2. Ziehen Sie aus der Toolbox das Berichtselement *Unterbericht* auf eine freie Stelle der Entwurfsoberfläche.
3. Öffnen Sie das Eigenschaftenfenster für den Unterbericht.
4. Ändern Sie den Wert der Eigenschaft *Diesen Bericht als Unterbericht verwenden*, indem Sie aus dem Listenfeld den einzubettenden Bericht auswählen. Im Listenfeld zur Eigenschaft *Diesen Bericht als Unterbericht verwenden* werden alle im Berichtsprojekt vorhandenen Berichte angezeigt – mit Ausnahme des Berichts selbst, der den eingebetteten Bericht enthalten soll.

HINWEIS In der Entwurfsansicht werden nur die einzelnen Berichtselemente des eigentlichen Berichts angezeigt. Vom eingebetteten Bericht dagegen wird lediglich sein *Name* auf grauem Hintergrund angezeigt. Wenn Sie die Berichtselemente des Unterberichts bearbeiten wollen, müssen Sie den eingebetteten Bericht separat öffnen und bearbeiten.

Ebenso müssen Sie die Datasets zum eingebetteten Bericht in diesem separat bearbeiten.

Datenbereiche

Datenbereiche bilden eine besondere Form der Berichtselemente. Im Gegensatz zu anderen Berichtselementen sind Datenbereiche Objekte in einem Bericht, die die Daten aus einem Berichtsdataset anzeigen. Zahlen und Texte eines Datasets können in einer *Tabelle*, einer *Matrix* oder einer *Liste* angezeigt werden. Grafisch stehen zur Visualisierung *Diagramme, Sparklines, Datenbalken, Messgeräte* oder *Indikatoren* zur Verfügung. Ein weiteres neues Feature ist die Karte, mit der Daten mit geografischem Hintergrund dargestellt werden können. *Tabellen-*, *Matrix-* und *Listendatenbereiche* basieren auf dem *Tablix-Datenbereich*. Eine *Tablix* kann mehrere Zeilen- und Spaltengruppen mit statischen und dynamischen Zeilen und Spalten beinhalten.

Tabelle

Die Tabelle ist der am häufigsten benutzte Datenbereich beim Erstellen eines Berichts. Die Daten werden zeilenweise dargestellt, die Tabellenspalten hingegen sind statisch. In der einfachsten Form besteht eine Tabelle aus statischen Spaltenüberschriften und darunter aus Zeilen, in denen die abgerufenen Daten dargestellt werden. Die Tabellenzeilen können nach Feldern oder Ausdrücken zu Gruppen zusammengefasst werden (so wie wir es bei Erstellung unseres Berichts mithilfe des Berichts-Assistenten in Kapitel 8 durchgeführt haben); wenn gruppierte Felder geeignete Zahlen enthalten, kann unter- bzw. oberhalb einer solchen Gruppierung z.B. eine Zeile mit Teilergebnissen gebildet werden.

Wir wollen an einem einfachen Beispiel zeigen, wie Sie eine Tabelle erstellen und darin die Daten gruppieren, indem wir im vorhandenen Projekt *Praxisbuch-Projekt01* einen neuen leeren Bericht erstellen:

1. Klicken Sie mit der rechten Maustaste im Projektmappen-Explorer auf den Ordner *Berichte* und wählen Sie im Kontextmenü den Eintrag *Hinzufügen/Neues Element*.
2. Es öffnet sich das Dialogfeld *Neues Element hinzufügen*, in dem Sie unter *Vorlagen* den Eintrag *Bericht* wählen, unter *Name* einen geeigneten Namen für den neuen Bericht eingeben, z.B. *Test_Tabelle* (die Dateiendung **.rdl* für Berichte wird automatisch ergänzt, falls Sie sie nicht selbst schon eingegeben haben), und die Schaltfläche *Hinzufügen* betätigen.

3. Nachdem Sie den Bericht erstellt haben, benötigen wir eine Datenquelle für den Bericht. Hierfür wechseln Sie in das Toolfenster *Berichtsdaten* und rufen darin den Menübefehl *Neu/Datenquelle* auf.
4. Im geöffneten Dialogfeld *Datenquelleneigenschaften* benennen Sie zunächst die Datenquelle in *AdventureWorks* um. Dann wählen Sie *Freigegebenen Datenquellenverweis verwenden* an und selektieren im zugehörigen Listenfeld *AdventureWorks*. Abschließend bestätigen Sie Ihre Angaben mit *OK*.
5. Erstellen Sie jetzt ein neues Dataset, indem Sie den Menübefehl *Neu/Dataset* im Toolfenster *Berichtsdaten* aufrufen.
6. Es öffnet sich das Dialogfeld *Dataseteigenschaften*, in dem Sie dem neuen Dataset einen Namen, z.B. *Department_NumberOfEmployees*, geben.
7. *Verwenden Sie ein in den eigenen Bericht eingebettetes Dataset* sollte selektiert sein, um ein eigenes Dataset zu erstellen.
8. Da wir in Schritt 4 eine neue Datenquelle erstellt haben, sollte diese im Listenfeld *Datenquelle* schon ausgewählt sein. Vergewissern Sie sich, dass der *Abfragetyp* auf *Text* gesetzt ist.
9. Klicken Sie auf die Schaltfläche *Abfrage-Designer*, um diesen zu öffnen. Falls sich der Abfrage-Designer im textbasierten Modus befindet, schalten Sie ihn per Klick auf die Schaltfläche *Als Text bearbeiten* in der Symbolleiste in den grafischen Modus um.
10. Klicken Sie in der Symbolleiste die Schaltfläche *Tabelle hinzufügen* und fügen Sie im zugehörigen Dialogfeld die Ansicht *vEmployeeDepartmentHistory* hinzu. Danach können Sie das Dialogfeld schließen, da wir nur die eine Tabelle für unsere Abfrage benötigen.

HINWEIS Die Erstellung einer Abfrage im Abfrage-Designer unterscheidet sich kaum von der im Abfrage-Generator, den Sie innerhalb des Berichts-Assistenten kennengelernt haben. Wenn Sie sich noch einmal informieren wollen, wie Sie grafisch eine Abfrage erstellen können, lesen Sie bitte in Kapitel 8 den Abschnitt *Abfrage entwerfen*.

11. Wählen Sie in der Tabelle in dieser Reihenfolge die Spalten *GroupName*, *LastName* und *FirstName*.
12. Wählen Sie im darunterliegenden Bereich, dem Rasterbereich, für alle Spalten die Sortierungsart *Aufsteigend* aus.
13. Sie können jetzt den *Abfrage-Designer* und die *Dataseteigenschaften* schließen, indem Sie jeweils mit *OK* bestätigen.
14. Wechseln Sie in das Toolfenster *Toolbox* und ziehen Sie das Berichtselement *Tabelle* auf die Entwurfsoberfläche, sodass das standardmäßige Tabellengitter mit zwei Zeilen (die als *Header* und *Daten* gekennzeichnet sind) und drei Spalten erscheint. Das Zeilenhandle für die Datenzeile zeigt das Detailsymbol.

    Nachdem wir eine Tabelle erstellt haben, können wir dieser Felder hinzufügen. Jede Zelle in der Tabelle enthält standardmäßig ein Textfeld.

HINWEIS Jede Tabelle in einem Bericht verwendet die Daten eines Datasets. Nach dem Erstellen der Tabelle ist dieser noch kein Dataset zugeordnet. Durch das Hinzufügen eines Felds aus einem Dataset wird dieses automatisch der Tabelle zugeordnet.

15. Ziehen Sie aus dem Toolfenster *Berichtsdaten* nacheinander die Felder *GroupName*, *LastName* und *FirstName* aus dem Dataset *Department_NumberOfEmployees*, das sich unterhalb der Datenquelle *AdventureWorks* befindet, in die Textfelder der Tabellenzeile, die als *Daten* gekennzeichnet ist.

    Es erscheinen in den drei Textfeldern jeweils die entsprechenden Ausdrücke der Art, wie wir sie im Abschnitt »Textfeld« ab Seite 125 beschrieben haben. In der darüberliegenden Tabellenzeile, die als *Kopfzeile* gekennzeichnet ist, erscheinen automatisch als statische Spaltenüberschriften *Group Name*, *Last Name* und *First Name*.

16. Ändern Sie die Werte dieser statischen Textfelder z.B. in die deutschsprachigen Spaltenüberschriften *Abteilung*, *Nachname*, *Vorname*, indem Sie in das jeweilige Textfeld klicken und den Wert einfach überschreiben.
17. Klicken Sie das Zeilenhandle für die Spaltenüberschriften an, sodass die Zeile markiert wird und im Eigenschaftenfenster die Eigenschaften für die Zeile anzeigt werden.
18. Ändern Sie für die Eigenschaft *Font.FontWeight* den Wert auf *Bold*, um die Spaltenüberschriften in der Berichtsdarstellung hervorzuheben. Ihre Tabelle sollte jetzt der Tabelle in Abbildung 10.8 gleichen.

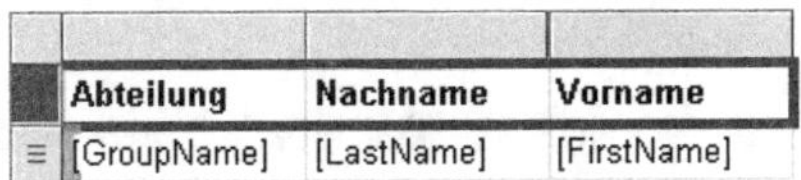

Abbildung 10.8 Tabelle nach Anpassungen der Kopfzeile

TIPP Wechseln Sie zwischendurch immer wieder einmal in die Vorschauansicht, um das Ergebnis der bisherigen Arbeit zu betrachten. Denken Sie aber daran, wieder in die Entwurfsansicht zurückzukehren, wenn Sie die Berichtsbearbeitung fortsetzen wollen.

19. Da in unserer Abfrage jede Abteilungsgruppe aus zahlreichen Mitarbeitern besteht, können Sie nun eine Gruppierung vornehmen, indem Sie mit der rechten Maustaste auf das Zeilenhandle der Detailzeile klicken und im Kontextmenü den Eintrag *Gruppe hinzufügen/Übergeordnete Gruppe* auswählen (falls keine Schaltflächen vor den Zeilen bzw. über den Spalten erscheinen, klicken Sie zunächst irgendwo in die Tabelle).

    Es öffnet sich das Dialogfeld *Tablix-Gruppe*, in dem Sie festlegen können, nach welchem Feldwert Sie gruppieren wollen (Abbildung 10.9).

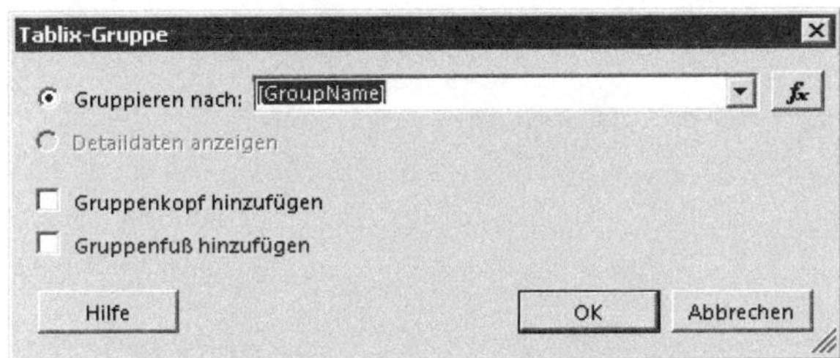

Abbildung 10.9 Dialogfeld *Tablix-Gruppe*

20. Wählen Sie im Listenfeld *Gruppieren nach* den Ausdruck *[GroupName]* aus und bestätigen Sie Ihre Wahl mit einem Klick auf *OK*. Wir benötigen bei dieser Gruppierung weder eine Gruppenkopf- noch Fußzeile, da in unserem Beispiel keine gruppierten Informationen dargestellt werden müssen.
21. Wie Sie in Abbildung 10.10 sehen können, ist die Spalte *Abteilung* überflüssig, da eine neue Spalte *Group Name* erzeugt wurde. Löschen Sie die Spalte *Abteilung*, indem Sie mit der rechten Maustaste auf das Spaltenhandle klicken und im Kontextmenü den Eintrag *Spalten löschen* auswählen. Anschließend benennen Sie *Group Name* in *Abteilung* um.

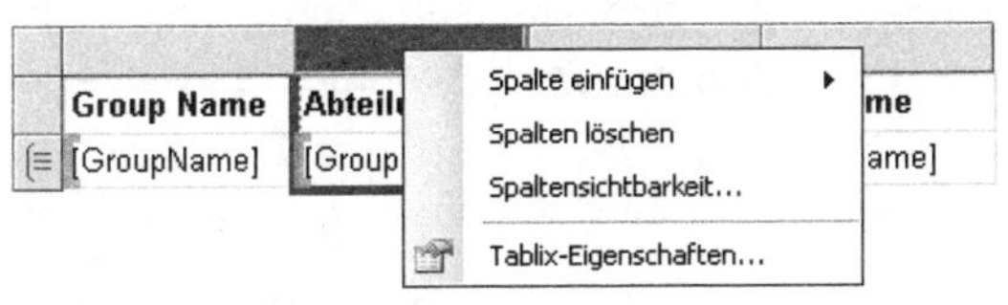

Abbildung 10.10 Tabelle nach dem Erstellen der Gruppe *Group1*

22. Im unteren Teil der Entwurfsoberfläche finden Sie den Bereich *Zeilengruppen*. Klicken Sie auf den Pfeil neben *GroupName*, um die Eigenschaften der Gruppe zu bearbeiten, und wählen Sie im Kontextmenü den Eintrag *Gruppeneigenschaften* aus. Ändern Sie den Namen der Gruppe in *GroupDepartment* um.

HINWEIS In den *Gruppeneigenschaften* können Sie nicht nur den Namen der Gruppe ändern, sondern auch noch zahlreiche Optionen anpassen, die zur Auswahl stehen:

- **Gruppierungsausdrücke** Es können mehrere Felder eines Datasets zum Gruppieren verwendet werden
- **Seitenumbrüche** Es kann ein Seitenumbruch zwischen den einzelnen Gruppen aktiviert werden
- **Sortierung** Es können die einzelnen Felder des Datasets zur Sortierung verwendet werden
- **Sichtbarkeit** Die Gruppe kann angezeigt oder ausgeblendet werden. Es gibt die Möglichkeit, die Sichtbarkeit über Ausdrücke zu steuern.
- **Filter** Einzelne Gruppenmitglieder können gefiltert werden
- **Variablen** Es können Variablen für diese Gruppe definiert werden
- **Erweitert** Eine Dokumentstruktur kann festgelegt werden

23. Sie sollten jetzt in die Vorschauansicht wechseln, um sich Ihren erstellten Bericht anzusehen. Gehen Sie auf die nächste Seite des Berichts. Das Ergebnis sollte in etwa der Abbildung 10.11 entsprechen.

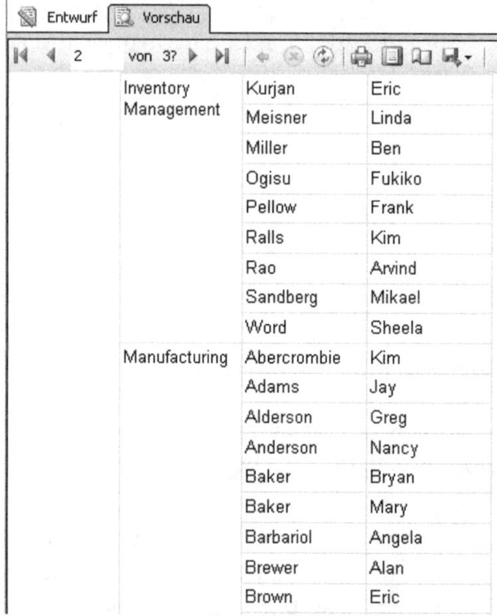

Abbildung 10.11 Zweite Seite des Berichts mit Tabellenkopf nur auf der ersten Seite

24. Der Tabellenkopf wurde leider nur auf der ersten Seite angezeigt. Um ihn auf jeder Seite anzuzeigen, müssen Sie erst den erweiterten Modus der Zeilen- und Spaltengruppen einschalten, indem Sie im unteren Bereich der Entwurfsoberfläche den Pfeil neben den Spaltengruppen anklicken und im Kontextmenü den Eintrag *Erweiterter Modus* auswählen.

25. Wählen Sie in den Zeilengruppen die oberste *Static*-Gruppe und ändern Sie die Eigenschaft *RepeatOnNewPage* auf *True*.

26. Wechseln Sie wieder in die Vorschauansicht und blättern Sie auf die zweite Seite. Sie sollte jetzt der Abbildung 10.12 entsprechen und auf jeder Seite den Tabellenkopf mit ausgeben.

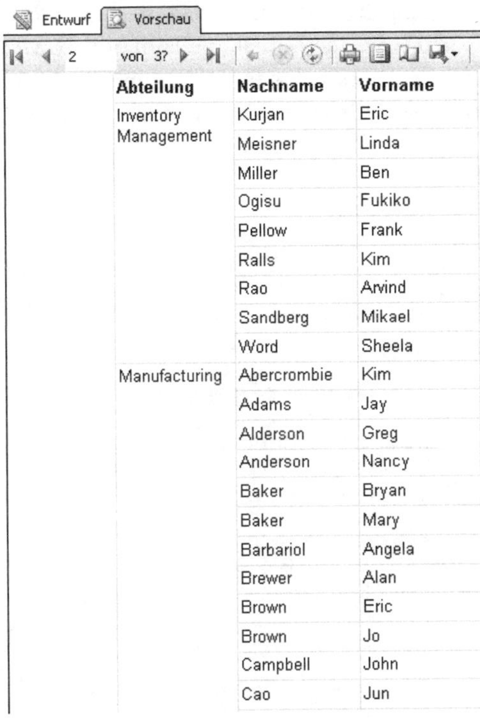

Abteilung	Nachname	Vorname
Inventory Management	Kurjan	Eric
	Meisner	Linda
	Miller	Ben
	Ogisu	Fukiko
	Pellow	Frank
	Ralls	Kim
	Rao	Arvind
	Sandberg	Mikael
	Word	Sheela
Manufacturing	Abercrombie	Kim
	Adams	Jay
	Alderson	Greg
	Anderson	Nancy
	Baker	Bryan
	Baker	Mary
	Barbariol	Angela
	Brewer	Alan
	Brown	Eric
	Brown	Jo
	Campbell	John
	Cao	Jun

Abbildung 10.12 Zweite Seite des Berichts mit Tabellenkopf auf jeder Seite

Matrix

Eine Matrix ist ein Datenbereich, der Zeilen und Spalten enthält, die zur Aufnahme der Daten erweitert werden. Eine Matrix kann dynamische Zeilen (wie die Tabelle), aber auch dynamische Spalten aufweisen, die mit Gruppen von Daten wiederholt werden. Wir wollen an einem einfachen Beispiel die Arbeit mit dem Datenbereich *Matrix* vorführen:

1. Erstellen Sie einen leeren Bericht, dem Sie den Namen *Test_Matrix.rdl* geben.
2. Legen Sie ein neues Dataset mit dem Namen *MatrixDataset*, der freigegebenen Datenquelle *AdventureWorks* und dem Befehlstyp *Text* an.
3. Erstellen Sie im Designer für grafische Abfragen eine Abfrage, indem Sie zunächst dem Diagrammbereich die Tabellen *Product*, *ProductCategory*, *ProductSubcategory*, *SalesOrderDetail* und *SalesOrderHeader* hinzufügen.
4. Wählen Sie bei der Tabelle *ProductCategory* das Feld *Name* und bei *ProductSubCategory* das Feld *Name* aus und weisen Sie im Rasterbereich dem ersten Feld als Alias den Wert *Kategorie* und dem zweiten Feld als Alias den Wert *Unterkategorie* zu.
5. Wählen Sie bei der Tabelle *SalesOrderHeader* das Feld *OrderDate*, geben Sie ihm als Alias den Wert *Bestelljahr* und verändern Sie den Spaltenausdruck in *YEAR(OrderDate)*.
6. Wählen Sie bei der Tabelle *SalesOrderHeader* erneut das Feld *OrderDate*, legen Sie als Alias den Wert *Bestellmonat* fest und verändern Sie den Spaltenausdruck in *MONTH(OrderDate)*.

7. Wählen Sie bei der Tabelle *SalesOrderDetail* das Feld *OrderQty*, vergeben Sie als Alias den Wert *Umsatz* und verändern Sie den Spaltenausdruck in *SUM(OrderQty*UnitPrice)*.

   Wir haben während der letzten Schritte – wie schon weiter oben – wieder auf Funktionen und Ausdrücke zurückgegriffen, auf die ausführlicher in Kapitel 30 eingegangen wird. Die Funktionen *YEAR()* und *MONTH()* ermitteln aus dem Datumsfeld *OrderDate* das Jahr bzw. den Monat, die Funktion *SUM()* bildet die Summe aus dem Produkt aus *OrderQty* und *UnitPrice*. Da es sich bei *SUM()* um eine Aggregatfunktion handelt, sind im Abfrage-Designer automatisch die anderen Felder gruppiert worden. Ihre Abfrage sollte nun dem Code in Listing 10.1 gleichen.

```
SELECT   Production.ProductCategory.Name AS Kategorie,
         Production.ProductSubcategory.Name AS Unterkategorie,
         YEAR(Sales.SalesOrderHeader.OrderDate) AS Bestelljahr,
         MONTH(Sales.SalesOrderHeader.OrderDate) AS Bestellmonat,
         SUM(Sales.SalesOrderDetail.OrderQty * Sales.SalesOrderDetail.UnitPrice) AS Umsatz
FROM Production.Product
INNER JOIN Production.ProductSubcategory ON
         Production.Product.ProductSubcategoryID = Production.ProductSubcategory.ProductSubcategoryID
INNER JOIN Production.ProductCategory ON
         Production.ProductSubcategory.ProductCategoryID = Production.ProductCategory.ProductCategoryID
INNER JOIN Sales.SalesOrderDetail ON
         Production.Product.ProductID = Sales.SalesOrderDetail.ProductID
INNER JOIN Sales.SalesOrderHeader ON
         Sales.SalesOrderDetail.SalesOrderID = Sales.SalesOrderHeader.SalesOrderID AND
         Sales.SalesOrderDetail.SalesOrderID = Sales.SalesOrderHeader.SalesOrderID AND
         Sales.SalesOrderDetail.SalesOrderID = Sales.SalesOrderHeader.SalesOrderID
GROUP BY Production.ProductCategory.Name,
         Production.ProductSubcategory.Name,
         YEAR(Sales.SalesOrderHeader.OrderDate),
         MONTH(Sales.SalesOrderHeader.OrderDate)
```

Listing 10.1 SQL-Abfrage der im Designer erstellen Abfrage

8. Beenden Sie alle Dialogfelder mit *OK*. Wandeln Sie das soeben erstellte Dataset in ein freigegebenes Dataset um, indem Sie das Dataset mit der rechten Maustaste anklicken und *In freigegebenes Dataset konvertieren* auswählen. Anschließend wechseln Sie zur Toolbox, um ein Berichtselement vom Typ *Matrix* auf die Entwurfsoberfläche zu ziehen.

9. Ziehen Sie aus dem Toolfenster *Berichtsdaten* das Feld *Bestellmonat* in die als *Spalten* gekennzeichnete Zelle und das Feld *Bestelljahr* ebenfalls auf diese nun schon gefüllte Zelle sodass automatisch eine zusätzliche Zeile eingefügt wird. Lassen Sie die Maustaste dabei in der oberen Hälfte des Felds los, damit das Bestelljahr über dem Bestellmonat erscheint.

10. Ziehen Sie aus dem Toolfenster *Berichtsdaten* das Feld *Unterkategorie* in die als *Zeilen* gekennzeichnete Zelle und das Feld *Kategorie* ebenfalls auf diese nun schon gefüllte Zelle, sodass automatisch eine zusätzliche Spalte eingefügt wird. Lassen Sie die Maustaste in der linken Hälfte des Felds los, sodass die neue Spalte links eingefügt wird.

11. Ziehen Sie aus dem Toolfenster *Berichtsdaten* das Feld *Umsatz* in die als *Daten* gekennzeichnete Zelle, sodass der Bericht nun in etwa das Aussehen wie in Abbildung 10.13 hat (der Übersichtlichkeit halber haben wir die Schriftgröße in den *Textfeldern* auf *8pt* gesetzt).

    In der Vorschauansicht werden Sie feststellen, dass die Darstellung der Daten noch relativ unübersichtlich ist. Wir wollen deshalb noch einige Änderungen vornehmen.

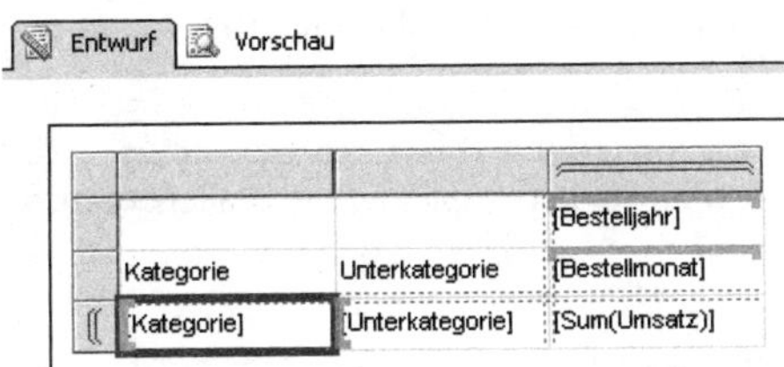

Abbildung 10.13 Bearbeitete Matrix in der Entwurfsansicht

12. Klicken Sie in der Entwurfsansicht mit der rechten Maustaste in das Textfeld *Bestellmonat* und wählen Sie im Kontextmenü den Eintrag *Spaltengruppe/Gruppeneigenschaft* aus, sodass sich das Dialogfeld *Gruppeneigenschaften* öffnet.
13. Wechseln Sie auf die Registerkarte *Sichtbarkeit*, wählen Sie unter *Bei erstmaliger Ausführung des Berichts* die Option *Ausblenden*, aktivieren Sie das Kontrollkästchen *Sichtbarkeit kann umgeschaltet werden von* und wählen Sie im zugehörigen Listenfeld den Eintrag *Bestelljahr* aus. Schließen Sie das Dialogfeld mit einem Klick auf die Schaltfläche *OK*.

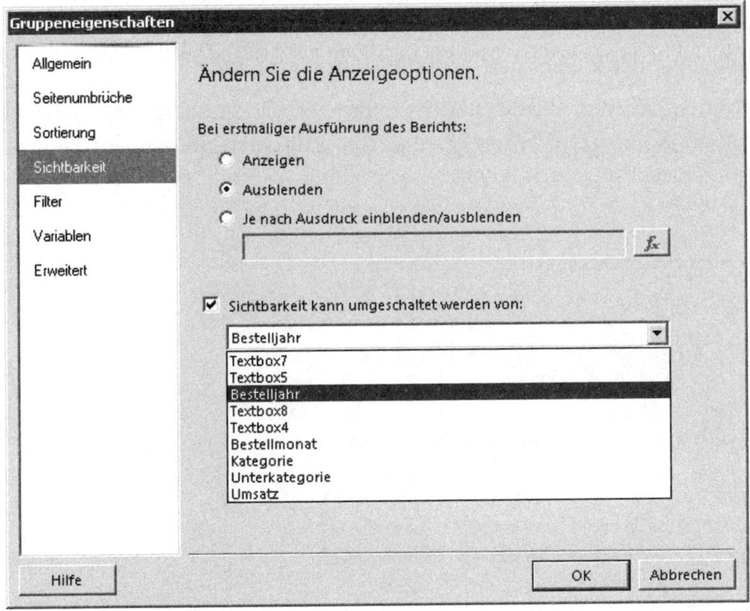

Abbildung 10.14 Einstellungen der Sichtbarkeit für die Gruppeneigenschaften

14. Öffnen Sie in gleicher Weise das Dialogfeld *Gruppeneigenschaften* mit der Registerkarte *Sichtbarkeit* für das Textfeld *Unterkategorie*. Wählen Sie unter *Bei erstmaliger Ausführung des Berichts* die Option *Ausblenden*, aktivieren Sie das Kontrollkästchen *Sichtbarkeit kann umgeschaltet werden von* und wählen Sie im zugehörigen Listenfeld den Eintrag *Kategorie* aus. Schließen Sie das Dialogfeld mit einem Klick auf die Schaltfläche *OK*.

    Mit den letzten drei Schritten haben wir die *Drilldown*-Funktion so aktiviert, dass bei der Anzeige des Berichts unterhalb der *Bestelljahre* die *Bestellmonate* und rechts neben den *Kategorien* die *Unterkategorien* zunächst ausgeblendet erscheinen und mit einem Klick auf das +-Symbol eingeblendet werden können.
15. Öffnen Sie für das Textfeld *Bestellmonat* das Dialogfeld *Gruppeneigenschaften* mit der Registerkarte *Sortierung*. Prüfen Sie, ob die Sortierung auf *Sortieren nach [Bestellmonat]* eingestellt ist. Falls dies nicht der Fall ist, fügen Sie eine neue Sortierung hinzu und wählen Sie im Listenfeld unter *Sortieren nach* den Ausdruck *[Bestellmonat]*. Schließen Sie das Dialogfeld mit einem Klick auf die Schaltfläche *OK*.

16. Prüfen Sie die Sortierung analog dazu an dem Textfeld *Unterkategorie*. Falls die Sortierung noch nicht konfiguriert ist, wählen Sie den Ausdruck *[Unterkategorie]*.

HINWEIS Normalerweise muss die Sortierung nicht mehr konfiguriert werden, da die Zeilen- bzw. Spaltengruppen automatisch nach dessen Gruppenfeld sortiert werden.

Nehmen Sie noch folgende Änderungen an verschiedenen Formatierungen im Eigenschaftenfenster vor, bevor Sie in die Vorschauansicht wechseln:

1. Markieren Sie die Textfelder *Kategorie*, *Unterkategorie*, *Bestelljahr* und *Bestellmonat* und weisen Sie der Eigenschaft *BackgroundColor* den Wert *Silver* zu.
2. Öffnen Sie für das Textfeld *Umsatz* die Eigenschaftenseiten und wählen Sie im Dialogfeld *Textfeldeigenschaften* auf der Registerkarte *Zahl* die Kategorie *Währung* und aktivieren Sie *1000er-Trennzeichen (.) verwenden*. Als Letztes setzen Sie negative Zahlen auf *–12.345,00*? (wir ignorieren an dieser Stelle, dass wir mit € wohl die falsche Währung zuweisen). Wechseln Sie jetzt zur Registerkarte *Ausrichtung* und wählen für die horizontale Ausrichtung *Rechts*.
3. Weisen Sie für das Textfeld *Bestelljahr* der Eigenschaft *TextAlign* den Wert *Right* zu.
4. Weisen Sie für das Textfeld *Bestellmonat* der Eigenschaft *TextAlign* den Wert *Center* zu.

Falls Sie die letzten Schritte übernommen haben, sollte der Bericht in der Vorschauansicht in etwa der Abbildung 10.15 entsprechen (hier wurde die Kategorie *Clothing* erweitert, um dessen Unterkategorien anzuzeigen).

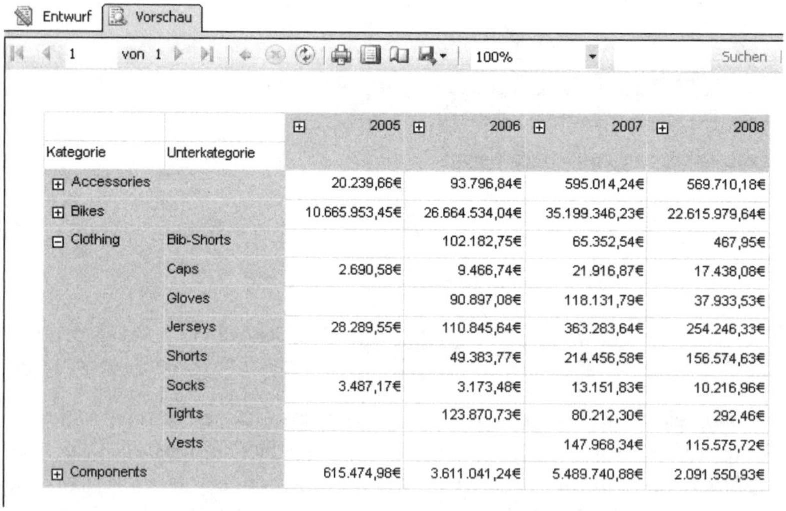

Entwurf | Vorschau

1 von 1 | 100% | Suchen

		2005	2006	2007	2008
Kategorie	Unterkategorie				
Accessories		20.239,66€	93.796,84€	595.014,24€	569.710,18€
Bikes		10.665.953,45€	26.664.534,04€	35.199.346,23€	22.615.979,64€
Clothing	Bib-Shorts		102.182,75€	65.352,54€	467,95€
	Caps	2.690,58€	9.466,74€	21.916,87€	17.438,08€
	Gloves		90.897,08€	118.131,79€	37.933,53€
	Jerseys	28.289,55€	110.845,64€	363.283,64€	254.246,33€
	Shorts		49.383,77€	214.456,58€	156.574,63€
	Socks	3.487,17€	3.173,48€	13.151,83€	10.216,96€
	Tights		123.870,73€	80.212,30€	292,46€
	Vests			147.968,34€	115.575,72€
Components		615.474,98€	3.611.041,24€	5.489.740,88€	2.091.550,93€

Abbildung 10.15 Erstellte Matrix in der Vorschauansicht

Liste

Eine Liste ist ein Datenbereich, in dem wiederholte Daten frei angeordnet (z.B. wie in einem Formular) dargestellt werden können. Wir werden später noch mit dem Datenbereich *Liste* arbeiten und wollen dies hier nur kurz anhand unseres mit dem Berichts-Assistenten erzeugten Berichts *Einfacher Drilldown-Bericht* beschreiben.

Wenn Sie einen leeren Bericht erzeugen und den Datenbereich *Liste* auf die Entwurfsoberfläche ziehen, werden Sie bemerken, dass die Liste wie eine Tabelle mit nur einer Zeile und Spalte aussieht. In dem Textfeld wurde ein Rechteck integriert, wodurch es möglich wird, in einem Tabellenfeld weitere Elemente zu platzieren. So können Sie beispielsweise verschiedene andere Berichtselemente (z.B. mehrere Textfelder und ein Bild sowie andere Datenbereiche (z.B. eine Tabelle und ein Diagramm) in der Liste integrieren, die dann jeweils seitenweise für die wechselnden Werte wiederholt dargestellt werden. Eine Liste dient also in erster Linie als ein grafischer Container mit den Funktionsweisen eines Datenbereichs.

Wenn Sie unseren mit dem Berichts-Assistenten erzeugten Bericht *Einfacher Drilldown-Bericht* öffnen, in die Entwurfsansicht wechseln und im Listenfeld des Eigenschaftenfensters den Eintrag *List1* wählen, werden Sie sehen, dass die Liste zum einen ein anderes Berichtselement, nämlich das Textfeld *GroupName*, und zum anderen einen anderen Datenbereich, nämlich die Tabelle *table1*, enthält. Dadurch wird bewirkt, dass auf jeder Seite der jeweilige Wert des Textfelds *GroupName* (hier: der Name der Abteilungsgruppe) und die zugehörigen Werte innerhalb der Tabelle *table1* (hier: zu der Abteilungsgruppe die jeweiligen Abteilungen und zu jeder Abteilung die jeweiligen Mitarbeiterinformationen) angezeigt werden.

Listen werden also benutzt, wenn Sie zur Darstellung vieler verschiedener Daten innerhalb eines Datensatzes aus Ihrem Dataset einen sehr großen Inhaltsbereich (der wie in unserem Beispiel über eine ganze Seite reichen kann) benötigen, sodass die Elemente im Inhaltsbereich wie in einem Formular angeordnet dargestellt werden können. Durch die Schachtelung von Datenbereichen (in unserem Bericht die Tabelle) innerhalb der Liste kann derselbe Datenbereich mehrfach in einem Bericht verwendet werden.

Diagramm

Ein Diagramm ist ein Datenbereich, der Daten grafisch darstellt. Diagramme ermöglichen es Ihnen, eine große Menge aggregierter Informationen auf einen Blick zu präsentieren. Sie gehören sicherlich zu den eindrucksvollsten Elementen bei der Erstellung eines Berichts.

Die Felder eines Datasets können in drei verschiedenen Bereichen des Diagramms verwendet werden:

- **Werte** Für die Werte steht beim Entwurf des Diagramms der Bereich *Datenfelder* zur Verfügung. Werte bestimmen die Größe des Diagrammelements für jede Kategoriengruppe, z.B. die Höhe jeder Säule im Säulendiagramm oder die Größe jedes Segments in einem Kreisdiagramm.
- **Kategorie** Für die Kategorien steht beim Entwurf des Diagramms der Bereich *Kategoriegruppen* zur Verfügung. Mit Kategorien können Daten gruppiert werden. Kategorien stellen die Bezeichnungen für die Diagrammelemente zur Verfügung, z.B. wird in einem Säulendiagramm für jede Säule die jeweilige Kategorie auf der X-Achse des Diagramms angezeigt.
- **Serie** Für die Serien steht beim Entwurf des Diagramms der Bereich *Reihengruppen* zur Verfügung. Mit Serien kann dem Bericht eine zusätzliche Dimension der Daten zugefügt werden, z.B. können in einem gestapelten Säulendiagramm für eine Kategorie mehrere Säulen (etwa für mehrere Jahre) gestapelt werden.

Die folgenden Diagrammtypen werden von den Reporting Services zur Verfügung gestellt:

- **Flächendiagramme** Werden verwendet, um lineare Daten anzuzeigen. Die einzelnen Daten werden durch Punkte dargestellt, die durch eine Linie verbunden sind. Die Fläche unterhalb der Linie ist ausgefüllt. Flächendiagramme können gestapelt werden.
- **Balkendiagramme** Die Daten werden durch horizontale Balken dargestellt. Balkendiagramme bieten eine gute Möglichkeit unterschiedliche Kategorien miteinander zu vergleichen.

- **Spaltendiagramme** Die Daten werden durch vertikale Balken dargestellt. Spalten- oder Säulendiagramme eignen sich hervorragend, um Zeitreihen darzustellen. Sie können Diagramme als Histogramm oder Paretodiagramm anzeigen.
- **Liniendiagramme** Die Daten werden, ähnlich dem Flächendiagramm, als Punkte dargestellt, die durch eine Linie verbunden sind. Die Fläche unterhalb der Linien wird bei diesem Diagrammtyp nicht ausgefüllt. Liniendiagramme werden verwendet, um große Datenmengen darzustellen, die über einen kontinuierlichen Zeitraum hinweg auftreten.
- **Kreisdiagramme** Die Daten werden als Anteile des Ganzen angezeigt. Kreisdiagramme bieten eine gute Möglichkeit, Gruppen zu vergleichen. Sie gehören mit den Ring-, Pyramiden- und Trichterdiagrammen zu den Formdiagrammen.
- **Polardiagramme** Die Daten werden als Satz von Punkten in einem Kreis angeordnet. Der Wert eines Punkts wird durch den Abstand zum Mittelpunkt dargestellt. Je weiter der Punkt von der Mitte entfernt ist, desto höher ist sein Wert.
- **Bereichsdiagramme** Bei diesem Diagrammtyp werden zwei Werte pro Datenpunkt benötigt. Die Werte werden durch Punkte dargestellt, wobei jeweils alle unteren und alle oberen Werte mit einer Linie verbunden werden. Die Fläche zwischen den Linien wird ausgefüllt.
- **Punktdiagramme** Die Daten werden als Menge von Punkten angezeigt. Mit Punktdiagrammen können aggregierte Daten über Kategorien hinweg verglichen werden. Eine Variation der Punktdiagramme sind die Blasendiagramme, wo der Wert eines Punkts durch die Größe der Blase dargestellt wird.
- **Formdiagramme** Die Daten werden als Prozentsatz des Ganzen angezeigt. Formdiagramme werden üblicherweise zum Anzeigen proportionaler Vergleiche zwischen verschiedenen Werten einer Gruppe verwendet. Wenn ein numerisches Feld auf ein Formdiagramm abgelegt wird, berechnet das Diagramm den prozentualen Anteil jedes einzelnen Werts von der Gesamtsumme. Es handelt sich hierbei jedoch um einen sehr vereinfachten Diagrammtyp, der die Daten vielleicht nicht optimal darstellt.
- **Kursdiagramme** Dieser Diagrammtyp ist speziell für finanz- oder wissenschaftliche Daten geeignet. Es lassen sich bis zu vier Werte pro Datenpunkt verwenden. Dargestellt werden kann der höchste, niedrigste, Schluss- und Eröffnungswert.

Die meisten der Diagrammtypen haben noch Diagrammuntertypen, die vom jeweiligen Diagrammtyp abhängig sind. Am häufigsten verwendet werden Säulen-, Balken- und Liniendiagramme.

Wir wollen Ihnen anhand eines Säulendiagramms die Arbeit mit dem Datenbereich *Diagramm* verdeutlichen. Zuerst erstellen Sie einen leeren Bericht:

1. Klicken Sie mit der rechten Maustaste im Projektmappen-Explorer auf den Ordner *Reports* und wählen Sie im geöffneten Kontextmenü den Eintrag *Hinzufügen/Neues Element.*
2. Es öffnet sich das Dialogfeld *Neues Element hinzufügen*, in dem Sie unter *Vorlagen* den Eintrag *Bericht* auswählen und als Name für den Bericht z.B. *Test_Diagramm.rdl* eingeben.
3. Klicken Sie auf die Schaltfläche *Hinzufügen*, um den leeren Bericht zu erstellen.
4. Der leere Bericht wird in der Entwurfsansicht angezeigt. Wählen Sie im linken Teil der Entwicklungsumgebung das Toolfenster *Berichtsdaten*, um mit der Auswahl des Datasets fortzufahren.
5. Ein Dataset erstellen Sie über den Menübefehl *Neu/Dataset.* Nennen Sie das Dataset z.B. *DiagrammDataset.* Wählen Sie den Punkt *Verwenden Sie ein freigegebenes Dataset* und dann das im vorherigen Abschnitt freigegebene Dataset *MatrixDataset.* Schließen Sie die Dataseteigenschaften durch *OK.*
6. Wechseln Sie zum Toolfenster *Toolbox.*

7. Ziehen Sie das Berichtselement *Diagramm* in den *Textkörper* des Berichts und wählen Sie im sich öffnenden Dialogfeld *Diagrammtyp auswählen* den Typ *Gestapelte Säule* aus.
8. Klicken Sie den Diagrammtitel an, um ihn in *Umsätze pro Jahr* zu ändern.
9. Ziehen Sie aus dem Toolfenster *Berichtsdaten* das Datenfeld *Umsatz* in das Feld *Werte* des Diagramms.
10. Als Nächstes ziehen Sie das Datenfeld *Kategorie* in das Feld *Reihengruppen* und anschließend *Bestelljahr* in den Bereich *Kategoriegruppen* entsprechend der Abbildung 10.16.

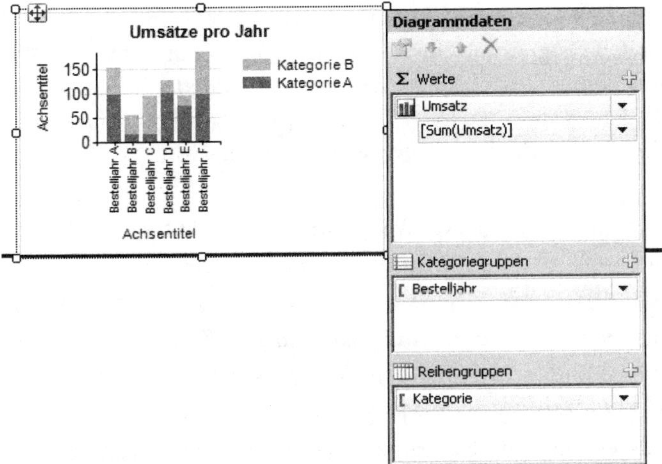

Abbildung 10.16 Erstellen eines gestapelten Säulendiagramms

11. Ändern Sie die Achsentitel in *Umsatz* und *Jahr*, indem Sie den Achsentitel doppelt anklicken und ihn dann editieren.
12. Wechseln Sie in die Vorschauansicht.
13. Sie können das Diagramm noch etwas vergrößern, um es besser betrachten zu können.
14. Wechseln Sie wieder in die Vorschauansicht. Sie sollten jetzt in etwa das gleiche Diagramm wie in Abbildung 10.17 vor sich sehen.

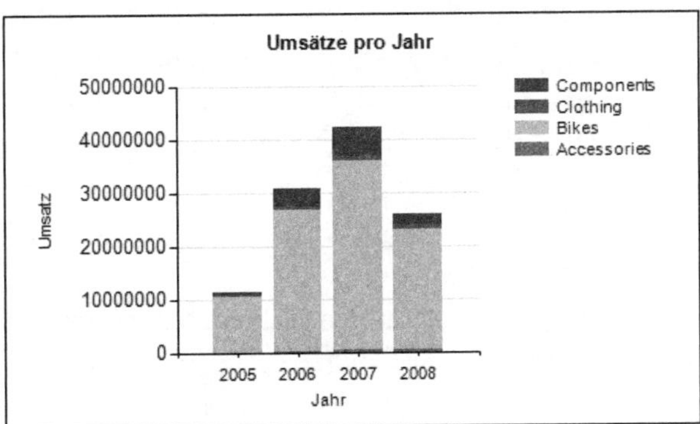

Abbildung 10.17 Angepasstes gestapeltes Säulendiagramm

Sparklines und Datenbalken

Bei den Sparklines und Datenbalken handelt es sich um kleine, einfache, reduzierte Diagramme, die häufig in Tabellen und Matrizen eingesetzt werden. Die Idee ist, nicht ein Diagramm zu betrachten, sondern viele kleine Diagramme, um Ausreißer oder Trends in einer Tabelle komfortabel darstellen zu können. Sparklines stellen in der Regel eine Reihe von Datenpunkten, in den meisten Fällen Zeitreihen, da im Gegensatz zu den Datenbalken, die eigentlich nur einen Datenpunkt visualisieren und verwendet werden, um den Vergleich einzelner Werte zu vereinfachen. Datenbalken können in Detailzeilen verwendet werden, da sie nur einen Datenpunkt benötigen. Sparklines hingegen müssen in eine Zeile eingefügt werden, die einer Gruppe zugeordnet ist. Beide Elemente verfügen über die grundlegenden Diagrammelemente, verzichten aber auf Legenden, Achsenlinien oder Bezeichnungen. Für eine Sparkline können fast alle Diagrammtypen verwendet werden.

Nachdem Sie jetzt einiges über die neuen Berichtselemente erfahren haben, wird es jetzt Zeit, diese auch in der Praxis einzusetzen:

1. Zuerst erstellen Sie einen neuen Bericht, indem Sie mit der rechten Maustaste im Projektmappen-Explorer auf den Ordner *Reports* klicken und im geöffneten Kontextmenü den Eintrag *Hinzufügen/Neues Element* auswählen.
2. Es öffnet sich das Dialogfeld *Neues Element hinzufügen*, in dem Sie unter *Vorlagen* den Eintrag *Bericht* auswählen und als Name für den Bericht z.B. *Test_Sparkline_und_Datenbalken.rdl* eingeben.
3. Klicken Sie auf die Schaltfläche *Hinzufügen*, um den leeren Bericht zu erstellen.
4. Wählen Sie im linken Teil der Entwicklungsumgebung das Toolfenster *Berichtsdaten* und erstellen Sie ein neues Dataset über den Menübefehl *Neu/Dataset*. Nennen Sie das Dataset z.B. *TableDataset*. Wählen Sie den Punkt *Verwenden Sie ein freigegebenes Dataset* und das freigegebene Dataset *MatrixDataset*. Schließen Sie die Dataseteigenschaften durch *OK*.
5. Wechseln Sie zum Toolfenster *Toolbox* und ziehen Sie eine Tabelle in den leeren Bericht.
6. Ziehen Sie aus dem Toolfenster *Berichtsdaten* die Kategorie in das linke Feld der Datenzeile.
7. Passen Sie die Gruppeneigenschaften der Detailzeile an, indem Sie mit der rechten Maustaste in das Textfeld *Kategorie* klicken. Im Kontextmenü wählen Sie den Untermenübefehl *Zeilengruppe/Gruppeneigenschaften*. In den Gruppeneigenschaften fügen Sie einen Gruppierungsausdruck hinzu und gruppieren nach *[Kategorie]*.
8. Jetzt können Sie in die Gruppenzeile eine Sparkline einfügen. Aus dem Toolfenster *Toolbox* ziehen Sie eine Sparkline in das mittlere Datenfeld der Tabelle und selektieren das Säulendiagramm.
9. Klicken Sie die Sparkline an, bis sich der Bereich *Diagrammdaten* öffnet. Jetzt ziehen Sie aus dem Toolfenster *Berichtsdaten* den *Umsatz* in den Wertebereich und das *Bestelljahr* in den Bereich *Kategoriegruppen* (Abbildung 10.18).
10. Beschriften Sie die Spalte als *Trend* oder *Verlauf*.
11. In die noch freie Spalte ziehen Sie den Umsatz in die Gruppenzeile.
12. Um eine weitere Spalte zu erzeugen, ziehen Sie erneut den Umsatz in den rechten Teil des im vorigen Schritt gefüllten Felds. Es sollten jetzt zwei gleiche Umsatzspalten existieren.

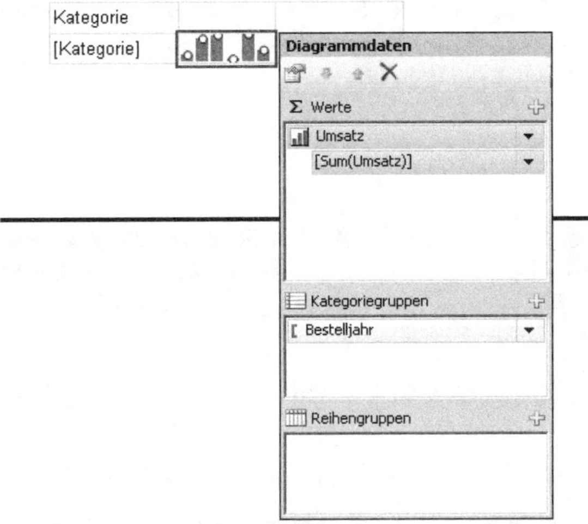

Abbildung 10.18 Anpassen einer Sparkline für den Umsatz pro Bestelljahr

13. Wählen Sie aus der Toolbox den *Datenbalken* aus und klicken Sie dann den zweiten *[Sum(Umsatz)]* an. Wählen Sie als Datenbalkentyp *Balken* aus. Ihre Tabelle sollte jetzt wie in Abbildung 10.19 aussehen und der Datenbalken den Wert *[Sum(Umsatz)]* verwenden.

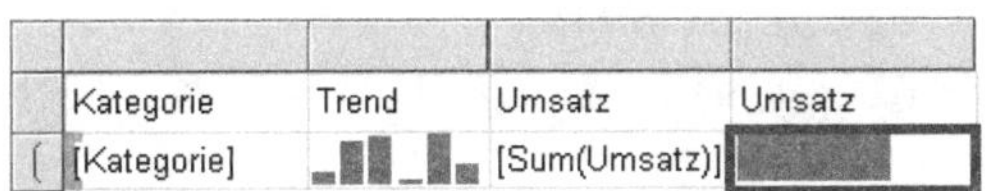

Abbildung 10.19 Erweiterte Tabelle mit Sparkline und Datenbalken

14. Ändern Sie die Balkenfarbe, indem Sie den Balken anklicken. In den Eigenschaften von *Umsatz* stellen Sie die *Color* auf *Gray*.
15. Zum Abschluss sollten noch ein paar kleine Anpassungen vorgenommen werden, um das Ganze attraktiver zu gestalten.
16. Wählen Sie den Zeilenhandle der Kopfzeile und stellen Sie den *FontWeight* auf *Bold* um.
17. Wählen Sie die beiden Textfelder mit der Überschrift *Umsatz* aus. Öffnen Sie durch einen Rechtsklick das Kontextmenü und verbinden Sie die beiden Zellen durch die Auswahl von *Zellen zusammenführen.* Setzen Sie *TextAlign* auf *Center.*
18. Formatieren Sie das Textfeld *Umsatz*, indem Sie das zugehörige Dialogfeld öffnen und auf der Registerkarte *Zahl* die Kategorie *Währung* wählen. Stellen Sie die Dezimalstellen auf *0*. Aktivieren Sie *1000er-Trennzeichen (.) verwenden* und zeigen Sie negative Zahlen als *–12.345*? an.
19. Wechseln Sie wieder in die Vorschauansicht. Sie sollten jetzt in etwa die gleiche Tabelle wie in Abbildung 10.20 vor sich sehen.

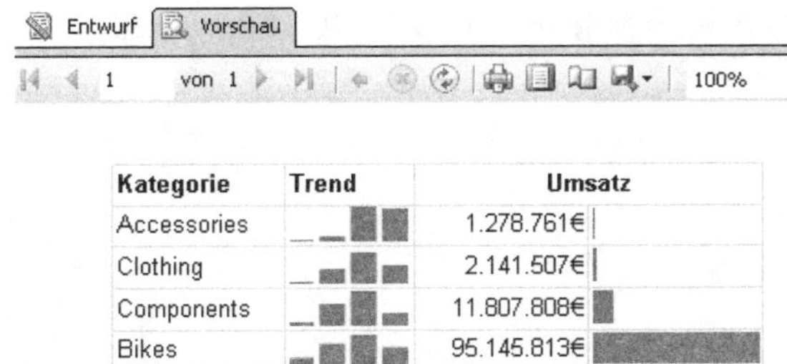

Kategorie	Trend	Umsatz	
Accessories		1.278.761€	
Clothing		2.141.507€	
Components		11.807.808€	
Bikes		95.145.813€	

Abbildung 10.20 Bericht mit Trend und Datenbalken

Wie Sie in der Abbildung sehen, haben Sie sowohl einen Trend erstellt, der Ihnen den Verlauf des Umsatzes der letzten Jahre zeigt, als auch einen Datenbalken, der den Gesamtumsatz der einzelnen Kategorien anzeigt und so auf einen Blick die umsatzstärkste Kategorie hervorhebt.

Messgeräte

Ein Messgerät ist ein eindimensionaler Datenbereich, der immer nur einen Wert oder eine Aggregation des Datasets wiedergibt. Einzelne Messgeräte werden in einem Messgerätbereich positioniert. Durch den Messgerätbereich können mehrere Messgeräte einheitliche Funktionen wie Gruppieren, Sortieren oder Filtern verwenden.

Es gibt zwei Typen von Messgeräten: lineare und radiale Messgeräte. Sie können für zahlreiche Aufgaben verwendet werden:

- Key Performance Indicators (KPIs) können in linearen und radialen Messgeräten dargestellt werden
- Veranschaulichung von Zellwerten durch Hinzufügen eines Messgeräts in eine Tabelle oder Matrix
- Zum Vergleich von Daten eines Felds durch Verwenden eines Messgerätbereichs

Um die Funktionsweise des Messgeräts zu verdeutlichen, werden Sie in diesem Abschnitt einen Bericht erstellen, der Ihnen die prozentualen Verkaufszahlen einzelner Länder anhand eines Messgeräts darstellt:

1. Erstellen Sie einen neuen Bericht und nennen Sie ihn z.B. *Test_Messgerät.rdl.*
2. Erstellen Sie eine Datenquelle und verweisen Sie auf die freigegebene Datenquelle *AdventureWorks*, wie auch in den vorherigen Beispielen.
3. Zum Erzeugen des Datasets verwenden Sie den Code aus Listing 10.2 und nennen Sie Ihr Dataset *MessgerätDataSet.* Die SQL-Abfrage ermittelt die Verkaufszahlen der einzelnen Länder.

```
SELECT SUM(Sales.SalesPerson.SalesYTD) AS Sales, Sales.SalesTerritory.Name
FROM Sales.SalesPerson INNER JOIN
      Sales.SalesTerritory ON Sales.SalesPerson.TerritoryID = Sales.SalesTerritory.TerritoryID AND
      Sales.SalesPerson.TerritoryID = Sales.SalesTerritory.TerritoryID
GROUP BY Sales.SalesTerritory.Name
```

Listing 10.2 SQL-Abfrage zur Ermittlung der Verkaufszahlen pro Land

4. Wechseln Sie zum Toolfenster *Toolbox* und ziehen Sie ein *Messgerät* in den Bericht. Im Dialogfeld *Messgerättyp auswählen* wählen Sie das erste radiale Messgerät *Radial* aus.
5. Zuerst müssen Sie dem *Messgerätbereich* eine Datenquelle zuweisen, indem Sie den *Messgerätbericht* anklicken und im Eigenschaftenfenster von *GaugePanel1* der Eigenschaft *DataSetName* den Wert *MessgerätDataSet* zuweisen.
6. Klicken Sie im Bereich *Messgerätdaten/Werte* des Messgeräts auf den Pfeil neben *RadialPointer1* und wählen Sie im Kontextmenü den Eintrag *Zeigereigenschaften* aus, wie in Abbildung 10.21 dargestellt.

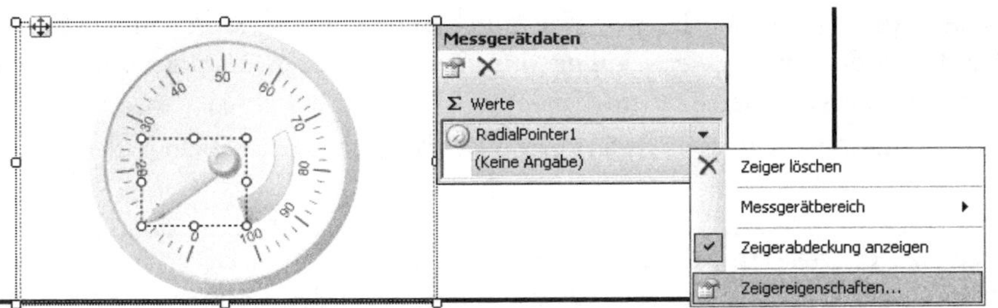

Abbildung 10.21 Auswählen der Zeigereigenschaften eines Messgeräts

7. Geben Sie den folgenden Ausdruck im Textfeld *Wert* für den Zeiger ein, um den prozentualen Anteil zu ermitteln:

```
=Sum(Fields!Sales.Value)/Sum(Fields!Sales.Value, "MessgerätDataSet") * 100
```

HINWEIS Bei den Aggregatfunktionen, wie z.B. *Sum*, können Sie einen Scope mit angeben, um, wie in diesem Beispiel, die Summe des gesamten Datasets zu berechnen. Sie können hier den Namen eines Datasets, einer Gruppe oder eines Datenbereichs angeben.

8. Wenn Sie jetzt in die Vorschauansicht wechseln, werden Sie sehen, dass der Zeiger auf 100 steht, da wir den Datenbereich noch nicht gefiltert haben.
9. Wechseln Sie daher wieder in die Entwurfsansicht und wählen Sie im Kontextmenü des Messgerätbereichs den Eintrag *Messgerätbereichseigenschaften*. Im zugehörigen Dialogfeld holen Sie die Registerkarte *Filter* in den Vordergrund und übernehmen die Einstellungen aus Abbildung 10.22, um den prozentualen Anteil von *Canada* anzeigen zu lassen.

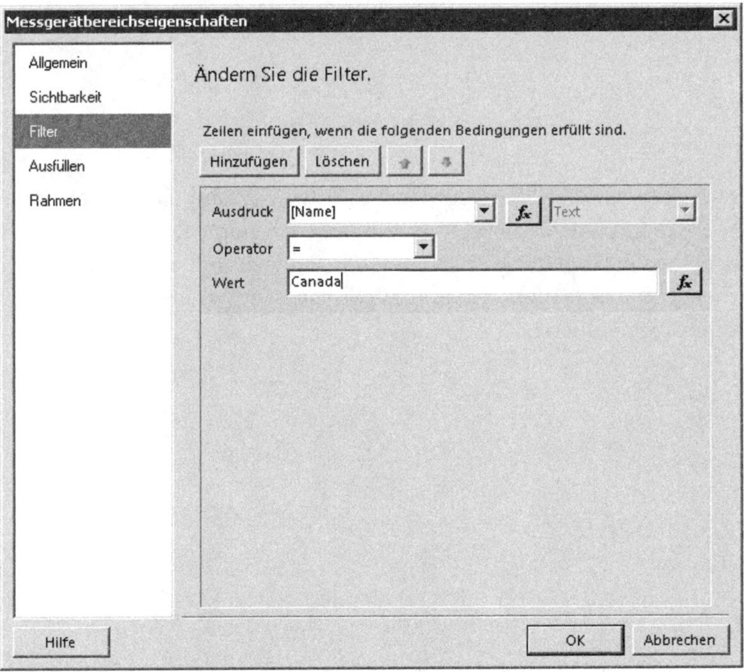

Abbildung 10.22 Anpassen des Filters des Messgerätebereichs

10. Zum Abschluss geben Sie dem Messgerät noch eine Bezeichnung, indem Sie das Kontextmenü des Messgerätbereichs öffnen und dort den Eintrag *Bezeichnung hinzufügen* auswählen. Im Eigenschaftenfenster der Bezeichnung ändern Sie die Eigenschaft *Text* auf *Canada.*
11. Sie sind jetzt mit der Konfiguration des Messgeräts fertig und können sich Ihren Bericht in der Vorschauansicht ansehen.

TIPP Möchten Sie weitere Messgeräte erstellen, kopieren Sie den Messgerätbereich und fügen ihn an anderer Stelle des Berichts wieder ein. Sie müssen dann nur noch die Werte für den Filter und die Bezeichnung anpassen, um einen Bericht zu erhalten, der in etwa der Abbildung 10.23 entspricht.

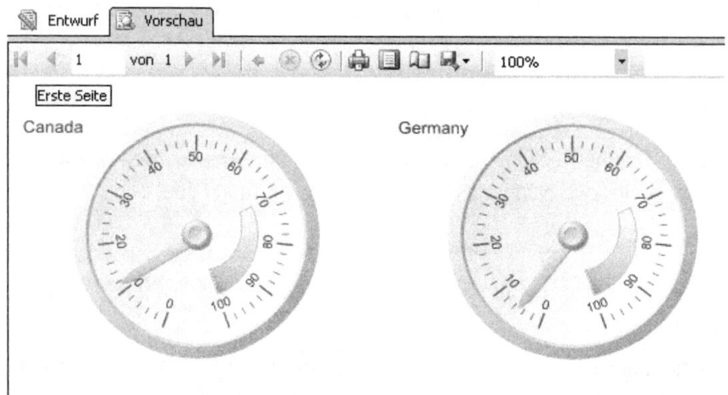

Abbildung 10.23 Bericht mit zwei Messgeräten

Sie können Messgeräte auch in Listen oder Tabellen verwenden und dann auf die Filtereinstellungen des Messgerätbereichs verzichten, da die Werte durch die Detail- oder Gruppenzeilen gefiltert werden.

Falls Sie nur ein einfaches Messgerät verwenden wollen, sollten Sie in Erwägung ziehen, einen Indikator einzusetzen.

Indikatoren

Indikatoren sind minimale Messgeräte, die nicht den Wert, sondern nur den Zustand eines Datenwerts auf einen Blick wiedergeben. Sie sind in erster Linie dafür vorgesehen, in Tabellen und Matrizen verwendet zu werden. Die eingesetzten Symbole sind, wie in Abbildung 10.24 zu sehen, einfach und auch in kleinen Größen gut erkennbar. Falls die vorgegebenen Symbole nicht Ihren Vorstellungen entsprechen, können Sie auch eigene Indikatorsymbole und Indikatorsätze definieren.

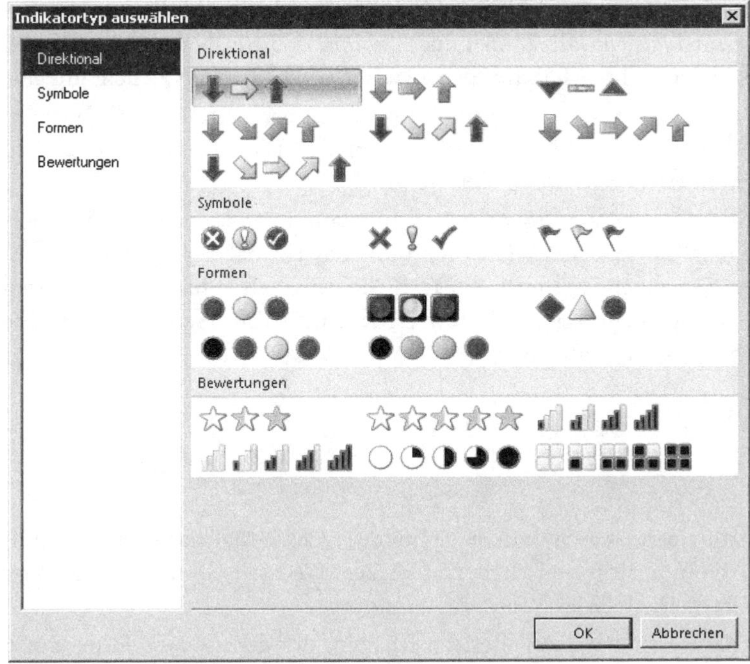

Abbildung 10.24 Auswahl des Indikatortyps

Indikatoren können für die Darstellung folgender Zustände verwendet werden:

- **Trends** Durch Pfeile ausgedrückt
- **Zustand** Durch bekannte Symbole wie Häkchen, Ausrufezeichen und Kreuz, ausgedrückt
- **Bedingungen** Durch z.B. Ampeln symbolisiert
- **Bewertungen** Durch z.B. eingefärbte Sterne symbolisiert

Abschließend erstellen wir noch einen Bericht, der den Gewinn der Produkte ausgibt.

1. Erstellen Sie einen neuen Bericht und nennen Sie ihn z.B. *Test_Indikator.rdl.*
2. Erstellen Sie eine Datenquelle und verweisen Sie auf die freigegebene Datenquelle *AdventureWorks*, wie auch in den vorherigen Beispielen.
3. Zum Erzeugen des Datasets verwenden Sie den Code aus Listing 10.3 und nennen Ihr Dataset *Indikator-DataSet*. Die SQL-Abfrage ermittelt die Kosten, den Umsatz und den Gewinn der einzelnen Produkte.

```
SELECT SUM(Production.Product.StandardCost * Sales.SalesOrderDetail.OrderQty) AS Kosten,
       SUM(Sales.SalesOrderDetail.UnitPrice * Sales.SalesOrderDetail.OrderQty) AS Umsatz,
       SUM(Sales.SalesOrderDetail.UnitPrice * Sales.SalesOrderDetail.OrderQty)
           - SUM(Production.Product.StandardCost * Sales.SalesOrderDetail.OrderQty) AS Gewinn,
       Production.Product.Name as Produkt
FROM Production.Product
INNER JOIN Sales.SalesOrderDetail ON
       Production.Product.ProductID = Sales.SalesOrderDetail.ProductID
GROUP BY Production.Product.Name
```

Listing 10.3 SQL-Abfrage zur Ermittlung von Kosten, Umsatz und Gewinn der Produkte

4. Wechseln Sie zum Toolfenster *Toolbox* und ziehen Sie eine *Tabelle* in den Bericht.

5. Wechseln Sie wieder zum Toolfenster *Berichtsdaten* und ziehen Sie nacheinander die Felder des Datasets *IndikatorDataSet* in der Reihenfolge *Produkt, Umsatz, Kosten* und *Gewinn*, in die Datenzeile der Tabelle. Das Feld *Gewinn* müssen Sie jeweils in den rechten Teil des vorher gefüllten Tabellenfelds ziehen, um eine neue Spalte erzeugen zu lassen.
6. Wechseln Sie wieder in die *Toolbox* und ziehen Sie den *Indikator* in den Datenbereich der zweiten Gewinnspalte. Als Indikatortyp verwenden Sie *3 Ampeln (ohne Rand)*.
7. Verbreitern Sie die Spalte für die Produkte und verringern die des Indikators und löschen dessen Überschrift. Setzen Sie die Schriftstärke der Kopfzeile auf *bold*. Ändern Sie das Format der Spalten *Umsatz*, *Kosten* und *Gewinn* auf *rechtsbündig*. Sie sollten jetzt noch die Textfeldeigenschaften für Umsatz, Kosten und Gewinn anpassen, indem Sie auf der Registerkarte *Zahl* die Kategorie *Währung* auswählen. Ihre Tabelle sollte jetzt der Tabelle in Abbildung 10.25 ähneln.

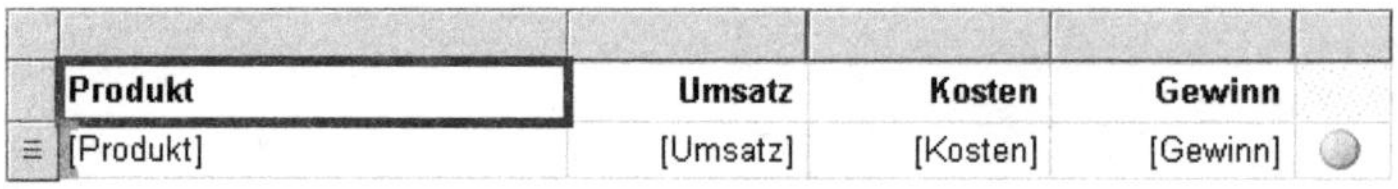

Produkt	Umsatz	Kosten	Gewinn	
[Produkt]	[Umsatz]	[Kosten]	[Gewinn]	

Abbildung 10.25 Tabelle *Gewinn pro Produkt*

8. Öffnen Sie das Dialogfeld der Indikatoreigenschaften, indem Sie mit der rechten Maustaste auf den Indikator klicken und im Kontextmenü die Indikatoreigenschaften anklicken. Wechseln Sie zur Registerkarte *Wert und Status*. Ändern Sie den Wert in =Fields!Gewinn.Value/Fields!Umsatz.Value.
9. Wechseln Sie in die Vorschauansicht. Sie sollten einen Bericht erhalten, der dem in Abbildung 10.26 ähnelt und Ihnen durch die Indikatoren einen schnellen Überblick über die Produkte gibt, die keinen Gewinn abwerfen.

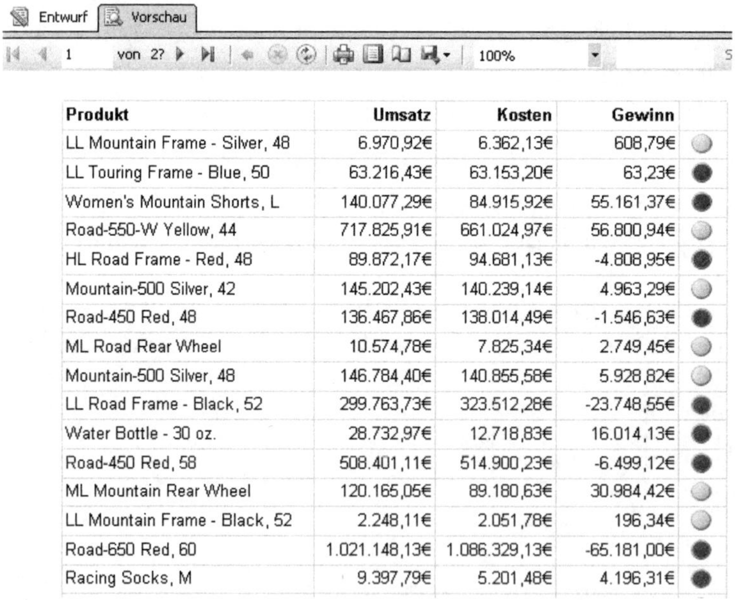

Entwurf | Vorschau

1 von 2? 100%

Produkt	Umsatz	Kosten	Gewinn	
LL Mountain Frame - Silver, 48	6.970,92€	6.362,13€	608,79€	
LL Touring Frame - Blue, 50	63.216,43€	63.153,20€	63,23€	
Women's Mountain Shorts, L	140.077,29€	84.915,92€	55.161,37€	
Road-550-W Yellow, 44	717.825,91€	661.024,97€	56.800,94€	
HL Road Frame - Red, 48	89.872,17€	94.681,13€	-4.808,95€	
Mountain-500 Silver, 42	145.202,43€	140.239,14€	4.963,29€	
Road-450 Red, 48	136.467,86€	138.014,49€	-1.546,63€	
ML Road Rear Wheel	10.574,78€	7.825,34€	2.749,45€	
Mountain-500 Silver, 48	146.784,40€	140.855,58€	5.928,82€	
LL Road Frame - Black, 52	299.763,73€	323.512,28€	-23.748,55€	
Water Bottle - 30 oz.	28.732,97€	12.718,83€	16.014,13€	
Road-450 Red, 58	508.401,11€	514.900,23€	-6.499,12€	
ML Mountain Rear Wheel	120.165,05€	89.180,63€	30.984,42€	
LL Mountain Frame - Black, 52	2.248,11€	2.051,78€	196,34€	
Road-650 Red, 60	1.021.148,13€	1.086.329,13€	-65.181,00€	
Racing Socks, M	9.397,79€	5.201,48€	4.196,31€	

Abbildung 10.26 Bericht *Gewinn pro Produkt* mit Indikator

Karten

Was man in früheren Versionen der Reporting Services von Drittanbietern kaufen musste, wurde in die aktuelle Version der Reporting Services endlich integriert. Dieses neue Berichtselement dient zur Visualisierung von Daten abhängig von ihrer geografischen Lage. Es stehen eine Vielzahl von Karten in der Kartengalerie zur Verfügung (derzeit nur Karten der USA). Falls Sie eine andere Karte benötigen, können auch ESRI-Shapefiles oder SQL Spatial-Datentypen verwendet werden. Hinter die ausgewählte Karte kann zusätzlich eine Bing Map gelegt werden, um die Darstellung noch etwas aufzuwerten. Folgende Kartenvisualisierungen stehen zur Verfügung:

- **Basic Map (Basiskarte)** Es werden vorgegebene Gebiete angezeigt. So können z.B. Ihre Verkaufsgebiete gekennzeichnet werden.
- **Color Analytical Map (Farbanalytische Karte)** Informationen werden durch Farbvariationen hervorgehoben. Z.B. werden die Verkaufszahlen pro Gebiet farblich akzentuiert.
- **Bubble Map (Blasenkarte)** Informationen werden durch die Größe der Blasen angezeigt. Die Blasen liegen zentriert in den zugehörigen Gebieten.

Um einen Überblick über den Einsatz von Karten in Berichten zu bekommen, werden Sie jetzt einen Bericht erstellen, der Ihnen den Umsatz und den Gewinn geografisch visualisiert.

1. Erstellen Sie einen neuen Bericht und nennen Sie ihn z.B. *Test_Karte.rdl.*
2. Erstellen Sie eine Datenquelle und verweisen Sie auf die freigegebene Datenquelle *AdventureWorks*, wie auch in den vorherigen Beispielen.
3. Zum Erzeugen des Datasets für die Kartenpunkte verwenden Sie den Code aus Listing 10.4 und nennen Ihr Dataset *KartenDataSet.* Die SQL-Abfrage ermittelt die geografischen Punkte der Verkäufer in Bottrop.

```
SELECT Person.[BusinessEntityID],Person.[FirstName],
Person.[LastName],
StateProvince.TerritoryID
,Address.SpatialLocation
,Address.AddressID
FROM [Person].[Person] Person
inner join Person.BusinessEntityAddress BusinessEntityAddress on
Person.BusinessEntityID = BusinessEntityAddress.BusinessEntityID
inner join Person.Address Address on
    BusinessEntityAddress.AddressID = Address.AddressID
inner join Person.StateProvince StateProvince on
    Address.StateProvinceID = StateProvince.StateProvinceID
where City = 'Bottrop'
```

Listing 10.4 SQL-Abfrage zur Ermittlung der geografischen Punkte der Verkäufer in Bottrop

4. Des Weiteren benötigen wir ein Dataset, um den Umsatz und den Gewinn zu ermitteln. Erstellen Sie ein Dataset *UmsatzDataSet* und fügen Sie den Code aus Listing 10.5 der Abfrage des Datasets hinzu

```
SELECT ShipToAddressID,
       SUM(SalesOrderDetail.UnitPrice * SalesOrderDetail.OrderQty) as Umsatz,
       SUM(SalesOrderDetail.OrderQty * Product.StandardCost) as Kosten,
       SUM(SalesOrderDetail.UnitPrice * SalesOrderDetail.OrderQty)
```

Listing 10.5 SQL-Abfrage zur Ermittlung des Umsatzes

```
      - SUM(SalesOrderDetail.OrderQty * Product.StandardCost) as Gewinn
FROM [Sales].[SalesOrderHeader] SalesOrderHeader
inner join Sales.SalesOrderDetail SalesOrderDetail ON
      SalesOrderHeader.SalesOrderID = SalesOrderDetail.SalesOrderID
inner join Production.Product Product ON
      SalesOrderDetail.ProductID = Product.ProductID
group by ShipToAddressID
```

Listing 10.5 SQL-Abfrage zur Ermittlung des Umsatzes *(Fortsetzung)*

5. Wechseln Sie zum Toolfenster *Toolbox* und ziehen Sie die Karte in den Bericht.
6. Es öffnet sich der Kartenwizard. Im Dialogfeld *Neue Kartenebene* wählen Sie *SQL Server-Abfrage nach räumlichen Daten* als Quelle aus. Als Dataset mit räumlichen SQL Server-Daten verwenden Sie das *KartenDataSet* und bestätigen Sie Ihre Auswahl mit *weiter.* Im nächsten Dialogfeld aktivieren Sie *Bing Maps-Ebene hinzufügen* und als Kacheltyp stellen Sie *Hybrid* ein (Abbildung 10.27).

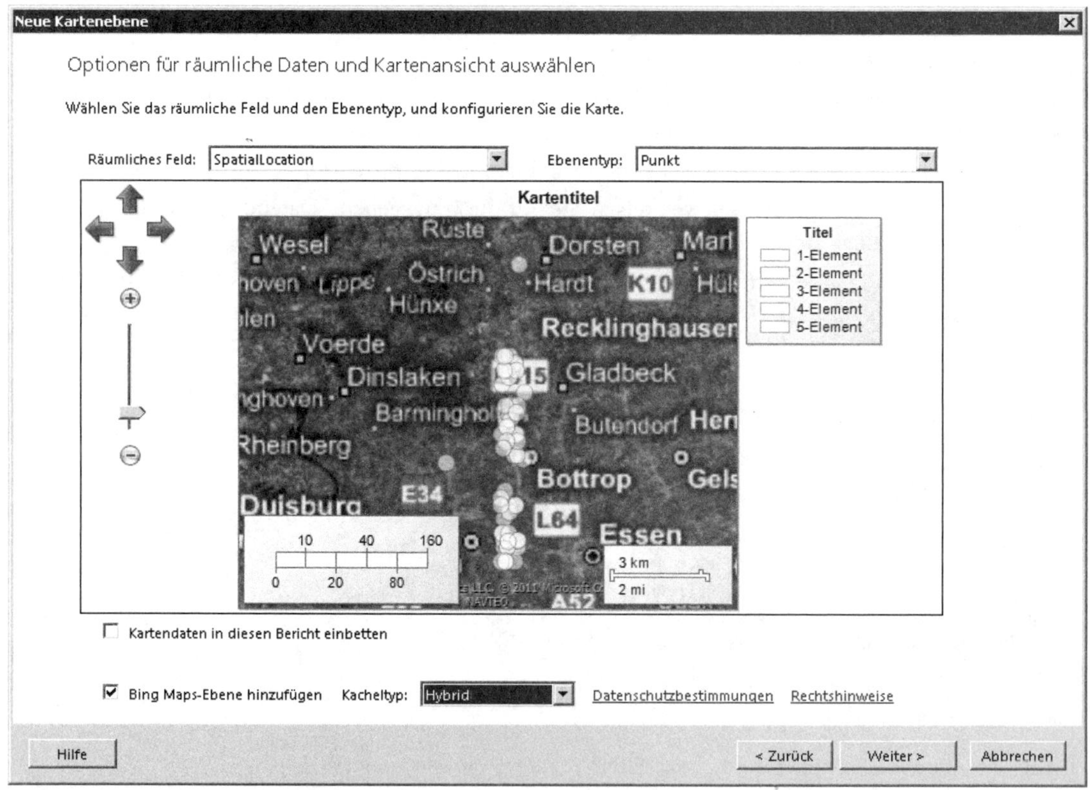

Abbildung 10.27 Optionen für räumliche Daten und die Kartenansicht einer Karte

7. Bei der Kartenvisualisierung selektieren Sie die *Blasendiagrammkarte* und im anschließenden Dialogfeld verwenden Sie das *UmsatzDataSet* für die analytischen Daten. Für die übereinstimmenden Felder aktivieren Sie bei den räumlichen Datasetfeldern *AddressID* und bei den analytischen Datasetfeldern *ShipToAddressID.*
8. Als Datenfeld für die Anzeige der Daten durch die Blasengröße verwenden Sie *[Sum(Umsatz)],* für die Blasenfarben, die Sie noch aktivieren müssen, setzen Sie *[Sum(Gewinn)]* als Datenfeld und *Rot-Gelb-*

Grün als Farbregel, wie in Abbildung 10.28. Anschließend beenden Sie die Konfiguration durch Anklicken von *Fertig stellen*.

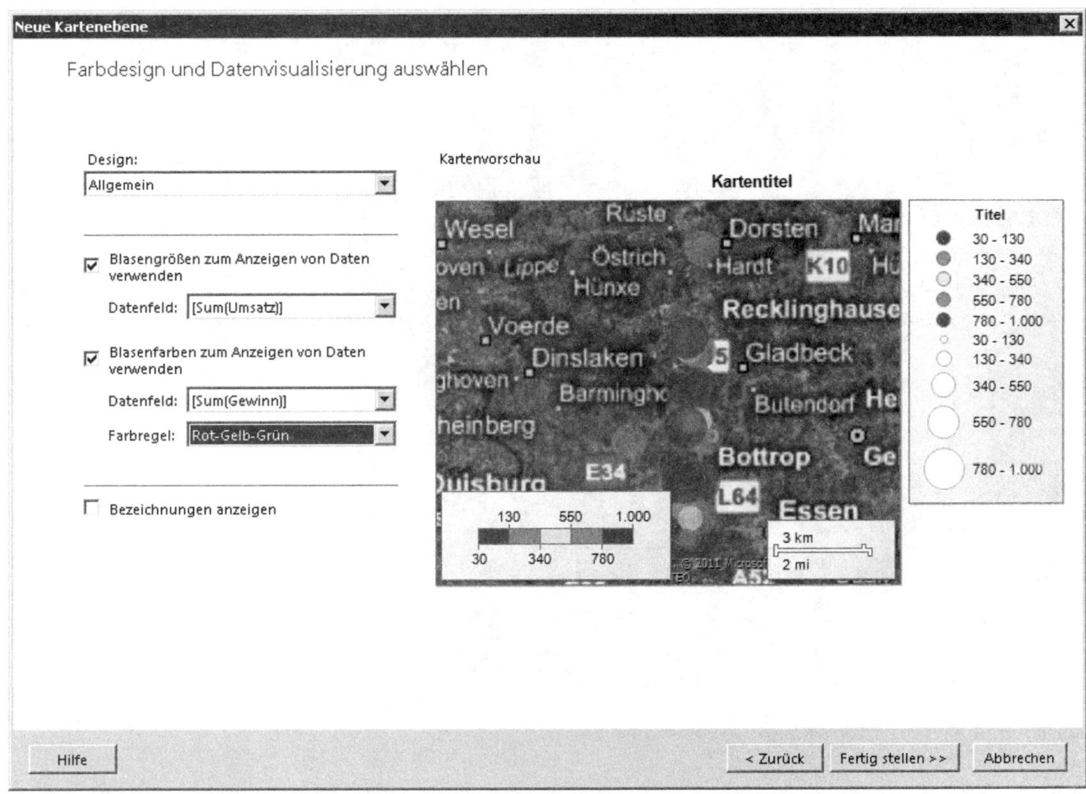

Abbildung 10.28 Einstellungen der Datenvisualisierung einer Karte

9. Ändern Sie den Kartentitel in *Umsatz und Gewinn* und vergrößern Sie die Karte. Wechseln Sie zur Vorschauansicht und schauen Sie sich die Karte an, die Sie erstellt haben. Der Bericht sollte in etwa wie der in Abbildung 10.29 aussehen.

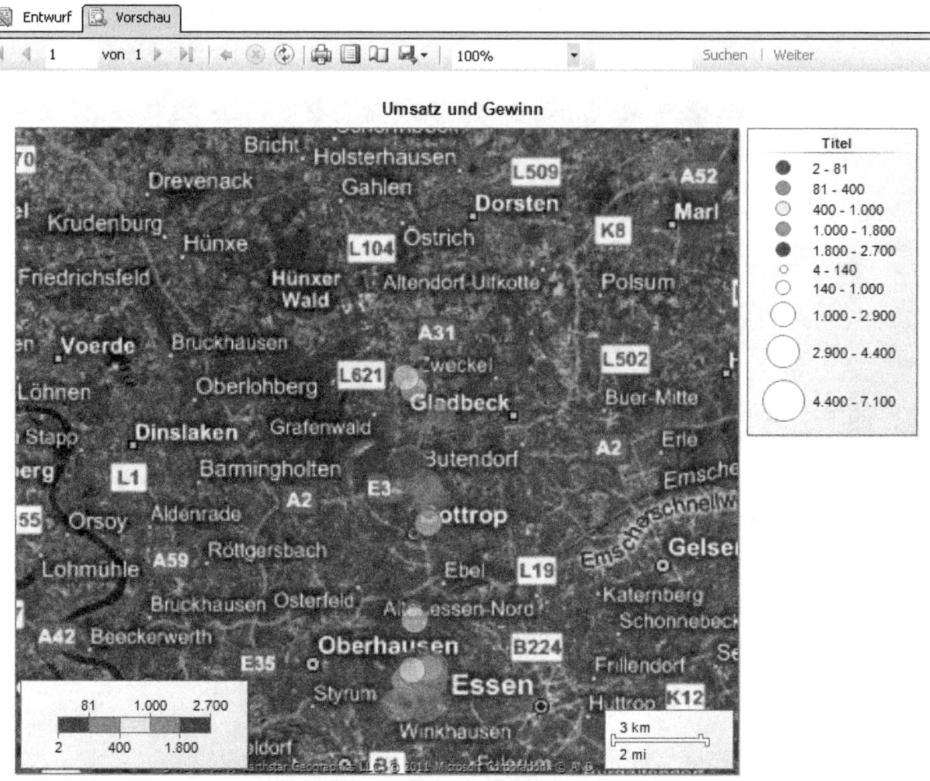

Abbildung 10.29 Karte mit den Angaben von Umsatz und Gewinn

Mithilfe des Wizards haben Sie in kurzer Zeit eine Karte erstellt, die den Umsatz durch die Größe der Kreise und den Gewinn durch die Einfärbung angibt. Falls Sie noch Änderungen an der Punktgröße oder der Punktfarbe vornehmen wollen, klicken Sie die Karte an, bis der Bereich der Kartenebenen zum Vorschein kommt. Änderungen der Eigenschaften erreichen Sie durch Anklicken des Pfeils der Ebene und Auswahl der zu ändernden Eigenschaft im Kontextmenü. Im Bereich der Kartenebenen können Sie auch neue Ebenen hinzufügen, diese aus- und einblenden und gegebenenfalls nicht mehr benötigte Ebenen löschen.

Nachdem Sie einen Überblick über die einzelnen Berichtselemente erhalten haben, sollte es Ihnen jetzt gelingen, eine Vielzahl Ihrer Berichtsideen umzusetzen und ansehnliche, informative Berichte zu gestalten. Um Ihnen alle Berichtselemente vorstellen zu können, konnten wir natürlich nicht zu sehr ins Detail gehen, aber die jetzt erhaltenen Grundlagen werden es Ihnen erheblich erleichtern, die Feinheiten der einzelnen Berichtselemente zu ergründen.

Kapitel 11

Formatierung und Seitenmanagement

In diesem Kapitel:

Im vorhergehenden Kapitel 10 wurde bereits bei der Vorstellung der verschiedenen Berichtselemente gezeigt, dass die Reporting Services zahlreiche Möglichkeiten bieten, die Berichte nach Ihren individuellen Wünschen anzupassen. Wir wollen Ihnen in diesem Kapitel nun einen genaueren Überblick über Formatierung und Seitenmanagement geben.

Formatierung

Wie Sie gesehen haben, sind jedem Berichtselement zahlreiche Formateigenschaften zugeordnet, die Sie leicht über das Eigenschaftenfenster bearbeiten und verändern können. Jedes Berichtselement, das Sie einem Bericht hinzufügen, verfügt über einen spezifischen Satz von Formateigenschaften (z.B. Schriftschnitt, Farbe, Abstände oder Rahmenart) mit Standardwerten, wobei manche Formate nicht für alle Berichtselemente zur Verfügung stehen können. So sind beispielsweise die Schriftschnitteigenschaften nur sinnvoll bei Berichtselementen, die auch Text enthalten können.

Insbesondere die Formatierung des Textfelds als das am häufigsten eingesetzte Berichtselement erfordert dabei unsere Aufmerksamkeit, weil es neben Text auch Zahlen oder Datumsangaben beinhalten kann. Wenn Sie beispielsweise ein Textfeld mit den Geburtsdaten der Mitarbeiter aus der Datenbank abfragen, erscheinen diese Daten zunächst unformatiert, d.h. es werden Datum und Uhrzeit (mit Stunden, Minuten und Sekunden) angezeigt, was nur in den seltensten Fällen erwünscht sein wird. Sie haben nun verschiedene Möglichkeiten, ein solches Textfeld mit einer Datumsangabe den Anforderungen entsprechend zu formatieren.

Formatierungszeichen(folgen)

Am übersichtlichsten können Sie eine Formatierung mithilfe eines Formatierungszeichens vornehmen, z.B. über das Dialogfeld *Textfeldeigenschaften*, welches Sie aufrufen, indem Sie mit der rechten Maustaste das entsprechende Textfeld mit der Datumsangabe anklicken und im daraufhin geöffneten Kontextmenü den Eintrag *Textfeldeigenschaften* wählen.

TIPP Erstellen Sie zum Nachvollziehen der folgenden Erläuterungen zunächst ein Dataset, das auf folgender Abfrage beruht:

```
SELECT p.LastName AS Nachname,
       p.FirstName AS Vorname,
       e.BirthDate AS Geburtsdatum,
       e.Gender AS Geschlecht
FROM HumanResources.Employee AS e
INNER JOIN Person.Person AS p ON e.BusinessEntityID = p.BusinessEntityID
ORDER BY MONTH(e.BirthDate), DAY(e.BirthDate), YEAR(e.BirthDate), Geschlecht
```

Legen Sie anschließend in der Entwurfsansicht eine Tabelle an, in deren Detailzellen Sie nacheinander alle abgefragten Felder ziehen.

Im Dialogfeld *Textfeldeigenschaften* holen Sie die Registerkarte *Zahl* in den Vordergrund. In Abbildung 11.1 sehen Sie einen Teil der Datumsformatvorgaben.

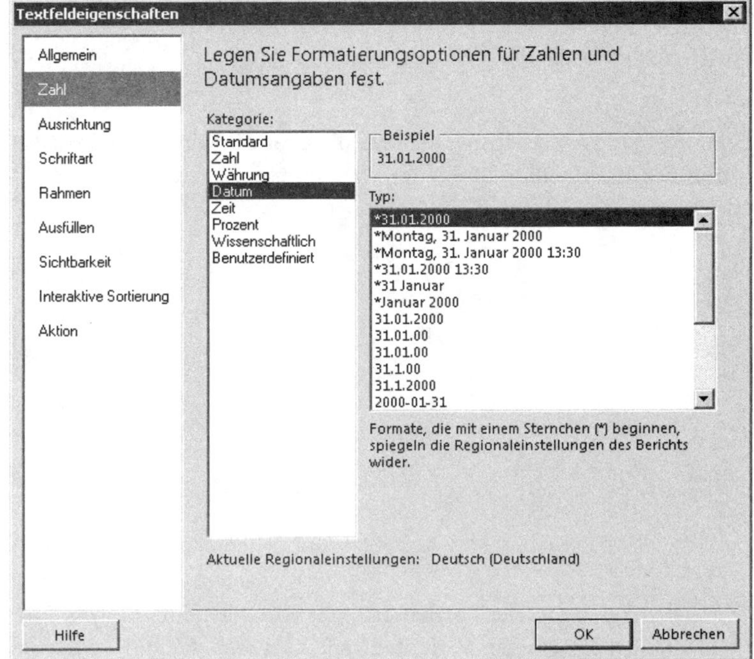

Abbildung 11.1 Formatieren über das Dialogfeld *Textfeldeigenschaften*

Des Weiteren stehen folgende Kategorien zur Auswahl:

- **Standard** Unformatiert, d.h. Anzeige wie aus der Datenbank übernommen
- **Zahl** Nach Auswahl dieser Option muss ein sekundäres Format aus der Liste (z.B. mit Tausendertrennzeichen bzw. Dezimalstellen) gewählt werden
- **Währung** Anzeige nach dem lokalen Gebietsschema
- **Datum** Nach Auswahl dieser Option muss ein sekundäres Format aus der Liste gewählt werden
- **Zeit** Nach Auswahl dieser Option muss ein sekundäres Format aus der Liste gewählt werden
- **Prozent** Nach Auswahl dieser Option muss ein sekundäres Format aus der Liste gewählt werden
- **Wissenschaftlich** Nach Auswahl dieser Option muss ein sekundäres Format aus der Liste gewählt werden
- **Benutzerdefiniert** Ermöglicht Ihnen die Eingabe eines der folgenden, gebräuchlichsten Formatierungszeichen, wenn es sich z.B. um eine Datumsangabe handelt:
  - **d** Kurzes Datumsformat (31.03.2011)
  - **D** Langes Datumsformat (Donnerstag, 31. März 2011)
  - **t** Kurzes Zeitformat (08:04)
  - **T** Langes Zeitformat (08:04:20)
  - **f** Langes Datumsformat und kurzes Zeitformat (Donnerstag, 31. März 2011 08:04)
  - **F** Langes Datumsformat und langes Zeitformat (Donnerstag, 31. März 2011 08:04:20)
  - **g** Kurzes Datumsformat und kurzes Zeitformat (31.03.2011 08:04)
  - **G** Kurzes Datumsformat und langes Zeitformat (31.03.2011 08:04:20)

  - **M** oder **m** Tag und Monat (31 März)
  - **R** oder **r** RFC1123-Muster (Thu, 31 Mar 2011, 08:04:20)
  - **Y** oder **y** Monat und Jahr (März 2011)

Auch für das Formatieren von Zahlen gibt es weitere Formatierungszeichen, die über die Vorgaben hinausgehen und die Sie in das Feld unter der Option *Benutzerdefiniert* direkt eingeben können:

- **C** oder **c** Währung
- **D** oder **d** Dezimal
- **E** oder **e** Wissenschaftlich
- **F** oder **f** Festkomma
- **G** oder **g** Allgemein
- **N** oder **n** Zahl
- **P** oder **p** Prozent
- **R** oder **r** Round-Trip
- **X** oder **x** Hexadezimal

Es würde hier zu weit führen, Ihnen alle Möglichkeiten bei der Formatierung von Zahlen aufzuzeigen: Probieren Sie die verschiedenen Varianten einfach aus! Bei einigen Varianten (z.B. *C/c*, *D/d*, *E/e*, *F/f*, *N/n*, *P/p*) können Sie eine Formatierungszeichenfolge bilden, indem Sie hinter das Formatierungszeichen eine Zahl setzen, um die Anzeige um die entsprechende Anzahl von Stellen vor bzw. hinter dem Komma zu erweitern oder zu reduzieren.

Benutzerdefinierte Formatierungszeichenfolgen

Zusätzlich zu diesen standardmäßig vorgegebenen Formatierungsmöglichkeiten können Sie auch benutzerdefinierte Formatierungszeichenfolgen zusammenstellen, um die gewünschte Anzeige zu erzielen. Es stehen Ihnen u.a. die folgenden, gebräuchlichsten Formatierungselemente zur Verfügung:

- **Für Datumsangaben**
  - **yyyy** Vierstellige Jahreszahl (2011)
  - **yy** Zweistellige Jahreszahl (11)
  - **MMMM** Monatsname (März)
  - **MMM** Monatsname in Kurzform (Mrz)
  - **MM** Zweistellige Monatsangabe (03)
  - **M** Ein- bzw. zweistellige Monatsangabe (3 bzw. 11)
  - **dddd** Wochentagsname (Donnerstag)
  - **ddd** Wochentagsname in Kurzform (Do)
  - **dd** Zweistellige Tagesangabe (01)
  - **d** Ein- bzw. zweistellige Tagesangabe (1 bzw. 31)
  - **HH** bzw. **hh** Zweistellige Stundenanzeige bei 24-Stunden- (16) bzw. 12-Stundenrhythmus (04)

- **H** bzw. **h** Ein- bzw. zweistellige Stundenanzeige bei 24-Stunden- (16) bzw. 12-Stundenrhythmus (4)
- **mm** (Zweistellige) Minutenanzeige (04)
- **ss** (Zweistellige) Sekundenanzeige (20)

- **Für Zahlen**
  - **0** Notwendig ausgefüllter Platzhalter
  - **#** Optional ausgefüllter Platzhalter
  - **%** Prozentangabe

Diese Formatierungselemente können zudem mit der `Leertaste` und folgenden Zeichen kombiniert werden:

– , : / .

HINWEIS Formatierungen von Textfeldern mit Zahlen oder Datumsangaben können auch direkt im *Ausdruck*-Fenster eingegeben werden. Denken Sie daran, dass sowohl bei Datumsangaben als auch bei Währungen die Anzeige des formatierten Textfelds in unterschiedlicher Weise von den Einstellungen auf dem Clientrechner bzw. den Servern abhängen kann. Informieren Sie sich ggf. beispielsweise in der Reporting Services-Onlinedokumentation oder auf der Microsoft-Website!

Wir werden im folgenden Abschnitt noch an einem Beispiel die Zusammenstellung von Formatierungselementen zu einer Formatierungszeichenfolge vorführen.

Bedingte Formatierung

Formatierungszeichenfolgen können eine wichtige Rolle spielen, wenn Sie eine *bedingte* Formatierung vornehmen wollen, d.h. wenn die Formatierung eines Felds z.B. vom Wert eines anderen Felds abhängen soll. So haben wir in unserem oben vorgeschlagenen Beispieldataset neben den Mitarbeiternamen und den Geburtsdaten auch noch die Geschlechtsangabe abgefragt, was uns die Möglichkeit bietet, abhängig vom jeweiligen Geschlecht die Formatierung des Geburtsdatums vorzunehmen.

Stellen Sie sich vor, Sie wollen eine Liste der Geburtstage aller Mitarbeiter erstellen und dabei der alten Sitte entsprechen, dass das Alter einer Frau tabu ist. Sie können dies z.B. erreichen, indem Sie mit der *IIf*-Funktion zunächst den Wert des abgefragten Felds *Geschlecht* überprüfen und dann entsprechend die Formatierung mithilfe verschiedener Formatierungszeichenfolgen festlegen:

```
=IIf(Fields!Geschlecht.Value = "F", "d. MMMM", "d. MMM. yyyy")
```

Das Ergebnis wird dann etwa jenem entsprechen, das Sie in Abbildung 11.2 sehen.

Nachname	Vorname	Geschlecht	Geburtsdatum
Raheem	Michael	M	1. Jan. 1979
Mirchandani	Nitin	M	1. Jan. 1981
Coleman	Pat	M	3. Jan. 1965
Kaliyath	Sandeep	M	3. Jan. 1965
Charncherngkha	Sootha	M	5. Jan. 1961
Ansman-Wolfe	Pamela	F	6. Januar
McGuel	Alejandro	M	6. Jan. 1983
Brown	Eric	M	8. Jan. 1961
Dyck	Shelley	F	8. Januar
Watters	Jason	M	8. Jan. 1983
Earls	Terrence	M	9. Jan. 1979
Saraiva	José	M	11. Jan. 1958
Trenary	Jean	F	13. Januar
Abercrombie	Kim	F	14. Januar
Stadick	Betsy	F	17. Januar
Macrae	Stuart	M	17. Jan. 1966

Abbildung 11.2 Bedingte Formatierung eines Textfelds mit Datumsangabe

Bedingte Formatierungen können Sie auch bei den meisten anderen Formateigenschaften eines Berichtselements einsetzen, wie z.B. bei den Eigenschaften *Color*, *Borderstyle* oder *FontWeight* eines Textfelds, abhängig vom eigenen Wert oder vom Wert eines anderen Felds.

Seitenmanagement

Neben der Formatierung der Berichtselemente liegt ein Hauptaugenmerk bei der Berichterstellung auf der äußerlichen Gestaltung der Seiten, d.h. insbesondere auf der Seitenformatierung.

Seitenumbrüche

Bei der Erstellung von großen, mehrseitigen Berichten sollten Sie es nicht dem Zufall überlassen, wo eine Seite umgebrochen wird, denn je nach dem Format, in dem der Bericht angezeigt wird, wird die Einstellung der Seitengröße ignoriert – um genau zu sein: Ein Seitenumbruch in Abhängigkeit von der Seitengröße wird nur vom PDF- und vom TIFF-Format unterstützt. Berichte in diesen beiden Formaten weisen also automatische Seitenumbrüche auf.

Um die auf das A4-Format voreingestellte Seitengröße zu ändern, können Sie wahlweise wie folgt vorgehen:

- Wählen Sie im Eigenschaftenfenster den Bericht und ändern Sie die Eigenschaften *PageSize.Height* und *PageSize.Width*
- Öffnen Sie über das Kontextmenü in einem freien Bereich der Entwurfsansicht das Dialogfeld *Berichtseigenschaften* und nehmen Sie die gewünschten Änderungen vor

Darüber hinaus haben Sie aber bei allen Formaten (mit Ausnahme des CSV- und des XML-Formats) die Möglichkeit, Seitenumbrüche zu erzwingen, indem Sie am Anfang oder Ende einer Tabelle, Matrix, Liste oder Gruppe, eines Bilds oder eines Rechtecks manuelle Seitenumbrüche hinzufügen.

Um vor oder nach einem der genannten Berichtselemente einen manuellen Seitenumbruch einzufügen, rufen Sie das jeweilige Eigenschaftenfenster auf und aktivieren auf der Registerkarte *Allgemein* das entsprechende Kontrollkästchen. Bei einer Gruppierung (z.B. in einer Tablix) klicken Sie in der Entwurfsansicht auf die Tabelle, um die Spalten- und Zeilenziehpunkte über und neben der Tabelle anzuzeigen. Anschließend klicken Sie mit der rechten Maustaste auf eine Kopf- oder Fußzeile, die eine Gruppenzeile repräsentiert, wählen im Kontextmenü den Eintrag *Gruppeneigenschaften* und aktivieren im daraufhin geöffneten Dialogfeld *Gruppeneigenschaften* auf der Registerkarte *Seitenumbrüche* die entsprechenden Kontrollkästchen. Durch die neuen globalen Variablen *Renderformatname* haben Sie die Möglichkeit, den Seitenumbruch abhängig vom Renderingformat zu steuern.

Um dies zu demonstrieren, verwenden Sie den im ersten Abschnitt erstellten Bericht:

1. Fügen Sie der Detailzeile eine übergeordnete Gruppe nach dem *[Geschlecht]* hinzu. Sie benötigen keine Kopf- oder Fußzeile.
2. Klicken Sie unter den Zeilengruppen die Gruppe *Geschlecht* an und wechseln zu den Eigenschaften von *Tablix-Element*. Erweitern Sie *Group* und *PageBreak*. Als *BreakLocation* wählen Sie *between* und für die Eigenschaft *Group.PageBreak.Disabled* tragen Sie den folgenden Ausdruck ein:

```
=IIF(Globals!RenderFormat.Name = "EXCEL",false,true)
```

3. Für die Eigenschaft *Group.PageName* verwenden Sie den folgenden Ausdruck (siehe auch Abbildung 11.3):

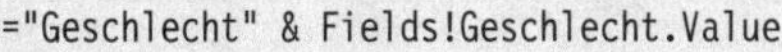

```
="Geschlecht" & Fields!Geschlecht.Value
```

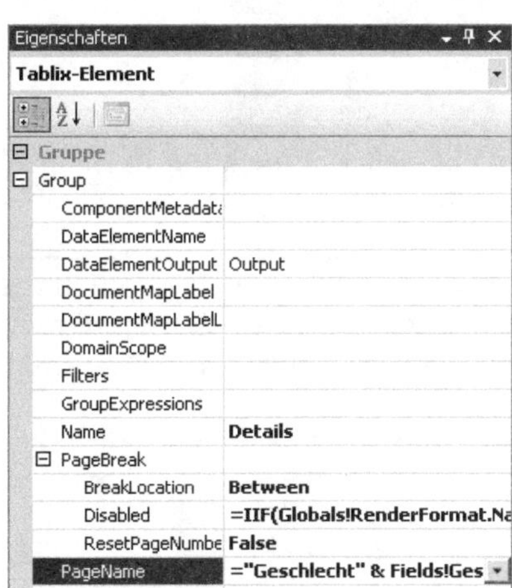

Abbildung 11.3 Eigenschaften für den Seitenumbruch der Detailgruppe

4. Öffnen Sie jetzt den Bericht in der Vorschauansicht. Die Seitenumbrüche sind unabhängig von der Gruppeneigenschaft und auf einer Seite sind sowohl männliche als auch weibliche Personen. Exportieren Sie jetzt den Bericht nach Excel, verfügen Sie über zwei Arbeitsblätter, eines für die männlichen und eines für die weiblichen Personen (Abbildung 11.4).

Berry	Jo	F	25.05.1948
Ralls	Kim	F	01.06.1978
Salavaria	Sharon	F	03.06.1955
Netz	Merav	F	13.06.1977
Berg	Karen	F	19.06.1972
Shoop	Margie	F	20.06.1980
Galvin	Janice	F	29.06.1983
Barbariol	Angela	F	01.07.1985
Ellerbrock	Ruth	F	06.07.1950

GeschlechtF GeschlechtM

Abbildung 11.4 Nach Excel exportierter Bericht

HINWEIS Manuelle Seitenumbrüche führen beim Rendering ins Excel-Format dazu, dass jede neue Seite als gesondertes Arbeitsblatt dargestellt wird. Durch Anpassen der Eigenschaft *PageBreak.PageName* können Sie den Namen des Arbeitsblatts ändern.

In der folgenden Übersicht sehen Sie für jede Renderingerweiterung, ob und wie Seitenumbrüche möglich sind:

Renderingformat	Automatischer Seitenumbruch	Manueller Seitenumbruch
PDF	ja	ja
TIFF	ja	ja
Excel	nein	ja
HTML	nein	ja
CSV	nein	nein
XML	nein	nein

Tabelle 11.1 Unterstützung von Seitenumbrüchen nach Renderingformat

Bedenken Sie bei der Seitenformatierung, dass der Nutzer einen Bericht vielleicht nicht nur in einem Webbrowser sehen, sondern ggf. auch ausdrucken oder weiterbearbeiten will.

TIPP Bei einem großen Bericht, d.h. einem Bericht, der große Datenmengen zurückgibt, kann die Leistung des Berichts während des Renderns und Anzeigens durch manuelle Seitenumbrüche verbessert werden. Darüber hinaus kann durch manuelle Seitenumbrüche auch verhindert werden, dass ein Bericht mit großen Datenmengen vielleicht gar nicht angezeigt werden kann, weil er zu groß zum Öffnen im Webbrowser ist.

Kopf- und Fußzeilen

Berichte können eine Kopf- und/oder eine Fußzeile enthalten, die am oberen bzw. unteren Rand jeder Seite angezeigt wird. Insbesondere bei mehrseitigen Berichten ist der Einsatz einer Kopf- oder Fußzeile sinnvoll, z.B. um die Seitenzahl, den Berichtsnamen oder ein Bild (z.B. ein Firmenlogo) anzuzeigen. Kopf- und Fußzeilen können Textfelder, Bilder und andere Berichtselemente enthalten. Dagegen können weder Datenbereiche (Tabelle, Matrix, Liste, Diagramm) noch eingebettete Berichte oder Berichtselemente, die direkt auf ein Feld verweisen, in eine Kopf- oder Fußzeile eingefügt werden.

Sie können einem Bericht eine Seitenkopf- bzw. Seitenfußzeile hinzufügen, indem Sie im Kontextmenü einer freien Fläche in der Entwurfsansicht den Menübefehl *Einfügen/Seitenkopf* bzw. *Einfügen/Seitenfuß* auswählen. Dem Bericht wird dann automatisch eine Kopf- bzw. Fußzeile hinzugefügt, deren *Eigenschaften* über das Eigenschaftenfenster weiter angepasst werden können. Bei mehrseitigen Berichten sind hierbei insbesondere die Eigenschaften *PrintOnFirstPage* und *PrintOnLastPage* interessant, mit deren Einstellungen Sie die Anzeige bzw. den Ausdruck der Seitenkopfzeile bzw. Seitenfußzeile unterdrücken oder bewirken können.

Die Kopfzeile der Seite und die Fußzeile der Seite sind im Wortsinne prädestiniert für die Anzeige der aktuellen Seitenzahl und die Anzeige der Gesamtseitenzahl des Berichts: Hier (und nur hier) können Sie die Elemente *PageNumber* und *TotalPages* der *Globals*-Auflistung zum Einsatz bringen:

1. Ziehen Sie (nachdem Sie, wie oben beschrieben, dem Bericht eine Kopf- oder Fußzeile hinzugefügt haben) ein Textfeld in den Entwurfsbereich der Kopf- bzw. Fußzeile.
2. Klicken Sie mit der rechten Maustaste in das Textfeld und wählen Sie im daraufhin geöffneten Kontextmenü den Eintrag *Ausdruck*, um das Dialogfeld *Ausdruck* zu öffnen.
3. Klicken Sie im linken Teil unter *Kategorie* auf *Integrierte Felder*, um – wie in Abbildung 11.5 – die Auflistung *Integrierte Felder* anzuzeigen:
   - **ExecutionTime** Liefert das Datum und die Uhrzeit des Beginns der Berichtsausführung
   - **OverallPageNumber** Falls der Bericht in Abschnitte unterteilt ist, liefert dieses Feld die Seitenzahl unabhängig von den Kapiteln (kann nur in Seitenkopf- und Fußzeilen verwendet werden)
   - **OverallTotalPages** Falls der Bericht in Abschnitte unterteilt ist, liefert dieses Feld die Gesamtseitenzahl unabhängig von den Kapiteln (kann nur in Seitenkopf- und Fußzeilen verwendet werden)
   - **PageName** Liefert den Namen der aktuellen Seite, wie weiter oben in diesem Kapitel bei der Ausgabe von Excel beschrieben wurde
   - **PageNumber** Liefert die aktuelle Seitenzahl des Berichts (und kann – wie erwähnt – nur in Seitenkopf- und Seitenfußzeilen verwendet werden)
   - **RenderFormat.IsInteracive** Liefert einen booleschen Ausdruck, ob das Ausgabeformat interaktiv ist oder nicht
   - **RenderFormat.Name** Liefert den Namen des gewählten Renderformats
   - **ReportFolder** Liefert den vollständigen Pfad des Ordners, in dem der Bericht bereitgestellt ist (ohne Angabe der Berichtsserver-URL)
   - **ReportName** Liefert den Namen, unter dem der Bericht in der Berichtsserverdatenbank gespeichert wird)
   - **ReportServerUrl** Liefert die URL des den Bericht ausführenden Berichtsservers
   - **TotalPages** Liefert die Gesamtseitenzahl des Berichts (und kann – wie erwähnt – nur in Seitenkopf- und Seitenfußzeilen verwendet werden)
   - **UserID** Liefert die Benutzer-ID des Nutzers, der den Bericht ausführt
   - **Language** Liefert die Sprach-ID des Nutzers, der den Bericht ausführt
   - Die Auflistung *Integrierte Felder* enthält die globalen Variablen des Berichts, aus denen wir nun *PageNumber* und *TotalPages* für das *Textfeld* unserer Seitenkopf- bzw. Seitenfußzeile in einem Ausdruck verarbeiten.
4. Geben Sie in den oberen Teil des Dialogfelds die Zeichenfolge = *"Seite "* & ein und klicken Sie im rechten unteren Teil *PageNumber* doppelt an. Geben Sie dann in den oberen Teil die Zeichenfolge & *" von "* & ein, markieren im rechten unteren Teil den Eintrag *TotalPages* und klicken auch diesen doppelt an, sodass sich der Ausdruck wie in Abbildung 11.5 ergibt.

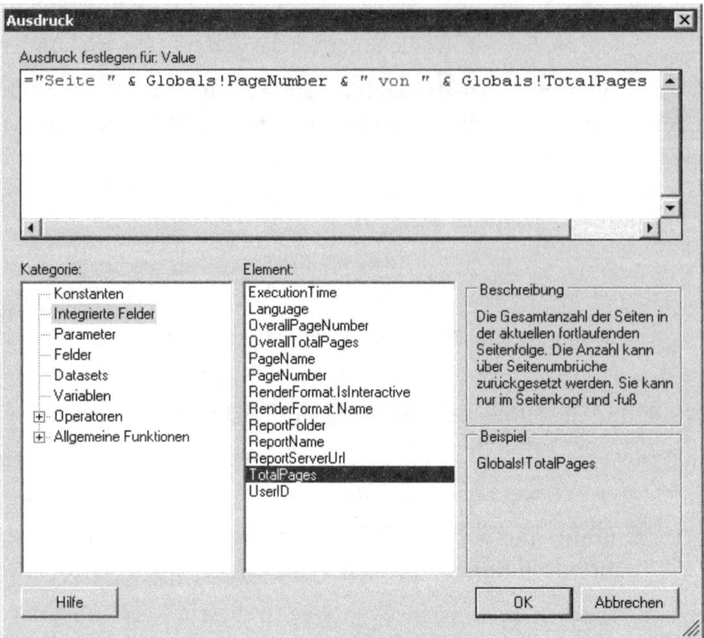

Abbildung 11.5 Ausdruck mit Elementen aus der *Globals*-Auflistung

5. Klicken Sie abschließend auf die Schaltfläche *OK*.

In der Vorschauansicht des Berichts erscheint dann der Ausdruck innerhalb des Textfelds z.B. in der Form *Seite 1 von 7*.

Wir werden die verschiedenen Arten von Kopf- und Fußzeilen, z.B. eines Berichts, einer Tabelle oder einer Gruppe, in Kapitel 16 noch eingehender behandeln.

Dokumentstruktur

Um dem Anwender eines großen, mehrseitigen Berichts den Umgang zu erleichtern, können Sie ihm mithilfe einer Dokumentstruktur die Möglichkeit zum Navigieren in bestimmte Bereiche des Berichts zur Verfügung stellen. Allerdings wird eine solche Dokumentstruktur nur in HTML-, Excel- und PDF-Berichten angezeigt. Durch Klicken auf entsprechend bearbeitete Berichtselemente wird der Bericht aktualisiert und der Bereich des Berichts angezeigt, der dem jeweilig angeklickten Element in der *Dokumentstruktur* entspricht.

Sie erstellen eine Dokumentstruktur, indem Sie einzelnen Berichtselementen eine Dokumentstrukturbezeichnung hinzufügen:

1. Erzeugen Sie, wie in Kapitel 8, mithilfe des Berichts-Assistenten einen Bericht, dem Sie z.B. den Namen *Einfacher Bericht mit Dokumentstruktur* geben. Verwenden Sie die Sicht *vEmployeeDepartmentHistory (HumanResource)* und die Felder *GroupName*, *Department*, *LastName* und *FirstName*. Bei dem Schritt *Tabelle entwerfen* platzieren Sie das Feld *GroupName* nicht unter *Seite*, sondern unter *Gruppieren*, und wählen Sie diesmal nicht im Schritt *Tabellenlayout auswählen* das Kontrollkästchen *Drilldown aktivieren* an.
2. Klicken Sie in der Entwurfsansicht mit der rechten Maustaste in die Zelle, in der der Ausdruck *[GroupName]* steht, um das Kontextmenü zu öffnen.

3. Wählen Sie dort den Eintrag *Zeilengruppe/Gruppeneigenschaften* um das Dialogfeld *Gruppeneigenschaften* zu öffnen.
4. Klicken Sie auf der linken Seite auf den Menüpunkt *Erweitert* und wählen Sie im Listenfeld unter *Dokumentstruktur* den Eintrag *[GroupName]*. Schließen Sie das Dialogfeld mit einem Klick auf die Schaltfläche *OK*.
5. Gehen Sie entsprechend für die darunterliegende Gruppenkopfzeile, die den Ausdruck *[Department]* enthält, vor, wobei Sie schließlich im Listenfeld unter *Dokumentstruktur* den Listeneintrag *[Department]* wählen, bevor Sie das Dialogfeld mit einem Klick auf die Schaltfläche *OK* schließen.
6. Wechseln Sie nun in die Vorschauansicht, in der Ihnen links neben dem eigentlichen Bericht die Dokumentstruktur wie ein interaktives Inhaltsverzeichnis angezeigt wird.
7. Indem Sie auf das Plus- bzw. Minussymbol klicken, können Sie den Strukturbaum auf- bzw. zuklappen oder mit einem Klick auf ein Element direkt zu dem entsprechenden Bereich des Berichts wechseln (siehe Abbildung 11.6).

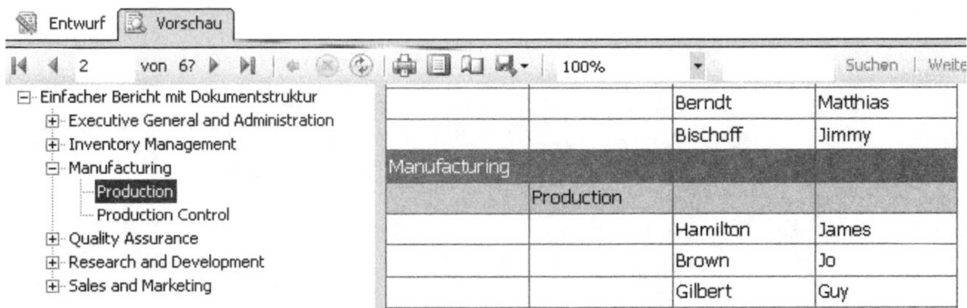

Abbildung 11.6 Anzeige der Dokumentstruktur

In ähnlicher Weise können Sie für Textfelder und andere Berichtselemente Dokumentstrukturbezeichnungen hinzufügen.

Kapitel 12

Datenquellen und Datasets

In diesem Kapitel:

Wir haben bisher wie selbstverständlich und ohne viel darüber nachzudenken für unsere Berichterstellung eine Datenquelle und ein Dataset benutzt, wie sie mit wenigen Mausklicks z.B. im Berichts-Assistenten erzeugt werden konnten. Wir wollen uns nun genauer ansehen, auf welche Weisen wir die Quellen, aus denen Daten für unsere Berichte kommen sollen, bestimmen können und wie sich mithilfe von Abfragen bzw. gespeicherten Prozeduren Datasets definieren lassen, die dann die gewünschten Daten aus den Datenquellen bereitstellen.

Datenquellen

Die Bezeichnung *Datenquelle* trifft das damit Gemeinte nur ungenau. Gemeint sind verschiedene Eigenschaften, mit denen bestimmt wird, auf welche Weise unsere Berichte mit den Daten aus einer bestimmten Datenquelle verbunden sind. In diesen Verbindungsinformationen enthalten sind:

- Name der Datenquelle
- Typ der Datenquelle
- Eine Verbindungszeichenfolge
- Anmeldeinformationen

Die in einer Datenquelle gespeicherten Verbindungsinformationen sind – vom Namen der Datenquelle abgesehen – abhängig vom Typ der Datenquelle. Jeder der sieben zur Verfügung stehenden Datenquellentypen hat eine eigene Datenverarbeitungserweiterung:

- **Microsoft SQL Server** Stellt eine Verbindung zu SQL Server 7.0 oder höher her. Sie verwendet den .NET Framework Data Provider für SQL Server.
- **Microsoft SQL Azure** Stellt eine Verbindung zu einer SQL Azure Datenbank her. Microsoft SQL Azure ist eine auf Cloud beruhende, gehostete relationale Datenbank.
- **Microsoft SQL Server Parallel Data Warehouse** Stellt eine Verbindung zu einem SQL Server Parallel Data Warehouse Server her. Microsoft SQL Server 2008 R2 Parallel Data Warehouse ist eine skalierbare Data Warehouse-Anwendung, die durch massive Parallelverarbeitung Leistung und Skalierbarkeit bietet.
- **OLE DB** Stellt eine Verbindung zu allen Datenquellen her, die über einen OLE DB-Provider verfügen. Sie verwendet den .NET Framework Data Provider für OLE DB, der schneller ist als ODBC.
- **Microsoft SQL Server Analysis Services** Stellt eine Verbindung zu Analysis Server 2000 oder höher her. Sie verwendet den .NET Framework Data Provider für Microsoft Analysis Services.
- **Oracle** Stellt eine Verbindung zu einer Oracle-Datenbank her. Sie verwendet den .NET Framework Data Provider für Oracle und das Oracle Call Interface. Auf dem Berichtsserver muss Oracle 8i Version 3 (8.1.7) Client oder höher installiert sein.
- **ODBC** Stellt eine Verbindung zu allen Datenquellen her, die über einen ODBC-Provider verfügen. Sie verwendet den .NET Framework Data Provider für ODBC.
- **XML** Ermöglicht die Verwendung von XML-Daten in einem Bericht. Die Daten können von einem XML-Dokument, einem Webdienst oder einer webbasierten Anwendung abgerufen werden, auf die mithilfe einer URL zugegriffen wird. XML-Datenquellen sind von keiner bestimmten Datenquelle abhängig und können so Informationen beliebiger Systeme bereitstellen.

- **Report Server Model** Dies sind Berichtsmodelle, die aus relationalen SQL Server-Datenbanken, Oracle-Datenbanken, Teradata-Datenbanken oder aber mehrdimensionalen Cubes von SQL Server 2005 Analysis Services oder höher generiert wurden. Weitere Informationen finden Sie in Kapitel 21.
- **Microsoft SharePoint-Liste** Die Microsoft SQL Server Reporting Services-Erweiterung für SharePoint-Listendaten ermöglicht es Ihnen, SharePoint-Listen als Datenquellen zu verwenden
- **SAP Netweaver BI** Anbindung einer SAP Netweaver 3.5 oder 7.0 Datenquelle
- **Hyperion Essbase** Stellt eine Verbindung zu einer Hyperion Essbase 9.3 her
- **Teradata** Stellt mittels des *.NET Dataprovider für Teradata* eine Verbindung zu einer Teradata-Datenquelle (Version 12 und 6.2) her. Berichtsdaten können von einer Teradata-Datenbank nur abgerufen werden, wenn der *.NET Framework-Datenanbieter* für Teradata auf dem Berichterstellungsclient und auf dem Berichtsserver installiert wurde.

Es können darüber hinaus weitere eigene Datenverarbeitungserweiterungen erstellt und implementiert werden (siehe Kapitel 36).

Datenverarbeitungserweiterungen bearbeiten Abfrageanforderungen, indem sie unter anderem eine Verbindung zu einer Datenquelle öffnen, die Anmeldeinformationen prüfen, eine Abfrage analysieren und eine Liste von Feldnamen zurückgeben, eine Abfrage auf einer Datenquelle ausführen und ein Ergebnisset zurückgeben, ggf. Parameter an eine Abfrage übergeben (Parameter werden in Kapitel 14 behandelt), das Ergebnisset iterativ durchlaufen und Daten abrufen.

Unabhängig vom eingesetzten Datenquellentyp, den ein Bericht benutzt, stellt die Datenquelle also eine Zeichenkette dar, in der die Eigenschaften des Datenquellentyps und die Verbindungsinformationen hinterlegt sind. Eine Datenquelle kann als berichtsspezifische Datenquelle innerhalb eines Berichts eingebunden werden oder als freigegebene Datenquelle, die separat als Datei im Berichts-Designer gespeichert wird. Beim Publizieren der Berichte werden die Datenquellen auf dem Berichtsserver gespeichert.

Freigegebene Datenquellen

Das Erstellen einer freigegebenen Datenquelle empfiehlt sich dann, wenn sie in einem Berichtsprojekt von mehreren Berichten verwendet werden soll. Eine freigegebene Datenquelle stellt einen einzelnen Einstiegspunkt für die Bearbeitung der Verbindungsinformationen bereit. Deshalb müssen Sie, wenn mehrere Berichte eines Berichtsprojekts die freigegebene Datenquelle verwenden und sich die Verbindungsinformationen dafür ändern (z.B. wenn die Berichte von der Testumgebung in die Produktionsumgebung übertragen werden), nur einmal die Verbindungsinformationen (eben für die freigegebene Datenquelle) bearbeiten. Durch die zentrale Verwaltung der Verbindungsinformationen sparen Sie nicht nur Zeit bei der Umstellung, Sie vermeiden auch Fehler, die Ihnen passieren könnten, wenn Sie für jeden Bericht die Datenquelle einzeln bearbeiten oder sogar Berichte übersehen würden.

Wir können die Umstellung an der freigegebenen Datenquelle unseres mit dem Berichts-Assistenten erstellten Berichts veranschaulichen:

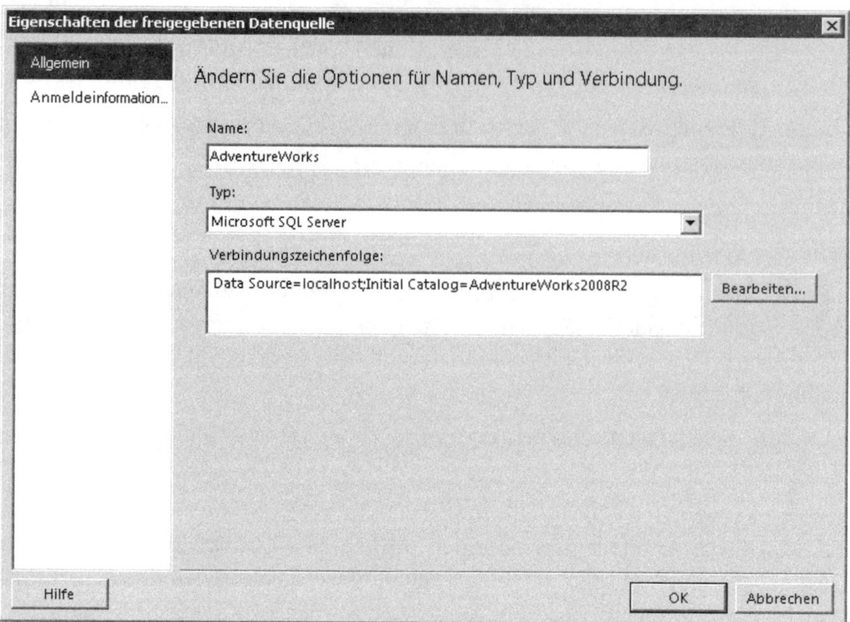

Abbildung 12.1 Die Registerkarte *Allgemein* des Dialogfelds *Freigegebene Datenquelle*

1. Öffnen Sie *SQL Server Business Intelligence Development Studio.*
2. Rufen Sie den Menübefehl *Datei/Öffnen/Projekt/Projektmappe* auf.
3. Es öffnet sich das Dialogfeld *Projekt öffnen*. Doppelklicken Sie auf den Ordner *Praxisbuch-Projekt01*.
4. Im geöffneten Ordner markieren Sie die Datei *Praxisbuch-Projekt01.sln* und klicken auf die *Öffnen*-Schaltfläche.
5. Öffnen Sie den Projektmappen-Explorer, in dem sich im Ordner *Freigegebene Datenquellen* unsere Datenquelle *AdventureWorks* befindet.
6. Doppelklicken Sie auf die Datenquellendatei *AdventureWorks.rds*.

   Es öffnet sich das Dialogfeld *Eigenschaften der freigegebenen Datenquelle* mit der Registerkarte *Allgemein*. Sie sehen, wie in Abbildung 12.1, den Namen und den Typ der Datenquelle sowie die Verbindungszeichenfolge:

   - Der *Datenquellenname* muss innerhalb eines Berichtsprojekts eindeutig sein und sollte möglichst so gewählt sein, dass der Name erkennen lässt, welche Datenquelle verwendet wird
   - Der *Datenquellentyp* kann aus dem Listenfeld ausgewählt werden, in dem alle registrierten Datenverarbeitungserweiterungen, wie wir Sie weiter oben vorgestellt haben, aufgeführt sind. Wir haben für unseren Bericht den Typ *Microsoft SQL Server* gewählt.
   - Die *Verbindungszeichenfolge*, die vom Berichtsserver zum Herstellen der Verbindung zur Datenquelle verwendet wird, zeigt für unseren Bericht als Server den lokalen Server (*localhost*) und als Datenbank die SQL Server-Datenbank *AdventureWorks2008R2* an.

Über die zweite Kategorie des Dialogfelds *Anmeldeinformationen* könnten Sie die Anmeldeinformationen anpassen. Es empfiehlt sich jedoch, dies an anderer Stelle zu tun:

7. Falls Sie zu den *Anmeldeinformationen* gewechselt sind, wählen Sie wieder *Allgemein* im Dialogfeld aus und klicken auf die Schaltfläche *Bearbeiten*, um das Dialogfeld *Verbindungseigenschaften* zu öffnen, mit dem die Verbindungszeichenfolge konfiguriert werden kann.

   Entsprechend der Abbildung 12.2 sehen Sie hier:

   - den *Servernamen*, der aus einem Listenfeld, in dem alle aktuell gefundenen Server angezeigt werden, ausgewählt werden kann,
   - die Informationen zur *Anmeldung beim Server*, bei denen – abhängig von den Einstellungen des ausgewählten Servers – entweder die Option *Windows-Authentifizierung verwenden* oder die Option *SQL Server-Authentifizierung verwenden* gewählt werden kann,
   - die *Datenbank*, die aus einem Listenfeld, in dem alle verfügbaren Datenbanken des aktuellen Servers angezeigt werden, ausgewählt werden kann.

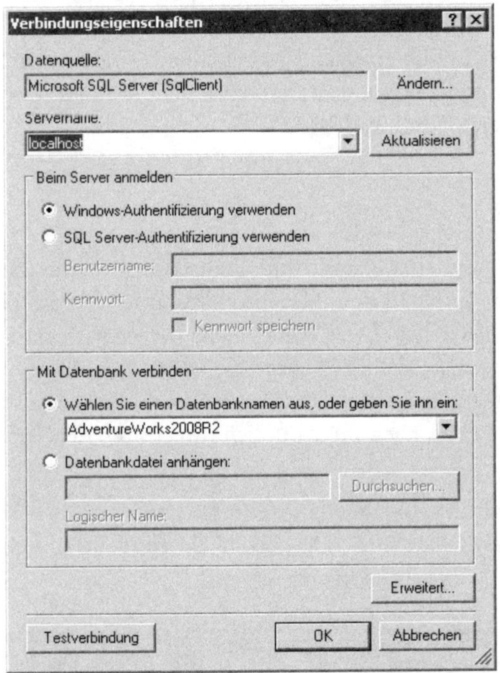

Abbildung 12.2 Das Dialogfeld *Verbindungseigenschaften*

Wir haben diese Datenquelle in Kapitel 8 innerhalb der einzelnen Schritte mit dem *Berichts-Assistenten* erstellt und freigegeben, indem wir das Kontrollkästchen *Diese Datenquelle freigeben* aktiviert haben. Sie können jedoch auch jederzeit außerhalb der Berichterstellung eine *freigegebene Datenquelle* erstellen:

1. Klicken Sie mit der rechten Maustaste auf den Ordner *Freigegebene Datenquellen* und wählen Sie im Kontextmenü den Eintrag *Neue Datenquelle hinzufügen*.

   Alternativ können Sie auch auf den Ordner *Berichte* klicken, im Kontextmenü den Eintrag *Hinzufügen/Neues Element* wählen und im daraufhin geöffneten Dialogfeld unter Vorlagen *Datenquelle* anklicken und das Dialogfeld mit *Hinzufügen* schließen.

2. Es öffnet sich das Dialogfeld *Freigegebene Datenquelle* wie in Abbildung 12.1, in dem Sie dann Ihre Eingaben hinsichtlich *Name* und *Typ* sowie der *Anmeldeinformationen* vornehmen. Über die *Bearbeiten*-Schaltfläche müssen dann noch *Servername*, *Anmeldeart* und *Datenbank* (siehe Abbildung 12.2) angegeben werden. Anschließend können Sie die Verbindung testen und die Eingaben jeweils mit *OK* bestätigen.

Die freigegebene Datenquelle wird als separate Datei innerhalb des Berichtsprojekts als XML-Dokument gespeichert, das den Namen der Datenquelle, die Datenquellen-ID (DataSourceID) und die Verbindungsinformationen (ConnectionProperties) enthält. Als Dateiname, den Sie noch ändern können, wird automatisch der Name, den Sie der Datenquelle gegeben haben, verwendet und als Dateiendung *.rds* (ReportDataSource) festgelegt.

Um den XML-Code unserer freigegebenen Datenquelle *AdventureWorks.rds* einzusehen, müssen Sie die Datei selbst öffnen:

1. Rufen Sie den Menübefehl *Datei/Öffnen/Datei* auf.
2. Es öffnet sich das Dialogfeld *Datei öffnen*, in dem Sie dann die Datei *AdventureWorks.rds* auswählen, welche sich im Unterordner von *Praxisbuch-Projekt01* befindet, und die Schaltfläche *Öffnen* betätigen.

Eine freigegebene Datenquelle können Sie also entweder innerhalb des Berichts-Assistenten oder auf die eben beschriebene Weise erstellen. Sie wird wie die Berichte auf dem Berichtsserver publiziert. Nach dem Publizieren ist die Datenquelle neben den Berichten im Berichtsprojekt vorhanden und kann separat verwaltet werden. Sie können für die Datenquellen auf dem Berichtsserver eigene Verzeichnisse angeben, sodass Sie, ähnlich der Struktur im Projekt, die Datenquellen separiert von den Berichten halten können, um die Übersicht zu erleichtern. Eine genauere Beschreibung finden Sie in Kapitel 17.

Berichtsspezifische Datenquellen

Eine berichtsspezifische Datenquelle wird innerhalb eines Berichts erstellt und steht dann nur für diesen Bericht zur Verfügung. Wenn Sie bei der Erstellung eines Berichts mit dem Berichts-Assistenten in dem oben erwähnten Schritt *Die Datenquelle auswählen* das Kontrollkästchen *Diese Datenquelle freigeben* deaktiviert lassen (siehe Kapitel 8), erzeugen Sie eine berichtsspezifische, also nicht freigegebene Datenquelle. Es können dann zwar mehrere Datasets innerhalb des Berichts, aber keine Datasets der anderen Berichte innerhalb des Projekts diese Datenquelle verwenden, und die Datenquelle kann nach ihrer Publizierung durch den Bericht nicht separat verwaltet werden.

Eine berichtsspezifische Datenquelle wird auch dann standardmäßig erzeugt, wenn Sie einen leeren Bericht erstellen und bei der Erstellung des Datasets nicht auf eine vorhandene freigegebene Datenquelle zugreifen, sondern eine neue Datenquelle erstellen und diese nicht als freigegeben kennzeichnen.

Leeren Bericht mit berichtsspezifischer Datenquelle erstellen

Ein leerer Bericht enthält zunächst keine Informationen zu Daten oder zum Layout. Sie sollten einen leeren Bericht erstellen, wenn Sie – im Unterschied zur Berichterstellung mit dem Berichts-Assistenten, den Sie aus Kapitel 8 kennen – jeden Schritt des Berichterstellungsvorgangs selbst steuern und kontrollieren möchten. Nach dem Erstellen eines leeren Berichts besteht der erste Schritt im Herstellen einer Verbindung zu einer Datenquelle und im Einrichten einer Abfrage. In den nachfolgenden Schritten werden Berichtselemente, Datenbereiche und Felder hinzugefügt und das Berichtslayout definiert.

So erstellen Sie innerhalb des Projekts *Praxisbuch-Projekt01* einen leeren Bericht:

1. Sie klicken mit der rechten Maustaste im *Projektmappen-Explorer* auf den Ordner *Berichte* und wählen im daraufhin geöffneten Kontextmenü den Eintrag *Hinzufügen/Neues Element*.
2. Es öffnet sich das Dialogfeld *Neues Element hinzufügen*, in dem Sie unter Vorlagen *Bericht* auswählen und als Name für den Bericht z.B. *LeererBericht.rdl* eingeben.
3. Klicken Sie auf die Schaltfläche *Hinzufügen*, um den leeren Bericht zu erstellen.

   Der leere Bericht wird in der Entwurfsansicht angezeigt. Nun können Sie mit der Auswahl der Datenquelle und der Erstellung der Abfrage beginnen.
4. Wählen Sie links im Feld *Berichtsdaten* die Kategorie *Neu* und dann den Eintrag *Dataset*.

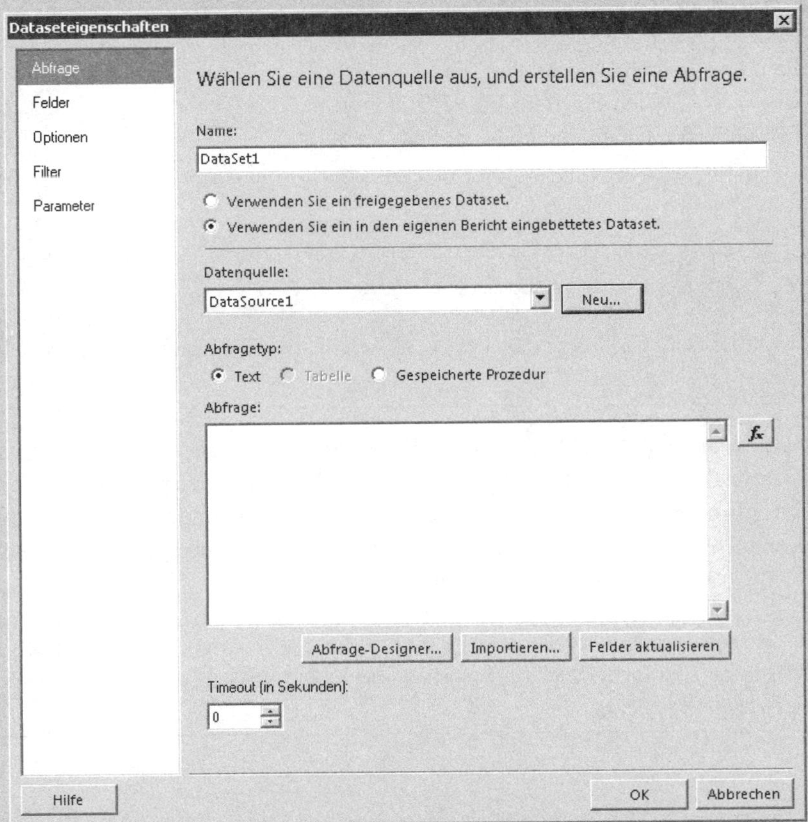

Abbildung 12.3 Das Dialogfeld *Dataset* mit der Registerkarte *Abfrage*

Es öffnet sich das Dialogfeld *Dataset* mit der Registerkarte *Abfrage* wie in Abbildung 12.3. An dieser Stelle haben Sie mit einem Klick auf *Neu* die Möglichkeit, dem Bericht eine berichtsspezifische Datenquelle zuzuordnen. Dazu können Sie entweder eine komplett neue Datenquelle erstellen (Auswahl *Eingebettete Verbindung*) oder aber auf eine freigegebene Datenquelle verweisen (Abbildung 12.4). Auch an dieser Stelle haben Sie die Möglichkeit, eine neue freigegebene Verbindung zu erstellen.

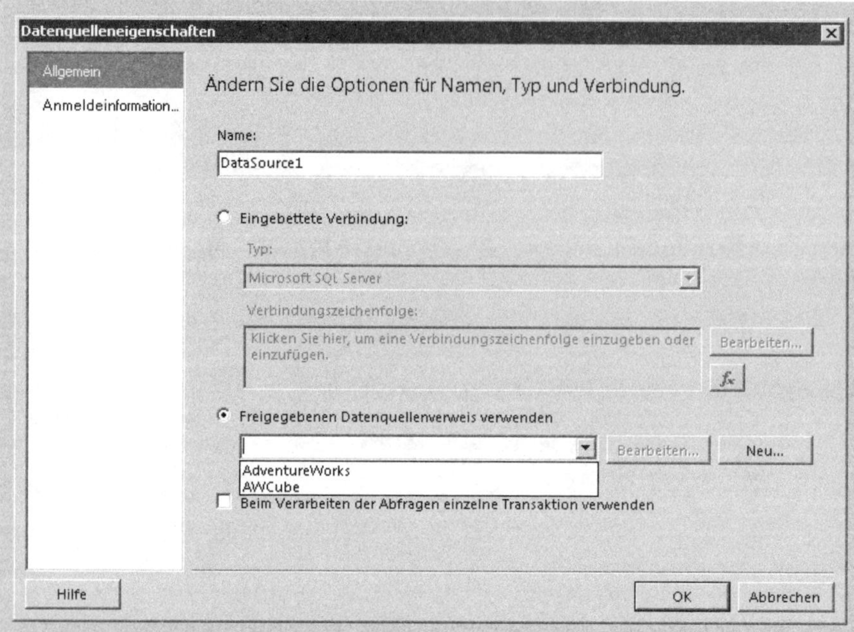

Abbildung 12.4 Erstellen Sie eine neue Datenquelle oder verweisen Sie auf eine freigegebene

Sollten Sie sich für die erste Möglichkeit entscheiden, steht Ihnen diese Datenquelle nur für den aktuellen Bericht zur Verfügung.

Im Gegensatz zur freigegebenen Datenquelle wird bei einer berichtsspezifischen Datenquelle kein separates XML-Dokument erstellt. Der Name der Datenquelle, die Datenquellen-ID (DataSourceID) und die Verbindungsinformationen (ConnectionProperties) werden in der Berichtsdefinition abgespeichert, deren XML-Code Sie einsehen können, indem Sie z.B. im Projektmappen-Explorer die Berichtsdatei mit der rechten Maustaste anklicken und im Kontextmenü den Eintrag *Code anzeigen* wählen.

PROFITIPP Im Gegensatz zur freigegebenen Datenquelle, ist es bei einer berichtsspezifischen Datenquelle möglich, eine Expression für die Verbindungszeichenfolge einzusetzen. Dadurch können Sie die Verbindungszeichenfolge durch Parameter beeinflussen und z.B. dynamisch die Datenbank wechseln.

Datasets

Eine Datenquelle enthält keine Abfrageinformationen. Diese sind im Dataset enthalten, das mithilfe der Datenquelle eine Verbindung mit einer Datenbank herstellt. Ein Dataset enthält einen Zeiger auf die Datenquelle, die Abfrage selbst und ggf. Parameter, Gruppierungs- und Sortierungsinformationen. Erst nachdem eine Datenquelle erstellt worden ist, kann also ein Dataset erstellt werden, das mit dieser Datenquelle die Datenbank abfragt. Ein Bericht kann mehrere Datasets verwenden, wobei ein Dataset immer nur eine Datenquelle verwendet, aber ein anderes Dataset eine andere Datenquelle verwenden kann. Neu in den Reporting Services 2008 R2 ist der mögliche Einsatz von freigegebenen Datasets. Sie können, genau wie bei den Datenquellen, Datasets separat speichern und in mehreren Berichten verwenden.

Wir haben in den vorherigen Kapiteln häufig Datasets erstellt und dabei z.B. in Kapitel 8 innerhalb des Berichts-Assistenten den Abfrage-Generator kennengelernt, in Kapitel 9 und Kapitel 10 mit dem Abfrage-Designer, insbesondere dem Designer für grafische Abfragen, gearbeitet, sodass Sie nun schon ein bisschen mit den Techniken zur Erstellung einer Abfrage innerhalb der SQL Server Reporting Services vertraut sein dürften.

Datasets mit einer Abfrage aus Tabellen oder Sichten

Sie haben gesehen, dass die grafische Abfrageerstellung (sowohl im Abfrage-Generator als auch im Designer für grafische Abfragen) immer eine Abfragezeichenfolge erzeugt. Die Auswahl einer Tabelle (oder einer Sicht) der Datenbank fügt dem Diagrammbereich des Abfrage-Designers die Tabelle hinzu und erzeugt im SQL-Bereich eine Abfragezeichenfolge mit einem *SELECT* ohne irgendwelche Spalten der ausgewählten Tabelle (bzw. Sicht) und einem *FROM*, das die ausgewählte Tabelle (oder Sicht) nennt. Wenn Sie weitere Tabellen auswählen, werden automatisch *JOIN*-Beziehungen (*INNER JOIN* oder *CROSS JOIN*) zwischen den Tabellen erstellt. Alternative *JOIN*-Beziehungen können per Drag & Drop zwischen Feldern der Tabellen erstellt werden. Erst die explizite Auswahl von Tabellenfeldern (im Diagrammbereich oder Rasterbereich) erweitert den *SELECT*-Teil der Abfrage. Durch Auswahl eines Tabellenfelds für die Sortierung (im Diagrammbereich oder Rasterbereich) erzeugen Sie eine *ORDER BY*-Klausel für die Abfrage. Wenn Sie im Rasterbereich Kriterien formulieren, erzeugen Sie eine *WHERE*-Klausel für die Abfrage (wir werden uns im folgenden Kapitel 13 mit Filtertechniken, also der *WHERE*-Klausel, noch ausführlicher befassen).

Wenn Sie sich – wovon wir ausgehen – im Schreiben von Abfragezeichenfolgen genauer auskennen, werden Sie an manchen Stellen eher dazu neigen, die grafischen Hilfen des Abfrage-Designers nicht zu verwenden, sondern den Text lieber einzutippen und vielleicht Umstrukturierungen der Abfragezeichenfolge vorzunehmen. Sie werden dabei bemerken, dass der Designer für grafische Abfragen – soweit dies möglich ist – die manuellen Eingaben grafisch umzusetzen versucht, allerdings manchmal auch Korrekturen an der Abfragezeichenfolge tätigt. In solchen Fällen sollten Sie in den Designer für generische Abfragen wechseln, der keine Korrekturen bzw. Umstrukturierungen vornimmt, da hier keine Überprüfung der Abfragezeichenfolge stattfindet. Der Designer für generische Abfragen eignet sich auch besser für den Fall, dass Sie eine andernorts formulierte Abfrage kopieren und hier einfach einfügen wollen.

Datasets mit einer gespeicherten Prozedur

In diesem Bewusstsein werden Sie sich sicherlich fragen, ob und wie Sie solche andernorts formulierten Abfragen, üblicherweise als gespeicherte Prozeduren in der Datenbank abgelegt, direkt für einen Bericht nutzen können. Um Ihnen dies zu demonstrieren, wollen wir zunächst eine gespeicherte Prozedur erstellen. Sie brauchen dazu nicht den Enterprise Manager oder den Query Analyzer von Microsoft SQL Server öffnen, sondern können dies mithilfe des Server-Explorers in der Entwicklungsumgebung von Microsoft Visual Studio 2008 tun. Der Server-Explorer wird neben dem Berichts-Designer am linken Rand der Entwicklungsumgebung als Registerkarte angezeigt und öffnet sich, wenn Sie den Mauszeiger über die Registerkarte bewegen:

1. Öffnen Sie *Microsoft Visual Studio 2008*.
2. Öffnen Sie das Projekt *Praxisbuch-Projekt01*.
3. Öffnen Sie das Toolfenster *Server-Explorer* über das Menü *Ansicht/Server-Explorer*.
4. Es wird eine Datenverbindung benötigt. Dazu klicken Sie mit der rechten Maustaste auf den Eintrag *Datenverbindungen* und wählen im Kontextmenü den Eintrag *Verbindung hinzufügen* aus.

5. Im Dialogfeld *Datenquelle auswählen* selektieren Sie *Microsoft SQL Server* und klicken Sie auf *Weiter.*
6. Im Dialogfeld *Verbindung hinzufügen*, welches ähnlich aussieht wie Abbildung 12.2, tragen Sie für Servernamen *localhost* ein, wählen die *Windows-Authentifizierung verwenden* Anmeldeart und aus dem Listenfeld für die Datenbank *AdventureWorks2008R2.* Beenden Sie das Dialogfeld mit *OK.*
7. Klicken Sie im Toolfenster auf das Plussymbol vor *{Servername}.AdventureWorks2008R2.dbo*, wobei der Name Ihres (vermutlich lokalen) Servers (hier *ixto-buch-ssrs*) dort stehen sollte.
8. Klicken Sie mit der rechten Maustaste auf *Gespeicherte Prozeduren* und wählen Sie wie in Abbildung 12.5 im daraufhin geöffneten Kontextmenü den Eintrag *Neue gespeicherte Prozedur hinzufügen.*

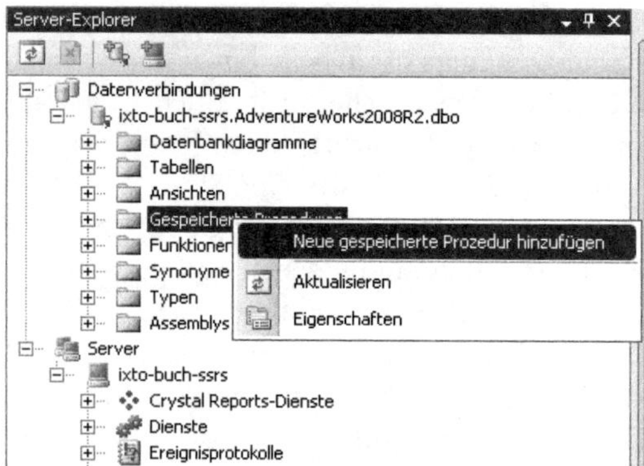

Abbildung 12.5 Erzeugen einer gespeicherten Prozedur im Server-Explorer

Im Berichts-Designer öffnet sich ein Entwurfsfenster, in dem schon die Grundsyntax zum Erstellen einer neuen Prozedur vorgegeben ist. Wir werden nun der Einfachheit halber die schon erstellte Abfragezeichenfolge aus unserem Bericht *Einfacher Drilldown-Bericht* aus Kapitel 8 nutzen, um daraus eine gespeicherte Prozedur zu erzeugen.

9. Ersetzen Sie in der Zeile, die mit *CREATE PROCEDURE* beginnt, den vorgegebenen Prozedurnamen durch z.B. *myDepartmentEmployeeAddress.*
10. Löschen Sie die sechs Zeilen vor dem *AS* und die Zeile nach dem *AS.*
11. Verwenden Sie den Code aus dem Listing 12.01 und fügen Sie ihn zwischen *AS* und *RETURN* ein.

```
SELECT HumanResources.vEmployeeDepartmentHistory.GroupName,
       HumanResources.vEmployeeDepartmentHistory.Department,
       HumanResources.vEmployeeDepartmentHistory.LastName,
       HumanResources.vEmployeeDepartmentHistory.FirstName,
       Address_1.AddressLine1,
       Address_1.PostalCode,
       Address_1.City,
       Person.EmailAddress.EmailAddress
FROM Person.Address AS Address_1
INNER JOIN Person.BusinessEntityAddress ON
       Address_1.AddressID = Person.BusinessEntityAddress.AddressID
INNER JOIN HumanResources.vEmployeeDepartmentHistory ON
       Person.BusinessEntityAddress.BusinessEntityID =
       HumanResources.vEmployeeDepartmentHistory.BusinessEntityID
INNER JOIN Person.EmailAddress ON
       Person.BusinessEntityAddress.BusinessEntityID = Person.EmailAddress.BusinessEntityID
ORDER BY HumanResources.
         vEmployeeDepartmentHistory.GroupName,
```

Listing 12.1 SQL-Abfrage aus dem Bericht *Einfacher Drilldown-Bericht*

```
        HumanResources.vEmployeeDepartmentHistory.Department,
        HumanResources.vEmployeeDepartmentHistory.LastName,
        HumanResources.vEmployeeDepartmentHistory.FirstName
```

Listing 12.1 SQL-Abfrage aus dem Bericht *Einfacher Drilldown-Bericht (Fortsetzung)*

HINWEIS Sie können auch beim Erstellen einer gespeicherten Prozedur die bekannten grafischen Hilfsmittel zur Hilfe nehmen:

- Klicken Sie dazu nach dem obigen Schritt 8 mit der rechten Maustaste in das Entwurfsfenster und wählen Sie im Kontextmenü den Eintrag *SQL einfügen*
- Es öffnet sich im Berichts-Designer der Abfrage-Generator (wie wir ihn bei der Berichterstellung mit dem Berichts-Assistenten kennengelernt haben) mit dem Dialogfeld *Tabelle hinzufügen* und der Registerkarte *Tabellen*
- Sie können nun genauso vorgehen wie in den Schritten 3 bis 6 im Abschnitt »Abfrage entwerfen« in Kapitel 8
- Schließen Sie das Fenster des Abfrage-Generators mit einem Klick auf das Schließkreuz und bestätigen Sie die Frage, ob die Änderungen übernommen werden sollen, mit einem Klick auf die Schaltfläche *Ja*, sodass Sie wieder im Entwurfsfenster zum Erstellen der gespeicherten Prozedur landen

Die fertige Prozedur sollte nun in etwa so aussehen wie in Abbildung 12.6.

Einfacher Drill...ht.rdl [Entwurf] | dbo.StoredPr...Works2008R2)* | LeererBericht.rdl [Entwurf]* | Test_Karte.rdl [Entwurf] | Test.rdl [Entwurf]

```
SELECT HumanResources.vEmployeeDepartmentHistory.GroupName,
       HumanResources.vEmployeeDepartmentHistory.Department,
       HumanResources.vEmployeeDepartmentHistory.LastName,
       HumanResources.vEmployeeDepartmentHistory.FirstName,
       Address_1.AddressLine1,
       Address_1.PostalCode,
       Address_1.City,
       Person.EmailAddress.EmailAddress
FROM Person.Address AS Address_1
INNER JOIN Person.BusinessEntityAddress ON
       Address_1.AddressID = Person.BusinessEntityAddress.AddressID
INNER JOIN HumanResources.vEmployeeDepartmentHistory ON
       Person.BusinessEntityAddress.BusinessEntityID =
       HumanResources.vEmployeeDepartmentHistory.BusinessEntityID
INNER JOIN Person.EmailAddress ON
       Person.BusinessEntityAddress.BusinessEntityID = Person.EmailAddress.BusinessEntityID
ORDER BY HumanResources.
         vEmployeeDepartmentHistory.GroupName,
         HumanResources.vEmployeeDepartmentHistory.Department,
         HumanResources.vEmployeeDepartmentHistory.LastName,
         HumanResources.vEmployeeDepartmentHistory.FirstName

    RETURN
```

Abbildung 12.6 Erstellen einer gespeicherten Prozedur im Berichts-Designer

12. Sie können die SQL-Syntax nun noch nach Ihrem Belieben strukturieren, bevor Sie die Prozedur mit einem Klick in der *Standard*-Symbolleiste auf die Schaltfläche *Ausgewählte Elemente speichern* in der Datenbank auf dem Datenbankserver speichern (anders als etwa im Query Analyzer muss die Prozedur zum Speichern in der Datenbank nicht gesondert ausgeführt werden).

    Die *CREATE PROCEDURE*-Anweisung hat sich in eine *ALTER PROCEDURE*-Anweisung geändert und die Prozedur ist im Server-Explorer im Ordner *Gespeicherte Prozeduren* der Datenbank *AdventureWorks2008R2* aufgeführt.

Wir können nun auf diese wie auf jede andere gespeicherte Prozedur einer Datenbank von den SQL Server Reporting Services aus zugreifen, um Daten in einem *Dataset* zurückzugeben:

1. Erzeugen Sie einen neuen Bericht, z.B. mit dem Namen *Test_StoredProc_Dataset.*
2. Wählen Sie links im Fenster *Berichtsdaten* des Berichts-Designers den Menüpunkt *Neu/Dataset.*
3. Geben Sie dem *Dataset* z.B. den Namen *DatasetFromStoredProc* und verweisen Sie, wie eben, auf die freigegebene Datenquelle *AdventureWorks.*
4. Ändern Sie die Auswahl im Listenfeld *Abfragetyp* in *Gespeicherte Prozedur.*
5. Wählen Sie im Dropdownfeld die eben erstelle Prozedur *myDepartmentEmployeeAddress* aus.
6. Mit einem Klick auf *Abfrage-Designer* kann die Prozedur ausgeführt werden. Das Ergebnis sollte wie in Abbildung 12.7 aussehen.

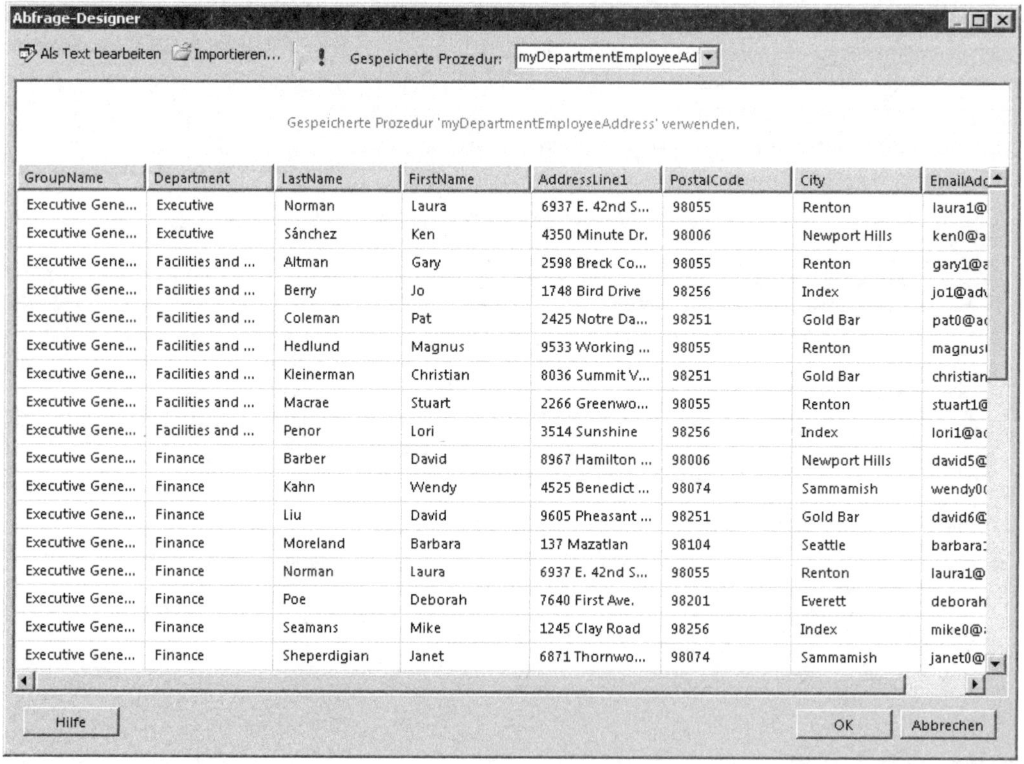

Abfrage-Designer

Als Text bearbeiten | Importieren... | ! | Gespeicherte Prozedur: myDepartmentEmployeeAd

Gespeicherte Prozedur 'myDepartmentEmployeeAddress' verwenden.

GroupName	Department	LastName	FirstName	AddressLine1	PostalCode	City	EmailAdc
Executive Gene...	Executive	Norman	Laura	6937 E. 42nd S...	98055	Renton	laura1@
Executive Gene...	Executive	Sánchez	Ken	4350 Minute Dr.	98006	Newport Hills	ken0@a
Executive Gene...	Facilities and ...	Altman	Gary	2598 Breck Co...	98055	Renton	gary1@a
Executive Gene...	Facilities and ...	Berry	Jo	1748 Bird Drive	98256	Index	jo1@adv
Executive Gene...	Facilities and ...	Coleman	Pat	2425 Notre Da...	98251	Gold Bar	pat0@ac
Executive Gene...	Facilities and ...	Hedlund	Magnus	9533 Working ...	98055	Renton	magnus
Executive Gene...	Facilities and ...	Kleinerman	Christian	8036 Summit V...	98251	Gold Bar	christian
Executive Gene...	Facilities and ...	Macrae	Stuart	2266 Greenwo...	98055	Renton	stuart1@
Executive Gene...	Facilities and ...	Penor	Lori	3514 Sunshine	98256	Index	lori1@ac
Executive Gene...	Finance	Barber	David	8967 Hamilton ...	98006	Newport Hills	david5@
Executive Gene...	Finance	Kahn	Wendy	4525 Benedict ...	98074	Sammamish	wendy0(
Executive Gene...	Finance	Liu	David	9605 Pheasant ...	98251	Gold Bar	david6@
Executive Gene...	Finance	Moreland	Barbara	137 Mazatlan	98104	Seattle	barbara:
Executive Gene...	Finance	Norman	Laura	6937 E. 42nd S...	98055	Renton	laura1@
Executive Gene...	Finance	Poe	Deborah	7640 First Ave.	98201	Everett	deborah
Executive Gene...	Finance	Seamans	Mike	1245 Clay Road	98256	Index	mike0@:
Executive Gene...	Finance	Sheperdigian	Janet	6871 Thornwo...	98074	Sammamish	janet0@

Hilfe | OK | Abbrechen

Abbildung 12.7 Dataset mit einer gespeicherten Prozedur

Sie können sehen, dass das Dataset mit gespeicherter Prozedur dasselbe Abfrageergebnis liefert wie das Dataset, das wir in Kapitel 8 mit dem Berichts-Assistenten erstellt haben. Auch wenn Sie mit dem Dataset weiterarbeiten und in der Layoutansicht über das Toolfenster *Datasets* auf die vom Dataset gelieferten Felder zugreifen wollen (siehe Abbildung 12.8), werden Sie feststellen, dass auch hierbei keine Unterschiede mehr bestehen.

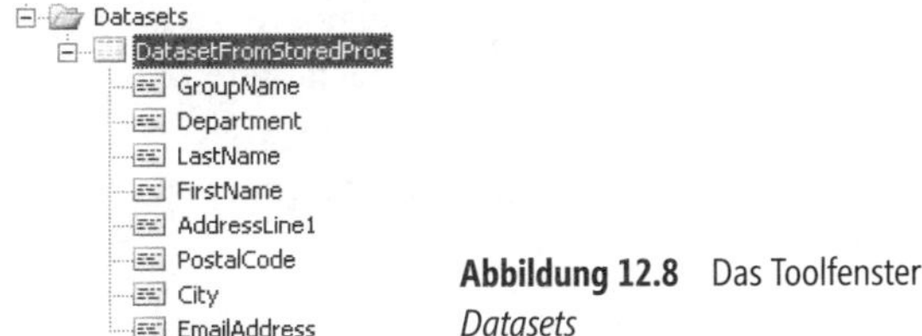

Abbildung 12.8 Das Toolfenster *Datasets*

Unterschiede bestehen allerdings in der Hinsicht, dass gespeicherte Prozeduren gegenüber Abfragen einige Vorteile besitzen:

- **Geschwindigkeit** Eine gespeicherte Prozedur wird bei der ersten Ausführung auf dem Datenbankserver kompiliert, es wird der Ausführungsplan erstellt und im Cache des Datenbankservers abgelegt, sodass bei allen folgenden Ausführungen die gespeicherte Prozedur schneller prozessiert werden kann als eine Abfrage aus Tabellen oder Sichten, für die bei jeder Ausführung der Ausführungsplan neu erstellt werden muss
- **Wiederverwendbarkeit** Eine einzelne gespeicherte Prozedur kann für zahlreiche Datasets und Berichte genutzt werden; ebenso lassen sich für andere Zwecke schon erstellte gespeicherte Prozeduren (sofern Sie nur ein Ergebnisset zurückgeben) nutzen oder können abgewandelt und unter neuem Namen eingesetzt werden
- **Wartbarkeit** Wenn Änderungen an der Struktur der *Datenbank* oder an Tabellen vorgenommen werden, müssen alle Datasets mit Abfragen aus Tabellen oder Sichten entsprechend überarbeitet werden, bei Datasets mit einer gespeicherten Prozedur jedoch nur entsprechende Änderungen in der jeweiligen gespeicherten Prozedur durchgeführt werden
- **Handhabbarkeit** Eine gespeicherte Prozedur (insbesondere wenn sie sehr komplex ist), die sich bewährt hat, d.h. die richtigen Ergebnisse liefert, kann bedenkenlos eingesetzt werden, sodass keine zeitraubenden Tests mehr wie bei der Neuerstellung von Abfragen aus Tabellen oder Sichten notwendig sind
- **Sicherheit** Es kann sich als durchaus sinnvoll erweisen, diejenigen, die für die Berichterstellung zuständig sind, nicht mit allen Zugriffsrechten auf die Datenbank auszustatten, sondern nur auf bestimmte, für Berichtszwecke erstellte gespeicherte Prozeduren, um versehentliche Datenmanipulationen oder Löschungen zu verhindern oder den Schutz von sensiblen Daten zu gewährleisten

Aus diesen Gründen ist es eigentlich immer empfehlenswert, bei der Berichterstellung eher Datasets mit einer gespeicherten Prozedur als mit einer Abfrage zu verwenden.

Freigegebene Datasets

Wie in der Einleitung des Kapitels erwähnt, gibt es seit den Reporting Services 2008 R2 freigegebene Datasets, die nicht im Bericht, sondern als eigenständige Datei gespeichert werden und von mehreren Berichten verwendet werden können. Sie können auf dem Berichtsserver in eigenen Ordnern abgespeichert werden. Vorteile der freigegebenen Datasets sind die Wiederverwendbarkeit, die Möglichkeit, ein Dataset von einem Datenbankentwickler erstellen zu lassen, ohne dass er Zugriff auf die Berichte benötigt, und das Cachen der Datasets, wodurch ein mehrfach verwendetes Dataset nur einmal gecacht werden muss.

Um ein freigegebenes Dataset zu erstellen, gehen Sie wie folgt vor:

1. Klicken Sie im Projektmappen-Explorer mit der rechten Maustaste auf *Freigegebene Datasets* und im Kontextmenü auf *Neues Dataset hinzufügen.*

2. Es öffnet sich das Dialogfeld *Eigenschaften* des freigegebenen Datasets, welches dem Dialogfeld aus Abbildung 12.3ähnelt, nur keine Radiobuttons für die Auswahl des freigegebenen oder eingebetteten Datasets bietet. Als Datenquelle wurde unsere freigegebene Datenquelle *AdventureWorks* schon vorausgewählt.
3. Als Namen verwenden Sie *SharedDatasetFromStoredProc* und ändern Sie den Abfragetyp auf *Gespeicherte Prozedur.*
4. Wählen Sie im Dropdown-Feld die eben erstelle Prozedur *myDepartmentEmployeeAddress* aus.
5. Mit einem Klick auf *Abfrage-Designer* kann die Prozedur ausgeführt werden. Das Ergebnis sollte wie in Abbildung 12.7 aussehen.
6. Speichern Sie das Dataset durch *OK.* Sie finden jetzt im Ordner Freigegebene Datasets, das gerade von Ihnen erstellte Dataset *SharedDatasetFromStoredProc.rsd.*
7. Um das eben erstellte Dataset zu testen, erstellen Sie einen neuen leeren Bericht mit dem Namen *Test_Freigegebenes_Dataset.*
8. Wechseln Sie in das Toolfenster *Berichtsdaten* und wählen den Menübefehl *Neu/Dataset.*
9. Als Namen vergeben Sie *DataSetFromSharedDataset,* behalten Sie die Auswahl *Verwenden Sie ein freigegebenes Dataset* bei und selektieren Sie *SharedDatasetFromStoredProc,* wie in

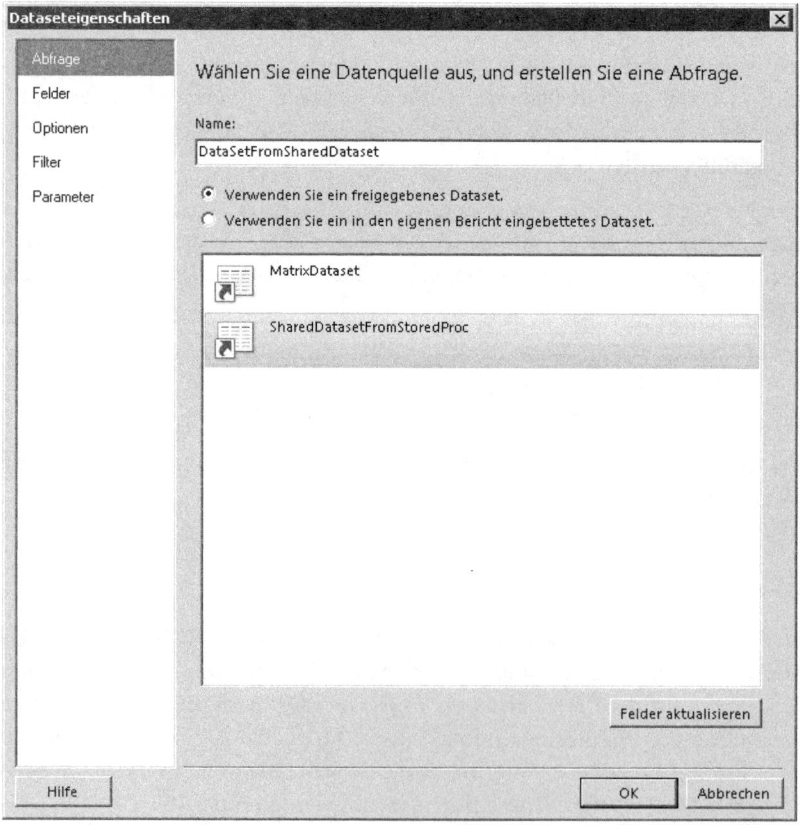

Abbildung 12.9 Auswahl eines freigegebenen Datasets

10. Sie können jetzt die Felder wie bei einem normalen Dataset verwenden. Wechseln Sie hierfür in die Toolbox und ziehen sie eine Tabelle in den leeren Bericht.

11. Jetzt ziehen Sie nacheinander die Felder des Datasets in die Tabelle und führen Sie dann den Bericht aus. Ohne jegliche Formatierungen sollte Ihr Bericht das Folgende anzeigen.

Entwurf | Vorschau

1 von 2? | 100% | Suchen | Weiter

Group Name	Department	Last Name	First Name	Address Line1	Postal Code	City
Executive General and Administration	Executive	Norman	Laura	6937 E. 42nd Street	98055	Renton
Executive General and Administration	Executive	Sánchez	Ken	4350 Minute Dr.	98006	Newport Hills
Executive General and Administration	Facilities and Maintenance	Altman	Gary	2598 Breck Court	98055	Renton
Executive General and Administration	Facilities and Maintenance	Berry	Jo	1748 Bird Drive	98256	Index
Executive General and Administration	Facilities and Maintenance	Coleman	Pat	2425 Notre Dame Ave	98251	Gold Bar
Executive General and Administration	Facilities and Maintenance	Hedlund	Magnus	9533 Working Drive	98055	Renton
Executive General and Administration	Facilities and Maintenance	Kleinerman	Christian	8036 Summit View Dr.	98251	Gold Bar
Executive General and Administration	Facilities and Maintenance	Macrae	Stuart	2266 Greenwood Circle	98055	Renton
Executive General and Administration	Facilities and Maintenance	Penor	Lori	3514 Sunshine	98256	Index

Abbildung 12.10 Einsatz eines freigegebenen Datasets in einem Bericht

Die Reporting Services bieten eine weitere Möglichkeit, ein freigegebenes Dataset zu erstellen. Sie können ein Dataset in ein freigegebenes Dataset umwandeln, indem Sie im Toolfenster *Berichtsdaten* das Dataset mit der rechten Maustaste anklicken und im Kontextmenü *In freigegebenes Dataset konvertieren* wählen.

Multidimensionale Datenquellen

Mit den Microsoft Reporting Services können sie ebenfalls multidimensionale Datenquellen abfragen und darstellen. Bisher haben wir ausschließlich Tabellen mittels der Abfragesprache SQL abgefragt, verknüpft und die Ergebnisse graphisch darstellen lassen. Diese Art der Abfrage erfolgt zeilenbasiert, beinhaltet also letztlich nur eine Dimension. Nun werden wir eine Möglichkeit kennenlernen, uns Informationen nicht nur aus einer Dimension anzeigen zu lassen, sondern aus mehreren. Hierfür hat sich der Begriff *Cube* etabliert, der an eine dreidimensionale Betrachtung anlehnt. Trotz dieser Begrifflichkeit ist eine Betrachtung aus mehr als drei Dimensionen möglich. Als Veranschaulichung soll folgender Sachverhalt dienen:

»Der Geschäftsführer eines international tätigen Unternehmens möchte sich darstellen lassen, aus welchen Ländern seine Kunden kommen, die den neu entwickelten Onlineshop nutzen. Dabei soll allerdings auch nach den jeweiligen Verkaufsjahren unterschieden werden, um die Entwicklung dieses Vertriebswegs bewerten zu können.«

HINWEIS Zur Abfrage von multidimensionalen Datenbanken wurde die Sprache MDX (*Multidimensional Expression*) maßgeblich von Microsoft entwickelt und hat sich mittlerweile zum Standard in diesem Bereich etabliert. Die Syntax lehnt sich an SQL an, wobei einige typische Klauseln übernommen wurden (*SELECT, WHERE, ...*). Lassen Sie sich aber durch die syntaktische Ähnlichkeit nicht täuschen, durch ihren unterschiedlichen Einsatz haben beide Sprachen sonst nur wenig gemein.

Es soll also eine bestimmte Kennzahl (in dem Fall Produktverkäufe) aus einer Kundenperspektive (Wohnorte der Kunden) und einer Zeitperspektive (Jahre) betrachtet werden. Eine solche Definition von Dimensionen, die Berechnung der jeweiligen Kennzahlen sowie das Bereitstellen der multidimensionalen Datenquelle ist mit den Microsoft Analysis Services möglich, die ebenfalls Bestandteil des Microsoft Business Intelligence Pakets sind.

Multidimensionale Datenquelle einbinden

Sie haben in diesem Kapitel bereits erfahren, wie man eindimensionale Datenquellen, also beispielsweise Tabellen, in Berichte einbindet. Das Einbinden von der eben erstellten multidimensionalen Datenbank erfolgt auf ganz ähnliche Weise:

1. Öffnen Sie, sofern nicht schon geschehen, einen beliebigen Bericht, zum Beispiel unseren in diesem Kapitel erstellten Bericht *LeererBericht.rdl*.
2. Binden Sie nun eine neue Datenquelle ein, indem Sie links im Fenster *Berichtsdaten* auf *Neu* und *Datenquelle* klicken.

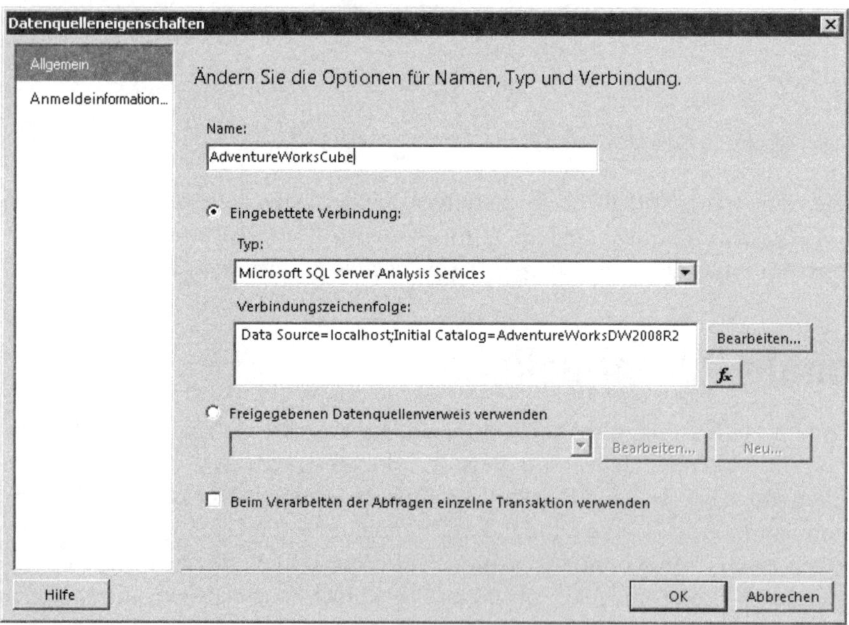

Abbildung 12.11 Herstellen einer Verbindung zu einer Analysis Services-Datenquelle

3. Wählen Sie *Eingebettete Verbindung* und als Typ *Microsoft SQL Server Analysis Services* (Abbildung 12.11). Bearbeiten Sie wie in den vorangegangenen Beispielen die Verbindungszeichenfolge, indem Sie auf *Bearbeiten* klicken und im Dialogfeld den Servernamen (vermutlich *localhost*) angeben. Sie werden

feststellen, dass für diesen Verbindungstyp keine separaten Anmeldeinformationen hinterlegt werden können. Wählen Sie im Feld *Datenbankname* die Datenbank *AdventureWorksDW2008R2*. Geben Sie der Datenquelle den Namen *AdventureWorksCube*.

Dataset erstellen

Nun muss ein Dataset erstellt werden, indem wir auch hier eine Abfrage auf die Datenbank erstellen. Diese erfolgt nun statt in SQL in MDX:

1. Klicken Sie im Feld *Berichtsdaten* auf *Neu* und wählen Sie *Dataset*.

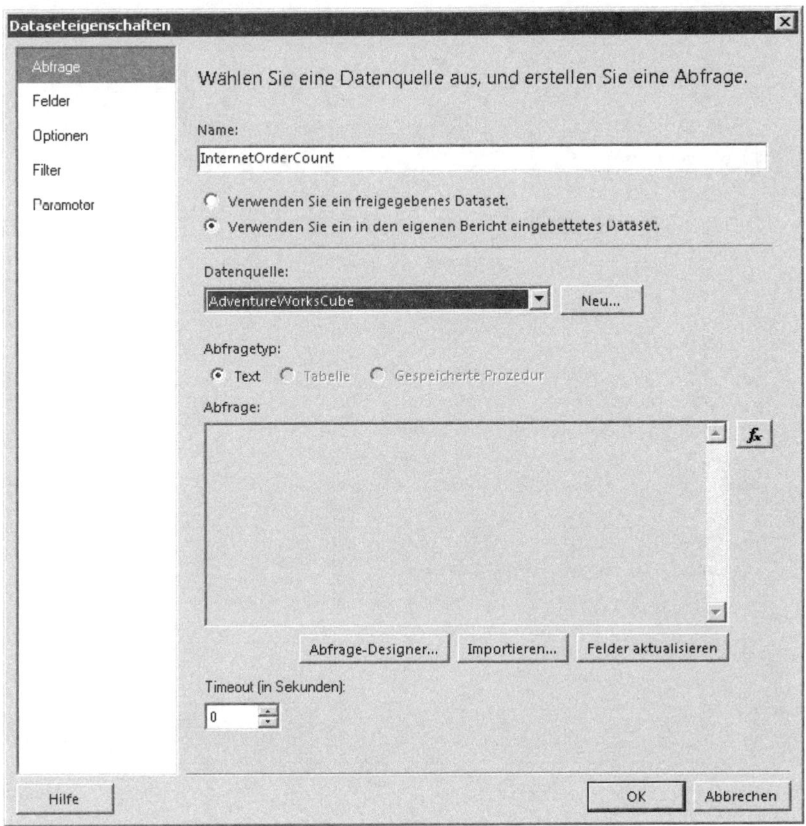

Abbildung 12.12 Vergeben Sie einen aussagekräftigen Namen für das Dataset

2. Wählen Sie als Datenquelle die eben erstellte und vergeben Sie einen Namen, beispielsweise *Internet-OrderCount* (Abbildung 12.12).
3. Klicken Sie nun auf die Schaltfläche *Abfrage-Designer*. Diesen kennen Sie bereits aus vorherigen Kapiteln, allerdings hat er nun ein etwas anderes Aussehen. Grund dafür ist, wie Sie sich wahrscheinlich schon gedacht haben, dass nun statt den SQL-Abfragen MDX-Statements erstellt werden. Auf der linken Seite sind alle verfügbaren Dimensionen aufgelistet. Außerdem finden Sie hier im Ordner *Measures* ebenfalls alle verfügbaren Kennzahlen.
4. Ziehen Sie nun zunächst eine Kennzahl in das Hauptfeld, zum Beispiel *Internet Order Count* aus dem Ordner *Internet Orders*. Angezeigt wird zunächst die Gesamtsumme der Kennzahl.

5. Ziehen Sie anschließend die gewünschten Dimensionen in das Hauptfeld:
   - **Zeitdimension** *Date.Calendar Year* aus dem Ordner *Calendar* der Dimension *Date*
   - **Kundendimension** *City* und *Country* aus dem Ordner *Location* der Dimension *Customer*
6. Wir wollen nun noch einen Filter einbauen, um nicht relevante Informationen auszufiltern. Ziehen Sie dazu die entsprechende Dimension aus der linken Leiste in das obere Feld. Achten Sie darauf, die Dimension nicht aus dem Hauptfeld nach oben zu ziehen, da sie ansonsten aus der Abfrage gelöscht wird. In diesem Fall möchten wir nur die Jahre 2006 bis 2008 betrachten. Ziehen Sie also *Date.Calendar Year* aus der linken Leiste in das obere Feld.

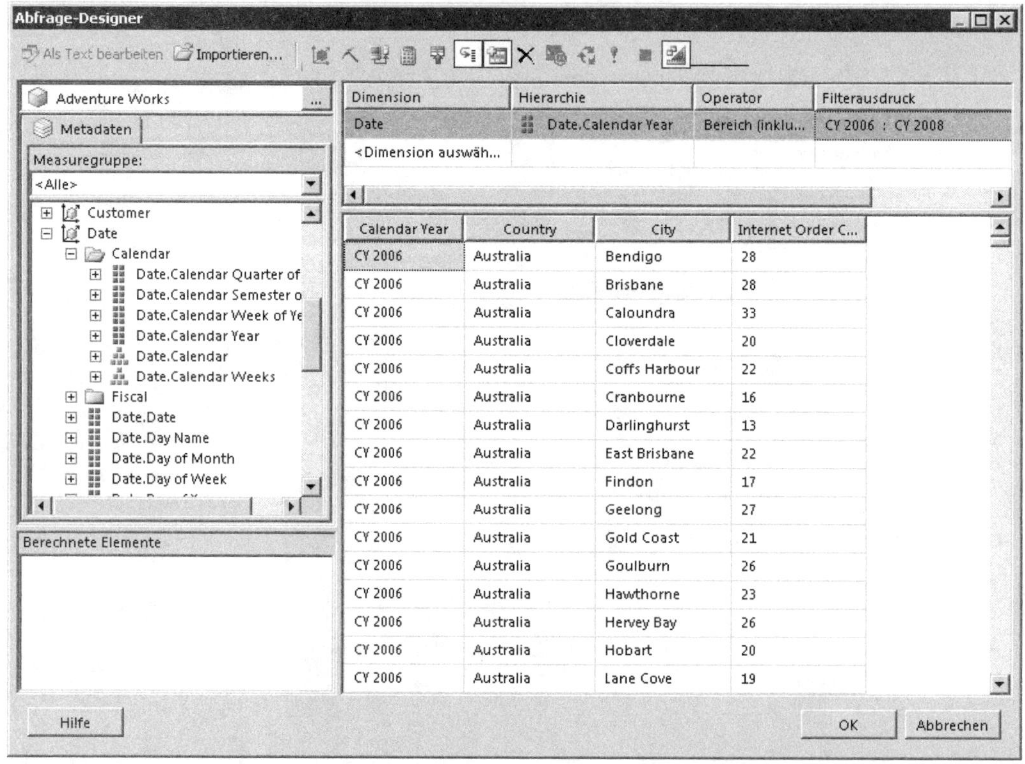

Abbildung 12.13 Datenvorschau der MDX-Abfrage im Berichts-Designer

7. Wählen Sie als Operator *Bereich (inklusiv)* und als Filterausdruck erst *CY 2006* und dann *CY 2008*. Der Abfrage-Designer sollte nun ungefähr so aussehen wie in Abbildung 12.13.
8. Schließen Sie ihn mit einem Klick auf *OK*. Nun können Sie die generierte Abfrage begutachten. Schließen Sie anschließend auch dieses Fenster mit *OK*.

Wir haben nun eine multidimensionale Abfrage mittels des Abfrage-Designers erstellt. Natürlich haben Sie auch hier die Möglichkeit, selbst ein MDX-Statement einzufügen, so wie es auch bei einer relationalen Abfrage mit SQL der Fall ist.

Die Datenfelder stehen wie gewohnt im Fenster *Berichtsdaten* zur Verfügung und können jetzt im Bericht verwendet werden.

Als letzten Schritt werden wir die Daten noch in einer Matrix bereitstellen, um die Mehrdimensionalität der Daten besser verstehen zu können:

1. Wählen Sie aus der Toolbox das Element *Matrix* aus und ziehen Sie es in das Entwurfsfenster unseres Berichts.
2. Wir werden nun die Datenfelder der Matrix zuordnen. Gehen Sie dazu folgendermaßen vor:
   - Ziehen Sie *Internet_Order_Count* in den Datenbereich der Matrix
   - Ziehen Sie erst *Country*, dann *City* in den Zeilenbereich
   - Ziehen Sie *Calendar_Year* in den Spaltenbereich

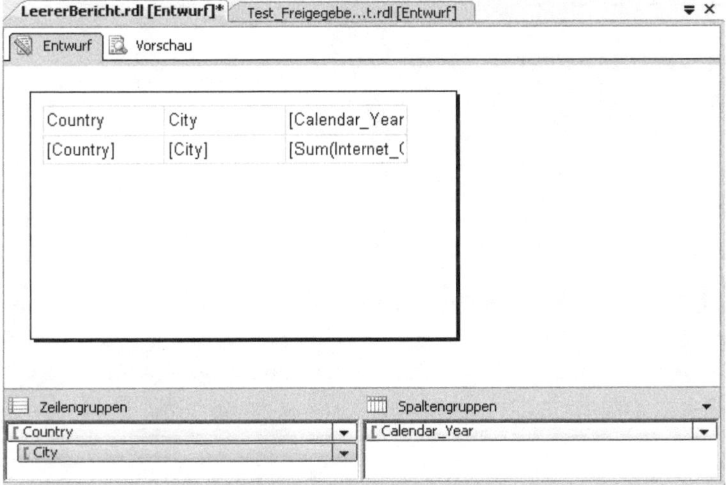

Abbildung 12.14 Die Zeilen- und Spaltenzuordnung im Entwurfsfenster

Ein erstes Ergebnis lässt sich nun schon begutachten, indem Sie auf die Registerkarte *Vorschau* klicken. Unser Bericht wird nun für eine Vorschau gerendert. Wir wollen nun zur Übersicht eine Drilldown Funktion hinzufügen, um den Gesamtverkauf der einzelnen Länder anzeigen zu können. Im unteren Bereich des Entwurfsfensters finden Sie eine Übersicht der Spalten- und Zeilenzuordnung (Abbildung 12.14).

3. Klicken Sie mit der linken Maustaste auf *City* im Fenster *Zeilengruppen* und wählen Sie *Gruppeneigenschaften.*
4. In der Kategorie *Sichtbarkeit* wählen Sie im Abschnitt *Bei erstmaliger Ausführung des Berichts* die Option *Ausblenden.*
5. Aktivieren Sie im gleichen Fenster das Kontrollkästchen *Sichtbarkeit kann umgeschaltet werden von* und wählen Sie in der Dropdownliste den Eintrag *Country* aus (Abbildung 12.15).

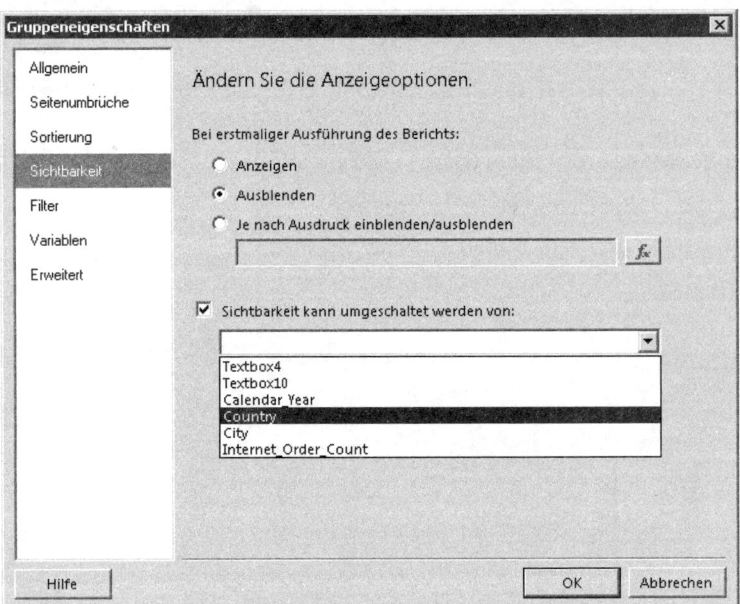

Abbildung 12.15 Wählen Sie den Eintrag *Country*, um eine Drilldownfunktion zu erhalten

Sie können nun in der Berichtvorschau Ihren Bericht betrachten, der auf einer multidimensionalen Abfrage basiert. Dabei haben Sie die Möglichkeit, die Verkaufszahlen für einzelne Städte durch einen Drilldown anzuzeigen. Beachten Sie, dass durch einen Filter nur die Jahre 2006 bis 2008 angezeigt werden.

Das nächste Kapitel befasst sich mit den Möglichkeiten, wie Daten genauer gefiltert, gruppiert und sortiert werden können.

Kapitel 13

Gefilterte, sortierte und gruppierte Daten

In diesem Kapitel:

Wir werden uns in diesem und den folgenden Kapiteln ausführlich damit beschäftigen, auf welche Art und Weise wir die Daten für unseren Bericht abrufen können, dass sie den jeweiligen Anforderungen entsprechen. Abfragen, ob nun in direkter Form oder über eine *Gespeicherte Prozedur* (wie wir sie im vorhergehenden Kapitel 12 vorgestellt haben), liefern zunächst Daten in Abhängigkeit von der Beschaffenheit der *Datenquelle* und der Art und Weise, wie wir unsere *Abfrage* formuliert haben. Hier können wir festlegen, ob und wie die Daten, die wir für unseren Bericht benötigen, schon gefiltert, sortiert bzw. gruppiert geliefert werden, bevor wir sie in unserem Bericht nutzen, oder ob wir – da uns die Microsoft SQL Server Reporting Services diese Möglichkeit bieten – Filterung, Sortierung bzw. Gruppierung erst bei unserer Berichterstellung vornehmen wollen.

Die Entscheidung, wo und wie gefiltert, sortiert bzw. gruppiert werden soll, ist von den Möglichkeiten der Datenquelle, den Leistungsanforderungen, der Dauerhaftigkeit des Datasets und der gewünschten Komplexität des Berichts abhängig. Wir wollen in den folgenden Abschnitten die verschiedenen Techniken des Filterns, Sortierens bzw. Gruppierens vorstellen, sodass Sie eine Vorstellung darüber gewinnen können, welche Technik wann angewendet werden soll.

Filtern

Wir haben in unseren bisherigen Beispielen auf Filter verzichtet und uns immer alle Daten anzeigen lassen, die unser Dataset geliefert hat. Wie wir bereits im vorhergehenden Kapitel erwähnt haben, bietet Ihnen die WHERE-Klausel beim Formulieren der Abfrage die Möglichkeit, schon an der Quelle, d.h. dem Datenbankserver, die Daten so zu filtern, dass nur die gewünschten Daten zurückgegeben werden (filternd wirken zumeist auch INNER JOIN-Beziehungen).

Unser in Kapitel 8 mithilfe des Berichts-Assistenten erstelltes Dataset basierte auf drei Tabellen der Beispieldatenbank *AdventureWorks2008R2*:

- Die Sicht *vEmployeeDepartmentHistory* lieferte uns jeweils den Nachnamen (Feld *LastName*) und den Vornamen (Feld *FirstName*) der Mitarbeiter sowie die einzelnen Abteilungen der Beispielfirma (Feld *Department*) und eine zusammenfassende Gruppierung der Abteilungen (Feld *GroupName*)
- Die Tabelle *Address* lieferte uns die zu jedem Mitarbeiter gehörige Adresse mit Straßenname (Feld *AddressLine1*), Postleitzahl (Feld *PostalCode*) und Ort (Feld *City*)
- Die Tabelle *BusinessEntity* lieferte uns keine Felder für den Bericht. Sie diente lediglich zur Verknüpfung der Sicht *vEmployeeDepartmentHistory* mit der Tabelle *Address*, da sie sowohl das Feld *BusinessEntityID* als auch das Feld *AddressID* beinhaltet.

Der daraus erstellte Bericht zeigt schließlich alle Mitarbeiter mit ihren Adressen an, gruppiert nach Abteilungen sowie Abteilungsgruppen. In der Praxis wird es allerdings häufig so sein, dass nicht immer alle Daten benötigt werden. Sie haben nun grundsätzlich zwei Möglichkeiten, die Daten zu filtern: entweder direkt an der Quelle, dem Datenbankserver, oder im Berichtsserver, wo es wiederum mehrere Möglichkeiten gibt.

Auf dem Datenbankserver filtern

Indem Sie mithilfe des Abfragetexts direkt auf dem Datenbankserver filtern, bewirken Sie natürlich eine Reduzierung und Entlastung des Netzwerkverkehrs, denn es werden nur die Daten geliefert, die die Abfrage anfordert.

Um direkt an der Quelle zu filtern, gehen Sie am besten wie folgt vor:

1. Erstellen Sie einen leeren Bericht, wie in den vorherigen Kapiteln mehrfach gezeigt.
2. Geben Sie dem Bericht z.B. den Namen *BerichtFilterQuelle*.
3. Legen Sie im geöffneten Dialogfeld *Dataset*, das Sie wie in den letzten Kapiteln öffnen, in der Kategorie *Abfrage* für das neue Dataset z.B. den Namen *DatasetFilterQuelle* fest. Weisen Sie dem Dataset die freigegebene Datenquelle *AdventureWorks* sowie als Befehlstyp *Text* zu und öffnen Sie den Abfrage-Designer.
4. Es öffnet sich der *Designer für grafische Abfragen*. Fügen Sie dem Diagrammbereich die Sicht *vEmployeeDepartmentHistory* hinzu (wir verzichten hier auf die Tabelle *Address*, weil wir nur ein kleines Beispiel erstellen wollen).
5. Markieren Sie bei der Sicht *vEmployeeDepartmentHistory* die Spalten *GroupName*, *Department*, *LastName* und *FirstName*.
6. Um ein Beispiel der Filterung auszuprobieren, geben Sie im *Rasterbereich* unter *Filter* für *GroupName* den Begriff *Manufacturing* ein.

   Dem Abfragetext wird auf diese Weise eine WHERE-Klausel hinzugefügt, die bestimmt, dass nur die Datensätze geliefert werden sollen, deren *GroupName*-Wert gleich *Manufacturing* ist. Sie können das in der generierten SQL-Abfrage im unteren Bereich überprüfen. Bestätigen Sie ihr Ergebnis mit *OK*.
7. Wechseln Sie in die Entwurfsansicht und ziehen Sie aus der Toolbox das Berichtselement *Tabelle* auf die Entwurfsoberfläche.
8. Ziehen Sie zunächst aus dem Fenster *Berichtsdaten* die Felder *LastName* und *FirstName* in den Detailbereich der Tabelle. Wir haben durch diese Aktion das Dataset mit dem Berichtselement verknüpft.
9. Unter dem Entwurfsfenster können Sie Datenfelder zur Zeilen- und Spaltengruppierung auswählen. Klicken Sie auf den Pfeil des Eintrags *Details* im Fenster *Zeilengruppen*. Wählen Sie *Gruppe hinzufügen* und anschließend *Übergeordnete Gruppe*. Im Dropdownfeld des Eintrags *Gruppieren nach* wählen Sie zunächst das Feld *Department*. Beachten Sie, dass der Tabelle eine Gruppenspalte für das Department hinzugefügt wurde.
10. Ordnen Sie nun der Zeilengruppe *Department* die übergeordnete Gruppe *GroupName* zu.

HINWEIS Wir werden weiter unten in diesem Kapitel im Abschnitt »Gruppieren« ab Seite 198 noch genauer auf das Erstellen von Gruppen eingehen. Erklärungen zu der Vorgehensweise finden Sie dort. Folgen Sie hier einfach den Anweisungen, um die Gruppen zu erstellen.

---

11. Vergeben Sie nun in den Spaltenköpfen passende Überschriften. Sollte die Tabelle eine zusätzliche, leere Spalte bekommen haben, löschen Sie diese wieder, indem Sie mit der rechten Maustaste auf den Spaltenkopf klicken und im Kontextmenü den Eintrag *Spalten löschen* auswählen.

Der Entwurf sollte nun in etwa so aussehen wie in Abbildung 13.1.

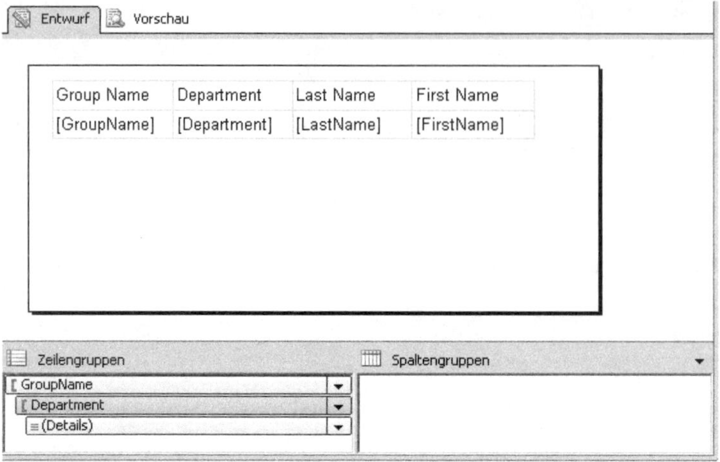

Abbildung 13.1 Tabellenentwurf mit Gruppen in der Entwurfsansicht

Wenn Sie nun in die Vorschauansicht wechseln, werden Ihnen nur die Datensätze angezeigt, die die Bedingungen des Abfragetexts erfüllen, d.h. nur die Mitarbeiter, die zur Abteilungsgruppe *Manufacturing* gehören, also die Mitarbeiter der Abteilungen *Production* und *Production Control.*

HINWEIS Um uns auf das Thema des Filterns zu konzentrieren, verzichten wir hier auf eine weitere gestalterische Bearbeitung des Berichts. Möglichkeiten der Berichtsgestaltung finden Sie sowohl in Kapitel 11 als auch in Kapitel 16.

Das Filtern an der Quelle ist immer dann günstig, wenn für den Bericht schon feststeht, welche Daten angezeigt werden sollen, d.h., wenn es sich um einen statischen Bericht handelt. In einem solchen Fall wird die Datenquelle einmal abgefragt und eine schon gefilterte Menge an Daten geliefert, sodass der Netzwerkbetrieb so wenig wie möglich belastet wird. Das heißt aber nicht, dass das Filtern an der Datenquelle grundsätzlich die effizienteste Lösung darstellt, wie wir in den folgenden Abschnitten dieses Kapitels noch sehen werden. Darüber hinaus werden wir im folgenden Kapitel 14 Möglichkeiten kennenlernen, wie der Benutzer des Berichts mithilfe von Parametern selbst bestimmen kann, nach welchen Kriterien gefiltert werden soll. In diesem Zusammenhang werden wir dann sehen, wie abzuwägen ist, welche Filtertechnik am besten einzusetzen ist.

Dataset filtern

Filter können aber auch auf ein geliefertes Dataset angewendet werden und beschränken die Daten, die dem Benutzer angezeigt werden, nachdem alle Daten vom SQL-Server übertragen wurden. Da das Dataset vollständig abgerufen und erst auf dem Berichtsserver gefiltert wird, dauert die Ausführung des Berichts in der Regel länger, als wenn die Daten direkt an der Quelle, d.h. dem Datenbankserver, gefiltert werden.

Um ein Dataset zu filtern, gehen Sie am besten so vor:

1. Führen Sie die Schritte 1 bis 5 wie im vorhergehenden Abschnitt durch und geben Sie dabei dem neuen Bericht z.B. den Namen *BerichtFilterDataset* und dem Dataset z.B. den Namen *DatasetFilterDataset.* Wichtig ist, dass Sie dieses Mal keinen Filter verwenden, die Abfrage also ohne WHERE-Klausel erstellt wird.
2. Führen Sie die Schritte 7 bis 10 wie im vorhergehenden Abschnitt durch, sodass Ihr Entwurf wiederum so aussehen sollte wie in Abbildung 13.1.Wenn Sie nun in die Vorschauansicht wechseln, werden Ihnen alle Datensätze angezeigt.

3. Wechseln Sie in das Toolfenster *Berichtsdaten*, klicken Sie mit der rechten Maustaste auf das Dataset *DatasetFilterDataset* und wählen Sie den Eintrag *Dataseteigenschaften*.

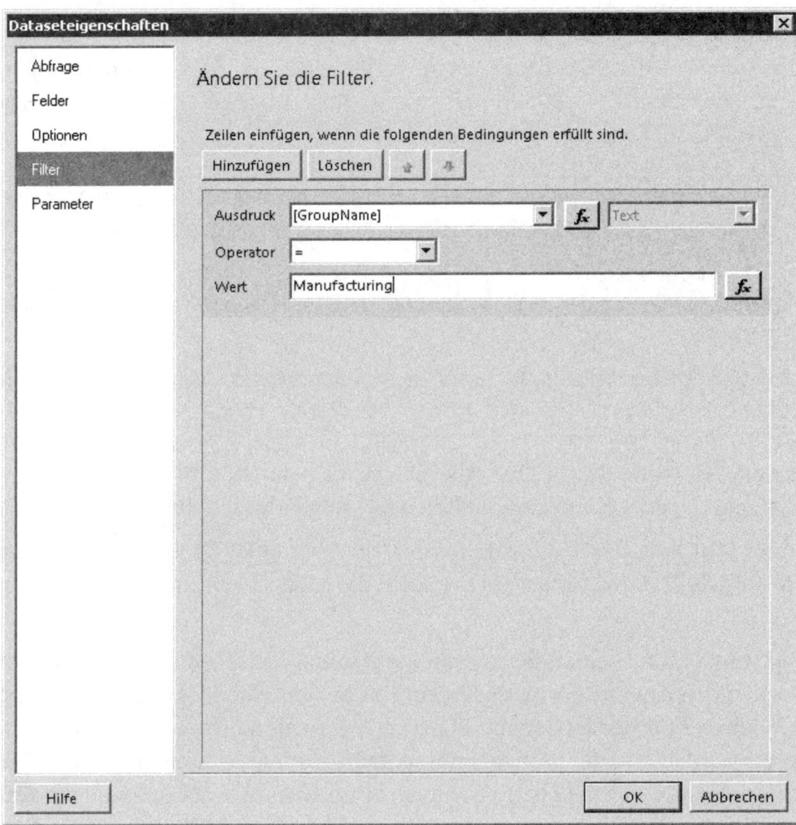

Abbildung 13.2 Filtern eines Datasets auf der Registerkarte *Filter* des Dialogfelds *Dataseteigenschaften*

4. Wechseln Sie zur Kategorie *Filter* und erstellen Sie einen Filter durch Anklicken der Schaltfläche *Hinzufügen*.
5. Wählen Sie unter *Ausdruck* den Ausdruck aus, den der Filter auswerten soll, hier also *GroupName* und unter *Operator* den Operator, den der Filter zum Vergleichen des ausgewerteten Felds und jeweiligen Werts verwenden soll, hier also das standardmäßig vorgegebene =-Zeichen, und geben Sie unter *Wert* den Ausdruck oder Wert ein, anhand dessen der Filter den Wert unter *Ausdruck* auswerten soll, hier also *Manufacturing* (Abbildung 13.2).
6. Bestätigen Sie Ihre Eingaben mit einem Klick auf die Schaltfläche *OK*.

   Wenn Sie nun in die Vorschauansicht wechseln, werden Ihnen, wie im vorhergehenden Abschnitt, nur die Mitarbeiter angezeigt, die zur Abteilungsgruppe *Manufacturing* gehören, also die Mitarbeiter der Abteilungen *Production* und *Production Control*.
7. Um dieses Dataset eventuell in weiteren Berichten verwenden zu können, machen Sie aus dem Dataset *DatasetFilterDataset* ein freigegebenes Dataset, indem Sie es mit der rechten Maustaste anklicken und den Eintrag *In freigegebenes Dataset konvertieren* auswählen.
8. Öffnen Sie im Projektmappen-Explorer das Dialogfenster des freigegebenen Datasets *DatasetFilterDataset.rsd*. Wechseln Sie zur Registerkarte *Filter* und löschen Sie den Filter für den *GroupName*.

9. Wechseln Sie wieder in das Toolfenster *Berichtsdaten* des Berichts und öffnen Sie die Dataseteigenschaften. Schauen Sie sich die Eigenschaften der Kategorie *Filter* an und Sie werden sehen, dass der Filter für das Dataset im Bericht noch gesetzt ist, das freigegebene Dataset kann jetzt aber ohne Filter in anderen Berichten eingesetzt werden.

Sie sehen, dass das Ergebnis identisch ist. Allerdings haben Sie im vorhergehenden Abschnitt beim Filtern an der Quelle nur die letztlich angezeigten Daten abgerufen, während Sie nun zunächst alle Daten vom Datenbankserver abrufen, um Sie dann auf dem Berichtsserver zu filtern.

HINWEIS Sie können den technischen Unterschied zwischen diesen beiden Filtermethoden z.B. sehen, wenn Sie im Abfragedesigner jeweils die Abfrage Ihres Datasets ausführen. Klicken Sie dazu jeweils in der Symbolleiste auf die Symbolschaltfläche *Ausführen*:

- Im ersten Fall (Filtern auf dem Datenbankserver) werden im Ergebnisbereich die Daten schon gefiltert angezeigt, so wie sie auch im Bericht erscheinen
- Im zweiten Fall (Filtern des Datasets) werden im Ergebnisbereich zunächst alle Daten angezeigt, da die Daten erst im Bericht gefiltert werden

Es ist offensichtlich, dass die zweite Methode den Netzwerkbetrieb mehr belastet, und Sie werden sich fragen, wofür diese Technik dann eigentlich gut sein soll. Sie sollten dabei folgende Gesichtspunkte bedenken:

- Falls Ihr Dataset z.B. auf einer sehr komplexen Abfrage beruht, die über eine *Gespeicherte Prozedur*, die nicht verändert werden soll, ausgeführt wird, haben Sie trotzdem die Möglichkeit, noch einen oder mehrere Filter anzuwenden
- Das Filtern des Datasets ist nützlich bei einer Berichtsmomentaufnahme. Eine Berichtsmomentaufnahme ist ein Bericht, der neben den Layoutinformationen ein Dataset enthält, das zu einem bestimmten Zeitpunkt abgerufen wird. Während für bedarfsgesteuerte Berichte aktuelle Abfrageergebnisse abgerufen werden, sobald sie ausgewählt werden, werden Berichtsmomentaufnahmen nach einem Zeitplan verarbeitet und dann auf einem Berichtsserver gespeichert. Wenn eine Berichtsmomentaufnahme zur Anzeige ausgewählt wird, ruft der Berichtsserver den gespeicherten Bericht aus der Berichtsserverdatenbank ab und zeigt die Daten und das Layout an, die zum Zeitpunkt der Erstellung der Momentaufnahmen (Snapshots) für den Bericht aktuell waren. Berichtsmomentaufnahmen werden in Kapitel 25 ausführlicher behandelt.
- Wenn Sie ein freigegebenes Dataset verwenden, können Sie dieses Dataset ungefiltert für viele Berichte verwenden und erst in den Berichten berichtsspezifisch filtern
- Falls die benutzte *Datenquelle* die Verwendung von *Abfrageparametern* zum Filtern von Daten nicht unterstützt, sollten Sie Filter auf dem *Berichtsserver* verwenden. Darauf wird im folgenden Kapitel 14 genauer eingegangen.

Datenbereich filtern

Auch das Filtern eines Datenbereichs wie *Tabelle*, *Matrix*, *Liste* oder *Diagramm* findet auf dem Berichtsserver statt. Diese Möglichkeit des Filterns wird insbesondere dann interessant, wenn Ihr Bericht ein *Dataset* verwendet, auf das mehrere Datenbereiche (z.B. eine *Tabelle* und ein *Diagramm*) zugreifen, dabei aber unterschiedliche Daten dargestellt werden sollen. Wir wollen Ihnen dies an einem Beispiel erläutern:

1. Erstellen Sie, wie in den zwei vorhergehenden Abschnitten, einen neuen Bericht mit dem Namen *BerichtFilterDatenbereich* und einem ungefilterten Dataset, dem Sie z.B. den Namen *DatasetFilterDatenbereich* geben. Weisen Sie diesem das freigegebene Dataset *DatasetFilterDataset* zu.
2. Erzeugen Sie in der Entwurfsansicht auf der Entwurfsoberfläche, wie in den beiden vorhergehenden Abschnitten, eine Tabelle mit den dort vorgenommenen Gruppierungen.
3. Klicken Sie mit der rechten Maustaste auf den Eckziehpunkt der Tabelle und wählen Sie im Kontextmenü den Eintrag *Tablix-Eigenschaften.*
4. Wechseln Sie im daraufhin geöffneten Dialogfeld *Tablix-Eigenschaften* zur Registerkarte *Filter* und wählen Sie analog zu Schritt 5 im vorherigen Abschnitt als Ausdruck in der Filterliste *GroupName*, als Operator das =-Zeichen und geben Sie als Wert *Manufacturing* ein.

   Wenn Sie nun in die Vorschauansicht wechseln, werden Ihnen, wie in den beiden vorhergehenden Abschnitten, nur die Mitarbeiter angezeigt, die zur Abteilungsgruppe *Manufacturing* gehören, also die Mitarbeiter der Abteilungen *Production* und *Production Control.*
5. Wechseln Sie wieder in die Entwurfsansicht und platzieren Sie oberhalb der Tabelle ein einfaches Kreisdiagramm.

TIPP In Kapitel 10 finden Sie eine schrittweise Anleitung zum Erstellen von Diagrammen. Vollziehen Sie einfach die dortige Schrittfolge nach, falls Ihnen die hier gemachten Angaben zur Diagrammerstellung nicht ausreichen.

6. Ziehen Sie aus dem Berichtsfeldfenster das Feld *GroupName* in den Bereich der *Kategorien (Kategorienfelder)* und das Feld *LastName* in den Bereich der *Werte (Datenfelder).*
7. Klicken Sie mit der rechten Maustaste auf den Diagrammbereich und wählen Sie den Eintrag *Datenbezeichnung anzeigen.*

   Wenn Sie nun in die Vorschauansicht wechseln, sehen Sie zum einen die gefilterte Tabelle, zum anderen das ungefilterte Kreisdiagramm mit den Zahlen aller Mitarbeiter der verschiedenen Abteilungsgruppen.

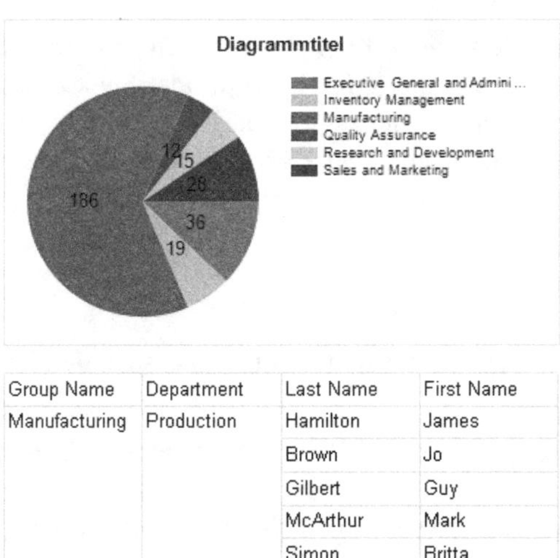

Group Name	Department	Last Name	First Name
Manufacturing	Production	Hamilton	James
		Brown	Jo
		Gilbert	Guy
		McArthur	Mark
		Simon	Britta

Abbildung 13.3 Bericht mit ungefiltertem Diagramm und einer nach Manufacturing gefilterten Tabelle

Wir haben in diesem Beispiel auf nur ein Dataset zurückgegriffen, das zwei verschiedene Datenbereiche mit Daten versorgt. Nachdem also das Dataset vollständig abgerufen und auf dem Berichtsserver abgespeichert worden war, wurden anschließend für die Tabelle die gespeicherten Daten gefiltert, während für das Kreisdiagramm die gespeicherten Daten nicht gefiltert abgerufen wurden. Um das gleiche Ergebnis bei Filterung an der Quelle zu erzielen, hätten wir dagegen auf zwei verschiedene Datasets zurückgreifen müssen.

Was Sie an diesem Beispiel sehen können, ist die Notwendigkeit, jeweils nach den Gegebenheiten vor Ort zu testen und zu entscheiden, ob es sinnvoller ist, z.B. einmal eine große Datenmenge oder mehrmals kleinere Datenmengen abzurufen.

Sortieren

Beim Sortieren von Daten bestimmen Sie Folgendes:

- Welche Felder sollen in welcher Reihenfolge für die Sortierung verwendet werden, z.B. ob zuerst nach Nachnamen, dann nach Vornamen usw. sortiert werden soll oder ob zuerst nach den Abteilungsgruppen, dann nach den Abteilungen und erst dann nach Nachnamen und Vornamen (*Sortierungsreihenfolge*) sortiert werden soll
- Festlegen, ob jeweils aufsteigend oder absteigend sortiert werden soll (*Sortierungsart*)
- Bestimmen, ob ein bestimmtes Gebietsschema als Sortiergrundlage verwendet und ob z.B. nach Groß-/Kleinschreibung oder Akzent unterschieden werden soll (*Datenoptionen*)

Im Gegensatz zum Filtern spielt es beim Sortieren für die Netzwerkbelastung kaum eine Rolle, ob die abzurufenden Daten schon auf dem Datenbankserver mithilfe der Abfrage des Datasets sortiert werden oder erst auf dem Berichtsserver durch die Angabe von Sortierkriterien im Bericht. Einerseits liegt es an der Verarbeitungsgeschwindigkeit und der tatsächlich aktuellen Belastung der Server, wo eine Sortierung vielleicht hätte stattfinden sollen (was aber erfahrungsgemäß nicht wirklich ins Gewicht fällt), andererseits bestimmen meist eher praktische Überlegungen, ob vor oder nach dem Abrufen der Daten sortiert werden sollte.

Auf dem Datenbankserver sortieren

Wenn Sie Ihr *Dataset* mithilfe einer Abfrage erstellen, haben Sie – wie in Kapitel 9 zu sehen ist – im *Rasterbereich* die Möglichkeit, dort die *Sortierungsart* und die *Sortierreihenfolge* festzulegen, oder Sie können im *SQL-Bereich* die ORDER BY-Klausel entsprechend anpassen. Die Sortierung findet dann auf dem Datenbankserver statt, d.h., Ihr Dataset liefert sortierte Daten. Sie können eine solche Sortierung aber jederzeit im Bericht nach Ihren Wünschen entsprechend anpassen.

Im Bericht sortieren

Um die vom Dataset gelieferten Daten im Bericht zu sortieren, wählen Sie in der Entwurfsansicht den Datenbereich aus, für den eine Sortierung vorgenommen werden soll:

1. Klicken Sie auf die gewünschte Tabelle, sodass die Spalten- und Zeilenziehpunkte über und neben der Tabelle angezeigt werden.
2. Klicken Sie mit der rechten Maustaste auf den Eckziehpunkt und wählen Sie dann im Kontextmenü den Eintrag *Tablix-Eigenschaften* aus.
3. Geben Sie im Dialogfeld *Tablix-Eigenschaften* auf der Registerkarte *Sortierung* die Ausdrücke ein (oder wählen Sie sie aus), nach denen die Daten nacheinander sortiert werden sollen (*Sortierreihenfolge*), und geben Sie die *Sortierungsart (Richtung)* für den jeweiligen Ausdruck ein.

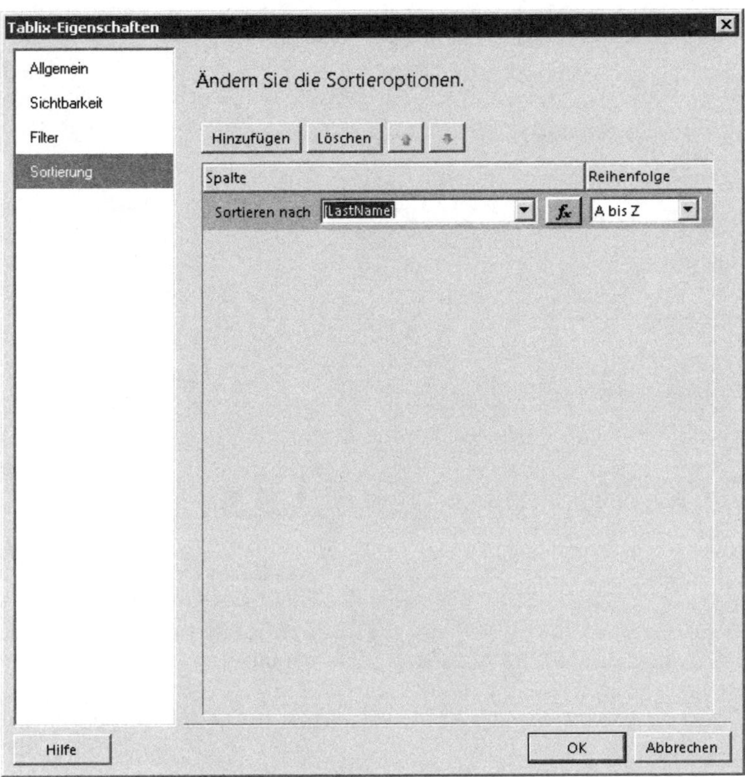

Abbildung 13.4 Die Registerkarte *Sortierung* des Dialogfelds *Tabelleneigenschaften*

Wie in Abbildung 13.4 zu sehen ist, können Sie danach immer noch die Sortierreihenfolge mithilfe der Pfeiltasten verändern oder einen Ausdruck wieder löschen.

Wenn Sie in Ihrem Bericht gruppiert haben und einer Gruppe eine Sortierung hinzufügen wollen:

1. Klicken Sie mit der rechten Maustaste im Feld *Zeilen-* beziehungsweise *Spaltengruppen* auf die Gruppe, die Sie sortieren wollen und wählen Sie *Gruppeneigenschaften.*
2. Geben Sie im daraufhin geöffneten Dialogfeld *Gruppeneigenschaften* in der Kategorie *Sortierung* die Ausdrücke ein (oder wählen Sie sie aus), nach denen die Daten sortiert werden sollen (*Sortierreihenfolge*) und geben die *Sortierungsart (Richtung)* für den jeweiligen Ausdruck ein.

Interaktiv sortieren

Eine weitere Möglichkeit ist die interaktive Sortierung. Dabei kann der Betrachter des Berichts entscheiden, wie die Daten sortiert werden sollen. Die Sortierung erfolgt dabei zur Ausführungszeit des Berichts auf dem Berichtsserver. Das hat den Vorteil, dass der Datenbankserver bei der Sortierung nicht mehr belastet wird.

1. Öffnen Sie dazu einen Bericht mit einer Tabelle, z.B. den Bericht *BerichtFilterDataset.rdl* aus diesem Kapitel. Versichern Sie sich, dass an keiner anderen Stelle (Abfrage, Dataset, Gruppeneigenschaften, Tablix-Eigenschaften) bereits sortiert wird.
2. Klicken Sie in der Tabelle mit der rechten Maustaste in das Überschriftenfeld der Spalte, die sortiert werden soll, z.B. die Spalte *Last Name*, und wählen Sie aus dem Kontextmenü den Eintrag *Textfeldeigenschaften.*

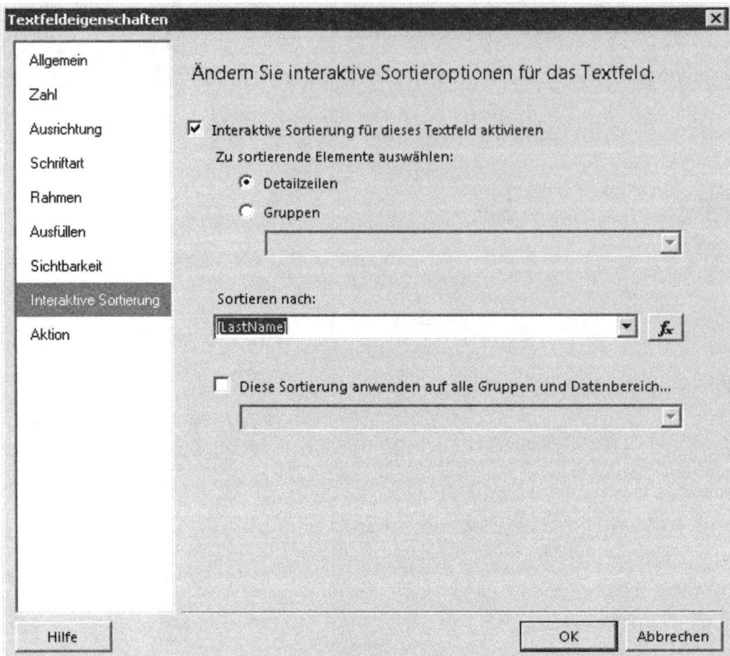

Abbildung 13.5 Über die Kategorie *Interaktive Sortierung* lässt sich einem Feld eine interaktive Sortierung hinzufügen

3. Aktivieren Sie in der Kategorie *Interaktive Sortierung* das Kontrollkästchen *Interaktive Sortierung für dieses Textfeld aktivieren* (Abbildung 13.5).
4. Wählen Sie als *Sortierungsausdruck* das Feld, nach dem sortiert werden soll, hier also *LastName*, und bestätigen Sie mit *OK*. Führen Sie die Schritte 2 bis 4 auch für die Spalte, die die Vornamen enthält, durch. Benutzen Sie dabei aber den *Sortierungsausdruck FirstName*.

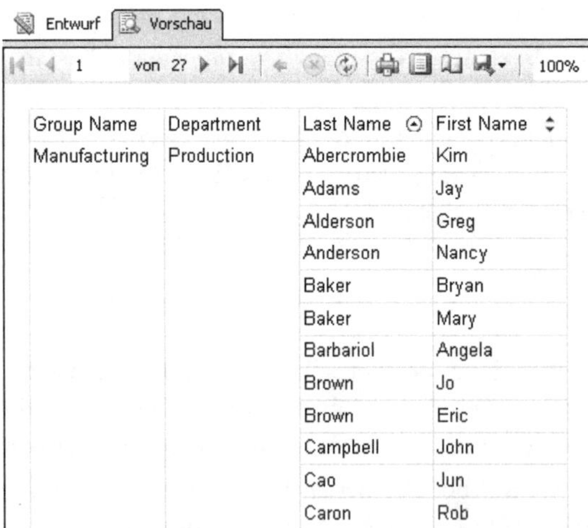

Group Name	Department	Last Name	First Name
Manufacturing	Production	Abercrombie	Kim
		Adams	Jay
		Alderson	Greg
		Anderson	Nancy
		Baker	Bryan
		Baker	Mary
		Barbariol	Angela
		Brown	Jo
		Brown	Eric
		Campbell	John
		Cao	Jun
		Caron	Rob

Abbildung 13.6 Die Tabelle aus dem Beispiel, aufsteigend nach Nachnamen sortiert

5. Wechseln Sie nun zur *Vorschauansicht*. Durch Klicks auf die Pfeilsymbole neben den Überschriften können Sie nun wahlweise nach Vor- oder Nachnamen sortieren und zwischen auf- und absteigender Reihenfolge wechseln. Die Pfeilrichtung gibt dabei die Sortierung an, wie Sie in Abbildung 13.6 sehen können. Dort ist die Spalte *First Name* unsortiert und die Spalte *Last Name* aufsteigend sortiert.

Es steht Ihnen frei, zu entscheiden, wo nach welchem Feld sortiert wird. So ist es beispielsweise auch möglich, in der Spalte *LastName* nach einem anderen Feld, z.B. *FirstName*, sortieren zu lassen. Weiterhin können Sie entscheiden, wie groß der Wirkungsbereich der Sortierung ist und ob statt der Detailzeilen nach Gruppen sortiert werden soll.

Datenoptionen

Ob ein bestimmtes Gebietsschema die Sortiergrundlage bildet und ob z.B. nach Groß-/Kleinschreibung oder Akzent unterschieden wird, können Sie ebenfalls entweder schon auf der Datenbank selbst oder durch Bearbeitung Ihres Datasets entscheiden. Da es sich allerdings nicht empfehlen würde, für einen Bericht Änderungen dieser Einstellungen auf der Datenbank selbst vorzunehmen, bieten Ihnen die Microsoft SQL Server Reporting Services die Möglichkeit, solche Einstellungen im Dataset vorzunehmen.

Mithilfe der Kategorie *Optionen* des Dialogfelds *Dataseteigenschaften* können Sie gegen die Einstellungen der Datenquelle für das ausgewählte Dataset bestimmen, ob der von der Datenquelle hergeleitete Wert für die Sortierung bzw. eine bestimmte Unterscheidung verwendet werden soll oder eine eigene Unterscheidung gesetzt wird. In Abbildung 13.7 sehen Sie, dass in der Standardeinstellung eines Datasets für alle Auswahlmöglichkeiten zunächst der Standardwert *Automatisch* (bzw. *Standard* bei *Sortierung*) festgelegt ist, d.h., dass der von der Datenquelle hergeleitete Wert übernommen wird, wenn der Bericht ausgeführt wird. Falls der Wert nicht hergeleitet werden kann, wird bei der Sortierung der Standardwert von der Gebietseinstellung des Berichtsservers verwendet bzw. bei den Unterscheidungen der Bericht so ausgeführt, als wäre in den Listenfeldern nicht *Automatisch*, sondern *False* ausgewählt. Wenn Sie sicher gehen wollen, wählen Sie in den Listenfeldern jeweils *True* oder *False* aus, um die Unterscheidung zu aktivieren bzw. zu deaktivieren.

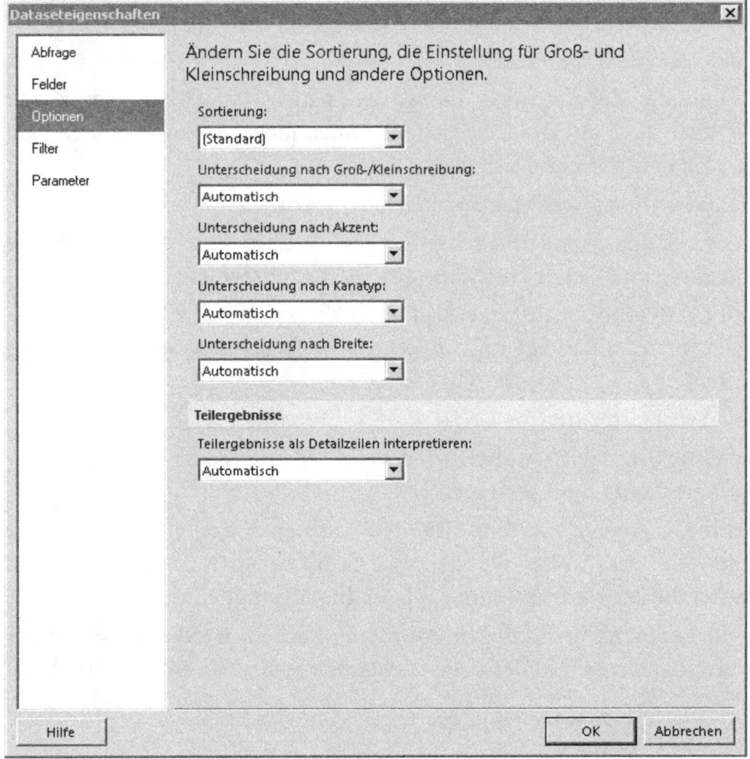

Abbildung 13.7 Definieren der Datenoptionen

HINWEIS Die *Unterscheidung nach Kanatyp* betrifft die beiden japanischen Kanatypen *Hiragana* und *Katakana*. Die *Unterscheidung nach Breite* betrifft den Unterschied zwischen *halber Breite (Single-Byte, ASCII)* und *voller Breite (Double-Byte, Unicode)*.

Gruppieren

Die Daten in einem Datenbereich wie *Tabelle*, *Matrix* oder *Liste* können nach Feldern bzw. Ausdrücken gruppiert werden. Mit Gruppen in einer *Tabelle* können Sie die Daten in der Tabelle in logische Abschnitte unterteilen. Sie können auch Teilergebnisse und andere Ausdrücke zu den Gruppenkopfzeilen und Gruppenfußzeilen hinzufügen. Gruppen in einer *Matrix* werden als dynamische Spalten oder Zeilen angezeigt. Sie können Gruppen in andere Gruppen schachteln und Teilergebnisse hinzufügen. Mit *Listen* können Sie separate Gruppen in einem Bericht bereitstellen oder durch Platzieren innerhalb anderer Listen geschachtelte Gruppen erstellen. Während *Tabellen* und *Matrizen* mehrere Gruppierungsebenen innerhalb eines Datenbereichs bereitstellen, verfügen *Listen* nur über eine Gruppe. Wenn Sie geschachtelte Gruppen mit Listen erstellen möchten, platzieren Sie eine Liste in einer anderen Liste.

Auf dem Datenbankserver gruppieren

Nach einem Feld gruppieren heißt, dass alle Datensätze, die den gleichen Feldwert haben, zu einer Gruppe zusammengefasst werden. Wenn Sie in einem Abfragetext in SQL eine GROUP BY-Klausel benutzen, werden dort die Felder des SELECT-Statements angegeben, die bezüglich einer Aggregatfunktion, die nicht in die GROUP BY-Klausel eingebunden, aber im SELECT-Statement angegeben ist, zusammengefasst werden sollen. Auf diese Weise können Sie sich zum Beispiel anzeigen lassen, wie viele Mitarbeiter in einer Abteilung arbeiten:

1. Erstellen Sie einen leeren Bericht, wie im vorhergehenden Kapitel 12 gezeigt.
2. Geben Sie dem Bericht z.B. den Namen *BerichtGruppieren*.
3. Geben Sie im geöffneten Dialogfeld *Dataset* in der Kategorie *Abfrage* dem neuen Dataset z.B. den Namen *GruppierenDatenbank*. Verweisen Sie auch hier auf die freigegebene Datenquelle *AdventureWorks* und wählen Sie als Befehlstyp *Text*. Öffnen Sie den Abfrage-Designer.
4. Fügen Sie dem Diagrammbereich die Sicht *vEmployeeDepartmentHistory* hinzu.
5. Markieren Sie die Spalten *Department* und *LastName* und schreiben Sie im Rasterbereich in die Spalte *Alias* hinter *Department* den Wert *Abteilung* und hinter *LastName* den Wert *Mitarbeiter*.

   Wenn Sie nun in der Symbolleiste auf die Symbolschaltfläche *Ausführen* klicken, werden Ihnen alle Mitarbeiternachnamen in der Spalte *Mitarbeiter* angezeigt und in der davor stehenden Spalte *Abteilung* jeweils der zugehörige Abteilungsname.
6. Klicken Sie in der Symbolleiste auf die Symbolschaltfläche *GROUP BY verwenden*.

   Im Rasterbereich erscheint die Spalte *Gruppieren nach*, wobei dort sowohl für *Mitarbeiter (LastName)* als auch für *Abteilung (Department)* der Wert *Group By* eingetragen ist.
7. Wählen Sie für *LastName* in der Spalte *Gruppieren nach* im Listenfeld aus den Aggregatfunktionen die Aggregatfunktion *Count* aus. Beachten Sie, dass in der SQL-Abfrage nun nur noch nach *Department* gruppiert wird und der SELECT-Klausel die Aggregatfunktion *COUNT* hinzugefügt wird.

   Wenn Sie nun in der Symbolleiste auf die Symbolschaltfläche *Ausführen* klicken, werden Ihnen in der Spalte *Abteilung* nur noch die Abteilungsnamen und in der nebenstehenden Spalte *Mitarbeiter* die jeweilige Mitarbeiteranzahl angezeigt.

Nachdem Sie diese Gruppierung im Dataset vorgenommen haben, können Sie in der Entwurfsansicht für Ihren Bericht eine Tabelle erstellen, um die vom Datenbankserver gruppiert gelieferten Daten zu präsentieren. Beachten Sie, dass unsere Abfrage nur zwei Datenfelder (*Abteilung* und *Mitarbeiter*) liefert. Zum Testen können Sie sich auf bekannte Weise die Ergebnisse in einer Tabelle darstellen lassen.

Daten in einem Bericht gruppieren

Sie haben selbstverständlich die Möglichkeit, die Gruppierung im letzten Abschnitt auch im Bericht selbst vorzunehmen. Wir werden darauf gleich noch zurückkommen, wollen Ihnen aber zunächst zeigen, dass Ihnen das Gruppieren von Daten in einem Bericht (fast unbegrenzte) optische Gestaltungsmöglichkeiten bietet:

1. Erstellen Sie ein neues Dataset, z.B. mit dem Namen *GruppierenBericht*, und führen Sie dann die Schritte 4 und 5 des vorhergehenden Abschnitts durch.

   Sie haben nun wieder ein Dataset, das Ihnen alle Mitarbeiternachnamen in der Spalte *Mitarbeiter* und in der davor stehenden Spalte *Abteilung* jeweils den zugehörigen Abteilungsname anzeigt.
2. Fügen Sie noch eine aufsteigende Sortierung nach dem Feld *Mitarbeiter* ein.
3. Erstellen Sie auf der Entwurfsoberfläche eine Tabelle.
4. Öffnen Sie das Toolfenster *Berichtsdaten* und klicken Sie auf das Plussymbol vor dem Dataset *GruppierenBericht*, bevor Sie das Feld *Mitarbeiter* in die rechte Spalte und das Feld *Abteilung* in die mittlere Spalte der Detailzeile ziehen.

   Wenn Sie nun in die Vorschauansicht wechseln, sehen Sie in der hinteren Spalte die Mitarbeiter alphabetisch sortiert mit dem zugehörigen Abteilungsnamen in der Spalte davor.

ACHTUNG Sie sehen, dass als Feldnamen nicht die ursprünglichen Namen aus der Datenbank, sondern die Aliasbezeichnungen aus unserem Dataset angezeigt werden. Achten Sie immer darauf, dass Sie solche Aliasbezeichnungen nicht nachträglich hinzufügen bzw. ändern, d.h., nachdem Sie Felder in einem Datenbereich platziert haben, weil in einem solchen Fall die Bezüge verloren gehen und dann neu gesetzt werden müssen.

5. Fügen Sie in der Entwurfsansicht Ihrer Tabelle eine Gruppe hinzu, indem Sie im unteren Bereich *Zeilengruppen* mit der rechten Maustaste auf den Eintrag *Details* klicken, *Gruppe hinzufügen* und dann *übergeordnete Gruppe* wählen.
6. Wählen Sie im Menüpunkt *Gruppieren nach* das Feld *Abteilung*.
7. Schließen Sie das Dialogfeld mit einem Klick auf die Schaltfläche *OK*.
8. Überprüfen Sie die Wirkung dieser Maßnahme, indem Sie in die Vorschauansicht wechseln.

   Sie sehen die Mitarbeiter in einer anderer Reihenfolge als vorher: Sie sind zwar weiterhin alphabetisch sortiert, nun aber gruppiert nach der Abteilungszugehörigkeit.
9. Die Tabelle enthält die Abteilungszugehörigkeit nun doppelt: In der Gruppenspalte sowie in den einzelnen Zeilen. Sie können deswegen die Spalte *Abteilung* mit einem Klick mit der rechten Maustaste löschen.

Sie haben gesehen, dass mithilfe einer *Gruppierung im Bericht* die abgefragten Daten anders zusammengestellt werden können als bei einer *Gruppierung auf dem Datenbankserver* und Ihnen optische Gestaltungsmöglichkeiten hinsichtlich der abgefragten Daten geboten werden. Wir werden uns in Kapitel 16 noch ausführlicher mit diesen gestalterischen Möglichkeiten befassen, wollen aber nun wieder auf das zu Beginn dieses Abschnitts angesprochene Beispiel zurückkommen, wie Sie durch *Gruppieren im Bericht* anzeigen lassen können, wie viele Mitarbeiter in einer Abteilung arbeiten.

Wir gehen dabei vom gerade erstellten Bericht aus. Ihre Tabelle sollte in der Entwurfsansicht zurzeit etwa das Aussehen wie in Abbildung 13.8 haben.

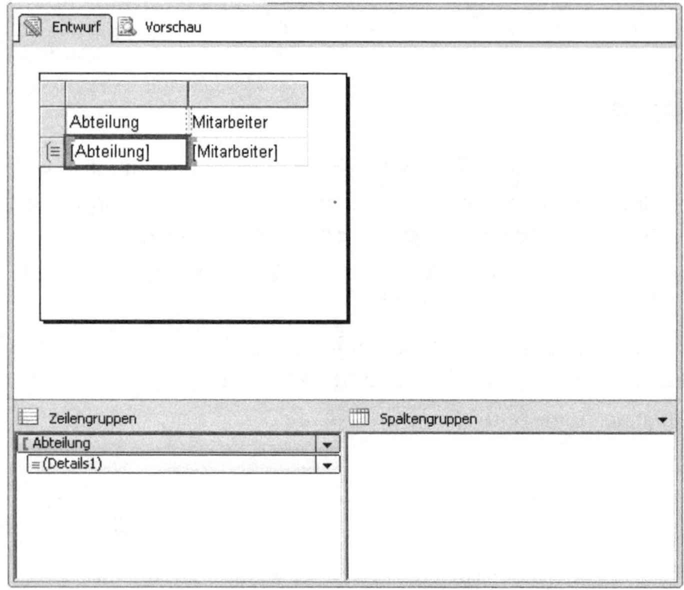

Abbildung 13.8 Tabelle mit einer Gruppe in der Layoutansicht

In der Tabelle gibt es momentan zwei Zeilen:

- **Kopfzeile der Tabelle** Diese Zeile steht ganz zu Anfang Ihrer Tabelle
- **Detail** Die Detailzeile einer Tabelle (Tabellendetails) repräsentiert in der Entwurfsansicht den Bereich der eigentlichen Daten, wie sie im Bericht erscheinen sollen, abhängig von ggf. vorgenommenen Filterungen, Sortierungen und Gruppierungen

Wie Sie wahrscheinlich bemerkt haben, können Sie beim Definieren von über- oder untergeordneten Gruppen auswählen, ob für die jeweilige Gruppe Kopf- oder Fußzeilen angezeigt werden sollen. Falls Sie die Gruppe schon erzeugt haben und jetzt nachträglich eine Gruppenzeile hinzufügen wollen, gehen Sie in den Bereich der Zeilengruppen und klicken Sie auf den Pfeil der Gruppe, für die eine zusammenfassende Zeile erstellt werden soll, und wählen im Kontextmenü *Gesamtergebnis/Vor*. In unserem Fall müssen Sie dies für die *Details* ausführen, wie in Abbildung 13.9.

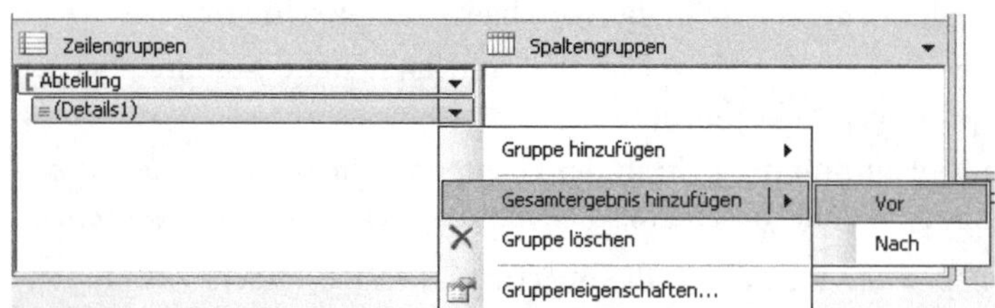

Abbildung 13.9 Einfügen einer Summenzeile einer Gruppe

Um nun die Anzahl der Mitarbeiter für jede Abteilung anzuzeigen, müssen Sie wie schon beim Gruppieren auf dem Datenbankserver die Aggregatfunktion *Count* anwenden.

1. Wie eben schon beschrieben und in Abbildung 13.9 dargestellt, müssen Sie eine Gruppenzeile erzeugen.

2. In der neu erzeugten Zeile klicken Sie mit der rechten Maustaste in das Textfeld für den Mitarbeiter und wählen Sie *Ausdruck im Kontextmenü*. Als Ausdruck tragen Sie bitte =Count(Fields!Mitarbeiter.Value) ein.

Wenn Sie nun in die Vorschauansicht wechseln, werden Ihnen neben den Namen der Mitarbeiter auch die Anzahl der Abteilungsmitarbeiter angezeigt (Abbildung 13.10).

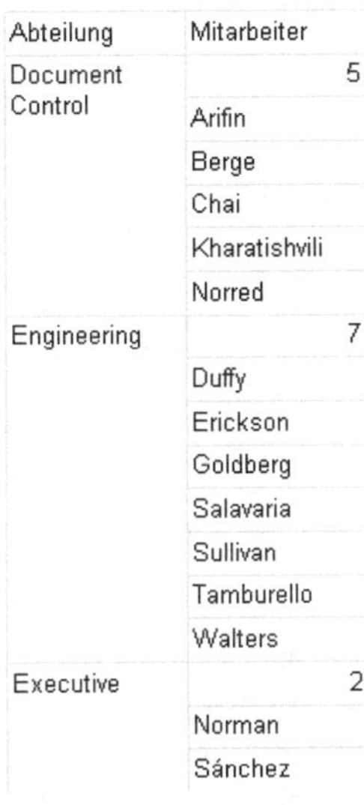

Abteilung	Mitarbeiter
Document Control	5
	Arifin
	Berge
	Chai
	Kharatishvili
	Norred
Engineering	7
	Duffy
	Erickson
	Goldberg
	Salavaria
	Sullivan
	Tamburello
	Walters
Executive	2
	Norman
	Sánchez

Abbildung 13.10 Die einzelnen Abteilungen mit Mitarbeiteranzahl und Mitarbeitern

Um die weitgehenden Möglichkeiten beim Gruppieren von Daten in einem Bericht ein wenig zu illustrieren, sollten Sie noch eine weitere Gruppe einfügen. Gehen Sie dazu folgendermaßen vor:

1. Wechseln Sie zunächst in das Toolfenster Berichtsdaten, um der Abfrage ein weiteres Datenbankfeld hinzuzufügen: Klicken Sie mit der rechten Maustaste auf das Dataset *GruppierenBericht* und wählen Sie *Abfrage*. Markieren Sie im Diagrammbereich bei der Sicht *vEmployeeDepartmentHistory* zusätzlich die Spalte *GroupName* und schreiben Sie im Rasterbereich in die Spalte *Alias* hinter *GroupName Abteilungsgruppe*.
2. Wechseln Sie zurück in den Entwurfsbereich und klicken Sie mit der rechten Maustaste im Zeilengruppenfeld auf *Abteilung*.
3. Wählen Sie *Gruppe hinzufügen* und dann *Übergeordnete Gruppe*.
4. Im Dialogfeld *Tablix-Gruppe* gruppieren Sie nun nach *Abteilungsgruppe*. Achtung: Aktivieren Sie jetzt das Feld *Gruppenkopf hinzufügen*. Ihre Tabelle wird automatisch um eine Gruppenspalte und eine Gruppenzeile erweitert.
5. Vergeben Sie an dieser Stelle aussagekräftige Spaltenüberschriften, z.B. *Abteilungsgruppe, Abteilung* und *Mitarbeiter*.
6. Fügen Sie nun noch in der ersten Zeile der Tabelle in der Spalte *Mitarbeiter* den Ausdruck =COUNT(Fields!Mitarbeiter.Value) ein, indem Sie mit der rechten Maustaste in das Tabellenfeld klicken und *Ausdruck* wählen. Die Tabelle im Entwurfsfenster sollte nun so aussehen wie in Abbildung 13.11.

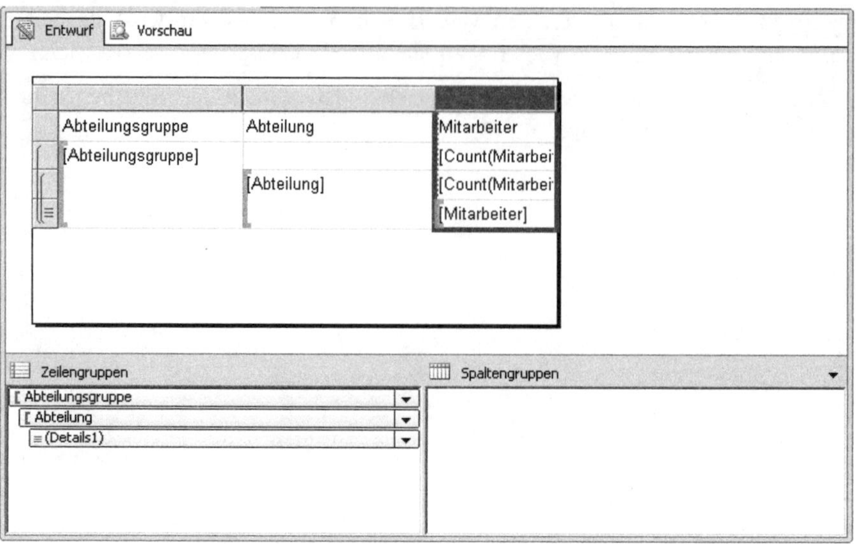

Abbildung 13.11 Die Tabelle in der Entwurfsansicht

ACHTUNG Die von Ihnen definierten Gruppen werden automatisch benannt. Falls die Gruppen nur mit *Group1* etc. benannt wurden, kann dies sehr leicht zu Verwechslungen führen, weshalb es sich anbietet, aussagekräftige Namen zu vergeben. Klicken Sie dazu mit der rechten Maustaste auf die Gruppe und wählen Sie *Gruppeneigenschaften*. An dieser Stelle lässt sich die Gruppierung umbenennen.

Nach wenigen Änderungen in der Formatierung und nach Ausblenden der Detailgruppe könnte Ihre Tabelle in der Vorschauansicht dann etwa das Aussehen wie in Abbildung 13.12 haben (zur Gestaltung von Berichten können Sie sich in Kapitel 11 und Kapitel 16 weiter informieren).

Abteilungsgruppe	**Abteilung**	**Mitarbeiter**
Executive General and Administration		**36**
	⊞ Executive	2
	⊞ Facilities and Maintenance	7
	⊞ Finance	11
	⊞ Human Resources	6
	⊞ Information Services	10
Inventory Management		**19**
	⊞ Purchasing	13
	⊞ Shipping and Receiving	6
Manufacturing		**186**
	⊞ Production	180
	⊞ Production Control	6

Abbildung 13.12 Tabelle mit zwei Gruppen in der Vorschauansicht

Rekursive Hierarchien

Mit rekursiven Hierarchien können Sie über- bzw. untergeordnete Beziehungen darstellen. Schon immer gehörte eine solche Aufgabe zu den größten Herausforderungen bei der Berichterstellung, und wenn Sie versuchten, das mithilfe geeigneter Abfragen zu realisieren, werden Sie festgestellt haben, dass es zwar nicht unmöglich, aber doch recht kompliziert war. Die Beispieldatenbank *AdventureWorks2008R2* liefert uns in der Tabelle *Employee(Human Resources)* ein schönes Beispiel, mit dem wir Ihnen zeigen können, wie einfach sich diese Herausforderung mit den Reporting Services bewältigen lässt. Die Tabelle enthält neben zahlreichen Mitarbeiterinformationen auch das Feld *OrganisationNode*, das Informationen über die Position des Mitarbeiters in der Unternehmenshierarchie enthält.

PROFITIPP Seit Microsoft SQL Server 2008 existiert der Datentyp *hierarchyid* zum Speichern von Hierarchieinformationen. Es lassen sich hier leicht über- und untergeordnete Elemente sowie die Position des Knotens in der Hierarchie zuweisen und ermitteln. Der Speicherwert an sich wird im Binärformat abgelegt und mit entsprechenden Transact-SQL-Methoden zugewiesen und abgefragt. Die wichtigsten sind *GetDescendant*, *GetAncestor* und *GetLevel*. Weitere Informationen zu diesem Datentyp finden Sie in der Dokumentation von Microsoft SQL Server 2008 R2.

1. Erstellen Sie einen neuen Bericht, dem sie z.B. den Namen *RekursiveHierarchie.rdl* geben.
2. Erstellen Sie, wie zuvor, eine neue Berichtsdatenquelle, in der Sie auf unsere freigegebene Datenquelle *AdventureWorks* verweisen.
3. Erstellen Sie ein neues Dataset. Dabei benutzen Sie bitte nicht den grafischen Assistenten, da wir unsere SQL-Abfrage manuell hinterlegen wollen. Öffnen Sie dazu den Abfrage-Designer und klicken Sie auf das Symbolfeld *Als Text bearbeiten*.
4. Fügen Sie in das Textfenster das SQL-Statement aus Listing 13.1 ein.

```
SELECT A.BusinessEntityID AS EmployeeID, B.BusinessEntityID AS ManagerID, C.Lastname, C.FirstName
FROM HumanResources.Employee AS A
LEFT JOIN HumanResources.Employee AS B
     ON A.OrganizationNode.GetAncestor(1)= B.OrganizationNode
INNER JOIN HumanResources.vEmployeeDepartmentHistory AS C
     ON A.BusinessEntityID = C.BusinessEntityID
ORDER BY C.Lastname, C.FirstName
```

Listing 13.1 Fügen Sie dieses SQL-Statement manuell in den Abfrage-Designer ein

HINWEIS Sie merken an dieser Stelle, dass der grafische Abfrage-Designer für komplexere Abfragen nur wenig geeignet ist. Deswegen formulieren wir unsere Abfrage, die zum Beispiel die Methode *GetAncestor* enthält, selbst, anstatt sie uns generieren zu lassen.

5. Schließen Sie den Abfrage-Designer mit einem Klick auf *OK* und vergeben einen Namen für Ihr Dataset, z.B. *RekursiveHierarchie*.
6. Ziehen Sie aus der Toolbox eine neue Tabelle in das Entwurfsfenster. Ordnen Sie dem Datenbereich der Tabelle zunächst das Datenfeld *LastName* zu.

7. Klicken Sie mit der rechten Maustaste auf das eben zugeordnete Datenfeld und wählen Sie *Ausdruck*. Ändern Sie den vorhandenen Ausdruck =Fields!Lastname.Value in =Fields!Lastname.Value & ", " & Fields!FirstName.Value. Damit erreichen Sie, dass die Mitarbeiter im Format *Nachname, Vorname* angezeigt werden.

   Im nächsten Schritt werden wir die Hierarchie definieren, damit untergeordnete Elemente automatisch eingerückt werden können.

8. Klicken Sie mit der rechten Maustaste im Fenster *Zeilengruppen* auf das Element *Details* und wählen Sie *Gruppeneigenschaften*.
9. Definieren Sie in der Kategorie *Allgemein* eine Gruppierung nach *EmployeeID*.
10. In der Kategorie *Erweitert* definieren Sie als *Rekursiver übergeordneter Ausdruck* das Feld *ManagerID*, wie in Abbildung 13.13 dargestellt.

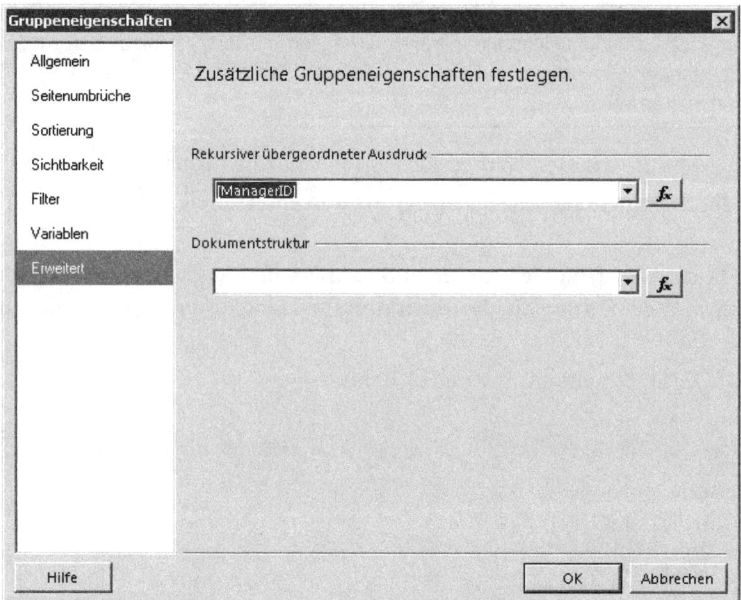

Abbildung 13.13 Definieren Sie in den Gruppeneigenschaften die Hierarchien

Wir haben nur eine Eltern-Kind-Beziehung definiert. Wenn Sie nun in das Vorschaufenster wechseln, werden Sie feststellen, dass diese Beziehung noch nicht auf die Tabelle abgebildet worden ist. Dies muss im Eigenschaftenfenster des Tabellenfensters vorgenommen werden:

11. Klicken Sie einmal auf das entsprechende Tabellenfeld, das dadurch markiert wird.

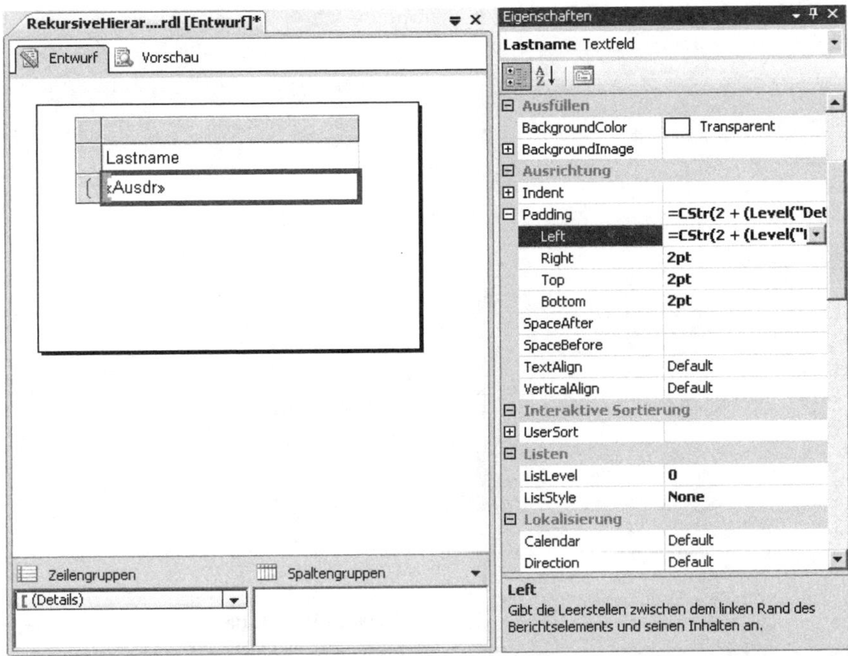

Abbildung 13.14 Ändern Sie die Eigenschaften des Textfelds

12. Blenden Sie das Fenster *Eigenschaften* ein, welches Sie am rechten Rand finden, und klappen Sie im Bereich *Ausrichtung* den Punkt *Padding* auf (Abbildung 13.14).
13. Öffnen Sie das Dropdownfeld der Eigenschaft *Left* und wählen Sie *Ausdruck*.
14. Fügen Sie im Ausdrucks-Editor den Ausdruck =CStr(2 + (Level("Details")*15)) + "pt" ein. Mit der Funktion *Level* wird erreicht, dass der Mitarbeitername je nach Hierarchiestufe unterschiedlich eingerückt wird.
15. Vergeben Sie an dieser Stelle einen aussagekräftigen Spaltennamen, beispielsweise *Mitarbeitername*.
16. Sie können das Ergebnis nun schon im Vorschaufenster begutachten. Sie sehen, dass die Mitarbeiter eingerückt unter ihren Vorgesetzten dargestellt werden.

Nun möchten wir uns noch die jeweilige Hierarchiestufe anzeigen lassen:

1. Erweitern Sie unsere Tabelle um eine weitere Spalte, indem Sie mit der rechten Maustaste auf die Kopfzeile der vorhandenen Spalte klicken, *Spalte einfügen* und anschließend *Rechts* auswählen.
2. Vergeben Sie für die neue Spalte eine treffende Überschrift, z.B. Hierarchiestufe.
3. Klicken Sie mit der rechten Maustaste auf das Detailfeld und wählen Sie *Ausdruck*.
4. Tragen Sie als Ausdruck =LEVEL("Details")+1 ein und schließen Sie das Dialogfeld mit *OK*.

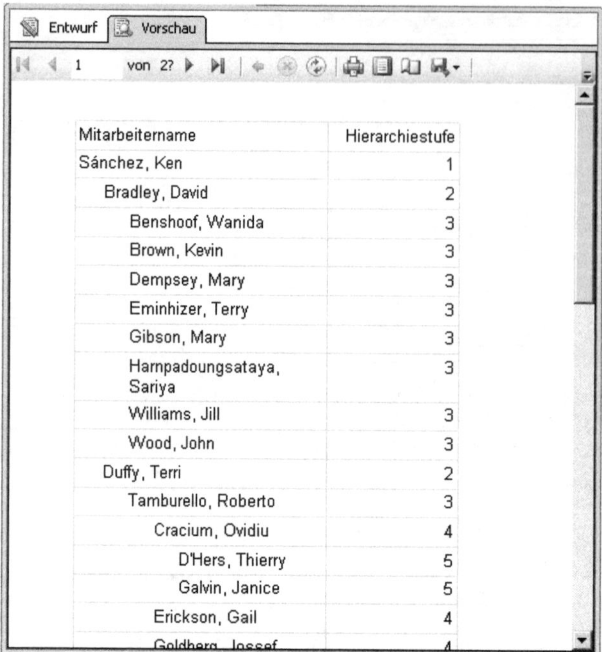

Mitarbeitername	Hierarchiestufe
Sánchez, Ken	1
Bradley, David	2
Benshoof, Wanida	3
Brown, Kevin	3
Dempsey, Mary	3
Eminhizer, Terry	3
Gibson, Mary	3
Hampadoungsataya, Sariya	3
Williams, Jill	3
Wood, John	3
Duffy, Terri	2
Tamburello, Roberto	3
Cracium, Ovidiu	4
D'Hers, Thierry	5
Galvin, Janice	5
Erickson, Gail	4
Goldberg, Jossef	4

Abbildung 13.15 Die Hierarchie der Mitarbeiter und die zugehörige Stufe

Mit einigen Formatierungen an unserer Tabelle lässt sich nun sehr übersichtlich darstellen, welcher Mitarbeiter welchen Vorgesetzten hat. Der Mitarbeiter *Gail Erickson* z.B. gehört der Ebene 4 an, sein direkter Vorgesetzter *Roberto Tamburello* der Ebene 3, dessen Vorgesetzter *Terri Duffy* der Ebene 2. Darüber befindet sich nur noch *Ken Sánchez* als einziger Mitarbeiter der Ebene 1.

Kapitel 14

Parametrisierte Berichte

In diesem Kapitel:

In den beiden vorhergehenden Kapiteln dieses Buchs ist häufiger der Begriff Parameter gefallen und für das vorliegende Kapitel Aufklärung darüber versprochen worden, wann und warum Sie Parameter für Ihre Berichte benötigen.

In der Praxis wird es sicherlich häufiger vorkommen, dass Sie einen Bericht vor seiner Bereitstellung einschränken müssen, wenn Sie beispielsweise die Erträge, die in verschiedenen Ländern, in verschiedenen Städten, von verschiedenen Firmen, mit verschiedenen Produkten, an verschiedenen Tagen usw. erzielt wurden, in einem Bericht darstellen und trotzdem grenzenlose Unübersichtlichkeit verhindern wollen. Wenn Sie dabei Filter einsetzen, wie wir sie im Kapitel 13 vorgestellt haben, müssen Sie schon bei der Berichterstellung wissen, nach welchen Kriterien der Bericht eingeschränkt werden soll. Mit Parametern hingegen können Sie dem Anwender die Möglichkeit geben, selbst die Auswahl dessen zu treffen, was er sehen möchte.

Wir haben dabei zunächst Abfrageparameter von Berichtsparametern zu unterscheiden bzw. ihr Zusammenspiel zu veranschaulichen. Beiden Parametertypen gemeinsam ist ihre filternde Wirkung, d.h. der bzw. die einer Abfrage, einer gespeicherten Prozedur bzw. einem Bericht übergegebenen Parameter filtern die Datenmenge auf eine gewünschte Auswahl hin. Wir wollen Ihnen in den folgenden Abschnitten schrittweise zeigen, wie Sie mithilfe von Parametern einen Bericht auf die Bedürfnisse und Notwendigkeiten zuschneiden können, die jeweils vor Ort vorliegen.

Abfrageparameter

Beginnen wir mit einer einfachen Abfrage:

1. Erstellen Sie einen neuen Bericht, indem Sie im Projektmappen-Explorer im Kontextmenü des Ordners *Berichte* den Eintrag *Neuen Bericht hinzufügen* anklicken. Es öffnet sich der Berichts-Assistent.
2. Klicken Sie im ersten Dialogfeld auf *Weiter* und wählen Sie danach die freigegebene Datenquelle *AdventureWorks*. Klicken Sie im daraufhin geöffneten Dialogfeld auf die Schaltfläche *Abfrage-Generator.*
3. Klicken Sie mit der rechten Maustaste in das leere Feld, wählen Sie im Kontextmenü den Eintrag *Tabelle hinzufügen* und wechseln Sie zur Registerkarte *Ansichten.* Die Ansicht *vEmployeeDepartmentHistory (Human Resources)* lassen Sie daraufhin mithilfe der Schaltfläche *Hinzufügen* anzeigen. Klicken Sie anschließend auf die Schaltfläche *Schließen.*
4. Wählen Sie aus der Ansicht die Einträge *FirstName, LastName, Department* und *GroupName.*
5. Schreiben Sie im Rasterbereich in die Spalte *Alias* hinter *FirstName* »Vorname«, hinter *LastName* »Nachname«, hinter *Department* »Abteilung« und hinter *GroupName* »Abteilungsgruppe«.
6. Um der Abfrage einen Parameter hinzuzufügen, schreiben Sie z.B. hinter *GroupName* in die Spalte *Filter* =@Abteilungsgruppe, sodass Ihre Datenansicht in etwa der Abbildung 14.1 entspricht.

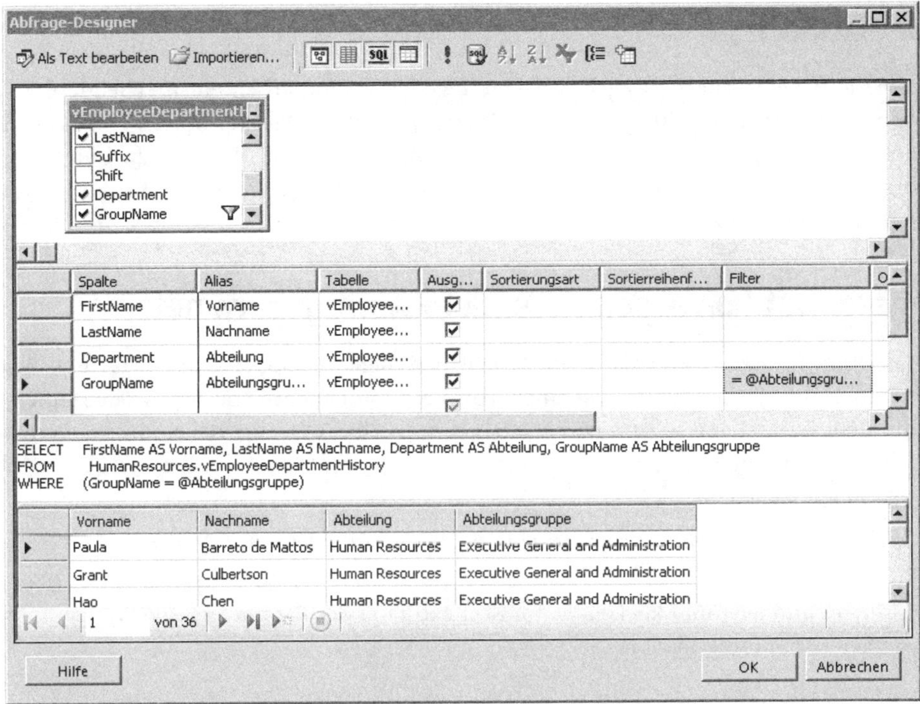

Abbildung 14.1 Abfrage mit Parameter

Der Abfrageparameter wird in die WHERE-Klausel des Abfragetexts eingefügt (wo Sie ihn natürlich auch manuell hätten eintragen können). Dem Namen eines Abfrageparameters geht also ein @-Zeichen voran, dem ein Buchstabe folgen muss. Die weiteren Zeichen sollten Buchstaben oder Zahlen sein, wobei es sich empfiehlt, möglichst einen sprechenden Namen zu wählen.

Sobald Sie Ihre Abfrage ausführen, wird eine Eingabeaufforderung mit dem Namen des Abfrageparameters erscheinen, sodass Sie den Wert eingeben können, nach dem das Dataset dann gefiltert wird.

7. Klicken Sie im Abfrage-Generator auf die Schaltfläche *Ausführen*, geben Sie in der Eingabeaufforderung, d.h. in dem Dialogfeld *Abfrageparameter definieren*, als Wert für den Parameter *@Abteilungsgruppe* z.B. *Executive General and Administration* ein und klicken Sie auf die Schaltfläche *OK* (die in dem Dialogfeld *Abfrageparameter definieren* eingegebenen Werte werden nur zum Ausführen der Abfrage im Abfrage-Generator verwendet; sie werden nicht im Bericht gespeichert). Im Ergebnisbereich erscheinen – nach dem Parameterwert gefiltert – nur die Mitarbeiter der Abteilungen, die zur Abteilungsgruppe *Executive General and Administration* gehören.
8. Löschen Sie die Ergebnisse, indem Sie mit der rechten Maustaste in den Ergebnisbereich klicken und im daraufhin geöffneten Kontextmenü den Eintrag *Ergebnisse löschen* auswählen.
9. Schließen Sie den Abfrage-Designer mit einem Klick auf *OK*.
10. Klicken Sie zwei Mal auf die Schaltfläche *Weiter* und schließen Sie den Berichts-Assistenten ab, indem Sie auf *Fertig stellen* klicken und dem Bericht im letzten Dialogfeld den Namen *Berichtsparameter mit Abfrageparameter* zuweisen.

Berichtsparameter

Abfrageparameter, die Sie für ein Dataset festgelegt haben, erzeugen automatisch entsprechende Berichtsparameter, wenn Sie bei der Berichterstellung auf dieses Dataset zugreifen. Darüber hinaus gibt es auch die Möglichkeit, Berichtsparameter zu generieren, die auf keiner Abfrage beruhen. Wir werden Ihnen dies im Anschluss an den folgenden Abschnitt zeigen, wollen aber zunächst sehen, wie mit einem Abfrageparameter im Bericht weitergearbeitet werden kann.

Berichtsparameter mit korrespondierendem Abfrageparameter

Wie oben erwähnt, wird im Bericht automatisch ein Berichtsparameter erzeugt, wenn ein für den Bericht erzeugtes Dataset auf einer Abfrage beruht, die mit einem Abfrageparameter arbeitet. Wir wollen Ihnen dies zeigen, indem wir mit dem Dataset, das wir im vorhergehenden Abschnitt erzeugt haben, in unserem noch zu erstellenden Bericht weiterarbeiten:

1. Wechseln Sie in die Entwurfsansicht.
2. Lassen Sie sich das Toolfenster *Berichtsdaten* anzeigen, indem Sie im linken Bereich das Fenster *Berichtsdaten* auswählen.
3. Öffnen Sie den Ordner *Parameter* und klicken Sie im Kontextmenü des Parameters *Abteilungsgruppe* auf *Parametereigenschaften* (Abbildung 14.2).

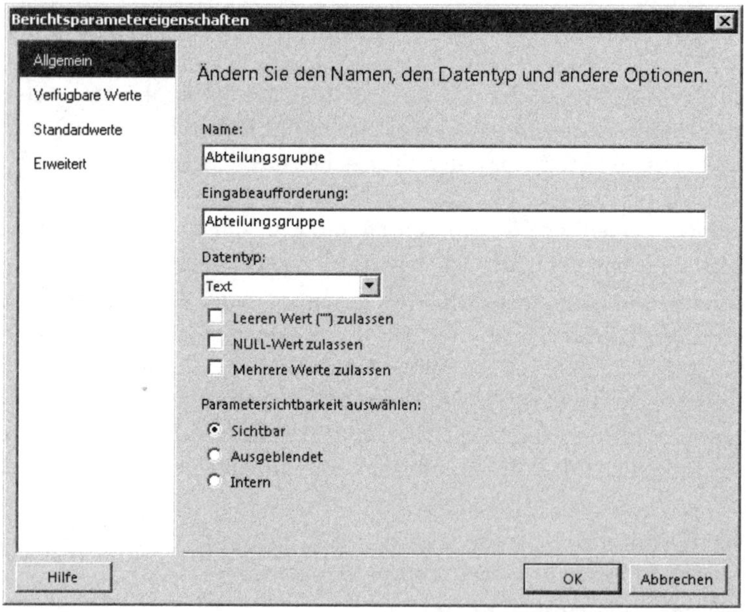

Berichtsparametereigenschaften
Allgemein
Verfügbare Werte
Standardwerte
Erweitert
Ändern Sie den Namen, den Datentyp und andere Optionen.
Name:
Abteilungsgruppe
Eingabeaufforderung:
Abteilungsgruppe
Datentyp:
Text
Leeren Wert ("") zulassen
NULL-Wert zulassen
Mehrere Werte zulassen
Parametersichtbarkeit auswählen:
Sichtbar
Ausgeblendet
Intern
Hilfe
OK
Abbrechen

Abbildung 14.2 Das Dialogfeld der Berichtsparametereigenschaften

Sie sehen, dass automatisch ein Parameter vom Datentyp *Text* mit dem Namen *Abteilungsgruppe* erzeugt wurde.

Des Weiteren sehen Sie, dass automatisch auch eine Eingabeaufforderung mit dem Namen *Abteilungsgruppe* erzeugt wurde. Hier können Sie eine gewünschte Zeichenfolge eingeben, die durchaus vom Namen des Parameters abweichen kann.

ACHTUNG Der Datentyp eines Berichtsparameters ist standardmäßig *Text*. Dies gilt auch für automatisch erzeugte Berichtsparameter. Wenn Sie eine Abfrage erstellt haben, die mithilfe eines Abfrageparameters die Daten z.B. in einem Zahlenfeld filtert, müssen Sie den Datentyp des automatisch erstellten Berichtsparameters in *Ganze Zahl* (bei Ganzzahlen) bzw. *Gleitkommawert* (bei Fließkommazahlen) ändern.

Achten Sie auch darauf, dass ein automatisch erstellter Berichtsparameter nicht entfernt bzw. umbenannt wird, wenn Sie den entsprechenden Abfrageparameter entfernen bzw. seinen Namen ändern.

4. Schließen Sie das Dialogfeld *Berichtsparameter*, indem Sie auf *OK* oder *Abbrechen* klicken und wechseln Sie in die Vorschauansicht. Sie sehen nun in etwa das, was der spätere Nutzer Ihres Berichts sehen wird: einen zunächst noch nicht ausgeführten Bericht, der darauf wartet, dass in das Textfeld *Abteilungsgruppe* der Wert eingegeben wird, nach dem gefiltert werden soll.
5. Geben Sie – wie weiter oben bei der Eingabeaufforderung des Abfrageparameters – z.B. *Executive General and Administration* ein und klicken Sie auf die Schaltfläche *Bericht anzeigen*.

   Der Bericht wird nun in der gleichen Weise ausgeführt, wie weiter oben nach der Eingabeaufforderung des Abfrageparameters.

Sie werden vermutlich einerseits zu schätzen wissen, dass Sie den Nutzern Ihres Berichts mithilfe von Berichtsparametern die Möglichkeit bieten können, selbst zu bestimmen, nach welchen Kriterien der Bericht gefiltert werden soll, andererseits es aber umständlich finden, dass das Filterkriterium eingetippt werden muss (was zum einen voraussetzen würde, dass der Nutzer immer genau wissen müsste, was einzugeben ist, und zum anderen natürlich immer die Gefahr von fehlerhaften Eingaben birgt).

Wenn Sie noch einmal einen Blick auf Abbildung 14.2 werfen, werden Sie sehen, dass Sie den Nutzern Ihres Berichts bessere Möglichkeiten bieten können. Unter *Verfügbare Werte* stehen die beiden Optionen *Werte angeben* und *Werte aus Abfrage abrufen* zur Verfügung, mit denen Sie eine Liste von Werten definieren können, aus der die Nutzer den gewünschten Wert auswählen können:

- **Werte angeben** Wenn Sie eine nicht abgefragte (d.h. statische) Liste zur Auswahl stellen wollen, müssen Sie untereinander jeweils eine Bezeichnung und einen zugehörigen *Wert* eingeben, wobei der Wert das Kriterium wiedergibt, nach dem bei getroffener Auswahl gefiltert werden soll, die Bezeichnung (wenn gewünscht, vom Wert abweichend) das, was dem Nutzer zur Auswahl angeboten wird. Die Option *Nicht abgefragt* bietet sich an, wenn Sie dem Nutzer eine kurze (vielleicht sogar eingeschränkte) Auswahlliste zur Verfügung stellen wollen.
- **Aus Abfrage** Bei der Angabe einer abgefragten Liste der verfügbaren Werte ruft der Berichtsserver bei der Ausführung einen Satz von Werten (und ggf. Bezeichnungen) von einem Dataset ab

ACHTUNG Es empfiehlt sich, ein gesondertes, einfaches Dataset für die Verwendung durch den Parameter zu erstellen, statt ein (vielleicht sehr komplexes) Dataset zu verwenden, das auch von Datenbereichen im Bericht verwendet wird, weil dies zu unerwarteten Ergebnissen in der Liste der verfügbaren Werte führen kann.

Wir wollen nun die zweite Option für unseren Bericht nutzen:

1. Wechseln Sie in die Entwurfsansicht und klicken Sie im Kontextmenü der Datenquelle *AdventureWorks* im Berichtsdatenfenster auf *Dataset hinzufügen*.
2. Tragen Sie bei *Name* den Begriff *ListeAbteilungsgruppen* ein. Als Datenquelle wählen Sie *AdventureWorks* und bei *Abfragetyp* aktivieren Sie *Text*.

3. Erzeugen Sie eine Abfrage, die die Abteilungsgruppen in alphabetischer Reihenfolge abruft, z.B. mit folgender SQL-Anweisung (Abbildung 14.3):

```
SELECT DISTINCT GroupName AS Abteilungsgruppe FROM
HumanResources.vEmployeeDepartmentHistory ORDER BY 1
```

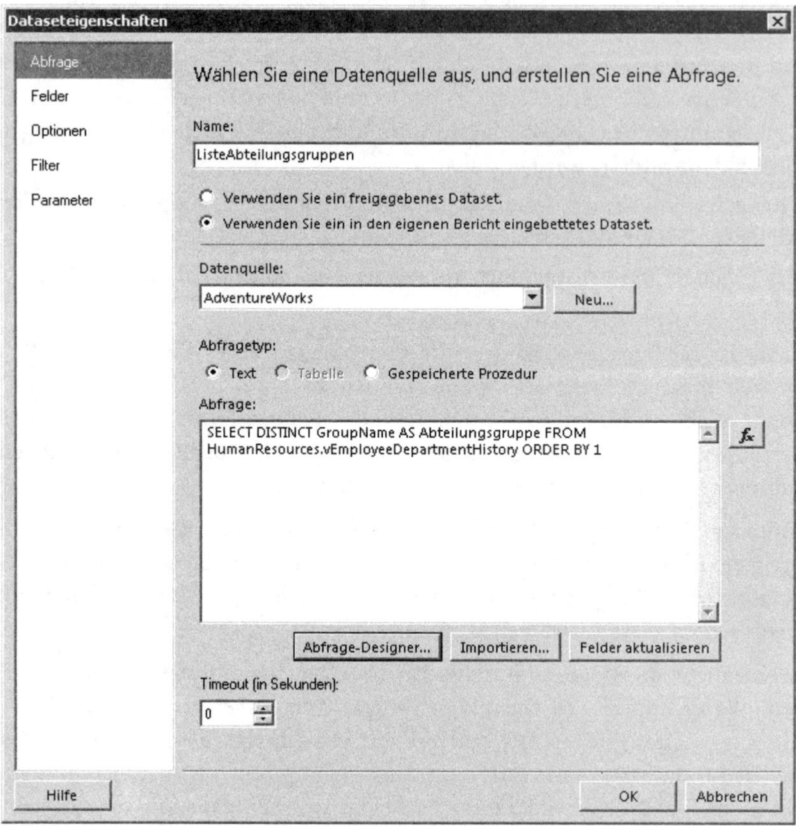

Abbildung 14.3 SQL-Abfrage im Dataset *ListeAbteilungsgruppen*

HINWEIS Der Zusatz DISTINCT sorgt dafür, dass jeder Wert nur einmal angezeigt wird; ORDER BY 1 bedeutet, dass nach der ersten (hier einzigen) Spalte sortiert werden soll.

4. Öffnen Sie das Fenster für die Eigenschaften des Berichtsparameters *Abteilungsgruppe* wie bereits beschrieben und wechseln Sie zur Kategorie *Verfügbare Werte*. Aktivieren Sie dort die Option *Werte aus Abfrage abrufen*.
5. Wählen Sie wie in Abbildung 14.4 aus dem Listenfeld unter *Dataset* das gerade erstellte Dataset *ListeAbteilungsgruppen* und selektieren Sie für das *Wertfeld* bzw. das *Bezeichnungsfeld* den Eintrag *Abteilungsgruppe*.
6. Schließen Sie das Dialogfeld mit einem Klick auf die Schaltfläche *OK* und wechseln Sie in die Vorschauansicht.

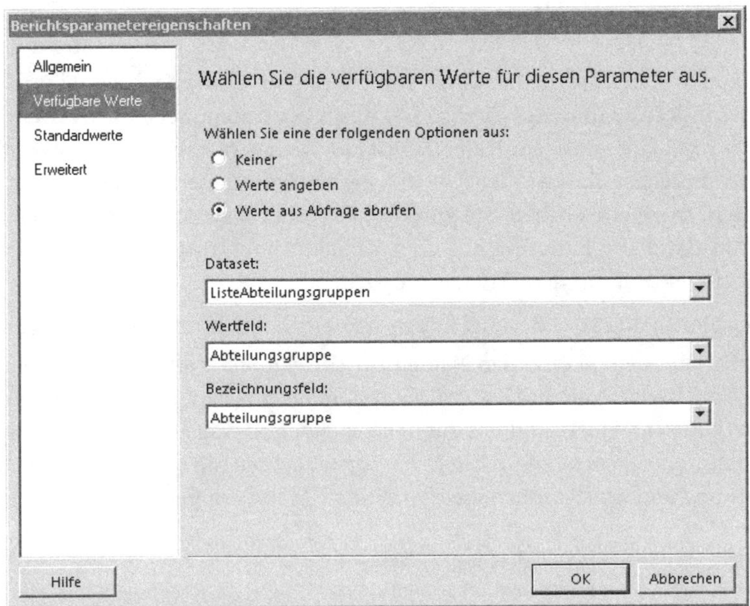

Abbildung 14.4 Verfügbare Werte – Werte aus Abfrage abrufen (Ausschnitt aus Dialogfeld *Berichtsparameter*)

Im Bericht erscheint nun anstelle des Textfelds ein Listenfeld *Abteilungsgruppe*, aus dem der Wert ausgewählt werden kann, nach dem bei der Berichtsausführung gefiltert wird.

Wie Sie gesehen haben, wartet ein parametrisierter Bericht zunächst auf eine Eingabe bzw. Auswahl eines Werts, ehe er ausgeführt wird. Sie können allerdings einen Standardwert für einen Parameter definieren, indem Sie im Dialogfeld *Berichtsparametereigenschaften* unter *Standardwerte* statt der Option *Kein Standardwert* die Optionen *Werte angeben* oder *Werte aus Abfrage abrufen* auswählen.

- **Werte angeben** Sie können einen statischen Wert, z.B. *Executive General and Administration*, oder einen Ausdruck angeben
- **Aus Abfrage** Wenn Sie einen abgefragten Standardwert verwenden wollen, müssen Sie das Dataset und das Feld angeben, aus dem der Standardwert abgerufen wird; falls die Abfrage mehrere Zeilen zurückgibt und das Kontrollfeld *Mehrere Werte zulassen* nicht aktiviert ist, wird nur der Feldwert der ersten Zeile des zurückgegebenen Datasets verwendet, in unserem Fall wäre dies der Wert *Executive General and Administration*

7. Öffnen Sie erneut das Dialogfeld *Berichtsparametereigenschaften* und wählen Sie unter *Standardwerte* die Option *Werte aus Abfrage abrufen* und dann aus dem Listenfeld unter *Dataset* den Eintrag *ListeAbteilungsgruppen* (sodass im Listenfeld unter *Wertfeld* der einzige Eintrag *Abteilungsgruppe* erscheint).
8. Wechseln Sie nun wieder in die Vorschauansicht, um das Ergebnis dieser Maßnahme zu betrachten.

   Im Listenfeld *Abteilungsgruppe* ist automatisch der Standardwert (hier *Executive General and Administration*) voreingestellt, sodass nicht mehr auf eine Auswahl des Nutzers gewartet, sondern der Bericht bereits mit dem Standardwert ausgeführt wurde. Der Nutzer kann aber weiterhin eine andere als die vorgegebene Auswahl treffen.

Der Bericht in seiner augenblicklichen Form wird Sie – was seine Gestaltung angeht – vermutlich nicht zufriedenstellen. Insbesondere die Tatsache, dass jeder Datensatz mit der Angabe der (immer gleichen) Abteilungsgruppe beginnt, verlangt geradezu nach einer Änderung des Layouts. Wir werden darauf in Kapitel 16 noch eingehen, wollen uns aber hier zunächst weiter mit Berichtsparametern beschäftigen.

Berichtsparameter ohne korrespondierende Abfrageparameter

Im vorhergehenden Kapitel 13 haben wir bei der Behandlung von Filtern erwähnt, dass das Filtern von Daten auf dem Berichtsserver insbesondere auch dann nützlich ist, wenn die Datenquelle die Verwendung von Abfrageparametern zum Filtern von Daten auf dem Datenbankserver nicht unterstützt, und Sie auf das vorliegende Kapitel verwiesen. Dies impliziert, dass ein Bericht mit Berichtsparametern arbeiten kann, die nicht auf Abfrageparametern basieren. In einem solchen Fall wird zwar von der Datenquelle immer erst die gesamte Datenmenge abgerufen und dann die Filterung auf dem Berichtsserver vorgenommen, aber Sie können dem Nutzer trotzdem eine Interaktion mit den Daten ermöglichen.

Wir wollen Ihnen dies an einem Beispiel analog zum Beispiel in den vorhergehenden Abschnitten zeigen:

1. Erstellen Sie einen neuen leeren Bericht, dem Sie z.B. den Namen *Berichtsparameter ohne Abfrageparameter* geben, mit einem Dataset, dem Sie z.B. den Namen *DatasetBerichtsparameter* geben, sowie einem Verweis auf die freigegebene Datenquelle *AdventureWorks* und das auf der folgenden Abfrage beruht (wenn Sie die Abfrage nicht im Abfrage-Generator erzeugen, sondern direkt eintippen, achten Sie bitte darauf, ein Pluszeichen anstelle eines &-Zeichens und einfache Anführungszeichen anstelle von doppelten zu benutzen):

```
SELECT GroupName AS Abteilungsgruppe, Department AS Abteilung, LastName + ', ' +
FirstName AS Mitarbeitername FROM HumanResources.vEmployeeDepartmentHistory
```

2. Erstellen Sie ein weiteres Dataset (wie im vorherigen Abschnitt), z.B. mit dem Namen *ListeAbteilungsgruppen*, um dem Nutzer eine Auswahlliste mit allen Abteilungsgruppen zur Verfügung zu stellen:

```
SELECT DISTINCT GroupName AS Abteilungsgruppe FROM
HumanResources.vEmployeeDepartmentHistory ORDER BY 1
```

3. Legen Sie einen neuen Parameter über das Kontextmenü des Ordners *Parameter* im *Berichtsdatenfenster* an und nehmen Sie folgende Einstellungen vor:
   - **Allgemein** Für *Name* und *Eingabeaufforderung* der Wert *Abteilungsgruppe* (Datentyp *Text* kann beibehalten werden)
   - **Verfügbare Werte** Wählen Sie die Option *Werte aus Abfrage abrufen* und aus dem Listenfeld unter *Dataset* den Eintrag *ListeAbteilungsgruppen*, sodass in den Listenfeldern unter *Wertfeld* und *Bezeichnungsfeld* der (einzige) Eintrag *Abteilungsgruppe* erscheint
   - **Standardwerte** Wählen Sie die Option *Werte aus Abfrage abrufen* und aus dem Listenfeld unter *Dataset* den Eintrag *ListeAbteilungsgruppen*, sodass im Listenfeld unter *Wertfeld* der (einzige) Eintrag *Abteilungsgruppe* erscheint
4. Wählen Sie in der Entwurfsansicht das initiale Dataset *DatasetBerichtsparameter* aus und klicken Sie im Kontextmenü auf *Dataset Eigenschaften*, um das Dialogfeld *Dataseteingenschaften* zu öffnen.
5. Wechseln Sie auf die Registerkarte *Filter*. Klicken Sie hier auf die Schaltfläche *Hinzufügen*, wählen Sie aus dem Listenfeld unter *Ausdruck* den Eintrag *[Abteilungsgruppe]* aus und klicken Sie im Listenfeld unter *Wert* auf die Schaltfläche *fx*.
6. Klicken Sie im daraufhin geöffneten Dialogfeld *Ausdruck* unter *Kategorie* auf das Baumelement *Parameter*, klicken Sie im rechten Fenster *Abteilungsgruppe* doppelt an, sodass der Ausdruck =Parameters!Abteilungsgruppe.Value im obigen Fenster eingetragen wird.
7. Schließen Sie nacheinander die beiden Dialogfelder jeweils mit einem Klick auf die Schaltfläche *OK*.

Sie können sich an dieser Stelle das Ausführen der Abfrage sparen, denn wie Sie sich vielleicht noch aus dem vorhergehenden Kapitel 13 erinnern, haben Filtereinstellungen im Dataset (bzw. einer Tabelle) keine Auswirkung auf das Abfrageergebnis im Abfrage-Designer.

8. Wenn Sie nun in die Vorschauansicht wechseln, werden Sie feststellen, dass der Bericht das gleiche Ergebnis liefert wie der Bericht im vorhergehenden Abschnitt, vorausgesetzt natürlich, Sie haben eine Tabelle mit den jeweiligen Feldern in der Entwurfsansicht angelegt.

HINWEIS Alternativ zum Schritt 4 können Sie den filternden Berichtsparameter anstatt im Dataset auch in der Tabelle einsetzen. Wechseln Sie dazu gleich nach Schritt 3 in die Entwurfsansicht, rufen Sie hier nun das Dialogfeld *Tabelleneigenschaften* auf und gehen Sie dann weiter vor, wie ab Schritt 5 beschrieben.

Fassen wir das Ergebnis dieses Vergleichs zusammen:

- Im Bericht *Berichtsparameter mit Abfrageparameter* des vorhergehenden Abschnitts arbeiteten wir mit einer Abfrage, die einen Abfrageparameter verwendete: Im Bericht wurde automatisch ein korrespondierender Berichtsparameter erzeugt, für den vor der Ausführung des Berichts ein Wert eingegeben werden muss (ob nun durch einen Standardwert oder durch Auswahl aus dem Listenfeld). Der Wert des Berichtsparameters wird mit der Abfrage an die Quelle geschickt und die Daten werden an der Quelle auf dem Datenbankserver gefiltert, sodass immer nur ein gefiltertes Dataset abgerufen wird.
- Im Bericht *Berichtsparameter Ohne Abfrageparameter* dieses Abschnitts arbeiteten wir mit einer Abfrage zwar ohne Abfrageparameter, aber mit einem von der Abfrage unabhängigen Berichtsparameter, für den ebenfalls vor der Ausführung des Berichts ein Wert eingegeben werden muss (ob nun durch einen Standardwert oder durch Auswahl aus dem Listenfeld). Doch bereits vor der Eingabe eines Werts für den Berichtsparameter ist das gesamte Dataset ungefiltert an der Quelle abgerufen worden und liegt schon auf dem Berichtsserver vor, sodass die Filterung durch den Wert des Berichtsparameters erst dort vorgenommen wird.

Wir haben im vorhergehenden Kapitel 13 schon die Vor- und Nachteile erörtert, die im Unterschied zwischen Filtern auf dem Datenbankserver und Filtern auf dem Berichtsserver bestehen. Wenn möglich, sollten Sie auf die erste Variante, d.h. den Einsatz von Abfrageparametern, zurückgreifen; die zweite Variante bietet sich aber an, wenn die Datenquelle die Verwendung von Abfrageparametern zum Filtern von Daten nicht unterstützt.

Berichtsparameter ohne korrespondierende Abfrageparameter können aber auch noch für andere als filternde Zwecke eingesetzt werden. In Kapitel 16 werden wir noch näher darauf eingehen.

Parameter in gespeicherten Prozeduren

Wir haben uns in Kapitel 12 ausführlich mit gespeicherten Prozeduren beschäftigt und die Vorteile hervorgehoben, die Datasets mit einer gespeicherten Prozedur gegenüber Datasets mit einer Abfrage aus Tabellen oder Sichten haben. Wir wollen Ihnen deshalb an einem Beispiel analog zu den Beispielen der vorhergehenden Abschnitte zeigen, wie Sie gespeicherte Prozeduren mit Parametern für die Arbeit an einem Bericht einsetzen können:

1. Erstellen Sie einen neuen leeren Bericht, indem Sie im Kontextmenü des Ordners *Berichte* im Projektmappen-Explorer *Hinzufügen/Neues Element* wählen. Wählen Sie im folgenden Dialogfeld *Bericht* und vergeben Sie z.B. den Namen *Berichtsparameter in Prozeduren*. Klicken Sie auf *Hinzufügen*, um den neuen Bericht der Projektmappe beizufügen.

2. Öffnen Sie das *SQL Server Management Studio* (über *Start/Alle Programme/Microsoft SQL Server 2008 R2*) und stellen Sie eine Verbindung mit Ihrem (lokalen) SQL-Server her.

   Klicken Sie oben links auf die Schaltfläche *Neue Abfrage* und erstellen Sie mithilfe folgender Codezeilen eine neue gespeicherte Prozedur (Listing 14.1).

```
USE AdventureWorks2008R2
GO
CREATE PROCEDURE myParameterProc
    @Abteilungsgruppe varchar(64)
AS
BEGIN
SELECT  FirstName as Vorname,
        LastName AS Nachname,
        Department AS Abteilung,
        Groupname AS Abteilungsgruppe
FROM HumanResources.vEmployeeDepartmentHistory
WHERE (GroupName = @Abteilungsgruppe)
END
GO
```

Listing 14.1 Erstellen einer gespeicherten Prozedur mit Parameter im SQL Server Management Studio

3. Klicken Sie anschließend auf die Schaltfläche *Ausführen* (alternativ F5), um die gespeicherte Prozedur *myParameterProc* in der Datenbank zu speichern.

ACHTUNG Der Befehl CREATE PROCEDURE legt eine neue gespeicherte Prozedur in der Datenbank an. Um Änderungen an einer bereits existierenden gespeicherten Prozedur vorzunehmen, müssen Sie den Befehl ALTER PROCEDURE verwenden, da Sie sonst eine Fehlermeldung mit einem Hinweis auf eine bereits existierende Prozedur bekommen würden.

4. Wechseln Sie wieder zum *Business Intelligence Development Studio.*
5. Sie müssen die freigegebene Datenquelle *AdventureWorks* nun mit dem neu angelegten Bericht verknüpfen. Klicken Sie dazu im Toolfenster *Berichtsdaten* auf die Schaltfläche *Neu* und wählen Sie den Eintrag *Datenquelle.*
6. Vergeben Sie z.B. den Namen *AdventureWorks.*
7. Wählen Sie die Option *Freigegebenen Datenquellenverweis verwenden* und wählen Sie dort den Eintrag *AdventureWorks.* Bestätigen Sie mit *OK.*
8. Legen Sie ein neues Dataset z.B. mit dem Namen *StoredProc* über den Eintrag *Neu/Dataset* im *Berichtsdatenfenster* an.
9. Im Dialogfeld *Dataseteigenschaften* wählen Sie als Abfragetyp *Gespeicherte Prozedur* und in der Auswahlliste darunter den Eintrag *myParameterProc.* Bestätigen Sie mit *OK.*
10. Erstellen Sie ein weiteres Dataset z.B. mit dem Namen *ListeAbteilungsgruppen,* um dem Nutzer eine Auswahlliste mit allen *Abteilungsgruppen* zur Verfügung zu stellen:

```
SELECT DISTINCT GroupName AS Abteilungsgruppe FROM HumanResources.vEmployeeDepartmentHistory ORDER BY 1
```

11. Öffnen Sie im Toolfenster *Berichtsdaten* den Ordner *Parameter.* Sie sehen, dass automatisch ein Parameter mit dem Namen *Abteilungsgruppe* angelegt wurde. Dieser stammt aus der gespeicherten Prozedur *myParameterProc,* welche Sie vorhin angelegt haben.

12. Klicken Sie mit der rechten Maustaste auf den Parameter und wählen Sie den Eintrag *Parametereigenschaften*, um das Eigenschaftenfenster zu öffnen.
13. Nehmen Sie noch folgende Einstellungen vor:
    - **Verfügbare Werte** Wählen Sie die Option *Werte aus Abfrage abrufen* und aus dem Listenfeld unter *Dataset* den Eintrag *ListeAbteilungsgruppen*, sodass in den Listenfeldern unter *Wertfeld* und *Bezeichnungsfeld* der (einzige) Eintrag *Abteilungsgruppe* erscheint
    - **Standardwerte** Wählen Sie die Option *Aus Abfrage* und aus dem Listenfeld unter *Dataset* den Eintrag *ListeAbteilungsgruppen*, sodass im Listenfeld unter *Wertfeld* und *Bezeichnungsfeld* der (einzige) Eintrag *Abteilungsgruppe* ausgewählt werden kann. Klicken Sie auf *OK*.
14. Wechseln Sie in die Entwurfsansicht, erstellen Sie dort eine Tabelle und ziehen Sie nacheinander die Felder *Abteilungsgruppe*, *Abteilung* und *Nachname* aus dem Dataset *StoredProc* im Berichtsdatenfenster in die erste, zweite und dritte Spalte der Detailzeile der Tabelle.
15. Klicken Sie im Kontextmenü der dritten Zeile auf *Ausdruck* und ändern Sie den Wert der Detailzeile in =Fields!Nachname.Value & ", " & Fields!Vorname.Value.
16. Ändern Sie anschließend noch den Wert der Kopfzeile in *Mitarbeitername*.
17. Wenn Sie nun in die Vorschauansicht wechseln, werden Sie feststellen, dass der Bericht das gleiche Ergebnis liefert wie die Berichte in den vorhergehenden Abschnitten.

Kaskadierende Parameter

Sie werden sich vermutlich schon die Frage gestellt haben, ob und wie ein zweiter Parameter in einem Bericht eingesetzt werden kann. In unseren obigen Beispielen haben wir mit einem Parameter gearbeitet, mit dem der Nutzer die Abteilungsgruppe auswählen kann, sodass ihm die entsprechenden Abteilungen mit ihren Mitarbeitern angezeigt werden. Ein zweiter Parameter in unserem Bericht könnte sich also auf die Abteilungen beziehen, sodass schließlich nur noch die Mitarbeiter einer einzigen Abteilung angezeigt werden. Dies könnten wir natürlich auch erreichen, indem wir gleich als einzigen Parameter die Abteilungen zur Verfügung stellen. Wir wollen aber unseren Bericht so gestalten, dass durch die aufeinander folgende Auswahl nacheinander das Ergebnis eingeschränkt werden kann.

Vielleicht ahnen Sie schon, dass es dabei Schwierigkeiten geben könnte, aber beginnen wir einfach mit der Erstellung unseres Berichts:

1. Erzeugen Sie einen neuen leeren Bericht, z.B. mit dem Namen *Kaskadierende Parameter* und einem Dataset mit Verweis auf die freigegebene Datenquelle *AdventureWorks*, das z.B. den Namen *DatasetMitarbeiter* hat und auf folgender Abfrage beruht, wie sie in Abbildung 14.5 zu sehen ist.
2. Erzeugen Sie nun zwei weitere Datasets, z.B. mit den Namen *ListeAbteilungsgruppen* bzw. *ListeAbteilungen*, um dem Nutzer eine Auswahlliste mit allen Abteilungsgruppen und eine Auswahlliste mit allen Abteilungen zur Verfügung zu stellen:

   ```
   SELECT DISTINCT GroupName AS Abteilungsgruppe FROM HumanResources.vEmployeeDepartmentHistory ORDER BY 1
   ```

   bzw.

   ```
   SELECT DISTINCT Department AS Abteilung FROM HumanResources.vEmployeeDepartmentHistory ORDER BY 1
   ```

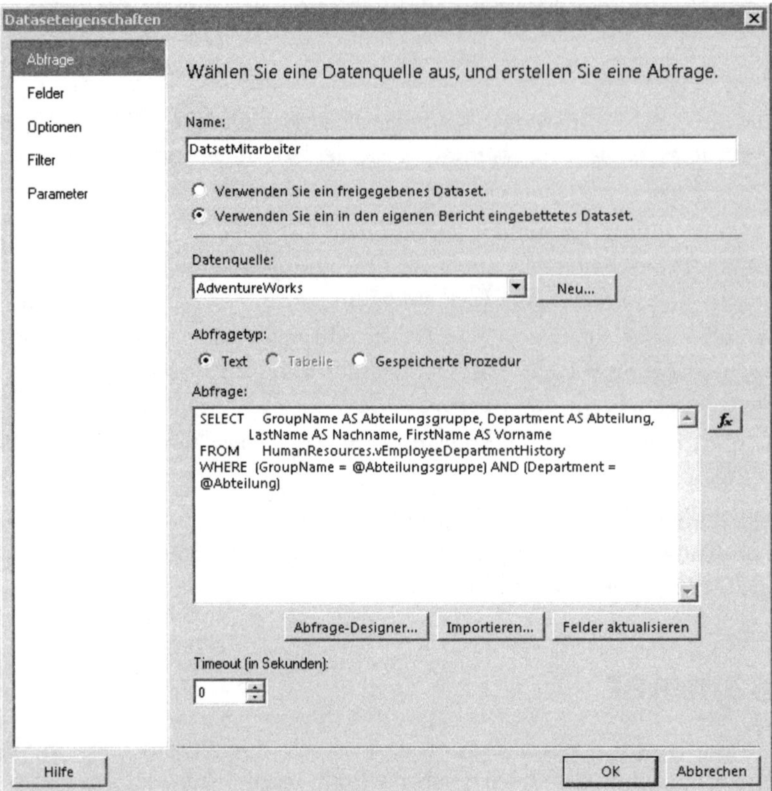

Abbildung 14.5 Dialogfeld *Dataseteigenschaften* mit Parameterabfrage

3. Schließen Sie das Dialogfeld mit einem Klick auf die Schaltfläche *OK*. Weisen Sie anschließend jedem der automatisch erzeugten Berichtsparameter unter der Kategorie *Verfügbare Werte* das jeweils entsprechende Dataset zu (also *ListeAbteilungsgruppen* bzw. *ListeAbteilungen*).

4. Erzeugen Sie eine dreispaltige Tabelle mit den Feldern wie in den vorherigen Abschnitten und wechseln Sie dann in die Vorschauansicht.

   Der Bericht wartet nun auf Ihre Auswahl (achten Sie darauf, dass Sie nicht nur im Listenfeld *Abteilungsgruppen*, sondern auch bereits im Listenfeld *Abteilungen* eine Auswahl treffen könnten).

5. Wählen Sie im Listenfeld *Abteilungsgruppe* wieder als Wert *Executive General and Administration.*

   Der Bericht wartet nun auf die nächste Auswahl (und zeigt nicht, wie wir vielleicht gehofft haben, alle Abteilungen der Abteilungsgruppe *Executive General and Administration* und deren Mitarbeiter an).

   Wenn Sie nun das Listenfeld *Abteilung* öffnen, werden Sie alle möglichen Abteilungen sehen (und nicht nur jene, die zur ausgewählten Abteilungsgruppe *Executive General and Administration* gehören), sodass es – wenn Sie sich nicht genau auskennen – letztlich vom Zufall abhängen wird, ob Sie eine Abteilung auswählen, die tatsächlich zur ausgewählten Abteilungsgruppe gehört.

   Wir müssen unsere Parameter also so definieren, dass die Liste der Werte für den zweiten Parameter von dem Wert abhängt, der in der Liste der Werte für den ersten Parameter ausgewählt wurde (in gleicher Weise könnte ein dritter Parameter von dem Wert abhängen, der in der Liste der Werte für den zweiten Parameter ausgewählt wurde usw.). Eine solche Vorgehensweise, eine Liste von Parameterwerten basierend auf dem Wert eines anderen Parameters zu filtern, erzeugt einen zusammengehörigen Satz von Parametern, die als kaskadierende (oder auch abhängige oder hierarchische) Parameter bezeichnet werden.

Da demnach die Liste für den zweiten Parameter *Abteilung* vom ausgewählten Wert für den ersten Parameter *Abteilungsgruppen* abhängig ist, müssen wir die Abfrage für das Dataset *ListeAbteilungen* entsprechend anpassen.

6. Wechseln Sie in die Entwurfsansicht, wählen Sie das Dataset *ListeAbteilungen* und erweitern Sie die bestehende Abfrage vor der ORDER BY-Klausel um den Zusatz `WHERE GroupName = @Abteilungsgruppe`, sodass die Abfrage folgendes Aussehen hat:

```
SELECT DISTINCT Department AS Abteilung FROM HumanResources.vEmployeeDepartmentHistory
WHERE GroupName = @Abteilungsgruppe ORDER BY 1
```

   Wir bewirken auf diese Weise, dass zunächst dem Parameter *Abteilungsgruppe* ein Wert zugewiesen werden muss, ehe die Liste für den Parameter *Abteilung* (die ja nun auf den Wert des Parameters *Abteilungsgruppe* warten muss) erstellt wird, d.h., wir bringen die Parameter in eine hierarchische Reihenfolge, in der sie im Bericht angezeigt und in der die Parameterabfragen ausgeführt werden:

   - Zuerst wird die parameterlose Abfrage des Datasets *ListeAbteilungsgruppen* ausgeführt, die den Wert für den Parameter *Abteilungsgruppe* liefert
   - Dann kann mit diesem Wert die Parameterabfrage des Datasets *ListeAbteilungen* ausgeführt werden, die den Wert für den Parameter *Abteilungen* liefert
   - Schließlich kann mit den beiden vorher gelieferten Werten die für den Bericht entscheidende Parameterabfrage des Datasets *DatasetMitarbeiter* ausgeführt werden, die den Bericht anzeigt

7. Wechseln Sie in die Vorschauansicht, um dies zu überprüfen.

   Der Bericht wartet nun auf Ihre Auswahl der Abteilungsgruppe (aber im Unterschied zu unserem ersten Versuch ist das Listenfeld *Abteilungen* noch deaktiviert).

8. Wählen Sie im Listenfeld *Abteilungsgruppe* wieder als Wert *Executive General and Administration.*

   Der Bericht wartet nun auf Ihre Auswahl der Abteilung (denn jetzt ist das Listenfeld *Abteilung* aktiviert).

   Wenn Sie das Listenfeld *Abteilung* öffnen, werden Sie tatsächlich nur die Abteilungen sehen, die zur ausgewählten Abteilungsgruppe *Executive General and Administration* gehören.

9. Wählen Sie einen beliebigen Eintrag aus dem Listenfeld *Abteilung,* z.B. *Executive,* und klicken Sie anschließend auf die Schaltfläche *Bericht anzeigen.*

   Der Bericht listet nun die Daten auf, die beide Filterbedingungen erfüllen.

Damit wäre unser Vorhaben fast erfüllt. Um auch noch die oben erwähnte Möglichkeit zu haben, nach Auswahl der Abteilungsgruppe alle zugehörigen Abteilungen mit ihren Mitarbeitern zu sehen, müssen wir weitere Änderungen vornehmen. Dazu benötigen wir eine sogenannte dynamische Abfrage, die wir Ihnen im folgenden Abschnitt vorstellen.

Dynamische Abfrage

Wenn wir die WHERE-Klausel der Abfrage des Datasets *DatasetMitarbeiter* betrachten, sehen wir, dass für den Fall, dass alle Abteilungen angezeigt werden sollen, der zweite Teil (beginnend mit AND) wegfallen muss. Leider ist es aber in einer statischen Abfrage nicht möglich, die Struktur der Abfrage so zu ändern, dass je nach Lage entweder der erste Teil oder beide Teile der WHERE-Klauseln ausgeführt werden. Ein solcher Vorgang ist aber mit einer dynamischen Abfrage möglich.

Wir werden dazu die ursprüngliche Abfrage des Datasets *DatasetMitarbeiter* durch einen Ausdruck ersetzen, der bei seiner Ausführung eine Abfrage ergibt, die nur dann den zweiten Teil der WHERE-Klausel enthält, wenn eine bestimmte Abteilung ausgewählt wird.

1. Wechseln Sie in die Entwurfsansicht und klicken Sie im Kontextmenü des Datasets *DatasetMitarbeiter* auf *Dataseteigenschaften*. Klicken Sie auf die Schaltfläche *fx*, um einen Ausdruck eingeben zu können.

   Ändern Sie die bestehende statische Abfrage in eine dynamische Abfrage, indem Sie die Abfrage wie folgt ändern:

```
="SELECT FirstName AS Vorname, LastName AS Nachname, Department AS Abteilung, GroupName AS Abteilungsgruppe
FROM HumanResources.vEmployeeDepartmentHistory WHERE GroupName = '" & Parameters!Abteilungsgruppe.Value & "'"
& IIF(Parameters!Abteilung.Value = "<alle>", ""," AND Department = '" & Parameters!Abteilung.Value & "'") & "
ORDER BY GroupName, Department, LastName, FirstName"
```

2. Klicken Sie anschließend auf *OK*.

HINWEIS Vielleicht erschrecken Sie, wenn Sie die Vielzahl an verschiedenen Zeichen sehen, auf die aber leider nicht verzichtet werden kann. Geben Sie bitte den Ausdruck genauso ein, wie Sie ihn sehen, und geben Sie ihn als eine einzige Zeile ein, d.h., verzichten Sie auf manuelle Zeilenumbrüche und auf zusätzliche Leerzeichen. Falls die Ausführung Ihres Berichts später nicht funktioniert, könnte hier die Fehlerquelle zu finden sein.

Wir werden in Kapitel 30 ausführlich auf Ausdrücke eingehen, sodass wir hier darauf verzichten wollen, den aus verschiedenen Teilen zusammengesetzten Ausdruck in allen Einzelheiten zu erläutern. Deshalb nur so viel zur Erklärung: Der für unseren Zusammenhang entscheidende Teil beginnt mit der *IIf*-Funktion, die aus drei Teilen besteht:

- Der erste Teil prüft, ob *Parameters!Abteilung.Value* = "*<alle>*" ist (wir werden dazu gleich noch die Abfrage des Datasets *ListeAbteilung* so ändern, dass der Parameter den Wert *<alle>* hat, wenn keine bestimmte Abteilung ausgewählt wurde)
- Der zweite Teil erzeugt eine leere Zeichenfolge, d.h. "", für den Fall, dass die Prüfung im ersten Teil *Wahr* ergibt
- Der dritte Teil erzeugt für den Fall, dass die Prüfung im ersten Teil nicht *Wahr* ergibt, den mit AND beginnenden zweiten Teil unserer WHERE-Klausel

3. Ändern Sie im Designer für generische Abfragen die Abfrage des Datasets *ListeAbteilungen* wie folgt:

```
SELECT DISTINCT Department AS Abteilung FROM HumanResources.vEmployeeDepartmentHistory
WHERE GroupName = @Abteilungsgruppe UNION SELECT '<alle>' ORDER BY 1
```

   Wir bewirken dadurch, dass die Liste eine zusätzliche Zeile bekommt, die die gewünschte unbestimmte Auswahl, nämlich *<alle>*, als Wert bekommt.

4. Wechseln Sie in die Vorschauansicht und wählen Sie als Abteilungsgruppe z.B. wieder *Executive General and Adminstration.*

   Wenn Sie als Abteilung *<alle>* wählen, werden alle Abteilungen und Mitarbeiter der Abteilungsgruppe *Executive General and Adminstration* angezeigt. Wenn Sie eine bestimmte Abteilung auswählen, werden nur die Mitarbeiter dieser Abteilung angezeigt.

Mehrwertige Parameter

Ein in der Praxis sehr häufig vermisstes Feature ist seit den Reporting Services 2005 endlich verfügbar: Mit mehrwertigen Parametern können Sie abgesehen von der Wahl aller oder einzelner Werte sich auch nur zwei oder drei Werte für einen Parameter herauspicken. Im vorherigen Beispiel wurden so nur die Mitarbeiter einer bestimmten Abteilung oder gleich aller Abteilungen zur Auswahl gestellt.

Außerdem können Sie Sichtbarkeitsebenen festlegen, die eine Aussage darüber treffen, wie der Bericht über Parameter gesteuert werden kann bzw. die Parameter für den Benutzer unsichtbar sind.

Die eben genannten Optionen sind unabhängig davon, ob die Parameter Berichts- oder Abfrageparameter sind. Im Folgenden probieren Sie die Option *Mehrwertig* aus:

1. Öffnen Sie den eben erstellten Bericht.
2. Wechseln Sie in die Entwurfsansicht und wählen Sie den Parameter *Abteilung* aus.
3. Aktivieren Sie das Kontrollkästchen *Mehrere Werte zulassen.* Damit erlauben Sie die Mehrfachauswahl von einem Parameter, wie Sie es in Abbildung 14.6 sehen.

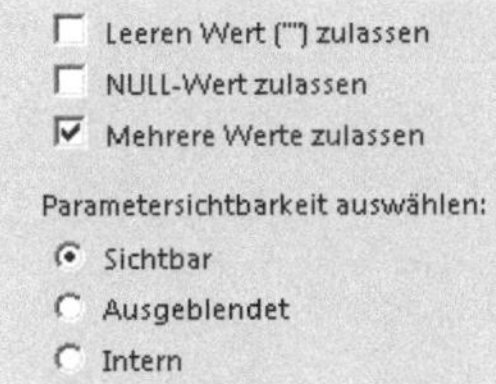

Abbildung 14.6 Parameterdefinition mithilfe der *Mehrwertig*-Option

Es gibt außerdem noch die Optionen *Intern* und *Ausgeblendet.* Damit können Sie die Sichtbarkeit des Parameters steuern:

- Die Option *Ausgeblendet* erlaubt es, die Parameter unsichtbar zu halten. Über die Berichts-URL können Sie jedoch die Parameter ansprechen, ihnen Werte übergeben und den Bericht steuern.
- Die Option *Intern* versteckt die Berichtsparameter und stellt einen Parameter nur in der Berichtsdefinition zur Verfügung

Bei mehrwertigen Parametern wird automatisch ein Eintrag mit dem Namen *(Alles auswählen)* in der Werteliste des mehrwertigen Parameters angelegt. Man kann also den im vorhergehenden Abschnitt manuell erzeugten Eintrag *<alle>* weglassen und stattdessen noch flexibler mit dem mehrwertigen Parameter arbeiten. Wir werden die Abfrage des Datasets *DatasetMitarbeiter* nun so anpassen, dass sie mit dem mehrwertigen Parameter *Abteilung* arbeiten kann und anschließend den manuell erzeugten Eintrag *<alle>* wieder entfernen.

4. Wechseln Sie zur Entwurfsansicht und öffnen Sie das Eigenschaftenfenster des Datasets *DatasetMitarbeiter.*
5. Im Textfeld *Abfrage* sehen Sie in grauer Schrift den Text *<<Ausdr>>*. Klicken Sie rechts neben dem Textfeld auf die Schaltfläche *fx.*

   Dort sehen Sie die im vorhergehenden Abschnitt erstellte dynamische Abfrage in Form eines Ausdrucks. Da wir nun keine *IIf*-Funktion mehr benötigen und somit auch keinen Ausdruck, wandeln wir den Ausdruck wieder in eine normale SQL-Abfrage um.
6. Markieren Sie den kompletten Text (alternativ [Strg]+[A]) und schneiden Sie ihn mit [Strg]+[X] aus.

7. Schließen Sie das Fenster mit einem Klick auf die Schaltfläche *OK* und fügen Sie den Inhalt der Zwischenablage mit [Strg]+[V] im Textfeld für die Abfrage wieder ein. Das Ganze sollte nun so aussehen wie in Abbildung 14.7:

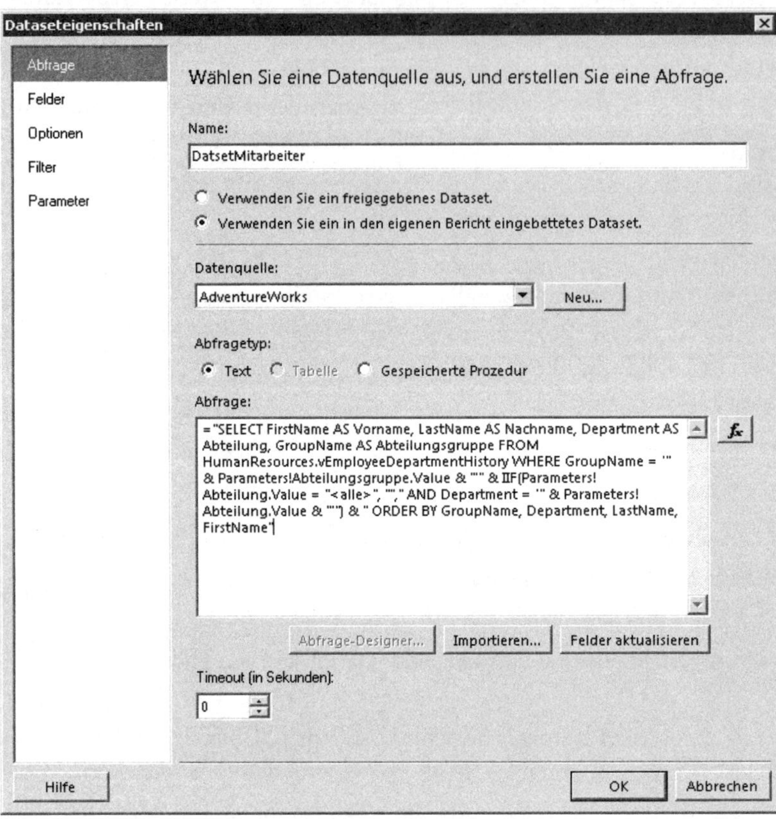

Abbildung 14.7 Dynamische Abfrage als Ausdruck

8. Um die Abfrage, wie bereits erwähnt, nicht mehr als Ausdruck, sondern als normale SQL-Abfrage auszuführen, ändern Sie den Abfragetext in folgenden:

```
SELECT FirstName AS Vorname, LastName AS Nachname, Department AS Abteilung, GroupName AS Abteilungsgruppe FROM
HumanResources.vEmployeeDepartmentHistory WHERE GroupName = @Abteilungsgruppe AND Department IN (@Abteilung)
```

HINWEIS Vielleicht haben Sie bemerkt, dass der Vergleichsoperator = in der zweiten Bedingung der WHERE-Klausel durch das Schlüsselwort IN ersetzt wurde. Die Abfrage liefert nun alle Datensätze mit der im Parameter *Abteilungsgruppe* ausgewählten Abteilungsgruppe und den im Parameter *Abteilung* ausgewählten Abteilungen. Dabei spielt es keine Rolle, wie viele Abteilungen im mehrwertigen Parameter *Abteilung* ausgewählt wurden. Mehrwertige Parameter geben eine kommaseparierte Liste vom Datentyp *Text (String)* zurück, die alle ausgewählten Werte des Parameters enthält. Das Schlüsselwort IN bewirkt, dass die Abfrage nicht nur nach einem Wert – WHERE Abteilung = Abteilung1 – filtert, sondern nach allen Werten in der kommaseparierten Liste – WHERE Abteilung IN (Abteilung1, Abteilung2, Abteilung3...).

9. Ändern Sie anschließend die Abfrage des Datasets *ListeAbteilungen* wie folgt:

```
SELECT DISTINCT Department AS Abteilung FROM HumanResources.vEmployeeDepartmentHistory
WHERE GroupName = @Abteilungsgruppe
```

Wenn Sie nun in die Vorschauansicht wechseln, sollten Sie nach Auswahl des ersten Parameters die Möglichkeit haben wie in Abbildung 14.8, einen, mehrere oder alle Werte des zweiten Parameters auszuwählen. Klicken Sie nach der Auswahl auf *Bericht anzeigen*, um den Bericht mit den ausgewählten Parametern auszuführen.

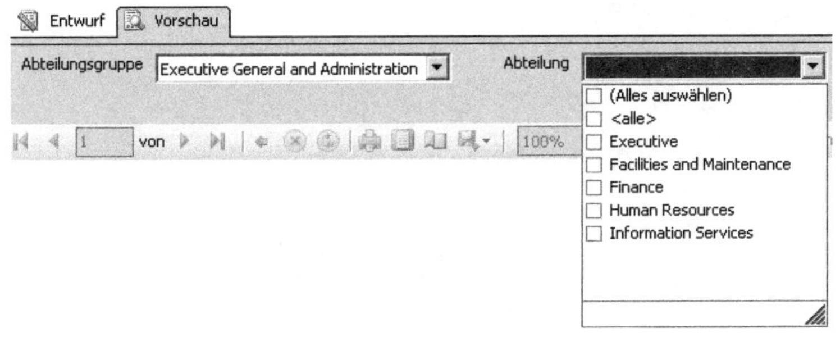

Abbildung 14.8 Parameter mit Mehrfachauswahl

DateTimePicker-Steuerelement

Das folgende Beispiel soll verdeutlichen, wie angenehm die Berichtssteuerung mittels Datumsparametern sein kann und dass Reporting Services Ihnen die Arbeit mittels Steuerelementen vereinfacht.

Um einen Bericht mittels eines Datumsparameters steuern zu können, probieren Sie im Folgenden einen Beispielbericht aus, der in Abhängigkeit eines Datums steht.

1. Erstellen Sie einen neuen leeren Bericht namens *Berichtsparameter Datum.*
2. Auch dieser Bericht basiert auf der freigegebenen Datenquelle *AdventureWorks.* In der Entwurfsansicht erstellen Sie ein neues Dataset mit dem Namen *DataSetProdukte.*
3. Schreiben Sie in das Textfeld der *Abfrage* den Code aus Listing 14.2 hinein, welcher aus der View *vProductModelCatalogDescription* den Namen des Produkts, das Datum der letzten Änderung und die Garantiejahre gewinnt.

```
SELECT Name AS Produktname, ModifiedDate AS [zuletzt geändert am], NoOfYears AS Garantiejahre
FROM Production.vProductModelCatalogDescription
WHERE (ModifiedDate > @zuletztGeändert)
```

Listing 14.2 SQL-Abfrage für das Dataset *DataSetProdukte*

Der Parameter *@zuletztGeändert* bewirkt dabei, dass alle Datensätze herausgefiltert werden, die als *ModifiedDate*-Wert einen größeren Wert haben, als im Parameter angegeben ist.

4. Öffnen Sie das Eigenschaftenfenster des automatisch angelegten Berichtsparameters *@zuletztGeändert* über das entsprechende Kontextmenü.
5. Ändern Sie den Datentyp von der Standardeinstellung *Text* in *Datum/Uhrzeit* und schreiben Sie in das Textfeld *Eingabeaufforderung* den Begriff *geänderte Werte seit.*
6. Beenden Sie das Dialogfeld mit einem Klick auf *OK* und wechseln Sie in die Entwurfsansicht.
7. Ziehen Sie mittels der *Toolbox* eine Tabelle auf den Bericht und füllen Sie die Detailfelder mit den Datasetfeldern *Produktname*, *Garantiejahre* und *zuletzt geändert.*
8. Wechseln Sie zur Vorschauansicht.

9. Klicken Sie auf das Kalendersymbol, um das *DateTimePicker*-Steuerelement zu öffnen, wie in Abbildung 14.9 zu sehen. Dieses Feature erlaubt Ihren Benutzern eine komfortable Auswahl eines Datums.

Abbildung 14.9 *DateTimePicker*-Steuerelement für die Auswahl eines Datumsparameters

10. Die Datenbank enthält für Ihr Beispiel etwas begrenzte Daten, sodass Sie vor den 20.11.2006 bzw. 01.06.2005 mittels des *DateTimePickers* springen müssen, um Ergebnisse zu erhalten.

Wie Sie es in den letzten Abschnitten kennengelernt haben, können Sie jetzt mit Parametern die Ausgabe Ihrer Berichte steuern. Im nächsten Kapitel lernen Sie die Bedeutung von Drilldown und Drillthrough in Berichten kennen.

Kapitel 15

Interaktiv: Drilldown/ Drillthrough

In diesem Kapitel:

Im vorhergehenden Kapitel 14 haben Sie mit Berichtsparametern ein Feature kennengelernt, das den Nutzern die Möglichkeit gibt, interaktiv mit dem Bericht umzugehen, d.h. seine Darstellung und die darin enthaltenen Daten zu beeinflussen. In Kapitel 11 haben Sie gesehen, wie Sie eine Dokumentstruktur erstellen können, die als *interaktives* Inhaltsverzeichnis dient. Per Klick auf Elemente der Dokumentstruktur konnten Sie zu bestimmten Bereichen in einem Bericht springen.

In diesem Kapitel wollen wir Ihnen nun weitere interaktive Features vorstellen, mit denen der Nutzer Einfluss auf die Darstellung eines Berichts nehmen kann.

Drilldown

Drilldown ist eine Funktionalität, die es dem Nutzer erlaubt, tiefer in einen Bericht einzudringen, um sich zusätzliche Detailinformationen anzeigen zu lassen. Sie haben in Kapitel 8 bei der Erstellung Ihres ersten Berichts *Einfacher Drilldown-Bericht* mithilfe des Berichts-Assistenten die Möglichkeit gehabt, das Kontrollkästchen vor *Drilldown aktivieren* zu aktivieren.

TIPP Um sich die Wirkung der Drilldownfunktionalität zu vergegenwärtigen, öffnen Sie den in Kapitel 8 erstellten Bericht *Einfacher Drilldown-Bericht*. Indem Sie auf das Plussymbol (bzw. Minussymbol) klicken, können Sie Detailebenen des Berichts einblenden (bzw. ausblenden).

Wir wollen Ihnen an einem Beispiel zeigen, wie Sie einen Drilldownbericht ohne Berichts-Assistenten erzeugen können:

1. Erstellen Sie einen neuen leeren Bericht, dem Sie z.B. den Namen *Drilldown* geben, mit einem Dataset, dem Sie z.B. den Namen *DrilldownMitarbeiter* geben und das auf der folgenden Abfrage beruht:

```
SELECT GroupName AS Abteilungsgruppe, Department AS Abteilung, LastName + ', ' + FirstName AS Mitarbeitername
FROM HumanResources.vEmployeeDepartmentHistory ORDER BY 1, 2, 3
```

2. Wechseln Sie in die Entwurfsansicht, erstellen Sie dort ein *Tablix*-Objekt, indem Sie eine *Tabelle* aus der Toolbox auf die Entwurfsoberfläche ziehen.
3. Ziehen Sie das Feld *Mitarbeitername* aus dem *DrilldownMitarbeiter*-Dataset im *Berichtsdatenfenster* in die Datenzeile der Tabelle. Sie besteht standardmäßig aus zwei Zeilen und drei Spalten. Sie können weitere Spalten hinzufügen, indem Sie z.B. Felder aus dem Berichtsdatenfenster an den rechten Rand der letzten Spalte ziehen.
4. Wählen Sie im Kontextmenü der Spalte *Mitarbeitername* den Eintrag *Gruppe hinzufügen/Zeilengruppe/Übergeordnete Gruppe*.
5. Wählen Sie aus dem Listenfeld den Eintrag *[Abteilung]* und klicken Sie auf *OK*.
6. Sie sehen, dass nun links angrenzend eine zusätzliche Spalte mit der Überschrift *Abteilung* erzeugt wurde. Wiederholen Sie Schritt 4 mit dem Feld *Abteilung* und der übergeordneten Gruppe *Abteilungsgruppe*.
7. Klicken Sie im Kontextmenü des Textfelds *Mitarbeitername* auf den Eintrag *Zeilengruppe/Gruppeneigenschaften*; es öffnet sich das Dialogfeld *Gruppeneigenschaften*.
8. Wechseln Sie zur Kategorie *Sichtbarkeit* und nehmen Sie die in Abbildung 15.1 gezeigten Einstellungen vor.

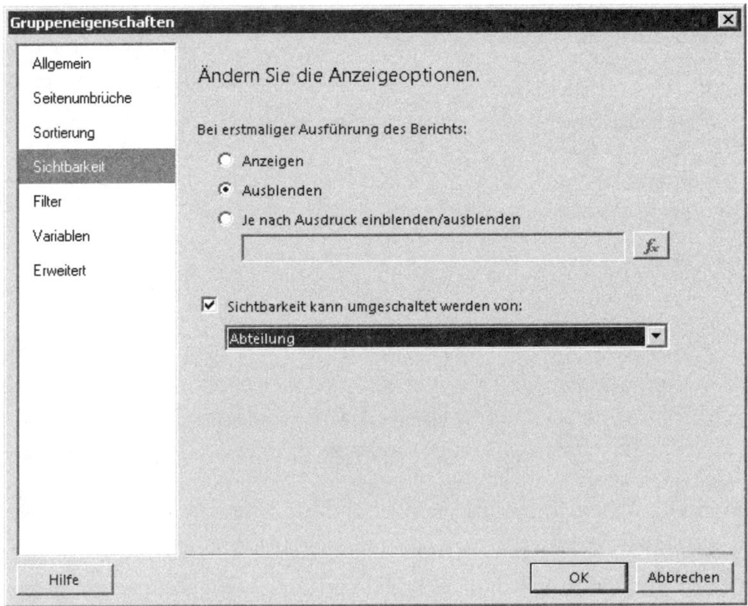

Abbildung 15.1 Drilldown aktivieren in der Kategorie *Sichtbarkeit*

9. Wenden Sie diese Einstellungen ebenfalls auf die Gruppe *Abteilung* an, wählen Sie jedoch diesmal *Abteilungsgruppe* aus dem Listenfeld.
10. Wie Sie sehen, enthält die Tabelle mittlerweile fünf Spalten. Die ersten zwei sind unsere Zeilengruppen für die Drilldowndarstellung, die dritte Spalte beinhaltet die Detailinformationen. Die übrigen zwei nicht gefüllten Spalten sind also überflüssig. Löschen Sie die letzten beiden Spalten, indem Sie im Kontextmenü der jeweiligen Tabellenspaltenhandles auf *Spalten löschen* klicken.
11. Ändern Sie, falls nötig, noch die Gruppenüberschriften von links nach rechts in *Abteilungsgruppe*, *Abteilung* und *Mitarbeitername*.
12. Wechseln Sie in die Vorschauansicht, in der zunächst nur die Abteilungsgruppen sichtbar sind.
13. Klicken Sie auf das Plussymbol z.B. vor *Quality Assurance*, sodass die zu dieser Abteilungsgruppe gehörigen Abteilungen sichtbar werden, und dann auf das Plussymbol, z.B. vor *Document Control*, um die zu dieser Abteilung gehörigen Mitarbeiter sichtbar zu machen.

Ihr Bericht sollte nun ungefähr der Abbildung 15.2 entsprechen.

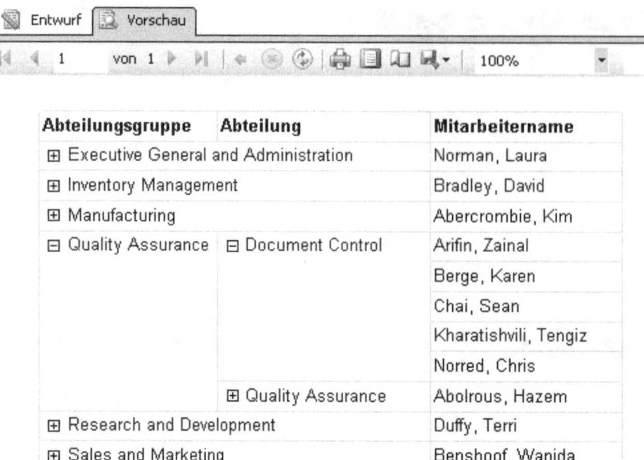

Abteilungsgruppe	Abteilung	Mitarbeitername
⊞ Executive General and Administration		Norman, Laura
⊞ Inventory Management		Bradley, David
⊞ Manufacturing		Abercrombie, Kim
⊟ Quality Assurance	⊟ Document Control	Arifin, Zainal
		Berge, Karen
		Chai, Sean
		Kharatishvili, Tengiz
		Norred, Chris
	⊞ Quality Assurance	Abolrous, Hazem
⊞ Research and Development		Duffy, Terri
⊞ Sales and Marketing		Benshoof, Wanida

Abbildung 15.2 Drilldownbericht in der Vorschauansicht

Wie Sie in Abbildung 15.1 sehen konnten, stehen Ihnen also zunächst drei Optionen zur Verfügung, mit denen Sie die ursprüngliche Sichtbarkeit steuern können:

- **Anzeigen** Das Berichtselement (z.B. Textfeld bzw. bei einer Tabellengruppe – wie in unserem Beispiel – oder einer Matrixgruppe die Zeile oder auch Spalte) ist sichtbar, wenn der Bericht geladen wird
- **Ausblenden** Das Berichtselement ist ausgeblendet, wenn der Bericht geladen wird
- **Je nach Ausdruck einblenden/ausblenden** Die Sichtbarkeit des Berichtselements wird mithilfe eines entsprechenden Ausdrucks kontrolliert. Dies könnte beispielsweise angewendet werden, wenn für eine bestimmte Abteilung gleich alle Mitarbeiternamen angezeigt werden sollen.

Den Drilldowneffekt erzeugen Sie dann, indem Sie das Kontrollkästchen *Sichtbarkeit kann umgeschaltet werden von* aktivieren und ein Berichtselement angeben, auf das der Nutzer zum Ein- oder Ausblenden des ausgewählten Elements klicken kann und das sich entweder in derselben Gruppe befindet wie das ein- bzw. auszublendende Element, oder in einer übergeordneten Gruppe oder einem anderen Element derselben Gruppenhierarchie.

Drillthrough

Während ein Drilldownbericht ein Bericht ist, in dem der Nutzer durch die Drilldownfunktionalität zusätzliche Informationen ein- oder ausblenden kann, ist ein Drillthroughbericht eine Art Detailbericht, den der Nutzer öffnet, indem er auf einen Link in einem anderen Bericht klickt. Ein Drillthroughbericht enthält also in der Regel Details zu einem Element im ursprünglichen Übersichtsbericht. Üblicherweise sollte der Drillthroughbericht Parameter enthalten, die vom Übersichtsbericht an ihn übergeben werden (was nicht unbedingt sein muss, aber – wie Sie gleich sehen werden – überaus sinnvoll ist).

Wir können den Bericht, den wir im vorhergehenden Abschnitt erstellt haben, als einen solchen Übersichtsbericht auffassen, in den wir einen Link einbauen können, sodass durch einen Klick auf den Link der zusätzliche Detailbericht, d.h. der Drillthroughbericht, den wir in den folgenden Schritten erst noch erstellen müssen, geöffnet wird.

Wir erstellen also zunächst einen Drillthroughbericht, der Zusatzinformationen zu einem Mitarbeiter enthalten soll:

1. Erstellen Sie einen neuen leeren Bericht, dem Sie z.B. den Namen *Drillthrough_Detail* geben, mit einem Dataset, dem Sie z.B. den Namen *MitarbeiterDetails* geben und das auf der folgenden Abfrage beruht:

```
SELECT BusinessEntityID AS Nummer, LastName AS Nachname, FirstName AS Vorname, AddressLine1 AS Straße,
PostalCode AS PLZ, City AS Ort FROM HumanResources.vEmployee WHERE BusinessEntityID = @Mitarbeiter
```

   Wir haben aus der Sicht *vEmployee* nur einige beispielhafte Informationen zu einem Mitarbeiter ausgewählt, um die Möglichkeiten, die Ihnen geboten werden Detailinformationen zu präsentieren, anzudeuten. In die WHERE-Klausel haben wir einen Abfrageparameter eingefügt, der – wie Sie im vorhergehenden Kapitel 14 gesehen haben – automatisch einen Berichtsparameter erzeugt, sodass nun eine Parameterabfrage vorliegt, der beim Aufruf ein Parameterwert übergeben werden muss.
2. Ändern Sie den Datentyp des automatisch erzeugten Berichtsparameters in *Ganze Zahl.*
3. Wechseln Sie in die Entwurfsansicht und erzeugen Sie dort eine sechsspaltige Tabelle, in deren Detailzeile Sie nebeneinander alle Felder des Datasets platzieren.

Der parametrisierte Drillthroughbericht *Drillthrough_Detail* ist damit erstellt, sodass wir uns nun dem aufrufenden Bericht zuwenden können.

1. Öffnen Sie den vorhin erstellten Bericht *Drilldown* und ergänzen Sie die Abfrage des Datasets *Drilldown-Mitarbeiter* noch um das Feld *BusinessEntityID*, welches nicht für die Anzeige im Bericht benutzt werden wird, sondern zur Übergabe des entsprechenden Parameterwerts an den aufzurufenden parametrisierten Drillthroughbericht *Drillthrough_Detail.* Wechseln Sie danach in die Entwurfsansicht.
2. Markieren Sie das Textfeld *Mitarbeitername* in der Detailzeile der Tabelle, öffnen Sie mit der rechten Maustaste das Kontextmenü, aus dem Sie den Eintrag *Textfeldeigenschaften* wählen, und wechseln Sie im daraufhin geöffneten Dialogfeld *Textfeldeigenschaften* zur Kategorie *Aktion.*
3. Wählen Sie, wie in Abbildung 15.3, unter *Als Aktion aktivieren* die Option *Gehe zu Bericht* und aus dem Listenfeld, welches alle bisher erstellten Berichte des Projekts anzeigt, den in den Schritten 1 bis 3 erstellten Bericht *Drillthrough_Detail.*
4. Klicken Sie anschließend auf die Schaltfläche *Hinzufügen*, um den Mitarbeiterparameter an den Drillthroughbericht zu übergeben.
5. Hier können Sie nun, wie in Abbildung 15.3, aus dem Listenfeld unter *Name* den (einzigen) Parameter *Mitarbeiter* des Berichts *Drillthrough_Detail* auswählen und aus dem Listenfeld unter *Wert* den Eintrag *[BusinessEntityID]* selektieren.

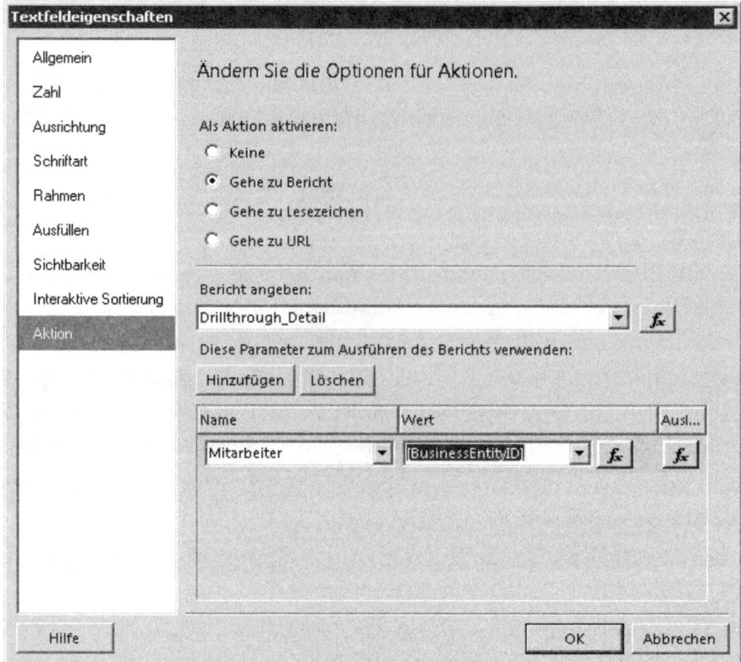

Abbildung 15.3 Erweiterte Textfeldeigenschaften mit Parameterübergabe

6. Schließen Sie das Dialogfeld mit einem Klick auf die Schaltfläche *OK* und wechseln Sie in die Vorschauansicht.

Wenn Sie auf das Plussymbol vor *Manufacturing* und dann auf das Plussymbol vor *Production Control* klicken, erhält Ihr Bericht ein ähnliches Aussehen wie in Abbildung 15.2. Fahren Sie nun aber mit dem Mauszeiger über die Mitarbeiternamen, verwandelt sich das Mauszeigersymbol in eine Hand, die signalisiert, dass sich hier ein Link befindet, auf den der Nutzer klicken kann, um zum Drillthroughbericht mit den entsprechenden Detaildaten durchzuschalten, z.B. wie in Abbildung 15.4 für den Mitarbeiter *Krebs, Peter*. Mithilfe der Schaltfläche *Zurück* kann der Nutzer wieder in den aufrufenden Übersichtsbericht wechseln.

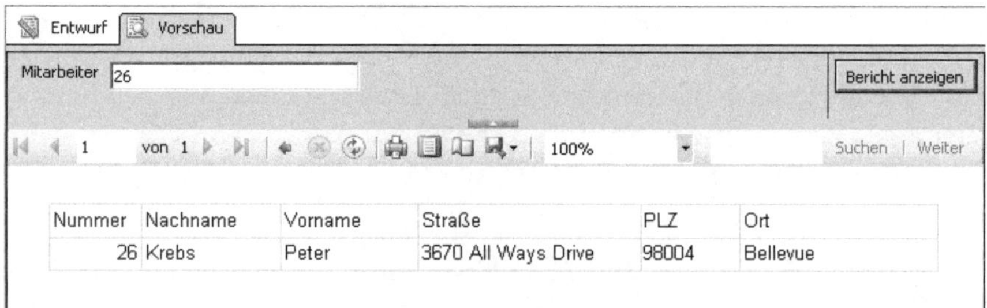

Abbildung 15.4 Parametrisierter Drillthroughbericht

TIPP Wenn Sie ein Berichtselement als Link (z.B. zu einem Drillthroughbericht) setzen, ändert sich sein Aussehen nicht automatisch, sondern wird erst als *Link* erkennbar, wenn der Nutzer mit der Maus darüberfährt. Um die bei Links übliche Unterstreichung im Bericht zu erzielen, müssen Sie das Berichtselement (hier ein Textfeld) entsprechend formatieren.

Hyperlinks und Lesezeichenlinks

Wie Sie im vorhergehenden Abschnitt vielleicht schon bemerkt haben und in Abbildung 15.3 sehen können, haben Sie die Möglichkeit, dem Nutzer neben Drillthroughlinks (und der Dokumentstruktur, die wir in Kapitel 11 vorgestellt haben) noch andere *Links* zur Verfügung zu stellen:

- **Hyperlinks** Führen zu Webseiten (oder anderen Berichten)
- **Lesezeichenlinks** Ermöglichen die Navigation durch einen langen Bericht

Hyperlinks

Wenn Sie einem Berichtselement (d.h. also einem Textfeld oder einem Bild) einen Hyperlink hinzufügen, kann der Nutzer durch Klicken auf dieses Berichtselement zu einer Webseite springen: D.h., der Hyperlink kann die statische URL einer Webseite sein oder auch ein Ausdruck, der zur URL einer Webseite ausgewertet wird (wenn z.B. ein Feld in der Datenbank URLs enthält, sodass der Ausdruck dieses Feld einschließt, um eine dynamische Liste von Hyperlinks in dem Bericht zu erzeugen).

Um im Bericht einen Hyperlink zu erstellen, gehen Sie ähnlich vor wie in den anderen Beispielen dieses Kapitels:

1. Klicken Sie in der Entwurfsansicht mit der rechten Maustaste auf das Textfeld (oder Bild), zu dem Sie den Link hinzufügen möchten, und klicken Sie im daraufhin geöffneten Kontextmenü auf den Eintrag *Eigenschaften*.
2. Wechseln Sie im daraufhin geöffneten Dialogfeld *Textfeldeigenschaften* zur Kategorie *Aktion* (siehe auch Abbildung 15.3).
3. Wählen Sie unter *als Aktion aktivieren* die Option *Gehe zu URL*.
4. Geben Sie im Listenfeld nun eine URL oder einen Ausdruck ein, der zu einer URL ausgewertet werden kann.

Lesezeichenlinks

Ein Lesezeichenlink hat eine ähnliche Aufgabe wie die in Kapitel 11 vorgestellte Dokumentstruktur: Wenn der Nutzer auf den Link klickt, wechselt er in einen anderen Bereich oder auf eine andere Seite des Berichts. Anders als bei Drillthroughlinks oder Hyperlinks bleibt er wie bei der Dokumentstruktur innerhalb des Berichts; im Gegensatz zur Dokumentstruktur gibt es jedoch keine vom Bericht getrennte Zone, von der aus navigiert wird, sondern ein Lesezeichenlink ist im Bericht selbst zu platzieren.

Wenn Sie in einem Bericht Lesezeichenlinks zur Verfügung stellen wollen, müssen Sie zunächst ein Lesezeichen für ein Berichtselement festlegen, d.h. das Ziel, zu dem der Nutzer springen kann. Anschließend fügen Sie einen Lesezeichenlink zu einem anderen Berichtselement hinzu, auf das der Nutzer klicken kann, um zu dem Ziel, dem Berichtselement mit dem Lesezeichen, zu springen.

Zunächst wird also ein Lesezeichen als Ziel des Lesezeichenlinks festgelegt:

1. Markieren Sie in der Entwurfsansicht das Textfeld (oder Bild), für das das Lesezeichen festgelegt werden soll, und suchen Sie den Eintrag *Bookmark* im Eigenschaftenfenster auf der rechten Seite.

2. Vergeben Sie an dieser Stelle eine beliebige, aber im Bericht eindeutige Zeichenfolge (beginnend mit einem Gleichheitszeichen, wobei die dann folgenden Zeichen in Anführungszeichen eingeschlossen sind) oder einen Ausdruck, der zu einer Lesezeichen-ID ausgewertet wird (wenn die Lesezeichen-ID nicht eindeutig ist, führt der Link, der auf die Lesezeichen-ID verweist, zum ersten übereinstimmenden Lesezeichen).

Damit ist das Ziel definiert, sodass nun der Lesezeichenlink erstellt werden kann.

1. Klicken Sie in der Entwurfsansicht mit der rechten Maustaste auf das Textfeld (oder Bild), für das der Lesezeichenlink festgelegt werden soll, und klicken Sie im daraufhin geöffneten Kontextmenü auf den Eintrag *Eigenschaften*.
2. Wechseln Sie im daraufhin geöffneten Dialogfeld *Textfeldeigenschaften* auf die Registerkarte *Aktion* und aktivieren Sie die Option *Gehe zu Lesezeichen*.
3. Geben Sie die eben gewählte *Lesezeichen-ID* (ohne Gleichheitszeichen und ohne Anführungszeichen) oder einen Ausdruck ein, der zu einer Lesezeichen-ID ausgewertet werden kann.

Sie haben jetzt die grundlegenden Kenntnisse erlernt, wie man einen Bericht interaktiv gestalten kann. Im folgenden Kapitel 16 werden wir noch einmal genauer auf die Möglichkeiten der interaktiven Gestaltung von Berichten eingehen.

Kapitel 16

Gestaltung

In diesem Kapitel:

In diesem Buch haben Sie bis jetzt vielfältige Möglichkeiten kennengelernt, wie Sie mithilfe des Berichts-Designers, unterschiedliche Berichte entwickeln können. Nachdem Sie nun die Techniken erlernt haben, um einen Bericht zu erstellen, müssen Sie sich jetzt auch Gedanken darüber machen, wie die Gestaltung Ihres Berichts aussehen soll. Nach der Erzeugung des Berichts, der Auswahl der Datenquelle und der Erstellung der Abfrage beginnen Sie bei der Platzierung von Berichtselementen auf der Entwurfsoberfläche auch schon mit der Gestaltung des Berichts. Ob Sie einzelne Textfelder oder Seiten formatieren, eine Kopf- bzw. Fußzeile hinzufügen, Gruppierungen vornehmen oder interaktive Features wie Drilldown, Drillthrough, Parameter oder Hyperlinks zur Verfügung stellen – jeder Entwicklungsschritt ist Gestaltung, die vorhergehende wie nachfolgende Schritte beeinflusst und deshalb Planung voraussetzt.

Nicht alle schon vorgestellten und nachfolgend noch gezeigten Funktionen und Möglichkeiten müssen in einem Bericht vorhanden sein. Vielmehr entscheidet die richtige Auswahl aus den zahlreichen Möglichkeiten, ob ein Bericht wirklich den Anforderungen entspricht, die die Anwender an ihn haben. Überladen Sie Ihre Berichte nicht, sondern überlegen Sie sich vorher, welche Zielgruppe sie mit dem Bericht ansprechen wollen und welche Informationen sie benötigen.

Da die Anwender später Ihre Berichte verwenden sollen, sollten Sie die Nutzer möglichst frühzeitig in Ihre Entwicklungsarbeit mit einbeziehen. Oft ist es ratsam, erst einen Entwurf zu entwickeln, den die Anwender begutachten können, um Unstimmigkeiten beizeiten zu erkennen. Dadurch kann oft unnötige Entwicklungsarbeit gespart werden. Versuchen Sie frühzeitig, einen Testberichtsserver bereitzustellen, um zeitnah Rückmeldungen der Nutzer für die weitere Gestaltung berücksichtigen zu können.

Kopf- und Fußzeilen

In den letzten Kapiteln haben Sie unterschiedliche Kopf- und Fußzeilen kennengelernt, die es zu unterscheiden gilt, da sie unterschiedliche Wirkungen wie auch Nutzungsmöglichkeiten bei der Gestaltung eines Berichts bieten.

Kopf- und Fußzeile eines Berichts

Wir haben in Kapitel 11 die sogenannte *Seitenkopfzeile* bzw. *Seitenfußzeile* ausführlich vorgestellt und dort bereits angemerkt, dass diese dazu genutzt werden können, um Informationen über den Bericht wiederzugeben, wie z.B. den Berichtsnamen und die Seitenzahl. In der Praxis empfiehlt es sich häufig, wenn der Bericht später in gedruckter Form vorliegen soll, die erste Seite von mehrseitigen Berichten anders zu gestalten als die nachfolgenden Seiten.

Sie können beispielsweise die erste Seite als Deckblatt verwenden, indem Sie auf der ersten Seite ein Logo und Namen der Firma anzeigen. Zusätzlich können Sie z. B. noch den Berichtsnamen, das Erstellungsdatum und den Ersteller mit ausgeben. Diese Informationen werden nur auf der ersten Seite ausgegeben, daher sollten Sie auf den weiteren Seiten Informationen wie Erstellungsdatum, Berichtsnamen und vielleicht auch die ausgewählten Parameter in der Kopfzeile mit ausgeben, wie es in Kapitel 11 vorgestellt wurde. Für die erste Seite sollten Sie dann natürlich die Ausgabe der Kopfzeile unterdrücken, um redundante Informationen auf dem ersten Blatt zu vermeiden.

Dies ist natürlich nur ein Beispiel zur Umsetzung eines mehrseitigen Berichts, wie mithilfe der Kopfzeile globale Informationen auf den einzelnen Seiten zur Verfügung gestellt werden können. Bedenken Sie aber immer dabei, dass Kopf- und Fußzeilen dem Benutzer eine Orientierung geben sollen, worum es in dem Bericht geht und wo er sich im selbigem befindet, nicht aber durch Überladung vom eigentlichen Bericht ablenken soll.

Kopf- und Fußzeile einer Tabelle

Neben den Detail- und Gruppenzeilen besitzt eine Tabelle in den meisten Fällen noch Kopf- und Fußzeilen. In den Kopfzeilen werden die Spaltenüberschriften zur Verfügung gestellt. Bei mehrseitigen Berichten ist es daher sinnvoll, die Tabellenkopfzeile auf jeder Seite anzeigen zu lassen, um die Lesbarkeit des Berichts zu verbessern.

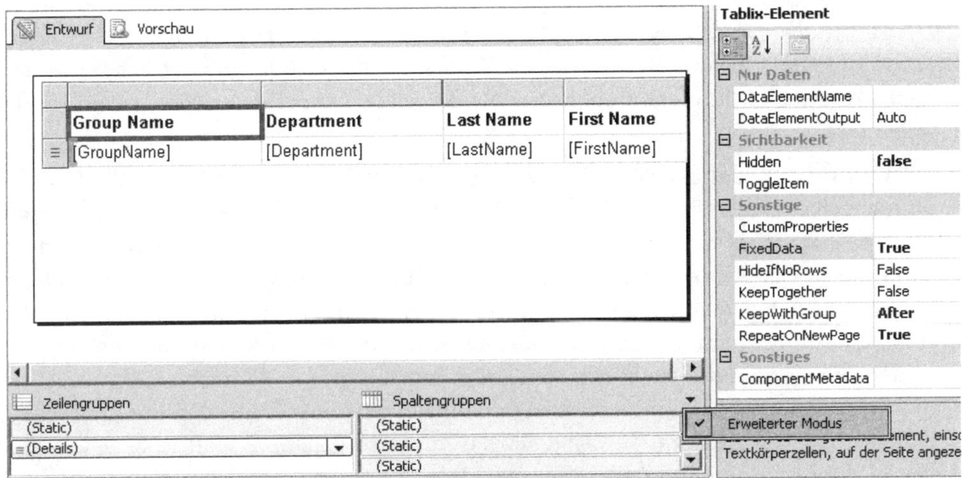

Abbildung 16.1 Aktivieren des erweiterten Modus im Berichts-Designer

Um den Tabellenkopf auf jeder Seite des Berichts ausgeben zu lassen, müssen Sie entsprechend der Abbildung 16.1 zunächst in den *Erweiterten Modus* der *Zeilen-* und *Spaltengruppen* der Tabelle wechseln. Dann wählen Sie die oberste *Static*-Zeile der *Zeilengruppen* aus. Als Letztes setzen Sie im Eigenschaftenfenster *RepeatOnNewPage* auf *True* und *KeepWithGroup* auf *After*. In der gleichen Weise können Sie die Fußzeile auf jeder Seite sichtbar machen. Die Eigenschaft *KeepWithGroup* muss in diesem Fall auf *Before* gesetzt werden. In der Praxis wird die Fußzeile des Öfteren verwendet, um den Gesamtbetrag aller Gruppen zu ermitteln. In diesem Fall sollte sie aber nicht auf jeder Seite ausgegeben werden, sondern nur am Ende der Tabelle.

Die Tabellenkopfzeile kann wie die Tabellenfußzeile aus mehreren Zeilen bestehen. Klicken Sie mit der rechten Maustaste auf den *Zeilenhandle* (grauer Bereich vor der Zeile) vor der Tabellenkopfzeile (bzw. der Tabellenfußzeile) und wählen Sie im daraufhin geöffneten Kontextmenü *Zeile einfügen/Oberhalb* oder *Zeile einfügen/Unterhalb* aus, um der Tabellenkopfzeile (bzw. der Tabellenfußzeile) eine weitere Zeile hinzuzufügen. Falls Sie die Einstellungen für die Ausgabe der Tabellenkopfzeile schon für die vorhandene Zeile angepasst haben, werden diese Einstellungen von der neu hinzugefügten Zeile übernommen. Wenn Sie aber erst nach dem Hinzufügen der Zeile die Einstellungen für die Wiederholung des Tabellenkopfs auf jeder Seite machen wollen, muss dies jetzt für jede Kopfzeile einzeln durchgeführt werden.

Kopf- und Fußzeile einer Gruppe

Wie Sie in den vorhergehenden Kapiteln erfahren konnten, können Sie mit Gruppen in einer Tabelle die Daten in logische Abschnitte unterteilen. Darüber hinaus können in der Gruppenkopf- bzw. Fußzeile Teilergebnisse der zugehörigen Gruppen mithilfe von Aggregatfunktionen ausgegeben werden, wie wir Ihnen in Kapitel 13 genauer erläutert haben.

Auch bei der Gruppenkopf- bzw. Fußzeile haben Sie die Möglichkeit, wie bei den Kopfzeilen der Tabelle, die Zeilen auf jeder Seite ausgeben zu lassen. Um das zu veranlassen, müssen Sie im *Erweiterten Modus* der *(Static)*-Zeile, die unterhalb der zugehörigen Gruppe steht, die Eigenschaften *KeepWithGroup After* und *RepeatOnNewPage* auf *True* setzen.

Genau wie die Kopf- und Fußzeilen einer Tabelle können auch die Kopf- und Fußzeilen einer Gruppe aus mehreren Zeilen bestehen. Klicken Sie mit der rechten Maustaste auf den *Zeilenhandle* der Kopfzeile und wählen im Kontextmenü entweder *Zeile einfügen/Innerhalb von Gruppe – Oberhalb* oder *Zeile einfügen/ Innerhalb von Gruppe – Unterhalb*, um eine weitere Kopfzeile hinzuzufügen. Die Einstellungen werden von der ersten Kopfzeile übernommen. Obwohl man vermuten könnte, dass man nur eine der Kopfzeilen auf jeder Seite anzeigen lassen könnte, ist das nicht möglich und beide Zeilen müssen den gleichen Wert für die Eigenschaft *RepeatOnNewPage* besitzen.

Da in Gruppenkopfzeilen bzw. Gruppenfußzeilen häufig eine Zelle so viel Text beinhaltet, dass der Text bei der Darstellung wegen mangelnder Zellenbreite innerhalb der Zelle umgebrochen werden muss, stellt sich die Frage nach einer anderen Lösung als der Verbreiterung der gesamten Spalte, in der sich die Zelle befindet. Grundsätzlich (d.h. nicht nur in Gruppenkopfzeilen und Gruppenfußzeilen, sondern auch in allen anderen Tabellenzeilen) können mehrere nebeneinander befindliche Zellen einer Zeile zu einer einzigen Zelle kombiniert werden (dies gilt nicht für untereinander befindliche Zellen einer Spalte!). Eine Zusammenführung von Zellen erreichen Sie, indem Sie die zusammenzuführenden Zellen markieren, mit der rechten Maustaste auf die markierten Zellen klicken und im daraufhin geöffneten Kontextmenü den Eintrag *Zellen zusammenführen* wählen. Die zu einer einzigen Zelle zusammengeführten Zellen (sogenannte spaltenüberspannende Zellen) können wieder in ihre ursprünglichen Einzelzellen aufgeteilt werden, indem Sie mit der rechten Maustaste auf die Zelle klicken und im daraufhin geöffneten Kontextmenü den Eintrag *Zellen teilen* wählen.

ACHTUNG Beim Zusammenführen von Zellen bleiben nur die Daten der äußerst links stehenden Zelle erhalten. Falls Daten in den anderen Zellen vorhanden sind, gehen diese unwiderruflich verloren (es sei denn, Sie machen den Vorgang z.B. mithilfe des Menübefehls *Bearbeiten/Rückgängig* oder der Tastenkombination `Strg`+`Z` sofort wieder rückgängig). Wenn Sie zusammengeführte Zellen wieder in ihre ursprünglichen Einzelzellen teilen, werden die enthaltenen Daten in die linke Zelle zurückgeschrieben.

Gestaltungsaspekte

Bereits zu Anfang des Kapitels haben wir in den einleitenden Sätzen zu bedenken gegeben, dass die vielfältigen Gestaltungsmöglichkeiten, die Ihnen im Berichts-Designer geboten werden, nicht dazu verführen sollten, sie alle in einem einzelnen Bericht unterzubringen, sondern zu entscheiden, welche Berichtselemente die geeignetsten in der jeweiligen Situation sind. Umgekehrt werden oft genug auch Konstellationen entstehen, in denen Sie die verschiedenen Gestaltungsmöglichkeiten nutzen sollten, wenn es heißt, Probleme bei der Darstellung großer Datenmengen zu bewältigen.

Seitenlayout und Formatierung

In Kapitel 9 haben wir Ihnen den Unterschied und die Abhängigkeit zwischen den Eigenschaften des Textkörpers, d.h. der Grundfläche, auf der Sie Ihren Bericht gestalten, und den Eigenschaften des Berichts erläutert (siehe dort die Abbildungen 9.3 und 9.4). Gehen Sie von Anfang an auf die Abhängigkeiten der Eigenschaften ein, damit Sie nicht einen Bericht entwerfen, der sich schließlich so präsentiert, dass der Nutzer nur mit Mühe (z.B. durch endloses Scrollen) alle Bereiche des Berichts betrachten kann bzw. dass der Papierausdruck des Berichts die Ränder abschneidet und dadurch mehr Seiten als geplant bzw. Leerseiten mit ausgedruckt werden. Um zeitraubende Nachbearbeitungen eines Berichts zu vermeiden, bedenken Sie also von Anfang an, dass Sie z.B. zur Breite des Textkörpers noch die Seitenränder addieren müssen, damit sowohl Papierausdruck als auch der PDF-Export das geplante Seitenformat nicht überschreiten.

HINWEIS Bei der Gestaltung der Berichtsseiten sollten Sie nicht nur die Vorschauansicht des Bericht-Designers verwenden, sondern auch möglichst früh den Bericht auf einem Testserver bereitstellen, um die kleinen Unterschiede festzustellen, die zwischen der Vorschauansicht und der Ansicht in einem Web-Browser zu erkennen sind.

Im nächsten Kapitel werden Sie die Möglichkeiten kennenlernen, Ihr Projekt auf einem Test- und Produktivserver bereitzustellen, um die Berichte in der späteren Produktivumgebung testen und mit den Anwendern gemeinsam optimieren zu können.

Bei der Verwendung von Tabellen stoßen Sie schnell auf Probleme, die entstehen, wenn Sie eine größere Anzahl von Spalten platzieren müssen. Schnell ist die zur Verfügung stehende Seitenbreite ausgeschöpft. Um dennoch das gewünschte Ergebnis zu erzielen, verwenden Sie in solchen Situationen die verschiedenen Möglichkeiten zur Formatierung, um den Platz optimal zu nutzen:

- **Seitenbreite** Stellen Sie die Seiten ins Querformat:
  - Öffnen Sie über den Menübefehl *Bericht/Berichtseigenschaften* das zugehörige Dialogfeld (Abbildung 16.2) und wählen Sie unter *Seite einrichten* die Ausrichtung *Querformat*

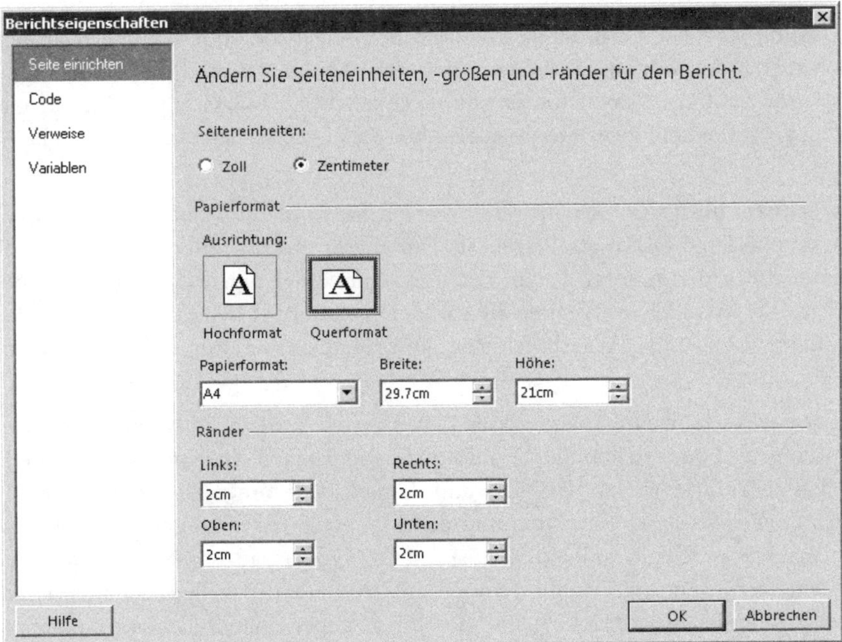

Abbildung 16.2 Seiteneigenschaften des Berichts

  - Oder vertauschen Sie die Werte der Eigenschaften *PageSize.Width* und *PageSize.Height* des Berichtelements im Eigenschaftenfenster
- **Seitenränder** Reduzieren Sie die Ränder des Berichts:
  - Passen Sie die Werte für *Links* und *Rechts* der *Ränder* im Dialogfeld *Berichtseigenschaften* an

  - Oder reduzieren Sie die Werte der Eigenschaft *Margin.Left* und *Margin.Right* des Berichts im Eigenschaftenfenster

- **Spaltenbreite** Passen Sie die Werte der Eigenschaft *Width* in den Spalten an, indem Sie *Size.Width* eines Felds der Spalte verkleinern. Falls der Platz eines Felds immer noch nicht ausreicht, können Sie durch Reduzierung des linken und rechten Innenabstands (*Padding.Left* und *Padding.Right*) noch etwas Platz gewinnen.
- **Schriftgröße und Schriftart** Durch die Wahl einer kleineren Schriftgröße (*FontSize*) können Sie die Breite der Spalte weiter verringern. Testen Sie verschiedene Schriftarten, die unterschiedlich viel Platz benötigen, durch Anpassen der Eigenschaft *FontFamily*. Hierbei sollten Sie darauf achten, dass Sie die Schriftarten möglichst einheitlich verwenden.
- **Zusammenführung von Zellen** Nutzen Sie insbesondere bei Kopf- oder Fußzeilen von Tabellen bzw. Gruppen die Möglichkeit, spaltenüberspannende Zellen zu bilden, wie wir es weiter oben in diesem Kapitel beschrieben haben; fassen Sie – entweder schon bei der Abfrage oder beim Erstellen der Tabelle – logisch zusammengehörige Felder wie Nachname und Vorname in einem Feld zusammen, indem Sie z.B. einen Ausdruck bilden:

```
=Fields!Nachname.Value + ", " + Fields!Vorname.Value
```

- **Zusätzliche Zeilen** Erwägen Sie ggf., bestimmte Informationen in Zeilen untereinander zu stellen, z.B. den Vornamen unter den Nachnamen oder die Straße unter Postleitzahl und Ort

Solche Veränderungen gegenüber den standardmäßigen Werten können insbesondere zur Hervorhebung und Abgrenzung von Daten verwendet werden. Sie haben in Kapitel 10 bei der Vorstellung der Berichtselemente und Datenbereiche schon zahlreiche Formatierungsmöglichkeiten kennengelernt und ausprobieren können. Nachstehend wollen wir Ihnen einige Hinweise geben, wie Sie einzelne Datenbereiche effektiv hervorheben können:

- **Schriftgrad, Schriftart, Schriftschnitt und Schriftbreite** Setzen Sie Kopf- und Fußzeilen einer Tabelle oder einer Gruppe von den anderen Daten ab. Passen Sie eine dieser Eigenschaften an: *FontSize*, *FontFamily*, *FontStyle*, *FontWeight*. In den meisten Fällen reicht es, eine dieser Eigenschaften zu verändern, um ein Feld oder eine Zeile hervorzuheben. Wenden Sie solche Formatierung behutsam an und behalten Sie das Ziel Ihrer Bemühungen im Auge: Sie gestalten einen informativen, seriösen und möglichst übersichtlichen Bericht.
- **Rahmen und Farben** Setzen Sie einzelne Spalten oder Zeilen durch gezieltes Verwenden von Farben und Rahmen in den Vordergrund oder stellen Sie die Zusammengehörigkeit einzelner Spalten oder Zeilen da. Mit den Eigenschaften *BorderStyle*, *BorderWidth* und *BorderColor* können Sie die Rahmen einzelner Felder, ganzer Zeilen oder Spalten konfigurieren und dadurch voneinander abgrenzen oder zusammenfügen. Wobei Sie allerdings bedenken sollten, dass Sie mit der Eigenschaft *BorderWidth* wieder eine (wenn auch geringe) Breitenvergrößerung in Kauf nehmen müssen. Jede dieser Eigenschaften kann für alle Seiten eines Felds einzeln angepasst werden. Sie können direkt nebeneinanderliegende Spalten auch abgrenzen, indem Sie zwischen zwei Hintergrundfarben (*BackgroundColor*) oder zwei Schriftfarben (*Color*) wechseln. Falls Sie zusätzliche Zeilen einfügen mussten, können Sie die Zusammengehörigkeit von Zellen durch Rahmenlinien verdeutlichen. Allerdings sollten Sie auch bei der Gestaltung mit Rahmen und Farben die Seriosität Ihres Vorhabens nicht vergessen.

Bei der Gestaltung eines Berichts sollten Sie den jeweiligen Gebrauch und die jeweilige Zielgruppe des Berichts berücksichtigen. So erforderlich eine reiche Ausgestaltung eines Berichts für Präsentationen manchmal sein mag, so unnötig, wenn nicht gar störend, kann sie bei einem täglich auszudruckenden Bericht sein. Aus diesen Gründen ist eine frühzeitige Auseinandersetzung mit Fragen des Layouts und der Formatierung eine unabdingbare Voraussetzung für eine zeitökonomische Entwicklung von guten Berichten. Wenn Sie noch wenig praktische Erfahrung im Gestalten von Berichten haben, probieren Sie möglichst viel aus: Nur Übung macht den Meister und führt zu einem größeren Erfahrungsschatz.

Inaktivität und Navigation

In den vorhergehenden Kapiteln wurden Ihnen einige Features und Funktionalitäten vorgestellt, die dem Entwickler die Möglichkeit bieten, dem Anwender einen interaktiven Bericht zur Verfügung zu stellen:

- **In Kapitel 11:**
  - Die Dokumentstruktur, die es den Anwendern ermöglicht, durch Klicken auf Elemente der Dokumentstruktur zu bestimmten Bereichen innerhalb des Berichts zu springen, d.h. gezielt durch den Bericht zu navigieren
- **In Kapitel 14:**
  - Die Berichtsparameter, die es den Anwendern ermöglichen, nach Eingabe eines Werts in ein Textfeld oder nach Auswahl eines Werts aus einem Listenfeld selbst zu bestimmen, nach welchen Daten gefiltert werden soll und somit welche Daten letzten Endes im Bericht angezeigt werden sollen
- **In Kapitel 15:**
  - Die Drilldownfunktionalität, die es den Anwendern erlaubt, bestimmte Detailinformationen ein- oder auszublenden
  - Die Drillthroughfunktionalität, die es den Anwendern ermöglicht, aus einem Bericht heraus zu einem anderen Bericht auf dem Berichtsserver zu navigieren, um sich weitere Detailinformationen anzeigen zu lassen
  - Die Hyperlinks, die es den Anwendern erlauben, zu Websites außerhalb des Berichts-Managers zu navigieren
  - Die Lesezeichenlinks, die es den Anwendern ermöglichen, innerhalb des Berichts zu einem anderen definierten Bereich oder auf eine andere für den Lesezeichenlink festgelegte Seite des Berichts zu springen, d.h. gezielt durch den Bericht zu navigieren, ähnlich der Dokumentstruktur

Bei der Gestaltung von Berichten sind die interaktiven Features und Funktionalitäten ein reizvolles Mittel, um den Bericht professioneller erscheinen zu lassen. Aber verwenden sie die Interaktivität nur vorsichtig und nicht nur, weil es die Möglichkeit gibt oder weil der Bericht dann ein bisschen mehr hermachen würde. Dem Nutzer Interaktivität zur Verfügung zu stellen, kostet Zeit, und die sollten Sie im Zweifelsfalle für wichtigere Dinge nutzen:

- Fügen Sie möglichst nur mehrseitigen Berichten eine Dokumentstruktur hinzu. Insbesondere dann, wenn Sie nicht mit Seitenumbrüchen gearbeitet haben, ist die Dokumentstruktur ein sinnvolles Feature, das dem Nutzer eine optimale Navigationsmöglichkeit bietet. Da die Dokumentstruktur in der Browserdarstellung am linken Rand Platz benötigt, bietet sich für mehrspaltige Berichte als alternative Navigationsmöglichkeit auch der Einsatz von (mit etwas mehr Aufwand zu implementierenden) Lesezeichenlinks an.

- Ein Bericht mit Berichtsparametern sollte dem Nutzer eine wirkliche Auswahlmöglichkeit bieten. Wenn bei der Nutzung des Berichts letztlich immer nur eine bestimmte Auswahl getroffen wird, weil die anderen Auswahlmöglichkeiten eher unwahrscheinlich, unbrauchbar oder uninteressant sind, sollten Sie die Parameter verstecken, sodass sie vom Anwender nicht verändert werden können, oder Sie passen die Datenbankabfrage direkt an. Vorteil der versteckten Parameter gegenüber der angepassten Datenbankabfrage ist, dass Sie, wenn Sie die Rechte haben, im Berichts-Manager die Parameter gegebenenfalls ändern können, falls sich die Auswahl einmal ändern sollte.
- Die Drilldownfunktionalität, um z.B. die Möglichkeit des Ein- oder Ausblendens von Spalten bei einer Matrix oder Tabelle zur Verfügung zu stellen, sollten Sie allein dann nutzen, wenn die auszublendende Spalte wirklich nur im Einzelfall interessante Detailinformationen liefert oder wenn die große Anzahl an Spalten dazu zwingt, weniger wichtige Daten erst einmal auszublenden und nur im Bedarfsfall anzuzeigen. Drilldown für das Ein- oder Ausblenden von Zeilen ist immer dann nützlich, wenn es sich um viele Detailzeilen handelt oder wenn es sinnvoll erscheint, die Informationen der Gruppen miteinander zu vergleichen, ohne die dann störenden Detailinformationen betrachten zu müssen.
- Drillthroughberichte sind dann sinnvoll, wenn es nicht möglich ist, alle gewünschten Detailinformationen in Spalten nebeneinander anzuordnen, bzw. wenn es darum geht, nicht immer notwendige Detailinformationen, dem Nutzer für den Bedarfsfall trotzdem zur Verfügung zu stellen. Ein weiterer Einsatzbereich von Drilltroughberichten sollte in Betracht gezogen werden, wenn die Beschaffung der Daten mit Detailinformationen zu lange dauert, im Gegensatz zur Ermittlung der Daten für die Übersicht, und die Detailinformationen dann nur für ein Detail im neuen Bericht ermittelt werden müssen.

Nutzen Sie die interaktiven Features und Funktionalitäten, wenn diese für die Anwender wirklich hilfreich sind. Beachten Sie aber, dass ein inflationärer Einsatz dagegen für die Nutzer verwirrend wirken kann und den Bericht und damit Ihre Entwicklungsarbeit möglicherweise entwertet.

Kapitel 17

Bereitstellung

In diesem Kapitel:

Während der Entwicklung werden Sie immer wieder die Vorschau des Berichts-Designers verwenden, um die Ergebnisse Ihrer Entwicklungsarbeit zu kontrollieren und überprüfen zu können, wie der Anwender schließlich einen Bericht in seinem Browser dargestellt bekommt. In den bisherigen Kapiteln haben Sie bei der Erstellung einzelner Berichte immer wieder die Möglichkeit der Berichtsvorschau verwendet.

Sobald Sie sich ein wirkliches Bild vom Gesamtaussehen eines Berichts machen wollen oder einen Bericht fertiggestellt haben, können Sie ihn auch testen, indem Sie das Berichtsprojekt in der standardmäßigen Debugkonfiguration ausführen. Die Vorschau des Berichts wird dann in einem separaten Vorschaufenster oder in einem Browserfenster, je nach Konfiguration, angezeigt. Wie Sie ein Berichtsprojekt ausführen können, erfahren Sie im ersten Abschnitt dieses Kapitels.

Sie sollten Ihre Berichte, bevor Sie sie produktiv einsetzen, auf einem Testsystem zur Verfügung stellen. Dadurch können Sie zum einen beobachten, wie sich Ihre Berichte in etwa unter Realbedingungen verhalten. Zum anderen können Sie die Ergebnisse Ihrer Arbeit frühzeitig einem ausgewählten Kreis von Testnutzern zur Verfügung stellen und so schon früh auf Änderungswünsche eingehen. Falls ein Teil Ihrer Berichte schon auf einem Produktivsystem veröffentlicht ist, haben Sie dort meist nicht die Möglichkeit, Berichte jederzeit zu aktualisieren, sondern können dies nur zu bestimmten Zeiten tun, wenn die Anwender das System gerade nicht verwenden und es so nicht zu Konflikten kommen kann. In diesen Fällen sollten Sie auf jeden Fall ein Testsystem einsetzen, um jederzeit Änderungen dort veröffentlichen zu können.

Wenn Sie soweit sind, Ihre Berichte zu testen oder bereitzustellen, haben Sie folgende Möglichkeiten, um Ihr Berichtsprojekt auszuführen:

- Den Menübefehl *Debuggen/Debuggen Starten* aufrufen
- In der *Standard*-Symbolleiste auf die Schaltfläche *Starten* klicken
- Die Taste F5 drücken

Projekteinstellungen

Wie der Berichts-Designer das Berichtsprojekt schließlich ausführt, hängt von den Einstellungen in den Eigenschaftenseiten des Berichtsprojekts und von den Einstellungen im Konfigurations-Manager ab.

Die Eigenschaftenseiten des Projekts können Sie aufrufen, indem Sie mit der rechten Maustaste im Projektmappen-Explorer auf das Berichtsprojekt klicken und im daraufhin geöffneten Kontextmenü den Eintrag *Eigenschaften* wählen. Sie können aber auch den Menübefehl *Projekt/<Projektname>-Eigenschaften* ausführen, sodass das Dialogfeld entsprechend der Abbildung 17.1 geöffnet wird:

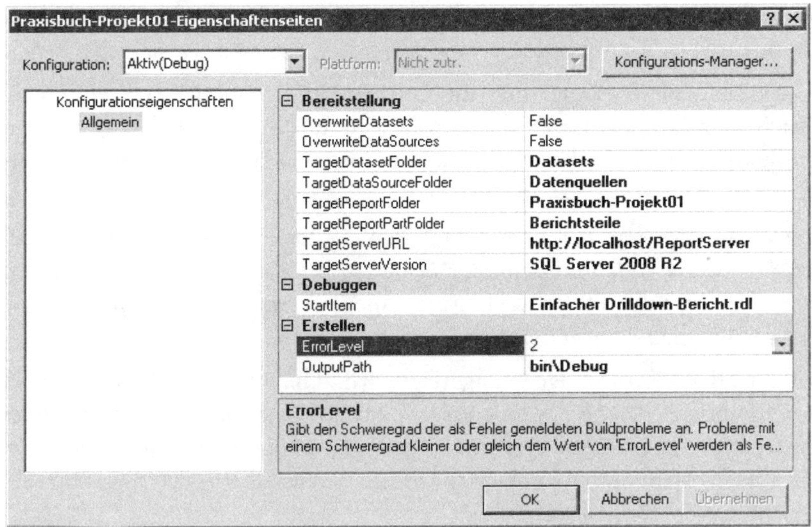

Abbildung 17.1 Debug- und Bereitstellungseinstellungen auf den Projekteigenschaftenseiten

Links oben sehen Sie, dass als aktive Konfiguration standardmäßig *Debug* im Listenfeld *Konfiguration* ausgewählt ist. Des Weiteren stehen Ihnen *DebugLocal* und *Production* von Anfang an zur Verfügung. Weitere Konfigurationen können Sie im Konfigurations-Manager erstellen, den wir Ihnen gleich noch vorstellen werden. Durch die unterschiedlichen Konfigurationen haben Sie die Möglichkeit, Einstellungen sowohl für verschiedene Testszenarien als auch für die Produktivserver vorzunehmen. Je nach der von Ihnen aktivierten Konfiguration werden die zugehörigen Aktionen durchgeführt. Dies kann bedeuten, dass Sie einen Bericht nur testen oder die Berichte des Berichtsprojekts auf einem Berichtsserver bereitstellen.

Auf der rechten Seite des Dialogfelds können Sie unter *Bereitstellung* bzw. *Debuggen* mehrere Eigenschaften für die jeweils aktive Konfiguration des Berichtsprojekts festlegen:

- **OverwriteDatasets** Der standardmäßig eingestellte Wert *False* legt fest, dass beim Bereitstellen des Berichtsprojekts im Berichts-Designer die auf dem Berichtsserver vorhandenen freigegebenen Datasets nicht überschrieben werden dürfen. Das bedeutet für Sie, dass Änderungen an Ihren freigegebenen Datasets nicht übernommen werden. Wollen Sie, dass Ihre Änderungen mit übernommen werden, müssen Sie diesen Wert auf *True* setzen.
- **OverwriteDataSource** Der standardmäßig eingestellte Wert *False* legt fest, dass beim Bereitstellen des Berichtsprojekts im Berichts-Designer die auf dem Berichtsserver vorhandenen Datenquelleninformationen nicht überschrieben werden dürfen. Wenn die Datenquelleninformationen auf dem Server bei jeder Bereitstellung aktualisiert werden sollen, legen Sie den Wert auf *True* fest. Sie sollten aber sehr vorsichtig mit dieser Einstellung sein, besonders, wenn Sie unterschiedliche Produktiv- und Testdatenquellen haben, da Sie sehr schnell Ihre Produktiveinstellungen überschreiben könnten.
- **TargetDatasetFolder** Der Ordner auf dem Berichtsserver, in dem die freigegebenen Datasets veröffentlicht werden. Der Standardeintrag ist *Datasets.*
- **TargetDataSourceFolder** Der Ordner auf dem Berichtsserver, in dem die freigegebenen Datenquellen veröffentlicht werden. Der Standardeintrag ist *Datenquellen.*
- **TargetReportFolder** Der Name des Ordners, in dem die bereitgestellten Berichte des Projekts gespeichert werden sollen. Standardmäßig entspricht der Name dem des Berichtsprojekts.

- **TargetReportPartFolder** Der Ordner auf dem Berichtsserver, in dem die publizierten Berichtsteile veröffentlicht werden. Der Standardeintrag ist *Berichtsteile.*
- **TargetServerURL** Die URL des Zielberichtsservers (hier die URL des lokalen Berichtsservers *http://localhost/ReportServer*). Vor der Bereitstellung eines Berichts für Test- oder Produktionszwecke müssen Sie hier die gültige URL des Produktions- bzw. Testberichtsservers eingeben (so können Sie eine Konfiguration für den Test- und eine für den Produktivserver erstellen).
- **TargetServerVersion** Gibt die Version des Report Servers an auf dem die Berichte bereitgestellt werden. Sie können hier zwischen dem *SQL Server 2008* und dem *SQL Server 2008 R2* wählen. Falls Sie nur den SQL Server 2008 einsetzen, stehen Ihnen nicht alle neuen Features zur Verfügung. Sie können z.B. keine Karten oder Aggregationen in Aggregationen verwenden.
- **StartItem** Der Name des Berichts, der beim Debuggen angezeigt wird, d.h., wenn das Berichtsprojekt ausgeführt wird. Der Bericht wird entweder in einem separaten Vorschaufenster oder bei gleichzeitiger Bereitstellung auf dem Berichtsserver in einem Browserfenster angezeigt. Auf die Angabe eines *StartItem* kann verzichtet werden, wenn kein Debuggen, sondern nur die Bereitstellung der Berichte des Berichtsprojekts auf einem Berichtsserver erfolgen soll.

Für eine Bereitstellung der Berichte in SharePoint müssen Sie bei der *TargetServerURL* die Adresse zu Ihrem Portalserver angeben, also *http://<Portalserver>*, und eventuell den zugehörigen Port, falls Ihr SharePoint nicht auf dem Standardport (80) läuft. Entsprechend müssen Sie *TargetReportFolder, TargetReportPartFolder, TargetDataSourceFolder* und *TargetDatasetFolder* auf den Speicherort der Dokumentenbibliothek für Ihre Berichte setzen. Es muss dabei – anders als im nativen Modus einer Berichtsserverdatenbank – nochmals der gesamte Pfad *http://<Portalserver>/<Speicherort der Dokumentenbibliothek>* angegeben werden, wie in Abbildung 17.2.

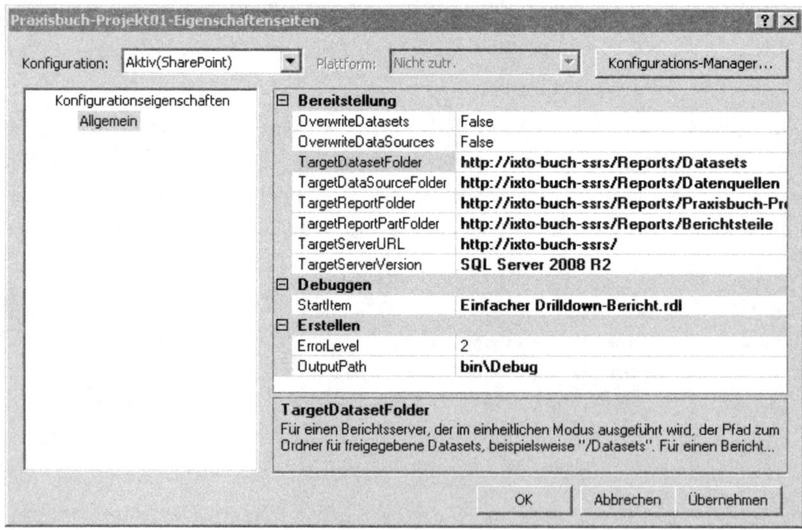

Abbildung 17.2 Konfiguration für die Bereitstellung auf einem SharePoint Server

Sie können innerhalb der Bibliothek wie gewohnt auf eine von Ihnen erstellte Ordnerstruktur zugreifen.

Weitere Informationen im Umgang mit Berichten in SharePoint finden Sie in Kapitel 20.

Konfigurations-Manager

Der in Abbildung 17.3 gezeigte Konfigurations-Manager wird verwendet, um Projektmappen-Build-Konfigurationen und Projektkonfigurationen zu erstellen und zu bearbeiten.

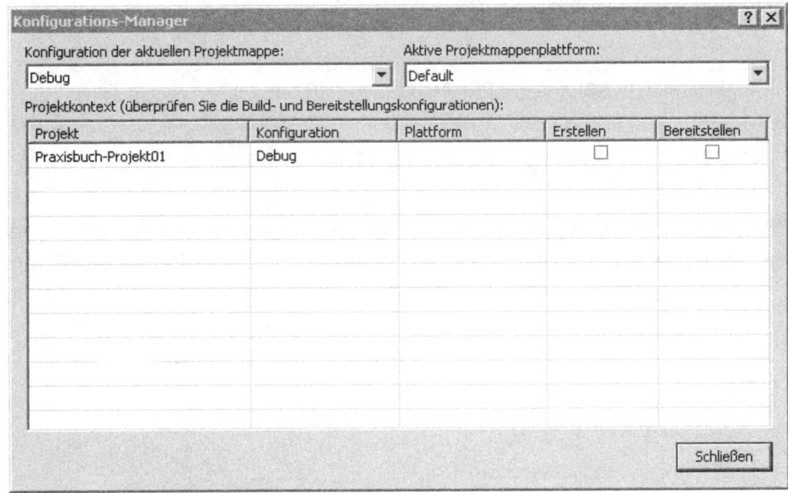

Abbildung 17.3 Der Konfigurations-Manager

Die im Dialogfeld *Konfigurations-Manager* durchgeführten Einstellungen beeinflussen die Ausführung des Berichtsprojekts im Berichts-Designer in folgender Weise:

- **Konfiguration der aktuellen Projektmappe** Zeigt die aktive Konfiguration an. Wenn Sie hier vor dem Schließen des Dialogfelds die Auswahl ändern, wird die aktive Konfiguration auf die neu ausgewählte Konfiguration gesetzt. Um eine zusätzliche Konfiguration zu erzeugen, wählen Sie aus der Liste den Eintrag *<Neu>* aus. Im sich daraufhin öffnenden Dialogfeld *Neue Projektmappenkonfiguration* können Sie der neuen Konfiguration einen Namen geben und ggf. die Einstellungen einer vorhandenen Konfiguration übernehmen. Um eine vorhandene Konfiguration zu löschen oder zu bearbeiten, wählen Sie den Listeneintrag *<Bearbeiten>*, woraufhin sich das Dialogfeld *Projektmappenkonfiguration bearbeiten* mit einer Liste aller vorhandenen Konfigurationen öffnet.
- **Aktive Projektmappenplattform** Zeigt die verfügbaren Plattformen an, für die die Projektmappe erstellt werden kann. Zum Erstellen oder Ändern von Projektmappenplattformen wählen Sie *Neu* oder *Bearbeiten* aus dem Dropdownfeld.
- **Projekt** Zeigt alle Projekte, die in der aktuellen Projektmappe enthalten sind, an
- **Konfiguration** Entspricht zu Beginn der im Listenfeld *Konfiguration der aktuellen Projektmappe* ausgewählten Konfiguration bzw. passt sich den Änderungen der *Konfiguration der aktuellen Projektmappe* an. Wenn Ihre Projektmappe mehrere Projekte enthält, können unterschiedliche Konfigurationen für die einzelnen Projekte ausgewählt werden.
- **Plattform** Ist in den meisten Fällen ein leeres Feld, es sei denn, der Berichtsserver enthält mehrere Umgebungen. Die verschiedenen Plattformen können dann in einem Listenfeld ausgewählt werden.
- **Erstellen** Das Berichtsprojekt wird mit seinen Berichten erstellt, wenn der Haken gesetzt ist, sodass es nach Fehlern durchsucht wird und diese im Fenster *Aufgabenliste* angezeigt werden. Wenn *Erstellen* nicht ausgewählt ist, werden etwaige Fehler nicht im Fenster *Aufgabenliste* angezeigt, sondern nur vom Berichtsserver oder in der Vorschauansicht erkannt.

- **Bereitstellen** Das Berichtsprojekt mit seinen Berichten wird, bei aktiviertem Kontrollfeld, auf dem Berichtsserver bereitgestellt. Der Status der Bereitstellung ist im Fenster *Ausgabe* nachzuvollziehen. Nach Abschluss der Bereitstellung wird der auf den Eigenschaftenseiten des Berichtsprojekts unter *StartItem* angegebene Startbericht im Browserfenster angezeigt. Falls *Bereitstellen* nicht ausgewählt ist, werden die Berichte nicht publiziert und der als StartItem angegebene Bericht wird lediglich in einem separaten Vorschaufenster angezeigt.

HINWEIS Wenn Sie Ihr Projekt wie in Kapitel 8 mit dem Berichtsprojekt-Assistenten erstellen, werden die einzelnen Schrittfolgen des Berichts-Assistenten durchlaufen. Im vorletzten Schritt des Berichts-Assistenten *Bereitstellungsspeicherort auswählen* werden der Berichtsserver und der Bereitstellungsordner angegeben. Der gerade erstellte Bericht wird automatisch als Startbericht festgelegt.

Wenn Sie ein neues Berichtsprojekt ohne Assistenten erstellen, müssen Sie vor dem Bereitstellen der ersten Berichte noch auf den *Projekteigenschaftenseiten* die Einstellungen zum Bereitstellungsordner, zur Berichtsserver-URL und zum Startbericht vornehmen.

Teil C

Management

In diesem Teil:

Kapitel 18

Berichts-Manager oder SharePoint?

In diesem Kapitel:

Nachdem Sie in Teil B dieses Buchs gelernt haben, Berichte zu erstellen, möchten Sie diese sicherlich Ihren Anwendern zur Verfügung stellen. Dabei stellen sich einige Fragen:

- Wie kommen die Nutzer an die Berichte des Berichtsservers, welche die aufbereiteten Informationen aus Ihren Produktivdatenbanken enthalten?
- Welche Möglichkeiten bieten sich den Nutzern, die so aufbereiteten Daten in ihrer täglichen Arbeit einzusetzen?
- Wie kann man sicherstellen, dass die Informationen den richtigen Nutzer erreichen?
- Wie können die Berichte verwaltet werden?

Zu Beginn müssen Sie sich nun zwischen zwei Varianten entscheiden. Hier kommt entweder der Berichts-Manager im systemeigenen Modus oder Dokumentenbibliotheken in SharePoint, im integrierten Modus, ins Spiel.

HINWEIS So ganz korrekt ist das allerdings nicht, denn es gibt auch noch die dritte Variante, den systemeigenen Modus, zu verwenden und die Berichte über Webparts in SharePoint zu visualisieren.

In diesem Kapitel erfahren Sie etwas über die Unterschiede der Modi zu einer Berichtsserverinstanz. Außerdem erhalten Sie einen kurzen Überblick über die jeweiligen Funktionsumfänge.

Eine Entscheidung muss getroffen werden

Die Entscheidung, für welche Vorgehensweise und für welchen Modus Sie sich entscheiden, hängt von verschiedenen Fragen ab:

- Haben Sie die Technologien wie SQL Server und SharePoint bereits im Einsatz?
- Welches Budget steht Ihnen zur Verfügung?
- Sind bei Ihnen noch Hardware-Ressourcen zum Aufsetzen einer Mehrserverarchitektur vorhanden?
- Gibt es beim Personal noch genügend Freiräume, um die administrativen Aufgaben zu bearbeiten?

Weiterhin müssen Sie sich darüber Gedanken machen, ob und welche Zusatzinformationen zu den Berichten benötigt werden.

Nachdem Sie diese Fragen im Unternehmen geklärt haben, kommen Sie vielleicht zu der Schlussfolgerung, dass die Variante mit einem kompletten Berichtsportal in SharePoint nicht in Frage kommt. In diesem Fall würden Sie sich zwangsläufig für den systemeigenen Modus entscheiden.

Im anderen Fall sollten Sie sich etwas mehr mit den unterschiedlichen Modi auseinandersetzen. Es werden grundlegend zwei Bereitstellungsmodi unterstützt:

- Der systemeigene Modus, damit ist auch der systemeigenen Modus mit SharePoint-Webparts gemeint. Bei diesem Modus werden alle Verarbeitungs- und Verwaltungsfunktionen ausschließlich über Reporting Services-Komponenten bereitgestellt. Der Berichtsserver wird als Anwendungsserver ausgeführt.
- Der integrierte SharePoint-Modus, bei dem ein Berichtsserver als Teil einer SharePoint-Serverfarm bereitgestellt wird

Die Berichtsservermodi schließen sich gegenseitig aus.

HINWEIS Da der Berichtsserver Berichtsdefinitionen unabhängig vom verwendeten Servermodus verarbeitet, hat der Servermodus keinen Einfluss auf die Berichtsdaten und das Layout. Jeder Bericht, der auf einem Berichtsserver im systemeigenen Modus ausgeführt werden kann, kann auch auf einem Berichtsserver ausgeführt werden, der für den integrierten SharePoint-Modus konfiguriert ist.

Systemeigener Modus

Im systemeigenen Modus ist ein Berichtsserver ein eigenständiger Anwendungsserver, der das Anzeigen, Verwalten, Verarbeiten und Übermitteln von Berichten und Berichtsmodellen ermöglicht. Dies ist der Standardmodus für Berichtsserverinstanzen.

Integrierter SharePoint-Modus

Im integrierten SharePoint-Modus muss ein Berichtsserver als Teil einer SharePoint-Serverfarm ausgeführt werden. Eine SharePoint-Website stellt den Frontend-Zugriff auf Berichtsserverinhalt und -vorgänge bereit. Der Berichtsserver bietet die gesamte Berichtsverarbeitung und das gesamte Berichtsrendering.

Für den integrierten SharePoint-Modus ist SharePoint Foundation 2010 oder SharePoint Server 2010, das Reporting Services-Add-In für SharePoint-Technologien sowie ein Berichtsserver erforderlich, der für den integrierten SharePoint-Modus konfiguriert ist.

Systemeigener Modus mit SharePoint-Webparts

Im Falle von Bereitstellungen mit einfachen Integrationsanforderungen können Sie die Verwendung von SharePoint-Webparts als Alternative zum integrierten SharePoint-Modus in Betracht ziehen. Reporting Services bietet zwei Webparts, die Sie in einer Instanz von SharePoint installieren können.

Sie können die Webparts von einer SharePoint-Website aus verwenden, um Berichte zu suchen und anzuzeigen, die auf einem Berichtsserver im systemeigenen Modus gespeichert und verarbeitet werden.

Späterer Moduswechsel

Die gute Nachricht: Sie können den Modus wechseln, indem Sie die Berichtsserverdatenbankverbindung so konfigurieren, dass sie auf eine Datenbank verweist, in der Anwendungsdaten in dem für einen bestimmten Modus erwarteten Format gespeichert werden.

Die schlechte Nachricht: Es gibt jedoch keinen unterstützten Ansatz für die Migration von Inhalten zwischen Datenbanktypen.

Berichts-Manager

Der Berichts-Manager ist ein webbasiertes Zugriffs- und Verwaltungstool für Berichte, das für Reporting Services nur im systemeigenen Modus zur Verfügung steht (Abbildung 18.1).

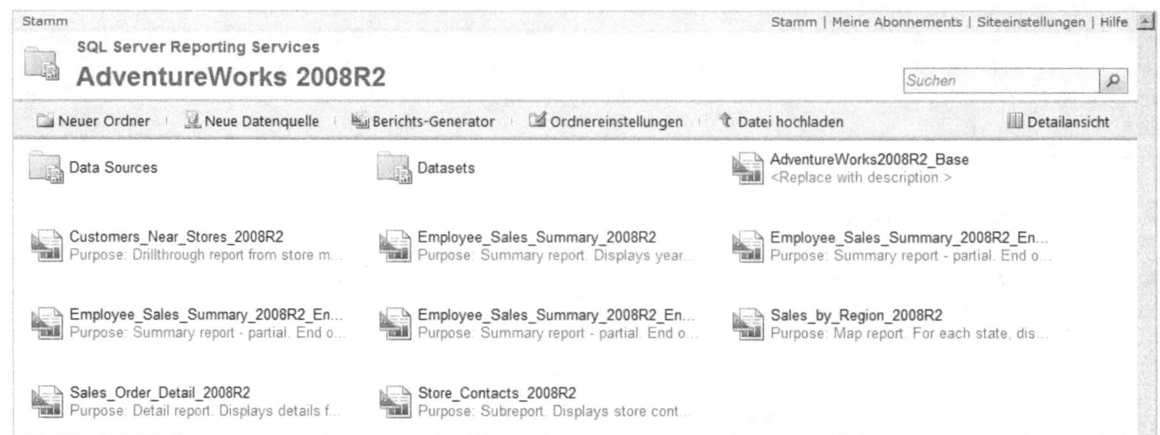

Abbildung 18.1 Die einfache und strukturierte Oberfläche des Berichts-Manager

Über den Berichts-Manager können Sie die rollenbasierte Sicherheit konfigurieren und Sie verwalten Berichtsserverinhalte durch Festlegen der Eigenschaften von

- Datenquellen
- Berichten
- Ordnern
- Ressourcen
- Berichtsmodellen

Sie können die Berichtsausführung und den Berichtsverlauf konfigurieren und Grenzen für die Verarbeitungszeit festlegen, ausstehende oder in Verarbeitung befindliche Berichte überwachen und abbrechen. Außerdem können Sie Datenquellenverbindungen sowie Zeitpläne unabhängig von den damit verknüpften Berichten erstellen und verwalten.

Der Berichts-Manager kann verwendet werden, um eine einzelne Berichtsserverinstanz von einem Remotestandort aus über eine HTTP-Verbindung zu verwalten.

HINWEIS Wenn Sie mit Windows 7 oder Windows Server 2008 arbeiten, müssen Sie den Berichtsserver für die lokale Verwaltung konfigurieren, bevor Sie den Berichts-Manager zum Verwalten einer lokalen Berichtsserverinstanz verwenden.

Eine Sammlung der Funktionen des Berichts-Managers sowie der grundlegende Umgang damit wird Ihnen in Kapitel 19 nähergebracht.

Berichte in SharePoint

Im integrierten SharePoint-Modus werden die Berichte den Anwendern über eine oder mehrere Dokumentenbibliotheken zur Verfügung gestellt. Dabei stehen den Anwendern nicht alle Funktionalitäten des systemeigenen Modus bereit, und andere erst durch die Integration in SharePoint. In den folgenden beiden Abschnitten werden einige wichtige Funktionen kurz vorgestellt (Abbildung 18.2).

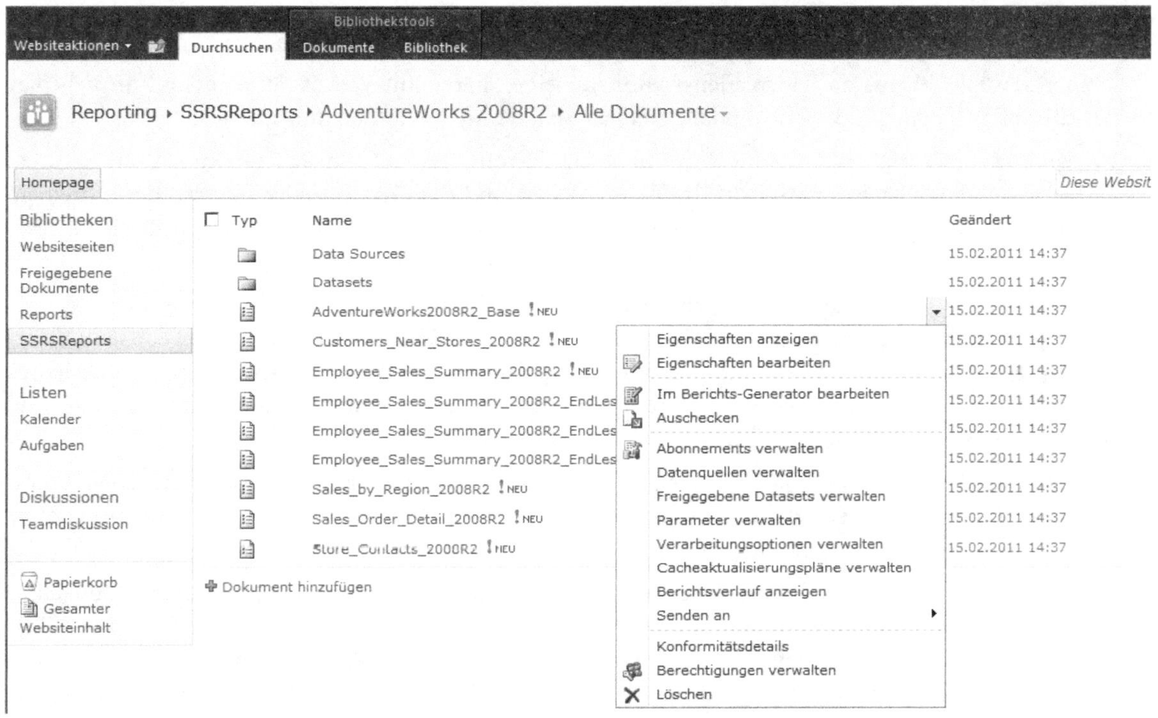

Abbildung 18.2 Die Funktionen von Berichten mit den Mehrwerten von SharePoint verbunden

Reporting Services-Funktionalitäten im integrierten Modus

Die folgende Liste an Funktionen stellt einen Auszug der Funktionen von Reporting Services im SharePoint-Modus dar:

- Verwenden von SharePoint-Funktionen für Dokumentverwaltung und Zusammenarbeit, einschließlich Warnungen und Versionskontrolle. Eine SharePoint-Website stellt ein einheitliches Portal für den zentralen Zugriff und die zentrale Verwaltung aller Dokumente bereit.
- Verwenden von SharePoint-Berechtigungen und Authentifizierungsanbietern, um den Zugriff auf Berichte, Modelle und andere Elemente zu steuern
- Verwenden von SharePoint-Bereitstellungstopologien, um Berichte über eine Internetverbindung jenseits der Firewall zu verteilen. Ein Berichtsserver stellt Berichts- und Datenverarbeitungsdienste im Kontext einer größeren SharePoint-Bereitstellung zur Verfügung, die für den Internetzugriff konfiguriert ist.
- Verwalten von Berichten, Modellen, Datenquellen, Zeitplänen und Berichtsverläufen in benutzerdefinierten Anwendungsseiten auf einer SharePoint-Website. Auf einer SharePoint-Website können Sie genauso vorgehen, um Eigenschaften festzulegen, Zeitpläne und Abonnements zu definieren und Berichtsverläufe zu erstellen und zu verwalten, wie Sie sie von anderen Tools in SQL Server kennen.
- Veröffentlichen oder Hochladen von Berichten, Berichtsmodellen, Ressourcen und freigegebenen Datenquellendateien auf eine SharePoint-Bibliothek, einschließlich des Berichtscenters in Office SharePoint Server

- Erstellen Sie den Berichts-Designer, Modell-Designer und Berichts-Generator 3.0 zum Erstellen von Berichten und Datenquellen, die direkt in einer SharePoint-Bibliothek veröffentlicht werden sollen. Sie können darüber hinaus die Hochladen-Aktion für eine SharePoint-Website verwenden, um beliebige Berichtsdefinitionen und Berichtsmodelle zu einer SharePoint-Bibliothek hinzuzufügen.
- Da der Berichtsserver Berichtsdefinitionen unabhängig vom verwendeten Servermodus verarbeitet, hat der Servermodus keinen Einfluss auf die Berichtsdaten und das Layout. Jeder Bericht, der auf einem Berichtsserver im systemeigenen Modus ausgeführt werden kann, kann auch auf einem Berichtsserver ausgeführt werden, der für den integrierten SharePoint-Modus konfiguriert ist.
- Abonnieren und Übermitteln von Berichten an eine SharePoint-Bibliothek mithilfe einer neuen SharePoint-Übermittlungserweiterung. Sie können Berichte per E-Mail oder in einen freigegebenen Ordner übermitteln. Die Berichtsserverübermittlungserweiterungen werden zum Übermitteln von Berichten verwendet. Sie können datengesteuerte Abonnements für eine umfangreiche Berichtsverteilung mit Abonnentendaten erstellen, die zur Laufzeit abgefragt werden.
- Ein Berichts-Viewer-Webpart, den Sie SharePoint-Seiten hinzufügen können, um in der SharePoint-Webanwendung einen Bericht anzuzeigen. Der Webpart schließt Funktionen für Seitennavigation, Suche, Druck und Export ein.
- Programmieren im Hinblick auf einen neuen SOAP-Endpunkt, um benutzerdefinierte Anwendungen zu erstellen, die in eine SharePoint-Website integriert werden. Sie können auch den aktualisierten WMI-Anbieter (Windows Management Instrumentation, Windows-Verwaltungsinstrumentation) verwenden, um eine Berichtsserverinstanz programmgesteuert zu konfigurieren, die im integrierten SharePoint-Modus ausgeführt wird.

Funktionen, die sich anders im integrierten SharePoint-Modus verhalten

Die folgenden Funktionen verhalten sich anders bei einem Berichtsserver, der für den integrierten SharePoint-Modus konfiguriert ist, als bei einem Berichtsserver im systemeigenen Modus:

Im integrierten SharePoint-Modus wird eine andere URL-Adressierung verwendet. SharePoint-URLs werden verwendet, um auf Berichte, Berichtsmodelle, freigegebene Datenquellen und Ressourcen zu verweisen. Die Ordnerhierarchie des Berichtsservers wird nicht verwendet. Falls Sie über benutzerdefinierte Anwendungen verfügen, die vom URL-Zugriff abhängig sind, wie auf einem Berichtsserver im systemeigenen Modus unterstützt, funktionieren diese Funktionen nicht mehr, wenn der Berichtsserver für die SharePoint-Integration konfiguriert ist.

Nicht unterstützte SharePoint-Funktionen

Nicht alle Funktionen stehen für integrierte Vorgänge zur Verfügung. Im Folgenden finden Sie eine Liste einiger SharePoint-Funktionen, in die die Reporting Services nicht direkt integriert sind:

- Sie können die SharePoint-Integration für den Outlook-Kalender oder den SharePoint-Zeitplan nicht für Reporting Services-Dateien in einer Dokumentbibliothek verwenden
- Die SharePoint-Personalisierung wird auch nicht auf den Reporting Services-Seiten unterstützt. Die Berichtsserverintegration wird nicht unterstützt, wenn die SharePoint-Webanwendung für den anonymen Zugriff aktiviert ist.

Nicht unterstützte Reporting Services-Funktionen

Die folgenden Funktionen stehen im integrierten SharePoint-Modus nicht zur Verfügung:

- Benutzerdefinierte Sicherheitserweiterungen von Reporting Services können auf dem Berichtsserver nicht bereitgestellt oder verwendet werden. Der Berichtsserver schließt eine spezielle Sicherheitserweiterung ein, die verwendet wird, sobald Sie einen Berichtsserver für die Ausführung im integrierten SharePoint-Modus konfigurieren. Diese Sicherheitserweiterung ist eine interne Komponente, die für integrierte Vorgänge erforderlich ist.
- Der Berichts-Manager kann nicht zum Verwalten einer Berichtsserverinstanz verwendet werden, die für die SharePoint-Integration konfiguriert ist
- Verknüpfte Berichte werden nicht unterstützt
- *Meine Berichte* wird nicht unterstützt
- *Meine Abonnements* wird nicht unterstützt
- Batchverarbeitungsmethoden werden nicht unterstützt

Wie Sie mit Berichten in SharePoint arbeiten, wird Ihnen in Kapitel 20 erläutert.

Kapitel 19

Berichts-Manager

In diesem Kapitel:

Sie haben sich entschieden, den Berichts-Manager zu verwenden. Das ist erst mal eine gute Entscheidung, denn bei Ihnen liegt vielleicht einer der folgenden Gründe vor:

- Sie und die Nutzer kennen sich mit dem Berichts-Manager aus
- Es existiert bereits eine entsprechende Infrastruktur für das Berichtswesen, in die sich die Ergebnisse aus Reporting Services einbetten sollen. Allerdings möchten Sie die Berichte vorab in der Webansicht auf Funktion und Darstellung prüfen.
- Sie wollen nicht zusätzlich eine weitere Technologie erlernen und/oder sich mit deren Problemen in der Administration beschäftigen müssen
- Sie möchten den Nutzern den Umgang mit einer komplexeren Weboberfläche ersparen, da bei Ihnen nur Berichte verfügbar gemacht werden müssen

Hier kommt der Berichts-Manager in Spiel. Dieser ist ein webbasiertes Zugriffs- und Verwaltungstool für Berichte, das in den Reporting Services enthalten ist.

TIPP Auch wenn Sie bisher ohne die SharePoint-Technologie gearbeitet haben, lohnt es sich, bei Berichtsportalen für ihre Firma darüber nachzudenken. Zum einen sind die Windows SharePoint Services kostenfrei und decken bereits die meisten Anforderungen an ein Portalsystem ab. Zum anderen gibt es zu den Berichten meistens viele weitere Anforderungen der Nutzer wie z.B. Hintergrundinformationen zu den Daten, zusätzliche Dokumente, das Bedürfnis nach Kommentaren usw., welche quasi automatisch durch SharePoint mitgeliefert werden. Ein paar Eindrücke finden Sie in Kapitel 20.

Der Berichts-Manager im Einsatz

Mit dem Berichts-Manager können folgende Aufgaben ausgeführt werden:

- Anzeigen, Suchen und Abonnieren von Berichten
- Erstellen und Verwalten von Ordnern, verknüpften Berichten, Berichtsverläufen, Zeitplänen, Datenquellenverbindungen und Abonnements
- Festlegen von Berichtseigenschaften und -parametern
- Verwalten von Rollenzuweisungen, die den Benutzerzugriff auf Berichte und Ordner steuern

Der Berichts-Manager stellt eine Benutzeroberfläche zur Verwaltung Ihrer Berichte bereit. Bei der Arbeit mit dieser Webanwendung greifen Sie auf die auf einem Berichtsserver gespeicherten Elemente zu, indem Sie durch die Ordnerhierarchie navigieren und auf Elemente klicken, die Sie anzeigen oder aktualisieren möchten.

Welche Aufgaben Sie im Berichts-Manager ausführen können, hängt von der Ihnen zugewiesenen Benutzerrolle ab. Wenn Ihnen eine Rolle mit vollen Berechtigungen zugewiesen wurde, z.B. Berichtsserveradministrator, haben Sie Zugriff auf sämtliche Menüs und Seiten. Wurde Ihnen hingegen eine Rolle zugewiesen, die nur die Berechtigung zum Anzeigen und Ausführen von Berichten umfasst, werden Ihnen ausschließlich die Menüs und Seiten angezeigt, die diese Aktivitäten unterstützen. Nähere Informationen zu Rollen und zur Sicherheit finden Sie in Kapitel 22.

Der Berichts-Manager wird bei der Ausführung des Setupprogramms auf demselben Computer wie der Berichtsserver installiert. Über die Konfigurationsdateien lässt sich aber auch ein anderer Zielserver eintragen (siehe Kapitel 6).

Berichts-Manager starten

Der Berichts-Manager wird über die Eingabe einer URL (Uniform Resource Locator) in die Adressleiste eines Webbrowsers gestartet, die Sie anschließend einfach zu Ihren Favoriten hinzufügen können. Standardmäßig lautet die URL *http://<Ihr Webservername>/reports.*

Nun wird in Ihrem Browser die Oberfläche des Berichts-Managers wie in Abbildung 19.1 angezeigt. Unterschiede können entstehen, wenn Sie bereits Berichte eingebunden haben oder Sie nicht über die vollen Berechtigungen verfügen.

HINWEIS Wenn im Berichts-Manager keine Berichte angezeigt werden, sondern der Hinweis *'Stamm' enthält keine Elemente?* erscheint, müssen Sie zuvor entweder eigene Berichte erstellen, wie in Teil B dieses Buchs beschrieben, oder die mitgelieferten Beispielberichte *AdventureWorks 2008R2* installieren. Dies geschieht nicht etwa automatisch bei der Installation der Reporting Services, sondern muss manuell erfolgen. Eine Anleitung hierfür finden Sie in Kapitel 6.

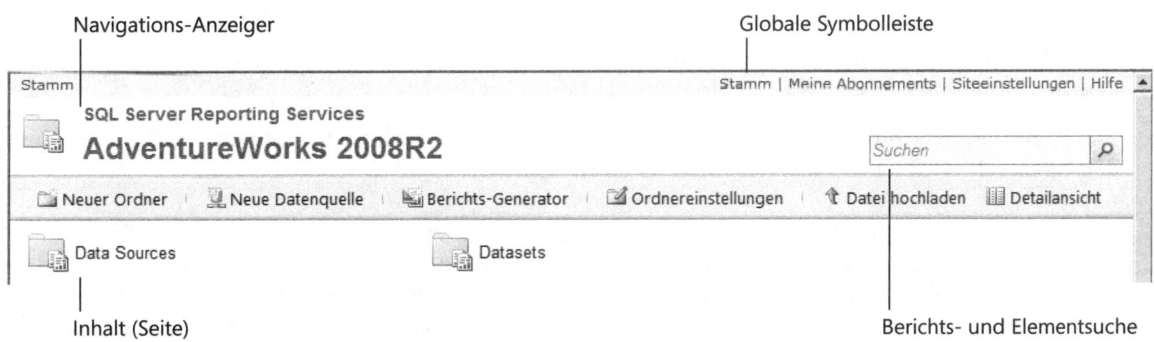

Abbildung 19.1 Startseite des Berichts-Managers

WICHTIG Um dem Teil C dieses Buchs weiterhin folgen und alle Beispiele durchführen zu können, ohne weitere Änderungen der Berechtigung vornehmen zu müssen, ist es empfehlenswert, dass Sie Mitglied der Rolle *Systemadministrator* des Berichtsservers sind. Falls Sie diese Berechtigung noch nicht haben, lesen Sie in Kapitel 22 nach oder wenden Sie sich an Ihren Berichtsserveradministrator.

Im Berichts-Manager navigieren

Die Navigation funktioniert ähnlich wie in Dateisystemen oder auf Websites. Um zu den Berichten zu gelangen, klicken Sie sich durch die Ordnerhierarchie.

Der Berichts-Manager enthält keine Strukturansicht, wie sie häufig bei Dateiverwaltungssystemen verwendet wird. Stattdessen wird oben auf der Seite der Navigations-Anzeiger mit dem Ordnerpfad als Linkzeile angezeigt. Die Ordnernamen sind alphabetisch geordnet, beginnend mit dem Stammordner *Stamm.* Beim Öffnen jedes weiteren Ordners wird der Ordnername zum Ordnerpfad oben auf der Seite hinzugefügt (siehe Abbildung 19.2). Wenn Sie einen Bericht öffnen, wird der Name des Berichts ebenfalls zum Ordnerpfad hinzugefügt.

Abbildung 19.2 Der Navigations-Anzeiger mit der Linkzeile

HINWEIS Es gibt Berichte, bei deren Ausführung Sie zur Eingabe Ihres Benutzernamens nebst dazugehörigem Kennwort aufgefordert werden. Mit diesen Anmeldeinformationen versucht der Berichtsserver auf die Datenquelle(n) des Berichts zuzugreifen.

Mehr Informationen zum Thema Datenquellen finden Sie in Kapitel 21, mehr zum Thema Sicherheit in Kapitel 22.

Es wird mittels der *Inhalt*-Seite, welche automatisch beim Ausführen des Berichts-Managers zu sehen ist, durch die Ordnerhierarchie navigiert. Auf dieser Seite wird der Inhalt eines Ordners angezeigt. Es können Elemente zur Ansicht ausgewählt oder es kann zu anderen Ordnern gewechselt werden. Standardmäßig wird nach dem Starten die *Inhalt*-Seite für den Stammordner *Stamm* angezeigt.

Verwenden Sie zum Navigieren in einer Ordnerhierarchie die folgenden Techniken:

- Zum Anzeigen des Inhalts eines Ordners klicken Sie auf der *Inhalt*-Seite auf den Namen oder das Ordnersymbol. Ordner können Berichte, Ressourcen, freigegebene Datenquellenelemente und andere Ordner enthalten.
- Zum Navigieren nach oben in der Ordnerhierarchie klicken Sie in der Linkleiste oben auf der Seite auf den Namen des Ordners, dessen Inhalt Sie anzeigen möchten

HINWEIS Berichte werden von der Browsersitzung zwischengespeichert. Wenn Sie einen einmal geöffneten Bericht verlassen, können Sie in der Regel mit der *Zurück*-Schaltfläche des Browsers wieder zu diesem zurückkehren. Dies gilt auch, wenn Sie einen Benutzernamen und ein Kennwort zum Ausführen des Berichts eingeben mussten. Dies stellt ein – wenn auch überschaubares – Sicherheitsrisiko dar, denn ein gerenderter Bericht und somit auch die darin enthaltenen Daten liegen im Ordner der temporäreren Dateien des Browsers vor und werden erst beim Schließen des Browsers tatsächlich entfernt.

Symbole des Berichts-Managers

Mit der Tabelle 19.1 erhalten Sie einen Überblick über die Symbole, die im Berichts-Manager verwendet werden, und die Elemente, die sich dahinter verbergen.

Symbol	Element	Aktion
	Bericht	Klicken Sie auf das Berichtssymbol oder den Berichtsnamen, um den Bericht zu öffnen. Mehr erfahren Sie im Abschnitt »Bericht rendern« ab Seite 264.
	Verknüpfter Bericht	Klicken Sie auf das Berichtssymbol oder den Berichtsnamen, um den verknüpften Bericht zu öffnen. Der Bericht wird in einem eigenen Fenster geöffnet. Mehr erfahren Sie im Abschnitt »Verknüpfte Berichte« ab Seite 279.
	Ordner	Klicken Sie auf das Ordnersymbol oder den Ordnernamen, um den Ordner zu öffnen. Mehr erfahren Sie weiter vorne in diesem Abschnitt.
	Abonnement	Klicken Sie auf ein Abonnementsymbol, um ein bestehendes Abonnement zu bearbeiten. Mehr über Abonnements erfahren Sie in Kapitel 28.

Tabelle 19.1 Symbole des Berichts-Managers

Symbol	Element	Aktion
	Datengesteuertes Abonnement	Klicken Sie auf das Symbol oder die Beschreibung für ein datengesteuertes Abonnement, um ein bestehendes Abonnement zu bearbeiten. Mehr über Abonnements erfahren Sie in Kapitel 28.
	Ressource	Klicken Sie auf das Ressourcensymbol oder den Ressourcennamen, um die Ressource in einem eigenen Fenster zu öffnen. Mehr erfahren Sie im Abschnitt »Umgang mit Ressourcen« ab Seite 271.
	Freigegebene Datenquelle	Klicken Sie auf das Symbol für eine freigegebene Datenquelle, um die Eigenschaftenseite, die Listen für Abonnements und abhängige Elemente sowie die Sicherheit der Datenquelle zu öffnen. Mehr erfahren Sie im Abschnitt »Verwaltungsseite *Eigenschaften* von Datenquellen« ab Seite 275 sowie in Kapitel 21.
	Freigegebenes Dataset	Klicken Sie auf das Symbol für ein freigegebenes Dataset, um die verschiedenen Eigenschaftenseiten wie die Liste für abhängige Elemente, Datenquelle, Zwischenspeichern, Optionen zur Cacheaktualisierung sowie die Sicherheit zu öffnen. Mehr erfahren Sie im Abschnitt »Verwaltungsseite *Eigenschaften* von freigegebenen Datasets« ab Seite 277 sowie in Kapitel 21.
	Berichtsmodell	Klicken Sie auf das Berichtsmodellsymbol oder den Modelnamen, um für ein Berichtsmodell die Eigenschaften ändern zu können. Der Berichts-Generator verwendet Berichtsmodelle als Datenquellen. Mehr dazu erfahren Sie im Kapitel 26.

Tabelle 19.1 Symbole des Berichts-Managers *(Fortsetzung)*

Die *Inhalt*-Seite

Die *Inhalt*-Seite ermöglicht Ihnen, den Inhalt des aktuellen Ordners anzuzeigen, Elemente zur Ansicht auszuwählen oder zu anderen Ordnern zu wechseln. Sie wird geöffnet, wenn Sie einen Ordner auswählen und wenn Sie den Berichts-Manager starten.

Schauen Sie sich nun die einzelnen Bestandteile der *Inhalt*-Seite genauer an. Es werden nur die Elemente angezeigt, zu deren Anzeige Sie berechtigt sind. Die entsprechenden Berechtigungen vorausgesetzt, können Sie hier Elemente verschieben, löschen und hinzufügen. In Abbildung 19.3 sehen Sie die *Inhalt*-Seite des Ordners *AdventureWorks 2008R2*.

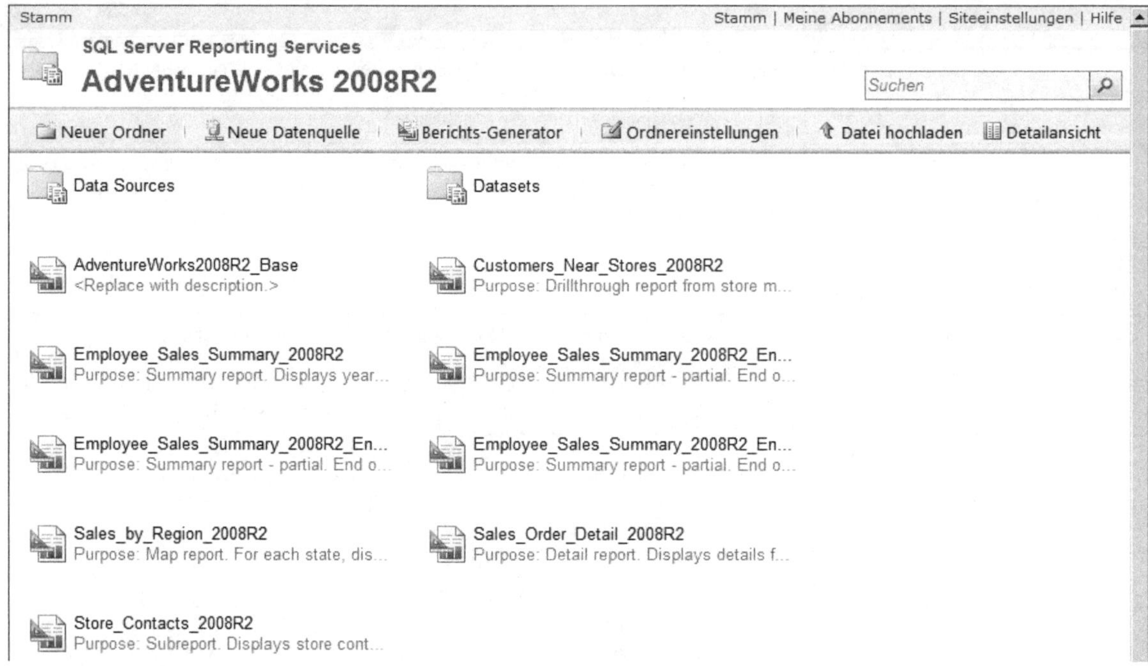

Abbildung 19.3 Mit der *Inhalt*-Seite können Sie Ordnerinhalte betrachten und verändern

Es bieten sich die Bearbeitungsmöglichkeiten von Ordnern und Elementen, wie in Tabelle 19.2 zu sehen.

Steuerelement	Beschreibung
Neuer Ordner	Klicken Sie auf *Neuer Ordner*, um die gleichnamige Seite zu öffnen. Auf dieser Seite können Sie einen Ordner unter dem aktuellen Ordner erstellen. Ein Ordnername kann Leerzeichen oder auch Sonderzeichen enthalten, jedoch keine reservierten Zeichen, die für die URL-Codierung verwendet werden (z.B. , ; ? : @ & = + , $ / * < > |). Mehr Informationen finden Sie im Abschnitt »Ordner erstellen« ab Seite 264.
Neue Datenquelle	Klicken Sie auf *Neue Datenquelle*, um die gleichnamige Seite zu öffnen. Dort können Sie ein freigegebenes Datenquellenelement erstellen. Mehr Information zum Thema Datenquellen erhalten Sie im Abschnitt »Datenquellen anlegen« ab Seite 265 sowie in Kapitel 21.
Berichts-Generator	Klicken Sie auf *Berichts-Generator*, um den Microsoft Report Builder zu starten. Das ist eine eigene Anwendung, mit der ein Benutzer mit entsprechender Berechtigung eigene Berichte erzeugen kann. Mehr erfahren Sie im Kapitel 26.
Ordnereinstellungen	Klicken Sie auf *Ordnereinstellungen*, um einen Ordner zu löschen oder zu verschieben bzw. umzubenennen. Mehr Informationen erhalten Sie in den Abschnitten »Bericht oder Ordner löschen« ab Seite 270, »Bericht oder Ordner verschieben« ab Seite 270 und »Verwaltungsseite *Eigenschaften* von Ordnern« ab Seite 275.

Tabelle 19.2 Befehle der *Inhalt*-Seite

Steuerelement	Beschreibung
Datei hochladen	Klicken Sie auf *Datei hochladen*, um die gleichnamige Seite zu öffnen. Dort können Sie eine Datei aus dem Dateisystem auf einen Berichtsserver kopieren. Sie können Dateien hochladen, um Berichte und Ressourcen hinzuzufügen (z.B. Diagramme, Dokumente oder anderen zusätzlichen Inhalt, der mit einem Bericht gespeichert werden soll). Hochgeladene Dateien werden in der Berichtsserverdatenbank gespeichert und verwaltet. Mehr Informationen zum Thema finden Sie im Abschnitt »Bericht hochladen« ab Seite 266. Zum Hochladen eines Berichts ist eine Datei mit der Erweiterung *.rdl* zu wählen. Mehr Informationen zum Thema RDL (Report Definition Language) finden Sie in Kapitel 27.
Detailansicht Neben-/Untereinanderansicht	Klicken Sie auf *Detailansicht*, um zusätzliche Informationen zu Elementen anzuzeigen und auf *Neben-/Untereinanderansicht*, um diese wieder zu verstecken. In der Detailansicht können Sie mithilfe weiterer Schaltflächen Elemente im Ordner entfernen und verschieben. Außerdem können Sie in dieser Ansicht die Elemente eines Ordners nach den angezeigten Spalten auf- und absteigend sortieren. Klicken Sie dazu auf einen Spaltenkopf (z.B. *Geändert am* oder *Geändert von*), um die Sortierung nach dieser zu aktivieren. Der Pfeil rechts neben dem Spaltennamen zeigt dabei deren Reihenfolge an. Durch erneutes Klicken auf den Spaltenkopf können Sie die Reihenfolge der Sortierung umkehren.
Löschen	Aktivieren Sie die Kontrollkästchen neben den zu löschenden Elementen und klicken Sie auf *Löschen*, um einen Ordner oder ein anderes Element zu entfernen. Beim Löschen eines Ordners werden alle darin enthaltenen Elemente gelöscht. **ACHTUNG** Vor dem Löschen eines Ordners sollten Sie unbedingt überprüfen, ob dieser Elemente enthält, auf die aus anderen Bereichen der Ordnerhierarchie verwiesen wird. Zu solchen Elementen zählen Berichtsdefinitionen, die verknüpfte Berichte oder Berichtsmodelle, freigegebene Datenquellen und Ressourcen unterstützen. Gleiches gilt für das Löschen eines Berichts. Beim Löschen eines Berichts mit einem oder mehreren verknüpften Berichten, die auf diesen Bericht verweisen, werden die verknüpften Berichte nach dem Löschen des Berichts ungültig. Es ist nicht möglich, für einen Bericht festzustellen, ob andere Berichte mit ihm verknüpft sind, denn in einem Bericht werden keine Informationen zu verknüpften Berichten, die auf diesem Bericht basieren, gespeichert. Sie können jedoch die Eigenschaften eines verknüpften Berichts prüfen, um festzustellen, auf welchem Bericht er basiert. Mehr Informationen zu verknüpften Berichten finden Sie im Abschnitt »Verknüpfte Berichte« ab Seite 279. Im Gegensatz dazu werden in freigegebenen Datenquellenelementen alle Berichte aufgeführt, die derzeit das Element verwenden. Auf diese Weise können Sie auf einfache Weise entscheiden, ob die Verbindungsinformationen verwendet werden. Mehr Informationen zum Thema Datenquellen finden Sie in Kapitel 21. Mehr Informationen zum Thema Löschen enthält der Abschnitt »Bericht oder Ordner löschen« ab Seite 270.
Verschieben	Aktivieren Sie das Kontrollkästchen neben den zu verschiebenden Elementen und klicken Sie auf *Verschieben*. Dadurch wird die Seite zum Verschieben von Elementen geöffnet, auf der Sie Ordner nach einem neuen Speicherort durchsuchen können. In der Ordnerhierarchie des Berichtsservers können Berichte, verknüpfte Berichte, Ressourcen, Ordner und freigegebene Datenquellen in andere Ordner verschoben werden. Beim Verschieben eines Elements bleiben alle zugehörigen Eigenschaften (einschließlich Sicherheitseinstellungen) erhalten. Außerdem werden auch alle in diesem Ordner enthaltenen Elemente verschoben. Mehr Informationen zum Thema Verschieben erhalten Sie im Abschnitt »Bericht oder Ordner verschieben« ab Seite 270.

Tabelle 19.2 Befehle der *Inhalt*-Seite *(Fortsetzung)*

Nachdem Sie nun einen Überblick über die Bedienelemente haben, lernen Sie den Berichts-Manager in den folgenden Abschnitten im Einsatz kennen.

Bericht rendern

Mithilfe des Berichts-Managers können Sie Berichte rendern und anzeigen. Gehen Sie hierzu folgendermaßen vor:

1. Navigieren Sie im Berichts-Manager zum Ordner, der den zu rendernden Bericht enthält, z.B. *AdventureWorks 2008R2*.
2. Klicken Sie auf den Bericht, z.B. *Store_Contacts_2008R2*. Während des Renderings des Berichts wird eine Animation angezeigt (Abbildung 19.4).

Abbildung 19.4 Diese Animation wird während des Renderings angezeigt

Nach dem erfolgreichen Rendering wird der Bericht angezeigt.

Wie Sie das Rendering interaktiv steuern können, erfahren Sie im Abschnitt »Arbeiten mit dem HTML-Viewer« ab Seite 286.

Ordner erstellen

Berichte werden in hierarchisch organisierten Ordnern gespeichert, die denen eines Dateisystems sehr ähnlich sind, aber unabhängig von diesen in der Datenbank des Berichtsservers gespeichert werden.

Um einen Ordner zu erstellen, gehen Sie folgendermaßen vor:

1. Starten Sie den Berichts-Manager, indem Sie in der Adresszeile des Browsers die URL *http://<Ihr Webservername>/reports* eintippen.
2. Erzeugen Sie per Klick auf *Neuer Ordner* einen Ordner.
3. Tragen Sie im Textfeld *Name* den Namen des Ordners, z.B. *RS Berichte*, und im Textfeld *Beschreibung* eine kurze Erläuterung zu diesem ein (Abbildung 19.5).

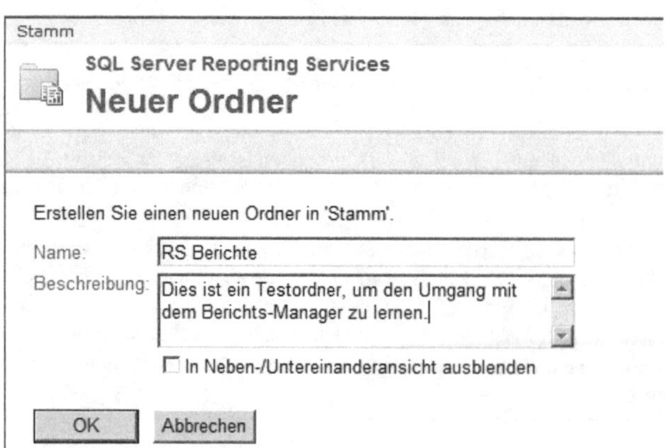

Abbildung 19.5 So erzeugen Sie einen neuen Ordner mit dem Namen *RS Berichte*

4. Bestätigen Sie mit *OK*. Der neue Ordner wird angelegt und auf der *Inhalt*-Seite angezeigt.
5. Klicken Sie auf den neuen Ordner, um diesen anschließend mit neuen Elementen zu füllen.

Datenquellen anlegen

Die Grundlage aller Berichte sind Datenquellen, aus denen die Informationen für die Darstellung im Bericht geladen werden. Diese können entweder in den Bericht integriert oder als eigenständiges Element auf dem Berichtsserver angelegt sein. Sie werden sich nun mit letzteren, den sogenannten freigegebenen Datenquellen beschäftigen.

Eine detaillierte Erläuterung der Datenquellen und deren Einrichtung finden Sie in Kapitel 21.

Um eine neue Datenquelle für den Zugriff auf eine SQL Server-Datenbank einzurichten, gehen Sie folgendermaßen vor:

1. Navigieren Sie im Berichts-Manager zu dem Ordner, in dem die Datenquelle erzeugt werden soll, und klicken Sie auf *Neue Datenquelle*.
2. Tragen Sie *Name* und *Verbindungszeichenfolge* in den gleichnamigen Textfeldern ein und wählen Sie die Option *Integrierte Sicherheit von Windows* aus, wie in Abbildung 19.6 zu sehen.

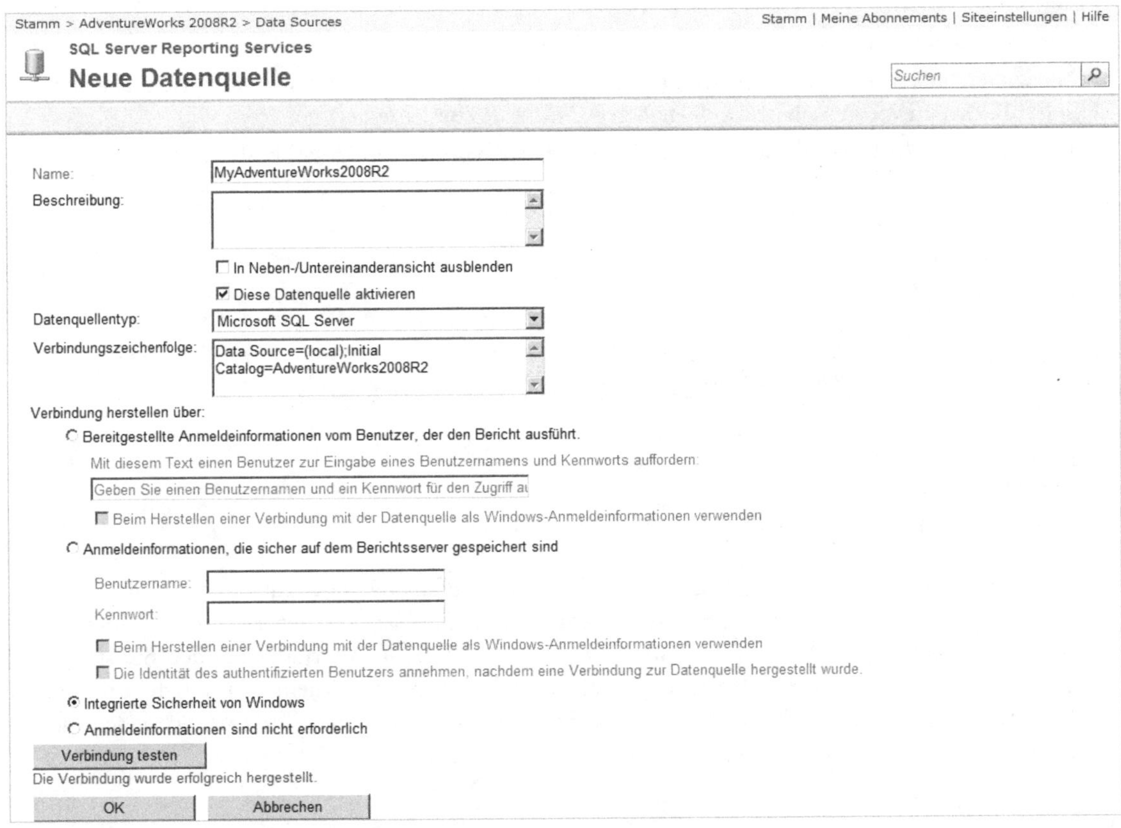

Abbildung 19.6 Legen Sie auf der Seite *Neue Datenquelle* freigegebene Datenquellen an

ACHTUNG Die Verbindungszeichenfolge muss für *data source* den Namen der SQL Server-Instanz zwischen den Anführungszeichen enthalten, auf der die Beispieldatenbank *AdventureWorks2008R2* installiert ist.

3. Prüfen Sie per Klick auf *Verbindung testen*, ob eine Verbindungen mit der Datenquelle aufgebaut werden kann.
4. Bestätigen Sie mit *OK*.

Die Datenquelle ist nun angelegt. Sie wird auf der *Inhalt*-Seite angezeigt und kann in Berichten verwendet werden.

Bericht hochladen

Um einen Bericht mittels Hochladen publizieren zu können, muss dieser fertig gestaltet im RDL-Format vorliegen.

Das mitgelieferte Werkzeug zum Erstellen von Berichtsdefinitionen im RDL-Format ist der Berichts-Designer, über den Sie in Teil B dieses Buchs mehr erfahren.

In dem folgenden Beispiel werden Sie eine fertige *.rdl*-Datei aus den *AdventureWorks 2008R2 Sample Reports* verwenden.

Um einen Bericht hochzuladen, gehen Sie wie folgt vor:

1. Navigieren Sie im Berichts-Manager zu dem Ordner, in dem der hochzuladende Bericht abgelegt werden soll, z.B. den im vorigen Abschnitt angelegten Ordner *RS Berichte*.
2. Klicken Sie auf *Datei hochladen*. Die gleichnamige Seite wird angezeigt (Abbildung 19.7).

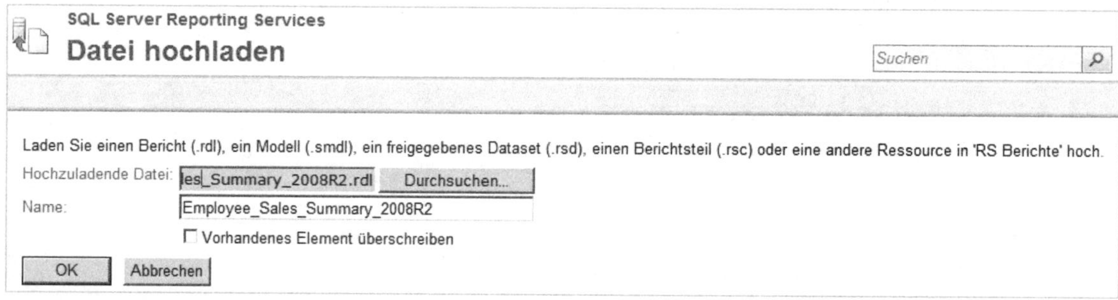

Abbildung 19.7 Mithilfe dieser Seite können Sie einen Bericht hochladen

3. Geben Sie nun den Dateinamen einschließlich des Dateipfads der hochzuladenden *.rdl*-Datei ein, z.B. *C:\Programme\Microsoft SQL Server\100\Samples\Reporting Services\Report Samples\AdventureWorks 2008R2 Sample ReportsR2\Employee_Sales_Summary_2008R2.rdl*. Alternativ können Sie sich den Pfad zusammenklicken, indem Sie *Durchsuchen* wählen und in dem sich öffnenden Dialogfeld *Datei auswählen* den gewünschten Bericht markieren, z.B. *Employee_Sales_Summary_2008R2*. Schließen Sie danach das Dialogfeld per Klick auf *Öffnen*.
4. Bestätigen Sie mit *OK*.

Der Bericht ist auf dem Berichtsserver gespeichert und auf der *Inhalt*-Seite des Ordners sichtbar.

Einem Bericht eine neue Datenquelle zuweisen

Sie können die Datenquelle eines Berichts nicht nur bei dessen Design festlegen, sondern auch nachträglich mit dem Berichts-Manager ändern.

Dies ist typischerweise dann notwendig, wenn die Datenquelle, auf der ein Bericht beruht, nicht gefunden wird. Dann kann dieser nicht angezeigt (gerendert) werden, und der Berichtsserver zeigt stattdessen eine Fehlermeldung an, wie in Abbildung 19.8 dargestellt. Beim Beispiel im vorigen Abschnitt ist dies der Fall.

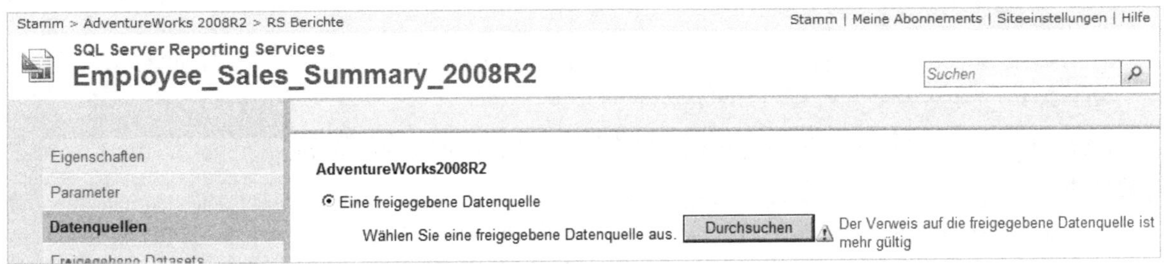

Abbildung 19.8 Meldung einer fehlenden freigegebenen Datenquelle

Um eine Datenquellen-Verknüpfung eines Berichts zu ändern, gehen Sie wie folgt vor:

1. Starten Sie den Berichts-Manager, klicken Sie auf den Pfeil rechts neben dem Bericht, z.B. *Employee_Sales_Summary_2008R2*, um dessen Menü zu öffnen, und anschließend auf *Verwalten.*
2. Klicken Sie nun auf *Datenquellen*, um die Eigenschaftenseite für Datenquellen zu öffnen. Auf dieser Seite steht oben der Name der bisherigen Verbindung, z.B. *AdventureWorks 2008R2.*
3. Klicken Sie auf *Durchsuchen.*
4. Wählen Sie aus der Ordnerhierarchie eine freigegebene Datenquelle aus (Abbildung 19.9), z.B. *MyAdventureWorks2008R2*, welche im Abschnitt »Datenquellen anlegen« ab Seite 265 erzeugt wurde. Klicken Sie dazu jeweils auf das +-Symbol vor einem Ordnernamen, z.B. *RS Berichte*, um dessen Unterordner anzuzeigen.

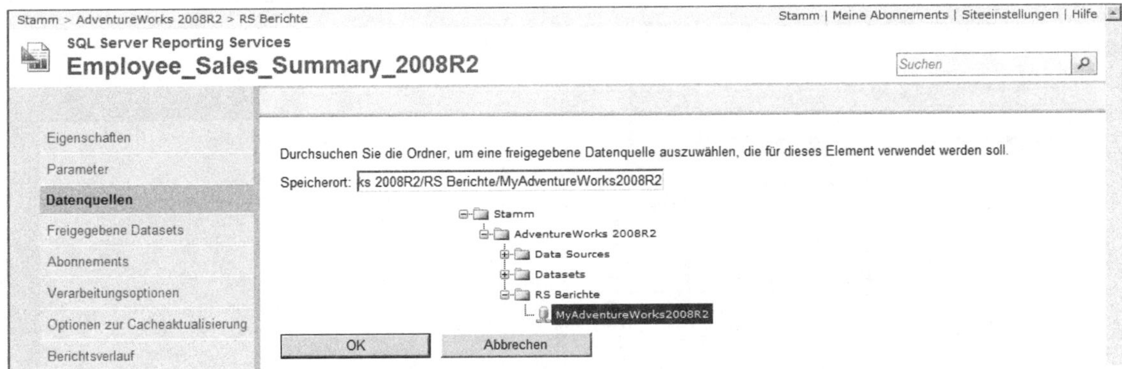

Abbildung 19.9 Wählen Sie hier eine neue Datenquelle für einen Bericht aus

5. Bestätigen Sie mit *OK.*

6. Jetzt müssen Sie auf der Seite ganz unten auf *Anwenden* klicken, um die neue Datenquellenverknüpfung zu aktivieren. Bitte wundern Sie sich nicht! Sie bleiben auf der Eigenschaftenseite für Datenquellen und bekommen keine Bestätigung, ob Ihre Eingaben korrekt waren. Sollten Ihre Angaben fehlerhaft sein, erfahren Sie dies erst, wenn Sie sich den Bericht anzeigen lassen.
7. Klicken Sie nun auf *Freigegebene Datasets*, um die fehlenden Verbindungen einzurichten. Gehen Sie jeweils wie in den Schritten 3 bis 6 vor und verwenden die freigegebenen Datasets aus *AdventureWorks 2008R2/Datasets*.
8. Jetzt müssen Sie auf der Seite ganz unten auf *Anwenden* klicken, um die neuen Datasetverknüpfungen zu aktivieren.
9. Aktivieren Sie oben den Namen des Berichts und überprüfen Sie, ob der Bericht mit den Daten der soeben neu zugeordneten Datenquelle gerendert wird.

Damit steht der Bericht Ihren Nutzern mit der neuen Datenquelle zur Verfügung.

TIPP Sie können den Namen der Datenquelle eines Berichts auch direkt in dessen Berichtsdefinitionsdatei bzw. *.rdl*-Datei (Report Definition Language) ändern. Dazu muss der Bericht als *.rdl*-Datei vorliegen. Sie können diese z.B. vom Berichtsserver herunterladen, wie im Abschnitt »Bericht downloaden« ab Seite 268 beschrieben.

Wie Sie den Datenquellennamen in der *.rdl*-Datei ändern können, erfahren Sie im Abschnitt »RDL-Datei bearbeiten« ab Seite 269.

Bericht downloaden

Berichtsdefinitionsdateien können zur weiteren Bearbeitung heruntergeladen werden. Das ist vor allem dann praktisch, wenn Sie kleinere Änderungen vornehmen wollen, ohne mit dem Berichts-Designer arbeiten zu wollen, oder wenn Sie einen Bericht als leicht modifizierte Kopie eines anderen publizieren möchten, jedoch keinen Zugriff auf die Projektdateien des Berichts-Designers haben.

Sie werden im folgenden über mehrere Abschnitte angelegten Beispiel einen Bericht downloaden, die Datenquelle ändern und die so modifizierte Berichtsdefinition als einen neuen Bericht hochladen.

Gehen Sie dazu folgendermaßen vor:

1. Klicken Sie auf den Pfeil rechts neben dem betreffenden Bericht und anschließend auf den Auswahlpunkt *Herunterladen*, um das Dialogfeld *Dateidownload* zu öffnen.

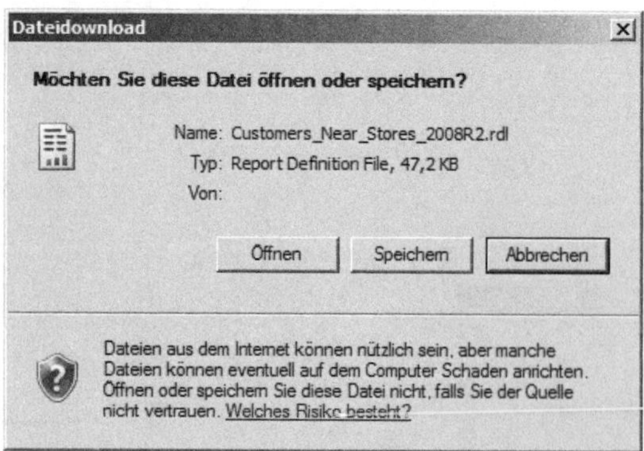

Abbildung 19.10 Das Dialogfeld *Dateidownload* erscheint beim Berichtsdownload im Internet Explorer

HINWEIS Das Aussehen des Dialogfelds wird vom jeweils verwendeten Browser bestimmt. Ob es angezeigt wird, hängt von den Sicherheitseinstellungen des Browsers ab. Wie Sie den Dateidownload zulassen können, lesen Sie ggf. in dessen Dokumentation nach.

2. Klicken Sie auf *Speichern* und sichern Sie mittels des Dialogfelds *Speichern unter* die Datei *Customers_Near_Stores_2008R2.rdl* in einen Ordner im Dateisystem, z.B. *RS-Buch Dateien* in *Dokumente*.
3. Nachdem der Download beendet ist, klicken Sie auf *Schließen*.

Sie haben nun eine *.rdl*-Datei vorliegen, welche die Berichtsdefinition des heruntergeladenen Berichts ist, die mit einem Text- oder Code-Editor bearbeitet werden kann.

RDL-Datei bearbeiten

Berichtsdefinitionen werden in RDL (Report Definition Language) verfasst, die als XML-Dialekt von Menschen lesbar ist. Daher haben Sie mit vergleichbar geringem Einarbeitungsaufwand die Möglichkeit, kleinere Änderungen manuell, also direkt im RDL-Code vorzunehmen. Dies werden Sie im folgenden Beispiel tun.

Ein Bericht soll auf eine neue Datenquelle zeigen. Dazu wird der Name der Datenquelle in der entsprechenden Berichtsdefinitionsdatei geändert, z.B. die im vorigen Abschnitt heruntergeladene Berichtsdefinitionsdatei *Customers_Near_Stores_2008R2.rdl.*

1. Starten Sie einen Editor Ihrer Wahl. Sie können *.rdl*-Dateien mit Visual Studio oder einem Code-Editor bearbeiten (siehe Kapitel 9). Für derart einfache Fälle reicht aber der zum Windows-System gehörende Editor, den Sie über *Start/Alle Programme/Zubehör/Editor* starten.
2. Öffnen Sie *Customers_Near_Stores_2008R2.rdl* im Editor und suchen nach *DataSource.* Am einfachsten geht das über die Suchfunktion des Editors, in der Regel mit `Strg`+`F5` aufzurufen. Es müssen folgende Befehlszeilen gefunden werden:

```
<DataSources>
   <DataSource Name="AdventureWorks2008R2">
      <DataSourceReference>AdventureWorks2008R2</DataSourceReference>
      <rd:DataSourceID>4250a7e9-e24a-40ff-8856-5a7e6424aa29</rd:DataSourceID>
   </DataSource>
</DataSources>>
...
<Query>
   <DataSourceName>AdventureWorks2008R2</DataSourceName>
```

   Ersetzen Sie den aktuellen Namen der Datenquelle, z.B. *AdventureWorks2008R2*, in jeder Zeile durch den Namen der neuen Datenquelle, z.B. *MyAdventureWorks2008R2*, die Sie im Abschnitt »Datenquellen anlegen« ab Seite 265 erzeugt haben.
3. Speichern Sie die geänderte Datei und schließen Sie den Editor.
4. Erzeugen Sie mit dieser *.rdl*-Datei einen Bericht, wie im Abschnitt »Bericht hochladen« ab Seite 266 beschrieben.

Der bearbeitete und hochgeladene Bericht verweist nun auf eine andere Datenquelle des Berichtsservers. Sie können die Verknüpfung auf der Verwaltungsseite *Datenquellen* überprüfen.

Bericht oder Ordner löschen

Mit der *Löschen*-Funktion können Berichte und Ordner vom Berichtsserver entfernt werden.

ACHTUNG Es gibt keine Möglichkeit, gelöschte Elemente wiederherzustellen!

Bevor Sie nun in dem Beispiel einen Bericht löschen, ist es empfehlenswert, einen weiteren Bericht anzulegen:

1. Sofern Sie keinen Bericht haben, der gelöscht werden kann, erzeugen Sie einen solchen, z.B. mit dem Namen *LoeschMich*, wie im Abschnitt »Bericht hochladen« ab Seite 266 beschrieben.
2. Navigieren Sie mit dem Berichts-Manager zu dem Ordner, der den zu löschenden Bericht enthält, z.B. *RS Berichte*.
3. Klicken Sie auf den Pfeil rechts neben dem betreffenden Objekt und anschließend auf den Auswahlpunkt *Löschen*.
4. Sie müssen das daraufhin angezeigte Dialogfeld mit *OK* bestätigen, um den Löschvorgang abzuschließen.
5. Wahlweise können Sie auch Folgendes ab Schritt 3 tun:
6. Falls erforderlich, klicken Sie auf *Detailansicht*, damit die *Löschen*-Schaltfläche angezeigt wird.
7. Aktivieren Sie das Kontrollkästchen vor dem gewünschten Objekt, z.B. *LoeschMich*, und klicken Sie auf *Löschen*.
8. Sie müssen das daraufhin angezeigte Dialogfeld mit *OK* bestätigen, um den Löschvorgang abzuschließen.

Der Bericht wird unwiderruflich vom Berichtsserver gelöscht.

Ordner können zusätzlich über *Ordnereinstellungen* gelöscht werden. Der Vorgang dahinter bleibt der gleiche.

In anderen Fällen ist es erforderlich, Elemente an einen anderen Speicherort zu verschieben, was im nächsten Abschnitt erklärt wird.

Bericht oder Ordner verschieben

Um die Übersicht zu behalten, ist es immer wieder notwendig, regelmäßig die Ordnerstrukturen anzupassen. Hierbei ist die *Verschieben*-Funktion sehr hilfreich.

Um einen Ordner zu verschieben, sind folgende Schritte erforderlich:

1. Starten Sie den Berichts-Manager und aktivieren Sie die Detailansicht, wie im vorigen Abschnitt beschrieben.
2. Navigieren Sie zu dem Ordner, der das zu verschiebende Element enthält.
3. Klicken Sie auf den Pfeil rechts neben dem betreffenden Objekt und anschließend auf den Auswahlpunkt *Verschieben*.
4. Wählen Sie in der nun angezeigten Ordnerhierarchie (Abbildung 19.11) den Ordner aus, in den das zu verschiebende Element verschoben werden soll, z.B. *Stamm*.

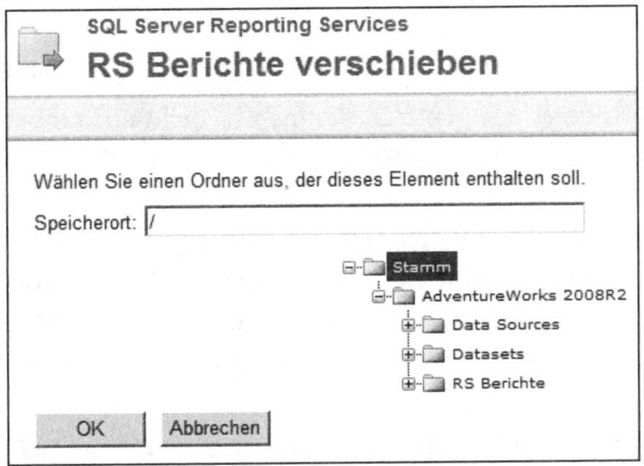

Abbildung 19.11 Wählen Sie hier den Ordner aus, in den das zuvor markierte Element verschoben werden soll

5. Bestätigen Sie mit *OK.*
6. Wahlweise können Sie auch Folgendes ab Schritt 3 tun:
7. Aktivieren Sie das Kontrollkästchen vor dem zu verschiebenden Element, z.B. dem Ordner *RS Berichte*, und klicken auf *Verschieben.*
8. Wählen Sie in der nun angezeigten Ordnerhierarchie (Abbildung 19.11) den Ordner aus, in den das zu verschiebende Element verschoben werden soll, z.B. *Stamm.*
9. Bestätigen Sie mit *OK.*
10. Klicken Sie auf *Details ausblenden*, um zur Listenansicht zurückzukehren.

Das Element ist nun verschoben worden – in unserem Beispiel liegt also der Ordner *RS Berichte* im Ordner *Stamm.*

Ordner können zusätzlich über *Ordnereinstellungen* verschoben werden. Der Vorgang dahinter bleibt der gleiche.

Umgang mit Ressourcen

Eine Ressource ist ein externer Bestandteil eines Berichts, der in der Berichtsserverdatenbank gespeichert wird.

Bei der Ressourcenverwaltung verhält sich der Berichtsserver ähnlich wie ein Webserver: Er reicht Ressourcen direkt an den Browser weiter. Sofern die betreffende Ressource einem MIME-Typen (Multipurpose Internet Mail Extension) zugeordnet ist, wird sie vom Browser, der den Bericht anzeigt, mit dargestellt. Falls eine Ressourcen-URL nicht aufgelöst werden kann, wird anstelle des Bilds oder Hyperlinks ein rotes »X« im Bericht angezeigt.

Folgende Ressourcen werden häufig in Berichten verwendet:

- Bilddateien, z.B. im JPEG-Format, die typischerweise Diagramme oder Grafiken enthalten
- Microsoft Word- oder Excel-Dokumente, die weitere Berichtsinformationen bereitstellen
- Textdateien, die von anderen Systemen generiert wurden

Ressourcen werden typischerweise vom Berichts-Designer angelegt, z.B. wenn in einen Bericht ein Bild eingefügt wird. Dann steht in der Berichtsdefinition nur eine URL, die auf die Ressource verweist, die als eigenständiges Element auf dem Berichtsserver angelegt wird.

Ressourcen lassen sich aber auch mit dem Berichts-Manager hochladen, wie Sie im nächsten Abschnitt sehen werden.

Ressourcen hochladen

Um Ressourcen zur Berichtsserverdatenbank hinzuzufügen, können Sie diese vom Dateisystem hochladen.

Ressourcen werden ganz ähnlich gehandhabt wie alle anderen Elemente: Sie können sie nicht nur umbenennen, löschen und in andere Ordner verschieben, sondern auch ihre Eigenschaften und Sicherheitseinstellungen festlegen.

In Ihrer Firma werden ausführliche Produktbeschreibungen in Microsoft Word 2010 verarbeitet. Aktuelle Kalkulationen und Preise neuer Produkte, die noch nicht im Sortiment aufgenommen sind, werden in Microsoft Excel 2010-Tabellen gepflegt. Sie möchten diese Informationen für Ihre Mitarbeiter zur Verfügung stellen, ohne hierfür einen eigenen Webserver zu verwenden.

Gehen Sie wie folgt vor:

1. Öffnen Sie den Berichts-Manager und navigieren Sie zu dem Ordner, in den Sie die Ressourcen hochladen möchten, z.B. der Ordner *Informationen*, den Sie zuvor als Unterordner von *RS Berichte* anlegen.
2. Laden Sie die gewünschten Ressourcen hoch, z.B.
   - die Bilddatei *Stonehenge.jpg* aus *C:\WINDOWS\Web\Wallpaper*,
   - ein Word-Dokument und
   - eine Excel-Datei,

   indem Sie jeweils auf *Datei hochladen* klicken, die gewünschte Datei auswählen und bestätigen. Dies funktioniert analog zum Beispiel im Abschnitt »Bericht hochladen« ab Seite 266.

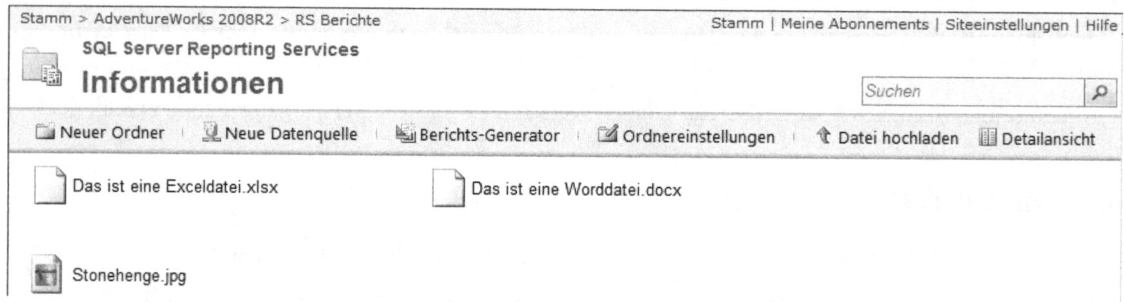

Abbildung 19.12 So werden im Berichts-Manager aus MIME-Typen Ressourcen

Sie haben nun verschiedene Ressourcen auf dem Berichtsserver publiziert, um Ihren Mitarbeitern zusätzliche Informationen zur Verfügung zu stellen.

Ressourcen anzeigen

Da Ressourcen vom Berichtsserver ohne weitere Verarbeitung direkt an den Browser durchgereicht werden, hängt das Verhalten des Berichts-Managers bei der Anzeige von Ressourcen in erster Linie von den Einstellungen Ihres Browsers ab.

Eine Ressource wird genau wie andere Elemente geöffnet:

1. Öffnen Sie den Berichts-Manager und navigieren Sie zu dem Ordner, der die anzuzeigende Ressource enthält, z.B. zu dem im vorigen Abschnitt angelegten Ordner *Informationen*.
2. Klicken Sie auf den Link der Ressource, z.B. auf den des Word-Dokuments *Das ist eine Worddatei.docx*.

Je nach Sicherheitseinstellungen Ihres Browsers werden Sie vor dem Anzeigen evtl. gefragt, ob Sie die Ressource direkt öffnen oder erst auf Ihrem Dateisystem speichern möchten. Klicken Sie in diesem Fall auf *Öffnen*, um sich das Dokument direkt anschauen zu können.

Die Ressource wird angezeigt. Welche Darstellung sich Ihnen bietet, hängt vom MIME-Typ ab. Wenn Ihr Browser über formatspezifische Viewer verfügt, werden ggf. Elemente, wie beispielsweise Symbolleisten, für die Ressource mit angezeigt.

Nach Berichten und anderen Elementen suchen

Auf einem Berichtsserver kann nach den meisten Elementen anhand des Namens oder der Beschreibung gesucht werden.

Sie können suchen nach:

- publizierten Berichten
- Ordnern
- freigegebenen Datenquellen
- Ressourcen

Nicht suchen können Sie nach:

- Zeitplänen
- Besitzern
- Rollenzuweisungen
- bestimmten Momentaufnahmen im Berichtsverlauf
- Abonnements

Die Suche wird in der Berichtsserverdatenbank ausgeführt, in der die Elemente bzw. Ordner gespeichert sind.

Für die Suche können Sie entweder rechts oben auf der Seite *Stamm* das Textfeld *Suchen nach* verwenden oder die *Suchen*-Seite des Berichts-Managers nutzen.

Suchvorgänge beginnen in der Ordnerhierarchie im Knoten der obersten Ebene und werden in den untergeordneten Zweigen fortgesetzt.

ACHTUNG Nur Elemente und Berichte, die Sie anzeigen dürfen, werden in das Suchergebnis einbezogen. Falls Sie keine Zugriffsberechtigung für einen bestimmten Zweig haben, wird dieser übersprungen. Dies ist in Regel der Fall bei Ordnern vom Typ *My Reports* anderer Benutzer und bei anderen Ordnern, die nicht generell verfügbar sind.

Um anhand des Namens oder einer Beschreibung nach einem Element zu suchen, geben Sie die gesamte Suchzeichenfolge oder einen Teil davon an.

Bei Suchzeichenfolgen wird nicht nach Groß- und Kleinschreibung unterschieden.

Suchoperatoren wie z.B. Pluszeichen (+) oder Minuszeichen (–) zum Ein- oder Ausschließen von Suchkriterien sind nicht zulässig.

TIPP Die hier beschriebene Suchfunktion sucht nur nach Berichtsnamen und -beschreibungen. Wenn Sie nach Text in einem Bericht suchen möchten, verwenden Sie die Suchmöglichkeit in der Berichtssymbolleiste oben in einem Bericht.

Nähere Informationen finden Sie in der Tabelle 19.7 auf Seite 288.

HINWEIS In benutzerdefinierten Anwendungen können zusätzliche Suchfunktionen vorhanden sein, die auf das Berichtsservermodul zugreifen.

Weitere Informationen zu programmierbaren Suchfunktionen, wie der *FindItems Method*, finden Sie in Kapitel 33.

Suchen Sie nun nach dem Bericht *Employee_Sales_Summary_2008R2*, der zu den mitgelieferten Beispielberichten gehört und von dem Sie zusätzlich im Abschnitt »Bericht hochladen« ab Seite 266 eine Kopie erzeugt haben:

1. Öffnen Sie den Berichts-Manager, geben Sie in *Suchen nach* den Begriff *employee* ein und klicken Sie die Schaltfläche .
2. Die Elemente und Ordner, in denen der Suchbegriff enthalten ist, werden auf der *Suchen*-Seite angezeigt.
3. Sofern gewünscht, können Sie per Klick auf *Detailansicht* zusätzlich die Ordner, in denen die Suchergebnisse enthalten sind, einsehen (Abbildung 19.13).

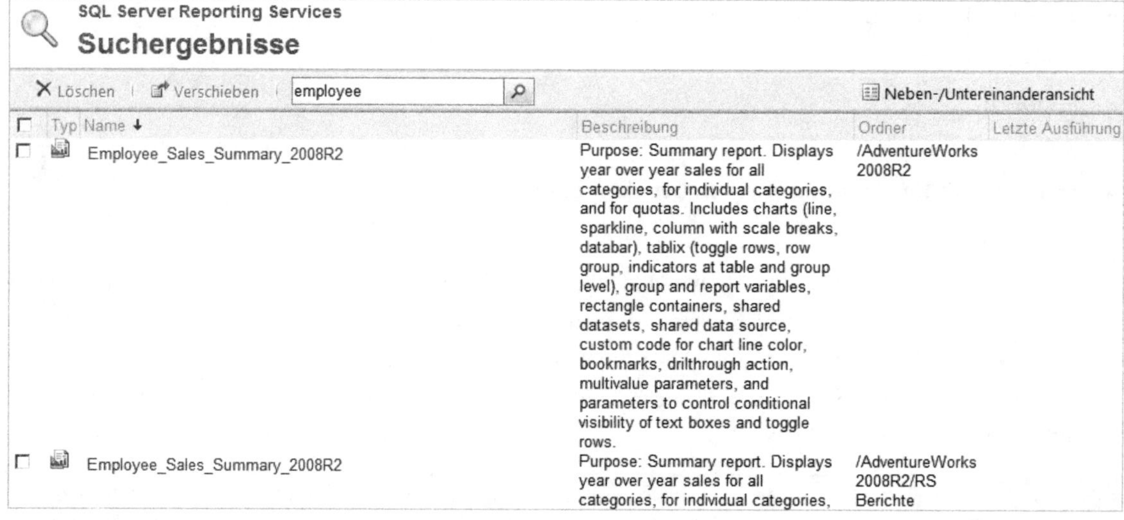

Abbildung 19.13 Darstellung der *Suchen*-Seite, nachdem nach *employee* gesucht wurde

4. Klicken Sie auf ein Element in dem Suchergebnis, um es anzuzeigen.

Die Elemente auf der Seite mit den Suchergebnissen können Sie wie auf einer *Inhalt*-Seite von Ordnern öffnen, bearbeiten, löschen oder verschieben.

Verwaltungsseiten

Jedes Element und jeder Ordner hat Eigenschaften, die Sie mit dem Berichts-Manager anzeigen und verändern können.

Um zu den Verwaltungsseiten eines Elements zu gelangen, gehen Sie folgendermaßen vor:

1. Öffnen Sie den Berichts-Manager und klicken Sie den Pfeil neben dem entsprechenden Element, um dessen Menü zu öffnen.
2. Wählen Sie den Befehl *Verwalten*.

Im Bereich der Verwaltungsseiten finden Sie die Schaltflächen aus Tabelle 19.3. Die Erklärungen der Tabelle gelten für alle Verwaltungsseiten und werden in den folgenden Abschnitten nicht mehr explizit beschrieben.

Steuerelement	Beschreibung
Anwenden	Klicken Sie auf *Anwenden*, um Änderungen zu speichern. Sie erhalten keine Bestätigung, ob die Änderungen erfolgreich durchgeführt wurden. Dies können Sie nur feststellen, indem Sie auf die *Inhalt*-Seite des Elements oder Ordners wechseln und dort überprüfen, ob in der *Geändert am*-Spalte das aktuelle Datum und die aktuelle Uhrzeit angezeigt werden.
Löschen	Klicken Sie auf *Löschen*, um ein Element oder Ordner und seinen Inhalt zu entfernen. Weitere Informationen finden Sie im Abschnitt »Bericht oder Ordner löschen« ab Seite 270.
Verschieben	Klicken Sie auf *Verschieben*, um ein Element oder Ordner zu verschieben. Weitere Informationen finden Sie im Abschnitt »Bericht oder Ordner verschieben« ab Seite 270.

Tabelle 19.3 Schaltflächen der Verwaltungsseiten

In den folgenden Abschnitten wird die Verwaltungsseite *Eigenschaften* für die verschiedenen Elemente erläutert.

HINWEIS Ordner mit besonderem Zweck wie z.B. *Stamm*, *My Reports* und *User Folders* können nicht umbenannt, gelöscht oder verschoben werden. Die Verwaltungsseite *Eigenschaften* steht für diese Ordner nicht zur Verfügung.

Allerdings haben auch diese Ordner die Verwaltungsseite *Sicherheit*, welche Sie über dessen Menü und den Befehl *Sicherheit* erreichen.

Nähere Informationen zum Thema Ordnersicherheit finden Sie in Kapitel 22.

Verwaltungsseite *Eigenschaften* von Ordnern

Auf der Verwaltungsseite *Eigenschaften* werden grundlegende Informationen zu einem Ordner angezeigt.

Um diese Seite anzuzeigen, navigieren Sie im Berichts-Manager zu dem gewünschten Ordner, z.B. *AdventureWorks 2008R2*, und öffnen Sie dessen Menü über den Pfeil neben dem Namen und einem Klick auf *Verwalten*. Wie in Abbildung 19.14 zu sehen ist, erhalten Sie Informationen zum Benutzer, der den Ordner erstellt bzw. geändert hat, sowie den Zeitpunkt der Erstellung bzw. Änderung.

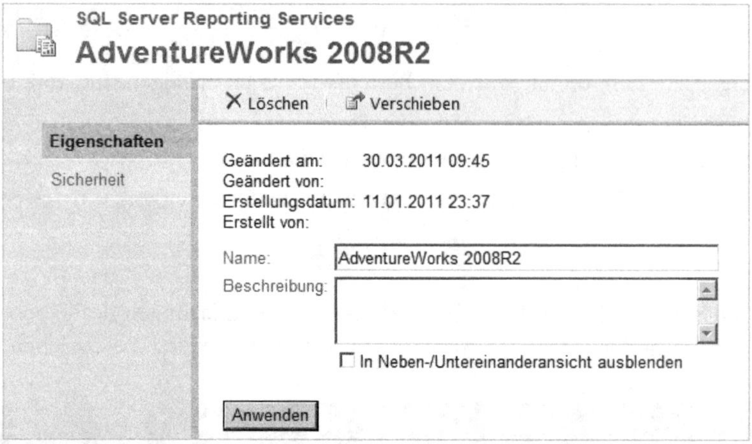

Abbildung 19.14 Verwaltungsseite *Eigenschaften* eines Ordners

Eine Erläuterung der weiteren Elemente dieser Seite finden Sie in der folgenden Tabelle. Die Beschreibung der Schaltflächen enthält Tabelle 19.3 weiter vorne.

<table>
<tr><th>Feld</th><th>Beschreibung</th></tr>
<tr><td>Textfeld Name</td><td>Name des Ordners.
Der Name muss mindestens ein alphanumerisches Zeichen enthalten. Er kann auch Leerzeichen und Sonderzeichen enthalten. Folgende Zeichen können jedoch nicht für Namen verwendet werden: ; ? : @ & = + , $ / * < > | " /.</td></tr>
<tr><td>Textfeld Beschreibung</td><td>Beschreibung des Ordnerinhalts.
Diese Beschreibung wird auf der Inhalt-Seite angezeigt.</td></tr>
<tr><td>Kontrollkästchen In Neben-/Untereinanderansicht ausblenden</td><td>Aktivieren oder deaktivieren Sie das Kontrollkästchen, um festzulegen, ob der Ordner in der Standardansicht angezeigt wird.
Weitere Informationen erhalten Sie im Abschnitt »Ordner aus der Neben-/Untereinanderansicht ausblenden« ab Seite 276.</td></tr>
</table>

Tabelle 19.4 Felder der Verwaltungsseite für die Eigenschaften eines Ordners

Verwaltungsseite *Sicherheit* von Ordnern

Auf der Verwaltungsseite *Sicherheit* wird angezeigt, welche Benutzerrollen Zugriff auf den Ordner haben. Dort ist auch die Änderung dieser Einstellungen möglich.

Nähere Erläuterungen finden Sie in Kapitel 22.

Ordner aus der Neben-/Untereinanderansicht ausblenden

Es können Ordner in der Neben-/Untereinanderansicht bzw. Standardansicht der *Inhalt*-Seite ausgeblendet werden. Ausgeblendete Ordner sind in der Neben-/Untereinanderansicht für keinen Benutzer sichtbar.

ACHTUNG In der Detailansicht, welche über die Schaltfläche *Detailansicht* der Berichtssymbolleiste zu erreichen ist, bleibt auch ein ausgeblendeter Ordner immer sichtbar.

Allerdings steht nur Benutzern mit dem Recht, Elemente zu bearbeiten, die Schaltfläche *Detailansicht* zur Verfügung.

TIPP Sie können in einem ausgeblendeten Ordner z.B. Berichte sammeln, die die Grundlage für verknüpfte Berichte sind. Diesen Ordner können Sie so in dem gleichen Projektpfad speichern.

Um einen Ordner auszublenden, gehen Sie wie folgt vor:

1. Navigieren Sie im Berichts-Manager zu dem Ordner, der ausgeblendet werden soll, z.B. *AdventureWorks 2008R2*.
2. Öffnen Sie den Ordner durch Klicken auf den rechten Pfeil neben dem Ordner und wählen *Verwalten*, um zu den allgemeinen Einstellungen dieses Ordners zu gelangen.
3. Aktivieren Sie das Kontrollkästchen *In Neben-/Untereinanderansicht ausblenden*.
4. Klicken Sie auf *Anwenden*, um die Änderungen zu speichern.
5. Klicken Sie in der Linkzeile des Navigations-Anzeigers auf das dem Ordner übergeordnete Verzeichnis, also *Stamm*.
6. Sofern erforderlich, klicken Sie auf *Neben-/Untereinanderansicht*, um in die Neben-/Untereinanderansicht zu wechseln.

Der ausgeblendete Ordner *AdventureWorks 2008R2* wird nicht mehr angezeigt.

Stellen Sie sicher, dass der Ordner *AdventureWorks 2008R2* wieder sichtbar geschaltet wird, damit er in weiteren Übungen normal zu sehen ist. Deaktivieren Sie dazu wieder das Kontrollkästchen *In Neben-/Untereinanderansicht ausblenden* für diesen Ordner.

Verwaltungsseite *Eigenschaften* von Datenquellen

Auf dieser Verwaltungsseite können Sie die Eigenschaften eines freigegebenen Datenquellen-Elements anzeigen oder ändern.

Alle von Ihnen an den Eigenschaften vorgenommenen Änderungen gelten für alle Berichte, die auf dieses Element verweisen.

Nähere Informationen zu Datenquellen finden Sie in Kapitel 21.

Die Verwaltungsseite *Sicherheit* einer Datenquelle wird in Kapitel 22 erläutert.

Verwaltungsseite *Eigenschaften* von freigegebenen Datasets

Auf dieser Verwaltungsseite können Sie die Eigenschaften eines freigegebenen Datasetelements anzeigen oder ändern. Genau wie bei den Berichten können Sie dessen Definition herunterladen oder ersetzen. Lesen Sie dazu den Abschnitt »Berichtsdefinition austauschen« ab Seite 280.

Sämtliche von Ihnen an den Eigenschaften vorgenommenen Änderungen gelten für alle Berichte, die auf dieses Element verweisen.

Nähere Informationen zu freigegebenen Datasets finden Sie in Kapitel 21.

Die Verwaltungsseite *Sicherheit* eines Datasets wird in Kapitel 22 erläutert.

Verwaltungsseite *Eigenschaften* von Berichten

Über die Verwaltungsseite *Eigenschaften* von Berichten können Sie eine Berichtsdefinition umbenennen, löschen, verschieben oder ersetzen. Zudem ist mit dieser Seite das Erstellen eines verknüpften Berichts möglich. Sie erhalten Informationen zum Benutzer, der den Bericht erstellt oder geändert hat, und den Zeitpunkt der Erstellung bzw. Änderung.

Um zur Eigenschaftenseite (Abbildung 19.15) zu gelangen, öffnen Sie das Menü über den Pfeil rechts neben den Namen zu einem Bericht, z.B. *Sales_by_Region_2008R2*, und klicken auf *Verwalten*.

Ist der ausgewählte Bericht unverknüpft, ist die Schaltfläche *Verknüpften Bericht erstellen* vorhanden, um die Seite *Neuer verknüpfter Bericht* zu öffnen.

Verknüpfte Berichte werden typischerweise erstellt, wenn Sie verschiedene Sicherheitseinstellungen oder Parameter für den Bericht verwenden möchten. Weitere Informationen zu verknüpften Berichten finden Sie im Abschnitt »Verknüpfte Berichte« ab Seite 279.

Die weiteren Verwaltungsseiten *Parameter*, *Datenquellen*, *Freigegebene Datasets*, *Abonnements*, *Verarbeitungsoptionen*, *Optionen zur Cacheaktualisierung*, *Berichtsverlauf*, *Momentaufnahmeoptionen* und *Sicherheit* werden in eigenen Kapiteln im Teil C dieses Buchs erläutert.

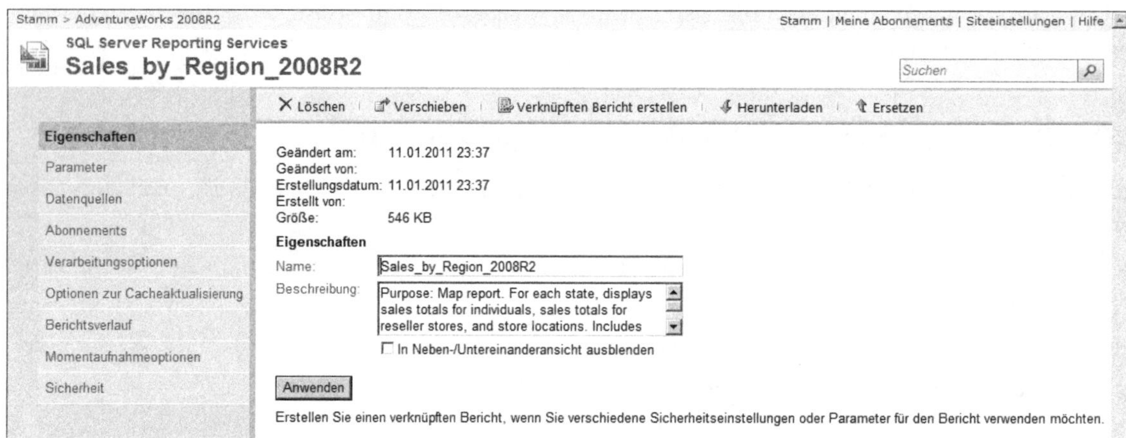

Abbildung 19.15 Die Verwaltungsseite *Eigenschaften* eines Berichts zeigt dessen grundlegende Informationen

Eigenschaften-Bereich

In diesem Bereich der Seite können Sie den Namen und die Beschreibung des Berichts ändern.

Mit dem Kontrollkästchen *In Neben-/Untereinanderansicht ausblenden* wird das Anzeigen auf der *Inhalt*-Seite verändert.

Die Erläuterungen gelten analog zum Abschnitt »Ordner aus der Neben-/Untereinanderansicht ausblenden« ab Seite 276, wo sich die Aussagen anstatt auf Ordner dann auf Berichte beziehen.

Schaltflächen-Bereiche

Im oberen Bereich gibt es die Schaltflächen *Löschen* und *Verschieben*, wie in Tabelle 19.3 auf Seite 275 beschrieben, sowie *Verknüpften Bericht erstellen*, *Herunterladen* und *Ersetzen*, welche in den folgenden Abschnitten beschrieben werden.

Weiterhin bietet Ihnen der untere Bereich die Schaltfläche *Anwenden*, ebenfalls in Tabelle 19.3 auf Seite 275 beschrieben.

Verknüpfte Berichte

Verknüpfte Berichte funktionieren ganz ähnlich den Dateiverknüpfungen, die Sie aus Windows-Betriebssystemen kennen: Sie sind ein Verweis auf einen Bericht. Mit einem verknüpften Bericht haben Sie die Möglichkeit, verschiedene Sicherheitseinstellungen oder Parameterwerte für einen Bericht zusammenzufassen.

Wird der Stammbericht – also der Bericht, mit dem der verknüpfte Bericht verbunden ist – überarbeitet und publiziert, werden diese Änderungen ebenfalls in dem verknüpften Bericht angezeigt.

ACHTUNG Löschen Sie einen Stammbericht, haben alle mit ihm verknüpften Berichte keine Datengrundlage mehr.

Da für einen Stammbericht keine Informationen darüber abrufbar sind, welche bzw. wie viele Berichte mit diesem verknüpft sind, müssen Sie dieses selbst überprüfen. Dazu müssen Sie im Prinzip für alle verknüpften Berichte auf dem Berichtsserver die Verwaltungsseite *Eigenschaften* kontrollieren.

Sie können sich die Arbeit erleichtern, wenn Sie von vornherein für alle verknüpften Berichte den Namen des Stammberichts in die Beschreibung mit einfließen lassen. Auch empfiehlt sich, während der Arbeit eine gute Dokumentation anzulegen.

TIPP Um in einem verknüpften Bericht Änderungen des Stammberichts zu sehen, während dieser im Browser angezeigt wird, müssen Sie entweder das Browserfenster für den verknüpften Bericht mit `Strg`+`F5` aktualisieren oder auf das Aktualisierungssymbol in der Berichtssymbolleiste klicken.

Es soll ein verknüpfter Bericht in einem Ordner, z.B. *RS Berichte*, erzeugt werden. Dieser Bericht soll später einem Mitarbeiter der Getränkeabteilung zur Verfügung gestellt werden, damit er die Verkäufe in diesem Bereich verfolgen kann.

Gehen Sie dazu folgendermaßen vor:

1. Öffnen Sie im Berichts-Manager den Ordner *AdventureWorks 2008R2*.
2. Sofern erforderlich, klicken Sie auf *Detailansicht*, um die Detailansicht zu aktivieren.
3. Öffnen Sie das Menü des Berichts *Employee_Sales_Summary_2008R2* über den Pfeil rechts neben dessen Namen.
4. Klicken Sie auf *Verknüpften Bericht erstellen* oder *Verwalten* und dann auf die Schaltfläche *Verknüpften Bericht erstellen*.
5. Geben Sie für den *Namen* den Text *Employee_Sales_Summary_für_Shu_Ito* sowie eine sinnvolle Beschreibung (Abbildung 19.16) ein.
6. Der Speicherort ist standardmäßig derselbe wie der des Stammberichts. Um einen anderen Ordner auszuwählen, klicken Sie auf *Speicherort ändern*.
7. Die angezeigte Seite entspricht der von Abbildung 19.11 auf Seite 271. Wählen Sie *RS Berichte* als Ablage für den verknüpften Bericht aus und bestätigen Sie mit *OK*, um zur Verwaltungsseite *Eigenschaften* zurückzukehren.

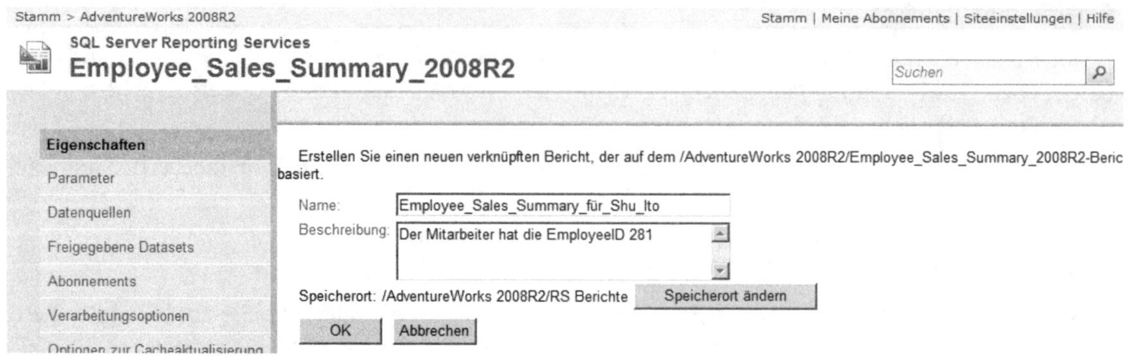

Abbildung 19.16 Erstellen Sie mithilfe dieser Seite einen verknüpften Bericht

8. Bestätigen Sie mit *OK*.
9. Der verknüpfte Bericht wird geöffnet. Sie können nun Änderungen an den Parameterwerten vornehmen.
10. Navigieren Sie wieder eine Ebene höher auf *RS Berichte*.
11. Klicken Sie auf den Pfeil rechts neben dem verknüpften Bericht *Employee_Sales_Summary_für_Shu_Ito* und dann auf *Verwalten*.
12. Wählen Sie anschließend die Verwaltungsseite *Parameter*.
13. Aktivieren Sie das Kontrollkästchen *Besitzt Standardwert* für den Parameter *EmployeeID* und geben den Standardwert für die Abfrage des Berichts ein – in diesem Falle *281*.
14. Deaktivieren Sie ebenfalls *Eingabeaufforderung für Benutzer*, wodurch der *Parameter*-Abschnitt nicht mehr angezeigt wird. Nähere Information zur Verwaltungsseite *Parameter* finden Sie im nächsten Abschnitt.
15. Klicken Sie auf *Anwenden*, um die Änderungen zu speichern.
16. Betrachten Sie den geänderten Bericht, indem Sie oben auf den Namen des Berichts klicken.

Der Bericht *Employee_Sales_Summary_für_Shu_Ito* enthält – im Gegensatz zu seinem Stammbericht *Employee_Sales_Summary_2008R2* – keine Eingabemöglichkeit für den *Employee*-Parameter. Er zeigt ausschließlich die Umsätze des Verkäufers *Shu Ito* für einen ausgewählten Monat an. Den Bericht *Employee_Sales_Summary_für_Shu_Ito* können Sie jetzt für die Überprüfung des Mitarbeiters verwenden.

Sollte es Änderungen im Stammbericht geben, profitieren die Benutzer des Berichts *Employee_Sales_Summary_2008R2* ebenso, da beide Berichte verknüpft sind.

Berichtsdefinition austauschen

Es können Berichtsdefinitionen aktualisiert werden, ohne diese über das Business Development Studio bereitstellen zu müssen. Dies bedeutet, eine überarbeitete Berichtsdefinition kann über eine *.rdl*-Datei ausgetauscht werden, ohne die anderen Einstellungen, wie z.B. Sicherheit oder Verlauf, erneut vornehmen zu müssen.

Welche Schaltflächen zur Verfügung stehen, hängt davon ab, ob der gewählte Bericht verknüpft ist oder nicht.

Handelt es sich um einen unverknüpften Bericht, stehen Ihnen oben *Herunterladen* und *Ersetzen* zur Verfügung, mit denen Sie folgende Möglichkeiten haben:

- Klicken Sie auf *Herunterladen*, um eine Kopie der Berichtsdefinition herunterzuladen

HINWEIS In dem nach dem Klicken auf *Herunterladen* angezeigten Dialogfeld *Dateidownload* (siehe Abbildung 19.10 auf Seite 268) können Sie die Datei öffnen oder speichern.

Wenn Sie sich für *Öffnen* entscheiden, wird Visual Studio gestartet und die XML-Daten werden dargestellt. Die so geöffnete Kopie ist mit der ursprünglichen Berichtsdefinition identisch, die auf dem Berichtsserver publiziert wurde. Sie kann nicht direkt auf diesem zurück gespeichert werden. Damit wird sichergestellt, dass Sie Änderungen nicht zufällig auf dem Berichtsserver speichern. Alle Eigenschaften, die für den Bericht nach dessen Publizierung festgelegt wurden (z.B. Parameter, Sicherheitseinstellungen, Einstellungen des Verlaufs und Datenquelleneigenschaften) sind nicht in der von Ihnen geöffneten Datei enthalten.

Entscheiden Sie sich für *Speichern*, können Sie die *.rdl*-Datei einfach in einem Ordner im Dateisystem speichern. Änderungen, die Sie lokal an der Berichtsdefinition vornehmen, werden nicht auf dem Berichtsserver gespeichert. Sie können jedoch die Berichtsdefinition als neues Element auf den Berichtsserver hochladen. Sehen Sie sich dazu das Beispiel im Abschnitt »Bericht hochladen« ab Seite 266 an.

- Klicken Sie auf *Ersetzen*, um die Berichtsdefinition durch eine andere Definition aus einer *.rdl*-Datei in einem freigegebenen Verzeichnis zu ersetzen

ACHTUNG Wenn Sie eine Berichtsdefinition aktualisieren, müssen Sie ggf. die Einstellungen zur Datenquelle nach Abschluss der Aktualisierung zurücksetzen (siehe den Abschnitt »Einem Bericht eine neue Datenquelle zuweisen« ab Seite 267).

Falls es sich um einen verknüpften Bericht handelt, wird der vollständige Name und Pfad der Berichtsdefinition des verknüpften Berichts angegeben, wie in Abbildung 19.17 zu sehen ist.

- Sie können auf *Link ändern* klicken, um eine andere Berichtsdefinition als Quelle der Verknüpfung auszuwählen

Verknüpfen mit: /AdventureWorks 2008R2/RS Berichte/Employee_Sales_Summary_2008R2 Link ändern

Abbildung 19.17 Berichtdefinition der Verwaltungsseite *Eigenschaften* eines verknüpften Berichts

Verwaltungsseite *Parameter* von Berichten

Mit der Verwaltungsseite *Parameter* sichten und ändern Sie Parametereinstellungen für einen parametrisierten Bericht (siehe Kapitel 14).

Mit Parametern können Sie zur Laufzeit z.B.

- verschiedene Produkte mit dem gleichen Bericht analysieren,
- Betrachtungszeiträume eingrenzen oder
- die Daten einzelner Mitarbeiter anzeigen.

Parameter dienen also typischerweise der Filterung von Daten und werden in der Berichtsdefinition deklariert, also bevor der Bericht publiziert wird.

Nach der Publizierung eines Berichts können Parametereigenschaftswerte geändert werden. Welche Werte geändert werden können, hängt von der Definition der Parameter im Bericht ab:

- Wenn eine Liste statischer Werte für einen Parameter definiert ist, können Sie einen anderen statischen Wert als Standardwert auswählen. Es können jedoch keine Werte hinzugefügt oder aus der Liste entfernt werden.

- Falls der Parameter auf einer Abfrage basiert, werden ebenso alle Aspekte dieser Abfrage – einschließlich des verwendeten Datasets, ob NULL-Werte oder leere Werte zugelassen sind und ob ein Standardwert bereitgestellt wird – im Bericht vor seiner Publizierung definiert

Eine Beschreibung der Felder der Verwaltungsseite *Parameter* finden Sie in der Tabelle 19.5.

Feld	Beschreibung
Parametername	Name des Parameters
Datentyp	Datentyp des Parameters
Besitzt Standardwert	Aktivieren Sie dieses Kontrollkästchen, wenn der Parameter einen Standardwert hat. Durch das Aktivieren werden die Optionen *Standardwert* und *NULL* ebenfalls aktiviert. Falls *Besitzt Standardwert* nicht aktiviert ist, müssen Benutzer einen Parameterwert für diesen Bericht angeben.
Standardwert	Standardwert für den Parameter. Um einen Standardwert angeben zu können, muss die Option *Besitzt Standardwert* aktiviert sein, während *NULL* nicht aktiviert sein darf. Ein Standardwert kann durch die Berichtsdefinition bereitgestellt werden. Ist *Standardwert* mit einem oder mehreren statischen Werten aufgefüllt, wird der Bericht mit diesen Werten erstellt. Hat *Standardwert* den Wert *Abfragebasiert*, wird der Parameterwert durch eine Abfrage ermittelt, die im Bericht definiert ist. Falls *Standardwert* einen Wert akzeptiert, können Sie eine Konstante oder Syntax eingeben, die für die mit dem Bericht verwendete Datenverarbeitungserweiterung gültig ist. Wenn die Abfragesprache der Datenverarbeitungserweiterung Platzhalterzeichen unterstützt, können Sie ein Platzhalterzeichen als Standardwert angeben. Wenn Sie angeben, dass dem Benutzer eine *Eingabeaufforderung* angezeigt wird, wird der *Standardwert* als Anfangswert verwendet, den Benutzer verwenden oder auch ändern können. Wenn keine *Eingabeaufforderung für den Benutzer* für den Parameterwert angezeigt wird, wird dieser Wert für alle Benutzer verwendet, die den Bericht ausführen.
NULL	Aktivieren Sie dieses Kontrollkästchen, um NULL als Standardwert anzugeben. Ein NULL-Wert bedeutet, dass der Bericht ausgeführt werden kann, auch wenn der Benutzer keinen Parameterwert bereitstellt. Falls in dieser Spalte kein Kontrollkästchen angezeigt wird, akzeptiert der Parameter keine NULL-Werte.
Ausblenden	Aktivieren Sie dieses Kontrollkästchen, um den Parameter im Parameterbereich auszublenden, der oben im Bericht angezeigt wird. Der Parameter wird weiterhin in den Abonnementdefinitionsseiten angezeigt und kann ebenso noch in einer Berichts-URL angegeben werden. Das Ausblenden des Parameters ist hilfreich, wenn Sie den Bericht immer mit den von Ihnen angegebenen Standardwerten ausführen möchten. Deaktivieren Sie dieses Kontrollkästchen, wenn Sie möchten, dass der Parameter im Bericht sichtbar ist.
Eingabeaufforderung für den Benutzer	Aktivieren Sie dieses Kontrollkästchen, um ein Textfeld mit einer Eingabeaufforderung für einen Parameterwert anzuzeigen. Deaktivieren Sie dieses Kontrollkästchen, wenn Sie den Bericht im unbeaufsichtigten Modus ausführen möchten, wenn Sie denselben Parameterwert für alle Benutzer verwenden möchten oder wenn keine Benutzereingabe für den Wert erforderlich ist. Den unbeaufsichtigten Modus brauchen Sie, um Momentaufnahmen vom Berichtsverlauf (siehe Kapitel 25) oder der Berichtsausführung (siehe Kapitel 23) generieren zu können.
Text anzeigen	Textzeichenfolge, die neben dem Parametertextfeld angezeigt wird. Diese Zeichenfolge enthält eine Bezeichnung oder beschreibenden Text. Die Länge der Zeichenfolge ist nicht begrenzt. Längere Textzeichenfolgen werden innerhalb des vorhandenen Platzes umgebrochen.

Tabelle 19.5 Felder der Verwaltungsseite *Parameter* eines Berichts

Sie können den Start- oder Standardwert eines Parameters für Berichte mit Parameterabfrage ändern. Schauen Sie sich dafür das folgende Beispiel an.

Sie wollen den Bericht für die Umsatzzahlen Ihrer Vertriebsmitarbeiter anpassen. Der Bericht soll mit einem bestimmten Mitarbeiter, dessen Umsätze Sie im Auge behalten möchten, starten, damit Sie nicht jedes Mal diesen Parameter eingeben müssen.

1. Öffnen Sie im Berichts-Manager den Ordner *AdventureWorks 2008R2* und wählen Sie dort den Bericht *Employee_Sales_Summary_2008R2* aus.
2. Um den Bericht anzeigen zu können, musste bisher der Parameter *Employee* ausgewählt werden. Um den Bericht nun ohne manuelle Parameterauswahl sofort mit einem bestimmten Mitarbeiter zu starten, klicken Sie auf *Verwalten* und anschließend auf *Parameter* im linken Bereich der Seite (Abbildung 19.18).
3. Der Parameter, der den Mitarbeiter festlegt, heißt *EmployeeID*. Sie müssen also die Mitarbeiter-IDs der Firma kennen, was für Sie als Angestellter im Personalbereich sicherlich kein Problem darstellt. Für das Beispiel soll die Mitarbeiterin *Jae Pak* zu Beginn angezeigt werden. Wie Sie wissen, hat Jae die Mitarbeiter-ID 289. Aktivieren Sie also das Kontrollkästchen *Besitzt Standardwert* für den Parameter *EmployeeID* und geben dann im Textfeld für den Standardwert die Zahl *289* ein.

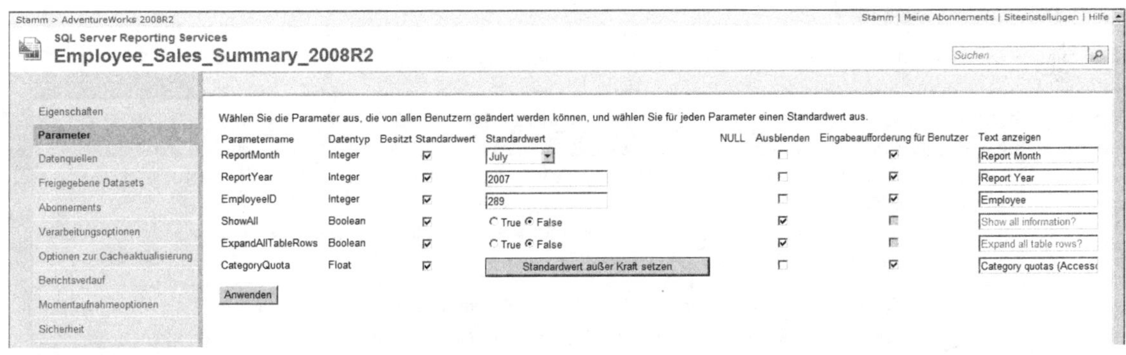

Abbildung 19.18 Verwaltungsseite *Parameter* eines Berichts

4. Klicken Sie auf *Anwenden*, um die Änderung auf dem Berichtsserver zu speichern.
5. Klicken Sie oben auf den Namen des Berichts, um diesen anzuzeigen. Der Bericht sollte jetzt mit *Jae Pak* gestartet werden.

Der Bericht wird nun ohne vorherige Benutzereingabe sofort gerendert, da alle Parameter über einen Startwert verfügen.

Siteeinstellungen des Berichts-Managers

Mithilfe der Seite *Siteeinstellungen* können Sie globale Einstellungen für den Berichtsserver vornehmen und einige spezielle Funktionen steuern.

Sie gelangen auf die Seite *Siteeinstellungen* (Abbildung 19.19), indem Sie im Berichts-Manager oben rechts auf den gleichnamigen Link klicken.

WICHTIG Um diese Seite anzeigen zu können, müssen Sie ein Administrator des Berichtsservers sein.

Welche Einstellungen Sie hier im Einzelnen vornehmen können, erfahren Sie in den folgenden Abschnitten.

Siteeinstellungen *Allgemein*

Auf dieser Verwaltungsseite können Sie die allgemeinen Einstellungen des Berichtsservers verändern. Dabei haben Sie die in Tabelle 19.6 erläuterten Möglichkeiten.

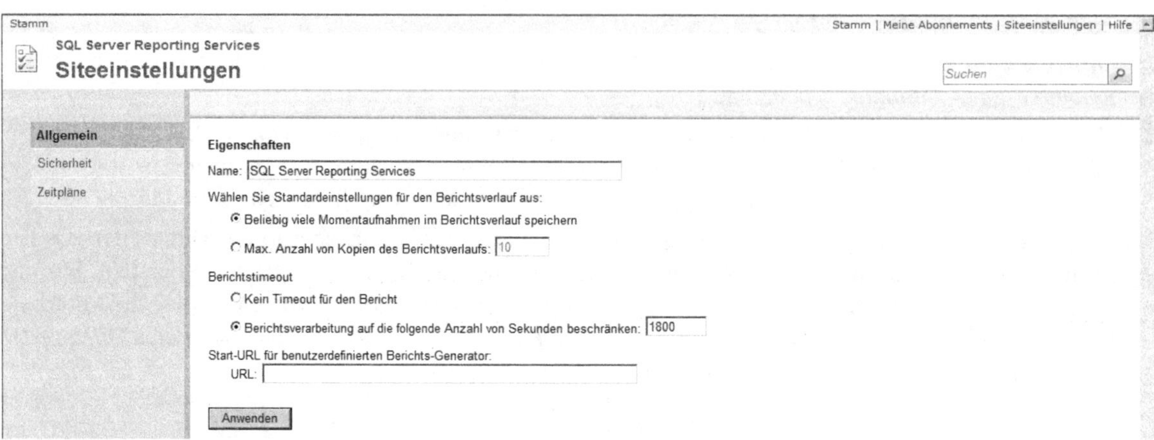

Abbildung 19.19 Nehmen Sie auf der Seite *Siteeinstellungen* die allgemeinen Einstellungen des Berichtsservers vor

Feld	Beschreibung
Name	Titel, der im Berichts-Manager verwendet wird. Dieser Text wird oben links auf allen Seiten der Anwendung angezeigt. Mit dieser Einstellung haben Sie eine einfache Möglichkeit, Ihren Berichtsserver zu branden. Der Standardwert ist *SQL Server Reporting Services*.
Standardeinstellungen für den Berichtsverlauf	Standardwert für die Anzahl von Kopien, die im Berichtsverlauf gespeichert werden. Mithilfe eines Standardwerts werden Grenzwerte für den Berichtsverlauf eingerichtet. Diese Einstellungen können auf Berichtsebene geändert werden. Wenn Sie den Berichtsverlauf zu einem späteren Zeitpunkt einschränken und der vorhandene Berichtsverlauf den angegebenen Grenzwert übersteigt, verringert der Berichtsserver den vorhandenen Berichtsverlauf auf den neuen Grenzwert. Die ältesten Berichtsmomentaufnahmen werden zuerst gelöscht. Falls der Berichtsverlauf leer ist oder unter dem Grenzwert liegt, werden neue Berichtsmomentaufnahmen hinzugefügt. Ist der Grenzwert erreicht, wird die älteste Momentaufnahme gelöscht, sobald eine neue Berichtsmomentaufnahme hinzugefügt wird. Weitere Informationen zum Thema Momentaufnahmen finden Sie in Kapitel 25.
Berichtstimeout	Timeoutwert für die Berichtsverarbeitung in Sekunden. Wenn Sie die Standardeinstellungen auswählen, wird die Timeouteinstellung auf der Seite *Siteeinstellungen* für diesen Bericht verwendet. Dieser Wert gilt für die Berichtsverarbeitung auf einem Berichtsserver. Er hat keine Auswirkung auf die Datenverarbeitung auf dem Datenbankserver, der die Daten für den Bericht zur Verfügung stellt. Die Zählung für die Berichtsverarbeitung beginnt mit der Auswahl des Berichts und endet mit dem Öffnen des Berichts. Wenn Sie diesen Wert festlegen, müssen Sie genügend Zeit sowohl für die Daten- als auch für die Berichtsverarbeitung zur Verfügung stellen.

Tabelle 19.6 Felder der Seite *Siteeinstellungen* im Bereich *Einstellungen*

Feld	Beschreibung
Start-URL für benutzerdefinierten Berichts-Generator	Hier können Sie eine benutzerdefinierte URL angeben, wenn der Berichtsserver nicht die Standard-URL des Berichts-Generators verwendet. Dies ist eine optionale Einstellung. Wenn Sie keinen Wert angeben, wird die Standard-URL verwendet, die Berichts-Generator als ClickOnce-Anwendung startet. Die Standard-URL ist *http://<computername>/ReportServer/ReportBuilder/ReportBuilder.application*.
Anwenden	Klicken Sie auf *Anwenden*, um die Änderungen auf dem Berichtsserver zu speichern. Sollten Sie die Seite *Siteeinstellungen* versehentlich ohne Speicherung verlassen, müssen die Einstellungen erneut durchgeführt werden.

Tabelle 19.6 Felder der Seite *Siteeinstellungen* im Bereich *Einstellungen (Fortsetzung)*

Um mit den Siteeinstellungen vertraut zu werden, stellen Sie den Namen des Berichts-Managers auf den Ihrer Firma um und beschränken die maximale Anzahl der Kopien eines Berichts in dessen Verlauf, damit der Speicheraufwand für viele Berichte in Ihrer Firma in einem überschaubaren Rahmen bleibt.

Gehen Sie folgendermaßen vor:

1. Im gestarteten Berichts Manager klicken Sie in der globalen Symbolleiste auf *Siteeinstellungen*, um die gleichnamige Seite zu öffnen.
2. Schreiben Sie für *Name* z.B. *Reporting Services der Firma AdventureWorks*, um den Namen, der für den Berichtsserver angezeigt wird, zu ändern.
3. Aktivieren Sie die Option *Max. Anzahl von Kopien des Berichtsverlaufs* und tragen dort den Wert *30* ein, wodurch für jeden Berichtsverlauf maximal 30 Kopien angelegt werden können.
4. Klicken Sie auf *Anwenden*, um die Änderungen auf dem Berichtsserver zu speichern.
5. Sie werden nun darauf hingewiesen, dass für Berichte, die bereits mehr Kopien als die von Ihnen gewählte Anzahl haben, die ältesten gelöscht werden. Falls Sie sich nicht sicher sind, ob vielleicht für wichtige Berichte mehr Kopien als die gewählte Anzahl erhalten bleiben sollen, müssen Sie jetzt auf *Abbrechen* klicken. Andernfalls bestätigen Sie mit *OK*.

Nun wird auf jeder Seite oben links der Name Ihrer Firma angezeigt. Außerdem ist jetzt die maximale Anzahl der Kopien zu einem Bericht beschränkt.

ACHTUNG Wenn Ihre Firma mit Berichten arbeitet, die eine Historie aufbauen, sollten Sie die maximale Anzahl von Kopien zu einem Bericht nicht generell in den Siteeinstellungen beschränken. Beschränken Sie in diesem Fall besser jeden einzelnen Bericht individuell.

Siteeinstellungen *Sicherheit*

Auf dieser Verwaltungsseite können Sie systemweite Rollenzuweisung des Berichtsservers einsehen, erstellen und ändern.

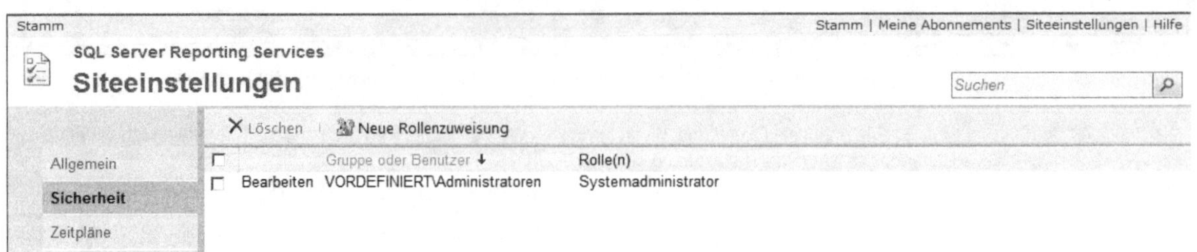

Abbildung 19.20 Nehmen Sie auf der Seite *Siteeinstellungen* die Sicherheits-Einstellungen des Berichtsservers vor

Weiterführende Erläuterung zum Thema Sicherheit finden Sie in Kapitel 22.

Siteeinstellungen *Zeitpläne*

Diese Verwaltungsseite umfasst Einstellungen zu zeitgesteuerten Abläufen mittels freigegebenen Zeitplänen. Sie können diese erstellen und bearbeiten.

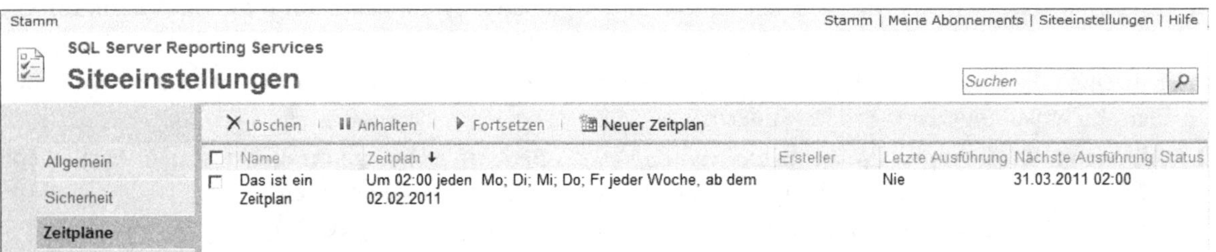

Abbildung 19.21 Nehmen Sie auf der Seite *Siteeinstellungen* die Einstellungen zu Zeitplänen des Berichtsservers vor

Weitere Informationen zum Thema Zeitpläne finden Sie in Kapitel 25.

Nachdem Sie nun einen Überblick über den Umgang mit dem Berichts-Managers erhalten haben, soll der HTML-Viewer, der die Berichte darstellt, genauer unter die Lupe genommen werden.

Arbeiten mit dem HTML-Viewer

Der HTML-Viewer ist die Steuerzentrale für die browserbasierte Anzeige von Berichten. Wenn Sie jemals einen Bericht im Browser angezeigt haben, kennen Sie ihn bereits.

Der Viewer stellt ein Framework für das Anzeigen von Berichten in HTML zur Verfügung. Er enthält eine Berichtssymbolleiste, einen Parameterabschnitt, eine Dokumentstruktur und einen Datenbereich.

HINWEIS Da die Beispiele der *AdventureWorks 2008R2* keinen Bericht enthalten, an dem sich alle Features des HTML-Viewers demonstrieren lassen, wurde die Übersichtsdarstellung der Abbildung 19.22 aus den Beispielberichten *Customers_Near_Stores_2008R2* und *Product Catalog 2008* »künstlich« zusammengesetzt und dient lediglich der schematischen Darstellung. Der Bericht *Product Catalog 2008* ist aus den Beispielen der 2008 Version entnommen, welche Sie auf *http://codeplex.com* noch immer finden.

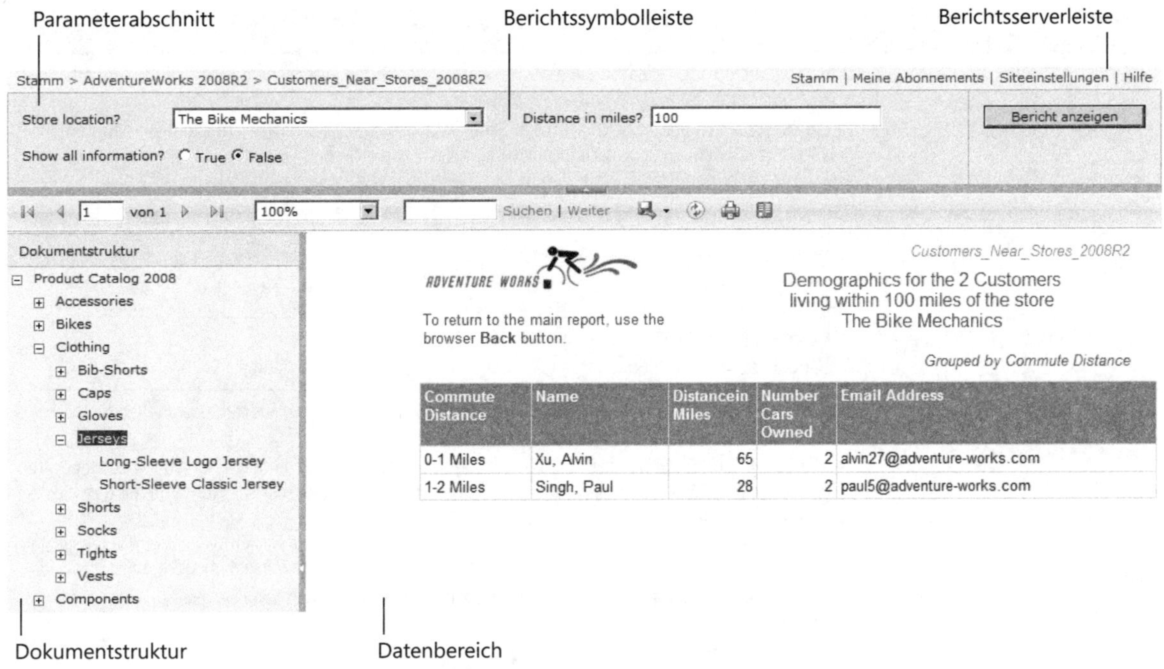

Abbildung 19.22 Schematische Darstellung der Bereiche des HTML-Viewers

Die Berichtssymbolleiste enthält Funktionen zum Anzeigen und Bearbeiten von Berichten.

Die tatsächlich angezeigte Berichtssymbolleiste kann Unterschiede zur Abbildung aufweisen, da möglicherweise andere Berichtsfunktionen verwendet werden oder andere Renderingoptionen verfügbar sind.

HINWEIS Der Parameterabschnitt (siehe Kapitel 14) und die Dokumentstruktur (siehe Kapitel 15) werden jeweils nur dann angezeigt, wenn Sie Berichte öffnen, deren Berichtsdefinition Parameter bzw. Dokumentstruktur-Informationen enthält.

Berichtssymbolleiste des HTML-Viewers

Die Berichtssymbolleiste wird im Browser oberhalb des Berichts angezeigt (siehe Abbildung 19.22 auf Seite 287) und ermöglicht dem Benutzer, wichtige Renderingfunktionen interaktiv zu steuern.

TIPP Wie Sie die Funktionen des HTML-Viewers per URL-Parameter steuern, erfahren Sie in Kapitel 32.

Die Tabelle 19.7 erläutert häufig verwendete Funktionen der Berichtssymbolleiste. Jede Funktion wird durch das Steuerelement identifiziert, das Sie für den Zugriff auf die entsprechende Funktion verwenden.

Steuerelement	Beschreibung
2 von 5?	Öffnen der ersten oder letzten Seite eines Berichts, Durchführen eines seitenweisen Bildlaufs durch einen Bericht und öffnen einer bestimmten Seite in einem Bericht. Ist ein Fragezeichen neben der maximalen Seitenzahl zu sehen, sind noch nicht alle Berichtsseiten geladen. Sie können zu diesem Zeitpunkt nicht wissen, wie viele Berichtsseiten insgesamt vorhanden sind, haben aber den Vorteil, nicht den ganzen Ladeprozess aller Seiten abwarten zu müssen. Um eine bestimmte Seite anzuzeigen, geben Sie die Seitenzahl ein und drücken die ↵-Taste.
100%	Vergrößern oder Verkleinern der Berichtsseite. Sie können die Größe der Anzeige prozentual ändern oder mithilfe von *Seitenbreite* die horizontale Länge eines Berichts im Browserfenster anpassen bzw. mithilfe von *Gesamte Seite* die vertikale Länge eines Berichts im Browserfenster anpassen. Die Option *Zoom* wird seit der Version 5.5 des Internet Explorers unterstützt.
Rachel Suchen | Weiter	Suchen nach Inhalt im Bericht durch das Eingeben eines oder mehrerer Wörter, nach denen Sie suchen möchten (die maximale Länge beträgt 256 Zeichen). Bei der Suche wird die Groß- und Kleinschreibung beachtet und sie beginnt bei der aktuell ausgewählten Seite oder beim aktuell markierten Abschnitt. Nur sichtbarer Inhalt wird in Suchvorgänge eingeschlossen. Wenn Sie nach weiteren Vorkommen desselben Werts suchen möchten, klicken Sie auf *Weiter*.
	Klicken Sie auf das Diskettensymbol, um den Bericht im ausgewählten Format anzuzeigen. Welche Formate verfügbar sind, wird durch die auf dem Berichtsserver installierten Renderingerweiterungen festgelegt. Das TIFF-Format wird zum Drucken empfohlen. Nähere Informationen zum Thema Exportformate finden Sie in Kapitel 24.
	Aktualisieren des Berichts. Daten für Liveberichte werden aktualisiert. Zwischengespeicherte Berichte werden vom jeweiligen Speicherort neu geladen.
	Ausdrucken des Berichts
	Sie können Atom-kompatible Datenfeeds aus Berichten generieren und dann in Anwendungen wie dem SQL Server 2008 R2 PowerPivot-Client verwenden, der in der Lage ist, Datenfeeds zu nutzen. Nähere Informationen zum Thema Datenfeeds finden Sie in Kapitel 24.
	Ein- oder Ausblenden von Feldern mit Parameterwerten und der Schaltfläche *Bericht anzeigen* in einem Bericht mit Parametern

Tabelle 19.7 Steuerelemente der Berichtssymbolleiste

Berichte mit Parametern

Abhängig vom Entwurf des Berichts kann dieser Eingabefelder enthalten, mit deren Hilfe Sie Parameterwerte auswählen oder eingeben, sich bei einer Datenquelle anmelden oder Berichtsinhalte filtern können.

Sofern der Berichtsentwurf eine der genannten Möglichkeiten vorsieht, wird der *Parameter*-Abschnitt angezeigt, wie in Abbildung 19.22 weiter oben dargestellt. Dieser kann folgende Felder beinhalten:

- **Parameterfelder**

  Mit Parametern werden Werte interaktiv vom Benutzer erfragt. Sie werden vor allem zum Filtern der im Bericht angezeigten Daten eingesetzt.

  Zu den häufig in Berichten verwendeten Parametern zählen Datumswerte, Namen und IDs.

  Nachdem Sie einen Parameter angegeben haben, klicken Sie zum Abrufen der Daten auf *Bericht anzeigen*.

Der Autor eines Berichts definiert die für diesen Bericht gültigen Parameterwerte. Auch ein Berichtsadministrator kann Parameterwerte festlegen.

Wenn Sie nicht wissen, welche Parameterwerte für einen Bericht gültig sind, wenden Sie sich an den Autor oder Administrator des Berichts.

- **Anmeldeinformationsfelder**

  Anmeldeinformationen sind Werte für Benutzernamen und Kennwort, mit denen die Authentifizierung an der Datenquelle erfolgt.

  Nachdem Sie Ihre Anmeldeinformationen angegeben haben, klicken Sie zum Abrufen der Daten auf *Bericht anzeigen*.

  Wenn für einen Bericht eine Anmeldung erforderlich ist, können die Daten, zu deren Anzeige Sie berechtigt sind, von den Daten abweichen, die ein anderer Benutzer sehen darf. Demnach können zwei Benutzer denselben Bericht ausführen und unterschiedliche Ergebnisse erhalten.

  Einige Berichte enthalten zudem verborgene Bereiche, die auf der Grundlage von Benutzeranmeldeinformationen oder einer im Bericht getroffenen Auswahl eingeblendet werden. Verborgene Bereiche im Bericht sind von Suchvorgängen ausgeschlossen, sodass andere Suchergebnisse angezeigt werden, wenn alle Teile des Berichts sichtbar sind.

  Weitere Information zum Thema Sicherheit finden Sie in Kapitel 22.

Sehen Sie sich das Arbeiten mit Parametern einmal in einem Beispiel an. Es soll in der Firma *Adventure Works* für die Produktlinien *Jersey* und *Vest* ein Vergleich der Verkäufe vorgenommen werden. Es steht Ihnen der Bericht *Product Line Sales 2008* zur Verfügung, der in der Standardeinstellung ein anderes Produkt anzeigt. Der Bericht ermöglicht Ihnen, Produkte aus den Gruppen *Category* und *Subcategory* zu filtern.

Gehen Sie dazu folgendermaßen vor:

1. Öffnen Sie im Berichts-Manager den Ordner *AdventureWorks 2008R2* und wählen dort den Bericht *Product Line Sales 2008* aus. Er wird gerendert und zeigt standardmäßig die Verkaufszahlen von *Road Bikes*.
2. Wählen Sie aus dem Listenfeld von *Category* den Eintrag *Clothing* aus. Der Parameterabschnitt wird aktualisiert, da *Subcategory* mit neuen Werten gefüllt werden muss.

HINWEIS Solange nicht alle Parameter angegeben sind, kann der Bericht nicht angezeigt werden. Sollten Sie dennoch per Klick auf *Bericht anzeigen* versuchen, diesen zu generieren, bekommen Sie innerhalb einer Meldung angezeigt, welche Parameterangaben noch fehlen.

3. Wählen Sie den Eintrag *Jersey* für *Subcategory* aus und klicken Sie auf *Bericht anzeigen*.
4. Da dieser Bericht die Verkaufszahlen nur einer Produktlinie darstellen kann, öffnen Sie ein neues Browserfenster, z.B. mit [Strg]+[N].
5. In dem neuen Browserfenster ist der Bericht wieder mit seiner Starteinstellung zu sehen. Führen Sie die Schritte 2 und 3 erneut durch, wobei Sie für *Subcategory* hier *Vest* wählen.
6. Vergleichen Sie nun die in den beiden Fenstern angezeigten Daten. Da diese Berichte umfangreicher sind, können Sie per Klick auf die Schaltfläche mit dem Doppelpfeil im rechten Teil der Berichtssymbolleiste und/oder des Parameterabschnitts mehr Platz für die eigentlichen Daten gewinnen.

Weitere Informationen zum Thema Parameter finden Sie in Kapitel 14.

Berichte mit Dokumentstruktur

Die Dokumentstruktur dient der strukturierten Darstellung der Daten und der komfortablen Navigation innerhalb eines Berichts. Sie ist an eine Ordnerhierarchie angelehnt (siehe Abbildung 19.23).

HINWEIS Eine Dokumentstruktur kann nur angezeigt werden, wenn sie im Entwurf des betreffenden Berichts angelegt wurde.

Die Dokumentstruktur wird links von einem Bericht angezeigt und über das ◂-Symbol an der rechten Seite dieser Struktur ein- und ausgeblendet.

Per Klick auf das Pluszeichen vor einem Eintrag innerhalb der Dokumentstruktur wird die darunterliegende Ebene angezeigt. Je nach Berichtsentwurf wird entweder zu dem ausgewählten Eintrag ein weiterer Bericht im Datenbereich nachgeladen oder es wird zu einem Punkt innerhalb des aktuellen Berichts gesprungen.

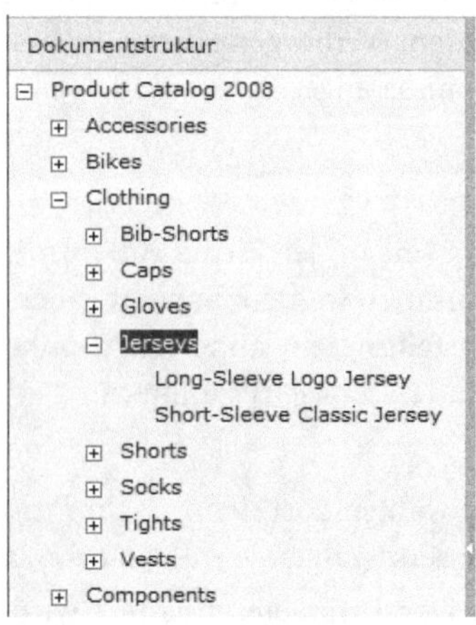

Abbildung 19.23 Dokumentstruktur des Berichts *Product Catalog 2008 mit englischer Spracheinstellung*

Um die Frage zu klären, welche Produkte im Bereich *Jerseys* im Sortiment vorhanden waren und zum Umsatz beigetragen haben, gehen Sie folgendermaßen vor:

1. Öffnen Sie den Ordner *AdventureWorks 2008R2* und wählen dort den Bericht *Product Catalog 2008* aus.
2. Klicken Sie in der Dokumentstruktur auf *Clothing* und anschließend *Jerseys*. Es wird jeweils die gewählte Position angezeigt.

Nachdem Sie in diesem Kapitel die Grundfunktionalitäten des Berichts-Managers kennengelernt haben, werden Sie im folgenden Kapitel mit den Sicherheitsfunktionen – und damit einer der wichtigsten Funktionen – vertraut gemacht.

Kapitel 20

Berichte in SharePoint

In diesem Kapitel:

Sie haben sich entschieden, Reporting Services in SharePoint zu integrieren. Dies ist eine nachvollziehbare Entscheidung, denn es liegt vielleicht einer der folgenden Gründe vor:

- Sie und die Nutzer kennen sich bereits mit der Oberfläche von SharePoint aus
- Es existiert bereits eine entsprechende Infrastruktur, in die sich die Ergebnisse aus Reporting Services einbetten sollen
- Sie möchten die Administration der Benutzer sowie deren Zugriffsrechte über eine zentrale Verwaltung lösen
- Sie brauchen die vielen weiteren Funktionalitäten von SharePoint, um den Nutzern mehr bieten zu können als nur Berichte wie z.B. Hintergrundinformationen zu den Daten, zusätzliche Dokumente oder das Bedürfnis nach Kommentaren

Hier kommt SharePoint ins Spiel. Es handelt sich um ein webbasiertes Portalsystem, mit dem Sie nicht nur Berichte ansehen und verwalten können, sondern noch weitere sehr nützliche Funktionen dazu erhalten. Um nur einige zu nennen: versionierte Dokumentenverwaltung, Workflows für Arbeitsprozesse oder die Möglichkeit, Berichte zu kommentieren.

Sie haben außerdem die Installation von SharePoint sowie die Integration der Berichtskomponenten erfolgreich abgeschlossen. Nähere Informationen dazu finden Sie in Kapitel 6.

Berichte in SharePoint im Einsatz

Mit in SharePoint integrierten Berichten können folgende Aufgaben ausgeführt werden:

- Anzeigen, Suchen und Abonnieren von Berichten
- Erstellen und Verwalten von Ordnern, Berichtsverläufen, Zeitplänen, Datenquellenverbindungen und Abonnements
- Festlegen von Berichtseigenschaften und -parametern
- Verwalten von Rollenzuweisungen, die den Benutzerzugriff auf Berichte und Ordner steuern

SharePoint stellt die Benutzeroberfläche zur Verwaltung Ihrer Berichte in Form von erweiterten Dokumentenbibliotheken bereit. Bei der Arbeit mit dieser Webanwendung greifen Sie auf die gespeicherten Elemente eines Berichtsserver zu, indem Sie durch die Ordnerhierarchie navigieren und auf Elemente klicken, die Sie anzeigen oder aktualisieren möchten.

Welche Aufgaben Sie im SharePoint integrierten Berichtsmodus ausführen können, hängt von der Benutzerrolle ab, die Ihnen zugewiesen wurde. Wenn Ihnen eine Rolle mit vollen Berechtigungen zugewiesen wurde, z.B. als Berichtsserveradministrator, haben Sie Zugriff auf sämtliche Funktionen des Systems. Wurde Ihnen hingegen eine Rolle zugewiesen, die nur die Berechtigung zum Anzeigen und Ausführen von Berichten umfasst, werden Ihnen ausschließlich die Menüs und Seiten angezeigt, die diese Aktivitäten unterstützen.

Berichte in SharePoint starten

Das SharePoint-Portal wird über die Eingabe einer URL (Uniform Resource Locator) in die Adressleiste eines Webbrowsers gestartet, die Sie anschließend einfach zu Ihren Favoriten hinzufügen können. Es gibt keinen standardmäßigen Speicherort für Ihre Berichte. Die URL setzt sich jedoch wie folgt zusammen *http://<Ihr Portalserver>/<Speicherort der Dokumentenbibliothek>*.

Nun wird in Ihrem Browser die Oberfläche von SharePoint wie in Abbildung 20.1 angezeigt. Unterschiede können entstehen, wenn bereits ein Portal im firmeneigenen Look existiert oder Sie nicht über die vollen Berechtigungen verfügen.

HINWEIS Wenn keine Berichte angezeigt werden, sondern der Hinweis *In dieser Ansicht der Dokumentbibliothek "Berichte" sind keine Elemente anzeigbar* erscheint, müssen Sie zuvor entweder eigene Berichte erstellen, wie in Teil B dieses Buchs beschrieben, oder die mitgelieferten Beispielberichte *AdventureWorks 2008R2* installieren. Dies geschieht nicht automatisch bei der Installation von Reporting Services 2008 R2, sondern muss manuell erfolgen. Eine Anleitung hierfür finden Sie in Kapitel 6.

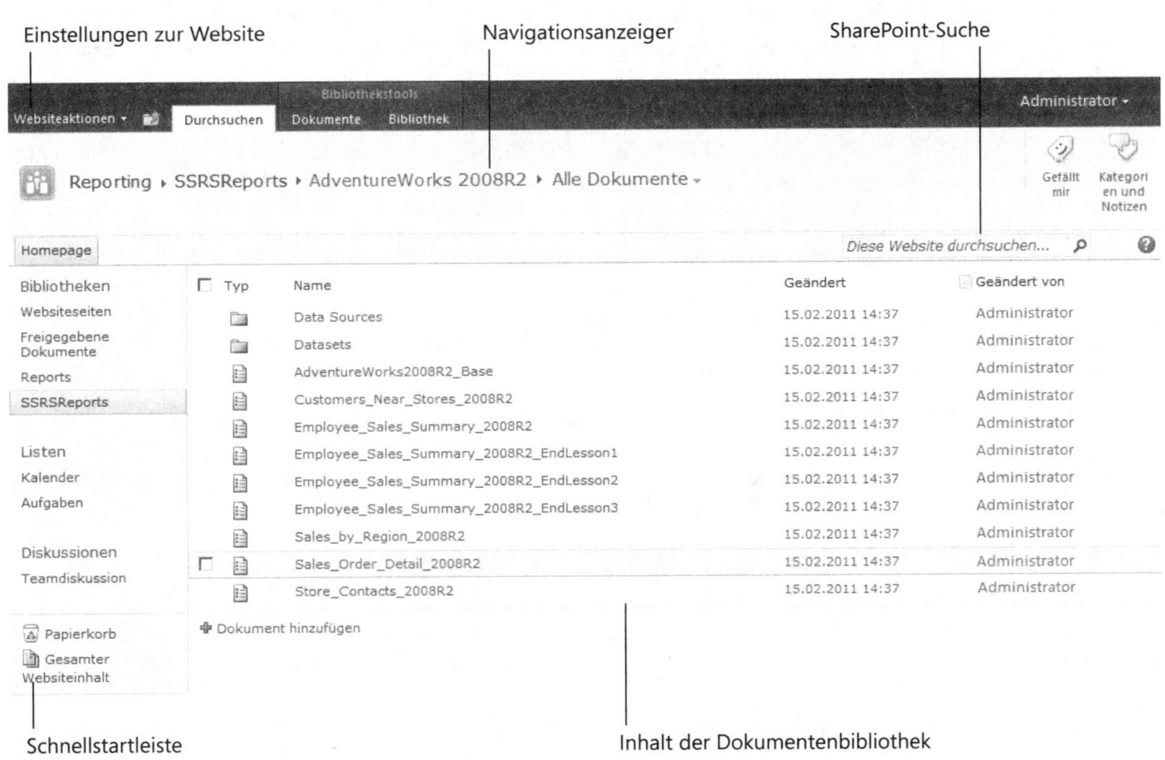

Abbildung 20.1 Startseite der Dokumentenbibliothek im SharePoint-Portal

WICHTIG Um diesem Kapitel weiterhin folgen und alle Beispiele durchführen zu können, ohne weitere Änderungen der Berechtigung vornehmen zu müssen, ist es empfehlenswert, dass Sie Mitglied der Rolle *Besitzer* oder *Mitglied* der Portalseite sind. Falls Sie diese Berechtigung noch nicht haben, wenden Sie sich bitte an Ihren Portalserveradministrator.

Die Berichtsbibliothek

Von hier an wird in diesem Kapitel immer von der *Berichtsbibliothek* gesprochen. Gemeint ist damit eine Dokumentenbibliothek für Berichte.

Navigation

Die Navigation funktioniert ähnlich wie in Dateisystemen oder auf Websites. Um zu den Berichten zu gelangen, klicken Sie sich durch die Ordnerhierarchie.

Die Berichtsbibliothek enthält dabei eine Strukturansicht, wie sie häufig bei Dateiverwaltungssystemen verwendet wird. Dabei wird oben auf der Seite der Navigationsanzeiger mit dem Ordnerpfad als Linkzeile angezeigt. Die Ordnernamen sind alphabetisch geordnet und beginnen mit dem Speicherort der Bibliothek als Stammordner. Beim Öffnen jedes weiteren Ordners wird oben auf der Seite der Ordnername zum Pfad hinzugefügt (Abbildung 20.2).

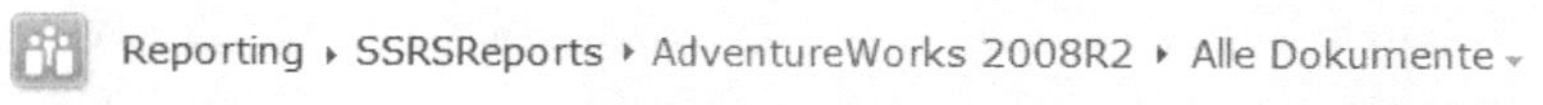

Reporting ▸ SSRSReports ▸ AdventureWorks 2008R2 ▸ Alle Dokumente ▾

Abbildung 20.2 Der Navigationsanzeiger mit der Linkzeile

HINWEIS Es gibt Berichte, bei deren Ausführung Sie zur Eingabe Ihres Benutzernamens mit zugehörigem Kennwort aufgefordert werden. Mit diesen Anmeldeinformationen versucht der Berichtsserver, auf die Datenquelle(n) des Berichts zuzugreifen.

Mehr Informationen zum Thema Datenquellen finden Sie in Kapitel 21, mehr zum Thema Sicherheit in Kapitel 22.

Es wird direkt über die Inhalte einer Bibliothek durch deren Ordnerhierarchie navigiert. Verwenden Sie zum Navigieren in einer Ordnerhierarchie die folgenden Techniken:

- Zum Anzeigen des Inhalts eines Ordners klicken Sie auf den Namen oder das Ordnersymbol. Ordner können Berichte, Ressourcen, freigegebene Datenquellenelemente und andere Ordner enthalten.
- Zum Navigieren nach oben in der Ordnerhierarchie klicken Sie im Navigationsanzeiger auf den Namen des Ordners im Pfad, dessen Inhalt Sie anzeigen möchten

HINWEIS Berichte werden von der Browsersitzung zwischengespeichert. Wenn Sie einen einmal geöffneten Bericht verlassen, können Sie in der Regel mit der *Zurück*-Schaltfläche des Browsers wieder zu diesem zurückkehren. Dies gilt auch, wenn Sie einen Benutzernamen und ein Kennwort zum Ausführen des Berichts eingeben mussten. Dies stellt ein – wenn auch überschaubares – Sicherheitsrisiko dar, denn ein gerenderter Bericht und somit auch die darin enthaltenen Daten liegen im Ordner der temporären Dateien des Browsers vor und werden erst beim Schließen des Browsers tatsächlich entfernt.

Symbole

Die Tabelle 20.1 enthält einen Überblick über die Symbole, die für Reporting Services in SharePoint verwendet werden.

Symbol	Element	Aktion
	Bericht	Klicken Sie auf den Berichtsnamen, um den Bericht zu öffnen. Mehr erfahren Sie im Abschnitt »Bericht rendern« ab Seite 320.
	Ausgecheckter Bericht	Mit diesem Symbol wird signalisiert, dass der Bericht gerade überarbeitet wird. Daher sollten Sie sich an die Person wenden, die den Bericht ausgecheckt hat, und fragen, wann die Neuerungen zur Verfügung stehen. Der Bericht kann jedoch auch jetzt ganz normal verwendet werden.
	Ordner	Klicken Sie auf den Ordnernamen, um den Ordner zu öffnen. Mehr erfahren Sie weiter vorne in diesem Abschnitt.
	Abonnement	Klicken Sie auf den Namen oder die Beschreibung für ein Abonnement, um ein bestehendes Abonnement zu bearbeiten. Mehr über Abonnements erfahren Sie in Kapitel 28.
	Datengesteuertes Abonnement	Klicken Sie auf einen Namen oder die Beschreibung für ein datengesteuertes Abonnement, um ein bestehendes Abonnement zu bearbeiten. Mehr über Abonnements erfahren Sie in Kapitel 28.
	Ressource	Klicken Sie auf den Ressourcennamen, um die Ressource in einem eigenen Fenster zu öffnen. Mehr erfahren Sie im Abschnitt »Umgang mit Ressourcen« ab Seite 306.
	Freigegebenes Datenquellenelement	Klicken Sie auf den Namen für eine freigegebene Datenquelle, um die Eigenschaftenseiten der Datenquelle zu öffnen. Mehr erfahren Sie im Abschnitt »Eigenschaftenseite von Berichten und Datenquellen« ab Seite 310 sowie in Kapitel 21.
	Freigegebenes Dataset	Klicken Sie auf den Pfeil rechts neben dem Namen für ein freigegebenes Dataset, um die verschiedenen Verwaltungsseiten des Datasets zu öffnen. Mehr erfahren Sie in Kapitel 21.

Tabelle 20.1 Symbole zu Reporting Services-Elementen in SharePoint

Funktionen und Menüs

Die Berichtsbibliothek ermöglicht Ihnen, den Inhalt der aktuellen Dokumentenbibliothek anzuzeigen, Elemente zur Ansicht auszuwählen oder zu anderen Ordnern zu wechseln.

Schauen Sie sich nun die einzelnen Steuerelemente und Menüs der Bibliothek genauer an. Es werden nur diejenigen Elemente dargestellt, zu deren Anzeige Sie berechtigt sind. Die entsprechenden Berechtigungen vorausgesetzt, können Sie hier Elemente verschieben, löschen und hinzufügen. In Abbildung 20.3 sehen Sie die *Inhalt*-Seite der Dokumentenbibliothek *AdventureWorks 2008R2*, wobei zusätzlich noch die Bearbeitungsleiste für Dokumente aktiviert wurde.

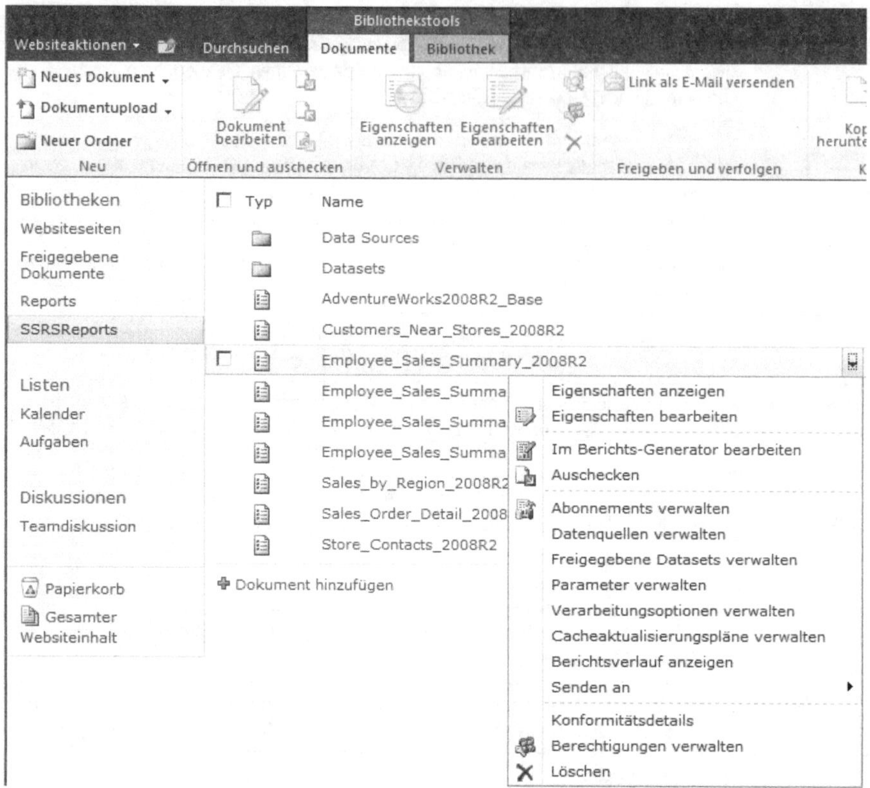

Abbildung 20.3 Im Inhalt der Berichtsbibliothek können Sie Ordnerinhalte betrachten und verändern

Es bieten sich die Bearbeitungsmöglichkeiten von Ordnern und Elementen, wie in Tabelle 20.2 zu sehen.

Steuerelement, Befehl	Beschreibung
Dokument hinzufügen	Mit dem Befehl *Dokument hinzufügen* können Sie neue Berichte oder Ressourcen zur Bibliothek hinzufügen
Eigenschaften bearbeiten	Über den Befehl *Eigenschaften bearbeiten* im Kontextmenü eines Elements oder Ordners gelangen Sie zu einer Seite, mit der Eigenschaften eingestellt werden. Mehr erfahren Sie im Abschnitt »Eigenschaftenseiten« ab Seite 309.
Im Berichts-Generator bearbeiten	Klicken Sie auf *Im Berichts-Generator bearbeiten* im Kontextmenü, um den Report Builder zu starten. Dabei handelt es sich um eine eigene Anwendung, mit der ein Benutzer mit entsprechender Berechtigung eigene Berichte erzeugen kann. Mehr erfahren Sie in Kapitel 26.
Abonnements verwalten	Über den Befehl *Abonnements verwalten* im Kontextmenü gelangen Sie zu einer Seite, um die Abonnements anzulegen, zu bearbeiten oder zu löschen. Weitere Informationen finden Sie in Kapitel 28.
Berechtigungen verwalten	Über den Befehl *Berechtigungen verwalten* im Kontextmenü gelangen Sie zu einer Seite, um Berechtigungen festzulegen. Wie Sie diese Berechtigungen einrichten und ändern, wird nicht in diesem Buch erläutert, da es sich um SharePoint-Funktionalitäten handelt.

Tabelle 20.2 Bedienelemente und Menüs der Berichtsbibliothek

Steuerelement, Befehl	Beschreibung
	Über die Symbolschaltfläche *Navigation nach oben* können Sie sich vom aktuellen Pfad wieder nach oben bewegen oder überprüfen, wo Sie sind
Bibliothekstools Dokumente · Bibliothek	Bei den Bibliothekstools mit dem Eintrag *Dokumente* handelt es sich um eine SharePoint-Funktion, die in diesem Buch nicht näher beschrieben wird, außer es dient dem Thema. Über diesen Eintrag können z.B. Benachrichtigungen zu einem Element erzeugt oder in eine andere Ansicht gewechselt werden.
Neues Dokument	Über dieses Menü können Sie (wie beim vorherigen Befehl) neue Elemente zur Bibliothek hinzufügen. Klicken Sie auf *Berichtsdatenquelle*, um eine freigegebene Datenquelle zu erstellen. Mehr Information zum Thema Datenquellen erhalten Sie im Abschnitt »Datenquellen anlegen« ab Seite 299 sowie in Kapitel 21.
Dokumentupload	Klicken Sie auf *Dokumentupload*, um eine Datei aus dem Dateisystem auf einen Berichtsserver zu kopieren. Sie können Dateien hochladen, um Berichte und Ressourcen hinzuzufügen (z.B. Diagramme, Dokumente oder anderen zusätzlichen Inhalt, der mit einem Bericht gespeichert werden soll). Hochgeladene Dateien werden in der Berichtsserver-Datenbank gespeichert und verwaltet. Mehr Informationen zum Thema finden Sie im Abschnitt »Bericht hochladen« ab Seite 300. Zum Hochladen eines Berichts muss eine Datei mit der Erweiterung *.rdl* gewählt werden. Mehr Informationen zum Thema RDL finden Sie in Kapitel 27.
Neuer Ordner	Klicken Sie auf *Neuer Ordner*, um einen Ordner innerhalb des aktuellen Ordners zu erstellen. Ein Ordnername kann Leerzeichen oder auch Sonderzeichen enthalten, jedoch keine reservierten Zeichen, die für die URL-Codierung verwendet werden (beispielsweise , ; ? : @ & = + , $ / * < > |). Mehr Informationen finden Sie im Abschnitt »Ordner erstellen« ab Seite 298.
Bibliothekstools Dokumente · Bibliothek	Bei den Bibliothekstools mit dem Eintrag *Bibliothek* handelt es sich um eine SharePoint-Funktion, die in diesem Buch nicht näher beschrieben wird. Sie steht Ihnen nur als Mitglied der Rolle *Besitzer* zur Verfügung. Über das Menü können z.B. neue Ansichten erstellt und Einstellungen an der Dokumentenbibliothek vorgenommen werden.

Tabelle 20.2 Bedienelemente und Menüs der Berichtsbibliothek *(Fortsetzung)*

ACHTUNG Sollten Sie im Menü *Neues Dokument* den Befehl *Berichtsdatenquelle* nicht finden, haben Sie den entsprechenden Inhaltstyp noch nicht hinzugefügt. Wie Sie einen weiteren Inhaltstyp hinzufügen, wird im Folgenden kurz erklärt:

1. Navigieren Sie zur Berichtsbibliothek, z.B. *SSRS-Reports*.
2. Wählen Sie oben bei den Bibliothekstools die Gruppe *Bibliothek* aus.
3. Klicken Sie auf das Menü *Einstellungen* rechts in der Symbolleiste und dort auf *Bibiliothekeinstellungen*.
4. Sofern Sie die Bibliothek neu angelegt haben, müssen Sie noch die Funktionalität für mehrere Inhaltstypen einschalten. Klicken Sie dazu im Bereich *Allgemeine Einstellungen* auf *Erweiterte Einstellungen*.
5. Wählen Sie für die Inhaltstypen die Option *Ja* und bestätigen Sie die Aktion mit einem Klick auf *OK*.
6. Zurück auf der Einstellungsseite der Bibliothek klicken Sie im Bereich *Inhaltstypen* auf *Aus vorhandenen Websiteinhaltstypen hinzufügen*.
7. Auf der Seite *Inhaltstypen hinzufügen* (Abbildung 20.4) wählen Sie aus der linken Liste *Verfügbare Websiteinhaltstypen* den Typ *Berichtsdatenquelle*.
8. Klicken Sie auf *Hinzufügen* und bestätigen Sie mit *OK*.
9. Klicken Sie im Pfad des Navigationsanzeigers auf den Namen Ihrer Berichtsbibliothek.

Überprüfen Sie, ob Ihnen nun der Befehl *Berichtsdatenquelle* im Menü *Neues Dokument* zur Verfügung steht.

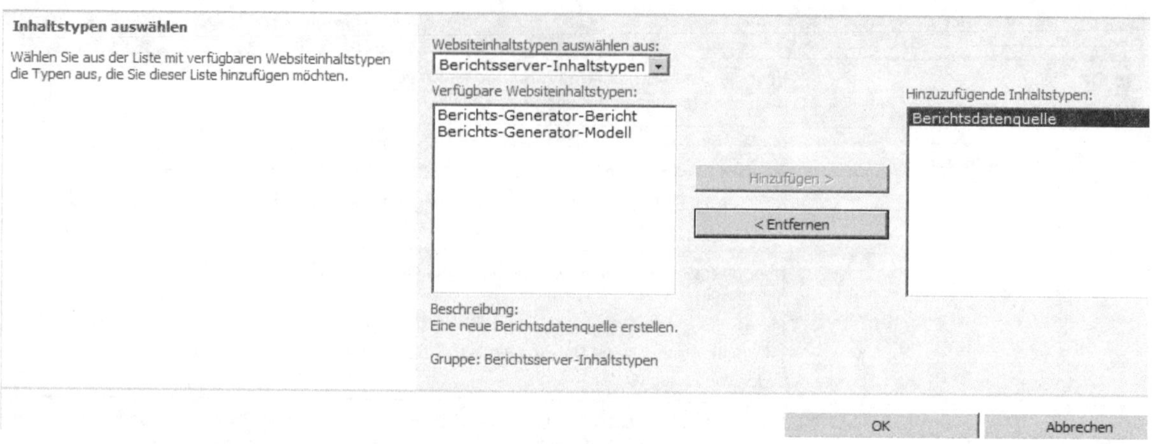

Abbildung 20.4 Der Dokumentenbibliothek *Berichte* wird ein weiterer Inhaltstyp zugewiesen

Arbeiten mit der Berichtsbibliothek

Nachdem Sie nun einen Überblick über die Berichtsbibliothek haben, lernen Sie den Umgang mit Ordnern, Berichten und Datenquellen in den folgenden Abschnitten im Einsatz kennen.

Ordner erstellen

Berichte werden in hierarchisch organisierten Ordnern gespeichert, die denen eines Dateisystems sehr ähnlich sind, aber unabhängig von diesen in der Datenbank des Berichtsservers gespeichert werden.

Um einen Ordner zu erstellen, gehen Sie folgendermaßen vor:

1. Starten Sie SharePoint, indem Sie in der Adresszeile des Browsers die URL *http://<Ihr Portalserver>/<Speicherort der Berichtsbibliothek>* eintippen.
2. Wählen Sie oben bei den Bibliothekstools die Gruppe *Dokumente* aus.
3. Klicken Sie links in der Symbolleiste auf den Befehl *Neuer Ordner.*
4. Tragen Sie im Textfeld *Name* den Namen des Ordners, z.B. *RS Berichte*, ein (Abbildung 20.5).

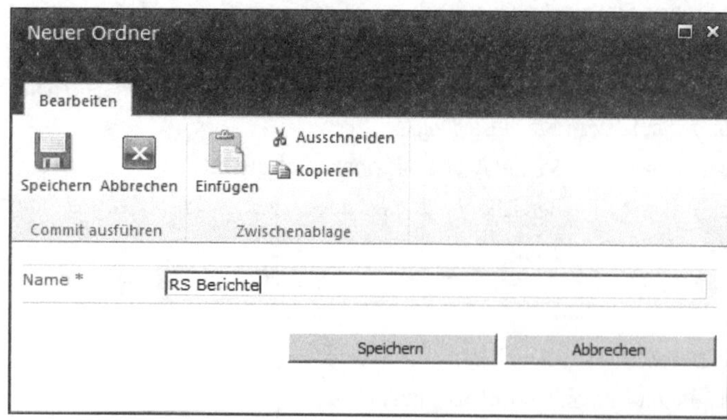

Abbildung 20.5 So erzeugen Sie einen neuen Ordner mit dem Namen *RS Berichte*

5. Bestätigen Sie mit *Speichern*. Der neue Ordner wird angelegt und in der Bibliothek angezeigt.

6. Klicken Sie auf den neuen Ordner, um diesen anschließend mit neuen Elementen zu füllen.

Datenquellen anlegen

Die Grundlage aller Berichte sind Datenquellen, aus denen die Informationen für die Darstellung im Bericht geladen werden. Diese können entweder in den Bericht integriert oder als eigenständiges Element auf dem Berichtsserver angelegt sein. Sie werden sich nun mit letzteren, den sogenannten freigegebenen Datenquellen beschäftigen.

Eine detaillierte Erläuterung der Datenquellen und deren Einrichtung finden Sie in Kapitel 21.

Um eine neue Datenquelle für den Zugriff auf eine SQL Server-Datenbank einzurichten, gehen Sie folgendermaßen vor:

1. Öffnen Sie das Menü *Neues Dokument* per Klick auf den rechts daneben befindlichen Pfeil und wählen den Befehl *Berichtsdatenquelle* aus.
2. Tragen Sie den Namem und die Verbindungszeichenfolge in die gleichnamigen Textfelder ein und wählen Sie die Option *Windows-Authentifizierung (integriert)* aus, wie in Abbildung 20.6 zu sehen.

ACHTUNG Die Verbindungszeichenfolge muss für *data source* den Namen der SQL Server-Instanz enthalten, auf der die Beispieldatenbank *AdventureWorks 2008R2* installiert ist.

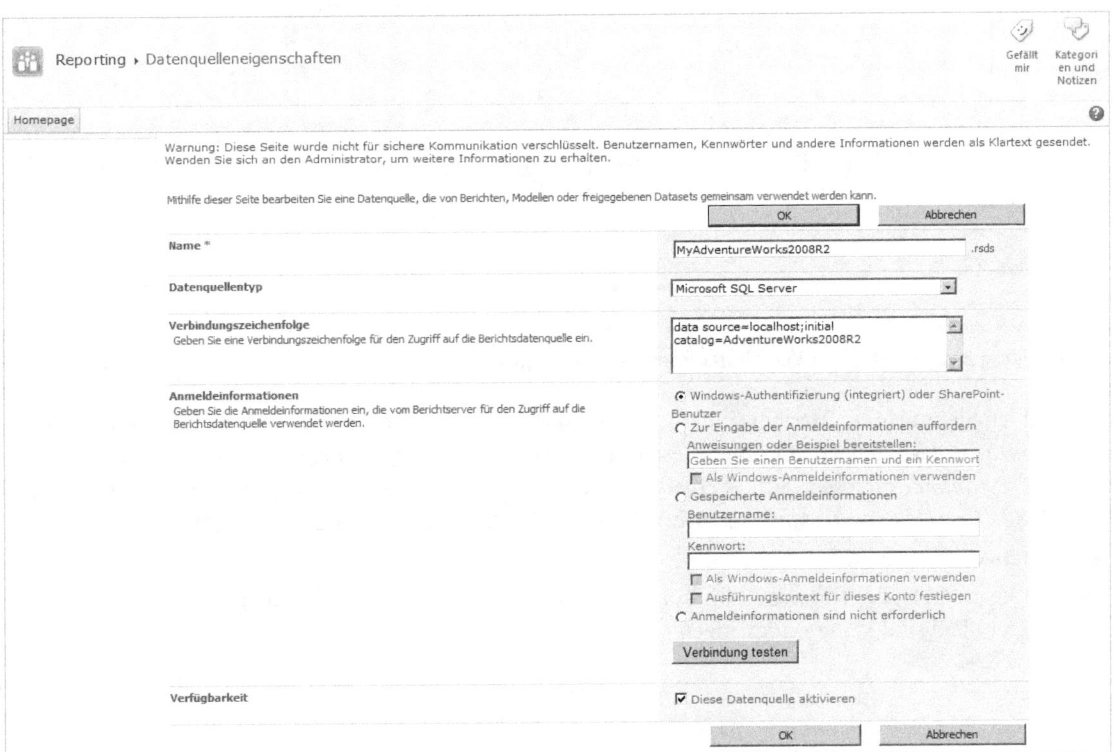

Abbildung 20.6 Legen Sie über die Seite *Datenquelleneigenschaften* eine neue freigegebene Datenquellen an

3. Bestätigen Sie mit *OK*.

Die Datenquelle ist nun angelegt. Sie wird im aktuellen Ordner der Berichtsbibliothek angezeigt und kann in Berichten verwendet werden.

Bericht hochladen

Um einen Bericht mittels Hochladen publizieren zu können, muss dieser fertig gestaltet im RDL-Format vorliegen. Das mitgelieferte Werkzeug zum Erstellen von Berichtsdefinitionen im RDL-Format ist der Berichts-Designer, über den Sie in Teil B dieses Buchs mehr erfahren.

Im folgenden Beispiel werden Sie eine fertige RDL-Datei aus den mitgelieferten *SampleReports* verwenden.

Um einen Bericht hochzuladen, gehen Sie wie folgt vor:

1. Navigieren Sie in der Berichtsbibliothek zum Ordner, in dem der hochzuladende Bericht abgelegt werden soll, z.B. den im vorigen Abschnitt angelegten Ordner *RS Berichte*.
2. Öffnen Sie das Menü *Dokumentupload* per Klick auf den rechts daneben befindlichen Pfeil und wählen den Befehl *Dokumentupload* aus. Das Dialogfeld *Dokumentupload* wird angezeigt (Abbildung 20.7).

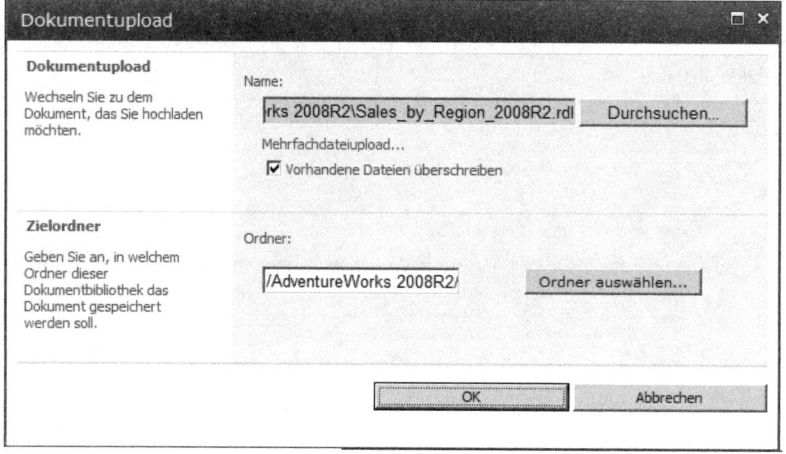

Abbildung 20.7 Mithilfe dieses Dialogfelds können Sie einen Bericht hochladen

3. Wählen Sie nun einen Bericht, indem Sie auf *Durchsuchen* klicken und in dem sich öffnenden Dialogfeld *Datei auswählen* den gewünschten Bericht markieren, z.B. *Sales_by_Region_2008R2* (zu finden in Ordner *C:\Programme\Microsoft SQL Server\100\Samples\Reporting Services\Report Samples\AdventureWorks 2008R2 Sample Reports\AdventureWorks2008R2*). Klicken Sie anschließend auf *Öffnen*.
4. Bestätigen Sie mit *OK*.
5. Im folgenden Dialogfeld aus Abbildung 20.8 legen Sie eventuell noch grundlegende Eigenschaften fest. In unserem Fall sind keine Änderungen erforderlich.

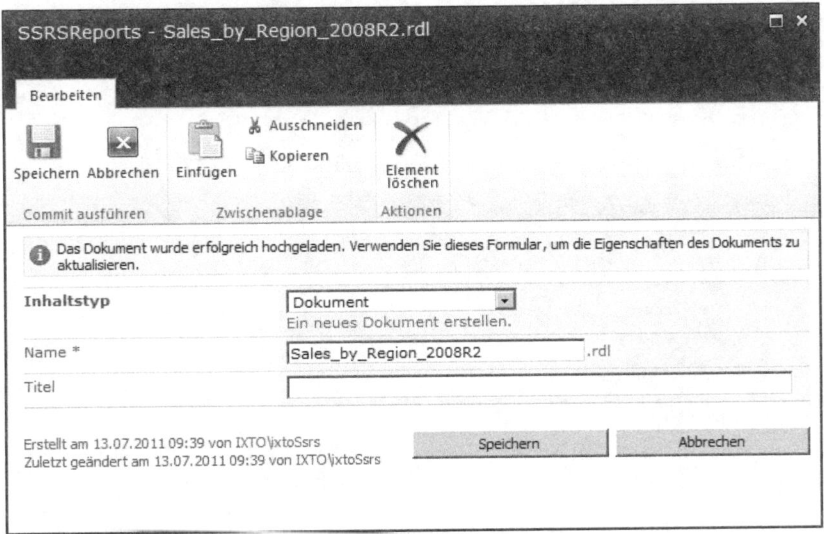

Abbildung 20.8 Abschlussdialogfeld beim Anlegen eines Dokuments

6. Bestätigen Sie mit *Speichern.*

Der Bericht ist auf dem Berichtsserver gespeichert und im Ordner der Bibliothek sichtbar.

Bericht eine neue Datenquelle zuweisen

Sie können die Datenquelle eines Berichts nicht nur bei dessen Design festlegen, sondern auch nachträglich ändern bzw. müssen dies bei mancher Gelegenheit wie z.B. einem Serverumzug auch tatsächlich tun.

Dies ist typischerweise dann notwendig, wenn die Datenquelle, auf der ein Bericht beruht, nicht gefunden wird. Dann kann dieser nicht angezeigt (gerendert) werden und der Berichtsserver zeigt stattdessen eine Fehlermeldung an, wie in Abbildung 20.9 dargestellt. Beim Beispiel im vorigen Abschnitt ist dies der Fall.

Der Berichtsserver kann den Bericht oder das freigegebene Dataset nicht verarbeiten. Die freigegebene Datenquelle "AdventureWorks2008R2" für den Berichtsserver oder die SharePoint-Website ist nicht gültig. Navigieren Sie zum Server oder zur Website, und wählen Sie eine freigegebene Datenquelle aus. (rsInvalidDataSourceReference)

Abbildung 20.9 Meldung einer fehlenden Verbindung einer Datenquelle

Um die Verbindung zu einer Datenquelle eines Berichts zu ändern, gehen Sie wie folgt vor:

1. Navigieren Sie in der Berichtsbibliothek zum entsprechenden Ordner und klicken Sie rechts neben den Namen des gewünschten Berichts, z.B. *Sales_by_Region_2008R2.*
2. Klicken Sie rechts neben dessen Namen auf den Pfeil, um das Dropdownmenü zu öffnen, und darin auf *Datenquellen verwalten* (siehe Abbildung 20.10), um die Seite *Datenquellen verwalten* zu öffnen.

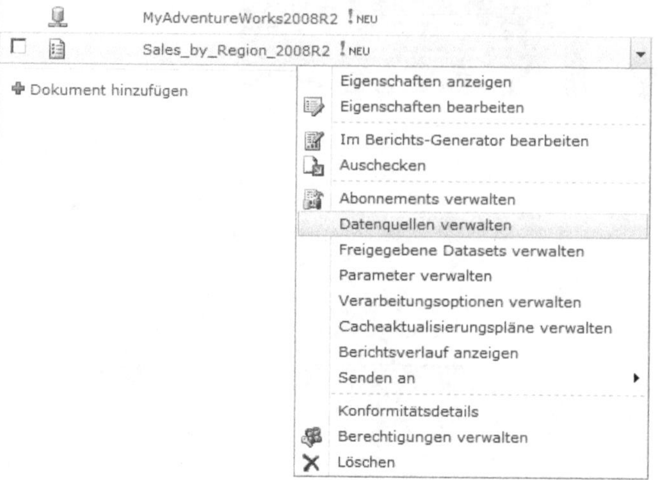

Abbildung 20.10 Dropdownmenü eines Berichts

3. Auf dieser Seite steht oben der Name der bisherigen Verbindung, z.B. *AdventureWorks2008R2*. Klicken Sie auf die angegebene Datenquelle, z.B. *AdventureWorks2008R2*.
4. Lassen Sie auf der sich öffnenden Seite die Voreinstellungen im Bereich *Verbindungstyp* unverändert.
5. Klicken Sie auf das Symbol [...] im Abschnitt *Datenquellenlink* und wählen Sie eine freigegebene Datenquelle aus (Abbildung 20.11), z.B. *MyAdventureWorks2008R2*, welche im Abschnitt »Datenquellen anlegen« ab Seite 299 erzeugt wurde.

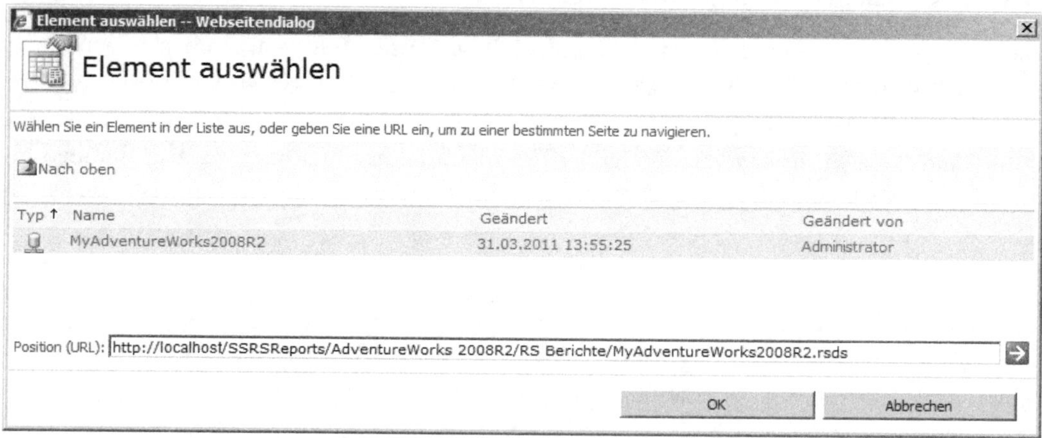

Abbildung 20.11 Eine neue Datenquelle für einen Bericht ist ausgewählt

6. Bestätigen Sie das Dialogfeld *Element auswählen* mit *OK*.
7. Bestätigen Sie erneut mit *OK*.
8. Auf der Seite *Datenquellen verwalten* wird Ihnen die Datenquelle nun als *Freigegeben* gemeldet. Klicken Sie auf *Schließen*, um den Vorgang zu beenden.

Damit steht der Bericht Ihren Nutzern mit der neuen Datenquelle zur Verfügung.

TIPP Sie können den Namen der Datenquelle eines Berichts auch direkt in dessen Berichtsdefinitionsdatei bzw. RDL-Datei (Report Definition Language) ändern. Dazu muss der Bericht als RDL-Datei vorliegen. Sie können diese z.B. vom Berichtsserver downloaden, wie im Abschnitt »Bericht herunterladen« ab Seite 303 beschrieben.

Bericht herunterladen

Berichtsdefinitionsdateien können zur weiteren Bearbeitung heruntergeladen werden. Dies ist vor allem dann praktisch, wenn Sie kleinere Änderungen vornehmen wollen, ohne mit dem Berichts-Designer arbeiten zu wollen. Oder wenn Sie einen Bericht als leicht modifizierte Kopie eines anderen publizieren möchten, jedoch keinen Zugriff auf die Projektdateien des Berichts-Designers haben.

Sie werden im Folgenden über mehrere Abschnitte beispielhaft einen Bericht herunterladen, die Datenquelle ändern und die so modifizierte Berichtsdefinition als einen neuen Bericht hochladen.

Gehen Sie dazu folgendermaßen vor:

1. Navigieren Sie in der Berichtsbibliothek zum entsprechenden Ordner und klicken Sie rechts neben den Namen des gewünschten Berichts. Öffnen Sie das Dropdownmenü, wie im vorigen Abschnitt beschrieben.
2. Öffnen Sie das Untermenü *Senden an* und wählen Sie darin den Befehl *Kopie herunterladen.*

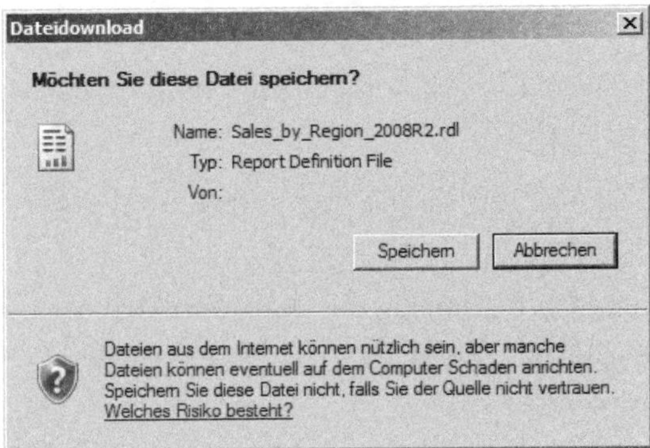

Abbildung 20.12 Das Dialogfeld *Dateidownload* erscheint beim Berichtsdownload im Internet Explorer

HINWEIS Das Dialogfeld sieht bei anderen Browsern anders aus. Ob es erscheint, hängt von den Sicherheitseinstellungen des Browsers ab. Wie Sie den Dateidownload zulassen können, lesen Sie ggf. in dessen Dokumentation nach.

3. Klicken Sie auf *Speichern* und sichern Sie mittels des Dialogfelds *Speichern unter* die Datei *Sales_by_Region_2008R2.rdl* in einen Ordner im Dateisystem, z.B. *RS-Buch Dateien* in *Dokumente.*

Sie haben nun eine RDL-Datei vorliegen, welche die Berichtsdefinition des heruntergeladenen Berichts ist, die mit einem Text- oder Code-Editor bearbeitet werden kann.

Wie Sie diese RDL-Datei bearbeiten können, finden Sie beispielhaft in Kapitel 19 oder in einer ausführlicheren Version in Kapitel 27 beschrieben.

Bericht oder Ordner löschen

Mit der Löschen-Funktion können Berichte und Ordner vom Berichtsserver entfernt werden.

Bevor Sie nun in dem Beispiel einen Bericht löschen, ist es empfehlenswert, einen weiteren Bericht anzulegen:

1. Sofern Sie keinen Bericht haben, der gelöscht werden kann, erzeugen Sie einen solchen, z.B. mit dem Namen *LoeschMich*, wie im Abschnitt »Bericht hochladen« ab Seite 300 beschrieben.
2. Navigieren Sie in der Berichtsbibliothek zum entsprechenden Ordner und klicken Sie rechts neben den Namen des gewünschten Berichts.
3. Klicken Sie auf *Löschen.*
4. Bestätigen Sie das daraufhin angezeigte Dialogfeld mit *OK*, um den Löschvorgang abzuschließen. Sie haben den Bericht nicht wirklich gelöscht, sondern in den Papierkorb von SharePoint verschoben (Abbildung 20.13). Sie müssten jetzt noch den Papierkorb leeren, um den Bericht endgültig zu löschen.

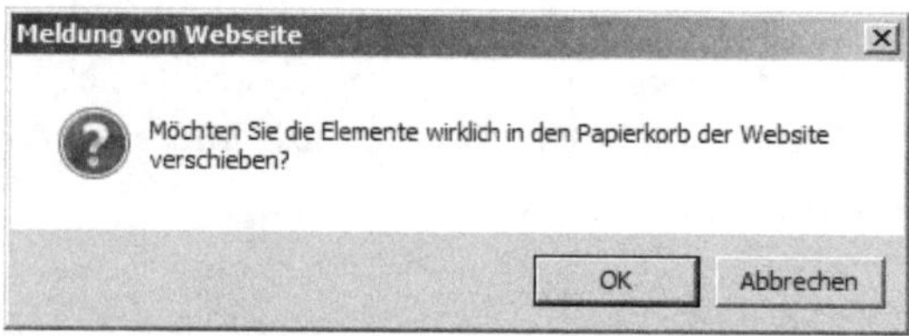

Abbildung 20.13 SharePoint ermöglicht die Benutzung der Papierkorb-Funktionalität

In anderen Fällen ist es erforderlich, Elemente an einen anderen Speicherort zu kopieren, was im nächsten Abschnitt erklärt wird.

Bericht löschen

Um die Übersicht zu behalten, ist es immer wieder notwendig, regelmäßig die Ordnerstrukturen anzupassen. Hierbei ist die Funktionalität, einen Bericht an einen anderen Ort zu kopieren, sehr hilfreich.

Um einen Bericht zu kopieren, sind folgende Schritte erforderlich:

1. Navigieren Sie in der Berichtsbibliothek zum entsprechenden Ordner und klicken Sie rechts neben den Namen des gewünschten Berichts, z.B. *Customers_Near_Stores_2008R2*. Öffnen Sie das Dropdownmenü, wie im vorigen Abschnitt beschrieben.
2. Öffnen Sie das Untermenü *Senden an* und wählen Sie darin den Befehl *Anderer Speicherort* aus.
3. Das Dialogfeld *Kopieren* wird geöffnet (Abbildung 20.14). Tragen Sie im Bereich *Zieldokumentbibliothek oder -ordner* die URL des Ordners ein, in den der Bericht kopiert werden soll, z.B. *http://< Portalservername>/<Speicherort der Berichtsbibliothek>/RS Berichte.*

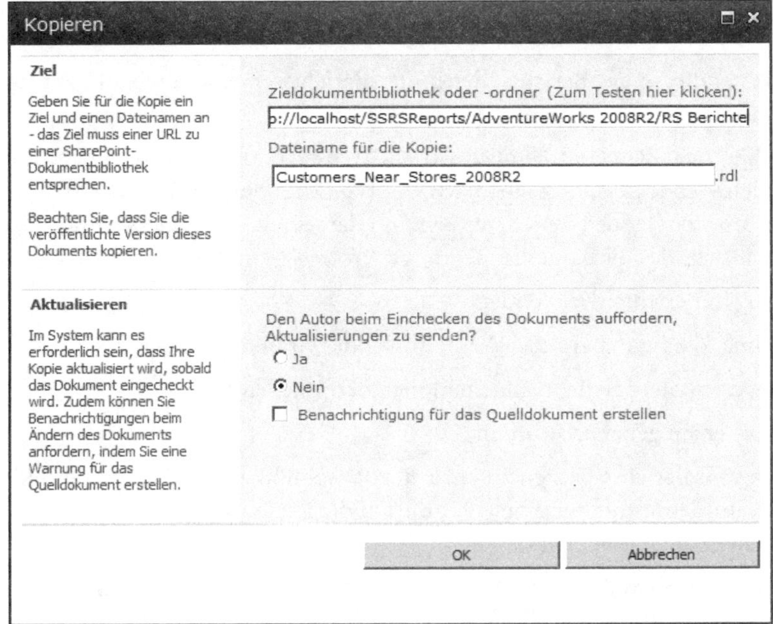

Abbildung 20.14 Wählen Sie hier den Ordner aus, in den das Element kopiert werden soll

4. Bestätigen Sie mit *OK*.
5. Auf der folgenden Seite muss der Vorgang durch einen Benutzer erneut bestätigt werden. Das tun Sie durch Klicken auf *OK*.
6. Klicken Sie auf *Fertig*, um zur Listenansicht zurückzukehren (Abbildung 20.15).

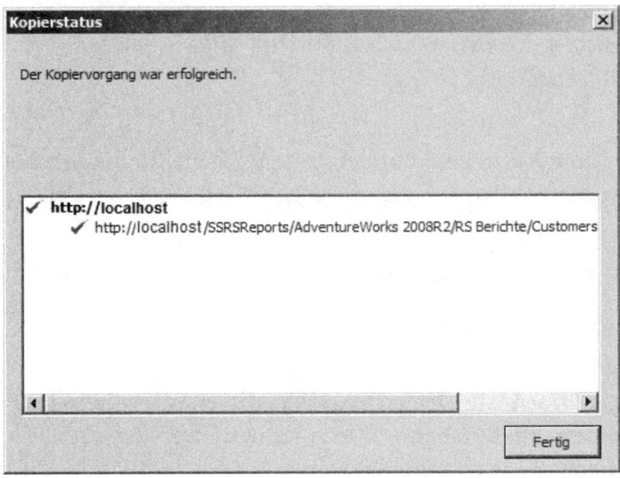

Abbildung 20.15 Finale Bestätigung eines Kopiervorgangs für einen Bericht

Das Element ist nun kopiert worden – in unserem Beispiel liegt der Bericht *Customers_Near_Stores_2008R2* nun auch im Ordner *RS Berichte* vor.

Umgang mit Ressourcen

Eine Ressource ist ein externer Bestandteil eines Berichts, der in der Berichtsserver-Datenbank gespeichert wird.

Bei der Ressourcenverwaltung verhält sich SharePoint ähnlich wie ein Webserver: Er reicht Ressourcen direkt an den Browser weiter. Sofern die betreffende Ressource einem MIME-Typ (Multipurpose Internet Mail Extension) zugeordnet ist, wird sie vom Browser, der den Bericht anzeigt, mit dargestellt. Falls eine Ressourcen-URL nicht aufgelöst werden kann, wird anstelle des Bilds oder Hyperlinks ein rotes »X« im Bericht angezeigt.

Folgende Ressourcen werden häufig in Berichten verwendet:

- Bilddateien, z.B. im JPEG-Format, die typischerweise Diagramme oder Grafiken enthalten
- Word- oder Excel-Dokumente, die weitere Berichtsinformationen bereitstellen
- Textdateien, die von anderen Systemen generiert wurden

Ressourcen werden typischerweise vom Berichts-Designer angelegt, z.B. wenn in einem Bericht ein Bild eingefügt wird. Dann steht in der Berichtsdefinition nur eine URL, die auf die Ressource verweist, die als eigenständiges Element auf dem Berichtsserver angelegt wird.

Ressourcen lassen sich aber auch direkt in SharePoint hochladen, wie Sie im nächsten Abschnitt sehen werden.

Ressourcen hochladen

Um Ressourcen zur Berichtsserver-Datenbank hinzuzufügen, können Sie diese vom Dateisystem hochladen.

Ressourcen werden ganz ähnlich gehandhabt wie alle anderen Elemente: Sie können diese nicht nur umbenennen, löschen und in andere Ordner kopieren, sondern auch deren Eigenschaften und Sicherheitseinstellungen festlegen.

Nehmen wir an, in Ihrer Firma werden ausführliche Produktbeschreibungen in Word 2010 verarbeitet. Aktuelle Kalkulationen und Preise neuer Produkte, die noch nicht im Sortiment aufgenommen sind, werden in Excel 2010-Tabellen gepflegt. Sie möchten diese Informationen nun für Ihre Mitarbeiter zur Verfügung stellen, ohne hierfür einen eigenen Webserver zu verwenden.

Gehen Sie wie folgt vor:

1. Öffnen Sie die Berichtsbibliothek und navigieren Sie zu dem Ordner, in dem Sie die Ressourcen hochladen möchten, z.B. den Ordner *Informationen*, den Sie zuvor als Unterordner von *Berichte* angelegt haben.
2. Laden Sie die gewünschten Ressourcen hoch, z.B.
   - die Bilddatei *Stonehenge.jpg* aus *C:\WINDOWS\Web\Wallpaper*,
   - ein Word-Dokument und
   - eine Excel-Datei,

   indem Sie jeweils das Menü *Dokumentupload* öffnen, auf *Dokumentupload* klicken oder direkt im Inhalt der Seite über *Dokument hinzufügen* die gewünschte Datei auswählen und bestätigen. Dies funktioniert analog zum Beispiel im Abschnitt »Bericht hochladen« ab Seite 300.

Abbildung 20.16 So werden im Berichts-Manager aus MIME-Typen Ressourcen

Sie haben nun verschiedene Ressourcen auf dem Berichtsserver publiziert, um Ihren Mitarbeitern zusätzliche Informationen zur Verfügung zu stellen (Abbildung 20.16).

Ressourcen anzeigen

Da Ressourcen vom Berichtsserver ohne weitere Verarbeitung direkt an den Browser durchgereicht werden, hängt das Verhalten von SharePoint bei der Anzeige von Ressourcen in erster Linie von den Einstellungen in SharePoint und Ihres Browsers ab.

Eine Ressource wird genau wie andere Elemente geöffnet:

1. Öffnen Sie die Berichtsbibliothek und navigieren Sie zum Ordner, der die anzuzeigende Ressource enthält, z.B. zum im vorigen Abschnitt angelegten Ordner *Informationen*.
2. Klicken Sie auf den Link der Ressource, z.B. auf den des Word-Dokuments *Das ist eine Worddatei*.

   Je nach Sicherheitseinstellungen Ihres Browsers und ob die entsprechende Software installiert ist, werden Sie vor der Anzeige evtl. gefragt, ob Sie die Ressource direkt öffnen oder erst auf Ihrem Dateisystem speichern möchten. Im ersten Fall werden Sie gefragt, ob die Datei schreibgeschützt geöffnet oder bearbeitet werden soll. Klicken Sie in diesem Fall auf *OK*, um sich das Dokument direkt anschauen zu können.

Die Ressource wird angezeigt. Welche Darstellung sich Ihnen bietet, hängt vom MIME-Typ ab. Wenn Ihr Browser über formatspezifische Viewer verfügt, werden ggf. Elemente, z.B. Symbolleisten, für die Ressource mit angezeigt.

Nach Berichten und anderen Elementen suchen

In SharePoint kann nach den meisten Elementen anhand des Namens oder der Beschreibung gesucht werden.

Sie können suchen nach:

- publizierten Berichten
- Ordnern
- freigegebenen Datenquellen
- Ressourcen

Sie können nicht suchen nach:

- Zeitplänen
- Besitzern

- Rollenzuweisungen
- bestimmten Momentaufnahmen (Snapshots) im Berichtsverlauf
- Abonnements

Die Suche wird in der SharePoint-Datenbank ausgeführt, in der die Elemente bzw. Ordner gespeichert sind.

Für die Suche können Sie rechts oben in SharePoint das Textfeld neben der Schaltfläche 🔍 verwenden.

Suchvorgänge beginnen in dem gewählten Element, z.B. *Diese Liste*, im Knoten der obersten Ebene und werden in den untergeordneten Zweigen fortgesetzt.

ACHTUNG Nur Elemente und Berichte, die Sie anzeigen dürfen, werden in das Suchergebnis einbezogen. Falls Sie keine Zugriffsberechtigung für einen bestimmten Zweig haben, wird dieser übersprungen. Dies ist in der Regel der Fall bei Ordnern, die nicht generell verfügbar sind.

Um anhand des Namens oder einer Beschreibung nach einem Element zu suchen, geben Sie die gesamte Suchzeichenfolge oder einen Teil davon an. Bei Suchzeichenfolgen wird nicht nach Groß- und Kleinschreibung unterschieden. Suchoperatoren wie z.B. Pluszeichen (+) oder Minuszeichen (–) zum Ein- oder Ausschließen von Suchkriterien sind nicht zulässig.

TIPP Die hier beschriebene Suchfunktion sucht nur nach Berichtsnamen und -beschreibungen; wenn Sie nach Text in einem Bericht suchen möchten, verwenden Sie die Suchmöglichkeit in der Berichtssymbolleiste oben in einem Bericht.

Nähere Informationen finden Sie in der Tabelle 20.9 auf Seite 322.

Suchen Sie nun nach dem Bericht *Customers_Near_Stores_2008R2*, der zu den mitgelieferten Beispielberichten gehört und von dem Sie zusätzlich im Abschnitt »Bericht hochladen« ab Seite 300 eine Kopie erzeugt haben:

1. Öffnen Sie das SharePoint Portal, geben Sie in die Suche rechts oben *customers* ein und klicken Sie auf die Schaltfläche 🔍.
2. Die Elemente und Ordner, in denen der Suchbegriff enthalten ist, werden auf der *Suchen*-Seite angezeigt (Abbildung 20.17).

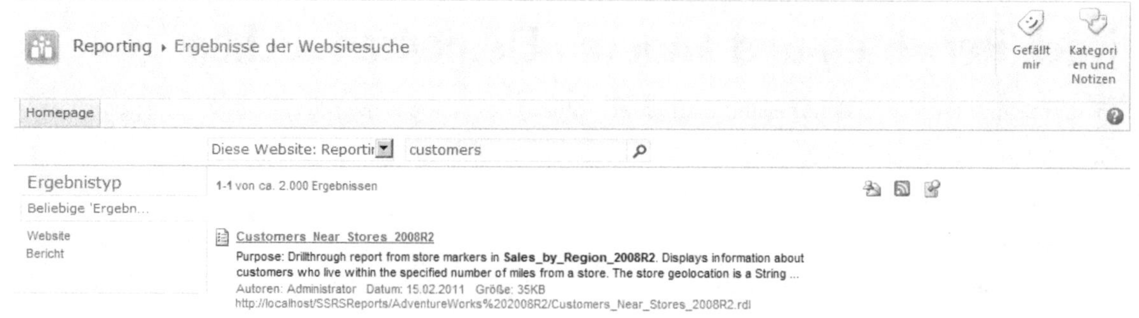

Abbildung 20.17 Darstellung der Suchen-Seite, nachdem nach *customers* gesucht wurde

3. Klicken Sie auf ein Element im Suchergebnis, um es anzuzeigen.

Eigenschaftenseiten

Jeder Bericht und jeder Ordner hat Eigenschaften, die Sie in SharePoint anzeigen und verändern können.

Um die Eigenschaften eines Elements anzuzeigen, gehen Sie folgendermaßen vor:

1. Navigieren Sie in der Berichtsbibliothek zum entsprechenden Ordner und klicken Sie rechts neben den Namen des gewünschten Berichts, z.B. *Sales_by_Region_2008R2*. Öffnen Sie das Dropdownmenü, wie im vorherigen Abschnitt beschrieben.
2. Öffnen Sie die Eigenschaftenseite, indem Sie auf *Eigenschaften anzeigen* klicken.

Im oberen Bereich der Eigenschaftenseite finden Sie die Schaltflächen aus Tabelle 20.3. Die Erklärungen der Tabelle gelten für alle Eigenschaftenseiten und werden in den folgenden Abschnitten nicht mehr explizit beschrieben. Die fehlenden Schaltflächen werden direkt zu jedem Element näher erläutert.

Steuerelement	Beschreibung
Element bearbeiten	Klicken Sie auf *Element bearbeiten*, um den Inhaltstyp, Namen und Titel bei Berichten oder den Namen bei Ordnern zu ändern
Element löschen	Klicken Sie auf *Element löschen*, um ein Element und seinen Inhalt zu entfernen. Weitere Informationen finden Sie im Abschnitt »Bericht oder Ordner löschen« ab Seite 304.
Berechtigungen verwalten	Klicken Sie auf *Berechtigungen verwalten*, um neue Berechtigungen für ein Element zu erstellen oder bestehende Berechtigungen zu bearbeiten
Benachrichtigen	Klicken Sie auf *Benachrichtigen*, um sich für das entsprechende Element Benachrichtigungen per E-Mail einzurichten. Dabei können Sie sich über ändernde Zustände oder zu bestimmten Zeitpunkten informieren lassen. Es können mehrere Benachrichtigungen pro Element eingerichtet werden.

Tabelle 20.3 Schaltflächen der Eigenschaftenseiten

In den folgenden Abschnitten wird die Eigenschaftenseite für die verschiedenen Elemente erläutert.

Eigenschaftenseite von Ordnern

Auf der Eigenschaftenseite werden grundlegende Information zu einem Ordner angezeigt. Um diese Seite anzuzeigen, gehen Sie wie im vorherigen Abschnitt beschrieben vor, mit dem Unterschied, das jetzt für die Eigenschaften des gewünschten Ordners, z.B. *AdventureWorks 2008R2*, zu tun.

Wie in Abbildung 20.18 zu sehen ist, erhalten Sie Informationen zum Benutzer angezeigt, der den Ordner erstellt bzw. geändert hat, sowie den jeweiligen Zeitpunkt der Erstellung bzw. Änderung.

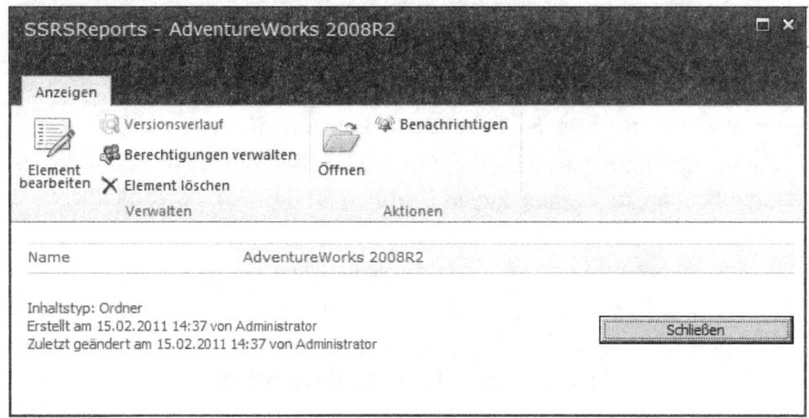

Abbildung 20.18 Eigenschaftenseite eines Ordners

Eine Erläuterung der weiteren Elemente dieser Seite finden Sie in der folgenden Tabelle. Die Beschreibung weiterer Schaltflächen finden Sie in Tabelle 20.3 weiter vorne.

Feld	Beschreibung
Öffnen	Klicken Sie auf *Öffnen*, um den Inhalt des Ordners anzuzeigen
Name	Name des Ordners. Der Name muss mindestens ein alphanumerisches Zeichen enthalten. Er kann auch Leerzeichen und Sonderzeichen enthalten. Folgende Zeichen können jedoch nicht für Namen verwendet werden: ; ? : @ & = + , $ / * < > | " /.

Tabelle 20.4 Felder der Eigenschaftenseite eines Ordners

Über die Schaltfläche *Element bearbeiten* können Sie den *Namen* des Ordners ändern.

Eigenschaftenseite von Berichten und Datenquellen

Auf der Eigenschaftenseite von Berichten und Datenquellen werden Ihnen Name, Titel, Inhaltstyp, Erstellungs- und letztes Änderungsdatum des entsprechenden Berichts angezeigt (Abbildung 20.19).

Um diese Seite anzuzeigen, gehen Sie wie im Abschnitt »Eigenschaftenseiten« ab Seite 309 beschrieben vor.

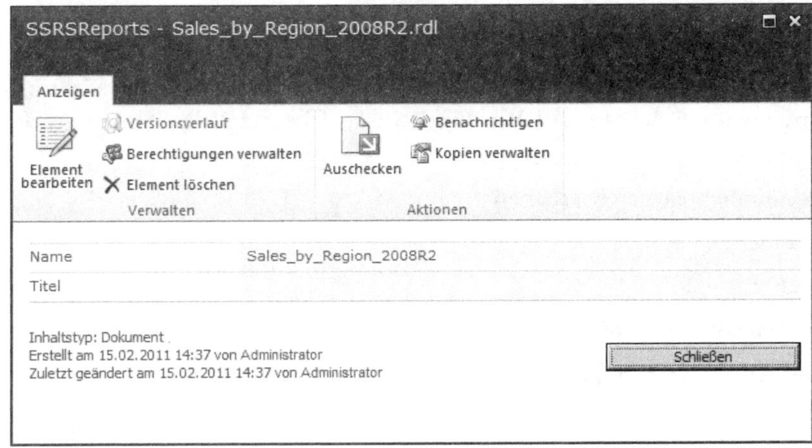

Abbildung 20.19 Die Eigenschaftenseite eines Berichts zeigt dessen grundlegende Informationen

Eine Erläuterung der weiteren Elemente dieser Seite finden Sie in der folgenden Tabelle. Die Beschreibung weiterer Schaltflächen finden Sie in Tabelle 20.3 weiter vorne.

Feld	Beschreibung
Kopien verwalten	Klicken Sie auf *Kopien verwalten*, um neue Kopien des Berichts zu erstellen oder bereits vorhandene Kopien zu aktualisieren. Nähere Informationen im Umgang mit Kopien finden Sie im Abschnitt »Berichtskopien verwalten« ab Seite 317.
Auschecken	Hierbei handelt es sich um eine vererbte Funktionalität von SharePoint. Per Klick auf diese Schaltfläche markieren Sie den Bericht als ausgecheckt, wodurch Sie anderen Benutzer auf einfache Weise mitteilen können, dass sich dieser vorerst in einem Überarbeitungszustand befindet. Sie sollten darauf achten, den Bericht nach erledigter Arbeit wieder einzuchecken. Der Bericht kann auch in diesem Zustand von den Benutzern verwendet werden.
Name	Name des Berichts. Der Name muss mindestens ein alphanumerisches Zeichen enthalten. Er kann auch Leerzeichen und Sonderzeichen enthalten. Folgende Zeichen können jedoch nicht für Namen verwendet werden: ; ? : @ & = + , $ / * < > | " /.
Titel	Der Titel ist eine Standardeigenschaft von Dokumentenbibliotheken in SharePoint und ist aus diesem Grund auch vorhanden. Die Eigenschaft hat für Berichte keine Bedeutung.
Inhaltstyp	Zeigt den Charakter des Elements, z.B. *Dokument* (womit ein Bericht gemeint ist) an
Erstellt am *Zuletzt geändert am*	Zeitpunkte der Erstellung und letzten Änderung samt ausführendem Nutzer

Tabelle 20.5 Zusätzliche Schaltflächen der Eigenschaftsseite von Berichten

Über die Schaltfläche *Element bearbeiten* können Sie den *Namen*, *Titel* und *Inhaltstyp* des Berichts ändern.

Verwaltungsseiten

Über die Verwaltungsseiten lassen sich für alle Elemente der Berichtsbibliothek die Berechtigungen bearbeiten und Benachrichtigungen einrichten. Bei Berichten stehen Ihnen zusätzliche Möglichkeiten zur Verfügung wie:

- Datenquellen, Parameter und Abonnements zu bearbeiten
- Verarbeitungsoptionen zu verändern
- Einen Berichtsverlauf anzulegen
- Oder den Bericht im Berichts-Generator zu bearbeiten

In den folgenden Abschnitten erfahren Sie über einige dieser Verwaltungsseiten mehr.

Berechtigungen verwalten

Auf der Verwaltungsseite *Berechtigungen* wird angezeigt, welche Benutzer und Gruppen Zugriff auf ein Element haben (Abbildung 20.20).

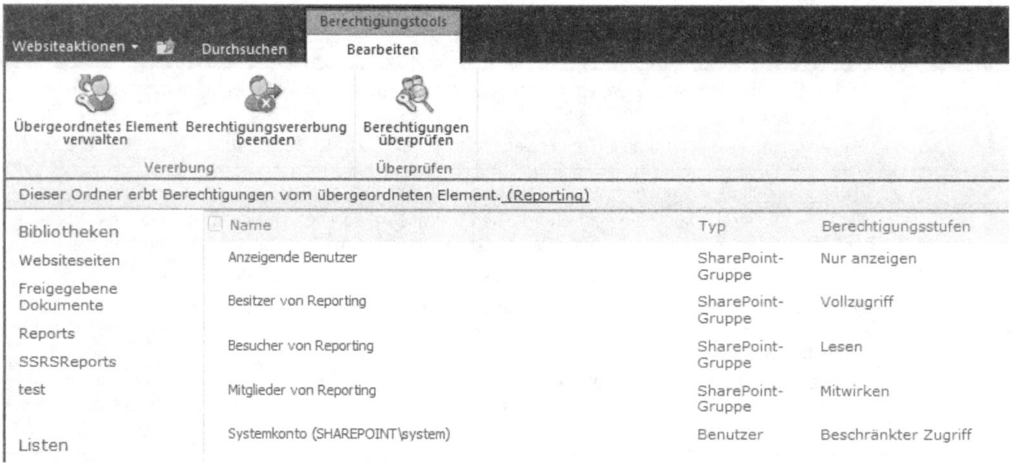

Abbildung 20.20 Die Eigenschaftsseite *Berechtigungen verwalten* für einen Ordner

Die Änderung dieser Einstellungen ist über die Menübefehle unter *Berechtigungstools/Bearbeiten* möglich. Wenn die bestehenden Berechtigungen von dem übergeordneten Element vererbt werden, müssen Sie über den oberen Punkt die Berechtigungsvererbung beenden (Abbildung 20.21). Bestätigen Sie in diesem Fall mit *OK*.

Andernfalls beenden Sie die Aktion mit *Abbrechen* und wählen stattdessen den oberen Punkt *Übergeordnete Berechtigungen verwalten*, um die Berechtigungen am Ursprung zu bearbeiten.

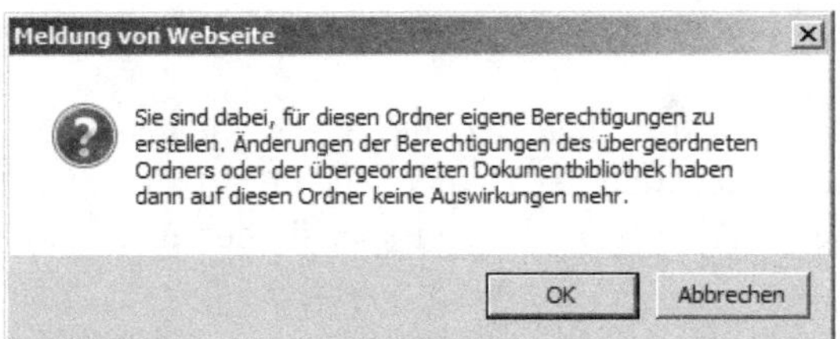

Abbildung 20.21 Hinweis nach einem Klick auf *Berechtigungen bearbeiten*

HINWEIS Eine einmal unterbrochene Vererbung von Berechtigungen kann wieder hergestellt werden, allerdings gehen in diesem Fall Ihre individuellen Berechtigungen verloren.

Bei unterbrochenen Vererbungen finden Sie oben den Befehl *Berechtigungen erben.*

Auf der Seite *Berechtigungen bearbeiten* stehen Ihnen folgende Optionen zur Verfügung:

Berechtigungen erteilen	Dem Objekttyp, z.B. Ordner einen Benutzer oder eine Gruppen hinzufügen
Benutzerberechtigungen entfernen	Entfernen der ausgewählten Benutzerberechtigungen
Benutzerberechtigungen bearbeiten	Bearbeiten der ausgewählten Benutzerberechtigungen
Berechtigungen erben	Berechtigungen von übergeordneten Ordnern übernehmen

Tabelle 20.6 Mögliche Aktionen der Seite *Berechtigungen bearbeiten*

Abonnements verwalten

Diese Verwaltungsseite zeigt Ihnen die vorhandenen Abonnements (Abbildung 20.22) und bietet die Möglichkeit, sowohl einfache als auch datengesteuerte Abonnements anzulegen und zu bearbeiten.

Abbildung 20.22 Verwaltungsseite für die Abonnements zu einem Bericht

Die Funktionalitäten zu Abonnements sind in Kapitel 28 ausführlich beschrieben.

Datenquellen verwalten

Diese Verwaltungsseite zeigt Ihnen die verwendeten Datenquellen für einen Bericht an. Per Klick auf den Link einer Datenquelle in der Spalte *Name* können Sie die Eigenschaften der Datenquellen bearbeiten. Der Typ verrät Ihnen mehr über die Datenquelle. So können Sie zwischen einer berichtsspezifischen und einer freigegebenen Datenquelle wählen.

Wie Sie die Eigenschaften der Datenquellen bearbeiten können, erfahren Sie im Abschnitt »Bericht eine neue Datenquelle zuweisen« ab Seite 301.

Parameter verwalten

Über die Verwaltungsseite der *Parameter* sichten und ändern Sie Parametereinstellungen für einen parametrisierten Bericht (Abbildung 20.23).

Mit Parametern können Sie zur Laufzeit z.B.

- verschiedene Produkte mit dem gleichen Bericht analysieren
- Betrachtungszeiträume eingrenzen
- die Daten einzelner Mitarbeiter anzeigen

Abbildung 20.23 Verwaltungsseite für Berichtsparameter

Parameter dienen typischerweise der Filterung von Daten und werden in der Berichtsdefinition deklariert, also bevor der Bericht publiziert wird (siehe Kapitel 14).

Nach der Publizierung eines Berichts lassen sich die Parametereigenschaftswerte ändern. Welche Werte geändert werden können, hängt von der Definition der Parameter im Bericht ab:

- Wenn eine Liste statischer Werte für einen Parameter definiert ist, können Sie einen anderen statischen Wert als Standardwert auswählen. Es können jedoch keine Werte hinzugefügt oder aus der Liste entfernt werden.
- Falls der Parameter auf einer Abfrage basiert, werden alle Aspekte dieser Abfrage, einschließlich des verwendeten Datasets im Bericht vor seiner Publizierung definiert. In diesem Zusammenhang geht es darum, ob NULL-Werte oder leere Werte zugelassen sind oder ob ein Standardwert bereitgestellt wird.

Eine Beschreibung der Felder, die zur Bearbeitung eines Parameters zur Verfügung stehen, finden Sie in der Tabelle 20.7.

Feld	Beschreibung
Parametername	Der Name des Parameters kann nur im Berichts-Designer bearbeitet werden
Datentyp	Datentyp des Parameters. Dieser kann ebenfalls nur im Berichts-Designer bearbeitet werden. Der Datentyp bestimmt, wie und ob ein Standardwert festgelegt werden kann.
Standardwert mit Option *Diesen Wert verwenden*	Standardwert für den Parameter. Ein Standardwert kann durch die Berichtsdefinition bereitgestellt werden. Ist *Standardwert* mit einem oder mehreren statischen Werten aufgefüllt, wird der Bericht mit diesen Werten erstellt. Hat *Standardwert* den Wert *Abfragebasiert*, wird der Parameterwert durch eine Abfrage ermittelt, die im Bericht definiert ist. Falls *Standardwert* einen Wert akzeptiert, können Sie eine Konstante oder Syntax eingeben, die für die mit dem Bericht verwendete Datenverarbeitungserweiterung gültig ist. Wenn die Abfragesprache der Datenverarbeitungserweiterung Platzhalterzeichen unterstützt, können Sie ein Platzhalterzeichen als Standardwert angeben. Wenn Sie angeben, dass dem Benutzer eine *Eingabeaufforderung* angezeigt wird, wird der *Standardwert* als Anfangswert verwendet, den Benutzer verwenden oder auch ändern können. Wenn die Option *Ausgeblendet* für den Parameterwert gewählt wird, wird dieser Wert für alle Benutzer verwendet, die den Bericht ausführen.
Standardwert mit Option *Keinen Standardwert verwenden*	Wählen Sie *Keinen Standardwert verwenden*, wenn jeder Benutzer vor der Verarbeitung des Berichts einen Wert angeben soll. Wenn Sie diese Option auswählen, sollten Sie die Anzeigeeinstellungen für die Eingabeaufforderung an den Benutzer festlegen.
Anzeige mit Option *Eingabeaufforderung*	Wählen Sie *Eingabeaufforderung*, um den Parameter auf der Seite anzuzeigen. Sie können einen in einem Feld anzuzeigenden Aufforderungstext angeben, der eine kurze Anweisung zum Format oder Typ der Daten enthält, die der Benutzer bereitstellen muss.
Anzeige mit Option *Ausgeblendet*	Wählen Sie *Ausgeblendet*, wenn ein Standardwert verwendet wird und der Parameter im Parameterbereich nicht sichtbar sein soll. Der Parameter wird weiterhin auf der Definitionsseite des Abonnements angezeigt. Das Ausblenden des Parameters ist hilfreich, wenn Sie den Bericht immer mit den von Ihnen angegebenen Standardwerten ausführen möchten.
Anzeige mit Option *Intern*	Wählen Sie *Intern*, wenn ein Standardwert verwendet wird und der Parameter im Parameterbereich oder auf den Abonnementseiten nicht sichtbar sein soll

Tabelle 20.7 Felder der Eigenschaftenseite *Parameter* eines Berichts

Sie können den Start- oder Standardwert eines Parameters für Berichte mit Parameterabfrage ändern. Schauen Sie sich dafür das folgende Beispiel an.

Sie wollen den Bericht für die Umsatzzahlen ihrer Vertriebsmitarbeiter anpassen. Der Bericht soll mit einem bestimmten Mitarbeiter, dessen Umsätze Sie im Auge behalten möchten, starten, damit Sie nicht jedes Mal diesen Parameter eingeben müssen:

1. Navigieren Sie in der Berichtsbibliothek zum entsprechenden Ordner und klicken Sie rechts neben den Namen des gewünschten Berichts, z.B. *Employee_Sales_Summary_2008R2*. Öffnen Sie das Dropdownmenü, wie im Abschnitt »Bericht eine neue Datenquelle zuweisen« ab Seite 301 beschrieben.
2. Öffnen Sie die Verwaltungsseite für Parameter, indem Sie auf *Parameter verwalten* klicken.
3. Klicken Sie in der Spalte *Parametername* auf den Link des Parameters, den Sie bearbeiten möchten, in unserem Fall *EmployeeID* (Abbildung 20.24).
4. Für das Beispiel soll die Mitarbeiterin *Jae Pak* zu Beginn angezeigt werden, daher wählen Sie sie im Listenfeld der Option *Diesen Wert verwenden* aus. Der Datentyp von *EmployeeID* ist *Ganze Zahl*, demnach kann nur eine Zahl und kein Name dort angegeben werden.

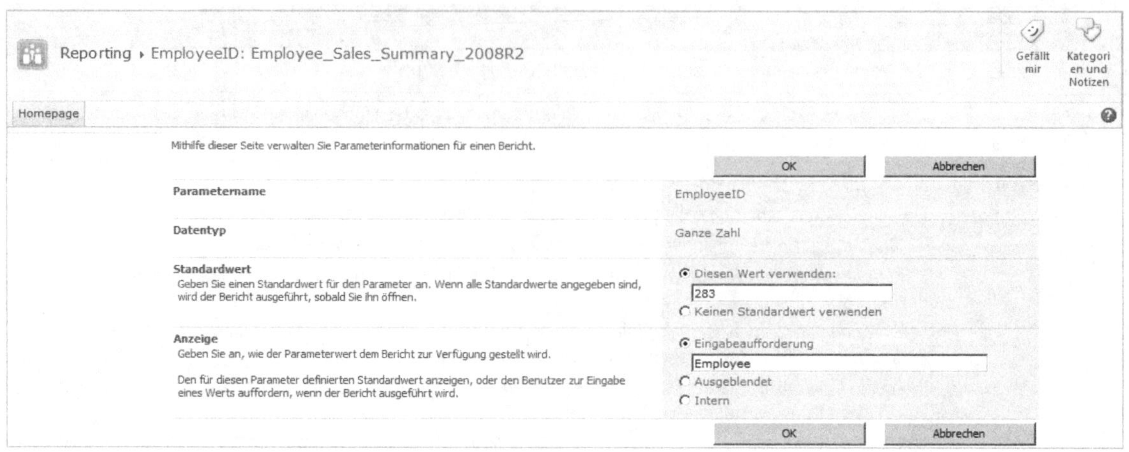

Abbildung 20.24 Den Parameter *EmployeeID* eines Berichts festlegen

5. Klicken Sie auf *OK*, um die Änderung auf dem Berichtsserver zu speichern.
6. Zurück auf der Verwaltungsseite für Parameter können Sie jetzt die *EmployeeID* »283« sehen. Kehren Sie zur Bibliothek zurück, indem Sie auf *Schließen* klicken.

Der Bericht sollte jetzt mit *Jae Pak* gestartet werden.

Verarbeitungsoptionen verwalten

Mittels der Verarbeitungsoptionen für einen Bericht können Sie die Datenaktualisierung, den Verarbeitungsabbruch sowie dessen Verlauf einstellen. Diese Optionen werden von den Funktionen genauso angewendet wie im nativen Modus mit dem Berichts-Manager.

Eine ausführliche Beschreibung und weitere Informationen zu den Verarbeitungsoptionen eines Berichts finden Sie in Kapitel 23.

Zu den Verarbeitungsoptionen gelangen Sie auf folgende Weise:

1. Gehen Sie wie im vorherigen Abschnitt in Schritt 1 beschrieben vor.
2. Sie öffnen die in Abbildung 20.25 gezeigte Verwaltungsseite, indem Sie auf *Verarbeitungsoptionen verwalten* klicken.

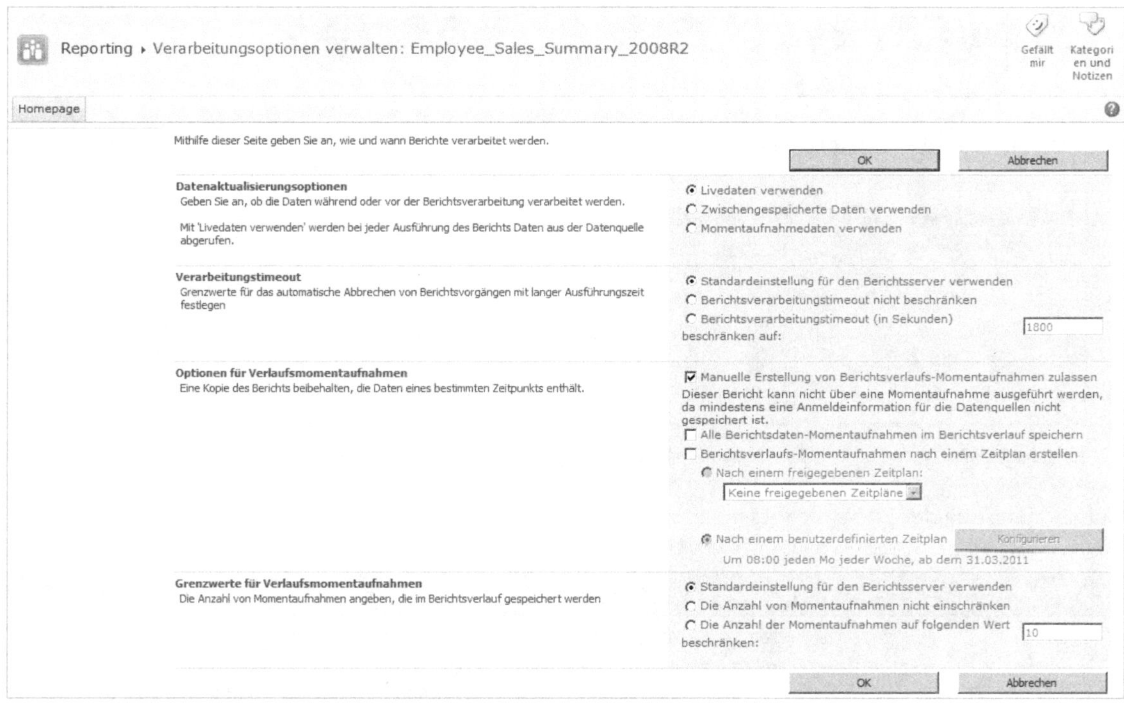

Abbildung 20.25 Einstellung von Verarbeitungsoptionen in SharePoint

Berichtskopien verwalten

Diese Verwaltungsseite können Sie nicht direkt über die Bibliothek erreichen. Sie gelangen auf diese über die Eigenschaftenseite zu einem Bericht.

Führen Sie die folgenden Schritte durch, um die Verwaltungsseite zu erreichen:

1. Gehen Sie wie im Abschnitt »Eigenschaftenseite von Berichten und Datenquellen« ab Seite 310 beschrieben vor.
2. Klicken Sie auf *Kopien verwalten*, um zu der in Abbildung 20.26 gezeigten Seite zu gelangen.

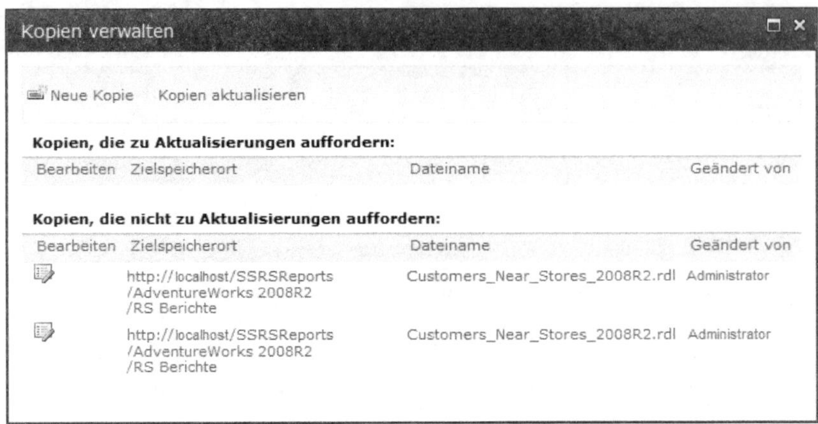

Abbildung 20.26 Vorhandene Kopien für den Bericht *Customers_Near_Stores_2008R2*

Eine Erläuterung der Elemente dieser Seite finden Sie in der folgenden Tabelle.

Feld	Beschreibung
Neue Kopie	Klicken Sie auf *Neue Kopie*, um eine Kopie des Berichts zu erstellen. Sie müssen auf der Folgeseite den neuen Speicherort und Namen festlegen sowie die Entscheidung treffen, ob die Kopie später von seinem Ursprung aktualisiert werden kann.
Kopien aktualisieren	Über die Schaltfläche *Kopien aktualisieren* gelangen Sie zu der Seite, über die Sie einzelne oder alle Kopien eines Berichts aktualisieren können

Tabelle 20.8 Schaltflächen zum Verwalten von Kopien

Gehen Sie folgendermaßen vor, um eine bestimmte Kopie eines Berichts zu aktualisieren:

1. Navigieren Sie in der Berichtsbibliothek zum entsprechenden Ordner und klicken Sie rechts neben den Namen des gewünschten Berichts, z.B. *Customers_Near_Stores_2008R2*. Öffnen Sie das Dropdownmenü, wie im Abschnitt »Bericht eine neue Datenquelle zuweisen« ab Seite 301 beschrieben.
2. Zeigen Sie die Eigenschaften des Berichts an, indem Sie auf *Eigenschaften anzeigen* klicken.
3. Um zur Verwaltungsseite der Kopien zu gelangen, klicken Sie auf *Kopien verwalten*.
4. Nun wählen Sie die Schaltfläche *Kopien aktualisieren*.
5. Auf der Seite *Kopien aktualisieren* aktivieren Sie das Kontrollkästchen vor einer der Kopien (Abbildung 20.27).

Abbildung 20.27 Nur die ausgewählten Kopien eines Berichts werden aktualisiert

6. Klicken Sie auf *OK*.
7. Auf der Folgeseite müssen Sie die Aktualisierung noch autorisieren. Klicken Sie dazu auch hier auf *OK*.
8. Sie erhalten nun einen entsprechenden Status angezeigt. Mit einem Klick auf *Fertig* schließen Sie die Aktualisierung ab (Abbildung 20.28).

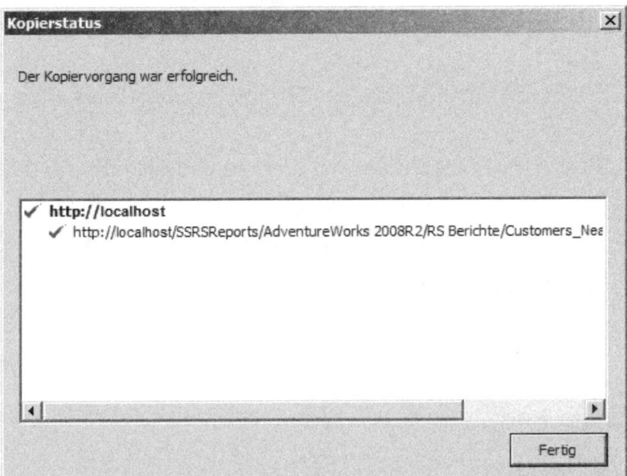

Abbildung 20.28 Status zur durchgeführten Aktualisierung von Kopien zu einem Bericht

Verknüpfte Berichte in SharePoint

Im vorherigen Kapitel haben Sie lesen können, dass es keine verknüpften Berichte in SharePoint gibt. Die Aussage ist so auch korrekt, aber mit den Kopien zu einem Bericht erreichen Sie diese Funktion trotzdem fast.

Angenommen, Sie haben in der Kopie zu einem Bericht einen Standardwert zu einem Parameter eingerichtet und diesen Parameter anschließend ausgeblendet. Sie ändern an dem Ursprungsbericht das Aussehen, z.B. fügen Sie eine weitere Spalte in einer Tabelle hinzu. Nun wollen Sie diese Kopie über den Ursprungbericht aktualisieren.

Die Aktualisierung wird an die Berichtskopien weitergereicht wie bei den verknüpften Berichten im nativen Modus. Der wichtige Unterschied ist, dass die ausgeblendeten und internen Parameter wieder sichtbar werden. Die in den Kopien eingestellten Standardwerte bleiben Ihnen jedoch erhalten.

Sie müssen nach einer Aktualisierung also die Berichtskopien erneut anpassen, sofern Sie ausgeblendete Parameter verwenden möchten. Sie haben somit zwar etwas mehr Aufwand, können aber wenigstens über eine zentrale Stelle, nämlich der Verwaltungsseite für Kopien eines Berichts, eine Aktualisierung durchführen.

Nachdem Sie nun einen Überblick über den Umgang mit einer Berichtsbibliothek in SharePoint erhalten haben, soll der HTML-Viewer, der die Berichte darstellt, genauer unter die Lupe genommen werden.

Arbeiten mit dem HTML-Viewer

Der HTML-Viewer ist die Steuerzentrale für die browserbasierte Anzeige von Berichten. Wenn Sie jemals einen Bericht im Browser angezeigt haben, kennen Sie ihn bereits.

Bericht rendern

Mithilfe der Reporting Services-Erweiterungen in SharePoint können Sie Berichte rendern und anzeigen. Gehen Sie hierzu folgendermaßen vor:

1. Navigieren Sie zum Ordner der Berichtsbibliothek, der den zu rendernden Bericht enthält, z.B. *Adventure-Works 2008R2*.
2. Klicken Sie auf den Bericht, z.B. *Customers_Near_Stores_2008R2*. Während des Renderns des Berichts wird eine Animation angezeigt (Abbildung 20.29).

Abbildung 20.29 Diese Animation wird während des Renderns angezeigt

Nach dem erfolgreichen Rendern wird der Bericht angezeigt.

Der Viewer stellt ein Framework für das Anzeigen von Berichten in HTML zur Verfügung. Er enthält einen Navigationsanzeiger, eine Berichtssymbolleiste, einen Parameterbereich, eine Dokumentstruktur und einen Datenbereich.

HINWEIS Da die Beispiele der *AdventureWorks 2008R2 Sample Reports* keinen Bericht enthalten, an dem sich alle Elemente des HTML-Viewers demonstrieren lassen, wurde die Übersichtsdarstellung der Abbildung 20.30 aus den Beispielberichten *Customers_Near_Stores_2008R2* und *Product Catalog 2008* »künstlich« zusammengesetzt und dient lediglich der schematischen Darstellung.

Der Navigationsanzeiger wird durch SharePoint bereitgestellt und enthält den Pfad des angezeigten Berichts zum Ursprung der Portalseite.

HINWEIS Der Parameterbereich (siehe Kapitel 14) und die Dokumentstruktur (siehe Kapitel 15) werden jeweils nur dann angezeigt, wenn Sie Berichte öffnen, die die Berichtsdefinition und die Parameter- bzw. Dokumentstrukturinformationen enthalten.

Mit den Elementen und können Sie die Bereiche *Dokumentstruktur* oder *Parameter* ein- und ausblenden.

Eine Dokumentstruktur ist ein Steuerelement für die Berichtsnavigation, das mit dem Navigationsbereich auf einer Website vergleichbar ist: Sie können auf Elemente in der Dokumentstruktur klicken, um direkt zu einer bestimmten Gruppe, Seite oder zu einem eingebetteten Bericht zu wechseln.

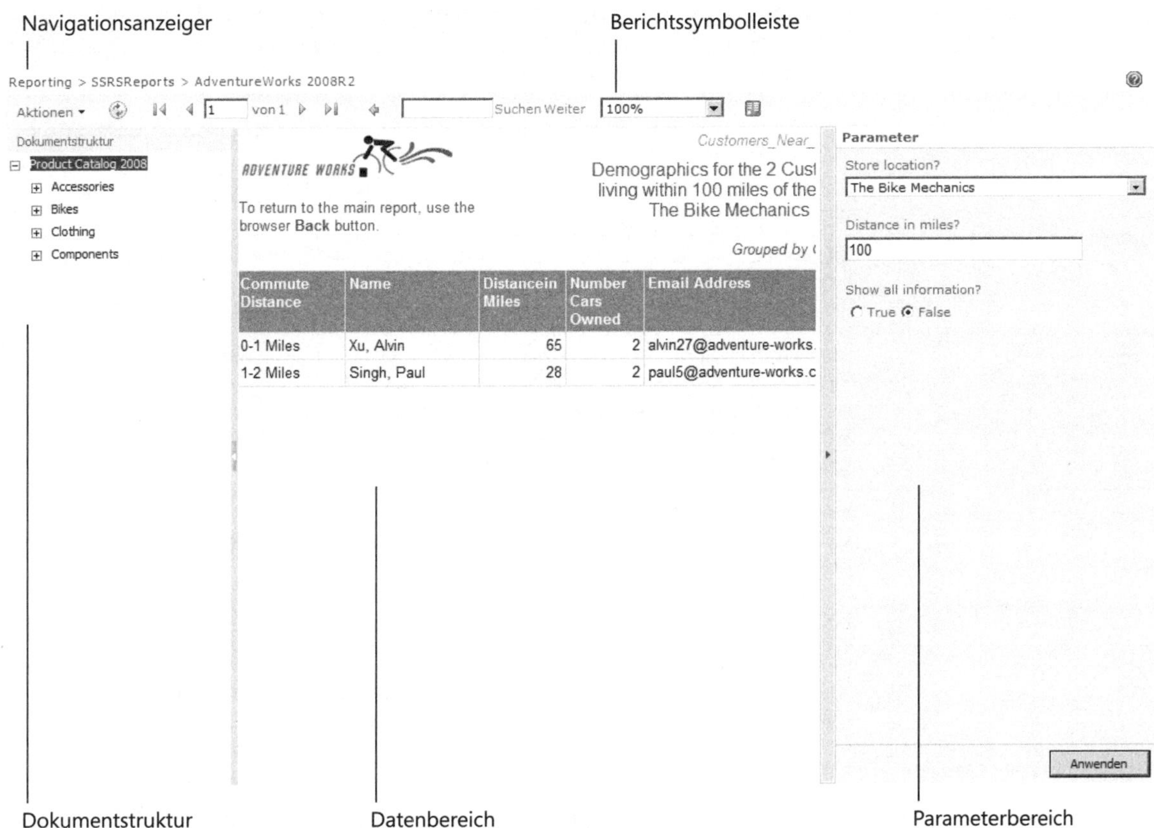

Abbildung 20.30 Schematische Darstellung der Bereiche des HTML-Viewers

Berichtssymbolleiste

Die Berichtssymbolleiste wird im Browser oberhalb des Berichts angezeigt (Abbildung 20.30) und ermöglicht dem Benutzer, wichtige Renderfunktionen interaktiv zu steuern. Sie enthält Funktionen zum Anzeigen und Bearbeiten von Berichten.

Die tatsächlich angezeigte Berichtssymbolleiste kann Unterschiede zur Abbildung aufweisen, da möglicherweise andere Berichtsfunktionen verwendet werden oder andere Renderoptionen verfügbar sind.

TIPP Wie Sie die Funktionen des HTML-Viewers per URL-Parameter steuern, erfahren Sie in Kapitel 32.

Die Tabelle 20.9 erläutert häufig verwendete Funktionen der Berichtssymbolleiste. Jede Funktion wird durch das Steuerelement identifiziert, das Sie für den Zugriff auf die entsprechende Funktion verwenden.

Steuerelement	Beschreibung
Aktionen ▾	Das Menü *Aktionen* bietet Ihnen Möglichkeiten wie Abonnieren, Drucken oder Exportieren
	Aktualisieren des Berichts. Daten für Liveberichte werden aktualisiert. Zwischengespeicherte Berichte werden vom jeweiligen Speicherort neu geladen.
1 von 1	Öffnen der ersten oder letzten Seite eines Berichts, Durchführen eines seitenweisen Bildlaufs durch einen Bericht und Öffnen einer bestimmten Seite in einem Bericht. Um eine bestimmte Seite anzuzeigen, geben Sie die Seitenzahl ein und drücken die [↵]-Taste.
Suchen Weiter	Suchen nach Inhalt im Bericht durch Eingabe eines Begriffs oder mehrerer Wörter, nach dem bzw. denen Sie suchen möchten (die maximale Länge beträgt 256 Zeichen). Bei der *Suche* wird die Groß- und Kleinschreibung beachtet und sie beginnt bei der aktuell ausgewählten Seite oder beim aktuell markierten Abschnitt. Nur sichtbarer Inhalt wird in Suchvorgänge eingeschlossen. Wenn Sie nach weiteren Vorkommen desselben Worts suchen möchten, klicken Sie auf *Weiter*.
100%	Vergrößern oder Verkleinern der Berichtsseite. Sie können die Größe der Anzeige prozentual ändern oder mithilfe von *Seitenbreite* die horizontale Länge eines Berichts im Browserfenster anpassen bzw. mithilfe von *Gesamte Seite* die vertikale Länge eines Berichts im Browserfenster anpassen. Die Option *Zoom* wird ab Internet Explorer 5.5 und höher unterstützt.
	Sie können Atom-kompatible Datenfeeds aus Berichten generieren und dann in Anwendungen wie dem SQL Server 2008 R2 PowerPivot-Client verwenden, der in der Lage ist, Datenfeeds zu nutzen. Nähere Informationen zum Thema Datenfeeds finden Sie in Kapitel 24.

Tabelle 20.9 Steuerelemente der Berichtssymbolleiste

Wählen Sie im Menü *Aktionen* den Untermenübefehl *Exportieren* aus, um einen Bericht im gewünschten Format zu exportieren. Welche Formate verfügbar sind, wird durch die auf dem Berichtsserver installierten Renderingerweiterungen festgelegt. Das TIFF-Format wird zum Drucken empfohlen, da es so gut wie keine Verzerrungen zum angezeigten Bericht aufweist.

Nähere Informationen zum Thema Exportformate finden Sie in Kapitel 24.

Berichte mit Parametern

Abhängig vom Entwurf des Berichts kann dieser Eingabefelder enthalten, mit deren Hilfe Sie Parameterwerte auswählen oder eingeben, sich bei einer Datenquelle anmelden oder Berichtsinhalte filtern können.

Sofern der Berichtsentwurf eine der genannten Möglichkeiten vorsieht, wird der *Parameter*-Bereich anzeigt, wie in Abbildung 20.30 auf Seite 321 dargestellt. Dieser kann folgende Felder beinhalten:

- **Parameterfelder**

  Mit Parametern werden Werte interaktiv vom Benutzer erfragt. Sie werden vor allem zum Filtern der im Bericht angezeigten Daten eingesetzt.

  Zu den häufig in Berichten verwendeten Parametern zählen Datumswerte, Namen und IDs.

  Nachdem Sie einen Parameter angegeben haben, klicken Sie zum Abrufen der Daten auf die *Anwenden*-Schaltfläche.

  Der Autor eines Berichts definiert die für diesen Bericht gültigen Parameterwerte. Auch ein Berichtsadministrator kann Parameterwerte festlegen.

Wenn Sie nicht wissen, welche Parameterwerte für einen Bericht gültig sind, wenden Sie sich an den Autor oder Administrator des Berichts.

- **Anmeldeinformationsfelder**

  Anmeldeinformationen sind Werte für Benutzernamen und Kennwort, mit denen die Authentifizierung an der Datenquelle erfolgt.

  Nachdem Sie Ihre Anmeldeinformationen angegeben haben, klicken Sie zum Abrufen der Daten auf die *Anwenden*-Schaltfläche.

  Wenn für einen Bericht eine Anmeldung erforderlich ist, können die Daten, zu deren Anzeige Sie berechtigt sind, von den Daten abweichen, die ein anderer Benutzer sehen darf. Demnach können zwei Benutzer denselben Bericht ausführen und unterschiedliche Ergebnisse erhalten.

  Einige Berichte enthalten zudem verborgene Bereiche, die auf der Grundlage von Benutzeranmeldeinformationen oder einer im Bericht getroffenen Auswahl eingeblendet werden. Verborgene Bereiche im Bericht sind von Suchvorgängen ausgeschlossen, sodass andere Suchergebnisse angezeigt werden, wenn alle Teile des Berichts sichtbar sind.

  Weitere Information zum Thema Sicherheit finden Sie in Kapitel 22.

Sehen Sie sich das Arbeiten mit Parametern einmal in einem Beispiel an. Es soll in der Firma *Adventure Works* für die Mitarbeiter *Shu Ito* und *Jae Pak* ein Vergleich der Verkäufe vorgenommen werden. Es steht Ihnen der Bericht *Employee_Sales_Summary_2008R2* zur Verfügung, der in Standardeinstellung einen anderen Mitarbeiter anzeigt. Der Bericht ermöglicht Ihnen, auf Mitarbeiter zu filtern.

Gehen Sie dazu folgendermaßen vor:

1. Navigieren Sie zum Ordner der Berichtsbibliothek, der den zu rendernden Bericht enthält, z.B. *AdventureWorks 2008R2*.
2. Klicken Sie auf den Bericht, z.B. *Employee_Sales_Summary_2008R2*. Er wird gerendert und zeigt standardmäßig die Verkaufszahlen von *David Campbell*.
3. Wählen Sie aus dem Listenfeld von *Employee* den Eintrag *Shu Ito* aus.

HINWEIS Solange nicht alle Parameter angegeben sind, kann der Bericht nicht angezeigt werden. Sollten Sie dennoch per Klick auf *Anwenden* versuchen, diesen zu generieren, bekommen Sie über eine Meldung angezeigt, welche Parameterangaben noch fehlen.

4. Klicken Sie auf *Anwenden*.
5. Da dieser Bericht die Verkaufszahlen nur eines Mitarbeiters darstellen kann, öffnen Sie ein neues Browserfenster, z.B. mit Strg+N.
6. In dem neuen Browserfenster ist der Bericht wieder mit seiner Starteinstellung zu sehen. Führen Sie die Schritte 2 und 3 erneut durch, wobei Sie für *Employee* hier *Jae Pak* wählen.
7. Vergleichen Sie nun die in den beiden Fenstern angezeigten Daten.

Weitere Informationen zum Thema Parameter finden Sie in Kapitel 14.

Berichte mit Dokumentstruktur

Die Dokumentstruktur dient der strukturierten Darstellung der Daten und der komfortablen Navigation innerhalb eines Berichts. Sie ist an eine Ordnerhierarchie angelehnt (Abbildung 20.31).

HINWEIS Eine Dokumentstruktur kann nur angezeigt werden, wenn sie im Entwurf des betreffenden Berichts angelegt wurde.

Die Dokumentstruktur wird links von einem Bericht angezeigt und kann über die Symbole und in der Berichtssymbolleiste ein- und ausgeblendet werden.

Durch Klicken auf das Pluszeichen vor einem Eintrag innerhalb der Dokumentstruktur wird die darunterliegende Ebene angezeigt. Je nach Berichtsentwurf wird entweder zu dem ausgewählten Eintrag ein weiterer Bericht im Datenbereich nachgeladen oder es wird zu einem Punkt innerhalb des aktuellen Berichts gesprungen.

Dokumentstruktur
⊟ Product Catalog 2008
⊞ Accessories
⊟ Bikes
⊞ Mountain Bikes
⊞ Road Bikes
⊞ Touring Bikes
⊞ Clothing
⊞ Components

Abbildung 20.31 Dokumentstruktur des Berichts *Product Catalog 2008*

Nachdem Sie in diesem Kapitel die Grundfunktionalitäten von Berichtsbibliotheken in SharePoint kennengelernt haben, werden Sie im folgenden Kapitel mit den Sicherheitsfunktionen – und damit einer der wichtigsten Funktionen – vertraut gemacht.

Kapitel 21

Datenquellen

In diesem Kapitel:

Was nutzt Ihnen der schönste Bericht, wenn Sie keine Daten haben, um ihn mit Informationen zu füllen? Nicht viel! Daher benötigen Sie Datenquellenverbindungen.

Die Grundlage aller Berichte und Abonnements sind Datenquellen und Datasets. Sie stellen die Verbindung zu Datenspeichern – typischerweise Server-Datenbanksysteme – dar. Datenquellen verarbeiten die Anmeldeinformationen der Benutzer bzw. reichen sie weiter, wodurch jeder nur den Zugriff auf Daten erhält, für die er eine Berechtigung besitzt.

Der Berichts-Manager dient zur Verwaltung dieser Datenverbindungen.

WICHTIG Die eigentlichen Daten sind in Datasets enthalten, die über Datenquellen befüllt werden.

Sowohl Datasets als auch Datenquellen werden mit dem Berichts-Designer erstellt, wozu Sie nähere Informationen in Kapitel 12 finden.

Datenquellenvarianten

Die Reporting Services 2008 R2 bieten drei Möglichkeiten, um die in Berichten und datengesteuerten Abonnements verwendeten Datenquellen zu definieren.

Berichtsspezifische Datenquellenverbindungen, die direkt in der Berichtsdefinition gespeichert sind, und freigegebenen Datenquellenelemente, die am Berichtsserver als eigenständige Elemente vorgehalten werden. Beide sind ähnlich aufgebaut, weshalb sie, wie Sie in diesem Kapitel sehen werden, relativ einfach gegeneinander ausgetauscht werden können. Der Unterschied liegt in der Art und Weise, wie die Verbindungsdaten gespeichert und verwaltet werden.

Zusätzlich gibt es ab R2 die freigegebenen Datasets, die wie die in Berichten eingebetteten Datasets funktionieren. Diese werden auf einem Berichtsserver veröffentlicht und können dadurch in mehreren Berichten verwendet werden. Ein freigegebenes Dataset muss auf einer freigegebenen Datenquelle basieren. Ein freigegebenes Dataset kann zwischengespeichert und durch Erstellen eines Cacheaktualisierungsplans geplant werden.

Darüber hinaus gibt es eine weitere Art von Datenquelle, das sogenannte Modell. Es dient dem Berichts-Generator als Datenquelle und verwendet eine freigegebene Datenquelle als Verbindung zu den Daten. Mehr Informationen zu Modellen und dem Berichts-Generator finden Sie in Kapitel 26.

HINWEIS Datenquellen enthalten keine Abfrageinformationen. Die Abfrageinformationen sind in Datasets enthalten, die mithilfe der Datenquellen eine Verbindung mit einer Datenbank herstellen.

Die Datenquellen sind im Grunde nur die Verbindung zur Datenquelle und müssten korrekterweise »Datenquellenverbindung« genannt werden.

Die Abfrageinformationen einer Datenquelle, z.B. ein SELECT-Zugriff auf eine Datenbanktabelle, kann nur im Berichts-Designer, nicht im Berichts-Manager erstellt werden.

Wie Sie die Datenquellen mit dem Berichts-Designer erstellen, wird Ihnen in Kapitel 12 erläutert.

Berichtsspezifische Datenquellen

Eine berichtsspezifische Datenquelle bettet die Beschreibung einer Datenquellenverbindung in die Berichtsdefinition ein. Daher kann eine Datenquelle von diesem Typ jeweils nur von einem Bericht verwendet werden.

Sie verwenden eine berichtsspezifische Datenquelle, wenn Sie diese nach ihrer Publizierung nicht separat verwalten möchten.

Die Verbindungsinformationen sind intern im Bericht oder Abonnement abgelegt – wenn Sie z.B. den XML-Code des Berichts betrachten, werden die Verbindungsinformationen dort angezeigt.

Nach der Publizierung des Berichts wird die Datenquelle als Teil der Eigenschaften für den Bericht verwaltet.

Wie Sie berichtsspezifische Datenquellen einrichten bzw. verwalten können, erfahren Sie im Abschnitt »Verwaltungsseite *Datenquelle* für Berichte« ab Seite 328, und ein Beispiel dazu im Abschnitt »Berichtsspezifische Verbindung zur Datenquelle einrichten« ab Seite 340.

Freigegebene Datenquellen

Eine freigegebene Datenquelle ist ein eigenständiges Element, das eine Datenquellenverbindung beschreibt und Verbindungsinformationen für mehrere Berichte bereitstellt.

Eine freigegebene Datenquelle kann separat erstellt und verwaltet werden.

Das Symbol bezeichnet ein freigegebenes Datenquellenelement in der Ordnerhierarchie.

Sie können eine freigegebene Datenquelle in andere Ordner kopieren, sie umbenennen und die Sicherheit festlegen, wodurch Sie den Zugriff auf verschiedene Weise definieren können.

Freigegebene Datenquellen sind hilfreich, wenn sie mehrfach verwendet werden sollen. Dies gilt beispielsweise für Datenquellen, die eine Verbindung zu

- einem Produktionsserver zur Unterstützung von Geschäftsabläufen
- einem häufig verwendeten Testserver oder
- einer Mitarbeiterdatenbank zur Unterstützung von datengesteuerten Abonnements

bereitstellen.

Die Anpassung an Änderungen, die an der Datenquelle vorzunehmen sind, wird durch die Verwendung einer freigegebenen Datenquelle vereinfacht. Wenn Sie z.B. die Datenbank verschieben, umbenennen oder den Anmeldenamen für die Datenbank ändern, müssen Sie die Verbindungszeichenfolge nicht in jedem Bericht, sondern nur einmalig in der freigegebenen Datenquelle ändern, damit alle Berichte und Abonnements, die diese Datenquelle verwenden, mit den neuen Verbindungsdaten arbeiten.

Darüber hinaus können Sie ein freigegebenes Datenquellenelement deaktivieren, um die Berichtsverarbeitung zu verhindern.

Welche Einstellungen Sie für freigegebene Datenquellen vornehmen können, wird im Abschnitt »Verwaltungsseite *Eigenschaften* für freigegebene Datenquellen« ab Seite 330 erläutert.

Freigegebenes Dataset

Verwenden Sie ein freigegebenes Dataset, um eine Abfrage bereitzustellen, die in mehreren Berichten verwendet werden kann. Freigegebene Datasets werden auf dem Berichtsserver gespeichert und separat von Berichten oder freigegebenen Datenquellen verwaltet. Ein Berichtsserveradministrator kann die Abfrage z.B. aktualisieren, um eine verbesserte Indizierung zu implementieren oder die Abfrageleistung auf andere Weise zu optimieren, ohne die abhängigen Berichte erneut bereitstellen zu müssen.

Das Symbol bezeichnet ein freigegebenes Datenquellenelement in der Ordnerhierarchie.

Es wird empfohlen, so oft wie möglich freigegebene Datasets zu verwenden. Sie können eine Abfrage optimieren oder Abfrageergebnisse zwischenspeichern, um die Berichtsleistung zu verbessern. Freigegebene Datasets vereinfachen die Verwaltung des Datenzugriffs und verbessern die Sicherheit und Leistung der Berichte und der darin verwendeten Datasets.

Im Besonderen bieten diese die freigegebenen Datasets für Parameter an, die wohl am häufigsten in mehreren Berichten Wiederverwendung finden.

Im Berichts-Designer können Sie freigegebene Datasets als Teil eines Berichtsprojekts erstellen und bestimmen, ob Sie sie auf einem Berichtsserver bereitstellen möchten. Sie können nicht zu einem Berichtsserver navigieren und ein freigegebenes Dataset auswählen, das Sie dem Bericht hinzufügen möchten. Wie Sie die Datasets mit dem Berichts-Designer erstellen, wird Ihnen in Kapitel 12 erläutert.

Welche Einstellungen Sie bei freigegebenen Datasets vornehmen können, wird im Abschnitt »Verwaltungsseiten für freigegebene Datasets« ab Seite 337 erläutert.

Der folgende Abschnitt erläutert Ihnen die Verwaltungsseiten der Datenquellenvarianten.

Verwaltungsseiten für Datenquellen

Die Verwaltungsseiten für Datenquellen stellen im Wesentlichen zwei Bereiche von Einstellungsmöglichkeiten pro Verbindung zur Verfügung. Eine Verbindungsdefinition beginnt mit dem Namen der Verbindung. Im ersten Bereich, direkt darunter, können die Einstellungen der Datenquellenverbindung festgelegt werden. Die Anmeldeart wird im zweiten, unteren Bereich der Verbindungsdefinition festgelegt, welcher mit *Verbindung herstellen über* beginnt.

Im Folgenden werden diese Bereiche beschrieben.

Verwaltungsseite *Datenquelle* für Berichte

Über die Verwaltungsseite *Datenquellen* von Berichten können Sie definieren, wie eine Verbindung zu einer externen Datenquelle herstellt wird, also auch die ursprünglich mit dem Bericht publizierten Informationen zur Datenquellenverbindung außer Kraft setzen.

Um zur Verwaltungsseite *Datenquellen* eines Berichts zu gelangen, gehen Sie folgendermaßen vor:

1. Öffnen Sie einen Bericht im gestarteten Berichts-Manager, z.B. *Employee_Sales_Summary_2008R2* aus dem Ordner *AdventureWorks 2008R2*.
2. Klicken Sie auf den Namen des Berichts.
3. Klicken Sie im linken Bereich auf *Datenquellen*, um zu deren Eigenschaften zu gelangen (Abbildung 21.1).

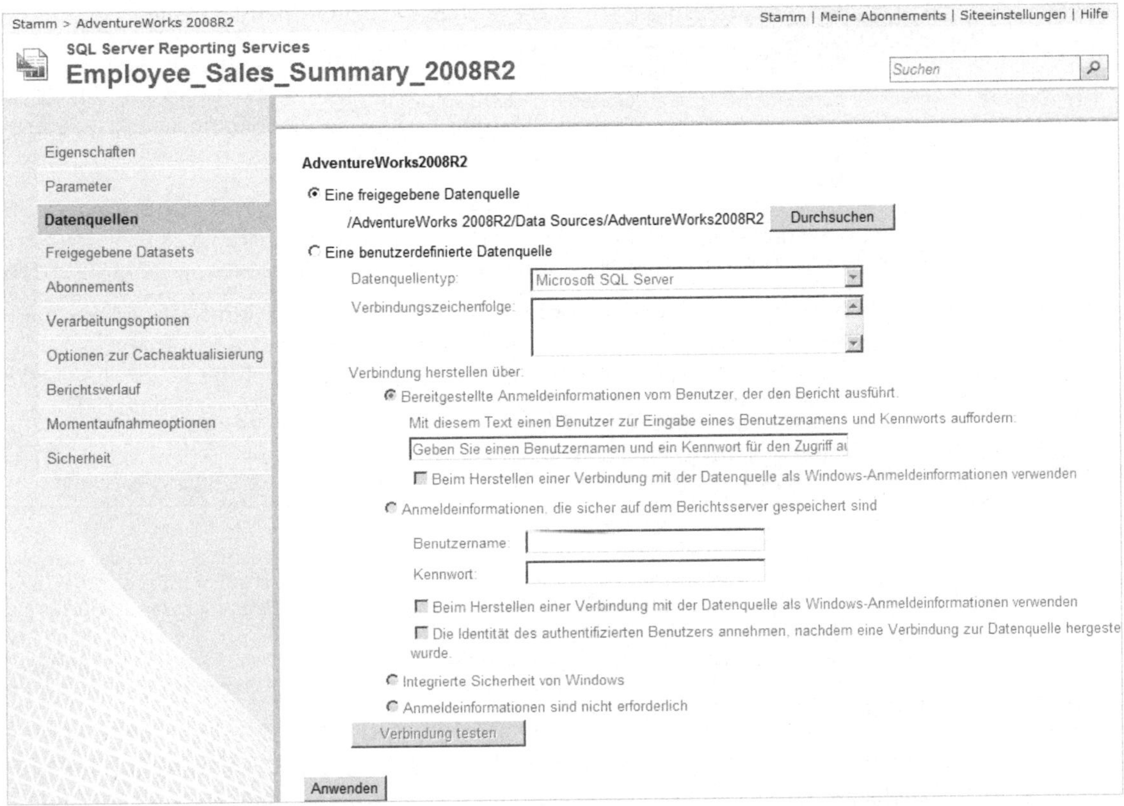

Abbildung 21.1 Verwaltungsseite *Datenquellen* für Berichte

Sofern mehrere Datenquellen für einen Bericht verwendet werden, hat jede Datenquelle einen eigenen Abschnitt auf der Verwaltungsseite, wie Sie in Abbildung 21.13 auf Seite 346 sehen können.

Sie können eine freigegebene Datenquelle zur Verwendung im Bericht angeben oder eine berichtsspezifische Datenquellenverbindung definieren, die nur in dem einen Bericht verwendet wird.

Erläuterungen zu den oberen beiden Optionen einer Datenquellenverbindung und deren Einstellungsmöglichkeiten sowie den Schaltflächen der Verwaltungsseite *Datenquellen* finden Sie in der Tabelle 21.1.

Feld	Beschreibung
Option *Eine freigegebene Datenquelle*	Geben Sie eine freigegebene Datenquelle zur Verwendung im Bericht an. Wie Sie eine freigegebene Datenquelle erzeugen, erfahren Sie im Abschnitt »Freigegebene Datenquellen anlegen« ab Seite 343.
Durchsuchen	Klicken Sie auf *Durchsuchen*, um die Seite zum Auswählen der Datenquelle zu öffnen, mit deren Hilfe Sie eine freigegebene Datenquelle auswählen können. Ein Beispiel, das diese Schaltfläche verwendet, finden Sie im Abschnitt »Bericht mit einer freigegebenen Datenquelle verbinden« ab Seite 344.
Option *Eine benutzerdefinierte Datenquelle*	Über diese Option können Sie eine berichtsspezifische Datenquelle einrichten. Geben Sie die Art des Verbindungsaufbaus zur Datenquelle an.

Tabelle 21.1 Einstellungsmöglichkeiten für berichtsspezifische Datenquellen

Feld	Beschreibung
Kombinationsfeld *Verbindungstyp*	Wählen Sie eine Datenverarbeitungserweiterung aus, die Daten aus der Datenquelle holt. In der Liste werden alle registrierten Erweiterungen aufgeführt. Zur Standardinstallation des Berichtsservers gehören Datenverarbeitungserweiterungen für SQL Server, SQL Server Azure, SQL Server Analysis Services, Oracle, OLE DB, ODBC, XML, SAP NetWeaver BI und Hyperion Essbase. Sofern am Berichtsserver Datenverarbeitungserweiterungen von Drittanbietern oder selbstentwickelte Erweiterungen installiert sind, werden diese ebenfalls in der Liste aufgeführt. Weitere Informationen zum Programmieren eigener Datenverarbeitungserweiterungen finden Sie in Kapitel 36.
Textfeld *Verbindungszeichenfolge*	Geben Sie die Verbindungszeichenfolge an, die vom Berichtsserver zum Herstellen der Verbindung zur Datenquelle verwendet wird. Inhalt und Syntax hängen vom jeweiligen Datenprovider ab. Weitere Informationen dazu finden Sie in Kapitel 12. Beispiele zu häufig verwendeten Verbindungszeichenfolgen finden Sie im Abschnitt »Beispiele für Verbindungszeichenfolgen« ab Seite 332. Das Beispiel im Abschnitt »Berichtsspezifische Verbindung zur Datenquelle einrichten« ab Seite 340 nutzt eine Verbindungszeichenfolge für eine Datenquellenverbindung.
Anwenden	Klicken Sie auf *Anwenden*, um Änderungen zu speichern. Achtung, Sie erhalten keine Bestätigung, ob die Änderungen erfolgreich durchgeführt wurden. Dies können Sie nur feststellen, indem Sie auf die *Inhalt*-Seite des Ordners wechseln, in dem sich die Datenquelle befindet, und dort überprüfen, ob in der *Geändert am*-Spalte, welche nur in der Detailansicht zu sehen ist, das aktuelle Datum und die aktuelle Uhrzeit angezeigt werden. Wie Sie die Detailansicht aktivieren, wird in Kapitel 19 erklärt.

Tabelle 21.1 Einstellungsmöglichkeiten für berichtsspezifische Datenquellen *(Fortsetzung)*

Erläuterungen zum Bereich *Verbindung herstellen über*, in dem Sie bestimmen, wie Anmeldeinformationen abgerufen werden, erhalten Sie im Abschnitt »Anmeldeinformationen für Datenquellen« ab Seite 333.

Verwaltungsseite *Eigenschaften* für freigegebene Datenquellen

Auf der Verwaltungsseite *Eigenschaften* für freigegebene Datenquellen können Sie deren Verbindungsinformationen anzeigen und ändern.

Freigegebene Datenquellen unterscheiden sich nur in wenigen Punkten von berichtsspezifischen Datenquellen.

Um zur Verwaltungsseite *Eigenschaften* einer Datenquelle (Abbildung 21.2) zu gelangen, gehen Sie folgendermaßen vor:

1. Öffnen Sie eine Datenquelle im gestarteten Berichts-Manager, z.B. *AdventureWorks2008R2* aus dem Ordner *Data Sources*.
2. Klicken Sie auf den Namen der Datenquelle.

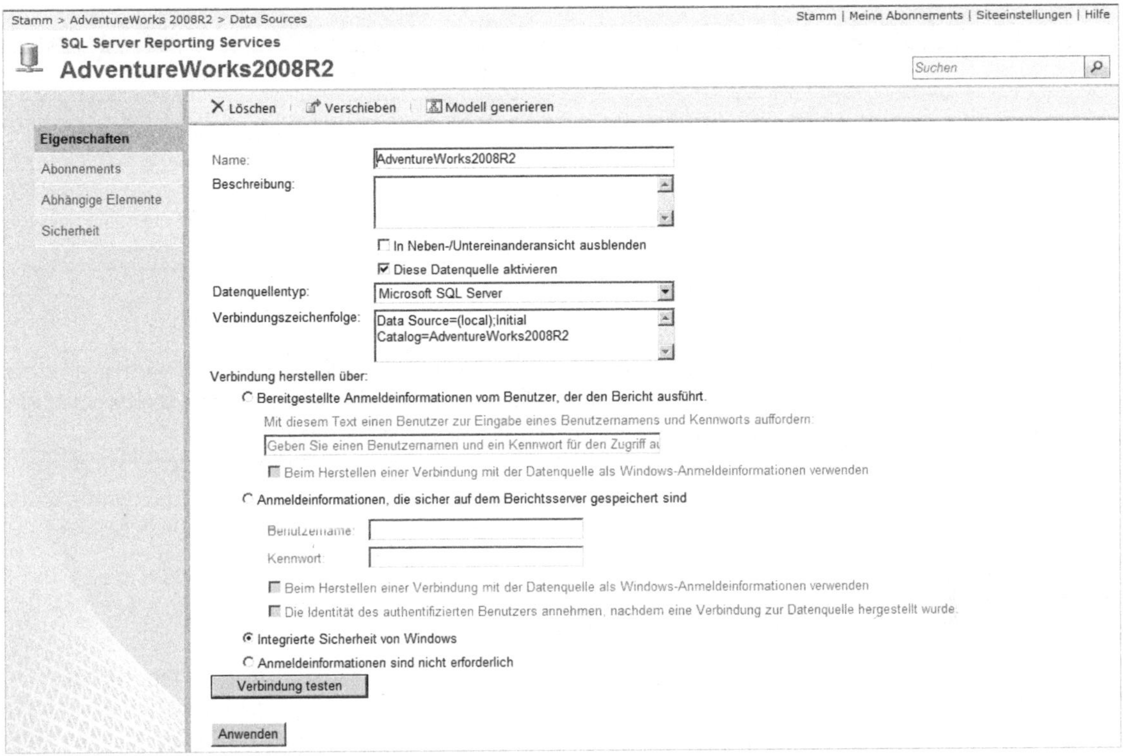

Abbildung 21.2 Einstellbare Eigenschaften einer freigegebenen Datenquelle

Erläuterungen zu den oberen Elementen sowie den Schaltflächen dieser Seite finden Sie in der Tabelle 21.2.

Feld	Beschreibung
Textfeld *Name*	Geben Sie den Namen der Datenquelle ein oder ändern ihn
Textfeld *Beschreibung*	Die Beschreibung der Datenquelle geben Sie hier ein. Sie wird auf der *Inhalt*-Seite angezeigt.
Kontrollkästchen *In Neben-/Untereinanderansicht ausblenden*	Aktivieren oder deaktivieren Sie das Kontrollkästchen, um festzulegen, ob die Datenquelle in der Standardansicht angezeigt wird. Weitere Informationen, wie Sie mit diesem Kontrollkästchen arbeiten, erhalten Sie in Kapitel 19.
Kontrollkästchen *Diese Datenquelle aktivieren*	Deaktivieren Sie das Kontrollkästchen, um den Datenquellenzugriff – typischerweise während Wartungsarbeiten am Datenbankserver – zu sperren. Aktivieren Sie das Kontrollkästchen, wenn die Datenquelle einsatzbereit ist.
Kombinationsfeld *Verbindungstyp*	Hier gilt die Beschreibung des gleichnamigen Felds aus Tabelle 21.1 weiter vorne
Textfeld *Verbindungszeichenfolge*	Hier gilt die Beschreibung des gleichnamigen Felds aus Tabelle 21.1 weiter vorne. Das Beispiel zur Verbindungszeichenfolge finden Sie im Abschnitt »Freigegebene Datenquellen anlegen« ab Seite 343.
Anwenden	Hier gilt die Beschreibung des gleichnamigen Felds aus Tabelle 21.1 weiter vorne

Tabelle 21.2 Allgemeine Einstellungen für Datenquellen

Feld	Beschreibung
Verschieben	Klicken Sie auf *Verschieben*, um eine Datenquelle in einen anderen Ordner zu verschieben
Modell generieren	Klicken Sie auf *Modell generieren*, um von der freigegebenen Datenquelle ein Modell zu erstellen, welches als Datengrundlage für den Berichts-Generator dient. Mehr zu diesem Thema finden Sie in Kapitel 26.
✕ Löschen	Klicken Sie auf *Löschen*, um eine Datenquelle zu entfernen. Im Abschnitt »Freigegebene Datenquelle oder freigegebenes Dataset löschen« ab Seite 348 finden Sie ein Beispiel dazu.

Tabelle 21.2 Allgemeine Einstellungen für Datenquellen *(Fortsetzung)*

HINWEIS Falls Sie eine freigegebene Datenquelle über *Name* umbenennen oder mittels *Verschieben* in einen anderen Speicherort in der Ordnerhierarchie des Berichtsservers verschieben, werden die Pfadangaben in allen Berichten oder Abonnements, die auf die freigegebene Datenquelle verweisen, automatisch entsprechend aktualisiert.

Erklärungen zum Bereich *Verbindung herstellen über*, der darüber bestimmt, wie Anmeldeinformationen abgerufen werden, erhalten Sie im Abschnitt »Anmeldeinformationen für Datenquellen« ab Seite 333.

Beispiele für Verbindungszeichenfolgen

Eine Verbindungszeichenfolge enthält die Informationen, die der Berichtsserver benötigt, um eine Verbindung zu einer Datenquelle aufbauen zu können. Sie ist neben den Anmeldeinformationen das zentrale Element des Verbindungsaufbaus. Die Syntax der Verbindungszeichenfolge hängt davon ab, welcher Provider für die Datenquelle verwendet wird.

Typische Verbindungszeichenfolgen zu weit verbreiteten Datenbankservertypen sind:

- **SQL Server** Wählen Sie den Verbindungstyp *Microsoft SQL Server*. Eine Verbindungszeichenfolge für die *AdventureWorks2008R2*-Datenbank auf einer lokalen SQL Server-Standardinstanz sieht dann folgendermaßen aus:

```
Data Source=(local);Initial Catalog=AdventureWorks2008R2
```

- **SQL Server Azure** Wählen Sie den Verbindungstyp *SQL Server Azure*. Eine Verbindungszeichenfolge für eine gehostete Beispieldatenbank mit dem Namen *AdventureWorks2008R2* sieht wie folgt aus:

```
Data Source=<host>;Initial Catalog=AdventureWorks2008R2; Encrypt=True
```

- **SQL Server Analysis Services** Wählen Sie den Verbindungstyp *Microsoft SQL Server Analysis Services*. Eine Verbindungszeichenfolge für die *Adventure Works DW*-Datenbank auf einem lokalen Server mit Analysis Services sieht wie folgt aus:

```
Data Source=localhost;Initial Catalog="Adventure Works DW"
```

- **SharePoint Liste** Wählen Sie den Verbindungstyp *Microsoft SharePoint Liste*. Eine Verbindungszeichenfolge für die *MySharePointSite*-Seite auf einem Server mit SharePoint sieht wie folgt aus:

```
data source=http://MySharePointWeb/MySharePointSite/
```

- **OLE DB Datenquelle** Wählen Sie den Verbindungstyp *OLE DB*. Eine Verbindungszeichenfolge für die Analysis Services-Datenbank *Adventure Works DW* auf einem Server im Netzwerk sieht wie folgt aus:

```
Provider=MSOLAP.3;Data Source=AS-Server;Initial Catalog="Adventure Works DW"
```

- **Oracle-Server** Wählen Sie den Verbindungstyp *Oracle*

HINWEIS Um eine Verbindung mit einer Oracle-Datenbank herstellen zu können, müssen auf dem Computer mit dem Berichts-Designer und auf dem Berichtsserver die Oracle-Clienttools installiert sein.

Eine Verbindungszeichenfolge für einen Oracle-Server mit dem Namen *myserver* sieht so aus:

```
Data Source=myserver
```

- **SAP NetWeaver BI** Wählen Sie den Verbindungstyp *SAP NetWeaver BI*, um mehrdimensionale Daten aus InfoCubes, MultiProviders (virtuellen InfoCubes) und Webabfragen abzurufen, die in einer SAP NetWeaver Business Intelligence-Datenquelle definiert sind

```
DataSource=http://mySAPNetWeaverBIServer:8000/sap/bw/xml/soap/xmla
```

- **XML** Kann ebenfalls als Datenquelle dienen. Dabei wird eine URL als Referenz zu einem Web Service oder XML-Dokument verwendet.

```
data source=http://adventure-works.com/results.aspx
http://localhost/XML/Employee.xml
```

Sie können mit *OLE DB* und *ODBC* auch Verbindungen mit anderen Datenquellen herstellen. Beispielsweise lässt sich eine Verbindung mit dem lokalen Active Directory herstellen, indem Sie den *OLE DB*-Verbindungstyp angeben und den »OLE DB Provider für Microsoft Directory Services« auswählen.

Weitere Informationen zu Verbindungszeichenfolgen finden Sie in Kapitel 12 sowie in der Onlinehilfe zum SQL Server 2008R2 bzw. Visual Studio 2008.

Ohne Informationen zur Anmeldung an Datenquellen können Berichte keine Daten erhalten, um diese aufzubereiten. Die Einstellungsmöglichkeiten für Anmeldeinformationen auf den Eigenschaftenseiten von berichtsspezifischen und freigegebenen Datenquellen sind identisch.

Der nächste Abschnitt befasst sich mit deren Einstellungsmöglichkeiten.

Anmeldeinformationen für Datenquellen

Um auf Datenquellen zugreifen zu können, müssen Sie sich in der Regel an diesen anmelden.

Reporting Services unterstützt hierfür verschiedene Anmeldearten, welche mittels einer Optionengruppe eingestellt werden, die in Tabelle 21.3 beschrieben ist.

Feld	Beschreibung
Option *Bereitgestellte Anmeldeinformationen vom Benutzer, der den Bericht ausführt*	Wählen Sie diese Option, damit jeder Benutzer einen Benutzernamen und ein Kennwort für den Zugriff auf die Datenquelle eingeben muss. Sie können den Text der Eingabeaufforderung definieren, in der die Benutzeranmeldeinformationen angefordert werden, indem Sie diesen in das Textfeld zu dieser Option eingegeben. Aktivieren Sie das Kontrollkästchen *Beim Herstellen einer Verbindung mit der Datenquelle als Windows-Anmeldeinformationen verwenden*, wenn es sich bei den durch den Benutzer bereitgestellten Informationen um Anmeldeinformationen der Windows-Authentifizierung handelt. Lassen Sie dieses Kontrollkästchen deaktiviert, wenn Sie die Datenbankauthentifizierung (z.B. die SQL Server-Authentifizierung) verwenden.
Option *Anmeldeinformationen, die sicher im Berichtsserver gespeichert sind*	Wählen Sie diese Option aus, um einen Bericht unbeaufsichtigt ausführen zu können, was erforderlich ist z. B. für Berichte, deren Ausführung durch Zeitpläne oder durch Ereignisse initiiert wird. Geben Sie in den dazugehörigen Textfeldern einen Benutzernamen und ein Kennwort ein, die verschlüsselt in der Berichtsserverdatenbank gespeichert werden sollen. Aktivieren Sie das Kontrollkästchen *Beim Herstellen einer Verbindung mit der Datenquelle als Windows-Anmeldeinformationen verwenden*, wenn es sich bei den Informationen um Anmeldeinformationen der Windows-Authentifizierung handelt. Lassen Sie dieses Kontrollkästchen deaktiviert, wenn Sie die Datenbankauthentifizierung (z.B. die SQL Server-Authentifizierung) verwenden. Aktivieren Sie das Kontrollkästchen *Die Identität des authentifizierten Benutzers annehmen, nachdem eine Verbindung zur Datenquelle hergestellt wurde*, um die Delegierung von Anmeldeinformationen zuzulassen. Dies ist jedoch nur dann möglich, wenn eine Datenquelle den Identitätswechsel unterstützt. In SQL Server-Datenbanken wird durch diese Option die SETUSER-Funktion festgelegt.
Option *Integrierte Sicherheit von Windows*	Wählen Sie diese Option, wenn die für den Zugriff auf die Datenquelle verwendeten Anmeldeinformationen mit denen übereinstimmen, die zum Anmelden an der Netzwerkdomäne verwendet werden. Die Windows-Authentifizierungsinformationen des angemeldeten Benutzers werden dann vom Berichtsserver automatisch zur Anmeldung an der Datenquelle verwendet. Das Verwenden dieser Option empfiehlt sich, wenn Kerberos für die Domäne aktiviert ist oder wenn sich die Datenquelle auf demselben Computer wie der Berichtsserver befindet. Sofern Sie Kerberos in Ihrem Firmennetzwerk nicht aktiviert haben, können die Windows-Anmeldeinformationen maximal an einen anderen Computer weitergegeben werden. Muss die so erreichte Datenquelle mit weiteren Datenquellen auf anderen Computern eine oder mehrere Verbindungen öffnen, wird eine Fehlermeldung statt der erwarteten Daten zurückgegeben. Wie Sie Kerberos für Ihr Firmennetz aktivieren und nutzen, entnehmen Sie bitte den Knowledge Base-Seiten von Microsoft im Internet. Verwenden Sie diese Option nicht für unbeaufsichtigt ausgeführte Berichte bzw. Berichte, die für Abonnements genutzt werden. Der Berichtsserver initiiert das Ausführen von solchen Berichten, wodurch Ihre Anmeldeinformationen zum Zeitpunkt der Ausführung nicht vorhanden sind. Die Anmeldeinformationen des Berichtsservers, mit denen auf die Berichtsserverdatenbank zugegriffen wird, können nicht für den Zugriff auf externe Datenquellen verwendet werden. HINWEIS: Kerberos ist ein Netzwerk-Authentifizierungsprotokoll, das vom MIT (Massachusetts Institute of Technology) entwickelt wurde und zum Lieferumfang, nicht aber zur Standardinstallation der Windows-Betriebssysteme gehört. Es ist konzipiert, um Authentifizierungen für Client/Server-Anwendungen mittels der geheimen Schlüsselkryptografie durchzuführen.

Tabelle 21.3 Einstellungsmöglichkeiten der Anmeldeinformation für Datenquellen

Feld	Beschreibung
Option *Anmeldeinformationen sind nicht erforderlich*	Wählen Sie diese Option, wenn keine Anmeldeinformationen für den Zugriff auf die Datenquelle erforderlich sind. Beachten Sie, dass das Anwenden dieser Option zu einem Fehler führt, wenn für eine Datenquelle eine Benutzeranmeldung erforderlich ist. Sie sollten diese Option also nur auswählen, wenn für die Datenquellenverbindung keine Benutzeranmeldeinformationen erforderlich sind. Wenn Sie für eine Datenquelle keine Verwendung von Anmeldeinformationen konfigurieren, der Bericht, der diese Datenquelle verwendet, aber Abonnements, einen geplanten Berichtsverlauf oder die geplante Berichtsausführung unterstützen soll, müssen Sie zusätzliche Schritte ausführen. Andernfalls führt diese Art der Berichtsbenutzung ebenfalls zu einem Fehler. Für diese Fälle können Sie die Anmeldeinformationen in die Verbindungszeichenfolge übernehmen, was jedoch aus Sicherheitsgründen nicht zu empfehlen ist. Sie können sich aber auch ein Konto mit geringfügigen Berechtigungen erstellen, das der Berichtsserver zum Ausführen des Berichts verwendet. Dieses Konto wird anstelle des Dienstkontos verwendet, unter dem der Berichtsserver normalerweise ausgeführt wird. Für Remoteserververbindungen bei dieser Option müssen Sie ein solches Konto in jedem Fall einrichten. Weitere Informationen zu Dienstkonten finden Sie in Kapitel 6 oder im Web. Weitere Informationen zu diesem Konto finden Sie im Abschnitt »Konto für die unbeaufsichtigte Berichtsverarbeitung konfigurieren« ab Seite 336.

Tabelle 21.3 Einstellungsmöglichkeiten der Anmeldeinformation für Datenquellen *(Fortsetzung)*

ACHTUNG Falls die Verbindungszeichenfolge Anmeldeinformationen enthält, werden die über die in Tabelle 21.3 beschriebenen Felder festgelegten Einstellungen und Werte ignoriert.

Beachten Sie, dass die Angabe der Anmeldeinformationen in der Verbindungszeichenfolge ein Sicherheitsrisiko darstellt und somit wenig empfehlenswert ist, da die Werte allen Benutzern, die diese Seite besuchen, im Klartext angezeigt werden.

Wie Sie die Verbindungszeichenfolgen einrichten, erfahren Sie im Abschnitt »Einstellungen von Datenquellen bearbeiten« ab Seite 340.

Bewährte Methoden zum Authentifizieren von Server- und Datenquellenverbindungen

Reporting Services verwendet typischerweise die *Integrierte Sicherheit von Windows* zum Authentifizieren von Benutzern. In der Regel können bei einer Verbindung zwischen zwei Computern Windows-Anmeldeinformationen für eine Verbindung verwendet werden (d.h., sie können einmal an einen anderen Computer weitergeleitet werden).

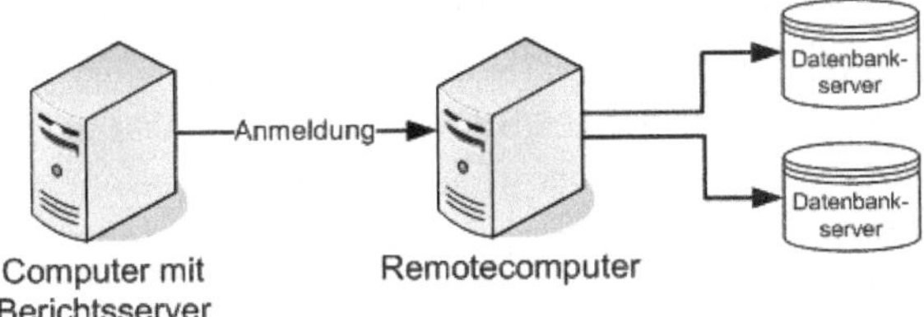

Abbildung 21.3 Für Datenbankanfragen über einen Remotecomputer ist zur Anmeldung eine besondere Strategie nötig

Falls Verbindungen zwischen Benutzern, einem Berichtsserver und externen Datenquellen zwei oder mehr Computerverbindungen erfordern, müssen Sie eine oder mehrere der folgenden Strategien verwenden, damit die Verbindungen erfolgreich hergestellt werden (Abbildung 21.3).

- Aktivieren Sie Kerberos, damit Anmeldeinformationen unbeschränkt an andere Computer delegiert werden können.

  Wie Sie Kerberos für Ihr Firmennetz aktivieren und nutzen, entnehmen Sie bitte den Knowledge Base-Seiten von Microsoft im Internet.

- Verwenden Sie die SQL Server-Authentifizierung, um eine Verbindung zwischen einem Berichtsserver und einer Berichtsserverdatenbank herzustellen.

  Für Berichte, die Daten aus einer SQL Server-Datenbank abrufen, konfigurieren Sie für die Datenquelle des Berichts die Verwendung der SQL Server-Authentifizierung zum Anmelden bei SQL Server.

  Wie Sie die SQL Server-Authentifizierung nutzen, entnehmen Sie bitte der Onlinehilfe oder dem Handbuch zum SQL Server 2008R2.

- Verwenden Sie gespeicherte Anmeldeinformationen oder eine Aufforderung zur Eingabe von Anmeldeinformationen, um externe Datenquellen für Berichtsdaten abzufragen

Ob zusätzliche Ausführungsmechanismen eines Berichts wie Zeitpläne, Abonnements oder die Berichtsausführung, verfügbar sind, hängt davon ab, wie Sie die Anmeldeinformationen angeben. Für jeden Bericht, der z.B. gemäß einem Zeitplan ausgeführt wird, müssen gespeicherte Anmeldeinformationen verwendet werden.

WICHTIG Gespeicherte Anmeldeinformationen gelten für alle Benutzer, die auf einen Bericht zugreifen.

Wenn Sie also z.B. Ihren Benutzernamen und Ihr Kennwort als gespeicherte Anmeldeinformationen bereitstellen, verwenden alle Benutzer, die den Bericht ausführen, Ihre Anmeldeinformationen.

Konto für die unbeaufsichtigte Berichtsverarbeitung konfigurieren

Sofern Sie die Option *Anmeldeinformationen sind nicht erforderlich* der Verwaltungsseite *Datenquellen* verwenden möchten, müssen Sie ein spezielles Konto für die unbeaufsichtigte Berichtsverarbeitung konfigurieren, wenn

- die Unterstützung von Abonnements,
- die Generierung von geplanten Berichtsverläufen oder
- geplante Aktualisierungen eines Snapshots zur Berichtsausführung

ermöglicht werden sollen. Dieses Konto wird für spezielle Berichte verwendet, die keine Anmeldeinformationen verwenden, was bei den meisten Berichten in der Regel nicht der Fall ist.

WICHTIG Falls alle Ihre Berichte Anmeldeinformationen (gespeicherte Anmeldeinformationen, integrierte Windows-Sicherheit oder Eingabeaufforderung für Anmeldeinformationen) für den Zugriff auf eine Datenquelle verwenden, müssen Sie kein spezielles Konto für den Zugriff ohne Anmeldeinformationen konfigurieren.

Normalerweise verwenden Berichte, die die unbeaufsichtigte Berichtsverarbeitung unterstützen, gespeicherte Anmeldeinformationen, die als Datenquelleneigenschaften angegeben werden. Diese Anmeldeinformationen werden als verschlüsselte Werte in der Berichtsserverdatenbank gespeichert. Bei den gespeicherten Anmeldeinformationen kann es sich um Windows-Anmeldeinformationen oder einen Datenbankserver-Benutzernamen handeln.

Diese gespeicherten Anmeldeinformationen verwendet der Berichtsserver, wenn ein Berichtsprozess durch z.B. einen Zeitplan oder ein Abonnement ausgelöst wird. Anhand der Anmeldeinformationen erfolgt dann der Zugriff auf die Datenquelle, welche die Daten für den Bericht bereitstellt.

Für Berichte, die keine Anmeldeinformationen verwenden, müssen Sie Kontoinformationen eingeben, mit denen der Berichtsserver eine Verbindung zum Computer herstellen kann, der die Remotedatenquelle bereitstellt (siehe Abbildung 21.3 auf Seite 335).

HINWEIS Bei einer Remotedatenquelle handelt es sich um eine Datenquelle, die nur mittels eines anderen Computers erreicht werden kann, der wiederum die Verbindung zur eigentlichen Datenquelle aufbaut.

Das Konto wird in der Datei *RSReportServer.config* angegeben. Da die Kontoinformationen verschlüsselt sind, müssen Sie mit dem Dienstprogramm *RSConfig* den Benutzernamen, das Kennwort und die Domäne festlegen. Erst wenn Sie dieses Konto angegeben haben, wird die Option *Anmeldeinformationen sind nicht erforderlich* für Berichte unterstützt.

Verwenden Sie das Argument *–e* von *RSConfig*, um das Konto anzugeben. Dadurch schreibt das Dienstprogramm die Kontoinformationen verschlüsselt in die Konfigurationsdatei. Sie müssen keinen Pfad zur Datei *RSReportServer.config* angeben.

Um ein Domänenkonto zu erstellen, das nur Zugriff auf Computer und Server hat, die Daten oder Dienste für einen Berichtsserver bereitstellen, gehen Sie folgendermaßen vor:

1. Tippen Sie im Suchfeld des Startmenüs den Befehl *cmd* ein und führen Sie ihn per Mausklick aus.
2. Geben Sie den folgenden Befehl zum Konfigurieren des Kontos ein:

```
rsconfig -e –m <Computername> –s <SqlServer-Name> –u <Domäne>/<Benutzername> –p <Kennwort>
```

HINWEIS Sie können die Argumente *–m* und *–s* weglassen, wenn Sie eine lokale Berichtsserverinstanz konfigurieren.

3. Drücken Sie die [↵]-Taste, um den Befehl auszuführen. Sie erhalten die in Abbildung 21.4 dargestellte Meldung angezeigt.

```
C:\WINDOWS\system32\cmd.exe
Microsoft Windows [Version 5.2.3790]
(C) Copyright 1985-2003 Microsoft Corp.

C:\Dokumente und Einstellungen\Administrator>rsconfig -e -u Administrator -p pas
sword
Der Befehl wurde erfolgreich abgeschlossen.

C:\Dokumente und Einstellungen\Administrator>_
```

Abbildung 21.4 Einstellungen am Berichtsserver über die Windows-Eingabeaufforderung

4. Schließen Sie die Eingabeaufforderung wieder.

Sie haben nun ein Konto eingerichtet, welches Ihnen ermöglicht, für Berichte mit Datenquellen, die keine Anmeldeinformationen benötigen, unbeaufsichtigte Berichtsverarbeitungen durchzuführen.

Der folgende Abschnitt erläutert Ihnen die Verwaltungsseiten der Dataset-Varianten.

Verwaltungsseiten für freigegebene Datasets

Die Verwaltungsseiten für freigegebene Datasets unterscheiden sich grundlegend von denen der Datenquellen. Sie erhalten ihre Datenquellenverbindung über eine freigegebene Datenquelle und stellen immer nur einen Zugriff, auf eine innerhalb des Datasets vorher definierte Datenabfrage dar.

Im Folgenden werden diese Verwaltungsseiten beschrieben.

Verwaltungsseite *Freigegebene Datasets* für Berichte

Über die Verwaltungsseite *Freigegebene Datasets* können Sie die Verbindungen zu den freigegebenen Datasets festlegen, die Daten einen Bericht liefern.

Um zur Verwaltungsseite *Datenquellen* eines Berichts zu gelangen, gehen Sie folgendermaßen vor:

1. Öffnen Sie einen Bericht im gestarteten Berichts-Manager, z.B. *Employee_Sales_Summary_2008R2* aus dem Ordner *AdventureWorks 2008R2*.
2. Klicken Sie auf den Namen des Berichts.
3. Klicken Sie im linken Bereich auf *Freigegebene Datasets*, um Änderungen an den Dataset-Verbindungen vorzunehmen (Abbildung 21.5).

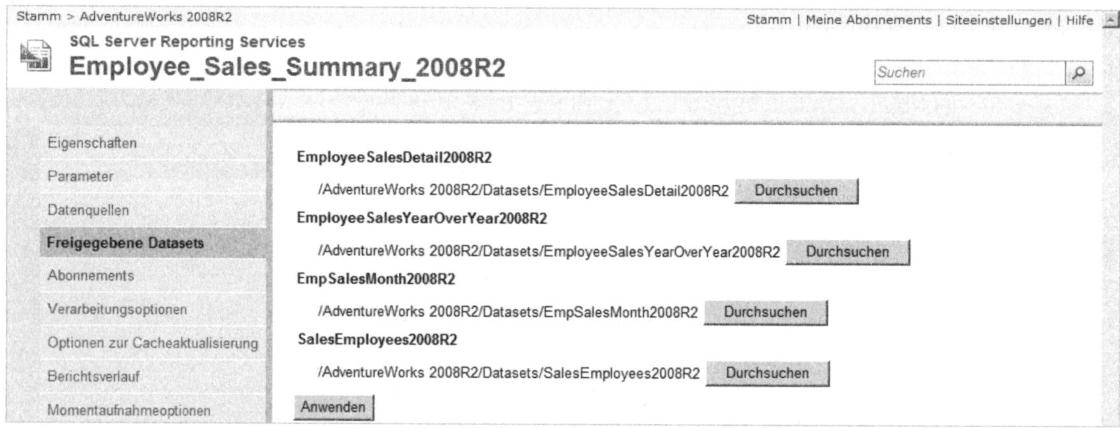

Abbildung 21.5 Verwaltungsseite *Freigegebene Datasets* für Berichte

Um eine Dataset-Verbindung zu ändern, gehen Sie genauso vor wie bei einer Datenquelle. Lesen Sie dazu »Bericht mit einer freigegebenen Datenquelle verbinden« auf der Seite 344.

Verwaltungsseite *Eigenschaften* für freigegebene Datasets

Auf der Verwaltungsseite *Eigenschaften* für freigegebene Datasets können Sie nur grundlegende Änderungen vornehmen, so z.B. deren Namen ändern oder den Abfragetimeout anpassen.

Um zur Verwaltungsseite *Eigenschaften* eines Datasets (Abbildung 21.6) zu gelangen, gehen Sie folgendermaßen vor:

1. Öffnen Sie ein Dataset im gestarteten Berichts-Manager, z.B. *EmployeeSalesDetail2008R2* aus dem Ordner *Datasets*.
2. Klicken Sie auf den Namen des Datasets.

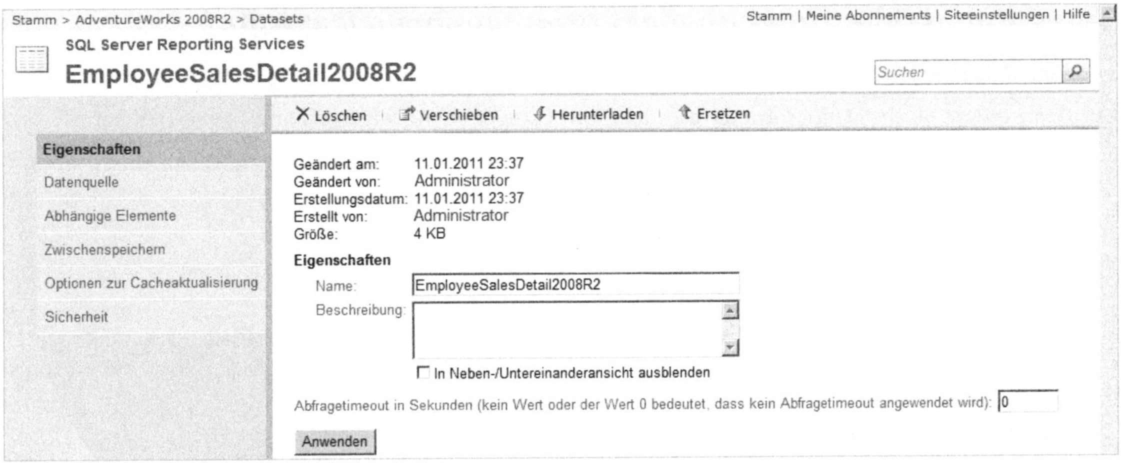

Abbildung 21.6 Verwaltungsseite *Eigenschaften* für freigegebene Datasets

Erläuterungen zu den Elementen sowie den Schaltflächen dieser Seite finden Sie in der Tabelle 21.4.

Feld	Beschreibung
Textfeld *Name*	Geben Sie den Namen des freigegebenen Datasets ein oder ändern ihn
Textfeld *Beschreibung*	Die Beschreibung des freigegebenen Datasets geben Sie hier ein. Sie wird auf der *Inhalt*-Seite angezeigt.
Kontrollkästchen *In Neben-/ Untereinanderansicht ausblenden*	Aktivieren oder deaktivieren Sie das Kontrollkästchen, um festzulegen, ob das freigegebene Dataset in der Standardansicht angezeigt wird. Weitere Informationen, wie Sie mit diesem Kontrollkästchen arbeiten, erhalten Sie in Kapitel 19.
Textfeld *Abfragetimeout in Sekunden*	Geben Sie die Anzahl von Sekunden als Timeoutwert für die Abfrage ein, nach denen die Berichtsgenerierung ohne Rückmeldung von der Datenabfrage abgebrochen wird. Kein Wert oder der Wert 0 bedeutet, dass kein Abfragetimeout angewendet wird. Weitere Informationen finden Sie in Kapitel 23
Anwenden	Hier gilt die Beschreibung des gleichnamigen Felds aus Tabelle 21.1 weiter vorne
Löschen	Klicken Sie auf *Löschen*, um ein Dataset zu entfernen. Im Abschnitt »Freigegebene Datenquelle oder freigegebenes Dataset löschen« ab Seite 348 finden Sie ein Beispiel dazu.
Verschieben	Klicken Sie auf *Verschieben*, um ein Dataset in einen anderen Ordner zu verschieben
Herunterladen	Klicken Sie auf *Herunterladen*, um eine Kopie der Definition des Datasets herunterzuladen. Weitere Informationen, wie Sie mit dieser Schaltfläche arbeiten, erhalten Sie in Kapitel 19.
Ersetzen	Klicken Sie auf *Ersetzen*, um die Definition des Datasets durch eine andere Definition in einem freigegebenen Verzeichnis zu ersetzen. Weitere Informationen, wie Sie mit dieser Schaltfläche arbeiten, erhalten Sie in Kapitel 19.

Tabelle 21.4 Eigenschaften für freigegebene Datasets

Freigegebene Datasets müssen immer auf freigegebene Datenquellen verweisen, wie Sie im folgenden Abschnitt sehen werden.

Verwaltungsseite *Datenquelle* für freigegebene Datasets

Die Daten eines freigegebenen Datasets müssen über eine Verbindung zu einer freigegebenen Datenquelle geladen werden, da ein Dataset immer nur über eine integrierte Abfrage verfügt.

Um zu der Verwaltungsseite (Abbildung 21.7) zu gelangen, gehen Sie wie im vorherigen Abschnitt vor und wechseln zusätzlich auf *Datenquelle*.

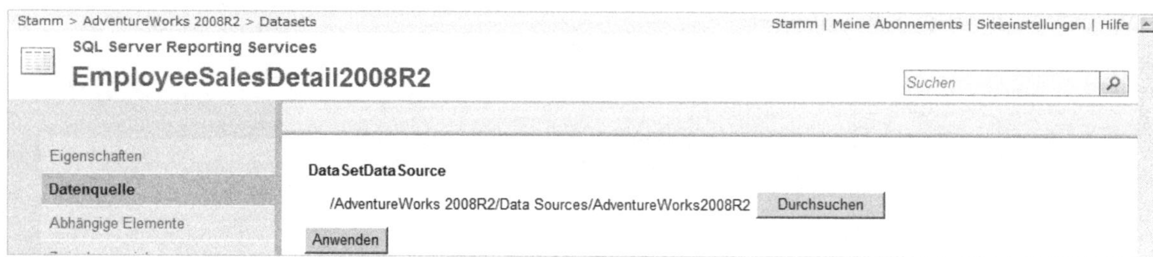

Abbildung 21.7 Verwaltungsseite *Datenquelle* für freigegebene Datasets

Um eine Datenquellenverbindung zu ändern, gehen Sie genauso vor wie bei einem Bericht. Lesen Sie dazu »Bericht mit einer freigegebenen Datenquelle verbinden« auf der Seite 344.

Wie Sie die Einstellmöglichkeiten der Verwaltungsseiten für berichtsspezifische bzw. freigegebene Datenquellen sowie freigegebene Datasets nutzen können, zeigt Ihnen der nächste Abschnitt.

Einstellungen von Datenquellen bearbeiten

Anhand von einigen Beispielen werden Ihnen in diesem Abschnitt die verschiedenen Möglichkeiten für Datenquellen- bzw. Dataset-Verbindungen nähergebracht.

Berichtsspezifische Verbindung zur Datenquelle einrichten

Für einen Bericht soll eine berichtsspezifische Datenquelle eingerichtet werden. Dies ist sinnvoll, wenn ein Bericht einen Datenzugriff benötigt, der in keinem anderen Bericht wieder verwendet werden soll.

Um eine berichtsspezifische Datenquelle, die mit integrierter Windows-Sicherheit zugreift, einzurichten, gehen Sie folgendermaßen vor:

1. Öffnen Sie einen Bericht im gestarteten Berichts-Manager, z.B. *Customers_Near_Stores_2008R2* aus dem Ordner *AdventureWorks 2008R2*.
2. Klicken Sie den Pfeil rechts neben den Namen des Berichts, um dessen Menü zu öffnen.
3. Wählen Sie den Befehl *Verwalten*.
4. Klicken Sie im linken Bereich auf *Datenquellen*, um zu deren Eigenschaften zu gelangen.
5. Um eine berichtsspezifische Datenquellenverbindung einzurichten, wählen Sie die Option *Eine benutzerdefinierte Datenquelle*.
6. Stellen Sie den *Verbindungstyp* auf *Microsoft SQL Server*.

7. Geben Sie die Verbindungszeichenfolge an, die vom Berichtsserver zum Herstellen der Verbindung zur Datenquelle verwendet werden soll. Um zum Beispiel eine Verbindung zur SQL Server-Datenbank *AdventureWorks2008R2* herzustellen, geben Sie *data source={Name der SQL Server Instanz};initial catalog=AdventureWorks2008R2* ein.

HINWEIS Einen kurzen Überblick über typische Verbindungszeichenfolgen erhalten Sie im Abschnitt »Beispiele für Verbindungszeichenfolgen« ab Seite 332.

Eine genauere Erläuterung, welche Verbindungstypen es für den Berichtsserver gibt oder wie eine Verbindungszeichenfolge aufgebaut sein muss, erhalten Sie in Kapitel 12.

TIPP Sofern sich der Berichtsserver und der SQL Server auf dem gleichen Computer befinden, können Sie anstatt des Namens der SQL Server-Instanz auch *(local)* oder *localhost* schreiben. Somit würde die vollständige Verbindungszeichenfolge *data source=localhost;initial catalog=AdventureWorks2008R2* lauten.

8. Wählen Sie die Option *Integrierte Sicherheit von Windows.*
9. Bestätigen Sie per Klick auf *Anwenden* Ihre Änderungen.

ACHTUNG Warten Sie nach dem Klicken von *Anwenden* unbedingt, bis die Änderungen übernommen wurden. Sollten Sie vorher auf eine andere Seite des Berichts-Managers wechseln, gehen Ihre Eingaben verloren und der vorherige Stand der Datenquellenverbindung bleibt erhalten.

http://localhost/Reports/Pages/Report.aspx?ItemPath=%2fAdventureWorks+Sample+Reports%2fCompany+Sales&SelectedTabId=Prope Lokales Intranet

Abbildung 21.8 Die Änderungen von Eigenschaften eines Berichts werden gespeichert

Sie müssen warten, bis die aktuelle Seite des Browsers erneut aufgebaut wurde und in der Statusleiste *Fertig* angezeigt wird. Während der Speicherung bzw. des erneuten Aufbaus zeigt die Statusleiste den Fortschritt an (Abbildung 21.8).

10. Klicken Sie oben auf den Namen des Berichts, um zu prüfen, ob die Anzeige des Berichts wie gewohnt funktioniert, und damit sichergestellt ist, dass die Änderungen der Datenquellenverbindung keine Fehler verursachen.

ACHTUNG Wenn Sie alle Angaben für die Datenquellenverbindung korrekt eingegeben haben und es dennoch zu Fehlern bei der Datenquellenverbindung kommt, liegt es häufig daran, dass der Bericht im unbeaufsichtigten Modus ausführbar sein muss.

In solchen Fällen empfiehlt es sich, den Bericht auf eine freigegebene Datenquelle zugreifen zu lassen. Innerhalb der freigegebenen Datenquelle ist die Anmeldeoption *Anmeldeinformationen, die sicher im Berichtsserver gespeichert sind* zu wählen und durch Angabe von Benutzerdaten in den dazugehörigen Textfeldern sind die Anmeldeinformationen auf dem Berichtsserver verschlüsselt zu speichern.

Der Bericht, z.B. *Customers_Near_Stores_2008R2*, wird ohne Unterschied zum Livebericht für den Benutzer angezeigt.

Anmeldeinformationen bei Berichtsausführung abfragen

Die Anmeldeinformationen erst bei der Ausführung eines Berichts abzufragen, kann aus folgenden Gründen sinnvoll sein:

- Wenn sich die Zugriffrechte von Benutzern auf eine Datenquelle häufiger ändern und/oder Sie keinen direkten Zugriff auf den Datenbankserver haben. Welche Zugriffsrechte der jeweilige Nutzer dann wirklich hat, hängt davon ab, was der Administrator des Datenbankservers eingestellt hat.
- Auf einer Datenquelle, für die Sie keine Rechte besitzen, haben Sie nur einen Benutzer und das dazugehörige Kennwort zugeteilt bekommen. Diese Kennung können nun ausgewählte Mitarbeiter Ihrer Abteilung nutzen.
- Durch diese Anmeldeart wird den Benutzern die Sensibilität der Daten ebenfalls verdeutlicht

Gehen Sie folgendermaßen vor, um diese Variante der Anmeldung einzurichten:

1. Klicken Sie auf den Pfeil rechts neben einen Bericht mit berichtsspezifischer Datenquellenverbindung im gestarteten Berichts-Manager, z.B. *Customers_Near_Stores_2008R2* aus dem Ordner *AdventureWorks 2008R2* mit den im Abschnitt »Berichtsspezifische Verbindung zur Datenquelle einrichten« ab Seite 340 vorgenommen Änderungen.
2. Wählen Sie den Befehl *Verwalten.*
3. Klicken Sie im linken Bereich auf *Datenquellen*, um zu deren Eigenschaften zu gelangen.
4. Wählen Sie für *Verbindung herstellen über* die Option *Bereitgestellte Anmeldeinformationen vom Benutzer, der den Bericht ausführt.*
5. In dem dazugehörigen Textfeld geben Sie eine Anweisung an den Benutzer ein, z.B. *Bitte berechtigen, um den Bericht auszuführen:*
6. Aktivieren Sie das Kontrollkästchen *Beim Herstellen einer Verbindung mit der Datenquelle als Windows-Anmeldeinformationen verwenden*, damit die Anmeldeinformationen an die Datenquelle weitergereicht werden.
7. Bestätigen Sie Ihre Änderungen mit *Anwenden.* Damit ist die Konfiguration abgeschlossen.
8. Um die neue Konfiguration zu testen, wechseln Sie zur Registerkarte *Anzeigen.* Sie werden zur Eingabe der Anmeldeinformationen für die Datenquelle aufgefordert (Abbildung 21.9).

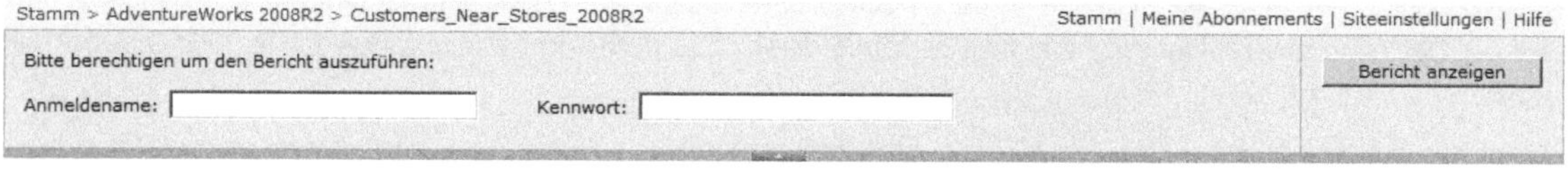

Abbildung 21.9 Bevor ein Bericht eingesehen werden kann, muss der Benutzer seine Anmeldeinformationen eingeben

9. Geben Sie den Benutzernamen sowie das Kennwort ein und klicken Sie auf *Bericht anzeigen.*

Freigegebene Datenquellen anlegen

Immer, wenn mehrere Berichte die gleichen Datenbankzugriffe verwenden, lohnt es sich, zu erwägen, diese auf eine freigegebene Datenquelle umzustellen, da dadurch die Wartbarkeit vereinfacht wird.

Für diese Umstellung muss eine freigegebene Datenquelle zur Verfügung stehen. Um eine solche Datenquellenverbindung für den Zugriff auf eine Datenbank einzurichten, wird die Seite *Neue Datenquelle* verwendet (Abbildung 21.10).

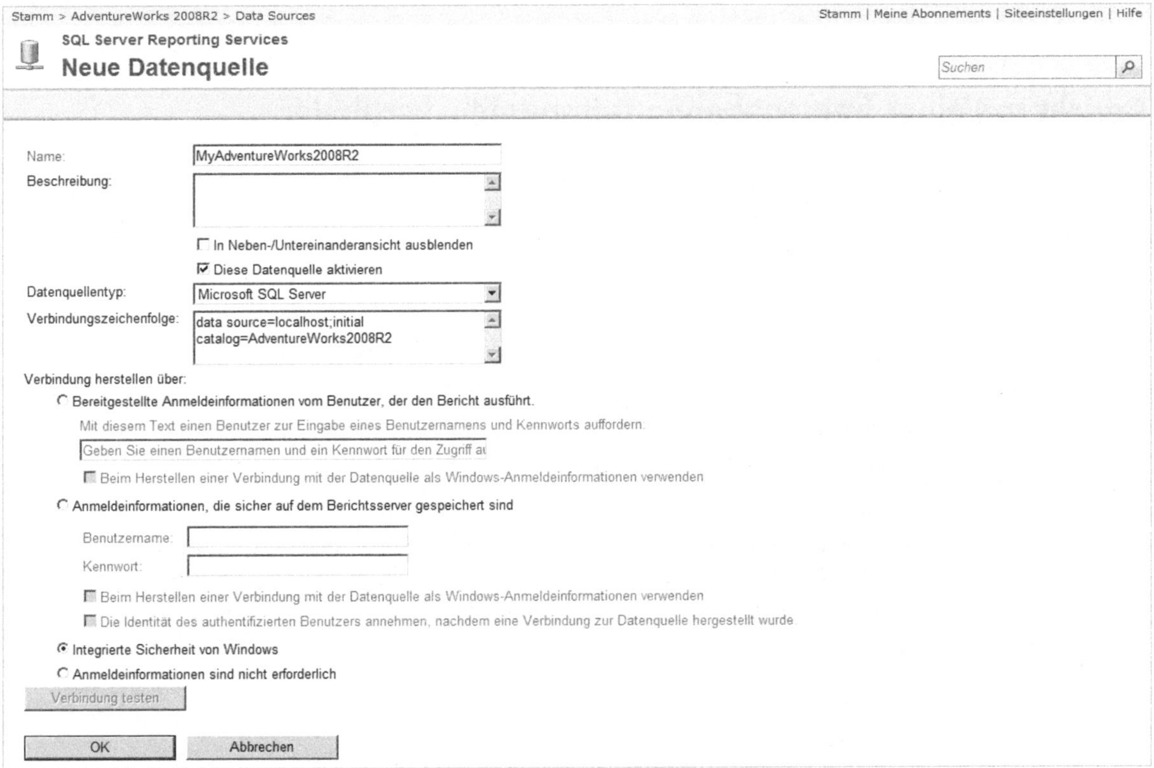

Stamm > AdventureWorks 2008R2 > Data Sources
Stamm | Meine Abonnements | Siteeinstellungen | Hilfe
SQL Server Reporting Services
Neue Datenquelle
Suchen
Name: MyAdventureWorks2008R2
Beschreibung:
In Neben-/Untereinanderansicht ausblenden
Diese Datenquelle aktivieren
Datenquellentyp: Microsoft SQL Server
Verbindungszeichenfolge: data source=localhost;initial catalog=AdventureWorks2008R2
Verbindung herstellen über:
Bereitgestellte Anmeldeinformationen vom Benutzer, der den Bericht ausführt.
Mit diesem Text einen Benutzer zur Eingabe eines Benutzernamens und Kennworts auffordern:
Geben Sie einen Benutzernamen und ein Kennwort für den Zugriff au
Beim Herstellen einer Verbindung mit der Datenquelle als Windows-Anmeldeinformationen verwenden
Anmeldeinformationen, die sicher auf dem Berichtsserver gespeichert sind
Benutzername:
Kennwort:
Beim Herstellen einer Verbindung mit der Datenquelle als Windows-Anmeldeinformationen verwenden
Die Identität des authentifizierten Benutzers annehmen, nachdem eine Verbindung zur Datenquelle hergestellt wurde
Integrierte Sicherheit von Windows
Anmeldeinformationen sind nicht erforderlich
Verbindung testen
OK Abbrechen

Abbildung 21.10 Eine freigegebene Datenquelle wird angelegt

Um eine freigegebene Datenquelle einzurichten, gehen Sie folgendermaßen vor:

1. Navigieren Sie im Berichts-Manager zu dem Ordner, in dem die Datenquelle erzeugt werden soll, z.B. *RS Berichte*, und klicken Sie auf *Neue Datenquelle.*
2. Tippen Sie im Textfeld *Name* den Eintrag *My AdventureWorks2008* ein.
3. Stellen Sie den *Verbindungstyp* auf *Microsoft SQL Server.*
4. Tragen Sie im *Verbindungszeichenfolge*-Textfeld *data source=localhost;initial catalog=AdventureWorks2008* ein.
5. Wählen Sie die Option *Integrierte Sicherheit von Windows* aus.

HINWEIS Wenn Berichte dieser Datenquelle zugewiesen werden, die Abonnements, einen geplanten Berichtsverlauf oder die geplante Berichtsausführung unterstützen sollen, können Sie ein Konto mit stark eingeschränkten Berechtigungen erstellen, das der Berichtsserver zum Ausführen des Berichts verwendet. Dieses Konto wird anstelle des Dienstkontos verwendet, unter dem der Berichtsserver normalerweise ausgeführt wird.

Weitere Informationen zur Einrichtung eines solchen Kontos finden Sie im Abschnitt »Konto für die unbeaufsichtigte Berichtsverarbeitung konfigurieren« ab Seite 336.

6. Bestätigen Sie mit *OK*.

Die Datenquelle ist nun angelegt. Sie wird auf der *Inhalt*-Seite des Ordners angezeigt und kann in Berichten verwendet werden.

Der zweite Schritt der eingangs beschriebenen Umstellung auf eine freigegebene Datenquelle ist das Verbinden der einzelnen Berichte mit dieser, was im folgenden Abschnitt beispielhaft für einen Bericht durchgeführt wird.

Bericht mit einer freigegebenen Datenquelle verbinden

Um die Wartbarkeit des Datenzugriffs zu vereinfachen, möchten Sie die eingebetteten Datenquellen bestehender Berichte durch eine freigegebene Datenquelle ersetzen, die dieselben Informationen liefert, d.h. also zu derselben Datenbank verbindet.

Um diesen Ersetzungsvorgang für einen Bericht durchzuführen, gehen Sie folgendermaßen vor:

1. Klicken Sie auf den Pfeil rechts neben den Namen eines Berichts im gestarteten Berichts-Manager, z.B. *Customers_Near_Stores_2008R2* aus dem Ordner *AdventureWorks 2008R2*.
2. Wählen Sie den Befehl *Verwalten*.
3. Klicken Sie im linken Bereich auf *Datenquellen*, um zu deren Eigenschaften zu gelangen.
4. Wählen Sie die Option *Eine freigegebene Datenquelle*.
5. Klicken Sie auf *Durchsuchen*.
6. Wählen Sie aus der Ordnerhierarchie eine freigegebene Datenquelle aus (Abbildung 21.11), z.B. *My AdventureWorks2008*, welche im Abschnitt »Freigegebene Datenquellen anlegen« ab Seite 343 erzeugt wurde. Klicken Sie jeweils auf das +-Zeichen vor einem Ordnernamen, z.B. *RS Berichte*, um dessen Unterordner anzuzeigen.

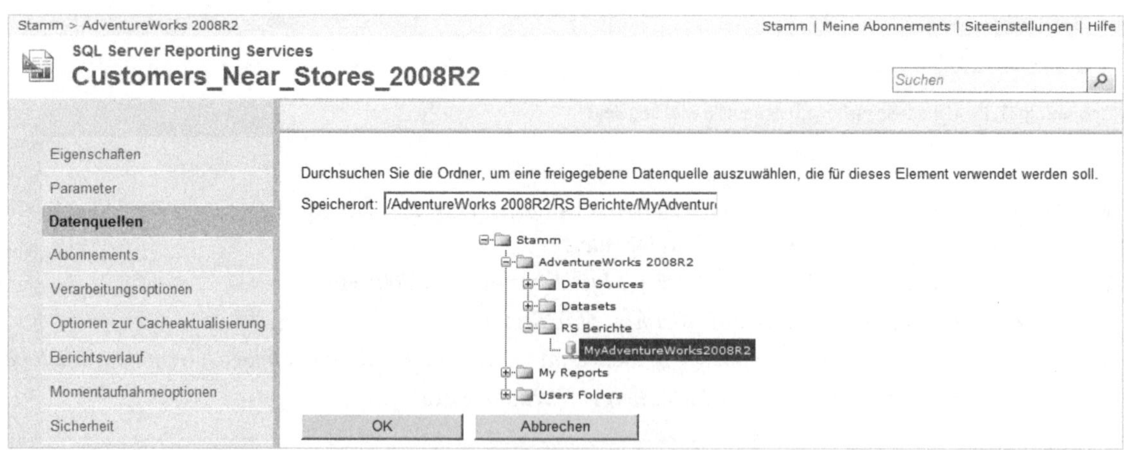

Abbildung 21.11 Wählen Sie hier eine neue Datenquelle für einen Bericht aus

7. Bestätigen Sie mit *OK*.

8. Klicken Sie *Anwenden*, um die neue Datenquellenverknüpfung zu aktivieren.
9. Klicken Sie oben auf den Namen des Berichts, um zu prüfen, ob der Bericht mit den Daten der soeben neu zugeordneten Datenquelle gerendert wird, ohne dass ein Fehler gemeldet wird.

Damit steht der Bericht Ihren Nutzern mit der neuen Datenquelle zur Verfügung.

Freigegebene Datenquellen deaktivieren

Sie können freigegebene Datenquellen – ohne sie endgültig zu löschen – vorübergehend außer Betrieb setzen, indem Sie diese deaktivieren. Dieses Feature wird typischerweise für Wartungsarbeiten am Datenbankserver verwendet.

Um eine freigegebene Datenquelle zu deaktivieren, gehen Sie folgendermaßen vor:

1. Öffnen Sie eine freigegebene Datenquelle im gestarteten Berichts-Manager, z.B. *My AdventureWorks2008R2* aus dem Ordner *RS Berichte*. Diese Datenquelle wurde im Abschnitt »Freigegebene Datenquellen anlegen« ab Seite 343 angelegt und im Abschnitt »Bericht mit einer freigegebenen Datenquelle verbinden« ab Seite 344 mit einem Bericht verbunden.
2. Deaktivieren Sie das Kontrollkästchen *Diese Datenquelle aktivieren.*
3. Bestätigen Sie per Klick auf *Anwenden* Ihre Änderungen.
4. Öffnen Sie nun testweise einen Bericht, der mit dieser Datenquelle verbunden ist, z.B. *Customers_Near_Stores_2008R2*. Sie erhalten nun – wie alle Nutzer von Berichten mit dieser Datenquelle – eine Fehlermeldung (Abbildung 21.12) und Sie können die Wartungsarbeiten in Ruhe vornehmen.

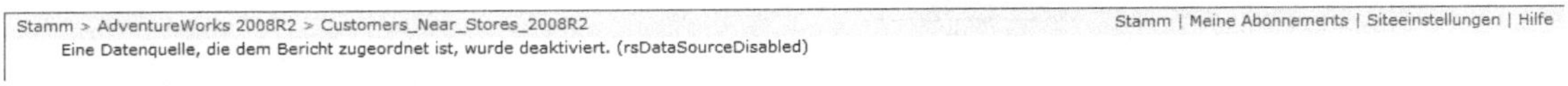

Stamm > AdventureWorks 2008R2 > Customers_Near_Stores_2008R2 Stamm | Meine Abonnements | Siteeinstellungen | Hilfe
Eine Datenquelle, die dem Bericht zugeordnet ist, wurde deaktiviert. (rsDataSourceDisabled)

Abbildung 21.12 Ein Bericht greift auf eine deaktivierte Datenquelle zu

ACHTUNG Denken Sie daran, die Datenquelle wieder zu aktivieren, sonst funktionieren die mitgelieferten Beispiele nicht mehr!

Berichte mit mehreren Datenquellen verwalten

Ein Bericht kann mehrere Datenquellenverbindungen enthalten. In diesem Fall wird die Auflistung der Eigenschaften für jede vom Bericht verwendete Datenquelle wiederholt (Abbildung 21.13). Die Verbindungen werden in der Reihenfolge aufgeführt, in der sie im Bericht definiert sind.

HINWEIS Berichtsspezifische und freigegebene Datenquellen können gleichzeitig in demselben Bericht verwendet werden. Die Datenquellenverbindungen solcher Berichte werden genauso bearbeitet wie die von Berichten mit einer Datenquelle.

Wie Sie einen Bericht mit mehreren Datenquellen anlegen, wird im folgenden Abschnitt kurz erläutert.

Stamm > AdventureWorks 2008R2 — Stamm | Meine Abonnements | Siteeinstellungen | Hilfe

SQL Server Reporting Services

Customers_Near_Stores_2008R2_mit_zwei_Datenquellen

Suchen

Eigenschaften
Parameter
Datenquellen
Abonnements
Verarbeitungsoptionen
Optionen zur Cacheaktualisierung
Berichtsverlauf
Momentaufnahmeoptionen
Sicherheit

master

○ Eine freigegebene Datenquelle

Wählen Sie eine freigegebene Datenquelle aus [Durchsuchen]

◉ Eine benutzerdefinierte Datenquelle

Datenquellentyp: Microsoft SQL Server

Verbindungszeichenfolge: Data Source=localhost;Initial Catalog=master

Verbindung herstellen über:

○ Bereitgestellte Anmeldeinformationen vom Benutzer, der den Bericht ausführt.

Mit diesem Text einen Benutzer zur Eingabe eines Benutzernamens und Kennworts auffordern:

Geben Sie einen Benutzernamen und ein Kennwort für den Zugriff au

☐ Beim Herstellen einer Verbindung mit der Datenquelle als Windows-Anmeldeinformationen verwenden

○ Anmeldeinformationen, die sicher auf dem Berichtsserver gespeichert sind

Benutzername:

Kennwort:

☐ Beim Herstellen einer Verbindung mit der Datenquelle als Windows-Anmeldeinformationen verwenden

☐ Die Identität des authentifizierten Benutzers annehmen, nachdem eine Verbindung zur Datenquelle hergeste wurde.

◉ Integrierte Sicherheit von Windows

○ Anmeldeinformationen sind nicht erforderlich

[Verbindung testen]

AdventureWorks2008R2

◉ Eine freigegebene Datenquelle

/AdventureWorks 2008R2/Data Sources/AdventureWorks2008R2 [Durchsuchen]

○ Eine benutzerdefinierte Datenquelle

Datenquellentyp: Microsoft SQL Server

Verbindungszeichenfolge:

Verbindung herstellen über:

◉ Bereitgestellte Anmeldeinformationen vom Benutzer, der den Bericht ausführt.

Mit diesem Text einen Benutzer zur Eingabe eines Benutzernamens und Kennworts auffordern:

Geben Sie einen Benutzernamen und ein Kennwort für den Zugriff au

☐ Beim Herstellen einer Verbindung mit der Datenquelle als Windows-Anmeldeinformationen verwenden

○ Anmeldeinformationen, die sicher auf dem Berichtsserver gespeichert sind

Benutzername:

Kennwort:

☐ Beim Herstellen einer Verbindung mit der Datenquelle als Windows-Anmeldeinformationen verwenden

☐ Die Identität des authentifizierten Benutzers annehmen, nachdem eine Verbindung zur Datenquelle hergeste wurde.

○ Integrierte Sicherheit von Windows

○ Anmeldeinformationen sind nicht erforderlich

[Verbindung testen]

[Anwenden]

Abbildung 21.13 Datenquellen-Eigenschaften eines Berichts mit zwei Datenquellen

Bericht mit mehreren Datenquellen anlegen

Der Berichtsserver kann Berichte mit mehreren Datenquellen verarbeiten. Da bei den *AdventureWorks 2008R2 Sample Reports* kein solcher Bericht beigefügt ist, soll hier kurz erläutert werden, wie Sie einen Bericht mit mehreren Datenquellen erzeugen.

Als Grundlage wird ein Bericht aus den *AdventureWorks 2008R2 Sample Reports* verwendet, der um eine Datenquelle erweitert wird, damit dieser anschließend den Speicherort der Datenbank, aus der er seine Daten bezieht, mit anzeigen kann. Diese Information steht in der *master*-Datenbank, die auf jedem SQL Server 2008 R2 vorhanden ist.

Um einen Beispielbericht mit mehreren Datenquellen anzulegen, gehen Sie folgendermaßen vor:

1. Öffnen Sie das mitgelieferte Beispielberichte-Projekt in Visual Studio, z.B. indem Sie *C:\Programme\Microsoft SQL Server\100\Samples\Reporting Services\Report Samples\AdventureWorksR2 Sample Reports/AdventureWorks 2008R2* in einem Explorer-Fenster wählen.
2. Kopieren Sie im Explorer-Fenster die Datei *Customers_Near_Stores_2008R2.rdl* in dasselbe Verzeichnis.
3. Benennen Sie die kopierte Datei in *Customers_Near_Stores_2008R2_mit_zwei_Datenquellen.rdl* um.
4. Fügen Sie den neu erzeugten Bericht dem *AdventureWorks 2008R2 Sample Reports*-Projekt hinzu, indem Sie wieder zu Visual Studio wechseln, den Menübefehl *Projekt/Vorhandenes Element hinzufügen* wählen und dort *Customers_Near_Stores_2008R2_mit_zwei_Datenquellen.rdl* per Doppelklick übernehmen.
5. Öffnen Sie den neuen Bericht, indem Sie im *Projektmappen-Explorer* auf *Customers_Near_Stores_2008R2_mit_zwei_Datenquellen.rdl* doppelklicken.
6. Wechseln Sie zur Registerkarte *Berichtsdaten* und wählen Sie im Dropdownmenü *Neu* den Eintrag *Dataset* aus. Das Dialogfeld *Dataseteigenschaften* wird geöffnet.
7. Tragen Sie unter *Name* den Text *AdventureWorks2008R2_Datenbank_Dateiname* ein.
8. Wählen Sie unterhalb die Option *Verwenden Sie ein in den eigenen Bericht eingebettetes Dataset.*
9. Klicken Sie Abschnitt *Datenquelle* auf *Neu*, um eine neue Datenquelle anzulegen. Das Dialogfeld *Datenquelleneigenschaften* wird geöffnet.
10. Tragen Sie unter *Name* den Text *master* ein und klicken Sie für die Option *Eingebettete Verbindung* auf *Bearbeiten*, um eine Verbindungszeichenfolge zu erzeugen.
11. Wählen Sie unter *Servername* den Namen Ihres SQL-Servers und unter *Wählen Sie einen Datenbanknamen aus, oder geben Sie ihn ein* den Eintrag *master* aus. Schließen Sie mit *OK* ab.
12. Deaktivieren Sie das Kontrollkästchen *Beim Verarbeiten der Abfragen einzelne Transaktion verwenden.*
13. Schließen Sie das Dialogfeld *Datenquelleneigenschaften* ebenfalls mit *OK.*
14. Tragen Sie unter *Abfrage* den Text *SELECT filename FROM sysdatabases WHERE name = 'AdventureWorks2008R2'* ein.
15. Wechseln Sie zum Dialogfeld *Felder.*
16. Ändern Sie den *Feldname* auf *Dateiname.*
17. Schließen Sie das Dialogfeld mit *OK.*
18. Wechseln Sie zur Registerkarte *Entwurf* und wählen Sie im *Felder*-Fenster den Eintrag *AdventureWorks2008R2_Datenbank_Dateiname* aus. In der darunterliegenden Liste wird *Dateiname* angezeigt.
19. Vergrößern Sie den Bereich unterhalb der Tablix, indem Sie den Textkörper erweitern.
20. Ziehen Sie *Dateiname* in Ihren Bericht und platzieren Sie das Feld unter der Tablix.

21. Wechseln Sie zur Registerkarte *Vorschau*. Sie sehen unter Ihrem Bericht den Dateinamen der Datenbankdatei, in der die *AdventureWorks2008R2*-Datenbank auf Ihrem Server abgelegt ist (Abbildung 21.14).

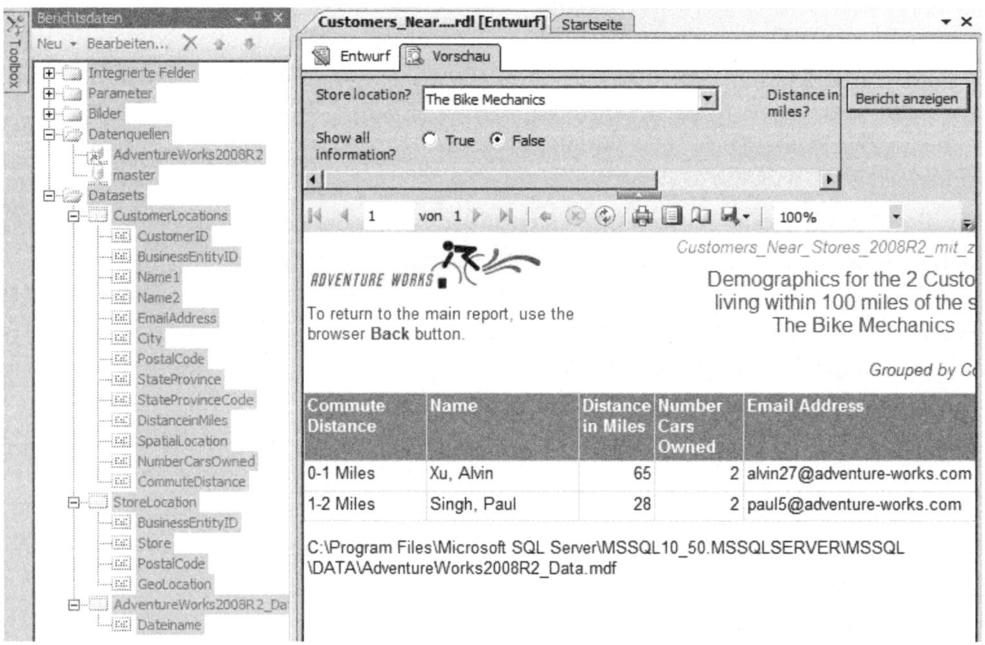

Abbildung 21.14 Unten in Ihrem Bericht wird das Feld aus der zweiten Datenquelle angezeigt, das den Datenbank-Dateinamen aus einer Tabelle aus der *master*-Datenbank anzeigt

22. Damit der Bericht am Berichtsserver verfügbar ist und mit dem Berichts-Manager administriert werden kann, muss dieser noch bereitgestellt werden. Klicken Sie mit der rechten Maustaste im Projektmappen-Explorer auf *Customers_Near_Stores_2008R2_mit_zwei_Datenquellen.rdl* und wählen Sie *Bereitstellen.*

23. Ändern Sie nun den Datenquellenzugriff für die freigegebene Datenquelle *AdventureWorks2008R2*. Gehen Sie dabei vor wie im Abschnitt »Bericht mit einer freigegebenen Datenquelle verbinden« ab Seite 344.

HINWEIS Sofern Sie den Abschnitt »Freigegebene Datenquellen deaktivieren« ab Seite 345 bearbeitet haben, erhalten Sie die gleiche Fehlermeldung, wie in Abbildung 21.12 weiter gezeigt. Aktivieren Sie die Datenquelle wieder und der Bericht sollte wie gewohnt angezeigt werden.

Freigegebene Datenquelle oder freigegebenes Dataset löschen

Durch das Löschen einer freigegebenen Datenquelle oder eines freigegebenen Datasets werden alle Berichte und Abonnements, die diese verwenden, funktionsuntüchtig.

Um vor dem Löschen der Datenquelle alle Elemente zu identifizieren, die auf diese verweisen, schauen Sie sich die Inhalte der Verwaltungsseite *Abhängige Elemente* bzw. *Abonnements* für die Datenquelle an. Auf diese Seiten können Sie beim Öffnen der Datenquelle zugreifen. Gehen Sie dazu folgendermaßen vor:

1. Öffnen Sie eine freigegebene Datenquelle im gestarteten Berichts-Manager, z.B. *My AdventureWorks2008R2* aus dem Ordner *RS Berichte*, durch Klick auf deren Name. Diese Datenquelle wurde im Abschnitt »Freigegebene Datenquellen anlegen« ab Seite 343 angelegt.

ACHTUNG Verwenden Sie für dieses Beispiel auf gar keinen Fall die *AdventureWorks2008R2*-Datenquelle, denn dies würde dazu führen, dass am Ende dieses Beispiels alle mitgelieferten Beispielberichte unbrauchbar sind!

2. Über die Verwaltungsseite *Abhängige Elemente* können Sie die damit verbundenen Elemente einsehen. Merken Sie sich diese Elemente.

TIPP Am besten fertigen Sie von diesen Seiten Screenshots an, um sich die Merk- bzw. Schreibarbeit zu ersparen, da es nach dem Löschen keine Informationen darüber mehr gibt.

3. Wechseln Sie zurück auf die Verwaltungsseite *Eigenschaften*.
4. Klicken Sie auf *Löschen*, um die Datenquelle vom Berichtsserver zu entfernen.
5. Sie werden nun noch mal gefragt, ob Sie die Datenquelle wirklich löschen möchten. Bestätigen Sie mit *OK*. Es wird automatisch die *Inhalt*-Seite des Ordners, in dem die Datenquelle gespeichert war, geöffnet.
6. Klicken Sie auf den Namen eines Berichts, z.B. *Employee_Sales_Summary_2008R2* ebenfalls im Ordner *RS Berichte*, der mit der gelöschten Datenquelle verbunden war. Sie erhalten die Fehlermeldung von Abbildung 21.15 angezeigt.

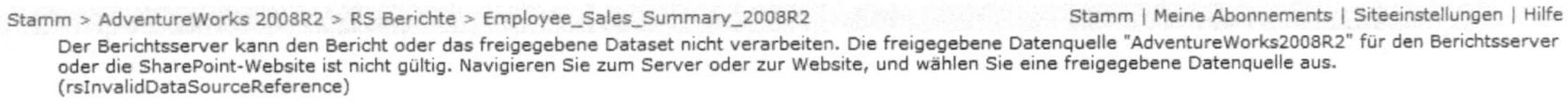

Stamm > AdventureWorks 2008R2 > RS Berichte > Employee_Sales_Summary_2008R2 Stamm | Meine Abonnements | Siteeinstellungen | Hilfe
Der Berichtsserver kann den Bericht oder das freigegebene Dataset nicht verarbeiten. Die freigegebene Datenquelle "AdventureWorks2008R2" für den Berichtsserver oder die SharePoint-Website ist nicht gültig. Navigieren Sie zum Server oder zur Website, und wählen Sie eine freigegebene Datenquelle aus. (rsInvalidDataSourceReference)

Abbildung 21.15 Der Bericht konnte nicht verarbeitet werden, da die verbundene Datenquelle fehlt

7. Klicken Sie oben auf den Namen des Berichts, um zu dessen Verwaltungsseiten zu gelangen.
8. Klicken Sie links auf die Verwaltungsseite *Datenquellen*, um eine neue Datenquelle einrichten zu können. Sie erhalten die Fehlermeldung von Abbildung 21.16.

Abbildung 21.16 Die verbundene Datenquelle ist nicht mehr vorhanden

9. Richten Sie für jeden der zuvor notierten Berichte und Abonnements eine neue Datenquelle ein, wie im Abschnitt »Bericht mit einer freigegebenen Datenquelle verbinden« ab Seite 344 detaillierter beschrieben.

TIPP Wenn eine Datenquelle mit vielen Elementen verbunden ist und diese weiterhin genutzt werden sollen, empfiehlt es sich, anders als in diesem Abschnitt beschrieben, die Datenquelle über den Berichts-Designer zu ändern und anschließend umzubenennen.

Informationen zum Einrichten einer freigegebenen Datenquelle mittels des Berichts-Designers finden Sie in Kapitel 12.

Nachdem Sie nun auf die verschiedenen Datenquellen und Datasets zugreifen können, werden die weiterführenden Einsatzmöglichkeiten der Reporting Services wie Berichtsausführung, Snapshots, Zeitpläne und Abonnements in den nächsten Kapiteln erläutert.

Den Anfang bilden dabei die Möglichkeiten der Berichtsausführung und das Verwalten von Aufträgen im folgenden Kapitel.

Kapitel 22

Sicherheit

In diesem Kapitel:

Sicherheit ist für Serveranwendungen wie Reporting Services 2008 R2 ein zentrales Thema, weil in der Regel unternehmenswichtige Daten aufbereitet werden. Mit dem Sicherheitsmodell von Reporting Services können Sie für Ihre Firma schnell ein Ergebnis für die Sicherheit Ihrer Daten erreichen.

Wenn Sie ein feinkörniges Modell benötigen, bei dem für verschiedene Aufgaben präzise eingegrenzte Berechtigungen vergeben werden, können Sie flexibel individuell an die Bedürfnisse Ihres Unternehmens angepasste Sicherheitsmodelle erstellen, indem Sie sogenannten Rollen und deren Zuweisungen eine projekt- und/oder personenbezogene Sicherheit erstellen.

Das Sicherheitsmodell von Reporting Services

Reporting Services 2008 R2 verwendet ein rollenbasiertes Sicherheitsmodell, um den Zugriff auf Berichte, Ordner und sonstige Elemente, die von einem Berichtsserver verwaltet werden, zu steuern. Dieses Sicherheitsmodell ordnet einem Benutzer oder einer Gruppe eine bestimmte Rolle zu. Diese Rolle beschreibt, wie dieser Benutzer bzw. diese Gruppe auf einen bestimmten Bericht oder ein bestimmtes Element zugreifen soll.

Das Sicherheitsmodell setzt sich aus den folgenden Komponenten zusammen:

- Ein Benutzer- oder Gruppenkonto, das mit der Windows-Sicherheit oder einem anderen Authentifizierungsmechanismus authentifiziert werden kann
- Rollendefinitionen, die Aktionen oder Vorgänge definieren. Beispiele für Rollendefinitionen sind *Systemadministrator*, *Inhalts-Manager* und *Verleger*.
- Sicherbare Elemente, für die Sie den Zugriff steuern möchten. Solche zu sichernde Elemente sind z.B. Ordner, Berichte, Ressourcen und freigegebene Datenquellen.

Reporting Services stellt ein Autorisierungsmodell bereit, enthält jedoch keine eigene Authentifizierungskomponente. Für das ordnungsgemäße Funktionieren der Autorisierung muss die zugrunde liegende Netzwerksicherheit in der Lage sein, die Benutzer und Gruppen zu authentifizieren, die auf den Berichtsserver zugreifen dürfen. In dieser Version wird die Authentifizierung vom Windows-Betriebssystem ausgeführt.

Die Idee hinter dem rollenbasierten Sicherheitsmodell wird im folgenden Abschnitt erläutert.

Grundlagen der rollenbasierten Sicherheit

Das rollenbasierte Sicherheitsmodell von Reporting Services ist vergleichbar mit den rollenbasierten Sicherheitsmodellen anderer Technologien. Grundgedanke ist, die Benutzerinteraktion mit einem System oder mit Ressourcen zu kategorisieren und den so gebildeten Richtlinien Benutzer- oder Gruppenkonten zuzuordnen. Die *Systemadministrator*-Rolle wird z.B. bei vielen rollenbasierten Modellen verwendet, um Benutzern mit Administratorprivilegien einem Server zuzuweisen. Welche Aufgaben möglich sind, erfahren Sie im Abschnitt »Die *Systemadministrator*-Rolle« ab Seite 362.

Ein rollenbasiertes Sicherheitsmodell erteilt Endbenutzern über die Rollenmitgliedschaft den Zugriff auf bestimmte Vorgänge. Alle Benutzer, die Mitglieder einer Rolle sind, können die Vorgänge ausführen, die für die Rolle definiert sind.

Die rollenbasierte Sicherheit ist flexibel und skalierbar, insbesondere bei der Verwendung von Gruppenkonten. Sie können Gruppenkonten bzw. Rollendefinitionen zuordnen und es somit ermöglichen, dass durch die Mitgliedschaft in diesen Gruppen automatisch Zugriffsrechte als Berichtsbenutzer von Reporting Services entstehen, die in die Organisation eintreten, versetzt werden oder aus der Organisation ausscheiden.

Wie Reporting Services 2008 R2 die rollenbasierte Sicherheit verwendet, beschreibt der folgende Abschnitt.

Konzept der rollenbasierten Sicherheit

Reporting Services R2 bestimmt mithilfe der rollenbasierten Autorisierung und der Windows-Authentifizierung, wer Vorgänge ausführen und auf Objekte des Berichtsservers zugreifen darf. Beispiele für Rollen auf einem Berichtsserver sind *Inhalts-Manager*, *Verleger* und *Browser*.

Alle Benutzer interagieren mit einem Berichtsserver innerhalb des Kontexts einer Rolle. Ein Benutzer kann mehreren Rollen zugeordnet sein. Die von einer Rolle unterstützten Vorgänge bestimmen die Aktionen, die ein Benutzer ausführen kann.

Um vom Zeitpunkt der Installation an die Sicherheit Ihres Berichtsservers sicherzustellen, gibt es in Reporting Services die sogenannte Standardsicherheit, welche vordefinierte Rollen bereitstellt, die integrierten Windows-Konten zugewiesen sind.

Die Standardsicherheit besteht aus Rollenzuweisungen, die lokalen Administratoren den Zugriff gewähren. Sie müssen zusätzliche Rollenzuweisungen erstellen, damit andere Benutzer- und Gruppenkonten Zugriff auf den Berichtsserver erhalten.

Die rollenbasierte Sicherheit bearbeiten Sie mit dem Berichts-Manager.

Die Rollen enthalten Aufgaben, über die Benutzer bzw. Administratoren Vorgänge ausführen dürfen. Diese Aufgaben werden im folgenden Abschnitt näher betrachtet.

Aufgaben und ihre Berechtigungen

In Reporting Services sind Aufgaben alle Aktionen, die ein Benutzer oder Administrator ausführen kann.

Diese Aufgaben sind vordefiniert und können nicht verändert werden. Es ist ebenfalls nicht möglich, benutzerdefinierte Aufgaben zu erstellen.

Jede Aufgabe besteht aus Berechtigungen, die ebenfalls vordefiniert sind. Beispielsweise umfasst die Aufgabe *Ordner verwalten* die Berechtigungen zum Erstellen und Löschen von Ordnern sowie zum Anzeigen und Aktualisieren der Ordnereigenschaften.

WICHTIG Benutzer interagieren nie direkt mit Berechtigungen. Vielmehr werden Benutzern Berechtigungen indirekt über die Aufgaben erteilt, die zu Rollendefinitionen gehören. Diese Berechtigungen ermöglichen den Zugriff auf bestimmte Berichtsserverfunktionen. Beispielsweise können Benutzer mit der Berechtigung zum Abonnieren von Berichten mithilfe von Abonnementseiten im Berichts-Manager Abonnements erstellen und verwalten. Benutzer ohne diese Berechtigung können Abonnementseiten nicht im Berichts-Manager anzeigen.

Eine Aufgabe muss einer Rolle zugewiesen werden, die in einer Sicherheitsrichtlinie – in Reporting Services sind das die Rollenzuweisungen – aktiv verwendet wird. Eine Aufgabe, die keiner Rolle zugewiesen ist, ist funktionslos, d.h., sie hat keine Auswirkung auf Benutzeraktionen oder die Sicherheit.

Wie Berechtigungen zu Aufgaben und wie Aufgaben zu Rollendefinitionen zusammengefasst sind, die für spezielle Rollenzuweisungen verwendet werden können, veranschaulicht die Abbildung 22.1. Klickt ein Benutzer z.B. auf den Bericht *Customers_Near_Stores_2008R2*, wird in der Rollenzuweisung *Systembenutzer* überprüft, ob eine Rolle die Aufgabe *Berichte anzeigen* enthält und löst anschließend diesen Vorgang auf dem Berichtsserver aus.

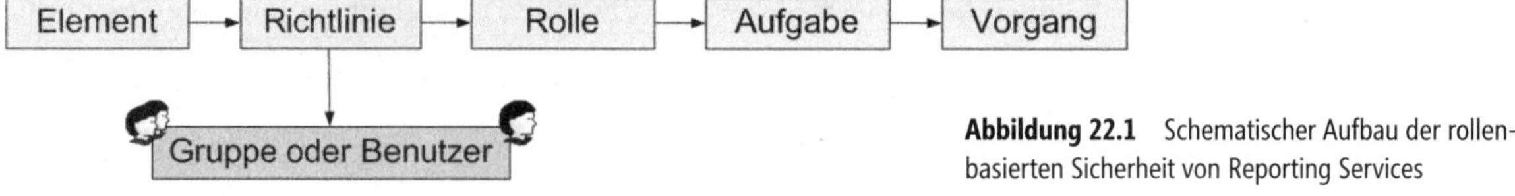

Abbildung 22.1 Schematischer Aufbau der rollenbasierten Sicherheit von Reporting Services

WICHTIG Es gibt zwei Kategorien von Aufgaben: Aufgaben auf »Elementebene« und »Systemebene«. In einer Rolle können nur Aufgaben aus einer dieser Kategorien vorhanden sein.

Aufgaben auf Elementebene werden zu Rollendefinitionen für das Arbeiten mit Objekten wie etwa Berichten oder Ordnern zusammengefasst.

Aufgaben auf Systemebene werden zu Rollendefinitionen für die Verwaltung der Berichtsserverseite zusammengefasst. So z.B. die Aufgaben *Aufträge verwalten* oder *Freigegebene Zeitpläne verwalten*, die für viele Berichte verwendet werden können.

In den folgenden Abschnitten werden die Aufgaben der beiden Ebenen beschrieben.

Aufgaben auf Elementebene

Eine Aufgabe auf Elementebene ist eine Auflistung von Berechtigungen für Berichte, Ordner, Ressourcen oder freigegebene Datenquellen.

HINWEIS Wenn Sie mit diesen Aufgaben programmgesteuert arbeiten, müssen Sie Methoden verwenden, die Aufgaben auf Elementebene unterstützen.

Weitere Informationen zu programmierbaren Funktionen, wie der *ListTasks* oder *ListRoles*-Methode, finden Sie in Kapitel 34.

In Tabelle 22.1 sind die Aufgaben auf Elementebene, die Berechtigungsarten für jede Aufgabe sowie die Elemente, für die diese Berechtigungsarten gelten, aufgeführt.

Aufgabe	Element	Berechtigung
Sicherheit für einzelne Elemente festlegen	Bericht, Ressource, Datenquelle, Ordner	Anzeigen und Aktualisieren von Sicherheitsrichtlinien
Verknüpfte Berichte erstellen	Bericht	Erstellen von verknüpften Berichten; Anzeigen von Eigenschaften
Berichte anzeigen	Bericht	Anzeigen und Aktualisieren von Eigenschaften; Aktualisieren von Parametern; Anzeigen und Aktualisieren von Datenquellen; Anzeigen und Aktualisieren von Berichtsdefinitionen; Anzeigen und Aktualisieren von Richtlinien
Berichte verwalten	Ordner	Erstellen, Ausführen und Löschen von Berichten
Ressourcen anzeigen	Ressource	Anzeigen und Aktualisieren von Eigenschaften; Aktualisieren von Inhalt
Ressourcen verwalten	Ordner	Erstellen und Löschen von Ressourcen
Ordner anzeigen	Ordner	Anzeigen von Eigenschaften; Ausführen und Anzeigen von Berichten; Auflisten des Berichtsverlaufs
Ordner verwalten	Ordner	Erstellen und Löschen von Ordnern; Anzeigen und Aktualisieren von Eigenschaften
Berichtsverlauf verwalten	Bericht	Anzeigen von Eigenschaften; Erstellen, Auflisten und Löschen eines Berichtsverlaufs; Ausführen von Berichtssnapshots; Lesen und Aktualisieren von Richtlinien

Tabelle 22.1 Aufgaben auf Elementebene

Aufgabe	Element	Berechtigung
Einzelne Abonnements verwalten	Bericht	Anzeigen von Eigenschaften; Erstellen, Lesen, Aktualisieren und Löschen von Abonnements
Alle Abonnements verwalten	Bericht	Anzeigen von Eigenschaften; Erstellen, Anzeigen, Aktualisieren und Löschen von Abonnements
Datenquellen anzeigen	Datenquelle	Anzeigen und Aktualisieren von Eigenschaften; Aktualisieren von Inhalt
Datenquellen verwalten	Ordner	Erstellen und Löschen von Datenquellen
Modelle anzeigen	Modell	Anzeigen von Modellen in der Ordnerhierarchie, Verwenden von Modellen als Datenquellen für einen Bericht und Ausführen von Abfragen für das Modell, um Daten abzurufen
Modelle verwalten	Modell	Erstellen, Anzeigen und Löschen von Modellen sowie Anzeigen und Ändern von Modelleigenschaften
Berichte lesen	Bericht	Liest Berichtsdefinitionen

Tabelle 22.1 Aufgaben auf Elementebene *(Fortsetzung)*

Im nächsten Abschnitt werden die Aufgaben der Systemebene genauer betrachtet.

Aufgaben auf Systemebene

Eine Aufgabe auf Systemebene ist eine Auflistung von Berechtigungen für Vorgänge, die die Administration des Berichtsservers betreffen.

HINWEIS Wenn Sie mit diesen Aufgaben programmgesteuert arbeiten, müssen Sie Methoden verwenden, die Aufgaben auf Systemebene unterstützen.

Weitere Informationen zu programmierbaren Funktionen, wie z.B. der *ListSystemTasks*- oder *ListSystemRoles*-Methode, finden Sie in Kapitel 34.

In der folgenden Tabelle 22.2 sind die Berechtigungsarten für jede Systemaufgabe aufgeführt.

Aufgabe	Berechtigungsarten
Rollen verwalten	Erstellen und Löschen von Rollen; Anzeigen und Aktualisieren von Rolleneigenschaften
Berichtsserversicherheit verwalten	Anzeigen und Aktualisieren von Systemsicherheitsrichtlinien
Berichtsservereigenschaften anzeigen	Anzeigen von Systemeigenschaften
Berichtsservereigenschaften verwalten	Anzeigen und Aktualisieren von Systemeigenschaften
Freigegebene Zeitpläne anzeigen	Anzeigen von freigegebenen Zeitplänen
Freigegebene Zeitpläne verwalten	Erstellen von Zeitplänen
Ereignisse generieren	Generieren von Ereignissen
Aufträge verwalten	Anzeigen und Aktualisieren von Systemeigenschaften
Berichtsdefinitionen ausführen	Die Ausführung von der Berichtsdefinition starten, ohne diese auf dem Berichtsserver zu veröffentlichen

Tabelle 22.2 Aufgaben auf Systemebene

Um den Benutzern verschiedene Berechtigungen zuzuteilen bzw. Aktionen zu erlauben, können die in den letzten beiden Abschnitten aufgelisteten Aufgaben für Rollendefinitionen verwendet werden. Wie dies funktioniert, erfahren Sie im folgenden Abschnitt.

Rollendefinitionen verstehen

Eine Rollendefinition ist eine Auflistung von Aufgaben für eine bestimmte Funktion, beispielsweise Inhaltsverwaltung oder Systemadministration. Eine Rollendefinition lässt sich von der Idee her mit einer Auftragsbeschreibung vergleichen, die die Funktionen eines Mitarbeiters beschreibt.

Eine Rollendefinition steuert über eine Rollenzuweisung den Zugriff auf Berichte und sonstige Objekte auf einem Berichtsserver. Die Rollendefinition enthält die Aufgaben, die ein Benutzer ausführen kann. Sie stellt die Regeln bereit, mit denen der Berichtsserver die Sicherheit erzwingt.

Wenn ein Benutzer versucht, einen Vorgang auszuführen, wie z.B. das Erstellen eines neuen Ordners, wertet der Berichtsserver zuerst die Rollendefinition im Hinblick auf die zulässigen Aufgaben aus. Ist die Aufgabe in der Rollendefinition enthalten, wird die Anforderung ausgeführt, andernfalls abgewiesen.

Folgende Punkte sind für Rollendefinitionen zu beachten:

- Beim Erstellen muss mindestens eine Aufgabe zur Rollendefinition hinzugefügt werden
- Pro Rolle können mehrere Benutzer und Gruppen zugewiesen werden
- Eine Rolle hat nur dann eine Funktion, wenn diese in einer Rollenzuweisung verwendet wird. Genauere Informationen zu Rollenzuweisungen finden Sie im Abschnitt »Rollen zuweisen« ab Seite 367.

Rollendefinition einrichten

Um die Einstellungsseiten für Rollendefinitionen zu erreichen, müssen Sie zum SQL Server Management Studio wechseln. Klicken Sie dazu auf *Start/Alle Programme/Microsoft SQL Server 2008 R2/SQL Server Management Studio* und verbinden Sie sich mit dem Servertyp *Reporting Services*. Erweitern Sie die Ansicht per Klick auf das Plussymbol vor *Sicherheit*, um zu *Rollen* und *Systemrollen* zu gelangen (Abbildung 22.2).

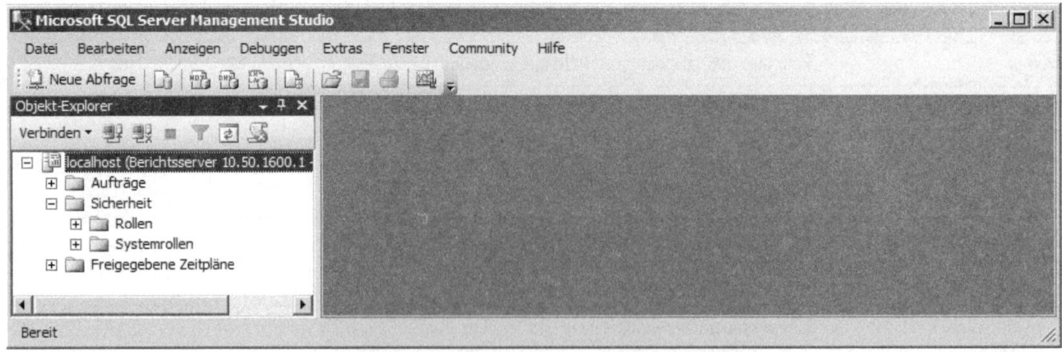

Abbildung 22.2 Über das SQL Server Management Studio erhalten Sie Zugriff auf die Rollen und Systemrollen

Die Standardsicherheit

Reporting Services 2008 R2 wird mit der sogenannten »Standardsicherheit« installiert, die während der Installation konfiguriert wird. Für die Standardsicherheit werden vordefinierte Rollenzuweisungen verwendet, die der integrierten Windows-Gruppe der lokalen Administratoren vordefinierte Berichtsserverrollen zuordnet.

Die vordefinierten Rollen beschreiben die unterstützten Vorgänge in der Ordnerhierarchie des Berichtsservers sowie das System insgesamt. Da integrierte Gruppenkonten der Windows-Domäne, wie z.B. Administratoren, nicht gelöscht werden können, sind auf jedem installierten Berichtsserver die Standardrollenzuweisungen aktiviert. Es ist aber möglich, die bei der Installation angelegten Rollendefinitionen zu ändern oder durch andere zu ersetzen.

Analog zu den Aufgaben werden Rollendefinitionen für die Elementebene bzw. Systemebene erstellt. Für beide Ebenen wurde mit der Installation von Reporting Services ein Satz vordefinierter Rollendefinitionen erstellt.

Sie sollten Rollendefinitionen verwenden, um Berichtsfunktionen zusammenzufassen, die in Organisationen häufig gemeinsam verwendet werden.

Es gibt mehrere vordefinierte Rollen, die für die Verwaltung des Berichtsservers verwendet werden, sowie eine vordefinierte Rolle für Endbenutzer, die Berichte anzeigen.

Diese vordefinierten Rollendefinitionen werden in den folgenden Abschnitten beschrieben.

Vordefinierte Rollendefinitionen der Elementebene

Die vordefinierten Rollendefinitionen der Elementebene bestehen aus fünf Rollen, die alle wichtigen Aufgaben enthalten, die Benutzer benötigen, um mit dem Berichtsserver auf verschiedenen Ebenen der Ordnerhierarchie bzw. mit Elementen – z.B. Berichte oder Ressourcen – arbeiten zu können.

Die Übersichtsseite der Rollen der Elementebene erreichen Sie folgendermaßen:

1. Erweitern Sie im geöffneten SQL Server Management Studio im Objekt-Explorer mittels dem Plussymbol vor *Sicherheit* die Ansicht (Abbildung 22.2 auf Seite 356).
2. Erweitern Sie ebenso die Ansicht für *Rollen*, um zu den einzelnen Rollen auf Elementebene zu gelangen (Abbildung 22.3).

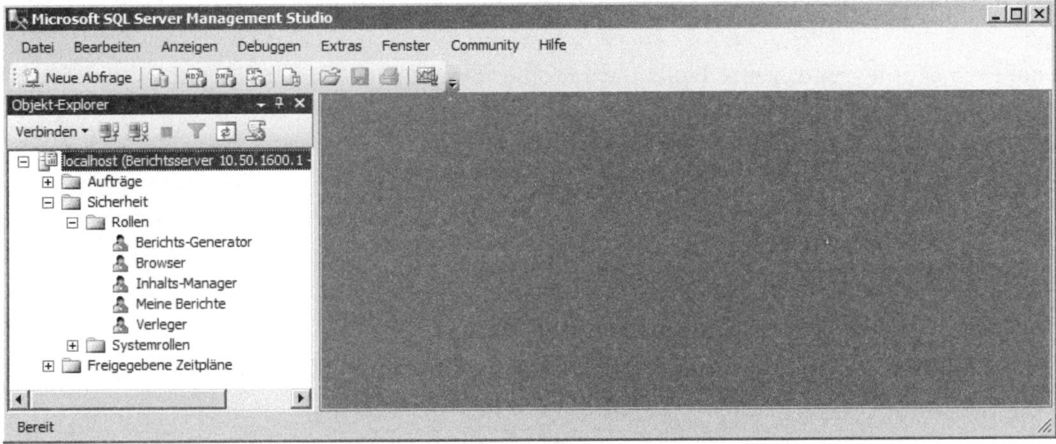

Abbildung 22.3 Nach der Installation von Reporting Services vorhandene Rollen der Elementebene

Die Rollen für die Elementebene, die bei Installation vorhanden sind, werden im folgenden Abschnitt erläutert.

Die *Berichts-Generator*-Rolle

Die *Berichts-Generator*-Rolle ist eine vordefinierte Rolle, die Aufgaben zum Laden von Berichten im Berichts-Generator sowie zum Anzeigen der Ordnerhierarchie und zum Navigieren in der Hierarchie einschließt.

HINWEIS Da die vordefinierten Rollen geändert werden können, gilt diese Aussage nur, sofern nach der Installation von Reporting Services diese Rolle nicht bearbeitet wurde und die standardmäßigen Aufgaben vorhanden sind.

Zum Erstellen und Ändern von Berichten im Berichts-Generator müssen Sie zudem über eine Systemrollenzuweisung verfügen, die die Aufgabe *Berichtsdefinitionen ausführen* einschließt und die für die lokale Verarbeitung von Berichten im Berichts-Generator erforderlich ist.

Weitere Informationen zum Berichts-Generator finden Sie in Kapitel 26.

Folgende Aufgaben sind in der *Berichts-Generator*-Rolle enthalten:

- *Berichte anzeigen*
- *Berichte lesen*
- *Einzelne Abonnements verwalten*
- *Modelle anzeigen*
- *Ordner anzeigen*
- *Ressourcen anzeigen*

Die wichtigste Aufgabe in dieser Rollendefinition ist die Aufgabe *Berichte lesen*, die es einem Benutzer ermöglicht, eine Berichtsdefinition vom Berichtsserver in eine lokale Berichts-Generator-Instanz zu laden. Wenn diese Aufgabe nicht unterstützt werden soll, können Sie diese Rollendefinition löschen und stattdessen die Browser-Rolle verwenden, da diese den allgemeinen Zugriff auf einen Berichtsserver unterstützt.

Die *Browser*-Rolle

Die *Browser*-Rolle ist eine vordefinierte Rolle, mit der ein Benutzer Berichte anzeigen, diese jedoch nicht erstellen oder verwalten kann.

Diese Rolle ermöglicht grundlegende Funktionen für die konventionelle Verwendung eines Berichtsservers. Ohne die unten genannten Aufgaben zum Anzeigen der Elemente kann es sich für Benutzer als schwierig erweisen, einen Berichtsserver überhaupt zu verwenden.

Folgende Aufgaben sind in der *Browser*-Rolle enthalten:

- *Berichte anzeigen*
- *Einzelne Abonnements verwalten*
- *Modelle anzeigen*
- *Ordner anzeigen*
- *Ressourcen anzeigen*

Wie jede Rolle können Sie die *Browser*-Rolle an Ihre speziellen Anforderungen anpassen.

Beispielsweise können Sie die Aufgabe *Einzelne Abonnements verwalten* entfernen, um keine Abonnements zu unterstützen. Oder Sie entfernen die Aufgabe *Ressourcen anzeigen*, wenn für Benutzer keine zusätzliche Dokumentation oder sonstigen Elemente, die in die Berichtsserverdatenbank hochgeladen werden, angezeigt werden sollen.

Diese Rolle sollte mindestens die Aufgaben *Berichte anzeigen* und *Ordner anzeigen* unterstützen, um die Anzeige von Berichten und die Ordnernavigation zu ermöglichen.

Sie sollten die Aufgabe *Ordner anzeigen* nur entfernen, wenn Sie die Ordnernavigation deaktivieren möchten. Entsprechend sollten Sie die Aufgabe *Berichte anzeigen* nur entfernen, wenn für Benutzer keine Berichte angezeigt werden sollen. Für diese Änderungen ist eine benutzerdefinierte Rollendefinition erforderlich, die selektiv für eine bestimmte Benutzergruppe angewandt wird.

Die *Inhalts-Manager*-Rolle

Die *Inhalts-Manager*-Rolle ist eine vordefinierte Rolle, mit der ein Benutzer Berichte und Webinhalt verwalten, aber keine Berichte erstellen kann.

Ein Benutzer in der *Inhalts-Manager*-Rolle stellt Berichte bereit, verwaltet Datenquellenverbindungen und fällt Entscheidungen zur Verwendungsweise von Berichten.

Für alle Aufgaben auf Elementebene wird standardmäßig die *Inhalts-Manager*-Rollendefinition aktiviert und zugewiesen.

Folgende Aufgaben sind in der *Inhalts-Manager*-Rolle enthalten:

- *Alle Abonnements verwalten*
- *Berichte anzeigen*
- *Berichte lesen*
- *Berichte verwalten*
- *Berichtsverlauf verwalten*
- *Datenquellen anzeigen*
- *Datenquellen verwalten*
- *Einzelne Abonnements verwalten*
- *Modelle anzeigen*
- *Modelle verwalten*
- *Ordner anzeigen*
- *Ordner verwalten*
- *Ressourcen anzeigen*
- *Ressourcen verwalten*
- *Sicherheit für einzelne Elemente festlegen*
- *Verknüpfte Berichte erstellen*

Diese Rolle ist für vertrauenswürdige Benutzer vorgesehen, die die allgemeine Verantwortung für das Verwalten und Warten des Berichtsserverinhalts tragen.

HINWEIS Sie können zwar Aufgaben aus dieser Definition entfernen, aber dies ist weniger empfehlenswert, da dadurch möglicherweise nicht mehr eindeutig klar ist, was mit dieser Rollendefinition verwaltet werden kann.

Würden Sie beispielsweise die Aufgabe *Berichte anzeigen* aus dieser Rollendefinition entfernen, mit der ein Inhalts-Manager Berichtsinhalte anzeigen kann, ist es für diesen nach Änderungen an Parametern und Einstellungen für Anmeldeinformationen nur schwerlich zu überprüfen, ob der Bericht noch ausgeführt werden kann.

Die *Inhalts-Manager*-Rolle wird üblicherweise für die Standardsicherheit verwendet.

Die *Meine Berichte*-Rolle

Die *Meine Berichte*-Rolle ist eine vordefinierte Rolle, die für Benutzer der »Meine Berichte«-Funktionalität vorgesehen ist. Zu dieser Rollendefinition gehören Aufgaben, die Benutzern Administratorrechte für die eigenen Ordner *Meine Berichte* gewähren.

Sie können andere Rollen für den Ordner *Meine Berichte* auswählen, aber es wird empfohlen, eine Rolle ausschließlich für die Sicherheit der Funktionalität »Meine Berichte« zu verwenden. Nähere Informationen zum Sichern des *Meine Berichte*-Ordners finden Sie im Abschnitt »Sicherheit von *Meine Berichte*« ab Seite 376.

Weitere Informationen zur »Meine Berichte«-Funktionalität finden Sie in Kapitel 28.

Folgende Aufgaben sind in der *Meine Berichte*-Rolle enthalten:

- *Berichte anzeigen*
- *Berichte verwalten*
- *Berichtsverlauf verwalten*
- *Datenquellen anzeigen*
- *Datenquellen verwalten*
- *Einzelne Abonnements verwalten*
- *Ordner anzeigen*
- *Ordner verwalten*
- *Ressourcen anzeigen*
- *Ressourcen verwalten*
- *Verknüpfte Berichte erstellen*

Sie können diese Rolle an Ihre speziellen Anforderungen anpassen. Es ist jedoch zu empfehlen, die Aufgaben *Berichte verwalten* und *Ordner verwalten* beizubehalten, um eine grundlegende Inhaltsverwaltung zu ermöglichen. Darüber hinaus sollte diese Rolle alle anzeigebasierten Aufgaben unterstützen, damit Benutzer Ordnerinhalte anzeigen und die verwalteten Berichte ausführen können.

TIPP Die Aufgabe *Sicherheit für einzelne Elemente festlegen* ist standardmäßig nicht Bestandteil der Rollendefinition. Sie können diese Aufgabe zur *Meine Berichte*-Rolle hinzufügen, damit die Benutzer Sicherheitseinstellungen für Unterordner und Berichte anpassen können, damit diese selbstständig in der Lage sind, anderen Benutzern Zugriff auf ihre eigenen Berichte zu erlauben.

Die *Verleger*-Rolle

Die *Verleger*-Rolle ist eine vordefinierte Rolle, mit der ein Benutzer Elemente auf dem Berichtsserver publizieren kann.

Sie wird nicht in der Standardsicherheit verwendet. Vorgesehen ist diese Rolle für Benutzer, die Berichte im Berichts-Designer erstellen und diese dann auf einem Berichtsserver publizieren.

Mehr Informationen zum Thema Publizieren von Berichten finden Sie in Kapitel 16.

Folgende Aufgaben sind in der *Verleger*-Rolle enthalten:

- *Berichte verwalten*
- *Datenquellen verwalten*
- *Modelle verwalten*
- *Ordner verwalten*
- *Ressourcen verwalten*
- *Verknüpfte Berichte erstellen*

TIPP Sie können die *Verleger*-Rolle an Ihre speziellen Anforderungen anpassen.

Beispielsweise können Sie die Aufgabe *Verknüpfte Berichte erstellen* entfernen, wenn die Benutzer nicht in der Lage sein sollen, verknüpfte Berichte zu erstellen und zu publizieren. Oder Sie fügen die Aufgabe *Ordner anzeigen* hinzu, damit die Benutzer in der Ordnerhierarchie navigieren können, um einen Speicherort für das neue Element auszuwählen.

WICHTIG Wenn Sie diese Rolle an Ihre Bedürfnisse anpassen, beachten Sie, dass ein Benutzer, der mit dem Berichts-Designer Berichte publiziert, mindestens die Aufgabe *Berichte verwalten* benötigt, um einen Bericht zum Berichtsserver hinzufügen zu können.

Falls der Benutzer Berichte publizieren muss, die freigegebene Datenquellen oder externe Dateien verwenden, sollten Sie auch die Aufgaben *Datenquellen verwalten* und *Ressourcen verwalten* einbeziehen.

Wenn der Benutzer beim Publizieren auch einen Ordner erstellen können soll, müssen Sie außerdem die Aufgabe *Ordner verwalten* berücksichtigen.

Vordefinierte Rollendefinitionen der Systemebene

Die vordefinierten Rollendefinitionen der Systemebene, bestehen aus zwei Rollen, die alle wichtigen Aufgaben enthalten, die Benutzer benötigen, um auf dem Berichtsserver allgemeine Einstellungen wie z.B. Berichtsservereigenschaften vornehmen oder berichtsserverweite Aufgaben wie z.B. Verwaltung freigegebener Zeitpläne durchführen zu können.

Die Übersichtsseite der Rollen der Systemebene erreichen Sie folgendermaßen:

1. Erweitern Sie bei geöffnetem SQL Server Management Studio im Objekt-Explorer mittels dem Plussymbol vor *Sicherheit* die Ansicht (Abbildung 22.2 auf Seite 356).
2. Erweitern Sie ebenso die Ansicht für *Systemrollen*, um zu den einzelnen Rollen auf Systemebene zu gelangen (Abbildung 22.4).

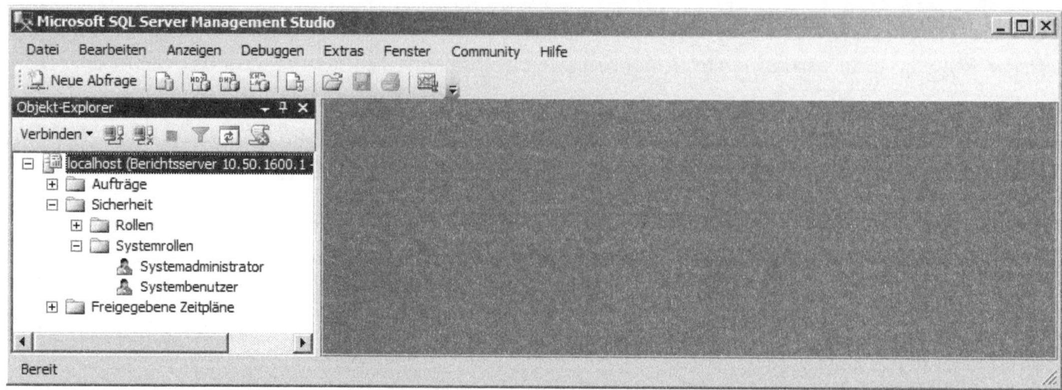

Abbildung 22.4 Nach Installation von Reporting Services vorhandene Rollen der Systemebene

Die Rollen für die Systemebene, die nach der Installation vorhanden sind, werden in den nachfolgenden Abschnitten beschrieben.

Die *Systemadministrator*-Rolle

Die *Systemadministrator*-Rolle ist eine vordefinierte Rolle für einen Berichtsserveradministrator, der die allgemeine Verantwortung für einen Berichtsserver trägt, aber nicht notwendigerweise für die dort publizierten Inhalte.

Folgende Aufgaben sind in der *Systemadministrator*-Rolle enthalten:

- *Aufträge verwalten*
- *Berichtsdefinitionen ausführen*
- *Berichtsservereigenschaften verwalten*
- *Berichtsserversicherheit verwalten*
- *Freigegebene Zeitpläne verwalten*
- *Rollen verwalten*

Die *Systemadministrator*-Rolle wird für die Standardsicherheit verwendet.

Die *Systembenutzer*-Rolle

Die *Systembenutzer*-Rolle ist eine vordefinierte Rolle, mit der Benutzer grundlegende Informationen zum Berichtsserver anzeigen können.

Folgende Aufgaben sind in der *Systembenutzer*-Rollendefinition enthalten:

- *Berichtsdefinitionen ausführen*
- *Berichtsservereigenschaften anzeigen*
- *Freigegebene Zeitpläne anzeigen*

Mithilfe der *Systembenutzer*-Rolle kann die Standardsicherheit ergänzt werden. Sie können die Rolle in neuen Rollenzuweisungen verwenden, die den Berichtsserverzugriff auf Berichtsbenutzer erweitern.

Rollendefinitionen erstellen, ändern oder löschen

Es stehen Ihnen 16 Aufgaben auf Elementebene und 9 Aufgaben auf Systemebene zur Verfügung, mit denen Sie Rollen definieren können.

ACHTUNG Das Erstellen oder Ändern einer Rollendefinition erfordert eine sorgfältige Planung.

Es ist in der Regel nicht nötig, viele Rollendefinitionen anzulegen, um eine reibungslose, sichere und komfortable Arbeit auf dem Berichtsserver zu gewähren.

Wenn Sie zu viele Rollen erstellen, erweist sich die Verwaltung der Rollen als schwierig. Beim Ändern einer vorhandenen Rolle wissen Sie eventuell nicht, wo die Rolle überall verwendet wird oder welche Auswirkung der Vorgang auf die Benutzer haben wird.

Verwenden Sie den Berichts-Manager zum Erstellen, Ändern und Löschen von Rollendefinitionen. Über die Seite *Siteeinstellungen* können Sie Rollendefinitionen auf System- und Elementebene erstellen. Darüber hinaus ist es möglich, Rollendefinitionen auf Elementebene beim Erstellen einer Rollenzuweisung festzulegen.

Über folgende Seiten des Berichtsservers können Sie Rollendefinitionen bearbeiten:

- Zum Erstellen, Ändern oder Löschen einer Rolle auf Elementebene verwenden Sie die Seite *Neue Benutzerrolle* (Abbildung 22.5 auf Seite 364) oder *Rolle bearbeiten* (Abbildung 22.6 auf Seite 365)
- Zum Erstellen, Ändern oder Löschen einer Rolle auf Systemebene verwenden Sie die Seite *Neue Systemrolle* oder *Systemrolle bearbeiten*

Der folgende Abschnitt beschreibt, wie Sie eine neue Rollendefinition erstellen.

Erstellen einer Rollendefinition

Zum Erstellen einer Rollendefinition benötigen Sie die entsprechende Berechtigung. Diese Berechtigungen haben standardmäßig Administratoren und Benutzer, die der *Inhalts-Manager*-Rolle zugewiesen sind, die die Aufgabe *Sicherheit für einzelne Elemente festlegen* enthält.

Folgendes ist bei der Erstellung einer Rollendefinition zu beachten:

- Für eine Rollendefinition ist ein eindeutiger Name erforderlich. Den Namen können Sie später nicht mehr ändern. Dieser Name kann aus bis zu 256 Zeichen bestehen, wobei auch Leerzeichen und Sonderzeichen zulässig sind.
- Eine gültige Rollendefinition muss mindestens eine Aufgabe enthalten
- Eine Rollendefinition kann nicht einem bestimmten Ordner des Berichtsservers zugeordnet werden
- Alle neuen Rollendefinitionen, die Sie erstellen, können anschließend für alle Rollenzuweisungen verwendet werden

In Ihrer Firma möchten Sie dem Datenbank-Administrator während der Einführung der Reporting Services in Ihrem Unternehmen mit in Ihre Strukturierung und Überprüfung der Datenzugriffe des Berichtsservers auf den SQL Server einbeziehen. Damit dieser Änderungen an den Datenzugriffen vornehmen und mit den Datenquellen verbundene Berichte auf ihre Funktionsfähigkeit testen kann, legen Sie dafür eine neue Rolle an.

So erstellen Sie eine Rollendefinition:

1. Erweitern Sie bei geöffnetem SQL Server Management Studio im Objekt-Explorer mittels dem Plussymbol vor *Sicherheit* die Ansicht (Abbildung 22.2 auf Seite 356).
2. Erweitern Sie ebenso die Ansicht für *Rollen*, um zu den einzelnen Rollen auf Elementebene zu gelangen (Abbildung 22.3 auf Seite 357).

3. Klicken Sie mit der rechten Maustaste auf *Rollen* und wählen Sie im Kontextmenü den Eintrag *Neue Rolle*, um über das Dialogfeld *Neue Benutzerrolle* die neue Rolle zu definieren (Abbildung 22.5).

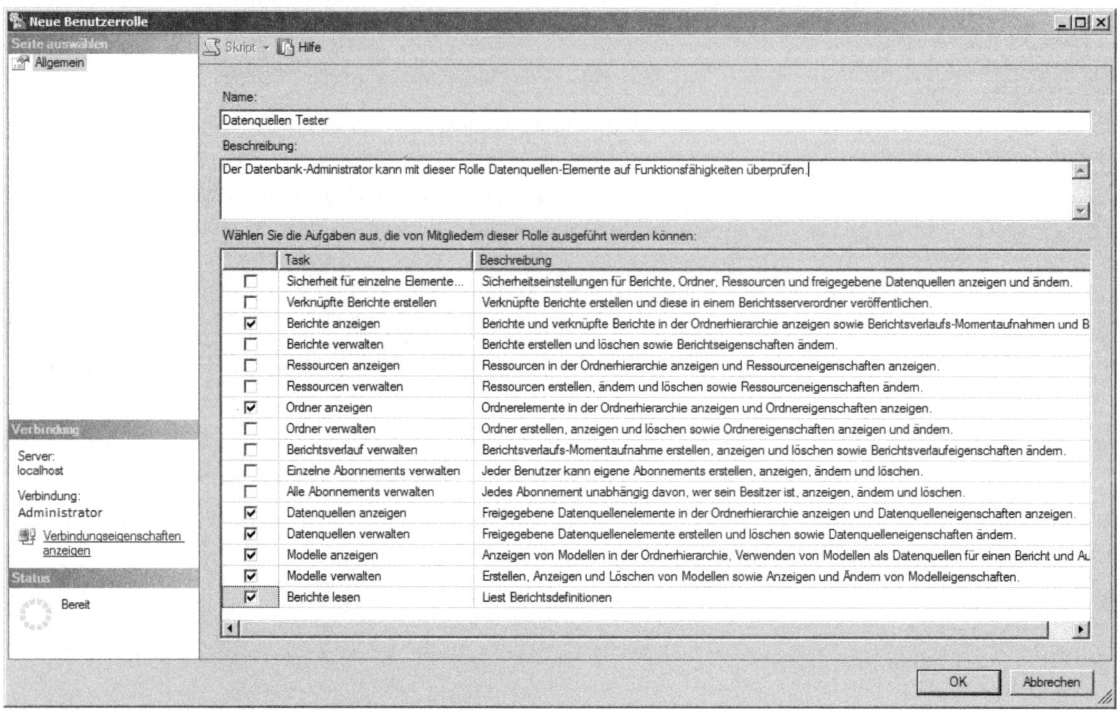

Abbildung 22.5 Eine neue Rolle auf Elementebene wird angelegt

4. Legen Sie einen Namen, z.B. *Datenquellen Tester*, für die Rollendefinition fest.
5. Geben Sie eine Beschreibung für die Rollendefinition ein.

HINWEIS Benutzer, die diese Rollendefinition auswählen, sollten aufgrund der von Ihnen an dieser Stelle eingegebenen Informationen verstehen können, wofür die Rolle verwendet wird. Stellen Sie ausreichend Informationen zur Verfügung, sodass der Benutzer oder die Benutzerin nicht die Rollendefinition öffnen muss, um die Aufgabenliste anzuzeigen.

6. Wählen Sie die Aufgaben für die Rollendefinition aus, die nötig sind, um Datenquellenelemente überprüfen zu können. Aktivieren Sie dazu die Kontrollkästchen vor den Aufgaben *Berichte anzeigen*, *Ordner anzeigen*, *Datenquellen anzeigen*, *Datenquellen verwalten*, *Modelle anzeigen*, *Modelle verwalten* und *Berichte lesen*.
7. Klicken Sie auf *OK*, um die neue Rollendefinition zu speichern.

Die Rollendefinition wird in der Berichtsserverdatenbank gespeichert. Nach dem Speichern steht sie allen Benutzern zur Verfügung, die die Berechtigung zum Erstellen von Rollenzuweisungen haben und kann von diesen Benutzern zugewiesen werden.

Wie Sie eine Rollendefinition ändern, erfahren Sie im nachstehenden Abschnitt.

Ändern einer Rollendefinition

Die im vorangegangenem Abschnitt erstellte Rollendefinition *Datenquellen Tester* soll geändert werden, da von nun an der Datenbank-Administrator den Zugriff auf die Datenquellen überprüfen soll, sondern auch den berichtsspezifischen Datenquellenzugriff.

Dazu muss er einen Zugriff auf die Eigenschaften von Berichten erhalten, d.h., die Aufgabe *Berichte verwalten* muss hinzugefügt werden.

So ändern Sie eine Rollendefinition:

1. Erweitern Sie bei geöffnetem SQL Server Management Studio im Objekt-Explorer mittels dem Plussymbol vor *Sicherheit* die Ansicht (Abbildung 22.2 auf Seite 356).
2. Erweitern Sie ebenso die Ansicht für *Rollen*, um zu den einzelnen Rollen auf Elementebene zu gelangen (Abbildung 22.3 auf Seite 357).
3. Klicken Sie mit der rechten Maustaste auf eine Rolle, z.B. *Datenquellen Tester*, die Sie ändern möchten, und wählen Sie im Kontextmenü den Eintrag *Eigenschaften* aus. Das Dialogfeld *Benutzerrolleneigenschaften* wird geöffnet (Abbildung 22.6).

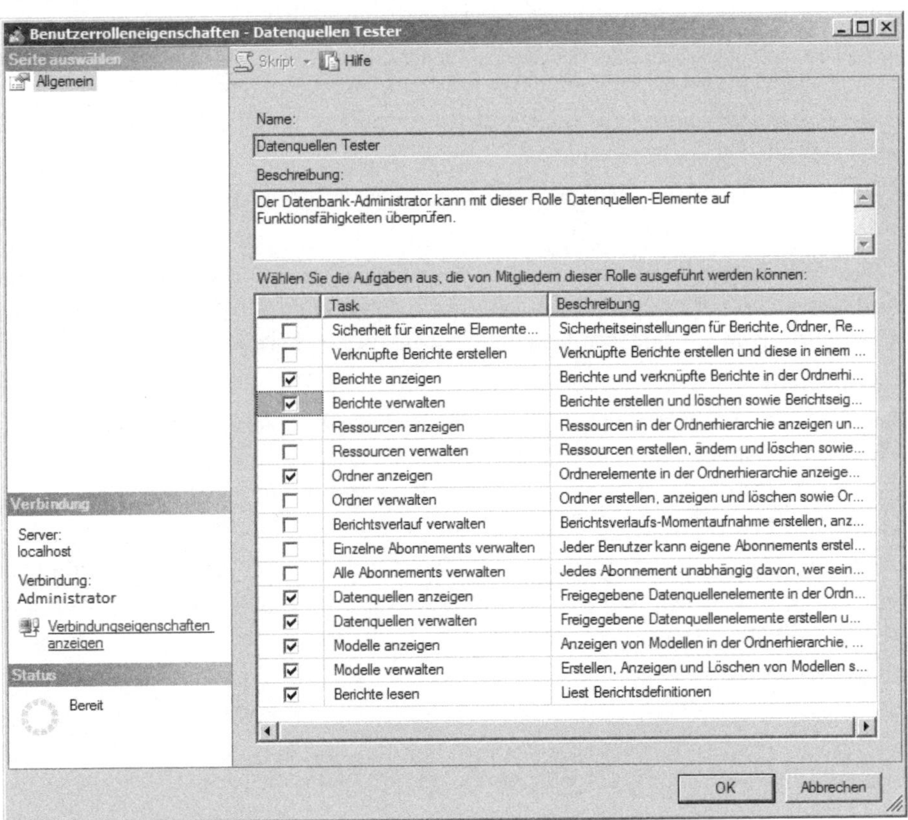

Abbildung 22.6 Der Datenquellen-Tester bekommt eine weitere Aufgabe zugeteilt

4. Aktivieren Sie in der Aufgabenliste das Kontrollkästchen *Berichte verwalten*.
5. Klicken Sie auf *OK*, um die Änderungen zu speichern.

Die geänderte Rollendefinition wird in der Berichtsserverdatenbank gespeichert. Die Änderungen wirken sich unmittelbar nach dem Speichern auf alle Rollenzuweisungen aus, die die Rollendefinition einschließen.

Wie Sie eine Rollendefinition löschen, erfahren Sie im folgenden Abschnitt.

Löschen einer Rollendefinition

Das Löschen von Rollendefinition – insbesondere, wenn diese verwendet werden – sollten Sie nur mit großer Umsicht vornehmen.

ACHTUNG Es ist nicht möglich, das Löschen von Rollendefinitionen rückgängig zu machen. Selbst wenn Sie eine zuvor gelöschte Rollendefinition mit demselben Namen und derselben Aufgabenliste erneut erstellen, werden Rollenzuweisungen, die diese Rollendefinition verwenden, der neuen Rollendefinition nicht zugeordnet.

HINWEIS Es ist nicht möglich, die Rollendefinition, die für die Funktionalität »Meine Berichte« ausgewählt ist, zu löschen, solange diese Funktionalität aktiviert ist.

Zum Löschen der für »Meine Berichte« verwendeten Rollendefinition müssen Sie diese Funktionalität zunächst deaktivieren oder eine andere Rollendefinition dafür auswählen, die die Zugriffe auf »Meine Berichte« ermöglicht.

Weitere Informationen zur Funktionalität »Meine Berichte« finden Sie in Kapitel 29.

Eine Rollendefinition, die Bestandteil mindestens einer Rollenzuweisung ist und die die Sicherheit für einen Berichtsserver definiert, kann nicht gelöscht werden.

Für einen Berichtsserver ist mindestens eine Rollenzuweisung auf Elementebene und eine Rollenzuweisung auf Systemebene erforderlich.

Die Rollendefinition, die Sie in den vorigen Abschnitten zu Testzwecken für den Datenbank-Administrator eingerichtet haben, wird nun nicht mehr benötigt, da der Administrator andere Aufgaben zugeteilt bekommen hat und Sie genug Erfahrung im Umgang mit Datenquellen gesammelt haben.

So löschen Sie eine Rollendefinition:

1. Erweitern Sie bei geöffnetem SQL Server Management Studio im Objekt-Explorer mittels dem Plussymbol vor *Sicherheit* die Ansicht (Abbildung 22.2 auf Seite 356).
2. Erweitern Sie ebenso die Ansicht für *Rollen*, um zu den einzelnen Rollen auf Elementebene zu gelangen (Abbildung 22.3 auf Seite 357).
3. Klicken Sie mit der rechten Maustaste auf die Rolle, z.B. *Datenquellen Tester*, die Sie löschen möchten, und wählen Sie im Kontextmenü den Eintrag *Löschen* aus. Das Dialogfeld *Katalogelemente löschen* (Abbildung 22.7) wird geöffnet.
4. Bestätigen Sie mit *OK*, um die Rolle zu löschen.

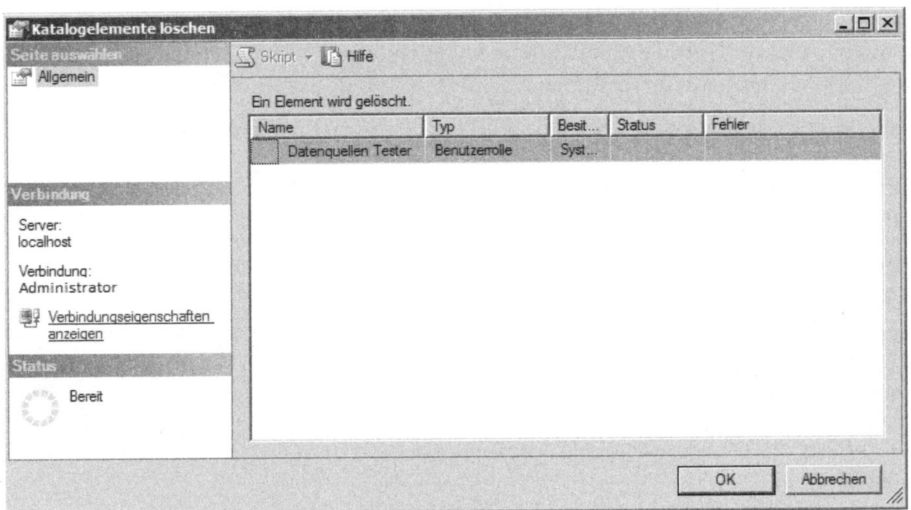

Abbildung 22.7 Die Rolle *Datenquellen Tester* wird gelöscht

Die Rollendefinition ist jetzt vom Berichtsserver gelöscht, wie Sie der Liste der Rollen im Objekt-Explorer entnehmen können.

Nachdem Sie nun den Umgang mit Rollendefinitionen kennengelernt haben, müssen Sie den Benutzern von Reporting Services über Rollenzuweisungen den Zugriff auf die System- bzw. Elementebene freischalten. Wie Sie Rollenzuweisungen einsetzen, wird im folgenden Abschnitt beschrieben.

Rollen zuweisen

Eine Rollenzuweisung ist eine Sicherheitsrichtlinie, welche Aufgaben über Rollendefinitionen enthält, die es Benutzern oder Gruppen erlaubt, bestimmte Elemente oder Zweige der Ordnerhierarchie des Berichtsservers auszuführen.

Sie können sich die Ordnerhierarchie räumlich als Zonen vorstellen, die in unterschiedlichem Maße gesichert und von verschiedenen Benutzern betreten werden können.

Um alle in Ihrem Unternehmen benötigten Möglichkeiten abzudecken, wie verschiedene Benutzer einen Ordner oder Bericht verwenden können, erstellen Sie mehrere Rollenzuweisungen und zwar eine Rollenzuweisung pro Benutzer- oder Gruppenkonto.

ACHTUNG Falls viele Benutzer und Gruppen denselben Zugriff benötigen, müssen Sie für jeden Benutzer bzw. jede Gruppe eine separate Rollenzuweisung erstellen, selbst wenn die Aufgaben und Berechtigungen für alle Benutzer identisch sind.

TIPP Um die Wartung einer größeren Menge von Rollenzuweisungen für viele Benutzer und Gruppen mit denselben Zugriffen zu erleichtern, empfiehlt es sich eine Gruppe in der Windows-Domäne anzulegen und dieser anschließend die benötigten Benutzer und Gruppen aus den einzelnen Rollenzuweisungen hinzuzufügen. Der Zugriff auf den Berichtsserver wird dann nur noch über eine Rollenzuweisung verwaltet.

Möchten Sie einzelnen Benutzern zusätzlich zu Ihren normalen Zugriffsrechten erweiterte Privilegien geben, um z.B. Verwaltungsaufgaben an diese zu delegieren, müssen Sie eine zusätzliche Rollenzuweisung für diese Benutzer mit Rollendefinitionen einrichten, die diesen erweiterten Zugriff ermöglichen.

Der Zugriff auf die Inhalte eines Berichtsservers wird durch Rollenzuweisungen gesteuert.

WICHTIG Der Berichtsserver benötigt mindestens eine Rollenzuweisung, die den Zugriff auf Elementebene gestattet, und eine weitere für den Zugriff auf Systemebene.

Alle Bestandteile der Ordnerhierarchie müssen mindestens mit einer Rollenzuweisung abgedeckt sein.

Es ist nicht möglich, ein nicht gesichertes Element oder System zu erstellen oder Einstellungen derart zu ändern, dass ein nicht gesichertes Element oder System entsteht. Nicht gesichert wäre ein Element oder System, wenn für dieses keine Rollenzuweisungen eingerichtet sind.

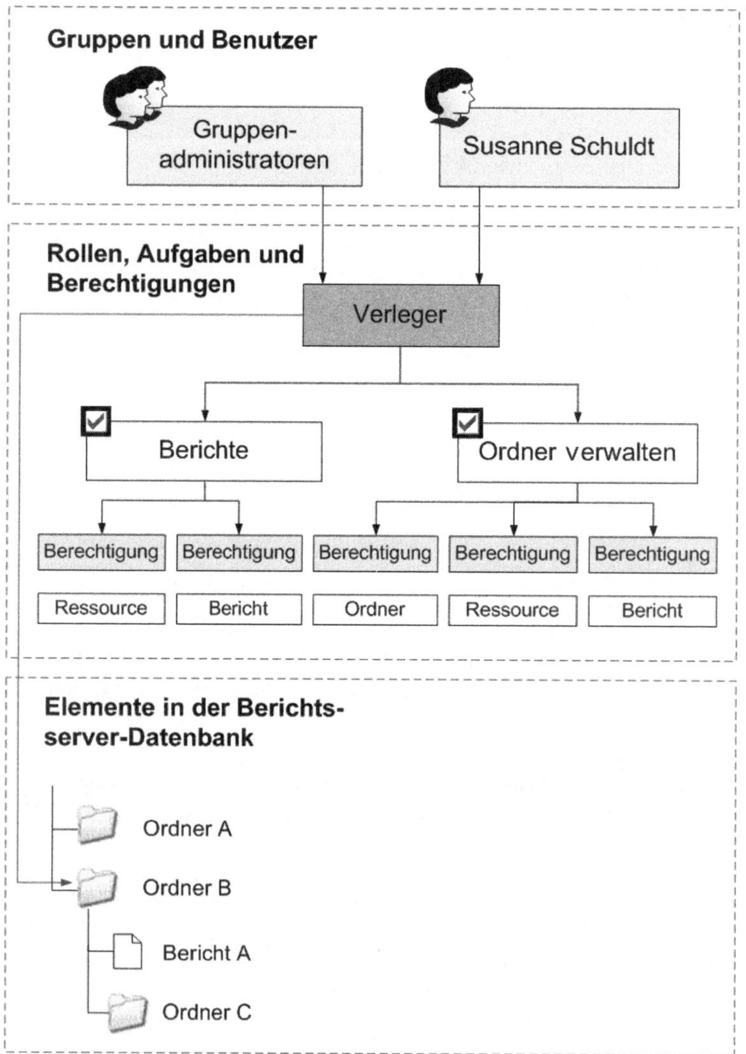

Abbildung 22.8 Beispiel einer Rollenzuweisung

Da die Sicherheit auf Elementebene über Ordner in der Ordnerhierarchie vererbt wird, können Sie Rollenzuweisungen für Elemente, z.B. Berichte, innerhalb des Ordners löschen. Denn der Bericht übernimmt dann die Rollenzuweisungen des direkt übergeordneten Ordners.

Die Abbildung 22.8 veranschaulicht eine Rollenzuweisung, die einer Gruppe und einem Benutzer die *Verleger*-Rolle zuordnet, die den Zugriff auf Ordner B beschreibt.

Benutzer und Gruppen in Rollenzuweisungen

Bei den Benutzer- oder Gruppenkonten, die Sie in einer Rollenzuweisung angeben, handelt es sich um Windows-Domänenkonten. Der Berichtsserver erstellt oder verwaltet zwar keine Benutzer und Gruppen aus einer Domäne, aber er verweist auf diese. Der Authentifizierungsvorgang erfolgt durch den Domänencontroller, also extern vom Berichtsserver.

Bei Rollenzuweisungen sollten Sie auf Folgendes achten:

- Rollenzuweisungen für ein bestimmtes Element dürfen nicht für dasselbe Benutzer- oder Gruppenkonto verwendet werden.

  Es ist also z.B. nicht möglich, zwei Rollenzuweisungen auf dasselbe Element zu erstellen, die das Benutzerkonto für »John Chen« (Angestellter der Beispieldatenbank *AdventureWorks2008*) enthalten.

- Ist ein Benutzerkonto zusätzlich Mitglied eines Gruppenkontos und sind für beide Konten Rollenzuweisungen vorhanden, stehen diesem Benutzer die Aufgaben beider Rollenzuweisungen zur Verfügung.

  Angenommen, der Benutzer »John Chen« ist ein Mitglied der Gruppe »Zweigstellen-Manager«, und es sind Rollenzuweisungen für »John Chen« und »Zweigstellen-Manager« vorhanden, so bestimmen in diesem Fall die für beide Rollenzuweisungen insgesamt ausgewählten Aufgaben, welche Zugriffsrechte John auf ein bestimmtes Element hat.

- Wenn Sie einer Gruppe, die bereits Teil einer Rollenzuweisung ist, einen Benutzer hinzufügen, ist die Rollenzuweisung für diesen Benutzer sofort wirksam.

ACHTUNG Sollte der Benutzer bereits eine Verbindung zum Berichts-Manager in einem Browser geöffnet haben, muss dieser eine Aktualisierung des Caches mittels `Strg`+`F5` vornehmen. Andernfalls wird der Benutzer von der geänderten Berechtigung nichts bemerken.

Mit der Installation von Reporting Services 2008 R2 wurden einige Rollenzuweisungen vordefiniert. Diese werden im nachstehenden Abschnitt kurz beschrieben.

Vordefinierte Rollenzuweisungen

Standardmäßig sind im Berichtsserver vordefinierte Rollenzuweisungen implementiert, mit denen Administratoren Inhalte anzeigen und verwalten können.

ACHTUNG Die vordefinierten Rollenzuweisungen ermöglichen jedem Administrator mit der Zugriffsberechtigung für den Webserver, der den Berichtsserver hostet, den vollständigen Zugriff auf den Berichtsserver.

TIPP Wenn Sie mit den vordefinierten Rollendefinitionen nicht einverstanden sind, können Sie diese durch benutzerdefinierte Rollenzuweisungen ersetzen, die spezifische Benutzerkonten enthalten. Dann haben nur diese Benutzer Zugriff auf die Elemente, die durch die Rollenzuweisungen abgedeckt sind.

Die vorgefertigten Rollenzuweisungen bestehen aus der integrierten Windows-Gruppe »Administratoren«, Rollen und einem Sicherheitskontext.

Folgende vordefinierte Rollenzuweisungen sind standardmäßig eingerichtet:

- **Systemadministrator** Das sicherbare Element ist das ganze System
- **Inhalts-Manager** Das sicherbare Element ist die gesamte Ordnerhierarchie, da die Rollenzuweisung vom *Stamm*-Ordner ausgeht

---

WICHTIG Beachten Sie, dass mindestens zwei Rollenzuweisungen erforderlich sind, um einen umfassenden Zugriff auf einen Berichtsserver zu ermöglichen.

Rollenzuweisungen auf Systemebene unterstützen Vorgänge, die die Berichtsserversite insgesamt betreffen. Rollenzuweisungen auf Elementebene ermöglichen den Zugriff auf die Ordnerhierarchie.

Weitere Informationen zu den Sicherheitsebenen finden Sie im Abschnitt »Aufgaben und ihre Berechtigungen« ab Seite 353.

Sie müssen zusätzliche Rollenzuweisungen erstellen, um einen Berichtsserver für andere Benutzer zugänglich zu machen. Diese benutzerdefinierten Rollenzuweisungen sind Thema des folgenden Abschnitts.

Benutzerdefinierte Rollenzuweisung

Rollenzuweisungen steuern den gesamten Zugriff auf einen Berichtsserver. Sie sollten deshalb unbedingt wissen, wie dort Rollenzuweisungen erstellt und verwaltet werden.

WICHTIG Beim Definieren von Rollenzuweisungen für Berichtsbenutzer sollten Sie mindestens zwei Rollenzuweisungen für die System- und Ordnerhierarchie definieren, um einen Standardzugriff und einen Zugriff für die Administratoren einzurichten.

Diese zwei Rollenzuweisungen werden bei der Installation nicht standardmäßig erzeugt.

Eine typische Konfiguration besteht darin, integrierten Windows-Konten wie etwa »Jeder« (ein Konto von Internetinformationsdienste) oder »Benutzer« (ein globales Domänenkonto) zu erstellen und dann diese Konten Rollen zuzuweisen, die den schreibgeschützten Zugriff auf einen Berichtsserver ermöglichen.

Zusammen mit den zwei Rollenzuweisungen für Administratoren stellt diese Konfiguration ein Zugriffsmodell dar, das für viele Firmen ausreicht.

Überprüfen Sie, ob eines der beiden Domänenkonten »Jeder« oder »Benutzer« vorhanden ist. Gegebenenfalls erstellen Sie sich ein entsprechendes Konto. Die Informationen zum Anlegen von Domänenkonten finden Sie in der Onlinehilfe von Windows.

Für den Fall, dass Sie einer großen Benutzergruppe schnell den beschränkten Zugriff erteilen möchten, erstellen Sie diese Rollenzuweisungen folgendermaßen:

1. Im geöffneten Berichts-Manager klicken Sie oben rechts auf *Siteeinstellungen*.
2. Klicken Sie auf *Sicherheit*. Die vorhandenen Rollenzuweisungen werden angezeigt (Abbildung 22.9).

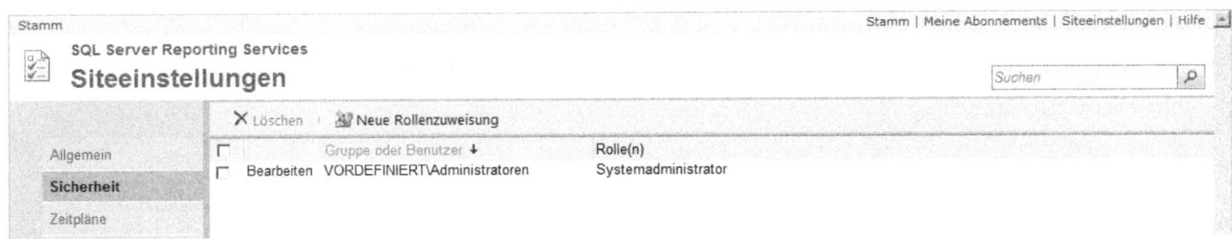

Abbildung 22.9 Vorhandene Rollenzuweisungen auf Systemebene

3. Klicken Sie auf *Neue Rollenzuweisung*, um die nötigen Angaben für eine neue Rollenzuweisung, wie in Abbildung 22.10 zu sehen, durchführen zu können.

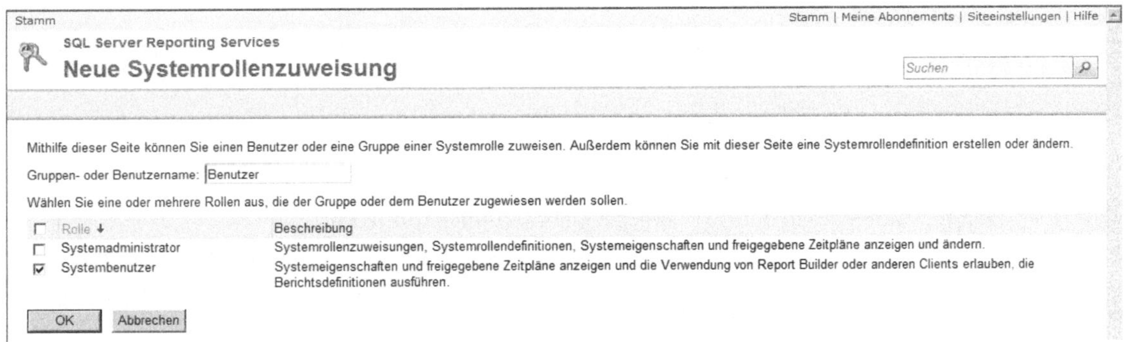

Abbildung 22.10 Eine Systemrollenzuweisung für das Windows-Gruppenkonto *Benutzer* wird angelegt

4. Geben Sie im Textfeld *Gruppen- oder Benutzername* den Namen eines Gruppenkontos ein, für das Sie den Zugriff auf den Berichtsserver gewähren möchten. Für den Zugriff aller Benutzer geben Sie *Benutzer* (ein integriertes Windows-Domänenkonto) ein.
5. Aktivieren Sie das Kontrollkästchen für die *Systembenutzer*-Rolle aus der Liste der vorhandenen Rollen.
6. Klicken Sie auf *OK*. Es wird nun überprüft, ob das Windows-Konto existiert, und anschließend gelangen Sie wieder zur Seite der vorhandenen Rollenzuweisungen (Abbildung 22.9 auf Seite 371).

HINWEIS Sollten Sie für eine Rollenzuweisung ein Benutzer- oder Gruppenkonto angeben, das nicht existiert, so erhalten Sie beim Versuch, diese zu speichern, die Fehlermeldung von Abbildung 22.11.

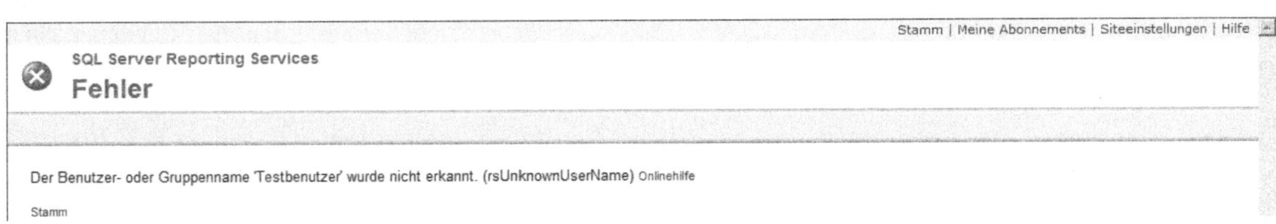

Abbildung 22.11 Es wurde versucht, für eine Rollenzuweisung den nicht existierenden »Testbenutzer« anzugeben

In diesem Fall wird die Rollenzuweisung nicht angelegt.

7. Nachdem Sie die Rollenzuweisung für die Systemebene angelegt haben, muss nun noch jene der Elementebene angelegt werden. Klicken Sie dazu auf *Stamm*.

8. Wählen Sie in der oberen Symbolleiste das Feld *Ordnereinstellungen* aus.
9. Nun klicken Sie auf *Neue Rollenzuweisung*. Die Seite von Abbildung 22.12 wird angezeigt.

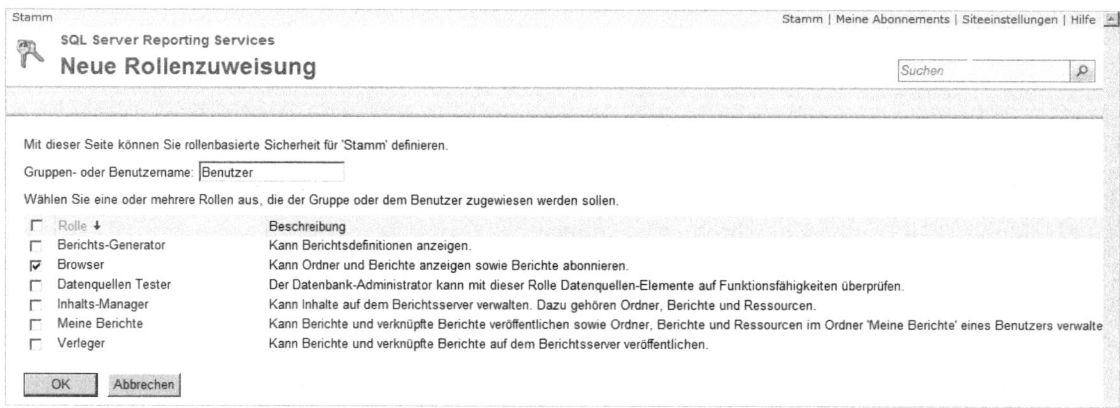

Abbildung 22.12 Eine Rollenzuweisung für das Windows-Gruppenkonto *Benutzer* wird angelegt

10. Geben Sie den Namen des in Schritt 4 angegebenen Gruppenkontos ein.
11. Aktivieren Sie in der Liste der vorhandenen Rollen das Kontrollkästchen für die *Browser*-Rolle.
12. Klicken Sie auf *OK*. Sie gelangen wieder zur *Sicherheit*-Eigenschaftenseite von *Stamm* (Abbildung 22.13).

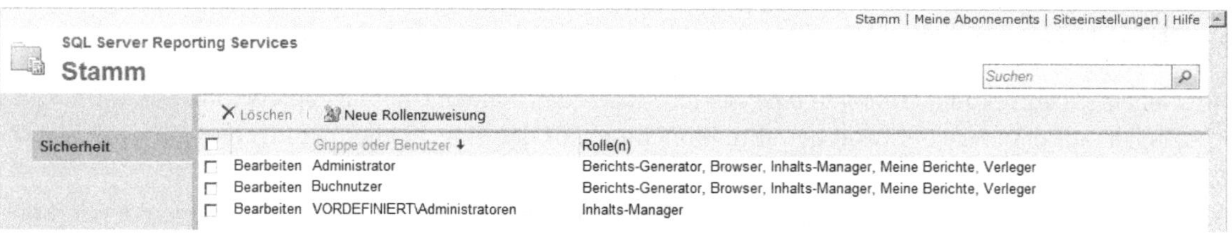

Abbildung 22.13 Vorhandene Rollenzuweisungen auf Elementebene für *Stamm*

Damit verfügen Sie über zwei Rollenzuweisungen, die Benutzern den Zugriff auf einen Berichtsserver zum Anzeigen von Elementen gewähren, angelegt.

ACHTUNG Die integrierten Windows-Gruppen »Jeder« und »Benutzer« enthalten alle Benutzerkonten, die Zugriff auf Ihren Webserver haben oder in Ihrer Domäne definiert sind. Wenn Sie weniger Benutzern den schreibgeschützten Zugriff gewähren möchten, sollten Sie andere Benutzerkonten auswählen bzw. Gruppenkonten anlegen.

Erstellen Sie weitere Rollenzuweisungen, um zusätzliche Zugriffe zu unterstützen, z.B. sollten Berichtsautoren, die Berichte auf einem Berichtsserver publizieren, der *Verleger*-Rolle für die entsprechenden Ordner des Berichtsservers zugewiesen werden.

In der Regel beinhalten zusätzlich erstellte Rollenzuweisungen Ordner oder Berichte, die bestimmten Benutzern oder Gruppen zusätzliche Zugriffe ermöglichen.

Beispiel: Sollte Ihr Vertriebsteam die zugehörigen Vertriebsberichte in separaten Ordner speichern, dann ist es erforderlich, dass Sie diesen Ordnern entsprechende Rollenzuweisungen hinzufügen, mit denen die Mitarbeiter im Vertriebsteam im Rahmen der Berichterstellungsaktivitäten die Inhalte der Ordner verwalten können.

Wenn Sie vertrauliche Berichte bereitstellen möchten, erstellen Sie Rollenzuweisungen, die sicherstellen, dass die Berichte nur von autorisierten Benutzern eingesehen werden können.

Bei der Sicherung von Ordnern, Ressourcen und freigegebenen Datenquellen etc. müssen verschiedene Aspekte beachtet werden. Welche das sind und wie Sie damit arbeiten, erläutert der folgende Abschnitt.

Was ist bei der Sicherheit von Elementen zu beachten?

Die Sicherheit aller Elemente auf einem Berichtsserver ist eng an die richtigen Rollenzuweisungen gekoppelt. In diesem Abschnitt erfahren Sie mehr über das Sichern der Elemente *Ordner*, *Bericht*, *Ressource* und *Freigegebene Datenquelle*.

Sicherheit von Ordnern

Die Ordnersicherheit ist die Grundlage für die Sicherung des gesamten Inhalts auf einem Berichtsserver. Da die Sicherheit in der Ordnerhierarchie weitervererbt wird, können Sie für große oder kleine Abschnitte der Ordnerhierarchie eine bestimmte Zugriffsart zulassen. Sie sollten Folgendes beachten, um einen sicheren Berichtsserver zu haben:

- Ordner mit einer hohen Sicherheit können zum Speichern vertraulicher Berichte oder als Testbereiche verwendet werden.

  Beispielsweise können Sie Berichte in einem Ordner testen, bevor Sie diese an den endgültigen Speicherort verschieben. Um den Zugriff zu steuern, können Sie eine Rollenzuweisung definieren, die nur Berichterstellern das Hinzufügen und Löschen von Elementen erlaubt und eine zweite Rollenzuweisung, die Testern das Ausführen von Berichten, aber nicht das Hinzufügen oder Entfernen von Elementen erlaubt. Die Rollenzuweisungen werden explizit für Tester und Berichtsautoren definiert, weshalb keine anderen Benutzer (außer lokalen Systemadministratoren) Zugriff auf den Ordner haben.

- Ordner mit einer niedrigen Sicherheit können zum Speichern von Berichten verwendet werden, auf die der Zugriff problemlos möglich sein soll.

  Beispielsweise kann ein Ordner zum Speichern eines Berichtes eingerichtet werden, der Kontaktdaten von Mitarbeitern enthält und der wöchentlich mithilfe einer Mitarbeiterdatenbank generiert wird. Gleiches gilt auch für einen Umsatzbericht, auf den alle Benutzer der Organisation Zugriff haben sollen.

- Die Ordnersicherheit stellt die Grundlage der Sicherheit auf Elementebene dar, ausgehend vom Stammknoten der Ordnerhierarchie des Berichtsservers, dem *Stamm*-Ordner. Da die Sicherheit vererbt wird, empfiehlt es sich, eine restriktive Sicherheitsrichtlinie für den *Stamm*-Ordner festzulegen. Bei den vordefinierten Rollenzuweisungen in Reporting Services ist genau dies der Fall, weil sie den meisten Benutzern den schreibgeschützten Zugriff ermöglichen.

WICHTIG Die Rollenzuweisungen, die Sie für einen Ordner erstellen, können in stärkerem Maße als alle anderen Formen der Sicherheit auf Elementebene (z.B. das Sichern eines einzelnen Berichts oder einer einzelnen Ressource) weit reichende Konsequenzen haben. Die Rollenzuweisung für einen Ordner kann auf Elementen, die in diesem enthalten sind, angewendet werden. Diese Tatsache sollten Sie beim Definieren der Ordnersicherheit berücksichtigen.

Verwenden Sie beim Erstellen von Rollenzuweisungen für Ordner die in der Tabelle 22.3 aufgeführten Aufgaben.

Verwendete Aufgaben	Für den Zugriff der Benutzer auf folgende Elemente
Ordner anzeigen	Benutzer mit dieser Aufgabe können Ordnerelemente in der Ordnerhierarchie sehen und deren schreibgeschützte Eigenschaften, die Auskunft geben, wann der Ordner erstellt und geändert wurde. Die Benutzer können Elemente im Ordner nur anzeigen, wenn die Rollenzuweisungen auch die Aufgaben *Berichte anzeigen*, *Ressourcen anzeigen* und/oder *Datenquellen anzeigen* enthalten.
Ordner verwalten	Mit dieser Aufgabe können Benutzer auf die Verwaltungsseite *Eigenschaften*, die den Namen, eine Beschreibung und die Angaben zum Erstellen und Ändern enthält, zugreifen und deren Werte ändern. Außerdem können die Benutzer den Ordner an einen anderen Speicherort verschieben. Diese Aufgabe ermöglicht Benutzern das Hinzufügen neuer Ordner mittels der Seite *Neuer Ordner*. Informationen zum Arbeiten mit Ordnern erhalten Sie in Kapitel 15.
Berichte verwalten	Mittels dieser Aufgabe haben Benutzer Zugriff auf die Seite *Datei uploaden*, mit der sie Berichte, welche als *.rdl*-Datei vorhanden sind, aus dem Dateisystem zu einem Ordner hinzufügen können. Informationen zum Hochladen einer *.rdl*-Datei erhalten Sie in Kapitel 15. Worum es sich genau bei RDL (Report Definition Language) handelt und welche Möglichkeiten diese Sprache bietet, können Sie in Kapitel 21 nachlesen.
Datenquellen verwalten	Mittels dieser Aufgabe haben Benutzer Zugriff auf die Seite *Neue Datenquelle*, auf der sie ein neues, freigegebenes Datenquellenelement zu einem Ordner hinzufügen können. Weitere Information zum Arbeiten mit Datenquellen erhalten Sie in Kapitel 21.
Sicherheit für einzelne Elemente festlegen	Mittels dieser Aufgabe haben Benutzer Zugriff auf die Eigenschaftenseite *Sicherheit*. Benutzer, die diese Seite öffnen können, steuern, wie sie selbst und andere Benutzer auf den Ordner zugreifen. Diese Aufgabe muss zusammen mit *Ordner anzeigen* oder *Ordner verwalten* verwendet werden. Andernfalls zeigt sie keine Wirkung, weil der Benutzer das Element nicht auswählen kann.

Tabelle 22.3 Wichtige Aufgaben für Rollenzuweisungen für Ordner

Sicherheit von Berichten und Ressourcen

Die Sicherheit kann für einzelne Berichte und Ressourcen festgelegt werden, um die Zugriffsebene der Benutzer für diese Objekte zu steuern.

Standardmäßig können Benutzer Berichte erst dann ausführen bzw. Ressourcen erst dann anzeigen, nachdem Rollenzuweisungen erstellt wurden, die ihnen den Zugriff auf den Berichtsserver gewähren.

Benutzer, die Mitglieder der integrierten Gruppe Administratoren sind, können Berichte ausführen, Ressourcen anzeigen, Eigenschaften ändern und Elemente löschen.

Beachten Sie für die Sicherheit von Berichten und Ressourcen Folgendes:

- Es ist nicht zu empfehlen, die Sicherheit auf der Berichts- oder Ressourcen-Ebene festzulegen, da die Wartung auf dieser (niedrigsten) Ebene sehr aufwendig wird. Es reicht in den meisten Fällen aus, die Rollenzuweisungen des übergeordneten Ordners zu verwenden, die ohne weitere Administrationsarbeit sowieso ererbt werden.
- Ein typisches Sicherheitskonzept besteht darin, den Zugriff auf einen Ordner auf eine kleinere Benutzergruppe zu beschränken und allen oder einigen Benutzern zusätzliche Privilegien zur Verwaltung der darin enthaltenen Berichte zu gewähren.

  Dazu müssen Sie typischerweise mehrere Rollenzuweisungen erstellen. Angenommen, Sie möchten einen Bericht den Benutzern Anna und Fernando sowie Personalverwaltungs-Managern zur Verfügung stellen. Anna und Fernando müssen den Bericht verwalten können, aber die Personalverwaltungs-Manager müssen ihn nur ausführen können.

Dazu erstellen Sie drei separate Rollenzuweisungen: je eine Rollenzuweisung, um Anna bzw. Fernando zu einem Inhalts-Manager des Berichts zu machen, sowie eine Rollenzuweisung zur Unterstützung schreibgeschützter Aufgaben für die Gruppe der Personalverwaltungs-Manager.

- Die Sicherheitseinstellungen eines Berichts oder einer Ressource bleiben dem Element selbst dann zugeordnet, wenn Sie es an einen neuen Speicherort verschieben.

  Wenn Sie z.B. einen Bericht verschieben, auf den nur wenige Personen Zugriff haben, ist dieser Bericht auch weiterhin nur für diese Benutzer verfügbar, auch wenn Sie ihn in einen Ordner mit einer offeneren Sicherheitsrichtlinie verschieben.

WICHTIG Berichte mit vertraulichen Informationen sollten auf der Datenzugriffsebene gesichert werden. Benutzer müssen in diesem Fall Anmeldeinformationen bereitstellen, um auf die vertraulichen Daten zugreifen zu können.

Weitere Informationen zum Thema Anmeldeinformationen für Datenquellen finden Sie in Kapitel 21.

Sicherheit von Berichten für den globalen Zugriff

Das Standardsicherheitsmodell in Reporting Services basiert auf der Windows-Authentifizierung. Die Windows-Authentifizierung ist am besten für die Bereitstellung von Reporting Services in einem Intranetszenario geeignet. Wenn das Bereitstellungsmodell dagegen Internet- oder Extranetzugriff erfordert, müssen Sie die Windows-Authentifizierung möglicherweise durch ein benutzerdefiniertes Authentifizierungsschema ergänzen oder ersetzen, das mehr Steuerungsmöglichkeiten für Zugriffe externer Benutzer auf den Berichtsserver bietet.

In dieser Version von Reporting Services können Sie die standardmäßige Windows-Sicherheitserweiterung durch eine benutzerdefinierte Sicherheitserweiterung ergänzen oder ersetzen, die Sie erstellen und bereitstellen.

Für die benutzerdefinierte Sicherheit gelten folgende Anforderungen und Empfehlungen:

- Benutzerdefinierte Sicherheitserweiterungen werden in der Enterprise-Edition von Reporting Services 2008 R2 unterstützt. Die Standard-Edition unterstützt benutzerdefinierte Sicherheit nicht.
- Benutzerdefinierte Sicherheit sollte ein Webformular zur Erfassung des Benutzernamens und des Kennwortes umfassen, die dann verarbeitet und gespeichert werden. Sie sollten SSL (Secure Sockets Layer) verwenden, um die sichere Übertragung dieser Informationen zu gewährleisten.
- Für die benutzerdefinierte Sicherheit müssen Sie den Webserver für die Verwendung des anonymen Zugriffs konfigurieren

Wenn Sie die Unterstützung externer Benutzer ermöglichen möchten, ohne eine benutzerdefinierte Sicherheitserweiterung zu programmieren, können Sie die Windows-Authentifizierung oder Microsoft Active Directory verwenden.

Im Folgenden werden alternative Konzepte beschrieben, mit denen Sie dieses Szenario umsetzen können:

- Erstellen Sie ein Domänenbenutzerkonto, das nur schreibgeschützte Berechtigungen auf niedriger Ebene aufweist. Dieses Konto benötigt Zugriff auf den Computer, der den Berichtsserver hostet.
- Erstellen Sie Rollenzuweisungen, die das Benutzerkonto bestimmten Elementen in der Ordnerhierarchie des Berichtsservers zuordnen. Sie können den Zugriff auf schreibgeschützte Vorgänge beschränken, indem Sie die vordefinierte *Browser*-Rolle für die Rollenzuweisung auswählen.

- Konfigurieren Sie für Datenquellenverbindungen die integrierte Sicherheit von Windows NT, falls Sie unter Verwendung des Sicherheitskontextes des Benutzers auf eine Datenquelle zugreifen möchten. Alternativ können Sie gespeicherte Anmeldeinformationen verwenden, die ein anderes Benutzerkonto angeben. Diese Vorgehensweise ist sinnvoll, wenn Sie die externe Datenquelle mithilfe eines Kontos abfragen möchten, das sich von dem Konto unterscheidet und das den Zugriff auf den Berichtsserver ermöglicht.

  Weitere Informationen zum Thema Datenquellen und deren Konfiguration finden Sie in Kapitel 21.

Sicherheit freigegebener Datenquellenelemente

Sie können ein freigegebenes Datenquellenelement absichern, um den Zugriff darauf zu aktivieren bzw. zu deaktivieren.

Zum Festlegen der Sicherheit erstellen Sie eine Rollenzuweisung, die angibt, welches Benutzer- oder Gruppenkonto Zugriff auf die freigegebene Datenquelle hat. Benutzer mit Zugriff auf ein freigegebenes Datenquellenelement können dessen Namen, Beschreibung, Verbindungszeichenfolge oder Anmeldeinformationen ändern.

Ein Benutzer mit dem Mindestzugriffsrecht auf eine freigegebene Datenquelle (z.B. der Zugriff über die *Browser*-Rolle) kann die Liste der Berichte anzeigen, die die Datenquelle verwenden, vorausgesetzt der Benutzer hat auch die Berechtigung zum Anzeigen der Berichte selbst.

Ein Benutzer mit zusätzlichen Zugriffsrechten (z.B. über die *Inhalts-Manager*-Rolle) kann Eigenschaften für die freigegebene Datenquelle anzeigen und festlegen.

Beachten Sie beim Erstellen von Rollenzuweisungen für freigegebene Datenquellen die in Tabelle 22.4 aufgeführten Aufgaben.

Verwendete Aufgabe	Für den Zugriff der Benutzer auf folgende Elemente
Datenquellen anzeigen	Benutzer können mit dieser Aufgabe ein freigegebenes Datenquellenelement in der Ordnerhierarchie anzeigen. Ohne diese Aufgabe wissen diese möglicherweise nicht, dass eine Datenquelle verfügbar ist.
Datenquellen verwalten	Mittels dieser Aufgabe haben Benutzer Zugriff auf die Verwaltungsseite *Eigenschaften*, die den Namen, die Beschreibung und die Verbindungsinformationen enthält. Mit dieser Aufgabe wird ein freigegebenes Datenquellenelement auch in der Ordnerhierarchie angezeigt. Wenn für Benutzer diese Aufgabe ausgewählt wird, brauchen diese die Aufgabe *Datenquellen anzeigen* nicht.
Sicherheit für einzelne Elemente festlegen	Mittels dieser Aufgabe haben Benutzer Zugriff auf die Eigenschaftenseite *Sicherheit*. Benutzer, die diese Seite öffnen können, steuern, wie sie und andere Benutzer auf die freigegebene Datenquelle zugreifen. Diese Aufgabe muss zusammen mit *Datenquellen anzeigen* oder *Datenquellen verwalten* verwendet werden. Andernfalls zeigt diese Aufgabe keine Wirkung, weil der Benutzer das Element nicht auswählen kann.

Tabelle 22.4 Wichtige Aufgaben für Rollenzuweisungen für freigegebene Datenquellen

Sicherheit von *Meine Berichte*

Meine Berichte stellt einen vom Benutzer verwalteten Arbeitsbereich zum Arbeiten mit Berichten bereit. Da der Ordner *Meine Berichte* jeweils nur von einem Benutzer verwendet wird, sind im Vergleich zu anderen Ordnern, die zur allgemeinen Verwendung dienen, für den *Meine Berichte*-Ordner weniger restriktive Berechtigungen erforderlich.

Benutzer, die nur die Berechtigung zum Anzeigen und Ausführen von Berichten haben, benötigen erweiterte Berechtigungen, um ihren Ordner *Meine Berichte* und den Inhalt, der ihnen gehört, zu verwalten. Reporting Services enthält für diesen Zweck standardmäßig eine Rollendefinition *Meine Berichte* sowie eine Rollenzuweisung mit selbigem Namen.

Die Rollenzuweisung für *Meine Berichte* enthält vorgefertigte Elemente und wird automatisch für jeden Benutzer erstellt, der einen Ordner *Meine Berichte* aktiviert. Die automatische Zuweisung der Sicherheit durch den Berichtsserver ist besonders hilfreich für Organisationen, die *Meine Berichte* auf breiter Basis verwenden, weil es nicht notwendig ist, dass Administratoren den Zugriff für jeden Benutzer aktivieren.

Eine Rollenzuweisung für *Meine Berichte* setzt sich aus folgenden Bestandteilen zusammen:

- Der *Meine Berichte*-Ordner des Benutzers, der im Ordner *Benutzerordner\<Benutzername>\Meine Berichte* gespeichert ist
- Dem Benutzerkonto, das beim Aktivieren des Ordners *Meine Berichte* von Reporting Services ermittelt wird. Ein Ordner wird aktiviert, wenn ein Benutzer auf seinen Ordner *Meine Berichte* im Berichts-Manager klickt oder wenn ein Bericht per Berichts-Designer im *Meine Berichte*-Ordner publiziert wird.

  Dieser Ordner wird außerdem aktiviert, wenn ein Benutzer Informationen über den *Meine Abonnements*-Link anfordert.
- Die vordefinierte Definition der *Meine Berichte*-Rolle, die für alle Benutzer identisch ist. Sie umfasst Aufgaben, die die Inhaltsverwaltung eines *Meine Berichte*-Ordners ermöglichen.

  Sie können diese Rolle zwar für eine beliebige Sicherheitsrichtlinie auf Elementebene auswählen, aber davon ist abzuraten, um zu verhindern, dass Sie die Rolle für andere Ordneranforderungen anpassen.

  Wenn Sie die *Meine Berichte*-Rolle nur für die Funktionalität von »Meine Berichte« reservieren, trägt dies dazu bei, dass die Benutzer einen einheitlichen Zugriff für ihre *Meine Berichte*-Ordner vorfinden.

  Standardmäßig können nur Berichtsserveradministratoren die *Meine Berichte*-Rolle ändern. Diese können die Rolle anpassen, indem sie die darin enthaltenen Aufgaben ändern. Alternativ können Berichtsserveradministratoren diese Rolle durch eine andere ersetzen.

Möchten Sie mehr über die Funktionalität »Meine Berichte« erfahren und wissen, wie diese aktiviert bzw. deaktiviert werden kann, lesen Sie dies in Kapitel 29 nach.

Nachdem Sie nun vieles über das Sicherheitsmodell von Reporting Services erfahren haben, beschäftigt sich das folgende Kapitel mit den Datenquellen und deren Einstellungsmöglichkeiten.

Kapitel 23

Berichtsausführung und Auftragsverwaltung

In diesem Kapitel:

Nicht alle Berichte müssen unbedingt in dem Moment generiert werden, in dem sie von einem Benutzer geöffnet werden. Oft ist es von Vorteil, die Generierung von dem Öffnen eines Berichts abzukoppeln.

Denken Sie zum Beispiel an einen Monatsbericht, der dem gesamten Folgemonat als Entscheidungsgrundlage dient und daher immer wieder aufgerufen wird. Standardmäßig wird dieser bei jedem Öffnen komplett neu generiert, immer mit exakt demselben Ergebnis. Dieser Umstand führt zur der Überlegung, ob diese Ressourcenverschwendung eigentlich sein muss. Kann man den Bericht nicht einmal rendern und dann den Nutzern immer wieder zur Verfügung stellen? Mithilfe der richtigen Einstellungen in der Berichtsausführung ist das möglich.

Aber auch, wenn Berichte sehr umfangreich sind und die Benutzer unzumutbar lange auf die Fertigstellung warten müssen, kann es sinnvoll sein, Berichte vorab zu generieren, um so die Wartezeit des Benutzers beim Abruf auf ein Minimum zu reduzieren.

Wenn eine explizite Vorabgenerierung nicht in Frage kommt, weil die Berichte dann nicht aktuell genug wären, oder das Verfahren nicht flexibel genug ist, Sie aber trotzdem das Problem haben, dass regelmäßig die Performance einbricht, weil viele Benutzer zur selben Zeit Berichte abrufen, gibt es die Möglichkeit, Berichte nach deren Abruf eine festgelegte Zeitspanne vorzuhalten und beim nächsten Abruf nicht vollständig neu zu generieren, um Ihre Server zu entlasten und die Performance zu verbessern.

Aber auch wenn Sie einmal in die Verlegenheit kommen sollten, die Verarbeitung von Berichten abbrechen zu müssen, erfahren Sie in diesem Kapitel mehr hierzu.

Schritte der Berichtsausführung

Betrachten Sie zunächst den normalen Ablauf bei der Ausführung eines Berichts:

Ein Bericht wird ausgeführt, wenn ein Benutzer oder der Berichtsserver auf einen Bericht zugreift. Während der Berichtsausführung verarbeitet der Berichtsserver den Bericht phasenweise, wie in Abbildung 23.1 dargestellt. Zu diesen Phasen gehören die Datenverarbeitung, die Berichtsverarbeitung und das Rendering.

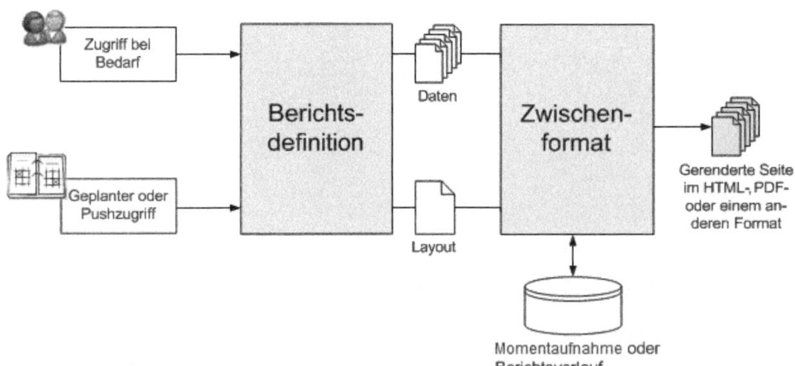

Abbildung 23.1 Ausführungsphasen bis zur Anzeige eines Berichts

Am Anfang der Berichtsausführung steht eine publizierte Berichtsdefinition. Eine Berichtsdefinition enthält eine oder mehrere Abfragen, welche für die Datenverarbeitung verwendet werden. Während dieser Berichtsverarbeitungsphase werden Layoutinformationen sowie Codeverweise oder Ausdrücke bearbeitet.

Daten- und Berichtsverarbeitung kombinieren das entstandene Dataset mit Layoutinformation aus der Berichtsdefinition, um einen Bericht in einem Zwischenformat zu erstellen. Das Zwischenformat wird entweder für den schnellen Abruf gespeichert, z.B. als Momentaufnahme (Snapshot), oder direkt an eine Renderingerweiterung, z.B. HTML-Viewer, weitergeleitet.

Der letzte Schritt ist dann die Konvertierung des Berichts in ein für den Benutzer darstellbares Format, das sogenannte Rendering.

Nach Abschluss der Verarbeitung werden die Berichte als Laufzeitassembly kompiliert und auf dem Berichtsserver ausgeführt.

Der Berichtsserver kann das Zwischenformat auf verschiedene Weise verwenden:

- zur Zwischenspeicherung
- für Momentaufnahmen oder
- zur Speicherung im Berichtsverlauf.

Genauere Informationen zu Momentaufnahmen und Berichtsverlauf finden Sie in Kapitel 25.

Beim Zugriff auf einen Bericht bei Bedarf oder durch Pushzugriff, z.B. mittels Abonnements, führt der Berichtsserver entweder

- eine vollständige Verarbeitung aus oder
- gibt einen Bericht im Zwischenformat zurück, der anschließend in einem bestimmten Format gerendert wird.

Die Einstellungen zur Berichtsausführung, die Sie im weiteren Verlauf des Kapitels kennenlernen werden, bestimmen den Ablauf. Falls z.B. ein Berichtsserveradministrator angibt, dass ein Bericht aus dem Cache oder als Momentaufnahme angezeigt werden soll, wird das Zwischenformat aus der Berichtsserverdatenbank abgerufen und dann für die Anzeige gerendert. Andernfalls werden alle Verarbeitungsphasen ausgeführt.

Um Eigenschaften zur Berichtsausführung festzulegen, müssen Sie die Verwaltungsseite *Verarbeitungsoptionen* verwenden.

Verwaltungsseite *Verarbeitungsoptionen* zur Steuerung eines Berichts

Mithilfe der Verwaltungsseite *Verarbeitungsoptionen* (siehe Abbildung 23.2) können Sie den Zeitpunkt der Berichtsverarbeitung bestimmen.

Sie können diese Optionen festlegen, um die Ausführung eines Berichts zu verkehrsschwächeren Zeiten zu planen. Wenn ein Bericht häufig verwendet wird, können Sie auch vorübergehend Kopien des Berichts zwischenspeichern, um Wartezeiten zu vermeiden, falls mehrere Benutzer innerhalb einer Zeitspanne, in der sich der Bericht normalerweise nicht ändert, auf denselben zugreifen.

WICHTIG Verarbeitungsoptionen müssen für jeden Bericht separat festgelegt werden.

Um die Verarbeitungsoptionen eines Berichts festzulegen, gehen Sie folgendermaßen vor:

1. Starten Sie den Berichts-Manager, indem Sie in der Adresszeile des Browsers die URL *http://<Ihr Webservername>/reports* eingeben.
2. Klicken Sie auf den Pfeil rechts neben den Namen zu einem Bericht, um dessen Menü zu öffnen (z.B. *Store_Contacts_2008R2* aus dem Ordner *AdventureWorks 2008R2*), und anschließend auf *Verwalten*.

3. Um die Einstellungen zur Berichtsausführung zu bearbeiten, klicken Sie links auf *Verarbeitungsoptionen* (Abbildung 23.2).

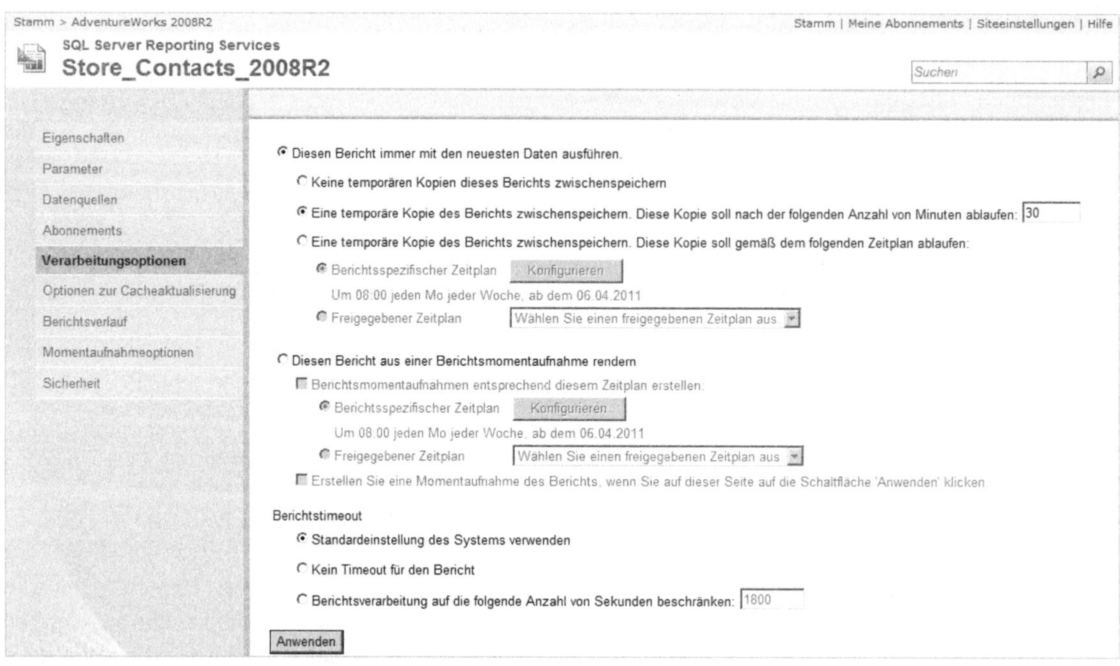

Abbildung 23.2 Ein Bericht für eine schnellere Ausführung muss nicht immer mit den neuesten Daten gerendert werden

Welche Einstellungsmöglichkeiten die Verwaltungsseite *Verarbeitungsoptionen* bietet, erfahren Sie in den folgenden Abschnitten.

Die Option *Diesen Bericht immer mit den neuesten Daten ausführen*

Verwenden Sie die Option *Diesen Bericht immer mit den neuesten Daten ausführen* von der Verwaltungsseite *Verarbeitungsoptionen* (siehe Abbildung 23.2), wenn der Bericht bei Bedarf oder bei Auswahl durch den Benutzer mit aktuellen Daten (und nicht aus einer Speicherung im Zwischenformat) ausgeführt werden soll.

Für das Rendern mit neuesten Daten können Sie sich zwischen folgenden Optionen entscheiden:

- Wählen Sie die Option *Keine temporären Kopien dieses Berichts zwischenspeichern* aus, wenn der Bericht immer mit den neuesten Daten ausgeführt werden soll. Jeder Benutzer, der den Bericht öffnet, löst eine Abfrage in der Datenquelle aus, in der die im Bericht verwendeten Daten enthalten sind. Mit dieser Option stellen Sie sicher, dass jeder Benutzer immer mit den aktuellsten Daten aus den Datenquellen versorgt wird.
- Wählen Sie die Option *Eine temporäre Kopie des Berichts zwischenspeichern* aus, um eine temporäre Kopie des Berichts im Zwischenspeicher zu platzieren, wenn der erste Benutzer den Bericht öffnet. Sobald weitere Benutzer den Bericht öffnen, kann dieser schneller angezeigt werden, da der Bericht aus dem Zwischenspeicher zurückgegeben wird und nicht erneut verarbeitet werden muss.

Zwischengespeicherte Berichte laufen nach einer bestimmten Zeit ab, die Sie folgendermaßen konfigurieren können:

- Sie geben die Anzahl von Minuten ein, nach der die temporäre Kopie des Berichts ungültig wird. Nachdem eine temporäre Kopie abgelaufen ist, wird sie aus dem Zwischenspeicher entfernt. Wenn der Bericht das nächste Mal geöffnet wird, verarbeitet der Berichtsserver diesen erneut und platziert ihn im Zwischenspeicher. Diese Einstellung empfiehlt sich, wenn ein Bericht zu verschiedenen Zeiten aufgerufen wird und die Daten nicht zeitkritisch sind, es aber passieren kann, dass er in der darauf folgenden Zeit mehrfach wieder verwendet wird. Ein Beispiel finden Sie im Abschnitt »Beispiel: Bedarfsgesteuerte Ausführung von Berichten aus dem Cache« ab Seite 386.
- Es kann aber auch ein Ablaufzeitplan mit einer anderen Angabe als Minuten für einen zwischengespeicherten Bericht verwendet werden. Um einen zwischengespeicherten Bericht am Ende des Tages ablaufen zu lassen, können Sie eine bestimmte Uhrzeit in der Nacht angeben, nach der die Kopie ungültig wird. Möchten Sie für mehr als einen Bericht die Zeit der Zwischenspeicherung festlegen und damit die Wartbarkeit erhöhen, so empfiehlt sich die Option *Freigegebener Zeitplan.*

Die Option *Diesen Bericht aus einer Berichtsmomentaufnahme rendern*

Verwenden Sie die Option *Diesen Bericht aus einer Berichtsmomentaufnahme rendern* von der Verwaltungsseite *Verarbeitungsoptionen* (Abbildung 23.2 auf Seite 382), um den Bericht als Momentaufnahme zu einer von Ihnen angegebenen Zeit – typischerweise in verkehrsschwächeren Zeiten – automatisch zu verarbeiten, damit Ihr Server beim eigentlichen Berichtsabruf durch den Benutzer entlastet wird und gleichzeitig der Abruf für den Benutzer schneller vonstatten geht. Außerdem erreichen Sie mit dieser Option, dass die Benutzer in dem hier eingestellten Zeitintervall alle denselben Stand des betreffenden Berichts haben.

Anders als bei den im vorhergehenden Abschnitt beschriebenen zwischengespeicherten Kopien, die beim Öffnen des Berichts durch einen Benutzer erstellt werden, wird bei dieser Einstellung eine Momentaufnahme erstellt und anschließend gemäß eines Zeitplans aktualisiert.

Momentaufnahmen haben kein Ablaufdatum, sondern können verwendet werden, bis sie durch neuere Versionen ersetzt werden. Momentaufnahmen, die als Ergebnis von Berichtsverarbeitungseinstellungen generiert werden, weisen dieselben Merkmale auf wie Momentaufnahmen zum Berichtsverlauf. Sie unterscheiden sich darin, dass nur eine Momentaufnahme zur Berichtsverarbeitung und möglicherweise zahlreiche Momentaufnahmen zum Berichtsverlauf vorhanden sind.

Auf Momentaufnahmen zum Berichtsverlauf wird über die Verwaltungsseite *Berichtsverlauf* des Berichts zugegriffen. Auf dieser Seite sind zahlreiche Instanzen eines Berichts gespeichert, so wie sie zu unterschiedlichen Zeitpunkten generiert wurden.

Im Gegensatz hierzu erfolgt der Zugriff auf Momentaufnahmen zur Berichtsverarbeitung über Ordner, so wie beim Zugriff auf Liveberichte. Benutzer erhalten also keinen Hinweis, dass es sich bei dem Bericht um eine Momentaufnahme handelt, sondern bekommen den Bericht genau so angezeigt, als sei er auf Abruf generiert.

Um einen Bericht aus einer Ausführungsmomentaufnahme anzuzeigen, müssen Sie mindestens eines der folgenden Kontrollkästchen aktivieren:

- *Berichtsmomentaufnahmen entsprechend diesem Zeitplan erstellen*, wenn Sie einen Ablaufzeitplan zur Generierung der Momentaufnahme verwenden möchten. Ein Beispiel für diese Einstellung finden Sie im Abschnitt »Beispiel: Ausführen der Berichte von Momentaufnahmen« ab Seite 386.

- *Erstellen Sie eine Momentaufnahme des Berichts, wenn Sie auf dieser Seite auf die Schaltfläche 'Anwenden' klicken*, um sofort eine Berichtsmomentaufnahme zu erstellen, wenn auf die Schaltfläche *Anwenden* auf derselben Seite geklickt wird. Dies ist nützlich, wenn der Bericht vor dem ersten Erreichen des Anfangsdatums des Zeitplans verfügbar sein soll.

Nähere Informationen zu den Themen Momentaufnahmen, Zeitpläne und Unterschiede zwischen berichtsspezifischen und freigegebenen Zeitplänen finden Sie in Kapitel 25.

Der Bereich *Berichtstimeout*

Verwenden Sie die Optionen aus dem Bereich *Berichtstimeout* von der Verwaltungsseite *Verarbeitungsoptionen* (Abbildung 23.2 auf Seite 382), um den Timeout, welcher für die Berichtsverarbeitung auf einem Berichtsserver gilt, festzulegen.

Die Zeitmessung für die Berichtsverarbeitung beginnt, wenn der Bericht ausgewählt wird, und endet beim Anzeigen des Berichts.

Der Berichtsserver unterstützt die folgenden zwei Typen von Timeoutwerten:

- **Abfragetimeoutwert** Gibt an, wie viele Sekunden der Berichtsserver auf eine Antwort von der Datenbank wartet. Dieser Wert wird für einen Bericht im Berichts-Designer definiert.
- **Timeoutwert für die Berichtsverarbeitung** Gibt an, wie viele Sekunden diese Berichtsverarbeitung maximal dauern darf, bevor sie beendet wird. Sie können diesen Wert für jeden Bericht einzeln festlegen.

ACHTUNG Der Berichtsserver bricht, wenn der auf dieser Seite angegebene Timeoutwert überschritten wird, die Datenverarbeitung auf dem Datenbankserver, der die Daten für den Bericht zur Verfügung stellt, nicht ab – diese läuft also auch dann weiter, wenn die hier angegebene Zeit für die Berichtsverarbeitung abgelaufen ist.

Die meisten Timeoutfehler treten während der Abfrageverarbeitung auf. Verwenden Sie beim Auftreten von solchen Timeoutfehlern einen höheren Abfragetimeoutwert, welcher bei der Erstellung eines Datasets im Berichts-Assistenten eingestellt werden kann.

Sie können für den Timeout für die Berichtsausführung zwischen folgenden Optionen wählen:

- *Standardeinstellung des Systems verwenden*, um die Timeouteinstellung von der *Siteeinstellungen*-Seite für diesen Bericht zu verwenden. Dieser Wert ist standardmäßig auf 1.800 Sekunden (30 Minuten) festgelegt.
- *Kein Timeout für den Bericht*, sofern Sie den Bericht so lange in der Ausführung behalten möchten, bis die Daten vorhanden sind. Diese Option sollten Sie nur in Ausnahmefällen verwenden, bei denen es aufgrund von umfangreichen Analysen oder sehr langsamen Verbindungen zu Datenquellen zu vorher nicht kalkulierbaren Verarbeitungszeiten kommt. Ansonsten ist diese Option nicht zu empfehlen, da wohl kein Benutzer eine längere Zeit, z.B. mehr als 30 Minuten, auf die Anzeige des Berichts warten wird.
- *Die Berichtsverarbeitung auf die folgende Anzahl von Sekunden beschränken*, um die Anzahl von Sekunden als Timeoutwert für die Verarbeitung dieses einen Berichts angeben zu können. Sie sollten diese Option verwenden, um einzelne Berichte mit kürzen Timeoutwerten zu versehen – was für zeitrelevante Daten sinnvoll ist.

Passen Sie bei Bedarf den Timeoutwert für die Berichtsverarbeitung so an, dass dieser Wert höher als der Abfragetimeoutwert ist. Dieser Zeitraum sollte so groß gewählt werden, dass sowohl die Abfrage- als auch die Berichtsverarbeitung abgeschlossen werden können.

Der Berichtsserver wertet ausgeführte Aufträge in Zeitabständen von 60 Sekunden aus, d.h., alle 60 Sekunden vergleicht der Berichtsserver die tatsächliche Verarbeitungszeit mit dem Timeoutwert für die Berichtsverarbeitung. Falls die Verarbeitungszeit für einen Bericht den Timeoutwert für die Berichtsverarbeitung übersteigt, wird sie angehalten und ein Fehler zurückgegeben.

HINWEIS Wenn ein Timeoutwert unter 60 Sekunden angegeben wird, wird der Bericht möglicherweise trotz Überschreitung der Timeoutzeit vollständig ausgeführt. Das ist dann der Fall, wenn die Verarbeitung während der Ruhezeit des Zyklus beginnt und endet. Während dieser Ruhezeit überprüft der Berichtsserver nicht, ob die ausgeführten Aufträge ihren Timeoutwert überschritten haben.

Wenn Sie z.B. einen Timeoutwert von 10 Sekunden für einen Bericht festlegen, dessen Verarbeitung 20 Sekunden dauert, wird der Bericht vollständig verarbeitet, falls die Berichtsverarbeitung früh im 60 Sekunden-Zyklus beginnt. Somit führt ein Timeoutwert unter 60 Sekunden zu schwer vorhersagbaren Ergebnissen. Es empfiehlt sich, immer ein Vielfaches von 60 zu nehmen.

Festlegen von Eigenschaften zur Berichtsverarbeitung

Ein Bericht kann bei Bedarf oder als Momentaufnahme ausgeführt werden. Standardmäßig werden Berichte bei Bedarf ausgeführt. Dabei fragt ein Bericht eine Datenquelle jedes Mal ab, wenn ein Benutzer den Bericht ausführt. Das Ergebnis sind sogenannte bedarfsgesteuerte Berichte, die die aktuellsten Daten enthalten. Eine neue Instanz des Berichts wird für jeden Benutzer erstellt, der den Bericht öffnet oder anfordert. Jede neue Instanz enthält die Ergebnisse einer Abfrage.

Wenn also zum Beispiel zehn Benutzer gleichzeitig denselben Bericht öffnen, werden zehn Abfragen zur Verarbeitung an die Datenquelle gesendet, was insbesondere bei großen Abfragen wegen der suboptimalen Performance wenig wünschenswert ist.

In solchen Fällen wird es interessant, Berichte auf andere Weise auszuführen. Dazu stehen folgende Optionen zur Verfügung:

- **Bedarfsgesteuerte Ausführung von Berichten aus dem Cache** Um die Leistung zu verbessern, können Sie angeben, dass ein Bericht (mit den in ihm enthaltenen Daten) vorübergehend zwischengespeichert wird, wenn ein Benutzer den Bericht ausführt. Die zwischengespeicherte Kopie ist dann später für andere Benutzer verfügbar, die auf denselben Bericht zugreifen.

  Wenn bei dieser Konfiguration zehn Benutzer den Bericht öffnen, bewirkt der Abruf des ersten Benutzers die Verarbeitung des Berichts. Der Bericht wird dann zwischengespeichert und für die folgenden neun Benutzer wird der aus dem Cache abgerufene Bericht angezeigt.

- **Ausführen von Berichten von Momentaufnahmen** Sie können die Verarbeitung von Berichten und Abfragen regulieren, indem Sie einen Bericht von einer Momentaufnahme ausführen.

  Eine Momentaufnahme ist ein im Zwischenformat gespeicherter Bericht. Sowohl die Daten als auch der Bericht werden zusammen in der Berichtsserverdatenbank gespeichert, wenn die Momentaufnahme generiert wird. Bei dieser Vorgehensweise ist der Abfrageprozess, der die Daten abruft, von dem Prozess getrennt, der den Bericht in einem darstellbaren Format anzeigt. Die abschließende Verarbeitung erfolgt, wenn ein Benutzer den Bericht anfordert.

WICHTIG Beim Aktualisieren einer Berichtsmomentaufnahme wird die vorherige Version ersetzt. Wenn Sie im Gegensatz dazu alle Berichtsmomentaufnahmen behalten möchten, legen Sie für die Berichtsverlaufeigenschaften fest, dass die Momentaufnahmen zur Berichtsausführung in den Berichtsverlauf kopiert werden.

Weitere Informationen zum Festlegen der Eigenschaften eines Berichtsverlaufs finden Sie in Kapitel 25.

Beispiel: Bedarfsgesteuerte Ausführung von Berichten aus dem Cache

Da der Produktkatalog häufig in Ihrer Firma verwendet wird, sich aber eher selten ändert, möchten Sie diesen nach einem Aufruf für 30 Minuten zwischengespeichert lassen.

Um diese Einstellung vorzunehmen, gehen Sie folgendermaßen vor:

1. Gehen Sie auf die Verwaltungsseite *Verarbeitungsoptionen* des Berichts *Customers_Near_Stores_2008R2* aus den *AdventureWorks 2008R2*. Falls erforderlich, ziehen Sie die Schrittfolge im Abschnitt »Verwaltungsseite *Verarbeitungsoptionen* zur Steuerung eines Berichts« ab Seite 381 zu Rate.
2. Wählen Sie die Option *Eine temporäre Kopie des Berichts zwischenspeichern. Diese Kopie soll nach der folgenden Anzahl von Minuten ablaufen* als Unteroption von *Diesen Bericht immer mit den neuesten Daten ausführen* aus.
3. Tragen Sie im zugehörigen Textfeld den Wert *30* ein.
4. Bestätigen Sie die Einstellungen mit *Anwenden.*
5. Klicken Sie oben auf den Namen des Berichts, um diesen das erste Mal anzuzeigen und dadurch die vollständige Berichtsverarbeitung und anschließendes Zwischenspeichern am Berichtsserver auszulösen.
6. Drücken Sie anschließend die Tastenkombination Strg+F5 für eine Aktualisierung der Browseranzeige, die zu einer Neuabfrage des Berichts führt, der nun aber aus dem Cache gerendert wird. Daher sollte die Anzeige jetzt merklich schneller als im vorhergehenden Schritt erfolgen.

Beispiel: Ausführen der Berichte von Momentaufnahmen

Dass die Reporting Services in Ihrer Firma immer beliebter werden, freut Sie einerseits sehr, andererseits führt dies zunächst zu einer größeren Belastung Ihrer Server und Ihres Firmennetzes. Um diese Belastung zu minimieren, erwägen Sie, Momentaufnahmen einzusetzen.

Da die Verkaufsliste der Vertriebsgebiete relativ selten aktualisiert wird, beschließen Sie, den Bericht nur noch einmal am Tag erstellen zu lassen. Gehen Sie dazu folgendermaßen vor:

1. Öffnen Sie die Verwaltungsseite *Verarbeitungsoptionen* für den Bericht *Customers_Near_Stores_2008R2* aus den *AdventureWorks 2008R2*. Wie Sie diese Verwaltungsseite erreichen, können Sie im Abschnitt »Verwaltungsseite *Verarbeitungsoptionen* zur Steuerung eines Berichts« ab Seite 381 nachlesen.
2. Aktivieren Sie das Kontrollkästchen *Berichtsmomentaufnahmen entsprechend diesem Zeitplan erstellen* als Unteroption von *Diesen Bericht aus einer Berichtsmomentaufnahme rendern.*
3. Wählen Sie dort die Option *Freigegebener Zeitplan* und im dazugehörigen Listenfeld den Eintrag *Tägliche Ausführung* aus. Der Zeitplan zur täglichen Ausführung wird z.B. einmal jeden Arbeitstag um 2:00 Uhr nachts ausgeführt. Sollten Sie keinen entsprechenden freigegebenen Zeitplan zur Verfügung haben, können Sie auch einfach einen berichtsspezifischen Zeitplan mit den oben angegebenen Werten erstellen. Erklärungen zu beiden Zeitplanvarianten finden Sie in Kapitel 25.
4. Aktivieren Sie zusätzlich das Kontrollkästchen *Erstellen Sie eine Momentaufnahme des Berichts, wenn Sie auf dieser Seite auf die Schaltfläche 'Anwenden' klicken*, damit sofort eine Momentaufnahme erstellt wird. Es wird also eine Momentaufnahme für den aktuellen Tag erzeugt und mittels des Zeitplans am Folgetag früh ausgewechselt.
5. Bestätigen Sie die Einstellungen mit einem Klick auf *Anwenden.*

Der Bericht wird jetzt von einer Momentaufnahme aus gerendert. Da die Wartezeit für die Datenbankabfrage wegfällt, wird der Bericht schneller angezeigt.

Beispiel: Synchronisieren von Berichtsänderungen für eine gespeicherte Momentaufnahme

Wenn Sie eine Berichtsdefinition oder die Eigenschaften eines publizierten Berichts ändern, werden diese Änderungen für einen Bericht, der aus einer Momentaufnahme gerendert wird, erst nach dessen Aktualisierung durch einen Zeitplan dem Benutzer angezeigt. Das ist nicht immer wünschenswert.

ACHTUNG Obwohl Sie die Berichtsdefinition geändert haben, wird die gespeicherte Momentaufnahme mit der alten Definition nicht ungültig, solange er nicht abläuft bzw. erneuert wird. Dies bedeutet, er ist weiterhin im Zugriff.

Angenommen, Sie haben den Bericht für die Verkaufsliste der Vertriebsgebiete des vorherigen Beispiels überarbeitet und auf dem Berichtsserver publiziert. Nun möchten Sie die Änderungen sofort zur Verfügung stellen, obwohl dieser durch eine Momentaufnahme dargestellt und durch den Zeitplan erst am Folgetag wieder aktualisiert wird. Gehen Sie dazu folgendermaßen vor:

1. Öffnen Sie die Verwaltungsseite *Verarbeitungsoptionen* für den Bericht *Employee_Sales_Summary_2008R2* aus den *AdventureWorks 2008R2*. Wie Sie diese Verwaltungsseite erreichen, können Sie im Abschnitt »Verwaltungsseite *Verarbeitungsoptionen* zur Steuerung eines Berichts« ab Seite 381 nachlesen.
2. Aktivieren Sie das Kontrollkästchen *Erstellen Sie eine Momentaufnahme des Berichts, wenn Sie auf dieser Seite auf die Schaltfläche ′Anwenden′ klicken*, damit für den aktuellen Tag ebenfalls eine Momentaufnahme vorhanden ist.
3. Bestätigen Sie die Einstellungen mit *Anwenden*.

Sie haben Ihren Nutzern nun eine Momentaufnahme mit den Änderungen des überarbeiteten Berichts bereitgestellt.

Im folgenden Abschnitt werden Ihnen die Vorteile der neuen Cacheaktualisierung gezeigt.

Verwaltungsseite *Optionen zur Cacheaktualisierung* eines Berichts

Verwenden Sie die Verwaltungsseite *Optionen zur Cacheaktualisierung*, um Zeitpläne zum Vorabladen des Caches mit temporären Datenkopien für einen Bericht oder ein freigegebenes Dataset zu erstellen. Ein Aktualisierungsplan enthält einen Zeitplan und bietet die Möglichkeit, Werte für Parameter anzugeben oder außer Kraft zu setzen.

HINWEIS Bei einem freigegebenen Dataset können keine Werte für Parameter außer Kraft gesetzt werden, die als schreibgeschützt gekennzeichnet sind.

Sie können auf der Verwaltungsseite mit den Aktualisierungsoptionen auch mehrere Aktualisierungspläne erstellen und verwenden.

Um die Aktualisierungspläne eines Berichts festzulegen oder zu bearbeiten, gehen Sie folgendermaßen vor:

1. Gehen Sie vor wie bereits mit den Schritten 1 bis 3 in Abschnitt »Verwaltungsseite *Verarbeitungsoptionen* zur Steuerung eines Berichts« ab Seite 381 beschrieben.

2. Um die Einstellungen für Aktualisierungspläne zu bearbeiten, klicken Sie links auf *Optionen zur Cacheaktualisierung* (Abbildung 23.3).

Abbildung 23.3 Verwaltungsseite *Optionen zur Cacheaktualisierung* eines Berichts

Erläuterungen zu den Schaltflächen dieser Seite finden Sie in der Tabelle 23.1.

Schaltflächen	Beschreibung
Löschen	Klicken Sie auf *Löschen*, um alle derzeit ausgewählten Aktualisierungspläne zu löschen
Neu aus vorhandenem	Klicken Sie auf *Neu aus vorhandenem*, um einen neuen Aktualisierungsplan zu erstellen, der vom ursprünglichen Plan kopiert wird. Die Seite *Cacheaktualisierungsplan* wird geöffnet und enthält bereits die Details des vorher ausgewählten Plans. Anschließend können Sie die Optionen für den Aktualisierungsplan ändern und den Plan mit einer neuen Beschreibung speichern. Diese Schaltfläche ist nur aktiviert, wenn genau ein Cacheaktualisierungsplan ausgewählt ist.
Neuer Cacheaktualisierungsplan	Klicken Sie auf *Neuer Cacheaktualisierungsplan*, um einen neuen Aktualisierungsplan zu erstellen. Im Abschnitt »Neuen Cacheaktualisierungsplan anlegen oder bearbeiten« ab Seite 388 finden Sie ein Beispiel dazu.
Link *Bearbeiten*	Klicken Sie auf den Link *Bearbeiten*, um den ausgewählten Aktualisierungsplan zu bearbeiten

Tabelle 23.1 Allgemeine Einstellungen für Datenquellen

Im folgenden Abschnitt erfahren Sie mehr über Aktualisierungspläne.

Neuen Cacheaktualisierungsplan anlegen oder bearbeiten

Stellen Sie sich vor, ein Bericht wird häufig verwendet und führt damit zu Problemen bei der Performance des Berichtsservers. Die Daten zu diesem Bericht ändern sich tagsüber aber gar nicht. Hier liegt es nahe, den Bericht aus einem Cache zu starten. Leider wird der Bericht mit unterschiedlichen Parametereinstellungen aufgerufen. Nehmen wir an, Sie legen für die häufigsten Parameterkombinationen Aktualisierungspläne an und erzeugen dazu beispielhaft eine Variante.

Gehen Sie dazu folgendermaßen vor:

1. Öffnen Sie die Verwaltungsseite *Optionen zur Cacheaktualisierung* für den Bericht *Customers_Near_Stores_2008R2* aus den *RS Berichte*. Wie Sie diese Verwaltungsseite erreichen, können Sie im Abschnitt »Verwaltungsseite *Optionen zur Cacheaktualisierung* eines Berichts« ab Seite 387 nachlesen.

2. Klicken Sie die Schaltfläche *Neuer Cacheaktualisierungsplan*, um einen solchen anzulegen (Abbildung 23.4).

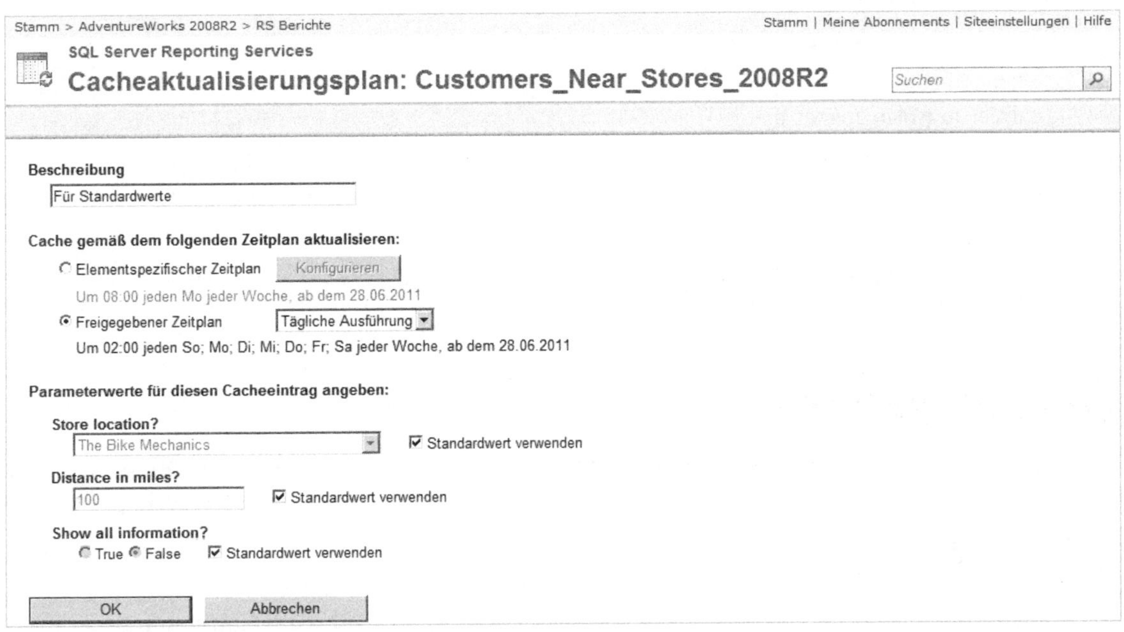

Abbildung 23.4 Einen Cacheaktualisierungsplan für einen Bericht anlegen oder bearbeiten

3. Geben Sie eine passende Beschreibung an, z.B. *Für Standardwerte.*
4. Wählen Sie die Option *Freigegebener Zeitplan* und aus dem dazugehörigen Listenfeld den Eintrag *Tägliche Ausführung*. Der Zeitplan zur täglichen Ausführung wird z.B. einmal jeden Arbeitstag um 2:00 Uhr ausgeführt. Sollten Sie keinen entsprechenden freigegebenen Zeitplan zur Verfügung haben, können Sie auch einfach einen berichtsspezifischen Zeitplan mit den oben angegebenen Werten erstellen. Erklärungen zu beiden Zeitplanvarianten finden Sie in Kapitel 25.
5. Aktivieren Sie alle Kontrollkästchen mit der Bezeichnung *Standardwert verwenden*, um die vom Berichtsersteller festgelegten Parameterwerte zu verwenden.
6. Bestätigen Sie die Einstellungen mit einem Klick auf *OK*.

Auf der Verwaltungsseite können Sie jetzt den erstellten Aktualisierungsplan sehen. Sie erkennen ihn an dem Status *Neuer Cacheaktualisierungsplan*. Legen Sie weitere Aktualisierungspläne mit individuellen Einstellungen zu diesem Bericht und dessen Parametern an.

Cacheaktualisierungsplan deaktivieren

Ein Cacheaktualisierungsplan für ein freigegebenes Dataset oder einen Bericht kann unter folgenden Bedingungen deaktiviert werden:

- Die Cacheoption für freigegebene Datasets oder Berichte ist deaktiviert
- Die erforderlichen Parameterwerte sind definiert, ungültig oder fehlen. Alle Abfragen für einen Bericht müssen gültig sein, bevor der Bericht verarbeitet wird. Für einen Bericht, der Unterberichte enthält, werden alle Datasetabfragen, einschließlich Datasets für den Unterbericht, zuerst verarbeitet. Der Bericht kann erst ausgeführt werden, nachdem ein Dataset erfolgreich verarbeitet wurde.

Nach der Deaktivierung eines Plans führen Sie einen der folgenden Schritte aus, um die Auswertung eines Cacheaktualisierungsplans auszulösen:

- Ändern Sie eine Option für den Plan
- Aktivieren Sie das Zwischenspeichern für ein freigegebenes Dataset oder einen Bericht, das bzw. der dem Aktualisierungsplan zugeordnet ist
- Deaktivieren oder aktivieren Sie die Schreibschutzoption für einen Datasetabfrageparameter, der dem Aktualisierungsplan zugeordnet ist, und speichern Sie anschließend die neue Definition auf dem Berichtsserver

In den nächsten Abschnitten werden Sie erfahren, wie Aufträge – typischerweise Berichte, die gerade gerendert werden – verwaltet oder abgebrochen werden können.

Was sind Aufträge?

Die Aufträge, die der Berichtsserver gerade bearbeitet, können Sie interaktiv verwalten. Ein Auftrag befindet sich in Bearbeitung, wenn einer der folgenden Prozesse ausgeführt wird: Abfrageausführung, Berichtsverarbeitung oder Rendern des Berichts.

Man unterscheidet zwischen Benutzer- und Systemaufträgen.

Ein Benutzerauftrag ist ein Auftrag, der von einem Benutzer gestartet wird. Zu Benutzeraufträgen zählen:

- Bedarfsgesteuertes Zugreifen auf einen Bericht
- Erstellen einer Momentaufnahme zum Berichtsverlauf bei Bedarf
- Erstellen einer nicht geplanten Momentaufnahme zur Berichtsverarbeitung
- Ein in Bearbeitung befindliches Standardabonnement

Ein Systemauftrag ist ein Auftrag, der vom Berichtsserver gestartet wird. Zu Systemaufträgen zählen:

- Geplante Momentaufnahmen zur Berichtsverarbeitung
- Geplante Momentaufnahmen zum Berichtsverlauf
- Datengesteuerte Abonnements

HINWEIS Aufträge können auch programmgesteuert sowie durch ein Skript verwaltet werden. Informationen, wie Sie Methoden anwenden, finden Sie in Kapitel 34. Das Thema Skriptbearbeitung wird in Kapitel 35 behandelt.

Im folgenden Abschnitt wird beschrieben, wie Sie Aufträge verwalten.

Aufträge verwalten

Die Verwaltung von Aufträgen beschränkt sich auf deren Auflistung und die Möglichkeit, sie abzubrechen.

Aufträge im SQL Server Management Studio verwalten

In dieser Version der Reporting Services wird Ihnen über den Objekt-Explorer im SQL Server Management Studio die Verwaltung zur Verfügung gestellt, mit der Sie Aufträge – also die Berichte und Standardabonnements, die auf dem Server oder in einer Berichtsserver-Webfarm aktuell verarbeitet werden – auflisten oder abbrechen können (Abbildung 23.6).

Sie gelangen auf folgende Weise zu den *Aufträgen* im SQL Server Management Studio:

1. Öffnen Sie das SQL Server Management Studio über *Start/Alle Programme/Microsoft SQL Server 2008R2/ SQL Server Management Studio.*
2. Bei der Anmeldung wählen Sie als *Servertyp* den Eintrag *Reporting Services*, tragen den *Servernamen* ein, z.B. *localhost* für den lokalen Berichtsserver, und wählen ein Authentifizierungsverfahren aus (Abbildung 23.5).

Abbildung 23.5 Anmeldung an einem Berichtsserver

3. Im Bereich *Objekt-Explorer* klicken Sie auf das Plussymbol vor *Aufträge*. Die vorhandenen Aufträge werden angezeigt (Abbildung 23.6).

Abbildung 23.6 Liste der sich in Bearbeitung befindenden Berichte und Abonnements

Die Auftragseigenschaften können Sie sich per Klick mit der rechten Maustaste und Auswahl von *Eigenschaften* im Kontextmenü anzeigen lassen (Abbildung 23.7). Die Informationen stehen in folgenden Spalten:

- **Auftrags-ID** Zeigt die ID des Auftrags an
- **Auftragsstatus** Zeigt den Status des Auftrags an
- **Auftragstyp** Zeigt an, ob es sich bei dem Prozess um einen *Benutzerauftrag* oder *Systemauftrag* handelt
- **Auftragsaktion** Für Berichte zeigt diese Spalte die ausgeführten Berichtsausführungsprozesse an:
  - **Rendern** Kennzeichnet einen bei Bedarf ausgeführten Bericht
  - **Momentaufnahmenerstellung** Steht für einen vom System oder Benutzer initiierten Prozess einer Momentaufnahme zur Berichtsausführung

  - **Verlaufserstellung** Zeigt eine geplante oder vom Benutzer initiierte Generierung des Berichtsverlaufs an
- **Auftragsbeschreibung** Zeigt eine kurze Beschreibung des Auftrags an, falls eine solche angelegt wurde
- **Servername** Zeigt den Namen des Servers an, auf dem der Prozess ausgeführt wird
- **Berichtsname** Zeigt den Berichtsnamen an. Abonnements werden durch ihre Beschreibung identifiziert.
- **Berichtspfad** Zeigt den Pfad zum Ablagepunkt des Berichts an
- **Startzeit** Zeigt den Zeitpunkt des Prozessstarts an
- **Benutzername** Für Prozesse, die durch einen Benutzer initiiert wurden, zeigt diese Spalte den Namen des Benutzers an

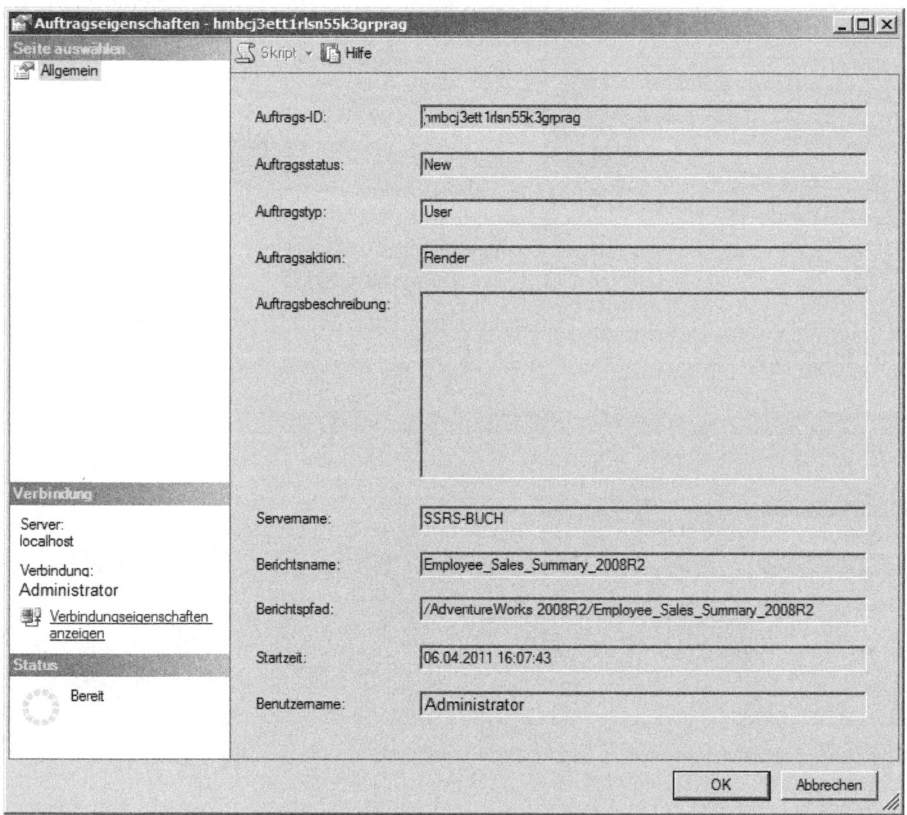

Abbildung 23.7 Anzeige der Auftragseigenschaften im SQL Server Management Studio

Es ist auf diese Weise nicht möglich, datengesteuerte Abonnements aufzulisten oder abzubrechen.

ACHTUNG Ein Prozess muss bei Standardeinstellung des Berichtsservers mindestens 60 Sekunden lang ausgeführt werden, um unter *Aufträge* angezeigt zu werden.

Durch Ändern der Konfigurationseinstellungen in der Datei *RSReportServer.config* können Sie steuern, wie oft der Berichtsserver nach Aufträgen, die verarbeitet werden, scannt, sowie das Intervall festlegen, nach dem der Status eines ausgeführten Auftrags von *Neu* in *Wird ausgeführt* geändert wird. Die Einstellung *RunningRequestsDbCycle* gibt an, wie oft der Berichtsserver nach ausgeführten Prozessen scannt. Die Einstellung *RunningRequestsAge* gibt das Intervall an, nach dem der Status eines Auftrags von *Neu* in *Wird ausgeführt* geändert wird.

Nähere Informationen zum Umgang mit den Konfigurationsdateien finden Sie in Kapitel 7 sowie in Kapitel 36.

WICHTIG Die Liste der *Aufträge* wird nicht automatisch aktualisiert.

Daher müssen Sie auf die -Schaltfläche in der Symbolleiste des Objekt-Explorers klicken, um alle ausgeführten neuen Prozesse anzuzeigen.

Aufträge abbrechen

Aufträge, die sich in der Bearbeitung des Berichtsservers befinden, also gerendert bzw. für eine Momentaufnahme zur Ausführung oder des Verlaufs erstellt werden, können abgebrochen werden.

Allerdings können nicht alle diese Aufträge wirksam abgebrochen werden. So wird möglicherweise die Verarbeitung abgeschlossen, bevor der Vorgang zum Abbrechen ausgeführt ist. Das kann folgende Gründe haben:

- Das SQL Server Management Studio zeigt Ihnen den Auftrag noch in einem abzubrechenden Bearbeitungsprozess – der Bericht ist aber längst mit der Verarbeitung fertig. Das kann aufgrund der fehlenden automatischen Aktualisierung der Auftragsliste leicht passieren.
- Das Zeitintervall von 60 Sekunden für die Überprüfung des Verarbeitungsstands eines Berichts auf dem Berichtsserver überschneidet sich mit dem durch Sie angestoßenen Abbruch. Sie würden also gerne die Bearbeitung beenden, müssen aber noch warten, bevor der Berichtsserver den Bericht abbrechen kann. In dieser Wartezeit wird der Bericht jedoch fertiggestellt.

ACHTUNG Sind Berichte in anderen Bearbeitungsphasen, z.B. der Datenbankabfrage auf einem anderen Server, können diese Aufträge nicht vom Berichtsserver abgebrochen werden.

Da die Verarbeitung auf der Datenbankseite in der Regel mehr Zeit in Anspruch nimmt als die auf dem Berichtsserver, ist es generell wahrscheinlicher, dass eine Abfrage auf dem Datenbankserver hängt und somit vom Berichtsserver nicht abgebrochen werden kann.

Es empfiehlt sich die Verwendung von Timeoutwerten, um Abfragen automatisch beenden zu lassen, deren Ausführung zu lange dauert.

Information zum Einstellen von Timeoutwerten finden Sie im Abschnitt »Der Bereich *Berichtstimeout*« ab Seite 384.

Um einen Auftrag abzubrechen, z.B. weil dieser nicht in vertretbarer Zeit fertig gerendert wurde, gehen Sie folgendermaßen vor:

1. Gehen Sie zuerst wie im Abschnitt »*Aufträge* im SQL Server Management Studio verwalten« ab Seite 390 beschrieben vor.
2. Sofern, wie in Abbildung 23.6 auf Seite 391 gezeigt, Aufträge ausgeführt werden, können Sie die Berichtsausführung abbrechen, indem Sie mit der rechten Maustaste auf den Namen des Berichts klicken, z.B. *Employee_Sales_Summary_2008R2*.
3. Sofern keine Aufträge ausgeführt wurden und die Liste leer war, starten Sie einen möglichst lange laufenden Bericht, aktualisieren die Ansicht und wiederholen den vorigen Schritt.
4. Klicken Sie im Kontextmenü auf *Aufträge abbrechen*, um die Ausführung anzuhalten.

Nachdem Sie nun erfahren haben, wie Sie Berichte, die keiner aktuellen Datendarstellung im Moment des Öffnens bedürfen, zu weniger genutzten Serverzeiten in Momentaufnahmen ablegen oder häufig genutzte Berichte zwischenspeichern, beschäftigt sich das nächste Kapitel mit den Exportformaten zur Darstellung oder Weiterverarbeitung der generierten Daten.

Kapitel 24

Exportformate

In diesem Kapitel:

Die Exportfunktionalitäten gehören zu den wichtigsten Features von Reporting Services 2008 R2, ja, sie geben oftmals den Ausschlag bei der Entscheidung für den Einsatz dieser Software.

Sicherlich haben Sie in Ihrer Karriere als Computeranwender schon häufiger versucht, Dateien von einer Anwendung in eine andere zu transferieren – und dabei wahrscheinlich in den seltensten Fällen auf Anhieb das gewünschte Ergebnis erzielt. Und manchmal waren Sie selbst nach längeren Bemühungen nicht zufrieden.

Wenn Sie Entwickler von Daten verarbeitenden Anwendungen sind, stellt sich dieses Problem für Sie noch mal verschärft – Sie werden wahrscheinlich regelmäßig viel Zeit damit verbringen, Dateiformatkonvertierungen zu implementieren.

Viele dieser Probleme lassen sich mit Reporting Services 2008 R2 schon mit wenigen Klicks lösen: Sie können direkt in der normalen Berichtsanzeige zwischen einer Vielzahl verschiedener Exportformate wählen. Beim Export werden praktisch alle Formatierungen des Berichts übernommen – vorausgesetzt natürlich, diese werden vom Zielformat unterstützt. Aber auch selbst wenn das Ergebnis des Exports nicht auf Anhieb Ihren Wünschen entspricht, können Sie das Ergebnis mit vielen Einstellungen anpassen.

Berichte exportieren

Reporting Services 2008 R2 unterstützt zahlreiche Exportformate, um den Datenaustausch zu unterstützen und die Weiterverarbeitung in anderen Anwendungen zu ermöglichen. Für jedes Exportformat gibt es eine Renderingerweiterung, mit der der Berichtsserver die Daten- und Layoutinformationen transformieren kann. Jedes Exportformat ist einem Viewertyp zugewiesen. Ein Viewer ist eine Anwendung, mit der der Bericht dargestellt wird. Welcher Viewer für einen bestimmten Dateityp letztendlich zum Einsatz kommt, hängt von den Einstellungen ab, die für den lokalen Computer definiert sind.

WICHTIG Ein exportierter Bericht wird nur temporär gespeichert. Sobald Sie das Programm schließen, liegt der Bericht nicht mehr in dem ausgewählten Exportformat vor.

Sie möchten einen kleineren Bericht mit Excel weiterbearbeiten, da Sie für eine Präsentation noch weitere Kennzahlen hinzufügen müssen, die mittels Formeln berechnet werden.

Gehen Sie dazu folgendermaßen vor:

1. Starten Sie den Berichts-Manager, indem Sie in der Adresszeile des Browsers die URL *http://<Ihr Webservername>/reports* eingeben.
2. Öffnen Sie den Bericht, den Sie exportieren möchten, indem Sie beispielsweise auf *Company Sales 2008* klicken.
3. Wählen Sie im *Exportieren*-Listenfeld der Berichtssymbolleiste den Eintrag *Excel* als Exportformat aus (Abbildung 24.1).

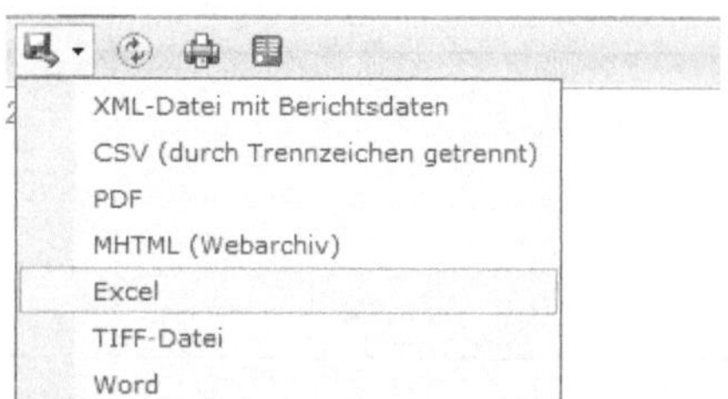

Abbildung 24.1 Liste der vorhandenen Exportformate eines Berichtsservers

4. Es öffnet sich das Dialogfeld *Dateidownload* (Abbildung 24.2).
5. Sie können sich entscheiden, ob Sie den Bericht zunächst im Exportformat speichern möchten oder ihn gleich mit dem Viewer (in unserem Fall Excel 2010) öffnen möchten. Klicken Sie auf *Öffnen*. Excel wird gestartet und der exportierte Bericht angezeigt.

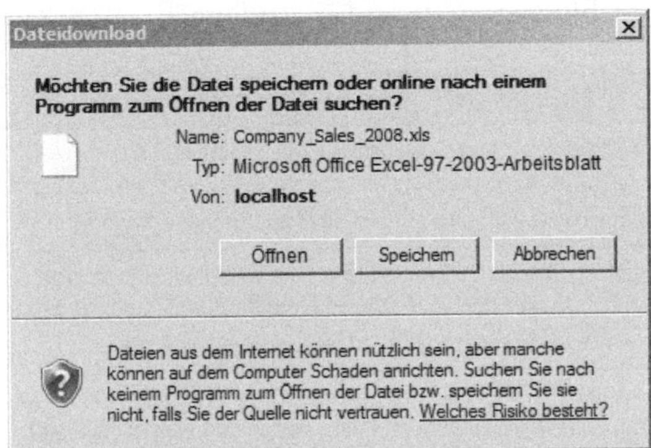

Abbildung 24.2 Zum Exportieren wird die Dateidownload-Funktionalität des Browsers verwendet

6. In Excel können Sie die benötigten Ergänzungen einfügen und anschließend das Ergebnis speichern. Beispielsweise erhalten Sie das Ergebnis aus Abbildung 24.3, wenn Sie in der Spalte *Q* die Formel zur prozentuellen Steigerung *=P20/L20-1* eingeben und in die Zellen darunter kopieren sowie die grafische Formatierung an die bestehende Tabelle anpassen. Markieren Sie anschließend die Spalte *P*, klicken Sie im Menüband auf der *Start*-Registerkarte auf die Schaltfläche *Format übertragen* und markieren Sie die Spalte *Q*.

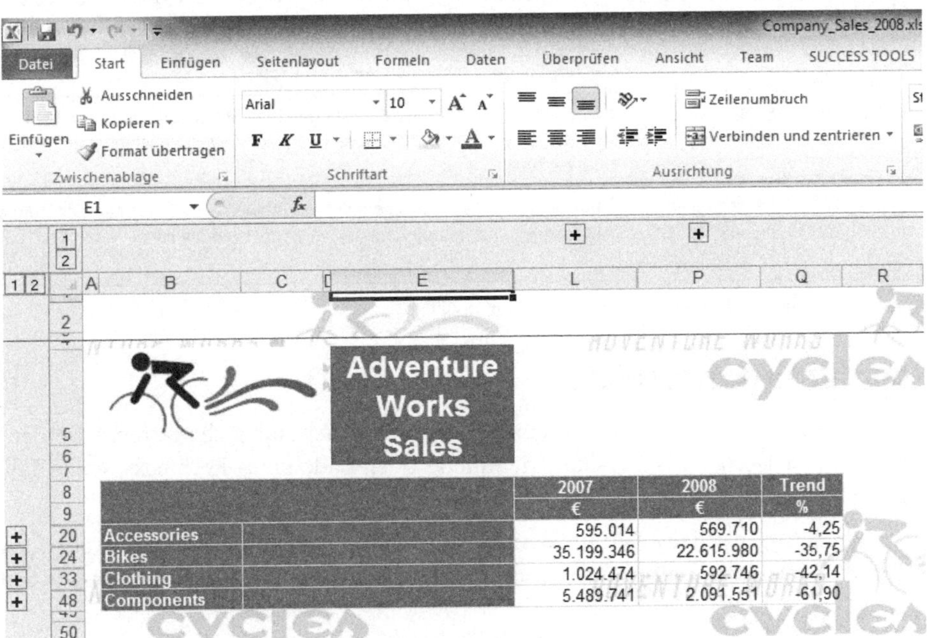

	2007	2008	Trend
	€	€	%
Accessories	595.014	569.710	-4,25
Bikes	35.199.346	22.615.980	-35,75
Clothing	1.024.474	592.746	-42,14
Components	5.489.741	2.091.551	-61,90

Abbildung 24.3 Ein Beispiel für den exportierten Bericht *Company Sales 2008* in Excel

Nachdem Sie nun wissen, wie man einen einfachen Bericht exportiert, wird Ihnen im folgenden Abschnitt erläutert, welches Exportformat sich für welche Zwecke eignet.

Welches Exportformat soll ich wählen?

Jedes Format hat seine Vor- und Nachteile. Manche Formate sind für Viewer mit interaktiven Funktionen vorgesehen, mit denen Sie Berichtsdaten analysieren können. Andere Formate erstellen Berichte in Formaten, die für Exportvorgänge, die Paginierung oder die Druckausgabe optimal geeignet sind. In der Tabelle 24.1 finden Sie eine Übersicht über die Formate und Empfehlungen zu deren Verwendung.

Format	Beschreibung	Empfehlungen
Excel	Rendert einen Bericht im Excel-Format	Dieses Format ist hilfreich für Berichtsdaten, die Sie offline oder in Excel bearbeiten möchten. Vermeiden Sie dieses Format für umfangreiche Berichte. Für die Anzeige dieses Formats ist Excel 2000 oder höher erforderlich.
Word	Rendert einen Bericht im Word-Format	Dieses Format ist hilfreich für Berichtsdaten, die Sie offline oder in Word bearbeiten möchten. Vermeiden Sie dieses Format für umfangreiche Berichte. Für die Anzeige dieses Formats ist Word 2000 oder höher erforderlich.
MHTML (Webarchiv)	Rendert einen Bericht im MHTML-Format	Der Bericht wird in Internet Explorer geöffnet. Dieses Format generiert einen unabhängigen, portierbaren Bericht (Bilder sind in den Bericht eingebettet). Wählen Sie dieses Format aus, um Berichte offline anzuzeigen oder für die Übermittlung per E-Mail.
Adobe Reader-Datei (PDF)	Öffnet einen Bericht mit Adobe Reader	Wählen Sie dieses Format für umfangreiche Berichte, paginierte Berichte sowie Berichte, die als Datei übermittelt werden
Bild (TIFF)	Rendert einen Bericht in einem seitenbasierten Format	Dieses Format wird zum Drucken empfohlen. Für umfangreiche Berichte wird von diesem Format abgeraten.
CSV	Rendert einen Bericht in einem trennzeichengetrennten Format	Der Bericht wird in einem Viewer für Dateien im CSV-Format geöffnet. Bei diesem Format weisen die generierten Dateien die geringste Größe auf. Mit diesem Format werden Berichtsdaten vom Berichtsserver in andere Anwendungen oder auf andere Server kopiert.
XML	Rendert einen Bericht im XML-Format	Der Bericht wird in einem Browser geöffnet. Mit diesem Format werden Berichtsdaten vom Berichtsserver in andere Anwendungen oder auf andere Server kopiert.
ATOM	Exportiert die Berichtsdaten für die Nutzung als Datenquelle für SQL Server 2008 R2 PowerPivot-Clients	Es wird mindestens ein Datenfeed als Datei exportiert, welcher wiederum als Datenquelle für weitere Analysen verwendet werden kann

Tabelle 24.1 Standardmäßig vorhandene Exportformate von Reporting Services 2008 R2

Die Paginierung für Exportformate

Ein Bericht kann aus mehreren Seiten mit Daten bestehen, die durch Seitenumbrüche getrennt werden. Sie können Seitenumbrüche beim Design des Berichts am Anfang oder Ende eines Rechtecks, einer Tabelle, Matrix, Liste, Grafik oder Gruppe hinzufügen.

Es gibt zwei Arten von Renderingerweiterungen für Berichte aus mehreren Seiten. So stehen Exportformate zur Verfügung, die Berichte mit Seitenumbrüchen rendern, oder auch Formate, die zusätzlich auf Seitengröße rendern.

Berichte, die von Seitenumbrüchen unterstützenden Renderingerweiterungen gerendert wurden, weisen folgende Merkmale auf:

- Am Anfang oder Ende eines designierten Berichtselements Seitenumbrüche, sofern der Bericht eine entsprechende Länge hat

- Automatische Seitenumbrüche, die auf der Seitengröße basieren

Berichte, die von der Seitengröße unterstützenden Renderingerweiterungen gerendert werden, wenden

- auf der Seitengröße basierende Seitenumbrüche und
- Seitenumbrüche am Anfang oder Ende des Elements an.

Berichte, die von der Seitengröße nicht unterstützenden Renderingerweiterungen gerendert werden, zeigen alle Daten innerhalb des Elements oder der Gruppe auf einer einzelnen Seite an, wobei weitere Elemente oder Gruppen auf nachfolgenden Seiten angezeigt werden.

Standardmäßig weisen Berichtselemente keine Seitenumbrüche auf. Um einen Seitenumbruch am Anfang oder am Ende eines Elements hinzuzufügen, müssen Sie die Eigenschaft *PageBreakAtEnd* oder *PageBreakAtStart* für das Element ändern. Diese Eigenschaften werden während der Designphase des Berichts eingerichtet. Nähere Informationen zu Formatierungen und dem Seitenmanagement finden Sie in Kapitel 11.

Die Paginierung wird nur für die Exportformate Acrobat (PDF), HTML und Bild unterstützt. Für Acrobat (PDF) basiert die Paginierung auf dem Papierformat.

Die HTML-Paginierung basiert nicht auf physischen Dimensionen. Die Seiten werden durch Seitenumbrüche getrennt, die Sie zu einem Bericht hinzufügen, aber die tatsächliche Länge kann von Seite zu Seite variieren. Ein Beispiel für die Paginierung im HTML-Format liefert der Bericht *Product Catalog 2008* aus den *AdventureWorks 2008R2.*

Im folgenden Abschnitt werden die einzelnen Renderingerweiterungen der Exportformate aus Tabelle 24.1 auf Seite 398 erläutert.

Renderingerweiterungen

Der Berichtsserver transformiert Daten und Layoutinformationen in ein gerätespezifisches Format mithilfe von Renderingerweiterungen. Reporting Services umfasst standardmäßig sieben Renderingerweiterungen: HTML, Excel, Word, Text, XML, Bild, PDF und Atom.

HINWEIS Entwickler können weitere Typen erstellen, um Berichte in anderen Formaten zu generieren. Mehr Informationen zu diesem Thema finden Sie in Kapitel 36.

Wenn Sie mit Berichts-Designer einen Bericht erstellen, wird eine XML-Darstellung des Berichts erzeugt, die sogenannte Berichtsdefinition.

Die Berichtsdefinition verwendet die Berichtsdefinitionssprache RDL (Report Definition Language), ein XML-Schema, das speziell für Reporting Services entwickelt wurde. Dieses Schema enthält alle Elemente des Berichts, einschließlich Datenquelleninformationen, Layout und Berichtseigenschaften. Nähere Informationen zu RDL finden Sie in Kapitel 32.

Zusammen mit der Berichtsdefinition können Sie Ressourcen für den Bericht speichern. Bei diesen Ressourcen kann es sich um Bitmaps, Dokumente oder beliebige andere Dateitypen handeln.

Die so erstellte Definition wird in der Berichtsserverdatenbank gespeichert, von wo sie von der Berichtsprozessorkomponente abgerufen und mit Daten kombiniert wird. Der Berichtsprozessor ruft dann eine Renderingerweiterung auf, die die Datei für ein bestimmtes Gerät rendert. Der resultierende Bericht kann je nach Typ der Erweiterung unterschiedlich ausfallen. Beispielsweise wird die Ausgabe der Bild-Renderingerweiterung ganz anders aussehen als die Ausgabe von XML. Falls Berichte von mehreren Renderingerweiterungen verarbeitet werden sollen, müssen Sie dies beim Entwurf der Berichte berücksichtigen.

Die Renderingerweiterungen benutzen die Geräteinformationseinstellungen, die von Reporting Services dazu verwendet werden, um Renderparameter zu setzen. Diese werden vom Berichtsserver an die Renderingerweiterungen weitergegeben. Geräteinformationseinstellungen sind optionale Renderparameter und besitzen Standardwerte.

In den folgenden Abschnitten werden die standardmäßig bereitgestellten Renderingerweiterungen beschrieben.

HTML-Renderingerweiterung

Wenn Sie über den Berichts-Manager einen Bericht vom Berichtsserver anfordern, wird dieser vom Berichtsserver mithilfe der HTML-Renderingerweiterung gerendert.

Die HTML-Renderingerweiterung

- rendert einen Bericht in HTML für Internet Explorer (Version 5.5 und höher), Firefox (1.5 und höher) und Safari (Version 3.0 und höher),
- unterstützt den Standard MHTML (MIME Encapsulation of Aggregate HTML Documents),
- kann diverse Geräteinformationseinstellungen für HTML-Berichte verarbeiten, z.B. Sichtbarkeit der Symbolleiste, Suchinformationen und Zoominformationen,
- erstellt eine HTML-Tabelle als Grundgerüst, in der die einzelnen Berichtselemente zur Erhaltung des Layouts positioniert werden. Nur falls die Berichtselementsätze nur ein Berichtselement enthalten, wird das Berichtselement ohne die Tabelle gerendert.

TIPP Sie können viele der Einstellungen der HTML-Renderingerweiterung über die URL-Parameter des HTML-Viewers steuern, über den Sie in Kapitel 32 mehr erfahren.

HINWEIS Überlappende Elemente werden von HTML nicht unterstützt. Falls sich ein Berichtselement mit einem anderen Element überlappt, werden die Elemente ohne Überlappung angeordnet. Dies kann dazu führen, dass Elemente auf der Seite an einer anderen Position als vorgesehen angezeigt werden.

In einigen Fällen überlappen sich Elemente in einem Designtool scheinbar nicht, obwohl dies tatsächlich der Fall ist.

Die Größen- und Positionseigenschaften für die Berichtselemente zeigen die tatsächliche Position der Berichtselemente. Zum Festlegen der Position von Elementen, die sich überlappen, werden von der Renderingerweiterung zuerst der Wert des *Top*-Elements für die Elemente, danach der Wert des *Left*-Elements und schließlich der Wert des *ZIndex*-Elements verwendet.

Excel-Renderingerweiterung

Die Excel-Renderingerweiterung rendert Berichte, die in Excel 97 oder höher angezeigt und wie jede normale Excel-Datei geändert werden können.

Der Bericht wird in eine Excel-Kalkulationstabelle exportiert, wobei einige Elemente des Layouts sowie des ursprünglichen Entwurfs entfernt werden. Das Format für Berichte, die als Excel gerendert werden, ist Binary Interchange File Format (BIFF). Der Inhaltstyp von Dateien, der von diesem Renderer generiert wird, ist *application/vnd.ms-excel.* Die Erweiterung des Dateinamens bei Dateien, die von diesem Renderer generiert wird, lautet *.xls.*

Der Benutzer der Excel-Datei merkt von dieser Codierung nichts, aus seiner Sicht ist die Datei nicht von anderen Excel-Dateien zu unterscheiden.

Ressourcen, wie z.B. Bilder, werden in den Bericht eingebettet.

Das Berichtsobjektmodell wird von dieser Erweiterung in eine Excel-Kalkulationstabelle übersetzt. Das Layout und das ursprüngliche Design des Berichts werden jedoch nicht vollständig in Excel übertragen. Daher müssen Sie bestimmte Gesichtspunkte berücksichtigen, wenn Sie einen Bericht für die Ausgabe in Excel entwerfen.

Die Excel-Renderingerweiterung

- erzeugt beim Export eines Berichts nach Excel für jede Seite des Berichts ein Arbeitsblatt. Die Anzahl der Arbeitsblätter pro Arbeitsmappe in Excel ist begrenzt. Bei Überschreiten des Limits wird ein Fehler generiert. Die Renderingerweiterung erstellt aus dem Bericht eine tabellarische Struktur aus geschachtelten Elementen.
- kann steuern, ob Formeln im Bericht in Excel-Formeln konvertiert werden oder ob die Formelgenerierung unterdrückt wird. Dies geschieht über die OmitFormulas-Geräteinformationseinstellung. Weitere Informationen zu OmitFormulas finden Sie in der Onlinehilfe.

TIPP Wie Sie die Excel-Renderingerweiterung per URL-Zugriff steuern, erfahren Sie in Kapitel 32.

Der Excel-Renderingerweiterung stehen Elemente für den Datenbereich und allgemeine Berichtselemente zur Verfügung. Die folgenden Elemente werden für Datenbereiche verwendet:

- Diagramme werden als Bilder, nicht als Excel-Diagramme gerendert. Ein Diagramm wird auf die gleiche Weise gerendert wie ein Bildelement.
- Für Listenelemente wird nur der Inhalt angezeigt. Die Liste wird für jede Datenzeile oder Datengruppe in Excel gerendert. Elemente in der Liste werden relativ zu ihrer Position im Bericht auf dem Arbeitsblatt positioniert, was zu unvorhergesehenen Ergebnissen führen kann. Aus diesem Grund werden Listen in Berichten, die in Excel gerendert werden sollen, nicht empfohlen.
- Eine Tablix in Berichten wird in Excel als Zeilen und Spalten von Zellen gerendert. Seitenumbrüche bei Berichtselementen innerhalb einer Tabellenzelle werden ignoriert.
- Eine Tablix in Berichten wird in der Excel-Datei als Gruppe formatierter Zellen gerendert, ähnlich wie der Bericht in HTML. Matrixteilergebnisse werden nicht als Formeln gerendert und die Matrix wird nicht als Excel-PivotTable gerendert. Für Gruppen werden beim Expandieren der Gruppe die Detailzeile und die Teilergebniszeile angezeigt. Dies unterscheidet sich von der Anzeige von Gruppen im HTML-Viewer. Im HTML-Viewer wird beim Expandieren von Gruppen die Teilergebniszeile ausgeblendet und die Detailzeile angezeigt. Als Beispiel für dieses Verhalten können Sie den Bericht *Company Sales 2008* im HTML-Viewer anzeigen und dann nach Excel exportieren.

Aufgrund der in BIFF zur Verfügung stehenden Formatfähigkeiten treten in Excel Einschränkungen bei exportierten Berichten auf. Die wichtigsten Einschränkungen sind folgende:

- Die maximale Anzahl an Zeilen in einem Arbeitsblatt ist auf 65.536 beschränkt. Wenn diese Einschränkung überschritten wird, zeigt der Renderer eine Fehlermeldung an.
- Die maximale Anzahl an Spalten in einem Arbeitsblatt ist auf 256 beschränkt. Wenn diese Einschränkung überschritten wird, zeigt der Renderer eine Fehlermeldung an.
- Die maximale Spaltenbreite ist auf 255 Zeichen bzw. 1.726,5 Punkt beschränkt. Der Renderer prüft nicht, ob die Spaltenbreite unterhalb der Grenze liegt.

- Die maximale Zeilenhöhe beträgt 409 Punkt. Falls die Zeilenhöhe aufgrund des Zeileninhalts 409 Punkte überschreitet, wird der Inhalt aufgeteilt und stattdessen zur nächsten Zeile hinzugefügt.
- Die maximale Anzahl an Zeichen in einer Zeile ist auf 32.767 Zeichen beschränkt. Wenn diese Einschränkung überschritten wird, zeigt der Renderer eine Fehlermeldung an.
- Die maximale Anzahl an Arbeitsblättern wird nicht in Excel definiert. Stattdessen können externe Faktoren wie der Arbeitsspeicher und der Speicherplatz dazu führen, dass Einschränkungen auftreten.
- Textfeldwerte, die Ausdrücke sind, werden nicht in Excel-Formeln konvertiert. Der Wert der einzelnen Textfelder wird während der Berichtsverarbeitung ausgewertet. Der ausgewertete Ausdruck wird als Inhalt jeder Excel-Zelle exportiert.
- Wenn Zellen zusammengeführt werden, funktioniert der Zeilenumbruch nicht ordnungsgemäß. Falls zusammengeführte Zellen in einer Zeile vorhanden sind, in der ein Textfeld mit der Eigenschaft *AutoSize* gerendert wird, wird diese Eigenschaft nicht angewendet.
- Hintergrundbilder für Berichtselemente werden ignoriert, da Excel keine Hintergrundbilder für einzelne Zellen unterstützt
- Textfelder werden innerhalb einer Excel-Zelle gerendert. Schriftgrad, Schriftart, Schriftdekoration und Schriftschnitt sind die einzigen Formatierungen, die für einzelne Textabschnitte innerhalb einer Excel-Zelle unterstützt werden.
- Der Texteffekt *Überlagernde Linie* wird in Excel nicht unterstützt
- Excel-Kopf- und -Fußzeilen unterstützen einschließlich Markup ein Maximum von 256 Zeichen. Die Renderingerweiterung schneidet die Zeichenfolge bei 256 Zeichen ab.
- In Gliederungen ermöglicht Excel maximal sieben geschachtelte Ebenen
- Falls sich das Berichtselement, welches steuert, ob ein anderes Element ein- oder ausgeschaltet wird, nicht in der vorherigen bzw. nächsten Zeile oder Spalte des Elements befindet, wird die Gliederung ebenfalls deaktiviert
- Die Excel-Renderingerweiterung unterstützt nur das Hintergrundbild des Hauptteils des Berichts. Falls das Hintergrundbild des Hauptteils eines Berichts im Bericht angezeigt wird, wird das Bild als Arbeitsblatt-Hintergrundbild gerendert.
- Excel fügt einen Standardtextabstand von ungefähr 3,75 Punkt links und rechts von den Zellen hinzu. Falls die Textabstandeinstellungen eines Textfelds unter 3,75 Punkt liegen und der Text kaum aufgenommen werden kann, wird dieser in Excel unter Umständen umbrochen.

Word-Renderingerweiterung

Die Word-Renderingerweiterung rendert einen Bericht als Word-Dokument, der mit Microsoft Word 2000 oder höher kompatibel ist.

Nachdem der Bericht in ein Word-Dokument exportiert wurde, können Sie den Inhalt bearbeiten und dokumentartige Berichte wie Adressetiketten, Bestellungen, juristische Dokumente oder Formbriefe entwerfen. Die Dateinamenerweiterung von Dateien, die von diesem Renderer generiert wird, lautet *.doc.*

In Word exportierte Berichte werden als geschachtelte Tabelle angezeigt, in der der Hauptteil des Berichts dargestellt wird. Ein Tablix-Datenbereich wird als geschachtelte Tabelle gerendert, die die Struktur des

Datenbereichs im Bericht widerspiegelt. Textfelder und Rechtecke werden jeweils als Zelle innerhalb der Tabelle gerendert. Der Textfeldwert wird in der Zelle angezeigt.

Bilder, Diagramme und Messgeräte werden jeweils als statisches Bild innerhalb einer Tabellenzelle gerendert. Hyperlinks und Drillthroughlinks zu diesen Berichtselementen werden gerendert. Zuordnungen und Bereiche, auf die innerhalb eines Diagramms geklickt werden kann, werden nicht unterstützt.

Spaltenberichte im Newsletterformat werden nicht in Word gerendert. Der Hauptteil des Berichts und Seitenhintergrundbilder sowie Farben werden nicht gerendert.

Die folgenden Beschränkungen gelten für Microsoft Word:

- Word-Tabellen unterstützen maximal 63 Spalten. Wenn Sie einen Bericht mit mehr als 63 Spalten erstellen und versuchen diesen zu rendern, wird die Tabelle von Word geteilt. Die zusätzlichen Spalten werden angrenzend an die im Hauptteil des Berichts angezeigten 63 Spalten platziert. Daher werden die Berichtsspalten möglicherweise nicht in der erwarteten Reihenfolge angezeigt.
- Word unterstützt ein Seitenformat von maximal 22 Zoll Breite und 22 Zoll Höhe. Wenn der Inhalt über 22 Zoll hinausgeht, werden einige Daten unter Umständen nicht in der Seitenlayoutansicht angezeigt.
- Word ignoriert Einstellungen für die Höhe der Seitenkopf- und -fußzeilen
- Mit dem Word-Renderer erstellte Dokumente weisen nicht das DOCX-Format von Word 2007/2010 auf. Ab Word 2007 kann man das erstellte Dokument jedoch verwenden, da Word 2007/2010 das DOC-Format vollständig unterstützen.
- Berichte können in Word 97 zwar angezeigt werden, das Layout erscheint jedoch nicht korrekt. Word 97 unterstützt keine geschachtelten Tabellen, 24-Bit-Farben, Textabstand und mögliche weitere Funktionen, die vom Word-Renderer verwendet werden.
- Nachdem der Bericht exportiert wurde, paginiert Word den Bericht erneut. Dadurch werden dem gerenderten Bericht möglicherweise zusätzliche Seitenumbrüche hinzugefügt.
- Textfelder werden größer, wenn sie geschützte Leerzeichen enthalten
- Wenn Text nach Word exportiert wird, kann der Text mit Schriftverzierungen bei einigen Schriftarten zu unerwarteten oder fehlenden Symbolen im gerenderten Bericht führen

CSV-Renderingerweiterung

Die CSV-Renderingerweiterung (durch Trennzeichen getrennt) rendert Berichte zu reinen Textdateien ohne Formatierung, in den die Daten durch Trennzeichen getrennt werden. Dabei werden Felder und Zeilen durch ein Trennzeichen getrennt, für das auch ein anderes Zeichen als ein Komma gewählt werden kann. Benutzer können diese Dateien mit einer Tabellenkalkulationsanwendung, z.B. Excel, oder einem anderen Programm, z.B. Notepad, zum Lesen von Textdateien öffnen.

Der exportierte Bericht wird zu einer *.csv*-Datei und gibt den MIME-Typ *text/plain* zurück. Die Dateien haben die MIME-Version 1.0.

Ein CSV-Bericht, der mit den Standardeinstellungen gerendert wurde, hat folgende Merkmale:

- Der erste Datensatz enthält Header für alle Spalten in dem Bericht
- Alle Zeilen haben die gleiche Anzahl von Spalten
- Das standardmäßige Feldtrennzeichen ist ein Komma (,)

- Die Trennzeichenfolge für Datensätze ist Wagenrücklauf, gefolgt von Zeilenvorschub (<cr><lf>)
- Als Textqualifizierer-Zeichenfolge dient das Anführungszeichen (")
- Falls der Text eine eingebettete Trennzeichenfolge oder Qualifizierzeichenfolge enthält, wird der Text in den Textqualifizierer eingeschlossen, und die eingebetteten Qualifiziererzeichenfolgen werden verdoppelt
- Formatierung und Layout werden ignoriert

TIPP Wie Sie die CSV-Renderingerweiterung per URL-Zugriff steuern, erfahren Sie in Kapitel 32.

Beim Rendern eines Berichts führt die CSV-Renderingerweiterung eine Iteration durch das vom Berichtsprozessor erzeugte Renderingobjektmodell aus.

Die Berichtselemente werden von oben nach unten und dann von links nach rechts sortiert. Anschließend wird jedes Element in eine Spalte gerendert. Enthält der Bericht geschachtelte Datenelemente, wie Listen oder Tabellen, werden die übergeordneten Elemente in jedem Datensatz wiederholt.

Folgende Elemente können bei der Verarbeitung verwendet werden: Textfeld, Tabelle, Matrix, Liste, Rechteck, eingebetteter Bericht und Diagramm.

Die Elemente *Seitenkopfzeilen*, *Seitenfußzeilen*, *Benutzerdefiniertes Element*, *Linie*, *Bild* und *ActiveX-Steuerelement* werden bei der Verarbeitung ignoriert.

XML-Renderingerweiterung

Die XML-Renderingerweiterung rendert Berichte in *.xml*-Dateien. Das Schema der Bericht-XML-Ausgabe hängt vom jeweiligen Bericht ab und enthält nur Daten. Layoutinformationen werden nicht gerendert. Der von dieser Erweiterung erstellte XML-Code kann in eine Datenbank importiert, als XML-Datennachricht verwendet oder an eine benutzerdefinierte Anwendung gesendet werden.

Der von der XML generierte Code ist UTF-8-codiert.

Für Berichte, die über XML gerendert werden, sollte Folgendes berücksichtigt werden:

- XML-Elemente und -Attribute werden in der Reihenfolge gerendert, in der sie in der Berichtsdefinition angezeigt werden
- Die Paginierung wird ignoriert
- Seitenkopfzeilen und Seitenfußzeilen, *Image*, *CustomReportItem* und *Line* werden ignoriert
- Es können beim Rendern eines Berichts zahlreiche Geräteinformationseinstellungen verarbeitet werden, z.B. eine auf die XML-Ausgabe anzuwendende Transformation (XSLT), die Codierung für das XML-Dokument und die Dateierweiterung des Dokuments

In der Tabelle 24.2 wird beschrieben, wie Berichtselemente gerendert werden.

Element	Renderingverhalten
Bericht	Wird als Element der obersten Ebene des XML-Dokuments gerendert
Datenbereiche	Werden als Element innerhalb des Elements für den Container gerendert
Gruppen und Detailabschnitte	Jede Instanz wird als Element innerhalb des Elements für den Container gerendert

Tabelle 24.2 Berichtselemente der XML-Renderingerweiterung

Element	Renderingverhalten
Textfeld	Wird als Attribut oder Element innerhalb des Containers gerendert
Rechteck	Wird als Element innerhalb des Containers gerendert
Matrixspaltengruppen	Werden als Elemente innerhalb von Zeilengruppen gerendert

Tabelle 24.2 Berichtselemente der XML-Renderingerweiterung *(Fortsetzung)*

TIPP Von der XML-Renderingerweiterung erstellte Dateien können mithilfe von XSL-Transformationen (XSLT) in beinahe jedes Format übertragen werden. Mit dieser Funktion können Daten in Formaten erstellt werden, die von den vorhandenen Renderingerweiterungen nicht unterstützt werden. Bevor Sie eine eigene Renderingerweiterung erstellen, sollten Sie das Verwenden der XML-Renderingerweiterung mit XSLT in Betracht ziehen.

Bild-Renderingerweiterung

Die Bild-Renderingerweiterung rendert Berichte in Bitmaps oder Metadateien. Die Erweiterung kann Berichte in den Formaten BMP, EMF, GIF, JPEG, PNG, TIFF und WMF rendern. Standardmäßig wird das Bild in TIFF gerendert, welches mit dem standardmäßigen Image Viewer des Betriebssystems, z.B. Windows Bild- und Faxanzeige, angezeigt werden kann.

Für das TIFF-Format lautet der Dateiname des primären Datenstromes *<Berichtsname>.tif*. Für alle anderen Formate, die als Einzelseite pro Datei gerendert werden, lautet der Dateiname *<Berichtsname>_<Seite>.<Erweiterung>*, wobei *<Erweiterung>* für die Dateierweiterung des ausgewählten Dateiformats steht.

TIPP Das von dieser Erweiterung gerenderte Bild ist optimal geeignet, um es vom Viewer aus an einen Drucker zu senden.

Durch Verwenden der Bild-Renderingerweiterung zum Rendern des Berichts wird sichergestellt, dass der Bericht auf jedem Client gleich dargestellt wird. Im Gegensatz dazu kann z.B. die Darstellung eines in HTML gerenderten Berichts in Abhängigkeit von der vom Benutzer verwendeten Browserversion, den Browsereinstellungen des Benutzers und den verfügbaren Schriftarten variieren.

HINWEIS Das pixelorientierte Format, das diese Erweiterung liefert, macht es zur optimalen Vorstufe für die Entwicklung eigener Erweiterungen. Ein Beispiel hierfür finden Sie in Kapitel 36.

Für Berichte, die mit der Bild-Renderingerweiterung gerendert werden, sollte Folgendes berücksichtigt werden:

- Da der Bericht auf dem Server gerendert wird, müssen alle im Bericht verwendeten Schriftarten auf dem Server installiert sein
- Falls sich zwei Elemente überlappen, bestimmt der Wert des *ZIndex*-Elements in der Berichtsdefinition für diese Elemente, wie die Elemente gerendert werden. Das Element mit dem höheren *ZIndex*-Wert wird über dem Element mit dem niedrigeren *ZIndex*-Wert gerendert.
- Beim Rendern eines Berichts können zahlreiche Geräteinformationseinstellungen verarbeitet werden, z.B. die zu rendernden Seiten, Seitenbreite und -höhe sowie die Bildauflösung

PDF-Renderingerweiterung

Die PDF-Renderingerweiterung rendert Berichte in *.pdf*-Dateien, die mit dem Adobe Reader angezeigt werden können.

HINWEIS Die PDF-Renderingerweiterung arbeitet ohne Fremdsoftware, d.h. zum Erzeugen der *.pdf*-Dateien benötigen Sie keine weitere Software, also auch keine von Adobe. Lediglich auf dem Rechner, der die *.pdf*-Datei anzeigen soll, benötigen Sie einen PDF-Viewer wie z.B. den kostenlos vom Hersteller Adobe erhältlichen Adobe Reader.

Die PDF-Renderingerweiterung

- basiert im Wesentlichen auf der Bild-Renderingerweiterung
- erstellt Dateien mit der Erweiterung *.pdf*. Diese Dateien haben das Format PDF 1.3, das mit Adobe Acrobat 4 oder höher kompatibel ist.
- rendert die Dokumentstruktur als PDF-Lesezeichen
- rendert Hyperlinks. Wenn ein Benutzer auf einen Hyperlink klickt, werden die verknüpften Seiten im Browser geöffnet.
- rendert Bilder. Falls ein Bild im Bericht ursprünglich im JPEG-Format gespeichert war, enthält die gerenderte *.pdf*-Datei dieses Bild im JPEG-Format. Bilder, die ursprünglich in anderen Formaten gespeichert waren, werden im PNG-Format gerendert.
- kann zahlreiche Geräteinformationseinstellungen für Berichte verarbeiten, z.B. die zu rendernden Seiten, Seitenbreite und -höhe sowie PDF-Auflösung

TIPP Wie Sie die PDF-Renderingerweiterung per URL-Zugriff steuern, erfahren Sie in Kapitel 32.

Atom-Renderingerweiterung

Die Atom-Renderingerweiterung generiert Atom-kompatible Datenfeeds aus Berichten. Die Datenfeeds sind mit Anwendungen lesbar und austauschbar, die Atom-kompatible Datenfeeds nutzen, z. B. mit dem SQL Server 2008 R2 PowerPivot-Client.

Die Ausgabe ist ein Atom-Dienstdokument, in dem die in einem Bericht verfügbaren Datenfeeds aufgeführt sind. Mindestens ein Datenfeed wird für jeden Datenbereich in einem Bericht erstellt. Abhängig vom Typ des Datenbereichs und den darin angezeigten Daten können mehrere Datenfeeds generiert werden.

HINWEIS Die Atom-Renderingerweiterung generiert Daten für einen Datenfeed auf ähnliche Weise, wie die CSV-Renderingerweiterung Daten in eine *.csv*-Datei rendert. Wie eine *.csv*-Datei entspricht ein Datenfeed einer vereinfachten Darstellung der Berichtsdaten. Beispiel: In einer Tabelle mit einer Zeilengruppe, in der die Verkäufe innerhalb einer Gruppe addiert werden, wird die Summe in jeder Datenzeile wiederholt, und es gibt keine separate Zeile, die nur die Summe enthält.

Atom-Dienstdokumente und -Datenfeeds können mit dem Berichts-Manager, Berichtsserver oder einer mit Reporting Services integrierten SharePoint-Website generiert werden.

Atom bezieht sich auf zwei verwandte Standards. Das Atom-Dienstdokument entspricht der RFC 5023 APP-Spezifikation (Atom Publishing-Protokoll) und die Datenfeeds der RFC 4287 ASF-Spezifikation (Atom Syndication-Format).

Beim Rendern eines Datenfeeds ignoriert die Atom-Renderingerweiterung die folgenden Informationen: Formatierung und Layout, Seitenkopf, Seitenfuß, benutzerdefinierte Berichtselemente, Rechtecke, Linien, Bilder, Automatische Teilergebnisse.

Die verbleibenden Berichtselemente werden von oben nach unten und dann von links nach rechts sortiert. Anschließend wird jedes Element in eine Spalte gerendert. Enthält der Bericht geschachtelte Datenelemente, wie Listen oder Tabellen, werden die übergeordneten Elemente in jeder Zeile wiederholt.

In der folgenden Tabelle 24.3 wird die Darstellung von Berichtselementen beim Rendern angegeben.

Element	Renderingverhalten
Tabelle	Das Rendering erfolgt durch Erweitern der Tabelle und Erstellen einer Zeile und Spalte für jede Zeile und Spalte auf der untersten Detailebene. Teilergebniszeilen und -spalten weisen keine Zeilen- und Spaltenüberschriften auf. Drillthroughberichte werden nicht unterstützt.
Matrix	Das Rendering erfolgt durch Erweitern der Matrix und Erstellen einer Zeile und Spalte für jede Zeile und Spalte auf der untersten Detailebene. Teilergebniszeilen und -spalten weisen keine Zeilen- und Spaltenüberschriften auf.
Liste	Für jede Detailzeile oder Instanz in der Liste wird ein Datensatz gerendert
Unterbericht	Das übergeordnete Element wird für jede Instanz des Inhalts wiederholt
Diagramm	Es wird ein Datensatz mit allen Diagrammbezeichnungen für jeden Diagrammwert gerendert. Bezeichnungen aus Reihen und Kategorien in Hierarchien werden vereinfacht und in die Zeile für einen Diagrammwert eingeschlossen.
Datenbalken	Rendert wie ein Diagramm. Ein Datenbalken enthält normalerweise keine Hierarchien oder Bezeichnungen.
Sparkline	Rendert wie ein Diagramm. Eine Sparkline enthält normalerweise keine Hierarchien oder Bezeichnungen.
Messgerät	Es wird als einzelner Datensatz mit dem Minimal- und Maximalwert der linearen Skala, dem Start- und Endwert des Bereichs und dem Wert des Zeigers gerendert
Indikator	Es wird als einzelnes Element mit dem Namen des aktiven Zustands, den verfügbaren Zuständen und dem Datenwert als Attribute gerendert
Karte	Generiert einen Datenfeed für jeden Kartendatenbereich. Wenn mehrere Kartenebenen den gleichen Datenbereich verwenden, sind diese alle im Datenfeed enthalten. Der Datenfeed umfasst einen Datensatz mit den Bezeichnungen und Werten der einzelnen Kartenelemente der Kartenebene.

Tabelle 24.3 Berichtselemente der Atom-Renderingerweiterung

Beispiel für das Erzeugen eines Atom-Dienstdokuments:

1. Führen Sie den Bericht im Berichts-Manager aus, und klicken Sie dann in der Symbolleiste des Berichts-Managers auf das ▤-Symbol, um Datenfeeds aus einem Bericht zu generieren.
2. In einer Eingabeaufforderung werden Sie gefragt, ob die Datei gespeichert oder geöffnet werden soll. Wenn Sie *Öffnen* auswählen, wird das Atom-Dienstdokument in der Anwendung geöffnet, die der Dateierweiterung *.atomsvc* zugeordnet ist. Wenn Sie *Speichern* auswählen, wird das Dokument als *.atomsvc*-Datei gespeichert. Standardmäßig wird der Name des Berichts als Dateiname verwendet. Sie können den Namen ändern, um einen sinnvolleren Namen anzugeben.

Das Atom-Dienstdokument wird auf dem Computer gespeichert. Sie können es später auf einen Berichtsserver oder einen anderen Server hochladen, um es für andere Benutzer verfügbar zu machen.

Weitere Renderingerweiterungen

Die modular aufgebaute Architektur von Reporting Services 2008 R2 unterstützt die Erweiterung für weitere Renderingformate. Es ist eine API verfügbar, mit der Sie Erweiterungen entwickeln, installieren und verwalten können und die von vielen Komponenten von Reporting Services verwendet werden können. Sie können private und freigegebene Komponenten mittels Microsoft .NET Framework erzeugen und deren Funktionalität Reporting Services 2008 R2 hinzufügen. Wie Sie eine eigene Erweiterung entwickeln, erfahren Sie in Kapitel 36.

Weitere Informationen zu den Renderingerweiterungen sowie eine detaillierte Auflistung der vorhandenen RDL-Elemente für die verschiedenen Exportformate finden Sie in der Onlinehilfe.

Weitere Informationen zum Umgang mit RDL (Report Definition Language) finden Sie in Kapitel 27.

Das nächste Kapitel veranschaulicht Ihnen die Möglichkeiten von Reporting Services 2008 R2 zum Aufbau eines Verlaufs für Berichte. Außerdem wird gezeigt, wie Sie diese Historie mittels Zeitplänen, die die Intervalle für die Speicherung eines Berichts festlegen, aufbauen können.

Kapitel 25

Momentaufnahmen, Verläufe, Zeitpläne

In diesem Kapitel:

Die meisten Berichte werden zu dem Zeitpunkt gerendert, zu dem sie geöffnet werden. Die Daten dazu werden direkt aus den Produktivdatenbanken geholt und aufbereitet, wodurch sie immer aktuell sind. Die Berichte benötigen jedoch bei jedem Aufruf eine gewisse Aufbereitungszeit, die bei komplexen Berichten sehr lang werden kann. Außerdem werden bei jedem Abruf des Berichts unter Umständen erhebliche Serverressourcen verbraucht.

Im Interesse einer schnelleren Verfügbarkeit der Berichte und der Schonung von Serverressourcen kann es sinnvoll sein, gewisse Abstriche bei der Aktualität der Berichte zu machen und diese als fertig gerenderte Berichte, sogenannte Momentaufnahmen (Snapshots), vorzuhalten.

Manchmal ist es sogar ausdrücklich erwünscht, auf ältere Berichtsversionen zurückzugreifen, etwa im Zusammenhang mit Jahresabschlüssen. Wenn mehrere Momentaufnahmen zu einem Bericht vorgehalten werden sollen, geschieht dies im Berichtsverlauf. Sollen mehrere zeitplangesteuerte Ereignisse – wie z.B. die Erstellung von Momentaufnahmen – synchron erfolgen und vor allem gemeinsam verwaltet werden, bietet sich die Arbeit mit freigegebenen Zeitplänen an.

In diesem Kapitel wird erklärt, wie Sie eine Kopie eines Berichts in Form einer Momentaufnahme anlegen, Verläufe für Berichte erzeugen und diese Verläufe an freigegebene Zeitpläne koppeln.

Was ist eine Momentaufnahme?

Berichtsmomentaufnahmen sind Instanzen eines Berichts mit Layoutinformationen und Daten aus einer externen Quelle zu bestimmten Zeitpunkten.

Während für bedarfsgesteuerte Berichte aktuelle Abfrageergebnisse abgerufen werden, werden Berichtsmomentaufnahmen nach einem Zeitplan verarbeitet und dann auf dem Berichtsserver im Berichtsverlauf gespeichert. Jede Momentaufnahme erfasst dabei den Zustand eines Berichts zu dem Zeitpunkt, als die Momentaufnahme erstellt wurde. Falls Sie das Layout eines Berichts ändern oder dessen Datenquelle modifizieren, bleiben die Momentaufnahmen unberührt in der gespeicherten Version im Berichtsverlauf erhalten.

Berichtsmomentaufnahmen werden in keinem speziellen Renderingformat gespeichert. Stattdessen werden sie erst dann in einem endgültigen Anzeigeformat (wie HTML) gerendert, wenn sie von einem Benutzer oder einer Anwendung angefordert werden. Durch dieses Verfahren wird eine Momentaufnahme portabel. Der Bericht kann jeweils im richtigen Format für das aufrufende Gerät oder den aufrufenden Browser gerendert werden.

Berichtsmomentaufnahmen dienen zwei Zwecken:

- Zum Festhalten des Verlaufs eines Berichts: Durch Erstellen einer Folge von Berichtsmomentaufnahmen können Sie einen Verlauf eines Berichts erstellen, der die Änderung der Daten über die Zeit aufzeigt. Für den Berichtsverlauf sind Berichtsmomentaufnahmen deshalb optimal geeignet, weil sie die wesentlichen Elemente eines Berichts (Abfrageergebnisse und Layout) enthalten.

TIPP Um die Änderungen der Daten über eine Berichtsmomentaufnahme festhalten zu können, ist es meist erforderlich, dem Bericht einen Parameter mitzugeben, über den sich z.B. eine Zeitperiode einstellen lässt.

Wie Sie Berichten Parameter für solche Zwecke mitgeben, wird in Kapitel 14 erläutert. Mehr zum Thema »Arbeiten mit Parameterberichten« finden Sie in Kapitel 19.

- Zur Steuerung der Berichtsverarbeitung, sodass die Verarbeitung nur zu vordefinierten Zeitpunkten erfolgt: Dies ist sinnvoll für umfangreiche Berichte, deren Verarbeitung viel Zeit in Anspruch nimmt, oder um stabile Ergebnisse für mehrere Benutzer bereitzustellen, die mit identischen Daten arbeiten sollen.

TIPP Bei veränderlichen Daten kann ein bedarfsgesteuerter Bericht von einer Minute zur nächsten unterschiedliche Ergebnisse liefern. Dagegen können Sie mit einer Berichtsmomentaufnahme gültige Vergleiche mit anderen Berichten oder Analysetools ausführen, die Daten desselben Zeitpunkts enthalten.

Nähere Informationen, welche Berichte bei der Ausführung angezeigt werden, finden Sie in Kapitel 23.

Verwaltungsseite für den Verlauf von Berichten

Das Hinzufügen von Berichtsmomentaufnahmen zum Berichtsverlauf können Sie mit der Verwaltungsseite *Momentaufnahmeoptionen* planen. Auf dieser Seite kann ebenfalls die Anzahl dieser Momentaufnahmen begrenzt werden, die im Berichtsverlauf zu speichern sind.

Die Tabelle 25.1 bietet Ihnen Erklärungen der einzelnen Felder dieser Seite.

Feld	Beschreibung
Berichtsverlauf kann manuell erstellt werden	Aktivieren Sie dieses Kontrollkästchen, um das Hinzufügen von Momentaufnahmen auf Ad-hoc-Basis zum Berichtsverlauf zu erlauben. Wenn Sie dieses Kontrollkästchen aktivieren und anschließend auf die Schaltfläche *Anwenden* klicken, wird die Schaltfläche *Neue Momentaufnahme* auf der Seite *Berichtsverlauf* angezeigt.
Alle Berichtsmomentaufnahmen im Verlauf speichern	Aktivieren Sie dieses Kontrollkästchen, um jede Berichtsmomentaufnahme, die auf der Grundlage der Verarbeitungseigenschaften dieses Berichts generiert wird, in dessen Berichtsverlauf zu kopieren. Sie können Berichtsverarbeitungseigenschaften festlegen, um einen Bericht aus einer generierten Momentaufnahme auszuführen. Wenn Sie diese Eigenschaft für den Berichtsverlauf festlegen, können Sie einen Datensatz mit allen im Laufe der Zeit generierten Berichtsmomentaufnahmen speichern, indem Sie die Kopien der Berichtsmomentaufnahmen im Berichtsverlauf platzieren. Wie Sie Verarbeitungseigenschaften einrichten, erfahren Sie in Kapitel 23.
Folgenden Zeitplan verwenden, um dem Berichtsverlauf Momentaufnahmen hinzuzufügen	Aktivieren Sie dieses Kontrollkästchen, um Momentaufnahmen auf der Basis eines Zeitplans zum Berichtsverlauf hinzuzufügen. Sie können einen nur für diesen Zweck verwendeten Zeitplan erstellen, oder einen vordefinierten freigegebenen Zeitplan auswählen, sofern ein Zeitplan mit den gewünschten Informationen auf dem Berichtsserver verfügbar ist. Entscheiden Sie sich für einen berichtsspezifischen Zeitplan, finden Sie ein Beispiel im Abschnitt »Berichtsverlauf einrichten« ab Seite 414. Ansonsten lesen Sie im Abschnitt »Freigegebenen Zeitplan einem Bericht zuweisen« ab Seite 422 nach.

Tabelle 25.1 Felder der Eigenschaftenseite *Momentaufnahmeoptionen*

Feld	Beschreibung
Wählen Sie die maximale Anzahl von Momentaufnahmen im Verlauf aus	Wählen Sie eine der Optionen aus, um die Anzahl von Berichten zu steuern, die im Berichtsverlauf gespeichert werden. Für jeden Berichtsverlauf kann eine der folgenden drei Einstellungen festgelegt werden: Wählen Sie die Option *Standardeinstellung verwenden* aus, um die Standardeinstellung zu übernehmen. Der Berichtsserveradministrator steuert eine Mastereinstellung für die Speicherung des Berichtsverlaufs. Bei Auswahl dieser Option wird die Anzahl von gespeicherten Momentaufnahmen durch diese Mastereinstellung ermittelt. Die Option *Beliebig viele Momentaufnahmen im Berichtsverlauf speichern* wählen Sie aus, um alle Momentaufnahmen zum Berichtsverlauf zu speichern. Sie müssen die Momentaufnahmen manuell löschen, um die Größe des Berichtsverlaufs zu verringern. Mit der Option *Max. Anzahl von Kopien des Berichtsverlaufs* können Sie eine bestimmte Anzahl von Momentaufnahmen speichern. Wenn der Grenzwert erreicht ist, werden ältere Kopien aus dem Berichtsverlauf entfernt, um Platz für neue Kopien zu erhalten.
Anwenden	Per Klick auf die Schaltfläche *Anwenden* speichern Sie die vorgenommen Änderungen für diesen Bericht auf dem Berichtsserver. Sollten Sie die Eigenschaftenseite *Momentaufnahmeoptionen* ohne eine Speicherung verlassen, gehen Ihre Änderungen ebenso verloren wie ein eventuell konfigurierter Zeitplan.

Tabelle 25.1 Felder der Eigenschaftenseite *Momentaufnahmeoptionen (Fortsetzung)*

Berichtsspezifische Zeitpläne werden im Kontext eines bestimmten Berichts, Abonnements oder eines bestimmten Vorgangs für die Berichtsverarbeitung definiert, um den Ablaufzeitpunkt des Caches oder Momentaufnahmeaktualisierungen zu bestimmen.

Entscheiden Sie sich für einen berichtsspezifischen Zeitplan, muss dieser eingerichtet werden. Dies geschieht auf der Seite *Zeitplan bearbeiten*, welche Sie durch Klicken auf *Konfigurieren* auf der Eigenschaftenseite *Momentaufnahmeoptionen* eines Berichts erreichen.

ACHTUNG Zeitpläne können nur für Berichte erstellt werden, die unbeaufsichtigt ausgeführt werden können. Für das Ausführen eines Berichts im unbeaufsichtigten Modus müssen Anmeldeinformationen in der Berichtsserverdatenbank gespeichert sein.

Weitere Informationen zum Umgang mit der Anmeldung finden Sie in Kapitel 21.

WICHTIG Handelt es sich um einen parametrisierten Bericht, muss dieser für alle Parameter Standardwerte enthalten. Informationen zur Einrichtung dieser Standardwerte finden Sie in Kapitel 14 oder in Kapitel 19.

TIPP Nicht alle erdenklichen Möglichkeiten der zeitlich gesteuerten Ausführung eines Zeitplans können mit einem einzelnen Zeitplan unterstützt werden. So ist es z.B. nicht möglich, mit nur einem Zeitplan Momentaufnahmen eines Berichts in einem Dreiwochenrhythmus und zusätzlich alle vier Monate erstellen zu lassen. Sollten Sie solche Kombination benötigen, müssen Sie freigegebene Zeitpläne einsetzen.

Weitere Informationen finden Sie im Abschnitt »Freigegebene Zeitpläne einsetzen« ab Seite 419.

Die Verarbeitung von Zeitplänen basiert auf der Ortszeit des Berichtsservers, auf dem der Bericht gehostet und verarbeitet wird. Auf der Seite *Zeitplan bearbeiten* werden die Struktur und die Dauer des Zeitplans eingerichtet (Abbildung 25.1).

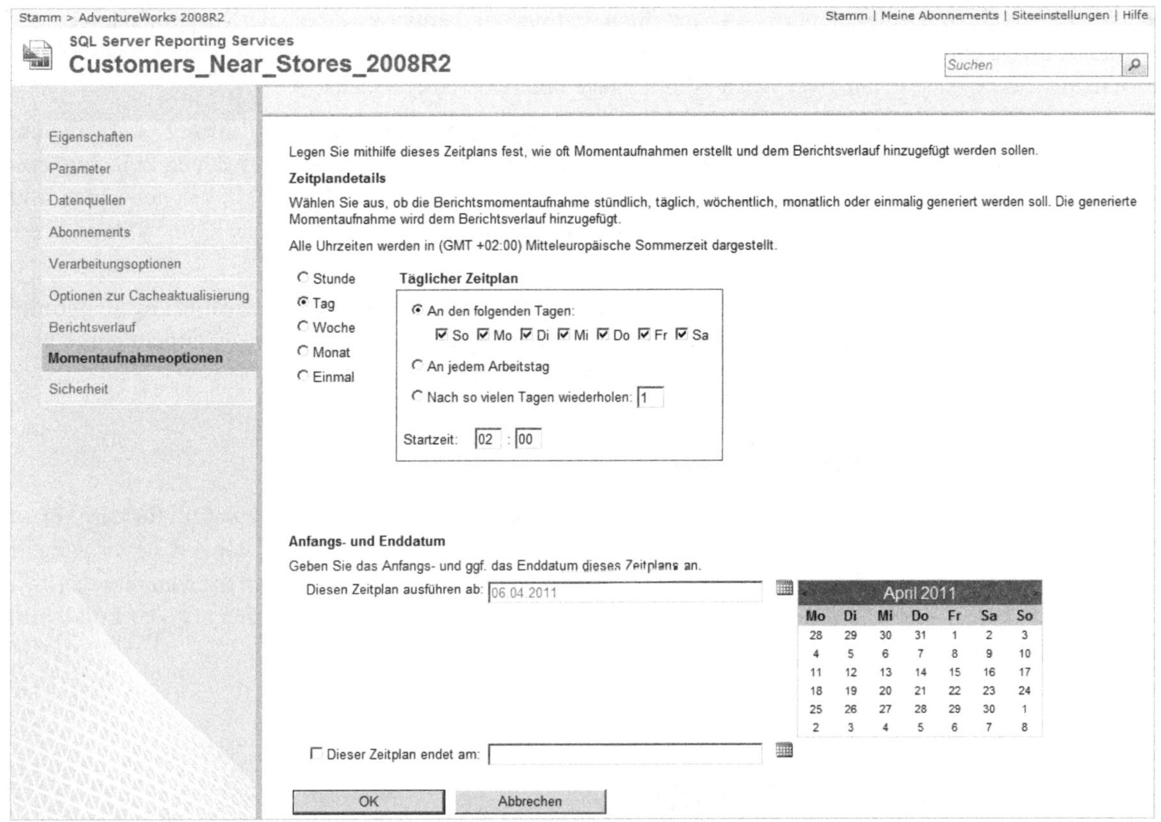

Abbildung 25.1 So richten Sie die Zeitplandetails ein, wenn Ihr Bericht zum 1. eines jeden Monats eine Momentaufnahme erhalten soll

Bereich *Zeitplandetails*

Wählen Sie Optionen aus, um den Zeitpunkt und die Häufigkeit der Berichtsausführung zu bestimmen. Diese Optionen werden durch zwei voneinander abhängige Kategorien eingerichtet. Mit der ersten Kategorie, auch Hauptkategorie genannt, stellen Sie die Häufigkeit – *stündlich*, *täglich*, *wöchentlich* usw. – ein. Die Optionen, die in der zweiten Kategorie zur Auswahl stehen, hängen von der ersten Auswahl ab:

- **Stunde** Wählen Sie diese Option für die erste Kategorie aus, um einen Zeitplan mit stündlicher Ausführung zu definieren. Im Bereich *Anfangs- und Enddatum* können Sie für die zweite Kategorie dann den Tag angeben, an dem der Zeitplan ausgeführt werden soll.
- **Tag** Wählen Sie diese Option aus, um einen Zeitplan zu definieren, der an den von Ihnen angegebenen Tagen zu einer bestimmten Uhrzeit (Stunde und Minute) ausgeführt wird. Für die Angabe der Tage stehen die folgenden Möglichkeiten zur Verfügung:
  - *An den folgenden Tagen*
  - *An jedem Arbeitstag*
  - *Nach so vielen Tagen wiederholen*

  Wenn eine Option ausgewählt ist, stehen die anderen nicht zur Verfügung, auch wenn es so aussieht, als seien die anderen Unteroptionen ebenfalls ausgewählt.

- **Woche** Wählen Sie diese Option aus, um einen Zeitplan zu definieren, der zu der von Ihnen angegebenen Uhrzeit (Stunde und Minute) wöchentlich ausgeführt wird. Der Zeitabstand kann vollständige Wochen betragen (z.B. alle zwei Wochen) oder Tage innerhalb einer Woche.
- **Monat** Wählen Sie diese Option aus, um einen Zeitplan mit monatlicher Ausführung zu definieren. Innerhalb eines Monats können Sie einen Tag auf der Grundlage eines Musters auswählen (z.B. den letzten Sonntag jeden Monats) oder spezifische Kalenderdaten angeben, z.B. *1.* und *15.*, um den ersten und fünfzehnten Tag jeden Monats anzugeben. Mithilfe von Semikola und Bindestrichen können Sie mehrere Tage und Bereiche angeben (Beispiel: *1;5;7-12;21*).
- **Einmal** Wählen Sie diese Option aus, um einen Zeitplan mit einer einmaligen Ausführung zu definieren. Im Bereich *Anfangs- und Enddatum* können Sie den Tag angeben, an dem der Zeitplan ausgeführt werden soll. Dieser Zeitplan läuft unmittelbar nach seiner Verarbeitung ab.

Bereich *Anfangs- und Enddatum*

Geben Sie das Anfangsdatum für den Beginn der Gültigkeit des Zeitplans und das Enddatum für den Ablauf des Zeitplans an. Zeitpläne laufen ohne Benachrichtigung ab. Nach dem Enddatum können sie nicht mehr ausgeführt werden. Abgelaufene Zeitpläne werden nicht automatisch gelöscht, sondern müssen manuell entfernt werden. Wenn Sie einen abgelaufenen Zeitplan fortsetzen möchten, reicht es daher aus, das Enddatum entsprechend zu ändern.

Wie Sie einen Berichtsverlauf einrichten, erfahren Sie im nächsten Abschnitt.

Berichtsverlauf einrichten

Sie wollen die Änderungen der Daten eines Berichts im Auge behalten. Es interessiert Sie z.B., wie sich die Verkäufe Ihrer Waren in den jeweiligen Verkaufsgebieten in den letzten Monaten entwickelt haben.

Dafür soll es möglich sein, den Verlauf der Daten eines Berichts für vorher festgelegte Zeitpunkte in der Vergangenheit anzeigen zu können. Hierfür ist die Verwendung von zeitplangesteuerten Momentaufnahmen ideal.

Um diese einzurichten, gehen Sie folgendermaßen vor:

1. Starten Sie den Berichts-Manager, indem Sie in der Adresszeile des Browsers die URL *http://<Ihr Webservername>/reports* eingeben.
2. Klicken Sie auf den Pfeil rechts neben den Namen des Berichts, von dem Momentaufnahmen erstellt werden sollen, z.B. *Employee_Sales_Summary_2008R2* aus dem Ordner *AdventureWorks 2008R2*. Wie Sie mit Berichten arbeiten, wird in Kapitel 19 erklärt.
3. Wählen Sie den Befehl *Verwalten*.
4. Um einen Ablauf für eine Historie anzulegen, klicken Sie auf *Momentaufnahmeoptionen* (Abbildung 25.2).

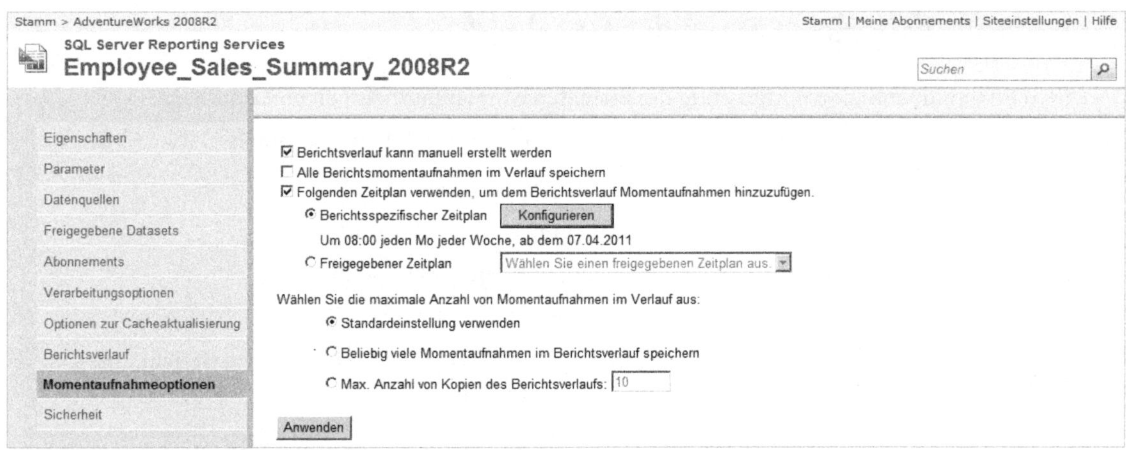

Abbildung 25.2 Über die Eigenschaftenseite *Verlauf* werden Verläufe für einen Bericht eingerichtet

5. Aktivieren Sie das Kontrollkästchen *Folgenden Zeitplan verwenden, um dem Berichtsverlauf Momentaufnahmen hinzuzufügen* und wählen Sie die Option *Berichtsspezifischer Zeitplan* aus.
6. Klicken Sie auf *Konfigurieren*, um einen Zeitplan im Detail festzulegen (siehe Abbildung 25.1 auf Seite 413).
7. Wählen Sie im Bereich *Zeitplandetails* in der ersten Kategorie die Option *Monat* aus.
8. In der zweiten Kategorie, rechts davon, wählen Sie die Option *Kalendertag(e)* und tragen den Wert *1* ein. Lassen Sie alle Monate ausgewählt. Die Startzeit soll *02:00* Uhr betragen.
9. Im Bereich *Anfangs- und Enddatum* geben Sie ein Startdatum, z.B. den *06.04.2011*, ein. Da Sie dieses nicht direkt im Textfeld eintragen können, müssen Sie rechts davon auf das Kalendersymbol klicken. Im Monatsanzeiger wählen Sie jetzt ein Datum aus.
10. Bestätigen Sie mit *OK*, um den Zeitplan zum Bericht einzurichten.

WICHTIG Die Reporting Services verwenden den SQL Server-Agent als Zeitplanungsmodul. Ohne den SQL Server-Agent auszuführen, können Sie keine geplante Operation erstellen. Sollten Sie also im abschließend noch folgenden Schritt 11 eine Fehlermeldung erhalten, dann liegt dies mit hoher Wahrscheinlichkeit daran, dass der SQL Server-Agent nicht gestartet ist. Holen Sie dies nach, indem Sie *Start/Alle Programme/Microsoft SQL Server 2008R2/Konfigurationstools/SQL Server-Konfigurations-Manager* wählen, im Dialogfeld in der Liste *SQL Server-Dienste* die Auswahl *SQL Server Agent (MSSQLSERVER)* treffen und nach einem Klick mit der rechten Maustaste im folgenden Kontextmenü auf *Starten* klicken.

Wenn Sie diesen Vorgang nicht nach jedem Systemstart wiederholen möchten, sollten Sie die Eigenschaften des Dienstes *SQL Server-Agent* öffnen, indem Sie mit der rechten Maustaste im Kontextmenü diesmal auf *Eigenschaften* klicken. Im folgenden Dialogfeld *Eigenschaften von SQL Server-Agent (MSSQLSERVER)* wählen Sie oben die Registerkarte *Dienst* aus und stellen anschließend als Startmodus *Automatisch* ein. Bestätigen Sie Ihre Eingabe mit *Übernehmen* und schließen Sie das Dialogfeld.

Sobald in der Statusspalte *Wird ausgeführt* angezeigt wird, können Sie das Fenster schließen.

11. Klicken Sie auf *Anwenden*, um die neuen oder geänderten Verlaufsdaten zu speichern.

Sie haben einen monatlichen Verlauf für einen Bericht eingerichtet. Die Momentaufnahmen finden Sie, sobald der eingestellte Zeitpunkt mindestens einmal erreicht wurde, im Berichtsverlauf. Dieser soll nun betrachtet werden.

Arbeiten mit dem Berichtsverlauf

Der Berichtsverlauf enthält die Auflistung der erstellten Momentaufnahmen eines Berichts.

Im Berichtsverlauf werden Momentaufnahmen aus folgenden Bereichen gesammelt:

- Kopien, die durch einen berichtsspezifischen Zeitplan entstehen
- Kopien aus einem freigegebenen Zeitplan, der mit dem Bericht verbunden ist
- Kopien, die durch die Berichtsausführung erstellt wurden (siehe Kapitel 23)
- Manuell erstellte Momentaufnahmen

Jeder Benutzer mit Zugriff auf einen Bericht kann sich den Berichtsverlauf für diesen Bericht anzeigen lassen. Diese Berechtigungen werden von der Aufgabe *Berichte anzeigen* bereitgestellt.

WICHTIG Der Berichtsverlauf ist nicht für Berichte mit vertraulichen oder persönlichen Daten vorgesehen. Aus diesem Grund kann der Berichtsverlauf nur jene Berichte enthalten, die die Abfrage einer Datenquelle mithilfe eines einzigen Satzes von Anmeldeinformationen durchführt, die für alle Benutzer verfügbar sind, die einen Bericht ausführen. D.h. also nur für Berichte, die entweder gespeicherte Anmeldeinformationen oder Anmeldeinformationen für die unbeaufsichtigte Berichtsausführung verwenden.

Nähere Information zur Anmeldung an Datenquellen finden Sie in Kapitel 21, mehr zu Sicherheit und Benutzerrollen in Kapitel 22.

Der Berichtsverlauf ist eine Erweiterung des Berichts. Beim Verschieben eines Berichts wird auch der Berichtsverlauf verschoben. Wenn Sie einen Bericht ändern oder dessen Datenquelle löschen, bleibt der vorhandene Berichtsverlauf erhalten.

Der Berichtsverlauf besteht aus Berichtsmomentaufnahmen, die Instanzen eines Berichts mit Layout-Informationen und Daten aus einer externen Quelle zu bestimmten Zeitpunkten darstellen. Jede Momentaufnahme im Berichtsverlauf erfasst den Zustand eines Berichts zu dem Zeitpunkt, als die Momentaufnahme erstellt wurde. Falls Sie das Layout ändern oder die Datenquelle löschen, bleiben die Momentaufnahmen im Berichtsverlauf erhalten.

Möchten Sie zügig sehen, wie sich ein Verlauf aufbaut, müssen Sie zu Testzwecken ein kurzes Intervall für den Zeitplan wählen. Wiederholen Sie die Schritte 1 bis 11 des Beispiels aus dem Abschnitt »Berichtsverlauf einrichten« ab Seite 414. Verwenden Sie einen anderen Bericht, z.B. *Customers_Near_Stores_2008R2*. Ändern Sie jedoch die folgenden Punkte ab:

1. Wählen Sie auf Seite *Zeitplan bearbeiten*, aus der ersten Kategorie *Stunde*. Tragen Sie in der zweiten Kategorie für *Den Zeitplan ausführen alle:* eine Minutenzahl ein, z.B. *00:01*. Setzen Sie die *Startzeit* auf Ihre aktuelle Uhrzeit.
2. Das Anfangsdatum zeigt automatisch auf den aktuellen Tag und kann somit bleiben.
3. Auf der Eigenschaftenseite *Verlauf* wählen Sie die Option *Max. Anzahl von Kopien des Berichtsverlaufs* und tragen den Wert *20* für die Begrenzung ein, wodurch immer nur 20 Kopien eines Berichts im Verlauf gespeichert werden. Dabei wird die älteste Kopie gelöscht, wenn eine neue gespeichert wird und die Begrenzung erreicht ist. Sobald Sie auf *Anwenden* klicken, erscheint der Hinweis aus Abbildung 25.3. Bestätigen Sie diesen mit *OK*.

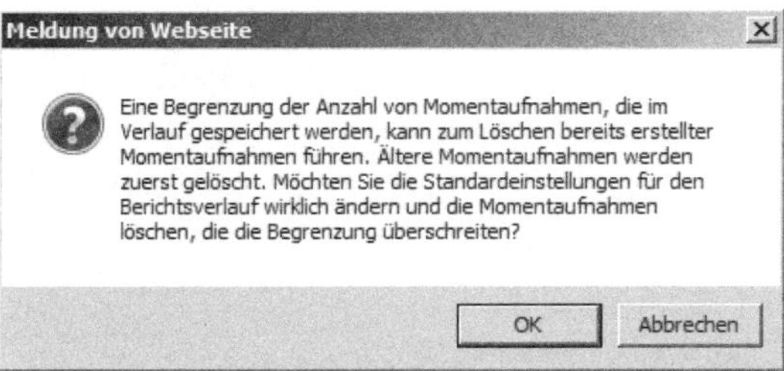

Abbildung 25.3 Damit Sie nicht versehentlich ältere Momentaufnahmen Ihrer Berichte löschen, erhalten Sie vorab bei der Begrenzung des Verlaufs einen Hinweis angezeigt

Nach einiger Zeit haben sich genug Kopien im Berichtsverlauf gesammelt. Wie Sie diese Kopien verwalten können, wird im nächsten Abschnitt erläutert.

Die Berichtsverlauf-Seite

Mithilfe der Seite *Berichtsverlauf* können Sie die im Laufe der Zeit generierten und gespeicherten Berichtsmomentaufnahmen anzeigen. Die Verlaufseigenschaften eines Berichts bestimmen die Art und Weise, in der der Berichtsverlauf erstellt werden kann. Der Berichtsverlauf wird immer im Kontext des Berichts angezeigt, aus dem er stammt. Es ist nicht möglich, den Verlauf aller Berichte zentral anzuzeigen.

Die Momentaufnahmen werden in einer Liste angezeigt (Abbildung 25.4). Die Spalte *Ausführungszeitpunkt* enthält den Zeitstempel. Sie zeigt das Datum und die Uhrzeit der Erstellung an. Die Spalte *Größe* zeigt den Speicherbedarf der Berichtsdefinition und der Daten im Bericht an, welcher in der Berichtsserverdatenbank verwendet wird. Die Größe des dargestellten Berichts einschließlich der Formatierung ist tatsächlich höher. Die in Klammern angegebene Gesamtgröße enthält die Summe der Größe aller Momentaufnahmen im Berichtsverlauf des aktuellen Berichts.

Der Pfeil neben einem der Spaltenköpfe *Ausführungszeitpunkt* oder *Größe* zeigt Ihnen die derzeitige Sortierungsreihenfolge an. Sie können diese ändern, indem Sie auf einen der beiden Spaltenköpfe klicken. Ein nochmaliges Klicken auf denselben Spaltenkopf dreht die Reihenfolge um.

Klicken Sie auf den Zeitstempel einer Momentaufnahme im Berichtsverlauf, um diese anzuzeigen. Die im Berichtsverlauf angezeigten Momentaufnahmen unterscheiden sich nur durch das Datum und die Uhrzeit ihrer Erstellung. Es gibt keinen grafischen Hinweis, ob eine Momentaufnahme als Folge eines Zeitplans oder durch einen manuellen Vorgang generiert wurde.

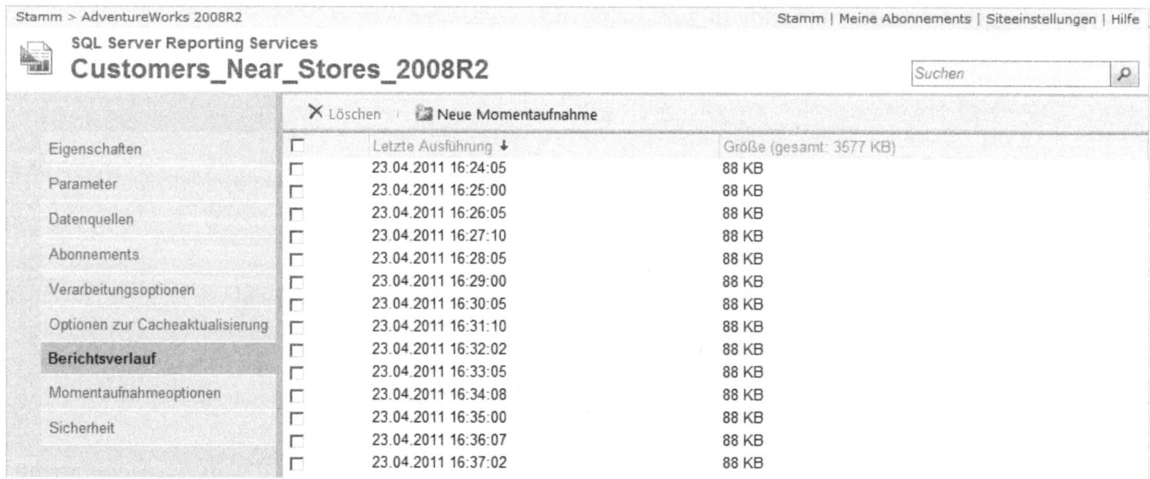

Abbildung 25.4 Darstellung der Berichtsverlauf-Seite für einen Bericht

Die Symbolleiste des Berichtsverlaufs stellt Ihnen zwei Schaltflächen zur Verfügung (Tabelle 25.2).

Schaltfläche	Beschreibung
Löschen	Aktivieren Sie das Kontrollkästchen neben den zu löschenden Momentaufnahmen, bevor Sie auf *Löschen* klicken
Neue Momentaufnahme	Klicken Sie auf *Neue Momentaufnahme*, um eine Momentaufnahme zum Berichtsverlauf hinzuzufügen **HINWEIS** Diese Schaltfläche *Neue Momentaufnahme* ist nur verfügbar, wenn Sie auf der Verwaltungsseite *Momentaufnahmeoptionen* des Berichts die Option *Berichtsverlauf kann manuell erstellt werden* ausgewählt haben. Nähere Informationen finden Sie im Abschnitt »Verwaltungsseite für den Verlauf von Berichten« ab Seite 411.

Tabelle 25.2 Übersicht der Schaltflächen der Symbolleiste des Berichtsverlaufs

Momentaufnahmen löschen

Zum Ende eines Geschäftsjahrs soll der Verlauf eines Berichts aufgeräumt werden, d.h., die nicht mehr benötigten Momentaufnahmen müssen gelöscht werden. Außerdem soll eine Momentaufnahme zum aktuellen Stand der Daten erzeugt werden.

Gehen Sie hierzu folgendermaßen vor:

1. Wählen Sie im Berichts-Manager einen Bericht mit ausgefülltem Berichtsverlauf aus, z.B. den in den vorigen Abschnitten mit einem Berichtsverlauf versehenen *Customers_Near_Stores_2008R2* aus *AdventureWorks 2008R2*.
2. Wählen Sie die Verwaltungsseite *Berichtsverlauf*.
3. Aktivieren Sie das Kontrollkästchen vor den Momentaufnahmen, die nicht mehr benötigt werden.
4. Klicken Sie auf *Löschen*, um die ausgewählten Momentaufnahmen aus dem Verlauf zu entfernen.

5. Bevor die Momentaufnahme endgültig gelöscht wird, werden Sie gefragt, ob Sie dies wirklich tun möchten. Bestätigen Sie mit *OK*.

ACHTUNG Einmal gelöschte Momentaufnahmen eines Berichts können nicht wieder hergestellt werden.

6. Sie erstellen den Jahresabschluss, indem Sie eine manuelle Momentaufnahme erzeugen. Klicken Sie dazu auf *Neue Momentaufnahme*.

Sie haben nun den Verlauf eines Berichts aufgeräumt und den Jahresabschluss mit einer manuellen Momentaufnahme durchgeführt.

Für das nächste Jahr nehmen Sie sich vor, die Berichte noch mehr zu strukturieren und die Verläufe durch gemeinsame Zeitpläne zu steuern. Der Jahresabschluss für mehrere Berichte soll von nun an ebenfalls automatisch zum richtigen Termin erzeugt werden. Wie das geht, erfahren Sie im nächsten Abschnitt.

Freigegebene Zeitpläne einsetzen

Freigegebene Zeitpläne funktionieren im Wesentlichen genauso wie die berichtsspezifischen Zeitpläne, die Sie in den vorangegangenen Abschnitten kennengelernt haben, können aber im Gegensatz zu diesen in mehreren Berichten verwendet werden. Dies erleichtert die Administration, da Änderungen an Zeitplänen nur noch in den freigegebenen Zeitplänen und nicht mehr an jedem einzelnen Bericht vorgenommen werden müssen.

Zeitpläne, ob freigegeben oder berichtsspezifisch, werden verwendet, um Momentaufnahmen von Berichten in deren Verlauf zu speichern.

WICHTIG Freigegebene Zeitpläne können nicht nur für Momentaufnahmen verwendet werden, sondern überall dort, wo berichtsspezifische Zeitpläne angegeben werden können, z.B. auch Abonnements.

Was Abonnements sind und wie Sie sie erstellen, finden Sie in Kapitel 28 beschrieben.

Freigegebene Zeitpläne sind Elemente auf Systemebene, weshalb im Gegensatz zu einem berichtsspezifischen Zeitplan zum Erstellen eines freigegebenen Zeitplanes Berechtigungen auf Systemebene erforderlich sind. Deshalb erstellt normalerweise ein Berichtsserveradministrator oder Inhalts-Manager die freigegebenen Zeitpläne, die auf dem Server verfügbar sind. Im Gegensatz hierzu können berichtsspezifische Zeitpläne von einzelnen Benutzern erstellt werden.

Freigegebene Zeitpläne können zentral verwaltet, unterbrochen und fortgesetzt werden. Einen berichtsspezifischen Zeitplan müssen Sie dagegen manuell bearbeiten, um zu verhindern, dass er ausgeführt wird.

Erstellen Sie einen berichtsspezifischen Zeitplan, wenn ein freigegebener Zeitplan nicht die benötigte Häufigkeits- oder Wiederholungsoption bereitstellt.

Freigegebene Zeitpläne verwalten

Ein freigegebener Zeitplan ist ein von Ihnen erstellter, benannter Zeitplan, den Sie getrennt von Berichten, Abonnements und anderen Prozessen verwalten, die Zeitplaninformationen verwenden. Benutzer können die von Ihnen bereitgestellten Zeitpläne verwenden, um diese für z.B. die Einrichtung eines Berichtsverlaufs zu nutzen.

Verwenden Sie die Seite *Freigegebene Zeitpläne* im Berichts-Manager zum Verwalten freigegebener Zeitpläne (Abbildung 25.5). Auf dieser Seite können Sie alle freigegebenen Zeitpläne anzeigen, die für den Server definiert sind, Zeitpläne anhalten und fortsetzen sowie Zeitpläne zum Ändern oder Löschen auswählen. Außerdem können neue Zeitpläne hinzugefügt werden.

ACHTUNG Einen Zeitplan können Sie jederzeit erstellen oder ändern. Wenn jedoch ein Zeitplan vor Abschluss Ihrer Änderungen ausgeführt wird, wird die vorherige Version des Zeitplans verwendet. Der geänderte Zeitplan wird erst nach dem Speichern wirksam.

Wenn Sie also einen freigegebenen Zeitplan ändern, sollten Sie ihn anhalten, bevor Sie Änderungen daran vornehmen. Die Änderungen werden wirksam, sobald Sie den Zeitplan fortsetzen. Ein Beispiel dazu finden Sie im Abschnitt »Zeitplan anhalten bzw. fortsetzen« ab Seite 423.

Durch Analysieren der Werte in den Feldern *Letzte Ausführung*, *Nächste Ausführung* und *Status* auf der Seite *Freigegebene Zeitpläne* können Sie feststellen, ob ein freigegebener Zeitplan derzeit verwendet wird. Wenn ein Zeitplan nicht mehr ausgeführt wird, weil er abgelaufen ist, wird das Ablaufdatum im Feld *Status* angezeigt.

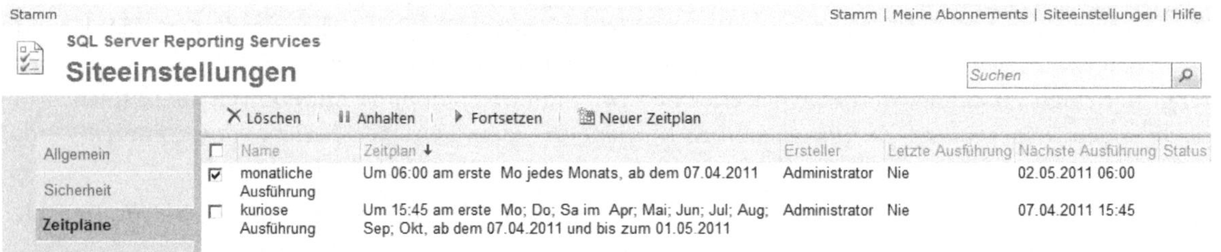

Abbildung 25.5 Ein Zeitplan wurde ausgewählt, um ihn anzuhalten

Die Symbolleiste der Seite *Freigegebene Zeitpläne* stellt Ihnen Schaltflächen zur Bearbeitung der Zeitpläne zur Verfügung (Tabelle 25.3). Aktivieren Sie das Kontrollkästchen neben den gewünschten freigegebenen Zeitplänen, um diese zu löschen, anzuhalten oder fortzusetzen.

Schaltfläche	Beschreibung
Löschen	Klicken Sie auf *Löschen*, um einen freigegebenen Zeitplan zu löschen. Wenn Sie einen freigegebenen Zeitplan löschen, der verwendet wird, werden alle Verweise darauf durch berichtsspezifische Zeitpläne ersetzt, die eine Kopie des gelöschten Zeitplans darstellen.
Anhalten	Klicken Sie auf *Anhalten*, um das Ausführen eines freigegebenen Zeitplans vorübergehend zu unterbrechen. Durch das Anhalten eines Zeitplans wird die Ausführung aller verbunden Abonnements und anderen geplanten Prozesse, die von ihm gesteuert werden, ebenfalls verhindert. Bereits gestartete Vorgänge, die auf diesem Zeitplan basieren, können dadurch nicht gestoppt werden.
Fortsetzen	Klicken Sie auf *Fortsetzen*, um einen freigegebenen Zeitplan fortzusetzen. Versäumte Prozesse, deren Ausführung geplant war, während der Zeitplan angehalten wurde, werden nicht fortgesetzt.
Neuer Zeitplan	Klicken Sie auf *Neuer Zeitplan*, um die Seite *Zeitplanung* zu öffnen. Auf der daraufhin angezeigten Seite können Sie Angaben zur Häufigkeit machen. Lesen Sie dazu den Abschnitt »Beispiel: Freigegebenen Zeitplan erstellen« ab Seite 421.

Tabelle 25.3 Übersicht der Symbolleiste der Seite *Freigegebene Zeitpläne*

Die Zeitpläne werden in Listenform angezeigt. Die Informationen stehen in folgenden Spalten:

- **Name** Der Name des freigegebenen Zeitplans, durch den später die Auswahl auf den jeweiligen Eigenschaftenseiten der Berichte stattfindet
- **Zeitplan** Zeigt die freigegebenen Zeitpläne an, die aktuell definiert sind. Klicken Sie auf einen freigegebenen Zeitplan, um die Informationen zur Häufigkeit anzuzeigen oder zu bearbeiten.
- **Ersteller** Zeigt den Benutzer an, der den freigegebenen Zeitplan erstellt hat
- **Letzte Ausführung** und **Nächste Ausführung** Zeigt den Zeitpunkt an, zu dem der freigegebene Zeitplan zuletzt ausgeführt wurde und wann er das nächste Mal ausgeführt wird
- **Status** Zeigt an, ob ein freigegebener Zeitplan angehalten oder aktiv ist

Der Pfeil neben einem der Spaltenköpfe zeigt Ihnen die derzeitige Sortierungsreihenfolge an. Sie können diese ändern, indem Sie auf einen der Spaltenköpfe klicken. Ein nochmaliges Klicken auf denselben Spaltenkopf kehrt die Reihenfolge um.

Beispiel: Freigegebenen Zeitplan erstellen

Inzwischen haben sich bei Ihnen viele Berichte angesammelt, für die im Rahmen des Jahresabschlusses Momentaufnahmen erstellt werden müssen. Da sich der Jahresabschluss aber oftmals etwas nach vorne oder hinten verschiebt, verlieren Sie sicherlich schnell die Lust daran, jedes Mal etliche berichtsspezifische Zeitpläne einzeln zu ändern und beschließen, einen freigegebener Zeitplan zu erstellen, der den Zeitpunkt des Jahresabschluss für alle Berichte zentral festlegt, damit Sie bei allen zukünftigen Jahresabschluss-Verschiebungen nur noch einen einzigen Zeitplan ändern müssen.

Führen Sie dazu folgende Schritte aus:

1. Klicken Sie in der globalen Symbolleiste des Bericht-Managers auf *Siteeinstellungen*.
2. Klicken Sie auf *Zeitpläne* im Menü links auf der Seite.
3. Öffnen Sie durch Klicken auf *Neuer Zeitplan* die Seite *Zeitplanung*, über die Pläne erstellt bzw. bearbeitet werden können (Abbildung 25.6).

HINWEIS Die Seite *Zeitplan* ist fast identisch mit der für die Erstellung und Bearbeitung von berichtsspezifischen Zeitplänen. Wenn Sie die Abbildung 25.1 auf Seite 413 mit Abbildung 25.6 vergleichen, werden Sie erkennen, dass dem freigegebenen Zeitplan zusätzlich ein Name zugewiesen werden muss.

Eine detaillierte Beschreibung, wie Sie einen Zeitplan einrichten, finden Sie im Abschnitt »Berichtsverlauf einrichten« ab Seite 414.

4. Geben Sie dem Zeitplan den Namen *Jahresabschluss*.
5. Im Bereich *Zeitplandetails* wählen Sie für die erste Kategorie *Monat*.
6. In der zweiten Kategorie deaktivieren Sie die Kontrollkästchen aller Monate mit Ausnahme *Okt*.
7. Wählen Sie die Option *Kalendertag(e)* und tragen dort den Wert **1** ein.
8. Die *Startzeit* setzen Sie auf *00:30* Uhr, da z.B. um 0:00 Uhr ein Systemabgleich aller Filialen erfolgt und daher keine Buchungen falsch abgerechnet werden.
9. Im Bereich *Anfangs- und Enddatum* wählen Sie für *Diesen Zeitplan ausführen ab:* den *07.04.2011*. Öffnen Sie dazu den Datumswechsler per Klick auf das -Symbol.

ACHTUNG Nachdem Sie aus dem Datumswechsler ein Datum ausgewählt haben, warten Sie, bis das neue Datum im Textfeld neben *Diesen Zeitplan ausführen ab* eingetragen ist, bevor Sie die Änderungen des Zeitplans per Klick auf *OK* abschließen. Ein vorheriges Anklicken von *OK* übernimmt die Änderungen nicht!

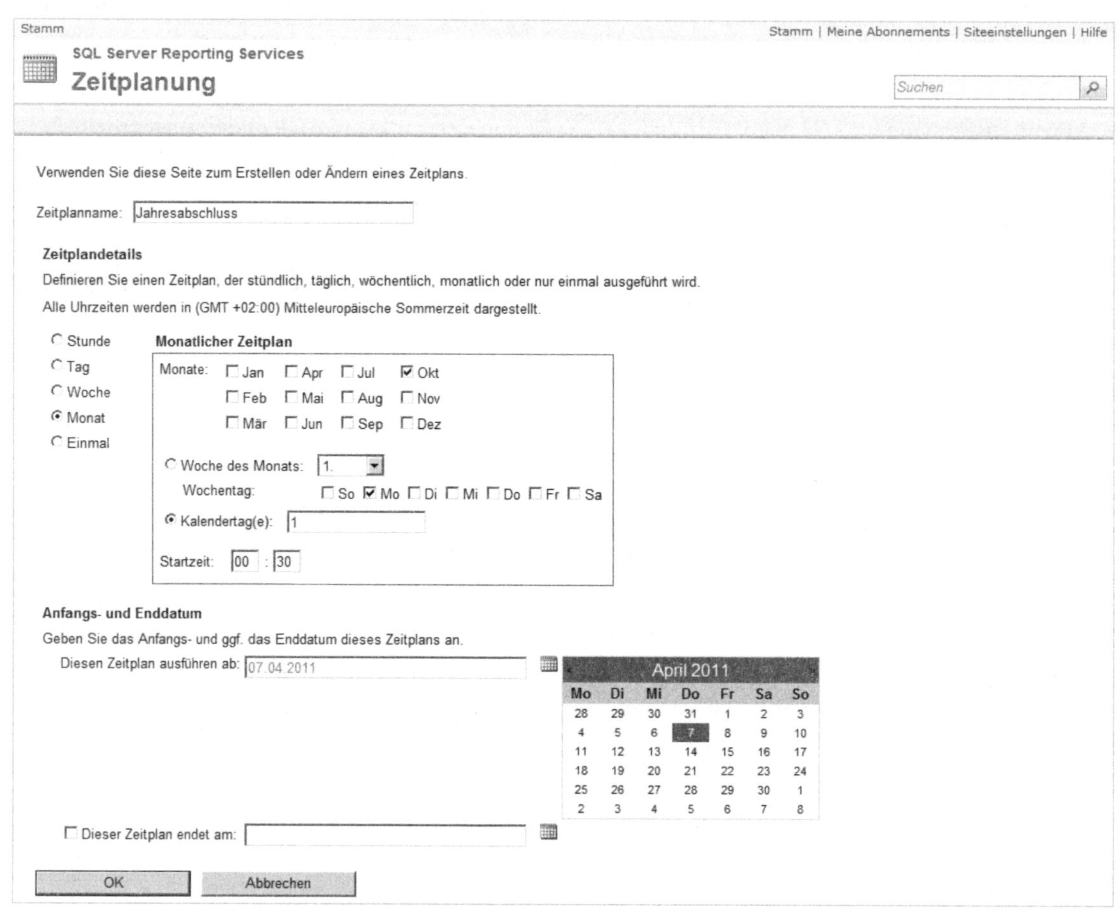

Abbildung 25.6 So wird der freigegebene Zeitplan für den Jahresabschluss eingerichtet

10. Bestätigen Sie die Erstellung des Zeitplans mit einem Klick auf *OK*.

Es wird nun wieder die Liste der freigegebenen Zeitpläne angezeigt, in der nun der neue Zeitplan *Jahresabschluss* enthalten ist.

Freigegebenen Zeitplan einem Bericht zuweisen

Ohne einen angebunden Bericht nutzt Ihnen der schönste Zeitplan nichts. Daher soll ein freigegebener Zeitplan einem Bericht zugewiesen werden:

1. Für das Beispiel aus dem Abschnitt »Berichtsverlauf einrichten« ab Seite 414 führen Sie die Schritte 1 bis 5 aus. Wählen Sie einen anderen Bericht, z.B. *Store_Contacts_2008R2*.
2. Aktivieren Sie das Kontrollkästchen *Folgenden Zeitplan verwenden, um dem Berichtsverlauf Momentaufnahmen hinzuzufügen*, sofern es nicht bereits aktiviert ist.

3. Wählen Sie die Option *Freigegebener Zeitplan.*
4. Aus dem Listenfeld wählen Sie einen Zeitplan aus, z.B. *Jahresabschluss*. Die Ausführungsdaten des ausgewählten Zeitplans werden auf der Seite angezeigt. Vergewissern Sie sich, dass Sie den Bericht mit dem richtigen Zeitplan verbunden haben.
5. Klicken Sie auf *Anwenden*, damit die Verknüpfung zum freigegebenen Zeitplan im Berichtsverlauf gespeichert wird.

Es werden von nun an Momentaufnahmen für den Bericht *Store_Contacts_2008R2* erzeugt. Wann und in welchen Intervallen diese Momentaufnahmen generiert werden, steuert der freigegebene Zeitplan *Jahresabschluss*.

Welche Berichte sind einem Zeitplan zugewiesen?

Jeder freigegebene Zeitplan verfügt über die Verwaltungsseite *Berichte*, auf der alle Berichte aufgeführt sind, die diesen Zeitplan verwenden.

1. Klicken Sie im Berichts-Manager in der globalen Symbolleiste oben rechts auf *Siteeinstellungen.*
2. Um die Liste der Zeitpläne zu öffnen, klicken Sie links im Menü auf *Zeitpläne.*
3. Wählen Sie aus der Liste einen Zeitplan aus, z.B. *Jahresabschluss*, und klicken auf dessen Namen.
4. Im linken Bereich der Seite für den Zeitplan können Sie zwischen *Zeitplan* und *Berichte* wählen. Klicken Sie auf *Berichte*, um die Berichte zu sehen, die mit dem Zeitplan verbunden sind.
5. Möchten Sie einen Bericht bearbeiten oder die Verbindung zu diesem aufheben, öffnen Sie das Menü zu einem Bericht mit Klick auf den Pfeil rechts neben dessen Namen und dort auf *Verwalten*. Über die Verwaltungsseite *Momentaufnahmeoptionen* können Sie die gewünschten Einstellungen vornehmen.

Wie Sie einen Bericht erstellen und bearbeiten, erfahren Sie in Teil A dieses Buchs. Welche Eigenschaften Sie bei einem Bericht über den Berichts-Manager einstellen können, wird in Kapitel 19 erläutert.

Sie haben sich nun für einen freigegebenen Zeitplan informiert, welche Berichte mit diesem verbunden sind.

Zeitplan anhalten bzw. fortsetzen

In diesem Abschnitt werden Sie einen Zeitplan anhalten, um daran Änderungen vorzunehmen. Sobald die Arbeit erledigt ist, soll der Zeitplan fortgesetzt werden.

ACHTUNG Ein Zeitplan wird typischerweise angehalten und fortgesetzt, um zu verhindern, dass während der Durchführung von Änderungen die vorherige Version des Zeitplans verwendet wird. Die Ausführung freigegebener Zeitpläne findet nämlich unabhängig von der Bearbeitung statt.

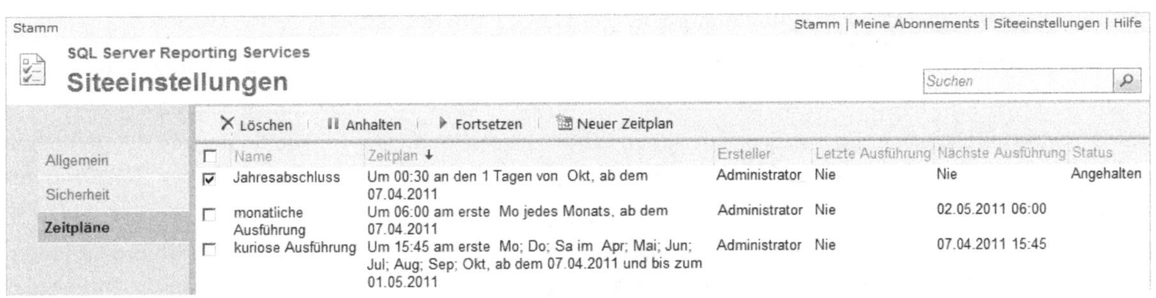

Abbildung 25.7 Die Liste der freigegebenen Zeitpläne meldet in der Spalte *Status*, welcher angehalten wurde

Ihr Chef möchte den Jahresabschluss einen Tag vorverlegen, d.h., die Daten sollen anstatt am 1.1. bereits zum 31.12. abgeschlossen werden. Dazu müssen Sie den Zeitplan ändern, und da beim Jahresabschluss nun wirklich nichts schief gehen darf, halten Sie den Zeitplan während der Änderung an.

Gehen Sie dazu folgendermaßen vor:

1. Klicken Sie im gestarteten Berichts-Manager in der globalen Symbolleiste oben rechts auf *Siteeinstellungen*.
2. Um die Liste der Zeitpläne zu öffnen, klicken Sie im Bereich *Sonstige* auf *Freigegebene Zeitpläne verwalten*.
3. Aktivieren Sie das Kontrollkästchen vor dem Namen eines Zeitplans, z.B. *Jahresabschluss*, wodurch die Schaltflächen der *Zeitplan*-Symbolleiste aktiv werden.
4. Klicken Sie auf *Anhalten*, um die Ausführung des Zeitplans zu unterbrechen. Die Felder *Nächste Ausführung* und *Status* zeigen Ihnen an, dass der Zeitplan angehalten wurde (Abbildung 25.7).
5. Klicken Sie auf den Namen des Zeitplans *Jahresabschluss*, um die nötigen Änderungen vorzunehmen.
6. Ändern Sie aus dem Bereich *Zeitplandetails* in der zweiten Kategorie die Angaben auf den *01.01*. Deaktivieren Sie *Okt* für das Feld *Monate* und aktivieren dafür *Jan*. Bei der Option *Kalendertag(e)* tragen Sie den Wert *1* ein. Die Startzeit setzten Sie auf *00:00* (Abbildung 25.8).

HINWEIS Sie müssen den 01.01. 00:00 wählen, da es nicht möglich ist, eine Startzeit von 24:00 einzustellen.

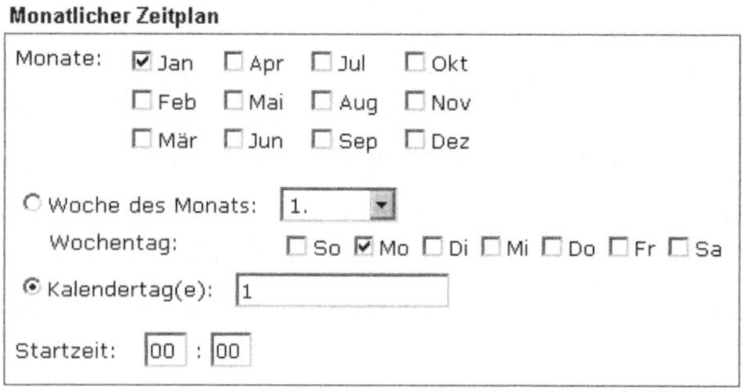

Abbildung 25.8 Auswahl der zweiten Kategorie eines Zeitplans, sobald *Monat* für die erste Kategorie gewählt wurde

7. Sie müssen im Bereich *Anfangs- und Enddatum* das Startdatum ändern. Legen Sie für *Diesen Zeitplan ausführen ab* das Datum so fest, dass der Zeitplan erst zum Ende des nächsten Jahrs ausgeführt wird. Demzufolge muss das Anfangsdatum mindestens einen Tag nach dem 1.1. des nächsten Jahrs gesetzt werden.

   Sie können das Datum per Klick auf das Symbol im Datumswechsler ändern.
8. Bestätigen Sie die Änderungen mit *OK*.
9. Jetzt müssen Sie den Zeitplan wieder starten. Aktivieren Sie dazu erneut das Kontrollkästchen vor dem Zeitplannamen *Jahresabschluss* und klicken auf *Fortsetzen* (Abbildung 25.7).

Die Spalte *Zeitplan* in der Liste der freigegebenen Zeitpläne zeigt Ihnen die neuen Ausführungszeiten. Wann der Zeitplan das nächste Mal startet, sehen Sie in der Spalte *Nächste Ausführung*.

Mit diesem Kapitel haben Sie mit den Zeitplänen ein wichtiges Werkzeug für die Steuerung der zeitlichen Abläufe im Berichtsserver kennengelernt. Außerdem wird durch den Einsatz freigegebener Zeitpläne der Verwaltungsaufwand erheblich verringert.

Damit haben Sie bereits einige Möglichkeiten der Steuerung kennengelernt – noch weit flexiblere Varianten hierfür werden Ihnen im folgenden Teil D dieses Buchs vorgestellt, der auf die Programmierbarkeit der Reporting Services 2008 R2 eingeht.

Teil D

Profiwissen

In diesem Teil:

Kapitel 26

Berichts-Generator

In diesem Kapitel:

Der Berichts-Generator ist ein Tool, um Ad-hoc-Berichte zu generieren. Er ist eine Komponente der SQL Server 2008 R2 Reporting Services und vollständig darin integriert. Mitarbeiter einer Firma, die auf Informationen einer Datenbank zugreifen müssen, können mit dem Berichts-Generator schnell Berichte zusammenstellen, ohne spezielle Kenntnisse einer Programmiersprache, einer Datenbank oder einer Entwicklungsumgebung haben zu müssen. Vorher muss lediglich ein Berichtsmodell auf dem Server existieren. Um allerdings dieses Berichtsmodell zu entwerfen, sind spezielle Kenntnisse notwendig. Jedoch erfolgt ein solcher Modellentwurf nur einmal. In einem Berichtsmodell wird der grundsätzliche Zugriff auf die Datenbank beschrieben. Mit dieser Beschreibung arbeiten die Nutzer des Berichts-Generators dann regelmäßig.

Berichtsmodell entwerfen

Um Berichtsmodelle zu definieren, zu bearbeiten und zu veröffentlichen, verwenden Sie das Tool *Report Builder.*

Neues Berichtsmodellprojekt anlegen

Im Folgenden wird demonstriert, wie man ein Berichtsmodell anlegt.

1. Starten Sie zunächst das Business Intelligence Development Studio, indem Sie auf *Start/Alle Programme/Microsoft SQL Server 2008 R2/SQL Server Business Intelligence Development Studio* klicken.
2. Rufen Sie den Menübefehl *Datei/Neu/Projekt* auf.
3. Im daraufhin angezeigten Dialogfeld *Neues Projekt* wählen Sie den Projekttyp *Business Intelligence-Projekte* und als Vorlage *Berichtsmodellprojekt* aus (Abbildung 26.1). Geben Sie einen geeigneten Namen und Speicherort an und klicken Sie anschließend auf *OK.*

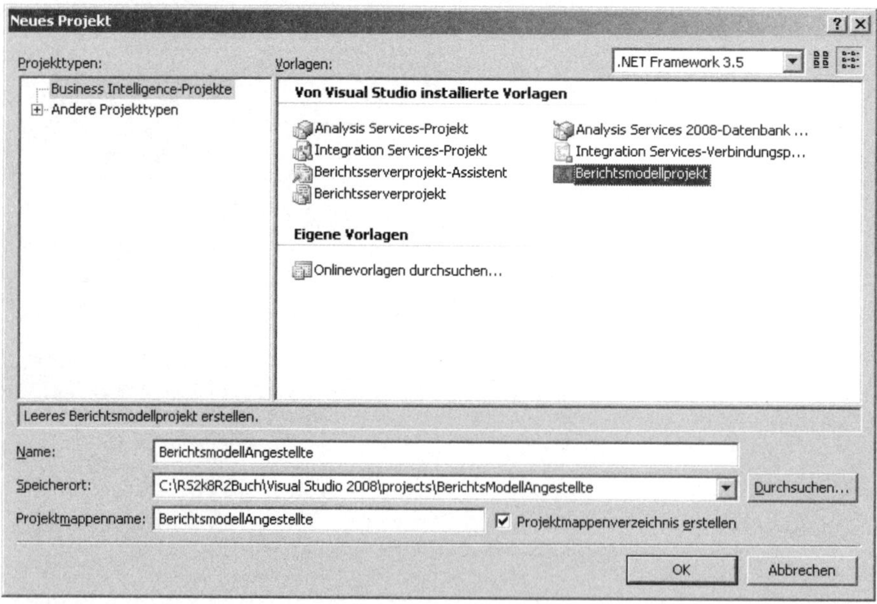

Abbildung 26.1 Erstellen Sie ein neues Berichtsmodellprojekt

Datenquelle definieren

Als Nächstes müssen Sie eine Datenquelle definieren. Gehen Sie dazu wie folgt vor:

1. Klicken Sie im Projektmappen-Explorer mit der rechten Maustaste auf *Datenquellen.*
2. Im sich öffnenden Kontextmenü klicken Sie auf *Neue Datenquelle hinzufügen*, um den Datenquellen-Assistenten zu öffnen. Falls die *Willkommen*-Seite erscheint, klicken Sie auf *Weiter.*
3. Die Seite *Wählen Sie aus, wie die Verbindung definiert werden soll* wird geöffnet (Abbildung 26.2). Wählen Sie die Option *Eine Datenquelle basierend auf einer vorhandenen oder neuen Verbindung erstellen* aus.
4. Markieren Sie unter *Datenverbindungen* den Eintrag *localhost.AdventureWorks2008R2.*
5. Klicken Sie anschließend auf *Weiter.*
6. Zum Schluss legen Sie den Datenquellennamen *AdventureWorks2008R2* fest.
7. Klicken Sie auf *Fertig.*

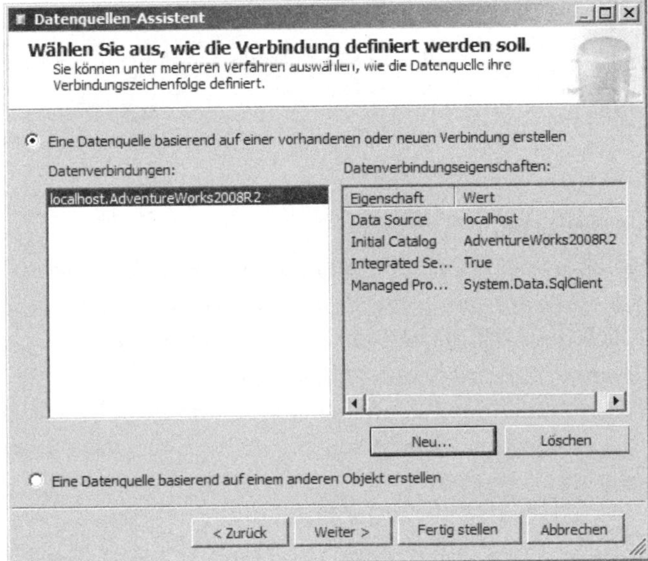

Abbildung 26.2 Wählen Sie die Datenquelle basierend auf der vorhandenen Verbindung *localhost.AdventureWorks2008* aus

HINWEIS Falls die Datenquelle *localhost.AdventureWorks2008R2* im Listenfeld *Datenverbindungen* noch nicht vorhanden sein sollte, legen Sie diese folgendermaßen an:

1. Klicken Sie unterhalb des Bereichts *Datenverbindungseigenschaften* auf die Schaltfläche *Neu.*
2. Im Dialogfeld *Verbindungs-Manager* geben Sie bei *Servername* den Namen Ihres Servers ein, oder wie in unserem Beispiel *localhost.*
3. Wählen Sie bei *Wählen Sie einen Datenbanknamen aus oder geben ihn ein* als Datenbank *AdventureWorks2008R2* aus.
4. Bestätigen Sie das mit *OK.*

Damit ist die Datenquelle fertig definiert.

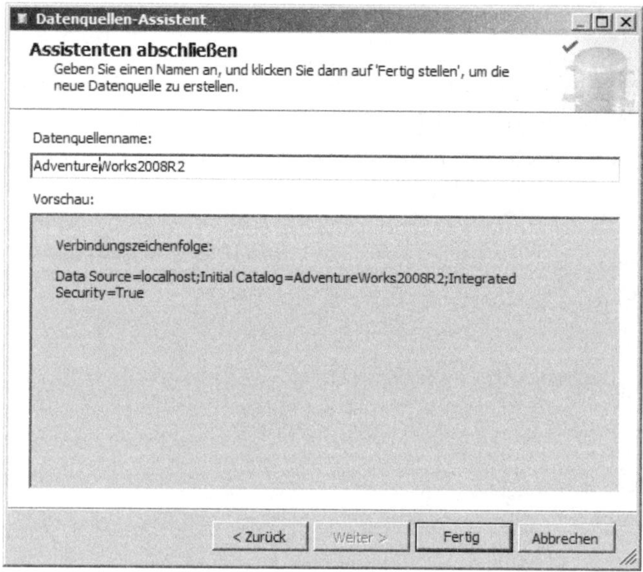

Abbildung 26.3 Festlegen des Datenquellennamens

Datenquellensicht definieren

Als nächsten Schritt definieren Sie eine Datenquellensicht:

1. Klicken Sie hierzu im Projektmappen-Explorer mit der rechten Maustaste auf *Datenquellensichten*.
2. Im sich öffnenden Kontextmenü klicken Sie auf *Neue Datenquellensicht hinzufügen*, um den Datenquellensicht-Assistenten zu öffnen. Klicken Sie, falls die *Willkommen*-Seite erscheint, auf *Weiter*.
3. Wählen Sie die relationale Datenquelle *AdventureWorks2008R2* aus (Abbildung 26.4).
4. Klicken Sie anschließend auf *Weiter*.

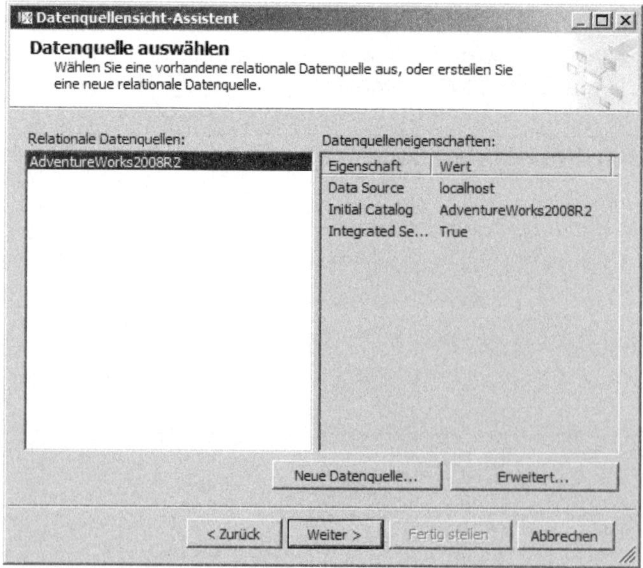

Abbildung 26.4 Auswählen der Datenquelle

5. Wählen Sie jetzt das Objekt (in diesem Fall eine Sicht) *vEmployee (Human Resources)* im Listenfeld links unter *Verfügbare Objekte* aus.
6. Verschieben Sie das Objekt in das rechte Listenfeld *Eingeschlossene Objekte* (Abbildung 26.5), indem Sie darauf doppelklicken.
7. Klicken Sie anschließend auf *Weiter*.

TIPP Um das Objekt *vEmployee (Human Resources)* im Listenfeld schneller zu finden, können Sie einen Filter verwenden. Tragen Sie einfach in das Feld *Filter* das Wort *Employee* ein und klicken Sie auf das Filtersymbol rechts daneben.

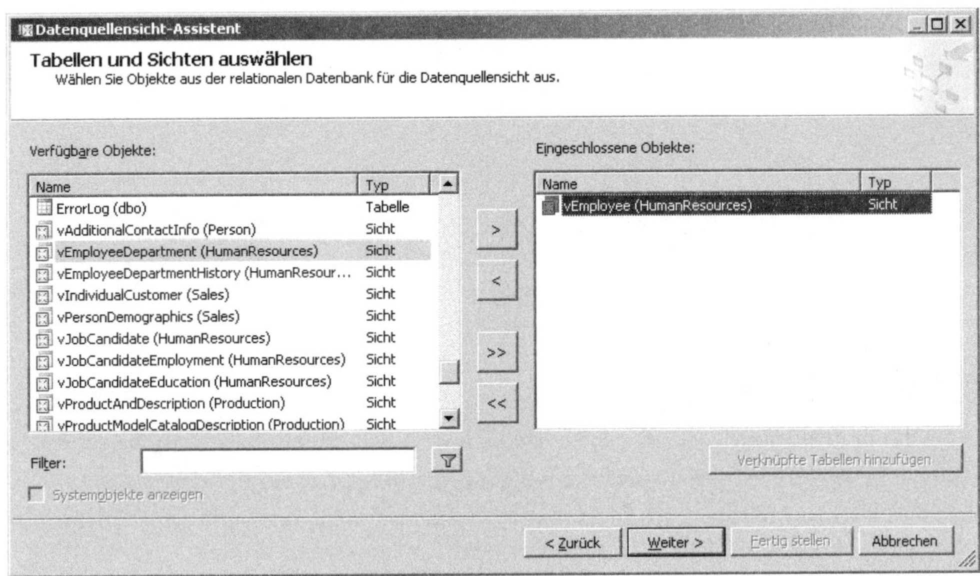

Abbildung 26.5 Auswählen der Objekte für die Datenquellensicht

8. Zum Schluss geben Sie einen geeigneten Namen, z.B. *AdventureWorks2008R2 Angestellte*, für die Datenquellensicht an, wie in Abbildung 26.6 zu sehen.
9. Klicken Sie anschließend auf *Fertig*.

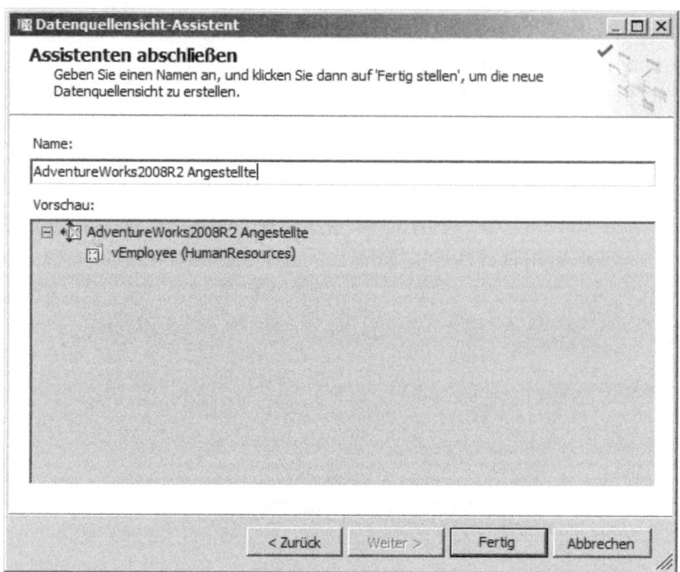

Abbildung 26.6 Festlegen des Namens für die Datenquellensicht

Damit ist die Datenquellensicht für Angestellte definiert.

Berichtsmodell definieren

Jetzt definieren Sie das Berichtsmodell, welches später für den Berichts-Generator als Grundlage dient.

1. Klicken Sie hierzu im Projektmappen-Explorer mit der rechten Maustaste auf *Berichtsmodelle.*
2. Im geöffneten Kontextmenü klicken Sie auf *Neues Berichtsmodell hinzufügen*, um den Berichtsmodell-Assistenten zu öffnen. Klicken Sie, falls die *Willkommen*-Seite erscheint, auf *Weiter.*
3. Wählen Sie die Datenquellensicht (Abbildung 26.7) aus, die Sie eben erstellt haben.

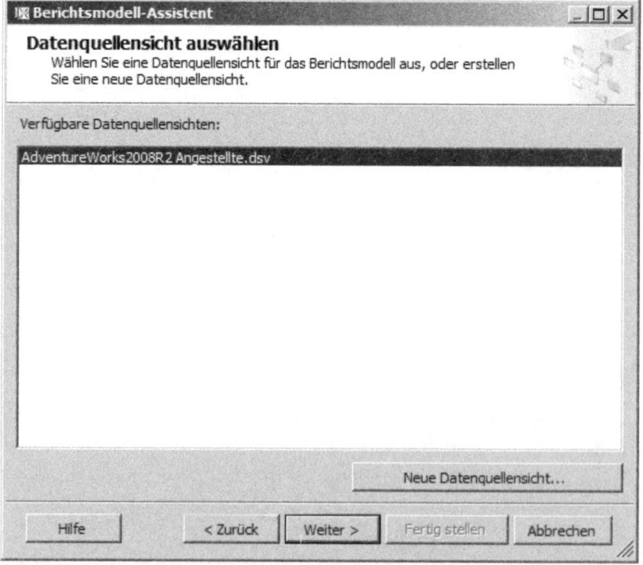

Abbildung 26.7 Auswählen der Datenquellensicht

4. Klicken Sie anschließend auf *Weiter*.
5. Auf der nächsten Seite (Abbildung 26.8) wählen Sie die Regeln zur Berichtsmodellgenerierung aus. Lassen Sie alle Standardwerte eingestellt und bestätigen Sie mit *Weiter*.

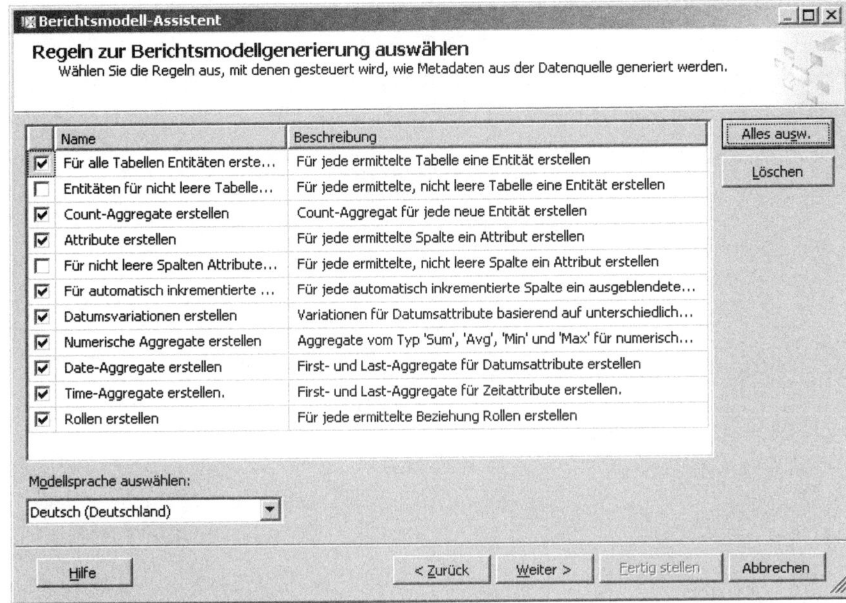

Abbildung 26.8 Auswählen der Regeln zur Berichtsmodellgenerierung

6. Auf der nächsten Seite (Abbildung 26.9) überprüfen Sie, ob die Option *Modellstatistiken vor Generierung aktualisieren* aktiviert ist, und klicken Sie auf *Weiter*.

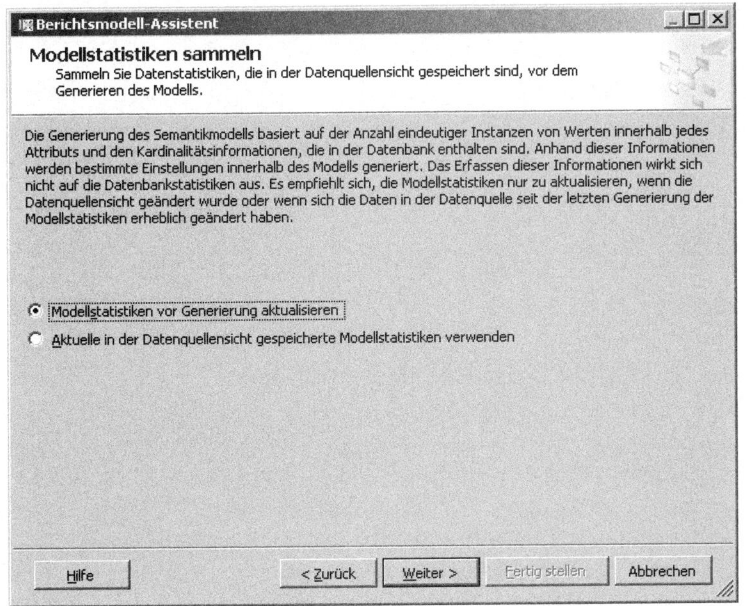

Abbildung 26.9 Modellstatistiken sammeln

7. Auf der letzten Seite (Abbildung 26.10) legen Sie einen geeigneten Namen für Ihr Berichtsmodell fest.

8. Klicken Sie anschließend auf *Ausführen*.

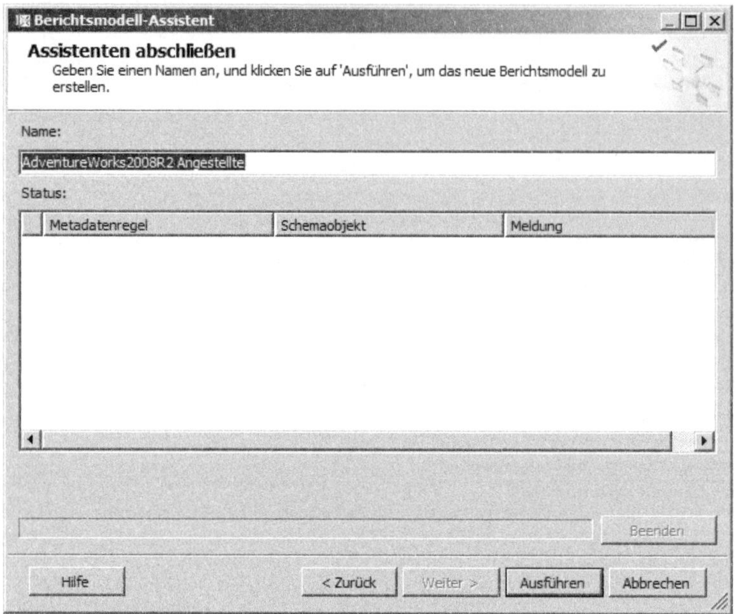

Abbildung 26.10 Festlegen des Namens für das Berichtsmodell

9. Das Berichtsmodell wird nun angelegt. Klicken Sie auf *Fertig*, um den Berichtsmodell-Assistenten abzuschließen.

HINWEIS Sollten Sie nach dem Klick auf *Ausführen* einen Fehler gemeldet bekommen, für den in der Spalte *Meldung* Folgendes enthalten ist: *Die Tabelle weist keinen Primärschlüssel auf*, müssen Sie einen logischen Primärschlüssel manuell festlegen:

1. Doppelklicken Sie dazu im Projektmappen-Explorer auf die angelegte Datenquellensicht *AdventureWorks2008R2 Angestellte.dsv*.
2. Klicken Sie anschließend mit der rechten Maustaste auf den Eintrag *BusinessEntityID* für das Objekt *vEmployee*.
3. Wählen Sie im Kontextmenü den Befehl *Logischen Primärschlüssel festlegen* (Abbildung 26.11).

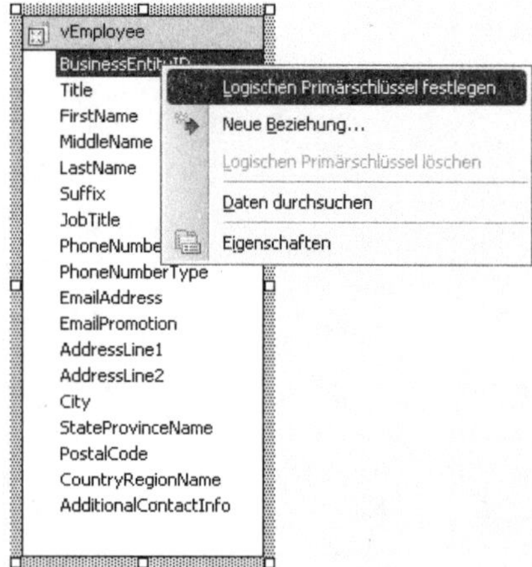

Abbildung 26.11 Manuelles Festlegen des logischen Primärschlüssels

Wiederholen Sie anschließend die vorherigen Schritte 1 bis 9.

Damit ist das Berichtsmodell vollständig definiert. Das Veröffentlichen auf dem Berichtsserver wird im nächsten Abschnitt beschrieben.

Berichtsmodell auf dem Berichtsserver veröffentlichen

Jetzt müssen Sie Ihr Berichtsmodell noch auf dem Berichtsserver veröffentlichen:

1. Klicken Sie hierzu im Projektmappen-Explorer mit der rechten Maustaste auf Ihr Berichtsmodellprojekt.
2. Im daraufhin geöffneten Kontextmenü klicken Sie auf *Bereitstellen* (Abbildung 26.12).

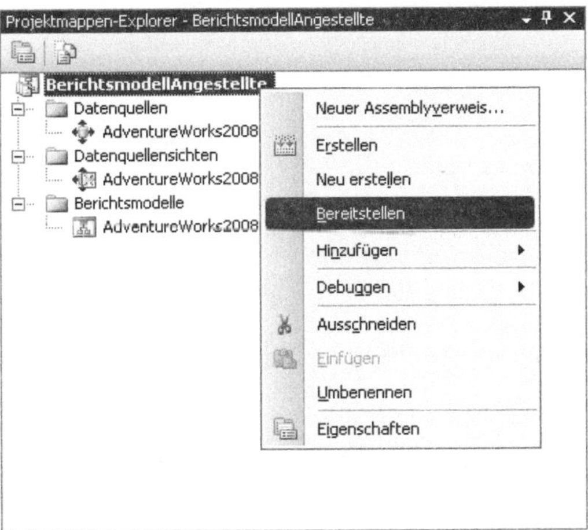

Abbildung 26.12 Bereitstellen des Berichtsmodells

Jetzt ist das Berichtsmodell veröffentlich und kann im Berichts-Generator verwendet werden.

Starten des Berichts-Generators

Es gibt zwei Möglichkeiten, den Berichts-Generator zu starten: entweder mithilfe des Berichts-Managers oder durch Eingabe einer URL.

Starten mithilfe des Berichts-Managers

Starten Sie den Berichts-Generator folgendermaßen:

1. Geben Sie in die Adressleiste Ihres Browsers die URL *http://<Ihr Webservername>/reports* ein, um den Berichts-Manager zu starten.
2. Klicken Sie mit der Maus auf *Berichts-Generator*, um diesen zu starten (Abbildung 26.13).

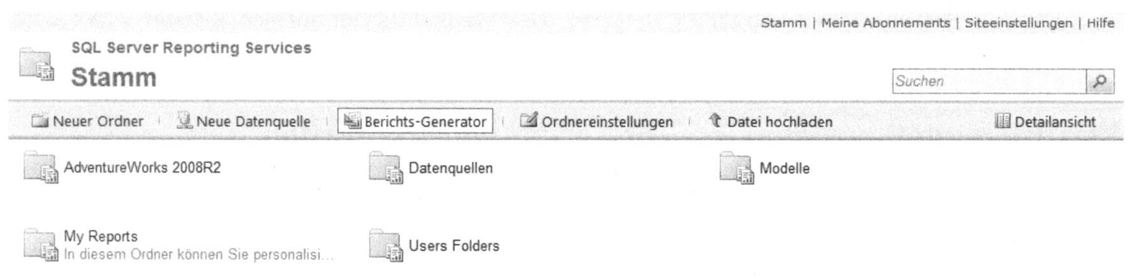

Abbildung 26.13 Klicken Sie auf die Schaltfläche *Berichts-Generator*, um diesen zu starten

Starten durch Eingabe einer URL

Alternativ können Sie den Berichts-Generator auch starten, indem Sie in die Adressleiste Ihres Browsers die URL

http://<Ihr Webservername>/reportserver/reportbuilder/reportbuilder.application

oder die URL

http://<Ihr Webservername>/reportserver/reportbuilder/reportbuilderlocalintranet.application

eingeben. Er startet dann sofort.

Nachdem der Berichts-Generator gestartet ist, soll der Umgang damit im folgenden Abschnitt durch ein einfaches Beispiel veranschaulicht werden.

Die Arbeit mit dem Berichts-Generator

In einem Beispiel wollen wir eine Telefonliste aller Mitarbeiter der Firma AdventureWorks erstellen, deren Nachname mit dem Buchstaben A bis D beginnt.

Nachdem Sie den Berichts-Generator gestartet haben, wird direkt ein leerer Bericht angezeigt (Abbildung 26.14).

HINWEIS Sollte bei Ihnen das Dialogfeld *Erste Schritte* erscheinen, schließen Sie dieses bitte. Sie können zwar auch auf diese Weise einfache Berichte erstellen, wobei Sie durch einen Assistenten geführt werden. Aber in unserem Fall sollen die nötigen Schritte zur Erstellung eines Berichts manuell durchgeführt werden.

Sollte das Dialogfeld nicht erscheinen und Sie möchten dennoch über diesen Ihre Berichte erstellen, klicken Sie auf das SQL Server-Symbol oben rechts, wählen den Befehl *Optionen* und aktivieren das Kontrollkästchen *Dialogfeld "Erste Schritte" beim Start anzeigen*. Nach einem Klick auf *OK* wird das Dialogfeld *Erste Schritte* beim nächsten Start des Berichts-Generators erneut angezeigt.

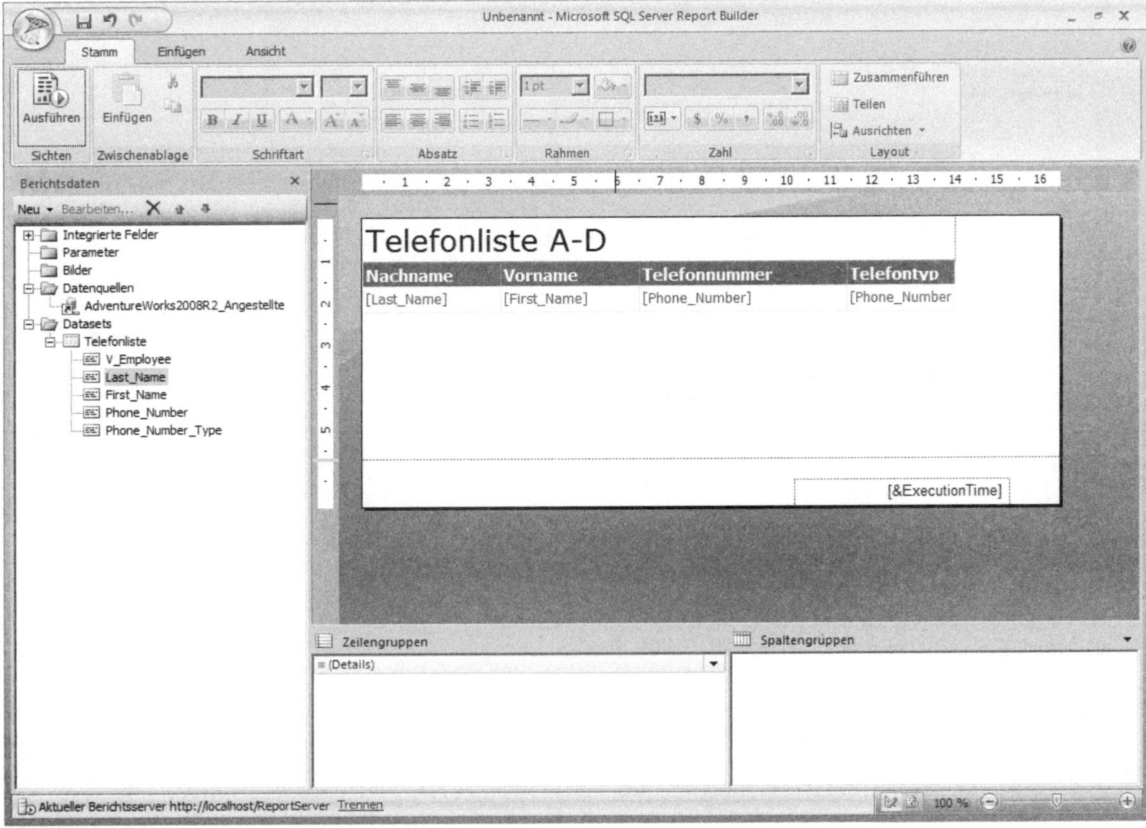

Abbildung 26.14 Ansicht des Berichts-Generators im Entwurfsmodus

Datenquellenverbindung anlegen

Damit ein Bericht Daten anzeigen kann, muss dieser den Zugriff auf Daten erhalten. Dieser Datenzugriff kann auf unterschiedliche Weise erfolgen:

- eine berichtsspezifische Datenabfrage
- über freigegebenes Datenmodell und darauf dann eine Datenabfrage
- oder ein freigegebenes Dataset

Nähere Informationen zu diesen Zugriffstypen finden Sie in Kapitel 21.

Wir werden den Zugriffstyp über ein freigegebenes Datenmodell und eine Datenabfrage verwenden.

1. Klicken Sie dazu im Bereich der Berichtsdaten mit der rechten Maustaste auf *Datenquellen* und wählen Sie im Kontextmenü den Befehl *Datenquelle hinzufügen* aus.
2. Im Dialogfeld *Datenquelleneigenschaften* (Abbildung 26.15) geben Sie für das Feld *Name* z.B. *AdventureWorks2008R2_Angestellte* ein und wählen die Option *Freigegebene Verbindung oder Berichtsmodell verwenden*.

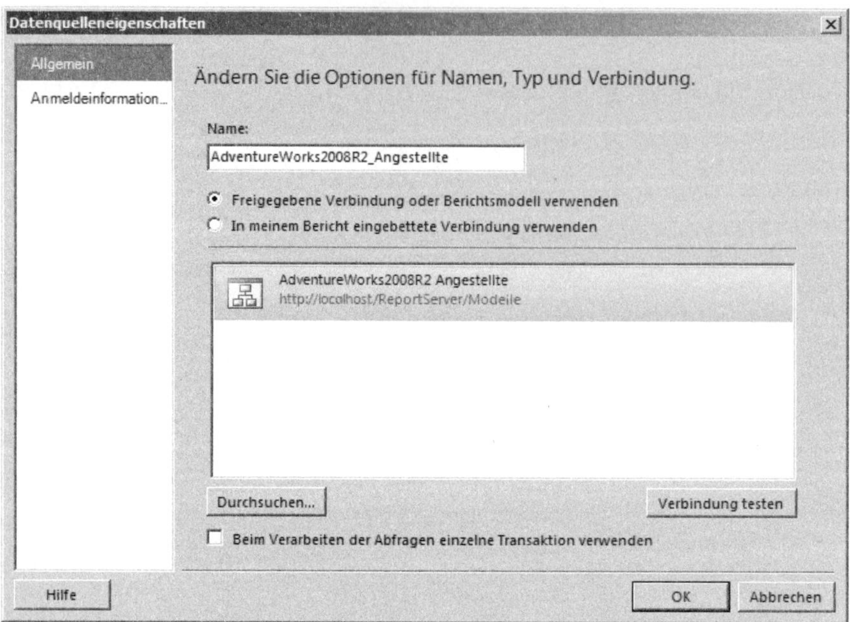

Abbildung 26.15 Verknüpfung mit einem Datenmodell für einen Bericht

3. Klicken Sie nun auf die Schaltfläche *Durchsuchen*.
4. Wählen Sie im Dialogfeld *Datenquelle auswählen* z.B. unser Berichtsmodell *AdventureWorks2008R2 Angestellte* aus, das Sie mit dem Modelldesigner in Abschnitt »Berichtsmodell entwerfen« auf Seite 428 erstellt haben. Sie finden es im Ordner *Modelle* auf dem Berichtsserver, wie in Abbildung 26.16 gezeigt.

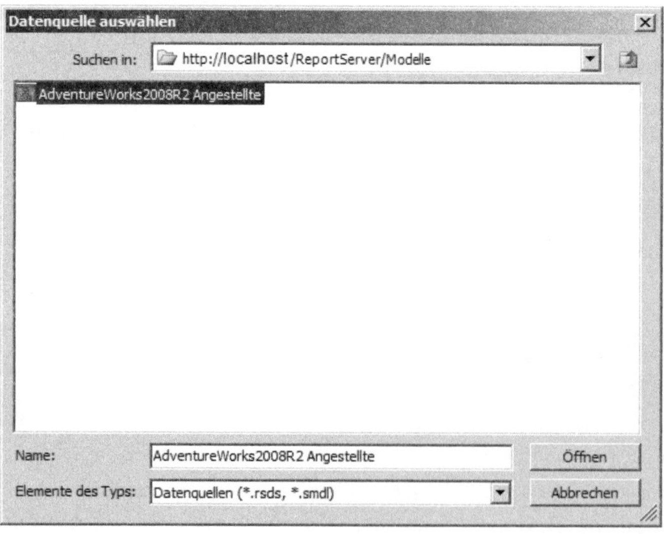

Abbildung 26.16 Auswahl einer Datenquelle auf einem Berichtsserver

5. Bestätigen Sie das Dialogfeld mit einem Klick auf *Öffnen*.
6. Klicken Sie *OK*.

Nachdem die Datenquellenverbindung angelegt ist, fehlt noch mindestens ein Dataset, um den Bericht mit Daten zu füllen:

1. Klicken Sie dazu im Bereich der Berichtsdaten mit der rechten Maustaste auf *Datasets* und wählen Sie im Kontextmenü den Befehl *Dataset hinzufügen*.
2. Im Dialogfeld *Dataseteigenschaften* (Abbildung 26.17) geben Sie für das Feld *Name* z.B. *Telefonliste* ein und wählen die Option *Verwenden Sie ein in den eigenen Bericht eingebettetes Dataset*.

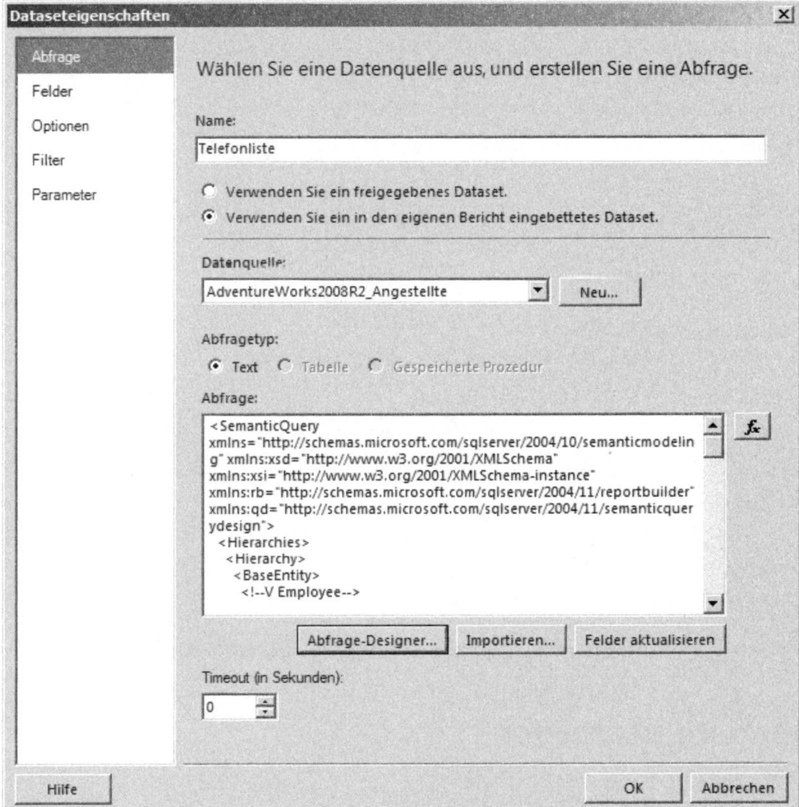

Abbildung 26.17 Erstellung eines Datasets für einen Bericht

3. Wählen Sie im Auswahllistenfeld *Datenquelle* die eben angelegte Datenquelle aus.
4. Klicken Sie auf *Abfrage-Designer*.
5. Im Abfrage-Designer wird nun die Datenabfrage erstellt. Wählen Sie dazu aus der Feldliste die Einträge *Last Name*, *First Name*, *Phone Number* und *Phone Number Type* für die Abfrage aus, indem Sie auf das jeweilige Feld doppelklicken.
6. Testen Sie die Abfrage, indem Sie auf das **!** -Symbol klicken (Abbildung 26.18).

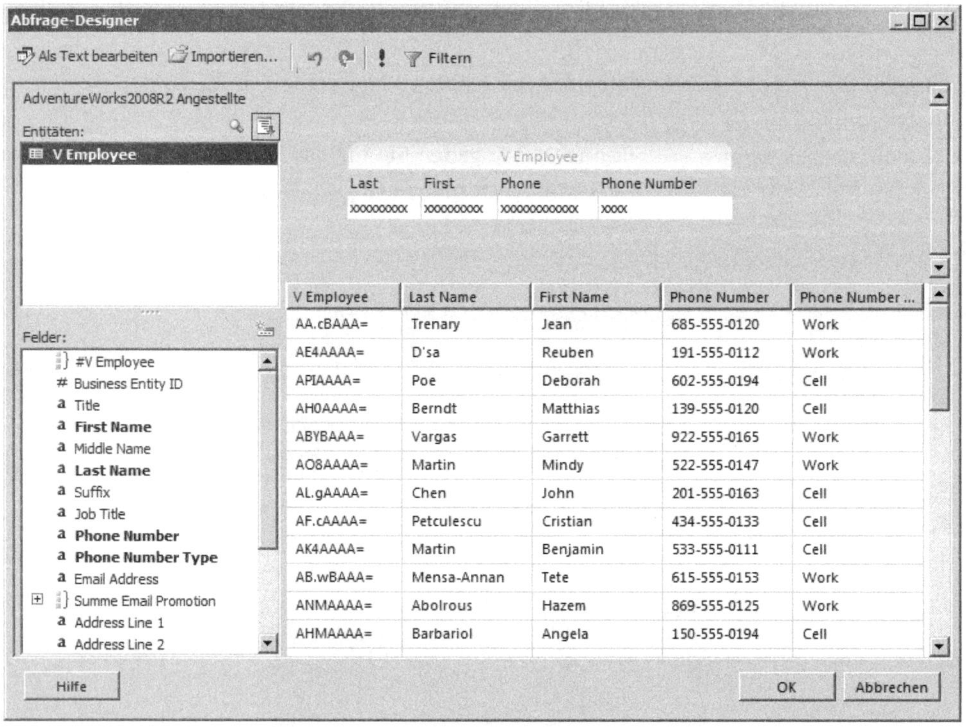

Abbildung 26.18 Der Entwurf einer Datenabfrage im Abfrage-Designer

7. Schließen Sie den Entwurf der Abfrage mit einem Klick auf *OK* ab.
8. Nach einem weiteren Klick auf *OK* wird das Dataset erstellt.

Nachdem Sie ein Dataset angelegt haben, können Sie mit der Gestaltung des Berichts beginnen.

Objekte im Entwurfsbereich bearbeiten

Jetzt werden Sie den Bericht entwerfen:

1. Fügen Sie im Entwurfsbereich den Titel *Telefonliste A-D* hinzu.
2. Wechseln Sie zur Registerkarte *Einfügen*, wählen *Tabelle* und dort den Befehl *Tabellen-Assistent* (Abbildung 26.19).

Abbildung 26.19 Erstellung einer Tabelle im Bericht über den Tabellen-Assistenten

3. Wählen Sie das Dataset *Telefonliste* als Datenquelle für die Tabelle aus (Abbildung 26.20) und klicken Sie auf *Weiter*.

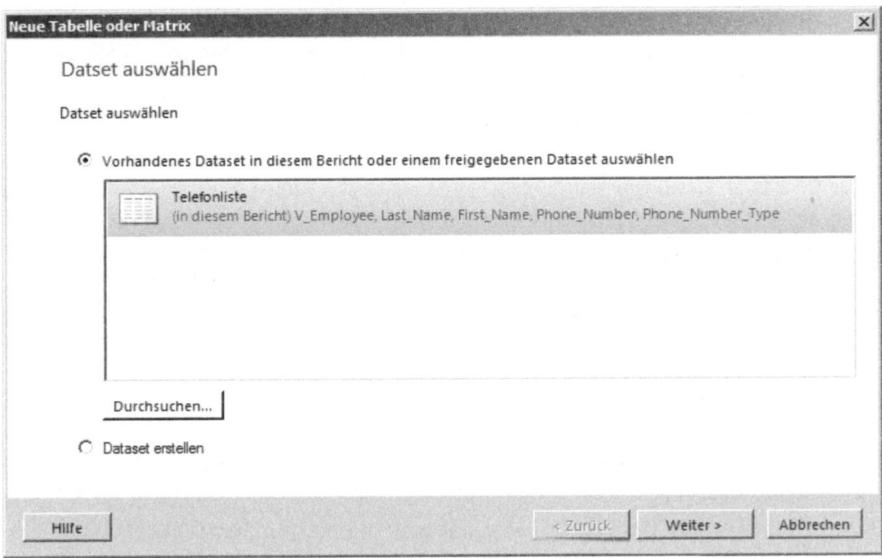

Abbildung 26.20 Schritt 1 des Tabellen-Assistenten

4. Verschieben Sie die Felder *Last_Name*, *First_Name*, *Phone_Number* und *Phone_Number_Type* mit gedrückter Maustaste in die Liste der Werte (Abbildung 26.21) und klicken *Weiter.*

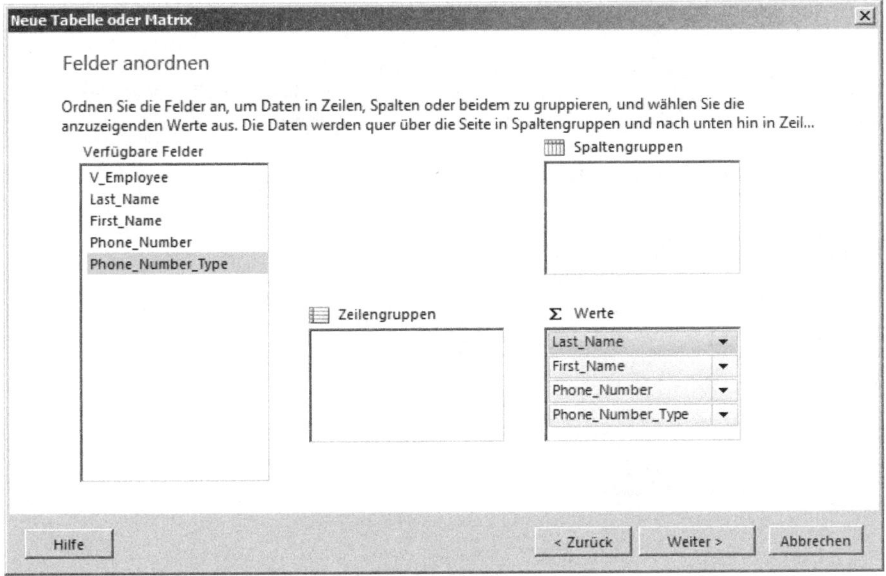

Abbildung 26.21 Auswahl der Felder zur Anzeige in einer Tabelle

5. Da wir keine Gruppen über die Daten gebildet haben, sondern nur eine Telefonliste erstellen, können Sie im Schritt *Layout auswählen* einfach auf *Weiter* klicken.
6. Entscheiden Sie sich im letzten Schritt für ein Format der Tabelle, z.B. *Ozean*, und klicken auf *Fertig stellen.*

7. Ändern Sie die Spaltennamen, indem Sie im Entwurfsbereich erst auf den Tabellenkopf klicken, dann auf die Spalte *Last Name* und anschließend noch einmal auf *Last Name*, um dann den neuen Spaltennamen *Nachname* einzugeben.
8. Wiederholen Sie dies für alle Spalten (Abbildung 26.14).

TIPP Sie können alle Objekte im Entwurfsfenster formatieren. Es lassen sich Farben, Formen, Schriftarten etc. nach Ihren Wünschen oder der Corporate Identity Ihres Unternehmens anpassen. Klicken Sie hierzu mit der rechten Maustaste auf das zu formatierende Objekt und wählen Sie im Kontextmenü den Befehl *<Objekt>-Eigenschaften* (Abbildung 26.22).

Nachdem der Bericht entworfen ist, müssen wir noch für die Filterung auf die Nachnamen A bis D sorgen.

Datensätze filtern und sortieren

Über die Datensätze in unserem Beispiel wollen wir alle Mitarbeiter anzeigen, deren Nachname mit den Buchstaben A bis D beginnt. Zusätzlich sollen diese nach Nachname und Vorname aufsteigend sortiert werden.

1. Klicken Sie in die Tabelle und dann mit der rechten Maustaste oben links auf den Tabellenanker.
2. Wählen Sie im Kontextmenü den Befehl *Tablix-Eigenschaften* aus (Abbildung 26.22).

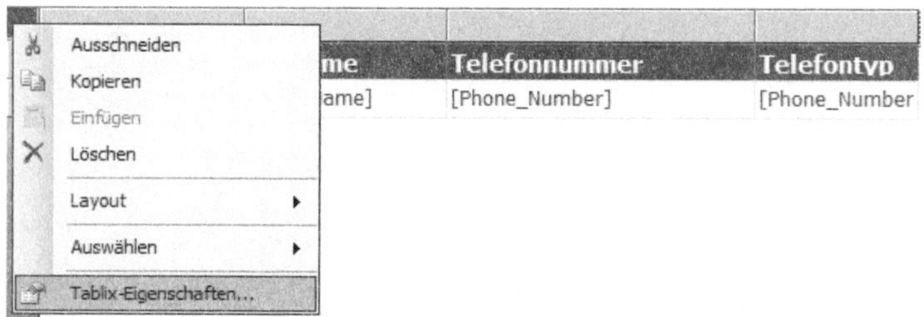

Abbildung 26.22 Formatieren eines Objekts

3. Wählen Sie links die Kategorie *Filter* (Abbildung 26.23).

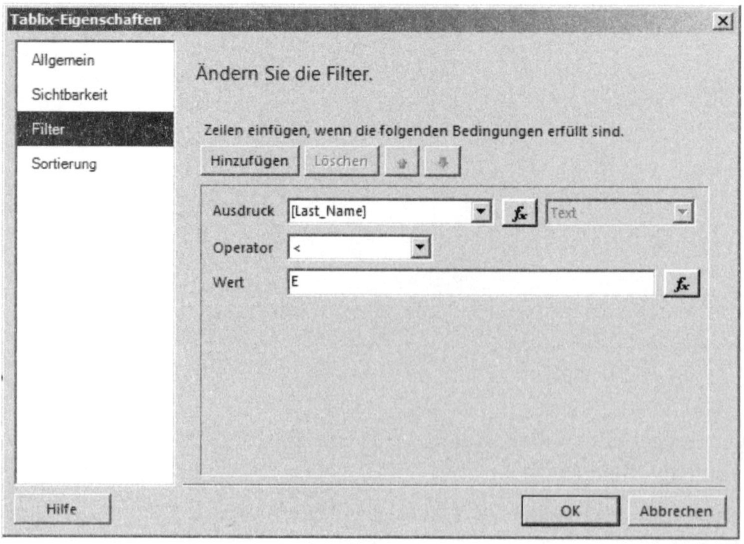

Abbildung 26.23 Filtern von Datensätzen in einer Tabelle

4. Klicken Sie auf die Schaltfläche *Hinzufügen.*
5. Wählen Sie für *Ausdruck* das Feld *[Last_Name]* und für *Operator* den Eintrag < aus. Für *Wert* geben Sie *E* ein.
6. Wählen Sie links die Kategorie *Sortierung* (Abbildung 26.24).

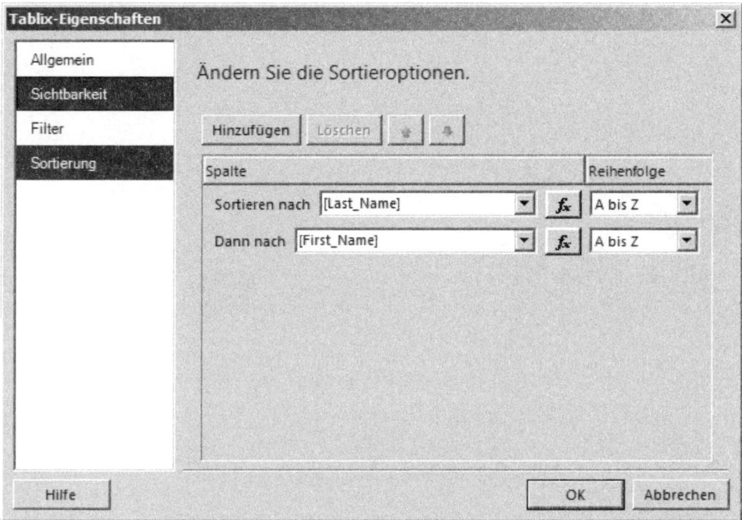

Abbildung 26.24 Sortierung von Datensätzen in einer Tabelle

7. Klicken Sie auf die Schaltfläche *Hinzufügen.*
8. Wählen Sie für *Sortieren nach* das Feld *[Last_Name].*
9. Klicken Sie erneut auf die Schaltfläche *Hinzufügen.*
10. Wählen Sie für *Dann nach* das Feld *[First_Name].*
11. Bestätigen Sie das Dialogfeld mit *OK.*

Bericht ausführen

Um den Bericht zu testen, müssen Sie ihn ausführen. Wählen Sie dazu die Registerkarte *Stamm* und klicken Sie auf den Befehl *Ausführen.* Der Bericht wird im Berichts-Generator ausgeführt und entsprechend der Abbildung 26.25 angezeigt.

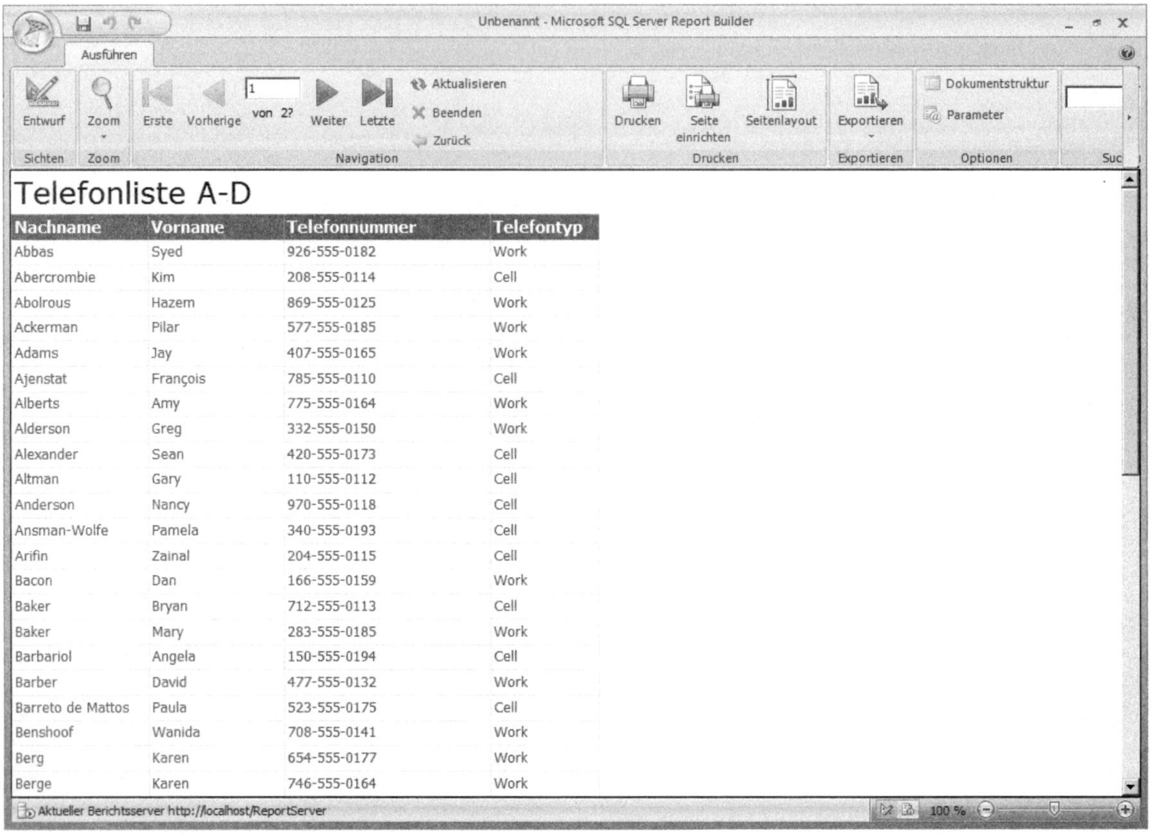

Unbenannt - Microsoft SQL Server Report Builder
Ausführen
Entwurf
Zoom
Erste
Vorherige
von 2?
Weiter
Letzte
Aktualisieren
Beenden
Zurück
Drucken
Seite einrichten
Seitenlayout
Exportieren
Dokumentstruktur
Parameter
Sichten
Zoom
Navigation
Drucken
Exportieren
Optionen
Telefonliste A-D
Nachname Vorname Telefonnummer Telefontyp
Abbas Syed 926-555-0182 Work
Abercrombie Kim 208-555-0114 Cell
Abolrous Hazem 869-555-0125 Work
Ackerman Pilar 577-555-0185 Work
Adams Jay 407-555-0165 Work
Ajenstat François 785-555-0110 Cell
Alberts Amy 775-555-0164 Work
Alderson Greg 332-555-0150 Work
Alexander Sean 420-555-0173 Cell
Altman Gary 110-555-0112 Cell
Anderson Nancy 970-555-0118 Cell
Ansman-Wolfe Pamela 340-555-0193 Cell
Arifin Zainal 204-555-0115 Cell
Bacon Dan 166-555-0159 Work
Baker Bryan 712-555-0113 Cell
Baker Mary 283-555-0185 Work
Barbariol Angela 150-555-0194 Cell
Barber David 477-555-0132 Work
Barreto de Mattos Paula 523-555-0175 Cell
Benshoof Wanida 708-555-0141 Work
Berg Karen 654-555-0177 Work
Berge Karen 746-555-0164 Work
Aktueller Berichtsserver http://localhost/ReportServer
100 %

Abbildung 26.25 Ausführen eines Berichts im Berichts-Generator

Sie können den Bericht jetzt auf dem Server abspeichern oder in verschiedene Formate exportieren. Klicken Sie hierzu auf den Befehl *Exportieren* (Abbildung 26.26). Eine ausführlichere Beschreibung der Exportformate finden Sie in Kapitel 24.

Exportieren
Dokumentstruktur
Parameter
XML-Datei mit Berichtsdaten
CSV (durch Trennzeichen getrennt)
PDF
MHTML (Webarchiv)
Excel
TIFF-Datei
Word

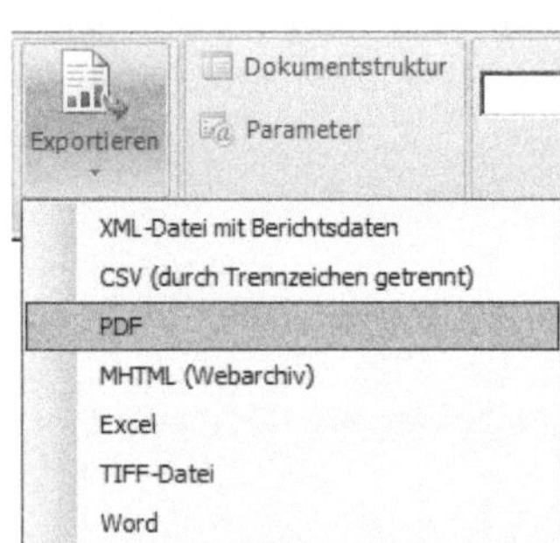

Abbildung 26.26 Exportieren des Berichts in verschiedene Formate

Damit ist unser Beispielbericht generiert und Sie können ihn, nachdem Sie ihn auf dem Server abgespeichert haben, immer wieder im Berichts-Manager aufrufen. Der Berichts-Generator bietet Ihnen viele Möglichkeiten, Berichte einfach zu generieren. Im nächsten Kapitel lernen Sie die Report Definition Language (kurz RDL) kennen, um Berichtsdefinitionen zu verfassen.

Kapitel 27

Report Definition Language

In diesem Kapitel:

Ob nun bereits bestehende Berichte nur lokal abgespeichert oder auf dem Berichtsserver veröffentlicht werden, die Information über Berichtsstruktur, anzuzeigende Daten und Berichtselemente wird einem eigenen Dateiformat abgelegt. Zu unserem Vorteil ist dies kein binäres Format, wie Bild- oder Musikdateien, sondern ein lesbares Textformat, welches einer speziellen Syntax, der Report Definition Language (RDL), entspricht. In diesem Kapitel werden Sie die Struktur dieses Formats kennenlernen und haben damit die Möglichkeit, Berichte ohne den Umweg über eine Entwicklungsumgebung zu erstellen oder ändern.

Was ist RDL?

In der Berichtsdefinition ist festgelegt, welche Daten der Berichtsserver auf welche Art anzeigen soll. Diese ist in einer eigenen Sprache verfasst, der sogenannten Report Definition Language (RDL), einem XML-Dialekt.

Während Sie einen Bericht in vorherigen Kapiteln im Berichts-Designer in Visual Studio erstellt haben, hat Visual Studio eine Berichtsdefinition in Form einer *.rdl*-Datei generiert, die Sie sich in jedem normalen Text- (oder besser noch: XML-) Editor ansehen und – mit ein klein wenig Know-how – auch verstehen können. Diese *.rdl*-Datei ist alles, was vom Berichts-Designer an den Berichtsserver weitergegeben wird, mit anderen Worten: Wenn Sie RDL lesen können, sind Sie sozusagen in der Lage, jedes in einer Berichtsdefinition verborgene Geheimnis aufzudecken.

Um sich mit RDL vertraut zu machen, werden Sie in diesem Kapitel nicht nur Berichtsdefinitionen auseinandernehmen, sondern auch selbst welche zusammensetzen: Sie werden lernen, ohne den Berichts-Assistenten dynamisch Berichtsdefinitionen zu generieren.

Es ist nicht Ziel dieses Kapitels, Sie mit langen Listen aller verfügbaren RDL-Elemente zu langweilen – solche finden Sie, wenn Sie diese wirklich benötigen, in der Onlinehilfe. Stattdessen wollen wir Ihnen anhand der wirklich wichtigen Tags ein Verständnis für RDL und dessen Struktur vermitteln.

Was ist XML?

Als zunehmend klarer wurde, dass HTML den Ansprüchen immer weniger gerecht werden würde, begannen im Jahre 1997 Microsoft, IBM, Sun und später auch Netscape, eine neue Sprache für Webapplikationen zu entwickeln: die »eXtensible Markup Language« (XML).

Wie der Name impliziert, lässt sich XML durch Tags erweitern, die Daten strukturieren. So ergeben sich viele XML-Dialekte, jeder für eine spezielle Einsatzmöglichkeit. Einer davon ist die in diesem Kapitel beschriebene Report Definition Language (RDL).

Die Tags sind RDL-spezifisch, aber die Anwendung ist wie von HTML gewohnt: Es gibt einen öffnenden Tag (z.B. *<Report>*) und einen dazugehörigen schließenden Tag (z.B. *</Report>*). Tags können geschachtelt werden, wodurch sich eine hierarchische Struktur ergibt.

XML-Tags sind case-sensitive, d.h., Groß- und Kleinschreibung müssen mit der Definition übereinstimmen.

Ein erster Blick auf eine Berichtsdefinition in RDL

Damit Sie eine Vorstellung von RDL bekommen, werfen Sie einen Blick auf eine fertige Berichtsdefinition. Gehen Sie dazu folgendermaßen vor:

1. Öffnen Sie einen Texteditor, z.B. indem Sie *Start/Programme/Zubehör/Editor* wählen.

2. Öffnen Sie die *Sales_by_Region_2008R2.rdl*-Datei, die die Berichtsdefinition des mitgelieferten »Sales_by_Region_2008R2«-Beispiels (Abbildung 27.1) enthält und die Sie bei standardmäßiger Installation im Ordner *C:\Programme\Microsoft SQL Server\100\Samples\Reporting Services\Report Samples\AdventureWorks 2008R2 Sample Reports* finden.

Sales_by_Region_2008R2.rdl - Editor

Datei Bearbeiten Format Ansicht ?

```
<?xml version="1.0" encoding="utf-8"?>
<Report xmlns:rd="http://schemas.microsoft.com/SQLServer/reporting/reportdesigner" xmlns:cl=
  <Description>Purpose: Map report. For each state, displays sales totals for individuals, s.
  <Author>Mary Lingel MSFT</Author>
  <AutoRefresh>0</AutoRefresh>
  <DataSources>
    <DataSource Name="AdventureWorks2008R2">
      <DataSourceReference>AdventureWorks2008R2</DataSourceReference>
      <rd:SecurityType>None</rd:SecurityType>
      <rd:DataSourceID>21b92c36-6b7e-46e2-a8ec-989544230ba2</rd:DataSourceID>
    </DataSource>
  </DataSources>
  <DataSets>
    <DataSet Name="IndividualCustomerSales">
      <Query>
        <DataSourceName>AdventureWorks2008R2</DataSourceName>
        <CommandText>SELECT soh.SalesOrderID, soh.TotalDue, soh.OrderDate,
  c.CustomerID, p.FirstName, p.LastName,
```

Abbildung 27.1 Ansicht der *.rdl*-Datei von Company Sales 2008

Sie sehen in der Definition des Berichts, welche Elemente benutzt werden und wie sie ineinander verschachtelt sind.

TIPP Um eine Berichtsdefinition in RDL einzusehen oder zu ändern, benötigen Sie weder Projektdateien noch überhaupt den Berichts-Designer oder Visual Studio.

Sie können die Berichtsdefinition einfach mit dem Berichts-Manager herunter- und auch wieder hochladen, was Sie in Kapitel 19 detailliert beschrieben finden.

In den folgenden Abschnitten werden Sie eine Anwendung konzipieren, die eine Berichtsdefinition erstellt. So werden Sie genauer verstehen, wie RDL-Dokumente aufgebaut sind und welche Auswirkung die Verwendung einzelner RDL-Elemente hat.

RDL verstehen am Beispiel

Stellen Sie sich folgendes Szenario vor: Sie müssen regelmäßig viele einfache Tabellenberichte vom Typ »uninspirierte Listen, die nur Controller glücklich machen« erstellen. Daher geht ein signifikanter Teil Ihrer Arbeitszeit mit der relativ stupiden Arbeit drauf, sehr ähnliche Berichte zu gestalten und bereitzustellen. Da fragen Sie sich natürlich: Muss das so sein, kann man das nicht automatisieren?

Schnell finden Sie heraus: Das geht, und es ist gar nicht mal so schwierig! Sie müssen sich nur ein paar Grundkenntnisse in RDL aneignen, eine *.rdl*-Datei programmgesteuert erzeugen und an den Berichtsserver weitergeben – und genau dabei hilft Ihnen dieses Kapitel.

Sie werden eine Anwendung bauen, die aus einer interaktiv vom Benutzer eingegebenen SQL-Abfrage mit einem Klick einen fertigen Tabellenbericht erstellt und publiziert.

Entlang dieses Programmierbeispiels werden Sie Schritt für Schritt die grundlegende Struktur einer typischen Berichtsdefinition kennenlernen – so ist dieses Beispiel auch dann für Sie interessant, wenn Sie keinen Berichtgenerator benötigen.

Konzept des Berichtgenerator-Beispiels

Da Sie die Berichtsdefinition auf Basis der Felder einer Abfrage erstellen wollen, muss zunächst eine gültige SQL-Anweisung vom Benutzer eingegeben werden, die die Daten aus der Datenquelle – in unserem Falle ein SQL-Server – holt. Auf Grundlage der Struktur dieser Daten zimmert Ihre Anwendung dann eine Berichtsdefinition in zwei Hauptschritten: Zunächst wird der Berichtskopf zusammengesetzt, wobei die Spaltennamen als Überschrift der Tabellenspalten verwendet werden, und dann die eigentlichen Tabellenspalten, eine für jedes Feld, das die Abfrage liefert. Ausgenommen sind nur die *rowguid*-Felder, da diese aufgrund ihrer eher geringen Bedeutung für den nicht-maschinellen Leser üblicherweise nicht Bestandteil von Berichten sind.

Außerdem benötigt Ihre Anwendung eine Verbindungszeichenfolge, mit deren Hilfe eine Verbindung zur Datenquelle hergestellt wird, sowie – da die Berichtsdefinition zunächst lokal abgelegt wird, um eine eventuelle spätere Nachbearbeitung zu vereinfachen – einen lokalen Pfad, des Weiteren einen Namen und ein Verzeichnis am Berichtsserver. Alle diese Angaben werden vom Anwender in der von Ihnen im Folgenden zu erstellenden Benutzeroberfläche jeweils in einem Textfeld-Steuerelement eingegeben.

TIPP Dieses Beispiel wurde zweiteilig angelegt, damit Sie die beiden Teile besser separat nutzen können, also entweder nur eine Berichtsdefinition erstellen oder nur einen Bericht auf einem Berichtsserver veröffentlichen.

Die Funktionalitäten der beiden Beispielteile könnten auch in einem Arbeitsgang erledigt werden, und dabei könnte man auch auf das in diesem Beispiel vorgenommene lokale Speichern der *.rdl*-Datei vollständig verzichten. Dazu müssen nur ein paar Zeilen Code geändert werden.

Noch einfacher ist es, die zwei Schaltflächen *RDL erstellen* und *Bericht weitergeben* zu einer Schaltfläche zusammenzufassen. Hierzu müssen Sie nur am Ende der *btnRdlErstellen_Click*-Methode aus Listing 27.3 den Methodenaufruf *btnWeitergeben_Click(sender, e)* hinzufügen. Dann wird beim Klick auf die Schaltfläche *RDL erstellen* der Bericht erzeugt und ohne weitere Interaktion mit dem Benutzer an den Berichtsserver weitergegeben.

Die Schaltfläche *Bericht weitergeben* ist dadurch überflüssig und kann gelöscht werden.

Neues Projekt erstellen

Wir werden nun zunächst ein neues Projekt erstellen und die Oberfläche unserer Anwendung gestalten. Außerdem werden wir eine Verbindung zum Webservice unseres Berichtsservers konfigurieren.

1. Starten Sie Visual Studio und öffnen Sie das Dialogfeld *Neues Projekt* (Abbildung 27.2), indem Sie den Menübefehl *Datei/Neu/Projekt* aufrufen.

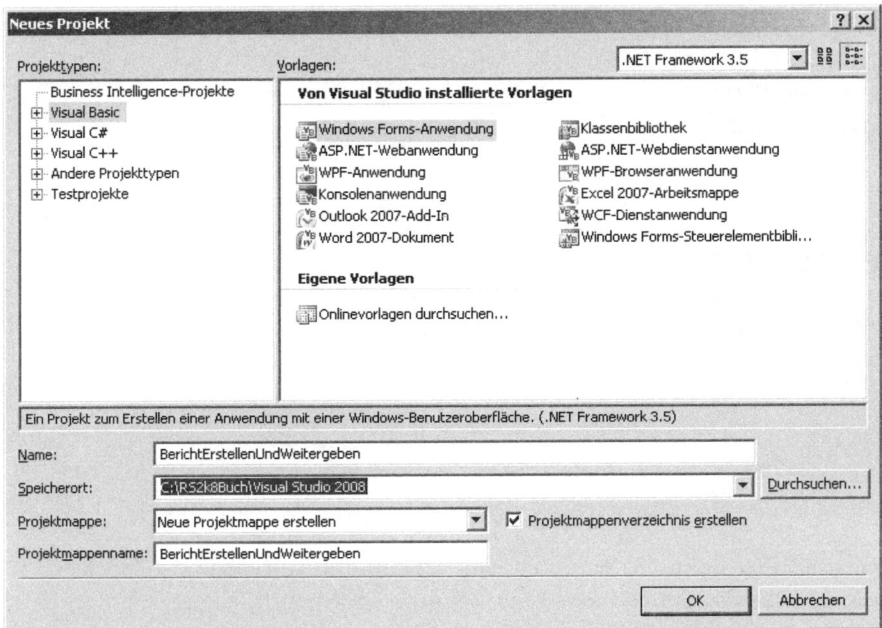

Abbildung 27.2 Erzeugen Sie ein neues Projekt zum Erstellen und Weitergeben einer Berichtsdefinition

2. Wählen Sie unter *Projekttypen* den Eintrag *Visual Basic* und unter *Vorlagen* das Symbol *Windows Forms-Anwendung*, geben Sie Ihrem Projekt den Namen *BerichtErstellenUndWeitergeben*, wählen Sie einen geeigneten Speicherort und klicken Sie *OK*. Das Projekt wird nun angelegt. Dabei wird ein Formular mit dem Namen *Form1* erzeugt und in der Entwurfsansicht angezeigt (Abbildung 27.3).

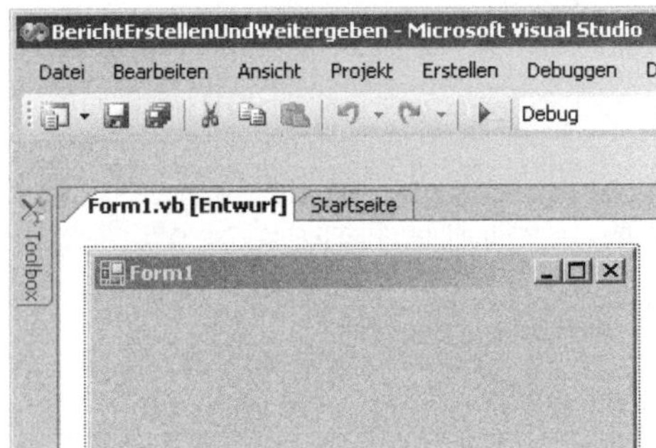

Abbildung 27.3 Das neue Windows-Formular in der Entwurfsansicht

3. Um die Benutzeroberfläche zu gestalten wie in Abbildung 27.4, ziehen Sie aus der *Toolbox* folgende Steuerelemente auf *Form1*: fünf Label-Steuerelemente, fünf Textfeld-Steuerelemente und zwei Befehlsschaltflächen.

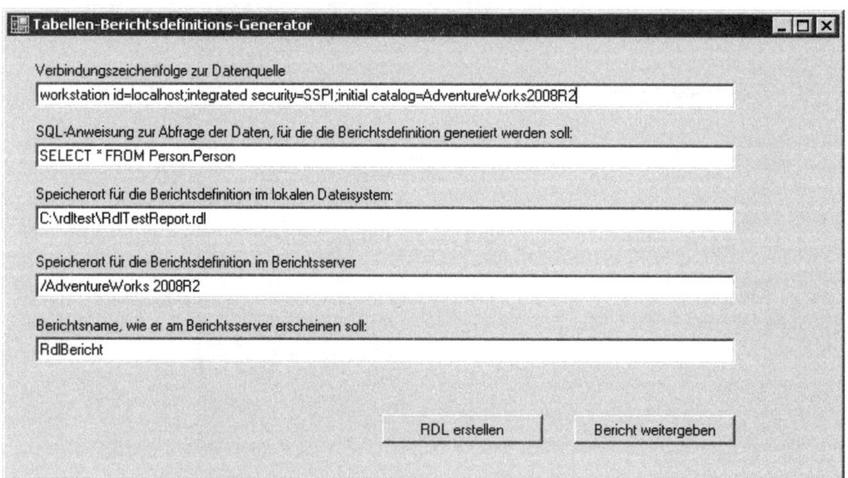

Abbildung 27.4 Benutzerschnittstelle des *BerichtErstellenUndWeitergeben*-Projekts, die Sie in Visual Studio bauen

4. Ändern Sie die *Name*- und *Text*-Eigenschaften Ihrer Steuerelemente entsprechend der Tabelle 27.1. Fett formatierte Eingaben sind für das Funktionieren des Beispiels erforderlich, alle anderen erhöhen die Übersichtlichkeit, Wartbarkeit und Benutzerfreundlichkeit.

Steuerelement	Neuer *Name*	Neuer *Text*
Fenster *Form1*	frmBenutzeroberflaeche	Tabellenberichtdefinition-Generator
Label *Label1*	lblSqlVerbindung	Verbindungszeichenfolge zur Datenquelle
Label *Label2*	lblSqlAnweisung	SQL-Anweisung zur Abfrage der Daten, für die die Berichtsdefinition generiert werden soll
Label *Label3*	lblRdlSpeicherort	Speicherort für die Berichtsdefinition im lokalen Dateisystem
Label *Label4*	lblServerSpeicherort	Speicherort für die Berichtsdefinition im Berichtsserver
Label *Label5*	lblBerichtname	Berichtsname, wie er am Berichtsserver erscheinen soll
Textfeld *Textbox1*	**tbxSqlVerbindung**	workstation id=localhost;integrated security=SSPI;initial catalog=AdventureWorks2008R2;
Textfeld *Textbox2*	**tbxSqlAnweisung**	SELECT * FROM Person.Person
Textfeld *Textbox3*	**tbxRdlSpeicherort**	C:\rdltest\RdlTestReport.rdl
Textfeld *Textbox4*	**tbxServerSpeicherort**	/AdventureWorks 2008R2
Textfeld *Textbox5*	**tbxBerichtname**	RdlBericht
Schaltfläche *Button1*	**btnRdlErstellen**	RDL erstellen
Schaltfläche *Button2*	**btnWeitergeben**	Bericht weitergeben

Tabelle 27.1 Ändern Sie die Eigenschaftswerte der Steuerelemente des *BerichtErstellenUndWeitergeben*-Projekts

5. Damit Ihre Anwendung mit Ihrem Berichtsserver zusammenarbeiten kann, muss sie wissen, wo sich der Berichtsserver befindet, und dafür benötigt Sie einen Webverweis auf denselben. Rufen Sie den Menübefehl *Projekt/Webverweise hinzufügen* auf, wodurch das Dialogfeld *Webverweis hinzufügen* angezeigt

wird (Abbildung 27.5). Sollte bei Ihnen dieser Eintrag fehlen, rufen Sie zunächst *Projekt/Dienstverweis hinzufügen* auf und klicken anschließend links unten auf *Erweitert*. Im Dialogfeld *Dienstverweiseinstellungen* finden Sie die entsprechende Schaltfläche (Abbildung 27.6).

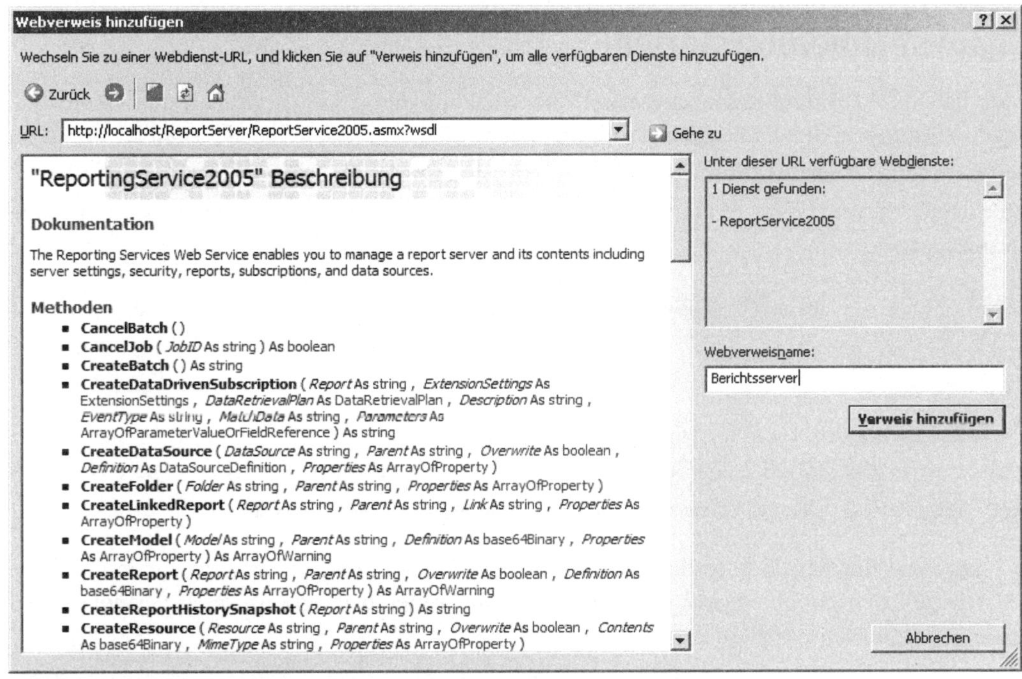

Abbildung 27.5 Fügen Sie Ihrer Anwendung einen Webverweis auf Ihren Berichtsserver hinzu

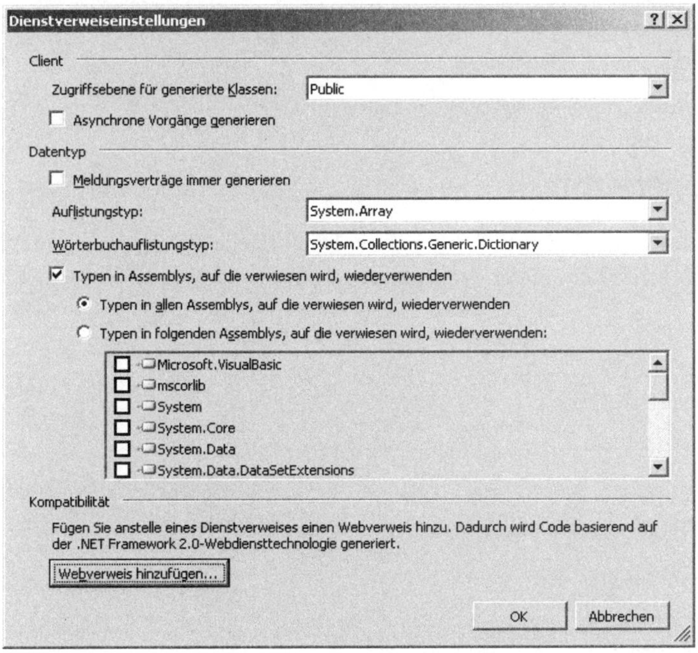

Abbildung 27.6 Benutzen Sie das Dialogfeld *Dienstverweiseinstellungen*, um einen Webverweis einzufügen

6. Geben Sie als URL *http://<IhrBerichtsserver>/ReportServer/ReportService2005.asmx?wsdl* ein oder stellen Sie per Mausklicks die URL Ihres Berichtsservers mithilfe des Fensters unter der *URL*-Zeile zusammen.
7. Tragen Sie als Webverweisnamen *Berichtsserver* ein und klicken Sie auf die Schaltfläche *Verweis hinzufügen*.

Projektimplementierung starten

Nachdem Sie das Skelett Ihrer Anwendung erstellt haben, können Sie nun beginnen, den Code zu Ihrer Anwendung hinzuzufügen, der die Berichtsdefinition erstellt. Gehen Sie dazu folgendermaßen vor:

1. Wechseln Sie in die Codeansicht des Formulars, indem Sie den Menübefehl *Ansicht/Code* aufrufen.
2. Fügen Sie den Code aus Listing 27.1 ganz oben im Codefenster ein. Die *Imports* referenzieren die verwendeten Namespaces.

```
' Namespaces importieren, um den Code übersichtlicher zu gestalten
Imports System.IO
Imports System.Web.Services.Protocols
Imports System.Data.SqlClient

' Die Referenz zum Berichtsserver importieren
Imports BerichtErstellenUndWeitergeben.Berichtsserver
```

Listing 27.1 Geben Sie diesen Code, der die verwendeten Namespaces angibt, ganz oben in Ihren Code ein

3. Als Nächstes fügen Sie den Code aus Listing 27.2 in Ihrer Klasse hinter die Zeile ein, die mit *Public Class* beginnt. Die globalen Variablen und Konstanten, die im weiteren Programmverlauf benötigt werden, werden deklariert und instanziiert.

```
' Globale Variablen und Konstanten
    Dim _sRdl As String
    Dim _ds As New DataSet
    Dim _sDataSourceName As String = "meineDatenquelle"
    Dim _sqlDataAdapter As SqlDataAdapter = New SqlDataAdapter
```

Listing 27.2 Globale Variablen und Konstanten, die im nachfolgenden Code genutzt werden

Teil 1: Berichtsdefinition generieren

Damit die Generierung der Berichtsdefinition bei einem Klick auf die Schaltfläche *RDL erstellen* gestartet wird, werden Sie nun eine Methode dafür schreiben. Fügen Sie dazu den Code aus Listing 27.3 in Ihre Klasse *frmBenutzeroberflaeche* ein:

```
Private Sub btnRdlErstellen_Click(ByVal sender As System.Object, ByVal e As _
        System.EventArgs) Handles btnRdlErstellen.Click
    generiereBerichtsdefinition()
End Sub 'btnRdlErstellen_Click

Private Sub generiereBerichtsdefinition()
        ' RDL-String erstellen, der mithilfe der Methode writeFile() in
        ' eine Datei geschrieben wird
        Windows.Forms.Cursor.Current = Cursors.WaitCursor
```

Listing 27.3 *btnRdlErstellen_Click*-Methode und Beginn der *generiereBerichtsdefinition*-Methode

```
    ' Daten holen
    getData()
```

Listing 27.3 *btnRdlErstellen_Click*-Methode und Beginn der *generiereBerichtsdefinition*-Methode *(Fortsetzung)*

Die Methode *btnRdlErstellen_Click* ruft *generiereBerichtsdefinition* auf, die die Berichtsdefinition als Zeichenkette in der *_sRDL*-Variablen zusammensetzt. Dazu werden zunächst mittels der Methode *getData*, die weiter unten beschrieben wird, die Daten vom Server geholt.

Dokumentkopf und Datenquellen

Jeder Bericht beginnt mit einem Dokumentkopf, der auf das XML-Schema verweist, gefolgt von der Definition der Datenquellen. Setzen Sie dies für Ihr Projekt um und fügen Sie den Code aus Listing 27.4 direkt hinter dem zuvor geschriebenen Code ein.

```
    ' _sRdl ist der String, der den RDL-Code enthält. Er beginnt mit einem
    ' Standardkopf und wird dynamisch in Abhängigkeit von den Daten,
    ' für die die Berichtsdefinition generiert wird, zusammengefügt.
    ' Datenquelle festlegen Tabellen- und Header-Definition öffnen
    _sRdl = "<?xml version=""1.0"" encoding=""utf-8""?>" + _
            "<Report xmlns= ""http://schemas.microsoft.com/sqlserver/reporting" + _
            "/2005/01/reportdefinition"" xmlns:rd=""http://schemas.microsoft" + _
            ".com/SQLServer/reporting/reportdesigner"">" + _
              "<DataSources>" + _
                "<DataSource Name=""" + _sDataSourceName + """>" + _
                  "<ConnectionProperties>" + _
                    "<DataProvider>SQL</DataProvider>" + _
                    "<ConnectString>" + tbxSqlVerbindung.Text + _
                    "</ConnectString>" + _
                    "<IntegratedSecurity>true</IntegratedSecurity>" + _
                  "</ConnectionProperties>" + _
                "</DataSource>" + _
              "</DataSources>"
```

Listing 27.4 *generiereBerichtsdefinition*-Methode: Definition von Dokumentkopf und Datenquelle (Fortsetzung)

Dort wird in den ersten Zeilen mithilfe des Verweises auf das XML-Schema festgelegt, dass der vorliegende XML-Text eine Berichtsdefinition ist. *<Report>* öffnet die eigentliche Berichtsdefinition.

Anschließend wird zwischen den Tags *<DataSources>* und *</DataSources>* angegeben, welche Datenquellen benutzt werden sollen. Die Tabelle 27.2 zeigt untergeordnete Elemente des *DataSource*-Elements, die Sie festlegen können.

Weitere Informationen zum Umgang mit Datenquellen finden Sie in Kapitel 21.

Element	Bedeutung	Beispiel
DataSource	Beschreibt eine Datenquelle im Bericht	Siehe Listing 27.4
ConnectionProperties	Enthält Verbindungsinformationen der Datenquelle wie Verbindungszeichenkette und Datenprovider	Siehe Listing 27.4; dort wird die Verbindung mit den Tags *<Dataprovider>* (setzt die Datenverarbeitungserweiterung), *<ConnectString>* (Verbindungzeichenfolge zur Datenquelle) und *<IntegratedSecurity>* (gibt an, ob die Datenquelle zum Verbinden integrierte Sicherheit verwendet) definiert

Tabelle 27.2 Das *DataSource*-Element und seine untergeordneten Elemente

Element	Bedeutung	Beispiel
DataSourceReference	Enthält den Pfad zu einer freigegebenen Datenquelle. Darf nicht zusammen mit *ConnectionProperties* verwendet werden.	*< DataSourceReference>* *AdventureWorks* *</DataSourceReference>* Referenziert die freigegebenen Datenquelle *AdventureWorks*, die sich in demselben Pfad wie der Bericht befindet
Transaction	Entscheidet, ob die Datasets, die die Datenquelle nutzen, in einer einzelnen Transaktion laufen	*<Transaction>* *true* *</Transaction>* Datensätze werden in einer einzelnen Transaktion übertragen

Tabelle 27.2 Das *DataSource*-Element und seine untergeordneten Elemente *(Fortsetzung)*

Datenquellen werden verwendet von Datenabfragen, die am Ende der Berichtsdefinition im *Datasets*-Element definiert werden, welches weiter unten erklärt wird.

Body-, *ReportItems-* und *Table*-Element

Nach der Datenquelle wird im *Body*-Element das eigentliche Berichtslayout definiert, das dann wiederum von *ReportItems*-Elementen in Regionen unterteilt wird. Hier enthält es eine mit dem *Table*-Element definierte Tabelle. Um das Berichtslayout zu beginnen, gehen Sie folgendermaßen vor: Fügen Sie den Inhalt von Listing 27.5 Ihrem Code hinzu.

```
_sRdl = _sRdl + _
    "<Body>" + _
      "<ReportItems>" + _
        "<Table Name=""table1"">" + _
          "<Style />"
```

Listing 27.5 *generiereBerichtsdefinition*-Methode: Öffnen der Tabellendefinition

Einige wichtige, dem *Body*-Element untergeordneten Elemente sind in Tabelle 27.3 erläutert. Die Elemente sind in der Reihenfolge ihrer Hierarchie aufgeführt.

HINWEIS Für komplexere Berichtselemente wie beispielsweise Matrizen gibt es seit Reporting Services 2008 das *Tablix*-Element. Es wird mit Tag *<Tablix>* geöffnet und bietet gegenüber dem vorherigen *<Matrix>*-Element mehr Flexibilität. Mit diesem Element lassen sich auch Tabellen und Listen mit erweiterter Funktionalität erzeugen. Im Kapitel 10 finden Sie weitere Informationen zu diesem Berichtselement. Da in diesem Kapitel jedoch der grundsätzliche Umgang mit RDL gezeigt werden soll, wird an dieser Stelle weiterhin mit dem *<Table>*-Element gearbeitet, welches für sehr einfach strukturierte Tabellen weiterhin verwendet werden kann.

Element	Bedeutung	Beispiel
Body	Enthält die Bestandteile der Berichtsdefinition, die für das Layout des Berichts relevant sind	Listing 27.5
ReportItems	Enthält die Berichtselemente, welche die Inhalte einer Berichtsregion beschreiben	Listing 27.5
Table	Definiert eine Tabelle, die im Bericht enthalten ist	Listing 27.5
Style	Enthält Informationen über die Formatierung des Elements	Listing 27.5 und Tabelle 27.5

Tabelle 27.3 Berichtselemente, die die Berichtsdefinition eröffnen

Header-, *TableRows-* und *TableCells*-Element

Das *Header*-Element spezifiziert den Tabellenkopf eines Berichts. Ihm ist das *TableRows*-Element untergeordnet, das die Zeilen des Tabellenkopfs enthält, die sich wiederum aus einem *TableCells*-Element zusammensetzen und innerhalb der untergeordneten *TableCell*-Elemente die Spaltenüberschriften definiert.

In der Tabelle 27.4 finden Sie das *Header*-Element nebst seinen untergeordneten Elementen erläutert.

Element	Bedeutung	Beispiel
Header	Definiert die Kopfzeile für eine Tabelle	Listing 27.6
TableRows	Enthält eine geordnete Liste von Tabellenzeilen	Listing 27.6
TableRow	Definiert eine Zeile in einer Tabelle	Listing 27.6
Height	Definiert die Höhe des Elements	Listing 27.6
TableCells	Definiert einen Satz von Zellen in einer Tabelle	Listing 27.6

Tabelle 27.4 Wichtige Unterelemente des *Header*-Elements

Definieren Sie jetzt für den in Ihrem Projekt generierten Bericht die einzelnen Zellen des *Header*-Elements, indem Sie den Code aus Listing 27.6 ihrer Methode hinzufügen.

```
_sRdl = _sRdl + _
                "<Header>" + _
                  "<TableRows>" + _
                    "<TableRow>" + _
                      "<Height>0.48552cm</Height>" + _
                      "<TableCells>" + Chr(10)
        Dim column As DataColumn
        Dim i As Int16

        ' Spaltenüberschrift zusammensetzen
        For Each column In _ds.Tables(0).Columns
            ' Alle Spalten (außer der rowguid-Spalte, die in Berichten sehr unschön
            ' aussieht) werden in den Bericht übernommen
            If Not column.ColumnName = "rowguid" Then
                _sRdl = _sRdl + _
                        "<TableCell>" + _
                          "<ReportItems>" + _
                            "<Textbox Name=""textbox" + i.ToString + """>" + _
                              "<Style>" + _
                                "<FontWeight>900</FontWeight>" + _
                                "<BorderStyle>" + _
                                  "<Default>Solid</Default>" + _
                                "</BorderStyle>" + _
                              "</Style>" + _
                              "<Value>" + column.ColumnName + "</Value>" + _
                            "</Textbox>" + _
                          "</ReportItems>" + _
                        "</TableCell>" + Chr(10)

            End If
            i = i + 1
        Next
        'Header abschließen
```

Listing 27.6 *generiereBerichtsdefinition*-Methode: Zellendefinition des *Header*-Elements

```
    _sRdl = _sRdl + _
                        "</TableCells>" + _
                      "</TableRow>" + _
                    "</TableRows>" + _
                  "</Header>"
```

Listing 27.6 *generiereBerichtsdefinition*-Methode: Zellendefinition des *Header*-Elements *(Fortsetzung)*

In diesem Codeabschnitt werden die einzelnen Zellen des *Header*-Elements definiert. Jede Zelle – das betrifft auch das weiter unten behandelte *Details*-Element – benötigt einen eindeutigen Namen. Dazu wird die Laufvariable *i* als ganze Zahl deklariert, welche in jeder Schleife, in der Zellen definiert werden, mitläuft, um ihnen Namen im Format »Textbox« und dem aktuellen Wert von *i* zu geben. Der Name wird im Unterelement *Value* vom *Textbox*-Element angegeben. Zuletzt wird das *Header*-Element durch Schließen der offenen Tags vervollständigt.

Das *Style*-Element

Sehr vielfältig sind die Definitionsmöglichkeiten innerhalb des *Style*-Elements, mit denen Sie das Erscheinungsbild von Elementen festlegen, also z.B. deren Farbe.

Im vorigen Abschnitt haben Sie dieses Element für *Textbox*-Elemente angewendet, es lassen sich damit aber praktisch alle layoutrelevanten Elemente formatieren, beispielsweise *Matrix*-, *Table*- und *Line*-Elemente.

Sie finden eine Beschreibung der wichtigsten *Style* untergeordneten Elemente, mit denen Sie das Erscheinungsbild im Detail bestimmen können, in Tabelle 27.5.

Element	Bedeutung	Beispiel
BorderColor	Spezifiziert die Rahmenfarbe des Elements	<BorderColor> <Default>#808080</Default> </BorderColor>
BorderStyle	Spezifiziert den Rahmenstil des Elements	Siehe Listing 27.6
BackgroundColor	Spezifiziert die Hintergrundfarbe des Elements	<BackgroundColor> #808080 </BackgroundColor> Das Element erhält die Hintergrundfarbe grau
BackgroundImage	Enthält Informationen über das Hintergrundbild des Elements	<BackgroundImage> SampleImages/Berichtbild.jpg </BackgroundImage> Macht das im Unterverzeichnis *SampleImage* abgelegte Bild *Berichtbild.jpg* zum Hintergrundbild
FontStyle	Spezifiziert den Schriftstil des Elements	<FontStyle> Italic </FontStyle> Setzt die Schriftart auf kursiv

Tabelle 27.5 Die wichtigsten untergeordneten Elemente des *Style*-Elements

Element	Bedeutung	Beispiel
FontSize	Bestimmt die Schriftgröße des Elements in Punkten	<FontSize> 8pt </FontSize> Setzt die Schriftgröße auf 8 Punkt
FontWeight	Bestimmt die Dicke der Schrift in dem Element	Siehe Listing 27.6
TextAlign	Beschreibt die horizontale Textausrichtung des Elements	<TextAlign> Right </TextAlign> Setzt die Textausrichtung auf rechtsbündig
Language	Bestimmt die primäre Textsprache des Elements	<Language> en-us </Language> Setzt die primäre Sprache des Texts im Element auf amerikanisches Englisch
Color	Setzt die Vordergrundfarbe (meist Schriftfarbe) des Elements	<Color> aqua </Color> Setzt die Vordergrundfarbe auf Aqua

Tabelle 27.5 Die wichtigsten untergeordneten Elemente des *Style*-Elements *(Fortsetzung)*

Das *Details*-Element

Das *Details*-Element definiert die Zellen in dem Bereich, der für jeden Datensatz wiederholt wird. In einer Tabelle ist dies also der Bereich unter den Spaltennamen, den Sie nun generieren, indem Sie den Code aus Listing 27.7 hinter dem zuletzt hinzugefügten Code einfügen:

```
_sRdl = _sRdl + _
          "<Details>" + _
            "<TableRows>" + _
              "<TableRow>" + _
                "<Height>0.48552cm</Height>" + _
                "<TableCells>"

' Tabellenzellen zusammensetzen
For Each column In _ds.Tables(0).Columns
    ' Alle Spalten (außer der rowguid-Spalte, die in Berichten sehr unschön
    ' aussieht) werden in den Bericht übernommen
    If Not column.ColumnName = "rowguid" Then
        _sRdl = _sRdl + _
                  "<TableCell>" + _
                    "<ReportItems>" + _
                      "<Textbox Name=""textbox" + i.ToString + """>" + _
                        "<Style>" + _
                          "<BorderStyle>" + _
                            "<Default>Solid</Default>" + _
                          "</BorderStyle>" + _
                        "</Style>" + _
                      "<Value>=Fields!" + _
```

Listing 27.7 *generiereBerichtsdefinition*-Methode: Definition der Zellen im *Details*-Element

```
                        column.ColumnName + ".Value</Value>" + _
                      "</Textbox>" + _
                    "</ReportItems>" + _
                  "</TableCell>" + Chr(10)
    End If
    i = i + 1
Next

'Details abschließen und Tabellenspaltenlayout einleiten
_sRdl = _sRdl + _
                  "</TableCells>" + _
                "</TableRow>" + _
              "</TableRows>" + _
            "</Details>"
```

Listing 27.7 *generiereBerichtsdefinition*-Methode: Definition der Zellen im *Details*-Element *(Fortsetzung)*

Der Code definiert die einzelnen Zellen im *Details*-Element. Äquivalent zum *Header*-Element wird das *Details*-Element geöffnet. Auch in diesem Element definieren Sie Spalten und einzelne Zellen.

Es werden wie zuvor schon im *Header*-Element fortlaufend unter Zuhilfenahme der Laufvariable *i* den einzelnen Zellen Namen zugewiesen. Der Zellenrahmen wird mit dem Tag *<BorderStyle>* als durchgehende Linie definiert.

Zwischen den Tags *<Value>* und *</Value>* wird bestimmt, was in den Zellen angezeigt werden soll. In diesem Falle also die Werte, die der in der Schleife gerade bearbeiteten Spalte aus der Datenquelle zugeordnet sind.

Zuletzt wird das *Details*-Element geschlossen.

Das *TableColumns*-Element

Das öffnende Tag *<TableColumns>* leitet den nächsten Codeabschnitt ein, in dem jeweils mit einem Unterelement *TableColumn* die Breite jeder Tabellenspalte näher definiert werden.

Fügen Sie den nächsten Codeabschnitt aus Listing 27.8 an Ihre *generiereBerichtsdefinition*-Methode an:

```
_sRdl = _sRdl + _
              "<TableColumns>" + Chr(10)

' Spaltenlayout definieren
For Each column In _ds.Tables(0).Columns
    ' Alle Spalten (außer der rowguid-Spalte, die in Berichten sehr unschön
    ' aussieht) werden in den Bericht übernommen
    If Not column.ColumnName = "rowguid" Then
        _sRdl = _sRdl + _
                "<TableColumn>" + _
                  "<Width>4.00cm</Width>" + _
                "</TableColumn>" + Chr(10)
    End If
Next

' Spaltenlayout abschließen
_sRdl = _sRdl + _
              "</TableColumns>" + _
            "</Table>" + _
          "</ReportItems>" + _
```

Listing 27.8 *generiereBerichtsdefinition*-Methode: Spalteneigenschaftendefinition und Öffnen der Datenfelderdefinition

```
            "<Style />" + _
            "<Height>1cm</Height>" + _
          "</Body>" + _
          "<Width>16cm</Width>"
```

Listing 27.8 *generiereBerichtsdefinition*-Methode: Spalteneigenschaftendefinition und Öffnen der Datenfelderdefinition *(Fortsetzung)*

TIPP Sie können außerdem innerhalb der *TableColumn*-Tags die Sichtbarkeit definieren, indem Sie das *Visibility*-Tag benutzen. So beeinflussen Sie zum Beispiel, ob die Spalte von Anfang an sichtbar sein soll oder nicht.

Im unteren Teil schließen Sie die Definition für die Tabelle.

HINWEIS Sie können die Formatierung des Berichts innerhalb des vorgegebenen *Style*-Tags näher bestimmen. Welche Möglichkeiten Sie dazu haben, finden Sie in der Tabelle 27.5 weiter oben.

Zuletzt schließen Sie das *Body*-Element.

Datenfelder mit *Dataset*-, *Field*- und *Datafield*-Elementen definieren

Mit dem *Dataset*-Element stellen Sie die Verbindung her zwischen dem Bericht und den Daten, die er darstellen soll.

Ergänzen Sie Ihre *generiereBerichtsdefinition*-Methode mit dem Code aus Listing 27.9:

```
_sRdl = _sRdl + _
          "<DataSets>" + _
            "<DataSet Name=""DataSet1"">" + _
              "<Fields>" + Chr(10)
' Zuweisung von Namen und Datentypen den Spaltenfeldern aus dem Dataset
For Each column In _ds.Tables(0).Columns
    ' Alle Spalten (außer rowguid-Spalten, die in Berichten sehr unschön
    ' aussehen) in den Bericht übernehmen
    If Not column.ColumnName = "rowguid" Then
        _sRdl = _sRdl + _
                "<Field Name=""" + column.ColumnName + """>" + _
                  "<DataField>" + column.ColumnName + "</DataField>" + _
                  "<rd:TypeName>" + column.DataType.ToString + _
                  "</rd:TypeName>" + _
                "</Field>" + Chr(10)
    End If
Next
_sRdl = _sRdl + _
                "</Fields>"
```

Listing 27.9 *generiereBerichtsdefinition*-Methode zum Definieren der Datenfelder

Zunächst öffnen Sie das *Dataset*-Element, das ein Dataset im Bericht definiert, innerhalb der Tags *<Datasets>*, das mehrere *Dataset*-Elemente enthalten kann.

Dann weisen Sie die Namen der Spalten aus Ihrem Dataset, welchen Sie mithilfe der unten genauer erklärten Methode *getData* erhalten haben, den einzelnen Feldern zu.

Außerdem ermitteln Sie die verschiedenen Datentypen aus dem Dataset, um sie den Feldern mittels des *<rd:TypeName>*-Tags zuzuordnen, damit es nicht zu Typkonflikten zwischen den Berichtfeldern und den

Daten kommt. Wenn Sie beispielsweise Daten im Stringgormat haben und die Felder im Bericht vom Typ *Integer* definiert wären, dann würden Fehler zurückgegeben.

Query-Element und Abschluss der Berichtsdefinition

Damit der Berichtsserver überhaupt Daten zur Anzeige in Ihrem Bericht aus der Datenquelle beschaffen kann, müssen Sie mithilfe der Tags *<Query>* und *<CommandText>* einen Abfragetext definieren, der von der Datenquelle ausgewertet wird – in unserem Fall also eine SQL-Abfrage.

Den Abschluss des Codes Ihrer *generiereBerichtsdefinition*-Methode finden Sie im folgenden Listing 27.10:

```
        ' Name der Datenquelle und SQL-Anweisung übergeben und
        ' Berichtsdefinition abschließen
        _sRdl = _sRdl + _
                       "<Query>" + _
                         "<DataSourceName>" + _sDataSourceName + "</DataSourceName>" + _
                         "<CommandText>" + tbxSqlAnweisung.Text + "</CommandText>" + _
                       "</Query>" + _
                     "</DataSet>" + _
                   "</DataSets>" + _
                 "<rd:SnapToGrid>true</rd:SnapToGrid>" + _
               "</Report>"

        ' Den String _sRdl in eine .rdl-Datei schreiben
        writeFile()
        Windows.Forms.Cursor.Current = Cursors.Default
    End Sub 'generiereBerichtsdefinition
```

Listing 27.10 *generiereBerichtsdefinition*-Methode: Berichtsdefinition schließen und RDL-Zeichenkette speichern

In dem Code wird zunächst der in der Variable *_sDataSourceName* festgelegte Datenquellenname angegeben.

Sie haben bereits am Anfang der *generiereBerichtsdefinition*-Methode in Listing 27.4 definiert, wo die Datenquelle liegt, nun geben Sie zwischen den Tags *<CommandText>* und *</CommandText>* die SQL-Anweisung, die darauf ausgeführt werden soll, an. Diese wurde vom Anwender in das entsprechende Feld der Benutzeroberfläche eingegeben.

Anschließend wird die Hilfsfunktion *writeFile* aufgerufen, welche weiter unten erklärt wird.

getData- und *writeFile*-Hilfsfunktion

Zum Abschluss des ersten Teils des Projekts fehlen noch die beiden Hilfsfunktionen *getData* und *writeFile.*

Daten lesen mit der *getData*-Methode

Um die Berichtsdefinition an die Daten, die er darstellen soll, anzupassen, müssen die Daten zunächst gelesen werden, was Sie in diesem Abschnitt implementieren werden.

Die Methode *getData* finden Sie im folgenden Listing 27.11, welche Sie direkt nach der Methode *generiere-Berichtsdefinition* anfügen:

```
Private Sub getData()
        ' Hilfsfunktion
        ' Mithilfe der SQL-Anweisung Daten aus der Datenquelle holen

        Dim sqlSelectCommand As New SqlCommand
        Dim sqlConnection As New SqlConnection

        Try
            ' sqlVerbindung initialisieren und Daten in ein Dataset laden
            sqlSelectCommand.CommandText = tbxSqlAnweisung.Text
            sqlConnection.ConnectionString = tbxSqlVerbindung.Text
            sqlSelectCommand.Connection = sqlConnection
            _sqlDataAdapter.SelectCommand = sqlSelectCommand
            _sqlDataAdapter.Fill(_ds)
        Catch e As SqlException
            'Im Fehlerfall die Fehlermeldung anzeigen
            MessageBox.Show(e.Message)
        End Try
    End Sub 'getData
```

Listing 27.11 Die Hilfsfunktion *getData*, die Daten aus der Datenquelle holt

Die Methode *getData* erstellt anhand der übergebenen SQL-Anweisung ein Dataset, das der aufrufenden Methode sozusagen als Blaupause für die Erstellung der Berichtsdefinition dient.

Die SQL-Anweisung und Datenquellenverbindungszeichenfolge werden vom Anwender über die Benutzerschnittstelle jeweils in einem Textfeld-Steuerelement vorgegeben.

Berichtsdefinition schreiben

Die von Ihrer Anwendung erstellte Berichtsdefinition soll durch eine Hilfsfunktion in eine lokale *.rdl*-Datei geschrieben werden. Fügen Sie dazu die Methode *writeFile* aus Listing 27.12 unterhalb der Methode *getData* Ihrem Code hinzu.

Diese schreibt die Zeichenfolge, die die Berichtsdefinition enthält, in eine Datei, deren Dateiname und Pfad vom Benutzer in der Benutzeroberfläche festgelegt wurde.

```
Private Sub writeFile()
        ' Hilfsfunktion
        ' Den in der Methode generiereBerichtsdefinition zusammengeführten
        ' String in eine .rdl-Datei schreiben
        Dim stream As StreamWriter = New StreamWriter(tbxRdlSpeicherort.Text)
        stream.Write(_sRdl)
        stream.Close()
        MessageBox.Show("Datei " + tbxRdlSpeicherort.Text + " geschrieben.")
    End Sub 'writeFile
```

Listing 27.12 Die Hilfsfunktion *writeFile* schreibt die Berichtsdefinition in eine *.rdl*-Datei

Sofern gewünscht, können Sie das Programm jetzt schon ausführen, um die bis hierhin implementierte Funktionalität zu testen:

1. Führen Sie die Anwendung aus, indem Sie *Debuggen/Debuggen starten* wählen. Es erscheint Ihre Benutzoberfläche, wie in Abbildung 27.8 weiter unten zu sehen.
2. Klicken Sie auf die Schaltfläche *RDL erstellen*. Nach kurzer Zeit erscheint das Meldungsfeld (Abbildung 27.9 weiter unten). Die Datei ist erfolgreich geschrieben worden.

3. Sofern gewünscht, öffnen Sie die erzeugte Datei in einem Texteditor.

HINWEIS Sie können die Berichtsdefinition, die Ihre Anwendung erstellt hat, manuell auf den Berichtsserver hochladen. Wie dies funktioniert, wird in Kapitel 19 behandelt.

Wenn Sie ausschließlich daran interessiert sind, Berichtsdefinitionen zu erstellen, so können Sie auf den zweiten Teil verzichten.

Möchten Sie jedoch dem Berichtsserver Ihre Berichtsdefinition programmgesteuert zur Verfügung stellen, so vervollständigen Sie das Beispiel mithilfe des nächsten Abschnitts.

Teil 2: Berichtsdefinition an Berichtsserver weitergeben

Bisher steht die Berichtsdefinition nur in einer *.rdl*-Datei im lokalen Dateisystem. Bevor der Berichtsserver daraus einen Bericht erstellen kann, müssen Sie diese Berichtsdefinition an den Berichtsserver weitergeben. Dies könnten Sie manuell über den Berichts-Manager tun, aber da Sie es sich für die Zukunft einfach machen wollen, erweitern Sie Ihre Anwendung so, dass sie diese Aufgabe übernimmt.

Fügen Sie Ihrem Code eine neue Methode hinzu, die Sie im folgenden Listing 27.13 finden:

```
Private Sub btnWeitergeben_Click(ByVal sender As System.Object, ByVal e As _
            System.EventArgs) Handles btnWeitergeben.Click
        ' im lokalen Dateisystem abgelegte Berichtsdefinition
        ' an Berichtsserver weitergeben
        Windows.Forms.Cursor.Current = Cursors.WaitCursor
        Dim rs As New ReportingService2005
        rs.Credentials = System.Net.CredentialCache.DefaultCredentials

        'Initialisieren der Parameter für die Methode zum Weitergeben
        Dim definition As [Byte]() = Nothing
        Dim warnings As Warning() = Nothing
        Dim name As String = tbxBerichtname.Text

        Try
            ' Die .rdl-Datei aus lokalem Dateisystem einlesen
            Dim stream As FileStream = File.OpenRead(tbxRdlSpeicherort.Text)
            definition = New [Byte](stream.Length) {}
            stream.Read(definition, 0, CInt(stream.Length))
            stream.Close()

        ' Ausgabe einer Fehlermeldung, wenn Datei lesen fehlschlägt
        Catch eIO As IOException
            Console.WriteLine(eIO.Message)
        End Try
```

Listing 27.13 *btnWeitergeben_Click*-Methode zum Weitergeben an den Berichtsserver

Die Methode *btnWeitergeben_Click* wird beim Klicken der Schaltfläche *Bericht weitergeben* ausgeführt. Zu Beginn werden lokale Variablen definiert, die später im Text verwendet werden, insbesondere wie der Bericht im Berichtsserver heißen soll. Letzteres wird vom Benutzer in der Benutzeroberfläche eingegeben.

Dann wird die von Ihrer Anwendung erstellte *.rdl*-Datei aus der lokal gespeicherten Datei gelesen und in einem Bytearray zwischengespeichert.

Die *CreateReport*-Methode des Berichtsservers

Sie müssen nun die *CreateReport*-Methode des Berichtsservers aufrufen, die einen Bericht mit der übergebenen Berichtsdefinition veröffentlicht. Fügen Sie dazu der Methode *btnWeitergeben_Click* den Code aus dem folgenden Listing 27.14 hinzu:

```
Try
          ' Berichtsgenerierung aus Berichtsdefinition, Rückgabe und Speichern
          ' eventueller Warnungen und Fehler
          warnings = rs.CreateReport(name, tbxServerSpeicherort.Text, True, _
              definition, Nothing)

          ' bei Erfolg Meldung ausgeben
          MessageBox.Show("Bericht wurde erfolgreich weitergegeben.")

      Catch eSOAP As SoapException
          ' falls Weitergabe fehlschlägt, Fehlermeldung ausgegeben
          MessageBox.Show("Bericht konnte nicht weitergegeben werden: " + eSOAP. _
              Detail.InnerXml.ToString())
          Windows.Forms.Cursor.Current = Cursors.Default
      Catch exc As Exception
          MessageBox.Show(exc.Message)
      End Try

      Windows.Forms.Cursor.Current = Cursors.Default
  End Sub 'btnWeitergeben_Click
```

Listing 27.14 *btnWeitergeben_Click*-Methode: *CreateReport*-Aufruf und Abfangen von Fehlern

In der Tabelle 27.6 finden Sie die Parameter der *CreateReport*-Methode.

Parameter	Datentyp	Beschreibung
Report	String	Bestimmt den Namen des Berichts, wie er im Berichtsserver erscheinen soll
Parent	String	Setzt den vollen Pfad, in welchen Ordner im Berichtsserver der neue Bericht erscheinen soll
Overwrite	Bool	Gibt an, ob ein Bericht mit demselben Namen im gleichen Ordner überschrieben werden soll
Definition	Byte[]	Die Berichtsdefinition in RDL als Bytearray, die an den Berichtsserver weitergegeben werden soll
Properties	Property[]	Ein Array von Eigenschaftsobjekten, das die Eigenschaften und Werte enthält, die gesetzt werden sollen

Tabelle 27.6 Parameter der *CreateReport*-Methode

TIPP Weitere Informationen zur Integration des Berichtsservers in Ihre Anwendungen finden Sie in Kapitel 34.

Sie zeigen ein Meldungsfenster an, das entweder den Erfolg meldet, oder, falls die Berichtsdefinition fehlerhaft ist oder andere Probleme auftreten, die eine Weitergabe verhindern, diese anzeigt.

Fehlerauswertung mithilfe der SoapException

Sehr hilfreich ist im letzteren Fall die *SoapException*. Diese spezifiziert sehr genau, was in der Berichtsdefinition nicht korrekt ist. So können Sie relativ zügig Fehler aufdecken und diese berichtigen.

Wie ein Meldungsfenster mit einer Fehlerrückgabe durch die *SoapException* aussieht, wenn die Berichtsdefinition ungültig ist, zeigt die Abbildung 27.7.

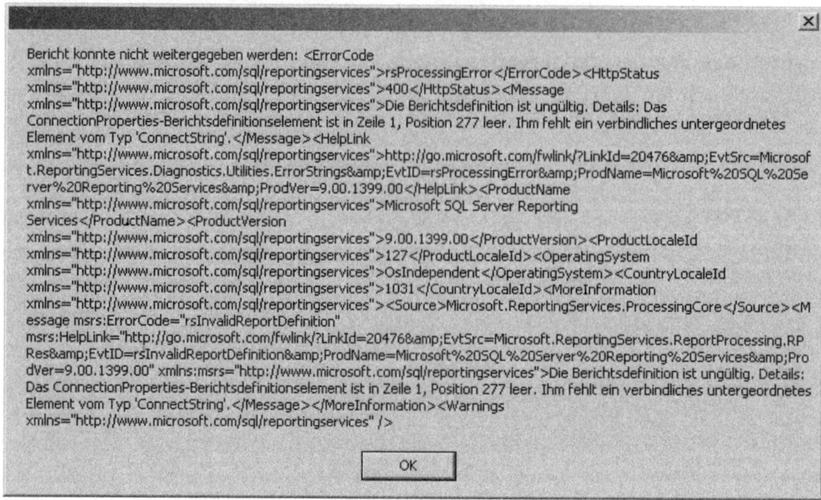

Abbildung 27.7 Detaillierte Fehlermeldung des Berichtsservers

Diese Fehlermeldung erhalten Sie, wenn Sie im Beispielcode in Listing 27.4 die Einträge zwischen den Tags *<ConnectionProperties>* und *</ConnectionProperties>* entfernen. Die Meldung sagt im Wesentlichen aus, dass das Element *ConnectionProperties* nicht ausreichend definiert ist und gibt dabei an, in welcher Zeile sich der Fehler in der Definition befindet.

Berichts-Generator-Beispiel ausführen

Nachdem Sie nun den gesamten Code des Beispiels zusammengestellt haben, können Sie das Programm ausführen:

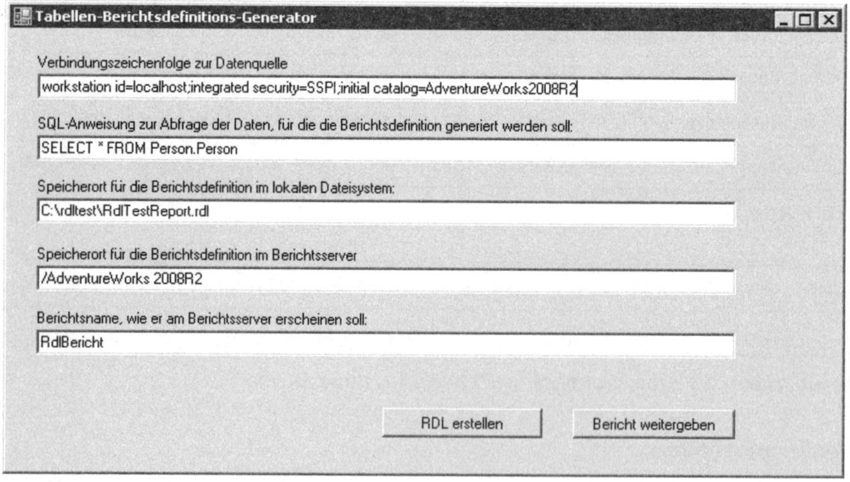

Tabellen-Berichtsdefinitions-Generator

Verbindungszeichenfolge zur Datenquelle

workstation id=localhost;integrated security=SSPI;initial catalog=AdventureWorks2008R2

SQL-Anweisung zur Abfrage der Daten, für die die Berichtsdefinition generiert werden soll:

SELECT * FROM Person.Person

Speicherort für die Berichtsdefinition im lokalen Dateisystem:

C:\rdltest\RdlTestReport.rdl

Speicherort für die Berichtsdefinition im Berichtsserver

/AdventureWorks 2008R2

Berichtsname, wie er am Berichtsserver erscheinen soll:

RdlBericht

RDL erstellen | Bericht weitergeben

Abbildung 27.8 Die Benutzerschnittstelle Ihres Berichts-Generators zur Laufzeit

1. Starten Sie Ihre Anwendung, indem Sie *Debuggen/Starten* klicken. Die Benutzeroberfläche öffnet sich, wie in Abbildung 27.8 zu sehen.

2. Sofern gewünscht, ändern Sie die voreingestellten Standardwerte.
3. Klicken Sie auf *RDL erstellen*. Die Berichtsdefinition wird erstellt, lokal abgelegt und die Erfolgsmeldung für die Erstellung der *.rdl*-Datei wird angezeigt (Abbildung 27.9).

Datei C:\rdltest\RdlTestReport.rdl geschrieben.
OK

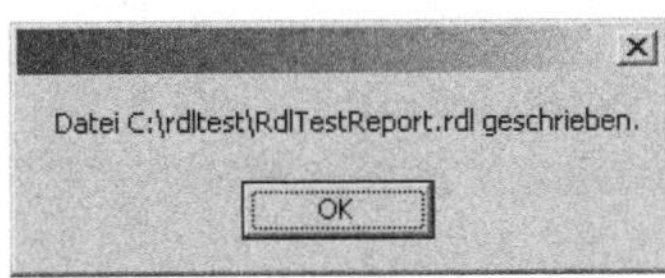

Abbildung 27.9 Meldungsfenster nach dem erfolgreichen Schreiben einer *.rdl*-Datei

4. Klicken Sie auf *Bericht weitergeben*. Die Berichtsdefinition wird an den Berichtsserver weitergegeben. Nach kurzer Zeit erscheint ein Meldungsfenster, dass der Bericht weitergegeben wurde. Sollten jedoch Fehler auftreten oder die Berichtsdefinition ungültig sein, so erscheint ein Meldungsfenster mit dem Fehler, wie z.B. in Abbildung 27.7 weiter oben gezeigt.
5. Starten Sie den Berichts-Manager und klicken Sie sich bis zu dem Ordner durch, in dem Sie Ihren Bericht veröffentlicht haben, z.B. im Ordner *AdventureWorks 2008 Sample Reports*. Detailliertere Informationen zur Arbeit mit dem Berichts-Manager finden Sie in Kapitel 19.
6. Mit einem Klick auf den generierten Bericht, z.B. *RdlBericht*, wird dieser gerendert und angezeigt (siehe Abbildung 27.10).

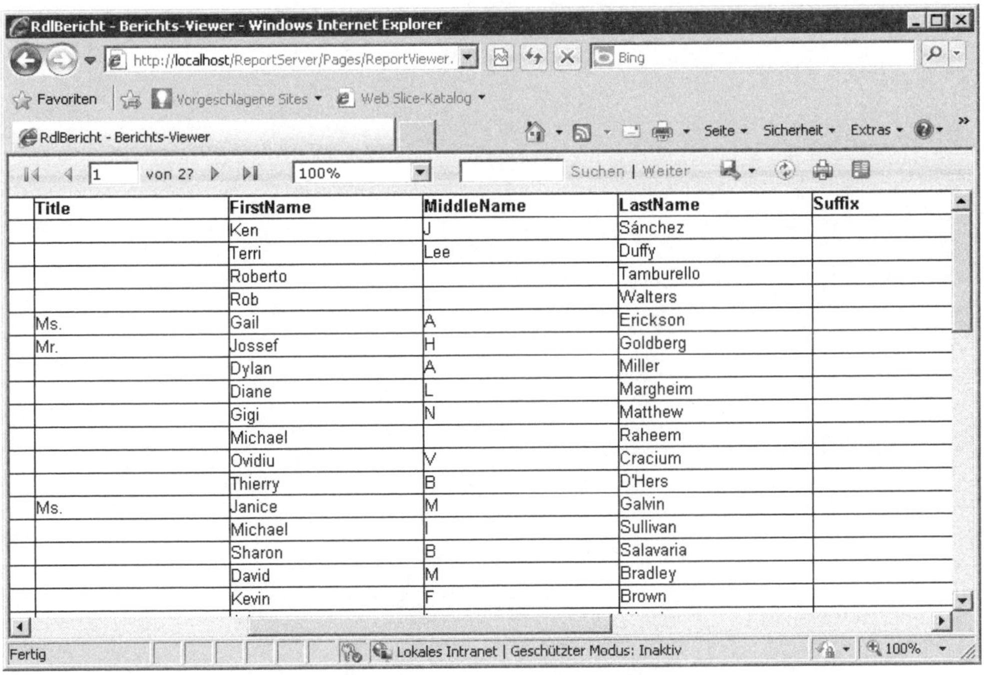

RdlBericht - Berichts-Viewer - Windows Internet Explorer
http://localhost/ReportServer/Pages/ReportViewer.
Bing
Favoriten
Vorgeschlagene Sites
Web Slice-Katalog
RdlBericht - Berichts-Viewer
Seite
Sicherheit
Extras
1 von 2?
100%
Suchen | Weiter
Title FirstName MiddleName LastName Suffix
Ken J Sánchez
Terri Lee Duffy
Roberto Tamburello
Rob Walters
Ms. Gail A Erickson
Mr. Jossef H Goldberg
Dylan A Miller
Diane L Margheim
Gigi N Matthew
Michael Raheem
Ovidiu V Cracium
Thierry B D'Hers
Ms. Janice M Galvin
Michael I Sullivan
Sharon B Salavaria
David M Bradley
Kevin F Brown
Fertig
Lokales Intranet | Geschützter Modus: Inaktiv
100%

Abbildung 27.10 Die von Ihrem Berichts-Generator erzeugte Berichtsdefinition, gerendert im Berichts-Manager

---

ACHTUNG Achten Sie unbedingt darauf, dass sowohl die Ordnerpfade im Dateisystem als auch auf dem Berichtsserver existieren. Sollte dies nicht der Fall sein, führt die Ausführung zu einem Fehler, da in diesem einfachen Beispiel die entsprechenden Ordner nicht automatisch angelegt werden

---

Im nächsten Kapitel erfahren Sie, wie Sie Abonnements im Berichtsserver erstellen und verwalten.

Kapitel 28

Berichte automatisch verteilen: Abonnements

In diesem Kapitel:

Abonnements sind sicherlich eines der interessantesten Features der SQL Server 2008 R2 Reporting Services. Sie ermöglichen es Ihnen, Berichte automatisch zu einem bestimmten Zeitpunkt oder als Reaktion auf ein Ereignis erstellen und verteilen zu lassen.

Wozu Abonnements? – Grundsätzliche Überlegungen

Bisher haben wir bedarfsgesteuerte Berichte betrachtet, also solche, bei denen der Benutzer aktiv das Erzeugen seines Berichts anstoßen und auf das Ergebnis warten musste. Das ist zwar eine sehr flexible und einfach zu administrierende Methode, aber es gibt viele Szenarien, in denen dieses Verfahren problematisch ist.

Sie sollten Abonnements einsetzen, wenn Sie in Ihrem Projekt Folgendes beobachten:

- Ihre Anwender beklagen sich, dass die Erstellung der Berichte zu lange dauert
- Andere Anwender beschweren sich, dass immer dann, wenn Ihre Berichte abgerufen werden, ihre Anwendung langsamer wird
- Ihre Anwender bemängeln, dass Berichte zu umfangreich sind, um sie im Browser vernünftig handhaben zu können
- Ihre Berichte werden kaum genutzt, weil Ihre Anwender keine Zeit finden, Berichte abzurufen

Diese Anwender können Sie ein bisschen glücklicher machen, wenn Sie ihnen Abonnements zur Verfügung stellen, denn diese entkoppeln den Vorgang der Berichtanforderung von der Berichterstellung und -auslieferung.

Wie funktioniert das? Vergleichen wir unsere Berichte mit einer altbekannten Form der Publikation, einer Zeitung zum Beispiel. Dann ist das, was wir bisher betrachtet haben – bedarfsgesteuerte Berichte – nichts anderes, als wenn jeder Zeitungsleser in die Redaktion geht, dort sagt, welche Themen er sich wünscht, wartet, bis seine Artikel geschrieben und gedruckt sind, um dann die fertige Zeitung mit nach Hause zu nehmen!

Das klingt nicht nur absurd, dieses Verfahren hat ganz konkret folgende Nachteile:

- Es wäre viel zu unbequem für die Leser
- Es führt zur Überlastung der Redaktion

Für dieses Zeitungsszenario kennen Sie die Lösung, es heißt »Abonnement«: Natürlich liegt die Zeitung jeden Morgen im Briefkasten eines Zeitungslesers! Und warum sollten es Ihre Anwender schlechter haben als Millionen von Zeitungsabonnenten in der Welt? Auch Ihre Anwender können Berichte abonnieren, sodass diese pünktlich zum gewünschten Zeitpunkt im Briefkasten landen – der bei uns »E-Mail-Postfach« oder »Dateifreigabe« heißt.

HINWEIS Die Auslieferung in E-Mail-Postfächer und auf Dateifreigaben sind keineswegs die einzigen Möglichkeiten – auch für die Abonnementauslieferung ist eine Programmierschnittstelle vorhanden.

Sie können also mit ein bisschen Programmierarbeit jede erdenkliche Form der Auslieferung umsetzen – selbst die in den Hausbriefkasten, sofern dieser per Programm angesteuert werden kann.

Nähere Informationen finden Sie in Kapitel 36.

Wenn Sie bei obiger kleiner Aufzählung der Nachteile der persönlichen Zeitungsabholung »Leser« durch »Anwender« und »Redaktion« durch »Server« ersetzen, haben Sie eine Liste der Nachteile der bedarfsgesteuerten Berichte, denn diese

- sind unbequem für Ihre Anwender, insbesondere wenn sie häufig dieselben Berichte abrufen müssen und/oder diese lange Zeit zur Erstellung brauchen
- führen leicht zur Überlastung Ihrer Server, insbesondere wenn
  - diese bereits mit anderen Aufgaben stark belastet sind
  - viele Anwender gleichzeitig große Berichte abrufen

Damit haben wir die Ursachen für die Probleme, die wir zu Beginn dieses Kapitels aufgelistet haben, ermittelt.

Nachdem Sie nun eine Vorstellung davon haben, was Abonnements im Allgemeinen leisten können, wollen wir im Folgenden ein wenig detaillierter die möglichen Anwendungsfelder von Berichtsabonnements betrachten.

Was leisten Abonnements? – Einsatzszenarien

Mit Berichtsabonnements können Sie die folgenden Szenarien abbilden:

- Automatisches Verteilen von Berichten an Benutzer in Ihrer Organisation per E-Mail oder Dateifreigabe:
  - Sie oder Ihre Anwender legen fest, wer wann welche Berichte auf welchem Weg und in welchem Format erhalten soll
  - Die Abonnentenliste muss nicht fest vorgegeben sein, sondern kann bei der Abonnementverteilung dynamisch ermittelt werden, typischerweise durch eine Abfrage auf eine Datenbanktabelle
  - Typische Beispiele sind das Verteilen der aktuellen Telefonliste, der Top 10 der besten Verkäufer oder der Quartalszahlen an die Abteilungsleiter
- Offloadberichtsverteilung:
  - Ihre Benutzer können auswählen, welche Berichte sie verwenden und wann sie diese erhalten möchten – und müssen so nicht mehr auf die Ausführung warten
  - Auf diesem Weg lässt sich auch der Server entlasten, da die Berichterstellung in Zeiten geringer Auslastung durchgeführt werden kann
  - Typische Anwendungsfälle für die Offloadberichtsverteilung liegen also vor, wenn die Kapazität Ihres Servers nicht ausreicht oder die Performance nicht zufriedenstellend ist. Lang laufende Abfragen, umfangreiche Berichte oder eine große Zahl von Anwendern, die zur gleichen Zeit Daten abrufen möchten, könnten eine Ursache dafür sein.
- Offlineanzeige von Berichten:
  - Berichte werden im PDF- oder Webarchivformat abonniert, wenn entweder die betreffenden Anwender zeitweise nicht mit dem Berichtsserver verbunden sind oder wenn die Archivierung eines Berichts von Bedeutung ist
  - Typische Anwendungsfälle sind Kennzahlenberichte für Vertriebsmitarbeiter, für die es ein Vorteil ist, wenn sie die erforderlichen Berichte ohne Anbindung an das Firmennetzwerk zur Verfügung gestellt bekommen. Des Weiteren könnten es Buchhaltungsdaten sein, für die der Gesetzgeber eine Archivierung vorschreibt.
- Erstellen von Sicherungskopien von Berichten mithilfe einer Dateifreigabe:
  - Berichte, die Sie sichern müssen, können auf einer Dateifreigabe abgelegt werden, von der in regelmäßigen Abständen eine Sicherungskopie angefertigt wird

- Ablegen großer Berichte direkt im gewünschten Format ohne Umweg über den Browser:
  - Für die Arbeit mit größeren Berichten sind Desktopanwendungen wie z.B. Microsoft Excel besser geeignet als ein Browser. Mit der Hilfe von Abonnements lassen sich die Berichte direkt im gewünschten Format auf einer Dateifreigabe ohne Umweg über den Browser ablegen.
- Anpassen der Berichtsausgabe für einzelne Benutzer, ohne dass die Benutzer diese Anpassungen bei jedem Abruf erneut vornehmen müssen:
  - Mit datengesteuerten Abonnements können Sie die Berichtsausgabe, Übermittlungsoptionen und Berichtsparametereinstellungen zur Laufzeit anpassen
  - Das Abonnement ruft zur Laufzeit mithilfe einer SQL-Abfrage Eingabewerte aus einer Datenquelle ab

Wenn eines der aufgelisteten Szenarien Ähnlichkeiten mit Ihren Anforderungen hat, sollten Sie versuchen, diese mithilfe der Anleitungen in den folgenden Abschnitten umzusetzen.

Eines für alle: Standardabonnement erstellen

Zunächst werden Sie ein einfaches Standardabonnement auf einer Dateifreigabe erstellen. Ein solches reicht vollkommen aus, wenn alle Anwender jeweils auf denselben, stets auf dem neuesten Stand gehaltenen Bericht zugreifen sollen, der in einem zentralen Ordner abgelegt ist. Ein typisches Beispiel hierfür sind unternehmensweite Telefonlisten oder - wie in unserem Beispiel – ein Überblick über die Verkäufe des Unternehmens:

1. Starten Sie den Berichts-Manager, indem Sie in der Adressleiste des Browsers die URL *http://<Ihr Webservername>/reports* eingeben und bestätigen.
2. Wählen Sie einen Ordner aus, z.B. *AdventureWorks 2008R2*.

HINWEIS Wenn im Berichts-Manager keine Berichte angezeigt werden, sondern der Hinweis *'Stamm' enthält keine Elemente* erscheint, müssen Sie zuvor entweder eigene Berichte erstellen, wie in Teil B dieses Buchs beschrieben, oder die mitgelieferten Beispielberichte *AdventureWorks 2008 R2* installieren. Dies geschieht nicht etwa automatisch bei der Installation der Reporting Services, sondern es muss manuell erfolgen. Eine Anleitung hierfür finden Sie in Kapitel 6.

3. Klicken Sie auf den Pfeil rechts neben den Namen des Berichts, für den Sie ein Abonnement erstellen möchten, z.B. *Sales_By_Region_2008R2*, und wählen Sie den Menübefehl *Verwalten*.
4. Holen Sie die Registerkarte *Abonnements* in den Vordergrund.
5. Klicken Sie auf die Schaltfläche *Neues Abonnement*. Sie gelangen zur Seite *Optionen für die Berichtsübermittlung/Abonnementverwaltung* (siehe Abbildung 28.2, wobei die Anzeige in Abhängigkeit von den auf Ihrem Rechner installierten Erweiterungen abweichen kann).

ACHTUNG Sie können Abonnements nur für Berichte erstellen, die unbeaufsichtigt ausgeführt werden dürfen, d.h. Berichte, die gespeicherte oder keine Anmeldeinformationen verwenden. Diese Einschränkung ist kein fehlendes Feature, sondern konzeptionell bedingt, denn Sie verwenden Abonnements ja genau dann, wenn Sie Berichte *ohne* Benutzerinteraktion verteilen möchten. Zum Zeitpunkt der Ausführung des Berichts gibt es also keinen Benutzer, und daher können Sie nicht auf dessen Anmeldeinformationen zurückgreifen!

Sollte der von Ihnen ausgewählte Bericht nicht unbeaufsichtigt ausgeführt werden dürfen, erhalten Sie an dieser Stelle die Fehlermeldung angezeigt (Abbildung 28.1).

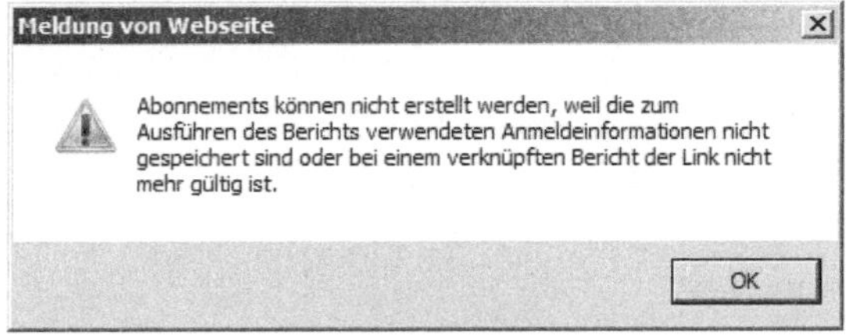

Abbildung 28.1 Fehlermeldung, die darauf hindeutet, dass Bericht nicht unbeaufsichtigt ausgeführt werden darf

Sollten Sie diese Fehlermeldung erhalten, versuchen Sie, die Anmeldeinformationen so abzuändern, dass der Bericht unbeaufsichtigt ausgeführt werden kann.

Für die mitgelieferten Beispielberichte können Sie dies auf die Schnelle erreichen, indem Sie den Link *AdventureWorks 2008R2* wählen, dort auf den Pfeil rechts neben den Namen des Berichts *Sales_By_Region_2008R2* klicken und den Menübefehl *Verwalten* wählen. Anschließend auf *Datenquellen* klicken und unter *Eine benutzerdefinierte Datenquelle* die Option *Anmeldeinformationen, die sicher auf dem Berichtsserver gespeichert sind* selektieren und die SQL Server-Benutzerkennung eingeben, z.B. als Benutzername *sa* mitsamt zugehörigem Kennwort.

Diese zugegebenermaßen sehr rustikale Konfiguration ist nur für die Arbeit mit Beispieldaten auf einem abgeschotteten Entwicklungsserver vertretbar! Wie Sie Datenquellen und andere sicherheitsrelevante Einstellungen praxistauglich vornehmen, erfahren Sie in Kapitel 21.

6. Wählen Sie im Listenfeld *Übermittelt von* den Eintrag *Windows-Dateifreigabe* aus. Es erscheint die Eingabemaske, die Sie in Abbildung 28.2 sehen.
7. Sofern gewünscht, ändern Sie den Eintrag neben *Dateiname*. Dies ist der Name, unter dem Ihr Bericht abgespeichert wird.
8. Geben Sie unter *Pfad* den Ort der Dateifreigabe an, auf dem Ihr Bericht gespeichert werden soll.

HINWEIS Sie müssen an dieser Stelle zwingend die UNC-Schreibweise verwenden, also z.B. *<Ihr Rechnername>**<Ihre Freigabe>*. Lokale Pfade können nicht direkt angegeben werden, sondern nur über den Umweg einer Dateifreigabe auf derselben Maschine, also z.B. *localhost\c$\MSBuch RS2k8R2* anstelle von *C:\MSBuch RS2k8R2*.

9. Wählen Sie im Listenfeld *Renderformat* nach Belieben ein Format aus, in dem der Bericht gerendert werden soll. Nähere Informationen zu Renderformaten finden Sie in Kapitel 24.
10. Tragen Sie in *Benutzername* und *Kennwort* die Anmeldeinformationen für den Zugriff auf die Dateifreigabe ein.

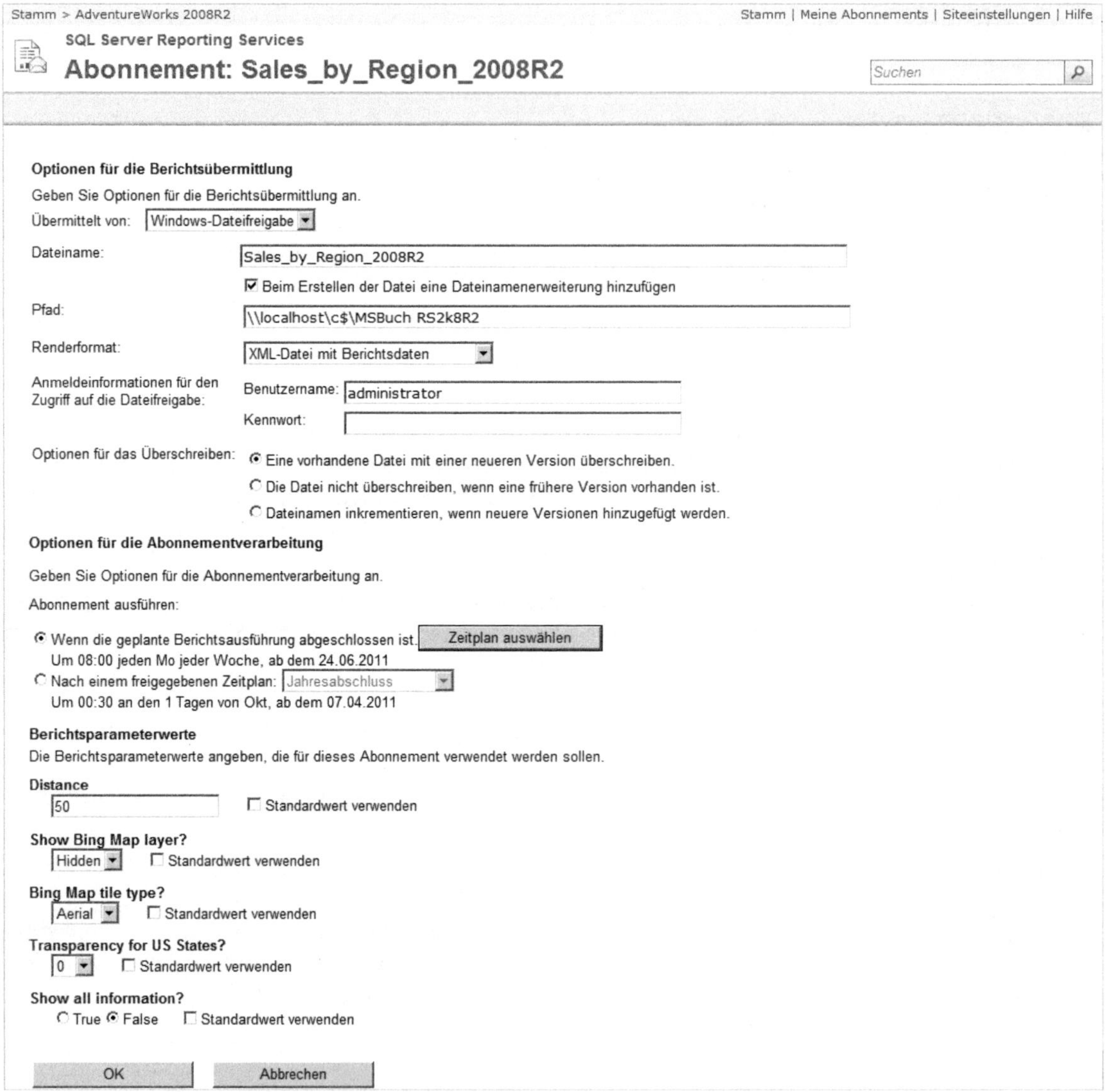

Stamm > AdventureWorks 2008R2
Stamm | Meine Abonnements | Siteeinstellungen | Hilfe
SQL Server Reporting Services
Abonnement: Sales_by_Region_2008R2
Suchen

Optionen für die Berichtsübermittlung
Geben Sie Optionen für die Berichtsübermittlung an.
Übermittelt von: Windows-Dateifreigabe
Dateiname: Sales_by_Region_2008R2
Beim Erstellen der Datei eine Dateinamenerweiterung hinzufügen
Pfad: \\localhost\c$\MSBuch RS2k8R2
Renderformat: XML-Datei mit Berichtsdaten
Anmeldeinformationen für den Zugriff auf die Dateifreigabe: Benutzername: administrator
Kennwort:
Optionen für das Überschreiben: Eine vorhandene Datei mit einer neueren Version überschreiben.
Die Datei nicht überschreiben, wenn eine frühere Version vorhanden ist.
Dateinamen inkrementieren, wenn neuere Versionen hinzugefügt werden.

Optionen für die Abonnementverarbeitung
Geben Sie Optionen für die Abonnementverarbeitung an.
Abonnement ausführen:
Wenn die geplante Berichtsausführung abgeschlossen ist. Zeitplan auswählen
Um 08:00 jeden Mo jeder Woche, ab dem 24.06.2011
Nach einem freigegebenen Zeitplan: Jahresabschluss
Um 00:30 an den 1 Tagen von Okt, ab dem 07.04.2011

Berichtsparameterwerte
Die Berichtsparameterwerte angeben, die für dieses Abonnement verwendet werden sollen.
Distance
50 Standardwert verwenden
Show Bing Map layer?
Hidden Standardwert verwenden
Bing Map tile type?
Aerial Standardwert verwenden
Transparency for US States?
0 Standardwert verwenden
Show all information?
True False Standardwert verwenden
OK Abbrechen

Abbildung 28.2 Konfigurieren Sie hier Ihr Standardabonnement auf einer Windows-Dateifreigabe

11. Wählen Sie nach Belieben eine *Option für das Überschreiben* aus, wie in Tabelle 28.1 beschrieben.

Option	Auswirkung
Eine vorhandene Datei mit einer neueren Version überschreiben	Es ist immer nur die letzte Version des Berichts verfügbar, das Ergebnis von vorhergehenden Ausführungen bleibt nicht erhalten. Die am häufigsten verwendete Option.
Die Datei nicht überschreiben, wenn eine frühere Version vorhanden ist	Der neue Bericht wird nicht gespeichert, sofern noch eine alte Version auf der Dateifreigabe vorhanden ist. Dies macht nur dann Sinn, wenn es z.B. in einer anderen Anwendung eine Weiterverarbeitung des erzeugten Berichts gibt, an deren Ende der Bericht gelöscht wird. Diese Option ist auch dann nur sinnvoll, wenn es wichtiger ist, jeden Bericht zu verarbeiten, als die neueste Version des Berichts zu haben. Eine eher selten verwendete Option.
Dateinamen inkrementieren, wenn neuere Versionen hinzugefügt werden	Falls es auf der Dateifreigabe bereits einen Bericht mit diesem Namen gibt, wird eine »1« an den Dateinamen der neuen Berichtsdatei angehängt, wenn auch dieser Name bereits vergeben ist, eine »2« usw. Verwenden Sie diese Option, wenn es wichtig ist, dass Berichte von vorhergehenden Abonnementdurchläufen erhalten bleiben.

Tabelle 28.1 Optionen für den Umgang mit Berichten, die bei früheren Abonnementausführungen generiert wurden

12. Für die Zeitplanung stehen Ihnen die in Tabelle 28.2 aufgeführten Optionen zur Verfügung. Sofern gewünscht, ändern Sie den Zeitplan, indem Sie auf die Schaltfläche *Zeitplan auswählen* klicken und in der daraufhin angezeigten Seite *Zeitplan* (Abbildung 28.3) die gewünschten Ausführungszeiten eintragen und mit *OK* bestätigen.

Option	Erklärung
Wenn die geplante Berichtsausführung abgeschlossen ist	Das Abonnement wird nach dem Zeitplan ausgeführt, der an dieser Stelle ausgewiesen ist
Nach einem freigegebenen Zeitplan	Das Abonnement wird nach einem Zeitplan ausgeführt, der freigegeben und damit auch an anderer Stelle verwendet werden kann. Weitere Informationen erhalten Sie in Kapitel 25.

Tabelle 28.2 Wählen Sie hier, ob Ihr Berichtsabonnement nach einem eigenen oder einem freigegeben Zeitplan ausgeführt werden soll

13. Behalten Sie die Voreinstellungen im Bereich *Berichtsparameterwerte* unverändert bei.
14. Mit *OK* gelangen Sie wieder zur Registerkarte *Abonnements*, auf der nun das soeben erstellte Abonnement angezeigt wird.

ACHTUNG Sollten Sie in Schritt 14 eine Fehlermeldung erhalten, liegt dies mit hoher Wahrscheinlichkeit daran, dass der SQL Server Agent, der für die Verwaltung der Zeitpläne zuständig ist, nicht gestartet ist. Holen Sie dies nach, indem Sie *Start/Alle Programme/Microsoft SQL Server 2008R2/Konfigurationstools/SQL Server-Konfigurations-Manager* wählen und in dem Dialogfeld in der Liste *SQL Server Dienste* die Auswahl *SQL Server Agent (MSSQLSERVER)* treffen und mit rechter Maustaste im folgenden Kontextmenü auf *Starten* klicken.

Wenn Sie diesen Vorgang nicht nach jedem Systemstart wiederholen möchten, sollten Sie die Eigenschaften des Dienstes SQL Server-Agent öffnen, indem Sie mit der rechten Maustaste im Kontextmenü diesmal auf *Eigenschaften* klicken. Im folgenden Dialogfeld *Eigenschaften von SQL Server-Agent (MSSQLSERVER)* wählen Sie oben den Registerreiter *Dienst* aus und stellen anschließend als Startmodus *Automatisch* ein. Bestätigen Sie Ihre Eingabe mit *Übernehmen* und schließen Sie das Dialogfeld.

Sobald in der Spalte *Status* der Text *Wird ausgeführt* angezeigt wird, können Sie das Fenster schließen.

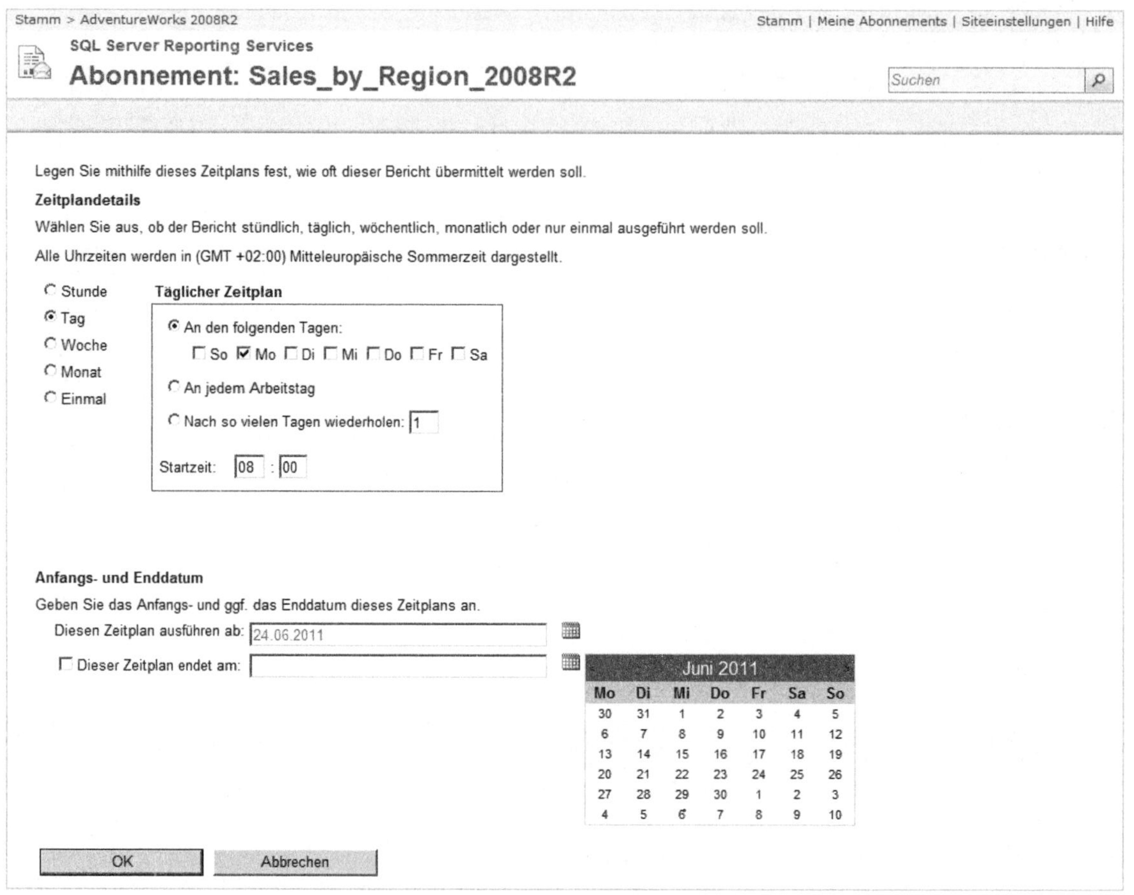

Abbildung 28.3 Tragen Sie hier ein, wann Ihr Abonnement ausgeführt werden soll

15. Warten Sie, bis die Systemzeit des Servers die Uhrzeit erreicht hat, für die Sie die Berichtsausführung in Schritt 12 konfiguriert haben. Aktualisieren Sie nun so lange die Ansicht durch wiederholtes Drücken der [F5]-Taste im Internet Explorer, bis die Spalte *Zuletzt ausgeführt* mit Datum und Uhrzeit ausgefüllt ist.
16. Öffnen Sie mit der Tastenkombination [⊞]+[E] den Windows-Explorer und navigieren Sie zu jener Dateifreigabe, die Sie in Schritt 8 zur Ablage des Berichts konfiguriert haben. Vergewissern Sie sich, dass der Bericht unter dem in Schritt 7 erstellten Dateinamen in dem in Schritt 9 konfigurierten Format vorliegt.

Damit haben Sie Ihr erstes Standardabonnement erfolgreich erstellt.

Sie können Ihr Abonnement jederzeit ändern, indem Sie die Schritte 1 bis 4 wiederholen, in der Zeile des betreffenden Abonnements den Link *Bearbeiten* anklicken und dann bei Schritt 6 fortfahren.

Der in diesem Abschnitt verwendete Abonnementtyp ist vergleichsweise statisch. Sehr bald werden Sie und Ihre Anwender mehr Flexibilität und Individualität wünschen, die Sie mit einem datengesteuerten Abonnement leicht erreichen können.

Individuell für jeden Benutzer: datengesteuerte Abonnements erstellen

Immer wenn es darum geht, individuelle Berichte zu erstellen, die für jeden Benutzer anders aussehen, benötigen Sie ein datengesteuertes Abonnement. Dieses wird mit Daten aus einer Datenbanktabelle gespeist – jeder Datensatz ergibt einen Bericht. Sie können so die Berichtsparameter setzen und die Auslieferung steuern und zwar nicht nur für die Ablage in einem individuellen Ordner, sondern auch für die Auslieferung per E-Mail. Durch die offene Übermittlungsschnittstelle ist es darüber hinaus möglich, Übermittlungserweiterungen von Drittherstellern zu beziehen oder sogar selbst zu programmieren. Nähere Informationen hierzu finden Sie in Kapitel 36.

Stellen Sie sich zum Beispiel vor, Sie möchten Ihre Vertriebsmitarbeiter täglich individuell über deren persönliche Verkaufszahlen informieren. Diese Aufgabe lässt sich mit Standardabonnements, wie wir sie im vorigen Abschnitt kennengelernt haben, nur mit hohem Aufwand lösen, denn Sie müssten für jeden Vertriebsmitarbeiter ein eigenes Standardabonnement erstellen. Sehr viel einfacher geht es mithilfe eines datengesteuerten Abonnements: Mit einem solchen können Sie denselben Bericht mehrfach, aber mit jeweils unterschiedlichen Parametern und mit individuellen Zustellungszielen ausführen.

Zunächst werden Sie die Berichte auf einer Freigabe ablegen, im zweiten Beispiel per E-Mail zustellen.

Regelmäßig frisch im Basisordner: datengesteuerter Bericht auf Dateifreigabe

In diesem Beispiel werden Sie ein Abonnement erstellen, das pro Ausführung mehrere Berichte generiert und auf einer Dateifreigabe ablegt. Gesteuert wird es über eine SQL-Abfrage. Für jede Zeile, die diese Abfrage liefert, wird pro Abonnementdurchlauf ein Bericht erzeugt. Parameter und Zielordner des jeweiligen Berichts werden über die Spalten der Abfrage festgelegt.

Konkret werden Sie ein datengesteuertes Abonnement erstellen, das jedem Vertriebsmitarbeiter seinen aktuellen Vertriebsbericht in seinem Basisordner hinterlegt.

Als Bericht werden Sie den *Store_Contacts_2008R2* aus den mitgelieferten *AdventureWorks 2008R2* verwenden. Die Berichtsparameter, mit denen Sie dafür sorgen, dass jeder Vertriebsmitarbeiter nur seine eigenen Verkaufszahlen sieht sowie den Pfad zu seinen Basisordner, werden Sie über eine kleine SQL-Abfrage ermitteln, die auf der mitgelieferten Beispieldatenbank *AdventureWorks2008R2* ausgeführt wird.

1. Wählen Sie im Berichts-Manager den Bericht *Store_Contacts_2008R2* und holen Sie die Registerkarte *Abonnements* in den Vordergrund, wie im vorigen Abschnitt in Schritt 1 bis 4 beschrieben.
2. Klicken Sie auf *Neues datengesteuertes Abonnement.* Sie gelangen zur Seite *Schritt 1* (Abbildung 28.4), in der Sie die ersten Grundeinstellungen vornehmen.

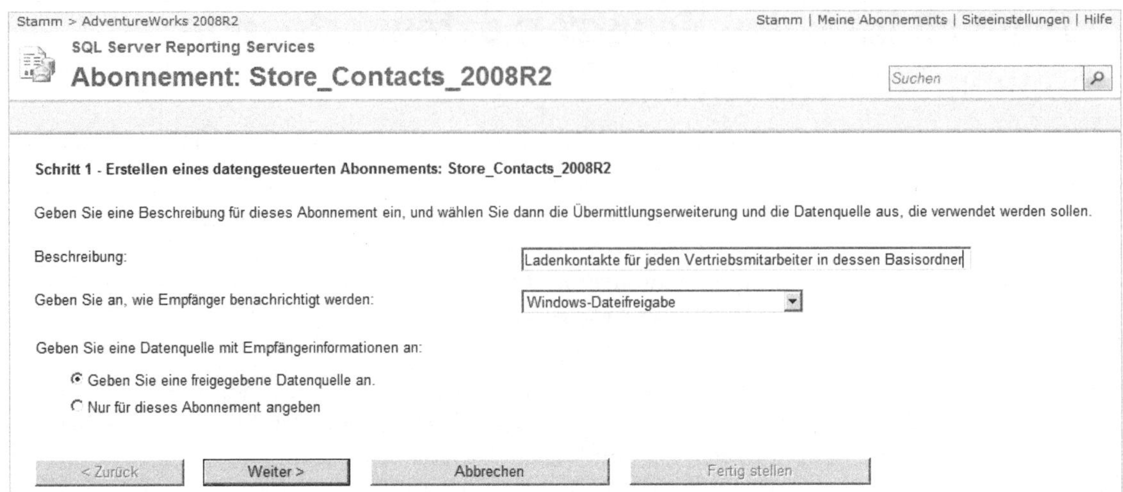

Abbildung 28.4 Wählen Sie in Schritt 1 den Namen und die steuernde Datenquelle aus

3. Geben Sie im Textfeld *Beschreibung* den Text *Ladenkontakte für jeden Vertriebsmitarbeiter in dessen Basisordner* ein. Dies ist der Name, mit dem das Abonnement im Berichts-Manager angezeigt werden wird.
4. Mit der Auswahl im Listenfeld *Geben Sie an, wie Empfänger benachrichtigt werden* treffen Sie die zentrale Entscheidung, welche der in Tabelle 28.3 näher erläuterten Übermittlungserweiterungen verwendet werden soll. Wählen Sie hier *Windows-Dateifreigabe.*

Auswahl	Erklärung
Windows-Dateifreigabe	Legt die erzeugten Berichte auf einer Dateifreigabe ab. Diese Arbeit mit dieser Übermittlungserweiterung wird in diesem Abschnitt detailliert beschrieben.
Berichtsserver-E-Mail	Versendet die erzeugten Berichte per E-Mail. Diese Übermittlungserweiterung wird im folgenden Abschnitt detailliert beschrieben.
NULL-Übermittlungsanbieter	Verarbeitet die generierten Berichte nicht weiter. Diese Einstellung ist für Testzwecke vorgesehen.
{Namen von Selbstprogrammierte Übermittlungserweiterungen} bzw. *{Namen von Übermittlungserweiterungen von Drittherstellern}*	Sofern Sie eigene Übermittlungserweiterungen implementiert haben, wie in Kapitel 36 beschrieben, oder von Drittherstellen solche hinzugekauft haben, werden diese hier angezeigt.

Tabelle 28.3 Wählen Sie hier aus, wie die Berichte übermittelt werden sollen

5. Da Sie die Daten für die Abonnementzustellung aus derselben Datenbank wie die Berichtsdaten holen, können Sie unter *Geben Sie eine Datenquelle mit Empfängerinformation an* die Option *Geben Sie eine freigegebene Datenquelle an* wählen.

TIPP Alternativ können Sie in Schritt 5 auch *Nur für dieses Abonnement angeben* wählen, wodurch Sie mit *Weiter* zur Seite *Schritt 2* gelangen, die aussieht wie in Abbildung 28.5. Geben Sie dort die Verbindungsinformationen zu einer anderen Datenquelle an (nähere Informationen hierzu finden Sie in Kapitel 21), und fahren Sie dann mit Schritt 7 fort.

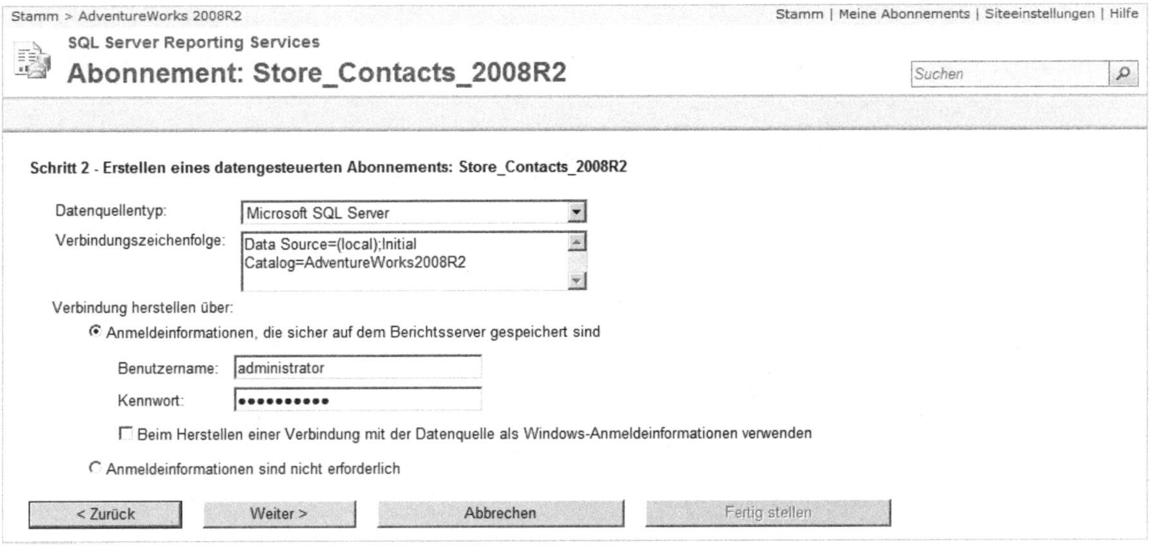

Stamm > AdventureWorks 2008R2 Stamm | Meine Abonnements | Siteeinstellungen | Hilfe

SQL Server Reporting Services

Abonnement: Store_Contacts_2008R2

Suchen

Schritt 2 - Erstellen eines datengesteuerten Abonnements: Store_Contacts_2008R2

Datenquellentyp: Microsoft SQL Server

Verbindungszeichenfolge: Data Source=(local);Initial Catalog=AdventureWorks2008R2

Verbindung herstellen über:

Anmeldeinformationen, die sicher auf dem Berichtsserver gespeichert sind

Benutzername: administrator

Kennwort: ●●●●●●●●●●

Beim Herstellen einer Verbindung mit der Datenquelle als Windows-Anmeldeinformationen verwenden

Anmeldeinformationen sind nicht erforderlich

< Zurück | Weiter > | Abbrechen | Fertig stellen

Abbildung 28.5 Konfigurieren Sie hier eine abonnementeigene Datenquelle

6. Mit *Weiter* gelangen Sie zur Seite *Schritt 2* (Abbildung 28.6). Tragen Sie dort entweder per Tastatur oder durch Klicken auf die Strukturansicht neben *Speicherort* den Text */AdventureWorks 2008R2/Data Sources/AdventureWorks2008R2* ein.

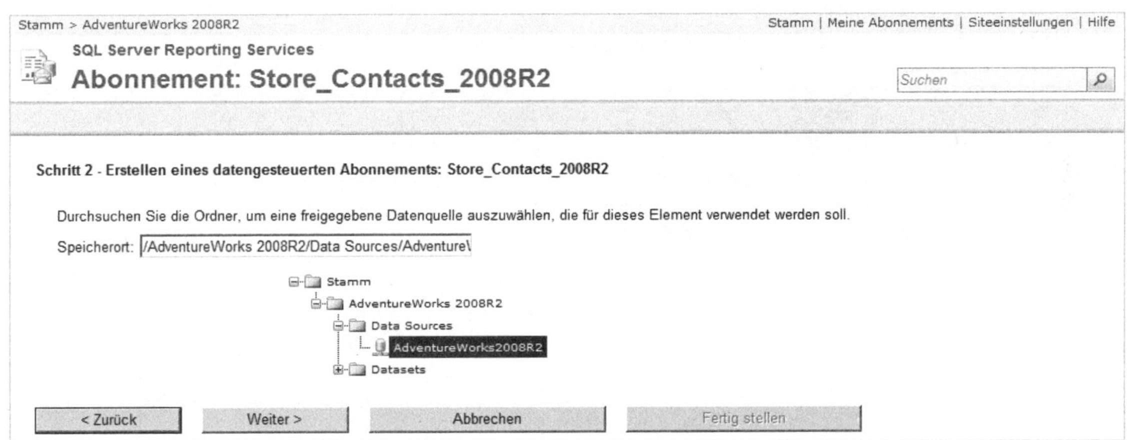

Abbildung 28.6 Konfigurieren Sie Ihr Abonnement auf die Verwendung einer freigegebenen Datenquelle

7. Mit *Weiter* gelangen Sie auf die Seite *Schritt 3* (Abbildung 28.7), wo Sie die Datenbankabfrage spezifizieren, wie in Tabelle 28.4 erläutert. Tragen Sie die in der Spalte *Beispiel* angegebenen Werte ein.

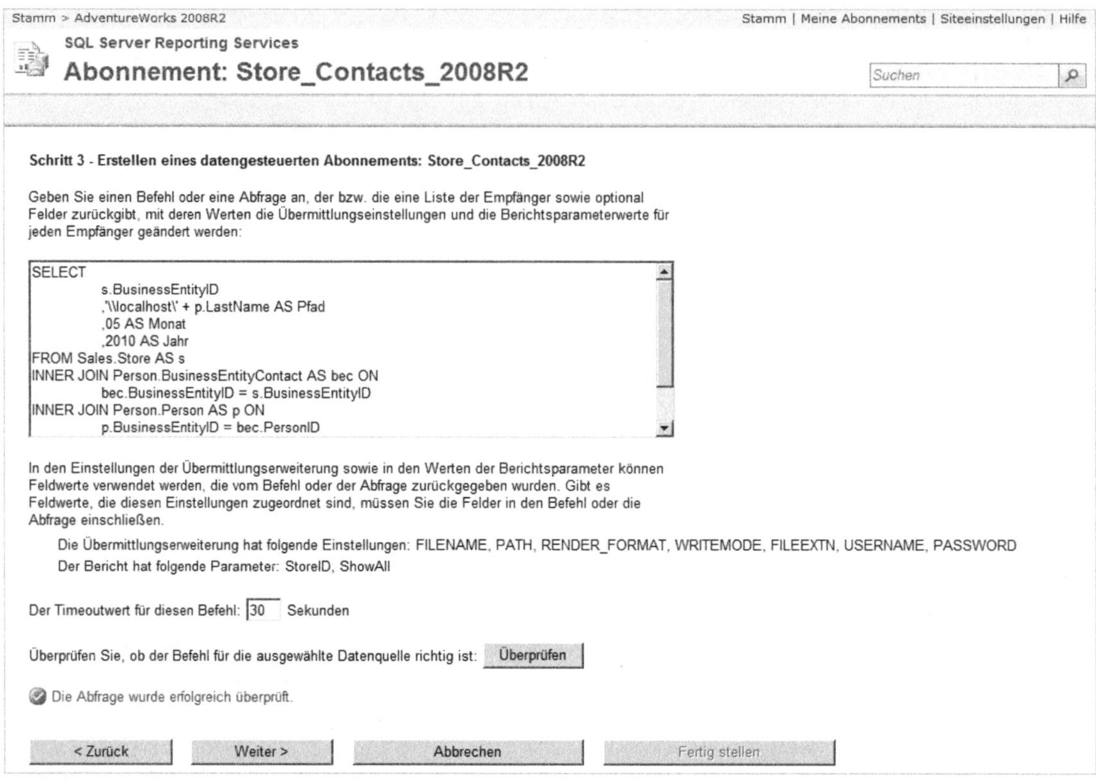

Abbildung 28.7 Konfigurieren Sie hier die SQL-Abfrage, mit der Ihr Abonnement gesteuert wird

Feld	Erklärung	Im Beispiel
Geben Sie einen Befehl oder eine Abfrage an	SQL-Abfrage, mit der die Felder zurückgegeben werden, die für jeden Empfänger abweichend sind. Typischerweise sind dies Empfängerdaten, Zielpfade, Dateinamen und Parameterwerte.	SELECT s.BusinessEntityID ,bec.PersonID ,'\\localhost\' + p.LastName AS Pfad ,05 AS Monat ,2010 AS Jahr FROM Sales.Store AS s INNER JOIN Person.BusinessEntityContact AS bec ON bec.BusinessEntityID = s.BusinessEntityID INNER JOIN Person.Person AS p ON p.BusinessEntityID = bec.PersonID WHERE s.BusinessEntityID = 644 ORDER BY s.BusinessEntityID, p.LastName, p.FirstName
Die Übermittlungs-erweiterung hat folgende Einstellungen	Hier werden die Felder, denen Sie die mit der Abfrage Werte zuweisen können, angezeigt. Die Auflistung ist abhängig von der Übermittlungserweiterung – in unserem Beispiel finden Sie hier die Einstellungen der Berichtsserver-Dateifreigabe aufgelistet.	FILENAME, FILEEXTN, PATH, RENDER_FORMAT, USERNAME, PASSWORD, WRITEMODE (nicht änderbar)

Tabelle 28.4 Felder der Seite *Schritt 3*: Spezifikation der abonnementsteuernden Abfrage

Feld	Erklärung	Im Beispiel
Der Bericht hat folgende Parameter	Die Parameter des zuvor ausgewählten Berichts, in unserem Beispiel die von *Store_Contacts_2008R2*. Mehr Informationen zum Thema Parameter finden Sie in Kapitel 14.	StoreID, ShowAll (hier nicht änderbar)
Der Timeoutwert für diesen Befehl	Zeit (in Sekunden), die die Reporting Services auf eine Antwort der Datenbank warten. Sollte Ihre SQL-Abfrage sehr viele Daten zurückgeben und/ oder sehr lang laufen, sollten Sie diesen Wert erhöhen.	30 (Standardwert)

Tabelle 28.4 Felder der Seite *Schritt 3*: Spezifikation der abonnementsteuernden Abfrage *(Fortsetzung)*

HINWEIS Mit der SQL-Abfrage in Tabelle 28.4 werden aus der Mitarbeitertabelle drei spezielle Mitarbeiter mit Ihrer ID, die wir als Parameter für unseren Bericht benötigen, sowie den Pfad Ihres Basisordners ermittelt. Dieser Pfad ist eine Freigabe auf Ihrem Rechner, deren Name identisch ist mit dem Nachnamen des betreffenden Mitarbeiters.

Die Beschränkung auf die ersten drei Mitarbeiter erfolgt nur, um das Beispiel zu vereinfachen und kann durch Weglassen von *TOP 3* aufgehoben werden.

Die Spalten *Monat* und *Jahr* sollten in der Praxis selbstverständlich vom aktuellen Tagesdatum abgeleitet werden, etwa mit ..., *Monat = month(getdate()), Jahr = year(getdate()) FROM* ..., um den Monat und das Jahr des aktuellen Tagesdatums zu verwenden. In diesem Beispiel wurde hierauf verzichtet, da es durch das zuvor erforderliche Einfügen von Verkaufsdaten zum Tagesdatum unnötig kompliziert geworden wäre.

8. Nach einem Klick auf *Überprüfen* sollten unterhalb dieser Schaltfläche die Meldung *Die Abfrage wurde erfolgreich überprüft* angezeigt werden. Andernfalls sollten Sie insbesondere überprüfen, ob Sie im vorigen Schritt die SQL-Abfrage korrekt eingegeben haben.

TIPP Optional können Sie, um Ergebnisse von SQL-Abfragen wie der in Tabelle 28.4 vorab einzusehen und ggf. zu korrigieren, diese im SQL Server Management Studio neu erstellen oder ähnliche aus einem anderen Dataset in die Zwischenablage kopieren und diese dort ausführen.

1. Wählen Sie ggf. ein Dataset mit einer ähnlichen Abfrage und kopieren die das SQL Statement.
2. Öffnen Sie dazu das SQL Server Management Studio über *Start/Alle Programme/Microsoft SQL Server 2008R2/SQL Server Management Studio.*
3. Im Dialog *Verbindung mit Server herstellen* wählen Sie für *Servertyp* das *Datenbankmobul* und geben für *Servername* den entsprechenden Namen ein, z.B. localhost.
4. Links im Objekt-Explorer die Datenbank *AdventureWorks2008R2* auswählen.
5. Ein neues Abfragefenster mit `Alt`+`N` öffnen.
6. Entweder schreiben Sie die SQL-Abfrage aus der Tabelle 28.4 ab oder fügen eine ähnliche Abfrage aus der Zwischenablage ein und passen dieses an.
7. Mit `Strg`+`E` ausführen.

Dann erhalten Sie das in Abbildung 28.8 gezeigte Ergebnis.

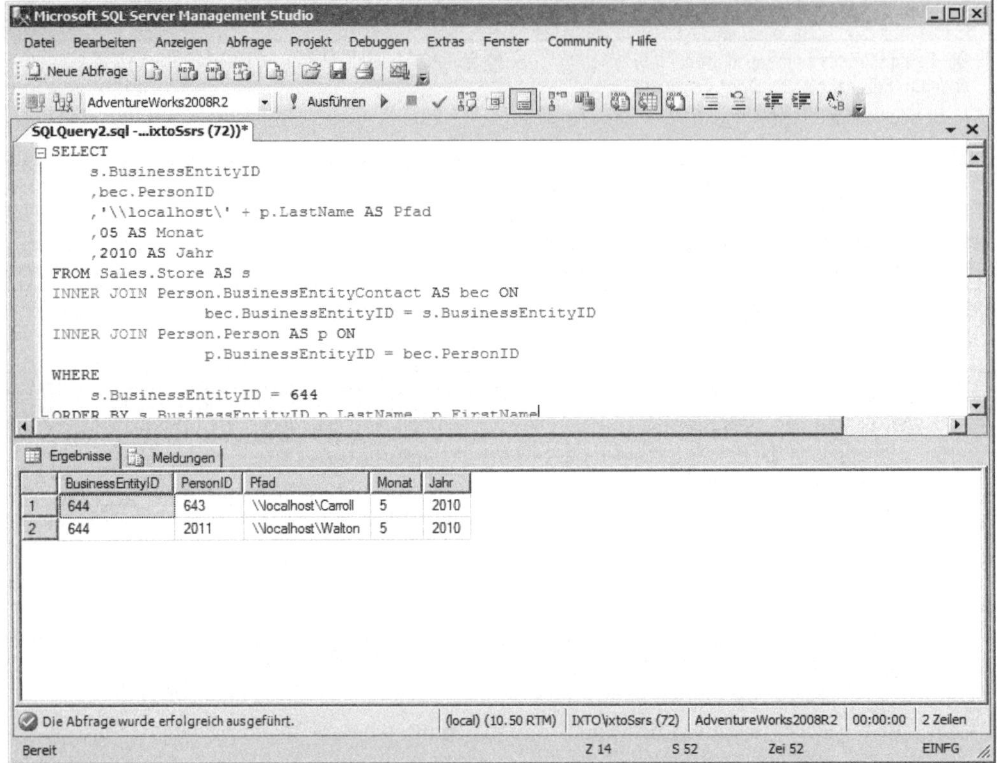

Abbildung 28.8 Mit dem SQL Server Management Studio überprüfen Sie die Ergebnisse von SQL-Abfragen

8. Um die Basisordner unserer Vertriebsmitarbeiter zu simulieren, richten Sie mithilfe des Windows-Explorers in einem beliebigen Ordner zwei Unterordner mit den Namen der ersten zwei Mitarbeiter ein, die Sie unter demselben Namen mit Schreibberechtigung freigeben. Einen Vorschlag finden Sie im folgenden Tipp.

TIPP Zur Einrichtung der Freigabe legen Sie mithilfe des Windows-Explorers nacheinander die in Tabelle 28.5 gezeigten Ordner an und wählen jeweils aus deren Kontextmenü den Eintrag *Freigeben für/Bestimmte Personen?*. Im Dialog *Datenfreigabe* fügen Sie durch Eingabe der Benutzerkonten und mit Klick auf *Hinzufügen* die entsprechenden Mitarbeiter hinzu sowie den Benutzer, mit dessen Rechten die Reporting Services auf die Freigabe zugreifen sollen. Bestätigen Sie den Dialog mit *Freigabe* und anschließend mit *Fertig*.

Anzulegende Ordner	Freigeben als
C:\Basisordner\Carrol	*Carrol*
C:\Basisordner\Walton	*Walton*

Tabelle 28.5 Mit diesen Ordnern und Freigaben simulieren Sie die Basisordner Ihrer Vertriebsmitarbeiter

Solange Sie auf einem abgeschotteten Entwicklungsrechner ausschließlich mit Beispieldaten arbeiten, ist es vertretbar, dem Benutzer *Jeder* – und damit allen Nutzern – Schreibberechtigung zu geben. In einer Produktivumgebung ist jedoch ein ausgefeiltes Active Directory-Sicherheitskonzept erforderlich, das Sie mit Ihrem Administrator ausarbeiten oder mithilfe entsprechender Fachliteratur entwickeln sollten.

9. Mit *Weiter* gelangen Sie zu der in Abbildung 28.9 dargestellten Seite *Schritt 4*, auf der Sie festlegen, mit welchen Feldern aus der zuvor eingegebenem SQL-Abfrage Sie was steuern wollen, wobei Sie für jedes Steuerfeld einzeln entscheiden können, ob es für alle Berichte gleich oder aus der Abfrage befüllt werden soll, wie in Tabelle 28.6 erläutert. Tragen Sie die in Tabelle 28.7 rechts angegebenen Werte ein.

Option	Erklärung
Geben Sie einen statischen Wert an	Für alle Berichte wird derselbe Wert, den Sie im jeweils dahinter stehenden Textfeld eintragen, verwendet. Verwenden Sie diese Option, wenn Sie den betreffenden Wert innerhalb eines Abonnements nicht variieren wollen.
Rufen Sie einen Wert aus der Datenbank ab	Für jeden Bericht wird der Wert aus der steuernden Datenbankabfrage verwendet, den Sie in der jeweils dahinter stehenden Liste auswählen. Diese enthält alle Felder, die die im vorhergehenden Schritt eingegebene SQL-Abfrage zurückgibt. Verwenden Sie diese Option, wenn der betreffende Wert nicht in jedem Bericht des Abonnements identisch sein soll.
Kein Wert	Das betreffende Feld bleibt unausgefüllt. Diese Option wird nur dort angeboten, wo ein unausgefüllter Wert zugelassen ist.

Tabelle 28.6 Diese Optionen stehen Ihnen für die Steuerung Ihres Abonnements zur Auswahl

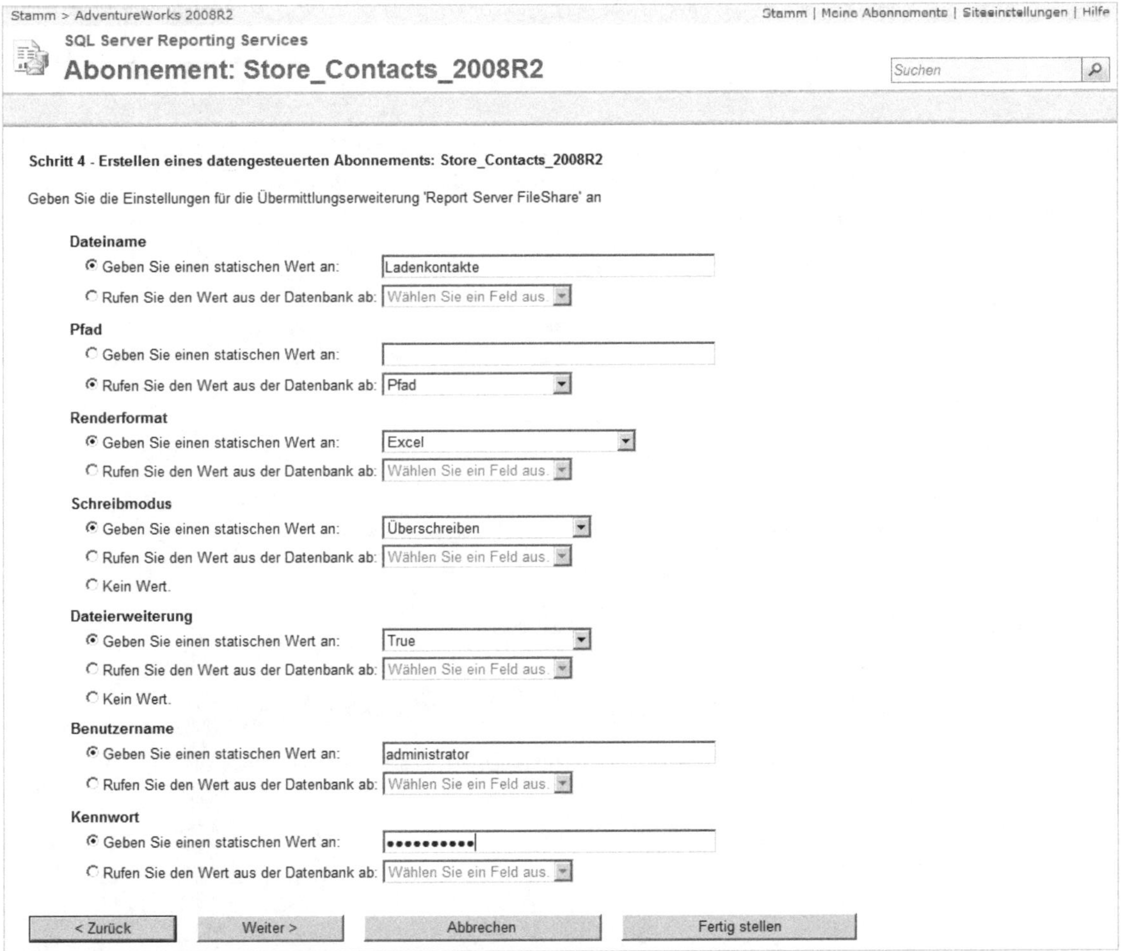

Stamm > AdventureWorks 2008R2
Stamm | Meine Abonnements | Siteeinstellungen | Hilfe
SQL Server Reporting Services
Abonnement: Store_Contacts_2008R2
Suchen

Schritt 4 - Erstellen eines datengesteuerten Abonnements: Store_Contacts_2008R2

Geben Sie die Einstellungen für die Übermittlungserweiterung 'Report Server FileShare' an

Dateiname
Geben Sie einen statischen Wert an: Ladenkontakte
Rufen Sie den Wert aus der Datenbank ab: Wählen Sie ein Feld aus.
Pfad
Geben Sie einen statischen Wert an:
Rufen Sie den Wert aus der Datenbank ab: Pfad
Renderformat
Geben Sie einen statischen Wert an: Excel
Rufen Sie den Wert aus der Datenbank ab: Wählen Sie ein Feld aus.
Schreibmodus
Geben Sie einen statischen Wert an: Überschreiben
Rufen Sie den Wert aus der Datenbank ab: Wählen Sie ein Feld aus.
Kein Wert.
Dateierweiterung
Geben Sie einen statischen Wert an: True
Rufen Sie den Wert aus der Datenbank ab: Wählen Sie ein Feld aus.
Kein Wert.
Benutzername
Geben Sie einen statischen Wert an: administrator
Rufen Sie den Wert aus der Datenbank ab: Wählen Sie ein Feld aus.
Kennwort
Geben Sie einen statischen Wert an: ••••••••••
Rufen Sie den Wert aus der Datenbank ab: Wählen Sie ein Feld aus.

< Zurück | Weiter > | Abbrechen | Fertig stellen

Abbildung 28.9 Hier ordnen Sie die steuernden Felder eines datengesteuerten Berichts zu

Feld	Erklärung	Eintrag für Beispiel
Dateiname	Dateiname, unter dem der Bericht abgelegt werden soll. Sie sollten entweder hier oder im *Dateinamen* ein Feld aus der Datenbank verwenden – denn wenn beide Werte statisch sind, werden alle Dateien von der jeweils nächsten überschrieben und nur die zuletzt generierte bleibt erhalten.	Wählen Sie die Option für den statischen Wert und geben Sie *Ladenkontakte* ein
Pfad	UNC-Pfad, unter dem der Bericht abgelegt werden soll	Option *Aus Datenbank,* Auswahl *Pfad*
Renderformat	Format, in dem der Bericht gerendert werden soll. Weitere Informationen zu Renderformaten erhalten Sie in Kapitel 24.	Option *Statischer Wert,* Auswahl *Excel*
Schreibmodus	Gibt an, wie bei Namenskonflikten mit bereits vorliegenden Berichten verfahren werden soll (Details siehe Tabelle 28.1)	Option *Statischer Wert,* Auswahl *Überschreiben*
Dateierweiterung	Mit *True* wird die zum *Renderformat* gehörende Dateierweiterung angehängt, mit *False* unterbleibt dies. Wählen Sie *False*, wenn der *Dateiname* bereits eine Dateierweiterung enthält.	Option *Statischer Wert*, Auswahl *True*
Benutzername	Benutzernamen für Zugriff auf unter *Pfad* angegebene Freigabe	Option *Statischer Wert,* Eingabe *{Benutzername für Zugriff auf Ihre Freigabe}*
Kennwort	Kennwort für Zugriff auf unter *Pfad* angegebene Freigabe	Option *Statischer Wert,* Eingabe *{Kennwort für Zugriff auf Ihre Freigabe}*

Tabelle 28.7 Felder in Schritt 5, mit denen Sie Ihren datengesteuerten Bericht auf eine Dateifreigabe steuern

10. Wechseln Sie mit *Weiter* zu *Schritt 5* (Abbildung 28.10), wo Sie die Parameter des Berichts ähnlich der vorhergehenden Seite zuordnen. Dabei haben Sie jeweils die in Tabelle 28.8 gezeigten Optionen, die Sie wie in Tabelle 28.9 eingeben können.

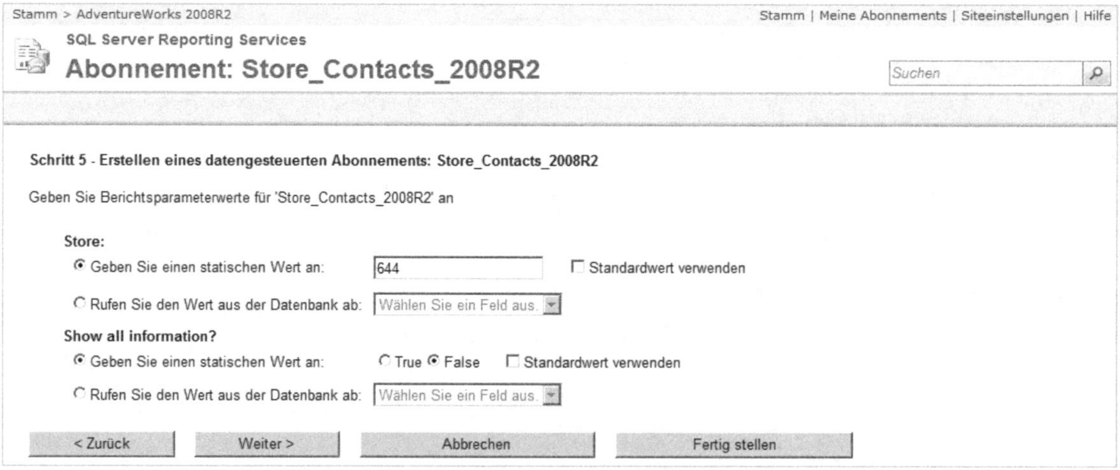

Stamm > AdventureWorks 2008R2 | Stamm | Meine Abonnements | Siteeinstellungen | Hilfe

SQL Server Reporting Services

Abonnement: Store_Contacts_2008R2

Suchen

Schritt 5 - Erstellen eines datengesteuerten Abonnements: Store_Contacts_2008R2

Geben Sie Berichtsparameterwerte für 'Store_Contacts_2008R2' an

Store:

Geben Sie einen statischen Wert an: 644 Standardwert verwenden

Rufen Sie den Wert aus der Datenbank ab: Wählen Sie ein Feld aus.

Show all information?

Geben Sie einen statischen Wert an: True False Standardwert verwenden

Rufen Sie den Wert aus der Datenbank ab: Wählen Sie ein Feld aus.

< Zurück | Weiter > | Abbrechen | Fertig stellen

Abbildung 28.10 Ordnen Sie in Schritt 5 die Parameter Ihres Berichts den Feldern der steuernden Abfrage zu

Option	Erklärung
Geben Sie einen statischen Wert an	Im zugehörigen Feld wird ein Wert eingetragen, der für alle Berichte verwendet wird
Rufen Sie den Wert aus der Datenbank ab	Im dazugehörigen Listenfeld werden alle Spalten der zuvor eingegebenen SQL-Abfrage angeboten. Verwenden Sie diese Option, um den Parameterwert dynamisch für jeden Bericht individuell einzustellen.
Standardwert	Für alle Berichte wird der im Berichtsentwurf angegebene Standardwert als Parameter verwendet. Diese Option wird nur für Parameter angeboten, für die im Berichtsentwurf ein Standardwert angegeben wurde. Weitere Information zum Thema Standardwerte finden Sie in Kapitel 14.

Tabelle 28.8 Zuordnungsoptionen eines datengesteuerten Berichts

Parameter	Erklärung	Eintrag für Beispiel
Store	Laden, für den der Bericht erstellt werden soll	Geben Sie einen statischen Wert an: *644*
Show all information?	Hier könnten alle Informationen zum Bericht aus der Datenbank geladen werden	Die Voreinstellungen unverändert übernehmen

Tabelle 28.9 Nehmen Sie in Schritt 5 diese Einstellungen für die Parameter des Berichts vor

11. Wechseln Sie mit *Weiter* zu *Schritt 6*, wo Sie mithilfe der Optionen in Tabelle 28.10 entscheiden, wann das Abonnement ausgeführt werden soll.

Option	Erklärung
Wenn die Berichtsdaten auf dem Berichtsserver aktualisiert werden	Das Abonnement wird ausgeführt, wenn eine Momentaufnahme mit einer neueren Version aktualisiert wird. Der zum Aktualisieren der Momentaufnahme verwendete Zeitplan bestimmt, wann das Abonnement ausgeführt wird. Diese Option ist nur für Momentaufnahmen verfügbar, die bereits einem Aktualisierungszeitplan zugeordnet sind. Weitere Informationen zum Thema Momentaufnahmen finden Sie in Kapitel 25.
Nach einem Zeitplan, der für dieses Abonnement erstellt wurde	Das Abonnement wird nach dem Zeitplan ausgeführt, der an dieser Stelle ausgewiesen ist. Zum Ändern klicken Sie *Einen Zeitplan auswählen*, um auf der weiter oben in Abbildung 28.3 gezeigten Seite den gewünschten Zeitplan zu pflegen. Weitere Informationen zum Thema Zeitpläne erhalten Sie in Kapitel 25.
Nach einem freigegebenen Zeitplan	Das Abonnement wird nach einem Zeitplan ausgeführt, der freigegeben und damit auch an anderer Stelle verwendet werden kann. Weitere Informationen zum Thema freigegebene Zeitpläne erhalten Sie in Kapitel 25.

Tabelle 28.10 Wählen Sie unter diesen Optionen, wann das Abonnement ausgeführt werden soll

12. Klicken Sie auf *Fertig stellen*, überprüfen Sie die Ausführung des Berichts wie im vorigen Abschnitt in Schritt 13 bis 15 beschrieben und stellen Sie über die *Status*-Spalte fest, ob das Beispiel erfolgreich absolviert wurde (Abbildung 28.11).

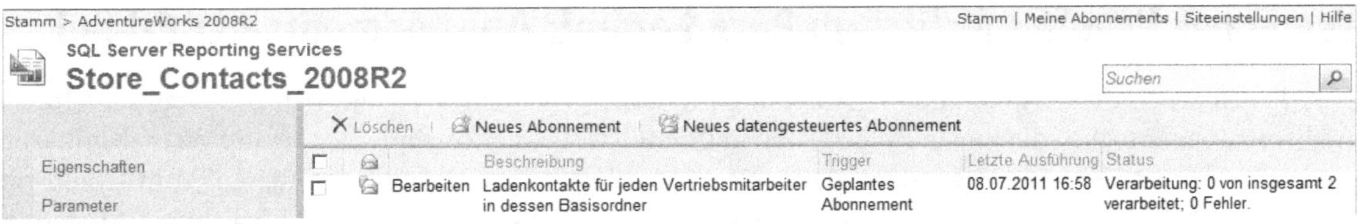

Stamm > AdventureWorks 2008R2 | Stamm | Meine Abonnements | Siteeinstellungen | Hilfe
SQL Server Reporting Services
Store_Contacts_2008R2
Suchen
Eigenschaften
Parameter
Löschen | Neues Abonnement | Neues datengesteuertes Abonnement

	Beschreibung	Trigger	Letzte Ausführung	Status
Bearbeiten	Ladenkontakte für jeden Vertriebsmitarbeiter in dessen Basisordner	Geplantes Abonnement	08.07.2011 16:58	Verarbeitung: 0 von insgesamt 2 verarbeitet; 0 Fehler.

Abbildung 28.11 So sieht es aus, wenn Sie das Beispiel erfolgreich absolviert haben

13. Überprüfen Sie mithilfe des Windows-Explorers, ob in den drei Ordnern, die Sie für diesen Zweck angelegt haben, jeweils der für den Vertriebsmitarbeiter individuell erstellte Bericht im zuvor gewählten Renderformat vorliegt.

TIPP Wenn Sie anstelle der Erfolgs- eine Fehlermeldung erhalten, werden Ihnen im Berichts-Manager, wie in Abbildung 28.12 zu sehen ist, über die Anzahl der Fehler hinaus leider oftmals keine Informationen über die aufgetauchten Probleme angezeigt.

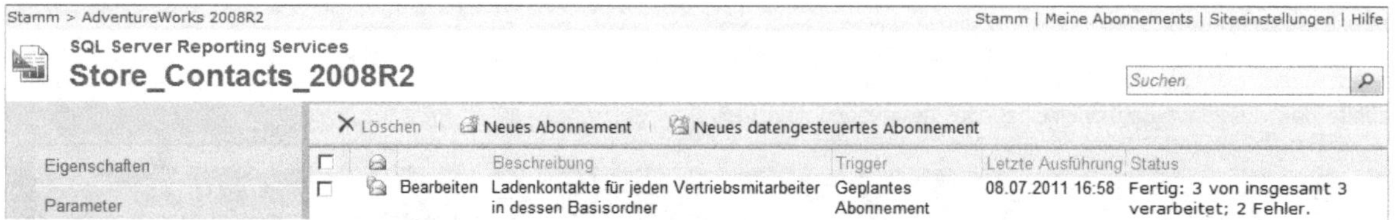

Abbildung 28.12 Bei Fehlern zeigt der Berichts-Manager oft leider nicht mehr an, als hier in der *Status*-Spalte zu sehen ist

Um dem Problem auf den Grund zu gehen, gehen Sie wie folgt vor:

1. Öffnen Sie mit einem Texteditor wie z.B. dem Windows-Editor die jeweils aktuellste *ReportServerService<Datum und Uhrzeit>*-Datei im Ordner der Protokolldateien. Dieser findet sich bei der Standardinstallation unter *C:\Programme\Microsoft SQL Server\MSRS10_50.MSSQLSERVER\Reporting Services\LogFiles*.
2. Suchen Sie die Zeilen, die die Zeit betreffen, für die Sie Abonnementausführung konfiguriert hatten. Wenn Sie die Protokolldatei zeitnah zum Auftreten des Fehlers öffnen, finden Sie diese ganz am Ende der Datei.

Wenn Sie in beispielsweise ungültige Anmeldedaten für den Zugriff auf die Dateifreigabe angegeben haben, finden Sie dort den Fehler:

```
ReportingServicesService!library!c88!07/11/2004-17:42:40: Status: Fehler beim Schreiben der Datei
Verkaufsstatistik.xls : Anmeldefehler: unbekannter Name oder falsches Kennwort
```

Es gibt auch Fälle, in denen kein Fortschritt zu erkennen ist, und in der *Status*-Spalte ungewöhnlich lange nur *Verarbeitung* angezeigt wird. Auch dann ist es sinnvoll, einen Blick in das Fehlerprotokoll zu werfen, wo Sie in den meisten Fällen bereits hilfreiche Informationen finden. Viele Vorgänge haben nicht nur lange Timeoutzeiten, sondern werden darüber hinaus bei einem Fehlschlag auch mehrfach wiederholt, bevor sie mit einem Fehler abgebrochen werden.

Damit haben Sie es geschafft, Ihr erstes datengesteuertes Abonnement einzurichten. Herzlichen Glückwunsch!

Vielleicht haben Sie nun bald den Wunsch, die individuellen Berichte nicht mehr nur vergleichsweise passiv zu hinterlegen und zu hoffen, dass die Adressaten ihn sich auch wirklich anschauen, sondern Ihren Anwendern aktiv zuzustellen? Wie das geht, erfahren Sie im folgenden Abschnitt.

Wenn der Prophet nicht zum Berg kommt: Abonnements per E-Mail

Nun haben Sie mit viel Mühe und der Anleitung im vorhergehenden Abschnitt dafür gesorgt, dass Ihre Vertriebsmitarbeiter täglich die gewünschten Daten in ihrem Basisordner vorfinden – aber die Vertriebsmitarbeiter sind noch immer nicht zufrieden, denn dieser Berufsstand ist bekanntlich viel auf Reisen. Vom Hotelzimmer mag es möglich sein, über ein virtuelles privates Netzwerk (VPN) oder per DFÜ-Einwahl via Modem bzw.

Mobilfunk auf Ihr Firmennetzwerk und dort auf deren Basisordner zuzugreifen – der Fernzugriff auf den Basisordner aber

- ist aufwendig zu konfigurieren,
- ist gerade für Nichttechniker nicht immer einfach in der Anwendung und
- funktioniert nicht durch jede Firewall hindurch.

Daher bietet es sich an, mit E-Mail eine Technologie einzusetzen, die

- heutzutage praktisch jeder Arbeitnehmer beherrscht,
- mit fast allen Netzwerktechnologien transportiert werden kann,
- die meisten Firewalls problemlos passiert.

Kurz gesagt: Lassen Sie die Reporting Services Ihre Berichte einfach automatisch per E-Mail verschicken!

Installation eines SMTP-Servers

Sie können zwar für alle Beispiele dieses Buchs auch Ihr eigenes E-Mail-Postfach verwenden, aber wenn Sie keine Lust haben, sich dieses mit den Abonnements sozusagen selbst vollzuspammen, können Sie Ihren eigenen SMTP-Server verwenden.

Zum Lieferumfang von Windows 2008 und Windows 2008 R2 gehört ein einfacher SMTP-Server zum Verschicken von E-Mails. Dieser wird als Funktion zu IIS 7 bereitgestellt. Um zu überprüfen, ob dieser installiert ist und ihn ggf. nachzuinstallieren, gehen Sie wie folgt vor:

1. Wählen Sie *Start/Verwaltung/Server-Manager* und klicken links auf *Features.*
2. Sollte der SMTP Server nicht als installiert in der Featureübersicht erscheinen, müssen sie rechts auf *Features hinzufügen* klicken. Markieren Sie in der *Feature*-Liste den Eintrag *SMTP-Server.* Sollten für dessen Ausführung noch weitere Rollen und Features aktiviert werden müssen, wird direkt ein Dialogfeld angezeigt. Aktivieren Sie die benötigten Rollendienste ebenfalls.
3. Klicken Sie anschließend auf *Weiter* und dann auf *Installieren.*

Nun können Sie mit einem beliebigen SMTP-fähigen Client E-Mails an Adressen vom Format *<Beliebiger Name>@<Ihr Rechnername>* verschicken. Ohne weitere Konfiguration funktioniert das aufgrund der Standardsicherheitseinstellungen nur lokal, d.h., der Mailclient muss auf derselben Maschine ausgeführt werden wie der SMTP-Server. Dazu müssen Sie ggf. noch das Feature *Desktopdarstellung* freischalten.

Die empfangenen Mails werden standardmäßig im Ordner *C:\Inetpub\mailroot\Drop* abgelegt, und zwar pro Mail eine Datei im EML-Format, welches z.B. mit Outlook Express geöffnet werden kann.

Damit haben Sie SMTP-technisch alles, was Sie zur erfolgreichen Durchführung der Beispiele dieses Buchs benötigen.

Sollten Sie dennoch weitergehenden Ehrgeiz bei der Konfiguration des SMTP-Diensts entwickeln, klicken Sie auf *Start/Ausführen/Internetinformationsdienste (IIS)-Manager.* In der MMC-Konsole finden Sie im Pfad *Internetinformationsdienste/<Ihr Rechnername>* umfangreiche Einstellungsmöglichkeiten.

Selbstverständlich können Sie den SMTP-Server jederzeit wieder deinstallieren, indem Sie exakt die oben geschilderten Abläufe wiederholen, mit dem einzigen Unterschied, dass Sie das Kontrollkästchen neben *SMTP-Server* wieder deaktivieren.

Wenn Sie ihn nicht gleich deinstallieren wollen, aber aus Sicherheitsgründen oder zur Schonung der Systemressourcen nicht mehr ausführen möchten, genügt es, den Dienst zu deaktivieren, indem Sie unter *Start/Verwaltung/Dienste* klicken und im rechten Bereich in der *Name*-Spalte den *Simple Mail Transfer Protocol (SMTP)*-Dienst markieren, dann rechts auf den Link *Beenden* klicken, um den Dienst für die aktuelle Sitzung zu beenden. Um dann den Start für alle folgenden Sitzungen bis auf weiteres zu verhindern, wählen Sie im Kontextmenü des *SMTP*-Diensts den Eintrag *Eigenschaften* und setzen die Einstellung *Starttyp* von *Automatisch* auf *Deaktiviert*. Gegenüber der Deinstallation hat die Deaktivierung den Vorteil, dass sie jederzeit schnell wieder rückgängig gemacht werden kann.

Das ist gar nicht aufwendiger als die Ablage im Basisordner:

1. Beginnen Sie die Einrichtung eines neuen datengesteuerten Abonnements unter dem Namen *Individuelle Verkaufszahlen für jeden Vertriebsmitarbeiter per E-Mail* analog Schritt 1 bis 3 im vorigen Abschnitt.
2. Treffen Sie in *Angeben, wie Empfänger benachrichtigt werden soll* die Auswahl *Berichtsserver-E-Mail*. Sollte dieser Listeneintrag nicht vorhanden sein, verfahren Sie wie im folgenden Kasten »So konfigurieren Sie die Berichtsserver-E-Mail« beschrieben.

So konfigurieren Sie die Berichtsserver-E-Mail

Wenn der Eintrag *Berichtsserver-E-Mail* im Listenfeld von *Schritt 2* fehlt, wurde bei der Installation der Reporting Services kein SMTP-Server angegeben.

Dies ist kein Beinbruch, denn die fehlenden Einstellungen können recht schnell nachgerüstet werden. Dazu müssen Sie die XML-Datei *RSReportServer.config*, die bei einer Standardinstallation unter *C:\Programme\Microsoft SQL Server\MSRS10_50.MSSQLSERVER\Reporting Services\ReportServer* zu finden ist, mit einem Texteditor oder Microsoft Visual Studio öffnen und dort im Abschnitt *<RSEmailDPConfiguration>* folgende Eintragungen vornehmen:

Tags, zwischen denen der Eintrag gemacht werden muss	Erklärung	Im Beispiel
<SMTPServer>...</SMTPServer>	Name des SMTP-Servers, über den die Reporting Services die Mails verschicken sollen	**<Name Ihres SMTP-Servers>** Sofern Sie einen lokalen SMTP-Server installiert haben wie im gleichnamigen Kasten beschrieben, so tragen Sie hier den Namen Ihres Rechners ein
<From>...</From>	Absender-E-Mail-Adresse, mit der Reporting Services die E-Mails versenden	**<Ihre E-Mail-Adresse>**

Tabelle 28.11 Konfigurationseinstellungen in *RSReportServer.config* für den E-Mail-Versand

Damit die Einstellungen wirksam werden, müssen Sie die Reporting Services neu starten, indem Sie auf *Start/Verwaltung/Dienste* klicken und im rechten Bereich in der *Name*-Spalte den *SQL Server Reporting Services (MSSQLSERVER)*-Dienst markieren, dann links den *Neu starten*-Link bzw. erst den *Beenden*- und anschließend den *Starten*-Link anklicken.

3. Richten Sie die Datenquelle und SQL-Abfrage ein, wie in Schritt 5 bis 8 im vorigen Abschnitt beschrieben, aber mit der leicht veränderten SQL-Abfrage aus Tabelle 28.12, die anstelle eines UNC-Pfads nun eine E-Mail-Adresse sowie einen kurzen E-Mail-Text zurückgibt.

Feld	Erklärung	Im Beispiel
Geben Sie einen Befehl oder eine Abfrage an	Siehe Tabelle 28.12	SELECT s.BusinessEntityID ,bec.PersonID ,'Hallo ' + p.FirstName + ' ' + p.LastName + ' von ' + s.Name + ', hier die aktuelle Kontaktliste' AS MailText ,p.FirstName + '.' + p.LastName + '@{Ihr Rechnername}' AS EmailAdresse ,05 AS Monat ,2010 AS Jahr FROM Sales.Store AS s INNER JOIN Person.BusinessEntityContact AS bec ON bec.BusinessEntityID = s.BusinessEntityID INNER JOIN Person.Person AS p ON p.BusinessEntityID = bec.PersonID WHERE s.BusinessEntityID = 644 ORDER BY s.BusinessEntityID, p.LastName, p.FirstName
Die Übermittlungserweiterung hat folgende Einstellungen	Siehe Tabelle 28.12	TO, CC, BCC, ReplyTo, IncludeReport, RenderFormat, Priority, Subject, Comment, IncludeLink (nicht änderbar)
Der Bericht hat folgende Parameter	Siehe Tabelle 28.12	Siehe Tabelle 28.12
Der Timeoutwert für diesen Befehl	Siehe Tabelle 28.12	Siehe Tabelle 28.12

Tabelle 28.12 Felder der Seite *Schritt 3*: Spezifikation der abonnementsteuernden Abfrage für eine Verteilung per E-Mail

HINWEIS Wenn kein SMTP-Server auf Ihrem lokalen Rechner installiert ist und Sie auch keinen solchen nach der Anleitung im Kasten »Installation eines SMTP-Servers« installieren möchten, können Sie dieses Beispiel so abwandeln, dass alle E-Mails über Ihr eigenes Mailpostfach an Sie selbst gesendet werden, indem Sie in der SQL-Abfrage in Tabelle 28.12 Ihre E-Mail-Adresse eintragen, sodass diese lautet:

```
SELECT
        s.BusinessEntityID
        ,bec.PersonID
        ,'Hallo ' + p.FirstName + ' ' + p.LastName + ' von ' + s.Name + ', hier die aktuelle Kontaktliste' AS
MailText
        ,p.FirstName + '.' + p.LastName + '@{Ihr Rechnername}' AS EmailAdresse
        ,05 AS Monat
        ,2010 AS Jahr
FROM Sales.Store AS s
INNER JOIN Person.BusinessEntityContact AS bec ON
                bec.BusinessEntityID = s.BusinessEntityID
INNER JOIN Person.Person AS p ON
                p.BusinessEntityID = bec.PersonID
WHERE
        s.BusinessEntityID = 644
ORDER BY s.BusinessEntityID,p.LastName, p.FirstName
```

Dadurch erhalten Sie bei jeder Abonnementausführung drei E-Mails; dieses Ergebnis ist zwar weniger spektakulär, aber durchaus praktikabel!

---

4. Wechseln Sie mit *Weiter* zur Seite *Schritt 4*, wo Sie die Felder für den E-Mail-Versand ausfüllen wie in Tabelle 28.13 angegeben.

Feld	Erklärung	Im Beispiel
An	E-Mail-Adresse, an die die Mail mit dem Bericht gesendet wird	Option *Rufen Sie den Wert aus der Datenbank ab*, Auswahl *EmailAdresse*
Cc	E-Mail-Adresse, an die die Mail in Kopie gesendet wird	Option *Kein Wert*
Bcc	E-Mail-Adresse, an die die Mail in Blindkopie gesendet wird	Option *Kein Wert*
Antwort an	E-Mail-Adresse, an die die Antwort gehen soll, wenn der Empfänger antwortet	Option *Kein Wert*
Bericht einschließen	*True*: der Bericht wird als Anhang der Mail hinzugefügt *False*: der Bericht wird nicht mitgesendet	Option *Geben Sie einen statischen Wert an*, Auswahl *True* (Standardwert)
Renderformat	Renderformat des Berichts. Mehr Informationen zu diesem Thema finden Sie in Kapitel 19.	Option *Geben Sie einen statischen Wert an*, Auswahl *MHTML (Webarchiv)*
Priorität	Priorität, mit der die Mail versendet wird. Zur Auswahl stehen die aus dem täglichen E-Mail-Verkehr hinlänglich bekannten *Hoch, Normal* und *Niedrig*.	Option *Geben Sie einen statischen Wert an*, Auswahl *Normal* (Standardwert)
Betreff	Betreffzeile der Mail. Sie können im Text die Variablen »@ReportName« und »@ExecutionTime« verwenden, die bei der Ausführung durch den Namen des Berichts bzw. die Uhrzeit, zu der der Bericht ausgeführt wurde, ersetzt werden.	Option *Geben Sie einen statischen Wert an*, Eingabe *Ihr individueller '@ReportName'-Bericht, Stand @ExecutionTime*
Kommentar	Text der Mail	Option *Rufen Sie den Wert aus der Datenbank ab*, Auswahl *MailText*
Link einschließen	*True*: Ein Link zum Bericht wird in die Mail eingefügt *False*: Es wird kein Link zum Bericht eingefügt Das Hinzufügen von Links ist vor allem dann sinnvoll, wenn die Mails klein gehalten werden sollen oder müssen. Es bringt aber den Nachteil mit sich, dass der Server beim Aufruf des Links belastet wird.	Option *Geben Sie einen statischen Wert an*, Auswahl *True*

Tabelle 28.13 Felder in Schritt 4, mit denen die Zuordnung der Felder für E-Mail-Verteilung erfolgt

5. Ordnen Sie die Parameter zu, erstellen Sie einen Zeitplan und warten Sie die erste Ausführung ab, wie im vorigen Abschnitt in den Schritten 11 bis 12 geschildert.
6. Wechseln Sie nun in den Mailordner des SMTP-Diensts – in der Standardinstallation *C:\Inetpub\mailroot\Drop* – und öffnen Sie nacheinander die drei E-Mails, die, jeweils an einen anderen Vertriebsmitarbeiter adressiert, so aussehen sollten wie in Abbildung 28.13.

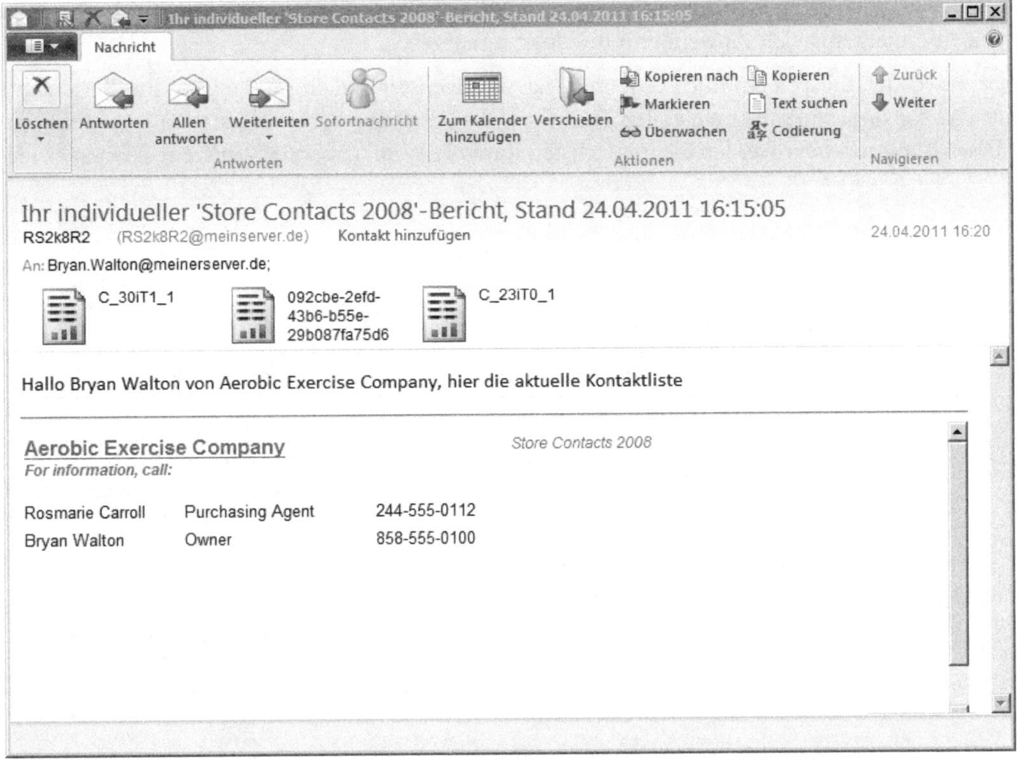

Abbildung 28.13 Von Reporting Services per Abonnement automatisch verschickte Mail mit individualisiertem Bericht

Damit haben Sie es geschafft, Ihre Berichte per E-Mail versenden zu lassen, Gratulation!

TIPP Wenn Sie die Mails mit Windows Live Mail 2011 öffnen und Sie vermissen einige Anhänge, dann gehen Sie in folgenden Schritten vor:

1. Schließen Sie die betreffende Mail.
2. Öffnen Sie das Start-Menü von Live Mail 2011 mit Mausklick oben links im Anwendungsfenster und wählen *Optionen/Sicherheitsoptionen*.
3. Um alle Anhänge anzuzeigen, wechseln Sie auf die Registerkarte *Sicherheit* und deaktivieren die Option *Speichern und Öffnen von Anlagen, die möglicherweise einen Virus enthalten könnten, nicht zulassen*.
4. Bestätigen Sie mit *OK*.

Es wird Ihnen nur eine weitestgehend unformatierte Textnachricht mit HTML-Anhängen angezeigt, wo Sie eine ansehnliche HTML-Ansicht erwarten, dann gehen Sie in folgenden Schritten vor:

1. Schließen Sie die betreffende Mail.
2. Öffnen Sie das Start-Menü von Live Mail 2011 mit Mausklick oben links im Anwendungsfenster und wählen *Optionen/E-Mail*.
3. Um die HTML-Mail-Anzeige zuzulassen, wechseln Sie auf der Registerkarte *Lesen* und klicken die Option *Alle Nachrichten als Nur-Text lesen* aus.
4. Bestätigen Sie mit *OK*.

Wenn Sie anschließend die betreffende Mail erneut öffnen, sehen Sie diese in HTML-Ansicht und können auf alle Anhänge zugreifen – entgegen der Behauptung von Live Mail 2011 wurden letztere nämlich nicht etwa entfernt, sondern nur versteckt.

Damit haben Sie es geschafft, neuen Komfort in die Verteilung der Berichte zu bringen, indem Sie durch die Nutzung von Abonnements viele Anwender individuell versorgen.

Es gibt aber Anwender, die sich ein noch größeres Maß an Eigenständigkeit im Umgang mit Berichten wünschen, ohne dass Sie diesen gleich einen vollen Zugriff auf die Reporting Services gestatten möchten oder dürfen – für diesen Typ Anwender werden Sie im nächsten Kapitel ein interessantes Werkzeug kennenlernen.

Kapitel 29

»Meine Berichte«-Funktionalität

In diesem Kapitel:

In den vorangegangenen Kapiteln haben Sie erfahren, wie Sie Reporting Services 2008 R2 komfortabel administrieren. Einen Haken aber hatte die Sache bisher: Sie konnten die Administration nur horizontal aufteilen. Sobald Sie jemanden auf die Stufe des Administrators gehoben hatten, konnte dieser immer gleich *alle* Berichte administrieren – nach dem Prinzip »Ganz oder gar nicht«.

In diesem Kapitel erfahren Sie, wie Sie durch vertikale Teilung mit der »Meine Berichte«-Funktionalität dafür sorgen, dass jeder Anwender seine eigenen Berichte selbst administrieren kann, ohne sich mit anderen Anwendern ins Gehege zu kommen.

Wieso Administration vertikal teilen?

Die Teilung der Arbeit unter gleichberechtigten Administratoren funktioniert in einem kleinen Unternehmen vielleicht ganz gut, aber wenn sich viele Administratoren die Arbeit teilen, kann es leicht zu Konflikten kommen, die meist nicht durch böse Absicht, sondern durch Missverständnisse entstehen (»Ach, den Bericht wolltest Du in einer halben Stunde dem Chef präsentieren? Ich dachte, das hättest Du schon letzte Woche gemacht, jetzt hab ich den just gestern beim Aufräumen gelöscht, tut mir echt leid ...«).

Um solchen unangenehmen Situationen vorzubeugen, haben Sie sich vielleicht schon eine vertikale Rechteverteilung gewünscht. Das bedeutet, dass jeder für seine eigenen Berichte verantwortlich ist. Und so heißt die Funktionalität, die Sie in diesem Kapitel kennenlernen werden, »Meine Berichte«.

Damit umgehen Sie gleichzeitig das Problem, dass Ihr Arbeitsaufwand überhand nimmt, weil Sie als Administrator bei jeder Kleinigkeit tätig werden müssen. Sobald die Anwender Rechte für ihre eigenen Berichte haben, können Sie auf die Frage »Kannst Du mir mal eben diesen Bericht einspielen?« gelassen antworten: »Das kannst Du doch allein!«

Die »Meine Berichte«-Funktionalität ähnelt jener von »Eigene Dateien«-Ordnern, die Sie aus den früheren Windows-Betriebssystemen kennen. Es wird für jeden Benutzer ein Ordner auf dem Berichtsserver bereitgestellt, auf dem dieser seine persönlichen Berichte ablegen und bearbeiten kann.

»Meine Berichte« verwalten

Nach der Installation der Reporting Services ist *Meine Berichte* standardmäßig deaktiviert.

»Meine Berichte«-Funktionalität aktivieren

Sie müssen als ein Benutzer in der Systemadministrator-Rolle angemeldet sein, um *Meine Berichte* aktivieren zu können.

Beachten Sie bitte, dass Sie *Meine Berichte* nur für alle Benutzer aktivieren oder deaktivieren können – es ist leider nicht möglich, diese Funktionalität nur für einzelne Benutzer zur Verfügung zu stellen.

So aktivieren Sie *Meine Berichte*:

1. Öffnen Sie das SQL Server Management Studio als ein Benutzer in der Systemadministrator-Rolle über *Start/Alle Programme/Microsoft SQL Server 2008/SQL Server Management Studio*.
2. Bei der Anmeldung wählen Sie den Servertyp *Reporting Services* aus und tragen den Servernamen ein, z.B. *localhost* für den lokalen Berichtsserver.

3. Klicken Sie mit der rechten Maustaste im Objekt-Explorer auf die Bezeichnung Ihres Berichtsservers und wählen Sie im Kontextmenü *Eigenschaften*. Das Dialogfeld *Servereigenschaften* wird geöffnet (Abbildung 29.1).

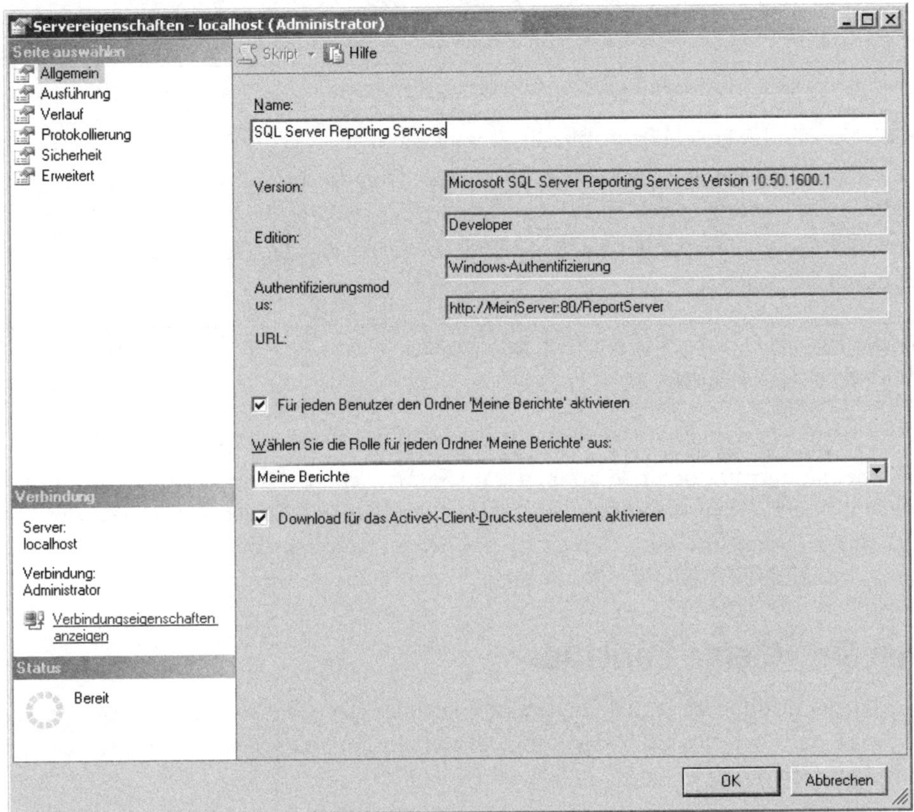

Abbildung 29.1 So sehen die Servereigenschaften aus, wenn »Meine Berichte« aktiviert sind

4. Hier aktivieren Sie das Kontrollkästchen *Für jeden Benutzer den Ordner 'Meine Berichte' aktivieren.*
5. Entscheiden Sie, welche der in Tabelle 29.1 erläuterten Berechtigungen Sie den Benutzern geben. Sie sollten sich standardmäßig für die Rolle *Meine Berichte* entscheiden, da für diese alle benötigen Aufgaben vorhanden sind. Detailliertere Informationen zum Thema Berechtigungen finden Sie in Kapitel 22.

ACHTUNG Beachten Sie, dass die hier gewählte Berechtigung für alle Benutzer, jeweils für deren individuellen *My Reports*-Ordner gilt.

Option	Beschreibung
Berichts-Generator	Benutzer in dieser Rolle können Berichte im Berichts-Generator laden und in der Ordnerhierarchie navigieren
Browser	Benutzer in dieser Rolle können grundlegende Aufgaben ausführen wie z.B. Berichte anzeigen, diese jedoch nicht bearbeiten oder verwalten
Inhalts-Manager	Benutzer in dieser Rolle dürfen Berichte und Datenquellen verwalten sowie auf persönliche Ordner zugreifen, jedoch keine Berichte erstellen oder Server verwalten

Tabelle 29.1 Berechtigungen, die Sie für den *My Reports*-Ordner vergeben können

Option	Beschreibung
Verleger	Benutzer in dieser Rolle dürfen Berichte erstellen (zusätzlich zu den Berechtigungen der Inhalts-Manager). Diese Rolle ist mindestens erforderlich, um mit dem Berichts-Designer Berichte zu publizieren.
Meine Berichte	Benutzer in dieser Rolle sind Administrator, beschränkt auf ihren *My Reports*-Ordner. Dies ist die empfohlene Rolle.

Tabelle 29.1 Berechtigungen, die Sie für den *My Reports*-Ordner vergeben können *(Fortsetzung)*

6. Klicken Sie auf *OK*. Nun sind *Meine Berichte* für alle Benutzer aktiv.
7. Öffnen Sie den Berichts-Manager und klicken Sie auf *Stamm*. Dort ist nun Ihr eigener *My Reports*-Ordner sowie der Ordner *Users Folders* zu sehen.
8. Öffnen Sie den Ordner *Users Folders* und wählen Sie einen Benutzer aus. Sie finden dort nun auch einen Link auf dessen Ordner *My Reports*.

HINWEIS Der Verzeichnisname *My Reports* wird auch in der deutschen Version der Reporting Services als Verzeichnisname für die »Meine Berichte«-Funktionalität verwendet.

Nun hat jeder Benutzer seinen eigenen *My Reports*-Ordner, auf den nur dieser selbst Zugriff hat.

Nur Mitglieder der Systemadministrator-Rolle können auf alle *My Reports*-Ordner zugreifen: Im *Stamm*-Verzeichnis sehen diese nun einen neuen Ordner *Users Folders*, in dem sich für jeden Benutzer der »Meine Berichte«-Funktionalität ein Ordner mit dem Namen *<Domäne> <Username>* befindet und in diesem wiederum der *My Reports*-Ordner des betreffenden Benutzers.

So deaktivieren Sie »Meine Berichte«

Falls Sie die Funktion wieder deaktivieren möchten, funktioniert dies fast genauso wie im vorigen Abschnitt beschrieben. Sie müssen dort nur in Schritt 2 das Kontrollkästchen *Für jeden Benutzer den Ordner 'Meine Berichte' aktivieren* deaktivieren.

Bitte beachten Sie, dass Sie mit dem Deaktivieren dieser Funktion lediglich den Benutzern die Möglichkeit entziehen, den Ordner *My Reports* zu sehen und zu verwenden. Eventuell von den Benutzern angelegte Unterordner und Berichte sind jedoch weiterhin vorhanden. Alle Verweise darauf funktionieren noch, d.h., die Benutzer können zwar keine neuen Berichte mehr hinzufügen, aber wer den vollständigen Pfad kennt, kann weiterhin darauf zugreifen.

Um dies zu vermeiden, können Sie alle Berichte in »Meine Berichte« manuell löschen. Wenn Ihnen das manuelle Löschen zu aufwendig ist oder Sie die Berichte erhalten wollen, können Sie den Zugriff darauf verweigern, indem Sie der Rolle *Meine Berichte* alle Aufgaben entfernen. Nähere Informationen zum Thema rollenbasierte Sicherheit finden Sie in Kapitel 22.

Arbeiten mit »Meine Berichte«

Sobald die »Meine Berichte«-Funktionalität aktiviert wurde, kann jeder Benutzer des Berichtsservers über seinen eigenen *My Reports*-Ordner verfügen. In diesem kann er ähnlich arbeiten, als hätte er einen eigenen Berichtsserver zur Verfügung und dort die Rechte, die der Administrator für *Meine Berichte* bei deren Aktivierung vorgegeben hat. Sofern der Administrator der Empfehlung gefolgt ist und die Rolle *Meine Berichte* zugelassen hat, bedeutet dies, dass jeder Benutzer auf seinem *My Reports*-Ordner sein eigener Administrator ist. Er kann dort zum Beispiel Berichte mit dem Berichts-Designer publizieren oder im Berichts-Manager hochladen.

Mit dem Berichts-Manager arbeiten

Benutzer, die in der *Browser*-Rolle für das *Stamm*-Verzeichnis sind (siehe den folgenden Tipp), können wie gewohnt mit dem Berichts-Manager arbeiten – ihr *My Reports*-Ordner wird als Unterverzeichnis von *Stamm* angezeigt.

Anwender, denen außer *My Reports* keine weiteren Rollen zugeordnet sind, können sich nicht vom *Stamm*-Ordner aus durchklicken, da ihnen der Ordner *Stamm* vollständig leer angezeigt wird. Sie müssen für ihren Zugriff auf den Berichts-Manager die URL *http://<Ihr Berichtsserver>/Reports/Pages/Folder.aspx?ItemPath=%2fMy+Reports* verwenden.

Egal, wie Sie Ihren *My Reports*-Ordner erreichen, Sie können dort arbeiten wie in Teil C dieses Buchs beschrieben.

TIPP Um Ihren Benutzern eine komfortablere Nutzung der »Meine-Berichte«-Funktionalität zu ermöglichen, können Sie diese der *Browser*-Rolle auf dem *Stamm*-Ordner zuordnen.

Beachten Sie aber, dass dieser Schritt ein potentielles Sicherheitsrisiko darstellt, da er automatisch zur Folge hat, dass der Benutzer auf alle Berichte zugreifen kann, sofern nicht weitere Sicherheitsvorkehrungen – wie z.B. Konfiguration der Sicherheit für jeden Ordner in *Stamm* – getroffen werden.

Um den Zugang zum *Stamm*-Ordner für einen Benutzer einzurichten, gehen Sie folgendermaßen vor:

1. Öffnen Sie den Berichts-Manager als ein Benutzer in der Systemadministrator-Rolle und klicken Sie auf *Stamm*. Aktivieren Sie dort die Registerkarte *Eigenschaften*. Eine Liste der Active Directory-Gruppen- und Benutzernamen, die bereits einer Rolle zugeordnet sind, wird angezeigt.
2. Sofern der betreffende Benutzer (bzw. eine der Gruppen, in der er Mitglied ist) nicht aufgeführt ist, klicken Sie auf *Neue Rollenzuweisung*.
3. Geben Sie den Active Directory-Gruppen- oder Benutzernamen des betreffenden Benutzers ein und markieren Sie das Kontrollkästchen *Browser* (oder ein Kontrollkästchen für eine andere Rolle) und ordnen Sie den Benutzer mit *OK* zu.

Nun kann der Benutzer direkt über den URL *http://<Ihr Servername>/Reports* den Berichts-Manager starten und sieht dort unter *Stamm* seinen *My Reports*-Ordner.

Auch der URL-Zugriff kann nun über *http://<Ihr Servername>/Reportserver* erfolgen, wo es ebenfalls einen Link auf *My Reports* gibt.

Berichte zum *My Reports*-Ordner hinzufügen

Einer der großen Vorteile der »Meine-Berichte«-Funktionalität ist, dass Anwender ihre eigenen Berichte publizieren können, was auf folgenden Wegen passieren kann:

- Erstellen einer Verknüpfung zu einem existierenden Bericht
- Hochladen einer Berichtsdefinitionsdatei (RDL)
- Erstellen und Publizieren eigener Berichte

Dies passiert im Wesentlichen wie gewohnt und wird im Folgenden erläutert.

Berichte mit dem Berichts-Designer erstellen

Die Arbeit mit dem Berichts-Designer funktioniert wie gewohnt, solange Sie darauf achten, nur in Ihrem *My Reports*-Ordner bzw. dessen Unterordner zu publizieren. Andernfalls erhalten Sie ggf. einen Berechtigungsfehler gemeldet.

Um den *My Reports*-Ordner als Zielordner für die Weitergabe im Berichts-Designer festzulegen, gehen Sie folgendermaßen vor:

1. Erstellen Sie einen Bericht im Berichts-Designer in Visual Studio, z.B. wie in Kapitel 8 beschrieben, aber geben Sie diesen noch nicht an den Berichtsserver weiter.
2. Stellen Sie sicher, dass kein Bericht geöffnet ist und rufen Sie den Menübefehl *Projekt/Eigenschaften* auf. Das *Eigenschaftenseiten*-Dialogfeld wird angezeigt, wie in Abbildung 29.2 zu sehen.

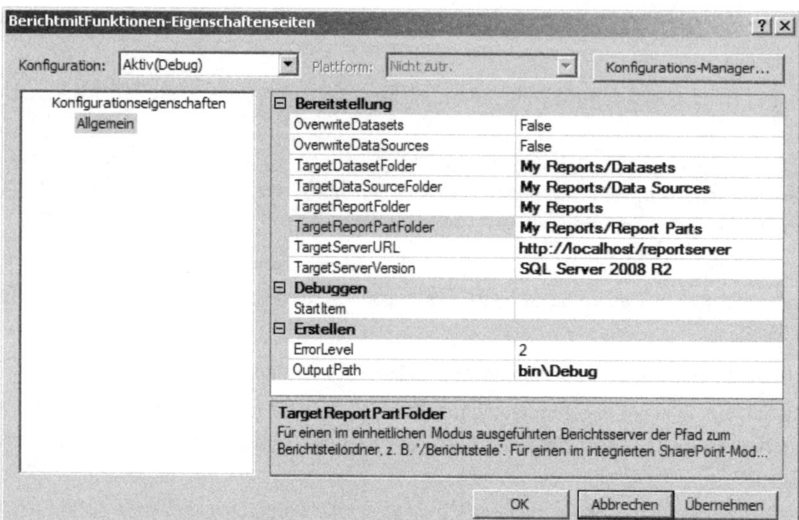

Abbildung 29.2 Im *Eigenschaftenseiten*-Dialogfeld legen Sie den *My Reports*-Ordner als Publikationsziel fest

3. Stellen Sie sicher, dass links die Kategorie *Konfigurationseigenschaften/Allgemein* gewählt ist, ergänzen Sie im Feld *TargetReportFolder* ggf. das führende *My Reports/* und bestätigen Sie mit *OK*.
4. Geben Sie den Bericht wie gewohnt weiter, z.B. indem Sie *Erstellen/BerichtMitFunktionen bereitstellen* wählen.

Der Bericht steht nun zur Verwendung bereit.

Berichtsdefinitionsdatei (RDL) hochladen

Wenn Ihnen ein Bericht bereits als RDL-Datei vorliegt, können Sie durch das Hochladen einer RDL-Datei den Bericht unkompliziert in Ihren *My Reports*-Ordner übernehmen, ohne mit Visual Studio oder einer anderen Umgebung für den Berichtsentwurf arbeiten zu müssen.

So gehen Sie vor, um eine RDL-Datei mit dem Berichts-Manager zu publizieren:

1. Öffnen Sie den Berichts-Manager, indem Sie mit Ihrem Browser den URL *http://<Ihr Berichtsserver>/Reports/Pages/Folder.aspx?ItemPath=%2fMy+Reports* aufrufen.
2. Sofern gewünscht, klicken Sie sich zu jenem Unterordner durch, in dem Sie den Bericht erstellen möchten.
3. Klicken Sie auf *Datei hochladen.*
4. Geben Sie im Textfeld *Hochzuladende Datei* den Dateipfad ein oder klicken Sie auf *Durchsuchen* und navigieren Sie durch das Dateisystem zur RDL-Datei des Berichts.
5. Geben Sie einen sinnvollen Namen ein, unter dem der Bericht angezeigt werden soll.
6. Bestätigen Sie mit *OK.*

Der Bericht steht nun in Ihrem *My Reports*-Ordner zur Benutzung bereit.

Weitere Informationen zum Thema Hochladen von RDL-Dateien finden Sie in Kapitel 19 und über RDL-Dateien erfahren Sie mehr in Kapitel 27.

My Reports-Ordner per URL-Zugriff nutzen

Wenn Sie selbst Ihre Berichte per URL-Zugriff nutzen möchten, funktioniert dies über *http://<Ihr Berichtsserver>/Reportserver?%2fMy+Reports.*

Sollen andere Benutzer darauf zugreifen, lautet der URL *http://<Ihr Berichtsserver>/Reportserver?%2fUsers+Folders%2f<Ihre Domäne>+<Ihr Benutzername>%2fMy+Reports.*

Da der Sinn der »Meine Berichte«-Funktionalität darin liegt, die einzelnen Benutzer voneinander abzuschotten, funktioniert der zuletzt aufgeführte Link nur für Systemadministratoren bzw. Nutzer, denen die Berechtigung für diesen Ordner explizit erteilt wurde. Allen anderen wird ein Berechtigungsfehler angezeigt.

Verknüpfung zu einem bestehenden Bericht erstellen

Die Arbeit mit der Ordnerhierarchie kann leicht unübersichtlich und umständlich werden. Hier kann die Arbeit mit verknüpften Berichten viele Vorteile bringen:

- Sie können vorhandene Berichte einbinden, ohne diese mehrfach hochladen zu müssen
- Spätere Veränderungen im Originalbericht wirken sich automatisch auf die verknüpften Berichte im Ordner *My Reports* aus – denn in Letzteren steht nur ein Verweis
- Durch die Zusammenstellung von verknüpften Berichten können Sie sich Ihr eigenes kleines Portal bauen: Durch die Verknüpfungen in Ihrem *My Reports*-Ordner sind alle Berichte, auf die Sie häufig zugreifen müssen, an einer Stelle konzentriert, unabhängig davon, wo die Original-Berichte abgelegt sind. Dadurch gewinnen Sie einen besseren Überblick und sparen Zeit, die Sie sonst zum Navigieren zu diesen Berichten benötigen würden.

So erstellen Sie eine Verknüpfung:

1. Wählen Sie im Berichts-Manager den Bericht, von dem Sie eine Verknüpfung erstellen möchten.
2. Klicken Sie auf den Pfeil rechts neben den Namen des Berichts, um dessen Kontextmenü zu öffnen.
3. Klicken Sie auf den Befehl *Verknüpften Bericht erstellen,* um die Seite aus Abbildung 29.3 anzuzeigen.

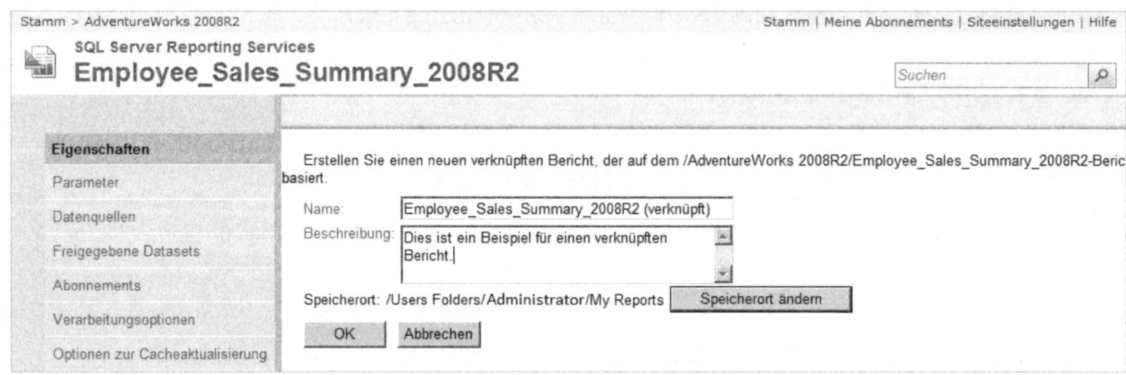

Abbildung 29.3 So erstellen Sie einen verknüpften Bericht

4. Geben Sie einen sinnvollen Namen und eine Beschreibung für die Anzeige des verknüpften Berichts ein.
5. Klicken Sie auf *Speicherort ändern*, um die Seite aus Abbildung 29.4 anzuzeigen.

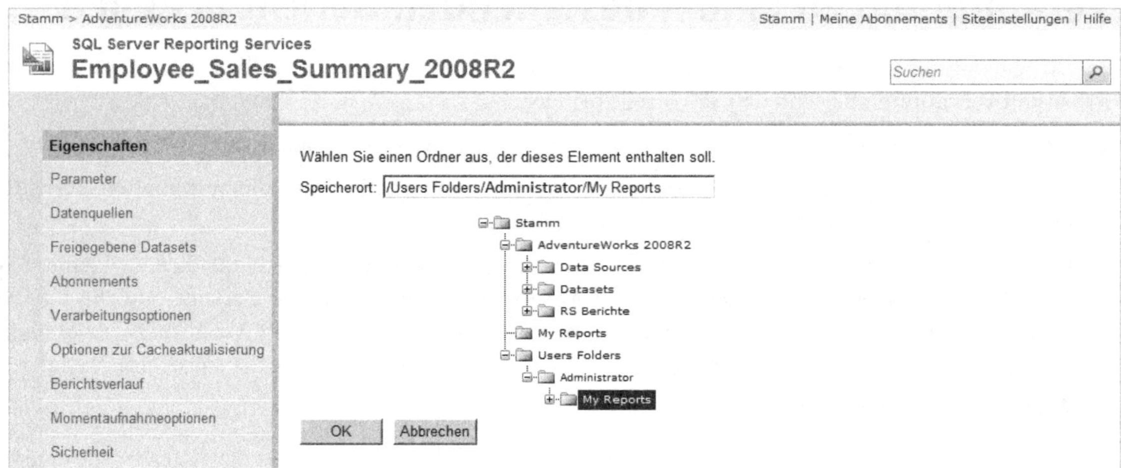

Abbildung 29.4 Wählen Sie hier den Ordner aus, in dem die Verknüpfung zu dem Bericht abgelegt werden soll

6. Wählen Sie in der angezeigten Verzeichnisstruktur den Ordner *My Reports* oder, falls vorhanden, einen Unterordner aus.
7. Bestätigen Sie mit *OK*.

Die neu erstellte Verknüpfung ist jetzt unter *My Reports* zu finden und kann wie ein normaler Bericht verwendet werden.

Im nächsten Kapitel erfahren Sie, wie Sie beim Erstellen von Berichten Ausdrücke (z.B. *Iif* oder VB-Funktionen) sinnvoll einsetzen können.

Kapitel 30

Ausdrücke

In diesem Kapitel:

Wie Sie in Teil B dieses Buchs gesehen haben, bieten die Berichte eine Vielzahl von Möglichkeiten. Es gibt aber Fälle, in denen Sie noch mehr Flexibilität brauchen, die Sie mit Funktionen erreichen können.

Wenn Sie schon einmal mit Microsoft Excel-Formeln gearbeitet haben, werden Sie sich bei den Reporting Services-Ausdrücken sofort zu Hause fühlen, denn nicht nur die Syntax ist mit dem einleitenden »=« ähnlich, auch viele Funktionen sind identisch. Einziger Wermutstropfen: Die Reporting Services verwenden selbst in der deutschen Version englischsprachige Funktionsnamen. Aber daran haben Sie sich schnell gewöhnt.

Auch diejenigen unter Ihnen, die jetzt vielleicht sagen: »Alle Funktionen hab ich in SQL Ruck-Zuck implementiert«, werden in diesem Kapitel sehen, dass sich vieles mit Ausdrücken eleganter und einfacher lösen lässt.

Auch die Programmierer unter Ihnen werden die Ausdrücke schätzen, denn ein Großteil der Funktionen ist identisch mit .NET-Funktionen, da sie aus deren Namespaces stammen.

In diesem Kapitel werden Sie nicht nur die mitgelieferten Aggregat-, Datums- und Entscheidungsfunktionen kennenlernen, sondern auch eigene Funktion programmieren und sogar ganze Klassen in Form von .NET-Assemblys einbinden.

Allgemeine Ausdrücke verwenden

In diesem Abschnitt werden Sie lernen, mit Ausdrücken umzugehen und dabei die eingebauten Funktionen zu nutzen.

Bevor Sie sich in dieses Thema stürzen, werden Sie auf die Schnelle einen einfachen Vertriebsbericht erstellen, der Ihnen als Grundlage zum Erproben der Beispiele dieses Kapitels dient.

Beispiel: Verkaufsbericht nach Vertriebsmitarbeiter und Jahren

Um Ausdrücke verwenden zu können, bauen Sie mithilfe dieses Abschnitts zunächst ein Grundgerüst, das Sie in den folgenden Abschnitten nach und nach mit Funktionen erweitern werden.

Ihr Chef bittet Sie, einen Verkaufsbericht zu erstellen, der die Umsätze nach Vertriebsmitarbeiter und nach Jahren auflistet.

Gehen Sie dazu folgendermaßen vor und schlagen Sie dabei, sofern Sie ausführlichere Darstellungen zum Erstellen von Berichten wünschen, ggf. in Kapitel 8 nach.

1. Starten Sie SQL Server Business Intelligence Development Studio und rufen Sie den Menübefehl *Datei/Neu/Projekt* auf, um ein neues Projekt zu erstellen.
2. Wählen Sie unter *Business Intelligence-Projekte* den *Berichtsserverprojekt-Assistent*, nennen Sie Ihr Projekt *BerichtMitFunktionen* und bestätigen Sie mit *OK*.
3. Nennen Sie Ihre neue Datenquelle z.B. *AdventureWorks*. Klicken Sie auf *Bearbeiten* und wählen Sie als *Datenquelle* den Server aus, der die Beispieldatenbank enthält. Entscheiden Sie sich für *Integrierte Sicherheit* und *Adventureworks2008R2* als Quelldatenbank.
4. Mit *Weiter* und *Abfrage-Generator* gelangen Sie zum Abfrage-Designer, in dem Sie Ihre Abfrage bearbeiten können. Fügen Sie die SQL-Abfrage aus Listing 30.1 ein. Im Abfrage-Designer, den Sie über die Schaltfläche *Abfrage-Generator* erreichen, entspricht das Ergebnis der Abbildung 30.1.

```
SELECT HumanResources.vEmployee.FirstName AS Vorname,
       HumanResources.vEmployee.LastName AS Nachname,
       Purchasing.PurchaseOrderHeader.TotalDue AS Summe,
       YEAR(Purchasing.PurchaseOrderHeader.OrderDate) AS Jahr
FROM Purchasing.PurchaseOrderHeader INNER JOIN
     HumanResources.vEmployee ON Purchasing.PurchaseOrderHeader.EmployeeID =
     HumanResources.vEmployee.BusinessEntityID
WHERE YEAR(Purchasing.PurchaseOrderHeader.OrderDate) = 2008
```

Listing 30.1 Abfrage für den Abfrageentwurf

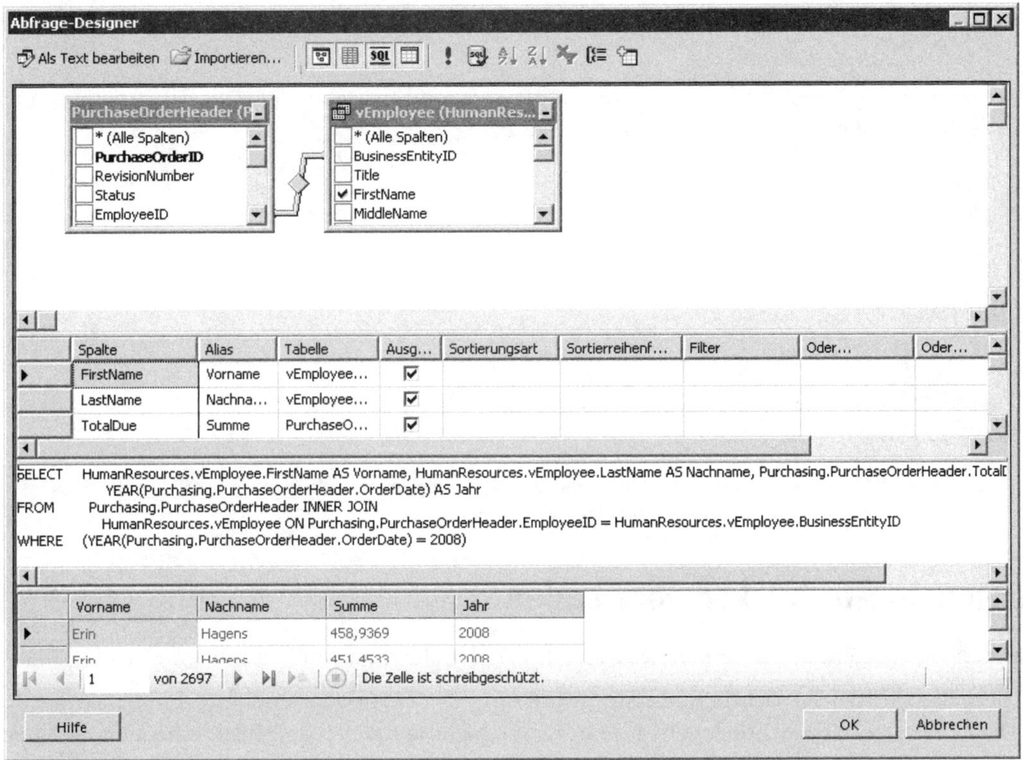

Abbildung 30.1 So konfigurieren Sie Ihre SQL-Abfrage

5. Mit *OK* und *Weiter* gelangen Sie zu der Auswahl des Berichtstyps. Wählen Sie die *Matrix*.
6. Im nächsten Dialogfeld verteilen Sie die Spalten der Abfrage auf die Felder der Matrix: *Vorname* und *Nachname* kommen in die Zeilen, *Jahr* in die Spalten und *Summe* in die Details. Klicken Sie auf *Weiter* und wählen Sie nach Belieben einen Matrixstil aus. Bestimmen Sie den Bereitstellungsspeicherort, nennen Sie den Bericht *Bericht mit Funktionen* und schließen Sie die Erstellung des Berichts mit *Fertig* ab.
7. Löschen Sie unter den Spaltengruppen die Gruppe *matrix1_Jahr*. Wählen Sie im Dialogfeld *Gruppe löschen* die Option *Nur Gruppe löschen*, um die Kopfzeile zu erhalten.
8. Nun steht Ihr Bericht als Grundgerüst. Die Abbildung 30.2 zeigt die Vorschau, die Sie mit einem Klick auf die gleichnamige Registerkarte erhalten. Sie können nun für jeden Vertriebsmitarbeiter die jährlichen Umsätze sehen.

9. Um den Bericht nicht nur in der Vorschau, sondern auch vom Berichtsserver starten zu können, müssen Sie den Zielserver angeben, wenn Sie dies nicht schon im Assistenten gemacht haben. Rufen Sie dazu den Menübefehl *Projekt/BerichtMitFunktionen-Eigenschaften* auf und tragen im Feld *TargetServerURL* die URL Ihres Berichtsservers – in unserem Fall *http://localhost/ReportServer* – ein.

Sobald Sie den Bericht mit *Erstellen/BerichtMitFunkionen bereitstellen* ausgeführt haben, steht er auf Ihrem Berichtsserver zur Verfügung, von dem Sie ihn mit Ihrem Browser abrufen können, standardmäßig unter der URL *http://localhost/reportserver/BerichtMitFunktionen/Bericht Mit Funktionen.*

Abbildung 30.2 Das Grundgerüst Ihres Berichts ist fertig

Funktionen in Ausdrücken verwenden

Jetzt stoßen Sie zum eigentlichen Kern dieses Kapitels vor, der Nutzung von Funktionen.

Ihr Chef nörgelt an Ihrem Vertriebsbericht, wie Sie ihn mithilfe des vorigen Abschnitts implementiert haben, herum: Dieser sei nicht übersichtlich genug, man könne nicht auf den ersten Blick erkennen, welcher Vertriebsmitarbeiter sein Umsatzziel erreicht habe und welcher nicht.

Um diesem Mangel abzuhelfen, werden Sie eine visuelle Leseunterstützung einrichten, indem Sie die Zellen einfärben, die Werte enthalten, die kleiner als das Umsatzziel sind. Um dies zu erreichen, gehen Sie folgendermaßen vor:

1. Öffnen Sie den im vorigen Abschnitt erstellten *Bericht Mit Funktionen* in Visual Studio und stellen Sie sicher, dass die Registerkarte *Entwurf* im Vordergrund ist.
2. Klicken Sie in die Zelle, welche mit *[Sum(Summe)]* beginnt und die Zellen für die Detaildaten repräsentiert. Die Eigenschaften für diese Zelle werden im gleichnamigen Fenster angezeigt (Abbildung 30.3). Navigieren Sie zu *BackgroundColor*, die die Hintergrundfarbe der Zellen bestimmt, und klicken Sie dort hinein.

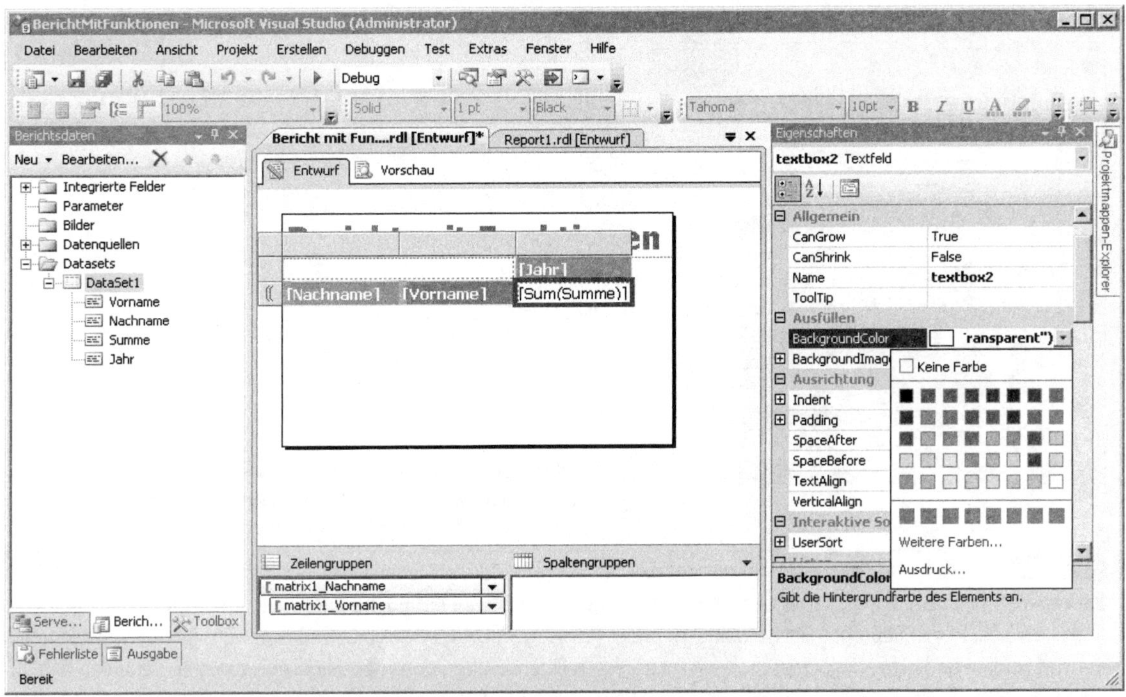

Abbildung 30.3 Ändern Sie hier die Eigenschaften eines Berichtselements

3. Das Umsatzziel, das Ihr Chef vorgegeben hat, ist 3.700.000, und jeder Umsatzwert, der darunter liegt, soll rot ausgewiesen werden. Legen Sie das Umsatzziel als Variable fest, um den Wert an einer Stelle ändern zu können und nicht in den Eigenschaften der verschiedensten Berichtselemente. Öffnen Sie die Berichtseigenschaften über den Menübefehl Bericht/Berichtseigenschaften. Gehen Sie zur Registerkarte *Variablen* und fügen Sie die Variable *Umsatzziel* hinzu.
4. Für die bedingte Formatierung bietet sich die *IIf*-Funktion an, die in Abhängigkeit vom Wahrheitswert des ersten Teils den zweiten (wahren) oder dritten (falschen) Teil der Funktion zurückgibt. Löschen Sie aus der *BackgroundColor*-Eigenschaft den Eintrag *Transparent* und schreiben dafür

```
=IIf(Sum(Fields!Summe.Value) < Variables!Umsatzziel.Value, "Red", "Transparent")
```

   Dadurch wird bei einem Wert unter 3.700.000 Rot und andernfalls Transparent als Hintergrundfarbe gesetzt.
5. Wechseln Sie nun zur Vorschau, indem Sie auf die gleichnamige Registerkarte klicken. Nun sehen Sie das Ergebnis Ihrer Mühen (Abbildung 30.4).

Durch Ihre Visualisierung gewinnt Ihr Chef nun in Sekundenbruchteilen den gewünschten Überblick über Gewinner und Verlierer der letzten Jahre!

Bericht mit Funktionen

		2008
Hagens	Erin	3737716,3739
Hee	Gordon	4358285,4117
Hill	Annette	3647400,9915
Hillmann	Reinout	5095872,9870
Kurjan	Eric	5057849,3425
Meisner	Linda	5197894,0132
Miller	Ben	3270483,5445
Ogisu	Fukiko	4491654,7082
Pellow	Frank	4448772,0628
Rao	Arvind	2029412,9778
Sandberg	Mikael	5254300,0579
Word	Sheela	1812703,0254

Abbildung 30.4 Mit diesem Bericht erkennen Sie auf einen Blick, welche Vertriebsmitarbeiter die Umsatzziele erreicht haben

TIPP Genauso, wie Sie in diesem Beispiel die *BackgroundColor*-Eigenschaft gesetzt haben, können Sie beinahe alle Berichtselementeigenschaften setzen. Eine vollständige Aufzählung wäre ermüdend und wenig erhellend, zumal Sie eine solche in der Onlinehilfe von Reporting Services finden. In der Praxis markieren Sie am besten das gewünschte Berichtselement in der Entwurfsansicht und gehen im Eigenschaftenfenster dessen Eigenschaften durch, bis Sie die gewünschte gefunden haben. Wann immer Sie nicht direkt aus dem Namen auf die Funktionsweise schließen können oder aus anderen Gründen nähere Informationen zu einer Eigenschaft wünschen, suchen Sie den Namen in der Onlinehilfe von Reporting Services.

Die Aggregatfunktionen

Aggregatfunktionen fassen Daten zusammen. Wie Sie im Beispiel in diesem Abschnitt sehen, wird mit der *Sum*-Funktion eine Summe aller Werte im *Summe*-Feld berechnet. Eine Neuerung der Reporting Services 2008 R2 sind Aggregationen in Aggregationen, wodurch Sie z.B. den Maximalwert der Summen der Gruppenzeilen ermitteln können.

1. Erweitern Sie die Tabelle um einen Tabellenfuß, indem Sie, wie in Abbildung 30.5, in den Zeilengruppen für die Gruppe *matrix1_Nachname* im Kontextmenü den Eintrag *Gesamtergebnis hinzufügen/Nach* auswählen.

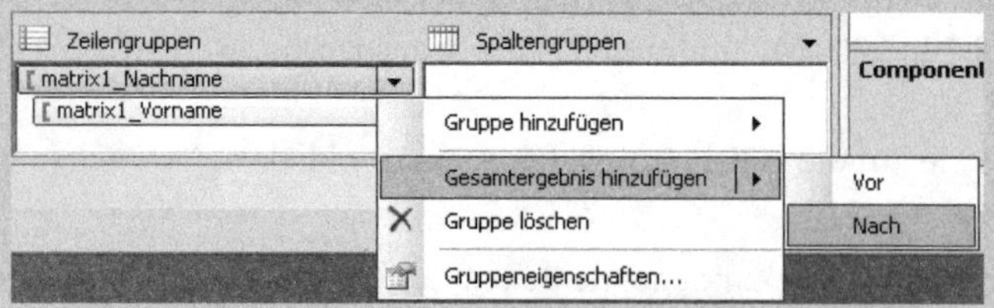

Abbildung 30.5 Hinzufügen eines Gesamtergebnisses zu einer Gruppenzeile

2. Wählen Sie das Summenfeld in der neu erstellten Fußzeile und klicken im Kontextmenü auf *Ausdruck*. Fügen Sie den folgenden Ausdruck im Dialogfeld hinzu:

```
=Max(Sum(Fields!Summe.Value, "matrix1_Nachname"))
```

3. Ersetzen Sie zum Schluss noch *Gesamt* durch *Maximal.*

Aggregatfunktionen können in Ausdrücken für jedes beliebige Berichtselement verwendet werden. Die Tabelle 30.1 zeigt die Aggregatfunktionen der Reporting Services, die Sie in Ausdrücken verwenden können.

Funktion	Beschreibung
Avg	Mittelwert aller von NULL verschiedenen Werte
Count	Anzahl der Werte
CountDistinct	Anzahl der unterschiedlichen Werte
CountRows	Anzahl der Zeilen
First	Erster Wert
Last	Letzter Wert
Max	Maximalwert
Min	Minimalwert
StDev	Standardabweichung aller von NULL verschiedenen Werte
StDevP	Standardabweichung der Gesamtheit aller von NULL verschiedenen Werte
Sum	Summe der Werte
Var	Varianz aller von NULL verschiedenen Werte
VarP	Varianz der Gesamtheit aller von NULL verschiedenen Werte
RowNumber	Laufende Zählung aller Zeilen im angegebenen Bereich
RunningValue	Laufendes Aggregat unter Verwendung einer angegebenen Funktion
Aggregate	Benutzerdefiniertes Aggregat gemäß der Definition durch den Datenprovider

Tabelle 30.1 Aggregatfunktionen der Reporting Services

TIPP Nicht nur die Eigenschaften der Berichtselemente, sondern sogar die Abfrageanweisung selbst können Sie durch einen Ausdruck ersetzen! Dies macht vor allem Sinn im Zusammenspiel mit Parametern; so ist es beispielsweise möglich, Teile der SQL-Abfrage durch Parameter zu ersetzen und sich so einen kleinen SQL-Abfrage-Generator zu bauen.

Um den Abfragebefehlstext mit einem Ausdruck zu bestimmen, gehen Sie in das Toolfenster *Berichtsdaten* und klicken auf die Schaltfläche, um das Dialogfeld *DataSet* zu öffnen, wo Sie auf der Registerkarte *Abfrage* im Feld *Abfragezeichenfolge* die SQL-Abfrage zum Ausdruck ergänzen, indem Sie ihr »="« voranstellen und sie mit »"« abschließen. Nun können Sie die SQL-Abfrage nach Belieben mit Zeichenfolgefunktionen bearbeiten.

Zwar ist nun der Abfrage-Designer deaktiviert, aber alles andere funktioniert, wie Sie es von einer statischen – also ohne Ausdruck entstandenen – SQL-Abfrage gewohnt sind.

Globale Auflistungen und der Ausdruckseditor

Mit globalen Auflistungen ist das Zugreifen auf Berichtselemente möglich.

Globale Auflistungen werden unterstrukturiert in Auflistungselemente:

- **Fields** Sie haben im vorherigen Abschnitt bereits die *Fields*-Auflistung in Ihrem Ausdruck verwendet, um auf die Felder des aktuellen Datensatzes zuzugreifen
- **Globals** Stellen Informationen wie Seitenzahlen über den Bericht zur Verfügung

TIPP In Ausdrücken haben Sie oft mit globalen Auflistungen zu tun, die Sie über ein nützliches Werkzeug – *Ausdruck bearbeiten* – in Ihre Ausdrücke einfügen können.

Fügen Sie Ihrem Bericht die aktuelle Seitenzahl hinzu:

1. Öffnen Sie den zuvor erstellten *Bericht mit Funktionen* in Visual Studio, blenden Sie über *Bericht/Seitenfuß hinzufügen* die Fußzeile ein und ziehen Sie mithilfe der Toolbox ein neues Textfeld auf die Fläche der Fußzeile.
2. Im Kontextmenü des Textfelds klicken Sie auf *Ausdruck*, wodurch sich ein Ausdruckseditor öffnet, wie in Abbildung 30.6 zu sehen. Dort öffnen Sie den Knoten *integrierte Felder*, wählen *PageNumber* per Doppelklick aus.

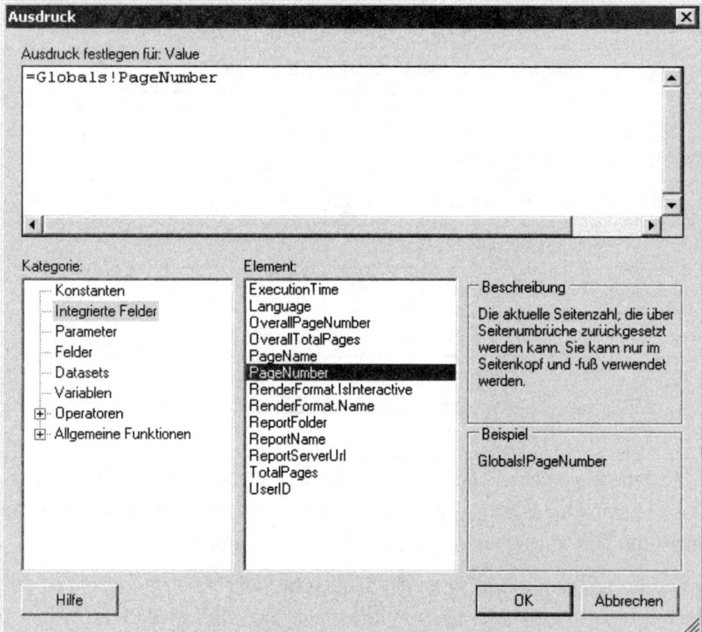

Abbildung 30.6 Sie können globale Auflistungen über das Dialogfeld *Ausdruck bearbeiten* einfügen

Mit *OK* übernehmen Sie den Eintrag. In Ihrem Feld steht jetzt *[&PageNumber]*. Um das Ergebnis dieser Funktion zu sehen, holen Sie die Registerkarte *Vorschau* in den Vordergrund. In der Fußzeile Ihres Berichts erscheint die zugehörige Seitenzahl.

Mehr zum Ausdrucks-Editor lesen Sie im folgenden Kasten »Der Ausdrucks-Editor«.

Der Ausdrucks-Editor

Wie schon in den Vorgängerversionen SQL Server Reporting Services bietet die Bearbeitung von Ausdrücken im Ausdrucks-Editor einige Vorteile:

Sie können aus vielen Eigenschaften des Berichts (z.B. Seitenzahl), der Operatoren (Vergleichsfunktionen) oder der Allgemeinen Funktionen (z.B. Konvertierungen) wählen und sich so Ihren Ausdruck zusammenklicken. Sollten Sie beispielsweise nicht die Visual Basic-Konvertierungsfunktion für Währungen auswendig kennen, finden Sie diese im Zweig *Allgemeine Funktionen/Text.*

Das in modernen Programmierumgebungen übliche IntelliSense und das sofortige Erkennen von ungültigen Ausdrücken finden Sie auch im Ausdrucks-Editor wieder.

In Abbildung 30.7 sehen Sie zum Beispiel die verschiedenen Funktionen, die Sie auf den Ausdruck =Fields!Vorname anwenden können. Gleichzeitig deutet die rote Unterstreichung an, dass der Ausdruck unvollständig bzw. ungültig ist.

Ein Vorteil gegenüber der Bearbeitung direkt im Eigenschaftenfeld ist außerdem der Platz für die Ausdrucksbearbeitung. Sollten Sie sich jemals durch ein kleines Textfeld mit einem langen Ausdruck gequält haben, werden Sie für diesen positiven Nebeneffekt des Ausdrucks-Editors dankbar sein.

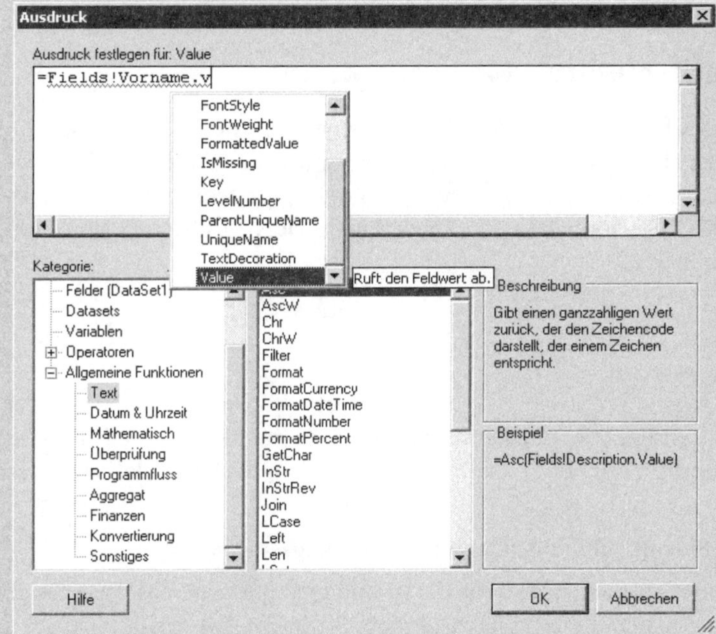

Abbildung 30.7 IntelliSense des Ausdrucks-Editors

Mithilfe des Ausdrucks-Editors genießen Sie annähernd den Komfort, den Sie aus Programmierumgebungen gewohnt sind. Es ist also fast immer zu empfehlen, den Ausdrucks-Editor zu verwenden.

- **Parameters** Die Auflistung der Berichtsparameter ist ausführlich im Kapitel 14 beschrieben
- **ReportItems** Diese Auflistung enthält alle Textfelder in einem Bericht. So können z.B. die Werte zweier Textfelder addiert werden.

- **User** Diese Auflistung enthält nur zwei Elemente, zum ersten *Language*, welche die Sprach-ID des Benutzers, der den Bericht ausführt, enthält, und zum zweiten *UserID*, welche die Benutzer-ID dieses Benutzers auflistet. Sie können in die Kopfzeile des Berichts ein Textfeld mit dem Code =User.Userid erstellen. Im Bericht wird Ihnen daraufhin der Domain- und Nutzername in Form von *Domain\Benutzername* dargestellt.

TIPP Ihr Chef wird einen Bericht mit einer Verknüpfung mehrerer globaler Auflistungen in einem Ausdruck optisch viel ansprechender finden. Um eine wie in Abbildung 30.8 dargestellte typische Fußzeile zu erzeugen, die den Namen des Berichts, die Zeit seiner Ausführung, die aktuelle Seite und die Gesamtzahl der Seiten ausweist, tragen Sie in das Textfeld in der Fußzeile den folgenden Ausdruck ein:

```
=Globals.ReportName & " vom " & Format(Globals.ExecutionTime, "d") & ", Seite " & Globals.PageNumber & " von " &
Globals.TotalPages
```

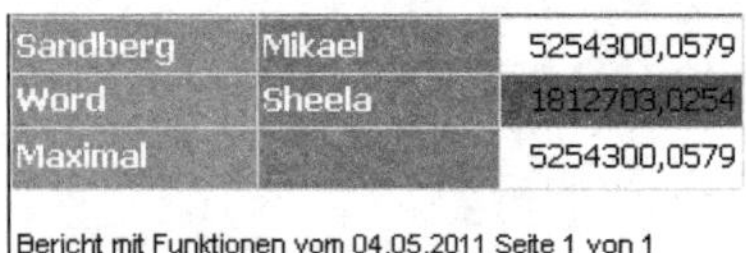

Sandberg	Mikael	5254300,0579
Word	Sheela	1812703,0254
Maximal		5254300,0579

Bericht mit Funktionen vom 04.05.2011 Seite 1 von 1

Abbildung 30.8 Mittels globaler Auflistungen wird eine typische Berichtfußzeile generiert

Erweiterte Möglichkeiten: .NET-Funktionen

In den vorangegangenen Abschnitten dieses Kapitels haben Sie einige Beispiele von Berichtsserver-spezifischen Funktionen kennengelernt. Damit ist aber keineswegs das Ende der Fahnenstange erreicht, denn wie Sie bereits an vielen Stellen gesehen haben, sind die Reporting Services ein offenes System. Das heißt in diesem Zusammenhang offen in Richtung .NET. Sie können in den Reporting Services-Ausdrücken alle Funktionen aus den folgenden Namespaces anwenden:

- *Microsoft.VisualBasic*
- *System.Convert*
- *System.Math*

In diesen Namespaces gibt es mehrere hundert Funktionen, die vollständig aufzulisten wenig erhellend wäre, zumal eine Funktionsliste problemlos über die Visual Basic-Onlinehilfe unter dem Stichwort des jeweiligen Namespaces abrufbar ist.

Hier ein Überblick, welche Themenfelder Sie mit Funktionen aus diesen Namespaces abdecken:

- **Datumsfunktionen** Mit der *Now*-Funktion können Sie, wie die Abbildung 30.9 zeigt, das Tagesdatum und die aktuelle Uhrzeit anzeigen. Sie erhalten dieses Ergebnis, indem Sie in der Entwurfsansicht Ihres Beispielberichts *=Now()* in das Feld links oben eintragen.

Bericht mit Funktionen

04.04.2011 17:57:48		2008
Hagens	Erin	3737716,3739

Abbildung 30.9 Ausführungszeit des Berichts ausgeben

- **Entscheidungsfunktionen** Ein typisches Beispiel und eine der wichtigsten Funktionen ist die *IIf*-Funktion, die Sie im Abschnitt »Funktionen in Ausdrücken« ab Seite 502 verwendet haben

- **Zeichenfolgefunktionen** Mit der *Left*-Funktion können Sie beispielsweise erreichen, dass nur noch der erste Buchstabe des Vornamens der Mitarbeiter angezeigt wird, indem Sie in die linke Zelle, die den Vornamen enthält, den folgenden Ausdruck schreiben:

```
=Left(Fields!Vorname.Value, 1) & "."
```

Um eine Funktion für ein spezielles Problem zu finden, durchsuchen Sie die Onlinehilfe von Visual Studio oder der Dokumentation zu den Bibliotheksklassen von .NET Framework. Sollten Ihnen Funktionen gänzlich fehlen, hilft Ihnen der nächste Abschnitt weiter.

Eigene Funktionen erstellen: Das Codeelement

Wenn Sie eine ganz bestimmte Funktion benötigen, die es standardmäßig in den Reporting Services nicht gibt, können Sie diese im Visual Basic-Syntax verfassen und direkt über das Codeelement einfügen.

Ihr Chef träumt vom Handel mit dem Altair-System und bittet Sie, als ersten Schritt zur Umsetzung seiner Vision in Ihrem Vertriebsbericht eine Spalte einzurichten, in der die Werte umgerechnet in Altair Dollar ausgewiesen werden.

Das heißt für Sie, Sie müssen einen Währungsrechner für die fiktive Währung Altair-Dollar implementieren, von dem Sie – der Einfachheit halber und weil sich Ihr Chef außerstande sieht, das Gegenteil zu beweisen – annehmen, er sei an den Euro gebunden und immer genau die Hälfte wert. Sie benötigen also eine Funktion, die einen Wert des Typs *Double* erhält, diesen halbiert und dann zurückgibt.

Um diese Aufgabe mithilfe einer eingebetteten Funktion und dem Codeelement zu realisieren, gehen Sie wie folgt vor:

1. Öffnen Sie den zuvor erstellten *Bericht Mit Funktionen* in Visual Studio.
2. Um zur Codeeingabe zu gelangen, stellen Sie sicher, dass die Registerkarte *Entwurf* Ihres Berichts aktiviert ist, wählen *Bericht/Berichtseigenschaften* und holen im nun geöffneten Dialogfeld *Berichtseigenschaften* die Registerkarte *Code* in den Vordergrund, wie in Abbildung 30.10 zu sehen ist. Hier können Sie Visual Basic-Code einfügen und so eigene Funktionen schreiben.
3. Geben Sie den Code aus Abbildung 30.10 in das Codefenster ein und schließen Sie es mit *OK*.
4. Um Platz für die Anwendung Ihrer neuen Funktion zu schaffen, klicken Sie mit der rechten Maustaste in die Zelle rechts unten (in der Sie im vorangegangenen Beispiel die Hintergrundfarbe bestimmt haben) und wählen *Spalte hinzufügen/Rechts*.
5. In die Überschrift der neu eingefügten Spalte tragen Sie *Altair-Dollar* ein.
6. In der Zelle unter der neuen Spaltenüberschrift fügen Sie Folgendes ein:

```
=code.konvertiereWaehrung( Sum(Fields!Summe.Value))
```

Die Summenfunktion entspricht genau der Funktion aus der Zelle links daneben und die Funktion *konvertiereWaehrung* wird auf deren Ergebnis angewandt. Mit dem vorangestellten *code* signalisieren Sie den Reporting Services, dass sie die selbst geschriebenen Funktionen des Codeelements verwenden sollen.

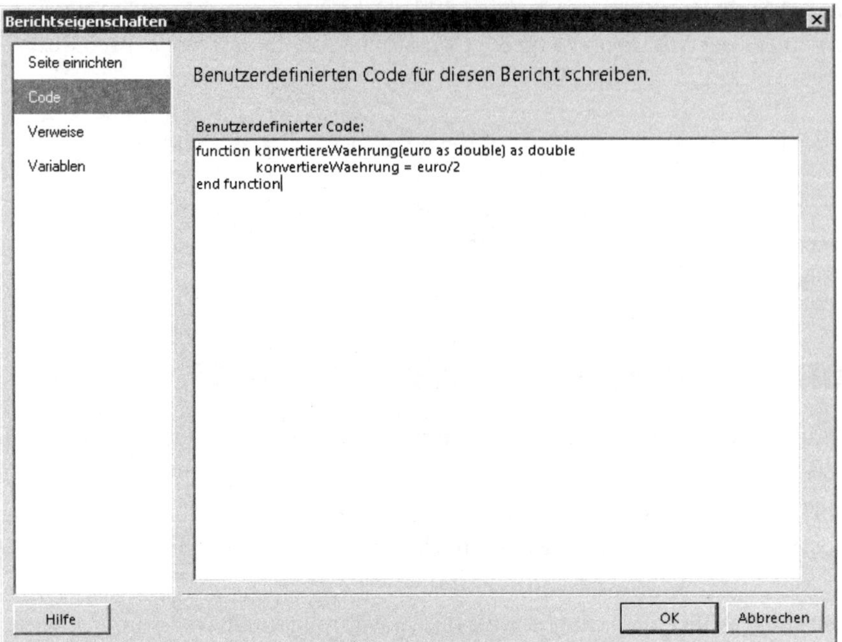

Abbildung 30.10 Codefenster mit selbst geschriebenem Visual Basic-Code

7. Wählen Sie die Registerkarte *Vorschau*, um die Ergebnisse Ihrer Funktion zu begutachten. Wie Sie in Abbildung 30.11 sehen, zeigen die Werte in der Spalte *Altair-Dollar* genau die Hälfte der jeweils daneben angezeigten €-Werte. Die roten Markierungen wurden aus der *Summe*-Spalte übernommen.

Bericht mit Funktionen

04.04.2011 18:11:12		2008	Altair-Dollar
Hagens	Erin	3737716,3739	1868858,18695
Hee	Gordon	4358285,4117	2179142,70585
Hill	Annette	3647400,9915	1823700,49575
Hillmann	Reinout	5095872,9870	2547936,4935
Kurjan	Eric	5057849,3425	2528924,67125
Meisner	Linda	5197894,0132	2598947,0066
Miller	Ben	3270483,5445	1635241,77225
Ogisu	Fukiko	4491654,7082	2245827,3541
Pellow	Frank	4448772,0628	2224386,0314
Rao	Arvind	2029412,9778	1014706,4889
Sandberg	Mikael	5254300,0579	2627150,02895
Word	Sheela	1812703,0254	906351,5127
Maximal		5254300,0579	

Bericht mit Funktionen vom 04.05.2011 Seite 1 von 1

Abbildung 30.11 Berichtvorschau mit Summenfunktions- bzw. Währungsfunktionsergebnissen

Nachdem Sie nun gelernt haben, eigene Funktionen zu schreiben, fallen Ihnen sicherlich noch viele Anwendungen für das Codeelement ein. Sobald Ihnen diese Möglichkeit nicht mehr ausreicht, hilft Ihnen der nächste Abschnitt weiter.

Volle Flexibilität: Mit Assemblys arbeiten

Wenn Sie häufig eigene Funktionen mithilfe des Codeelements umsetzen, wie im vorangegangenen Abschnitt beschrieben, sollten Sie erwägen, auch .NET-Assemblys zu verwenden. Dabei handelt es sich um .NET-Klassenbibliotheken, die in einer *.dll*-Datei abgelegt werden.

Angenommen, Sie möchten in mehreren Ihrer Berichte dieselben selbstgeschriebenen Funktionen verwenden. Wenn Sie hierfür das Codeelement verwenden, können Sie dieses Ziel zwar erreichen, nur müssen Sie in jedem Bericht erneut denselben Code einfügen. Das ist unkomfortabel und macht den Code schwer wartbar. Besser ist es, Sie verwenden eine Assembly, die Sie nur einmal implementieren müssen, um sie dann in allen Berichten verwenden zu können.

Über diese administrativen Vorteile hinaus können Sie bei der Entwicklung von Assemblys auf den Funktionsumfang einer vollwertigen Entwicklungsumgebung von .NET zugreifen und sich damit – verglichen mit den Möglichkeiten des Codeelements – neue Dimensionen der Entwicklung erschließen.

Assembly implementieren

Sie werden im Folgenden eine Assembly programmieren und in Ihrem Bericht einsetzen.

Ihrem Chef ist eingefallen, dass er in dem Vertriebsbericht gerne sehen möchte, wie viel Provision er seinen Vertriebsmitarbeitern gezahlt hat. Da er gleichzeitig großen Wert darauf legt, (wie er das nennt) »ungestört mit seinen Zahlen spielen« zu können, Sie es aber für übertrieben halten, für diesen einen Wert eine eigene Datenbanktabelle anzulegen und dazu noch einen Client für die Eingabe zu programmieren, legen Sie eine XML-Datei an, aus der der Provisionssatz bei der Erstellung des Berichts mit einer Funktion aus einer Assembly ausgelesen wird. Um letztere zu erstellen, gehen Sie wie folgt vor:

HINWEIS Mithilfe des standardisierten XML-Dateiformats tauschen viele Anwendungen ohne Probleme über Systemgrenzen hinweg strukturiert Informationen aus, die sonst Kommunikationsschwierigkeiten hätten. Sie können mit Visual Studio und .NET sehr komfortabel XML-Dateien erstellen, auslesen und manipulieren. Diese Funktionen sind ideal geeignet, um externe Daten, die z.B. von einer anderen Abteilung Ihres Unternehmens als XML-Datei abgelegt wurden, im eigenen Bericht zu verwenden.

Da das Handling von XML-Dateien einfacher als das von Datenbanktabellen ist, ist es – insbesondere bei kleinen Datenmengen, die schnell und unkompliziert geändert werden müssen – oft effektiver, mit XML-Dateien zu arbeiten.

1. Erstellen Sie zunächst die XML-Datei, die Sie auslesen wollen. Starten Sie dazu einen Texteditor, z.B. über *Start/Alle Programme/Zubehör/Editor,* und fügen Sie den Code aus Listing 30.2 ein.
2. Speichern Sie die Datei unter *C:\Provision.xml.* und schließen Sie den Editor.

ACHTUNG Falls Sie die Datei *Provision.xml* nicht unter *C:* speichern möchten oder können, denken Sie daran, auch die Verweise in Listing 30.3 und Listing 30.5 an den neuen Speicherort anzupassen.

```
<?xml version='1.0' ?>
<Provision>
    <SiriusCyberneticCorporation>0,03</SiriusCyberneticCorporation>
</Provision>
```

Listing 30.2 Code für die Datei *Provision.xml*

3. Beginnen Sie die Erstellung der Assembly, indem Sie Visual Studio starten und mit *Datei/Neu/Projekt* ein neues Projekt erstellen.
4. Wählen Sie *Visual Basic* als Projekttyp, *Klassenbibliothek* als Vorlage, nennen Sie diese *XmlLesenAssembly* (Abbildung 30.12) und bestätigen Sie mit *OK*.

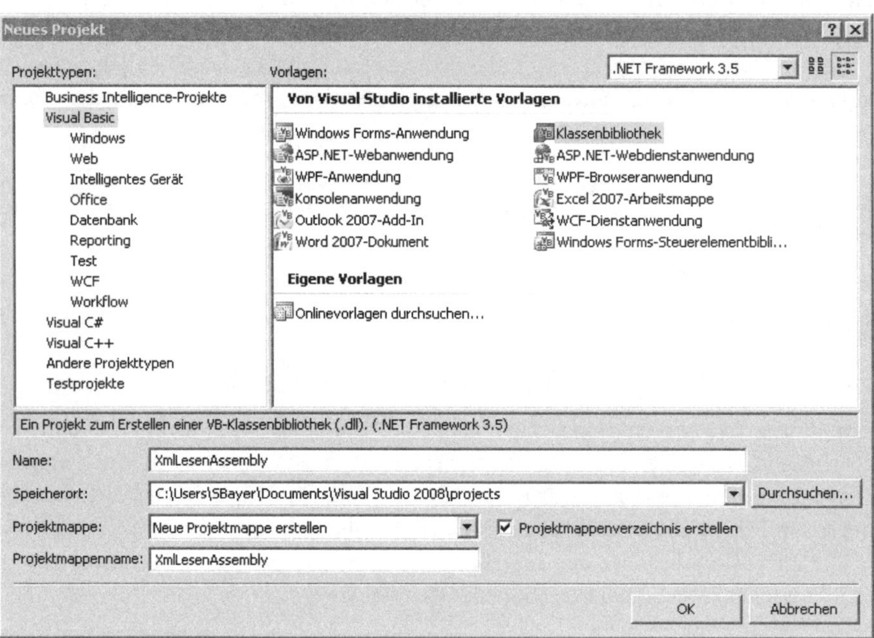

Abbildung 30.12 Legen Sie hier Ihr Projekt für die neue Assembly an

5. Den beim Erzeugen des Projekts automatisch erstellten Klassenrumpf benennen Sie im Projektmappen-Explorer von *Class1.vb* in *XmlLesen.vb* um und fügen den Code aus Listing 30.3 in die Klasse ein. Dieser enthält eine Funktion, die zuerst die Dateizugriffsberechtigung für die zuvor erstellte XML-Datei setzt, diese ausliest und den so ermittelten Provisionswert zurückgibt.

```
Imports System.Security.Permissions
Imports System.Xml

Public Class XmlLesen
    Public Shared Function ProvisionAusXmlLesen() As Double
        'liest die Datei Provision.xml aus
        Dim permission As FileIOPermission = New FileIOPermission( _
            FileIOPermissionAccess.Read, "C:\Provision.xml")
        Dim dWert As Double
```

Listing 30.3 Code der *XmlLesen*-Klasse

```
        Try
            'Zugriffsrechte setzen
            permission.Assert()
            'XML-Datei auslesen
            Dim xmlDoc As XmlDocument = New XmlDocument
            xmlDoc.Load("C:\Provision.xml")
            dWert = Convert.ToDouble(xmlDoc.DocumentElement.ChildNodes. _
                Item(0).InnerText)
        Catch e As Exception
        End Try
        ProvisionAusXmlLesen = dWert
    End Function
End Class
```

Listing 30.3 Code der *XmlLesen*-Klasse *(Fortsetzung)*

6. Mit *Erstellen/XmlLesenAssembly erstellen* erzeugen Sie die Assembly, die im *bin\Debug*-Unterverzeichnis Ihres Visual Studio-Projektordners als *XmlLesenAssembly.dll* abgelegt wird.

Damit ist Ihre Assembly fertig und kann eingesetzt werden, sobald sie im Berichtsserver bereitgestellt wurde, was Sie im nächsten Abschnitt lernen werden.

Assembly bereitstellen

Damit Sie die Funktionen Ihrer im vorigen Abschnitt erstellten Assembly in Berichten verwenden können, müssen die Konfigurationsdateien des Berichtsservers so angepasst werden, dass die Reporting Services Ihren Code akzeptieren und den Zugriff auf Ihre *Provision.xml*-Datei erlauben. Dazu müssen Sie folgende Änderungen vornehmen:

1. Kopieren Sie Ihre *XmlLesenAssembly.dll*-Assembly in die Verzeichnisse des Berichtsservers. Sie finden Ihre Assembly im *bin\Debug*-Unterordner Ihres Projekts, also standardmäßig unter *C:\Users\{Benutzername}\Documents\Visual Studio 2008\Projects\XmlLesenAssembly\XmlLesenAssembly\bin\Debug*. Die Zielverzeichnisse sind standardmäßig *C:\Program Files\Microsoft SQL Server\MSRS10_50.MSSQLSERVER\Reporting Services\ReportServer\bin* und *C:\Program Files\Microsoft Visual Studio 9.0\Common7\IDE\PrivateAssemblys*.
2. Öffnen Sie die Datei *rssrvpolicy.config*, die sich standardmäßig in dem Ordner *C:\Program Files\Microsoft SQL Server\MSRS10_50.MSSQLSERVER \Reporting Services\ReportServer* befindet.
3. Fügen Sie den Code aus Listing 30.4 hinter dem *</CodeGroup>*-Tag des letzten öffnenden *<CodeGroup>*-Tags hinzu.

ACHTUNG Wenn Sie den Berichtsserver nicht im Standardpfad installiert haben, müssen Sie die betreffenden Pfade in den Listings entsprechend anpassen.

Falls Sie ein 64-Bit-System einsetzen, müssen Sie den folgenden Pfad für die Einrichtung der Visual Studio Umgebung verwenden: *C:\Program Files (x86)\Microsoft Visual Studio 9.0\Common7\IDE\PrivateAssemblys*.

```
<CodeGroup class="UnionCodeGroup"
    version="1"
    PermissionSetName="XmlProvisionBerechtigungsSatz"
    Name="XmlLesenCodeGruppe"
    Description="XmlCodeGruppe zur Erteilung der Zugriffsberechtigung der
            XmlLesenAssembly">
```

Listing 30.4 Erweitern Sie die *rssrvpolicy.config* im Abschnitt *<CodeGroup>*

```
    <IMembershipCondition class="UrlMembershipCondition"
        version="1"
        Url="C:\Program Files\Microsoft SQL Server\MSRS10_50.MSSQLSERVER\Reporting
            Services\ReportServer\bin\XmlLesenAssembly.dll"
    />
</CodeGroup>
```

Listing 30.4 Erweitern Sie die *rssrvpolicy.config* im Abschnitt *<CodeGroup> (Fortsetzung)*

4. Fügen Sie den Code aus Listing 30.5 hinter das *<NamedPermissionSets>*-Tag ein.

```
<PermissionSet class="NamedPermissionSet"
        version="1"
        Name="XmlProvisionBerechtigungsSatz"
        Description="Berechtigung für Lesezugriff auf die Provision.xml-Datei.">
        <IPermission class="FileIOPermission"
            version="1"
            Read="C:\Provision.xml"
        />
        <IPermission class="SecurityPermission"
            version="1"
            Flags="Execution, Assertion"
        />
</PermissionSet>
```

Listing 30.5 Fügen Sie diesen Code im Abschnitt *<NamedPermissionSets>* in die *rssrvpolicy.config* ein

5. Führen Sie Punkt 2 bis 4 noch einmal mit der Datei *rspreviewpolicy.config* aus. Dann haben Sie die Berechtigungen nicht nur für den Berichtsserver selbst, sondern auch für die Entwicklungsumgebung gesetzt. Das ist notwendig, um Berichte mithilfe der *XmlLesenAssembly* überhaupt entwerfen zu können.

HINWEIS Für die *URL*-Eigenschaft im *CodeGroup*-Element sollten Sie nicht denselben Pfad in der *rssrvpolicy.config* und *rspreviewpolicy.config* angeben. Es ist besonders bei getrennten Maschinen der Entwicklungs- bzw. Produktivumgebung sinnvoll, um Konflikte zu vermeiden. In diesem Beispiel haben Sie die *XmlLesenAssembly.dll* in die *bin*-Ordner des Servers und der Entwicklungsumgebung kopiert, sodass Sie diese beiden Pfade benutzen können. Für das Beispiel würde aber auch der identische Pfad genügen.

6. Nachdem Sie gespeichert haben, starten Sie den Berichtsserverdienst neu, indem Sie im Suchfeld des Startmenüs *services.msc* eingeben und mit *OK* bestätigen, um im Dialogfeld *Dienste* auf dem Eintrag *SQL Server Reporting Services* im Kontextmenü *Neu starten* wählen.

Jetzt akzeptiert der Berichtsserver Ihre neue Assembly und erlaubt dieser das Lesen Ihrer XML-Datei. Sie müssen im Bericht auf Ihre Assembly verweisen, damit Sie ihre Funktionalität nutzen können. Wie problemlos das funktioniert, erklärt Ihnen der nächste Absatz.

Auf eine Assembly in einem Bericht verweisen

Nachdem der Berichtsserver weiß, dass es eine neue Assembly gibt, können Sie im Bericht auf diese verweisen, um die neuen Funktionen zu nutzen. Gehen Sie dazu folgendermaßen vor:

1. Öffnen Sie den zuvor erstellten *Bericht Mit Funktionen* in Visual Studio.
2. Um eine Referenz auf die Assembly zu setzen, klicken Sie die Registerkarte *Entwurf* an und rufen Sie den Menübefehl *Bericht/Berichtseigenschaften* auf. In den Berichtseigenschaften holen Sie die Registerkarte

Verweise in den Vordergrund. Nach einem Klick auf *Hinzufügen* öffnen Sie mit mithilfe der Verweisschaltfläche [...] das Dialogfeld *Verweis hinzufügen*.

3. Da Ihre *XmlLesenAssembly.dll* nicht aufgeführt ist, klicken Sie auf *Durchsuchen*, wechseln Sie in *C:\Program Files\Microsoft Visual Studio 9.0\Common7\IDE\PrivateAssemblys*, wählen Sie dort *XmlLesenAssembly.dll* aus und klicken auf *OK*, um in die Ansicht aus Abbildung 30.13 zu gelangen. Schließen Sie diese mit *OK*.

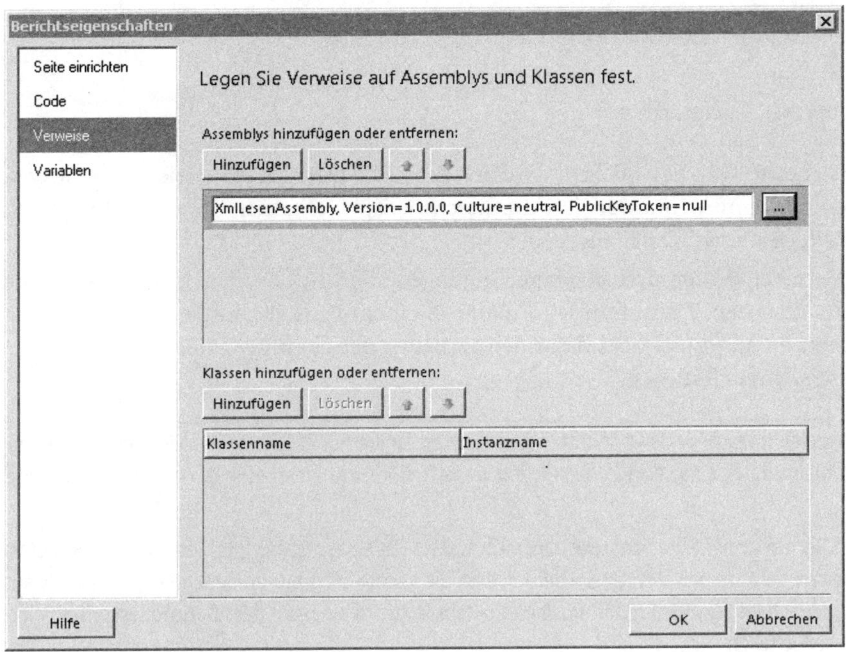

Abbildung 30.13 Setzen Sie hier einen Verweis auf die selbst erstellte Assembly, die Sie im Bericht nutzen möchten

Die Funktionen Ihrer Klasse können Sie nun in Ihrem Bericht verwenden.

Assembly-Funktion im Bericht nutzen

Um nun endlich die in den vorigen Abschnitten erstellte und referenzierte Funktion anzuwenden, gehen Sie folgendermaßen vor:

1. Nach dem Einfügen des Verweises im vorigen Abschnitt erzeugen Sie in der Entwurfsansicht per Klick mit der rechten Maustaste auf der rechten Spalte und Auswahl von *Spalte hinzufügen* eine neue Spalte in der Tabelle.
2. Als Spaltenüberschrift tippen Sie *Provision* ein.
3. Die Syntax, um auf Ihre Funktion zuzugreifen, ist *{Assemblyname}.{Klassenname}.{Funktionsname}*. Um in der neuen Spalte die Provision auszulesen und mit dem Umsatz zu multiplizieren, tragen Sie dort entsprechend der Abbildung 30.14 Folgendes ein:

```
=Sum(Fields!Summe.Value)*XmlLesenAssembly.XmlLesen.ProvisionAusXmlLesen()
```

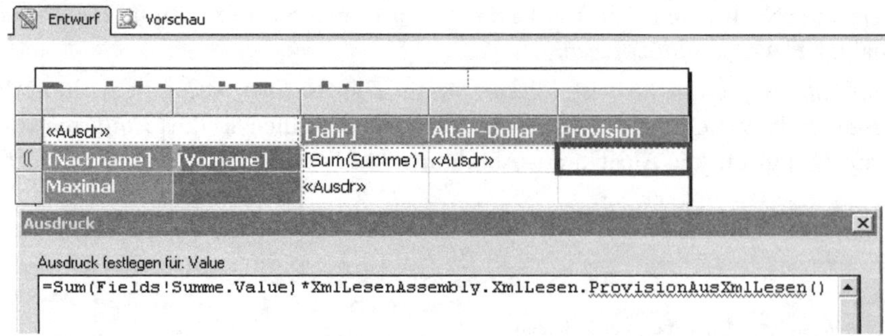

Abbildung 30.14 Tragen Sie hier Ihren Funktionscode ein

4. Sobald Sie auf die Registerkarte *Vorschau* klicken, wird aus der XML-Datei der Provisionswert ausgelesen und mit dem Zellenwert der Summe multipliziert. In diesem Beispiel erhalten Sie jeweils 3 % der Summenwerte, wie in Ihrer *Provision.xml*-Datei angegeben.
5. Da für die Anzeige im Vorschaufenster nicht alle Berechtigungen überprüft werden, sollten Sie nun unbedingt mit F5 den Bericht starten. Daraufhin wird dieser in einem Fenster simuliert, wie Sie in Abbildung 30.15 sehen. Gegebenenfalls müssen Sie dafür den aktuellen Bericht unter *Projekt, Bericht mitFunktionen-Eigenschaften* als *StartItem* festlegen.

ACHTUNG Falls bei der Anzeige Ihres Berichts in Schritt 5 in der neuen Spalte nur Nullen stehen, überprüfen Sie, ob Ihre Berechtigungen in der Konfigurationsdatei *rssrvpolicy.config* richtig gesetzt sind, wie im Abschnitt »Assembly« ab Seite 513 beschrieben.

Die *Vorschauansicht* nimmt auf Rechte wenig Rücksicht, was dazu führt, dass Sie Berechtigungsprobleme erst dann bemerken, wenn Sie den Bericht im Browserfenster anzeigen. Achten Sie darauf, dass die Rechte nicht nur im Berichts-Designer (die ausführende Vorschau, welche Sie mit der Schaltfläche *Debuggen starten* erhalten), sondern auch auf dem Berichtsserver selbst gesetzt werden müssen, sobald Sie ihn bereitstellen.

Obwohl es kompliziert klingt, ist diese Trennung von Test- und Produktivumgebung auch in Bezug auf Sicherheit sinnvoll.

Bericht mit Funktionen

04.04.2011 19:05:49		2008	Altair-Dollar	Provision
Hagens	Erin	3737716,3739	1868858,18695	112131,491217
Hee	Gordon	4358285,4117	2179142,70585	130748,562351
Hill	Annette	3647400,9915	1823700,49575	109422,029745
Hillmann	Reinout	5095872,9870	2547936,4935	152876,18961
Kurjan	Eric	5057849,3425	2528924,67125	151735,480275
Meisner	Linda	5197894,0132	2598947,0066	155936,820396
Miller	Ben	3270483,5445	1635241,77225	98114,506335
Ogisu	Fukiko	4491654,7082	2245827,3541	134749,641246
Pellow	Frank	4448772,0628	2224386,0314	133463,161884
Rao	Arvind	2029412,9778	1014706,4889	60882,389334
Sandberg	Mikael	5254300,0579	2627150,02895	157629,001737
Word	Sheela	1812703,0254	906351,5127	54381,090762
Maximal		5254300,0579		

Bericht mit Funktionen vom 05.05.2011 Seite 1 von 1

Abbildung 30.15 Ergebnis der *XmlLesen*-Funktion, verknüpft mit der Summenfunktion

6. Klicken Sie mit der rechten Maustaste auf den Bericht und wählen Sie im Kontextmenü den Eintrag *Bereitstellen*, was bewirkt, dass der Bericht an den Zielserver weitergegeben wird.

Sie haben in diesem Kapitel gelernt, wie Ausdrücke in Reporting Services verwendet werden. Sie wissen jetzt, wie man eigene Funktionen schreiben und verwenden und sogar in Form von Assemblys mehreren Berichten zur Verfügung stellen kann.

Kapitel 31

Migration von Version 2005 auf 2008 R2

In diesem Kapitel:

Wenn Sie in der Vergangenheit bereits mit Reporting Services 2005 gearbeitet haben, haben Sie vermutlich bereits eine Vielzahl von Berichten unter dieser Version erstellt und bereitgestellt. Wenn Sie sich nun für Reporting Services 2008 R2 interessieren, möchten Sie sicherlich wissen, was mit den alten Berichten passiert.

Die beruhigende Aussage ist: In den allermeisten Fällen können Sie Ihre Berichte ohne weitere Anpassungen einfach weiterverwenden. Für die wenigen Ausnahmefälle werden Ihnen in diesem Kapitel einfache Lösungsmöglichkeiten gezeigt, um sicherzugehen, dass Sie Ihre Berichte auch nach einem Update weiter anbieten können.

Wenn Sie aber in der Vergangenheit mit den Reporting Services 2008 gearbeitet haben, werden Sie keine großen Probleme haben, weil durch die Erweiterungen die Migration kaum beeinträchtigt wird.

Migration von vorhandenen Berichten aus Reporting Services 2005

Wie in der Einleitung bereits erwähnt, ist die Konvertierung von alten Berichten denkbar einfach. Eine sehr unkomplizierte und sichere Methode ist die im Folgenden dargestellte:

1. Erstellen Sie ein neues Projekt in Visual Studio 2008 oder öffnen Sie ein vorhandenes Visual Studio 2008-Projekt.
2. Suchen Sie im Windows-Explorer Ihr altes RS2005-Projekt.
3. Übertragen Sie per Kopieren/Einfügen die Berichtsdatei des gewünschten Berichts aus der alten Projektmappe in die neue Projektmappe.
4. In Visual Studio können Sie nun entsprechend der Abbildung 31.1 den alten Bericht dem Projekt hinzufügen.
5. Beim Öffnen wird der Bericht automatisch konvertiert und ist sofort einsatzbereit.

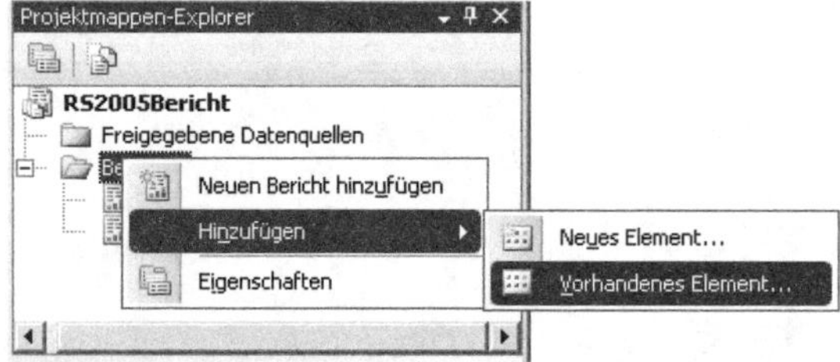

Abbildung 31.1 Einen vorhandenen Bericht dem Projekt hinzufügen

Mit der vorgestellten Methode werden sich etwa 90 % der vorhandenen Berichte problemlos übertragen lassen. Aus diesem Grund sollten Sie auch immer zunächst versuchen, Ihre Berichte mit der hier beschriebenen Methode zu migrieren, bevor Sie sich über eventuelle Sonderfälle Gedanken machen. Leider gibt es wie immer Ausnahmen von dieser Regel. Aber keine Angst, auch die restlichen Berichte lassen sich mit kleinen Tricks vollständig weiter verwenden.

ACHTUNG Sie sollten nach dem Migrieren Ihres Berichts auf jeden Fall noch einmal einige Punkte prüfen, bevor Sie ihn endgültig freigeben:

1. Alle Drillthroughs, da diese teilweise neu eingestellt werden müssen. Zu Drillthroughs finden Sie in Kapitel 15 weitere Hinweise.
2. Sortierung von Parameterlisten. Sofern Sie keine expliziten Sortierungsvorgaben hatten, kann es sein, dass die Listen in Reporting Services 2008 R2 automatisch anders sortiert werden.

3. Auch die Einstellung von Seitengrößen kann sich unter Umständen in Reporting Services 2008 verändert haben. Daher sollten Sie insbesondere Ihre Einstellungen zu *Page Size* und *Interactive Size* noch einmal prüfen. Lesen Sie im Zweifelsfall noch einmal in Kapitel 11 nach.

Verschachtelte Tabellen/Matrix-Kombinationen

Die sogenannte Tablix, die eine Kombination von Tabellen und Matrizen darstellt, ist eine wesentliche Neuerung seit Reporting Services 2008. In Kapitel 10 können Sie genauer nachlesen, wie Sie mit Tablix umgehen und was Sie damit genau machen können.

Was Sie jetzt so einfach in Version 2008 R2 editieren und designen können, war nur sehr umständlich in alten Berichten mit Reporting Services 2005 zu erreichen. Eine Möglichkeit, auf die Sie früher eventuell zurückgegriffen haben, war das Einsetzen von Tabellen in Matrixzellen oder Konstruktionen mit mehreren geschachtelten Tabellen. Leider kann genau diese Konstruktion bei der Migration zu Problemen führen.

Wenn Sie einen Bericht mit einer derart geschachtelten Tabelle migrieren wollen, könnte es passieren, dass Sie eine Darstellung ähnlich wie in Abbildung 31.2 zu sehen bekommen:

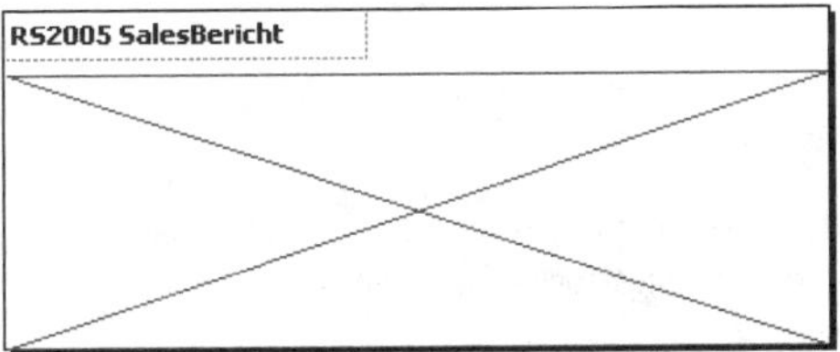

Abbildung 31.2 Fehlerhaft konvertierter Bericht mit geschachtelten Tabellen

Der fehlerhaft konvertierte Bericht kann zwar weiterhin deployed werden und in eingeschränkter Form noch editiert werden. In der Vorschau werden Sie auch den normalen Bericht mit allen Funktionen sehen. Die Nachbearbeitung ist aber nur sehr mühsam möglich, da in der Entwurfsansicht die eigentlichen Felder durch ein rotes »X« verdeckt sind. Sie werden jedoch schnell feststellen, dass die Fläche unter dem »X« nicht leer ist. Ihre Zellen befinden sich nach wie vor in der Tabelle und können per Klick auch markiert werden. Mit einem kleinen Trick können Sie diese auch wieder sichtbar machen. Gehen Sie dazu wie folgt vor:

1. Legen Sie eine Kopie der Tabelle an, entweder im gleichen Bericht oder in einem neuen. Wenn Sie einen neuen Bericht verwenden wollen, müssen Sie natürlich auch die Datasets übertragen. Daher empfehlen wir, den gleichen Bericht zu verwenden. Die kopierte Tabelle weist genau wie die Ursprungstabelle das rote »X« auf.
2. Leeren Sie alle Zellen der neu eingefügten Tabelle, indem Sie alle Zellen markieren und mit der `Entf`-Taste löschen. Nun sollten Sie wieder die Struktur der Tabelle erkennen können (siehe Abbildung 31.3). Beim Löschen werden lediglich die Inhalte der Zellen gelöscht. Gruppierungen und Beziehungen der Zellen untereinander bleiben bestehen.

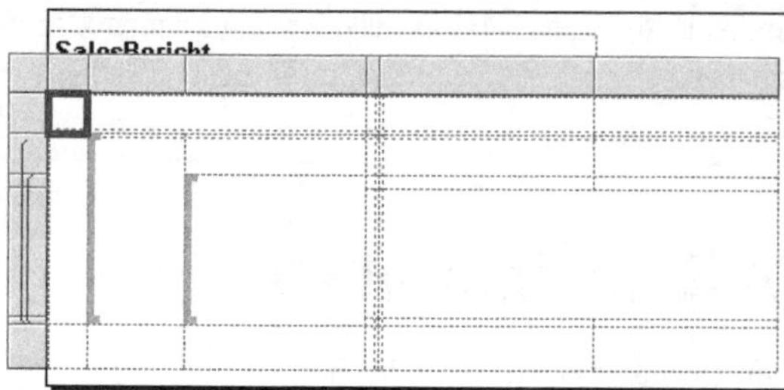

Abbildung 31.3 Nachdem alle Zellen geleert sind, ist die Tabelle wieder editierbar

3. Nun können Sie mit dem Wiederherstellen der Zelleninhalte beginnen. Auch dafür können Sie die Kopieren/Einfügen-Funktion zu Hilfe nehmen. Wählen Sie einfach einzelne Zellen der Ursprungstabelle aus und fügen Sie sie in die neue Tabelle ein.
4. Das Ergebnis sollte mit Abbildung 31.4 vergleichbar sein. Die Tabelle ist wieder voll einsatzbereit und hat alle Funktionen beibehalten, die Sie bereits im alten Bericht eingestellt haben.

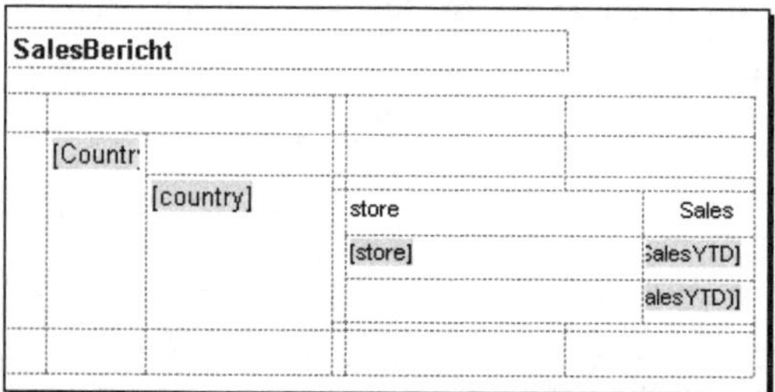

Abbildung 31.4 Die einzelnen Zellen lassen sich mit Kopieren/Einfügen aus der Ursprungstabelle übernehmen

HINWEIS Es kann in Einzelfällen vorkommen, dass sich einige Zellen nicht kopieren lassen. In diesem Fall erhalten Sie beim Versuch, diese Zellen zu kopieren, wieder das »X« in Ihrer neuen Tabelle angezeigt. Falls Ihnen das passiert, lässt sich der Kopiervorgang mit Strg+Z wieder rückgängig machen und Sie sollten die Tabelle wieder sehen.

Lassen Sie diese Zellen daher zunächst weg und prüfen Sie anschließend, welchen Inhalt diese Zellen in der Ursprungstabelle hatten. Dies können Sie feststellen, indem Sie sich per Klick mit der rechten Maustaste und Auswahl des Eintrags *Ausdruck* den Inhalt anzeigen lassen. Sofern die Zellen nicht leer waren, müssen Sie den Wert der Zellen manuell übertragen. Um die Gruppierungen müssen Sie sich dabei nicht kümmern, da diese bereits beim Kopieren der gesamten Tabelle erstellt wurden.

Berichte mit Dundas Charts in Detailgruppen

Wenn Sie schon häufiger mit grafischen Auswertungen gearbeitet haben, hatten Sie in Reporting Services 2005 vielleicht Kontakt mit Dundas Charts und haben diese bei vergangenen Berichten eingesetzt. Die gute Nachricht zuerst: Die Funktionen von Dundas Charts sind jetzt weitestgehend direkt in die Reporting Services integriert, sodass Sie im Normalfall keine Zusatzprogramme mehr kaufen und installieren müssen.

Bisher verwendete Dundas Charts werden auch automatisch in das neue Format konvertiert, und dies mit allen dazugehörigen Funktionen. Eine Ausnahme bilden allerdings Berichte, in denen die Dundas Charts in Detailgruppen der Tabelle eingesetzt wurden.

Betrachten Sie dazu als Beispiel den Bericht in Abbildung 31.5. Eine Sparkline zeigt für die verschiedenen Produkte den Verlauf der Bestellungen. Dies ist eine typische Anwendung, bei der Dundas Charts nicht separat, sondern in Detailgruppen eingesetzt werden.

Wer aber dachte, die Dundas Maps auch so leicht portieren zu können, wird enttäuscht. Diese müssen auf den Reporting Services 2008 R2 neu erstellt werden, obwohl die Dundas Maps nun auch integriert sind.

Produktverkäufe der letzten 12 Monate

Product ID	Bestellverlauf der letzten 12 Monate
793	
794	
795	
796	
797	
798	
799	
800	
801	

Abbildung 31.5 Ein Bericht mit einer Sparkline zum Anzeigen des Verlaufs von Bestellungen zu verschiedenen Produkten

Nun werden Sie vermutlich, wie es auch naheliegt, versuchen, den Bericht wie in Abschnitt »Migration von vorhandenen Berichten aus Reporting Services 2005« (siehe ab Seite 520) in das Visual Studio 2008-Projekt zu migrieren.

Es ist leider zu erwarten, dass Sie statt Ihres Berichts eine Fehlermeldung ähnlich wie in Abbildung 31.6 angezeigt bekommen.

Den Bericht können Sie weder deployen noch editieren oder in der Vorschau betrachten. Auch der Hinweis *Code bearbeiten* wird Sie nur sehr umständlich zum Ziel führen.

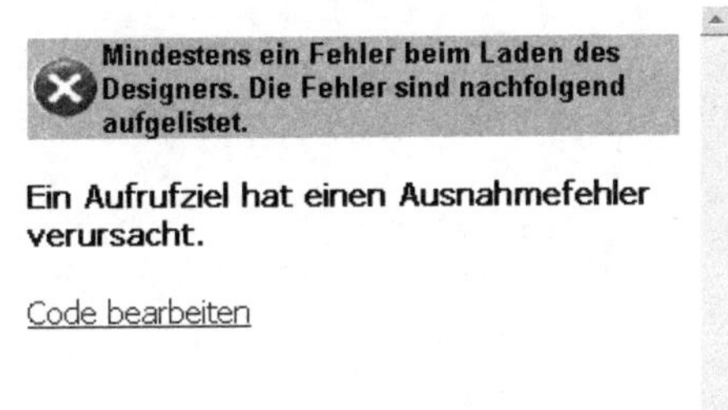

Abbildung 31.6 Fehlermeldung beim Versuch, den Bericht in Visual Studio 2008 aufzurufen

Zum Glück gibt es auch für diesen Fehler einen sehr einfachen Workaround:

1. Dazu müssen Sie zunächst Ihren alten Bericht noch einmal mit Visual Studio 2005 öffnen.
2. Die Abbildung 31.7 zeigt Ihnen, wie Sie den Bericht vorbereiten müssen: Schneiden Sie die Grafik aus der Detailzelle der Tabelle heraus (Strg+X) und fügen Sie sie außerhalb der Tabelle wieder in den Bericht ein (Strg+V).
3. Speichern Sie den Bericht und schließen Sie Visual Studio 2005 wieder.
4. Den so präparierten Bericht können Sie nun mit dem Standardvorgehen in Visual Studio 2008 öffnen. Die Grafik lässt sich jetzt ohne Probleme migrieren.
5. Wenn Sie die Grafik anschließend wieder in die Tabelle einfügen, ist der Bericht auch in Reporting Services 2008 R2 wieder vollständig nutzbar.

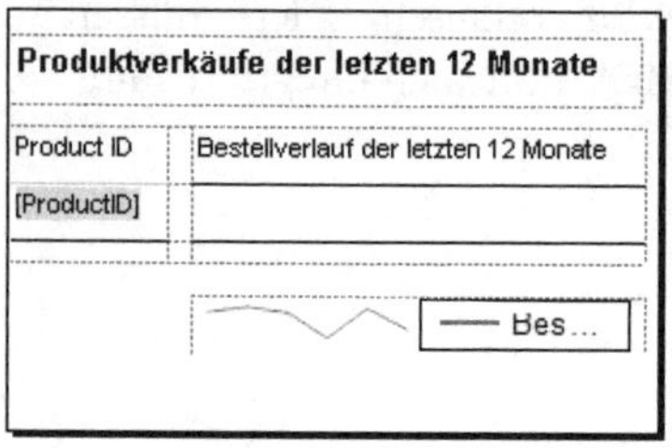

Produktverkäufe der letzten 12 Monate

Product ID	Bestellverlauf der letzten 12 Monate
[ProductID]	

Bes...

Abbildung 31.7 Import des Berichts durch Auslagern der Grafik

Wie Sie sehen, lassen sich mit ein paar Tricks auch die letzten Berichte ohne großen Aufwand nach Reporting Services 2008 R2 migrieren.

Teil E

Programmierung

In diesem Teil:

Kapitel 32

Einführung in Programmierung und URL-Zugriff

In diesem Kapitel:

Mussten Sie sich in den vorangegangenen Teilen mit den nicht immer komfortablen Benutzeroberflächen begnügen, die zum Lieferumfang von Reporting Services gehören, werden Sie in diesem Teil die Möglichkeiten kennenlernen, alles frei nach Ihren Wünschen zu gestalten, will heißen: die Reporting Services steuern, programmieren und in eigene Anwendungen integrieren.

Insbesondere wenn Sie bereits viele Jahre Microsoft-Produkte programmieren, werden Sie positiv überrascht sein: Bei den Reporting Services wurde nicht die Hauptenergie des Entwicklerteams auf die Schaffung bunter Oberflächen für Marketingpräsentationen konzentriert, sondern der Schwerpunkt auf die Gestaltung einer klaren, übersichtlichen Struktur und von Objektmodellen verlegt, die einfach und mit überschaubarem Einarbeitungsaufwand zu programmieren sind.

Dies zeigt einmal mehr, dass es sich bei Reporting Services nicht um ein Gimmick handelt, das schnell wieder in der Versenkung verschwinden könnte – mit einem Wort: Es lohnt es sich für Sie als Entwickler, hier einzuarbeiten!

Die meisten Anwendungsentwickler sind gebrannte Kinder: Ein Großteil der Anwender legt größten Wert darauf (wie es einer unserer Ex-Bundeskanzler einst so hübsch ausdrückte), »was hinten rauskommt«, und das heißt für diese leider oftmals: das Reporting. Dieses war oftmals eine sehr aufwendige Programmierung, die viele Mannmonate in Anspruch nehmen konnte.

Natürlich wäre es unseriös, hier zu behaupten, »Damit ist jetzt Schluss«, aber das Autorenteam kann aus eigener Erfahrung sagen und hat vergleichbare Stimmen von Vortragsteilnehmern häufig gehört: Durch den Einsatz von Reporting Services reduziert sich der Entwicklungsaufwand im Reporting auf einen Bruchteil.

Programmiermöglichkeiten im Überblick

Die Reporting Services sind durch ihre Flexibilität für viele Integrationskonzepte geeignet. Die Möglichkeiten der Programmierung sind in Abbildung 32.1 visualisiert und jeweils durch das Symbol I gekennzeichnet.

Im Einzelnen stehen Ihnen folgende Möglichkeiten zur Verfügung:

- Zugriff über die Webdienstschnittstelle via SOAP API auf die volle Funktionalität der Reporting Services von Ihren eigenen Anwendungen aus, z.B. über die .NET-Sprachen.

  Über Webdienste erfahren Sie in Kapitel 33 mehr, zur Webdienstschnittstelle der Reporting Services in Kapitel 34.

- Die Arbeit mit RSS-Skriptdateien bietet – da ebenfalls auf die SOAP API aufsetzend – annähernd denselben Funktionsumfang wie die Webdienstschnittstelle, erfordert aber keine Entwicklungsumgebung, da das *rs.exe*-Dienstprogramm Textdateien ausführt.

  Skriptdateien werden in Visual Basic verfasst. Diese eignen sich zum Automatisieren administrativer Aufgaben und als Zielformat von Code-Generatoren.

  Mehr über die Arbeit mit Skriptdateien erfahren Sie in Kapitel 35.

- Innerhalb von Berichten können Sie mit Visual Basic-Funktionen arbeiten, mit dem Codeobjekt Code in Berichte einbetten und auf Funktionen eigener .NET-Assemblys zugreifen.

  Mehr über die Arbeit mit Funktionen und Code in Berichten erfahren Sie in Kapitel 30.

- Wenn Sie die Berichtsdefinitionen dynamisch zur Laufzeit Ihrer Anwendung in RDL generieren, werden Ihre Berichte strukturell dynamisch.

  Mehr über RDL und deren Generierung können Sie in Kapitel 27 nachlesen.

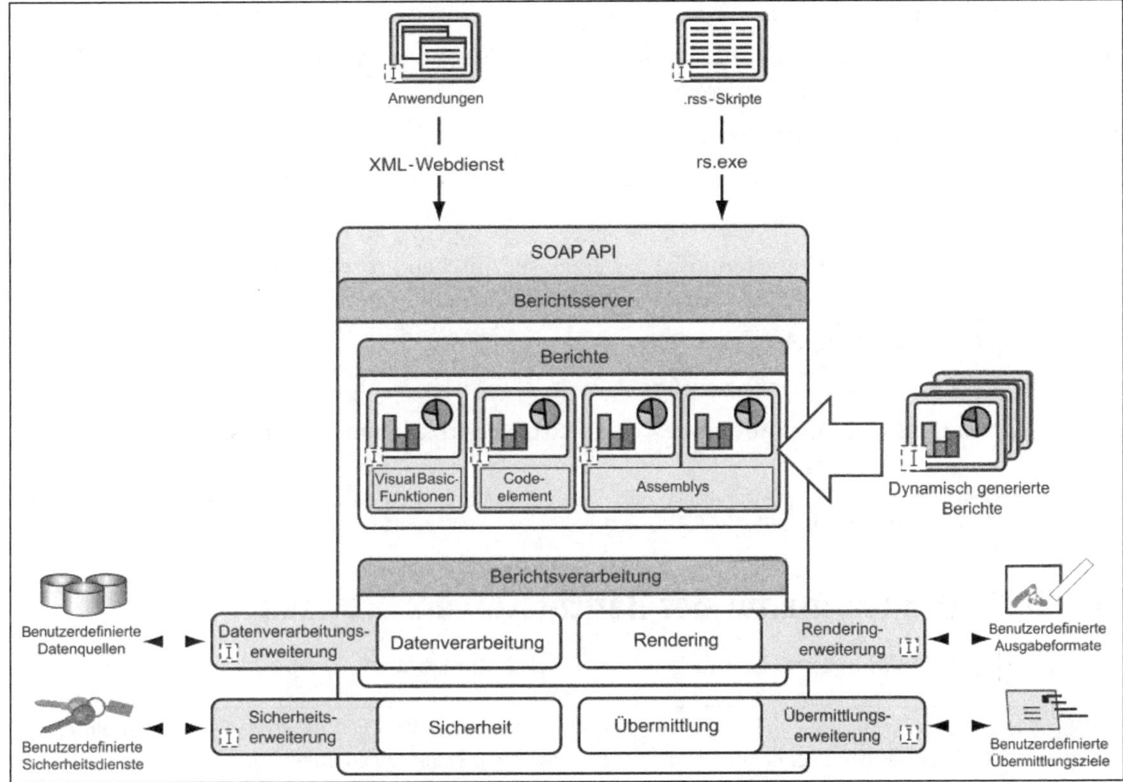

Abbildung 32.1 Zur Programmierung der Reporting Services stehen Ihnen viele Schnittstellen zur Verfügung

- Tief in die Berichtsverarbeitung können Sie Ihre Anwendungen einklinken, wenn Sie Erweiterungsschnittstellen der Reporting Services nutzen.

  Wie Sie Erweiterungen programmieren, erfahren Sie in Kapitel 36.
- Die URL-Zugriffsfunktion können Sie nutzen zum Anzeigen der Berichte im Intra- oder Internet.

Sie werden im folgenden Abschnitt erfahren, wie Sie URL-Zugriffsfunktion nutzen können, um Elemente vom Berichtsserver abzurufen.

Die URL-Zugriffsfunktion

Über die URL-Zugriffsfunktion ist es möglich, sich Ordnerinhalte anzusehen, sich durch die Ordnerstruktur des Berichtsservers zu klicken, interaktiv Berichte zu rendern und auf andere Elemente zuzugreifen.

Wenn Sie jemals mit dem Berichts-Manager gearbeitet haben, kennen Sie die URL-Zugriffsfunktion eigentlich schon – überall dort, wo der Berichts-Manager gerenderte Berichte anzeigt, nutzt dieser die URL-Zugriffsfunktion.

Die URL-Zugriffsfunktion wird vollständig über Parameter in der URL gesteuert.

Der Syntax für die URL lautet:

```
http://{Ihr Berichtsserver}/ReportServer?[/{Pfad}]&{Präfix}:{Param}={Wert}[&{Präfix}: Param=Wert]...n]
```

Dabei haben die Platzhalter folgende Bedeutung:

- *{Ihr Berichtsserver}*: Name Ihres Berichtsservers. Wenn Sie auf einen Berichtsserver auf demselben Computer zugreifen, können Sie hier *localhost* verwenden.
- ?: Leitet Pfad- und Parameterteil ein
- *[/{Pfad}]*: Der volle Pfadname des Elements, auf das zugegriffen werden soll
- &: Trennt Parameter-Namens-/Wertpaare
- *{Präfix}*: Optional. Ein Parameterpräfix, das einen spezifischen Prozess adressiert, der im Berichtsserver läuft. Ein Parameter ohne Präfix wird als Berichtsparameter interpretiert.
- *{Param}*: Name des Parameters
- *{Wert}*: Wert des verwendeten Parameters

Die Adresse zum Aufrufen eines AdventureWorks-Beispielberichts könnte zum Beispiel so aussehen:

```
http://localhost/ReportServer?/AdventureWorks 2008 Sample Reports/Company Sales
2008&StartDate=01.01.2004&EndDate=01.01.2004
```

Durch die Ordnerstruktur des Berichtsservers browsen

Die URL-Zugriffsfunktion bietet grundlegende Browsefunktionalitäten.

HINWEIS Verwechseln Sie die URL-Zugriffsfunktion, die Sie unter *http://{Ihr Berichtsserver}/Reportserver* ansteuern, nicht mit dem Berichts-Manager, der unter der URL *http://{Ihr Berichtsserver}/Reports* zu erreichen ist!

Die URL-Zugriffsfunktion ist eine native Schnittstelle der Reporting Services, die nur den Abruf von Berichtsserverelementen sowie grundlegende Browsefunktionalitäten durch die Berichtsserver-Ordnerstruktur unterstützt, während der Berichts-Manager eine in ASP.NET implementierte, vollwertige Managementoberfläche für den Berichtsserver darstellt.

Darüber hinaus nutzt der Berichts-Manager die URL-Zugriffsfunktion für die Darstellung von Berichtsserverelementen.

Mehr über den Berichts-Manager erfahren Sie in Teil C dieses Buchs.

Um die URL-Zugriffsfunktion zum Browsen durch die am Berichtsserver gespeicherten Elemente zu verwenden, gehen Sie folgendermaßen vor:

1. Starten Sie Ihren Browser und navigieren Sie zu der URL *http://{Ihr Berichtsserver}/ReportServer*. Die Elemente im Homeverzeichnis Ihres Berichtsservers werden angezeigt (Abbildung 32.2).

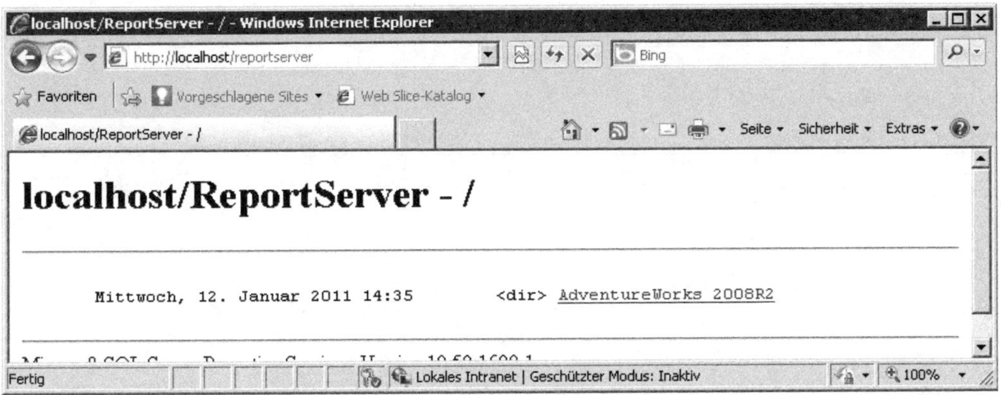

Abbildung 32.2 Mit der URL-Zugriffsfunktion können Sie durch die Elemente des Berichtsservers browsen

WICHTIG Um, wie in diesem Beispiel, auf ein Element mit der URL-Zugriffsfunktion zugreifen zu können, brauchen Sie die entsprechenden Berechtigungen, z.B. die *Browser*-Rolle auf dem Homeverzeichnis. Fehlt Ihnen diese Berechtigung, erhalten Sie einen Zugriffsfehler angezeigt (Abbildung 32.3).

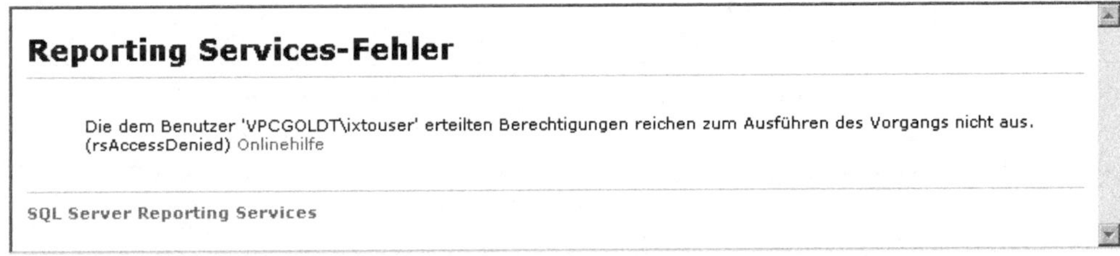

Abbildung 32.3 So meldet sich der Berichtsserver, wenn Ihnen die Berechtigung für das angeforderte Element fehlt

Mehr Informationen zum Thema Sicherheit finden Sie in Kapitel 22.

Da die Berechtigungen für jedes Element einzeln festgelegt werden können, muss diese Meldung nicht bedeuten, dass Sie gar nicht mit der URL-Zugriffsfunktion arbeiten können. Unter Umständen reicht es, über ein anderes Verzeichnis einzusteigen.

Wie Sie das anzuzeigende Element direkt in der URL festlegen, erfahren Sie im Abschnitt »URL-Parameter« ab Seite 532.

2. Um in ein Verzeichnis zu wechseln, klicken Sie auf dessen Namen, z.B. *AdventureWorks 2008R2*. Der Inhalt des Verzeichnisses wird angezeigt.
3. Um einen Bericht zu rendern, klicken Sie auf dessen Namen, z.B. *Customers_Near_Stores_2008R2*. Der Bericht wird angezeigt, wie aus dem Berichts-Manager gewohnt – nur eben ohne dessen Funktionselemente (Abbildung 32.4).

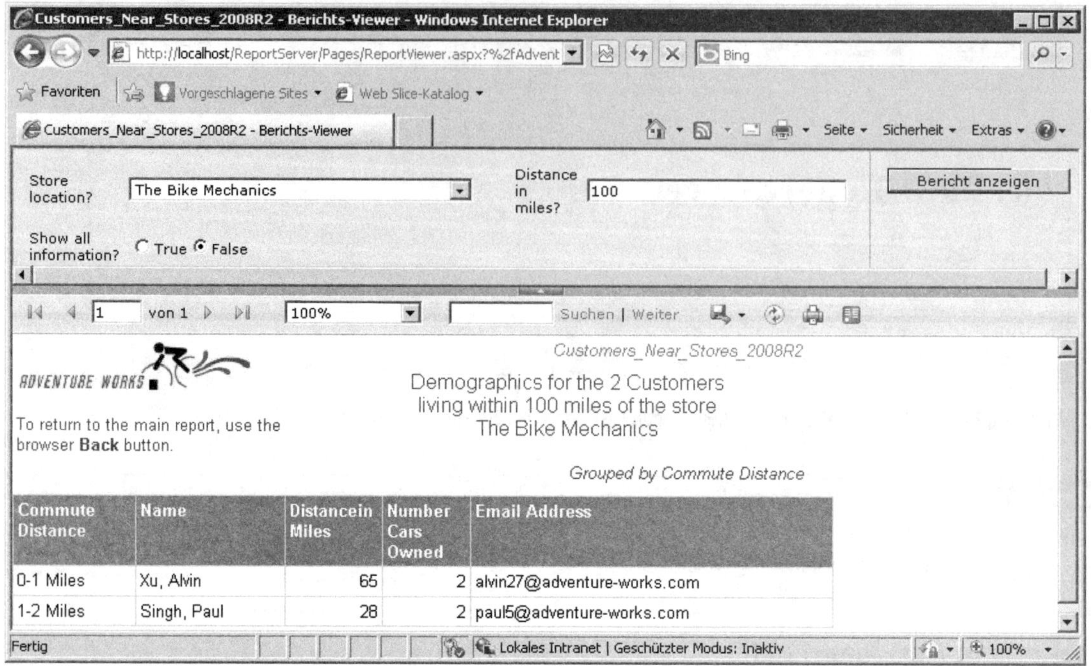

Abbildung 32.4 So wird ein Bericht im URL-Zugriff angezeigt: ohne das »Drumherum« des Berichts-Managers

Sie haben nun gelernt, wie Sie sich mithilfe der URL-Zugriffsfunktion interaktiv durch die Ordnerstruktur klicken können.

TIPP Vielleicht ist Ihnen aufgefallen, dass sich die URL bei jedem Klick ändert. Grund hierfür ist, dass die Informationen in URL-Parametern übergeben werden. Das bietet Ihnen die Möglichkeit, die URL für den Zugriff auf ein Element sehr schnell zusammenzustellen, indem Sie sich einfach zu diesem durchklicken und dann die URL direkt aus dem Browser übernehmen.

Wie die Arbeit mit Parametern genau funktioniert, erfahren Sie im nächsten Abschnitt.

URL-Parameter

Um ohne Benutzerinteraktion direkt auf die Elemente des Berichtsserver zugreifen zu können, müssen Sie die Parameter der URL-Zugriffsfunktion verwenden.

Fast alle Parameter benötigen jeweils ein Präfix, wobei in einer URL mehrere Präfixe vorkommen dürfen. Die vom Berichtsserver unterstützten Präfixe sind in Tabelle 32.1 aufgeführt.

Präfix	Beschreibung
(ohne)	Ein Parameter ohne Präfix wird als Berichtsparameter interpretiert
rc:	Versorgt die Renderingerweiterung mit gerätespezifischen Einstellungen, wie im Abschnitt »Renderingerweiterungen steuern« ab Seite 536 beschrieben. Dieses Präfix steuert auch den HTML-Viewer, wie im Abschnitt »HTML-Viewer« ab Seite 535 beschrieben.
rs:	Versorgt den Berichtsserver mit spezifischen Parametern, wie im Abschnitt »Kommandos an den Berichtsserver« ab Seite 534 beschrieben
dsu:, *dsp:*	Spezifiziert Benutzernamen bzw. Kennwort, mit dem auf die Datenquelle zugegriffen wird, wie im Abschnitt »An der Datenquelle« ab Seite 537 beschrieben.

Tabelle 32.1 Diese Präfixe müssen Sie verwenden, um die URL-Parameter näher zu spezifizieren

Wie Sie die Parameter nutzen, erfahren Sie im nächsten Abschnitt.

HINWEIS Gemäß den URL-Codierungsstandards werden Leerzeichen in URLs ersetzt durch »%20«, im Parameterbereich werden sie ersetzt durch »+« und ein Semikolon wird ersetzt durch »%3A«.

Browser führen diese Ersetzungen bei der URL-Codierung normalerweise automatisch durch, d.h., nachdem Sie die Eingabe der URL abgeschlossen haben, ändert sich die URL ohne Ihr Zutun entsprechend. Sie müssen sich also weder darum kümmern, noch sollten Sie sich von diesem Automatismus irritieren lassen.

Berichtsparameter

Parameter ohne Präfix werden als Berichtsparameter interpretiert. Beispiele dazu finden Sie in Tabelle 32.2.

URL	Ergebnis
http://{Ihr Berichtsserver}/ReportServer?/AdventureWorks 2008R2/Customers_Near_Stores_2008R2&Radius=50&Show-All=false	Rendert den Bericht *Customers_Near_Stores_2008R2* mit dem Berichtsparameter *Radius=50*, d.h., es werden die Kunden im Radius von 50 Meilen des Ladens angezeigt, der als Standardwert festgelegt ist
http://{Ihr Berichtsserver}/ReportServer?/AdventureWorks 2008R2/Customers_Near_Stores_2008R2&GeoLocation=POINT (-92.9637823283845 45.5059509301024)&Radius=100&Show-All=false	Rendert den Bericht *Customers_Near_Stores_2008R2* mit den Parametern *GeoLocation=POINT (-92.9637823283845 45.5059509301024)*, *Radius=100* und *ShowAll=false*, d.h., es werden die Kunden im Radius von 100 Meilen des Ladens mit den geologischen Daten *POINT (–92.9637823283845 45.5059509301024)* angezeigt

Tabelle 32.2 An diesen Beispielen sehen Sie, wie Sie Berichtsparameter übergeben können

ACHTUNG Berichtsparameternamen sind, im Gegensatz z.B. zu Ordner- und Berichtsnamen, case-sensitive, d.h., die Groß- und Kleinschreibung wird berücksichtigt.

Wenn Sie also im obigen Beispiel *radius* statt *Radius* eintippen, erhalten Sie die in Abbildung 32.5 dargestellte Fehlermeldung.

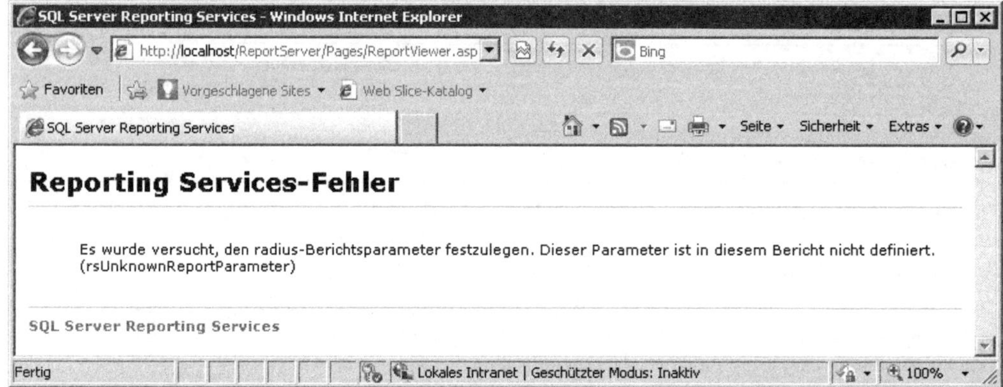

Abbildung 32.5 So reagiert der Berichtsserver, wenn die Groß-/Kleinschreibung für Parameternamen nicht stimmt

Kommandos an den Berichtsserver

Parameter, die direkt den Berichtsserver adressieren, werden mit dem Präfix *rs:* (für »Report Server«) eingeleitet. Eine Auflistung dieser Parameter finden Sie in Tabelle 32.3, einige Anwendungsbeispiele in Tabelle 32.4.

Parameter	Wozu?
Command	Anweisung an den Berichtsserver. Es gibt vier verschiedene Anweisungen: *GetDataSourceContents*: Zeigt die Eigenschaften der freigegebenen Datenquelle, auf die der Parameter angewendet wird, im XML-Format. *GetResourceContents*: Rendert eine Ressource und gibt sie in einer HTML-Seite aus. Die Verwendung dieses Werts hat die gleiche Auswirkung wie der direkte Aufruf der *GetResourceContents*-Methode des Reporting Services-Webdiensts. *ListChildren*: Zeigt die untergeordneten Elemente des Ordners, auf den der Parameter angewendet wird. Die Anzeige erfolgt in einer generischen Symbolnavigationsseite, wie sie z.B. in Abbildung 32.2 zu sehen ist. Die Verwendung dieses Werts hat die gleiche Auswirkung wie der direkte Aufruf der *ListChildren*-Methode des Reporting Services-Webdiensts, über den Sie in Kapitel 34 mehr erfahren. *Render*: Rendert den gewählten Bericht. Die Verwendung dieses Werts hat die gleiche Auswirkung wie der direkte Aufruf der *Render*-Methode des Reporting Services-Webdiensts, über den Sie in Kapitel 34 mehr erfahren.
ParameterLanguage	Gibt einen Sprachparameter weiter, der unabhängig von der Browsersprache ist. Standardsprache ist die Browsersprache. Gültig sind auch Werte wie »en-us« oder »de-de«.
Format	Spezifiziert das Format, in dem der Bericht gerendert werden soll, z.B. »HTML4.0«, »IMAGE«, »EXCEL«, »PDF, »XML«, »NULL«. Mehr Informationen über Exportformate finden Sie in Kapitel 24.
Snapshot	Rendert einen Bericht basierend auf einer Momentaufnahme (Snapshot) aus dem Berichtsverlauf. Mehr Informationen über Momentaufnahmen finden Sie in Kapitel 25.

Tabelle 32.3 Parameter, die mit dem Präfix *rs* direkt den Berichtsserver adressieren

URL	Ergebnis
http://{Ihr Berichtsserver}/ReportServer?/AdventureWorks 2008R2/Data Sources/AdventureWorks2008R2&rs:Command=GetDataSourceContents	Zeigt die Eigenschaften der *AdventureWorks2008R2*-Datenquelle im XML-Format
http://{Ihr Berichtsserver}/ReportServer?/AdventureWorks 2008R2&rs: Command=ListChildren	Zeigt den Inhalt des Ordners *AdventureWorks 2008R2* als Navigationsseite
http://{Ihr Berichtsserver}/ReportServer?/AdventureWorks 2008R2/ Sales_by_Region_2008R2&rs:Command=Render	Rendert den *Sales_by_Region_2008R2*-Bericht
http://{Ihr Berichtsserver}/ReportServer?/AdventureWorks 2008R2/ Sales_by_Region_2008R2&rs:Format=EXCEL	Rendert den Bericht *Sales_by_Region_2008R2* als Excel-Datei

Tabelle 32.4 An diesen Beispielen sehen Sie, wie Sie den Berichtsserver steuern können

HTML-Viewer steuern

Der HTML-Viewer wird durch Parameter gesteuert, die durch das Präfix *rc:* eingeleitet werden. Diese sind in der Tabelle 32.5 erläutert. Einige Beispiele finden Sie in der Tabelle 32.6.

Mehr Informationen zum Thema HTML-Viewer enthält das Kapitel 19.

Parameter	Wozu?
Toolbar	Zeigt oder versteckt die Berichtssymbolleiste. Wenn der Wert des Parameters auf *False* gesetzt ist, sind alle weiteren Optionen – abgesehen von der Dokumentstruktur – zum Beeinflussen des Berichts abgeschaltet. Ist der Parameter *True*, wird die Berichtssymbolleiste zum Rendern der unterstützten Formate angezeigt. Standardwert ist *True*.
Parameters	*True* zeigt und *False* versteckt die Parameter des Berichts in der Berichtssymbolleiste. Standardwert ist *True*.
DocMap	*True* zeigt und *False* versteckt die Dokumentstruktur des Berichts. Standardwert ist *True*. Wenn der Bericht keine Dokumentstruktur enthält, ist dieser Parameter ohne Wirkung.
DocMapID	Legt die Dokumentstruktur-ID fest, zu der der Bericht navigieren soll
Zoom	Bestimmt den Berichtszoomwert mit einem ganzzahligen Prozentwert oder einer Zeichenfolge. Standardzeichenfolgen sind z.B. *Page Width* und *Whole Page*. Dieser hat nur dann eine Auswirkung, wenn der Bericht im Internet Explorer, Version 5.0 oder höher, angezeigt wird. Standardwert ist 100.
Section	Legt die Seitenzahl des anzuzeigenden Berichts fest. Wenn der Wert größer als die Anzahl der Seiten des Berichts ist, wird die letzte Seite angezeigt. Bei einem Wert kleiner als 1 wird die erste Seite angezeigt. Standardwert ist 1.
FindString	Gibt den zu findenden Text an. Standardwert ist eine leere Zeichenfolge.
StartFind	Seitenzahl, an der mit der Suche begonnen werden soll. Standartwert ist die aktuelle Seitenzahl. Benutzen Sie diesen Parameter zusammen mit der *EndFind*-Einstellung.
EndFind	Seitenzahl, an der die Suche beendet werden soll. Standardwert ist die aktuelle Seitenzahl. Benutzen Sie diesen Parameter in Verbindung mit der *StartFind*-Einstellung.

Tabelle 32.5 Parameter für URL-Zugriff, die den HTML-Viewer ansprechen

Parameter	Wozu?
FallbackPage	Legt die Seitenzahl fest, die angezeigt wird, wenn eine Suche oder eine Dokumentstrukturauswahl fehlschlägt. Standardwert ist die aktuelle Seite.
GetImage	Holt das Symbol für die HTML-Viewer-Benutzeroberfläche
Icon	Holt das Symbol einer einzelnen Renderingerweiterung
Stylesheet	Legt ein Stylesheet fest, das im HTML-Viewer angewendet wird

Tabelle 32.5 Parameter für URL-Zugriff, die den HTML-Viewer ansprechen *(Fortsetzung)*

URL	Ergebnis
http://{Ihr Berichtsserver}/ReportServer?/AdventureWorks 2008R2/Sales_by_Region_2008R2&rc:Toolbar=false	Zeigt den Bericht *Sales_by_Region_2008R2* ohne Berichtssymbolleiste
http://{Ihr Berichtsserver}/ReportServer?/AdventureWorks 2008R2/Sales_by_Region_2008R2&rc:Parameters=false	Zeigt den Bericht *Sales_by_Region_2008R2 Detail* ohne die Parametereingabemöglichkeit in der Berichtssymbolleiste
http://{Ihr Berichtsserver}/ReportServer?/AdventureWorks 2008R2/Sales_by_Region_2008R2&rc:Zoom=Whole Page	Zeigt den Bericht *Sales_by_Region_2008R2* auf das Browserfenster angepasst an
http://{Ihr Berichtsserver}/ReportServer?/AdventureWorks 2008R2/Sales_by_Region_2008R2&rc:Zoom=200	Zeigt den Bericht *Sales_by_Region_2008R2* auf 200% vergrößert an

Tabelle 32.6 An diesen Beispielen sehen Sie, wie Sie den HTML-Viewer steuern können

Renderingerweiterungen steuern

Mit dem Parameterpräfix *rc:* adressieren Sie direkt die Renderingerweiterung. Jede Renderingerweiterung unterstützt spezifische Parameter, die Sie aus der zugehörigen Dokumentation – für die mitgelieferten Erweiterungen also der Onlinehilfe – entnehmen.

In Tabelle 32.7 sind einige Beispiele für die mitgelieferten Renderingerweiterungen aufgeführt.

Der mit demselben Parameterpräfix *rc:* adressierbare HTML-Viewer wird im Abschnitt »HTML-Viewer« ab Seite 535 behandelt.

URL	Ergebnis
http://{Ihr Berichtsserver}/ReportServer?/ AdventureWorks 2008R2/Sales_by_Region_2008R2&rs:Format=IMAGE&rc:OutputFormat=JPEG	Rendert den Bericht *Sales_by_Region_2008R2* als Bild im JPEG-Format
http://{Ihr Berichtsserver}/ReportServer?/ AdventureWorks 2008R2/Sales_by_Region_2008R2&rs:Format=PDF&rc:MarginLeft=10cm	Rendert den Bericht *Sales_by_Region_2008R2* als PDF-Datei mit einem linken Rand von 10 cm
http://{Ihr Berichtsserver}/ReportServer?/ AdventureWorks 2008R2/Sales_by_Region_2008R2&rs:Format=CSV&rc:FieldDelimiter=;	Rendert den Bericht *Sales_by_Region_2008R2* als CSV-Datei mit einem Semikolon als Feldtrennzeichen
http://{Ihr Berichtsserver}/ReportServer?/ AdventureWorks 2008R2/Sales_by_Region_2008R2&rs:Format=XML&rc:Indented=true	Rendert den Bericht *Sales_by_Region_2008R2* als eingerückte XML-Datei

Tabelle 32.7 Diese Beispiel-URLs demonstrieren Ihnen, wie Sie Renderingerweiterungen steuern können

An der Datenquelle anmelden

Mit den Parameterpräfixen *dsu:* und *dsp:* legen Sie den Benutzernamen und das Kennwort für die Anmeldung an der Datenquelle fest.

Gehen Sie folgendermaßen vor:

1. Überprüfen Sie, ob die Datenquelle darauf konfiguriert ist, Anmeldeinformationen anzufordern, indem Sie die Datenquelle, z.B. *AdventureWorks2008R2* im Ordner *Data Sources*, entweder
   - in Visual Studio öffnen und auf der Registerkarte *Anmeldeinformationen* die Option *Zur Eingabe der Anmeldeinformationen auffordern* wählen oder
   - im Berichts-Manager öffnen und unter *Verbindung herstellen* die Option *Bereitgestellte Anmeldeinformation vom Benutzer, der den Bericht ausführt* wählen.
2. Browsen Sie zur URL des Berichts, der diese Datenquelle verwendet, z.B.

```
http://{Ihr Berichtsserver}/ReportServer?/AdventureWorks 2008R2/
Sales_by_Region_2008R2&dsu:AdventureWorks2008R2={Benutzername}&dsp:AdventureWorks2008R2={Kennwort}
```

   wobei der Benutzer, der durch *{Benutzername}* und *{Kennwort}* ausgewiesen wird, natürlich die Berechtigung auf der Datenquelle haben muss, die für das Auslesen der Berichtsdaten erforderlich ist.

Der Bericht *Sales_by_Region_2008R2* wird gerendert, wobei sich der Berichtsserver an der *AdventureWorks2008R2*-Datenquelle mit dem Benutznamen *{Benutzername}*und dem Kennwort *{Kennwort}* anmeldet.

WICHTIG Wenn Sie die Einstellungen der zentralen *AdventureWorks 2008R2*-Datenquelle *AdventureWorks2008R2* bei der Durchführung dieses Beispiels geändert haben, vergessen Sie nicht, diese nach Abschluss des Beispiels wieder zurückzustellen, damit die Beispielberichte wieder wie gewohnt funktionieren!

ACHTUNG Bitte bedenken Sie, dass URLs im HTTP-Protokoll unverschlüsselt über das Netz übertragen werden. Wenn Sie also den Benutzernamen und das Kennwort mit einer *dsu:/dsp:*-Kombination als URL-Parameter übergeben, werden diese folglich auch unverschlüsselt übertragen.

Dies stellt ein Sicherheitsrisiko dar, das Sie im Internet eher nicht und im Intranet nur nach reiflicher Überlegung eingehen sollten.

Portalintegration

Die URL-Zugriffsfunktion ist ideal für die Integration in beliebige Websites, Webanwendungen, Portale und Informationssysteme geeignet, falls diese Webtechnologien unterstützen.

Hierfür müssen Sie in der Regel nicht viel mehr tun, als sich mithilfe der vorangegangene Abschnitte URLs für jeden Bericht, der aufgenommen werden soll, zusammenzustellen und mit der Zielanwendung zu verlinken.

Um sich auf die Kernfunktionalität, also die Reporting Services, zu konzentrieren, werden Sie im Folgenden von der kleinstmöglichen Portalkonfiguration ausgehen. Das heißt konkret, Sie werden sich ein Portal mithilfe zweier kleiner HTML-Dateien bauen.

Zur Implementierung Ihres eigenen kleinen Miniportals gehen Sie folgendermaßen vor:

1. Erstellen Sie in Ihrem lokalen Dateisystem einen Ordner namens *RSMiniportal.*
2. Starten Sie den Texteditor Ihrer Wahl, z.B. über *Start/Alle Programme/Zubehör/Editor.*

3. Legen Sie eine neue Datei an, geben Sie den HTML-Code aus Listing 32.1 ein und speichern Sie diese unter dem Namen *Home.html.*

   In dem Code wird ein Frameset für die Navigationsliste und den Berichtsanzeigebereich definiert.

```
<HTML>
    <HEAD>
        <TITLE>Reporting Services Miniportal</TITLE>
    </HEAD>
    <Frameset cols="23%,77%">
        <Frame name="links" src="Navigationsleiste.html">
        <Frame name="rechts">
    </Frameset>
</HTML>
```

Listing 32.1 HTML-Code Ihrer *Home.html*, der die Einstiegsseite Ihres Portals definiert

4. Erstellen Sie ebenso und im selben Ordner mit dem Code aus Listing 32.2 die Datei *Navigationsleiste.html.*

   Dort wird ein Link auf den Bericht *Sales_by_Region_2008R2s* angeboten, in dem mit *&rc:toolbar=false* der Parameter zum Ausblenden der Berichtssymbolleiste gesetzt ist, sowie ein Link auf den Bericht *Sales_Order_Detail_2008R2*, bei dem zusätzlich noch die Berichtsparameter so gesetzt werden, dass die Daten für den Kundenauftrag 57031 angezeigt werden.

WICHTIG Der HTML-Code setzt voraus, dass Ihr Berichtsserver lokal läuft. Sollte dies nicht der Fall sein, ersetzen Sie jeweils *localhost* durch den Namen Ihres Berichtsservers.

TIPP Falls Sie andere Berichte verlinken möchten, ändern Sie entsprechend die URL im *href*-Attribut und den Namen zwischen den *A*-Tags.

```
<HTML>
    <HEAD>
        <TITLE>Berichte:</TITLE>
    </HEAD>
    <BODY>
        <h2>Willkommen im Reporting Services Miniportal!</h2><br>
        <h3>Wählen Sie einen Bericht:</h3><br>
        <A target="rechts"
            href="http://localhost/Reportserver?/AdventureWorks 2008R2/
Sales_by_Region_2008R2&rc:toolbar=false">
            Sales_by_Region
        </A><br>
        <A target="rechts"
            href="http://localhost/ReportServer?/AdventureWorks 2008R2/
Sales_Order_Detail_2008R2&SalesOrderIDStart=57031&SalesOrderIDEnd=57031&rc:toolbar=false">
            Sales_Order_Detail
        </A>
    </BODY>
</HTML>
```

Listing 32.2 Im HTML-Code der *Navigationsleiste.html*-Datei wird auf zwei Berichte verlinkt

5. Öffnen Sie *Home.html* mit einem Browser und wählen Sie die Links in der Navigationsleiste. Es wird jeweils der betreffende Bericht angezeigt, wie in Abbildung 32.6 zu sehen.

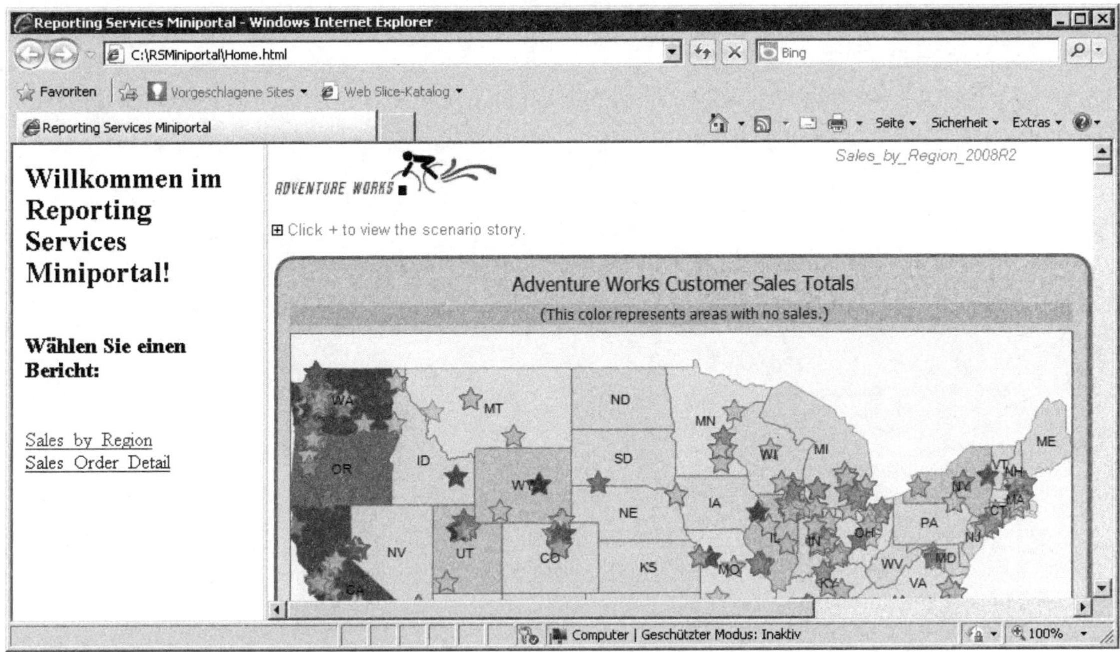

Abbildung 32.6 Klicken Sie in die Navigationsleiste Ihres Miniportals, um auf die Berichte zuzugreifen

Nachdem Sie nun einen ersten Einblick in die Steuerung der Reporting Services gewonnen haben, werden Sie im nächsten Kapitel 33 mehr über Webdienste erfahren, um dann in Kapitel 34 über den Reporting Services-Webdienst die volle Kontrolle über alle Funktionen des Berichtsservers zu erlangen.

Kapitel 33

.NET-Webdienste

In diesem Kapitel:

Wenn es nicht stimmt, ist es erfunden: Die Legende besagt, dass in einer großen Softwarefirma, in der viele Mitarbeiter auch als Buchautoren tätig waren, unter letzteren folgender Wettbewerb herrschte: Noch vor dem ersten Morgenkaffee wurden im Netz die tagesaktuellen Bestsellerlisten befragt, welcher der schreibenden Kollegen aktuell am weitesten oben stehe.

Einer der Beteiligten empfand diese manuelle Vorgehensweise als seinem Berufsstand höchst unwürdig und schrieb ein kleines Programm, das diese Daten aus dem Netz abrief, daraus eine firmeninterne Bestsellerliste extrahierte und an seine Kollegen verteilte.

Diese waren zwar begeistert, dennoch machte dieses Programm seinem Schöpfer viel Kummer, denn der Internet-Buchhändler, der die Bestsellerlisten zur Verfügung stellte, dachte gar nicht daran, diese fortan im selben Format zur Verfügung zu stellen, sondern tat ständig so ärgerliche Dinge wie »Design ändern« und »Werbebanner austauschen«, was das Programm, das die wichtigen Informationen an einer mehr oder weniger festen Position im HTML-Quelltext erwartete, regelmäßig aus dem Takt brachte.

Der Zielkonflikt war schnell erkannt: Die Bestsellerliste war für den menschlichen, nicht für den maschinellen Adressaten konzipiert – und ersterer erwartet Abwechslung, für letzteren sollten Veränderungen möglichst vermieden werden. Die Lösung lag in der Erfindung des Webdiensts, der die Vorteile des Internets nutzt bzw. übernimmt und seine Nachteile vermeidet: Mit einem Webdienst lassen sich Informationen frei und grenzenlos austauschen, aber in einem festgelegten, klar definierten und damit auch über Systemgrenzen hinweg verstandenen Format.

Auch die Reporting Services arbeiten als Webdienst. Bevor Sie jedoch in Kapitel 34 lernen, die Reporting Services über die Webdienstschnittstelle zu steuern, werden Sie in diesem Kapitel einen eigenen Webdienst entwickeln.

Webdienst erstellen

Sie haben Ihrem Chef zwar im Kapitel 30 einen einfachen Altair-Dollar-Währungsrechner programmiert, aber dass Sie dabei eine feste Bindung an den Euro angenommen hatten, gefällt ihm nun nicht mehr – er will mehr Dynamik, und damit nicht genug: Kosmopolit, der er ist, will er jederzeit von jedem Ort der Welt den aktuellen Kurs abrufen können, damit er immer genau weiß, was sein Euro zur Stunde in Altair-Dollar wert ist. Auch ist es ihm wichtig, dass dieser Währungsrechner von allen anderen Anwendungen zugreifbar ist, also ausdrücklich auch solchen, die nicht auf Windows-Plattformen und schon gar nicht auf .NET basieren.

Sofort erkennen Sie: Für dieses Problem ist ein Webdienst die ideale Lösung und Sie machen sich an die Arbeit …

ACHTUNG Achtung, um das folgende Beispiel ausprobieren zu können, muss der IIS-Dienst (Internetinformationsdienste, IIS) installiert sein.

1. Starten Sie Visual Studio und öffnen Sie mit *Datei/Neu/Website* das Dialogfeld *Neue Website*.
2. Markieren Sie entsprechend der Abbildung 33.1 die Vorlage *ASP.NET-Webdienst*. Wählen Sie aus der Dropdownliste hinter *Speicherort* den Eintrag *HTTP* aus und legen Sie als zugehörigen Pfad *http://localhost/WaehrungsrechnerWebdienst* fest. Da Sie in diesem Beispiel *Visual Basic* als Sprache verwenden, belassen Sie die entsprechende Auswahl und bestätigen mit *OK*.

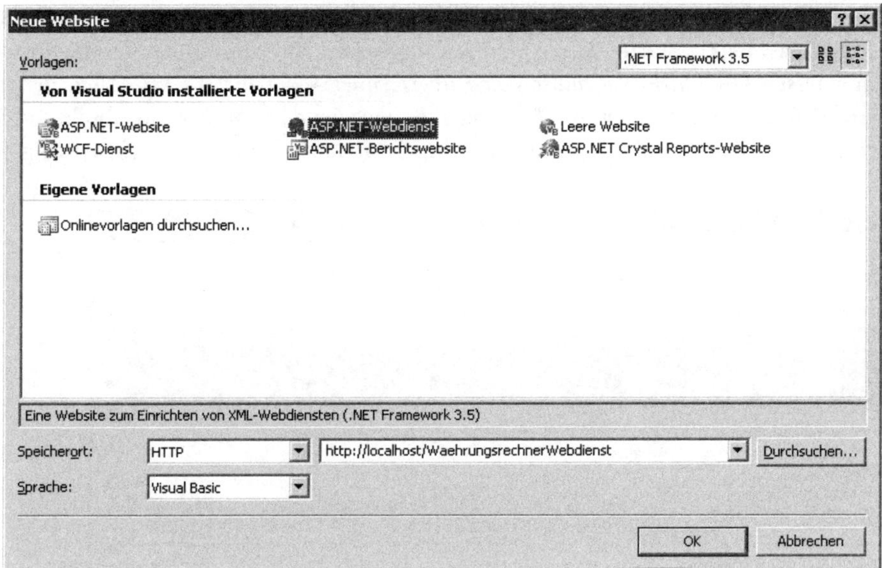

Abbildung 33.1 Beginnen Sie mit dem Erstellen Ihres Webdiensts

3. Beim Erstellen des Projekts generiert Visual Studio automatisch einen Webdienst mit dem fantasielosen Namen *Service.asmx*. Benennen Sie den im Projektmappen-Explorer befindlichen *Service.asmx* mit *Umbenennen* in dessen Kontextmenü in *Waehrungsrechner.asmx* um.
4. In der Codeansicht ändern Sie den Klassennamen, indem Sie *Public Class Service* durch *Public Class WaehrungsrechnerKlasse* ersetzen.
5. Öffnen Sie die Datei *Waehrungsrechner.asmx* aus dem Projektmappen-Eplorer, in der eine Zeile Code steht, und benennen Sie die Eigenschaft des Tags *Class* von *Service* in *WaehrungsrechnerKlasse* um. Schließen Sie die Datei wieder und kehren Sie zur Codeansicht der Datei *Service.vb* zurück.
6. Hinter dem automatisch generierten Beispielcode (der eine *HelloWorld*-Funktion beinhaltet, die Sie ignorieren oder löschen können) fügen Sie den Code aus Listing 33.1 ein. In diesem erzeugt die Funktion *ermittleKurs* dynamisch einen Umrechnungskurs. Da Ihr Chef auf Ihre Frage nach einem Modell für die Kursemulation nur mit der Forderung nach »etwas Fantasie« reagiert, knüpfen Sie den Kurs kurzerhand an die Sekunden der Systemzeit. Die Funktion *konvertiereWaehrung* rechnet Euro in Abhängigkeit der *ermittleKurs*-Funktion in die fiktive Währung »Altair-Dollar« um. Dabei legt das Tag *<WebMethod()>* vor einer *Public*-Funktion fest, dass die Funktion als Teil des Webdiensts offengelegt wird.

```
Private Function ermittleKurs() As Double
    Dim iSekunden As Int16
    iSekunden = System.DateTime.Now.Second()
    ermittleKurs = iSekunden + 1
End Function

<WebMethod()> _
Public Function konvertiereWaehrung(ByVal euro As Double)
    konvertiereWaehrung = euro / ermittleKurs()
End Function
```

Listing 33.1 Die Funktionen Ihres neuen Webdiensts

7. Um den Webdienst bereitzustellen und zu testen, wählen Sie *Debuggen/Debugging starten*. Visual Studio stellt zunächst den Webdienst bereit, startet diesen und kommuniziert mit ihm, indem es ein Browserfenster öffnet und auf dessen URL *http://localhost/WaehrungsrechnerWebdienst/Waehrungsrechner.asmx* zugreift. Ihr Webdienst liefert eine Liste aller von ihm angebotenen *Vorgänge*. Wie Sie in Abbildung 33.2 sehen, handelt es sich dabei in diesem Fall um genau eine Funktion, nämlich Ihre *konvertiereWaehrung*.

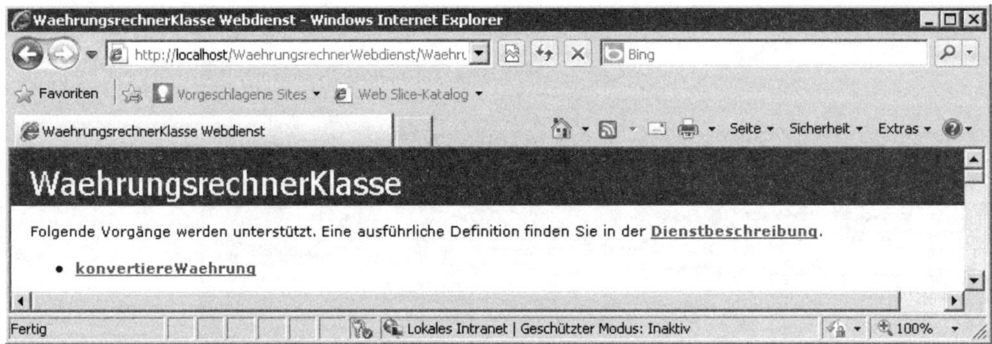

Abbildung 33.2 Ihr Webdienst meldet die von ihm unterstützen Vorgänge, sobald Sie ihn ohne Parameter aufrufen

8. Klicken Sie auf den Link *konvertiereWaehrung*, um in die in Abbildung 33.3 gezeigte Ansicht zu gelangen. Im Bereich *Testen* tragen Sie unter *Wert* die Zahl *15* ein.

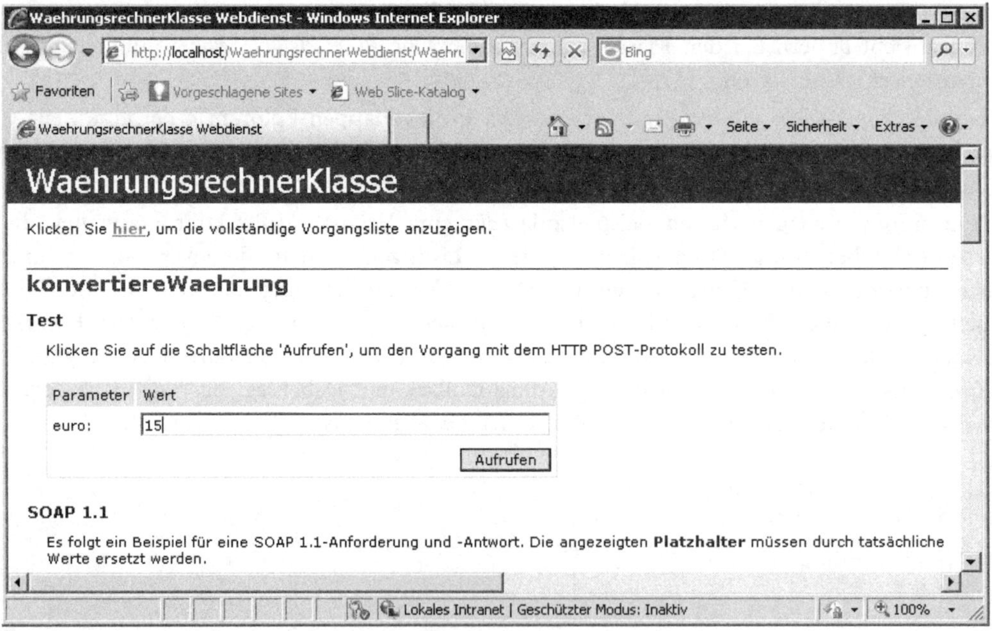

Abbildung 33.3 Testen Sie hier die Funktion Ihres Webdiensts

ACHTUNG Die in diesem Beispiel verwendete *Testen*-Funktionalität steht nur dann zu Verfügung, wenn Sie lokal arbeiten. Wenn Sie Ihren Webdienst von einem anderen Rechner testen möchten, sollten Sie dazu einen Client verwenden, zum Beispiel den im folgenden Abschnitt beschriebenen.

HINWEIS Wenn Sie als Parameter für die *konvertiereWaehrung*-Funktion eine ungültige Eingabe machen, z.B. einen Buchstaben statt einer Zahl eingeben, erhalten Sie eine Systemfehlermeldung.

Ihre Funktion sollte in der Praxis solche Fehler abfangen, damit Fehleingaben für den Benutzer aufgrund von falschen Datentypen oder Ähnlichem keine Unannehmlichkeiten zur Folge haben.

Informationen zum Abfangen von Fehlern finden Sie in der Dokumentation zu den .NET Framework-Bibliotheksklassen.

9. Ein Klick auf *Aufrufen* führt den *konvertiereWaehrung*-Vorgang Ihres Webdiensts aus und zeigt das von diesem im XML-Format zurückgelieferte Ergebnis in einem neuen Browserfenster (Abbildung 33.4).

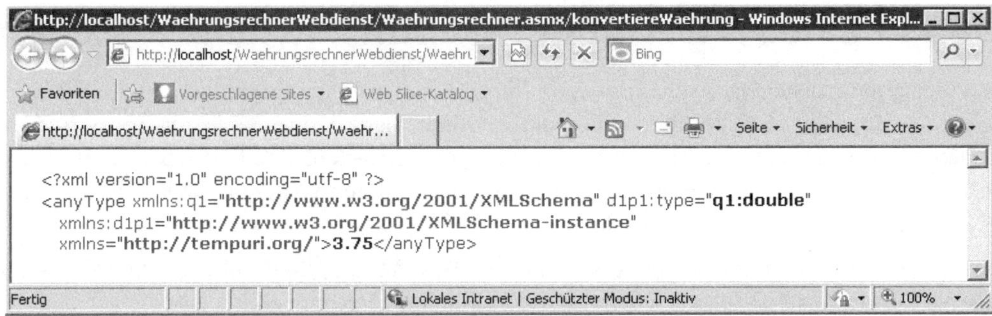

Abbildung 33.4 Ergebnis Ihres Tests mittels HTTP POST-Methode

Zugriff auf Ihren Webdienst mit HTTP POST, SOAP und WSDL

Im Testfenster in Abbildung 33.4 wird in der unteren Hälfte das Format einer SOAP- und einer HTTP POST-Anfrage angezeigt. Die HTTP POST-Anfrage ist kürzer und für unseren einfachen Webdienst ausreichend, da die ausgetauschten Daten nicht sehr komplex sind und das Testen lokal stattfindet.

Im folgenden Abschnitt werden Sie die Kommunikation zwischen Client und Webdienst mittels des SOAP (Simple Object Access-Protokoll) abwickeln, welches es erlaubt, strukturierte und typisierte Informationen über das Internet mittels XML-basierten Standards auszutauschen. Auf diesem Wege versteht sich Ihr Webdienst auch mit Anwendungen, die nicht .NET Framework oder noch nicht einmal die Windows-Plattform einsetzen.

Um herauszufinden, was ein Webdienst leistet, kann eine Anwendung eine Dienstbeschreibung abrufen. Die hierfür verwendete standardisierte Beschreibungssprache ist die Web Services Description Language (WSDL). Diese definiert das Format der SOAP-Nachrichten, die Ihr Webdienst versteht und zurückliefert. Rufen Sie Ihren Webdienst mit dem Parameter *WSDL* auf (indem Sie entweder *http://localhost/WaehrungsrechnerWebdienst/Waehrungsrechner.asmx?WSDL* aufrufen oder alternativ oben nach Schritt 7 den Link *Dienstbeschreibung* klicken), um die WSDL-Beschreibung Ihres Webdiensts zu sehen und so einen Eindruck von diesem XML-Dialekt zu erhalten.

Mithilfe der WSDL-Beschreibung ist eine Clientanwendung in der Lage, erfolgreich mit dem Webdienst zu kommunizieren. Ein Client für Ihren Webdienst zum Beispiel legt seine Anfrage für die *konvertiere-Waehrung*-Funktion in den sogenannten »SOAP-Umschlag«, der vom Webdienst geöffnet und die Anfrage daraus gelesen wird. Die Antwort Ihres Webdiensts verpackt dieser analog in einen SOAP-Umschlag und schickt sie an den Client zurück.

Das möglicherweise Schönste an diesem Prozedere aber ist, dass Sie sich, solange Sie mit Visual Studio arbeiten, eigentlich gar nicht darum zu kümmern brauchen, denn wie Sie im folgenden Abschnitt sehen werden, läuft die in diesem Kasten beschriebene Kommunikation völlig transparent und Sie können einen Webdienst wie eine ganz normale Klasse verwenden!

Nachdem Sie nun dem Webdienst sozusagen unter die Motorhaube geschaut haben, werden wie Sie im folgenden Abschnitt lernen, Ihre *konvertiereWaehrung*-Funktion in einer Anwendung zu nutzen.

Einbinden in eine Anwendung: Webdienstclient erstellen

Ihr Chef wirkt wenig enthusiastisch, als Sie ihm stolz Ihren Webdienst vorführen und nuschelt etwas von »kryptischem Code«. Obwohl er dabei die Wohlstrukturiertheit dieses Codes verkennt, müssen Sie ehrlicherweise zugeben: Ein klein wenig mehr Komfort kann er schon erwarten! Also bauen Sie einen Client für den Webdienst, in dem der Benutzer Werte eingibt, die der Client an den Webdienst weitergibt, der daraus ein Ergebnis berechnet und an den Client zurückgibt.

Sie fügen dazu Ihrer Projektmappe eine einfache Windows-Anwendung hinzu, die auf Knopfdruck einen Geldbetrag als Wert fordert und diesen nach dem aktuellen Kurs umgerechnet zurückgibt:

1. Sofern noch nicht geschehen, stoppen Sie Ihren Webdienst über *Debuggen/Debuggen beenden*.
2. Um dem Projektmappen-Explorer ein weiteres Projekt hinzuzufügen, rufen Sie den Menübefehl *Datei/Hinzufügen/Neues Projekt* auf.
3. Wählen Sie aus den Projekttypen *Visual Basic-Projekte* die Projektvorlage *Windows Forms-Anwendung* aus und benennen Sie diese *Webdienstclient*. Bestätigen Sie mit *OK*.
4. Das Projekt wird angelegt und der *Entwurf* von *Form1* angezeigt. Dies ist das automatisch generierte erste Windows-Form Ihrer Anwendung. Stellen Sie sicher, dass sich im Toolbox-Fenster die Registerkarte *Alle Windows Forms* im Vordergrund befindet und ziehen Sie von dort eine Befehlsschaltfläche (Button) auf Ihre Windows-Form.
5. Um die Befehlsschaltfläche sinnvoll zu beschriften, stellen Sie sicher, dass diese markiert ist, und tragen Sie im Eigenschaftenfenster in die *Text*-Eigenschaft *Webdienstclient ausführen* ein, wie in Abbildung 33.5 zu sehen.

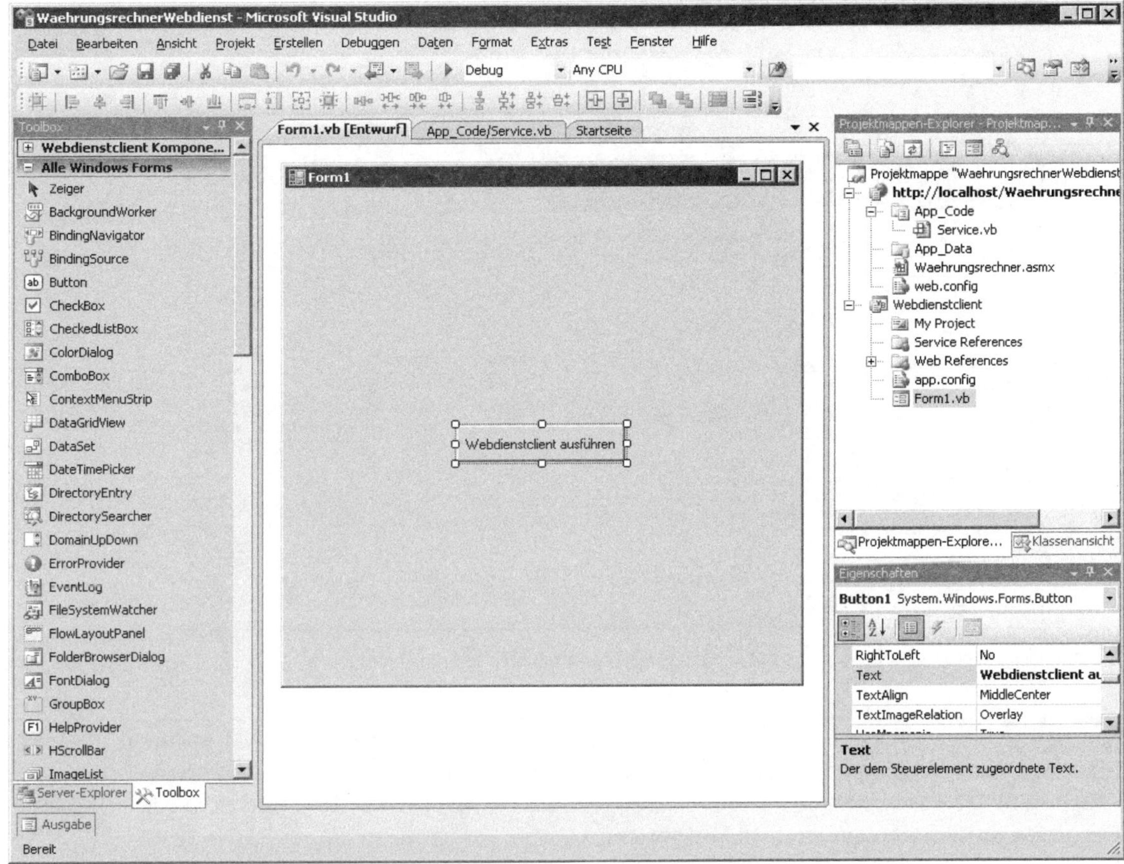

Abbildung 33.5 Erstellen Sie einen Client für Ihren Webdienst

6. Damit Sie den Webdienst nutzen können, benötigen Sie einen Verweis auf denselben. Wählen Sie dazu im Kontextmenü des Webdienstclientprojekts den Eintrag *Dienstverweis hinzufügen*. Klicken Sie im Dialogfeld *Dienstverweis* hinzufügen auf *Erweitert* und im Dialogfeld *Dienstverweiseinstellungen* auf *Webverweis hinzufügen*.
7. Nun erscheint das Dialogfeld *Webverweis hinzufügen*, mit dessen Hilfe Sie nach Webdiensten suchen oder dessen URL direkt eingeben können. Somit können Sie, egal wo Sie sich auf der Welt befinden, diesen Webdienst benutzen. Eher zufällig läuft Ihr Beispiel lokal, daher wählen Sie *Webdienste auf dem lokalen Computer*, klicken nachfolgend auf *Waehrungsrechner* und tragen als *Webverweisname Waehrungsrechner Webdienst* ein (Abbildung 33.6).

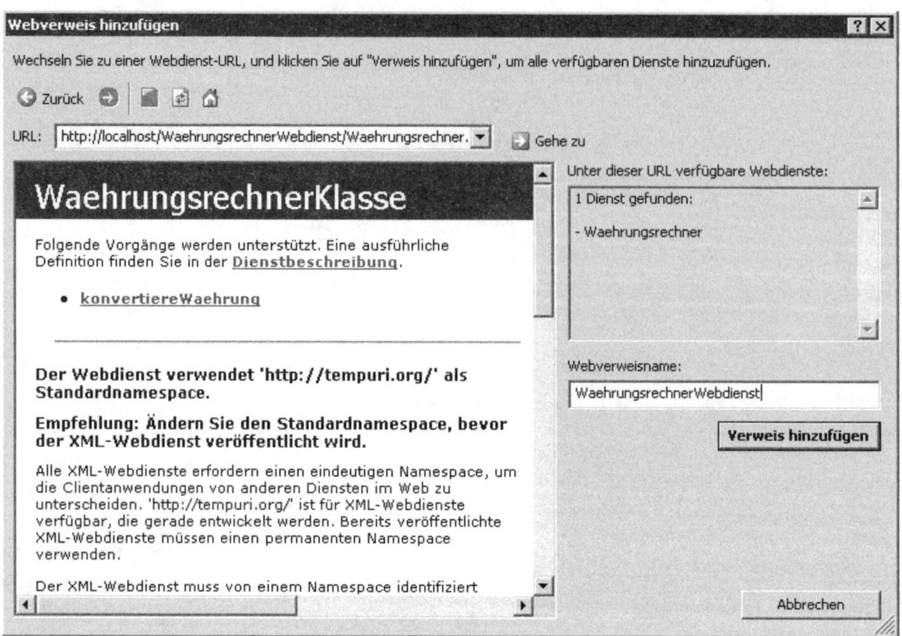

Abbildung 33.6 Fügen Sie Ihrer Anwendung einen Webverweis auf Ihren Webdienst hinzu

HINWEIS Der hier beschriebene Weg, einen Webverweis hinzuzufügen, basiert auf der .NET Framework 2.0-Webdiensttechnologie. Wenn Sie die .NET Framework 3.5-Technologie nutzen möchten, fügen Sie statt eines Webverweises einen Dienstverweis hinzu. Die Handhabung ist analog zum oben beschriebenen Webverweis, aber bedenken Sie, die Verwendung von Dienstverweisen ist nicht kompatibel zu .NET Framework 2.0.

TIPP Ein Webdienst wird in der Praxis sicherlich eher über das Netzwerk als lokal verwendet. Damit Sie den hier erstellten Client innerhalb ihres Netzwerks oder gar über das Internet nutzen können, sollten Sie beim Hinzufügen des Webverweises im URL-Feld den Eintrag *localhost* durch den Namen Ihres Servers ersetzen.

Dann können Sie den Client von jedem Rechner aus nutzen, der eine Netzwerkverbindung zu Ihrem Webdienstserver hat – dazu müssen Sie nichts weiter tun, als die in diesem Beispiel erzeugte *.exe*-Datei auf dem betreffenden Rechner zu kopieren und dort auszuführen!

8. Ein Klick auf *Verweis hinzufügen* erzeugt einen Verweis auf Ihren Webdienstclient.

HINWEIS Mit dem Hinzufügen des Webverweises erstellt Visual Studio 2008 automatisch eine Proxyklasse, die alle Informationen in XML-Elementen überträgt und diese mithilfe von SOAP über das Netzwerk sendet. Sie finden die Definition dieser Klasse in der Datei *References.vb*, die in einem Unterverzeichnis Ihres Projektverzeichnisses liegt.

Diese Proxyklasse arbeitet völlig transparent, d.h., aus der Perspektive Ihrer Anwendung ist sie unsichtbar insofern, als dass sie den Webdienst so repräsentiert, dass Ihre Anwendung damit arbeiten kann als handele es sich um eine lokale Klasse.

Wie diese von der Proxyklasse abgewickelte Kommunikation funktioniert, erfahren Sie im Kasten weiter oben in diesem Kapitel.

9. Mit einem Doppelklick auf die Schaltfläche *Webdienstclient ausführen* gelangen Sie in den Code-Editor, wo Sie den Code aus Listing 33.2 in die Methode *Button1_Click* einfügen. Dort wird Ihr Webdienst (bzw. dessen Proxyklasse) instanziert, ein Eurobetrag vom Benutzer erfragt, mithilfe Ihres Webdiensts in Altair-Dollar umgerechnet und angezeigt.

```
Dim wd As New WaehrungsrechnerWebdienst.WaehrungsrechnerKlasse
Dim dEuro As Double = InputBox("Geben Sie den Betrag in Euro an:", _
    "Waehrungsrechner")
Dim dAltair As Double = wd.konvertiereWaehrung(dEuro)
MessageBox.Show(String.Format("{0:C} entsprechen {1:0.00}", dEuro, _
    dAltair) + " Altair-Dollar", "Ergebnis Ihrer Währungsumrechnung")
```

Listing 33.2 Code zum Aufruf Ihres Webdiensts

10. Um dafür zu sorgen, dass Ihr Client (und nicht mehr der Webdienst) beim Ausführen des Projekts gestartet wird, wählen Sie im Kontextmenü des *Webdienstclient*-Projekts den Eintrag *Als Startprojekt festlegen.*
11. Starten Sie Ihren Client, indem Sie den Menübefehl *Debuggen/Starten* aufrufen. Ihr Formular wird als eigenständige Anwendung angezeigt.
12. Klicken Sie auf die Schaltfläche *Webdienstclient ausführen*, geben Sie eine Zahl in die darauf folgende Eingabeaufforderung des Dialogfelds ein und klicken Sie auf *OK*. Et voilà: Sie erhalten ein Meldungsfeld mit dem Ergebnis, wie in Abbildung 33.7 gezeigt.

Abbildung 33.7 Dieses (von der Systemzeit abhängige) Ergebnis wurde mit Ihrem Webdienst berechnet

13. Sie haben erfolgreich einen Webdienst mit zugehörigem Webdienstclient erstellt. Sofern Sie beim Einfügen des Webverweises den vollen Rechnernamen (und nicht nur »localhost«) verwendet haben, können Sie den Client von jedem beliebigen anderen Rechner aus nutzen. Einzige Voraussetzung ist eine Netzwerkverbindung, die – wie der Name »Webdienst« schon vermuten lässt – durchaus auch über das Internet laufen kann. Und damit ist Ihr Chef sogar schon auf den Tag vorbereitet, an dem es eine Internetverbindung zum Altair-System gibt!

Einen Webdienst aus dem Internet nutzen

Wenn Sie einen Webdienst nutzen möchten, der tatsächlich im Internet steht, werfen Sie einen Blick auf das folgende Beispiel. Analog dazu können Sie natürlich auch einen Webdienst ihrer Wahl ausprobieren. Über bekannte Suchmaschinen sollten Sie schnell einen Webdienst finden, der Sie interessiert. Um einen kleinen Anreiz zu geben: Es gibt Webdienste über die sich Aktienkurse, Wetterdaten oder, wie in der Einleitung dieses Kapitels genannt, Bestsellerlisten abrufen lassen.

Erstellen Sie, analog zu dem in diesem Abschnitt weiter oben beschriebenen Vorgehen, ein neues Projekt mit dem Namen GeoIP und als Webdienstclient eine neue Windows-Forms-Anwendung mit einem Webverweis auf *http://www.webservicex.net/geoipservice.asmx*, dem Sie den Webverweisnamen *geoIPS* geben. Erstellen Sie Ihre Maske ähnlich der Abbildung 33.8. Wechseln Sie per Doppelklick auf den *Check IP Button* in die Codeansicht, ergänzen Sie den Code entsprechend Listing 33.3. Eventuell unterscheiden sich Ihre Labelbezeichnungen zu den Bezeichnungen im Beispielcode; passen Sie diese entsprechend an. Starten Sie die Anwendung mit F5. Nach Eingabe einer gültigen IP-Adresse wird Ihnen nun der Standort des Computers mit dieser IP-Adresse angezeigt. Als kleines Gimmick ist eine Auflösung der IP-Adresse in einen Hostname mit .NET-Mitteln realisiert. Verzeihen Sie den Autoren die fehlende Fehlerbehandlung, die aus Gründen der Übersichtlichkeit weggelassen wurde, aber eigentlich dringend nötig wäre!

```
Imports GeoIP.geoIP3S
Public Class Form1

 Private Sub Button1_Click(ByVal sender As System.Object, ByVal e As System.EventArgs) Handles Button1.Click
        ' geoIP-Webdienst instantiieren
        Dim geoIPWS As New GeoIPServiceSoapClient("GeoIPServiceSoap")
        ' IP aus Textbox lesen
        Dim IPAdresse As String = TextBox1.Text

        Label1.Text = Net.Dns.GetHostEntry(IPAdresse).HostName
        Label2.Text = geoIPWS.GetGeoIP(IPAdresse).CountryName
        Label3.Text = geoIPWS.GetGeoIP(IPAdresse).CountryCode
    End Sub
End Class
```

Listing 33.3 Webdienstclient-Code

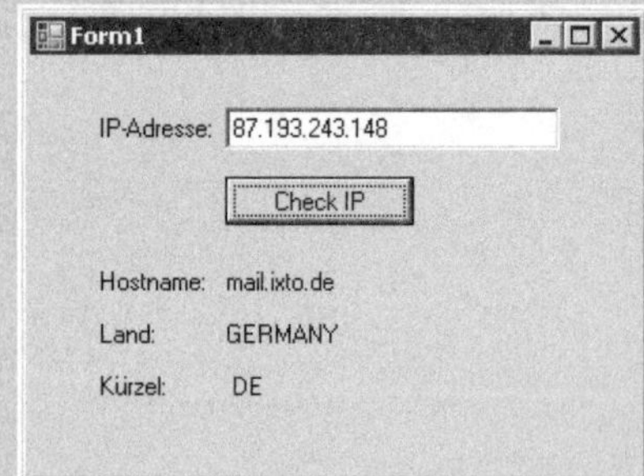

Abbildung 33.8 Der GeoIP-Webdienst liefert den Standort zu einer IP-Adresse

Nachdem Sie nun die Vorteile von Webdiensten schätzen gelernt haben, wird es Sie sicherlich freuen, dass auch die Reporting Services in ihrer vollen Funktionalität als Webdienst ansprechbar sind – worüber Sie im folgenden Kapitel mehr erfahren.

Kapitel 34

Reporting Services als Webdienst einbinden

In diesem Kapitel:

Die volle Funktionalität von Reporting Services lässt sich über deren Webdienstschnittstelle nutzen, den sogenannten Reporting Services-Webdienst. Über diesen können Ihre Anwendungen also z.B. Berichte anzeigen, administrieren und erstellen, aber auch Benutzer anlegen, Berechtigungen erteilen usw. Eine gute Demonstration der Möglichkeiten ist der Berichts-Manager, der ebenfalls über diese Schnittstelle arbeitet.

Damit ist eine einfache Integration in neue oder vorhandene Anwendungen möglich – einzige Voraussetzung hierfür ist eine Webdienstunterstützung, die Bestandteil praktisch aller modernen Entwicklungsumgebungen (keineswegs nur auf Windows-Plattformen) ist.

Die API, deren SOAP-Endpunkte als Webdienst zur Verfügung stehen, ist auch Grundlage für die Verarbeitung der Skriptdateien, die Sie in Kapitel 35 kennenlernen werden. Daher sind die Methoden von Webdienst und Skriptdateien nahezu identisch.

Im vorherigen Kapitel 33 haben Sie selbst einen .NET-Webdienst implementiert und in einer eigens entwickelten Anwendung genutzt. Im Folgenden werden Sie die Webdienstschnittstelle von Reporting Services für sich einbinden.

Die Methoden

Da Sie über die Webdienstschnittstelle auf die volle Funktionalität von Reporting Services zugreifen können, ist die Liste der Methoden, die in diesem Abschnitt vorgestellt werden, sehr umfangreich: Die Liste stellt im Grunde eine Beschreibung des gesamten Berichtsservers dar.

Die Webdienstschnittstelle von Reporting Services bietet drei Endpunkte an. Dies sind *ReportService2005* zum Verwalten von Objekten auf dem Berichtsserver, der für den systemeigenen Modus konfiguriert ist, *ReportService2006* zum Verwalten von Objekten auf dem Berichtsserver, der für den integrierten SharePoint-Modus konfiguriert ist und *ReportService2010* der die Funktionen von *ReportService2005* und *ReportService2006* zusammenführt und Objekte auf einem Berichtsserver verwalten kann, die entweder für den systemeigenen oder integrierten SharePoint-Modus konfiguriert sind.

ACHTUNG Einen *rsOperationNotSupportedSharePointMode*-Fehler geben jeweils die *ReportService2005*-APIs zurück, wenn ein Berichtsserver für den integrierten SharePoint-Modus konfiguriert ist und die *ReportService2006*-APIs, wenn ein Berichtsserver für den systemeigenen Modus konfiguriert ist.

Die APIs geben den entsprechenden Fehler auch zurück, wenn sie modusspezifisch in *ReportService2010* in einem nicht beabsichtigten Modus verwendet werden.

HINWEIS Der *ReportService2005*-Endpunkt und der *ReportService2006*-Endpunkt sind in SQL Server 2008 R2 als veraltet markiert.

Der Managementendpunkt erlaubt es Entwicklern, Objekte eines Berichtsservers programmatisch zu administrieren. Die zugehörigen Methoden sind in der Klasse namens *ReportingService2010* gekapselt. Auch in Reporting Services 2008 R2 existiert aus Kompatibilitätsgründen die Klasse *ReportingService2005*, die aber als veraltet gekennzeichnet ist.

Der Ausführungsendpunkt enthält Methoden, die es ermöglichen, das Ausführen und Rendern von Berichten einfach zu kontrollieren. Diese Methoden sind in der Klasse *ReportExecutionService* gekapselt.

Die präzise Beschreibung der Funktionsweise jeder einzelnen Methode würde den Rahmen dieses Buchs sprengen. Daher sind im Folgenden die Methoden nur kurz umrissen. Für ein näheres Verständnis der zugrunde liegenden Funktionalität sollten Sie das Kapitel, auf das jeweils verwiesen wird, zu Rate ziehen oder für genauere Informationen zur Verwendung die Onlinehilfe zu der jeweiligen Methode.

Methoden für Rendering und Ausführung

Mit den Methoden aus Tabelle 34.1 können Sie Berichtsausführung, -rendering und -caching steuern.

Mehr Informationen zum Thema Ausführung erhalten Sie in Kapitel 23, mehr zum Thema Berichtsserveroptionen in Kapitel 19.

Methode	Beschreibung
FlushCache	Entfernt einen einzelnen Bericht aus dem Cache
GetCacheOptions	Gibt die Cachekonfiguration eines Berichts zurück sowie die Einstellung, wann die im Cache gespeicherte Kopie des Berichts abläuft
GetExecutionOptions	Gibt die Ausführungsoptionen und die damit zusammenhängenden Einstellungen für einen einzelnen Bericht zurück
Render	Führt den angegebenen Bericht aus und rendert ihn in einem eingestellten Format
SetCacheOptions	Konfiguriert das Caching für einen Bericht und bestimmt, wann eine Berichtkopie im Cache abläuft
SetExecutionOptions	Legt die Ausführungsoptionen und -eigenschaften für einen Bericht fest
UpdateReportExecutionSnapshot	Erstellt eine Momentaufnahme (Snapshot) von einem Bericht

Tabelle 34.1 Mit diesen Methoden können Sie rendern und ausführen sowie die zugehörigen Optionen handeln

Methoden für Berichtsparameter

Mit den Methoden aus Tabelle 34.2 können Sie Berichtsparameter setzen und auslesen.

Mehr zum Thema Berichtsparameter finden Sie in Kapitel 14.

Methode	Beschreibung
GetReportParameters	Gibt die Parameter eines Berichts zurück
SetReportParameters *ListParameterStates* *ListParameterTypes*	Setzt die Parameterwerte für den spezifizierten Bericht. Gibt eine Liste aller Parameterzustände zurück. Gibt eine Liste aller Parametertypen zurück.

Tabelle 34.2 Über diese Methoden arbeiten Sie mit Berichtparametern

Methoden für Datenquellen und Verbindungen

Mithilfe der Methoden aus Tabelle 34.3 arbeiten Sie mit Datenquellen, Verbindungen und den zugehörigen Anmeldeinformationen.

Mehr Informationen zum Thema Datenquellen finden Sie in Kapitel 21.

Methode	Beschreibung
CreateDataSource	Erstellt eine neue Datenquelle in der Berichtsserverdatenbank
DisableDataSource	Deaktiviert eine aktivierte Datenquelle
EnableDataSource	Aktiviert eine deaktivierte Datenquelle
GetDataSourceContents	Gibt die Inhalte einer Datenquelle zurück
GetItemDataSourcePrompts	Gibt den Text, mit dem der Benutzer zur Eingabe einer Authentifizierung aufgefordert wird, für jede Datenquelle zurück, die im Bericht verwendet wird
GetItemDataSources	Gibt die Eigenschaften der im Bericht verwendeten Datenquellen zurück
ListDependentItems	Gibt eine Liste aller Elemente zurück, die mit einem bestimmten Element der Berichtsserverdatenbank verknüpft sind
SetDataSourceContents	Legt die Inhalte einer Datenquelle fest
SetItemDataSources	Legt die Eigenschaften der im Bericht verwendeten Datenquellen fest

Tabelle 34.3 Mit diesen Methoden verwalten Sie Datenquellen und Verbindungen

Methoden für Abonnements

Mit den Methoden aus Tabelle 34.4 arbeiten Sie mit Abonnements.

Mehr Informationen zum Thema Abonnements finden Sie in Kapitel 27.

Methode	Funktion
CreateDataDrivenSubscription	Erstellt ein datengesteuertes Abonnement für den spezifizierten Bericht
GetDataDrivenSubscriptionProperties	Gibt die Eigenschaften eines datengesteuerten Abonnements zurück
CreateSubscription	Fügt ein Abonnement zur Berichtsserverdatenbank hinzu
DeleteSubscription	Entfernt ein Abonnement aus der Berichtsserverdatenbank
GetSubscriptionProperties	Gibt die Eigenschaften eines Abonnements zurück
ListSubscriptions *ListMySubscriptions*	Gibt die Liste der Abonnements zurück. Gibt die Liste der eigenen Abonnements zurück.
PrepareQuery	Gibt ein Dataset zurück, das die Felder enthält, die von der Abonnementabfrage eines datengesteuerten Abonnements abgerufen wurden
SetDataDrivenSubscriptionProperties	Legt die Eigenschaftswerte eines datengesteuerten Abonnements fest
SetSubscriptionProperties	Legt die Eigenschaftswerte eines Abonnements fest

Tabelle 34.4 Mit diesen Methoden verwalten Sie Abonnements und Bereitstellung

Methoden für Berechtigungen, Rollen und Richtlinien

Über die Methoden aus Tabelle 34.5 können Sie mit Aufgaben, Rollen und Richtlinien arbeiten.

Mehr Informationen zum Thema Sicherheit finden Sie in Kapitel 22.

Methode	Beschreibung
CreateRole	Fügt der Berichtsserverdatenbank eine neue Rolle hinzu
DeleteRole	Entfernt eine Rolle aus der Berichtsserverdatenbank
GetPermissions	Gibt die Benutzerrechte zurück, die einem bestimmten Element in der Berichtsserverdatenbank zugeordnet sind
GetPolicies	Gibt die Richtlinien zurück, die einem bestimmten Element in der Berichtsserverdatenbank zugeordnet sind
GetRoleProperties	Gibt Metadateneigenschaften einer Rolle und eine Auflistung der zugeordneten Aufgaben zurück
GetSystemPermissions	Gibt die Systemrechte des Benutzers zurück
GetSystemPolicies	Gibt die Systemrichtlinien einschließlich Gruppen und Rollen, denen sie zugeordnet sind, zurück
InheritParentSecurity	Löscht die Richtlinien, welche einem bestimmten Element in der Berichtsserverdatenbank zugeordnet sind, und setzt die Sicherheitsrichtlinien auf die des ihm übergeordneten Elements fest
ListRoles	Gibt Namen und Beschreibungen der Rollen zurück, die vom Berichtsserver verwaltet werden
ListSecureMethods	Gibt eine Liste von Methoden zum Simple Object Access-Protokoll (SOAP) zurück, welche bei Aufruf eine sichere Verbindung benötigen. Die *SecureConnectionLevel*-Einstellung wird vom Berichtsserver genutzt, um festzulegen, welche Methoden zurückgegeben werden.
ListTasks	Gibt Namen und Beschreibungen von Aufgaben zurück, welche vom Berichtsserver verwaltet werden
SetPolicies	Legt die Richtlinien fest, die einem bestimmten Element in der Berichtsserverdatenbank zugeordnet sind
SetRoleProperties	Legt Metadateneigenschaften einer Rolle fest und ordnet einer Rolle einen Satz Aufgaben zu
SetSystemPolicies	Legt die Systemrichtlinien fest, die Gruppen und ihre zugeordneten Rollen definieren

Tabelle 34.5 Mit diesen Methoden bearbeiten Sie Aufgaben, Rollen und Richtlinien

Methoden für den Berichtsverlauf und Momentaufnahmen

Mit den Methoden aus Tabelle 34.6 können Sie den Berichtsverlauf und Momentaufnahmen bearbeiten.

Mehr Informationen zu diesen Themen finden Sie in Kapitel 25.

Methode	Beschreibung
CreateReportHistorySnapshot	Generiert eine Momentaufnahme vom übergebenen Bericht
DeleteReportHistorySnapshot	Entfernt eine Momentaufnahme vom übergebenen Bericht
GetReportHistoryLimit	Gibt das Limit der Momentaufnahme des spezifizierten Berichts zurück

Tabelle 34.6 Mit diesen Methoden verwalten Sie den Berichtsverlauf und Momentaufnahmen

Methode	Beschreibung
GetReportHistoryOptions	Gibt die Momentaufnahmeneinstellungen eines Berichts zurück
ListReportHistory	Gibt die Liste der Momentaufnahmen des Verlaufs eines Berichts zurück
SetReportHistoryLimit	Legt fest, wie viele Momentaufnahmen eines Berichts der Berichtsserver aufbewahrt, bevor er sie aus der Berichtsserverdatenbank löscht
SetReportHistoryOptions	Legt die Eigenschaft eines Berichts fest, die angibt, wann eine Momentaufnahme erstellt wird

Tabelle 34.6 Mit diesen Methoden verwalten Sie den Berichtsverlauf und Momentaufnahmen *(Fortsetzung)*

Methoden zur Verwaltung des Berichtsserver-Namespace

Mit den Methoden aus Tabelle 34.7 verwalten Sie den Berichtsserver-Namespace, also Berichte, Ordner und Ressourcen.

Mehr zu diesen Themen finden Sie in Kapitel 19.

Methode	Funktion
CancelBatch	Bricht eine Stapelverarbeitung ab, die von einem Aufruf der *CreateBatch*-Methode initiiert wurde
CancelJob	Bricht die Ausführung einer Aufgabe ab
CreateBatch	Erstellt eine Stapelverarbeitung, die mehrere Methoden innerhalb einer Transaktion ausführt
CreateFolder	Fügt der Berichtsserverdatenbank einen Ordner hinzu
CreateReport	Fügt der Berichtsserverdatenbank einen neuen Bericht hinzu
CreateResource	Fügt der Berichtsserverdatenbank eine neue Ressource hinzu
DeleteItem	Entfernt ein Element aus der Berichtsserverdatenbank
ExecuteBatch	Führt alle Methoden, die zu einer Stapelverarbeitung gehören, in einer einzigen Transaktion aus
FindItems	Gibt die Elemente zurück, die mit den in einer Berichtsserverdatenbanksuche spezifizierten Suchkriterien übereinstimmen
FireEvent	Löst ein Ereignis basierend auf den gegebenen Parametern aus
GetItemType	Gibt den Typ eines Elements in der Berichtsserverdatenbank zurück, wenn das Element existiert
GetProperties	Gibt die Werte einer oder mehrerer Eigenschaften eines Elements in der Berichtsserverdatenbank zurück
GetReportDefinition	Gibt die Berichtsdefinition eines Berichts zurück
GetResourceContents	Gibt die Inhalte der spezifizierten Ressource zurück
GetSystemProperties	Gibt eine oder mehrere Systemeigenschaften zurück
ListChildren	Gibt die Liste der Berichtsserverelemente zurück, die unter einem spezifizierten Element angeordnet sind
ListEvents	Gibt die Liste der vom Berichtsserver unterstützten Ereignisse zurück
ListJobs	Gibt die Liste der Aufgaben zurück, die auf dem Berichtsserver ausgeführt werden

Tabelle 34.7 Mit diesen Methoden verwalten Sie den Berichtsserver-Namespace

Methode	Funktion
ListExtensions	Gibt die Liste der Erweiterungen zurück, die für den übergebenen Erweiterungstyp konfiguriert sind
MoveItem	Verschiebt ein Element oder benennt es um
SetProperties	Legt eine oder mehrere Eigenschaften eines Elements in der Berichtsserverdatenbank fest
SetReportDefinition	Legt die Berichtsdefinition für einen Bericht in der Berichtsserverdatenbank fest
SetResourceContents	Legt den Inhalt einer Ressource fest
SetSystemProperties	Legt eine oder mehrere Systemeigenschaften fest
ValidateExtensionSettings	Prüft Erweiterungseinstellungen auf Gültigkeit

Tabelle 34.7 Mit diesen Methoden verwalten Sie den Berichtsserver-Namespace *(Fortsetzung)*

Methoden für freigegebene Zeitpläne

Mit den Methoden aus Tabelle 34.8 verwalten Sie freigegebene Zeitpläne.

Mehr Informationen zum Thema freigegebene Zeitpläne erhalten Sie in Kapitel 25.

Methode	Beschreibung
CreateSchedule	Erstellt einen neuen freigegebenen Zeitplan
DeleteSchedule	Löscht den freigegebenen Zeitplan mit der übergebenen Zeitplan-ID
GetScheduleProperties	Gibt die Werte von Eigenschaften eines freigegebenen Zeitplans zurück
ListScheduledReports	Gibt die Liste der Berichte zurück, die mit einem freigegebenen Zeitplan verbunden sind
ListSchedules	Gibt die Liste aller freigegebenen Zeitpläne zurück
PauseSchedule	Hält die Ausführung des übergebenen Zeitplans an
ResumeSchedule	Setzt den freigegebenen Zeitplan fort, der vorher angehalten wurde
SetScheduleProperties	Legt die Eigenschaftswerte eines freigegebenen Zeitplans fest

Tabelle 34.8 Mit diesen Methoden verwalten Sie freigegebene Zeitpläne

Methoden für verknüpfte Berichte

Mit den Methoden aus Tabelle 34.9 können Sie verknüpfte Berichte erzeugen und verwalten.

Mehr Informationen zum Thema verknüpfte Berichte finden Sie in Kapitel 19.

Methode	Beschreibung
CreateLinkedReport	Fügt einen neuen verknüpften Bericht zur Berichtsserverdatenbank hinzu
GetReportLink	Gibt den Namen des Berichts zurück, der für die Berichtsdefinition des verknüpften Berichts benutzt wird
ListDependentItems	Gibt die Liste von Berichten zurück, die mit einem bestimmten Bericht verknüpft sind
SetReportLink	Legt den Bericht fest, der für die Berichtsdefinition eines verknüpften Berichts benutzt wird

Tabelle 34.9 Über diese Methoden arbeiten Sie mit verknüpften Berichten

Bericht aus Anwendung rendern

In praktisch jeder Anwendung, die Sie programmieren, werden Sie einen Bericht rendern wollen, denn schließlich handelt es sich dabei um die Kernfunktionalität von Reporting Services.

Selbstverständlich wollen Sie Ihren Anwendern dabei ersparen, dass diese mit irgendeiner Benutzeroberfläche von Reporting Services konfrontiert ist, mit anderen Worten: Sie möchten, dass die Funktionalitäten von Reporting Services vom Anwender als Bestandteil Ihrer Anwendung wahrgenommen werden.

Um eine Windows-Anwendung zu schreiben, die per Mausklick einen Bericht rendert, gehen Sie folgendermaßen vor:

1. Starten Sie Visual Studio und öffnen Sie über den Menübefehl *Datei/Neu/Projekt* das Dialogfeld *Neues Projekt.*
2. Wählen Sie entsprechend der Abbildung 34.1 *Visual Basic* als *Projekttyp* und *Windows Forms-Anwendung* als *Vorlage* sowie einen geeigneten *Speicherort.* Geben Sie als *Namen* die Bezeichnung *BerichtRendern* ein und legen Sie das Projekt mit *OK* an.

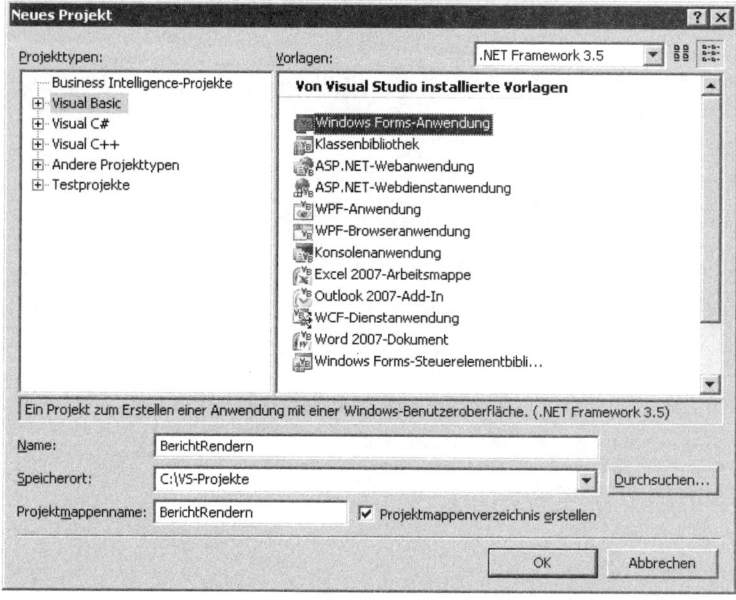

Abbildung 34.1 Legen Sie hier Ihr *BerichtRendern*-Projekt als neue Visual Basic-Anwendung *für Windows* an

3. Um mit Ihrem Berichtsserver arbeiten zu können, müssen Sie einen Webverweis auf diesen setzen. Rufen Sie dazu den Menübefehl *Projekt/Webverweis hinzufügen* auf, um das Dialogfeld *Webverweis hinzufügen* zu öffnen (Abbildung 34.2). Sollte dieser Eintrag bei Ihnen nicht verfügbar sein, haben Sie noch keinen Webverweis angelegt. Wir verweisen Sie in diesem Falle auf das vorherige Kapitel 33, in dem wir bereits einen solchen Webverweis angelegt haben.

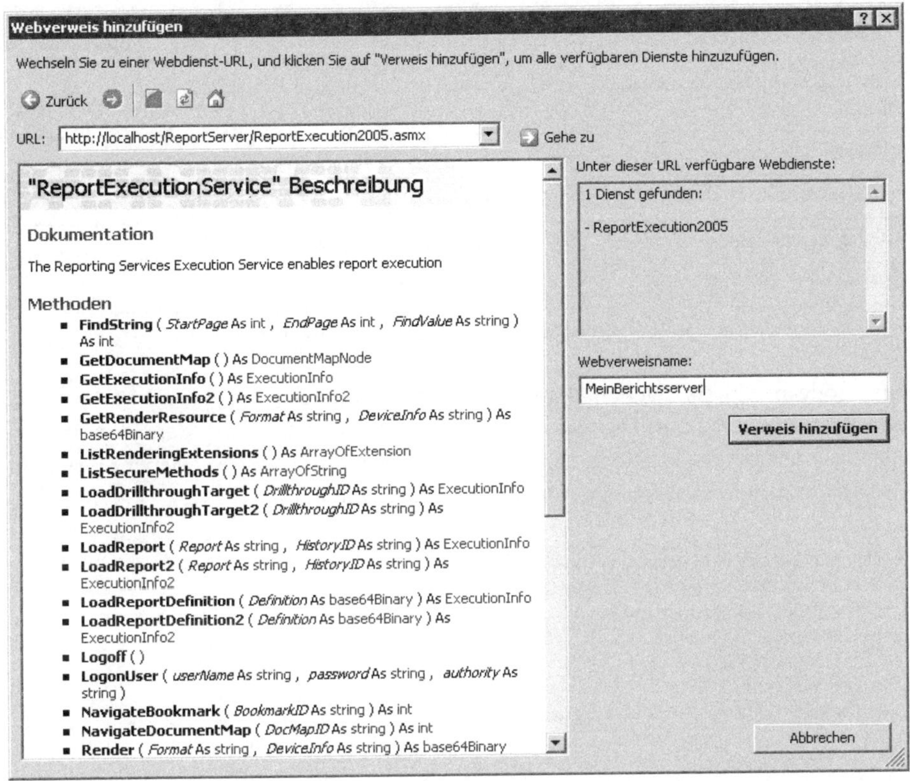

Abbildung 34.2 Fügen Sie hier einen Verweis auf Ihren Berichtsserver hinzu, um diesen zu steuern

4. Tragen Sie als Adresse *http://localhost/ReportServer/ReportExecution2005.asmx* ein.
5. Tragen Sie als *Namespace* den Text *MeinBerichtsserver* ein und klicken Sie auf *OK*.
6. Bestücken Sie Ihre Form mit Steuerelementen entsprechend der Abbildung 34.3, indem Sie aus der *Toolbox* zwei *Label*-Steuerelemente, zwei *Textfeld*-Steuerelemente und eine Schaltfläche auf *Form1* ziehen.

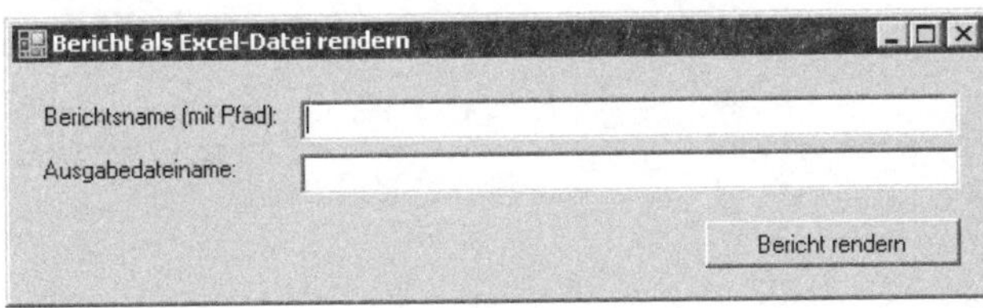

Abbildung 34.3 Gestalten Sie so die Benutzeroberfläche für Ihre *BerichtRendern*-Anwendung

7. Setzen Sie die *Eigenschaften* Ihrer Steuerelemente, wie in Tabelle 34.10 angegeben. Wichtig für das Funktionieren der Anwendung sind die fett gedruckten Einträge, alle anderen sind optional, erhöhen aber die Wartbarkeit, die Verständlichkeit und den Komfort der Anwendung.

Name	Neuer Name	Texteigenschaft
Form1	frmBerichtAlsExcelRendern	Bericht als Excel-Datei rendern
Label1	lbBerichtsname	Berichtsname (mit Pfad):
Label2	lblAusgabedateiname	Ausgabedateiname:
TextBox1	**txtBerichtsName**	/AdventureWorks 2008R2/ Customers_Near_Stores _2008R2
TextBox2	**txtAusgabedateiname**	C:\Customers_Near_Stores.xls
Button1	**btnRender**	Bericht rendern

Tabelle 34.10 Setzen Sie so die Eigenschaften der Steuerelemente Ihrer Anwendung *Bericht als Excel-Datei rendern*

8. Um den Code in der Codeansicht einzugeben, doppelklicken Sie auf die Schaltfläche *Bericht rendern* und geben Sie den Code aus Listing 34.1 ein. Dort wird der Berichtsserver instanziiert, der Bericht gerendert und der *Stream*, der von der *Render*-Methode zurückgegeben wird, als Datei geschrieben. Beachten Sie, dass das eigentliche Rendern mit einem einzigen Methodenaufruf erledigt ist!

```
Private Sub btnRender_Click(ByVal sender As System.Object, _
    ByVal e As System.EventArgs) Handles btnRender.Click
    ' während des Renderns Sanduhr anzeigen
    Windows.Forms.Cursor.Current = Cursors.WaitCursor

    ' Berichtsserver instanziieren
    Dim rs As New MeinBerichtsserver.ReportExecutionService
    ' Instanz für Ausführungseigenschaften
    Dim execInfo As New MeinBerichtsserver.ExecutionInfo
    ' Standardberechtigungen einstellen
    rs.Credentials = System.Net.CredentialCache.DefaultCredentials

    ' Den Bericht in die Ausführungseigenschaften laden
    execInfo = rs.LoadReport(txtBerichtsName.Text, Nothing)

    ' Bytearray zur Zwischenspeicherung des gerenderten Berichts
    Dim results() As [Byte]

    ' Bericht rendern
    results = rs.Render("EXCEL" _
               , "", "", "", "", Nothing, Nothing)

    ' Datei für Excel-File erzeugen und als Stream öffnen
    Dim stream As System.IO.FileStream = _
       System.IO.File.OpenWrite(txtAusgabedateiname.Text)
    ' Datei schreiben und schließen
    stream.Write(results, 0, results.Length)
    stream.Close()

    ' Sanduhr ausblenden
    Windows.Forms.Cursor.Current = Cursors.Default
End Sub
```

Listing 34.1 Mit diesem Code rendern Sie den Bericht als Excel-Datei

9. Starten Sie über den Menübefehl *Debuggen/Starten* Ihr neues Programm, das sich wie in Abbildung 34.4 melden sollte.

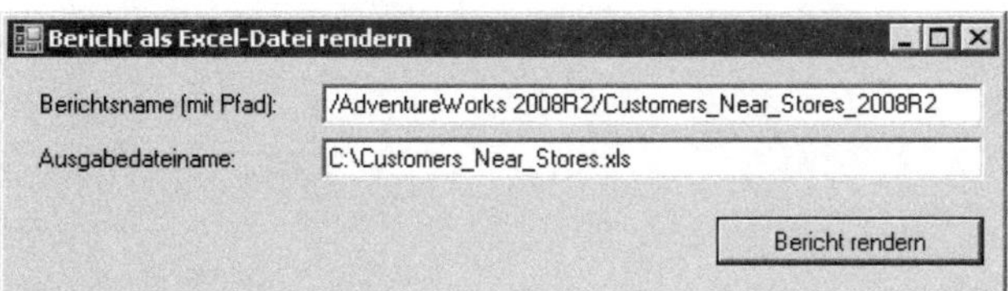

Abbildung 34.4 Die Anwendung *Bericht als Excel-Datei rendern* zur Laufzeit

10. Sofern gewünscht, ändern Sie *Berichtsname* und *Ausgabedateiname.*
11. Klicken Sie auf die Schaltfläche *Bericht rendern.* Warten Sie, bis der Bericht fertig gerendert ist. Dies erkennen Sie daran, dass anstelle der Sanduhr wieder der normale Mauszeiger zu sehen ist.
12. Starten Sie den Windows-Explorer und öffnen Sie die zuvor unter *Ausgabedateiname* angegebene Datei per Doppelklick, wodurch diese in Excel geöffnet wird und aussehen sollte wie in Abbildung 34.5.

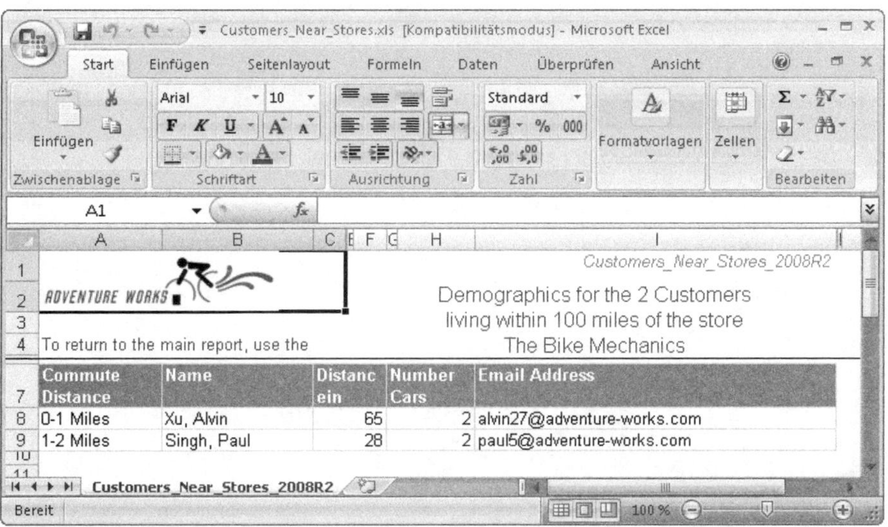

Abbildung 34.5 So sieht die von Ihrer Anwendung per Mausklick gerenderte Excel-Datei aus

Sie haben gesehen, wie Sie mit einem einzigen Methodenaufruf eine vollständige Renderfunktionalität implementieren können, mit deren Programmierung »von Hand« Sie leicht Wochen oder gar Monate verbringen könnten.

Beachten Sie bitte, dass das Programmieren von Reporting Services in Visual Basic zwar sehr bequem ist, dessen Einsatz aber keineswegs Bedingung ist. Sie können Reporting Services von jeder Umgebung, die in der Lage ist, auf Webdienste zuzugreifen, genauso einfach steuern!

Nachdem Sie in diesem Kapitel gelernt haben, wie Sie die Reporting Services von Anwendungen aus steuern, werden Sie im folgenden Kapitel sehen, wie Sie diese Steuerung mit nahezu identischem Funktionsumfang über einfache Skripts durchführen können.

Kapitel 35

Aufgaben automatisieren mit Reporting Services-Skriptdateien

In diesem Kapitel:

Vielleicht haben Sie sich beim Studieren des letzten Kapitels gedacht: »Alles schön und gut, aber der ganze Aufwand mit der Entwicklungsumgebung und dem Webdienst, der lohnt sich insbesondere für kleinere Aufgaben wohl eher nicht. Kann man die Reporting Services nicht einfach skripten?« Hier ist die gute Nachricht dieses Kapitels: Man kann!

Mit Skriptdateien können Sie als Entwickler oder Administrator sich wiederholende Aufgaben auf dem Berichtsserver automatisiert ausführen lassen. Skriptdateien werden in Visual Basic geschrieben und in einer einfachen Textdatei mit der Dateinamenerweiterung *.rss* (Reporting Services Script) gespeichert. Die Ausführung geschieht mittels des Dienstprogramms *rs.exe*. Mit anderen Worten: Sie müssen nur wenig neu lernen – die Arbeit mit Skriptdateien funktioniert fast genauso wie die Arbeit mit der Webdienstschnittstelle, nur ohne den Overhead einer Entwicklungsumgebung!

Skript erstellen

Reporting Services-Skriptdateien werden in der Visual Basic-Sprache verfasst und sind vom Projekttyp her der Konsolenanwendung am nächsten. Sie haben mit diesem insbesondere die folgenden Merkmale gemein:

- Den Einsprungspunkt bildet *Sub Main*
- Ausgaben an die Konsole geschehen über die *Console.Writeln*-Methode
- Benutzeingaben erfolgen über die *Console.Readln()*-Funktion

Sie bringen folgende Besonderheiten mit:

- Ein Skript wird nicht umschlossen von einem *Module {Modulname}/End Module*-Konstrukt
- Über das vordefinierte *rs*-Objekt können Sie auf alle Methoden und Funktionen der Reporting Services zugreifen. Diese sind in Kapitel 34 aufgelistet und erläutert.

Skriptdateien werden als normale Textdatei der Endung *.rss* gespeichert und können direkt ausgeführt werden, wie im folgenden Abschnitt beschrieben.

TIPP Da Skriptdateien als Textdateien abgelegt werden, lassen sie sich leicht programmgesteuert erzeugen und sind somit ideal als Zielplattform von Codegeneratoren geeignet.

Skript ausführen

Durch das Ausführen von Skriptdateien können Sie auf den Berichtsserver auf dem lokalen oder auf einem Remotecomputer zugreifen.

Für die Ausführung Ihres Skripts müssen die folgenden Bedingungen erfüllt sein:

- Sie benötigen die Berechtigung zum Ausführen des Dienstprogramms *rs.exe* auf dem Computer, auf dem das Skript ausgeführt wird. Dort müssen die Reporting Services mit der Option *Verwaltungstools* installiert sein. Diese Option ist Bestandteil der Standardinstallation.
- Sie müssen auf dem Server mit der Berichtsserverinstanz, die mit Ihrem Skript angesprochen wird, lokaler Administrator sein
- Sie benötigen Zugriff auf den Berichtsserver, auf den Sie mit dem Skript zugreifen. Weitere Informationen zu Berechtigungen und Benutzerrollen finden Sie im Kapitel 22.

Ein Skript wird gestartet, indem Sie in der Eingabeaufforderung den Befehl *rs* mit Argumenten aus der Tabelle 35.1 eingeben.

Argument	Erklärung
–?	Zeigt die Syntax der Argumente an
–i {RSS-Datei}	Erforderlich Gibt an, welche RSS-Datei ausgeführt werden soll. Muss ein vollständiger Pfad sein
–s {serverURL}	Erforderlich Gibt den Server und das virtuelle Verzeichnis an, das mit dem Skript angesprochen werden soll
–u {Benutzername}	Gibt den zum Anmelden am Server zu verwendenden Benutzer an. Syntax: *{Domäne}\\{Benutzername}* Nur anwendbar, wenn Sie als lokaler Administrator angemeldet sind.
–p {Kennwort}	Gibt das zum Anmelden am Server zu verwendende Kennwort an. Nur anwendbar, wenn Sie als lokaler Administrator angemeldet sind.
–e {Endpunkt}	Gibt den SOAP-Endpunkt für die Ausführung des Skripts an. Verwendbar sind *Exec2005*, *Mgmt2005* und *Mgmt2000*. Standard ist *Mgmt2005*. Der Wert *Mgmt2000* ist veraltet und bietet den Endpunkt der Vorgängerversion an, sodass Sie Ihre alten Skripts nicht extra umschreiben müssen.
–l {Timeout}	Gibt die Anzahl von Sekunden an, bis ein Timeout für die Verbindung ausgelöst wird. Standardwert ist 60 Sekunden. Bei einem Eintrag von 0 ist das Zeitlimit auf unendlich gesetzt.
–b	Gibt an, dass die Skriptdatei als Batch ausgeführt wird. Falls ein Befehl fehlschlägt, wird ein Rollback ausgeführt.
–v {globale Variablen}	Setzt globale Variablen für das Skript. Beispiel: *i=0* setzt die Variable *i* auf 0 und ermöglicht deren Verwendung im Skript.
–t	Fügt Ablaufverfolgungsinformationen für alle während der Ausführung auftretenden Fehler hinzu

Tabelle 35.1 Argumente des *rs.exe*-Dienstprogramms

Nachdem Sie nun einen Überblick über die Möglichkeiten von *.rss*-Skriptdateien haben, ist es Zeit, das Neugelernte anhand eines Beispiels zu erproben, das Sie im nächsten Abschnitt finden.

Beispiel: Berichtsliste ausgeben und Bericht rendern

Sie möchten die Liste aller am Berichtsserver verfügbaren Berichte anzeigen, aus der der Benutzer interaktiv einen auswählt, der dann als PDF-Datei gerendert wird.

Gehen Sie dazu folgendermaßen vor:

1. Erstellen Sie auf Laufwerk *C:* einen Ordner namens *RssSkript*.
2. Starten Sie einen Texteditor Ihrer Wahl, z.B. den Windows-Editor über *Start/Alle Programme/Zubehör/Editor*, und fügen Sie den Code aus Listing 35.1 ein, der eine Liste aller Elemente des Berichtsservers holt und die Elemente des Typs *Bericht* ausgibt.

```
Sub Main()
     rs.Credentials = System.Net.CredentialCache.DefaultCredentials

    Console.WriteLine()
    Console.WriteLine("Berichtsliste:")

    ' Rekursiv Liste aller Elemente des Berichtsservers holen
    Dim items() As CatalogItem
    items = rs.ListChildren("/", True)

    ' Über alle Elemente iterieren
    Dim item As CatalogItem
    For Each item In items
        ' Nur anzeigen, wenn vom Typ Bericht
        If item.Type = ItemTypeEnum.Report Then
            Console.WriteLine(item.Path)
        End If
    Next item
    Console.WriteLine()
End Sub
```

Listing 35.1 Dieses Skript zeigt eine Liste aller Berichte eines Berichtsservers an

3. Speichern Sie das Skript unter dem Dateinamen *liste.rss.*
4. Erstellen Sie auf gleichem Wege eine Datei namens *render.rss*, die den Code aus Listing 35.2 enthält. Dabei werden *Berichts-* und *Ausgabedateiname* erfragt, über *renderBericht* der Bericht gerendert und schließlich eine Erfolgsmeldung ausgegeben. Die Methode *renderBericht* rendert den Bericht als PDF-Datei und speichert ihn.

```
Public Sub Main()
    rs.Credentials = System.Net.CredentialCache.DefaultCredentials
    ' Einsprungspunkt bei der Skriptausführung

    Dim sBerichtsname As String
    Dim sAusgabeDateiname As String

    ' Defaultberechtigung (optional f. Skript, wichtig f. evtl. Debugging in VS)
    rs.Credentials = System.Net.CredentialCache.DefaultCredentials

    ' Benutzereingaben durchführen
    Console.Write("Bericht zum Rendern als PDF: ")
    sBerichtsname = Console.ReadLine()
    Console.Write("Ausgabepfad und -dateiname gerenderter Bericht: ")
    sAusgabeDateiname = Console.ReadLine()
    Console.WriteLine()

    'Bericht rendern & Erfolg melden
    renderBericht(sBerichtsname, sAusgabeDateiname)
    Console.WriteLine("'" & sBerichtsname & "' erfolgreich gerendert und unter '" _
        & sAusgabeDateiname & "'gespeichert.")
    Console.WriteLine()
End Sub

Private Sub renderBericht(ByVal sBerichtsname As String, _
        ByVal sAusgabeDateiname As String)
```

Listing 35.2 Das Skript rendert einen interaktiv ausgewählten Bericht als PDF-Datei

```
        ' rendert Bericht sBerichtsname in PDF-Datei mit Namen sAusgabeDateiname

        'Dim execInfo As New MeinBerichtsserver.ExecutionInfo
        'execInfo.ReportPath = sBerichtsname
        rs.LoadReport(sBerichtsname, Nothing)

        ' Bericht als PDF rendern und Ergebnis in Bytearray aufnehmen
        Dim results() As [Byte]
        results = rs.Render("PDF", "", "", "", "", Nothing, Nothing)

        ' Bytearray via stream-Objekt in Datei speichern
        Dim stream As System.io.FileStream _
            = System.IO.File.OpenWrite(sAusgabeDateiname)
        stream.Write(results, 0, results.Length)
        stream.Close()
    End Sub
```

Listing 35.2 Das Skript rendert einen interaktiv ausgewählten Bericht als PDF-Datei *(Fortsetzung)*

5. Damit Sie die Skripts nicht umständlich starten müssen, erstellen Sie eine Stapelverarbeitungsdatei, die Sie in einem Editor Ihrer Wahl erstellen. Dazu fügen Sie in die Datei die Befehle aus Listing 35.3 ein und benennen sie mit *rss-batch.bat.*
   - Der erste Befehl startet das Skript, welches die Liste ausgibt, auf dem lokalen Berichtsserver und nutzt dabei den SOAP-Endpunkt für Administration *Mgmt2005*
   - Der zweite Befehl startet das Renderskript. Die Funktionalität für das Rendern wird in dem SOAP-Endpunkt für Ausführung *Exec2005* bereitgestellt.
   - Der Befehl *pause* gestattet Ihnen, nach direktem Starten der Stapelverarbeitungsdatei die Ausgaben vor dem Schließen des Befehlsfensters zu lesen

```
@echo off
@echo Liste der Berichte anzeigen

rs -i c:\RssSkript\liste.rss -s http://localhost/reportserver -e Mgmt2005

@echo ****************************************
@echo Bericht rendern
rs -i c:\RssSkript\render.rss -s http://localhost/reportserver -e Exec2005

pause
```

Listing 35.3 Steuern der Skripts über eine Stapelverarbeitungsdatei

6. Starten Sie die Stapelverarbeitungsdatei *rss-batch.bat* mit einem Doppelklick.
7. Beim Start zeigt das Skript eine Liste der auf dem Berichtsserver verfügbaren Berichte an (siehe Abbildung 35.1).

```
file:///C:/Users/ixtoadmin/AppData/Local/Temp/3/bj6ctk9m.exe
Liste der Berichte anzeigen

Berichtsliste:
/AdventureWorks 2008R2/AdventureWorks2008R2_Base
/AdventureWorks 2008R2/Customers_Near_Stores_2008R2
/AdventureWorks 2008R2/Employee_Sales_Summary_2008R2
/AdventureWorks 2008R2/Employee_Sales_Summary_2008R2_EndLesson1
/AdventureWorks 2008R2/Employee_Sales_Summary_2008R2_EndLesson2
/AdventureWorks 2008R2/Employee_Sales_Summary_2008R2_EndLesson3
/AdventureWorks 2008R2/Sales_by_Region_2008R2
/AdventureWorks 2008R2/Sales_Order_Detail_2008R2
/AdventureWorks 2008R2/Store_Contacts_2008R2

Der Befehl wurde erfolgreich abgeschlossen.
****************************************
Bericht rendern
Bericht zum Rendern als PDF: /AdventureWorks 2008R2/Sales_by_Region_2008R2
Ausgabepfad und -dateiname gerenderter Bericht: C:\RssSkript\Sales_by_Region.pdf


'/AdventureWorks 2008R2/Sales_by_Region_2008R2' erfolgreich gerendert und unter
'C:\RssSkript\Sales_by_Region.pdf'gespeichert.

Der Befehl wurde erfolgreich abgeschlossen.
Drücken Sie eine beliebige Taste . . .
```

Abbildung 35.1 Ihr Skript zeigt die Liste aller Berichte und rendert einen interaktiv ausgewählten Bericht als PDF-Datei

8. Geben Sie den Namen eines beliebigen Berichts aus der Liste ein, z. B. */AdventureWorks 2008R2 Sample Reports/Sales_by_Region_2008R2*, und drücken Sie die [↵]-Taste.
9. Geben Sie den Namen ein, unter dem die PDF-Datei gespeichert werden soll, z.B. *C:\RssSkript\Sales_by_Region.pdf*, und schließen Sie mit der [↵]-Taste ab. Der Bericht wird gerendert und eine Erfolgsmeldung ausgegeben.
10. Navigieren Sie mit dem Windows-Explorer zu der erzeugten PDF-Datei. Sofern auf Ihrem Rechner ein Programm installiert ist, welches PDF-Dateien anzeigen kann, doppelklicken Sie auf die Datei, um diese zu öffnen und sich von der Korrektheit des Ergebnisses zu überzeugen. Dafür können Sie zum Beispiel den Adobe Reader verwenden.

Wie Sie soeben gesehen haben, kann man Skriptdateien ganz ohne Entwicklungsumgebung erzeugen und ausführen. Spätestens wenn Sie Skriptdateien entwickeln, die über ein paar Zeilen hinausgehen, werden Sie jedoch die Annehmlichkeiten einer Entwicklungsumgebung vermissen und sollten den folgenden Abschnitt lesen.

Skripts komfortabel entwickeln und debuggen

Zwar werden die Skriptdateien als normale Textdateien gespeichert, aber eine Kompilierung findet dennoch statt – ohne Ihr Zutun, automatisch zur Laufzeit, durch den Visual Basic-Compiler. Dieser ist Bestandteil von .NET Framework.

Von der Arbeit des Visual Basic-Compilers merken Sie normalerweise nichts, es sei denn, Ihr Skript ist fehlerhaft. Denn dann zeigt sich dessen Existenz von seiner unangenehmsten Seite, wie in Abbildung 35.2 zu sehen.

Abbildung 35.2 Unkomfortables Debugging: So werden Fehler in Skriptdateien bei deren Ausführung gemeldet

Wenn Sie mit solch kryptischen Fehlermeldungen nichts anfangen können und beim Debugging etwas mehr Komfort erwarten, als es ein einfacher Texteditor nebst Befehlszeilencompiler bietet, empfiehlt sich als Entwicklungsumgebung Visual Studio.

Um mit Visual Studio Skriptdateien zu entwickeln und zu debuggen, gehen Sie folgendermaßen vor:

1. Um ein neues Konsolenanwendungsprojekt zu erstellen, starten Sie Visual Studio, rufen den Menübefehl *Datei/Neu/Projekt* auf, wählen im angezeigten Dialogfeld als Projekttyp *Visual Basic-Projekt*, als Vorlage *Konsolenanwendung* und bestätigen mit *OK*.
2. Fügen Sie einen Webverweis auf Ihren Berichtsserver hinzu, indem Sie den Menübefehl *Projekt/Dienstverweis hinzufügen* aufrufen, dort als *URL http://{Ihr Berichtsserver}/ReportServer/ReportService2005.asmx* für die Administrationsmethoden bzw. *http://{Ihr Berichtsserver}/ReportServer/ReportExecution2005.asmx* für die Verwaltungsmethoden angeben und mit dem Webverweisnamen *MeinBerichtsserver* den Webverweis hinzufügen. Dabei ist nur ein Webverweis zu empfehlen, weil das RS-Dienstprogramm nur auf einen SOAP-Endpunkt gleichzeitig zugreift.
3. Ergänzen Sie Ihren Code mit den fett gedruckten Zeilen aus Listing 35.4. Dabei haben die fett gedruckten Zeilen folgende Funktion:
   - **Zeile 1** Sorgt dafür, dass Sie im Konsolenprojekt auf die Objekte des Berichtsservers ohne Präfix zugreifen können, wie es in Skriptdateien der Fall ist. Die Zeile darf nicht in die RSS-Datei aufgenommen werden. Ihren Stammnamespace können Sie über *Projekt/Eigenschaften* herausfinden. Standardmäßig ist er identisch mit dem Namen Ihres Projekts.
   - **Zeile 2** Dient dazu, den Berichtsserver zu instanziieren, was in Skriptdateien nicht erforderlich ist. Die Zeile darf nicht in die RSS-Datei aufgenommen werden. Verwenden Sie *ReportExecutionService* statt *ReportingService2010*, wenn Sie die Ausführungsmethoden anstatt der Verwaltungsmethoden des Berichtsservers nutzen möchten.
   - **Zeile 3** Setzt die Standardberechtigungen, was in Skriptdateien nicht erforderlich ist. Kann in die RSS-Datei aufgenommen werden.

```
Imports {Ihr Stammnamespace}.MeinBerichtsserver

Module Module1
    Private rs As New MeinBerichtsserver.ReportingService2005

    Public Sub Main()
        ' Defaultberechtigung (optional im Skript, wichtig für evtl. Debugging in VS )
        rs.Credentials = System.Net.CredentialCache.DefaultCredentials
```

Listing 35.4 Durch Einfügen des fett gedruckten Codes in Ihr Konsolenprojekt machen Sie es skriptdebugtauglich

4. Entwickeln und debuggen Sie Ihr Skript.
5. Markieren Sie den Code ab der Zeile *Public Sub Main()* bis vor *End Module* und kopieren Sie die Markierung über die Zwischenablage in eine neue Textdatei in Ihrem Texteditor.
6. Speichern Sie die Textdatei mit der Endung *.rss* und führen Sie diese aus, wie in den vorhergehenden Abschnitten beschrieben.

Nun wissen Sie, wie Sie mit nur wenig Mehraufwand den vollen Komfort einer vollwertigen Entwicklungsumgebung nutzen können.

In diesem Kapitel haben Sie erfahren, wie Sie Skriptdateien als eine einfach zu handhabende Form der Programmierung insbesondere für kleinere Aufgaben des Administrator- und Entwickleralltags nutzen können.

Im nächsten Kapitel lernen Sie, wie Sie die Erweiterungsschnittstellen der Reporting Services benutzen können.

Kapitel 36

Erweiterungsschnittstellen

In diesem Kapitel:

Wie Sie bereits in den vorhergehenden Kapiteln gesehen haben, sind die Reporting Services in vielerlei Hinsicht offen gestaltet. Das begann mit der XML-basierten Report Definition Language (RDL, siehe Kapitel 27) und dem Zugriff auf die Reporting Services über die Webdienstschnittstelle von eigenen Anwendungen aus Kapitel 34) bis hin zur Automatisierung von Aufgaben mit Reporting Services-Skriptdateien (Kapitel 35).

Wie Sie in diesem Kapitel sehen werden, geht die Offenheit noch weiter: Mit den Erweiterungsschnittstellen können Sie Ihre Anwendungen sehr eng mit den Reporting Services verzahnen und so diese direkt beliefern und umgekehrt.

Die Erweiterungstypen

Folgende Erweiterungstypen stehen Ihnen zur Verfügung:

- **Datenverarbeitungserweiterungen** Wenn Sie Daten darstellen wollen, die sich über keine der mitgelieferten Datenverarbeitungserweiterungen abfragen lassen, können Sie Ihre eigene Datenverarbeitungserweiterung programmieren. Diese liefert eine Datenquelle, deren Daten von den Reporting Services aufbereitet werden, ganz genau so, als würden Sie eine standardisierte Datenquelle verwenden.

  In diesem Kapitel werden Sie diese Schnittstelle anhand einer einfachen Beispiel-Datenverarbeitungserweiterung, die eine XML-Datei ausliest, kennenlernen.

- **Übermittlungserweiterungen** Wenn Sie Daten an ein Gerät übermitteln wollen oder in einem Format ausgeben möchten, das nicht von den Reporting Services unterstützt wird, können Sie eine Übermittlungserweiterung programmieren

- **Sicherheitserweiterungen** Wenn Sie in Ihrem Unternehmen eine eigene, von Active Directory, SQL Server und Reporting Services unabhängige oder über dieses hinausgehende Sicherheitsstruktur einsetzen oder eine solche speziell für Ihre Berichte implementieren möchten, sollten Sie diese Schnittstelle nutzen. Die Erweiterung wird, wann immer in den Reporting Services sicherheitsrelevante Dinge geschehen, diese bearbeiten.

  Bei der Implementierung von Sicherheitserweiterungen sollten Sie sehr sorgfältig vorgehen, da das Design von Authentifizierungsmechanismen sehr komplex ist und es bei unsachgemäßer Programmierung zu ernsthaften Sicherheitslücken führen kann. Konkret könnte dies bedeuten, dass Benutzern nicht nur Berichte zugänglich werden, auf die sie eigentlich keinen Zugriff haben sollten, sondern sogar, dass sie Kennwörter fremder Benutzer ausspionieren könnten.

- **Renderingerweiterungen** Wenn Sie Ihre Berichte in einem eigenen von den mitgelieferten Erweiterungen nicht unterstützten (Datei-)Format ausgeben möchten, können Sie Ihre eigene Renderingerweiterung implementieren. Dies ist keine leichte Aufgabe, da eine solche Erweiterung alle denkbaren Kombinationen von Berichtselementen unterstützen muss und das zugehörige Objektmodell mit Hunderten Elementen entsprechend umfangreich ist. Sie sollten daher zunächst prüfen, ob sich das von Ihnen gewünschte Format nicht auch aus einem von einer mitgelieferten Renderingerweiterung unterstützten Format ableiten und über eine Übermittlungserweiterung ausgeben lässt.

Einführung in Datenverarbeitungserweiterungen

Datenübermittlungserweiterungen liefern den Reporting Services die in den Berichten darzustellenden Daten. Einmal am Report Server installiert, unterscheiden sich die selbst programmierten Erweiterungen durch nichts von den mitgelieferten Datenverarbeitungserweiterungen, d.h., für den Anwender ist eine

Datenverarbeitungserweiterung vollkommen transparent. Für ihn sieht es genauso aus, als kämen die von der Erweiterung gelieferten Daten z.B. von einem Datenbankserver.

Datenverarbeitungserweiterungen sind architektonisch über weite Strecken identisch mit den .NET-Datenquellen.

Die Entwicklung einer eigenen Datenübermittlungserweiterung ist sinnvoll, wenn Sie entweder:

- Daten aus einer Datenbank vor dem Rendern aufbereiten wollen oder
- Daten mit den Reporting Services aufbereiten möchten, die von den mitgelieferten Datenübermittlungserweiterungen nicht unterstützt werden.

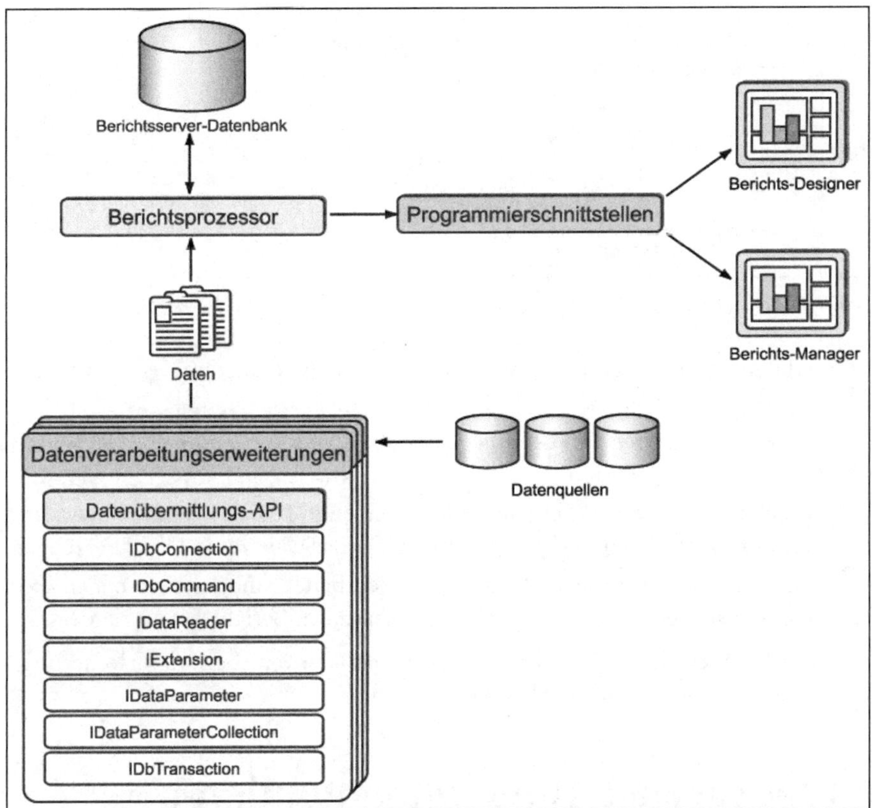

Abbildung 36.1 So arbeiten Datenverarbeitungserweiterungen mit den Reporting Services zusammen

In Abbildung 36.1 sehen Sie, wie Datenverarbeitungserweiterungen mit den Reporting Services zusammenarbeiten: Sie bilden sowohl für den Berichts-Designer als auch für den Berichts-Manager die Schnittstelle zu den im Bericht darzustellenden Daten. Wie Sie in der Grafik ebenfalls erkennen können, ist für diese Interaktion mit der Datenübermittlungs-API eine eigene Schnittstelle (die Datenübermittlungs-API) vorgesehen, die Sie implementieren müssen, wie im folgenden Abschnitt gezeigt wird.

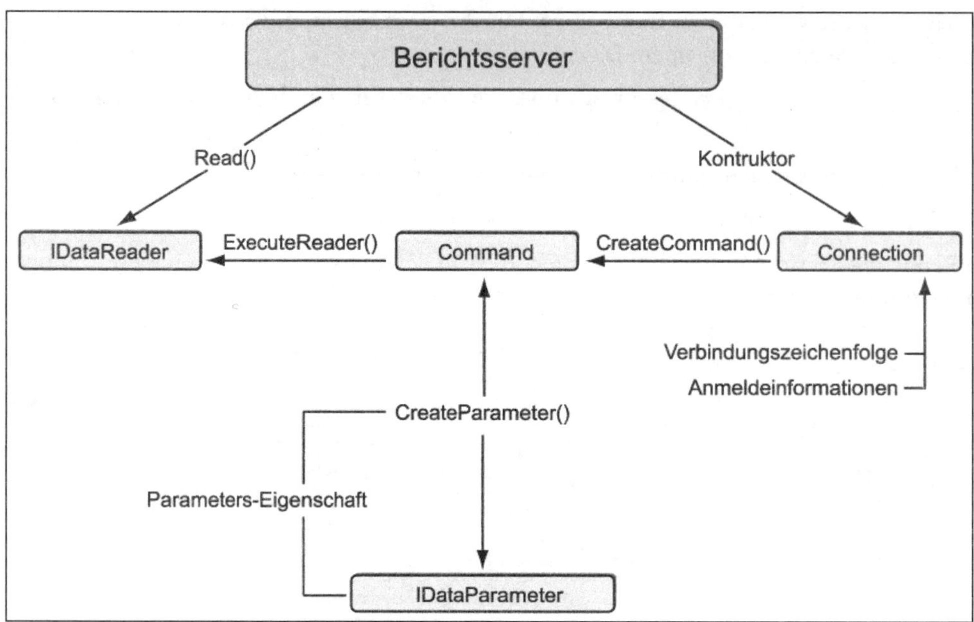

Abbildung 36.2 Prozessfluss in der Datenübermittlungserweiterung

Wie Sie in Abbildung 36.2 erkennen, läuft der Prozessfluss zwischen den Reporting Services und einer Datenverarbeitungserweiterung folgendermaßen ab:

1. Der Berichtsserver erzeugt ein *Connection*-Objekt und übergibt dabei *Verbindungszeichenfolge* und *Anmeldeinformationen*, die zum Bericht gehören.
2. Mit dem Kommandotext des Berichts wird ein *Command*-Objekt erzeugt. Dabei kann die Datenverarbeitungserweiterung den Befehlstext analysieren und ggf. Parameter für das *Command*-Objekt erzeugen.
3. Nachdem das *Command*-Objekt und eventuelle Parameter abgearbeitet sind, wird ein *DataReader*-Objekt erzeugt. Dieses gibt ein Resultset zurück, das der Berichtsserver im Berichtslayout rendert.

Nachdem Sie sich nun einen Überblick über die Arbeitsweise einer Datenverarbeitungserweiterung verschafft haben, können Sie mit deren Implementierung beginnen.

Datenverarbeitungserweiterung implementieren

In diesem Beispiel erfahren Sie, wie sich eine eigene Datenverarbeitungserweiterung in Visual Basic programmieren lässt.

Da Sie hier nicht das Programmieren komplexer Anwendungen, sondern die Schnittstellen der Datenverarbeitungserweiterung kennenlernen sollen, ist das Beispiel sehr einfach gehalten: Ihre Erweiterung liest den Inhalt einer XML-Datei aus, die eine Tabelle enthält. Der für diese Funktionalität erforderliche Programmtext umfasst nur wenige Zeilen, die Sie in den nachfolgenden Abschnitten finden – alles andere ist Code, den Sie für die Implementierung Ihrer eigenen Erweiterung weitestgehend übernehmen können.

TIPP Sie können die nachfolgende Beschreibung auch sehr gut zum Verständnis des zum Lieferumfang der Reporting Services gehörenden Beispiels *FsiDataExtension* nutzen, das sich bezüglich der für Ihr Verständnis wichtigen Funktionen zur Schnittstellenimplementierung nur wenig von dem hier vorgestellten Beispiel unterscheidet. *FsiDataExtension* liefert den Inhalt einer Dateifreigabe, deren UNC-Pfadname als Abfragetext erwartet wird.

Dazu werden die .NET Framework-Bibliotheksklassen *DirectoryInfo* und *FileSystemInfo* verwendet, um den Inhalt einer beliebigen gültigen Netzwerkdateifreigabe abzufragen.

Das Beispiel *FSIDataExtension* finden Sie standardmäßig im Ordner *C:\Programme\Microsoft SQL Server\100\Samples\Reporting Services\Extension Samples\FsiDataExtension Sample*.

Es ist möglich, dass Sie den *Samples*-Ordner nicht finden können, da die Beispiele nicht zum Standardinstallationsumfang gehören. Dies ist kein größeres Problem, denn die Beispiele lassen sich jederzeit problemlos nachinstallieren, wie in Kapitel 6 beschrieben.

Jede Datenverarbeitungserweiterung muss folgende Funktionalitäten implementieren:

- Öffnen einer Verbindung zur Datenquelle
- Analysieren der Abfrage und Zurückgeben einer Liste von Feldnamen für das Resultset
- Ausführen einer Abfrage auf der Datenquelle und Zurückgeben eines Rowsets
- Übergeben eines Parameters an die Abfrage
- Iterieren durch die Zeilen der Abfrage und Zurückgeben der Daten

Sie können Ihre Datenverarbeitungserweiterung leistungsfähiger machen, indem Sie folgende Funktionalitäten implementieren:

- Eine Abfrage analysieren und eine Liste der Parameter zurückgeben, die in der Abfrage verwendet werden
- Eine Abfrage analysieren und eine Liste der Felder zurückgeben, nach denen die Abfrage gruppiert ist
- Eine Abfrage analysieren und eine Liste der Felder zurückgeben, nach denen die Abfrage sortiert ist
- Einen Benutzernamen und ein Kennwort für die Verbindung bereitstellen, das ein von der Verbindungszeichenfolge unabhängiges Verbinden ermöglicht
- Iterieren durch die Zeilen und dabei Metadaten zu den Daten zurückgeben
- Daten am Server aggregieren

TIPP Nicht benötigte Funktionalitäten sollten Sie zunächst vollständig weglassen. Sofern dies nicht zugelassen ist – in diesem Falle beschwert sich Visual Studio –, sollten Sie leere Methoden bzw. Eigenschaften implementieren, was man als »No-Operation-Implementierung« bezeichnet. Wo dies nicht möglich ist, weil die Clients eine bestimmte Funktionalität erwarten, erzeugen Sie eine *NotSupportedException*. Alle drei Varianten werden Sie im folgenden Beispiel verwenden.

Mit der Implementierung beginnen

Bevor Sie mit der eigentlichen Programmierung beginnen, erzeugen Sie eine XML-Datei, die von Ihrer Erweiterung ausgelesen wird, und legen ein Visual Studio-Programmierprojekt an.

Datenquellen-XML-Datei erstellen

Die Beispiel-XML-Datei, mit der Sie im Folgenden arbeiten, enthält einen Ausschnitt aus einer Buchladen-Datenbank. Um diese zu erstellen, gehen Sie folgendermaßen vor:

1. Starten Sie einen Texteditor (z.B. *Start/Alle Programme/Zubehör/Editor*), erstellen Sie eine neue Datei und fügen Sie den Code aus Listing 36.1 ein. Sie werden sicher bemerkt haben, dass Umlaute hier codiert dargestellt sind. Bitte übernehmen Sie dies so, da es sonst zu Fehlern wegen ungültiger Zeichen kommt.

```
<?xml version="1.0" encoding="utf-8"?>
<!-- Diese Datei ist ein Ausschnitt aus einer Buchladen-Datenbank-->
<Buchladen>
    <Buch>
        <Titel>Das M&#228;rchen von Gockel, Hinkel und Gackeleia</Titel>
        <Autor>Clemens Brentano</Autor>
        <Preis>16.70</Preis>
    </Buch>
    <Buch>
        <Titel>Hampels Fluchten</Titel>
        <Autor>Michael Kumpfm&#252;ller</Autor>
        <Preis>9.90</Preis>
        </Buch>
    <Buch>
        <Titel>Die offene Gesellschaft und ihre Feinde</Titel>
        <Autor>Karl Popper</Autor>
        <Preis>89.00</Preis>
    </Buch>
</Buchladen>
```

Listing 36.1 Code der Datei *BuchDaten.xml*

2. Speichern Sie den Code unter *C:\XMLTest\BuchDaten.xml.*
3. Da Sie für die Anwendung der Datenverarbeitungserweiterung eine XML-Schemadatei mit der Endung *.xsd* benötigen, öffnen Sie die eben erstellte Datei *BuchDaten.xml* im Visual Studio.
4. Wählen Sie *XML/Schema erstellen*. Die Datei *Buchdaten.xsd* wird erzeugt. Speichern Sie diese anschließend unter *C:\XMLTest\Buchdaten.xsd* ab.

Im Folgenden fahren Sie mit der eigentlichen Implementierung der Datenverarbeitungserweiterung fort.

Projekt *XMLDatenverarbeitungsErweiterung* erstellen

Für die Implementierung unseres Beispiels *XMLDatenverarbeitungsErweiterung* müssen Sie zunächst ein neues Projekt anlegen und Referenzen auf die Schnittstellen der Reporting Services setzen.

Gehen Sie dazu folgendermaßen vor:

1. Starten Sie Visual Studio 2008 und erstellen Sie über *Datei/Neu/Projekt* ein neues Projekt, wobei Sie als Projekttyp *Visual Basic-Projekte* und als Vorlage *Klassenbibliothek* wählen (siehe Abbildung 36.3).
2. Geben Sie *XMLDatenverarbeitungsErweiterung* als *Namen* ein, wählen Sie einen geeigneten Speicherort und erzeugen Sie das Projekt mit einem Klick auf *OK*.

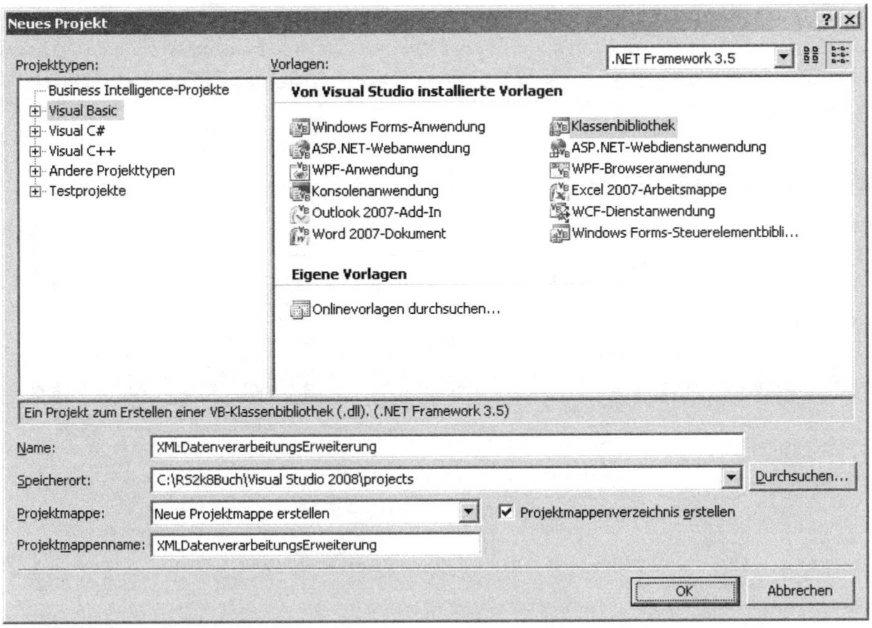

Abbildung 36.3 Erstellen Sie hier ein Visual Basic-Klassenbibliotheksprojekt für Ihre Erweiterung

3. Für jede Datenverarbeitungserweiterung sollten Sie einen Namespace verwenden, den Sie frei wählen können, der aber eindeutig sein sollte. Am besten verwenden Sie dabei den Namen Ihrer Firma und Ihrer Datenverarbeitungserweiterung als Namensbestandteil. Öffnen Sie hierzu über den Menübefehl *Projekt/XMLDatenverarbeitungsErweiterung-Eigenschaften* das in Abbildung 36.4 dargestellte Fenster und tragen Sie für *Assemblyname* und *Stammnamespace* jeweils *ixto.Beispiele.ReportingServices.XMLDatenverarbeitungsErweiterung* ein, wobei Sie »ixto« mit Ihrem Firmennamen ersetzen können.

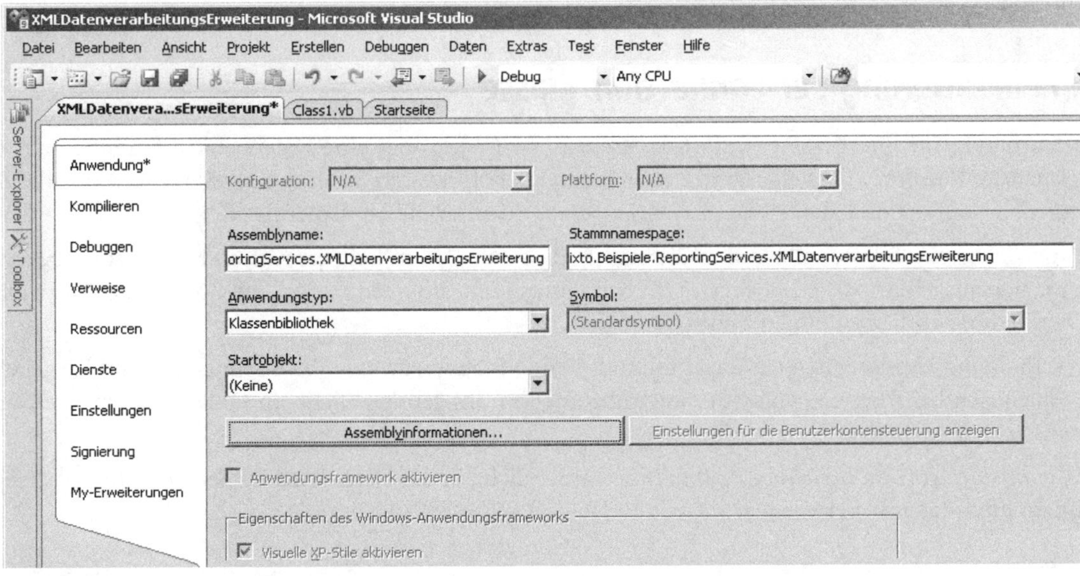

Abbildung 36.4 Tragen Sie hier den gewählten Assemblynamen und den Stammnamespace ein

4. Um mit den Schnittstellen der Reporting Services arbeiten zu können, muss auf diese in Ihrem Projekt verwiesen werden. Wählen Sie hierfür im *Projektmappen-Explorer* das *XMLDatenverarbeitungsErweiterung*-Projekt und in dessen Kontextmenü *Verweis hinzufügen*, wodurch sich das Dialogfeld *Verweis hinzufügen* öffnet (siehe Abbildung 36.5).

Verweis hinzufügen

.NET | COM | Projekte | Durchsuchen | Aktuell

Komponentenname	Version	Laufzeit	Pfad
PresentationFramework.Classic	3.0.0.0	v2.0.50727	C:\Programme\Reference Assemblies\Microsoft\Framework\v3.0\PresentationFramework.Classic.dll
PresentationFramework.Luna	3.0.0.0	v2.0.50727	C:\Programme\Reference Assemblies\Microsoft\Framework\v3.0\PresentationFramework.Luna.dll
PresentationFramework.Royale	3.0.0.0	v2.0.50727	C:\Programme\Reference Assemblies\Microsoft\Framework\v3.0\PresentationFramework.Royale.dll
ReachFramework	3.0.0.0	v2.0.50727	C:\Programme\Reference Assemblies\Microsoft\Framework\v3.0\ReachFramework.dll
Replication Agent Library	10.0.0.0	v2.0.50727	C:\Programme\Microsoft SQL Server\100\SDK\Assemblies\Microsoft.SqlServer.Replication.dll
Replication Agent Library	9.0.242.0	v2.0.50727	c:\Programme\Microsoft SQL Server\90\SDK\Assemblies\Microsoft.SqlServer.Replication.dll
Reporting Services Interfaces	10.0.0.0	v2.0.50727	C:\Programme\Microsoft SQL Server\100\SDK\Assemblies\Microsoft.ReportingServices.Interfaces.dll
Script Component	10.0.0.0	v2.0.50727	C:\Programme\Microsoft SQL Server\100\SDK\Assemblies\Microsoft.SqlServer.TxScript.dll
Script Component	10.0.0.0	v2.0.50727	C:\Programme\Microsoft SQL Server\100\DTS\PipelineComponents\Microsoft.SqlServer.TxScript.dll
SQL Server Integration Servi...	10.0.0.0	v2.0.50727	C:\Programme\Microsoft SQL Server\100\DTS\Tasks\Microsoft.SqlServer.DataProfilingTask.dll
SQL Server Integration Servi...	10.0.0.0	v2.0.50727	C:\Programme\Microsoft SQL Server\100\SDK\Assemblies\Microsoft.SqlServer.ScriptTask.dll
SQL Server Integration Servi...	10.0.0.0	v2.0.50727	C:\Programme\Microsoft SQL Server\100\DTS\Tasks\Microsoft.SqlServer.ScriptTask.dll
SQL Server Secure String Pac...	10.0.0.0	v2.0.50727	C:\Programme\Microsoft SQL Server\100\SDK\Assemblies\Microsoft.SqlServer.SString.dll
SQL Server Secure String Pac...	9.0.242.0	v2.0.50727	c:\Programme\Microsoft SQL Server\90\SDK\Assemblies\Microsoft.SqlServer.SString.dll
SSIS ADO NET Source	10.0.0.0	v2.0.50727	C:\Programme\Microsoft SQL Server\100\DTS\PipelineComponents\Microsoft.SqlServer.ADONETSr...
SSIS ADO.NET Destination	10.0.0.0	v2.0.50727	C:\Programme\Microsoft SQL Server\100\DTS\PipelineComponents\Microsoft.SqlServer.ADONETDe...
SSIS DataReader Destination	10.0.0.0	v2.0.50727	C:\Programme\Microsoft SQL Server\100\DTS\PipelineComponents\Microsoft.SqlServer.DataReade...

OK | Abbrechen

Abbildung 36.5 Fügen Sie über *Durchsuchen* den Verweis auf *Microsoft.ReportingServices.Interfaces.dll* hinzu

5. Sollte der Verweis nicht unter .NET gelistet sein, klicken Sie auf *Durchsuchen* und wählen die Datei *Microsoft.ReportingServices.Interfaces.dll* aus. Standardmäßig finden Sie diese im Ordner *C:\Programme\Microsoft SQL Server\100\SDK\Assemblys*.
6. Bestätigen Sie mit *OK*. Die Referenz wird Ihrem Projekt hinzugefügt.

Damit haben Sie die Vorbereitungen abgeschlossen und können mit der Implementierung der ersten Klasse beginnen.

Implementierung der *Connection*-Klasse

Der Startpunkt für Ihre Erweiterung ist das *Connection*-Objekt, das eine Datenbankverbindung oder eine vergleichbare Ressource darstellt. Um es zu implementieren, müssen Sie eine Klasse erzeugen, die die *IDbConnection*- und optional die *IDbConnectionExtension*-Schnittstelle implementiert.

In Ihrer *Connection*-Klasse sollten Sie sicherstellen, dass eine Verbindung erzeugt und geöffnet ist, bevor ein Kommando ausgeführt wird. Dabei ist es zur Schonung der Ressourcen ratsam, die Clients dazu zu zwingen, die Verbindung explizit zu öffnen und zu schließen.

Die Verbindungseigenschaften der angeforderten Verbindung werden als Verbindungszeichenfolge geliefert. Sie sollten sich bei Ihrer Implementierung unbedingt an das gebräuchliche, in OLE DB definierte Name-Wert-Paar-System halten.

IDbConnection erbt von *IExtension*, was es Ihnen ermöglicht, in der Datei *RSReportServer.config* gespeicherte Konfigurationsdaten zu verwenden.

TIPP Da diese Klasse, im Gegensatz zu den anderen zur Datenverarbeitungserweiterung gehörigen Klassen, nicht mit der Verbindung aus dem Speicher entfernt wird, sondern so lange wie der Berichtsserver im Speicher verbleibt, können Sie hier verbindungsübergreifende Funktionen ablegen.

Beginnen Sie mit der Implementierung, indem Sie die Klasse *Class1.vb* in *XmlConnection.vb* umbenennen und den Code aus Listing 36.2 übernehmen.

Dort werden in den *Imports*-Befehlen zunächst die benötigten Schnittstellen importiert, dann wird Ihre *Connection*-Klasse zur Implementierung der *IDbConnection*-Schnittstelle erklärt und die privaten Variablen, die zum Halten des Status benötigt werden, deklariert.

HINWEIS Dieses Beispiel enthält sehr wenig »echten« Code. Einen Großteil bilden sogenannte Stubs, also Stümpfe von Schnittstellenmethoden und -eigenschaften. Diese müssen Sie keinesfalls abtippen, Sie werden von Visual Studio automatisch erzeugt, und zwar genau dann, wenn Sie die Zeile *Implements IDbConnection* mit der ↵-Taste abschließen.

Tatsächlich einzugeben sind also jeweils nur sehr wenige Codezeilen!

```
Option Strict On
Option Explicit On

Imports System
Imports Microsoft.ReportingServices.DataProcessing
Imports Microsoft.ReportingServices.Interfaces

Public Class XmlConnection
       Implements IDbConnection
    ' vom Benutzer übergebene Verbindungszeichenfolge
    Private _sVerbindungszeichenfolge As String
    ' Status der Verbindung, standardmäßig geschlossen
    Private _state As System.Data.ConnectionState = System.Data.ConnectionState.Closed
```

Listing 36.2 Beginnen Sie die Implementierung der *Connection*-Klasse

Implementieren Sie nun die erforderlichen Eigenschaften.

Da Sie für Ihr Beispiel keine echte Verbindung verwenden, sondern die XML-Datei erst öffnen, wenn die Daten gelesen werden, findet in dieser Klasse kein Processing statt.

Wie in Listing 36.3 zu sehen ist, wird dabei die Verbindungszeichenfolge ohne weitere Verarbeitung in einer privaten Variable gespeichert bzw. daraus ausgelesen, und auch für die *ConnectionTimeout*-Eigenschaft wählen Sie die einfachste mögliche Umsetzung: Sie geben 0 zurück, was »Kein Timeout« heißt, also eine unendliche Wartezeit bedeutet.

Mit der öffentlichen Eigenschaft *State* geben Sie den Verbindungsstatus nach außen. Dies ist die Umsetzung der weiter oben in diesem Beispiel formulierten Empfehlung. Es ist darauf zu achten, dass die Clients auch wirklich die Verbindung öffnen und schließen – Sie werden dies im Abschnitt »*Command*-Klasse implementieren« ab Seite 582 mithilfe der *State*-Eigenschaft überprüfen.

```
    '---- Implementierung der erforderlichen Eigenschaften

    Public Property ConnectionString() As String _
           Implements IDbConnection.ConnectionString
```

Listing 36.3 Implementierung der erforderlichen Eigenschaften der *Connection*-Klasse

```
        Get
            ' Zurückgeben, was der Benutzer abgelegt hat.
            Return _sVerbindungszeichenfolge
        End Get
        Set(ByVal Value As String)
            _sVerbindungszeichenfolge = Value
        End Set
    End Property

    Public ReadOnly Property ConnectionTimeout() As Integer _
            Implements IDbConnection.ConnectionTimeout
        Get
            ' Gibt den Verbindungs-Timeout zurück.
            ' 0 steht für eine unendliche Timeout-Zeit
            Return 0
        End Get
    End Property

    Public ReadOnly Property State() As System.Data.ConnectionState
        Get
            Return _state
        End Get
    End Property
```

Listing 36.3 Implementierung der erforderlichen Eigenschaften der *Connection*-Klasse *(Fortsetzung)*

Implementieren Sie als Nächstes die erforderlichen Methoden, wie in Listing 36.4 zu sehen ist.

Da Sie keine Transaktionen unterstützen, Sie aber einen Client, der eine solche erwartet, nicht einfach ins Leere laufen lassen sollten, erzeugen Sie in der *BeginTransaction*-Methode eine Ausnahme (Exception).

In der *Open*- sowie in der *Close*-Methode setzen Sie Ihre Strategie fort, den Client zum ordentlichen Öffnen und Schließen zu zwingen, indem Sie sich den Verbindungsstatus merken.

Mit der *CreateCommand*-Methode erzeugen Sie schließlich das *Command*-Objekt, wie weiter oben in der Prozessflussgrafik in Abbildung 36.2 versprochen wurde.

LocalizedName sollte den Namen der Erweiterung in der durch die aktuelle Systemkultur vorgegebene Sprache zurückgeben. In diesem Beispiel beschränken Sie sich auf den internationalen Namen.

HINWEIS Auf die Möglichkeit, mit der *SetConfiguration*-Methode Einstellungen aus der *RSReportServer.config* zu lesen, wird in diesem Beispiel verzichtet.

```
    '---- Implementierung der erforderlichen Methoden

    Public Function BeginTransaction() As IDbTransaction _
            Implements IDbConnection.BeginTransaction
        '-- Beginnt eine lokale Transaktion.
        '-- Transaktionen werden in diesem Beispiel nicht unterstützt.
        Throw New NotSupportedException
    End Function 'BeginTransaction

    Public Sub Open() Implements IDbConnection.Open
        '-- Öffnet die Verbindung und merkt sich den Status in interner Variablen.
        '-- In dieser Implementierung ohne echte Funktionalität
        _state = System.Data.ConnectionState.Open
```

Listing 36.4 Implementierung der erforderlichen Methoden der *Connection*-Klasse

```
        Return
    End Sub 'Open

    Public Sub Close() Implements IDbConnection.Close
        '-- Schließt die Verbindung und merkt sich den Status in interner Variablen.
        '-- In dieser Implementierung ohne echte Funktionalität
        _state = System.Data.ConnectionState.Closed
        Return
    End Sub 'Close

    Public Function CreateCommand() As IDbCommand _
            Implements IDbConnection.CreateCommand
        '-- Gibt eine neue Instanz eines Command-Objekts zurück
        Return New XmlCommand(Me)
    End Function 'CreateCommand

    Public ReadOnly Property LocalizedName() As String _
            Implements IExtension.LocalizedName
        ' -- Gibt den lokalisierten Namen des Objekts zurück
        Get
            Return "XML-Datenverarbeitungserweiterung"
        End Get
    End Property

    Public Sub SetConfiguration(ByVal configuration As String) _
            Implements IExtension.SetConfiguration
        ' Kann dazu verwendet werden, Konfigurationsdaten aus der Datei zu lesen
    End Sub

    Public Sub Dispose() Implements IDbConnection.Dispose
    End Sub 'Dispose
End Class 'XmlConnection
```

Listing 36.4 Implementierung der erforderlichen Methoden der *Connection*-Klasse *(Fortsetzung)*

TIPP Weil Ihre Datenverarbeitungserweiterung mit Anmeldeinformationen arbeitet, müssen Sie hier die *IDbConnectionExtension* mit implementieren, indem Sie in Listing 36.4 oben die Zeile

```
Public Class XmlConnection Implements IDbConnection
```

ergänzen zu

```
Public Class XmlConnection Implements IDbConnection, IdbConnectionExtension
```

und dann die *Integrated-*, *Username-*, und *Password*-Eigenschaft implementieren, indem Sie Listing 36.5 der Klasse *XmlConnection* hinzufügen.

```
Private m_integratedSecurity As Boolean = False

Private m_impersonate As String
Private m_username As String
Private m_password As String
'---- Implementierung der erforderlichen Eigenschaften
```

Listing 36.5 Implementierung der erforderlichen Eigenschaften und Attribute für die *IDbConnectionExtension*

```
Property IntegratedSecurity() As Boolean _
Implements IDbConnectionExtension.IntegratedSecurity
    Get
        Return m_integratedSecurity
    End Get
    Set(ByVal value As Boolean)
        m_integratedSecurity = value
    End Set
End Property

WriteOnly Property UserName() As String _
Implements IDbConnectionExtension.UserName
    Set(ByVal value As String)
        m_username = value
    End Set
End Property

WriteOnly Property Password() As String Implements _
IDbConnectionExtension.Password
    Set(ByVal value As String)
        m_password = value
    End Set
End Property

WriteOnly Property Impersonate() As String Implements _
IDbConnectionExtension.Impersonate
    Set(ByVal value As String)
        m_impersonate = value
    End Set
End Property
```

Listing 36.5 Implementierung der erforderlichen Eigenschaften und Attribute für die *IDbConnectionExtension (Fortsetzung)*

Dadurch werden im Berichts-Designer im Dialogfeld *Datenquellen* das Kontrollkästchen *Integrierte Sicherheit* sowie die Felder *Benutzername* und *Kennwort* aktiviert. Dann kann der Berichts-Designer Anmeldeinformationen für Datenquellen, die Authentifizierung unterstützen, speichern und auslesen.

Die Anmeldeinformationen werden für die Verwendung im Vorschaumodus sicher gespeichert.

Damit ist die Implementierung Ihrer *Connection*-Klasse abgeschlossen und Sie können sich der *Command*-Klasse zuwenden.

Command-Klasse implementieren

Die *Command*-Klasse formuliert eine Anfrage und gibt sie an die Datenquelle weiter. Hierbei kann der Kommandotext eine beliebige Syntax verwenden, wobei SQL und XML die gebräuchlichsten sind.

Die Ergebnisse werden, sofern vorhanden, von der *ExecuteReader*-Methode als *DataReader*-Objekt zurückgegeben. Dieses muss Typ- und Namensinformationen für Felder und Spalten des Resultsets enthalten.

Um eine *Command*-Klasse zu erzeugen, müssen Sie die *IDbCommand*-Schnittstelle implementieren. Gehen Sie dazu folgendermaßen vor:

1. Rufen Sie den Menübefehl *Projekt/Klasse hinzufügen* auf, tragen Sie im geöffneten Dialogfeld (siehe Abbildung 36.6) *XmlCommand.vb* als *Namen* ein und legen Sie die neue Klasse per Klick auf *Hinzufügen* an.

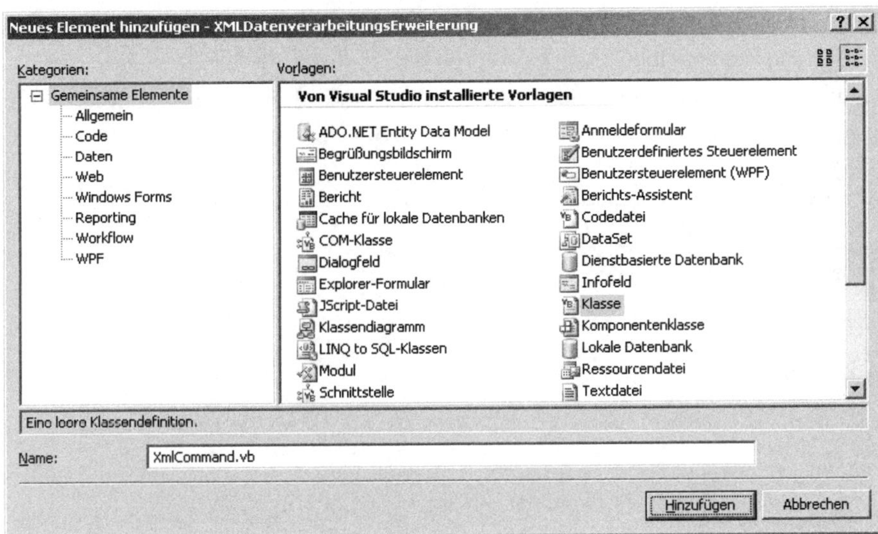

Abbildung 36.6 So legen Sie die Klasse *XmlCommand* an

2. Beginnen Sie die Implementierung der Klasse, wie in Listing 36.6 dargestellt.

   Zunächst werden die internen Variablen deklariert, wobei besonders *_connection* interessant ist, die vom zuvor implementierten Typ *XmlConnection* ist, deren Instanzierung später im Code durch den *New*-Konstruktor erfolgt.

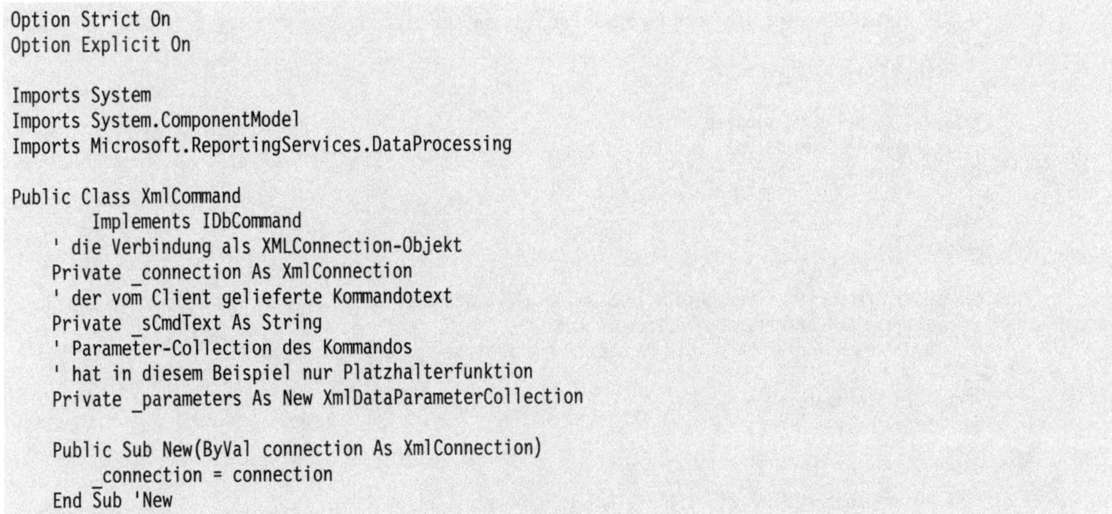

```
Option Strict On
Option Explicit On

Imports System
Imports System.ComponentModel
Imports Microsoft.ReportingServices.DataProcessing

Public Class XmlCommand
        Implements IDbCommand
    ' die Verbindung als XMLConnection-Objekt
    Private _connection As XmlConnection
    ' der vom Client gelieferte Kommandotext
    Private _sCmdText As String
    ' Parameter-Collection des Kommandos
    ' hat in diesem Beispiel nur Platzhalterfunktion
    Private _parameters As New XmlDataParameterCollection

    Public Sub New(ByVal connection As XmlConnection)
        _connection = connection
    End Sub 'New
```

Listing 36.6 Anfang der Implementierung der *XmlCommand*-Klasse

3. Implementieren Sie im nächsten Schritt die erforderlichen Eigenschaften, wie in Listing 36.7 gezeigt.

   Dabei ist *CommandText* schlicht für die Speicherung des Kommandotexts zuständig, beim *CommandTimeout* tun Sie dasselbe wie zuvor in *ConnectionTimeout*: Indem Sie 0 zurückgeben, setzen Sie ihn auf unendlich.

   Auch beim *CommandType* machen Sie es sich einfach: Sie unterstützen nur den Kommandotyp *Text*, sollte ein Benutzer versuchen, ihn auf einen anderen Wert zu setzen, lösen Sie eine Ausnahme aus.

   Parameters und *XmlParameters* sind lediglich Platzhalter. Bei der Anforderung einer Transaktion lösen wir, wie zuvor schon in der *Connection*-Klasse, in *Transaction* einen Fehler aus.

```
 '---- Implementierung der erforderlichen Eigenschaften

Public Property CommandText() As String Implements IDbCommand.CommandText
    ' -- Verwaltet den Kommandotext in privater Variablen
    Get
        Return _sCmdText
    End Get
    Set(ByVal Value As String)
        _sCmdText = Value
    End Set
 End Property

Public Property CommandTimeout() As Integer Implements IDbCommand.CommandTimeout
    ' -- Gibt Kommando-Timeout zurück
    ' -- 0 steht für eine unendliche Timeout-Zeit
    Get
        Return 0
    End Get
    Set(ByVal Value As Integer)
    End Set
 End Property

Public Property CommandType() As CommandType Implements IDbCommand.CommandType
    ' -- Gibt den Typ des Kommandos zurück
    ' -- In diesem Beispiel wird nur CommandType.Text unterstützt
    Get
        Return CommandType.Text
    End Get
    Set(ByVal Value As CommandType)
        If Value <> CommandType.Text Then
            Throw New NotSupportedException
        End If
    End Set
 End Property

 Public ReadOnly Property XmlParameters() As XmlDataParameterCollection
    ' -- Gibt die XmlParameter-Collection zurück
    ' -- In diesem Beispiel haben die Parameter nur Platzhalterfunktion
    Get
        Return _parameters
    End Get
 End Property

 Public ReadOnly Property Parameters() As IDataParameterCollection _
        Implements IDbCommand.Parameters
```

Listing 36.7 Implementierung der erforderlichen Eigenschaften der *XmlCommand*-Klasse

```
        ' -- Gibt die XmlParameter-Collection zurück
        ' -- In diesem Beispiel haben die Parameter nur Platzhalterfunktion
        Get
            Return _parameters
        End Get
    End Property

    Public Property Transaction() As IDbTransaction Implements _
            IDbCommand.Transaction
        '-- In diesem Beispiel werden keine Transaktionen unterstützt.
        Get
            Throw New NotSupportedException
        End Get
        Set(ByVal Value As IDbTransaction)
            Throw New NotSupportedException
        End Set
    End Property
```

Listing 36.7 Implementierung der erforderlichen Eigenschaften der *XmlCommand*-Klasse *(Fortsetzung)*

4. Als Nächstes implementieren Sie die erforderlichen Methoden entsprechend dem Listing 36.8.

   Ein Abbrechen wird nicht unterstützt, daher wird in *Cancel* ein Fehler ausgelöst.

   Parameter haben zwar in Ihrem Beispiel keine Funktionalität, aber in *CreateParameter* wird ordnungsgemäß ein Platzhalterobjekt zurückgegeben.

   Das erste Mal in diesem Beispiel, dass Sie ein klein wenig »echte Programmierarbeit« leisten, ist *ExecuteReader*. Dort wird überprüft, ob es eine gültige und offene Verbindung gibt, und wenn ja, ein neues *XmlDatareader*-Objekt (dessen Implementierung Sie im Abschnitt »*DataReader*-Klasse implementieren« ab Seite 586 vornehmen werden) über die *liesXmlDataDocument*-Methode mit Daten gefüllt und zurückgegeben.

```
    '---- Implementierung der erforderlichen Methoden
    Public Sub Cancel() Implements IDbCommand.Cancel
        '-- In diesem Beispiel wird das Abbrechen nicht unterstützt.
        Throw New NotSupportedException
    End Sub 'Cancel

    Public Function CreateParameter() As IDataParameter _
            Implements IDbCommand.CreateParameter
        Return CType(New XmlDataParameter, IDataParameter)
    End Function 'CreateParameter

    Public Overloads Function ExecuteReader(ByVal behavior As CommandBehavior) _
                As IDataReader Implements IDbCommand.ExecuteReader
        '-- Holt die Daten aus der Datenquelle und gibt ein DataReader-Objekt
        '-- zurück, über das der Benutzer die Ergebnisse abfragen kann.
        '-- In diesem Beispiel ist die CommandBehavior-Einstellung wirkungslos.
        '-- Überprüfen, ob es eine gültige und offene Verbindung gibt
        If _connection Is Nothing _
                OrElse _connection.State <> System.Data.ConnectionState.Open Then
            Throw New InvalidOperationException("Verbindung muss gültig & " & _
                                                "offen sein!")
        End If
        ' Kommando ausführen
        Dim reader As New XmlDataReader(_sCmdText)
```

Listing 36.8 Implementierung der erforderlichen Methoden der *XmlCommand*-Klasse

```
        reader.liesXmlDataDocument(_sCmdText)
        Return reader
    End Function 'ExecuteReader

    Public Sub Dispose() Implements IDbCommand.Dispose
    End Sub 'Dispose
End Class 'XmlCommand
```

Listing 36.8 Implementierung der erforderlichen Methoden der *XmlCommand*-Klasse *(Fortsetzung)*

TIPP Wenn Sie dem Benutzer im Vorschaumodus des Berichts-Designers die Möglichkeit geben wollen, dass er die Abfrageparameter im *Dataset*-Dialogfeld auf der Registerkarte *Parameter* eingeben kann, müssen Sie die optionale *IDbCommandAnalysis*-Schnittstelle in Ihrer *Command*-Klasse implementieren.

Diese nur vom Berichts-Designer verwendete Schnittstelle ermöglicht es, eine Abfrage zu analysieren und eine Liste mit deren Parametern zurückzugeben.

Damit haben Sie die *XmlCommand*-Klasse erfolgreich implementiert und Sie können sich der Implementierung der *DataReader*-Klasse zuwenden.

DataReader-Klasse implementieren

Das *DataReader*-Objekt ermöglicht dem Berichtsserver, die Daten aus der Datenquelle auszulesen, und zwar in Form eines Nur-Lesen-Datenstroms, auf dem nur eine Vorwärtsbewegung erlaubt ist (read-only, forward-only stream) – aus Ihrer Perspektive also die bequemste Art, denn Sie müssen nur einen minimalen Funktionsumfang implementieren.

Die Ergebnisse werden beim Ausführen der Abfrage zurückgegeben und im Netzwerkpuffer zwischengespeichert, bis sie über die *Read*-Methode der *DataReader*-Klasse abgerufen werden.

Um eine *DataReader*-Klasse zu programmieren, implementieren Sie die *IDataReader*- und optional die *IDataReaderExtension*-Schnittstelle.

Wie in Abbildung 36.2 weiter oben zu erkennen ist, erzeugt der Berichtsserver ein *DataReader*-Objekt, nachdem er eine Instanz der *Command*-Klasse erzeugt und deren *ExecuteReader*-Methode aufgerufen hat, um Zeilen aus der Datenquelle zu lesen.

Die *DataReader*-Implementierung muss grundsätzlich zwei Dinge leisten:

- Einen nur vorwärts lesbaren Zugriff auf die Ergebnisse der Ausführung des Kommandotexts ermöglichen
- Zugriff auf Spaltentypen, -namen, und -werte in jeder Zeile zulassen

Der Berichtsserver verwendet die *Read*-Methode, um die jeweils nächste Zeile aus der Abfrage zu holen.

Der Berichts-Designer verwendet Ihr *DataReader*-Objekt, um über dessen *GetName*-, *GetValue*-, *GetFieldType*-, und *GetOrdinal*-Methoden sowohl eine Feldliste als auch Schemainformationen zu ermitteln.

Um Ihr *DataReader*-Objekt zu implementieren, gehen Sie folgendermaßen vor:

1. Erzeugen Sie analog zum vorhergehenden Abschnitt über *Projekt/Klasse hinzufügen* eine neue Klasse mit dem Namen *XmlDataReader.vb* und beginnen Sie mit deren Implementierung, wie in Listing 36.9 zu sehen ist.

Da Sie in dieser Klasse nun endlich das eigentliche Auslesen der Daten – also den Zugriff auf die XML-Datei – programmieren, müssen Sie die für die XML-Verarbeitung benötigten Namespace-Namen per *Imports* importieren.

```
Option Strict On
Option Explicit On

Imports System
Imports System.Collections
Imports Microsoft.ReportingServices.DataProcessing
Imports System.IO
Imports System.Xml

Public Class XmlDataReader
    Implements IDataReader

    ' Die aus dem XML-File eingelesene Tabelle
    Private _DataTable As DataTable
    ' Unsere Connection
    Private _connection As XmlConnection = Nothing
    ' Unsere aktuelle Zeile
    Friend _iAktuelleZeile As Integer

    '---- Um zu verhindern, dass die Benutzer DataReader-Objekte direkt erzeugen,
    '---- wird der Konstruktor mit "friend" als intern deklariert
    Friend Sub New(ByVal cmdText As String)
    End Sub 'New
```

Listing 36.9 Beginn der *IDataReader*-Implementierung der *XmlDataReader*-Klasse

2. Implementieren Sie die Eigenschaften von *IDataReader*, wie in Listing 36.10 dargestellt.

   Dabei sorgt die *Read*-Methode dafür, dass der nächste Datensatz bereitgestellt wird.

   Mit *FieldCount* informieren sich die Reporting Services über die Anzahl der Spalten, mit *GetName* über den Namen der Spalte, deren Index übergeben wird, mit *GetFieldType* über deren Typ und schließlich mit *GetValue* über deren Inhalt. *GetOrdinal* ermittelt umgekehrt zu einem gegebenen Spaltennamen deren Index.

```
   '---- Methoden und Eigenschaften von IDataReader

    Public Function Read() As Boolean Implements IDataReader.Read
        ' -- Geht zur nächsten Zeile
        If (_DataTable Is Nothing) Then
            Return False ' Wenn es keine Datentabelle gibt, ist read ein Misserfolg
        Else
            '
            _iAktuelleZeile += 1
            Return _iAktuelleZeile < _DataTable.Rows.Count
        End If
    End Function 'Read

    Public ReadOnly Property FieldCount() As Integer _
            Implements IDataReader.FieldCount
        ' Gibt die Anzahl der Spalten zurück
        Get
```

Listing 36.10 Implementierung der Methoden und Eigenschaften von *IDataReader* in der *XmlDataReader*-Klasse

```
            Return _DataTable.Columns.Count
        End Get
    End Property

    Public Function GetName(ByVal i As Integer) As String _
            Implements IDataReader.GetName
        ' Gibt den Namen der i-ten Spalte zurück
        Return _DataTable.Columns(i).ColumnName.ToString
    End Function 'GetName

    Public Function GetFieldType(ByVal i As Integer) As Type _
            Implements IDataReader.GetFieldType
        ' Gibt den Typ der i-ten Spalte zurück
        Return _DataTable.Columns(i).DataType
    End Function 'GetFieldType

    Public Function GetValue(ByVal i As Integer) As [Object] _
            Implements IDataReader.GetValue
        ' Gibt den Value der i-ten Spalte der aktuellen Zeile zurück
        Return _DataTable.Rows(_iAktuelleZeile).ItemArray(i)
    End Function 'GetValue

    Public Function GetOrdinal(ByVal name As String) As Integer _
            Implements IDataReader.GetOrdinal
        ' Ermittelt den Ordinalwert der Spalte
        ' Gibt -1 für "nicht gefunden" zurück
        Return _DataTable.Columns(name).Ordinal
    End Function 'GetOrdinal
```

Listing 36.10 Implementierung der Methoden und Eigenschaften von *IDataReader* in der *XmlDataReader*-Klasse *(Fortsetzung)*

3. Nun kommen wir zum eigentlichen Lesen des XML-Dokuments. Implementieren Sie hierzu *liesXml-DataDocument* (Listing 36.11).

   Dort wird über einen StreamReader ein XML-DataObject gelesen, dessen Dateiname im Befehlstext (CommandText) erwartet wird. Die dort enthaltene Tabelle wird in der privaten Variablen *_DataTable* abgelegt, aus der sie von den im vorhergehenden Listing implementierten Funktionen ausgelesen wird.

```
    '---- Implementierung der spezifischen Methode

    Friend Sub liesXmlDataDocument(ByVal cmdText As String)
        Dim XmlDataDoc As New XmlDataDocument
        ' -- Schema einlesen
        Dim reader As StreamReader = Nothing
        Try
            reader = New StreamReader(cmdText & ".xsd")
            ' Schemadatei wird gelesen
            XmlDataDoc.DataSet.ReadXmlSchema(reader)
            ' Jetzt lesen wir die Daten
            XmlDataDoc.Load(cmdText & ".xml")
        Catch e As Exception
            Throw New InvalidOperationException("Fehler: " & e.ToString())
        Finally
            If Not reader Is Nothing Then
                reader.Close()
            End If
```

Listing 36.11 Implementierung der spezifischen Methoden in der *XmlDataReader*-Klasse

```
        End Try
        ' Uns interessiert nur die erste Tabelle
        _DataTable = XmlDataDoc.DataSet.Tables(0)
        _iAktuelleZeile = -1
    End Sub 'liesXmlDataDocument

    Public Sub Dispose() Implements IDataReader.Dispose
    End Sub 'Dispose

End Class 'XmlDataReader
```

Listing 36.11 Implementierung der spezifischen Methoden in der *XmlDataReader*-Klasse *(Fortsetzung)*

4. Abschließend erzeugen Sie noch die No-Operation-Implementierungen der Klassen *XmlDataParameter.vb* und *XmlDataParameterCollection.vb*, wieder über das Hinzufügen der jeweiligen Klasse über *Projekt/Klasse hinzufügen*, wie in Listing 36.12 bzw. in Listing 36.13 dargestellt.

```
Option Strict On
Option Explicit On

Imports System
Imports Microsoft.ReportingServices.DataProcessing

Public Class XmlDataParameter
    Implements IDataParameter

    Public Property ParameterName() As String Implements _
            IDataParameter.ParameterName
        Get

        End Get
        Set(ByVal Value As String)

        End Set
    End Property

    Public Property Value() As Object Implements IDataParameter.Value
        Get

        End Get
        Set(ByVal Value As Object)

        End Set
    End Property
End Class
```

Listing 36.12 No-Operation-Implementierung der *XmlDataParameter*-Klasse

```
Option Strict On
Option Explicit On

Imports System
Imports Microsoft.ReportingServices.DataProcessing
Imports System.Collections
Imports System.Globalization
```

Listing 36.13 No-Operation-Implementierung der *XmlDataParameterCollection*-Klasse

```
Public Class XmlDataParameterCollection
    Inherits ArrayList
    Implements IDataParameterCollection

    Public Function Add1(ByVal parameter As IDataParameter) As Integer Implements _
        IDataParameterCollection.Add

    End Function
End Class
```

Listing 36.13 No-Operation-Implementierung der *XmlDataParameterCollection*-Klasse *(Fortsetzung)*

HINWEIS Um sicherzugehen, dass der Bericht auch auf dem Berichtsserver läuft, müssen Sie aufgrund unterschiedlicher Sicherheitseinstellungen einige Änderungen an der Assembly vornehmen. Gehen Sie dazu auf den Projektmappen-Explorer und öffnen die *AssemblyInfo.vb*, wo folgende Zeilen hinter dem letzten Import hinzugefügt werden müssen:

```
Imports System.Security.Permissions
<Assembly: PermissionSetAttribute(SecurityAction.RequestMinimum,Name:="Fulltrust")>
```

5. Damit ist Ihre Datenverarbeitungserweiterung fertig und Sie können sie über den Menübefehl *Erstellen/XMLDatenverarbeitungsErweiterung erstellen* kompilieren. Während dieses Prozesses laufen im Ausgabefenster diverse Informationen durch, die mit der Zeile

```
========== Build: 1 erfolgreich oder aktuell, Fehler bei 0, 0 übersprungen ==========
```

   abgeschlossen sind.

In dem Verzeichnis, in dem Ihr Projekt abgelegt ist, gibt es nun ein Unterverzeichnis *bin\Debug*, in dem die Assembly als *ixto.Beispiele.ReportingServices.XMLDatenverarbeitungsErweiterung.dll* abgelegt ist. Wie Sie diese nun bereitstellen und verwenden können, erfahren Sie in den folgenden Abschnitten.

Datenverarbeitungserweiterung bereitstellen

Nachdem Sie die *ixto.Beispiele.ReportingServices.XMLDatenverarbeitungsErweiterung.dll* erstellt haben, wie in den vorgehenden Abschnitten beschrieben, können Sie diese auf Ihrem Berichtsserver und in Ihrem Berichts-Designer bereitstellen.

HINWEIS Je nach Version können mit *\Programme* benannte Pfade auch *\Program Files* heißen.

Gehen Sie dazu folgendermaßen vor:

1. Kopieren Sie die Assembly *ixto.Beispiele.ReportingServices.XMLDatenverarbeitungsErweiterung.dll*, die im Unterordner *bin\Debug* des Beispielverzeichnisses *XMLDatenverarbeitungsErweiterung* erzeugt wurde, in den Ordner mit den Berichtsservererweiterungen, den Sie standardmäßig unter *C:\Programme\Microsoft SQL Server\MSRS10_50.MSSQLSERVER\Reporting Services\ReportServer\bin* finden.
2. Kopieren Sie die Assembly auch in den Ordner der Berichts-Designer-Erweiterungen, den Sie standardmäßig unter *C:\Programme\Microsoft Visual Studio 9.0\Common7\IDE\PrivateAssemblys* finden.

ACHTUNG Erstellen Sie **unbedingt** von jeder *.config*-Datei, die Sie in den folgenden Schritten ändern, zuvor eine Sicherheitskopie.

Sie sollten diese Aufforderung ernst nehmen, denn es handelt sich hier nicht um »die übliche Warnung, die nur von Feiglingen beachtet wird«. Vielmehr reagieren die Reporting Services mitunter sehr empfindlich auf Fehler in den Konfigurationsdateien, und so kann es tatsächlich sehr schnell passieren, dass durch eine Fehlkonfiguration dieser Dateien die Reporting Services überhaupt nicht mehr funktionieren – und wenn Sie dann keine Sicherung der *.config*-Dateien zum Wiederherstellen haben, bleibt Ihnen nur eine komplette Neuinstallation der Reporting Services.

3. Um die Erweiterung für Berichtsserver und Berichts-Designer verfügbar zu machen, öffnen Sie nach vorheriger Sicherung die Datei *RSReportServer.config* sowie die Datei *RSReportDesigner.config*, die Sie standardmäßig im Ordner *C:\Programme\Microsoft SQL Server\MSRS10_50.MSSQLSERVER\Reporting Services\ReportServer* bzw. *C:\Programme\Microsoft Visual Studio 9.0\Common7\IDE\PrivateAssemblys* finden, und fügen Sie jeweils im Abschnitt *Data* den Eintrag aus Listing 36.14 hinzu.

```
<Extension Name = "XMLBuch"
Type="ixto.Beispiele.ReportingServices.XMLDatenverarbeitungsErweiterung.XmlConnection,ixto.Beispiele.Reporting
Services.XMLDatenverarbeitungsErweiterung"/>
```

Listing 36.14 Fügen Sie diese Zeilen den Dateien *RSReportServer.config* und *RSReportDesigner.config* hinzu

TIPP Um zu verhindern, dass Sie durch eine fehlerhafte XML-Struktur eine Konfigurationsdatei zerstören, sollten Sie bei der Bearbeitung der jeweiligen Konfigurationsdatei auf mögliche Fehlermeldungen achten. Falls die Datei keine korrekte XML-Struktur enthält, finden Sie dort eine Angabe zu präziser Position des Fehlers, wie beispielhaft in Abbildung 36.7 dargestellt.

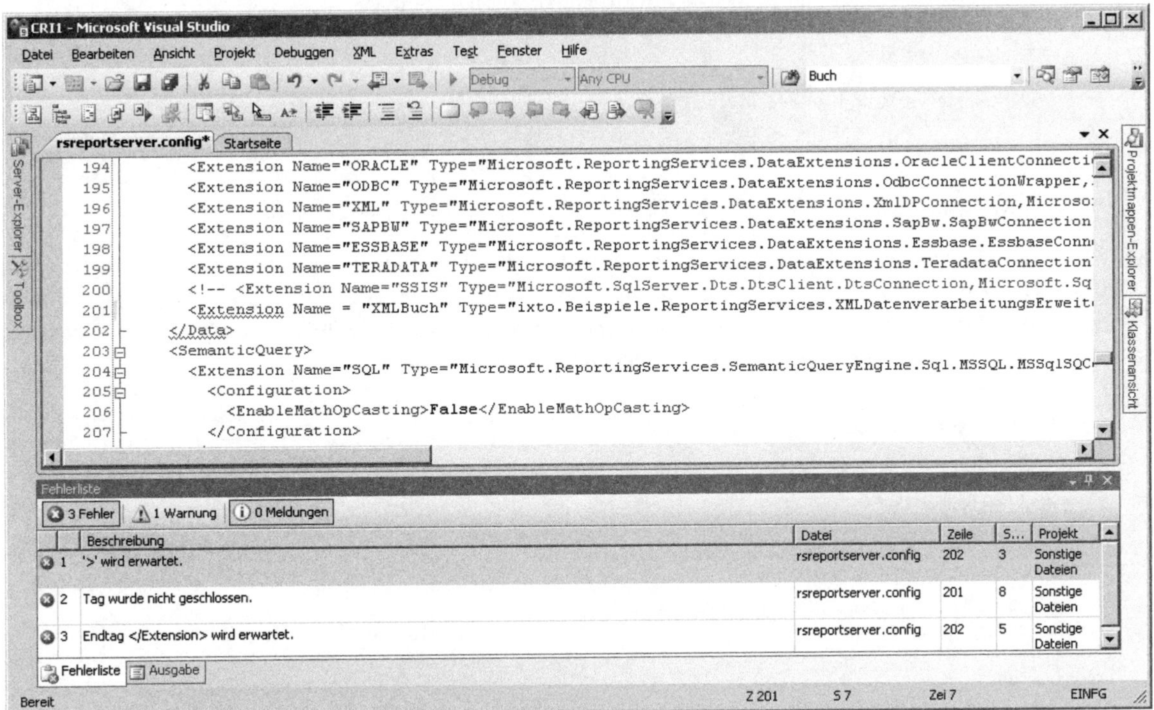

Abbildung 36.7 So informiert Sie Visual Studio, falls Ihre Konfigurationsdatei fehlerhaftes XML enthält

In Zeile 202 wird beispielsweise eine schließende Tagklammer erwartet. Bitte behandeln Sie die Fehlerliste der Reihe nach! Dadurch erübrigen sich unter Umständen die Folgefehler.

Bedenken Sie aber, dass Visual Studio nur die Korrektheit der XML-Struktur, nicht aber den Inhalt der Konfigurationsdatei überprüfen kann.

---

4. Aktivieren Sie durch Einfügen der Zeilen aus Listing 36.15 in Datei *RSReportDesigner.config* unter *Designer* den Designer für generische Abfragen für Ihre Datenverarbeitungserweiterung.

```
<Extension Name="XMLBuch"
Type="Microsoft.ReportDesigner.Design.GenericQueryDesigner,Microsoft.ReportingServices.Designer"/>
```

Listing 36.15 Fügen Sie diese Zeilen der Datei *RSReportDesigner.config* hinzu

5. Datenverarbeitungserweiterungen benötigen die volle Vertrauenswürdigkeit. Diese erteilen Sie, indem Sie die Codegruppeninformationen aus Listing 36.16 zur *RichtlinienKonfigurations*-Datei für den Berichtsserver *(RSSrvPolicy.config)* hinzufügen, die Sie standardmäßig unter *C:\Programme\Microsoft SQL Server\MSRS10_50.MSSQLSERVER\Reporting Services\ReportServer* finden. Die Platzierung ist hier etwas komplizierter, da bereits mehrere verschachtelte *CodeGroup*-Abschnitte existieren und Sie auf die richtige Einordnung achten müssen: Die richtige Position ist vor den letzten zwei schließenden *</CodeGroup>*-Tags.

```
        <CodeGroup class="UnionCodeGroup"
           version="1"
           PermissionSetName="FullTrust"
           Name="XMLCodeGruppe"
           Description="Codegruppe für XML-Datenverarbeitungserweiterung">
              <IMembershipCondition class="UrlMembershipCondition"
                 version="1"
                 Url="C:\Programme\Microsoft SQL Server\MSRS10.MSSQLSERVER\Reporting
Services\ReportServer\bin\ixto.Beispiele.ReportingServices.XMLDatenverarbeitungsErweiterung.dll"
              />
        </CodeGroup>
```

Listing 36.16 Fügen Sie diese Zeilen der Datei *RSSrvPolicy.config* hinzu

6. Wenn Sie Ihre Datenverarbeitungserweiterung im Berichts-Designer verwenden möchten, wiederholen Sie den Schritt 5 mit der *RichtlinienKonfigurations*-Datei für die Vorschau im Berichts-Designer, die Sie standardmäßig unter *C:\Programme\Microsoft Visual Studio 9.0\Common7\IDE\PrivateAssemblys\RSPreviewPolicy.config* finden, und der folgenden Codegruppe:

```
<CodeGroup class="UnionCodeGroup"
   version="1"
   PermissionSetName="FullTrust"
   Name=" XMLCodeGruppe "
   Description=" Codegruppe für XMLDatenverarbeitungsErweiterung">
      <IMembershipCondition class="UrlMembershipCondition"
         version="1"
         Url="C:\Programme\Microsoft Visual Studio
9.0\Common7\IDE\PrivateAssemblys\ixto.Beispiele.ReportingServices.XMLDatenverarbeitungsErweiterung.dll"
      />
</CodeGroup>
```

Listing 36.17 Fügen Sie diese Zeilen der Datei *RSPreviewPolicy.config* hinzu

Nun steht Ihre Datenverarbeitungserweiterung endgültig zur Verwendung in Ihren Berichten bereit.

Datenverarbeitungserweiterung in einem Bericht verwenden

Nachdem Sie die XML-Datenverarbeitungserweiterung implementiert und bereitgestellt haben können Sie die Erweiterung nun in Ihren Berichten verwenden.

Dazu erstellen Sie einen Bericht basierend auf Ihrer eigenen Datenquelle, was nachfolgend knapp beschrieben wird.

HINWEIS Ausführlichere Informationen zum Erstellen von Berichten mit dem Berichtsprojekt-Assistenten finden Sie in Kapitel 8.

1. Starten Sie das Erstellen eines neuen Berichts in Visual Studio mit dem Assistenten, indem Sie den Menübefehl *Datei/Neu/Projekt* aufrufen, unter *Business Intelligence-Projekte* den *Berichtsserverprojekt-Assistenten* markieren und mit *OK* starten.
2. Wählen Sie die Option *Neue Datenquelle* und als Typ *XML-Datenverarbeitungserweiterung*, wie in Abbildung 36.8 zu sehen ist.

ACHTUNG Wird Ihre Datenverarbeitungserweiterung in Schritt 2 unter *Typ* nicht angezeigt, überprüfen Sie zunächst, ob Sie alle im Abschnitt »Datenverarbeitungserweiterung bereitstellen« ab Seite 590 beschriebenen Schritte korrekt durchgeführt haben.

Haben Sie alles richtig konfiguriert, werfen Sie einen Blick in die Protokolldateien, die Sie standardmäßig unter *C:\Programme\Microsoft SQL Server\MSRS10_50.MSSQLSERVER\Reporting Services\LogFiles* finden, in der meist sehr hilfreiche Fehlermeldungen stehen, oft sogar mit Zeilennummer.

Hilft auch das nicht weiter, debuggen Sie Ihre Erweiterung, wie im Abschnitt »Erweiterungscode debuggen« ab Seite 599 erläutert wird.

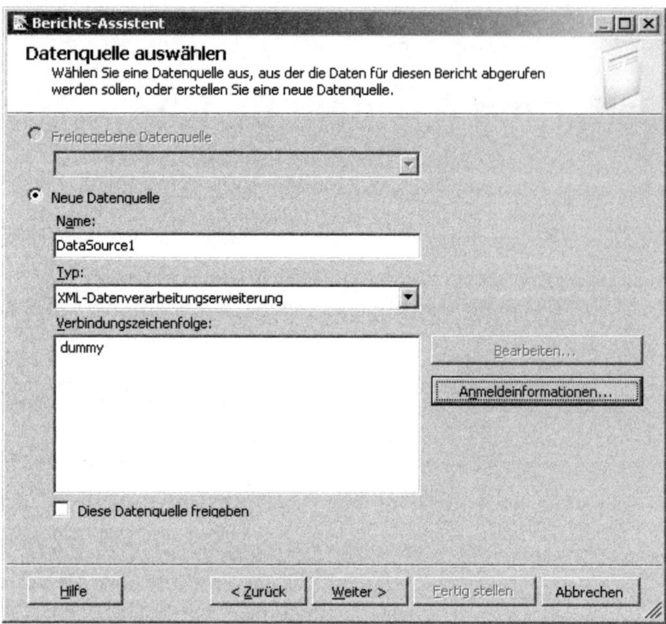

Abbildung 36.8 Wählen Sie hier Ihre selbst erstellte Datenverarbeitungserweiterung als Datenquelle aus

3. Ihre Erweiterung benötigt eigentlich keine Verbindungszeichenfolge, Sie können jedoch den Berichts-Assistenten nicht fortsetzen, solange das Feld leer ist. Tragen Sie daher unter *Verbindungszeichenfolge* den Wert *dummy* ein.
4. Klicken Sie auf *Anmeldeinformationen* und wählen Sie im Dialogfeld in Abbildung 36.9 die Anmeldeinformationen, mit denen Ihre Erweiterung die Daten abrufen soll, z.B. *Windows-Authentifizierung verwenden (Integrierte Sicherheit),* und klicken Sie auf *OK*, um die Datenquelle zu speichern.

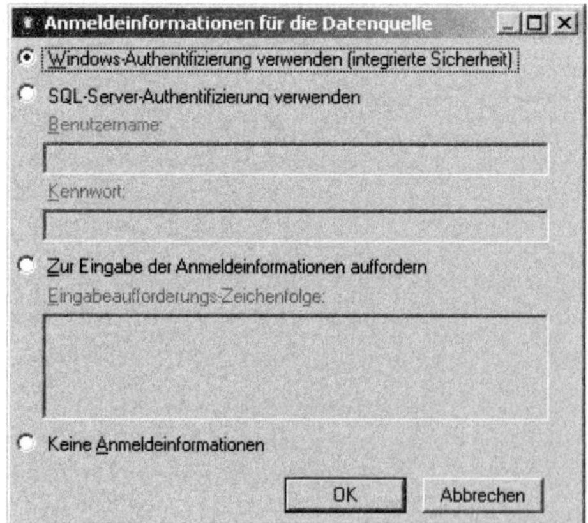

Abbildung 36.9 Wählen die Sicherheitseinstellungen, mit denen Ihre Erweiterung arbeiten soll

5. Wechseln Sie mit *Weiter* zum Fenster *Abfrage entwerfen* (Abbildung 36.10) und tragen Sie dort den Namen der Datei mit Pfadnamen, aber ohne Dateierweiterung ein, deren Daten Sie im Bericht anzeigen möchten, hier also *C:\XMLTest\BuchDaten*.

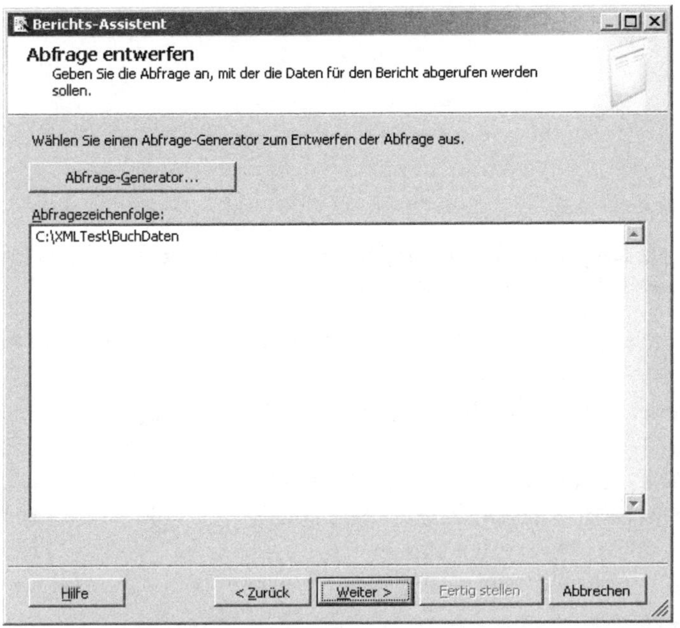

Abbildung 36.10 Tragen Sie hier Namen mit Pfad der XML-Datei ein, die angezeigt werden soll

6. Klicken Sie auf *Weiter*, wählen Sie Ihren *Berichtstyp* und fügen anschließend alle Felder dem Detailbereich hinzu. Klicken Sie nun auf *Fertig stellen*, um zum Fenster *Den Berichts-Assistenten abschließen* (Abbildung 36.11) zu gelangen, wo Sie als *Berichtsname* den Text *XMLTest* eintragen.

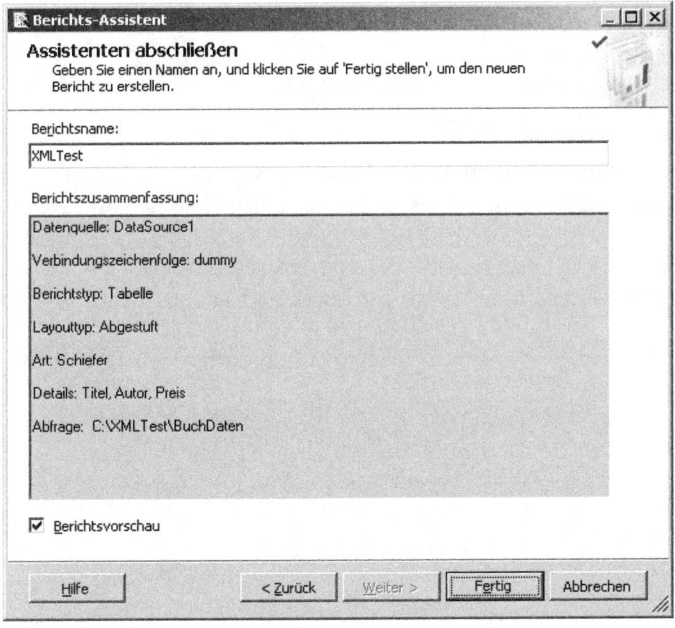

Abbildung 36.11 Geben Sie hier Ihrem Beispielbericht einen Namen

7. Wählen Sie *Berichtsvorschau* und klicken Sie auf *Fertig*.

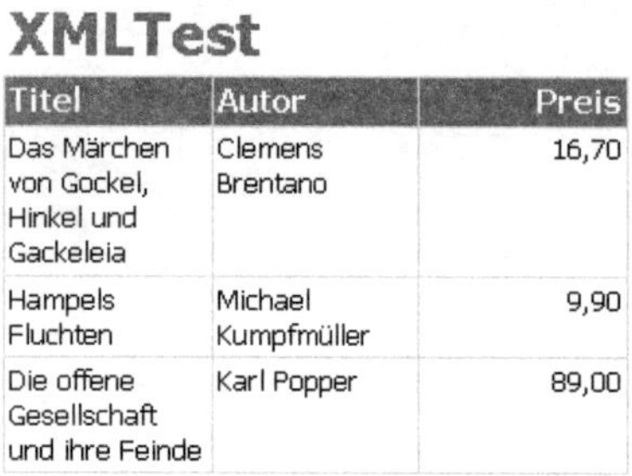

XMLTest

Titel	Autor	Preis
Das Märchen von Gockel, Hinkel und Gackeleia	Clemens Brentano	16,70
Hampels Fluchten	Michael Kumpfmüller	9,90
Die offene Gesellschaft und ihre Feinde	Karl Popper	89,00

Abbildung 36.12 Überzeugen Sie sich in der Berichtsvorschau, dass Ihre Erweiterung die korrekten Daten anzeigt

8. Der Bericht wird in der Vorschau angezeigt. In der Abbildung 36.12 erkennen Sie die von Ihrer Erweiterung zurückgegebenen Felder *Titel*, *Autor* und *Preis*.
9. Überprüfen Sie, ob der Inhalt Ihres Berichts mit dem Inhalt der Datei *C:\XMLTest\BuchDaten.xml* übereinstimmt.
10. Überprüfen Sie, ob Ihre Erweiterung wie jede andere Datenquelle funktioniert, indem Sie über das Kontextmenü von Ihrem Dataset, welches im Fenster *Berichtsdaten* angezeigt wird, auf *Abfrage* und anschließend innerhalb des Abfrage-Designers auf das ! -Symbol klicken.

Abbildung 36.13 Rufen Sie die Abfrage über das Dataset auf

11. Wie in Abbildung 36.14 zu sehen ist, werden die Daten im Abfragebereich angezeigt – ganz so, als würden wir mit einer normalen SQL-Abfrage und nicht mit einer selbst programmierten Erweiterung arbeiten!

ACHTUNG Da Sie in Visual Studio im Vorschaufenster in einem besonderen Sicherheitskontext arbeiten, ist es sehr wichtig, dass Sie den Bericht an den Berichtsserver weitergeben, denn dort können trotz problemlos funktionierender Vorschau durchaus noch Fehler auftreten!

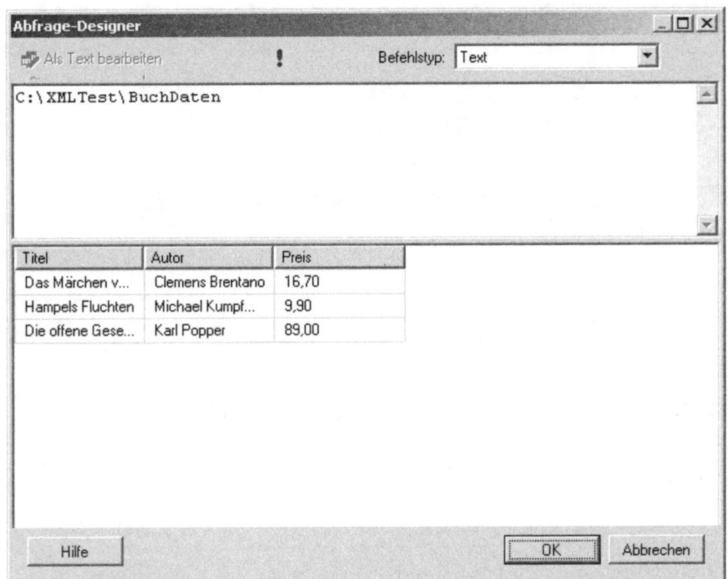

Abbildung 36.14 Die Daten Ihrer Erweiterung werden angezeigt, als ob sie aus einer SQL-Abfrage kämen

12. Rufen Sie den Menübefehl *Debuggen/Debuggen starten* auf. Der Weitergabeprozess läuft durch und ein Browserfenster öffnet sich entsprechend der Abbildung 36.15. Sollten Sie stattdessen eine Fehlermeldung zu sehen bekommen, hilft Ihnen der folgende Texteinschub weiter.

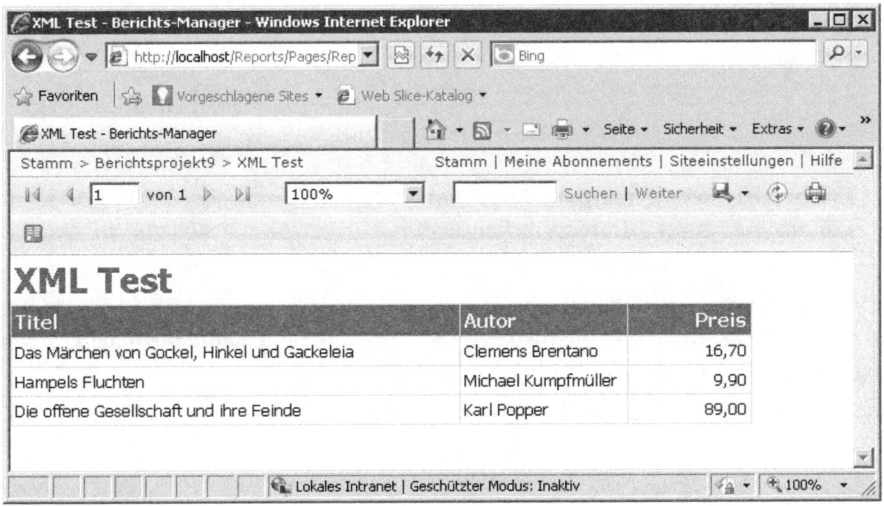

Abbildung 36.15 So sieht Ihr fertiger XML-Datenverarbeitungserweiterung-Testbericht im Browser aus

Wenn die Datenverarbeitungserweiterung nicht arbeiten will: Typische Probleme

Folgende Fehlermeldungen treten häufig beim Testen von Datenverarbeitungserweiterungen auf:

- Systemberechtigungsprobleme, wie in Abbildung 36.16 zu sehen

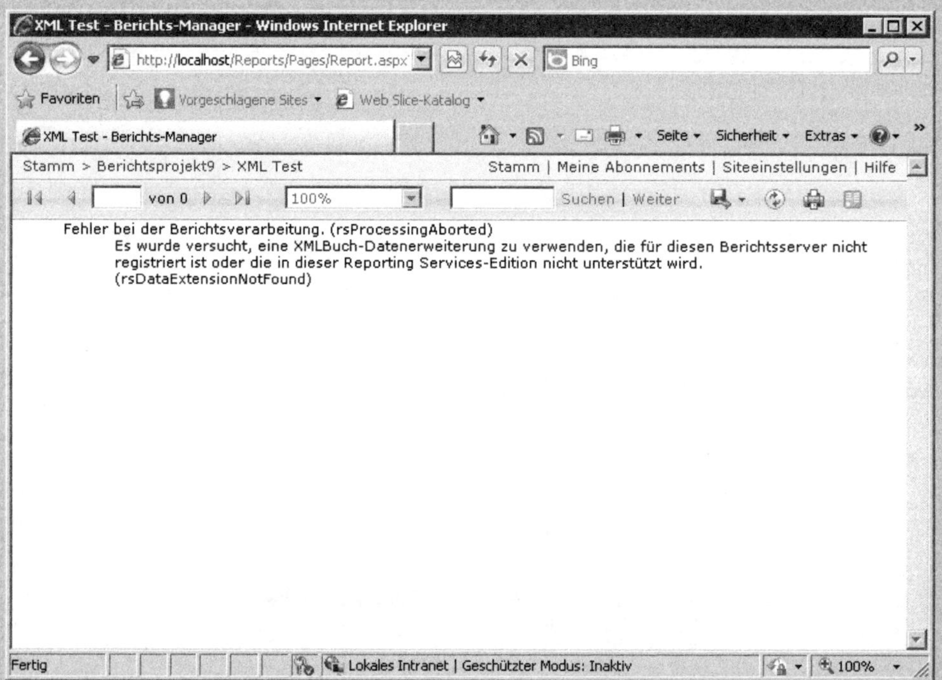

Abbildung 36.16 Diese Fehlermeldung deutet auf einen Fehler in *RSSrvPolicy.config* hin

Überprüfen Sie, ob Sie bei der Bereitstellung die Anpassungen an der *RSSrvPolicy.config*-Datei vorgenommen haben, wie im Abschnitt »Datenverarbeitungserweiterung bereitstellen« ab Seite 590 beschrieben.

- Der Hinweis auf »Datenquellen-Anmeldeinformationen« wie in Abbildung 36.17 kann einerseits darauf hinweisen, dass die Berechtigungen nicht ausreichen, kann aber auch auf eine fehlerhafte Programmierung Ihrer Datenverarbeitungserweiterung hindeuten

  Weitere Informationen zum Thema Datenquellen finden Sie in Kapitel 21.

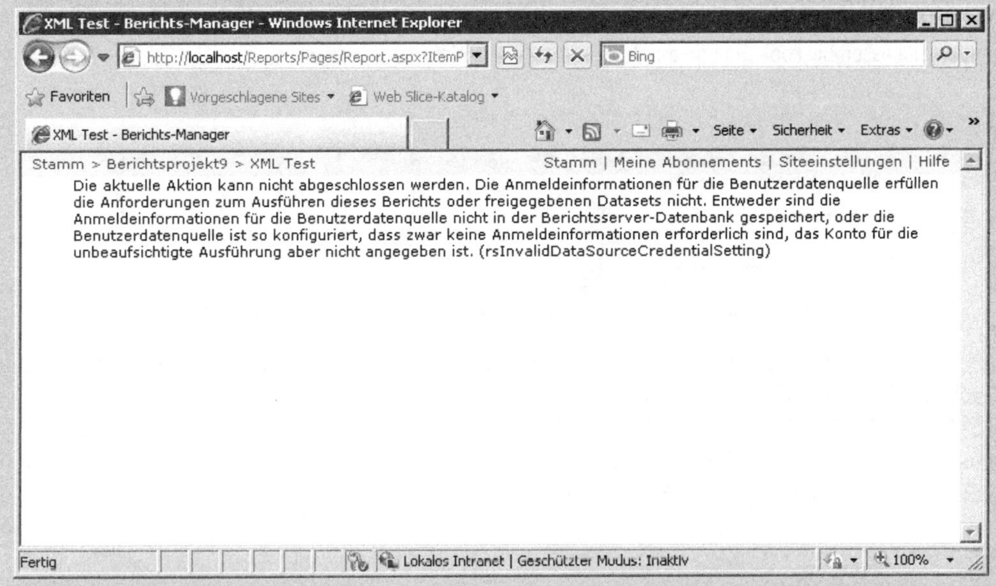

Abbildung 36.17 Diese Fehlermeldung deutet darauf hin, dass Sie die Datenquellensicherheitsinformationen nicht richtig konfiguriert haben

Oft sehr hilfreiche Hinweise auf mögliche Fehlerursachen finden Sie in den Reporting Services-Protokolldateien, die standardmäßig unter *C:\Programme\Microsoft SQL Server\MSRS10_50.MSSQLSERVER\Reporting Services\LogFiles* abgelegt werden.

Bei der weiteren Eingrenzung des Fehlers hilft der Abschnitt »Erweiterungscode debuggen« ab Seite 599.

Erweiterungscode debuggen

Wenn Ihre Datenverarbeitungserweiterung nicht das tut, was sie soll, müssen Sie diese debuggen. Das geht komfortabler, als Sie dies angesichts der tiefen Verzahnungen zwischen den Reporting Services und Ihrem Code wahrscheinlich erwarten würden:

1. Öffnen Sie das Datenverarbeitungserweiterungsprojekt in Visual Studio.
2. Sofern noch nicht geschehen, erzeugen Sie die aktuelle Assembly über den Menübefehl *Erstellen/XML-DatenverarbeitungsErweiterung erstellen.*
3. Kopieren Sie die Assembly und die gleichnamige *.pdb*-Datei in das Binary-Verzeichnis vom Berichtsserver, den Sie standardmäßig unter *C:\Programme\Microsoft SQL Server\MSRS10_50.MSSQLSERVER\Reporting Services\ReportServer\bin* finden.

WICHTIG Sollten Sie beim Kopieren Ihrer Assembly die Fehlermeldung aus Abbildung 36.18 erhalten, müssen Sie den Berichtsserver beenden, die Assembly kopieren und anschließend den Berichtsserver wieder starten.

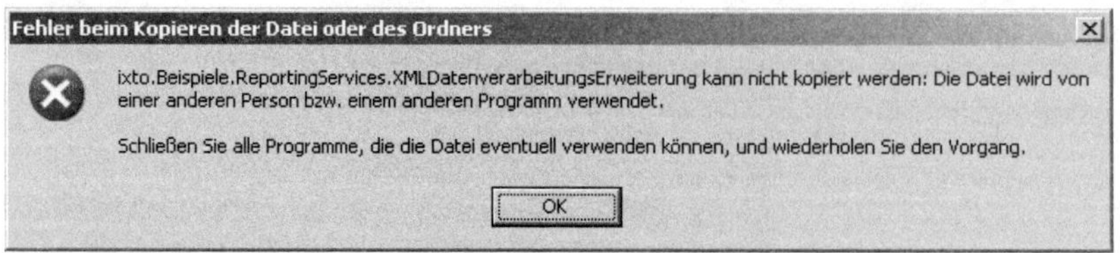

Abbildung 36.18 Fehlermeldung beim Kopieren der Assembly, wenn diese vom Berichtsserver verwendet wird

Den Berichtsserver können Sie beenden und starten, indem Sie z.B. den Befehl *Start/Alle Programme/Verwaltung/Dienste* aufrufen, *SQL Server Reporting Services* auswählen und auf *Beenden* bzw. *Starten* klicken.

4. Setzen Sie Haltepunkte in Ihrem Projekt, indem Sie z.B. im Quelltext links in der Leiste neben die *_state*-Variable klicken, wie in Abbildung 36.19 zu sehen ist.

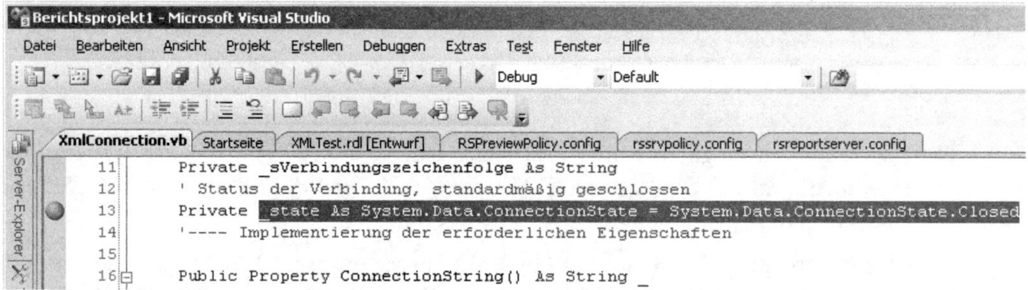

Abbildung 36.19 Setzen Sie einen Haltepunkt auf die *_state*-Variable, um diese zu debuggen

5. Rufen Sie den Menübefehl *Debuggen/An den Prozess anhängen* auf, um das Dialogfeld *An den Prozess anhängen* zu öffnen, und markieren Sie dort die *aspnet_state.exe* bzw. *w3wp.exe* (der Name hängt davon ab, mit welcher IIS-Version Sie arbeiten) sowie die (während Sie die `Strg`-Taste gedrückt halten) *ReportingServicesService.exe* und klicken auf *Anfügen*. Wenn das Dialogfeld *Codetyp auswählen* erscheint (siehe Abbildung 36.20), sorgen Sie beide Male dafür, dass das Kontrollkästchen *Verwaltet* aktiviert ist, und klicken Sie auf *OK*.

TIPP Wenn im Dialogfeld *An den Prozess anhängen* weder *aspnet_wp.exe* noch *w3wp.exe* aufgelistet wird, starten Sie eine ASP.NET-Anwendung, zum Beispiel den Berichts-Manager, und führen einige Arbeitsschritte damit durch. Klicken Sie anschließend im Dialogfeld *An den Prozess anhängen* auf *Aktualisieren*, um den gesuchten Prozess anzuzeigen.

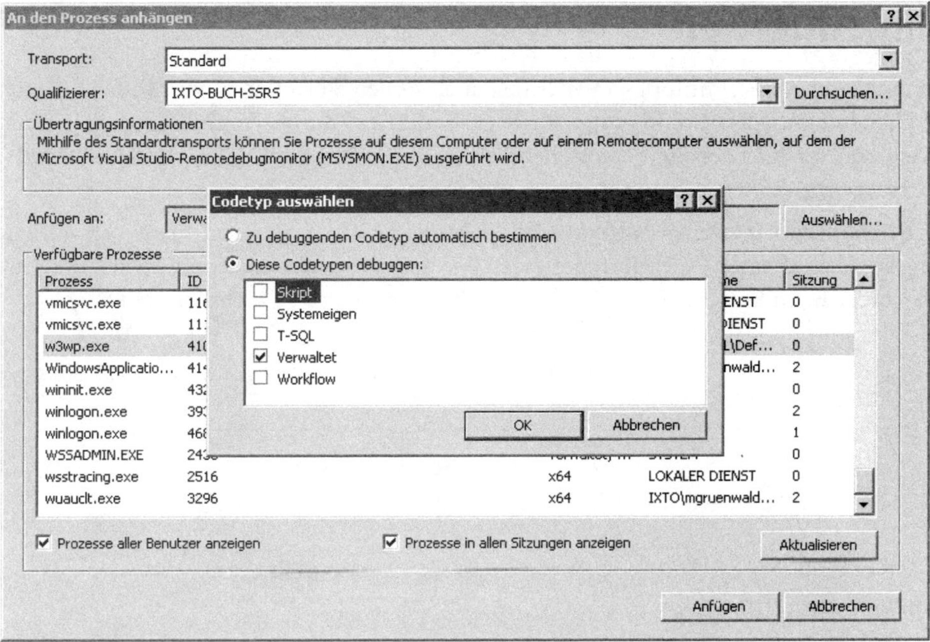

Abbildung 36.20 Hängen Sie den Debugger an den IIS-Prozess an

6. Sorgen Sie dafür, dass Ihre Erweiterung zur Ausführung kommt, z.B. wie im Abschnitt »Datenverarbeitungserweiterung in einem Bericht verwenden« ab Seite 593 beschrieben.
7. Sobald die Erweiterung ausgeführt und eine Position im Code erreicht wird, an der Sie einen Haltepunkt gesetzt haben, gelangen Sie in den Visual Studio-Debugger, der den Haltepunkt anzeigt (siehe Abbildung 36.21).

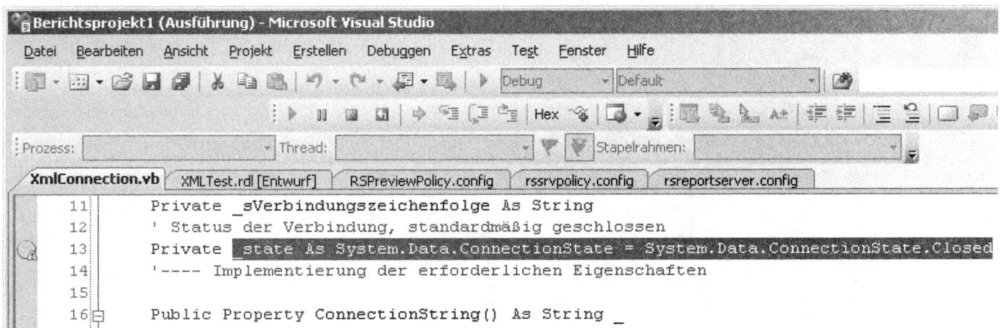

Abbildung 36.21 Beim Debugging wurde der Haltepunkt erreicht

8. Führen Sie den Code durch wiederholtes Drücken der F11-Taste Zeile für Zeile aus oder setzen Sie die Ausführung mit der F5-Taste fort.

Mehr Informationen zum Thema Debugging finden Sie in der Visual Studio-Dokumentation.

Erweiterung entfernen

Eine Datenverarbeitungs- oder Übermittlungserweiterung zu entfernen, kostet nicht viel Mühe: Sie müssen nur die *Extension*-Elemente aus den Konfigurationsdateien entfernen, die Sie mithilfe der Anleitung im Abschnitt »Datenverarbeitungserweiterung bereitstellen« ab Seite 590 hinzugefügt haben. Dies betrifft die Dateien *RSReportServer.config*, *RSReportDesigner.config.* und *RSSecurity.config*.

Sobald diese Konfigurationsinformationen entfernt sind, steht die Erweiterung nicht mehr zur Verfügung, d.h., die Ausführung von darauf basierenden Komponenten wie Berichten führt zu einem Fehler, und für das Erzeugen neuer Berichte, z.B. im Berichts-Designer, wird die Erweiterung nicht mehr angeboten.

Kapitel 37

Beispiel – Benutzerdefiniertes Berichtselement

In diesem Kapitel:

Wie bereits in Kapitel 10 beschrieben wurde, gibt es verschiedene Berichtselemente, die unter Zuhilfenahme des Berichts-Assistenten angezeigt und in den zu erstellenden Berichten platziert werden können.

In diesem Kapitel werden Ihnen die allgemeinen Vorgehensweisen zur Erstellung eigener Berichtselemente vermittelt. Um Ihnen den Einstieg in diesen Themenbereich zu erleichtern, wird zu Beginn etwas Allgemeines zu den benutzerdefinierten Berichtselementen, im Englischen Custom Report Item (CRI), gesagt.

Bevor Sie so richtig loslegen können, muss die Entwicklungsumgebung entsprechend angepasst und gegebenenfalls Komponenten nachinstalliert werden. Die Erstellung eigener Berichtselemente erfordert gewisse Grundkenntnisse in der Programmierung und über .NET Framework von Microsoft.

Anhand eines sehr einfachen Beispiels werden die Funktionsweisen und Zusammenhänge zwischen den zu erstellenden Komponenten des benutzerdefinierten Berichtselements verdeutlicht. Nach Abschluss der Programmierung wird beschrieben, wie die jeweiligen Komponenten dem SQL Server bereitgestellt werden und welche Schritte notwendig sind, das benutzerdefinierte Berichtselement in die Umgebung des SQL Server 2008 R2 Business Intelligence Development Studio (BIDS) einzubinden.

Abschließend werden anhand eines sehr einfachen Berichts alle Eigenschaften und das Ergebnis des benutzerdefinierten Berichtselements dargestellt.

Allgemeines zu benutzerdefinierten Berichtselementen

Benutzerdefinierte Berichtselemente stellen eine Art Erweiterung für die bestehende Report Definition Language (RDL) dar. Dem Entwickler steht die Möglichkeit offen, eigene Funktionalitäten, die bisher nicht von der RDL unterstützt werden, in den Bericht einzubringen oder bestehende Funktionen zu erweitern.

Ähnlich wie es in der Entwicklungsumgebung bei der Erstellung von Berichten (siehe Kapitel 8) verschiedene Ansichten (Entwurf, Vorschau) gibt, gibt es in Bezug auf die Erstellung von benutzerdefinierten Berichtselementen eine Entwurfszeitkomponente und eine Laufzeitkomponente.

In diesem Beispiel wird mithilfe der *System.Component*-Klassen aus Microsoft .NET Framework und der Klassen aus dem *Microsoft.ReportDesigner*-Namespace sowie dem *Microsoft.ReportingServices*-Namespace eine Laufzeitkomponente und eine Entwurfszeitkomponente eines benutzerdefinierten Berichtselements implementiert, die im Berichts-Designer verwendet werden können.

In der Entwurfszeitkomponente werden sämtliche Eigenschaften wie das Aussehen, Datenzugriffe und Verhalten definiert. Diese Komponente dient der Verfügbarkeit des Benutzerdefinierten Berichtselements in der Entwicklungsumgebung für die Berichterstellung.

Die Laufzeitkomponente wird vom Reportprozessor zur Laufzeit aufgerufen und verarbeitet alle zuvor in der Entwurfszeitkomponente definierten Eigenschaften und Parameter.

Für die Entwicklung beider Komponenten gilt es, zunächst die Entwicklungsumgebung entsprechend anzupassen. Wie Sie das bewerkstelligen, erfahren Sie im kommenden Abschnitt.

Entwicklungsumgebung vorbereiten

In diesem Abschnitt werden die Voraussetzung für die Entwicklung und Bereitstellung von benutzerdefinierten Berichtselementen erläutert.

Die Entwicklung eines benutzerdefinierten Berichtselements für Reporting Services erfordert Folgendes:

- Administratorzugriff auf einen Server, auf dem Microsoft SQL Server 2008 R2 mit Reporting Services und Business Intelligence Development Studio ausgeführt wird
- Microsoft Visual Studio 2008, auf dem das Microsoft .NET Framework Software Development Kit (SDK) installiert ist
- Zugriff auf die Dokumentation zum .NET Framework-SDK
- Kenntnisse über die Komponentenerstellung und die Komponentenmodell-Namespaces in Visual Studio. Weitere Informationen finden Sie unter »Erstellen von Komponenten« und »Namespaces für Komponentenmodelle in Visual Studio« auf *http://msdn.microsoft.com*.

Benutzerdefinierte SQL Server-Berichtselemente unterstützen .NET Framework vollständig. Sie können benutzerdefinierte Berichtselemente mithilfe einer Auswahl .NET-kompatibler Sprachen entwickeln.

Visual Studio 2008 enthält viele Tools und Features für Entwickler, die die iterativen Zyklen, bestehend aus Codierung, Debugging und Testen, sowie deren Bereitstellung vereinfachen und beschleunigen. Das .NET Framework-SDK enthält Visual Basic- und C#-Compiler sowie zugehörige Tools:

- Benutzerdefinierte Berichtselemente verwenden die Namespaces *Microsoft.ReportDesigner* und *Microsoft.ReportingServices.Interfaces*. Diese werden in den Assemblys *Microsoft.ReportingServices.Designer.dll* und *Microsoft.ReportingServices.Interfaces.dll* gespeichert, die als Teil von Reporting Services installiert werden.
- Entwurfszeitkomponenten für benutzerdefinierte Berichtselemente müssen Schnittstellen vom *System.ComponentModel*-Namespace in .NET Framework implementieren

Der *System.ComponentModel*-Namespace stellt Klassen bereit, mit denen das Verhalten von Komponenten und Steuerelementen zur Laufzeit und zur Entwurfszeit implementiert wird. Dieser Namespace enthält die Basisklassen und Schnittstellen zum Implementieren von Attributen, Typkonvertern, Bindungen an Datenquellen und Lizenzierungskomponenten.

System.ComponentModel ist in der Dokumentation zum .NET Framework-SDK beschrieben. Sie können darüber auch online unter *http://msdn.microsoft.com/de-de/library/system.componentmodel.aspx* nachlesen.

Programmiersprache und .NET Framework

Visual Studio unterstützt unter anderem die Programmiersprachen Visual Basic und auch Visual C#, welche für die Programmierung von Erweiterungsschnittstellen innerhalb von .NET Framework geeignet sind. .NET Framework stellt eine Sammlung von Klassenbibliotheken dar, auf welche diese Programmiersprachen, beruhend auf den Diensten des Common Language Runtime (CLR), zugreifen können. Da .NET Framework sprachenunabhängig konzipiert ist, bieten sich Visual Basic als auch Visual C# gleichermaßen an, da diese Sprachen ersten Ranges sind. Das hier beschriebene Beispiel wird mittels Visual C# umgesetzt.

In den folgenden Abschnitten wird anhand eines sehr einfachen Beispiels beschrieben, wie im Detail die Komponenten zu erstellen sind und welche Schnittstellen benötigt werden.

Komponenten erstellen

Als praktisches Beispiel wird hier ein Performance-Balkendiagramm als Benutzerdefiniertes Berichtselement erstellt, welches zur Visualisierung von Geschäftsdaten aus einer Datenbank verwendet und auch individuell dem Berichtsdesign angepasst werden kann.

Für die Programmierung eigener Benutzerdefinierter Berichtselemente erstellen Sie für jede Komponente ein eigenes Projekt. Sie legen sowohl ein Projekt für die Entwurfszeitkomponente als auch ein Projekt für die Laufzeitkomponente an.

Entwurfszeitkomponente

In der Entwurfszeitkomponente werden Eigenschaften und Parameter für die Laufzeitkomponente definiert und entsprechend zur Verfügung gestellt. Aus diesem Grund ist es empfehlenswert, mit der Programmierung der Entwurfszeitkomponente zu beginnen.

Zusätzlich zu den Standardattributen für eine .NET Framework-Steuerung sollte die Komponentenklasse ein *CustomReportItem*-Attribut definieren. Dieses Attribut muss später dem in der Datei *reportserver.config* festgelegten Namen des benutzerdefinierten Berichtselements entsprechen. Eine Liste der .NET Framework-Attribute finden Sie in der Dokumentation zum .NET Framework-SDK unter »Attribute« bzw. online unter *http://msdn.microsoft.com/de-de/library/bb979157.aspx*.

Gehen Sie für die Erstellung wie folgt vor:

1. Starten Sie Visual Studio 2008 und erstellen Sie über *Datei/Neu/Projekt* ein neues Projekt, wobei Sie als Projekttyp *Visual C#* und als Vorlage *Klassenbibliothek* wählen (Abbildung 37.1).

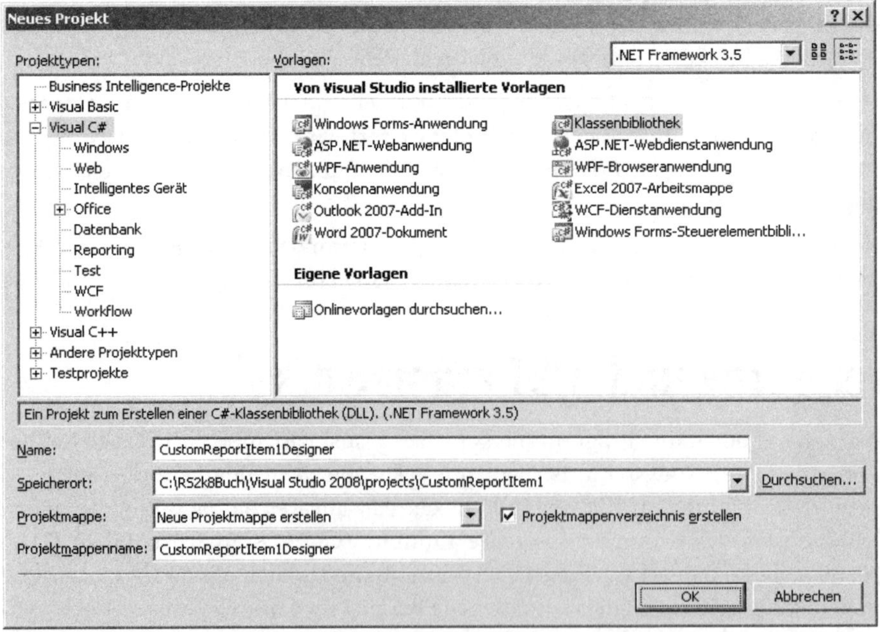

Abbildung 37.1 Erstellen Sie hier eine Visual C#-Klassenbibliothek für das *Benutzerdefinierter Berichtselemente*

2. Tippen Sie *CustomReportItem1Designer* als Name der zu erstellenden Komponente ein, wählen Sie einen geeigneten Speicherort aus und erzeugen Sie das möglichst gleichlautende Projekt mit einem Klick auf *OK*. Damit Sie später beide Projekte unterscheiden können, sollten Sie entsprechend eindeutige Namen wählen. Wird der zuvor vorgeschlagene Name *CustomReportItem1Designer* für die Erstellung der Entwurfszeitkomponente gewählt, könnte der Name für die Laufzeitkomponente schlicht *CustomReportItem1* lauten.
3. Für jedes Benutzerdefinierte Berichtselement sollten Sie einen eigenen Namensraum (Namespace) verwenden, den Sie frei wählen können, der jedoch eindeutig sein sollte. Öffnen Sie hierzu über den Menübefehl *Projekt/CustomReportItem1Designer-Eigenschaften* das in Abbildung 37.2 dargestellte Fenster und tragen Sie für *Assemblyname* den Text *CustomReportItem1Designer* und als *Stammnamespace* den Text *ixto.Beispiele.ReportingServices* ein, wobei »ixto« für Ihren Firmennamen steht.

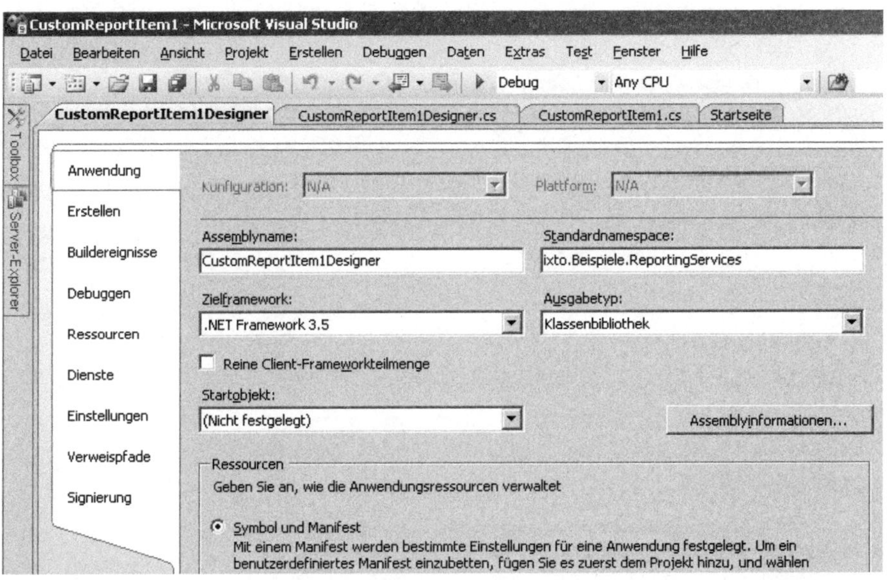

Abbildung 37.2 Tragen Sie hier den gewählten Assemblynamen und den Stammnamespace ein

4. Für die Erstellung von benutzerdefinierten Berichtselementen werden verschiedene Klassen benötigt. Auch hier sollten eindeutige Klassennamen verwendet werden. In diesem Beispiel wird der Name des Projekts als Klassenname gewählt. Über den Projektmappen-Explorer kann die Bezeichnung der *.cs*-Datei umbenannt werden.

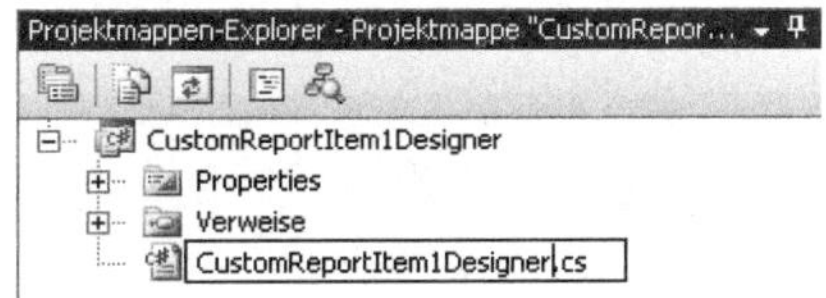

Abbildung 37.3 Ändern Sie an dieser Stelle den Namen der *.cs*-Datei

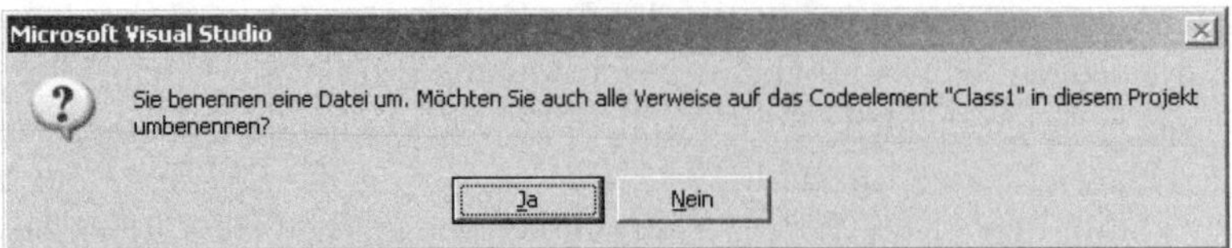

Abbildung 37.4 Bestätigen Sie das Umbenennen der Datei mit *Ja*

5. Je nachdem, welche Funktionalitäten und Eigenschaften später das Benutzerdefinierte Berichtselement enthalten soll, gilt es, verschiedene Schnittstellen in das Projekt einzubinden. Dazu müssen Sie Ihrem Projekt einen entsprechenden Verweis hinzufügen. Fehlt ein benötigter Verweis, erscheint in der Fehlerliste eine Meldung entsprechend der Abbildung 37.5. Wählen Sie hierfür im Projektmappen-Explorer das *CustomReportItem1Designer*-Projekt und wählen Sie in dessen Kontextmenü den Eintrag *Verweis hinzufügen*, wodurch sich das Dialogfeld *Verweis hinzufügen* öffnet (Abbildung 37.6).

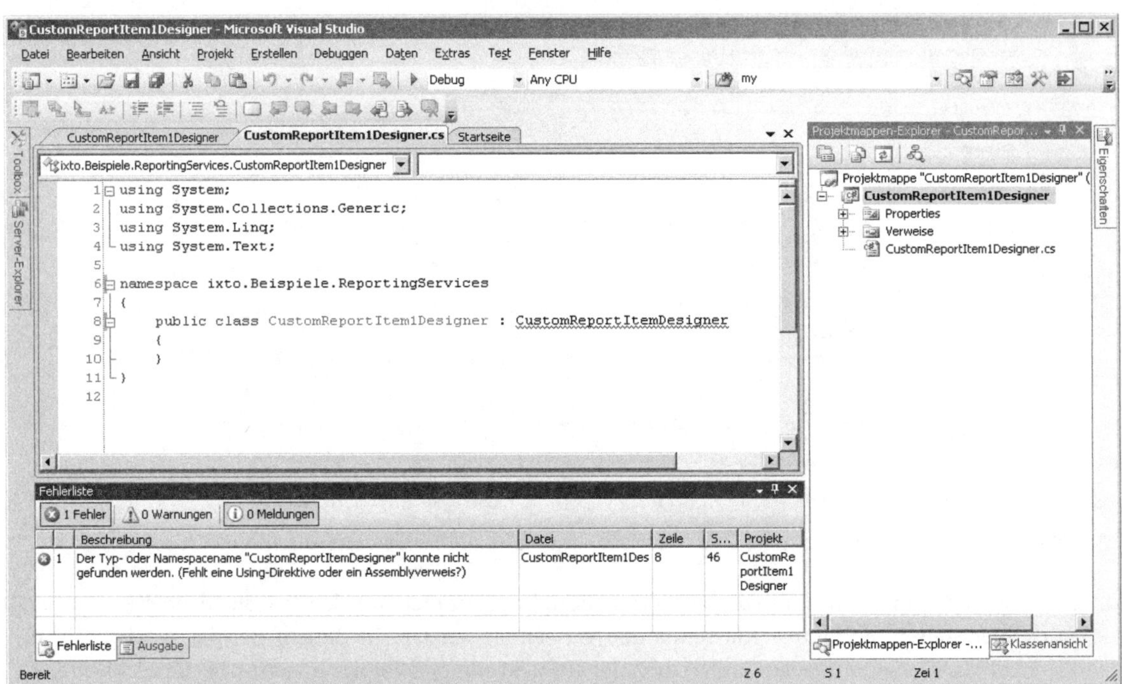

Abbildung 37.5 Fügen Sie über *.NET* einen Verweis hinzu

TIPP Für eine Überprüfung des geschriebenen Programmcodes hinsichtlich einer korrekten Syntax, Kontext und möglicher fehlender Verweise bietet es sich an, die Projektmappe oder nur die eigene Klassenbibliothek neu erstellen zu lassen. Dazu rufen Sie den Menübefehl *Erstellen/Projektmappe neu erstellen* auf oder klicken mit der rechten Maustaste auf den Namen der Klassenbibliothek im Projektmappen-Explorer und wählen im Kontextmenü den Eintrag *Neu erstellen*.

6. Die meisten der benötigten Schnittstellen werden auf der Registerkarte *.NET* aufgelistet. Weitere Schnittstellen können Sie hinzufügen, indem Sie auf *Durchsuchen* klicken. Standardmäßig finden Sie diese im Ordner *C:\Programme\Microsoft SQL Server\100\SDK\Assemblys*.

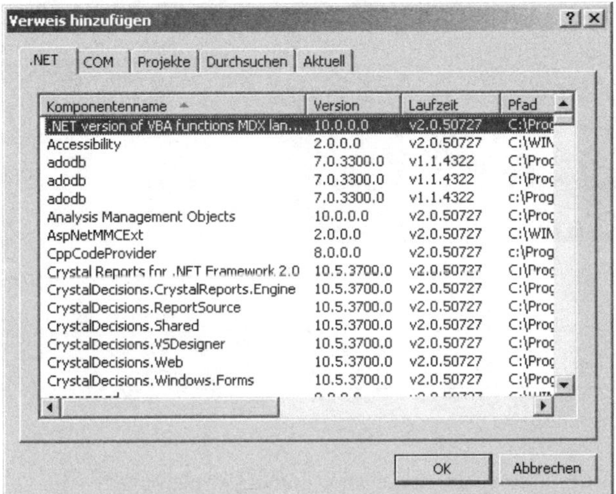

Abbildung 37.6 Fügen Sie einen entsprechenden Verweis Ihrem Projekt hinzu

7. Mit Bestätigung per Klick auf *OK* wird die Referenz Ihrem Projekt hinzugefügt.

Die Hauptklasse einer Entwurfszeitkomponente für ein benutzerdefiniertes Berichtselement erbt in diesem Beispiel die Eigenschaften der *Microsoft.ReportDesigner.CustomReportItemDesigner*-Klasse. Dafür ist ein Verweis zur Schnittstelle *Microsoft.ReportingServices.Designer.Controls* (zu finden unter *C:\Programme\Microsoft Visual Studio 9.0\Common7\IDE\PrivateAssemblys*) hinzuzufügen und die *using*-Direktive *Microsoft.ReportDesigner* zu verwenden. Das Beispiel sollte nun wie in Abbildung 37.7 aussehen.

HINWEIS Wenn Sie ein 64-Bit-Betriebssystem verwenden, finden Sie die benötigten Dateien unter: *C:\Programme (x86)\Microsoft Visual Studio 9.0\Common7\IDE\PrivateAssemblys*.

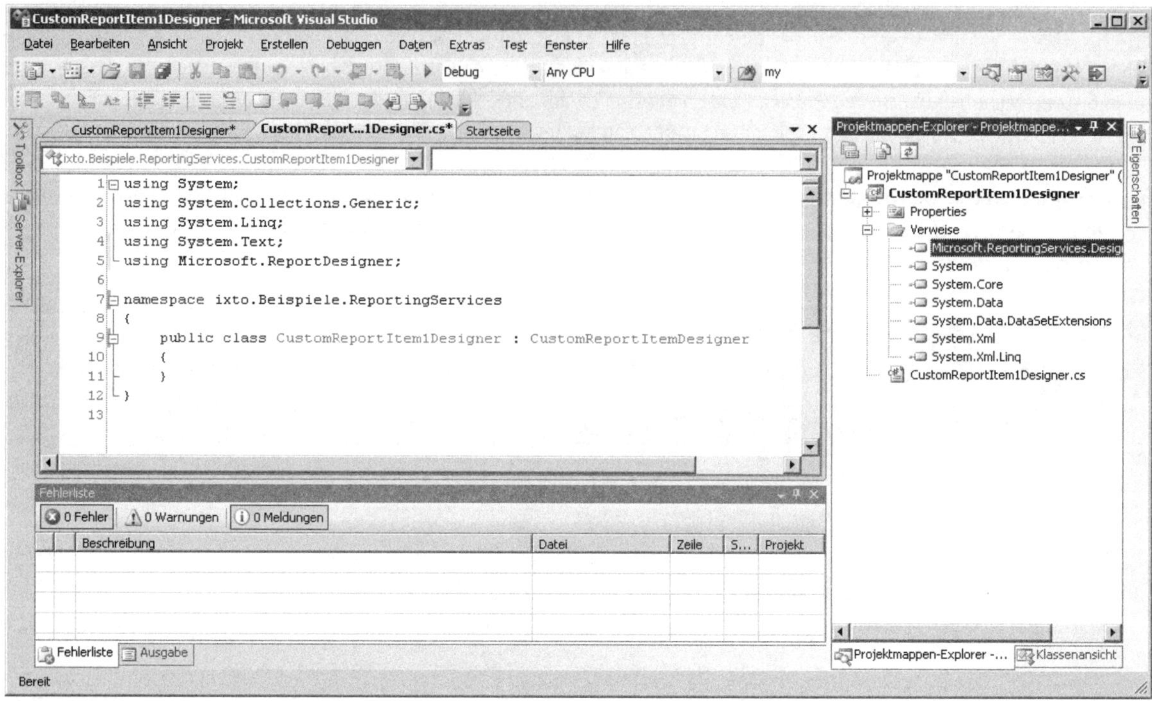

Abbildung 37.7 Verweis und *using*-Direktive sind erfolgreich hinzugefügt

Sobald Sie die richtigen Verweise eingebunden und das Projekt neu erstellt haben, verschwindet die Fehlermeldung und es erscheint unten in der Statusleiste der Hinweis »Neues Erstellen erfolgreich«. Führen Sie diesen Vorgang für alle benötigten Schnittstellen innerhalb eines Projekts aus.

TIPP Um herauszufinden, welche die passende Schnittstelle oder Komponente für die Verwendung als Verweis ist, können Sie diese mittels des Objektbrowsers innerhalb der .NET-Klassenbibliothek suchen. Den Objektbrowser rufen Sie über den Menübefehl *Ansicht/Objektbrowser* oder mittels der entsprechenden Tastenkombination (`Strg`+`Alt`+`J`) auf. Wenn Sie mit einem Doppelklick oder der rechten Maustaste auf einen bereits hinzugefügten Verweis im Projektmappen-Explorer klicken, können Sie sich diesen direkt im Objektbrowser anzeigen lassen.

Ist bereits eine übergeordnete Schnittstelle als Verweis eingebunden, genügt es oftmals, eine entsprechende *using*-Direktive direkt im C#-Code zu verwenden.

Detaillierte Informationen zu Projektverweisen finden Sie unter *http://msdn.microsoft.com/de-de/library/ez524kew.aspx*. Damit haben Sie die Vorbereitungen abgeschlossen und können mit der Programmierung der ersten Klassen beginnen.

Eigenschaften definieren

Zu Beginn ist zu überlegen, welche Eigenschaften für die Darstellung des Benutzerdefinierten Berichtselements benötigt werden. Diese stehen dann im Eigenschaftenfenster bei der Verwendung des Berichtselements im Designer zur Verfügung. Für eine bessere Übersicht innerhalb des Programmcodes – und später auch im Eigenschaftenfenster – werden in diesem Beispiel die *Item*-Eigenschaften in die Kategorien *Darstellung* und *Daten* unterteilt.

Für die individuelle Gestaltung der Darstellung könnten folgende Eigenschaften definiert werden:

- Balkenbreite
- Balkenfarbe
- Farbe für die Durchschnittsmarkierung

Für die Parametereinstellungen unter *Daten* werden folgende Eigenschaften verwendet:

- **Durchschnitt** Feld für die Berechnung des Durchschnitts
- **Maximum** Feld für die Berechnung des maximalen Ausschlags der Grafik
- **ValueField** Datenfeldbezeichnung der zu verwendenden Daten

Zuvor wird die *IComponentChangeService*-Schnittstelle eingebunden, welche eine Schnittstelle zum Hinzufügen und Entfernen von Handlern für Ereignisse, die Komponenten hinzufügen, ändern, entfernen oder umbenennen, sowie Methoden zum Auslösen eines *ComponentChanged*-Ereignisses oder eines *ComponentChanging*-Ereignisses bietet.

Fügen Sie dazu der Klasse *CustomReportItem1Designer* folgende Zeile hinzu:

```
private IComponentChangeService m_changeSvc;
```

Listing 37.1 *IComponentChangeService*-Schnittstelle einfügen

Sie werden wieder einen Fehlerhinweis bekommen, dass der Typ oder Namespace nicht gefunden werden konnte. Sie haben nun auch die Möglichkeit, direkt mit der Maus auf den Namen der betroffenen Schnittstelle zu klicken. Dort erscheint dann ein Symbol, welches Optionen für die Bindung des ausgewählten Elements anbietet. Alternativ können Sie im Kontextmenü dieser Schnittstelle die Option *Auflösen* wählen.

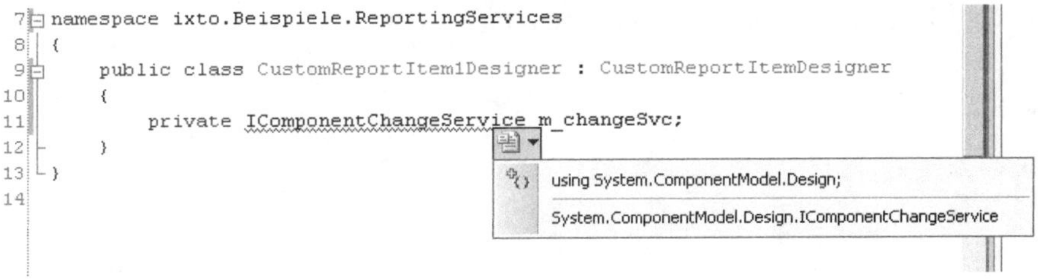

```
namespace ixto.Beispiele.ReportingServices
{
    public class CustomReportItem1Designer : CustomReportItemDesigner
    {
        private IComponentChangeService m_changeSvc;
    }
}
```

using System.ComponentModel.Design;
System.ComponentModel.Design.IComponentChangeService

Abbildung 37.8 Optionen für die Bindung des ausgewählten Elements

Wenn Sie die erste Option wählen, wird automatisch die benötigte *using*-Direktive eingebunden. Dies erspart Ihnen die manuelle Suche, wie zuvor schon beschrieben. Zur Kontrolle können Sie das Projekt neu erstellen, sodass die Fehlermeldung verschwindet.

HINWEIS Da diese Schnittstelle momentan noch nicht verwendet wird, können Sie die nun erscheinende Warnungsmeldung zunächst erst einmal ignorieren. Diese wird aufgelöst, sobald die entsprechende Variable verwendet wird.

Das nachfolgende Listing zeigt beispielhaft die Definition einer Eigenschaft, welche später im Eigenschaften-Explorer des Berichts-Designers zur Verfügung steht. Dieser Quellcodeausschnitt wird ab dem Listing 37.3 im korrekten Zusammenhang noch einmal dargestellt.

```
[ Browsable(true)
, Category("CRI Darstellung")
, DefaultValue("8")
, Description("Breite der darzustellenden Elemente.")
]
public string Balkenbreite
{
    get
    {
        string breite = this.GetCustomProperty("Balkenbreite");
        return string.IsNullOrEmpty(breite) ? "8" : breite;
    }
    set
    {
        SetCustomProperty("Balkenbreite", value);
        Invalidate();
    }
}
```

Listing 37.2 Beispiel für die Definition einer benutzerdefinierten Eigenschaft

Jede Eigenschaft, die dargestellt werden soll, muss mit dem Attribut *Browsable(true)* versehen werden. Für die Zuordnung der Eigenschaft zu einer Kategorie dient das Attribut *Category*. Mit *DefaultValue* wird ein Standardwert festgelegt. *Description* dient der Beschreibung der jeweiligen Eigenschaft, die dem Benutzer nützliche Hinweise oder Informationen liefert.

Nachfolgend wird der komplette Quellcode ab dem Listing 37.3 als einfaches Beispiel für die Erstellung einer Entwurfszeitkomponente inklusiver aller eingebundenen Verweise dargestellt. Zur Verdeutlichung der Zusammenhänge werden jeweils die einzelnen Methoden, die verwendeten Schnittstellen und deren Verwendungszweck erläutert.

Die Abbildung 37.9 zeigt die für die Entwurfszeitkomponente benötigten Verweise.

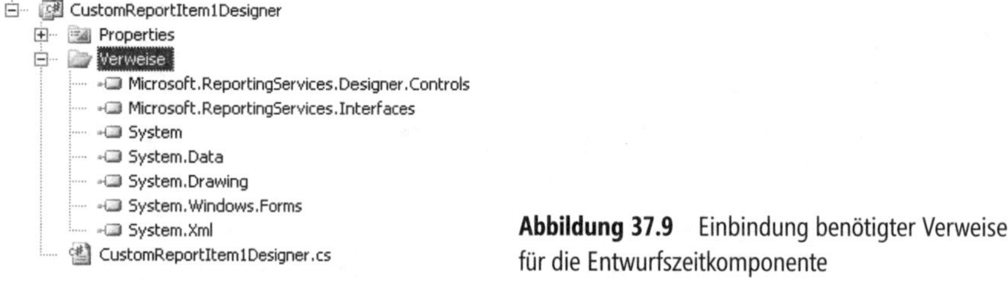

Abbildung 37.9 Einbindung benötigter Verweise für die Entwurfszeitkomponente

Um von der *CustomReportItemDesigner*-Klasse erben zu können, muss auf die Assembly *Microsoft.ReportingServices.Designer.Controls* verwiesen bzw. muss diese als Verweis eingebunden werden. *Microsoft.ReportingServices.Interfaces* enthält Klassen und Schnittstellen für die Erstellung benutzerdefinierter Erweiterungen für Reporting Services. Der *System*-Namespace enthält grundlegende Klassen und Basisklassen, die die häufig verwendeten Wert- und Referenz-Datentypen, Events und Eventhandler, Schnittstellen, Eigenschaften und Verarbeitungsausnahmebehandlung definieren.

Zusätzlich zu den in Abbildung 37.9 dargestellten Verweisen sind verschiedene *using*-Direktiven im Quellcode einzubinden. *using*-Direktiven werden eingesetzt, um die Verwendung von verschiedenen Typen in einem Namespace ohne Angabe voll qualifizierter Namen zu ermöglichen.

HINWEIS Ab dem nachfolgenden Listing 37.3 können Sie den jeweils abgebildeten Quellcode als Übungsbeispiel eins zu eins übernehmen. Als Ergebnis sollten Sie ein funktionsfähiges Benutzerdefiniertes Berichtselement erhalten, das Ihnen den Einstieg in die Programmierung benutzerdefinierter Berichtselemente erleichtert.

Es wird empfohlen, zunächst den kompletten Code zu übernehmen, da während der Eingabe Fehlerhinweise auf Grund noch nicht eingebundener Methoden oder Variablen erscheinen.

```
using System;
using System.Collections.Generic;
using System.ComponentModel;
using System.ComponentModel.Design;
using System.Drawing;
using System.Windows.Forms;
using Microsoft.ReportDesigner;
using Microsoft.ReportingServices.Interfaces;
using Microsoft.ReportingServices.RdlObjectModel;
using Microsoft.ReportDesigner.Design;

namespace ixto.Beispiele.ReportingServices
{
    [LocalizedName("CustomReportItem")]
    [ToolboxBitmap(@"ixto.ico")]
    [CustomReportItem("CustomReportItem")]

    public class CustomReportItem1Designer : CustomReportItemDesigner
    {
        private IComponentChangeService m_changeSvc;
```

Listing 37.3 Einbindung verschiedener *using*-Direktiven

Mit *LocalizedName* erhält man den lokalisierten Anzeigename der Renderingerweiterung. Wenn in der Toolbox des Berichts-Designers ein spezielles Symbol für das Berichtselement angezeigt werden soll, können Sie mithilfe des *ToolboxBitmap*-Attributs ein Bild festlegen. Das Bild ist in diesem Beispiel im Verzeichnis *C:\Programme\Microsoft Visual Studio 9.0\Common7\IDE\PrivateAssemblys* abzulegen.

Nachfolgend werden alle gewünschten Eigenschaften für das Berichtselement definiert. Die Anweisungen *#region* und *#endregion* dienen der besseren Übersicht innerhalb des Quellcodes und werden ähnlich wie Kommentare vom Compiler ignoriert.

```
#region "Farbe für Durchschnitt-Markierung"
private Color colorAverage = Color.Black;//Farbe der Markierung
[ Browsable(true), Category("CRI Darstellung"), Description("Farbe für Durchschnitt-Markierung")]
public Color DurchschnittFarbe
{
    get
    {
       return colorAverage;
    }
    set
    {
        SetCustomProperty("DurchschnittFarbe", value.Name);
        colorAverage = value;
        Invalidate();
    }
```

Listing 37.4 Definition aller Eigenschaften für das Benutzerdefinierte Berichtselement

```
}
#endregion
#region "Balkenbreite"
[Browsable(true), Category("CRI Darstellung"), DefaultValue("8")
, Description("Breite der darzustellenden Elemente.")]
public string Balkenbreite
{
    get
    {
       string breite = this.GetCustomProperty("Balkenbreite");
       return string.IsNullOrEmpty(breite) ? "8" : breite;
     }
     set
     {
        SetCustomProperty("Balkenbreite", value);
        Invalidate();
     }
}
#endregion
#region "BalkenFarbe"
private Color colorCRI = Color.Blue;//Farbe für das CRI
[Browsable(true), Category("CRI Darstellung"), Description("Farbe der darzustellenden Elemente.")]
public Color BalkenFarbe
{
   get
   {
       return colorCRI;
   }
   set
   {
       SetCustomProperty("BalkenFarbe", value.Name);
       colorCRI = value;
       Invalidate();
   }
}
#endregion
#region "Durchschnitt"
[Browsable(true), Category("CRI Data"), DefaultValue(""), Description("Durchschnitt")]
public string Durchschnitt
{
   get
   {
       string avarage = this.GetCustomProperty("Durchschnitt");
       return string.IsNullOrEmpty(avarage) ? "0" : avarage;
   }
   set
   {
      SetCustomProperty("Durchschnitt", value);
      Invalidate();
   }
}
#endregion
#region "Maximum"
[Browsable(true), Category("CRI Data"), DefaultValue("0"), Description("Maximaler Ausschlag")]
public string Maximum
{
   get
   {
```

Listing 37.4 Definition aller Eigenschaften für das Benutzerdefinierte Berichtselement *(Fortsetzung)*

```
        string max = this.GetCustomProperty("Maximum");
        return string.IsNullOrEmpty(max) ? "0" : max;
    }
    set
    {
        SetCustomProperty("Maximum", value);
        Invalidate();
    }
}
#endregion
#region "ValueField"
[Browsable(true), Category("CRI Data"), DefaultValue("")
, Description("Name des Datasetfelds, dessen Werteliste verwendet werden soll")]
public string ValueField
{
    get
    {
        string valueField = this.GetCustomProperty("ValueField");
        return string.IsNullOrEmpty(valueField) ? "" : valueField;
    }
    set
    {
        SetCustomProperty("ValueField", value);
        Invalidate();
    }
}
#endregion
```

Listing 37.4 Definition aller Eigenschaften für das Benutzerdefinierte Berichtselement *(Fortsetzung)*

Um die jeweiligen Eigenschaften auszulesen und zu setzen, werden zusätzliche Funktionen benötigt, wie nachfolgend im Listing 37.5 abgebildet.

```
#region Hilfsfunktionen der Eigenschaften
//Hilfsfunktion, um Werte aus CustomData (generiert in InitializeNewComponent) auszulesen
public string GetCustomProperty(string propertyname)
{
   return CustomProperties.ContainsKey(propertyname) ? CustomProperties[propertyname] : null;
}
public void SetCustomProperty(string propertyname, string value)
{
   if (CustomProperties.ContainsKey(propertyname))
   {
      CustomProperties[propertyname] = value;
   }
   else
   {
      CustomProperties.Add(propertyname, value);
   }
}
#endregion
```

Listing 37.5 Hilfsfunktionen zum Auslesen der Eigenschaften

Die nun dargestellte Methode zum Zeichnen der Grafik bezieht sich nur auf die Darstellung der Vorschaugrafik im Berichts-Designer. Mithilfe dieser Vorschau erhält der Anwender die Möglichkeit, das Berichtselement nach eigenen Wünschen dem Layout des Berichts anzupassen.

```
#region Zeichnen der Grafik
public override void Draw(Graphics gr, ReportItemDrawParams dp)
{
    int pixelWidth  = (int)Math.Round(Width);
    int pixelHeight = (int)Math.Round(Height);

    // Erstellung einer Farbe vom Typ Color und Werte für die Berechnung der Grafik
    Color color = colorCRI;
    int balkenbreite;
    balkenbreite = (int)Convert.ToSingle(Balkenbreite);

    #region "Hintergrundfarbe vom Typ SolidBrush"
    SolidBrush backgroundColorBrush = new SolidBrush(Style.BackgroundColor.Value.Color);
    gr.FillRectangle(backgroundColorBrush, 0, 0, pixelWidth, pixelHeight);
    #endregion

    // Zentrales Erzeugen eines Pen-Objekts mit benutzerdefinierter Farbe und Breite
    Pen penBalken       = new Pen(colorCRI, balkenbreite);
    Pen penDurchschnitt = new Pen(colorAverage, 1);

    // Positionen für Darstellung der jeweiligen Linien festlegen (Balken und Durchschnitt-Markierung)
    float sampleXOffset = pixelWidth  / 2;
    float sampleYOffset = pixelHeight / 2;

    // Linie im Layoutbereich mit der auswählten Farbe "BalkenFarbe" zeichnen
    gr.DrawLine(penBalken, 0, sampleYOffset, sampleXOffset, sampleYOffset);

    // Zeichnen der Linie für den Durchschnitt mit der auswählten Farbe "DurchschnittFarbe"
    gr.DrawLine(penDurchschnitt, sampleXOffset, 1, sampleXOffset, pixelHeight - 1);

    // Freigabe der verwendeten Ressource des zuvor erstellten Objekts
    backgroundColorBrush.Dispose();
}
#endregion
```

Listing 37.6 Schnittstelle zur Darstellung der Grafik bei Änderung der Komponente

Zum Abschluss wird die Schnittstelle *IComponenChangeService* für die Darstellung aller Veränderung der Entwurfszeitkomponente benötigt.

```
public IComponentChangeService ChangeService()
    {
        if (m_changeSvc == null)
        {
            m_changeSvc = (IComponentChangeService)Site.GetService(typeof(IComponentChangeService));
        }
        return m_changeSvc;
      }
    }
}
```

Listing 37.7 *IComponenChangeService* für die Darstellung der Veränderung der Vorschaugrafik

HINWEIS Achten Sie auf die korrekte Anzahl der schließenden geschweiften Klammern! Die Anzahl der öffnenden und schließenden Klammern dieses Projekts muss übereinstimmen.

Abschließend kompilieren Sie dieses Projekt erneut, indem Sie, wie zuvor schon beschrieben, den Menübefehl *Erstellen/CustomReportItem1Designer neu erstellen* aufrufen oder mit der rechten Maustaste auf das Projekt im Projektmappen-Explorer klicken und im Kontextmenü den Eintrag *Neu erstellen* wählen.

Sollten Fehlermeldungen angezeigt werden, überprüfen Sie die Syntax des Quellcodes hinsichtlich der korrekten Schreibweise. Wird das Projekt erfolgreich neu erstellt, wird im Hintergrund eine Klassenbibliotheksdatei erzeugt, die dem Berichtsserver bereitgestellt werden muss. Mehr zu diesem Thema erfahren Sie im Abschnitt »Komponenten bereitstellen« ab Seite 621.

Laufzeitkomponente

Für die Erstellung einer *CustomReportItem*-Laufzeitkomponente gilt es, die *ICustomReportItem*-Schnittstelle zu implementieren, welche in der Datei *Microsoft.ReportingServices.ProcessingCore.dll* definiert ist. Dazu ist es notwendig, ähnlich wie bei der Entwurfszeitkomponente die jeweiligen Komponenten mithilfe von Verweisen einzubinden.

Abbildung 37.10 Einbindung benötigter Verweise für die Laufzeitkomponente

Von der Laufzeitkomponente werden bei Aufruf sämtliche Eigenschaften und Parameter zum Rendern der Grafik verarbeitet und an den Berichtsprozessor übergeben. Zu Beginn des Projekts der Laufzeitkomponente werden benötigte *using*-Direktiven in den Quellcode eingebunden. Anschließend wird die Klasse für die Verarbeitung der Benutzereingaben und der Grafikerstellung erstellt. Das hier beschriebene und sehr vereinfacht dargestellte Beispiel ist an das von Microsoft veröffentlichte *PolygonsCustomReportItem*-Beispiel angelehnt.

```
using System;
using System.Collections.Generic;
using System.Collections.Specialized;
using System.Drawing.Imaging;
using System.IO;
using System.Text;
using Microsoft.ReportingServices.OnDemandReportRendering;

namespace ixto.Beispiele.ReportingServices
{
    public class CustomReportItem1 : ICustomReportItem
    {
```

Listing 37.8 Verwendete *using*-Direktiven für die Laufzeitkomponente

Die Schnittstelle *Microsoft.ReportingServices.OnDemandReportRendering.ICustomReportItem* wird über die Komponente *Microsoft.ReportingServices.ProcessingCore.dll* eingebunden. Bei jeder Ausführung eines Berichts wird eine Instanz der Klasse gebildet, die die Schnittstelle *ICustomReportItem* implementiert.

HINWEIS Treten während der Laufzeit Fehler bei der Verarbeitung der Klasse auf, wird entweder der Bericht oder das Berichtselement nicht dargestellt. Aus diesem Grund ist es äußerst wichtig, den Quellcode hinsichtlich der Syntax und der Semantik zu überprüfen.

Nachdem Sie die *ICustomReportItem*-Schnittstelle implementiert haben, stehen unter anderem folgende benötigte Methoden zur Verfügung, die in dieses Projekt einzubinden sind: *GenerateReportItemDefinition* und *EvaluateReportItemInstance*. Die *GenerateReportItemDefinition*-Methode wird als Erstes aufgerufen und ist für das Setzen der definierten Eigenschaften und die Erstellung eines *ImageDefinition*-Objekts verantwortlich. Die *EvaluateReportItemInstance*-Methode wird nach Evaluierung der definierten Objekte aufgerufen und stellt die Instanzobjekte zur Verfügung, welche für das Rendern und Darstellen der Grafik an der angegebenen Position verwendet werden.

```
#region ICustomReportItem Members
public void GenerateReportItemDefinition(CustomReportItem cri)
{
    cri.CreateCriImageDefinition();
    Image polygonImage = (Image)cri.GeneratedReportItem;
}

public void EvaluateReportItemInstance(CustomReportItem cri)
{
    // Beziehen der Bild-Definition
    Image polygonImage = (Image)cri.GeneratedReportItem;

    // Rendern des Bildes für das Benutzerdefinierte Berichtselement
    polygonImage.ImageInstance.ImageData = DrawImage(cri);
}
#endregion
```

Listing 37.9 Verwendung von Methoden der *ICustomReportItem*-Schnittstelle

Unter Verwendung der ab dem Listing 37.12 dargestellten Methode *DrawImage()* werden nun sämtliche Werte der benutzerdefinierten Eigenschaften ausgelesen und zur Erstellung der Grafik herangezogen.

```
private byte[] DrawImage(CustomReportItem customReportItem)
{
    int dpi = 96;
    int imageWidth                    = (int)(customReportItem.Width.ToInches()  * dpi);
    int imageHeight                   = (int)(customReportItem.Height.ToInches() * dpi);
    System.Drawing.Bitmap image       = new System.Drawing.Bitmap(imageWidth, imageHeight);
    System.Drawing.Graphics graphics  = System.Drawing.Graphics.FromImage(image);
    System.Drawing.Color backgroundColor = customReportItem.Style.BackgroundColor.Value.ToColor();

    #region Benutzerdefinierte Eigenschaften werden ausgelesen
    int penWidth    = (int)LookupCustomProperty(customReportItem.CustomProperties, "Balkenbreite", 8);
    float dataValue = Single.Parse(this.LookupCustomProperty(customReportItem.CustomProperties,
          "ValueField", "").ToString());
    float average   = Single.Parse(this.LookupCustomProperty(customReportItem.CustomProperties,
          "Durchschnitt", "").ToString());
    float max       = Single.Parse(this.LookupCustomProperty(customReportItem.CustomProperties,
          "Maximum", "").ToString());
```

Listing 37.10 Definieren der Größe der Grafik und Auslesen der Eigenschaften

```
System.Drawing.Color colorAverage = System.Drawing.Color.FromName(this.LookupCustomProperty
     (customReportItem.CustomProperties,"DurchschnittFarbe", "Black").ToString());
System.Drawing.Color colorCRI = System.Drawing.Color.FromName(this.LookupCustomProperty
     (customReportItem.CustomProperties, "BalkenFarbe", "Blue").ToString());
#endregion
```

Listing 37.10 Definieren der Größe der Grafik und Auslesen der Eigenschaften *(Fortsetzung)*

Die Hintergrundfarbe wird standardmäßig mit der Farbe Weiß versehen, wenn entweder keine Farbe angegeben oder *Transparent* gewählt wurde. Für die Berechnung der darzustellenden Grafik werden zunächst die benötigten Variablen angelegt. Die zugewiesenen Daten bestehen aus dem Produkt der Datenbankwerte und der Bildbreite.

HINWEIS Die Bildbreite *imageWidth* und Höhe *imageHeight* ist von der Grafikbreite und Grafikhöhe des dargestellten Benutzerdefinierten Berichtselements zu unterscheiden. Innerhalb der Bilddimension wird es in einer unterschiedlichen Dimension (Breite, Höhe) gezeichnet.

```
#region Hintergrundfarbe setzen
 if (backgroundColor == System.Drawing.Color.Transparent || backgroundColor ==
     System.Drawing.Color.Empty)
 {
     backgroundColor = System.Drawing.Color.White;
 }
 graphics.Clear(backgroundColor);
 #endregion

//Werte für die Berechnung der Grafik
 float distance; //Variable für die Darstellung der abzubildenden Werte (Skalierung, Ausschläge)
 if (max == 0)
 {
     distance = dataValue * imageWidth;
     average  = average   * imageWidth;
 }
 else
 {
     distance = dataValue / max * imageWidth;
     average  = average   / max * imageWidth;
 }
```

Listing 37.11 Hintergrundfarbe und Grafikdimension definieren

Zur Darstellung der Grafik werden *Pen*-Objekte verwendet und als Parameter die Werte der benutzerdefinierten Eigenschaften übergeben. Anschließend werden mit der Funktion *graphics.DrawLine()* die jeweiligen Elemente des Benutzerdefinierten Berichtselements gezeichnet.

```
// Erzeugen von Pen-Objekte
System.Drawing.Pen penBar     = new System.Drawing.Pen(colorCRI, penWidth);
System.Drawing.Pen penAverage = new System.Drawing.Pen(colorAverage, 1);
// Zeichnen der Grafik
graphics.DrawLine(
  new System.Drawing.Pen(colorCRI, penWidth)
, 0                    // links
, imageHeight / 2      // oben
, distance             // rechts
```

Listing 37.12 *DrawImage()*-Methode für die Berechnung und das Zeichnen der Grafik

```
            , imageHeight / 2     // unten
            );

            // Durchschnitt-Markierung zeichnen
            graphics.DrawLine(
              new System.Drawing.Pen(colorAverage, 1)
            , average
            , 0
            , average
            , imageHeight
            );

            // Erstellen eines Byte-Arrays zur Speicherung der Bilddaten
            MemoryStream stream = new MemoryStream();
            image.Save(stream, ImageFormat.Bmp);
            byte[] imageData = new byte[(int)stream.Length];
            stream.Seek(0, SeekOrigin.Begin);
            stream.Read(imageData, 0, (int)stream.Length);

            return imageData;
        }
```

Listing 37.12 *DrawImage()*-Methode für die Berechnung und das Zeichnen der Grafik *(Fortsetzung)*

Mithilfe des Objekts *LookupCustomProperty* werden die benutzerdefinierten Eigenschaften ausgelesen und weitergereicht.

```
        private object LookupCustomProperty(CustomPropertyCollection customProperties, string name,
                object defaultValue)
        {
            object customPropertyValue = defaultValue;

            if (customProperties == null || customProperties.Count == 0)
            {
                return defaultValue;
            }
            CustomProperty customProperty = customProperties[name];
            if (customProperty != null)
            {   // Wenn die Eigenschaft vorhanden ist, wird geprüft, ob diese eine Erweiterung ist.
                // Ist es eine Erweiterung, wird diese evaluiert und zurückgeliefert.
                // Andernfalls wird der Wert für die Eigenschaft direkt zurückgeliefert.
                if (customProperty.Value.IsExpression)
                    customPropertyValue = customProperty.Instance.Value;
                else
                    customPropertyValue = customProperty.Value.Value;
            }
            return customPropertyValue;
        }
    }
}
```

Listing 37.13 Laufzeitkomponente

HINWEIS Achten Sie auf die korrekte Anzahl der schließenden geschweiften Klammern! Die Anzahl der öffnenden und schließenden Klammern dieses Projekts muss übereinstimmen.

Nach Fertigstellung der beiden Komponenten gilt es, diese für die Verwendung in der Entwicklungsumgebung des BIDS für die Berichterstellung bereitzustellen.

Komponenten bereitstellen

Beim Kompilieren der jeweiligen Projekte werden automatisch *.dll*-Dateien erzeugt. Diese finden Sie standardmäßig in dem Ordner *...\bin\Debug*, der sich innerhalb des jeweiligen Projektordners befindet:

- Die *.dll*-Datei der Entwurfszeitkomponente kopieren Sie in den Ordner *C:\Programme\Microsoft Visual Studio 9.0\Common7\IDE\PrivateAssemblys*
- Die *.dll*-Datei der Laufzeitkomponente kopieren Sie in den Ordner *C:\Programme\Microsoft SQL Server\MSRS10.MSSQLSERVER\Reporting Services\ReportServer\bin* sowie in den Ordner *C:\Programme\Microsoft Visual Studio 9.0\Common7\IDE\PrivateAssemblys*

Konfigurationsdateien anpassen

Nachdem Sie die Entwurfszeitkomponente und die Laufzeitkomponente bereitgestellt haben, müssen die folgenden Konfigurationsdateien angepasst werden, um das Benutzerdefinierte Berichtselement der Entwicklungsumgebung zur Berichterstellung bekannt zu machen.

ACHTUNG Bevor Änderungen an den Konfigurationsdateien vorgenommen werden, sollten Sie unbedingt eine Sicherungskopie erstellen.

rssrvpolicy.config anpassen

Die Konfigurationsdatei *rssrvpolicy.config* finden Sie standardmäßig unter *C:\Programme\Microsoft SQL Server\MSRS10.MSSQLSERVER\Reporting Services\ReportServer*. Fügen Sie folgende Zeilen dieser Datei hinzu:

```
<CodeGroup
   class="UnionCodeGroup"
   version="1"
   PermissionSetName="FullTrust"
   Description="This code group grants CustomReportItem1.dll FUllTrust permission. ">
  <IMembershipCondition
   class="UrlMembershipCondition"
   version="1"
   Url="C:\Programme\Microsoft SQL Server\ MSRS10.MSSQLSERVER\Reporting Services\ReportServer\bin\
       CustomReportItem1.dll" />
</CodeGroup>
```

Listing 37.14 Fügen Sie diese Zeilen in die *rssrvpolicy.config* ein

Diese Zeilen sind vor dem vorletzten schließenden Tag *</CodeGroup>* einzubinden.

rsreportdesigner.config anpassen

Die Konfigurationsdatei *rsreportdesigner.config* finden Sie standardmäßig unter *C:\Programme\Microsoft Visual Studio 9.0\Common7\IDE\PrivateAssemblys*. Im folgenden Listing besteht die Referenz zur *CustomReportItem*-Komponente aus der Kombination von Namespace und dem Klassennamen.

Fügen Sie folgende Zeilen dieser Datei hinzu:

```
<ReportItems>
      <ReportItem
        Name="CustomreportItem1"
        Type="ixto.Beispiele.ReportingServices.CustomreportItem1,CustomReportItem1" />
    </ReportItems>

    <ReportItemDesigner>
      <ReportItem
        Name="CustomreportItem1"
        Type="ixto.Beispiele.ReportingServices.CustomreportItem1Designer,CustomreportItem1Designer" />
    </ReportItemDesigner>
```

Listing 37.15 Fügen Sie diese Zeilen in die *rsreportdesigner.config* ein

Diese Zeilen sind vor den schließenden Tags *</Extensions>* und *</Configuration>* einzubinden.

rsreportserver.config anpassen

Die Konfigurationsdatei *rsreportserver.config* finden Sie standardmäßig unter *C:\Programme\Microsoft SQL Server\MSRS10.MSSQLSERVER\Reporting Services\ReportServer*. Im folgenden Listing besteht die Referenz zur Benutzerdefinierten Berichtselement-Komponente aus der Kombination von Namespace und dem Klassennamen.

Fügen Sie folgende Zeilen dieser Datei hinzu:

```
<ReportItems>
    <ReportItem Name="Column" Type="ixto.Beispiele.ReportingServices.CustomreportItem1,CustomReportItem1" />
</ReportItems>
```

Listing 37.16 Fügen Sie diese Zeilen in die *rsreportserver.config* ein

Mit der Anpassung der zuvor aufgeführten Konfigurationsdateien stehen nun die Entwurfszeitkomponente dem Berichts-Designer und die Laufzeitkomponente dem Report Server zur Verfügung. Um das Benutzerdefinierte Berichtselement innerhalb des Berichts-Designers nutzen zu können, muss dieses nur noch in die Toolbox eingebunden werden. Im folgenden Abschnitt erfahren Sie, wie Sie dies realisieren.

Berichtselemente in die Toolbox einbinden

Für die Verwendung des Benutzerdefinierten Berichtselements ist nun die Einbindung in die Toolbox der Entwicklungsumgebung für die Berichterstellung erforderlich.

Gehen Sie wie folgt vor:

1. Öffnen Sie einen bereits erstellten Bericht und lassen Sie sich die Toolbox auf der linken Seite des Berichts-Designers anzeigen, wie in Kapitel 8 beschrieben.
2. Klicken Sie mit der rechten Maustaste auf *Berichtselemente*, um das Kontextmenü zu öffnen. Darin wählen Sie den Eintrag *Elemente auswählen* aus.

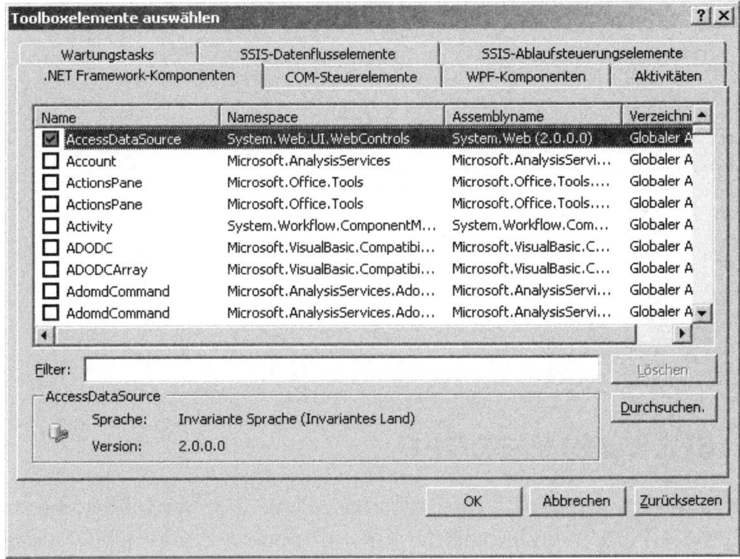

Abbildung 37.11 Verwenden Sie *Durchsuchen* für die Auswahl des Benutzerdefinierten Berichtselements

3. Verwenden Sie die Schaltfläche *Durchsuchen*, um das erstellte Element *CustomreportItem1Designer* als eigenes Berichtselement in die Toolbox der Entwicklungsumgebung des Berichts-Designers einzubinden.

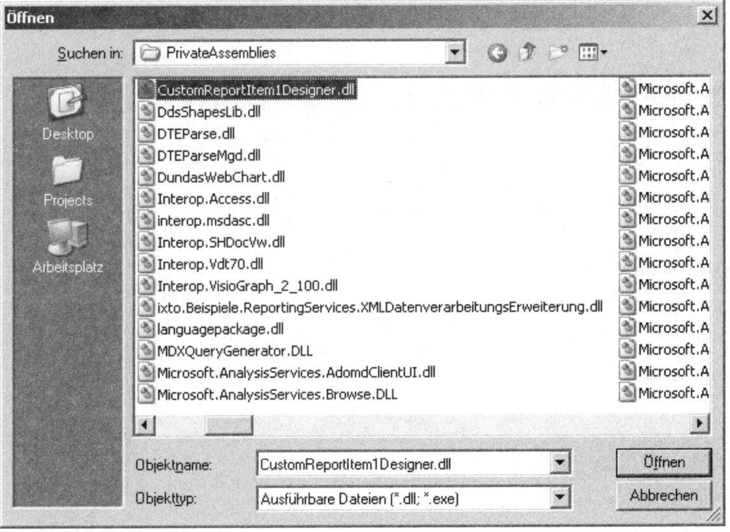

Abbildung 37.12 Auswahl des *CustomReportItem1Designer* im Ordner *PrivateAssemblys*

Anschließend sollte das Berichtselement in der Toolbox des Berichts-Designers als eigenständiges Werkzeug erscheinen, ähnlich wie in der Abbildung 37.13 zu sehen ist.

Abbildung 37.13 *myCustomReportItem* als benutzerdefiniertes Berichtselement in der Toolbox

Eigene Berichtselemente verwenden

Benutzerdefinierte Berichtselemente werden äquivalent zu den bisherigen Elementen verwendet. Sie ziehen diese einfach in den gewünschten Teil des Berichts innerhalb der Entwurfsansicht des Berichts-Designers. Das Item sollte unmittelbar erscheinen und, wie bei jedem anderen Berichtselement auch, die verschiedenen Eigenschaften für eine individuelle Anpassung des Berichtselements an das Layout des Berichts zur Verfügung stehen.

In der Abbildung 37.14 ist das Benutzerdefinierte Berichtselement mit den verfügbaren Eigenschaften abgebildet.

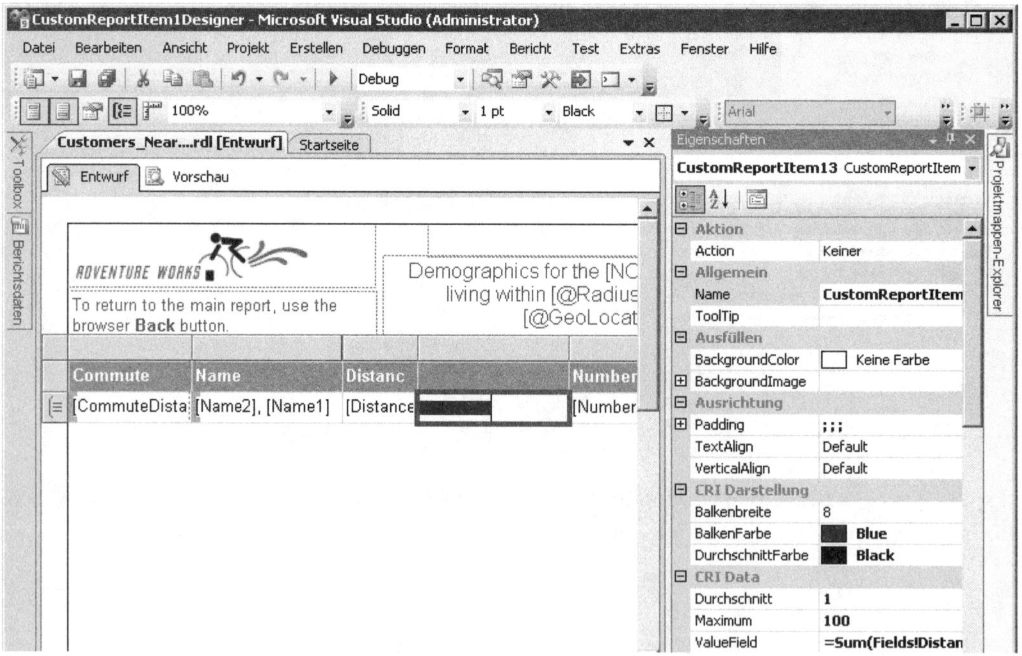

Abbildung 37.14 Verwendung des Benutzerdefinierten Berichtselements im Berichts-Designer

Deutlich sind die benutzerdefinierten Eigenschaften auf der rechten Seite im Eigenschaften-Explorer zu erkennen. Als Hintergrundfarbe wurde hier einmal bewusst eine Farbe ausgewählt, um später in der Berichtsvorschau die Dimension der Grafik hervorzuheben.

Natürlich können auch Ausdrücke (Expression) für die Festlegung des Durchschnitts, des Maximums oder für *ValueField* verwendet werden.

HINWEIS Bei der Verwendung eigener Berichtselemente innerhalb einer Tabelle ist darauf zu achten, dass das Element nicht größer als die Tabellenzelle ist.

Wurde bei Visual Studio 2005 eine Überschneidung verschiedener Elemente toleriert, wird dies seit der Version 2008 von Visual Studio nicht mehr unterstützt. Achten Sie auf mögliche Hinweise oder Fehlermeldungen während der Erstellung und Vorschau des Berichts.

In der Abbildung 37.15 ist die Berichtsvorschau mit Verwendung des Berichtselements zu sehen.

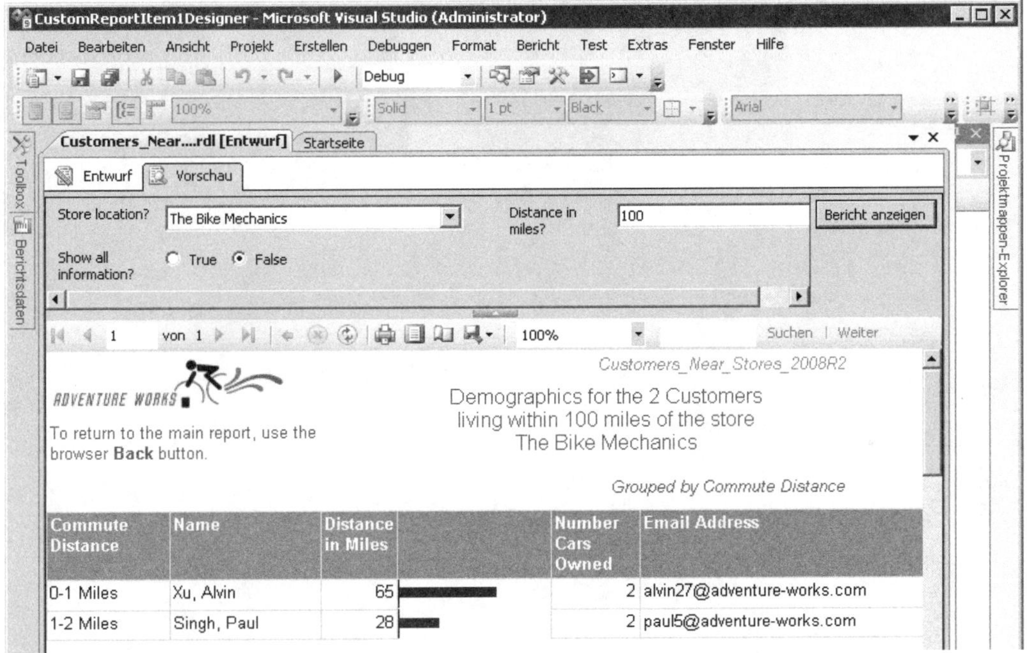

Abbildung 37.15 Berichtsvorschau mit eigenem Berichtselement

Das in diesem Kapitel sehr stark vereinfacht dargestellte Beispiel bietet als Ergebnis einen hervorragenden Einstieg und eine Grundlage für die Realisierung eigener Projekte. Die vielfältigen Möglichkeiten reichen von der Erstellung einzelner Berichtselemente mit weitaus komplexeren Funktionen bis hin zu eigenen Softwareprodukten.

Stichwortverzeichnis

B

C

D

E

F

G

H

I

N

O

P

Q

R

S

T

U

V

W

Über die Autoren

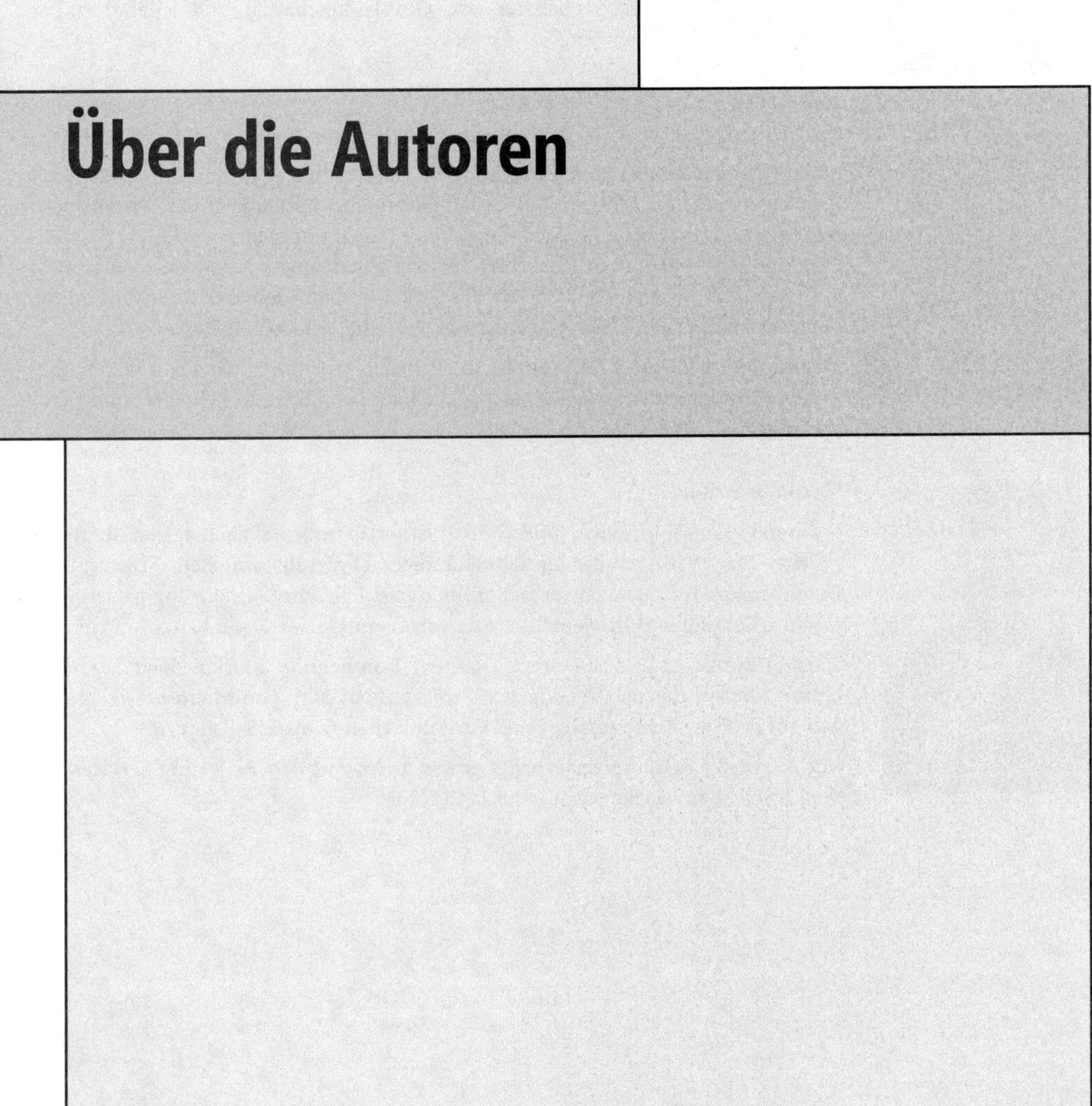

Sven Bayer

Nach seinem Studium der Informatik arbeitete Sven Bayer mehrere Jahre freiberuflich als IT-Berater und Softwareentwickler. Schwerpunkt seiner Arbeit lag in der Bearbeitung von Business Intelligence-Projekten und der Entwicklung von Softwareanwendungen und Webportalen. Die verwendeten Technologien waren in erster Linie Microsoft-Produkte, wodurch er zahlreiche Erfahrungen mit Microsoft SQL Server und den Microsoft-.NET-Sprachen erworben hat.

Seit 2008 ist Sven Bayer bei der ixto GmbH beschäftigt und leitet dort das Reporting-Team.

Jörg Knuth

Seit mehr als zehn Jahren ist Jörg Knuth als Business Intelligence-Berater und Trainer für Microsoft-Produkte tätig und hat viel Erfahrung in der Umsetzung von Projekten in diesem Umfeld. Seit fast ebenso vielen Jahren liegt der Schwerpunkt seiner Arbeiten im SQL Server-Bereich und dessen integrierter Produkte Analysis Services und später auch Reporting Services für Business Intelligence (BI) sowie auf Clientseite, wobei Themen wie die Gestaltung klar lesbarer Berichte und die einfache Analyse von Daten zu seinen Schwerpunkten gehören.

Jörg Knuth ist für die PTSGroup für BI-Projekte im Umfeld von Data Warehouse, Analyse-Datenbanken und Berichtsportalen als Teamleiter, Projektleiter und Berater tätig.

Martin B. Schultz

Während seines Informatik- und Germanistikstudiums und nach dessen Abschluss arbeitet Martin B. Schultz als selbstständiger IT-Berater mit dem Schwerpunkt Datenbanken. Mittlerweile verfügt er über zwei Jahrzehnte Erfahrung in der Konzeption, Leitung und Implementierung von Client/Server-Datenbankprojekten.

2003 gründete er zusammen mit seinem Kompagnon Markus Raatz die ixto GmbH, die auf Business Intelligence-Projekten auf Basis von Microsoft-Technologien für größere Mittelständler und Großunternehmen spezialisiert ist.

Mit Microsoft SQL Server arbeitet er seit 1995, mit den Reporting Services seit dem Erscheinen der Betaversion im Jahre 2003.

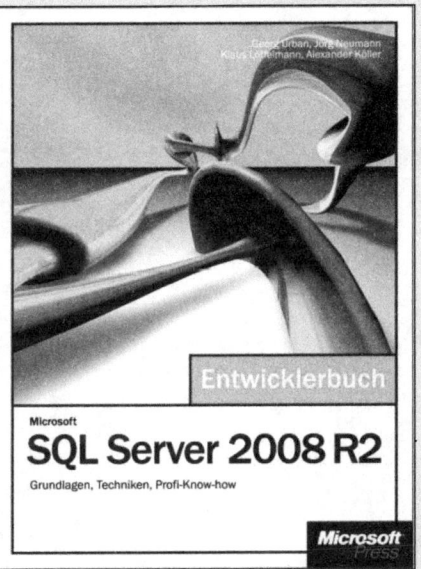

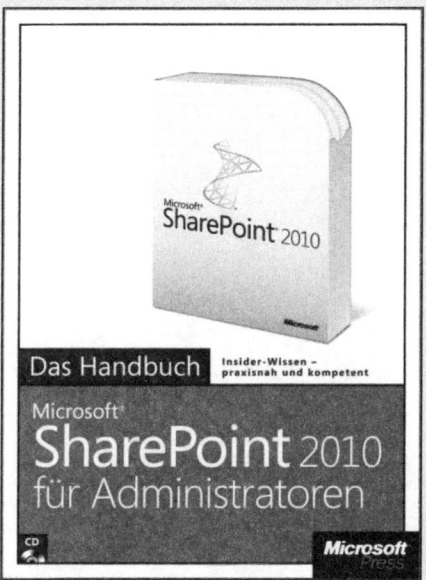

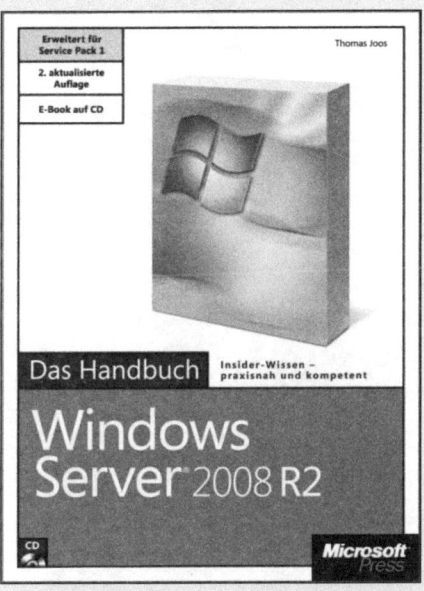

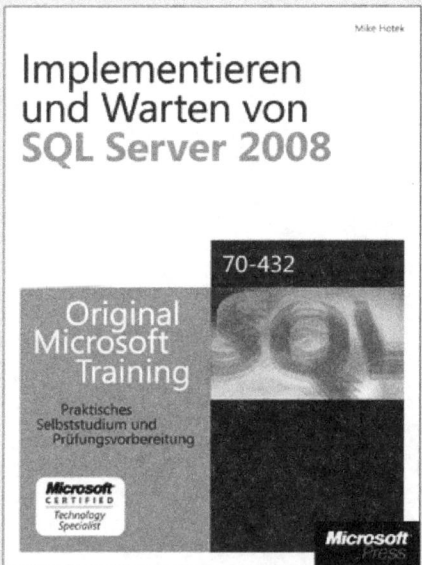